工程建设标准规范分类汇编

建筑工程施工及验收规范

（2000 年版）

本 社 编

中国建筑工业出版社

图书在版编目（CIP）数据

建筑工程施工及验收规范：2000年版/中国建筑工业出版社编．-北京：中国建筑工业出版社，2000

（工程建设标准规范分类汇编）

ISBN 7-112-04107-4

Ⅰ．建…　Ⅱ．中…　Ⅲ．①建筑工程-工程施工-规范-汇编-中国②建筑工程-工程验收-规范-汇编-中国　Ⅳ．TU71.65

中国版本图书馆CIP数据核字（1999）第55326号

工程建设标准规范分类汇编

建筑工程施工及验收规范

（2000年版）

本　社　编

*

中国建筑工业出版社出版、发行（北京西郊百万庄）

新　华　书　店　经　销

有色曙光印刷厂印刷

*

开本：787×1092毫米　1/16　印张：69¼　字数：1540千字

2000年2月第一版　　2001年9月第五次印刷

印数：28,001—36,000册　　定价：**126.00**元

ISBN 7-112-04107-4

TU・3223(9557)

出 版 说 明

“工程建设标准规范分类汇编”共35分册，自1996年出版以来，方便了广大工程建设专业读者的使用，并以其“分类科学、内容全面、准确”的特点受到了社会好评。这些标准、规范、规程是广大工程建设者必须遵循的准则和规定，对提高工程建设科学管理水平，保证工程质量和工程安全，降低工程造价，缩短工期，节约建筑材料和能源，促进技术进步等方面起到了显著的作用。随着我国基本建设的蓬勃发展和工程技术的不断进步，近年来国务院有关部委组织全国各方面的专家陆续制订、修订并颁发了一批新标准、新规范、新规程。为了及时反映近几年国家新制定标准、修订标准和标准局部修订的情况，有必要对工程建设标准规范分类汇编中内容变动较大者进行修订。本次计划修订其中的15册，分别为：

《混凝土结构规范》

《建筑工程质量标准》

《工程设计防火规范》

《建筑施工安全技术规范》

《建筑材料应用技术规范》

《建筑给水排水工程规范》

《建筑工程施工及验收规范》

《电气装置工程施工及验收规范》

《安装工程施工及验收规范》

《建筑结构抗震规范》

《地基与基础规范》

《测量规范》

《室外给水工程规范》

《室外排水工程规范》

《暖通空调规范》

本次修订的原则及方法如下：

(1) 该分册中内容变动较大者；

(2) 该分册中主要标准、规范内容有变动者；

(3) “▲”代表新修订的规范；

(4) “●”代表新增加的规范；

(5) “局部修订条文”附在该规范后，不改动原规范相应条文。

修订的2000年版汇编本分别将相近专业内容的标准、规范、规程汇编于一册，便于对照查阅；各册收编的均为现行的标准、规范、规程，大部分为近几年出版实施的，有很强的实用性；为了使读者更深刻地理解、掌握标准、规范、规程的内容，该类汇编还收入了已公开出版过的有关条文说明；该类汇编单本定价，方便各专业读者购买。

该类汇编是广大工程设计、施工、科研、管理等有关人员必备的工具书。

关于工程建设标准规范的出版、发行，我们诚恳地希望广大读者提出宝贵意见，便于今后不断改进标准规范的出版工作。

中国建筑工业出版社

目 录

6. 混凝土结构工程施工及验收规范

9. 屋面工程技术规范

▲14. 钢筋焊接及验收规程

15. 洁净室施工及验收规范

16. 建筑装饰工程施工及验收规范

●21. 机械喷涂抹灰施工规程

中华人民共和国国家标准

烟囱工程施工及验收规范

GBJ 78—85

主编部门：中华人民共和国冶金工业部
批准部门：中华人民共和国国家计划委员会
施行日期：1986年3月1日

关于发布《烟囱工程施工及验收规范》的通知

计标[1985]1208号

根据原国家建委(81)建发设字第546号文的通知，由冶金工业部会同有关部门共同修订的《烟囱工程施工及验收规范》GBJ7—64，已经有关部门会审，现批准修订后的《烟囱工程施工及验收规范》GBJ78—85为国家标准，自1986年3月1日起施行。

本规范由冶金工业部管理，其具体解释等工作，由包头市冶金工业部第二冶金建设公司工业筑炉工程公司负责。出版发行由我委基本建设标准定额研究所负责组织。

国家计划委员会
1985年8月12日

修订说明

本规范是根据原国家基本建设委员会（81）建发设字第546号文通知，由我部第二冶金建设公司工业筑炉工程公司会同有关单位组成修订组，共同对原《烟囱工程施工及验收规范》GBJ7—64进行修订而成。在修订过程中，修订组总结了原规范执行十多年来烟囱施工的经验和教训，进行了比较广泛的调查研究和必要的试验及验算，并征求了全国各有关单位的意见，经过反复修改，最后会同有关部门审查定稿。

本规范共分九章一百三十五条和两个附录。主要修订的内容有：增加了滑动模板、薄壳基础、耐酸混凝土、耐火混凝土、减水剂、薄膜养护剂等新技术、新工艺、新材料的条文；修改了部分工程质量标准、石灰石的使用范围及钢筋搭接长度等；针对烟囱工程高空作业的特点，增加了施工安全一章；并删除了原规范中过时的规定。

随着我国四化建设事业的发展，新技术、新工艺、新材料将不断涌现，希各单位在执行本规范过程中，注意积累资料，总结经验，并将需要修改或补充的意见寄给包头市我部第二冶金建设公司工业筑炉工程公司，作为今后补充修订时参考。

冶金工业部

1985年2月

第一章 总 则

第 1.0.1 条 本规范适用于砖烟囱和钢筋混凝土烟囱工程的施工及验收。

第 1.0.2 条 烟囱工程的土石方、砖石、钢筋混凝土、防腐蚀等分项工程及施工的安全技术、劳动保护和防火要求等，除应按本规范执行外，尚应按国家现行有关规定执行。

第 1.0.3 条 用于烟囱工程上的原材料、半成品和成品，必须具有技术检验合格证。凡原材料超过规定检验期限或有可能变质时，必须经过复查检验合格后，方可使用。

第二章 基 础

第 2.0.1 条 烟囱基础的基坑挖好后，应由施工单位会同建设、设计等有关单位检查基坑中心的座标、基底的尺寸和标高等是否符合设计要求；地基土质是否符合设计时所采用的勘探资料，如不符合时，应由建设单位和设计单位提出处理办法。

基坑应经验收后方可进行下道工序施工。

第 2.0.2 条 当基坑处在地下水位以下时，挖掘基坑前，应根据水文地质情况，采取有效的降低地下水位或排水措施。并应防止地表水流入基坑。

基坑的降低地下水位或排水措施，应持续至回填土回填到地下水位以上时，方可停止。

第 2.0.3 条 基底表面应平整。对于个别稍低于设计标高的低洼处，可在浇筑垫层混凝土时找平。

第 2.0.4 条 基坑验收后，应及时进行基础浇筑。如土方挖完后，经长时间的停顿再浇筑基础时，应重新检查基坑表面。当基土被破坏时，应提请建设、设计单位确定相应的补救措施。

第 2.0.5 条 M形组合壳体基础土胎施工时，应做到外形尺寸准确，不应破坏其原土结构。土胎完成后，在其表面上应抹25～30毫米厚的1:3水泥砂浆面层。

第 2.0.6 条 插入基础环壁内的筒壁纵向钢筋，应按设计要求的位置、分组及插入深度等准确地与基础钢筋绑扎或焊接牢固，并应有防止钢筋位移的措施。

第 2.0.7 条 基础施工缝的留设位置应符合下列规定（图2.0.7）：

一、基础底板混凝土应连续一次浇完，环形和圆形板式基础的施工缝可留在底板与环壁的连接处；

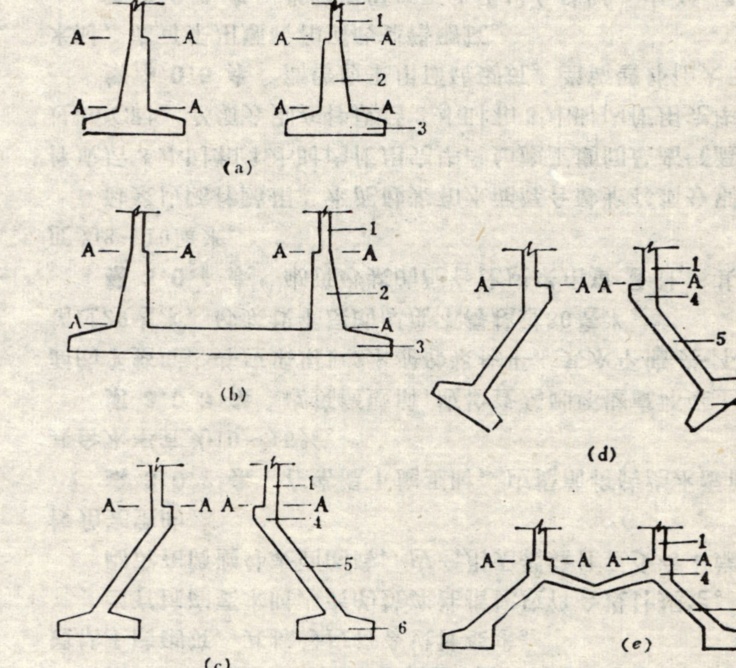

图 2.0.7 基础施工缝留设位置示意图

a—环形板式基础　e—M形组合壳基础
b—圆形板式基础　1—筒壁　2—环壁　3—底板
c—截锥组合壳基础　4—环梁　5—壳体　6—环板
d—正倒锥组合壳基础　A—A施工缝

二、壳体基础混凝土应按水平层次连续一次浇完，不得留设施工缝。对于正倒锥和截锥组合壳基础，当一次浇完确有困难时，其施工缝的留设位置，应由施工单位和设计单位商定。

第 2.0.8 条 基础完成后，应及时进行基础的验收和基坑的回填。回填土应分层夯实。

第 2.0.9 条 基础位置和尺寸的允许偏差，不应超过表2.0.9的数值。

基础位置和尺寸的允许偏差　　表 2.0.9

项次	名　　称	允许偏差值
1	基础中心点对设计座标的位移	15mm
2	环壁或环梁上表面的标高	20mm
3	环壁的壁厚	20mm
4	壳体的壁厚	$^{+20}_{-10}$mm
5	环壁或壳体的内半径	内半径的1%，且不超过40mm
6	环壁或壳体内表面的局部凹凸不平（沿半径方向）	内半径的1%，且不超过40mm
7	底板或环板的外半径	外半径的1%，且不超过50mm
8	底板或环板的厚度	20mm

第三章　砖烟囱筒壁

第 3.0.1 条 砖烟囱筒壁应用标准型或异型的一等普通粘土砖砌筑，其标号应符合设计要求。

当有抗冻要求时，砖的抗冻性指标应符合设计规定。

砌筑在筒壁外表面的砖，应选用无裂缝且至少有一端是棱角完整的。

第 3.0.2 条 在常温下施工时，应提前将砖浇水湿润，其含水率宜为10～15%。

第 3.0.3 条 砌筑筒壁前，应检查基础环壁或环梁上表面的平整度，并应采用1:2水泥砂浆抹平，其水平偏差不得超过20毫米，砂浆找平层的厚度不得超过30毫米。

第 3.0.4 条 砌筑砂浆的配合比应采用重量比，其稠度为8～10厘米。

砂浆应随拌随用。水泥砂浆和水泥混合砂浆必须分别在拌成后 3 小时和 4 小时内使用完毕；如施工期间最高气温超过30°C时，必须分别在拌成后 2 小时和 3 小时内使用完毕。

第 3.0.5 条 筒壁应采用顶砖砌筑。当筒壁外径大于5米时，亦可采用顺砖和顶砖交错砌筑。

第 3.0.6 条 当筒壁厚度不小于1$^1/_2$砖时，内外层可使用半截砖。但小于1/2砖的碎砖块不得使用。

第 3.0.7 条 砌体上下层的环缝应交错1/2砖，辐射缝应交错1/4砖（异型砖应交错其宽度的1/2）。

第 3.0.8 条 砌体的垂直灰缝宽度和水平灰缝厚度应

为10毫米。在5平方米的砌体表面上抽查10处，只允许其中有5处灰缝厚度增大5毫米。

第 3.0.9 条 筒壁砌体的灰缝必须饱满。水平灰缝的饱满度不得低于80%。垂直灰缝宜采用挤浆和加浆方法，使其砂浆饱满，严禁用水冲浆灌缝。

筒壁外部灰缝均应勾缝，勾缝砂浆宜采用细砂拌制的1:1.5水泥砂浆。内部灰缝均应刮平。

第 3.0.10 条 砌体砖层可砌成水平；也可砌成向烟囱中心倾斜，其倾斜度应同筒壁外表面的坡度相等。

第 3.0.11 条 对烟囱的中心线垂直度和半径，应每砌筑1.25米高度检查一次。对检查出的偏差，应在砌筑过程中逐渐纠正。

第 3.0.12 条 将普通粘土砖加工成顶砌的异型砖时，应在砖的一个侧面进行。加工后小头的宽度不宜小于原来宽度的2/3。砌筑后的筒壁外表面，砖角凹进凸出不得超过5毫米。

第 3.0.13 条 当筒壁配置钢筋时，钢筋的位置、接头和锚固等应符合设计要求。

第 3.0.14 条 砌筑筒壁时，每5米高度内应取一组砂浆试块，在砂浆标号或配合比变更时应另取试块，以检验其28天龄期的强度。

第 3.0.15 条 筒壁上的环箍应安装成水平，接头的位置应沿筒壁高度互相错开。

环箍在安装前应涂刷防锈剂。

第 3.0.16 条 安装环箍时，应在砌体砂浆强度达到40%后方可拧紧螺栓，使其紧贴筒壁。

第 3.0.17 条 砖烟囱中心线垂直度的允许偏差，不应超过表3.0.17的数值。

砖烟囱中心线垂直度的允许偏差　　表 3.0.17

项次	筒壁标高	允许偏差值
1	≤20m	35mm
2	40m	50mm
3	60m	65mm
4	80m	75mm
5	100m	85mm

注：①表中允许偏差值系指一座烟囱在不同标高的允许偏差。
②中间值用插入法计算。

第 3.0.18 条 砖烟囱筒壁砌体尺寸的允许偏差，不应超过表3.0.18的数值。

砖烟囱筒壁砌体尺寸的允许偏差　　表 3.0.18

项次	名称	允许偏差值
1	筒壁的高度	筒壁全高的0.15%
2	筒壁任何截面上的半径	该截面筒壁半径的1%，且不超过30mm
3	筒壁内外表面的局部凹凸不平（沿半径方向）	该截面筒壁半径的1%，且不超过30mm
4	烟道口的中心线	15mm
5	烟道口的标高	20mm
6	烟道口的高度和宽度	+30mm −20mm

第四章 钢筋混凝土烟囱筒壁

第一节 一 般 规 定

第 4.1.1 条 钢筋混凝土烟囱筒壁施工时，可根据具体条件采用滑动模板或移置模板。

采用滑动模板施工时，除应按本规范执行外，尚应按国家现行的《液压滑动模板施工技术规范》执行。

第 4.1.2 条 采用滑动模板施工时，筒壁的厚度不宜小于160毫米；采用移置模板施工时则不宜小于140毫米。

第 4.1.3 条 滑动模板施工时，其滑升速度必须与混凝土的早期强度增长速度相适应。要求混凝土在脱模时不坍落，不拉裂，其脱模强度不得低于0.2兆帕（约等于2公斤/平方厘米）。

第 4.1.4 条 拆除移置模板时，混凝土的强度不得小于0.8兆帕（约等于8公斤/平方厘米）。但烟道口等处的承重模板，应在混凝土强度达到设计标号的70％后方可拆除。

第二节 模 板

第 4.2.1 条 安装后的滑动模板或移置模板的几何中心对烟囱中心的偏差不应超过5毫米。

第 4.2.2 条 滑动模板在安装前应涂脱模剂。在滑升过程中，抽拔模板与收分模板之间的夹灰应及时清除。模板上口附着的灰浆，每次提升后也应及时清除。

第 4.2.3 条 滑动模板在滑升中出现扭转时，应及时纠正。其环向扭转值，按筒壁外表面的弧长计算，在任意10米高度内不得超过100毫米，全高范围内不得超过500毫米。

第 4.2.4 条 滑动模板中心偏移时，应及时、逐渐地进行纠正。如利用工作台的倾斜度来纠正中心偏移时，其倾斜度宜控制在1％以内。

第 4.2.5 条 安装移置模板时，外模板应捆紧，缝隙应堵严，防止胀模和漏浆。内模板应支顶牢固，防止变形。

第 4.2.6 条 移置模板在每次拆移时，应清除灰浆，并应涂以脱模剂。

第三节 钢 筋

第 4.3.1 条 Ⅰ级钢筋的末端应弯钩，Ⅱ、Ⅲ级钢筋和5号钢筋的末端可不弯钩。钢筋的弯钩应背向保护层。

第 4.3.2 条 采用绑扎接头时，钢筋搭接长度应为钢筋直径的40倍，并用铁丝在接头的中间和两端绑扎。采用焊接接头时，钢筋接头的构造和技术要求应符合国家现行有关规范的规定。

第 4.3.3 条 钢筋的接头应交错布置，在任一截面内绑扎接头的根数不应多于钢筋总数的25％，焊接接头的根数不应多于钢筋总数的50％。

第 4.3.4 条 纵向钢筋应沿筒壁圆周均匀布置，在工作台辐射梁分布处，钢筋间距可适当增大。

环向钢筋宜配置在纵向钢筋的外侧，其间距的允许偏差为20毫米。

第 4.3.5 条 变换纵向钢筋的直径或根数时，应在筒壁的全圆周内均布地进行。

第 4.3.6 条 钢筋保护层的厚度，应用钢筋支承架或水泥砂浆垫块等来保持，其偏差不得超过+10毫米和-5毫米。

第 4.3.7 条 高出模板的纵向钢筋应予以临时固定。每层混凝土浇筑后，在其上面至少应保持有一道绑扎好的环向钢筋。

第 4.3.8 条 滑动模板支承杆的长度宜为3～5米。第一批插入的支承杆应有四种以上的不同长度，相邻高差不得少于支承杆直径的20倍。

第 4.3.9 条 支承杆的接头必须焊牢，支承杆应与筒壁的环向钢筋间隔点焊。环向钢筋的接头应焊接。

宜利用支承杆作为结构的受力钢筋，但应与设计单位商定，其接头强度应符合国家现行有关规范的规定。

第 4.3.10 条 在滑升过程中应注意观察支承杆有无倾斜的情况。如支承杆有失稳或被千斤顶带起时，应及时进行处理。

穿过较高的烟道口或模板滑空时，除支承杆应予加固外，还必须采取其他的稳定措施。

第四节 混 凝 土

第 4.4.1 条 筒壁混凝土宜选用同品种、同标号的普通硅酸盐水泥或矿渣硅酸盐水泥配制，但平均气温在10°C以下时，不应使用矿渣硅酸盐水泥。每立方米的混凝土最大水泥用量不应超过450公斤。水灰比不宜大于0.5，混凝土宜掺用减水剂。

第 4.4.2 条 为改善混凝土性能所采用的其他外加剂，应符合国家现行有关规范的规定。

第 4.4.3 条 混凝土粗骨料的粒径，不应超过筒壁厚度的1/5和钢筋净距的3/4，同时最大粒径不应超过60毫米。

筒壁顶部10米高度范围内和采用双滑或内砌外滑方法施工的环形悬臂不宜采用石灰石作粗骨料。

第 4.4.4 条 浇筑混凝土时，应沿筒壁圆周均匀地分层进行，每层厚度为250～300毫米，并用振动器振捣密实。

浇筑混凝土时，应对称地变换浇筑方向，防止模板向一个方向倾斜和扭转。

第 4.4.5 条 振捣混凝土时，不得触动支承杆、钢筋和模板。振动棒的插入深度不应超过前一层混凝土内50毫米。在提升模板时，不得振捣混凝土。

第 4.4.6 条 筒壁施工时应尽量减少施工缝。对施工缝的处理，应先清除松动的石子，冲洗干净，再铺20～30毫米厚的1:2水泥砂浆层，然后继续浇筑上层混凝土。

如混凝土和钢筋被油污染时，应清理干净。

第 4.4.7 条 采用双滑施工方法时，应采取有效的措施，以保证筒壁和内衬的厚度，并应防止筒壁混凝土与内衬特种混凝土相互渗透和混淆。

第 4.4.8 条 浇筑筒壁混凝土时，每5米高度应取一组混凝土试块，以检验其28天龄期的强度。如需检验其他龄期的强度或当原材料、配合比变更时，则应另取混凝土试块。

混凝土试块的制作、养护和检验应有专人负责。

第 4.4.9 条 混凝土脱模后，对其表面应及时进行修理，并浇水养护，保持经常湿润，其延续时间不应小于7昼夜。

筒壁混凝土也可采用薄膜养护剂进行养护。

第 4.4.10 条 筒壁内外表面需要涂刷防腐涂料或航空标志时，应待混凝土表面干燥，在 20 毫米深度内的含水率不大于 6%，表面的浮灰和油污等清除干净后，方可进行。防腐涂料的配制和施工，应按国家现行有关规范执行。

第五节 质量标准

第 4.5.1 条 钢筋混凝土烟囱中心线垂直度的允许偏差，不应超过表 4.5.1 的数值。

钢筋混凝土烟囱中心线垂直度的允许偏差　　表 4.5.1

项次	筒壁标高	允许偏差值
1	＜20m	35mm
2	40m	50mm
3	60m	65mm
4	80m	75mm
5	100m	85mm
6	120m	95mm
7	150m	110mm
8	180m	120mm
9	210m	130mm
10	240m	140mm
11	270m	150mm
12	300m	165mm

注：①表中允许偏差值系指一座烟囱在不同标高的允许偏差。

②中间值用插入法计算。

③烟囱中心线的测定工作，应在风荷和日照温差较小的情况下进行。

第 4.5.2 条 钢筋混凝土烟囱筒壁尺寸的允许偏差，不应超过表 4.5.2 的数值。

钢筋混凝土烟囱筒壁尺寸的允许偏差　　表 4.5.2

项次	名称	允许偏差值
1	筒壁的高度	筒壁全高的0.15%
2	筒壁的厚度	20mm
3	筒壁任何截面上的半径	该截面筒壁半径的1%，且不超过30mm
4	筒壁内外表面的局部凹凸不平（沿半径方向）	该截面筒壁半径的1%，且不超过30mm
5	烟道口的中心线	15mm
6	烟道口的标高	20mm
7	烟道口的高度和宽度	+30mm −20mm

第五章 内衬和隔热层

第 5.0.1 条 内衬可在筒壁完成后砌筑，亦可与筒壁同时施工。

注：内衬与筒壁进行立体作业时，必须采取有效的安全防护措施。

第 5.0.2 条 采用内砌外滑施工方法时，必须确保内衬砌体质量和隔热层位置的准确。

第 5.0.3 条 内衬材料应按设计要求采用。当设计无规定时，可按下列规定采用：

一、烟气温度低于400°C时，可采用75号普通粘土砖和25号水泥混合砂浆；

二、烟气温度为400～500°C时，可采用75号普通粘土砖和耐热砂浆；

三、烟气温度高于500°C时，可采用粘土质耐火砖和粘土火泥泥浆或耐火混凝土；

四、烟气有较强的腐蚀性时，可采用耐酸砖和耐酸胶泥或耐酸混凝土等。

第 5.0.4 条 耐热砂浆配合比可按表5.0.4采用。

耐热砂浆配合比　　表 5.0.4

材料名称	425 号普通硅酸盐水泥	掺合料		<5毫米	水
		粘土熟料粉	粘土火泥	粘土熟料	
重量比(%)	16	12	12	60	外加17.5

第 5.0.5 条 支承内衬的环形悬臂的上表面应用1:2水泥砂浆抹平，其水平偏差不得超过20毫米。

第 5.0.6 条 内衬应分层砌筑，不允许留直槎。砌体内的灰浆必须饱满。水平灰缝的饱满度：普通粘土砖不得低于80%；粘土质耐火砖和耐酸砖不得低于90%。垂直灰缝宜采用挤浆和加浆方法，使其灰浆饱满。

内衬的内表面均应勾缝。

第 5.0.7 条 内衬厚度为1/2砖时，应用顺砖砌筑，互相交错半砖；厚度为1砖时，应用顶砖砌筑，互相交错1/4砖（异型砖应交错其宽度的1/2）。

第 5.0.8 条 筒壁与内衬之间的空隙内，应防止落入泥浆或砖屑。如设计规定填充隔热材料时，应在内衬每砌好10层砖后填充一次。

在施工过程中应经常检查各种隔热层的厚度是否正确，填充是否饱满，特别应使防沉带下部的隔热层饱满。

第 5.0.9 条 耐酸胶泥、耐酸砂浆和耐酸混凝土的拌制、浇筑和养护均应在温度不低于15°C的条件下进行。施工时必须采取防水、防雨和不受温度骤变影响的措施。

酸化处理应按国家现行有关规范执行。

内衬灰缝厚度的允许增大值和允许增大灰缝的数量

表 5.0.10

项次	内衬的种类	灰缝厚度（毫米）	灰缝厚度的允许增大值（毫米）	在5平方米的表面上抽查10处允许增大灰缝的数量(处)
1	普通粘土砖和硅藻土砖	8	+4	7
2	粘土质耐火砖和耐酸砖	4	+2	5

第 5.0.10 条 内衬灰缝厚度的允许增大值和允许增大灰缝的数量不应超过表 5.0.10 的数值。

第 5.0.11 条 内衬表面上的局部凹凸不平，沿半径方向不得超过 30 毫米。

第 5.0.12 条 内衬表面需要涂刷防腐涂料时，可按本规范第 4.4.10 条的规定施工。

第六章 烟囱附件

第 6.0.1 条 砖烟囱的爬梯、围栏及其他埋设件，应在筒壁砌筑过程中安装，其埋设深度不应小于 1 砖长。

避雷器导线埋设件的埋设深度可为 1／2 砖长。

第 6.0.2 条 钢筋混凝土烟囱的爬梯和信号台的埋设件，应在浇筑混凝土前固定在筒壁外层钢筋的内部。爬梯埋设件位置的允许偏差为 20 毫米，信号台埋设件位置的允许偏差为 10 毫米。埋设件的丝扣应妥善保护，不得污损。

第 6.0.3 条 爬梯、信号台等金属零件，应在安装前将外露部分涂刷防锈剂，安装后在连接处再补刷一遍。

第 6.0.4 条 烟囱附件的螺栓均应拧紧，不得遗漏。爬梯及其围栏应上下对正。

第 6.0.5 条 烟囱避雷器的零件应焊接牢固。避雷器的接地极宜在基坑回填土时埋设。

避雷器安装完成后，应检查接地电阻，其数值不得大于设计要求。

第 6.0.6 条 避雷器和信号灯的安装应按国家现行《电气装置安装工程施工及验收规范》执行。

第 6.0.7 条 安装烟囱保护罩时，筒首顶面应先用水泥砂浆找平，并使其粘结牢固。

第 6.0.8 条 烟囱应按设计要求设置沉降、倾斜观测点和测温孔，并应定期进行观测。

第七章　冬季施工

第一节　一般规定

第 7.1.1 条　根据当地多年气温资料，日平均气温连续五天稳定低于 5℃时，烟囱工程的施工，除应按本规范其他章节的规定执行外，尚应符合本章的规定。

第 7.1.2 条　烟囱工程冬季施工时，可根据工程结构和气温条件，选用适宜的方法。

第 7.1.3 条　冬季施工时，砖烟囱筒壁应进行强度验算。钢筋混凝土烟囱筒壁和基础应进行热工计算。

第二节　基　础

第 7.2.1 条　烟囱基础冬季施工时，可采用下列方法:

一、环形和圆形板式基础当最低气温高于−10℃时，宜采用综合蓄热法施工，低于−10℃时宜采用暖棚法施工。

二、薄壳基础在负温度下宜采用暖棚法施工。

第 7.2.2 条　挖好的基坑如需留待过冬后才浇筑基础，必要时应予以保温，防止基土受冻。

第 7.2.3 条　当基础底板下的基土有可能冻胀时，除回填好基坑土方外，并应在环壁内铺设保温层。

第三节　砖烟囱筒壁

第 7.3.1 条　砖烟囱筒壁冬季施工时，可采用下列方法:

一、活动暖棚法：在筒壁内部加热，使砌体在温度不低于 15℃的暖棚内保持 4～5 昼夜。

二、半冻结法：在工作台以下的筒壁内部进行加热，其上部砌体允许暂时冻结，待工作台移至上一段后再行加热。

三、冻结法：在稳定的负温度下，可采用冻结法砌筑。

注：①采用冻结法或半冻结法时，筒壁有洞口的砌体部分，应在暖棚内砌筑，并在温度不低于 15℃的条件下保持 7 昼夜以上。

②采用半冻结法和外工作台施工时，筒壁内应设置保温盖板，并随砌筑随提升。

第 7.3.2 条　采用冻结法砌筑时，筒壁水平截面的计算应力不应超过砌体融解期的抗压强度。砌体融解期的抗压强度可按表 7.3.2 采用。

冻结法砌体融解期的抗压强度

(0.1 兆帕≈1 公斤／平方厘米)　　**表 7.3.2**

砌体种类	砖的标号		
	150	100	75
普通粘土砖	9	6.5	5

注：①取安全系数 $K=2$。

②30米以下的砖烟囱筒壁，采用冻结法砌筑时，可不核算筒壁水平截面的计算应力。

第 7.3.3 条　当筒壁水平截面的计算应力超过冻结法砌体融解期的抗压强度时，可采用半冻结法砌筑，其砌体的抗压强度可用表 7.3.2 的值乘上表 7.3.3 的砌体加强系数求得。

第 7.3.4 条　砌体加热时的融解深度可按表 7.3.4 采用。

采用半冻结法的砌体加强系数　　表 7.3.3

砂浆标号	砌体加热时的融解深度为整个壁厚的%		
	20～40	41～60	61以上
25	1.15	1.4	1.7
50	1.2	1.6	1.9

砌体加热时的融解深度(壁厚的%)　　表 7.3.4

项次	平均气温(°C)		融解时间(昼夜)											
			2砖				2½砖				3砖			
	筒壁外部	筒壁内部	5	10	15	28	5	10	15	28	5	10	15	28
1	－5	＋15	50	60	65	70	40	55	60	70	35	50	55	70
2	－5	＋25	65	75	80	80	55	70	75	80	50	65	70	80
3	－15	＋15	30	30	35	35	25	30	35	35	25	30	35	35
4	－15	＋25	40	45	45	45	35	45	50	50	35	45	50	50
5	－25	＋15	10	15	15	15	10	15	20	20	15	20	20	20
6	－25	＋25	30	30	30	30	30	30	35	35	30	30	35	35

第 7.3.5 条　普通粘土砖在正温度条件下砌筑时，应适当浇水湿润；在负温度条件下砌筑时，应适当增大砂浆的稠度，但不得浇水。

第 7.3.6 条　采用冻结法或半冻结法砌筑时，砖不需加热，但不得附有冰雪。每日砌筑后应在砌体表面覆盖保温材料。如采用暖棚法砌筑时，砖的预热温度不应低于5°C。

第 7.3.7 条　砌筑时砂浆的最低温度，可按表7.3.7采用。

第 7.3.8 条　冬季砌筑筒壁，如设计无要求，当日最低气温高于－25℃时，砂浆标号应比设计规定的提高一级；当日最低气温低于－25℃时，则应提高二级。

砌筑时砂浆的最低温度　　表 7.3.7

项次	外部气温（℃）	砂浆的最低温度（℃）
1	0～－10	+10
2	－11～－15	+15
3	－15 以下	+20

第 7.3.9 条　为提高砂浆的早期强度，可在砂浆内掺入氯化钠或氯化钙等早强剂。此时，砌体中配置的钢筋应作防腐处理。

第 7.3.10 条　采用半冻结法砌筑时，筒壁内工作台以下的温度不应低于表 7.3.10 的规定。

筒壁内工作台以下的最低温度　　表 7.3.10

项次	外部气温（℃）	筒壁内的最低温度（℃）
1	0～－10	+15
2	－11～－20	+20
3	－21 以下	+25

第 7.3.11 条　采用冻结法砌筑时，当砌砖结束后，应立即在筒壁内部加热。加热时，应沿全圆周均匀、缓慢地进行。加热时间应持续至砌体获得所需要的强度为止，根据砌体厚度的不同，宜为 7～14 昼夜。

第 7.3.12 条　筒壁加热时，应仔细地观察其下沉量和垂直度。当出现设计不允许的变形时，应停止加热，直至查明原因，并将其消除为止。

第 7.3.13 条 筒壁上的环箍应在加热前安装完毕。

第四节 钢筋混凝土烟囱筒壁

第 7.4.1 条 钢筋混凝土烟囱筒壁采用移置模板进行冬季施工时，可采用活动暖棚法或电热法等。

第 7.4.2 条 冬季施工时，混凝土的标号应比设计规定的提高一级。

第 7.4.3 条 混凝土浇筑后的温度不宜低于 10℃。

第 7.4.4 条 混凝土的加热养护，应持续至混凝土强度在筒壁 1／2 高度以下部分达到设计标号的 70%；1／2 高度以上部分达到 50%时，方可停止。

第 7.4.5 条 采用活动暖棚法施工时，暖棚内的温度不应低于 15℃。

第 7.4.6 条 采用干燥的热风加热筒壁时，应使筒壁内的空气湿润。

第 7.4.7 条 采用电热法施工时，可分别利用内外金属模板作正负极，电压不得高于 55 伏。

混凝土浇筑前，应对电路进行通电检验。

第五节 内 衬

第 7.5.1 条 砌筑普通粘土砖和粘土质耐火砖内衬时，工作地点的气温不应低于 5℃；砌筑耐酸砖内衬时，不应低于 15℃。

第 7.5.2 条 以水泥混合砂浆或水泥砂浆砌筑普通粘土砖内衬时,也允许采用冻结法施工。

第 7.5.3 条 采用冻结法或半冻结法砌筑的砖烟囱，其内衬应在筒壁砌完并加热后再行砌筑。

第八章 工 程 验 收

第 8.0.1 条 验收烟囱时，应检查烟囱中心线垂直度、高度和顶部内外直径；烟道口的位置和尺寸；避雷器接地电阻和信号灯的安装质量等。

第 8.0.2 条 验收烟囱时，应提出下列技术资料：

一、竣工图；

二、设计变更和材料代用的证件；

三、原材料、半成品和成品的出厂合格证或检验报告单；

四、混凝土和砂浆试块的强度检验报告；

五、钢筋焊接接头的试验数据；

六、隐蔽工程验收记录和分部分项工程质量检查记录；

七、工程测量成果，包括沉降观测记录；

八、其他资料。

第九章　施　工　安　全

第 9.0.1 条　烟囱施工时，必须制订安全操作规程、岗位责任制和交接班制度等。

第 9.0.2 条　凡高空作业人员，必须经过医生检查身体合格，并应经过安全技术教育和考试合格。

第 9.0.3 条　烟囱周围应设立施工危险区，其范围：100米以下的烟囱距筒壁不宜少于10米；100米以上的烟囱不宜少于烟囱高度的1/10。施工危险区应设立明显标志。在危险区内的通道上应搭设保护棚。

第 9.0.4 条　在烟囱内部距地面2.5～5米高度处应搭设保护棚。如有灰斗平台时，可利用灰斗平台作为保护棚。

第 9.0.5 条　安装钢管竖井架时，应每隔15～20米高度拉设一道缆风绳。

第 9.0.6 条　施工筒壁时，在筒壁与钢管竖井架之间，每隔10米高度应安装一道柔性连接器，每隔20米高度应搭设一座内保护棚。

注：在内保护棚处，可不安装柔性连接器。

第 9.0.7 条　钢管竖井架应接地。无井架滑动模板应设有避雷器。接地电阻不应大于10欧姆。

第 9.0.8 条　在钢管竖井架人行爬梯孔的四周应安设铁丝保护网。

第 9.0.9 条　工作台的周围应设置围栏和保护网，内外吊梯的外侧和底部以及工作台的底部均应设置保护网。

第 9.0.10 条　提升罐笼的卷扬机应设有防止冒顶和蹲罐的限位开关以及行程高度指示器、电磁抱闸应工作可靠。

第 9.0.11 条　乘人和上料罐笼应设有断绳安全卡和行程限位开关。乘人罐笼尚应增设保险钢丝绳。使用前必须进行安全效果试验，使用过程中应经常检查。在烟囱底部罐笼停放处应设有缓冲装置。

第 9.0.12 条　垂直运输系统上下滑轮应设有防止钢丝绳脱槽的装置，并应有专人检查和维护。

第 9.0.13 条　无井架滑动模板提升时，应遵守先放松滑道绳后提升工作台的操作程序，并使滑道绳放松的长度大于工作台一次提升的高度。滑道绳宜设测力装置，拉紧力应符合施工方案的要求。

第 9.0.14 条　无井架滑动模板施工时，外爬梯应随筒壁的滑升而及时安装，以便在停电或紧急情况时，施工人员可沿外爬梯下至地面。

第 9.0.15 条　滑动模板施工时，应经常注意各种异常现象；如模板和围圈收分受阻、提升架倾斜、支承杆失稳和漏焊、混凝土局部坍落等，应及时查明原因进行处理。

第 9.0.16 条　在筒壁施工过程中，随着筒壁的增高而直径变小时，应及时缩小工作台，减少迎风面积。

第 9.0.17 条　在高空中拆除工作台时，必须制订拆除方案，在统一指挥下进行作业。

第 9.0.18 条　高空作业的电源应采用不高于 36 伏的低压电。如采用 220 或 380 伏电源时，线路必须采用橡皮绝缘电缆，并应装有触电保护器。

第 9.0.19 条　夜间施工时，在工作台、内外吊梯、钢管竖井架、卷扬机房、搅拌站以及各运输通道等处，应有充足的照明。

第 9.0.20 条 在烟囱底部、工作台上与卷扬机房之间，应按设声光信号及通讯联络设备。

第 9.0.21 条 当工作台上遇到六级以上的大风或雷雨时，所有高空作业必须停止，施工人员应迅速下到地面，并切断电源。

第 9.0.22 条 工作台上和烟囱底部均应备有灭火器。

附录一 烟囱烘干

一、常温季节施工的烟囱，可于临近生产前烘干；用冻结法砌筑的砖烟囱，在砌砖结束后，必须立即加热和烘干；通风烟囱可不烘干。

二、烘干烟囱前，应根据烟囱的结构和施工季节等制订烘干温度曲线和操作规程。其主要内容应包括：烘干期限、升温速度、恒温时间、最高温度、烘干措施和操作要点等。

烘干后不立即投入生产的烟囱，在烘干温度曲线中还应

烟囱的烘干时间(昼夜) 附表 1.1

项次	烟囱高度（米）	砖烟囱				钢筋混凝土烟囱	
		常温施工		冬季施工		常温施工	冬季施工
		无内衬的	有内衬的	无内衬的	有内衬的	有内衬的	
1	40以下	3	4	5	7		
2	41～60	4	5	6	8	3	4
3	61～80	5	6	8	10	4	5
4	81～100	7	8	10	13	5	6
5	101～150					6	8
6	151～200					8	10
7	200以上					10	12

注：①采用冻结法砌筑的砖烟囱，而且烘干后又不立即投入生产的，其烘干时间应增加2～3昼夜。在此时间内，应保持在烘干温度曲线内所规定的最高温度。

②冬季已经烘干过的，但到生产前相隔了两个月以上的烟囱，应在第二次烘干后再投入生产，其烘干时间可减少一半。

注明降温速度。当降到100°C时，将烟道口堵死，让其自然冷却。

三、烟囱的烘干时间可按附表1.1采用。

四、烘干烟囱时，应逐渐地升高温度，其最高温度可按附表1.2采用。

烘干最高温度　　　　**附表 1.2**

烟囱分类	砖烟囱		钢筋混凝土烟囱
	无内衬的	有内衬的	有内衬的
烘干最高温度(°C)	250	300	200

注：如烟囱设计温度低于烘干最高温度时，则烘干最高温度不应超过设计温度。

五、从工业炉（尤其是焦炉和平炉）往烟囱内排放烟气时，在最初阶段应系统地检查烟气的成分，调整燃烧过程，不得有燃烧不完全的气体通过缝隙和闸板流入烟囱，以免气体在烟囱内燃烧和爆炸。

六、烟囱烘干后如有裂缝，应进行修理。已经烘干的砖烟囱，在冷却后应再次拧紧筒壁上环箍的螺栓。

附录二　本规范用词说明

一、执行本规范条文时，对于要求严格程度的用词说明如下，以便在执行中区别对待：

1.表示很严格，非这样作不可的用词，

正面词采用“必须”

反面词采用“严禁”。

2.表示严格，在正常情况下均应这样作的用词：

正面词采用“应”；

反面词采用“不应”或“不得”。

3.表示允许稍有选择，在条件许可时首先应这样作的用词：

正面词采用“宜”或“可”，

反面词采用“不宜”。

二、条文中指明必须按其他有关标准、规范执行的写法为，“应按……执行”或“应符合……要求或规定”。非必须按所指定的标准、规范执行的写法为，“可参照……”。

附加说明：

本规范主编单位、参加单位和主要起草人名单

主编单位：冶金工业部第二冶金建设公司工业筑炉工程公司

参加单位：中国建筑工程三局第一建筑工程公司

陕西省建筑科学研究所

冶金工业部第二十二冶金建筑公司工业筑炉工程公司

主要起草人：孙　建　李伯符　许业新　张克文　于春江

中华人民共和国国家标准

人防工程施工及验收规范

GBJ 134—90

主编部门：中华人民共和国人民防空委员会
批准部门：中 华 人 民 共 和 国 建 设 部
施行日期：1 9 9 1 年 5 月 1 日

关于发布国家标准《人防工程施工及验收规范》的通知

（90）建标字第298号

根据国家计委计综[1985]1号文的通知要求，由中华人民共和国人民防空委员会会同有关部门共同制订的《人防工程施工及验收规范》，已经有关部门会审。现批准《人防工程施工及验收规范》GBJ 134—90为国家标准，自1991年5月1日起施行。

本规范由中华人民共和国人民防空委员会管理，其具体解释等工作由辽宁省人民防空办公室负责。出版发行由建设部标准定额研究所负责组织。

中华人民共和国建设部
1990年6月23日

编 制 说 明

本规范是根据国家计委计综[1985]1号文的通知要求，由总参谋部工程兵部组织辽宁省人民防空办公室、上海市人民防空办公室等单位共同编制的。

本规范在编制过程中，贯彻了国家基本建设的有关方针政策，进行了比较广泛的调查研究和必要的科学试验，吸取了建国以来的工程实践经验和科研成果，参考了国内外有关标准和技术资料，征求了全国有关单位的意见，最后经有关部门审查定稿。

本规范共有十五章和两个附录，其主要内容有：总则；坑道、地道掘进；不良地质地段施工；混凝土衬砌；顶管施工；盾构施工；地下连续墙施工；旋喷桩施工；土层锚杆施工；树根桩施工；孔口防护设施的制作及安装；管道与附件安装；设备安装；设备安装工程的防腐、消音、防火；设备安装工程的验收等。

在本规范实施过程中，请注意积累资料，总结经验。如发现有需要修改和补充之处，请将意见和有关资料寄辽宁省人防工程设计科研所，以供今后修订时参考。

中华人民共和国人民防空委员会

1990年6月

第一章 总 则

第 1.0.1 条 为使人防工程施工符合技术先进、经济合理、安全适用、确保质量和平战结合的要求，特制定本规范。

第 1.0.2 条 本规范适用于新建、扩建和改建的各类人防工程的施工及验收。

第 1.0.3 条 人防工程施工前，应具备下列文件：

一、工程地质勘察报告；

二、完整的工程施工图纸；

三、施工区域内原有地下管线、地下构筑物的图纸资料；

四、经过批准的施工组织设计或施工方案；

五、必要的试验资料。

第 1.0.4 条 工程施工应符合设计要求。所使用的材料、构件和设备，应具有出厂合格证并符合产品质量标准；当无合格证时，应进行检验，符合质量要求方可使用。

第 1.0.5 条 当工程施工影响邻近建筑物、构筑物或管线等的使用和安全时，应采取有效措施进行处理。

第 1.0.6 条 工程施工中，对隐蔽工程应作记录，并应进行中间或分项检验，合格后方可进行下一工序的施工。

第 1.0.7 条 工程在冬期施工时，应采取防冻措施。

第 1.0.8 条 设备安装工程应与土建工程紧密配合，土建主体工程结束并检验合格后，方可进行设备安装。

第 1.0.9 条 人防工程施工及验收，除应遵守本规范外，尚应符合国家现行有关标准规范的规定。

第二章 坑道、地道掘进

第一节 一般规定

第 2.1.1 条 本章适用于岩层中坑道、地道的掘进施工及验收。

第 2.1.2 条 穿越建筑物、构筑物、街道、铁路等的坑道、地道掘进时，应采取连续作业和可靠的安全措施。

第 2.1.3 条 坑道、地道的轴线方向、高程、纵坡和口部位置均应符合设计要求。

第 2.1.4 条 通过松软破碎地带的大断面坑道、地道宜采用导洞超前掘进的施工方法。导洞超前长度应根据地质情况、导洞的布置和通风条件等因素经综合技术经济比较后确定。

第 2.1.5 条 坑道、地道掘进时，应采取湿式钻孔、洒水装碴和加强通风等综合防尘措施。

第二节 施工测量

第 2.2.1 条 施工中应对轴线方向、高程和距离进行复测。复测应符合下列要求：

一、复测轴线方向时，每个测点应进行两个以上测回；

二、复测高程时，水准测量的前后视距宜相等，水准尺的读数应精确到毫米；

三、复测两标桩之间轴线长度时，应采用钢尺测量，其偏差不应超过0.2‰。

第 2.2.2 条 口部测量应符合下列要求：

一、应根据口部中心桩测设底部起挖桩和上部起挖桩；在明显和便于保护的地点设置水准点，并应设高程标志；

二、在距底部起挖桩和上部起挖桩3m以外，宜各设一对控制中心桩；

三、在洞口掘进5m以后，宜在洞口底部埋设标桩。

第 2.2.3 条 坑道、地道掘进必须标设中线和腰线，并应符合下列要求：

一、宜采用经纬仪标设坑道、地道的方向。当采用经纬仪标设方向时，宜每隔30m设一组中线，每组不应少于3条，其间距不宜小于2m；

二、宜采用水准仪标设坑道、地道的坡度。当采用水准仪标设坡度时，宜每隔20m设3对腰线点，其间距不宜小于2m；

三、坑道、地道掘进时，每隔100m应对中线和腰线进行一次校核。

第三节 工程掘进

第 2.3.1 条 坑道、地道掘进应采用光面爆破。光面爆破的爆破参数，可按下列规定采用：

一、炮孔深度为1.8～3.5m；

二、周边炮孔间距为350～600mm；

三、周边炮孔密集系数为0.5～1.0；

四、周边炮孔药卷直径为20～25mm；

五、当采用2号岩石硝铵炸药时，周边炮孔单位长度装药量：软岩为70～120g/m，中硬岩为200～300g/m；硬岩为300～350g/m。

第 2.3.2 条 当掘进对穿、斜交、正交坑道、地道时，必须有准确的实测图。当两个作业面相距小于或等于15m时，应停止一面作业。

第 2.3.3 条 钻孔作业应符合下列要求：

一、钻孔前应将作业面清出实底；

二、必须采用湿式钻孔法钻孔，其水压不得小于0.3MPa，风压不得小于0.5MPa；

三、严禁沿残留炮孔钻进。

第 2.3.4 条 爆破作业应符合下列要求：

一、严禁采用不符合产品标准的爆破材料；

二、过期的爆破材料，必须经过检验，符合质量要求时方可使用；

三、在有地下水的地段，所用爆破材料应符合防水要求。

第 2.3.5 条 坑道、地道掘进宜采用火花起爆或电力起爆。当采用火花起爆时，每卷导火索在使用前均应将两端各切去50mm，并从一端取1m作燃速试验；导火索的长度应根据点火人员在点燃全部导火索后能隐蔽到安全地点所需的时间确定，但不得小于1.2m。当采用电力起爆时，电雷管使用前，应进行导电性能检验，输出电流不应大于50mA；在同一爆破网路内，当电阻小于1.2Ω时，雷管的电阻差不应大于0.2Ω；当电阻为1.2～2Ω时，电阻差不应大于0.3Ω；电爆母线和连接线必须采用绝缘导线。

第 2.3.6 条 当施工现场的杂散电流值大于30mA时，不宜采用电力起爆。当受条件限制需采用电力起爆时，应采取下列防杂散电流的措施：

一、检查电气设备的接地质量；

二、爆破导线不得有破损和裸露接头；

三、应采用紫铜桥丝低电阻电雷管或无桥丝电雷管，并应采用高能发爆器引爆。

第 2.3.7 条 运输轨道的铺设，应符合下列要求：

一、钢轨型号：人力推斗车不宜小于8kg/m，机车牵引不应小于15kg/m；

二、线路坡度：人力推斗车不宜超过15‰，机车牵引不宜超过25‰，洞外卸碴线尽端应设有5‰～10‰的上坡段；

三、轨道的宽度允许偏差应为+6mm、-4mm，轨顶标高偏差应小于2mm，轨道接头处轨顶水平偏差应小于3mm；

四、曲线段轨距加宽值及外轨超高值宜符合表2.3.7的要求；

五、采用机车牵引时，曲线段两钢轨之间应加拉杆。

曲线段轨距加宽值及外轨超高值　　表 2.3.7

曲线半径	轨距加宽值(mm)		外轨超高值(mm)	
	轨　距		轨　距	
(m)	600	750	600	750
6	15	15	30	35
8	10	10	25	30
10	10	10	20	25
12	10	10	15	20
14	10	10	10	15
15	5	10	10	15

第 2.3.8 条 坑道内采用汽车运输时，车行道的坡度不宜大于12%；单车道净宽不得小于车宽加2m；双车道净宽不得小于2倍车宽加2.5m。

第 2.3.9 条 车辆运行速度和前后车距离，应符合下列要求：

一、机车牵引列车，在洞内车速应小于2.5m/s；在洞外车速应小于3.5m/s。前后列车距离应大于60m。

二、人力推斗车车速应小于1.7m/s，前后车距离应大于20m。

三、人力手推车车速应小于1m/s，前后车距离应大于7m。

四、自卸汽车在洞内行车速度应小于10km/h。

第 2.3.10 条 斗车和手推车均应有可靠的刹车装置，严禁溜放跑车。

第 2.3.11 条 掘进工作面需风量的计算，应符合下列要求：

一、按掘进工作面同时工作的最多人数计算，每人每分钟的新鲜空气量不应小于$4m^3$；

二、风流速度不得小于0.15m/s；

三、掘进工作面的呼吸性粉尘浓度不应大于$2mg/m^3$。

第 2.3.12 条 掘进工作面的通风，应符合下列要求：

一、当采用混合式通风时，压入式扇风机的出风口与抽出式扇风机的人风口的距离不得小于15m。

二、当采用风筒接力通风时，扇风机间的距离，应根据扇风机的特性曲线和风筒阻力确定；接力通风的风筒直径不得小于400mm；每节风筒直径应一致，在扇风机吸入口一端应设置长度不小于10m的硬质风筒。

三、压入式扇风机和启动装置，必须安装在进风通道中，与回风口的距离不得小于10m。

四、扇风机与工作面的电气设备，应采用风、电闭锁装置。

第四节 工程验收

第 2.4.1 条 坑道、地道掘进允许偏差应符合表2.4.1的要求。

坑道、地道掘进允许偏差　　表 2.4.1

项　　目	允许偏差(mm)
口部水平位置偏移	100
口部标高	±100
毛洞坡度(两洞口间)	±10%
毛洞宽度 (从中线至任何一帮)	+100 -20
毛洞高度 (从腰线分别至底部、顶部)	+100 -30
预留孔中心线位置偏移	20
预留洞中心线位置偏移	50

第 2.4.2 条 毛洞局部超挖不得大于150mm，且其累计面积不得大于毛洞总面积的15%。

第 2.4.3 条 毛洞中心线局部偏移不得超过200mm，且其累计长度不得大于毛洞全长的15%。

第 2.4.4 条 毛洞坡度局部偏差不得超过20%，且其累计长度不得大于毛洞全长的20%。

第三章　不良地质地段施工

第一节　一　般　规　定

第 3.1.1 条　当坑道、地道掘进后围岩自稳时间不能满足支护要求时，宜采用先加固后掘进的方法。

第 3.1.2 条　工程通过不良地质地段，应符合下列要求：

一、宜采用风镐等机械挖掘；

二、当采用爆破掘进时，应打浅眼、放小炮，并应控制掘进进尺和炮孔装药量；

三、应采用新奥法，边掘进，边量测，边衬砌；

四、当不采用全断面掘进时，掘进后应立即进行临时支护，并应根据支护状况和量测结果，再进行全断面掘进和永久衬砌；

五、当工程上方有建筑物、构筑物时，在掘进过程中应测量围岩的位移、地面的沉降量和锚杆、喷层等的受力状况。

第二节　超前锚杆支护

第 3.2.1 条　在未扰动而破碎的岩层、结构面裂隙发育的块状岩层或松散渗水的岩层中掘进坑道、地道，宜采用超前锚杆支护。

第 3.2.2 条　超前锚杆宜采用有钢支撑的超前锚杆或悬吊式超前锚杆。锚杆的尾部支撑必须坚固(见图3.2.2-1、图3.2.2-2)。

第 3.2.3 条　锚杆与毛洞轴线的夹角应根据地质条件确定，并应符合下列要求：

一、在未扰动而破碎的岩层中，宜采用全长固结砂浆锚杆，其与毛洞轴线夹角宜为12°～20°；

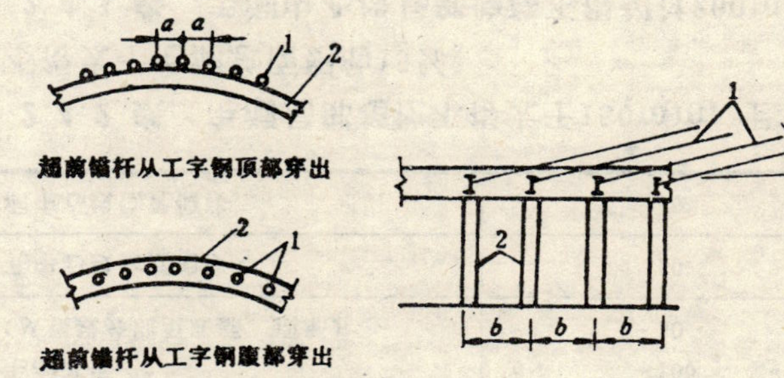

图 3.2.2-1　有钢支撑的超前锚杆

1—锚杆；2—钢支撑

a—锚杆间距；b—钢支撑间距；α—锚杆倾角

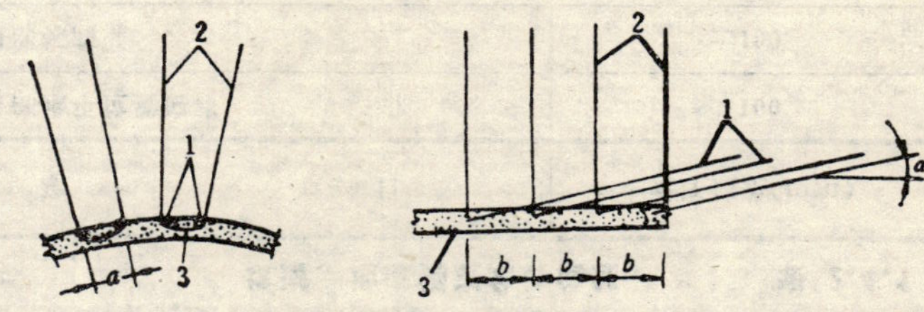

图 3.2.2-2　悬吊式超前锚杆

1—超前锚杆；2—径向锚杆；3—横向连接短筋

a—超前锚杆间距；b—爆破进尺；α—锚杆倾角

二、在结构面裂隙发育的块状岩层中，宜采用全长固结砂浆锚杆，其与毛洞轴线夹角宜为35°～50°；

三、在松散渗水的岩层中，宜采用素锚杆，其与毛洞轴线夹角宜为6°～15°。

第 3.2.4 条 锚杆的长度可按下式确定（图3.2.4）。

$$L=a+b+c \qquad (3.2.4)$$

式中 L——锚杆长度（mm）；

a——锚杆尾部长度，宜为200mm；

b——开挖进尺（mm）；

c——在围岩中的锚杆前端长度，不宜小于700mm。

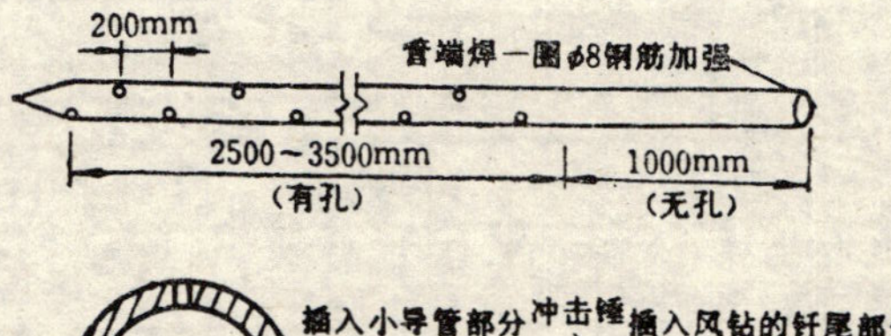

图 3.2.4 超长锚杆长度

第 3.2.5 条 锚杆间距应根据围岩状况确定。当采用单层锚杆时，宜为200～400mm；当采用双层或多层锚杆时，宜为400～600mm。

第 3.2.6 条 上、下层锚杆应错开布置，且层间距不宜大于2m。

第 3.2.7 条 锚杆宜采用热轧Ⅱ级钢筋或热轧钢管。钢筋直径宜为18～22mm，钢管直径宜为32～38mm。

第三节 小导管注浆支护

第 3.3.1 条 当在松散破碎、浆液易扩散的岩层中掘进坑道、地道时，宜采用小导管注浆支护。

第 3.3.2 条 小导管宜采用直径为32～38mm、长度为3.5～4.5m的钢管。钢管管壁应钻梅花形布置的小孔，其孔径宜为3～6mm。钢管管头应削尖（图3.3.2）。

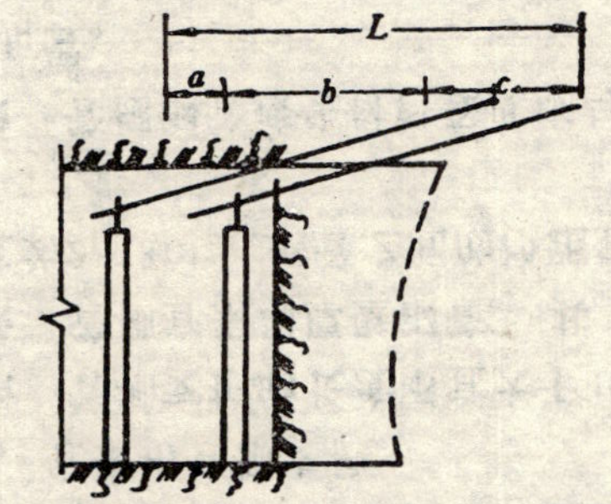

图 3.3.2 小导管结构

第 3.3.3 条 小导管的安装应符合下列要求：

一、小导管间距应根据围岩状况确定。当采用单层小导管时，其间距宜为200～400mm；当采用双层小导管时，其间距宜为400～600mm。

二、上、下层小导管应错开布置，其排距不宜大于其长度的1/2。

三、小导管外张角度应根据注浆胶结拱的厚度确定，宜为10°～25°。

第 3.3.4 条 小导管注浆应符合下列要求：

一、注浆前，应向作业面喷射混凝土，喷层厚度不宜小于50mm。

二、浆液可为水泥浆或水泥砂浆。当采用水泥砂浆时，其配合比宜为1:1～1:3，并应采用早强水泥或掺入早强剂。

在岩层中注浆应取偏小值；在松散体中注浆应取偏大值。当浆液扩散困难时，其砂浆配合比可为1:0.5。

三、注浆量和注浆压力应根据试验确定。

四、在特殊地质条件下，可采用加硅酸钠、三乙醇胺等双液注浆。

五、注浆顺序应由拱脚向拱顶逐管注浆。

第 3.3.5 条 当浆液固结强度达到10MPa和拱部开挖后不坍塌时，方可继续掘进。

第四节 管 棚 支 护

第 3.4.1 条 在回填土堆积层、断层破碎带等地层中掘进坑道、地道，宜采用管棚支护。

第 3.4.2 条 管棚支护的长度不宜大于40m。

第 3.4.3 条 管棚宜采用厚壁钢管。其直径不应小于100mm；长度宜为2～3m。钢管之间的净距宜为400～700mm。

第 3.4.4 条 管棚钢管接头材料强度应与钢管强度相等。接头应交错布置。

第 3.4.5 条 在岩层中钻孔，钻头直径宜比钢管直径大4mm。

第 3.4.6 条 管棚应靠近拱顶布置，管棚钢管与衬砌的距离应小于400mm。

第 3.4.7 条 在钻孔过程中，应及时测量钻孔方位。当钻孔钻进深度小于或等于5m时，方位测量不宜少于8次；当钻进深度大于5m时，每钻进2～3m应进行一次方位测量。对每次测量的钻孔方位，其允许偏差不应超过1%。

第 3.4.8 条 当钻孔偏斜超过允许偏差时，应在孔内注入水泥砂浆，并待水泥砂浆的强度达到10MPa后，方可重新钻孔。

第 3.4.9 条 钻孔完毕，并经检查其位置、方向、深度、角度等均符合要求后，方可进行管棚施工。

第 3.4.10 条 当钻进过程中易产生塌孔时，宜以钢管代替钻杆，在钢管前端镶焊合金片，并随钻随接钢管。

第 3.4.11 条 当要求控制坑道、地道上方的地面下沉时，钢管外的空隙应注浆充填密实。

第 3.4.12 条 管棚注浆应符合下列要求：

一、钢管安装完毕，应将管内岩粉冲洗干净；

二、水泥浆的水灰比宜为0.5～1.0；

三、水泥浆注浆压力不应大于0.2MPa；

四、水泥砂浆注浆压力不应小于0.2MPa。

第四章　混凝土衬砌

第一节　模板的加工及安装

第 4.1.1 条　木模板加工应符合下列要求：

一、模板及支架的木材，应无虫蛀、腐蚀、变形、裂缝。严禁使用含水率大于25%的木材。

二、模板贴靠混凝土的一面应刨光。

三、模板节点应结合牢固，接榫受力可靠；模板尺寸应准确，拼缝严密。

四、拱板宽度应根据衬砌跨度和弧度确定；模板长度宜为1～2个拱架间距。

五、模板加工完毕，应进行试配检查，分类堆放。

第 4.1.2 条　钢模板加工应符合下列要求：

一、用作模板的钢板厚度不应小于3.5mm；

二、模板应便于装配和拆除；

三、模板应平整光滑，拼缝严密；

四、模板上螺栓孔的位置应保证任意两块模板上下、左右均可相互连接；

五、模板应有足够的刚度。

第 4.1.3 条　在安装模板时，应准确牢固地预埋穿墙管、铁件、木砖等。

第 4.1.4 条　模板安装的允许偏差应符合表4.1.4的要求。

模板安装允许偏差　　表 4.1.4

项	目	允许偏差(mm)
轴线位移		5
标　　高		±5
截面尺寸		±5
表面平整度		5
预埋管、预留孔中心线位移		3
预埋螺栓	中心线位移	2
	外露长度	+10 0
预留洞	中心线位移	10
	截面内部尺寸	+10 0

第二节　混凝土浇筑

第 4.2.1 条　混凝土浇筑前，应对混凝土的配合比、模板、钢筋、预留孔洞等进行检查、记录。

第 4.2.2 条　对工程口部、防护密闭段、采光井、水库、水封井、防毒井、防爆井等有防护密闭要求的部位，应一次整体浇筑混凝土。

第 4.2.3 条　坑道、地道侧墙浇筑混凝土，宜采用活动钢外模；并宜将浇筑侧墙混凝土的厚度减少10mm。

第 4.2.4 条　浇筑混凝土时，应按下列要求制作试块：

一、口部、防护密闭段应各制作一组试块；

二、每浇筑100m³混凝土应制作一组试块；

三、变更水泥品种或混凝土配合比时，应分别制作试块；

四、防水混凝土应制作抗渗试块。

第 4.2.5 条 坑道、地道采用先墙后拱法浇筑混凝土时，应符合下列要求：

一、浇筑侧墙时，两边侧墙应同时分段分层进行；

二、浇筑顶拱时，应从两侧拱脚向上对称进行；

三、超挖部分在浇筑前，应采用毛石回填密实。

第 4.2.6 条 采用先拱后墙法浇筑混凝土时，应符合下列要求：

一、浇筑顶拱时，拱架标高应提高20～40mm；拱脚超挖部分应采用强度等级相同的混凝土回填密实。

二、顶拱浇筑后，混凝土达到设计强度的70%及以上方可开挖侧墙。

三、浇筑侧墙时，必须清除拱脚处浮碴和杂物。

第 4.2.7 条 采用泵送混凝土，应符合下列要求：

一、泵送前，应采用水、水泥浆或水泥砂浆润滑输送管道；

二、泵送时，受料斗内应充满混凝土；

三、当泵送间歇时间超过45min或浇筑完毕时，应采用压力水冲洗输送管内残留的混凝土。

第 4.2.8 条 后浇缝的施工，应符合下列要求：

一、后浇缝应设在受力和变形较小的部位，其宽度可为1m；

二、后浇缝应在其两侧混凝土龄期达到42d后施工；

三、施工前，应将接缝处的混凝土凿毛，清除干净，保持湿润，并刷水泥浆；

四、后浇缝应采用补偿收缩混凝土浇筑，其配合比应经试验确定，强度等级不应低于两侧混凝土；

五、后浇缝混凝土的养护时间不得少于28d。

第 4.2.9 条 施工缝的位置，应符合下列要求：

一、顶板、底板不宜设施工缝，顶拱、底拱不宜设纵向施工缝。

二、侧墙的水平施工缝应设在高出底板表面不小于500mm的墙体上。当侧墙上有孔洞时，施工缝距孔洞边缘不宜小于300mm。

三、当采用先墙后拱法时，水平施工缝宜设在起拱线以下300～500mm处。当采用先拱后墙法时，水平施工缝可设在起拱线处，但必须采取防水措施。

四、垂直施工缝应避开地下水和裂隙水较多的地段，并宜作为变形缝。

第 4.2.10 条 在施工缝上浇筑混凝土前，应将施工缝处的混凝土表面凿毛，清除杂物，冲洗干净，保持湿润；在施工缝表面宜铺上一层水泥砂浆，其厚度宜为20～25mm，灰砂比宜为1:1。

第三节 工程验收

第 4.3.1 条 混凝土应振捣密实。按梁、柱的件数和墙、板、拱有代表性的房间应各抽查10%，且不得少于3处。当每个检查件有蜂窝、孔洞、露筋时，其蜂窝、孔洞面积和露筋长度应符合下列要求：

一、梁、柱上任何一处的蜂窝面积不大于1000cm²，累计不大于2000cm²；孔洞面积不大于40cm²，累计不大于80cm²；露筋长度不大于10cm，累计不大于20cm。

二、墙、板、拱上任何一处的蜂窝面积不大于2000cm²，累计不大于4000cm²；孔洞面积不大于100cm²，累计不大于200cm²；露筋长度不大于20cm，累计不大于40cm。

第 4.3.2 条 混凝土结构尺寸的允许偏差应符合表 4.3.2的要求。

混凝土结构尺寸的允许偏差　　表 4.3.2

项	目	允许偏差(mm)
轴线位移		10
标　高	层　高	±10
	全　高	±30
截面尺寸	厚度小于200mm	±10
	厚度为200～400mm	±15
	厚度大于400mm	±20
柱、墙垂直度		5
表面平整度		8
预埋管、预留孔中心线位置偏移		5
预埋螺栓中心线位置偏移		5
预留洞中心线位置偏移		15
电 梯 井	井筒长、宽对中心线	+25 0
	井筒全高垂直度	H/1000且不大于20

注：H为电梯井筒全高(mm)。

第五章　顶　管　施　工

第一节　一　般　规　定

第 5.1.1 条 在膨胀土层中宜采用钢筋混凝土管顶管施工。施工时严禁采用水力机械开挖。在海水浸蚀或盐碱地区，采用钢管顶管施工时，应采取防腐蚀措施。

第 5.1.2 条 当顶管采用钢筋混凝土管时，混凝土强度不得小于30MPa。其管端面容许顶力宜采用下式计算：

$$[R_t]=\frac{CA}{100S}\quad (N) \qquad (5.1.2)$$

式中　R_t——管端面容许顶力（N）；

C——管体抗压强度（MPa）；

A——加压面积（cm^2）；

S——安全系数，一般为2.5～3.0。

第 5.1.3 条 当顶管采用钢管时，应符合下列要求：

一、宜采用普通低碳钢钢管，管壁厚度应符合设计要求；

二、钢管内径失圆度应小于5mm，两钢管端平接间隙应小于3mm。

第 5.1.4 条 顶管覆土厚度应大于顶管直径的2倍。

第二节　施　工　准　备

第 5.2.1 条 顶管工作井可采用钢筋混凝土沉井或由

地下连续墙等构筑。

第 5.2.2 条 顶管工作井的设置，应符合下列要求：

一、工作井的平面尺寸应满足顶管操作的需要；

二、工作井的后壁必须具有足够的强度和稳定性；

三、当计算总顶推力大于8000kN时，应采用中间接力顶。

第 5.2.3 条 顶管的导轨铺设，应符合下列要求：

一、两导轨的轨顶标高应相等；轨顶标高的允许偏差应为+3mm、-2mm，并应预留压缩高度。

二、导轨前端与工作井井壁之间的距离不应小于1m；钢管底面与井底板之间的距离不应小于0.8m。

第 5.2.4 条 千斤顶的安装，应符合下列要求：

一、千斤顶应沿顶管圆周对称布置，每对千斤顶的顶力必须相同。

二、千斤顶的顶力中心应位于顶管管底以上、顶管直径高度的1/3～2/5处。

三、千斤顶安装位置的允许偏差不应超过3mm；其头部严禁向上倾斜，向下偏差不应超过3mm，水平偏差不应超过2mm。

四、每台千斤顶均应有独立的控制系统。

第 5.2.5 条 顶进工具管安放在导轨上后，应测量其前后端的中心偏差和相对高差。

第 5.2.6 条 顶铁安装应符合下列要求：

一、顶管顶进时，环形顶铁和弧形顶铁应配合使用。

二、纵向顶铁的中心线应与顶管轴线平行；纵向顶铁应与横向顶铁垂直相接。

三、纵向顶铁着力点应位于顶管管底以上、顶管直径高度的1/3～2/5处。

四、顶铁与导轨接触处必须平整光滑，顶铁与顶管端面之间应采用可塑性材料衬垫。

第 5.2.7 条 在粉砂土层中顶管时，应采取防止流砂涌入工作井的措施。

第三节 顶 管 顶 进

第 5.3.1 条 开顶前，必须对所有顶进设备进行全面检查，并进行试顶，确无故障后方可顶进。

第 5.3.2 条 向工作井下管时，严禁冲撞导轨；下管处的下方严禁站人。

第 5.3.3 条 工具管出洞时，管头宜高出顶管轴线2～5mm，水平偏差不应超过3mm。

第 5.3.4 条 顶进作业应符合下列要求：

一、顶进作业中当油压突然升高时，应立即停止顶进，查明原因并进行处理后，方可继续顶进。

二、千斤顶活塞的伸出长度不得大于允许冲程；在顶进过程中，顶铁两侧不得停留人。

三、当顶进不连续作业时，应保持工具管端部充满土塞；当土塞可能松塌时，应在工具管端部注满压力水。

四、当地表不允许隆起变形时，严禁采用闷顶。

第 5.3.5 条 在顶管外有承压地下水或在砂砾层中顶进时，应随时对管外空隙充填触变泥浆。长距离顶管应设置中继接力环。

第 5.3.6 条 顶进过程中，排除障碍物后形成的空隙应填实，位于顶管上部的枯井、洞穴等应进行注浆或回填。

第 5.3.7 条 采用水力机械开挖，应符合下列要求：

一、高压泵应设在工作井附近；水枪出口处的水压应大于1MPa。

二、应在工具管进入土层500mm后进行冲水；严禁高压水冲射工具管刃口以外的土体。

第 5.3.8 条 在地下水压差较大的土层中顶进时，应采用管头局部气压法顶进。当在地下水位以下进时，地下顶水位高出机头顶部的距离，应等于或大于机头直径的1/2；当穿越河道顶进时，顶管的覆土厚度不得小于2m。

第 5.3.9 条 局部气压法顶进，应符合下列要求：

工具管胸板上所有密封装置应符合密闭要求；

二、在气压下冲、吸泥时，气压应小于地下水水压；

三、当吸泥莲蓬头堵塞需要打开胸板清石孔进行处理时，必须将钢管顶进200～300mm，并严禁带气压打开清石孔封板；

四、当顶进正面阻力过大时，可冲去工具管前端格栅外的部分土体。

第 5.3.10 条 钢筋混凝土管接头所用的钢套环应焊接牢固。清除焊渣后应进行除锈、防腐、防水处理。

第 5.3.11 条 钢管焊接应符合下列要求：

一、钢管对口焊接时，管口偏差不应超过壁厚的10%，且不得大于3mm；

二、在钢管焊接结束后，方可开动千斤顶；

三、钢管底部焊接应在钢管焊口脱离导轨后进行。

第四节 顶进测量与纠偏

第 5.4.1 条 顶进过程中，每班均应根据测量结果绘制顶管轴线轨迹图。

第 5.4.2 条 顶管正常掘进时，应每隔800～1000mm测量一次。当发现偏差需进行校正时，应每隔500mm测量一次，并应及时纠偏。

第 5.4.3 条 在纠偏过程中，应勤测量，多微调。每次纠偏角度宜为10′～20′，不得大于1°。

第 5.4.4 条 当采用没有螺栓定位器的工具管纠偏时，连续顶进压力应小于35MPa。

第 5.4.5 条 当顶管直径大于2m、入土长度小于20m时，可采取调整顶力中心的方法纠偏，并应保持顶进设备稳定。

第 5.4.6 条 宜采用测力纠偏或测力自控纠偏。

第五节 工程验收

第 5.5.1 条 顶管过程中，对下列各分项工程应进行中间检验：

一、顶管工作井的坐标位置；

二、管段的接头质量；

三、顶管轴线轨迹。

第 5.5.2 条 顶管工程竣工验收应提交下列文件：

一、工程竣工图；

二、测量、测试记录；

三、中间检验记录；

四、工程质量试验报告；

五、工程质量事故的处理资料等。

第 5.5.3 条 顶管的允许偏差应符合表5.5.3的要求。

顶管的允许偏差　　表 5.5.3

项　　目	允许偏差（mm）
顶管中心线水平方向偏移	300
顶管中心线垂直方向偏移	300
钢管接口处管壁错位	0.2δ且不大于3
钢筋混凝土管接口处管壁错位	0.05δ且不大于10
钢管变形	0.03D

注：δ为管壁厚度；D为顶管直径。

第六章　盾构施工

第一节　一般规定

第 6.1.1 条　本章适用于软土地层中手掘式、网格式、局部气压式等中小型盾构施工。

第 6.1.2 条　盾构型式的选择应根据土层性质、施工地区的地形、地面建筑及地下管线等情况，经综合技术经济比较后确定。

第 6.1.3 条　盾构顶部的最小覆土厚度，应根据地面建筑物、地下管线、工程地质情况及盾构型式等确定，且不宜小于盾构直径的 2 倍。

第 6.1.4 条　平行掘进的两个盾构之间最小净距，应根据施工地区的地质情况、盾构大小、掘进方法、施工间隔时间等因素确定，且不得小于盾构直径。

第 6.1.5 条　盾构施工中，必须采取有效措施防止危及地面和地下建筑物、构筑物的安全。

第二节　施工准备

第 6.2.1 条　盾构工作井应符合下列要求：

一、拼装用工作井的宽度应比盾构直径大1.6～2m；长度应满足初期掘进出土、管片运输的要求；底板标高宜低于洞口底部以下 1 m。

二、拆卸用工作井的大小应满足盾构的起吊和拆卸的要求。

三、盾构基座和后座应有足够的强度和刚度。

四、盾构基座上的导轨定位必须准确，基座上应预留安装用的托轮位置。

第 6.2.2 条 盾构掘进前，应建立地面、地下测量控制网，并应定期进行复测。控制点应设在不易扰动和便于测量的地点。

第 6.2.3 条 后座管片宜拼成开口环，且应有加强整体刚性的闭合刚架支撑。

第 6.2.4 条 拆除洞口封板到盾构切口进入地层过程中，应预先采取地基加固措施。

第三节 盾 构 掘 进

第 6.3.1 条 盾构工作面的开挖和支撑方法，应根据地质条件、地道断面、盾构类型、开挖与出土的机械设备等因素，经综合技术经济比较后确定。

第 6.3.2 条 手掘式盾构应在切口环前檐的刃口切入土层后进行开挖。挖土宜自上而下分层进行。

第 6.3.3 条 采用网格式盾构时，在土体被挤入盾构后方可开挖。

第 6.3.4 条 当不能采取降水或地基加固等措施时，可采用气压式盾构施工。

第 6.3.5 条 气压式盾构的变压闸应包括人行闸和材料闸，人行闸和材料闸应符合下列要求：

一、人行闸宜采用圆筒形，其直径不应小于1.85m；出入口高度不应小于1.6m；宽度不应小于0.6m。闸内应设置单独的加压、减压阀门和通讯设备。

二、材料闸的直径与长度应满足施工运输的要求；其直径宜为2～2.5m，长度宜为8～12m；闸内轨道与成洞段运输轨道标高应一致。

第 6.3.6 条 气压式盾构的气压设备的配备，应符合下列要求：

一、空压机应有足够的备用量。当工作用空压机少于2台时，应备用1台；当工作用空压机为3台及以上时，应每3台备用1台。

二、气压盾构从贮气罐到施工区段，应设有2套独立的输气管路。

第 6.3.7 条 气压式盾构进行水下地道施工时，其空气压力不得大于静水压力。

第 6.3.8 条 盾构掘进测量应符合下列要求：

一、应在不受盾构掘进影响的位置设置控制点；

二、在成洞过程中，应及时测量管片环的里程、平面和高程的偏差；

三、在施工过程中，应及时测量地表变形和地道沉降量。

第 6.3.9 条 盾构千斤顶应沿支撑环圆周均匀分布。千斤顶的数量不应少于管片数的2倍。

第 6.3.10 条 盾构掘进应符合下列要求：

一、应按编组程序开启各类油泵及操纵阀，待各级压力表数值满足要求后，盾构方可掘进；

二、盾构推进可采用连续掘进或间歇掘进，其速度宜为1～1.5mm/s；

三、盾构每次掘进距离应比管片宽度大200～250mm；

四、盾构停止掘进时，应保持开挖面的稳定；

五、盾构推进轴线的允许偏差不应超过15mm。

第 6.3.11 条 盾构临近拆卸井口时，应控制掘进速度和出土量。

第 6.3.12 条 盾构掘进时，井点降水的时间宜提前7～10d；当地下水已疏干，土体基本稳定后，应根据开挖面土体情况逐步降低气压，拆门进洞。

第 6.3.13 条 在盾构到达拆卸用工作井之前，应在井内安装盾构基座。盾构在井内应搁置平稳，并应便于拆卸和检修。

第四节 管片拼装及防水处理

第 6.4.1 条 管片拼装应符合下列要求：

一、管片的最大弧弦长度不宜大于 4 m；

二、管片应按拼装顺序分块编号；

三、管片宜采用先纵向后环向的顺序拼装。其接缝宜设置在内力较小的45°或135°位置。

第 6.4.2 条 管片接缝防水应符合下列要求：

一、密封防水材料应质地均匀，粘结力强，耐酸碱，并有足够的强度；

二、接缝槽内的油污应清除干净；

三、接缝防水处理应在不受盾构千斤顶推力影响的管片环内进行。

第 6.4.3 条 当采用复合衬砌时，应在外层管片接缝及结构渗漏处理完毕后，进行内层衬砌。

第五节 压 浆 施 工

第 6.5.1 条 盾构掘进过程中，必须在盾尾和管片之间及时压浆充填密实。

第 6.5.2 条 压浆施工应符合下列要求：

一、压浆量宜为管片背后空隙体积的1.2～1.5倍；当盾构覆土深度为10～15m时，压浆压力宜为0.4～0.5 MPa。

二、加在管片压浆孔上的压力球阀应在压浆24h后拆除，并应采取安全保护措施。

三、补充压浆宜在暂停掘进时进行，压浆量宜为空隙体积的0.5～1倍。

四、严禁在压浆泵工作时拆除管路或松动接头或进行检修。

第六节 工 程 验 收

第 6.6.1 条 盾构施工的中间检验应包括下列内容：

一、盾构工作井的坐标；

二、管片加工精度、拼装质量和接缝防水效果；

三、掘进方向、地表变形、地道沉降。

第 6.6.2 条 竣工验收应提交下列文件：

一、工程竣工图；

二、中间检验记录；

盾构施工的允许偏差 **表 6.6.3**

项	目	允许偏差(mm)
管片环圆环面平整度		5
管片环失圆度		20
管片环环缝和纵缝宽度		3
地道轴线偏移	水平方向	50
	垂直方向	50

三、设计变更通知单；

四、工程质量测试报告；

五、工程质量事故的处理资料等。

第 6.6.3 条 盾构施工的允许偏差应符合表6.6.3的要求。

第七章 地下连续墙施工

第一节 一 般 规 定

第 7.1.1 条 当在城市交通中心、高层建筑群内、商业或厂房密集区域构筑人防工程时，宜采用地下连续墙施工。

第 7.1.2 条 高层建筑的多层防空地下室，宜采用逆作法的地下连续墙施工。

第二节 墙 体 施 工

第 7.2.1 条 在挖基槽前，应沿墙面两侧预筑导墙。

第 7.2.2 条 导墙深度宜为1.2～1.5m；导墙顶面应高出地面100～150mm。其底部不得座落在松散土层或地下水位变化处。

第 7.2.3 条 导墙的纵向分段应与地下连续墙的分段错开。导墙纵、横交接处应做成“T”形或“十”字形。

第 7.2.4 条 导墙内侧面应垂直。两导墙间净距宜比墙体设计厚度大25～40mm。

第 7.2.5 条 护壁泥浆液面应保持高于地下水位500mm。

第 7.2.6 条 挖槽前，应先将地下连续墙划分为若干个单元槽段。槽段长度宜为6～8m。

第 7.2.7 条 采用连续成槽施工时，应采取防止流态混凝土挤穿相邻槽段的措施。

第 7.2.8 条 在地下超静水压稳定前，不得进行成槽施工。

第 7.2.9 条 在漏失泥浆的地层中进行成槽施工时，应随时补充泥浆，保证泥浆液面维持规定的标高。当槽壁发生塌方时，应及时处理。

第 7.2.10 条 当墙段之间的连接必须形成整体时，应设置刚性接头。施工中应严格控制槽底标高。锁口管必须插至槽底。

第 7.2.11 条 钢筋笼成型时，应根据混凝土导管的位置、笼体的大小及重量等因素，设置架立钢筋和主筋平面斜拉筋。钢筋笼不得绑扎，其周边钢筋与纵、横钢筋应全部采用点焊连接；其余可交错点焊，其焊点不得少于50%；所用焊丝直径不得大于3.2mm。

第 7.2.12 条 有开孔或预埋件的槽段，孔洞周围应采取加固措施；孔口宜采用轻质填料封闭。

第 7.2.13 条 钢筋笼不得强行入槽。钢筋笼入槽后至浇筑混凝土前的停留时间不得超过6h。

第 7.2.14 条 在相对密度大于1.2的泥浆中浇筑混凝土，应采用混凝土泵车直接压送；浇筑混凝土时，钢筋笼不得上浮。

第 7.2.15 条 墙体的垂直度偏差不应超过墙体深度的6‰；预埋件位置偏差不应超过50mm。

第三节 逆作法施工

第 7.3.1 条 中间支承柱的基础应能承受地下各层的结构自重、地面以上结构的1/2～2/3自重及施工荷载，其位置和数量应根据防空地下室结构特点和施工方案确定。

第 7.3.2 条 底板以上的柱体宜采用钢管柱或“工”字型钢柱；底板以下的柱体应与底板结合牢固。

第 7.3.3 条 浇筑混凝土时，钢管柱内径应比混凝土导管接头处直径大70～100mm；钢管柱底端埋入混凝土的深度不宜小于1m；钢管柱外混凝土高度宜高于底板300～500mm。

第 7.3.4 条 钢管柱底部宜焊接适量的分布钢筋或型钢。

第 7.3.5 条 防空地下室主体结构的梁、柱、板应及时浇筑，在未完成相应层面的支撑结构前不得向下挖土。

第 7.3.6 条 分层浇筑地下室主体结构混凝土时，应对其下卧土层进行临时加固；其与下层结构的连接钢筋应插入底部垫层，钢筋塔接长度应满足设计要求。浇筑下层结构混凝土时，上、下层混凝土面结合处应进行密实加固处理。

第四节 工 程 验 收

第 7.4.1 条 地下连续墙施工应按下列内容进行中间检验：

一、槽段开挖；

二、钢筋笼制作及安装；

三、清槽及换浆；

四、混凝土浇筑；

五、槽段接缝；

六、墙面平整度和倾斜度。

第 7.4.2 条 竣工验收时，应提交下列文件：

一、工程竣工图；

二、中间检验记录；
三、设计变更通知单；
四、混凝土试块的试验报告；
五、钢筋焊接接头的试验报告；
六、工程质量事故的处理资料等。

第 7.4.3 条 地下连续墙裸露墙面的蜂窝、孔洞、露筋累计的面积不得超过单元槽段裸露面积的5%。

第 7.4.4 条 地下连续墙的允许偏差应符合表7.4.4的要求。

地下连续墙的允许偏差　　表 7.4.4

项　　目	允许偏差(mm)
墙顶中心线偏差	30
凿去浮浆层后的墙顶标高	±30
裸露表面局部突出	100

第八章　旋喷桩施工

第 8.0.1 条 旋喷桩施工，适用于在砂土、粘性土、黄土及人工填土等地层中构筑需要加固地基的人防工程。

第 8.0.2 条 旋喷桩不适用下列情况：
一、地下水流速过大的地段；
二、永久冻土地层；
三、有腐蚀性地下水的地段；
四、含有大量纤维质的腐植土层；
五、砾（卵）石层地基；
六、用旋喷桩作挡土墙。

第 8.0.3 条 旋喷桩施工应具备下列文件：
一、旋喷桩施工地点的土质与地下水水质水位调查试验资料；
二、附近地沟、暗河和地下管线的分布资料。

第 8.0.4 条 旋喷桩应使用325号及以上的普通硅酸盐水泥；水灰比宜为1.0～1.5。当旋喷桩处于地下水流速快或含有腐蚀性元素、土的含水率大、固结强度要求高的地方，应在水泥中掺入适量的外加剂。

第 8.0.5 条 当旋喷桩作端承桩时，应深至持力层2m及以下。

第 8.0.6 条 旋喷注浆方式宜采用单管或二重管或三重管旋喷施工，其施工技术参数可按表8.0.6采用。

第 8.0.7 条 旋喷注浆施工，应符合下列要求：

旋喷注浆施工技术参数　　表 8.0.6

项目	旋喷方式		
	单管	二重管	三重管
	参数		
水压(MPa)			≥20
风压(MPa)		0.7	0.7
浆压(MPa)	≥20	≥20	2～3
水泥浆比重	1.30～1.49	1.30～1.49	1.30～1.49
旋转速度(r/min)	20	20	10
喷嘴直径(mm)	2.0～3.0	2.0～3.0	2.0～3.0
提升速度(m/min)	0.1～0.25	0.05～0.10	0.05～0.15
浆液流量(L/min)	60～100	60～100	100～150
最大深度(m)	45	30	30
桩体直径(m)	0.3～0.8	0.6～1.2	1.0～2.0

一、钻机就位后，应进行水平校正，钻杆应与钻孔方向一致。

二、在插管时，水压不宜大于1MPa。

三、旋喷作业时，应检查注浆流量、风量、压力、旋转提升速度等。

四、浆液搅拌后不得超过4h；当超过时，应经专门试验证明其性能符合要求后方可使用。

五、水泥应过筛，其细度应在标准筛上（4900孔/m²）的筛余量不大于15%。

六、深层旋喷时，应先喷浆后旋转和提升。

七、冒浆量大于注浆量20%或完全不冒浆时，应查明原因并采取相应的措施。对冒出地面的浆液，应经过滤、沉淀，除去杂质和调整浓度后，方可回收使用。

八、相邻两桩的施工间隔时间应大于48h。

九、每次注浆后，应将泵体和管道清洗干净。

第 8.0.8 条　旋喷注浆设备的使用，应符合下列要求：

一、使用高压泵时，应对安全阀进行测定，其运行必须可靠；

二、电动机运转正常后，方可开动钻机，钻机操作必须有专人负责；

三、接、卸钻杆应在插好垫叉后进行，并应防止钻杆落入孔内；

四、应采取防止高压水或高压水泥浆从送风管中倒流进入储气罐的措施。

第 8.0.9 条　旋喷注浆的施工质量检验，应符合下列要求：

一、旋喷注浆质量检验应包括下列内容：

1.桩体的整体性和均匀性；

2.桩体的有效直径；

3.桩体的垂直度；

4.桩体的轴向压力、水平推力、抗酸碱性、抗冻性和抗渗性等。

二、质量检验的数量应为桩总数的5%，且每个工程应至少检验2根；应选择地质条件较复杂的地段或旋喷时有异常现象的桩体进行检验。

三、旋喷注浆质量检验方法可采用室内试验、现场模拟试验、开挖检查、钻孔检查、超声检查和荷载试验等。

第 8.0.10 条　旋喷桩的允许偏差应符合表8.0.10的要求。

旋喷桩的允许偏差 **表 8.0.10**

项目	允许偏差(mm)
桩体中心位移	50
钻孔垂直度	1.5H/100

注：H为钻孔深度，单位为mm。

第九章 土层锚杆施工

第一节 一 般 规 定

第 9.1.1 条 当基坑开挖不能放坡时，可采用土层锚杆支护。

第 9.1.2 条 土层锚杆施工前，应确定基坑支护所承受的荷载、锚杆的布置、锚杆承载能力、锚杆的稳定性、锚固段长度、直径和拉杆直径等。

第二节 钻 孔

第 9.2.1 条 钻孔方法和机具的选择，应根据地质条件、设计要求、现场情况等因素确定。宜采用旋转式钻孔机。当在孔隙率大、含水量低的土层中钻孔时，可采用冲击式钻孔机。当在呈非浸水状态的粘土、亚粘土、砂土等土层中钻孔时，可采用旋转冲击式钻孔机。

第 9.2.2 条 钻孔应符合下列要求：

一、在注浆完成前，钻孔不得坍塌；

二、钻孔时不宜使用膨润土循环泥浆护壁；

三、锚固段应进行局部扩孔，并应深至土体主动滑动面5m以外；

四、钻孔的垂直度允许偏差不宜超过孔深的2%。

第三节 锚 杆

第 9.3.1 条 钢筋锚杆应除锈，并应作防腐处理。钢绞线锚杆锚固段的油脂应清除。

第 9.3.2 条 锚杆布置应符合下列要求：

一、最上层锚杆锚固段的覆土厚度不应少于3m；

二、锚杆上、下层的间距宜为1.5～3.0m，同层锚杆的间距宜为1.0～2.5m；

三、斜锚杆的倾斜角度宜为15°～45°。

第 9.3.3 条 锚杆安装应符合下列要求：

一、锚杆应安置于钻孔中心；

二、在锚杆表面上应设置定位器。定位器的间距，在锚固段宜为2m，在自由段宜为2.5～3.0m。

第 9.3.4 条 根据基坑土的性质、开挖深度等，可对锚杆施加预应力，其数值宜为设计荷载的70%～80%。

第四节 注 浆

第 9.4.1 条 土层锚杆注浆可采用水泥浆或水泥砂浆。水泥宜采用普通硅酸盐水泥。当地下水有腐蚀性时，应在水质化验后，确定注浆材料。

第 9.4.2 条 水泥浆的水灰比宜为0.4～0.5；水泥砂浆的灰砂比宜为1:0.5～1:1；水泥浆宜掺加0.3%的木质素磺酸钙外加剂。

第 9.4.3 条 锚固段注浆必须饱满密实。宜采用二次注浆，注浆压力宜大于2MPa。

第 9.4.4 条 注浆管制作应符合下列要求：

一、当采用一次注浆时，注浆管长度应比锚杆长度长500mm；当采用二次注浆时，二次注浆管长度应比一次注浆管长度短500mm；

二、注浆管接头宜采用外缩节，注浆管与锚杆应固定；

三、注浆管管口1.0～1.5m长度内宜作成梅花管，其孔眼间距宜为100～120mm。

第五节 张 拉 锚 固

第 9.5.1 条 当土层内锚固段的浆液达到设计强度后，土层锚杆方可张拉固定。

第 9.5.2 条 锚杆应进行抗拉性能试验，其数量宜为总根数的2%，且不应少于2根。

第 9.5.3 条 锚杆进行抗拉性能抽检时，加载宜按设计荷载的25%、50%、75%、100%、120%依次进行，直至达到极限荷载。

第六节 工 程 验 收

第 9.6.1 条 土层锚杆施工后，应进行验收试验。验收试验的锚杆数量不应少于锚杆总数的5%，且不应少于3根。

第 9.6.2 条 土层锚杆验收试验设备，宜采用穿心式千斤顶。

第 9.6.3 条 进行土层锚杆验收试验时，加载宜按设计荷载的25%、50%、75%、100%、120%依次进行。

第十章　树根桩法施工

第一节　钻　孔

第 10.1.1 条　在钻进时，宜采用水力扩孔或机械扩孔钻进法。

第 10.1.2 条　钻头直径应与树根桩设计直径相等，钻孔深度应比树根桩长度长0.5～1m。

第 10.1.3 条　在回填土层中钻孔时，应设置护孔套管。

第 10.1.4 条　当不用护孔套管钻进时，应在孔口处放置长度1～2m的护孔套管；当钻斜孔时，宜采用长度为2～4m的岩芯管。

第 10.1.5 条　钻孔完成后，应清除孔内的泥浆，并应保持钻孔内的水位不下降。

第二节　钢　筋　笼

第 10.2.1 条　钢筋笼的分段长度应根据起重机械性能和起吊空间确定。

第 10.2.2 条　钢筋笼的箍筋间距，在钢筋笼上端1.5m范围内不得大于200mm，其余部分不得大于500mm。

第 10.2.3 条　斜树根桩的钢筋笼底部，应设置一个大于钢筋笼直径的钢筋架。

第三节　注　浆

第 10.3.1 条　注浆用的水泥应采用425号及以上的普通硅酸盐水泥。

第 10.3.2 条　注浆用的碎（卵）石，应符合下列要求.

一、当桩的直径为75～150mm时，宜采用粒径为5～13mm的碎（卵）石；

二、当桩的直径为150mm以上时，宜采用粒径为5～25mm的碎（卵）石。

第 10.3.3 条　注浆用的水泥和砂均应过筛。

第 10.3.4 条　一次注浆压力宜为0.25～0.5MPa；二次注浆应在一次注浆的浆液初凝后终凝前进行，注浆压力宜为1.5～2MPa。

第 10.3.5 条　每次注浆后，均应把注浆管和注浆泵清洗干净。

第 10.3.6 条　注浆管制作应符合本规范第9.4.4条的要求。

第四节　树根桩与基础连接

第 10.4.1 条　树根桩与钢筋混凝土基础连接时，树根桩的主筋应与基础钢筋焊接牢固，并应灌注相同强度的混凝土。

第 10.4.2 条　当原基础埋深较大时，可采用爆扩桩法，在基础底部扩孔；扩孔后，应清洗孔底。

第 10.4.3 条　注浆成桩时，应把浆液灌至孔口，并应振动露出孔口的钢筋笼。

第五节 工 程 验 收

第 10.5.1 条 竣工验收时，应提交下列文件：

一、施工区域工程地质勘察报告；

二、地下管线及构筑物的图纸资料；

三、树根桩设计图纸资料；

四、桩体试块强度试验资料；

五、树根桩施工记录等。

第 10.5.2 条 树根桩施工质量检验应包括下列内容：

一、桩体的整体性和均匀性；

二、桩体的有效直径；

三、桩体的轴向压力、水平推力、抗冻性和抗渗性。

第 10.5.3 条 质量检验的数量宜为桩体总数的1%，且每个工程不得少于2根。

第十一章 孔口防护设施的制作及安装

第一节 防护门、防护密闭门、密闭门门扇和门框墙的制作

第 11.1.1 条 门扇模板的加工及安装，应符合下列要求：

一、加工模板应尺寸准确、结构牢固、拼缝严密、表面平整光滑。门扇模板四周垂直度偏差不应超过长边的5‰。

二、当采用门扇钢框作侧模时，钢框与模板底座应固定牢靠，贴合紧密。

三、有钢框的拱形门扇宜采用厚度不小于1.5mm的钢板作底模。

四、拱形门扇采用立式浇筑混凝土时，弧形模板面应在同一半径的圆柱面上；卧式浇筑时，门扇钢框两条边应在同一平面内。

五、木模板应在混凝土浇筑前24h内浇水湿润。

第 11.1.2 条 门扇的受拉钢筋，在跨中两侧各1/4跨度范围内不宜焊接。

第 11.1.3 条 当双扇门的门扇现场立式浇筑混凝土时，应先将门扇钢框定位并点焊固定后进行焊接作业。

第 11.1.4 条 门扇、门框墙的混凝土浇筑，应符合下列要求：

一、门扇、门框墙应连续浇筑，振捣密实，表面平整光

滑，无蜂窝、孔洞；

二、门扇混凝土碎石最大粒径不应大于25mm，且不应大于受力钢筋最小净距的3/4；

三、预埋铁件应除锈并涂防腐油漆，其安装的位置应准确，固定应牢靠；

四、孔洞应涂油或堵塞。

第二节 防护门、防护密闭门、密闭门的安装

第 11.2.1 条 门扇安装应符合下列要求：

一、钢门框支撑面的平整度偏差不应超过1mm；每边不平整部分累计的长度不应大于该边长度的20%，且应分布在2处以上；门框四边垂直度偏差不应超过长边的2‰。

二、门扇钢框与钢门框应贴合均匀，其间隙不得大于2mm；每边不贴合部分累计的长度不应大于该边长度的20%，且应分布在2处以上。

三、铰页、闭锁安装位置应准确；上、下铰页同轴度偏差不应超过两铰页间距的1‰，且不得大于2mm。

四、双扇拱形防护门的上、下两端与门框之间，均应有50mm的间隙。

五、门扇应启闭灵活。

六、在门扇外表面应标示闭锁开关方向。

第 11.2.2 条 密封条安装，应符合下列要求：

一、密封条接头应采用45°坡口搭接，每扇门的密封条接头不得超过2处。

二、密封条应固定牢靠，压缩均匀；局部压缩量允许偏差不应超过设计压缩量的20%。

三、密封条不得涂抹油漆。

第三节 防护设施的包装、运输和堆放

第 11.3.1 条 防护设施的包装，应符合下列要求：

一、各类防护设施均应具有产品出厂合格证；

二、防护设施的零、部件必须齐全，并不得锈蚀和损坏；

三、防护设施分部件包装时，应注明配套型号、名称和数量。

第 11.3.2 条 门扇、门框的运输，应符合下列要求：

一、门扇混凝土强度达到设计要求后，方可运输；

二、门扇和钢框应与车身固定牢靠。

第 11.3.3 条 防护设施的堆放，应符合下列要求：

一、堆放场地应平整、坚固、无积水。

二、金属构件不得露天堆放。

三、各种防护设施应分类堆放。

四、密闭门及钢框应立式堆放，并支撑牢靠。

五、门扇水平堆放时，其内表面应朝下；应在两长边放置同规格的条形垫木；在门扇的跨中处不得放置垫木。

第四节 工 程 验 收

第 11.4.1 条 门扇、门框墙的混凝土应振捣密实。每扇门或每道门框墙的任何一处麻面面积分别不得大于门扇或门框墙总面积的0.5%，并不得露筋。

第 11.4.2 条 门扇与门框墙制作的允许偏差应符合表11.4.2的要求。

门扇与门框墙制作的允许偏差　　表 11.4.2

项	目	允许偏差 (mm)
门扇尺寸	长度、宽度	±5
	厚　度	5
门框墙长度、宽度		±5
铰页位置偏移		2
闭锁位置偏移		3
闭锁孔位置偏移		2

第十二章　管道与附件安装

第一节　密闭穿墙短管的制作及安装

第 12.1.1 条　当管道穿越防护密闭隔墙时，必须预埋带有密闭翼环和防护抗力片的密闭穿墙短管。当管道穿越密闭隔墙时，必须预埋带有密闭翼环的密闭穿墙短管。

第 12.1.2 条　给水管、压力排水管、电缆电线等的密闭穿墙短管，应按设计要求制作。当设计无要求时，应采用壁厚大于3mm的钢管。

第 12.1.3 条　通风管的密闭穿墙短管，应采用厚2～3mm的钢板焊接制作，其焊缝应饱满、均匀、严密。

第 12.1.4 条　密闭翼环应采用厚度大于3mm的钢板制作。钢板应平整，其翼高宜为30～50mm。密闭翼环与密闭穿墙短管的结合部位应满焊。

第 12.1.5 条　密闭翼环应位于墙体厚度的中间，并应与周围结构钢筋焊牢。密闭穿墙短管的轴线应与所在墙面垂直，管端面应平整。

第 12.1.6 条　密闭穿墙短管两端伸出墙面的长度，应符合设计要求。当设计无规定时，应符合下列要求：

一、电缆、电线穿墙短管宜为30～50mm；

二、给水排水穿墙短管应大于40mm；

三、通风穿墙短管应大于100mm。

第 12.1.7 条　密闭穿墙短管作套管时，应符合下列要求：

一、在套管与管道之间应用密封材料填充密实，并应在管口两端进行密闭处理。填料长度应为管径的3～5倍；且不得小于100mm。

二、管道在套管内不得有接口。

三、套管内径应比管道外径大30～40mm。

第 12.1.8 条 密闭穿墙短管应在朝向核爆冲击波端加装防护抗力片。抗力片宜采用厚度大于6mm的钢板制作。抗力片上槽口宽度应与所穿越的管线外径相同；两块抗力片的槽口必须对插。

第 12.1.9 条 当同一处有多根管线需作穿墙密闭处理时，可在密闭穿墙短管两端各焊上一块密闭翼环。两块密闭翼环均应与所在墙体的钢筋焊牢，且不得露出墙面。

第二节 通风管道和附件的制作及安装

第 12.2.1 条 在第一道密闭阀门至工程口部的管道与件，应采用厚2～3mm的钢板焊接制作。其焊缝应饱满、均匀、严密。

第 12.2.2 条 染毒区的通风管道应采用焊接连接。通风管道与密闭阀门应采用带有密封槽的法兰连接，其接触面应平整；法兰垫圈应采用整圈无接口橡胶密封圈。

第 12.2.3 条 主体工程内通风管与配件的钢板厚度应符合设计要求。当设计无要求时，钢板厚度应大于0.75mm。

第 12.2.4 条 工程测压管在防护密闭门外的一端，应设有向下的弯头；另一端宜设在通风机房或控制室，并应安装球阀。通过防毒通道的测压管，其接口应采用焊接。

第 12.2.5 条 通风管的测定孔、洗消取样管应与风管同时制作。测定孔和洗消取样管应封堵。

第 12.2.6 条 通风管内气流方向、阀门启闭方向及开启度，应作标志，并应标示清晰、准确。

第三节 给水排水管道、供油管道和附件的安装

第 12.3.1 条 压力排水管宜采用给水铸铁管或镀锌钢管，其接口应采用油麻填充或石棉水泥抹口，不得采用水泥砂浆抹口。

第 12.3.2 条 油管丝扣连接的填料，应采用甘油和黄丹粉的调和物，不得采用铅油麻丝。油管法兰连接的垫板，应采用两面涂石墨的石棉纸板，不得采用普通橡胶垫圈。

第 12.3.3 条 防爆清扫口安装，应符合下列要求：

一、当采用防护盖板时，盖板应采用厚度大于3mm的镀锌或镀铬钢板制作。其表面应光洁，安装应严密；

二、清扫口的丝扣应无缺损；

三、清扫口安装高度应低于周围地面3～5mm。

第 12.3.4 条 与工程外部相连的管道的控制阀门，应安装在工程内靠近防护墙处，并应便于操作，启闭灵活，有明显的标志。控制阀门的工作压力应大于1MPa。控制阀门在安装前，应逐个进行强度和严密性检验。

第 12.3.5 条 各种阀门启闭方向和管道内介质流向，应标示清晰、准确。

第四节 电缆、电线穿管的安装

第 12.4.1 条 电缆、电线在穿越密闭穿墙短管时，应清除管内积水、杂物。在管口两端应采用密封材料充填。填

料应捣固密实、匀称。

第 12.4.2 条 电缆、电线暗配管穿越防护密闭隔墙或密闭隔墙时，应在墙两侧设置过线盒，盒内不得有接线头。过线盒穿线后应密封并加盖板。

第 12.4.3 条 灯头盒、开关盒、接线盒等应紧贴模板固定，并应与电缆、电线暗配管连接牢固。暗配管应与结构钢筋点焊牢固。

第 12.4.4 条 电缆、电线暗配敷设完毕后，暗配管管口应密封。

第五节 排烟管(道)与附件的安装

第 12.5.1 条 排烟管宜采用钢管或铸铁管。当采用焊接钢管时，其壁厚应大于3mm，管道连接宜采用焊接。当采用法兰连接时，法兰面应平整，并应有密封槽，法兰之间应衬垫耐热胶垫。

第 12.5.2 条 埋设于混凝土内的铸铁排烟管，宜采用法兰连接。

第 12.5.3 条 排烟管应沿轴线方向设置热胀补偿器。单向套管伸缩节应与前后排烟管同心。柴油机排烟管与排烟总管的连接段应有缓冲设施。

第 12.5.4 条 排烟管（道）的安装，应符合下列要求：

一、坡度应大于0.5%，放水阀应设在最低处；

二、清扫孔堵板应有耐热垫层，并固定严密；

三、当排烟管穿越隔墙时，其周围空隙应采用石棉绳填充密实；

四、排烟管与排烟道连接处，应预埋带有法兰及密闭翼环的密闭穿墙短管。

第 12.5.5 条 排烟管的地面出口端应设防雨帽；在伸出地面150～200mm处，应采取防止排烟管堵塞的措施。

第十三章 设 备 安 装

第一节 设 备 基 础

第 13.1.1 条 基础表面应光滑、平整，并应设有坡向四周的坡度。

第 13.1.2 条 基础混凝土养护14d后，方可安装设备；二次浇筑混凝土养护28d后，设备方可运转。

第 13.1.3 条 混凝土设备基础的允许偏差，应符合表13.1.3的要求。

混凝土设备基础的允许偏差　　表 13.1.3

项	目	允许偏差(mm)
坐标位移		±20
不同平面的标高		-20
平面外形尺寸		±20
平面水平度	每1m	5
	全　长	10
垂直度	每1m	5
	全　高	20
预埋地脚螺栓	顶部标高	20
	中心距	±2
预埋地脚螺栓孔	中心线位置偏移	±10
	深　度	20
	垂直度	10

第二节 通风设备安装

第 13.2.1 条 人力、电动两用风机安装，应符合下列要求：

一、风机及其附件应无缺损。

二、脚踏、电动两用风机的机座可采用预埋钢板固定；手摇、电动两用风机的支架应平正，其节点应采用焊接。

三、风机运转时，应无卡阻和松动现象。

四、电气装置的接地应符合设计要求。

第 13.2.2 条 过滤吸收器、纸除尘器安装，应符合下列要求：

一、存放3年以上的过滤吸收器和5年以上的纸除尘器，应经检验确认有效后，方可安装。

二、设备与管路连接时，宜采用整体性的橡皮软管接头，并不得漏气。固定支架应平正、稳定。

三、搬运时，设备不得被倒置或滚动，其外壳不得被碰坏。

第 13.2.3 条 防爆波悬板活门安装，应符合下列要求：

一、活门座与胶板粘贴应牢固、平整，其剥离强度不应小于0.5MPa；

二、悬摆板应启闭灵活，能自行开启到限位座，且开口朝下；

三、悬摆板关闭后与活门座胶板应贴合严密；

四、活门座胶板不得涂抹油漆。

第 13.2.4 条 胶管活门安装，应符合下列要求：

一、活门门框与胶板粘贴牢固、平整，其剥离强度不应小于0.5MPa。

二、门扇关闭后与门框贴合严密。

三、胶管、卡箍应配套保管，直立放置；胶管应密封保存。

第 13.2.5 条 自动排气活门安装，应符合下列要求：

一、活门开启方向必须朝向排风方向；

二、穿墙管法兰面应垂直；

三、活门外套与密闭穿墙短管的连接处，应垫厚度为3～5mm的整圈无接口的密封橡胶垫圈；

四、活门重锤必须垂直向下；

五、活门盖关闭后，应与胶条贴合严密。

第 13.2.6 条 电控门安装，应符合下列要求：

一、电控门调试运转正常；

二、门外的开关按钮应设置防护盖板；

三、在门开启的终止位置应设缓冲装置；

四、对穿墙管线应进行密闭处理。

第 13.2.7 条 手动密闭阀门安装，应符合下列要求：

一、安装前应进行检查，其密闭性能应符合产品技术要求；

二、安装时，阀门上箭头标志方向应与冲击波的方向一致；

三、开关指示针的位置与阀门板的实际开关位置应相同，启闭手柄的操作位置应准确；

四、阀门应用吊钩或支架固定，吊钩不得吊在手柄及锁紧装置上。

第 13.2.8 条 测压装置安装，应符合下列要求：

一、测压管连接应采用焊接，并应满焊、不漏气；

二、管路阀门与配件连接应严密；

三、测压板应作防腐处理和用膨胀螺丝固定；

四、测压仪器应保持水平安置。

第三节 给水排水设备安装

第 13.3.1 条 口部冲洗阀安装，应符合下列要求：

一、暗装管道时，冲洗阀不应突出墙面；

二、明装管道时，冲洗阀应与墙面平行；

三、冲洗阀配用的冲洗水管和水枪应就近设置。

第 13.3.2 条 穿越水库水位线以下的水管，应在水库的墙面预埋防水短管，并应符合下列要求：

一、有扰动力作用时，应预埋柔性防水短管；

二、无扰动力作用时，可预埋带有翼环的防水短管；

三、预埋管的位置、标高允许偏差不得超过5mm，伸出水库墙外的长度不应小于100mm。

第 13.3.3 条 自备水源井必须设置井盖；在地下水位高于工程底板或有压力水的地区，必须加设密闭盖板。

第 13.3.4 条 防爆波闸阀安装，应符合下列要求：

一、闸阀宜在防爆波井浇筑前安装。

二、闸阀与管道应采用法兰连接；闸阀的阀杆应朝上，两端法兰盘应对称紧固。

三、闸阀应启闭灵活，严密不漏。

四、闸阀开启方向应标示清晰，止回阀安装方向应正确。

第 13.3.5 条 防爆防毒化粪池管道安装，应符合下列要求：

一、进、出水管应选用给水铸铁管。铸铁管应无裂纹、铸疤等。

二、三通管应固定牢固、平直，其上部应用密闭盖板封堵。

第 13.3.6 条 排水水封井管道安装，应符合下列要求：

一、水封井盖板应严密，并易于开启；

二、进、出水管安装位置应正确，接头应严密牢固；

三、进、出水管的弯头应伸入水封面以下300mm。

第 13.3.7 条 排水防爆波井的进、出水管管口应用钢筋网保护。网眼宜为30mm×30mm；钢筋网宜采用直径为16～22mm的钢筋焊接制作。

第四节 电气设备安装

第 13.4.1 条 柴油发电机组安装，应符合下列要求：

一、分机式柴油发电机组，柴油机与发电机应分开运输；整机式柴油发电机组应整体运输。

二、柴油发电机组应采用垫铁找平，不得采用调节地脚螺栓、防震垫或局部加压等方法找平。

三、附属设备的管路应连接牢固、严密。

第 13.4.2 条 整机式柴油发电机组安装，尚应符合下列要求：

一、吊运机组及附属设备时，不得损伤机件；

二、机组与基础间应用垫铁衬垫，垫铁厚度宜为15～20mm；

三、拧紧地脚螺栓时，应用专用力矩扳手；

四、小容量柴油发电机组，应在机组底盘下衬垫防震弹性垫。

第 13.4.3 条 分机式柴油发电机组安装，尚应符合下列要求：

一、机组的落座、安装、测量、校正，均应符合有关技术规定；

二、机组安装时应先安装柴油机；

三、柴油发电机组两轴不同心度及不水平度的允许偏差应符合表13.4.3的要求。

柴油发电机组两轴不同心度及不水平度的允许偏差

表 13.4.3

柴油发电机系列	不同心度允许偏差（mm）	不水平度允许偏差（mm/m）
160	0.3	0.1
250	0.1	0.1
300	0.2	0.1

第 13.4.4 条 落地式配电柜（屏、箱）的安装，应符合下列要求：

一、成排安装的配电柜（屏、箱）应安装在基础型钢上。基础型钢应平直；型钢顶面高出地面应等于或大于10mm；同一室内的基础型钢水平允许偏差不应超过1mm/m，全长不应超过5mm。

二、基础型钢应有良好接地。

三、柜（屏、箱）的垂直度允许偏差不应大于1.5mm/m，柜（屏、箱）间的空隙不应大于2mm。

第 13.4.5 条 挂墙式配电箱（盘）的安装，应符合下列要求：

一、固定配电箱（盘），宜采用镀锌或铜质螺栓，不得采用预埋木砖；

二、嵌墙暗装配电箱的箱体应与墙面齐平。

第 13.4.6 条 成排或集中安装的同一墙面上的电器设备的高差不应超过 5 mm，同一室内电器设备的高差不应超过10mm。

第 13.4.7 条 灯具安装应符合下列要求：

一、灯具的安装应牢固，宜采用悬吊固定。当采用吸顶灯时，应加装橡皮衬垫。

二、接零或接地的灯具金属外壳，应有专用螺丝与接零或接地网连接。

三、宜采用铜质瓷灯座，开关的拉线宜采用尼龙绳等耐潮绝缘的材料。

四、各种信号灯应有特殊标志，并标示清晰，指示正确。

第 13.4.8 条 电气接地装置安装，应符合下列要求：

一、应利用钢筋混凝土底板的钢筋网或口部钢筋混凝土结构的钢筋网作自然接地体。用作自然接地体的钢筋网应焊接成整体。

二、当采用自然接地体不能满足要求时，宜在工程内渗水井、水库、污水池中放置镀锌钢板作人工接地体，并不得损坏防水层。

三、不宜采用外引式的人工接地体。当采用外引接地时，应从不同口部或不同方向引进接地干线。接地干线穿越防护密闭隔墙、密闭隔墙时，应作防护密闭处理。

第十四章 设备安装工程的防腐、消音、防火

第 14.0.1 条 设备安装工程中所用的油漆，宜采用磁性调和漆。

第 14.0.2 条 管道防腐涂漆应符合下列要求：

一、埋地管道或地沟内的管道，应先涂两道防锈漆，再涂两道沥青漆；工程内明敷的管道，应先涂两道防锈漆，再涂两道面漆。

二、埋地铸铁管，应涂两道沥青漆，再涂一道面漆；工程内明敷的铸铁管，应先涂两道防锈漆，再涂一道面漆。

三、镀锌钢管的破损处及接口部位，应涂两道防锈漆及一道同色面漆。

四、管道防腐层宜按表14.0.2选用。

管道防腐层结构 **表 14.0.2**

层次（从金属表面算起）	普通型	加强型	特殊加强型
1	底漆	底漆	底漆
2	沥青玛琋脂	沥青玛琋脂	沥青玛琋脂
3	牛皮纸	石棉防水油毡	石棉防水油毡
4		沥青玛琋脂	沥青玛琋脂
5		沥青玛琋脂	沥青玛琋脂
6		牛皮纸	石棉防水油毡
7			沥青玛琋脂
8			沥青玛琋脂
9			牛皮纸

第 14.0.3 条 设备、管道在涂漆前，应先清除表面的污垢、锈斑、焊渣等。金属表面应干燥，光泽均匀，并宜在3～6h内涂完底漆。

第 14.0.4 条 工程内信号指示标志和机房内管道面漆的颜色应符合下列要求：

一、通风方式信号灯的颜色应符合下列要求：

1.隔绝式通风应为红色；

2.清洁式通风应为绿色；

3.过滤式通风应为黄色。

二、疏散指示标志的颜色应符合下列要求：

疏散标志、导向应为白底绿字、

出入口、安全门应为白底红字。

三、机房内管道面漆的颜色应符合表14.0.4的要求。

机房内管道面漆的颜色 表 14.0.4

管道名称	基色	色环
进风管	浅绿	
染毒进风管	橙黄	
送风管	乳白	
排风管	灰	
回风管	乳黄	
排烟管	银粉	
机械冷却水进水管	浅绿	
机械冷却水回水管	绿	褐
油管	浅黄	

第 14.0.5 条 金属电缆管除埋入混凝土的外，均应除锈并涂防腐漆。

第 14.0.6 条 在工程外墙上预埋铁件及密闭穿墙短管时，外露金属表面应除锈并涂防腐漆。

第 14.0.7 条 绝缘导线的接头应采用压接或焊接。接头处应采取防腐措施。当采用黑胶布恢复绝缘时，应外包2～3层塑料胶带。

第 14.0.8 条 安装有动力扰动的设备，当不设减震装置时，应采用厚5～10mm中等硬度的橡皮平板衬垫。

第 14.0.9 条 应管道用支架、吊钩固定时，应采用软质材料作衬垫。管道自由端不得摆动。

第 14.0.10 条 机房内的消声器及消声后的风管应作隔声处理，可外包厚30～50mm的吸声材料。

第 14.0.11 条 当管、线穿越隔声墙时，管道与墙、电线与管道之间的空隙应用吸声材料填充密实。

第 14.0.12 条 设备安装时，不得采用明火施工。

第 14.0.13 条 配电箱、板，宜采用薄钢板，不得采用易燃材料制作。

第 14.0.14 条 发热器件必须进行防火隔热处理，严禁直接安装在建筑装修层上。

第 14.0.15 条 电热设备的电源引入线，应剥除原有绝缘，并套入瓷套管。瓷套管的长度应大于100mm。

第 14.0.16 条 在易爆场所的电气设备，应采用防爆型。电缆、电线应穿管敷设，导线接头不得设在易爆场所。

第 14.0.17 条 在顶棚内的电缆、电线必须穿管敷设，导线接头应采用密封金属接线盒。

第十五章　设备安装工程的验收

第 15.0.1 条　通风系统试验应符合下列要求：

一、防毒密闭管路及密闭阀门的气密性试验，充气加压 5.06×10^4Pa保持5min不漏气；

二、过滤吸收器的气密性试验，充气加压 1.06×10^4Pa后5min内下降值不大于660Pa；

三、过滤式通风工程的超压试验，超压值应为30～50Pa；

四、清洁式、过滤式和隔绝式通风方式的相互转换运行，各种通风方式的进风、送风、排风及回风的风量和风压，满足设计要求；

五、各主要房间的温度和相对湿度应满足平时使用要求；

六、柴油发电站及有特殊要求的设备房间的降温除湿应符合设计要求。

第 15.0.2 条　给水排水设备检验应符合下列要求：

一、管道、配件及附件的规格、数量、标高等应符合设计要求，各种阀门安装位置及方向正确，启闭灵活；

二、管道坡度符合设计要求；

三、给水管、压力排水管、供油管、自流排水管系统应无漏水；

四、给水排水机械设备及卫生设备的规格、型号、安装位置、标高等应符合设计要求；

五、地漏、检查口、清扫口的数量、规格、位置、标高等，应符合设计要求；

六、防爆波闸阀型号、规格应符合设计要求。闸阀启闭灵活，指示明显、正确；

七、防爆防毒化粪池、水封井密封性能良好，管道畅通；

八、防爆波密闭堵板密封良好。

第 15.0.3 条　给水排水系统试验，应符合下列要求：

一、清洁式通风时，水泵的供水量应符合设计要求；

二、过滤式通风时，洗消用水量、饮用水量应符合设计要求；

三、柴油发电站、空调机房冷却设备的进、出水温度、供水量等应符合设计要求；

四、水库或油库，当贮满水或油时，在24h内液位无明显下降，在规定时间内能将水或油排净；

五、渗水井的渗水量应符合设计要求。

第 15.0.4 条　电气系统试验应包括下列内容：

一、检查电源切换的可靠性和切换时间；

二、测定设备运行总负荷；

三、检查事故照明及疏散指示电源的可靠性；

四、测定主要房间的照度；

五、检查用电设备远控、自控系统的联动效果；

六、测定各接地系统的接地电阻。

第 15.0.5 条　柴油发电机组的试运行，应符合下列要求：

一、空载运行应在设备检查、试验合格后进行，空载运行时间不应少于30min。

二、负载运行应在空载运行正常后进行。试运行时，负荷应由空载状态逐步增加并在额定容量的25%、50%、75%的负荷下各运行1h，满载运行不少于2h。

三、超载运行应在额定容量110%的负荷下运行 30min。

四、并车试验应在各机组单机运行试验正常后进行。并车装置性能应可靠。各并车机组在50%额定负荷以上时，有功功率和无功功率分配差度均应符合设计要求。

五、自起动试验应在上述试验正常后进行，且不应少于3次。机组各项功能应符合设计要求。

第 15.0.6 条 柴油发电机组的检验应符合下列要求：

一、检验应包括下列项目：

1.润滑油压力和温度，冷却水进、出口温度和排烟温度；

2.各机件的接合处和管路系统情况；

3.运动机件在额定负荷、50%负荷、空载下的运行情况；

4.充电发电机的充电和起动储气瓶的充气情况；

5.附属装置的工作情况；

6.电气、热工仪表、信号指示。

二、测定记录应包括下列项目：

1.机组及辅机系统各种运行状态的工作情况；

2.柴油机的瞬态和稳态调速率；

3.机组的温升；

4.油耗；

5.烟色；

6.压缩空气或蓄电池的起动瞬时压降、起动后的压力或电压及可起动次数；

7.发电机调压性能；

8.并车、自起动、调频调载装置的运行参数。

第 15.0.7 条 装有远距离自动控制台和机房仪表台的柴油机组，尚应进行下列检验：

一、分别用自动和手动远动控制的方法进行试运转；

二、进行自起动系统可靠性试验，测定起动时间；

三、声光报警信号情况；

四、柴油机调速和停车电磁阀工作情况；

五、机房和控制室联络信号装置工作情况

附录一 名词解释

附表 1.1

序号	名词	曾用名	解释
1	坑道工程		利用自然岩土层作防护层的人防工程，是构筑在山体内的工程
2	地道工程		利用自然岩土层作防护层的人防工程是构筑在平坦地形的工程
3	掘开式工程		利用人工覆土层作防护层的人防工程
4	防空地下室		构筑在地面建筑物下面，在防护功能的地下室
5	变形缝	变形缝 伸缩缝 沉降缝	指伸缩缝或沉降缝
6	补偿收缩混凝土	补偿收缩混凝土、微膨胀混凝土	用膨胀水泥或掺加膨胀剂浇筑的混凝土，它具有微膨胀性质
7	清洁区		人防工程内部不允许放射性微尘和各种生物，化学毒剂侵入的区域，一般指最后一道密闭门以内的所有房间及通道
8	染毒区		人防工程内没有严格的密闭设施，允许沾染一定的毒剂的区域

续表

序号	名词	曾用名	解释
9	防护密闭隔墙		具有抗御所规定的核爆冲击波和常规武器的能力，并能隔绝各类毒剂的隔墙，如临空墙、两相邻防护单元之间的隔墙、防护密闭门四周的门框墙等
10	密闭隔墙		仅起隔绝各类毒剂作用的墙体，如滤毒室与风机室之间、发电机房与控制室之间或其它染毒区与清洁区之间的隔墙和密闭门四周的门框墙等
11	密闭穿墙短管	密闭穿墙套管	穿越人防工程防护密闭隔墙或密闭隔墙，并具有密闭措施的各种管道、电缆(线)的预埋穿墙管
12	密闭翼环	密闭肋	焊接在密闭穿墙短管上的整圈钢板，起阻挡毒剂沿短管与混凝土之间的空隙渗入工程内部的作用
13	防护抗力片		密闭穿墙短管受冲击波作用端所装置的防护设施，具有抗御核爆冲击波沿短管与所穿管道(线)的空隙侵入工程内的作用
14	洗消取样管		设置在染毒风管上供取样化验及清洗风管的带堵头的三通短管
15	防爆化粪池		设置在工程口部外，具有抗御所规定的核爆冲击波、毒剂和常规武器能力的化粪池
16	防爆清扫口		设置在需要冲洗放射性微尘沾染的附毒通道、扩散室等处，具有抗御规定的核爆冲击波能力的地漏及清扫口
17	防爆波闸门		设置在连接工程内、外管道上，具有抗御所规定的核爆冲击波能力及截断工程内、外管道通途的闸门

附录二　本规范用词说明

一、执行本规范条文时，对于要求严格程度的用词说明如下，以便在执行中区别对待：

1.表示很严格，非这样作不可的用词：

正面词采用“必须”；

反面词采用“严禁”。

2.表示严格，在正常情况下均应这样作的用词：

正面词采用“应”；

反面词采用“不应”或“不得”。

3.表示允许稍有选择，在条件许可时首先应这样作的用词：

正面词采用“宜”或“可”；

反面词采用“不宜”。

二、条文中指明必须按其它有关标准和规范执行的写法为，“应按……执行”或“应符合……要求”或“规定”。

附加说明

本规范主要单位、参加单位和主要起草人名单

主编单位：辽宁省人民防空办公室
上海市人民防空办公室

参加单位：辽宁省人防工程设计科研所
上海市地下建筑设计院
上海市人防工程管理公司
南京市人民防空办公室
南京工程兵工程学院
天津市人防工程设计科研所
上海市特种基础工程研究所
四川省人防工程设计科研所
南京市人防工程设计科研所
解放军88660部队

主要起草人：周成玉　田永成　陈楚平　徐炜林
崔尚庸　胡炳洪　李丽娟　黄志强
唐　蓉　沈瑞和　裴瑞珠　王述俊
卓观全　杨永浩　刘玉金　施福林
金勤成

中华人民共和国国家标准

土方与爆破工程施工及验收规范

GBJ 201—83

主编单位：四川省建筑工程总公司
批准单位：中华人民共和国城乡建设环境保护部
报中华人民共和国国家计划委员会备案
实施日期：1984年3月1日

关于批准颁发《土方与爆破工程施工及验收规范》的通知

（83）城科字第 631 号

国家标准《土方与爆破工程施工及验收规范》（GBJ 4—64修订本）的重新修订工作，由原四川省建委主管、原四川省建设厅主编，会同铁道、冶金、水电部，辽宁、湖南、贵州、甘肃省建工局和中国建筑工程总公司所属设计、施工和科研单位进行，业经会审定稿。现批准颁发，并报国家计委备案，自一九八四年三月一日起实施，编号为GBJ 201—83。在执行过程中如有问题和意见，希函告四川省建筑工程总公司，以便解释和修正。

城乡建设环境保护部
一九八三年九月十四日

修 订 说 明

本规范是根据原国家建委（79）建发字第168号和原国家建工总局（80）385号通知，由原四川省建委主管、原四川省建设厅主编，铁道部，冶金部、水电部、中国建筑第二工程局、中国市政工程西南设计院、中国建筑西南勘察院和甘肃、湖南、辽宁、贵州等省建工局参加，共同对国家标准《土方与爆破工程施工及验收规范》GBJ 4—64（修订本）进行修订而成。

这次修订的原则是：根据国家的技术经济政策，充分考虑我国现有的施工技术水平和今后的发展方向，力求做到技术先进、经济合理、安全适用、确保质量。对原规范中的条文：凡现在仍然适用的予以保留；凡内容已经陈旧或局限性较大的予以删除；凡数据不确切或规定不明确之处进行修改。对已经国家鉴定并推广使用的新技术或科研成果予以补充，对符合我国情况的国外先进技术标准予以采用。

在修订过程中，曾三次全面调查研究，两次征求全国意见。并对其中主要问题，召开了一次初审会和两次技术座谈会。稿本经过五次反复修改后，于一九八一年十月在武汉市召开审定会，由有关部委和十八个省市的代表会同审查，并于一九八三年六月在江苏省苏州市召开审批会讨论定稿。

修订后的规范分五章十二节215条和八个附录。修改的主要内容为：

土方工程部分：增加了软土、滑坡土、膨胀土的施工要求，以及临时性挖方边坡坡度、填方振动辗压、基坑（槽）的支撑等新内容；删除了水力和机械开挖和冲填土方、永久性挖填方边坡坡度和利用运土机具压实填方等不适用的规定；对于土的分类和土的最大干容重测定方法、排水和降低地下水位、填方压实等方面的条文，也根据施工需要作了较大的修改和补充。

爆破工程部分：根据近年来爆破技术的发展和在建筑施工中的广泛应用，重新编排了章节目录，增加了导爆管起爆、光面爆破、预裂爆破、水下爆破等新内容；删除了沼泽填方爆破等规定；对于各种起爆方法和爆破安全要求等也作了较大的修改和补充。

在执行过程中，如发现有需要修改补充之处，请将意见及有关数据寄交四川省建筑工程总公司，以便进一步修改完善。

四川省城乡建设环境保护厅
四川省建筑工程总公司
一九八三年六月二十七日

第一章 总 则

第 1.0.1 条 本规范适用于工业与民用建筑的土方与爆破工程的施工及验收。

修建厂区内铁路和公路专用线的土方和爆破工程，除按本规范执行外，尚应符合专门规范的规定。

本规范不适用于竖井、沉箱和洞库工程。

对于湿陷性黄土、多年冻土等特殊地质的土方工程，应按有关规范（或规定）执行。

第 1.0.2 条 土方与爆破工程应合理选择施工方案，尽量采用新技术和机械化施工。

第 1.0.3 条 施工中如发现有文物或古墓等，应妥善保护，并应立即报请当地有关部门处理后，方可继续施工。

如发现有测量用的永久性标桩或地质、地震部门设置的长期观测孔等，应加以保护。如因施工必须毁坏时，应事先取得原设置单位或保管单位的书面同意。

第 1.0.4 条 在敷设有地上或地下管道、电线的地段进行土方和爆破工程施工时，应事先取得管线管理部门的书面同意，施工中应采取措施，以防损坏管线。如在埋设有电缆的地点挖土，还应有电缆管理部门的代表在场。

第 1.0.5 条 土方与爆破工程施工时，必须遵守国家、部或省、市、自治区有关安全、防火、劳动保护等方面的规定。

第二章 施工准备

第 2.0.1 条 在组织土方与爆破工程施工前，建设单位应向施工单位提供当地实测地形图（包括测量成果）、原有地下管线或构筑物竣工图、土石方施工图以及工程地质、气象等技术资料，以便编制施工组织设计（或施工方案），并应提供平面控制桩和水准点，作为施工测量和工程验收的依据。

注：①实测地形图的比例一般为1:500～1:1000。

②土石方施工图：方格网边长一般为10～20m；横断面间距一般为20m，地形复杂处另增加断面。

第 2.0.2 条 土方与爆破工程应在定位放线后，方可施工。

在城市规划区域内，应根据城市规划部门测放的建筑界线、街道控制桩和水准点测量。

第 2.0.3 条 在施工区域内，有碍施工的已有建筑物和构筑物、道路、沟渠、管线、坟墓、树木等，应在施工前妥善处理。

第 2.0.4 条 山区施工，应事先了解当地地层岩性、地质构造、地形地貌和水文地质等，如因土石方施工可能产生滑坡时，应采取措施。

在陡峻山坡脚下施工，应事先检查山坡坡面情况，如有危岩、孤石、崩塌体、古滑坡体等不稳定迹象时，应作妥善处理。

第 2.0.5 条 施工机械进入现场所经过的道路、桥梁和卸车设施等，应事先做好必要的加宽，加固等准备工作。

开工前应作好施工场地内机械运行的道路，并开辟适当的工作面，以利施工。

第三章 土方工程

第一节 一般规定

第 3.1.1 条 土方工程施工应进行土方平衡计算，按照土方运距最短、运程合理和各个工程项目的施工顺序做好调配，减少重复搬运。

土方调配应尽可能与当地市、镇规划和农田水利相结合。

注：土方的平衡计算，应综合考虑土方量的各种变更因素，如土的松散率、压缩率、沉降量等。

第 3.1.2 条 土方开挖时，应防止附近已有建筑物或构筑物、道路、管线等发生下沉和变形。必要时应与设计单位或建设单位协商采取防护措施，并在施工中进行沉降和位移观测。

第 3.1.3 条 平整场地的表面坡度应符合设计要求，如设计无要求时，一般应向排水沟方向作成不小于 2‰ 的坡度。平整后的场地表面应逐点检查，检查点的间距不宜大于 20m。

第 3.1.4 条 土方工程施工中，应经常测量和校核其平面位置、水平标高和边坡坡度等是否符合设计要求。平面控制桩和水准点也应定期复测和检查是否正确。

第 3.1.5 条 夜间施工时，应合理安排施工项目，防止挖方超挖或铺填超厚。施工场地应根据需要安设照明设施，在危险地段应设置明显标志。

第 3.1.6 条 采用机械施工时，必要的边坡修整和场地边角、小型沟槽的开挖或填土等，可用人工或小型机具配合进行。

第 3.1.7 条 本章有关填方和基坑（槽）、管沟回填的各项规定，均指设计有压实要求的填土。

第二节 排水和降低地下水位

（Ⅰ） 排 水

第 3.2.1 条 施工前应作好施工区域内临时排水系统的总体规划，并注意与原排水系统相适应。临时性排水设施应尽量与永久性排水设施相结合。

山区施工应充分利用和保护自然排水系统和山地植被，如需改变原排水系统时，应取得有关单位同意。

第 3.2.2 条 临时排水不得破坏附近建筑物或构筑物的地基和挖、填方的边坡，并注意不要损害农田、道路。

注：①临时截水沟至挖方边坡上缘的距离，应根据土质确定，一般不小于3m。

②临时排水沟至填方坡脚应有适当距离，沟内最高水位应低于坡脚至少0.3m。

第 3.2.3 条 在山坡地区施工，应尽量按设计要求先做好永久性截水沟，或设置临时截水沟，阻止山坡水流入施工场地。沟壁、沟底应防止渗漏。

在平坦地区施工，可采用挖临时排水沟或筑土堤等措施，阻止场外水流入施工场地。

第 3.2.4 条 临时排水沟和截水沟的纵向坡度、横断面、边坡坡度和出水口应符合下列规定：

一、纵向坡度应根据地形确定，一般不应小于3‰，平坦地区不应小于2‰，沼泽地区可减至1‰；

二、横断面应根据当地气象资料，按照施工期内最大流量确定；

三、边坡坡度应根据土质和沟的深度确定，一般为1:0.7～1:1.5，岩石边坡可适当放陡；

四、出水口应设置在远离建筑物或构筑物的低洼地点，并应保证排水畅通。排水暗沟的出水口处应防止冻结。

第 3.2.5 条 临时排水沟内水的流速不宜大于本规范附录四的规定。必要时，在下列地段或部位应对沟底和边坡采取临时加固措施。

一、土质松软地段；

二、流速较快，可能遭受冲刷地段；

三、跌水处；

四、地面水汇集流入沟内的部位；

五、出水口处。

第 3.2.6 条 在地形、地质条件复杂（如山坡陡峻、地下有溶洞、边坡上有滞水层或坡脚处地下水位较高等）有可能发生滑坡、坍塌的地段挖方时，应根据设计单位确定的方案进行排水。

（Ⅱ） 降低地下水位

第 3.2.7 条 开挖低于地下水位的基坑（槽）、管沟和其他挖方时，应根据当地工程地质资料、挖方尺寸和防止地基土结构遭受破坏等，选用集水坑降水、井点降水或两者相结合等措施降低地下水位。

采用正铲挖掘机、铲运机、推土机等挖方时，应使地下水位经常低于开挖底面不少于0.5m。

第 3.2.8 条 采用集水坑降水时，应符合下列规定：

一、根据现场土质条件，应能保持开挖边坡的稳定；

二、基坑（槽）底、排水沟底、集水坑底应经常保持一定的深差；

三、集水坑应与基础底边有一定距离，防止地基土结构遭受破坏；

四、边坡坡面上如有局部渗出地下水时，应在渗水处设置过滤层，防止土粒流失，并应设置排水沟，将水引出坡面；

五、土层中如有局部流砂现象，应采取防治措施。

第 3.2.9 条 采用井点降水时，应根据含水层土的类别及其渗透系数、要求降水深度、工程特点、施工设备条件和施工期限等因素进行技术经济比较，选择适当的井点装置。

注：当含水层的渗透系数小于5m/昼夜且不是碎石类土时，宜选用轻型井点和喷射井点装置（如渗透系数小于0.1m/昼夜时，宜增加电渗装置）；当含水层渗透系数大于20m/昼夜时，宜选用管井井点装置；当含水层渗透系数为5～20m/昼夜时，上述井点装置均可选用。

第 3.2.10 条 井点降水的施工组织设计（或施工方案）应包括以下主要内容：

一、基坑（槽）或管沟的平、剖面图和降水深度要求；

二、井点的平面布置、井的结构（包括孔径、井深、过滤器类型及其安设位置等）和地面排水管路（或沟渠）布置图；

三、井点降水干扰计算书；

四、井点降水的施工要求；

五、水泵的型号、数量及备用的井点 水泵和电源等。

注：降水设计所采用的含水层渗透系数必须可靠。对重大工程的井点降水应作现场抽水试验确定。

第 3.2.11 条 降水前，应考虑在降水影响范围内的已有建筑物和构筑物可能产生附加沉降、位移或供水井水位下降，以及在岩溶土洞发育地区可能引起的地面塌陷，必要时应采取防护措施。在降水期间，应定期进行沉降和水位观测并作出记录。

第 3.2.12 条 在第一个管井井点或第一组轻型井点安装完后，应立即进行抽水试验，如不符合要求时，应根据试验结果对设计参数作适当调整。

第 3.2.13 条 采用真空泵抽水时，管路系统应严密，确保无漏水或漏气现象，经试运转后，方可正式使用。

第 3.2.14 条 降水期间，应经常观测并记录动水位，以便发现问题及时处理。

第 3.2.15 条 井点降水工作结束后所留的井孔，必须用砂砾或粘土填实。如井孔位于建筑物或构筑物基础以下，且设计对地基有特殊要求时，应按设计要求回填。

第 3.2.16 条 井点降水的其他施工要求，可按照国家标准《地基与基础工程施工及验收规范》（GBJ 202—83）第二章的有关规定执行。

第三节 挖 方

第 3.3.1 条 永久性挖方边坡坡度应符合设计要求。当工程地质与设计资料不符需修改边坡坡度时，应由设计单位确定。

第 3.3.2 条 使用时间较长的临时性挖方边坡坡度，应根据工程地质和边坡高度，结合当地同类土体的稳定坡度值确定。

在山坡整体稳定情况下，如地质条件良好、土（岩）质较均匀,高度在10m以内的临时性挖方边坡坡度应按表3.3.2确定。

使用时间较长的临时性挖方边坡坡度值　　表 3.3.2

土的类别		边坡坡度(高:宽)
砂土（不包括细砂、粉砂）		1:1.25～1:1.5
一般粘性土	坚硬	1:0.75～1:1
	硬塑	1:1～1:1.25
碎石类土	充填坚硬、硬塑粘性土	1:0.5～1:1
	充填砂土	1:1～1:1.5

注：1.使用时间较长的临时性挖方是指使用时间超过一年的临时道路、临时工程的挖方。
2.岩石边坡坡度应根据岩石性质、风化程度、层理特性和挖方深度确定。
3.黄土（不包括湿陷性黄土）边坡坡度应根据土质、自然含水量和挖方高度确定。
4.有成熟施工经验时，可不受本表限制。

挖方经过不同类别的土（岩）层或深度超过10m时，其边坡可作成折线形或台阶形。

第 3.3.3 条　土方开挖宜从上到下分层分段依次进行，随时作成一定的坡势，以利泄水，并不得在影响边坡稳定的范围内积水。

第 3.3.4 条　在挖方上侧弃土时，应保证挖方边坡的稳定。弃土堆坡脚至挖方上边缘的距离，应根据挖方深度、边坡坡度和土的性质确定。弃土堆应连续堆置，其顶面应向外倾斜，防止山坡水流入挖方场地。

注：当山坡坡度陡于1/5或在软土地区，不宜在挖方上侧弃土。

第 3.3.5 条　在挖方下侧弃土时，应将弃土堆表面整平并向外倾斜，弃土堆表面应低于相邻挖方场地的设计标高，或在弃土堆与挖方场地之间设置排水沟，防止地面水流入挖方场地。

在河岸、荒野地方弃土时，不得阻塞河道或影响排水。

第 3.3.6 条　在挖方边坡上如发现岩（土）内有倾向于挖方的软弱夹层或裂隙面时，应通知设计单位采取措施，防止岩（土）下滑。

第 3.3.7 条　在滑坡地段挖方时，应符合下列规定：

一、施工前应熟悉工程地质勘察资料，了解现场地形、地貌及滑坡迹象等情况；

二、不宜在雨期施工；

三、尽量遵循先整治后开挖的施工程序；

四、不应破坏挖方上坡的自然植被和排水系统，防止地面水渗入土体；

五、应先作好地面和地下排水设施；

六、严禁在滑坡体上部弃土或堆放材料；

七、必须遵循由上至下的开挖顺序，严禁先切除坡脚；

八、爆破施工时，应防止因爆破震动影响边坡稳定；

九、机械开挖时，边坡坡度应适当减缓，然后用人工修整，达到设计要求；

十、抗滑扫土墙应尽量在旱季施工，基槽开挖应分段跳槽进行，并加强支撑。开挖一段应及时作好挡土墙，并按本规范第3.4.21条规定，作好墙后的填土工作。

第 3.3.8 条　在土方开挖过程中，如出现滑坡迹象（如裂缝、滑动等）时，应立即采取下列措施：

一、暂停施工。必要时，所有人员和机械撤至安全地点；

二、通知设计单位提出处理措施；

三、根据滑动迹象设置观测点，观测滑坡体平面位移和沉降变化，并作好记录。

第四节 填 方

第 3.4.1 条 填方基底的处理，应符合设计要求。设计无要求时，应符合下列规定：

一、基底上的树墩及主根应拔除，坑穴应清除积水、淤泥和杂物等，并分层回填夯实；

二、在建筑物和构筑物地面下的填方或厚度小于0.5m的填方，应清除基底上的草皮和垃圾；

三、在土质较好的平坦地上（地面坡度不陡于1/10）填方时，可不清除基底上的草皮，但应割除长草；

四、在稳定山坡上填方：当山坡坡度为1/10～1/5时，应清除基底上的草皮；坡度陡于1/5时，应将基底挖成阶梯形，阶宽不小于1m；

五、当填方基底为耕植土或松土时，应将基底辗压密实；

六、在水田、沟渠或池塘上填方时，应根据实际情况采用排水疏干、挖除淤泥或抛填块石、砂砾、矿渣等方法处理后，再进行填土。

第 3.4.2 条 填土前，应对填方基底和已完隐蔽工程进行检查和中间验收，并作出记录。

第 3.4.3 条 永久性填方的边坡坡度应按设计要求施工。

第 3.4.4 条 使用时间较长的临时性填方边坡坡度：当填方高度在10m以内，可采用1:1.5；高度超过10m，可作成折线形，上部采用1:1.5，下部采用1:1.75。

在地质情况不良（如滑坡、长年浸水和软弱土层等）的地段填方时，其边坡坡度应由计算确定。

注：使用时间较长的临时性填方，是指使用时间超过一年的临时道路、临时工程等的填方。

第 3.4.5 条 填方土料应符合设计要求。如设计无要求时，应符合下列规定：

一、碎石类土、砂土（使用细、粉砂时应取得设计单位同意）和爆破石渣，可用作表层以下的填料；

二、含水量符合压实要求的粘性土，可用作各层填料；

三、碎块草皮和有机质含量大于8%的土，仅用于无压实要求的填方；

四、淤泥和淤泥质土一般不能用作填料，但在软土或沼泽地区经过处理使含水量符合压实要求后，可用于填方中的次要部位；

五、含盐量符合本规范附录一附表1.8的规定的盐渍土一般可以使用。但填料中不得含有盐晶、盐块或含盐植物的根茎。

第 3.4.6 条 碎石类土或爆破石碴用作填料时，其最大粒径不得超过每层铺填厚度的2/3（当使用振动辗时，不得超过每层铺填厚度的3/4）。铺填时，大块料不应集中，且不得填在分段接头处或填方与山坡连接处。

填方内有打桩或其它特殊工程时，块（漂）石填料的最大粒径不应超过设计要求。

第 3.4.7 条 填方施工前，应根据工程特点、填料种类、设计压实系数、施工条件等合理选择压实机具，并确定填料含水量控制范围、铺土厚度和压实遍数等参数。

对于重要的填方工程或采用新型压实机具时，上述参数应通过填土压实试验确定。

第 3.4.8 条 填方施工应接近水平地分层填土、压实和测定压实后土的干容重，检验其压实系数和压实范围符合设计要求后，才能填筑上层。填土压实的质量要求和取样数量应符合本规范第5.0.6条的规定。

第 3.4.9 条 填料为粘性土或排水不良的砂土时，其最优含水量与相应的最大干容重，宜按附录五击实试验测定。如无击实试验条件时，可按附录六计算。

注：①填料为粒径小于5mm而能自由排水的砂土时，其相对密度测定方法可参照水电部《土工试验规程》（SD 501—79）“相对密度试验土-010-78”。

②排水不良的砂土，系指粉砂、极细砂或含大量粉砂的轻亚粘土，在高击功能下的最大干容重大于振动法的干容重。

第 3.4.10 条 粘性土填料施工含水量的控制范围，应在填料的干容重-含水量关系曲线中根据设计干容重确定。如无击实试验条件，设计压实系数为0.9时，施工含水量与最优含水量之差可控制在－4%～＋2%范围内（使用振动辗时，可控制在－6%～＋2%范围内）。

第 3.4.11 条 填料为粘性土时，填土前应检验其含水量是否在控制范围内：如含水量偏高，可采用翻松、晾晒、均匀掺入干土（或吸水性填料）等措施；如含水量偏低，可采用预先洒水润湿、增加压实遍数或使用大功能压实机械等措施。

第 3.4.12 条 填料为碎石类土（充填物为砂土）时，辗压前宜充分洒水湿透，以提高压实效果。

填料为爆破石碴时，应通过辗压试验确定含水量的控制范围。

第 3.4.13 条 填方每层铺土厚度和压实遍数应根据土质、压实系数和机具性能确定，或按照表3.4.13选用。

填方每层的铺土厚度和压实遍数　　表 3.4.13

压实机具	每层铺土厚度（mm）	每层压实遍数（遍）
平辗	200～300	6～8
羊足辗	200～350	8～16
蛙式打夯机	200～250	3～4
人工打夯	不大于200	3～4

注：人工打夯时，土块粒径不应大于5cm。

辗压时，轮（夯）迹应相互搭接，防止漏压。

第 3.4.14 条 振动平辗适用于填料为爆破石碴、碎石类土、杂填土或轻亚粘土的大型填方（填料为亚粘土或粘土时，宜使用振动凸块辗）。

使用8～15吨重的振动平辗压实爆破石碴或碎石类土时，铺土厚度一般为0.6～1.5m，宜先静压、后振压，辗压遍数应由现场试验确定，一般为6～8遍。

第 3.4.15 条 辗压机械压实填方时，应控制行驶速度，一般不应超过下列规定：

平辗　　2km/h

羊足辗　　3km/h

振动辗　　2km/h

第 3.4.16 条 采用机械填方时，应保证边缘部位的压实质量。填土后，如设计不要求边坡修整，宜将填方边缘宽填0.5m；如设计要求边坡整平拍实，宽填可为0.2m。

第 3.4.17 条 分段填筑时，每层接缝处应作成斜坡形，辗迹重迭0.5～1.0m。上、下层接缝应错开不小于1m。

第 3.4.18 条 填方应按设计要求预留沉降量，如设计无要求时，可根据工程性质、填方高度、填料种类、压实系数和地基情况等与建设单位共同确定（沉降量一般不超过填方高度的3％）。

第 3.4.19 条 填方中采用两种透水性不同的填料分层填筑时，上层宜填筑透水性较小的填料，下层宜填筑透水性较大的填料，填方基土表面应作成适当的排水坡度，边坡不得用透水性较小的填料封闭。

如因施工条件限制，上层必须填筑透水性较大的填料时，应将下层透水性较小的土层表面作成适当的排水坡度或设置盲沟。

第 3.4.20 条 取土坑的位置和要求应由设计单位（或建设单位）确定，但不得影响建筑物（或构筑物）安全和挖、填方边坡的稳定。

取土坑的边坡坡度应视土质而定，一般不陡于本规范表3.3.2的规定。取土坑的排水设施应按设计要求施工。

第 3.4.21 条 挡土墙后的填土，应选用透水性较好的土或在粘性土中掺入石块作填料。填土时，应分层夯实，确保填土质量，并应按设计要求做好滤水层和排水盲沟。

注：在季节性冻土地区，挡土墙后的填土宜采用非冻胀性填料。

第 3.4.22 条 填料为红粘土时，其施工含水量宜高于最优含水量2％～4％，填筑中应防止土料发生干缩、结块现象。填方压实宜使用中、轻型辗压机械。

第 3.4.23 条 填方基土表层和填料为盐渍土时，应按下列规定施工：

一、应尽量在地下水位较低的季节施工；

二、当地下水位距填方基底较近且基土较松软时，应按设计要求作好隔水层；

三、在滨海地区，对含盐量较低的土料，宜使用轻、中型辗压机械；在干旱地区，对含盐量较高的土料，宜使用重型辗压机械；

四、应清除填方地基含盐量超过设计允许值的地表土层或表层结壳及壳下的松散土层；

五、在降雨量较大的地区，应按设计要求作好填方的表层处理。

第 3.4.24 条 填方基土为软土时，应根据设计要求进行地基处理，如设计无要求时，应符合下列规定：

一、大面积填土应在开挖基坑（槽）之前完成，并尽量留有较长间歇时间；

二、软土层厚度较小时，可采用换土或抛石挤淤等处理方法；

三、软土层厚度较大时，可采用砂垫层、砂井、砂桩等方法加固。其施工要求应按国家标准《地基与基础工程施工及验收规范》（GBJ202—83）第三章的有关规定执行。

第 3.4.25 条 填方基土为杂填土时，应按设计要求加固地基，并应妥善处理基底下的软硬点、空洞、旧基、暗塘等。

第 3.4.26 条 在沼泽地上填方时，应符合下列规定：

一、施工前应了解沼泽类型、沉积层的厚度和稠度、泥炭的腐烂矿化程度等；

二、填方沉入沼泽的深度、基土的处理方法和填料等应符合设计要求；

三、填方周围应开挖排水沟；

四、沼泽地上的临时性填方（如临时道路等），可根据沼泽的性质和填方重量及上部荷载等，将填方设置在木(竹)排或梢排上，或直接设置在沼泽上。

第 3.4.27 条 在地形、工程地质复杂地区内的填方，且对填土密实度要求较高时，应采取措施（如排水暗沟、护坡等），以防填方土粒流失，不均匀下沉和坍滑等。

第五节 基坑（槽）和管沟

第 3.5.1 条 基坑（槽）、管沟的开挖或回填应连续进行，尽快完成。施工中应防止地面水流入坑、沟内，以免边坡塌方或基土遭到破坏。

雨期施工或基坑（槽）、管沟挖好后不能及时进行下一工序时，可在基底标高以上留150～300mm一层不挖，待下一工序开始前再挖除。

采用机械开挖基坑（槽）或管沟时，可在基底标高以上预留一层用人工清理，其厚度应根据施工机械确定。

第 3.5.2 条 基坑（槽）底部的开挖宽度，除基础底部宽度外，应根据施工需要增加工作面、排水设施和支撑结构的宽度。

第 3.5.3 条 管沟底部开挖宽度（有支撑者为撑板间的净宽），除管道结构宽度外，应增加工作面宽度。每侧工作面宽度应符合表3.5.3的规定。

第 3.5.4 条 土质均匀且地下水位低于基坑（槽）或管沟底面标高时，其挖方边坡可作成直立壁不加支撑。挖方深度应根据土质确定，但不宜超过下列规定：

密实、中密的砂土和碎石类土（充填物为砂土） 1m

硬塑、可塑的轻亚粘土及亚粘土 1.25m

管沟底部每侧工作面宽度 **表 3.5.3**

管道结构宽度 (mm)	每侧工作面宽度（mm）	
	非金属管道	金属管道或砖沟
200～500	400	300
600～1000	500	400
1100～1500	600	600
1600～2500	800	800

注：1.管道结构宽度：无管座按管身外皮计；有管座按管座外皮计；砖砌或混凝土管沟按管沟外皮计。
2.沟底需增设排水沟时，工作面宽度可适当增加。
3.有外防水的砖沟或混凝土沟时，每侧工作面宽度宜取800mm。

硬塑、可塑的粘土和碎石类土(充填物为粘性土) 1.5m

坚硬的粘土 2m

基坑（槽）或管沟挖好后，应及时进行地下结构和安装工程施工。在施工过程中，应经常检查坑壁的稳定情况。

注：挖方深度超过本条规定时，应按第3.5.5条的规定放坡或作成直立壁加支撑。

第 3.5.5 条 地质条件良好、土质均匀且地下水位低于基坑（槽）或管沟底面标高时，挖方深度在5m以内不加支撑的边坡的最陡坡度应符合表3.5.5的规定。

第 3.5.6 条 基坑（槽）或管沟需设置坑壁支撑时，应根据开挖深度，土质条件、地下水位、施工方法、相邻建筑物和构筑物等情况进行选择和设计。支撑必须牢固可靠，确保安全施工。

坑壁支撑有钢（木）支撑、钢（木）板桩、钢筋混凝土护坡桩和钢筋混凝土地下连续墙等。

深度在5m内的基坑(槽)、管沟边坡的最陡坡度　表 3.5.5

(不加支撑)

土的类别	边坡坡度(高:宽)		
	坡顶无荷载	坡顶有静载	坡顶有动载
中密的砂土	1:1.00	1:1.25	1:1.50
中密的碎石类土(充填物为砂土)	1:0.75	1:1.00	1:1.25
硬塑的轻亚粘土	1:0.67	1:0.75	1:1.00
中密的碎石类土(充填物为粘性土)	1:0.50	1:0.67	1:0.75
硬塑的亚粘土、粘土	1:0.33	1:0.50	1:0.67
老黄土	1:0.10	1:0.25	1:0.33
软土(经井点降水后)	1:1.00	—	—

注：1.静载指堆土或材料等，动载指机械挖土或汽车运输作业等。静载或动载距挖方边缘的距离应符合第3.5.12条的规定。
2.当有成熟施工经验时，可不受本表限制。

第 3.5.7 条　采用钢（木）坑壁支撑时，应随挖随撑、支撑牢固。施工中应经常检查，如有松动、变形等现象时，应及时加固或更换。在雨期或化冻期，更应加强检查。

第 3.5.8 条　钢（木）支撑的拆除，应按回填顺序依次进行。多层支撑应自下而上逐层拆除，随拆随填。拆除支撑时，应防止附近建筑物和构筑物等产生下降和破坏，必要时应采取加固措施。

第 3.5.9 条　采用钢（木）板桩、钢筋混凝土预制桩或灌注桩作坑壁支撑时，应符合下列规定：

一、应尽量减少打桩时产生的振动和噪音对邻近建筑物、构筑物、仪器设备和城市环境的影响；

二、桩的制作、运输、打桩或灌注桩的施工要求应按国家标准《地基与基础工程施工及验收规范》（GBJ202—83）第四章的有关规定执行；

三、当土质较差，开挖后土可能从桩间挤出时，宜采用啮合式板桩；

四、在桩附近挖土时，应防止桩身受到损伤；

五、采用钢筋混凝土灌注桩时，应在桩的混凝土强度达到设计标号后，方可挖土；

六、拔除桩后的孔穴应填实。

第 3.5.10 条　采用钢（木）板桩、钢筋混凝土桩作坑壁支撑并加设锚杆时，应符合下列规定：

一、锚杆宜选用螺纹钢筋，使用前应清除油污和浮锈；

二、锚固段应设置在稳定性较好的土层或岩层中，长度应经计算确定；

三、钻孔时不得损坏已有的管沟、电缆等地下埋设物；

四、施工前应作抗拔试验，测定锚杆的抗拔拉力；

五、锚固段应用水泥砂浆灌注密实；

六、应经常检查锚头紧固和锚杆周围的土质情况。

第 3.5.11 条　采用钢筋混凝土地下连续墙作坑壁支撑时，其施工和验收要求应按国家标准《地基与基础工程施工及验收规范》（GBJ202—83）第五章的有关规定执行。

第 3.5.12 条　基坑（槽）、管沟的直立壁和边坡，在开挖过程和敞露期间应防止塌陷，必要时应加以保护。

在挖方边坡上侧堆土或材料以及移动施工机械时，应与挖方边缘保持一定距离，以保证边坡和直立壁的稳定。当土质良好时，堆土或材料应距挖方边缘0.8m以外，高度不宜超过1.5m。

在柱基周围、墙基或围墙一侧，不得堆土过高。

第 3.5.13 条　开挖基坑（槽）或管沟时，应合理确定开挖顺序和分层开挖深度。当接近地下水位时，应先完成标高最低处的挖方，以便于在该处集中排水。

第 3.5.14 条 基坑（槽）或管沟挖至基底标高后，应会同设计单位（或建设单位）检查基底土质是否符合要求，并作出隐蔽工程记录。

第 3.5.15 条 开挖基坑（槽）或管沟不得超过基底标高，如个别地方超挖时，应用与基土相同的土料填补，并夯实至要求的密实度，或用中、粗砂碎石类土填补并夯实。在重要部位超挖时，可用低标号混凝土填补，并应取得设计单位同意。

第 3.5.16 条 基坑（槽）、管沟回填时，应符合下列规定：

一、填土前，应清除沟槽内的积水和有机杂物；

二、基础或管沟的现浇混凝土应达到一定强度，不致因填土而受损伤时，方可回填；

三、沟（槽）回填顺序，应按基底排水方向由高至低分层进行；

四、回填土料、每层铺填厚度和压实要求，应按本章第四节有关规定执行。如设计允许回填土自行沉实时，可不夯实；

五、基坑（槽）回填应在相对两侧或四周同时进行；

六、回填管沟时，为防止管道中心线位移或损坏管道，应用人工先在管子周围填土夯实，并应从管道两边同时进行，直至管顶0.5m以上。在不损坏管道的情况下，方可采用机械回填和压实；

七、在抹带接口处。防腐绝缘层或电缆周围，应使用细粒土料回填。

第 3.5.17 条 在软土地区开挖基坑（槽）或管沟时，除应按照本节有关规定外，尚应符合下列规定：

一、施工前必须做好地面排水和降低地下水位工作，地下水位应降低至基底以下0.5～1.0m后，方可开挖。降水工作应持续到回填完毕；

二、施工机械行驶道路应填筑适当厚度的碎（砾）石，必要时应铺设工具式路基箱（板）或梢排等；

三、相邻基坑（槽）和管沟开挖时，应遵循先深后浅或同时进行的施工顺序，并应及时作好基础；

四、在密集群桩上开挖基坑时，应在打桩完成后间隔一段时间，再对称挖土。在密集群桩附近开挖基坑（槽）时，应采取措施防止桩基位移；

五、基坑（槽）开挖后，应尽量减少对基土的扰动。如基础不能及时施工时，可在基底标高以上留0.1～0.3m土层不挖，待作基础时挖除；

六、挖出的土不得堆放在边坡顶上或建筑物（构筑物）附近。

第 3.5.18 条 在膨胀土地区开挖基坑（槽）或管沟时，除按照本节有关规定外，尚应符合下列规定：

一、场地平整后至基坑（槽）、管沟开挖宜间隔一段时间，以减少基土的胀缩变形；

二、基坑（槽）或管沟的开挖、地基与基础的施工和回填土等应连续进行，并应避免在雨天施工；

三、开挖前应做好排水工作，防止地表水、施工用水和生活废水浸入施工场地或冲刷边坡；

四、开挖后，基土不得受烈日曝晒或雨水浸泡。必要时可预留一层不挖，待作基础时挖除；

五、采用砂地基时，应先将砂浇水至饱和后再铺填夯

实,不得采用向基坑(槽)或管沟内浇水使砂沉落的施工方法;

六、回填土料应符合设计要求。如设计无要求时，宜选用非膨胀性土、弱膨胀土或掺有适当比例的石灰及其它松散材料的膨胀土。

第六节 雨期施工

第 3.6.1 条 雨期施工的工作面不宜过大，应逐段、逐片的分期完成。重要的或特殊的土方工程，应尽量在雨期前完成。

第 3.6.2 条 雨期施工中应有保证工程质量和安全施工的技术措施，并应随时掌握气象变化情况。

第 3.6.3 条 雨期施工前，应对施工场地原有排水系统进行检查、疏浚或加固，必要时应增加排水设施，保证水流畅通。在施工场地周围应防止地面水流入场内。在傍山、沿河地区施工，应采取必要的防洪措施。

第 3.6.4 条 雨期施工时，应保证现场运输道路畅通。道路路面应根据需要加铺炉渣、砂砾或其他防滑材料，必要时应加高加固路基。道路两侧应修好排水沟，在低洼积水处应设置涵管，以利泄水。

第 3.6.5 条 填方施工中，取土、运土、铺填、压实等各道工序应连续进行。雨前应及时压完已填土层或将表面压光，并作成一定坡势，以利排除雨水。

第 3.6.6 条 雨期开挖基坑（槽）或管沟时，应注意边坡稳定。必要时可适当放缓边坡坡度或设置支撑。施工时应加强对边坡和支撑的检查。

第 3.6.7 条 雨期开挖基坑（槽）或管沟时，应在坑（槽）外侧围以土堤或开挖水沟，防止地面水流入。

第七节 冬期施工

第 3.7.1 条 土方工程不宜在冬期施工，如必须在冬期施工时，其施工方法应经技术经济比较后确定。施工前应周密计划，作好准备，做到连续施工。

第 3.7.2 条 采用防止冻结法开挖土方时，可在冻结前用保温材料覆盖或将表层土翻耕耙松，其翻耕深度应根据当地气候条件确定，一般不小于0.3m。

第 3.7.3 条 松碎冻土采用的机具和方法，应根据土质、冻结深度、机具性能和施工条件等确定。

当冻土层厚度较小时，可采用铲运机、推土机或挖土机直接开挖。

当冻土层厚度较大时，可采用松土机、破冻土犁、重锤冲击、劈土锥（楔）或爆破法松碎。

第 3.7.4 条 融化冻土应根据工程量大小、冻结深度和现场条件选用锯末（或谷壳）焖火烘烤法、蒸汽（或热水）循环针法或电热法等。

融化时应按开挖顺序分段进行，每段大小应适应当天挖土的工程量。

第 3.7.5 条 冬期填方每层铺土厚度应比常温施工时减少20～25%，预留沉降量应比常温施工时适当增加。

含有冻土块的土料用作填料时，冻土块粒径不得大于150毫米，铺填时，冻土块应均匀分布、逐层压实。

第 3.7.6 条 冬期填方施工应符合下列规定：

一、填土前，应清除基底上的冰雪和保温材料；

二、填方边坡表层1m以内，不得用冻土填筑；

三、填料中冻土块的含量应符合设计要求；

四、填方上层应用未冻的、不冻胀的或透水性好的土料填筑，其厚度应符合设计要求。

第 3.7.7 条 冬期施工室外平均气温在－5℃以上时，填方高度不受限制；平均气温在－5℃以下时，填方高度不宜超过表3.7.7的规定。

冬期填方高度限制 **表 3.7.7**

平均气温（℃）	填方高度（m）
－5～－10	4.5
－11～－15	3.5
－16～－20	2.5

注：用石块和不含冰块的砂土（不包括粉砂）、碎石类土填筑时，填方高度不受本表限制。

第 3.7.8 条 地面面层下的填方，填料中不得含有冻土块。填土完成后至地面施工前，应采取防冻措施。

第 3.7.9 条 位于铁路、有路面的道路和人行道范围内的平整场地的填方，可用含有冻土块的填料填筑，但冻土块体积不得超过填料体积的30％。

第 3.7.10 条 开挖基坑（槽）或管沟时，必须防止基础下的基土遭受冻结。如基坑（槽）开挖完毕至地基与基础施工或埋设管道之间有间歇时间，应在基底标高以上预留适当厚度的松土或用其它保温材料覆盖。

注：对非冻胀土可不受本条所限。冻胀性土分类见《工业与民用建筑地基基础设计规范》（TJ7—74）表18的规定。

第 3.7.11 条 冬期开挖土方时，如可能引起邻近建筑物（或构筑物）的地基或其他地下设施产生冻结破坏时，应采取防冻措施。

第 3.7.12 条 冬期回填基坑（槽）或管沟除按第3.5.16条的规定外，尚应符合下列规定：

一、室外的基坑（槽）或管沟可用含有冻土块的土回填，但冻土块体积不得超过填土总体积的15％；

二、管沟底至管顶0.5m范围内不得用含有冻土块的土回填；

三、室内的或有路面的道路下的基坑（槽）或管沟不得用含有冻土块的土回填；

四、回填工作应连续进行，防止基土或已填土层受冻。

注：冻结期内不使用的室外管道的回填，其冻土块含量和粒径可不受限制，但化冻后应作适当处理。

第 3.7.13 条 在挖方上侧弃置冻土时，弃土堆坡脚至挖方上边缘的距离，应为常温条件下规定的距离，再加上弃土堆的高度。

第 3.7.14 条 冬期施工时，运输机械和行驶道路均应采取防滑措施，以保证安全。

因冻结可能遭受损坏的机械设备、炸药、油料和降低地下水位设施等，应采取保温或防冻措施。

第八节 边坡加固

第 3.8.1 条 永久性挖、填方和排水沟的边坡加固，应按设计要求施工。

为防止修整后的挖、填方边坡遭受雨水冲刷，加固工作应在雨期前完成。

冬期施工的挖、填方边坡修整与加固工作宜在解冻后进行。

第 3.8.2 条 在挖方边坡上遇有地下水渗流时，应根据具体情况采取适当的支护或导流设施，并应在边坡加固前完成。

第 3.8.3 条 用草皮加固挖、填方边坡时，应选用容易生根蔓延、耐旱的草皮，在适宜于种植的季节均匀铺植。

第 3.8.4 条 挖、填方边坡采用石块铺砌加固时，应自下而上分行平行铺砌，石块应侧放并错缝搭接，缝隙间应用碎石嵌实。

第 3.8.5 条 靠河岸的填方，在汛期前如不能及时做好永久性的边坡加固工程时，为保护其边坡免受洪水冲刷，应采用竖篱、石笼、土袋等作临时性加固。

第 3.8.6 条 膨胀土、红粘土、软土或其他易于风化的土（岩）的边坡，如设计有喷涂、抹面或铺砌石块等护面要求时，应在边坡修整后随即进行。

第四章 爆破工程

第一节 一般规定

第 4.1.1 条 大中型爆破工程，或在城镇与其他居民聚居的地方、风景名胜区和重要工程设施附近进行爆破施工时，施工单位必须事先编制作业方案，报经县、市以上主管部门批准，并征得所在地县、市公安局同意后，方可进行爆破作业。

第 4.1.2 条 石方爆破应根据工程要求、地质条件、工程量大小和施工机械等合理选用爆破方法。其爆堆高度、爆落范围、石碴块径均应与装碴方法相适应。

注：大型的或重要的爆破工程，其主要的爆破参数应通过试验确定。

第 4.1.3 条 爆破工程施工应指定专人负责，爆破工作人员必须受过爆破技术训练，熟悉爆破器材性能和安全规则，并经县、市公安局考试合格后，方可参加爆破工作。

第 4.1.4 条 爆破工程所用的爆炸材料，应根据使用条件选用并应符合现行国家标准、部标准。新型的爆炸材料，必须经过兵器工业部批准之后，方可使用。过期的或对其质量有怀疑的爆炸材料，必须经过检验定性，符合质量要求的方可使用。

第 4.1.5 条 爆炸材料的购买、运输、储存、保管，应遵守国家关于爆炸物品管理条例的规定。

第 4.1.6 条 在水下或潮湿的条件下进行爆破时，宜采用抗水炸药，如使用易受潮的炸药、雷管和导火索等，必须采取防水措施。

第 4.1.7 条 爆破前，必须做好下列安全准备工作：

一、建立指挥机构，明确爆破人员的职责和分工；

二、在危险区内的建筑物、构筑物、管线、设备等，应采取安全保护措施，防止爆破地震、飞石和冲击波的破坏；

三、防止爆破有害气体、噪声对人体的危害；

四、在爆破危险区的边界设立警戒哨和警告标志；

五、将爆破信号的意义、警告标志和起爆时间通知当地单位和居民。起爆前，督促人、畜撤离危险区。

第 4.1.8 条 起爆方法应根据工程特点、施工条件、当地气象等合理选择。对于大型或重要的爆破工程，宜采用复式网路。

第 4.1.9 条 导火索、导爆索等的切割以及与雷管的连接工作，一般应在专设的加工房内进行。当数量较少时，可在室外选择僻静、隐蔽和干燥的安全地点进行。

加工起爆药包应于爆破前在现场安全地点进行，并按当班所需数量一次制作，不得留成品。

注：导火索、导爆索的切割，应用锋利的刀子，切口应平整。打折、过粗、过细或外观有损伤处，应切去不用。

第 4.1.10 条 露天爆破如遇浓雾、大雨、大风、雷电或黑夜时，均不得起爆。

第 4.1.11 条 处理瞎炮，应严格按国家有关安全规程执行。

第 4.1.12 条 本章各节所列各项爆破参数，均以 2 号岩石硝铵炸药为准。如使用其它种类炸药时，应通过现场对比试验或按爆力值进行换算。各种常用炸药的爆力值见附录八。

第二节 起爆方法

（Ⅰ）火花起爆

第 4.2.1 条 每卷导火索在使用前均应将两端各切去50mm，并从一端取1m作燃速试验。

严禁在同一地点使用两种不同燃速的导火索。

第 4.2.2 条 导火索的长度，应根据点火人员在点燃全部导火索后能隐蔽到安全地点所需的时间确定，且不得小于1.2m。

第 4.2.3 条 导火索埋入炮孔内的长度不应超过4m。在竖井内或在点火人员撤离不方便的地点爆破时，不得采用火花起爆。

第 4.2.4 条 导火索点火，应符合下列规定：

一、宜采用一次点火；

二、多人点火时，应由专人指挥，各点火人员应明确分工；

三、一人点火数超过 5 个或多人点火时，应使用信号导火索或信号雷管控制点火时间。

第 4.2.5 条 火花起爆应指定专人计算响炮数，如响炮数与点火数不一致时，检查人员应在最后一炮响后不少于20分钟，方可进入爆破作业区。

（Ⅱ）电力起爆

第 4.2.6 条 在同一串联网路上，必须使用同厂、同批、同牌号的电雷管，各雷管（脚线长度为2m）之间的电阻差值不得大于：

康铜桥丝：铁脚线　0.3Ω

铜脚线　0.25Ω

镍铬桥丝：铁脚线　0.8Ω

铜脚线　0.3Ω

第 4.2.7 条 检测电雷管和电爆网路的电阻时，必须使用爆破电桥或专用的爆破仪表，其输出电流值不得大于30mA。

第 4.2.8 条 检测电雷管电阻值时，应在专用的加工房内或在隐蔽、僻静的地点进行，并应采取安全防护措施。

第 4.2.9 条 电爆网路中每个电雷管的准爆电流必须符合下列规定：

康铜桥丝电雷管：交流电不小于3A

直流电不小于2A

镍铬桥丝电雷管：交流电不小于2.5A

直流电不小于1.5A

对于大型爆破，上述电流应增加50%。

注：采用起爆器起爆时，电爆网路的连接方法和总电阻值，应符合起爆器说明书的要求。起爆器应经试验后，方可使用。

第 4.2.10 条 电爆网路应采用绝缘导线，其绝缘性能、线芯截面积应符合设计要求。使用前，应进行电阻和绝缘检验。

第 4.2.11 条 导线连接时，应将线芯表面擦净并连接牢固，防止错接、漏接和接触地面，不得采用水或大地作为电爆网路的回路。

第 4.2.12 条 当爆破区或洞室内即将运人起爆药包（体）时，应将所有电气装置和动力照明线路等完全断电。洞室内应使用防爆安全矿灯或绝缘手电筒照明。

当爆破区内已经装人起爆药包遇有雷电时，应将已连接好的各主、支线端头解开，并分别绝缘。当洞室内已经装人起爆体遇有雷电时，应将两根导线的端头分别绝缘，并将导线放人洞内，距洞口不小于5m，导线与地面应用绝缘物隔离。在爆破区或洞室内的所有人员应停止作业，迅速撤离危险区。

第 4.2.13 条 起爆前，应检测电爆网路的总电阻值，如总电阻值与计算值相差10%以上时，应在查明原因并消除故障后，方可起爆。

第 4.2.14 条 起爆后，如发生拒爆，应立即切断电源，并将主线短路。如使用即发雷管时，应在短路后不少于5分钟，方可进入现场；如使用延期雷管时，应在短路后不小于15分钟，方可进入现场。

第 4.2.15 条 在有杂散电流、静电、感应电或高频电磁波等可能引起电雷管早爆的地区和雷击区爆破时，不应采用电力起爆。

（Ⅲ）导爆索起爆

第 4.2.16 条 导爆索的连接方法应按出厂说明书的规定执行。当采用搭接连接时，其搭接长度不得小于15cm，并应绑扎牢实。

如采用孔外多段微差起爆时，可使用继爆管连接，但应保证前一段网路起爆时，不得破坏后一段网路。

第 4.2.17 条 起爆导爆索网路应使用两个雷管。在一个网路上如有两组导爆索时，应同时起爆。

第 4.2.18 条 导爆索支线与主线连接时，从接点起，支线与主线顺传爆方向的夹角不得大于90°。

第 4.2.19 条 气温高于30℃时，露在地面上的导爆索应加遮盖，以防烈日暴晒。

导爆索在接触铵油炸药的部位，必须用防油材料保护，以防药芯浸油。

第 4.2.20 条 导爆索网路应避免交叉敷设，如必须交叉敷设时，应用厚度不小于15cm的衬垫物隔开。

导爆索平行敷设的间距不得小于20cm。

（Ⅳ）导爆管起爆

第 4.2.21 条 导爆管表面有损伤（如孔洞、裂口等）或管内有杂物者，不得使用。

敷设导爆管网路时 不得将导爆管拉细、对折或打结等。

第 4.2.22 条 导爆管与雷管（或连接块）的连接，应按出厂说明书的要求进行。

导爆管网路应根据施工要求采用串联、并联、簇联等方式。大型爆破应采用复式网路。

第 4.2.23 条 采用导爆管网路进行孔外微差爆破时，其延长时间必须保证前一段网路爆炸时，不致破坏相邻或后面各段网路。

第 4.2.24 条 采用雷管激发（或传爆）导爆管网路时，应符合下列规定：

一、导爆管应绑扎在雷管的周围，并用3～5层聚丙烯包扎带或棉胶带绑扎牢实，导爆管端头距雷管不得小于10cm；

二、在复式网路中，雷管与相邻网路之间应相距一定距离，以防破坏其他网路。

注：当用金属雷管激发（或传爆）导爆管时，应采取措施，防止金属碎片破坏导爆管。

第三节 一般爆破

（Ⅰ）炮孔爆破

第 4.3.1 条 炮孔爆破系指装药孔径小于300mm的各种炮眼或深孔爆破。当爆破工程量大，开挖较深时，宜采用梯段爆破。

第 4.3.2 条 炮孔爆破主要参数的确定，一般应符合下列规定：

一、梯段高度应根据工程规模、开挖厚度、施工进度和钻孔机械、挖掘机械的性能等确定；

二、最小抵抗线长度应根据炸药性能、装药直径、起爆方法和地质条件等确定，一般为装药直径的20～40倍；

三、爆孔间距应根据岩石的特征、炸药种类、抵抗线长度和起爆顺序等确定，一般为最小抵抗线长度的1～2倍；

四、钻孔深度应根据岩石的坚硬程度、梯段高度和抵抗线长度等确定，一般为梯段高度的0.9～1.15倍；

五、堵塞长度应根据抵抗线长度、炸药性能、装药结构及堵塞质量等确定。

第 4.3.3 条 采用炮孔爆破开挖基坑（槽）、管沟时，炮孔深度不应超过坑（槽）上口宽度的0.5倍。如超过0.5倍时，应采用分层爆破。

第 4.3.4 条 炮孔的位置、角度和深度应符合设计要求，装药前应清除炮孔中的泥浆或岩粉。装入起爆药包或硝化甘油炸药时，严禁投掷冲击。

第 4.3.5 条 孔径较小的炮孔，宜采用偶合装药，以减小管道效应，提高爆破效果。

第 4.3.6 条 为使爆破后岩石破碎均匀，宜采用间隔装药。当同一炮孔内装几种炸药时，孔底应装威力大、密度大的炸药。

第 4.3.7 条 使用机械装粉状硝铵类炸药时，如采用电力起爆，应有安全技术措施，防止静电引起早爆事故。

第 4.3.8 条 炮孔装药和堵塞时，不得损坏起爆网路，堵塞应密实，且不得使用活性材料。

第 4.3.9 条 炮孔梯段爆破宜采用多段起爆。其起爆间隔时间应根据抵抗线长度和岩石的特征确定，但每米抵抗线的间隔时间，一般不应小于3毫秒。

第 4.3.10 条 为使边坡稳定、岩面平整，在边坡处宜采用预裂爆破或光面爆破。

第 4.3.11 条 预裂爆破和光面爆破主要参数的确定，应符合下列规定：

一、炮孔间距应根据工程特点、岩石特征、炮孔直径等确定，预裂爆破的炮孔间距一般为炮孔直径的 8～12倍；光面爆破的炮孔间距一般为炮孔直径的10～16倍；

二、装药集中度应根据岩石的种类、炮孔间距、炮孔直径和炸药性能等确定；

三、装药不偶合系数应根据岩石的强度、炮孔间距和炸药性能合理选择，应使炸药完全爆轰，并保证裂面（或光面）平整，岩体稳定；

四、光面爆破最小抵抗线长度应根据岩石特征、炮孔间距等确定，一般为炮孔间距的1.2～1.4倍。

第 4.3.12 条 预裂炮孔或光面炮孔的角度应与设计边坡坡度一致，每层炮孔孔底应尽量在同一水平面上。

第 4.3.13 条 靠近预裂炮孔的主炮孔的间距、排距和装药量，应较其他主炮孔适当减小。当预裂炮孔和主炮孔在同一电爆网路中起爆时，预裂炮孔应在相邻主炮孔之前起爆，其时差不得少于：

坚硬岩石	50～80ms
中等坚硬岩石	80～150ms
松软岩石	150～200ms

第 4.3.14 条 光面炮孔与主炮孔在同一爆破网路中起爆时，主炮孔应在光面炮孔之前起爆，且各光面炮孔均应使用同一秒量的雷管并同时起爆。

第 4.3.15 条 当采用预裂爆破降低爆破地震时，预裂炮孔应较主炮孔稍深，预裂缝长度和宽度均应符合设计要求。

（Ⅱ）药 壶 爆 破

第 4.3.16 条 药壶爆破适用于软岩和中等坚硬岩层，炮孔深度一般为3～8m。坚硬或节理发育的岩层不宜采用药壶爆破。

第 4.3.17 条 扩壶次数应根据岩石特性确定，扩壶药量应逐次递增，各次药量的重量比一般为：

扩壶两次	1:2
扩壶三次	1:2:4
扩壶四次	1:2:4:6

第 4.3.18 条 扩壶后应间隔不少于15分钟，或待壶内温度低于50℃时，方可再次装药扩壶。

第 4.3.19 条 壶内装药量不宜超出壶口，如炮孔较深，为使岩石破碎均匀，炮孔内可适量装药。

（Ⅲ）洞 室 爆 破

第 4.3.20 条 洞室爆破应根据地形、地质条件、设计要求、工程特点等合理选择爆破类型。

第 4.3.21 条 洞室爆破的药包布置应符合下列规定：

一、当爆破区为多面临空的山脊地形时，宜布置双向或多向药室；

二、药包位置应避开岩体内的断层、破裂带或软弱夹层，尽量布置在比较完整的岩层中；

三、布置多排或多层药包群时，各药包之间宜呈三角形分布；

四、药包的最小抵抗线长度与埋设深度之比，一般为0.6～0.8；

五、靠近开挖边坡的药包，应尽量采用分集药包，并应预留保护层。

第 4.3.22 条 平洞或竖井的布置方式应根据地形、地质条件和施工设备等合理选择。平洞口或竖井口应尽量布置在稳定的岩层处。

井、洞断面应根据地质条件、工程量大小和施工机械等确定。采用人工凿岩和装运时，其最小断面一般为：

平洞、横洞　　宽1m、高1.5m

竖井　　宽1m、长1.2m或直径1.2m

采用机械凿岩和装运时，其最小断面应根据机械操作要求确定。

第 4.3.23 条 为便于运输和排水，平（横）洞底面应向洞口呈3～5‰的下坡。洞口处应排水畅通。

第 4.3.24 条 竖井施工时，应有可靠的通风设施。当竖井深度超过5m时，宜设置带制动装置的提升设备。

第 4.3.25 条 装药前，应检查药室位置、标高和容积是否符合设计要求，并作出记录。药室和洞内如有杂物应清除干净。

第 4.3.26 条 药室装药应符合下列规定：

一、装药时，距洞口200m（或按设计要求）范围内，不得进行其它爆破作业；

二、同一药室内装有几种炸药时，起爆体周围应放置威力大、质量好的炸药；

三、如药室内渗水，应采取防水措施，或使用抗水炸药。

第 4.3.27 条 起爆体应采用威力大、质量好的炸药。每个起爆体一般装10～20kg炸药和2～4个雷管（或导爆索节），并宜用木箱盛装。

药室内装入起爆体的数量，应根据药室的装药量、炸药性能、药室形状等确定。药室装药量在20t以下时，一般放置一个起爆体。装药量在20t以上或采用条形药包时，可适当增加副起爆体。

第 4.3.28 条 横洞药室的堵塞长度，一般不应小于横洞高度或宽度中最大尺寸的三倍。靠近平洞口（或竖井口）的药室的堵塞长度，不应小于最小抵抗线长度。

堵塞材料可用碎石和粘土（或砂）的混合物。靠近药室处宜用粘土或砂土堵塞，并应堵塞密实。在装药和堵塞过程中，不得撞击炸药和损坏起爆网路，并应经常检测电爆网路的电阻值是否稳定。

第 4.3.29 条 为保证起爆准确和安全可靠，洞室爆破应敷设两套起爆网路，且不得采用导火索作为起爆网路的复线。

第 4.3.30 条 在山谷或通风不良的地区进行洞室爆破时，应待有害气体消散完后，工作人员方可进入爆破地点进行检查。附近的洞室、巷道和涵洞等，应经检查对人体无害时，人员方可进入。

第四节 其他爆破

（Ⅰ）拆除爆破

第 4.4.1 条 拆除爆破施工前，应详细了解被拆除物的结构性能，查明附近建筑物的种类、各种管线的分布和设备仪表的要求等情况，并作好记录，绘制平面图及有关剖面图。

第 4.4.2 条 拆除爆破前，应对附近的建筑物和机器设备等采取必要的防护措施，以防飞石、振动和冲击波的破坏。

第 4.4.3 条 拆除爆破附近地表或空气中含有易燃物质时，应测试其易燃程度，如因爆破可能引起该易燃物质爆炸或燃烧时，应采取窒息防烧等预防措施。

附近如有正在运行的高压蒸汽锅炉、空气压缩机等，爆破前应将气压降低到1～2atm。

第 4.4.4 条 拆除爆破宜采用炮孔爆破或燃烧剂破碎等方法，其爆破顺序、炸毁部位应根据被拆除物的结构性能和爆塌要求（如原地坐塌或定向倒塌等）确定。

重要工程的拆除爆破，应预先进行模拟试爆。

第 4.4.5 条 采用炮孔爆破拆除建筑物时，应符合下列规定：

宜采用分段连续起爆，并严格控制起爆顺序；

二、承重墙的炮孔位置距地面不应小于0.5m，设计爆裂口高度不宜小于该处壁厚的1.5倍；

三、爆破参数应根据建筑物的结构类别、构件断面尺寸和材料强度等确定。炮孔深度一般为构体厚度的0.65～0.75倍；

四、外墙（柱）的炮孔最小抵抗线，应朝向屋内；

五、宜采用小直径药卷，装药量必须准确；

六、炮孔堵塞长度，不宜小于最小抵抗线长度。

第 4.4.6 条 建筑物拆除爆破后，必须在倒塌稳定，经检查确认安全时，施工人员方可进入现场。

第 4.4.7 条 基础拆除爆破前，应按其埋置深度将周围的泥土全部挖除。如附近有机器设备、仪表或管线等，应根据爆破安全要求，采取适当的防护措施。

第 4.4.8 条 采用垂直炮孔爆破拆除基础时，应符合下列规定：

一、如基础较厚时，应采用分层爆破，每层厚度，不宜超过1.5m；

二、炮孔深度一般为每层厚度的0.8～0.9倍；

三、最小抵抗线长度，一般为炮孔深度的0.5～0.7倍。

注：采用炮孔爆破切割基础时，应根据工程特点进行专门设计。

第 4.4.9 条 拆除烟囱采用定向倒塌爆破时，应在爆塌方向的烟囱外壁布置炮孔，范围为烟囱外壁周长的三分之二，高度距地面一般为0.7～1m。设计爆裂口的高度不应小于烟囱壁厚的1.5倍。

第 4.4.10 条 烟囱内部如有堆积物时，爆破前应予清除或将炮孔布置在高于堆积物0.7～1m处。

（Ⅱ）二 次 爆 破

第 4.4.11 条 爆破孤石或二次爆破巨大块石时，宜采用炮孔爆破，炮孔深度一般为块石厚度的0.33～0.5倍。炮孔装药量应随临空面的增加而适当减少。

第 4.4.12 条 采用裸露药包爆破孤石或巨大块石时，药包应设置在孤石或块石的中部、凹槽处或裂隙发育部位，并应用粘土覆盖。

第 4.4.13 条 当多个裸露药包相互距离较近且一次起爆时，不得采用火花起爆。

（Ⅲ）水 下 爆 破

第 4.4.14 条 水下爆破施工前，除应按本规范第二章有关规定做好准备工作外，还应了解爆破区附近的水工构筑物和船只通航等情况。

第 4.4.15 条 当水下爆破工程量较大、开挖较深或靠近水工构筑物时，宜采用炮孔爆破；

水下爆破工程量较小、开挖较浅或破碎水下障碍物（或大块巨石）时，可采用裸露爆破。

第 4.4.16 条 水下爆破宜采用电力或导爆管起爆，不得采用火花起爆。

水下电爆网路，应采用防水导线。

第 4.4.17 条 水下炮孔爆破的钻孔作业设施必须牢固、稳定，钻孔船定位误差不应大于20cm，施工时应经常检查和校正。

第 4.4.18 条 水下炮孔布置，应根据地质、地形和爆破层厚度等确定。炮孔间距一般为最小抵抗线长度的0.8～1.5倍，排距一般为炮孔间距的0.8～1倍，超钻深度应较陆上炮孔爆破适当增大。

第 4.4.19 条 水下炮孔爆破的起爆药包宜采用威力大的抗水炸药。采用电力起爆时，每个起爆药包内应装入1至2个耐水、耐压的8号金属电雷管。

第 4.4.20 条 采用水下炮孔爆破开挖基坑（槽）时，在接近基底标高处不宜装药过多，以免基岩遭受破坏。

第 4.4.21 条 水下裸露爆破的炸药用量和药包布置，应根据地形、地质、爆破层厚度和水深、流速等确定。药包的间距或排距，一般均为爆破深度的1～1.5倍。

（Ⅳ）冻 土 爆 破

第 4.4.22 条 冻土爆破的一次爆破量，应根据挖运能力和气候条件确定。爆破后的冻土应及时清除，以免再次冻结。

第 4.4.23 条 冻土宜采用垂直炮孔爆破。当地形较陡且具有两个临空面时，可采用水平炮孔爆破。

第 4.4.24 条 采用垂直炮孔爆破冻土时，其炮孔深度一般为冻土层厚度的0.7～0.8倍，炮孔间距和排距应根据炸药性能、炮孔直径和起爆方法等确定，堵塞长度一般不小于炮孔深度的0.33倍。

第 4.4.25 条 冻土爆破应采用具有抗冻和抗水性能的炸药，如采用其它炸药时，应采取防冻、防水措施。

第五章 工程验收

第 5.0.1 条 验收挖方、填方工程和场地平整时，应检查下列各项：

一、平整区域的坐标、高程和平整度；

二、挖方、填方的中线位置、断面尺寸和标高；

三、边坡坡度和边坡的加固；

四、水沟和排水设施的中线位置、断面尺寸和标高；

五、填方压实情况和压实系数（或干容重）；

六、隐蔽工程记录。

注：验收石方爆破的挖方尺寸，应在炸松的土石清除以后进行。

第 5.0.2 条 验收基坑（槽）或管沟时，应检查平面位置、底面尺寸、边坡坡度、标高和基土等。

第 5.0.3 条 土方工程的挖方、填方和场地平整的允许偏差：

一、表面标高：人工清理——±50mm；机械清理——±100mm；

二、长度、宽度（由设计中心线向两边量）——不应偏小；

三、边坡坡度：人工施工——表面平整、不应偏陡；机械施工——基本成型、不应偏陡；

四、地面、路面下的地基：水平标高——0～－50mm，平整度（用2m直尺检查）——20mm。

第 5.0.4 条 基坑（槽）或管沟土方工程的允许偏差：

一、底面标高——0～－50mm；

二、底面长度，宽度（由设计中心线向两边量）——不应偏小；

三、边坡坡度——不应偏陡。

第 5.0.5 条 排水沟土方工程的允许偏差：

一、底面标高——0～－50mm；

二、底面宽度（由设计中心线向两边量）——0～＋100mm；

三、边坡坡度——表面平整、不应偏陡；

四、边坡和沟底的加固——符合设计要求。

第 5.0.6 条 填土压实后的干容重，应有90％以上符合设计要求，其余10％的最低值与设计值的差，不得大于0.08g/cm³，且应分散不得集中。

采用环刀法取样时，基坑回填每20～50m³取样一组（每个基坑不少于一组）；基槽或管沟回填每层按长度20～50m取样一组；室内填土每层按100～500m²取样一组；场地平整填方每层按400～900m²取样一组。取样部位应在每层压实后的下半部。

采用灌砂（或灌水）法取样时，取样数量可较环刀法适当减少。取样部位应为每层压实后的全部深度。

第 5.0.7 条 场地平整爆破工程的允许偏差：

一、水平标高——＋100mm、－300mm；

二、长度、宽度（由设计中心线向两边量）——－100mm、＋400mm；

三、边坡坡度——不应偏陡。

第 5.0.8 条 基坑（槽）或管沟爆破工程的允许偏差：

一、水平标高——0～-200mm；

二、底面长度、宽度（由设计中心线向两边量）——0～+200mm；

三、边坡坡度——不应偏陡。

第 5.0.9 条 水下爆破工程的允许偏差：

一、水平标高——0～-400mm；

二、长度、宽度（由设计中心线向两边量）——0～+1000mm；

三、边坡坡度——不应偏陡。

第 5.0.10 条 下列隐蔽工程，必须经过中间验收；并作好记录：

一、基坑（槽）或管沟开挖竣工图和基土情况；

二、对不良基土采取的处理措施（如换土、泉眼或洞穴的处理、地下水的排除等）；

三、排水盲沟的设置情况；

四、填方土料、冻土块含量及填土压实试验等记录。

第 5.0.11 条 土方与爆破工程竣工后，应提出下列资料：

一、土石方竣工图；

二、有关设计变更和补充设计的图纸或文件；

三、施工记录；

四、隐蔽工程验收记录；

五、永久性控制桩和水准点的测量结果；

六、质量检查和验收记录。

附录一　土的分类

一、根据土的颗粒级配或塑性指数可分为碎石类土、砂土和粘性土（见附表1.1，附表1.2，附表1.3，附表1.5）。

二、根据土的沉积年代，粘性土又可分为：

1.老粘性土：第四纪晚更新世及其以前沉积的粘性土，一般具有较高的强度和较低的压缩性。

2.一般粘性土：第四纪全新世（文化期以前）沉积的粘性土；

3.新近沉积粘性土：文化期以来新近沉积的粘性土，一般为欠固结的，且强度较低。

三、根据土的工程特性尚可分出特殊性土（见附表1.4）。

碎石类土分类　　　　**附表 1.1**

分类名称	颗粒形状	颗粒级配
漂石土	圆形及亚圆形为主	粒径大于200mm的颗粒超过全重50%
块石土	棱角形为主	
卵石土	圆形及亚圆形为主	粒径大于200mm的颗粒超过全重50%
碎石土	棱角形为主	
圆砾土	圆形及亚圆形为主	粒径大于2mm的颗粒超过全重50%
角砾土	棱角形为主	

注：定名时，应根据粒径分组由大到小以最先符合者确定。

砂土分类 **附表 1.2**

分类名称	颗粒级配
砾砂	粒径大于2mm的颗粒占全重25～50%
粗砂	粒径大于0.5mm的颗粒超过全重50%
中砂	粒径大于0.25mm的颗粒超过全重50%
细砂	粒径大于0.1mm的颗粒超过全重75%
粉砂	粒径大于0.1mm的颗粒不超过全重75%

注：定名时，应根据粒径分组由大到小以最先符合者确定。

粘性土分类 **附表 1.3**

分类名称	塑性指数 I_P
粘土	$I_P>17$
亚粘土	$10<I_P\leq17$
轻亚粘土	$3<I_P\leq10$

特殊性土 **附表 1.4**

土的名称	主要特征
软土	饱和软粘性土，其天然含水量W大于液限W_L，天然孔隙比e大于1，压缩系数a_{1-2}大于0.05cm²/kg 含有机质的软土，当天然孔隙比e大于1.5时为淤泥，当天然孔隙比e小于1.5而大于1.0时为淤泥质土

续表

土的名称	主要特征
人工填土	由于人类活动而形成的堆积物，其物质成分一般较杂乱，均匀性较差
—素填土→	由碎石土、砂土、粘性土等一种或数种组成
—杂填土→	大量含有各种垃圾、工业废料等杂物
黄土	系在干燥气候条件下形成的一种具有灰黄色或棕黄色的特殊性土，粉粒(0.05～0.005mm)占总重量50%以上，质地均一，结构疏松，孔隙率很高，有肉眼可见的大孔隙，含碳酸钙10%左右，无沉积层理，有垂直节理，常形成陡壁
—老黄土→	在中更新世及以前形成的黄土，其大孔结构已退化，一般无湿陷性，强度高，稳定性好
—新黄土→	在中更新世以后形成的黄土，其湿陷性，在一定压力下受水浸湿后，土体结构迅速破坏，而发生显著下沉，一般强度低，稳定性差
膨胀土	粘粒成分主要由强亲水性矿物组成，液限W_L大于40%，且胀缩性能较大(自由膨胀率$F.S$大于40%)的粘性土，一般具有下列特征： 1.在自然条件下，多呈硬塑或坚硬状态，具有黄、红、灰白等色。裂隙较发育，隙面光滑，有时可见擦痕； 2.多出露于二级和二级以上阶地，山前丘陵和盆地边缘，地形坡度平缓，一般无明显自然陡坎； 3.具有吸水膨胀，失水收缩和反复胀缩变形的特点，在季节性干湿气候条件下，常导致低层砖石结构的建筑物普遍开裂损坏

续表

土的名称	主要特征
红粘土	由碳酸盐类岩石经风化（以化学风化为主）后残积、坡积形成的褐红、棕红、黄褐等色的高塑性粘土。其天然孔隙比e大于1，在一般情况下，天然含水量W接近塑限W_P，塑性指数I_P大于20，饱和度S_r大于85%，压缩性低
盐渍土	土层内平均易溶盐的含量大于0.5%，土的盐渍化使结构破坏以致土层疏松。冬期时土体膨胀、雨期时强度降低。在潮湿状态时，含盐量越大，强度越低。当含盐量高时，不易压实
冻土	温度≤0℃且含有水的各类土称为冻土
—季节性冻土→	受季节性影响冬冻夏融、呈周期性冻结和融化的土。主要分布在东北和华北
—永冻土→	冻结状态持续多年或永久不融的土。主要分布在大小兴安岭、青藏高原和西北高山区

粘性土的状态划分 **附表 1.5**

塑性状态	液性指数 I_L
坚硬	$I_L \leq 0$
硬塑	$0 < I_L \leq 0.25$
可塑	$0.25 < I_L \leq 0.75$
软塑	$0.75 < I_L \leq 1$
流塑	$I_L > 1$

注：$I_L = \dfrac{W - W_P}{I_P}$

式中 W——天然含水量；W_P——塑限；I_P——塑性指数。

土的颗粒分类 **附表 1.6**

颗粒名称	粒径（mm）
漂石（圆形或亚圆形）或块石（棱角形）	>200
卵石（圆形或亚圆形）或碎石（棱角形）	200～20
圆砾（圆形或亚圆形）或角砾（棱角形）	20～2
砂粒	2～0.05
粉粒	0.05～0.005
粘粒	<0.005

碎石类土密实度的野外鉴别 **附表 1.7**

密实度	密实	中密	稍密
骨架和充填物	骨架颗粒含量大于总重的70%，呈交错紧贴，连续接触。孔隙填满、充填物密实	骨架颗粒含量等于总重的60～70%，呈交错排列，大部分接触。孔隙填满、充填物中密	骨架颗粒含量小于总重的60%，排列混乱，大部分不接触。孔隙中的充填物稍密
天然坡和可挖性	天然陡坡较稳定，坎下堆积物较少 镐挖掘困难，用撬棍方能松动，坑壁稳定，从坑壁取出大颗粒处，能保持凹面形状	天然坡不易陡立或陡坎下堆积物较多，但坡度大于粗颗粒的安息角 镐可挖掘，坑壁有掉块现象，从坑壁取出大颗粒处，砂土不易保持凹面形状	不能形成陡坡，天然坡接近于粗颗粒的安息角 锹可以挖掘，坑壁易坍塌，从坑壁取出大颗粒处，砂土即塌落
可钻性	钻进困难，冲击钻探时、钻杆、吊锤跳动剧烈，孔壁较稳定	钻进较难，冲击钻探时，钻杆，吊锤跳动不剧烈，孔壁有坍塌现象	钻进较易，冲击钻探时，钻杆稍有跳动，孔壁易坍塌

注：1.骨架颗粒系指与附表1.1碎石类土分类名称相应的粒径的颗粒。
2.碎石类土密实度的划分，应按表列各项要求综合确定。

盐渍土按含盐程度分类 **附表 1.8**

盐渍土名称	土层的平均含盐量(重量%) 氯盐渍土及亚氯盐渍土	硫酸盐渍土及亚硫酸盐渍土	碱性盐渍土	可用性
弱盐渍土	0.5～1	0.3～0.5	—	可用
中盐渍土	1～5①	0.5～2①	0.5～1②	可用
强盐渍土	5～8①	2～5①	1～2②	可用但应采取措施
过盐渍土	>8	>5	>2	不可用

注：①其中硫酸盐含量不超过2%方可用。
②其中易溶碳酸盐含量不超过0.5%方可用。

附录二 土的野外鉴别法

附表 2.1

项目		粘土	亚粘土	轻亚粘土	砂土
湿润时用刀切		切面光滑、有粘刀阻力	稍有光滑面，切面平整	无光滑面，切面稍粗糙	无光滑面，切面粗糙
湿土用手捻摸时的感觉		有滑腻感，感觉不到有砂粒，水分较大时很粘手	稍有滑腻感，有粘滞感，感觉到有少量砂粒	有轻微粘滞感或无粘滞感，感觉到砂粒较多、粗糙	无粘滞感，感觉到全是砂粒、粗糙
土的状态	干土	土块坚硬，用锤才能打碎	土块用力可压碎	土块用手捏或抛扔时易碎	松散
	湿土	易粘着物体，干燥后不易剥去	能粘着物体，干燥后较易剥去	不易粘着物体，干燥后一碰就掉	不能粘着物体
湿土搓条情况		塑性大，能搓成直径小于0.5mm的长条(长度不短于手掌)，手持一端不易断裂	有塑性，能搓成直径为0.5～2mm的土条	塑性小、能搓成直径为2～3mm的短条	无塑性，不能搓成土条

附录三 土的名词对照表

附表 3.1

项次	本规范用名词	曾用名词
1	漂石、块石	孤石、漂石、蛮石，过几石，石块
2	卵石、碎石	大小卵石、拳石
3	砾石、角砾	大小砾石
4	砂土	砂土、砂类土
5	轻亚粘土	重亚砂土，砂壤土，砂垆坶。砂质垆坶，杂砂土，亚砂土，粘质砂土，粘砂土，粉质亚砂土，粉土，粗、细亚砂土，轻亚粘土，轻、中、重粉质砂壤土，轻中重壤土
6	亚粘土	壤土(垆坶)，砂粘土，砂质粘土，杂粘土，砂土垆坶，轻、重粉质亚粘土，轻、中、重粉质壤土，亚粘土
7	粘土	轻、重粘土
8	膨胀土	胀缩(性)土、裂隙土，裂隙粘土
9	淤泥或淤泥质土	淤泥土，有机质土

注：粘性土(细粒土)过去按土粒粒度分类，现在按塑性指数分类。按塑性指数分类也存在着两种方法：过去分粘土、亚粘土、亚砂土；现在分为粘土、亚粘土、轻亚粘土。由于分类方法不同，表内土的新旧名词对照只能相似，而不完全相同。

附录四　临时排水沟内水的允许流速表

临时排水沟内水的允许流速表　　附表 4.1

项　次	土的类别和加固方法	允许流速(m/s)
	一、土的类别	
1	淤　泥	0.35
2	细砂、中砂、轻亚粘土	0.5～0.6
3	粗砂、亚粘土、粘土	1～1.5
4	软砾岩、泥灰岩、页岩	4
5	石灰岩、中实和密实的砂岩	5～7
	二、加固方法	
6	干砌卵石或块石	2～5
7	浆砌卵石或块石	5～7
8	素混凝土	8
9	石　笼	5～8

注：表内允许流速为水深一米的流速。水深为0.4m时，应乘以系数0.7；水深为2 m时，应乘以系数1.04。

附录五　击实试验

一、定义

本试验规定采用南实处击实仪测定土的含水量与容重的关系。试验的目的，是用标准击实方法在一定击实次数下确定最优含水量与相应的最大干容重。

二、适用范围

本试验实用于粒径小于 5 mm的土料。当土料中粒径大于 5 mm，砾石重量小于总土重 3 %时，可不加校正；在 3 ～30%范围内，应用计算法对试验结果进行校正。

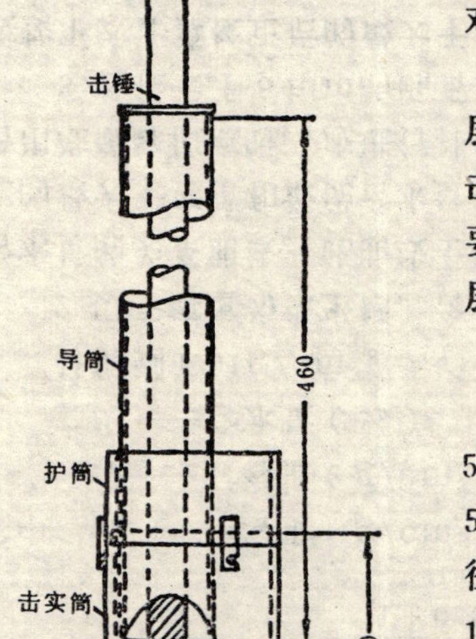

附图 5.1　南实处型击实仪

分三层击实。填土地基每层击数：砂土和轻亚粘土20击，亚粘土和粘土30击，压实要求较低的场地平整填土，每层可采用15击。

三、仪器设备

1.南实处型击实仪(见附图5.1)，锤重2.5kg，锤底内径5cm，落高46cm，击实筒直径9.215cm，高15cm，容积1000cm³，每击功能0.345kg·cm/cm³，单位冲量0.039kg·s/cm³。

2.天平：称量200g，感量0.01g；称量2000g，感量1g。

3.台称：称量10kg，感量5g。

4.筛：孔径 5 mm。

5.其它：喷水设备、碾土器、盛土器、推土器、修土刀及保湿设备等。

四、操作步骤

1.将有代表性的风干土样（或天然含水量低于塑限并可

碾散过筛的土样）15～20kg，放在橡皮板上用木碾或碾土器碾散再过5mm筛，拌匀备用。

称大于5mm的土粒重量，并计算其占总土重的百分比。

2.测定土样已有含水量，参照土的塑限，估计一个最优含水量，再至少预定两个大于、两个小于此最优含水量的不同含水量，依次相差约2%，所需加水量可按下式计算：

$$g_w = \frac{g_s}{(1+0.01W_0)} \times 0.1(W - W_0) \quad (附5\text{-}1)$$

式中 g_w——所需的加水量（g或cm^3）；

g_s——含水量为W_0时土样重（g）；

W_0——土样已有含水量（%）；

W——要求达到的含水量（%）。

3.称取土样，每个约2.5kg，平铺于一个不吸水的平板上，用喷水设备往土样上均匀喷洒预定的加水量，充分拌合后装入塑料袋内，或密闭的盛样器内浸润备用。浸润的时间；粘土不得少于一昼夜；亚粘土和轻亚粘土可酌情缩短，但不应少于12小时。

4.将击实仪放在坚实的地面上，取制备好的试样600～800g（其量应使击实后试样略大于筒高的1/3）倒入筒内，整平其表面，并用圆木板稍加压紧，然后进行击实。击实时，击锤应自由铅直落下，击数30次、20次或15次，落距46cm，锤迹必须均匀分布于土面。再安装套环，把土面刨毛。重复上述步骤进行第二层及第三层击实，击完后超出击实筒的余土高度不得大于10mm。

5.用修土刀沿套环内壁削挖后，旋转并取下套环，齐筒顶细心削平试样，拆除底板，如试样底面超出筒外，亦应削平，擦净筒外壁，称重应准确至1g。

6.用推土器推出击实筒内试样，从试样中心处取两个各约15～30g土，测定其含水量，计算至0.1%，其平均误差不得超过1%。

7.按4～6条同样步骤进行其它含水量土样的击实试验。

注：如土量不足，允许用击过的土重复进行试验，但尽量减少重复使用次数，并在记录表中注明。易被击碎的脆性颗粒及高液限粘土不宜重复使用。

五、计算及制图

1.按下式计算击实后各点的干容重：

$$\gamma_d = \frac{\gamma}{1+0.01W} \quad (附5\text{-}2)$$

式中 γ_d——干容重（g/cm^3）；

γ——湿容重（g/cm^3）；

W——含水量（%）。

计算到$0.01g/cm^3$。

2.以干容重为纵坐标，含水量为横坐标，绘制干容重与含水量的关系曲线。此曲线上峰值点的纵、横坐标分别表示土的最大干容重和最优含水量（附图5.2），如果曲线不能给出准确峰值点时，应进行补点。

3.粒径大于5mm的砾石重量占总土重的3～30%时，应按下式计算校正后的最大干容重及最优含水量。

$$\gamma'_{max} = \frac{100}{\frac{100-p}{\gamma_{max}} + \frac{p}{G}} \quad (附5\text{-}3)$$

式中 γ'_{max}——校正后土的最大干容重（g/cm^3）；

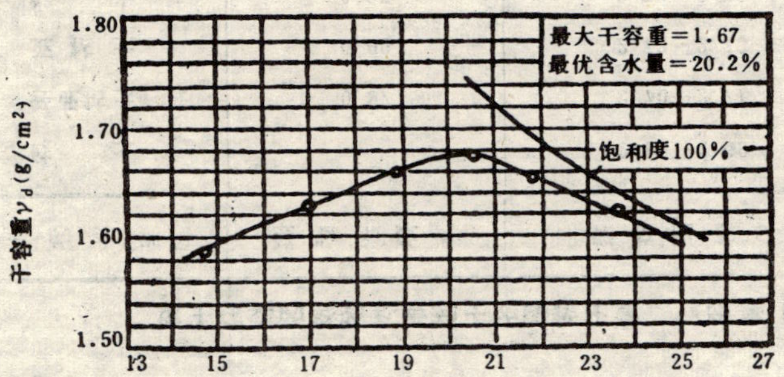

干容重γ_d(g/cm²)

1.80 1.70 1.60 1.50

13 15 17 19 21 23 25 27

最大干容重=1.67
最优含水量=20.2%
饱和度100%

附图 5.2 γ_d~W关系线

γ_{max}——粒径小于5mm土样试验所得的最大干容重（g/cm³）；

G——粒径大于5mm砾石的比重；

p——粒径大于5mm颗粒含量占总土重的百分数（%）。

计算至0.01g/cm³。

$$W_y' = W_y(1-0.01p)+0.01pW_A \qquad \text{（附5-4）}$$

式中 W_y'——校正后土的最优含水量（%）；

W_y——粒径小于5mm的土样试验所得的最优含水量（%）；

W_A——粒径大于5mm颗粒的吸着含水量（%）。

计算至0.1%。

六、记录

本试验记录表格如下：

击实试验记录

工程编号________ 试验者________

土样编号________ 计算者________

试验日期____年____月____日 校核者________

试验仪器：南实处型，土样类别： 每层击数：

估计最优含水量： %，风干含水量： %，土粒比重：

	试验点号				1	2	3	4	5
干容重	筒+土重	g	(1)						
	筒重	g	(2)						
	湿土重	g	(3)	(1)-(2)					
	容重	g/cm³	(4)						
	干容重	g/cm³	(5)	$\frac{(1)}{1+0.01W}$					
含水量	盒号	—							
	盒+湿土重	g	(1)						
	盒+干土重	g	(2)						
	盒重	g	(3)						
	水重	g	(4)	(1)-(2)					
	干土重	g	(5)	(2)-(3)					
	含水量	%	(6)	(4)÷(5)					
	平均含水量	%							

最大干容重：	g/cm³	最优含水量： %	饱和度： %
大于5mm颗粒含量 %	校正后最大干容重 g/cm³	校正后最优含水量	%

附录六　粘性土或排水不良的砂土的最大干容重计算公式

当填土为粘性土或排水不良的砂土时，其最大干容重 γ_{dmax} 可按下式计算：

$$\gamma_{dmax}=\eta\frac{\gamma_w G}{1+0.01W_y G}$$

式中　η——经验系数，可参考附表6.1或$\eta=1-V_a$；

V_a——土的含气率；

γ_w——水的容重（g/cm^3）；

G——土的颗粒比重，由实验得出或参考附表6.1的数值；

W_y——土的最优含水量（%），可按当地经验或 $W_y=W_p+2$；

W_p——土的塑限。

填土压实的经验系数和土的颗粒比重　　附表 6.1

土的类别	经验系数 η	颗粒比重 G
砂　土	—	2.65～2.69
轻亚粘土	0.97	2.70～2.71
亚粘土	0.96	2.72～2.73
粘　土	0.95	2.74～2.76

附录七　几种主要起爆材料的技术性能

一、导火索

1.外观　导火索的外观应均匀，不应有折伤、变形、发霉、严重油污、剪断处有散头、外层线断（并）两根或两根以上等现象，但允许有：

（1）外层线断（并）一根，其长度不超过6m；

（2）外层线排列不均匀，其长度不超过100mm；塑料导火索不准有折伤、变形、缺料、气孔等缺陷。

2.尺寸

（1）外径：5.5±0.3mm；

（2）药芯直径：不小于2.2mm；

（3）每卷长度：250±2m，其中最短索段不少于1.5m，索头必须有防潮剂浸封。

3.喷火强度　在规定条件下不低于50mm。

4.燃烧速度　在正常状态下为100～125m/s。

5.燃烧性能　燃烧时不得有断火、透火、外壳燃烧及爆声（外壳烧焦、沥青渗出不计）。

6.防潮性能

二、导爆索

1.外观

（1）表面呈红色，涂料应均匀一致，不允许有油脂及严重的折伤和污垢；

（2）外层线不得同时断两根或断一根的长度超过7m；

（3）每个索卷中不得超过5段，其中最短的一段不得小于2m。

（4）索头应套一个金属防潮帽或涂防潮剂。

2.药量不少于12mg/m。

3.尺寸

（1）直径：不大于6.2mm；

（2）每卷长度：50±0.5m。

4.性能

（1）爆速：不低于6500m/s；

（2）起爆性能：2m长的起爆索段应能完全起爆200g的压装梯恩梯药块；

（3）防潮性能：在0.5m深的静水中，浸水24小时后应传爆可靠；

（4）传爆性能：按规定的方法联接后，用8号雷管起爆时，应爆轰完全；

（5）在50±3℃条件下保温6小时，外观应符合本标准二—1的要求，按规定方法连接，用8号雷管起爆，应爆轰完全；

（6）在－40±3℃的条件下，冷冻2小时后，应能保证结成水手结，并能爆轰完全；

（7）导爆索端面药面被导火索喷燃时，导火索不应爆轰；

（8）导爆索经＋50±3℃和－40±3℃条件下，按（5）、（6）规定保温后，做弯曲试验，不应洒药及露出内层线，并能保证爆轰完全；

（9）导爆索承受50kg拉力后，仍保持爆轰性能。

三、工业火雷管

1.外观　雷管表面不允许有浮药、锈蚀、裂缝和纸层开裂，允许有轻微的污垢，药柱损坏和管壳机械损伤等缺陷。

2.尺寸

（1）管壳内径为：6.15～6.35mm；

（2）管壳全长：非金属壳不小于45mm，金属壳不小于40mm；

（3）加强帽传火孔直径不小于1.9mm；

（4）加强帽到管口距离：非金属壳不小于15mm，金属壳不小于10mm。

3.装药

（1）起爆药为二硝基重氮酚，装药量不少于0.28g；

（2）炸药为黑索金，装药量不少于0.60g。为便于压药成型。允许在爆药中加入不超过7.5%钝化剂。

4.震动试验：不允许爆炸、洒药粉和目力可见的加强帽移动。

5.铅板试验　不允许瞎火和起爆不完全，炸穿铅板的孔径应小于雷管外径；若雷管外径超过8mm以上者，其炸穿铅板的孔径以不小于8mm为合格。

四、工业电雷管

1.外观

（1）雷管表面不允许有浮药、锈蚀、裂缝、纸层开裂和排气孔露孔。允许有轻微的污垢，药柱损坏和管壳机械损伤等缺陷；

（2）脚线不允许有绝缘皮损坏和影响性能的芯线锈蚀；

（3）脚线必须由两种颜色组成；

（4）封口塞不允许有松动或脱出。

2.尺寸

（1）管壳全长：非金属壳不小于45mm，金属壳不小于40mm，内径为6.15～6.35mm；

（2）加强帽传火孔直径不小于1.9mm；

（3）脚线应符合JB672—77的铁芯塑料爆破线，长度为2 m。

3.装药

（1）起爆药为二硝基重氮酚，装药量不少于0.28g，无加强帽者不少于0.32g；

（2）炸药为黑索金，装药量不少于0.60g，为便于压药成型炸药中可加入不超过7.5%的钝化剂。

4.电阻

（1）两束铁脚线的全电阻：康铜桥丝雷管不大于4Ω；镍铬桥丝雷管不大于6.3Ω；

（2）电阻分组范围：按桥丝电阻分组，康铜桥丝不大于0.3Ω；镍铬桥丝不大于0.8Ω。

5.封口牢固性　静拉力试验，荷重1kg，持续1分钟。封口塞不允许发生肉眼可见的移动。

6.最小发火电力不大于0.7A恒定直流电流。

7.延期时间用本标准四—10规定的电流通过测定，从通电起到爆破的时间，各段延期时间及其偏差见下表：

附表 7.1

时间	段			别			
	1	2	3	4	5	6	7
秒量	不大于	1.0	2.0	3.1	4.3	5.6	7.0
(s)	0.1	+0.5	+0.6	+0.7	+0.8	+0.9	+1.0

注：根据实际情况和用户特殊要求，可另行确定段数和秒量。

8.延期分段标志：每段产品用两种不同的脚线颜色区分段别，见下表。

段别	1	2	3	4	5	6	7
脚线颜色	灰、红	灰、黄	灰、兰	灰、白	绿、红	绿、黄	绿、白

9.震动试验　不允许发生爆炸或出现断路，短路、电阻不稳定，电阻超出范围和结构损坏等缺陷。

10.串联试验　20发雷管串联一组，康铜桥丝的雷管通以2A恒定直流电流，应全部发火；镍铬桥丝的雷管通以1.2A恒定直流电流，应全部发火。

11.安全电流试验　通以0.05A恒定直流电流持续5分钟不得爆炸为合格。

12.铅板试验　不允许瞎火或起爆不完全，炸穿铅板的孔径应小于雷管外径。雷管外径超过8 mm以上者，炸穿铅板的孔径不小于8 mm为合格。

附录八 常用炸药的组成、性能和爆炸参数值

露天硝铵炸药组成、性能与爆炸参数计算值　附表 8.1

组成、性能与爆炸参数计算值		1号露天硝铵炸药	2号露天硝铵炸药	3号露天硝铵炸药	2号抗水露天硝铵炸药
组成(%)	硝酸铵	82±2.0	86±2.0	88±2.0	86±2.0
	梯恩梯	10±1.0	5±1.0	3±0.5	5±1.0
	木粉	8±1.0	9±1.0	9±1.0	8.2±1.0
	沥青				0.4±0.1
	石蜡				0.4±0.1
水分(%)不大于		0.5	0.5	0.5	0.7
密度(g/cm³)		0.85～1.10	0.85～1.10	0.85～1.10	0.80～0.90
性能	猛度(mm)不小于	11	8	5	8
	爆力(ml)	300	250	230	250
	殉爆(cm)浸水前不小于	4	3	2	3
	浸水后不小于				2
	爆速(m/s)	3600	3525	3455	3525
爆炸参数计算值	氧平衡(%)	－2.04	＋1.08	＋2.96	＋0.30
	比容(l/kg)	932	935	944	936
	爆热(kcal/kg)	923	892	829	920
	爆温(℃)	2578	2496	2747	2545
	爆压(kg/cm²)	33061	31698	30451	31693
使用范围		供露天矿的剥离和煤岩松动爆破使用，禁止用于井下爆破作业			
包装		一般装成直径120或140mm，重量2～8kg的药包，也有成袋散装的			
有效使用期		四个月			

注：浸水条件：水深1m，时间1小时。

岩石硝铵炸药的组成、性能与爆炸参数计算值　附表 8.2

组成、性能与爆破参数计算值		1号岩石硝铵炸药	2号岩石硝铵炸药
组成(%)	硝酸铵	82±1.5	85±1.5
	梯恩梯	14±1.0	11±1.0
	木粉	4±0.5	4±0.5
	沥青		
	石蜡		
水分(%)不大于		0.3	0.3
密度(g/cm³)		0.95～1.10	0.95～1.10
性能	猛度(mm)不小于	13	12
	爆力(ml)不小于	350	320
	殉爆(mm)浸水前不小于	6	5
	浸水后不小于		
	爆速(m/s)		3600
爆破参数计算值	氧平衡(%)	＋0.52	＋3.38
	比容(l/kg)	912	924
	爆热(kcal/kg)	974	881
	爆温(℃)	2700	2000
	爆压(kg/cm²)		33061
使用范围		适用于露天或无瓦斯、无矿尘爆炸危险的爆炸工程	
包装		一般药卷直径有32±1、35±1、38±1mm三种，药量有100±2、150±3、200±5g三种，每箱净重24kg	
有效使用期		六个月	

注：浸水条件：水深1m，时间1小时。

铵油、铵松蜡炸药的组成与爆炸性能　　附表 8.3

组成和性能		1号铵油炸药	2号铵油炸药	3号铵油炸药	1号铵松蜡炸药	2号铵松蜡炸药
组成(%)	硝酸铵	92±1.5	92±1.5	94.5±1.5	91±1.5	91±1.5
	柴油	4±1	1.8±0.5	5.5±1.5		1.5±0.5
	木粉	4±0.5	6.2±1		6.5±1	5±0.5
	松香				1.7±0.3	1.7±0.3
	石蜡				0.8±0.2	0.8±0.2
水分(%)不大于		0.25	0.80	0.80	0.25	0.25
密度(g/cm³)		0.9～1.0	0.8～0.9	0.9～1.0	0.9～1.0	0.9～1.0
性能	殉爆距离(cm)不小于					
	浸水前	5			5	5
	浸水后				4	2
	猛度(mm)不小于	12	钢管18	钢管18	12	12
	爆力(ml)不小于	300	250	250	300	310
	爆速(m/s)不低于	3300	钢管3800	钢管3800	3300	3300
炸药保证期内	殉爆(cm)不小于	2			3	3
	水分(%)不大于	0.5	1.5	1.5	0.6	0.6
炸药保证期(天)		雨期7 一般15	一般15	一般15	一般180	一般120
使用范围		1号铵油炸药：适用于露天爆破或无瓦斯、无矿尘爆炸危险的中硬以上岩石的爆破工程；2号铵油蜡炸药：适用于中硬以下岩石的露天中型爆破和峒室大爆破工程；3号铵油炸药：适用于露天大爆破工程；1号铵松蜡炸药：适用于有水的和无瓦斯、无矿尘爆炸危险的中硬以上岩石爆破工程；2号铵松蜡炸药：适用于潮湿的和无瓦斯、无矿尘爆炸危险的中硬以下岩石爆破工程				

注：1.使用2号和3号铵油炸药，应以10%以下的2号岩石硝铵炸药或1号铵油炸药和铵松蜡炸药等为起炸药；

2.1号铵油炸药用于中硬以下岩石爆破时，允许殉爆距离不小于3cm，猛度不小于9mm。

中华人民共和国国家标准

地基与基础工程施工及验收规范

GBJ 202—83

主编单位：上海市建筑工程局

批准单位：中华人民共和国城乡建设环境保护部

报中华人民共和国国家计划委员会备案

实行日期：1984年5月1日

关于批准颁发《地基与基础工程施工及验收规范》的通知

（83）城科字第760号

我部组织进行了国家标准《地基与基础工程施工及验收规范》（GBJ17—66）的重新修订工作。修订稿业经会审通过，现批准颁发，并报国家计委备案，自一九八四年五月一日起实施，编号为GBJ202—83。

这本规范的具体修订工作，是在上海市建委主持下，由上海市建工局主编，会同铁道部、水电部、河南、广东、陕西省建工局，上海市市政工程局和中国建筑科学研究院等所属设计、施工、科研单位进行的。在实施过程中如有问题和意见，希函告上海市建工局，以便解释和修正。

城乡建设环境保护部

一九八三年十月二十九日

修 订 说 明

根据原国家建委（79）建发施字第168号文件通知，在上海市建委主持下，由上海市建筑工程局任主编，会同铁道部，水电部，河南、广东、陕西省建工局，上海市市政工程局和中国建筑科学研究院等所属设计、施工、科研单位，共同对原国家建委颁发的《地基和基础工程施工及验收规范》GBJ17—66（修订本）进行修订。

在修订过程中，经过调查研究，广泛征求全国各地有关单位意见，根据“技术先进、经济合理、安全适用、确保质量”的原则，保留了原规范适用的条文，删除、修改了不适用的条文，增加了已通过鉴定并广泛应用的新技术和科研成果。经两次全国性会议讨论审定后修改定稿。

修订后的内容，除保留原规范的地基、桩基础、沉井和沉箱等章外，增订和调整了井点降低地下水位、地下连续墙、强夯、预压、土和灰土挤密桩、振冲、旋喷以及桩基础中的静力压桩、硫磺胶泥锚接桩、钢管桩和各类灌注桩等章节，取消了工民建中不常用的“土的人工冻结”和“管柱基础”等章节。

各单位在执行过程中，如发现需要修改或补充的问题，请将意见和有关资料寄上海市建筑工程局，以便修订时参考。

上海市建筑工程局

一九八三年十一月

第一章 总 则

第 1.0.1 条 本规范适用于工业与民用建筑的地基与基础工程的施工及验收。

地基与基础工程中有关土石方、砖砌体、混凝土和钢筋混凝土等工程，除应按本规范执行外，尚应按国家标准《土方与爆破工程施工及验收规范》（GBJ201—83）、《砖石工程施工及验收规范》（GBJ203—83）和《钢筋混凝土工程施工及验收规范》（GBJ204—83）的规定执行。

铁路、公路、水工建筑和矿井巷道工程等有特殊要求的地基与基础工程，应按有关的各专门规定执行。

第 1.0.2 条 地基与基础工程施工前，必须具备下列资料。

一、施工区域内建筑场地的工程地质勘察报告。

二、地基与基础的施工图纸，并应附有原有地下管线和其他障碍物的资料；

三、施工组织设计或施工方案；

四、必要的试验资料。

注：施工时如发现实际情况与工程地质勘察报告不符时，应通知有关单位处理。

第 1.0.3 条 在邻近原有建筑物或构筑物进行地基与基础工程施工时，应符合下列规定：

一、施工前，必须了解邻近建筑物或构筑物的原有结构及基础等详细情况；

二、地基与基础施工，如影响邻近建筑物或构筑物的使用和安全时，应会同有关单位采取有效措施处理。

第 1.0.4 条 地基与基础工程所使用的材料、制品等的品种、规格、标号和浓度，应符合设计要求。

第 1.0.5 条 地基与基础工程，必须在完成准备工作及所需施工机械设备和管线安装妥善，并经试运转正常后，方可施工。

第 1.0.6 条 地基与基础工程施工的轴线定位点和水准基点，经复核后，应妥善保护，并经常复测。

第 1.0.7 条 地基与基础工程施工中，对隐蔽工程应进行中间验收，合格后，方能进行下一工序的施工。

完工后，应按本规范的规定进行验收。

第 1.0.8 条 地基与基础工程在冬期施工时，应符合下列规定：

一、现场道路和施工地点的冰雪，必须清除；

二、影响施工的冻土应挖除并采取防冻措施；

三、冻结的材料，不得使用。

第 1.0.9 条 需要进行沉降观测的建筑物和构筑物，参照本规范"附录三"执行。

第 1.0.10 条 采用本规范时，有关岩石与土的分类及鉴定，应按《工业与民用建筑工程地质勘察规范》（TJ21—77）有关规定执行。

第 1.0.11 条 地基与基础工程施工中，如发现有文物、古迹遗址或化石等，应立即报请有关部门处理后，方可继续施工。

第 1.0.12 条 地基与基础工程施工时，对安全、劳动保护、防水、防火、爆破作业和环境保护等方面，应按有关规定执行。

第二章 井点降低地下水位

第一节 一般规定

第 2.1.1 条 井点降低地下水位（简称降水，下同）的方法和设备选择，可根据土层的渗透系数、要求降低水位的深度及工程特点，作技术经济和节能比较后确定，各类井点的适用范围可按照表2.1.1选用。

各类井点的适用范围 **表 2.1.1**

项次	井点类别	土层渗透系数（米/昼夜）	降低水位深度（米）
1	单层轻型井点	0.1～50	3～6
2	多层轻型井点	0.1～50	6～12 （由井点层数而定）
3	喷射井点	0.1～2	8～20
4	电渗井点	<0.1	根据选用的井点确定
5	管井井点	20～200	3～5
6	深井井点	10～250	>15

第 2.1.2 条 降水前应编制施工组织设计，主要内容应包括：

一、降水地区工程地质和水文地质资料。采用的土层渗透系数必须可靠，必要时应作现场抽水试验确定；

二、井点管的构造、长度和数量，抽水机械的型号和数量（包括泵和电动机的备用量）。必要时应设双电源。滤管和砂滤料的规格和数量；

三、井点降水系统的平、剖面布置图和安装图。井点管沉设方法，排水沟管的埋设及排水地点选择。防止地面水、雨水流入基坑（槽）的措施。井点管路与施工道路交叉处的保护措施；

四、喷射井点降水应附高压水泵、循环水池（箱）的位置及排水管（槽）的安装详图；

五、电渗井点降水应附阴、阳极和直流电路的布置详图；

六、深井井点的井孔施工方法及机械设备要求；

七、降水范围内的水位观测孔位置和数量。

第 2.1.3 条 复杂土层应按降水要求作补充勘察，查明相对含水层和不透水层、地下水的补给关系、主要含水层和下卧层等的情况。

第 2.1.4 条 降水施工前应复验基坑（槽）位置。

第 2.1.5 条 井点滤管在运输、装卸和堆放时应防止滤网损坏，下入井点孔前，必须对滤管逐根检查，保证滤网完好。

第 2.1.6 条 降水设备的管道、部件和附件等在组装前，必须检查和清洗，并妥善保管。

第 2.1.7 条 井点施工应符合下列规定：

一、井孔应垂直，深度应符合要求，孔径宜上下一致；

二、滤管位置应按要求位置埋设，如井孔淤塞，严禁将滤管插入土中；如要降低成层土中的地下水位时，宜将滤管设在透水性较好的含水土层中，必要时可采取扩大井点滤层等辅助措施；

三、灌填砂滤料前应把孔内泥浆适当稀释，井点管应居中，灌填高度应符合要求，灌填量不得少于计算值的95%；

四、井点管口应有保护措施，防止杂物掉入管内；

五、井点施工时应参照附表5.1做好记录。

第 2.1.8 条 在降水过程中，应加强井点降水系统的维护和检查，保证不断抽水。

第 2.1.9 条 抽出的地下水中含泥量应符合规定，如发现水质浑浊，应分析原因及时处理，防止泥砂流失引起地面沉陷。

第 2.1.10 条 降水前，应考虑到水位降低区域内的建筑物和构筑物可能产生的沉降和水平位移，必要时应做好沉降观测和采取防护措施。

第 2.1.11 条 降水完毕后，应根据工程结构特点和土方回填进度，陆续关闭及逐根拔除井点管。土中所留的孔，应立即用砂土填实，如果地基有抗渗等特殊要求时，孔口应按有关要求填塞。

第 2.1.12 条 拆除多层井点应自底层开始逐层向上进行，在下层井点拆除期间，上部各层井点应继续抽水。

第 2.1.13 条 冬期施工应对水泵机组和管路系统采取防冻措施，停泵后必须立即把内部积水放净。

第 2.1.14 条 土洞发育地区如进行井点降水，必须注意和防止可能引起邻近地面塌陷。

第二节 轻型井点

第 2.2.1 条 轻型井点施工宜按下列顺序：

一、挖井点沟槽，敷设集水总管；

二、冲孔，沉设井点管，灌填砂滤料，将井点管同集水总管连接；

三、安装抽水机组，连接集水总管；

四、试抽。

第 2.2.2 条 集水总管、滤管和泵的位置和标高应正确。

井点系统各部件均应安装严密，防止漏气。连接集水总管与井点管的弯联管中的短管宜采用软管。

第 2.2.3 条 按封闭方式布置单套井点设备时，集水总管宜在抽水机组的对面断开；采用多套井点设备时，各套井点设备的集水总管之间宜装设阀门隔开。

第 2.2.4 条 井点管的沉设可按现场条件及土层情况选用下列方法：

一、直接利用井点管水冲下沉；

二、用冲水管冲孔（亦可同时用压缩空气或使用加重钻杆协助冲孔）后，沉设井点管；

三、套管式冲枪水冲法或振动水冲法成孔后，沉设井点管。

第 2.2.5 条 冲孔孔径不应小于300毫米，深度应比滤管底深0.5米以上，管距一般为0.8～1.6米。

第 2.2.6 条 每根井点管沉设后应检验渗水性能：井点管与孔壁之间填砂滤料时，管口应有泥浆水冒出，或向管内灌水时，能很快下渗，方为合格。

第 2.2.7 条 井点系统安装完毕，必须及时试抽，并全面检查管路接头质量、井点出水状况和抽水机械运转情况等，如发现漏气和“死井”应立即处理。检查合格后，井点孔口到地面下0.5～1.0米的深度范围内应用粘性土填塞。

第 2.2.8 条 轻型井点按抽水机组类型分为干式真空泵井点、射流泵井点和隔膜泵井点。

干式真空泵井点，可根据含水层渗透系数大小选用相应型号的真空泵和水泵。

射流泵井点和隔膜泵井点，适用于粉砂、轻亚粘土等渗透系数较小的土层中降水。

第 2.2.9 条 干式真空泵井点的水泵与排水管连接处，宜装置逆止阀。

气水分离箱与总管连接的管口，应高于水泵的叶轮轴线。

第 2.2.10 条 射流泵使用前应进行检查，确保其喷嘴和混合室完好和光洁，并采取防止杂物堵塞的措施。

第 2.2.11 条 隔膜泵底座应平整稳固。出水的接管应平接，不得上弯。皮碗应安装准确和对称，使工作时受力均衡。

第 2.2.12 条 每套隔膜泵井点需装设两台泵，也可和射流泵组成混合机组，以保证连续抽水。

第 2.2.13 条 在降水过程中，应按时观测流量、真空度和观测孔内水位，并参照附表5.2做好记录。观测孔孔口标高应在抽水前测量一次、以后定期观测，以计算实际降深。

第三节 喷射井点

第 2.3.1 条 喷射井点施工宜按下列顺序：

一、安装水泵设备（包括循环水池或水箱）及泵的进出水管路；

二、敷设进水总管和回水总管；

三、沉设井点管，灌填砂滤料，接通进水总管后及时单根试抽；

四、全部井点管在沉设完毕后，接通回水总管，全面试抽。

第 2.3.2 条 井点管组装前，应检验喷嘴混合室、支座环和滤网等。组装后，每根井点管应在地面作泵水试验和真空度测定。地面测定真空度不宜小于700毫米汞柱。

第 2.3.3 条 进水总管与滤管的位置和标高应正确，井点管路应安装严密。各根井点管的连接管必须安装阀门。

第 2.3.4 条 高压水泵的出水管必须装有压力表和调压回水管路，以控制水压力。

第 2.3.5 条 井点管的沉设方法和检验应按第2.2.4、2.2.6和2.2.7条的规定执行。当直接利用井点管水冲下沉法时，应先沉设外管，待下沉结束后再安装内管。

第 2.3.6 条 沉设井点管前，应先挖井点坑和排泥沟，坑的直径应大于冲孔直径，坑内不得有石子等硬物。

第 2.3.7 条 冲孔孔径不应小于400毫米，深度应比滤管底深1米以上，管距一般为2～3米。

第 2.3.8 条 每根井点试抽时排出的浑浊水，不得回入循环管路系统。试抽时间的长短，应根据井点出水由浊变清程度而定。

第 2.3.9 条 井点的内管与外管底座接触处，必须安装严密，内、外管顶端接头处，应用油封装置连接。抽水时，如发现井点管周围有翻砂冒水现象，应立即关闭此井点，及时检查处理。

第 2.3.10 条 工作水应保持清洁。全面试抽两天后应用清水更换。在降水过程中应视水质浑浊程度定期更换。

第 2.3.11 条 每套喷射井点宜控制在30根左右，并配相应水泵。各套进水总管均应用阀门隔开，各套回水总管应分开。

第 2.3.12 条 在降水过程中，应按时观测工作水压力、地下水的流量、井点的真空度和观测孔水位，并参照附表5.3做好记录。发现异常现象，应采取措施进行调节。观测孔孔口标高应在抽水前测量一次，以后定期观测，以计算实际降深。

第四节 电 渗 井 点

第 2.4.1 条 电渗井点阴、阳极的制作与设置，宜符合下列规定：

一、阴极可用原有的井点管，阳极可用直径25毫米以上的钢筋或其他金属材料制成，并应考虑电蚀量；

二、阴、阳极的数量宜相等，必要时阳极数量可多于阴极数量。阳极的设置深度宜较井点管深约500毫米，露出地面为200～400毫米；

三、阴、阳极应分别用电线或钢筋连接成电路，并接至直流电源的相应极上；

四、阳极埋设应垂直，严禁与相邻阴极相碰；

五、在不需要通电流的范围内(如渗透系数较大的土层)的阳极表面可涂绝缘材料。

第 2.4.2 条 电渗降水施工前宜通过必要试验，确定合理的电压梯度和电极布置，井点设于基坑四周时，阳极应布置在井点圈内侧，与阴极并列或交错。

阴、阳极的一般距离：采用轻型井点时，为0.8～1.0米；采用喷射井点时，为1.2～1.5米。工作电压不宜大于60伏特，土中通电时的电流密度宜为0.5～1.0安培/平方米。

第 2.4.3 条 在阴、阳极间的地面上，应清除掉无关的金属和其他导电物。

第 2.4.4 条 降水应经试验后选择连续或间歇通电方

式。通电时间应根据施工的不同阶段和具体情况而定。

第 2.4.5 条 降水过程中，应按时观测电压、电流密度、耗电量及观测孔水位等，并参照附表5.4做好记录。

第五节 管 井 井 点

第 2.5.1 条 滤水井管的埋设，可采用钻孔法成孔。孔径应较井管直径大200毫米以上。井管下沉前应清孔，并保持滤网的畅通。井管与土壁之间应做过滤层。

第 2.5.2 条 井管宜用直径为200毫米以上的钢管或其他管子制作。过滤部分可采用钢筋焊接骨架，外缠镀锌铁丝，并包滤网。

第 2.5.3 条 吸水管底端应装逆止阀，设于管井内抽水时的最低水位以下。

第 2.5.4 条 降水过程中应对抽水设备进行检查。按时观测管井内水位和流量等，并参照附表5.5做好记录。

第六节 深 井 井 点

第 2.6.1 条 深井钻孔方法可根据土层条件和孔深要求，选用冲击钻孔、回转钻孔或水冲法施工。

第 2.6.2 条 孔径应较井管直径大300毫米以上。深度应考虑抽水期间内沉淀物可能沉积的高度适当加深。孔深、孔径和垂直度必须符合要求。

第 2.6.3 条 钻孔时应符合下列规定：

一、孔位附近不得大量抽水；

二、孔口设置护筒；

三、设置泥浆坑，防止泥浆水漫流；

四、应取土样，核对含水层的范围和土的颗粒组成。

第 2.6.4 条 根据钻孔时的土层情况和设计要求配齐所用管材，并按照沉放先后顺序堆放在孔位附近。

第 2.6.5 条 深井井管沉放前应清孔，需要疏干的含水层均应设置滤管。在周围填砂滤料后，应按规定及时洗井和单井试抽。

第 2.6.6 条 降水井内装置深井泵时，电动机的机座应平稳牢固，转向正确，严禁逆转（可装阻逆装置），防止传动轴解体。装置潜水深井泵时，潜水电机、电缆及接头的绝缘必须安全可靠，并配置保护开关控制。

第 2.6.7 条 安装水泵或调换水泵前，均应量测井深和井底沉淀物厚度，必要时清洗水井，冲除沉渣。

第 2.6.8 条 各管段、轴件的连接，必须紧密，牢固，使用前必须检验，不得漏水。

第 2.6.9 条 排水管路的连接、埋深、走向和坡度均应按规定施工。排水口应设在降水影响范围以外。

第 2.6.10 条 降水过程中应根据施工要求，确定启动和暂不抽水井点的数量。按时观测水位下降情况和流量等，并参照附表5.6做好记录。

第三章 地 基

第一节 灰土地基

第 3.1.1 条 灰土的土料，宜采用就地基槽中挖出的土，但不得含有有机杂质，使用前应过筛，其粒径不得大于15毫米。

第 3.1.2 条 用作灰土的熟石灰应过筛，其粒径不得大于5毫米。熟石灰中不得夹有未熟化的生石灰块，也不得含有过多的水分。

第 3.1.3 条 灰土的配合比（体积比）除设计有特殊要求外，一般为2:8或3:7。

第 3.1.4 条 基坑（槽）在铺打灰土前必须先行验槽。如发现坑（槽）内有局部软弱土层或孔穴，应挖除后用素土或灰土分层填实，或通知设计单位确定处理办法。

第 3.1.5 条 灰土施工时，应适当控制含水量。工地检验方法，是用手将灰土紧握成团，两指轻捏即碎为宜，如土料水分过多或不足时，应晾干或洒水润湿。

第 3.1.6 条 灰土应拌和均匀，颜色一致。拌好后及时铺好夯实，不得隔日夯打。

第 3.1.7 条 灰土的铺设厚度，可根据不同的施工方法按照表3.1.7选用。各层厚度都应预先在基坑（槽）侧壁插定标志。每层灰土的夯打遍数，应根据设计要求的干容重在现场试验确定。

灰土最大虚铺厚度　　表 3.1.7

项次	夯实机具的种类	重量（千克）	厚度（毫米）	备注
1	石夯、木夯	40～80	200～250	人力送夯、落高400～500毫米，一夯压半夯
2	轻型夯实机械	—	200～250	蛙式打夯机、柴油打夯机
3	压路机	机重 6～10吨	200～300	双轮

第 3.1.8 条 灰土分段施工时，不得在墙角、柱基及承重窗间墙下接缝。上下两层灰土的接缝距离不得小于500毫米。

第 3.1.9 条 在地下水位以下的基坑（槽）内施工时，应采取排水措施。夯实后的灰土，在三天内不得受水浸泡。

第 3.1.10 条 灰土地基打完后，应及时修建基础和回填基坑（槽），或作临时遮盖，防止日晒雨淋。

第 3.1.11 条 雨天施工时，应采取防雨及排水措施。

刚打完毕或尚未夯实的灰土，如遭受雨淋浸泡，则应将积水及松软灰土除去并补填夯实；受浸湿的灰土，应在晾干后再夯打密实。

第 3.1.12 条 灰土的质量检查，宜用环刀取样，测定其干容重。质量标准可按压实系数d_y鉴定，一般为0.93～0.95；也可按照表3.1.12规定执行。

灰土质量标准　　表 3.1.12

项次	土料种类	灰土最小干容重(克/立方厘米)
1	轻亚粘土	1.55
2	亚粘土	1.50
3	粘土	1.45

用贯人仪检查灰土质量时，应先进行现场试验以确定贯入度的具体要求。

注：①d_y为土在施工时实际达到的干容重γ_d与其最大干容重γ_{dmax}之比，即

$$d_y=\frac{\gamma_d}{\gamma_{dmax}}$$

②质量检验数量，按《建筑安装工程质量检验评定标准》（TJ301—74）❶中的有关规定执行。

第二节　砂和砂石地基

第 3.2.1 条　砂和砂石基地所用的材料，宜采用中砂、粗砂、砾砂、碎（卵）石、石屑或其他工业废粒料。在缺少中、粗砂和砾砂的地区，可采用细砂，但宜同时掺入一定数量的碎石或卵石，其掺入量应符合设计要求。

注：如采用其他工业废粒料作为地基材料，应经试验合格后，方可使用。

第 3.2.2 条　砂和砂石材料，不得含有草根垃圾等有机杂物。

用作排水固结地基的材料除应符合上列要求外，含泥量不宜超过3%。

碎石或卵石最大粒径不宜大于50毫米。

第 3.2.3 条　在地下水位高于基坑（槽）底面施工时，应采取排水或降低地下水位的措施，使基坑（槽）保持无积水状态。

注：如用水撼法或插入振动法施工时，应有控制地注水和排水。

第 3.2.4 条　铺筑前，应先行验槽。浮土应清除，边坡必须稳定，防止塌土。基坑（槽）两侧附近如有低于地基的孔洞、沟、井、墓穴等，应在未做地基前，加以填实。

地基范围内不应留有孔洞。完工后，如无技术措施，不得在影响其稳定的区域内进行挖掘工程。

第 3.2.5 条　砂和砂石地基底面宜铺设在同一标高上，如深度不同时，基土面应挖成踏步或斜坡搭接。搭接处应注意捣实，施工应按先深后浅的顺序进行。

第 3.2.6 条　人工级配的砂石地基，应将砂石拌和均匀后，再行铺填捣实。

第 3.2.7 条　分段施工时，接头处应作成斜坡，每层错开0.5～1米，并应充分捣实。

第 3.2.8 条　砂和砂石地基的捣实，视不同条件，可选用振实、夯实或压实等方法。施工时应分层进行，在下层密实度经检验合格后，方可进行上层施工。每层铺筑厚度不宜超过表3.2.8规定的数值。分层厚度可用样桩控制。

第 3.2.9 条　砂和砂石地基的质量检查，应按下列方法进行；

砂和砂石地基每层铺筑厚度及最佳含水量　表 3.2.8

项次	捣实方法	每层铺筑厚度（毫米）	施工时的最佳含水量（%）	施工说明	备注
1	平振法	200～250	15～20	用平板式振捣器往复振捣	不宜使用于细砂或含泥量较大的砂所铺筑的砂地基
2	插振法	振捣器插入深度	饱和	1. 用插入式振捣器 2. 插入间距可根据机械振幅大小决定 3. 不应插至下卧粘性土层 4. 插入振捣完毕后，所留的孔洞，应用砂填实	不宜使用于细砂或含泥量较大的砂所铺筑的砂地基

❶ 此标准已修订为《建筑工程质量检验评定标准》（GBJ301-88）

续表

项次	捣实方法	每层铺筑厚度（毫米）	施工时的最佳含水量（%）	施工说明	备注
3	水撼法	250	饱和	1.注水高度应超过每次铺筑面层 2.用钢叉摇撼捣实插入点间距为100毫米 3.钢叉分四齿，齿的间距80毫米，长300毫米，木柄长90毫米	湿陷性黄土、膨胀土地区不得使用
4	夯实法	150～200	8～12	1.用木夯式机械夯 2.木夯重40千克，落距400～500毫米 3.一夯压半夯全面夯实	
5	辗压法	250～350	8～12	6～10吨压路机往复辗压	1.适用于大面积砂地基 2.不宜用于地下水位以下的砂地基

注：在地下水位以下的地基其最下层的铺筑厚度可比上表增加50毫米。

一、环刀取样法

在捣实后的砂地基中用容积不小于200立方厘米的环刀取样，测定其干容重，以不小于该砂料在中密状态时的干容重数值为合格。

砂石地基的质量检查，可在地基中设置纯砂检查点，在同样的施工条件下，按上述方法检验；或用灌砂法进行检查。

二、贯入测定法

用贯入仪、钢筋或钢叉等以贯入度大小检查砂地基的质量时，以不大于通过试验所确定的贯入度为合格。

注：①中砂在中密状态的干容重，一般为1.55～1.60克/立方厘米。

②钢筋贯入测定法：用直径为20毫米，长1250毫米的平头钢筋，举离砂层面700毫米自由下落，插入深度应根据该砂的控制干容重确定。

钢叉贯入测定法：用水撼法使用的钢叉，举离砂层面500毫米自由下落，插入深度亦应根据该砂的控制干容重确定。

③质量检查数量，按本规范第3.1.12条注②的规定执行。

第三节　碎砖三合土地基

第 3.3.1 条　碎砖三合土的配合比（体积比），除设计有特殊要求外，一般采用1:2:4或1:3:6（消石灰:砂或粘性土:碎砖）。

第 3.3.2 条　三合土所用的碎砖，其粒径应为20～60毫米，不得夹有杂物。

砂或粘性土（沙泥）中不得有草根、贝壳等有机杂物。

第 3.3.3 条　基坑（槽）在铺设碎砖三合土前，必须进行验槽。坑（槽）有积水时，应采取措施排水和清除泥浆。

第 3.3.4 条　铺设前应在坑（槽）壁分层标出样桩，并预拌好灰浆。碎砖应与灰浆拌合均匀后，再铺入基坑(槽)内。铺设厚度，第一层为220毫米，其余各层为200毫米，每层应分别夯实至150毫米。

第 3.3.5 条　碎砖三合土，可采用人力夯或机械夯。夯打应密实、表面平整，如发现三合土太干，应补浇灰浆，并随浇随打。

第 3.3.6 条　碎砖三合土分层铺设至设计标高后，在最后一遍夯打时，宜浇浓灰浆。待表面灰浆略为晾干后，上铺一层薄砂土或炉渣再整平夯实。表面平整度的允许偏差不得大于20毫米。

第 3.3.7 条 夯打完的碎砖三合土，如因雨水冲淋或积水破坏表层灰浆时，可在排除积水后，重新浇浆夯打坚实。

第四节 重锤夯实地基

第 3.4.1 条 重锤夯实适用于地下水位以上稍湿的粘性土、砂土、湿陷性黄土、杂填土和分层填土的施工。

第 3.4.2 条 当夯击振动对邻近的建筑物、设备以及施工中的砌筑工程和浇筑混凝土等产生有害影响时，不得采用重锤夯实。

第 3.4.3 条 施工前，应在现场进行试夯，选定夯锤重量、底面直径和落距，以确定最后下沉量及相应的最少夯击遍数和总下沉量。

最后下沉量一般可采取下列数值：

粘性土及湿陷性黄土	10～20毫米
砂　　土	5～10毫米

注：最后下沉量系指重锤最后2击平均每击土面的沉落值。

第 3.4.4 条 重锤夯实所用的起重设备，直接用钢索悬吊夯锤时，起重能力应大于夯锤重量的3倍、采用脱钩夯锤时，起重能力应大于夯锤重量的1.5倍。

第 3.4.5 条 夯锤重量宜采用1.5～3.0吨，落距一般采用2.5～4.5米。锤重与底面积的关系，应符合锤重在底面上的单位静压力为0.15～0.2千克力/平方厘米。

夯锤形状宜采用截头圆锥体，可用钢筋混凝土制作，其底部可填充废铁并设置钢底板，以使重心降低。

第 3.4.6 条 试夯点（试坑）的数量应根据需夯实地基的土质条件决定。土质均匀时试夯可以在一处进行、土质不同时，应分别在各个不同地段进行。

第 3.4.7 条 采用重锤夯实分层填土地基时，每层的虚铺厚度，一般以相当于锤底直径，夯击遍数应由试夯确定。

试夯的层数不宜少于2层。

第 3.4.8 条 试夯前应测定土的含水量，当低于最佳含水量2%以上时，应在天然湿度及加水至最佳含水量的基土上分别进行试夯。

土的最佳含水量可通过试验确定。

试夯后，应挖探井检查试坑内的夯实效果，测定坑底以下2.5米深度内，每隔0.25米深度处夯实土的密实度，与试坑外天然土的密实度相比较。对于分层填土，应测定每层填土试夯后的最大、最小及平均密实度。

第 3.4.9 条 土的试夯结果达不到设计的密实度和夯实深度要求时，应适当提高落距，增加夯击遍数，必要时可增加锤重，再行选点试夯。

第 3.4.10 条 试夯结束后应提出试夯报告，并附重锤夯实试夯记录，参照附表5.7。

重锤夯实施工应根据试夯结果编制的施工组织设计进行，其主要内容包括：

一、夯实面积、场地布置和施工顺序；

二、夯实设备的选定；

三、锤的落距、夯击遍数和夯击路线；

四、使土达到最佳含水量的措施；

五、地基夯实的最后下沉量和总下沉量；

六、设计要求的地基夯实深度和密实度。

第 3.4.11 条 基坑（槽）的实夯范围应大于基础底面。开挖时，坑（槽）每边比设计宽度加宽不宜小于0.3米，以便于夯实工作的进行。

坑（槽）边坡应适当放缓。

夯实前，坑（槽）底面应高出设计标高，预留土层的厚度可为试夯时的总下沉量加50～100毫米。

第 3.4.12 条 夯实施工前，应检查基坑（槽）中土的含水量，并根据试夯结果决定是否需要加水。坑（槽）加水，需待水全部渗入土中一昼夜后方可夯击。如土的表层含水量过大，夯击成软塑状态时，可采取铺撒吸水材料（干土、碎砖、生石灰等）、换土或其他有效措施处理。

分层填土时，应取用含水量相当于最佳含水量的土料。如土料含水量太低，宜加水至最佳含水量。每层土铺填后应及时夯实。

第 3.4.13 条 在基坑（槽）周边应作好排水设施，防止向坑（槽）灌水。

第 3.4.14 条 在大面积基坑（槽）内夯击时，宜一夯挨一夯顺序进行；在独立柱基基坑内夯击时，一般采用先周边后中间或先外后里的方法进行。

夯击遍数，应按试夯确定的最少遍数增加1～2遍，一般为8～12遍。

注：①同一夯位夯击一下为一遍。

②基坑（槽）底面的标高不同时，应按先深后浅的顺序逐层夯实。

第 3.4.15 条 夯击时，按规定的落距，落锤应平稳，夯位准确。

夯击分层填土时，必须控制每层铺土厚度。

第 3.4.16 条 夯击过程中，应随时检查坑（槽）壁有无塌坍的可能，必要时应采取防护措施。

第 3.4.17 条 夯实完后，应将基坑（槽）表面拍实至设计标高。

第 3.4.18 条 冬期施工时，必须在不冻的状态下进行夯击。一般可采取下列措施：

一、逐段开挖，逐段夯击，互相紧密衔接；

二、开挖时，适当增加预留土层厚度，临夯实前挖除增留土层；

三、在坑（槽）已冻结的情况下，有条件时，可采取地表加热解冻措施；

四、必须在坑（槽）内加水时，宜采用盐水，其浓度可按夯击期间的最低气温决定；

五、随时清除积雪，避免融化后渗入坑（槽）中。

第 3.4.19 条 在夯击过程中，应参照附表5.8做好记录。

第 3.4.20 条 重锤夯实地基的验收，应检查施工记录，除应符合试夯最后下沉量的规定外，并应检查基坑(槽)表面的总下沉量，以不小于试夯总下沉量的90％为合格。也可采用在地基上选点夯击检查最后下沉量。

夯击检查点数，每一单独基础至少应有1点；基槽每30平方米应有1点；整片地基每100平方米不得少于2点。

检查后，如质量不合格，应进行补夯，直至合格为止。

第五节 强夯地基

第 3.5.1 条 强夯适用于碎石土、砂土、粘性土、湿陷性黄土及人工填土地基的施工。

注：淤泥与淤泥质土地基，经试验证明施工有效时，方可采用强夯。

第 3.5.2 条 当地下水位距地表面2米以下且表层为非饱和土时，可直接进行夯击；当地下水位较高不利于施工或表层为饱和粘性土时，可铺填0.5～2.0米厚的中（粗）砂、砂砾或片石等材料后进行夯击。

第 3.5.3 条 强夯施工场地应平整并能承受夯击机械重量。施工前，必须清除所有障碍物及地下管线等。

第 3.5.4 条 强夯所产生的振动，对现场周围已建或正在施工的建筑物及其他设施有影响时，不得采用强夯施工。必要时，应采取防震措施。

第 3.5.5 条 强夯施工的主要机具设备应符合下列规定：

一、起重机

宜选用起重能力15吨以上的履带式起重机或其他专用起重设备，但必须符合夯锤起吊和提升高度的要求，并均需设安全装置，防止夯击时臂杆后仰；

二、自动脱钩装置

应具有足够强度，且施工灵活；

三、夯锤

可用钢材制作，或用钢板为外壳，内部焊接骨架后灌筑混凝土制成。夯锤底面为方形或圆形。锤底面积一般取决于表层土质；砂土，一般为3～4平方米；粘性土，不宜小于6平方米。夯锤中宜设置若干个上下贯通的气孔。

第 3.5.6 条 强夯施工的技术参数：

一、锤重和落距；锤重不宜小于8吨，落距不宜小于6米。

二、夯击点布置，一般按正方形或梅花形网格排列。其间距可根据夯击坑的形状、孔隙水压力变化情况及建筑物基础结构特点确定，一般为5～15米；

注：按上列形式和间距布置的夯击点，依次夯击完成为第一遍，第二次选用已夯点间隙，依次补点夯击为第二遍，以下各遍均在中间补点，最后一遍锤印应彼此搭接，表面平整。

三、确定各个夯击点的夯击数时，应符合下列任一条件：

1.土的体积竖向压缩最大而侧向移动最小；

2.最后两击沉降量或最后两击沉降量之差小于试夯确定的数值。

一般为3～10击；

四、夯击遍数一般为2～5遍。对于细颗粒多的土层、透水性弱的土层或有特殊要求的工程，夯击遍数可适当增加；

五、两遍之间的间歇时间，取决于孔隙水压力的消散，一般为1～4周。地下水位较低和地质条件较好的场地，可采用连续夯击；

六、平均夯击能，在一般情况下，砂土可取50～100吨·米/平方米；粘性土可取150～300吨·米/平方米。

第 3.5.7 条 强夯施工前，应试夯，并按下列顺序进行；

一、根据工程地质勘察报告，在施工现场选取一个地质条件具有代表性的试验区，平面尺寸不小于20×20米。该试验区亦可选在需作地基的土面上；

二、在试验区内进行详细的原位测试，取原状土样，测定有关数据；

三、选取合适的一组或多组强夯试验参数，并在试验区内进行试验性施工；

四、施工中应做好现场测试和记录。

测试内容和方法应根据地质条件及设计要求确定；

五、检验强夯效果。一般在最后一遍夯击完成1～4周以后进行，其方法可按本条第二款规定，予以对比检查；

六、当强夯效果不能满足要求时，可补夯或调整参数再进行试验；

七、做好强夯前后试验结果对比分析，确定正式施工时采用的技术参数。

第 3.5.8 条 强夯施工，必须按试验确定的技术参数进行。以各个夯击点的夯击数为施工控制数值，也可采用试夯后确定的沉降量控制。

第 3.5.9 条 夯击时，落锤应保持平稳，夯位准确，如错位或坑底倾斜过大，宜用砂土将坑底整平，才能进行下一次夯击。

第 3.5.10 条 每夯击一遍完成后，应测量场地平均下沉量，然后用土将夯坑填平，方可进行下一遍夯击。最后一遍的场地平均下沉量，必须符合要求。

第 3.5.11 条 雨天施工，夯击坑内或夯击过的场地有积水时，必须及时排除。

冬期施工，首先应将冻土击碎，然后再按各点规定的夯击数施工。

第 3.5.12 条 强夯施工应参照附表5.9和5.10做好记录。

第 3.5.13 条 强夯施工的验收，应检查施工记录及各项技术参数，并应在夯击过的场地选点作检验。一般可采用标准贯入、静力触探或轻便触探等测定。

检验点数：每个建筑物的地基不少于3处，检测深度和位置按设计要求确定。

第六节 预压地基

（Ⅰ）一般规定

第 3.6.1 条 预压适用于软土和冲填土地基的施工。

第 3.6.2 条 预压地基的施工，一般采用加载预压、砂井加载预压及砂井真空降水预压等方法进行。

第 3.6.3 条 预压地基施工前，必须熟悉地质勘察资料，施工时做好控制性观测和预压效果的测试工作，以确保工程质量与正常施工。

第 3.6.4 条 如采用井点降水预压地基时，其降水施工，应按本规范第二章有关规定执行。

（Ⅱ）排水砂井

第 3.6.5 条 砂井的成孔，可根据现场地质情况和施工条件，选用适当的成孔工具或机械设备，亦可按本规范第四章第五节灌注桩的成孔机具选用。

第 3.6.6 条 制作砂井的砂，宜用中、粗砂，其含泥量不宜大于3%。

第 3.6.7 条 砂井的灌砂量，应按井孔的体积和砂在中密状态时的干容重计算，其实际灌砂量（不包括水重）不得少于计算的95%。

第 3.6.8 条 采用袋装砂井时，砂袋必须选用透水性和耐水性好以及韧性较强的麻布、再生布或聚丙烯编织布制作。

第 3.6.9 条 灌入砂袋的砂，应捣固密实，袋口应扎紧，砂袋放入井内应高出井口500毫米，以便埋入砂地基中。

铺设砂地基，应按本规范第三章第二节的规定执行。

第 3.6.10 条 砂井位置的允许偏差为该井的直径；垂直度的允许偏差为1.5%。

（Ⅲ）加载和卸载

第 3.6.11 条 地基预压前，应设置垂直沉降观测点、水平位移观测桩、测斜仪以及孔隙水压力计。其设置数量、位置及测试方法，应符合设计要求。

加载应分期分级进行。对地基垂直沉降、水平位移和孔隙水压力等应逐日观测并做好记录。

加载速度应根据逐日观测记录和现场实际情况控制。

第 3.6.12 条 预压加载宜就地取材，可采用土、砂、石和水等材料。

第 3.6.13 条 地基预压达到规定要求后，方可分期分级卸载。但应继续观测地基沉降和回弹情况。

第七节　砂　桩

第 3.7.1 条 砂桩适用于软土、人工填土和松散砂土的挤密加固地基。

第 3.7.2 条 砂桩用砂，含泥量不宜大于5%；含水量应符合下列要求：

一、在饱和土中施工时，采用饱和状态；

二、在非饱和的并能形成直立的桩孔孔壁的土层中，用捣实法施工时，采用7～9%。

第 3.7.3 条 砂桩成孔宜采用振动沉管及锤击沉管等方法。振动沉管时宜用活瓣式桩靴。

第 3.7.4 条 砂桩施工应从外围或两侧向中间进行。其施工方法应按本规范第四章第五节套管成孔灌注桩的有关规定执行。

第 3.7.5 条 砂桩的灌砂量应按本章第3.6.7条规定核算。

第 3.7.6 条 砂桩位置的允许偏差为该桩的直径；垂直度的允许偏差为1.5%。

第 3.7.7 条 桩身及桩与桩之间挤密土的质量，均可采用标准贯入或轻便触探检验，亦可用锤击法检查其密实度和均匀性。

第八节　土和灰土挤密桩

第 3.8.1 条 土和灰土挤密桩一般适用于地下水位以上深度为5～10米的湿陷性黄土、素填土或杂填土的挤密加固地基。

第 3.8.2 条 施工前，应在现场进行成孔、夯填工艺和挤密效果试验。并确定分层填料的厚度、夯击次数和夯实后的干容重等要求。

第 3.8.3 条 土和灰土桩的填料，一般采用素土或灰土。土和灰土的质量及配合化，应按本规范第3.1.1条和第3.1.2条的规定执行。

第 3.8.4 条 土和灰土挤密桩的成孔，可选用下列方法：

一、沉管法：用锤击或振动沉桩机打、拔成孔；

二、爆扩法：用钻机或洛阳铲等打成小孔，然后装药，爆扩成孔；

三、冲击法：用定型或简易冲击机，冲击成孔。

第 3.8.5 条 土和灰土挤密桩的施工，应按下列顺序进行：

一、平整场地，准确定出桩孔位置并编号；

二、成孔应先外排后里排，同排内应间隔1～2孔；

三、成孔达到要求深度后，应及时回填夯实。

第 3.8.6 条 桩孔完成后，应立即检查，其质量应符合表3.8.6的规定，并参照附表5.11做好记录。

土和灰土挤密桩孔的允许偏差 表 3.8.6

成孔方法	允许偏差			
	孔位（毫米）	垂直度（%）	桩径（毫米）	深度（毫米）
沉管法	50	1.5	-20	≤100
爆扩法	50	1.5	±50	≤300
冲击法	50	1.5	+100 -50	≤300

第 3.8.7 条 回填桩孔用的夯锤宜采用倒置抛物线型锥体或尖锥形，锤重不宜小于100千克；最大直径应比桩孔直径小100～160毫米。

第 3.8.8 条 桩孔填料前，应清底夯实，夯击次数一般不少于8次。然后根据确定的分层回填厚度和夯击次数逐次填料夯实。

第 3.8.9 条 填料的含水量，如超出最佳值的±3%时，宜予晾干或洒水润湿。

在暑期或雨天施工时，宜有防晒、防雨设施。

第 3.8.10 条 每个桩孔填料的实际用量应参照附表5.12做好记录，并按施工图逐根对照检查，以免漏填。

第 3.8.11 条 夯填的质量，应采用随机抽样检查。抽样检查的数量，应不小于桩孔数的2%，同时每台班至少应抽查1根。

检查方法，有下列几种：

一、用轻便触探检查"检定锤击数"，以不小于试夯时达到的数值为合格（见附录一）；

二、用洛阳铲在桩孔中心挖土，然后用环刀取出夯击土样，测定其干容量；

必要时，可通过开剖桩身，从基底开始沿桩孔深度每米取夯实土样，测定干容重。

测出的干容重，应按本规范第3.1.12条规定检验；

三、重要的大型工程应进行现场载荷试验或浸水载荷试验。

第九节 振冲地基

第 3.9.1 条 振冲适用于松散砂土的挤密加固地基。

注：对粘性土和人工填土地基，经试验证明加固有效时，方可使用。

第 3.9.2 条 振冲施工，应具备下列主要机具：

一、振冲器，宜采用带潜水电机的振冲器，其功率、振动力、振动频率等参数，可按加固孔径大小、密实度选用；

二、起重机械，起重能力和提升高度均应符合施工和安全要求，一般起重能力为8～15吨；

三、水泵及供水管道，供水压力宜大于5千克力/平方厘米，供水量宜大于20立方米/小时；

四、控制设备，控制电流操作台，附有150安培以上容量的电流表（或自动记录电流计）、500伏电压表等；

五、加料设备，其能力必须符合施工要求。

第 3.9.3 条 振冲前，应按设计图定出冲孔中心位置并编好孔号。

第 3.9.4 条 施工应先通过现场试验，确定下列施工参数：成孔施工合适的水压、水量、成孔速度、填料方法、达到土体密实度时振冲器电机的电流控制值以及需要的加固时间等。

第 3.9.5 条 振冲施工所用的填料，一般可用碎（卵）石、角（圆）砾、砾砂、粗（中）砂、矿渣或其他无侵蚀性和性能稳定的硬粒料。其最大粒径不宜大于50毫米。填料的含泥量不宜大于10%，且不得含粘土块。

注：作为抗液化加固的排水桩，宜采用粒径5～50毫米级配合适的硬粒料。

第 3.9.6 条 振冲施工可在原地面定位造孔，也可在基坑（槽）中定位造孔。孔位上部有硬层时，应先挖孔后振冲。

造孔时，水压一般保持3～8千克力/平方厘米，振冲器贯入速度一般为1～2米/分钟。每贯入0.5～1.0米，宜悬留振冲5～10秒钟扩孔，待孔内泥浆溢出时再继续贯入。当造孔接近加固深度时，振冲器应在孔底适当停留并减小射水压力。

第 3.9.7 条 振冲填料时，宜保持小水量补给。采用边振边填，应对称均匀；如将振冲器提出孔口再加填料时，每次加料量以孔高0.5米为宜。每根桩的填料总量应符合规定要求。

填料的密实度，以振冲器工作电流达到规定值为控制标准。

第 3.9.8 条 振冲造孔的方法可选用下列几种：

一、排孔法　由一端开始，逐步造孔到另一端结束；

二、跳打法　同一排孔隔一孔造一孔，反复进行；

三、围幕法　先造外围2～3圈（排）孔，然后造内圈。采用隔一圈造一圈或依次向中心区造孔。

第 3.9.9 条 施工时应复查孔位和编号，并参照附表5.13做好记录。完工后，应在距地面1米左右深度的桩身，加填碎石或采取其他措施，以保证桩顶密实度。

第 3.9.10 条 振冲施工的孔位偏差，应符合下列规定：

一、施工时振冲器尖端喷水中心与孔径中心偏差不得大于50毫米；

二、振冲造孔后，成孔中心与设计定位中心偏差不得大于100毫米；

三、完成后的桩顶中心与定位中心偏差不得大于0.2D（D为桩孔直径）。

第 3.9.11 条 冬期施工应将表层冻土破碎后造孔。每班施工完毕应将供水管和振冲器水管内积水排净，以免冻结影响施工。

第 3.9.12 条 振冲地基的效果检验，应根据土的性质和完成时间确定：砂土宜在完成半个月后；粘性土宜在完成一个月后。

检验方法，可采用载荷试验、标准贯入、静力触探及土工试验等方法。对于抗液化的地基，尚应进行现场孔隙水压力试验。

第十节　旋 喷 地 基

第 3.10.1 条　旋喷适用于砂土、粘性土、湿陷性黄土及人工填土地基的加固。

第 3.10.2 条　旋喷地基可根据工程情况和机具条件，采用下列方法：

一、单管法　单独喷射水泥浆液；

二、二重管法　同轴喷射水泥浆液和压缩空气；

三、三重管法　同轴喷射高压水和压缩空气，并注入水泥浆。

注：单管法的桩径一般为0.3～0.8米；二重管法的桩径一般为1米左右；三重管法的桩径一般为1～2米。

第 3.10.3 条　旋喷施工的主要机具和参数（喷嘴直径、提升速度、旋转速度、喷射压力、流量等）可按照表3.10.3选用或根据土质条件及设计要求，由现场试验确定。

旋喷施工的主要机具和参数　　表 3.10.3

项		目	单管法	二重管法	三重管法
参数		喷嘴孔径(毫米)	φ2～3	φ2～3	φ2～3
		喷嘴个数(个)	2	1～2	1～2
		旋转速度(转/分)	20	10	5～15
		提升速度(毫米/分)	200～250	100	50～150
机具性能	高压泵	压力(千克力/平方厘米)	200～400	200～400	200～400
		流量(升/分)	(浆液)60～120	(浆液)60～120	(水)60～120

续表

项		目	单管法	二重管法	三重管法
机具性能	空压机	压力(千克力/平方厘米)	—	7	7
		流量(立方米/分)	—	1～3	1～3
	泥浆泵	压力(千克力/平方厘米)	—	—	30～50
		流量(升/分)	—	—	100～150

第 3.10.4 条　旋喷施工可用射水、锤击或振动等方法直接将旋喷管置入要求深度，亦可先用钻机钻成直径100～200毫米的孔，然后将旋喷管插至孔底，由下而上进行旋喷。

第 3.10.5 条　喷射的水泥浆，水灰比为1:1～1.5:1，并根据需要加入适量的减缓浆液沉淀、缓凝或速凝、防冻、防蚀等外加剂。

第 3.10.6 条　旋喷管必须旋转灵活，拆装方便，并在高压作用下，密封性能良好。

第 3.10.7 条　水泥浆的搅拌可采用机械叶片搅拌罐、污水泵自循环搅拌罐或水泥水力混合器，并宜在旋喷前一小时以内搅拌。

第 3.10.8 条　旋喷施工前，应将钻机（管架）定位安放平稳，旋喷管的允许倾斜度不得大于1.5%。

第 3.10.9 条　旋喷管进入预定深度后，应先进行试喷。中途发生故障，应立即停止提升和旋喷，并进行检查，排除故障后复喷。

二重管或三重管旋喷施工中，必须保持高压水泥浆、高压水及压缩空气各管路系统不堵、不漏、不串。

施工完毕后，必须立即冲洗干净。

第 3.10.10 条 施工中应参照附表5.14、5.15、5.16做好记录。

第 3.10.11 条 旋喷地基的质量检验，可采用钻机取样、标准贯入、平板载荷试验及开挖检查等方法。旋喷体深度、直径、抗压强度和透水性等，应符合设计要求。

第十一节 硅 化 地 基

第 3.11.1 条 无压硅化、压力硅化和电动硅化加固地基的适用范围，可按下列规定选用：

一、渗透系数为0.1～80米/昼夜的砂土和粘性土宜采用压力双液硅化法；

二、渗透系数0.1米/昼夜以下的各类土可采用电动双液硅化法；对渗透系数0.1～2.0米/昼夜的地下水位以上的湿陷性黄土可采用无压或压力单液硅化法。

注：①为避免地基在加固过程中产生大量附加沉陷，自重湿陷性黄土宜采用无压单液硅化法；

②地下水位以下的黄土，采用硅化加固时应由试验确定。

第 3.11.2 条 硅化加固不宜用于：

一、沥青、油脂和石油化合物所浸透的土；

二、地下水pH值大于9的土。

第 3.11.3 条 施工前应通过现场试验编制施工组织设计。内容应包括：注液管及电极管的布置图和打（或钻）入深度、化学溶液浓度和用量、注液方法、灌注速度、灌注压力以及加固效果的要求等。

采用电动硅化加固时，应提出合理的电压梯度、通电时间和方法。

第 3.11.4 条 硅化加固用的水玻璃应符合下列规定：

一、用于防渗加固的水玻璃模数不宜小于2.2，用于地基加固的水玻璃模数宜为2.5～3.3；

二、不溶于水的杂质含量不得超过2％。

第 3.11.5 条 氯化钙溶液中的杂质在每一升溶液中不得超过60克，而悬浮颗粒不得超过1％，溶液中的pH值宜为5.5。

第 3.11.6 条 硅化加固所需化学溶液的总用量，可参照下式计算：

$$Q=K\cdot V\cdot n\cdot 1000$$

式中 Q——溶液总用量（升）；

V——硅化土的体积（立方米）；

n——土的孔隙率；

K——经验系数。

软土、粘性土、细砂 $K=0.3\sim0.5$

中砂、粗砂 $K=0.5\sim0.7$

砾砂 $K=0.7\sim1.0$

湿陷性黄土 $K=0.5\sim0.8$

注：双液硅化法的两种溶液用量应相等。

第 3.11.7 条 硅化用的化学溶液，应按照表3.11.7的规定选用。

第 3.11.8 条 注液管宜采用钢管，其内径为20～38毫米。如用钢筋作为电极时，其直径不得小于22毫米。

第 3.11.9 条 压力硅化用的泵或空气压缩机，应能在6千克力/平方厘米（表压）的压力以内，向每个注液管供应5～10升/分钟的溶液。

第 3.11.10 条 管路系统的附件和设备，以及检验仪器

硅化用的化学溶液　　表 3.11.7

施工方法	土的渗透系数（米/昼夜）	溶液的比重（$t=18℃$）	
		水玻璃（模数2.5～3.3）	氯化钙
电动双液硅化	≤0.1	1.13～1.21	1.07～1.11
压力双液硅化	0.1～10 10～20 20～80	1.35～1.38 1.38～1.41 1.41～1.44	1.26～1.28
压力单液硅化（用于湿陷性黄土）	0.1～2	1.13～1.25	

（压力计）应符合规定的压力。

第 3.11.11 条　设置注液管和电极棒宜采用打入法。如土层较深，宜事先钻孔至所需加固区域顶面以上 2 ～ 3 米，然后再采用打入法。钻孔的孔径应小于注液管和电极棒的外径。

第 3.11.12 条　需加固的土层之上，应有不小于 1 米厚度的土层，否则应采取措施防止溶液上冒。

第 3.11.13 条　打（钻）入注液管及电极棒，应采用导向装置。注液管底端间距的偏差不得超过20％，超过时应打补充注液管或拔出重打。

第 3.11.14 条　注液管打至设计标高并清理管中泥砂后，应及时向土中灌注溶液。

第 3.11.15 条　硅化加固程序，应根据土的渗透性按下例顺序进行：

一、加固渗透系数相同的土层，应自上而下进行；

二、如土的渗透系数随深度而增大，应自下而上进行；

三、如相邻土层的土质不同，应首先进行加固渗透系数较大的土层。当加固的土层不厚时，应采用有孔部分较短的注液管。

第 3.11.16 条　采用压力及电动双液硅化法时，灌注溶液应根据地下水的流速按下列规定进行：

一、当地下水流速小于1米/昼夜时，先自上而下的灌注水玻璃，然后自下而上的灌注氯化钙溶液；

二、当地下水流速为1～3米/昼夜时，轮流将水玻璃和氯化钙溶液注入；

三、当地下水流速大于 3 米/昼夜时，应先将水玻璃与氯化钙溶液同时注入，然后轮流将水玻璃与氯化钙溶液注入。

第 3.11.17 条　采用电动硅化法时，应符合下列规定：

一、直流电源的电压梯度宜为 0.5～0.75 伏特/厘米；

二、对不需加固土层的注液管段应涂沥青绝缘，加固地区的地表水，应予疏干；

三、通电由注液开始，延续到溶液灌完后电流曲线下降趋于平衡时为止。通电时间不得超过36小时；

四、灌注溶液与通电工作须连续进行，不得中断；

五、灌注溶液的压力，一般不超过3千克力／平方厘米（表压）。

第 3.11.18 条　拔出注液管后，留下的孔洞，应用水泥砂浆或土料填塞。

第 3.11.19 条　硅化地基的验收，砂土和黄土应在施工完毕15天以后进行，粘性土应在60天以后进行。

第 3.11.20 条　砂土硅化后的强度，应取试块作无侧限抗压试验，其值不得低于设计强度的90％。

粘性土硅化后，应按加固前后沉降观测的变化，或使用触探法探测加固前后土中阻力的变化，以确定其质量。

黄土硅化后的质量，可视具体情况，采用上述两种方法之一进行检验。

地基硅化后的整体性和外形，均可采用触探法检验。

第 3.11.21 条 用硅化法形成的防渗帷幕，应在帷幕本身上作压水试验检查不透水性，单位吸水率不得大于设计要求的25％。

第 3.11.22 条 硅化地基验收时，应提交下列资料：

一、施工记录（参照附表5.17、5.18）；

二、材料试验记录；

三、试块试验记录；

四、防渗帷幕的渗透观测和水位变化记录；

五、触探法测定阻力变化记录；

六、竣工剖面图和钻孔位置平面图。

第四章 桩基础

第一节 一般规定

第 4.1.1 条 桩基和板桩的轴线应从基准线引出。在打桩地区附近设置的水准点，其位置应不受打桩影响，数量不得少于2个。

第 4.1.2 条 桩基和板桩轴线位置的允许偏差，不得超过下列数值：

桩基和板桩	20毫米
单排桩	10毫米

第 4.1.3 条 桩基和板桩轴线的控制桩，应设在不受打桩影响的地点。施工过程中对桩基轴线应作系统检查，每10天不少于1次。控制桩应妥加保护，移动时，应先检查其正确性，并做好记录。

每根桩打入前，应检查样桩位置是否符合设计要求。

第 4.1.4 条 打桩前应处理高空和地下障碍物。打桩和运桩的场地应平整。桩机移动的范围内除应保证桩机垂直度的要求外，并应考虑地面的承载力，施工场地及周围应保持排水沟畅通。

第 4.1.5 条 桩基工程所需的工程地质资料必须按本规范第1.0.2及1.0.3条的规定提供，必要时尚需补充静力触探或标准贯入试验等原位测试资料。

在工程地质复杂地区应加密钻孔，有特殊要求时，每个基础位置均应有详细的工程地质资料。

第 4.1.6 条 打桩宜重锤低击，锤重的选择应根据工程地质条件、桩的类型、结构、密集程度及施工条件参照附录四选用。

第 4.1.7 条 打桩的控制原则：

一、桩尖位于坚硬、硬塑的粘性土、碎石土、中密以上的砂土或风化岩等土层时，以贯入度控制为主，桩尖进入持力层深度或桩尖标高可作参考；

二、贯入度已达到而桩尖标高未达到时，应继续锤击3阵，其每阵10击的平均贯入度不应大于规定的数值；

三、桩尖位于其它软土层时，以桩尖设计标高控制为主，贯入度可作参考；

四、打桩时，如控制指标已符合要求，而其他的指标与要求相差较大时，应会同有关单位研究处理；

五、贯入度应通过试桩确定，或做打桩试验与有关单位确定。

第 4.1.8 条 桩基工程施工前应作打桩或成孔试验，以检验设备和工艺是否符合要求，数量不得少于2根。

第 4.1.9 条 打桩时如发现地质条件与提供的数据不符，应与有关单位研究处理。

第 4.1.10 条 邻近原有建筑物（构筑物）打桩时，应按本规范第1.0.3条规定执行，并应采取适当的隔振措施，如开挖防振沟、打隔离板桩及砂井排水等。并宜采用预钻取土打桩或无振动的钻孔灌注桩施工。

在邻近岸边或斜坡上打桩时，应观测对边坡的影响。

第 4.1.11 条 在软土地基上打（压）较密集群桩时，为减少桩的变位，可根据具体情况采取砂井排水、井点降水、盲沟排水、预钻取土及控制打桩速度等措施。

第 4.1.12 条 打桩完毕后的基坑开挖，应制订合理的施工顺序和技术措施，防止桩的位移和倾斜。

第二节 钢筋混凝土预制桩

（Ⅰ）制 作

第 4.2.1 条 钢筋混凝土预制桩（简称预制桩，下同）的钢筋骨架的主筋连接宜采用对焊。主筋接头配置在同一截面内的数量，应符合下列规定：

一、当采用闪光对焊和电弧焊时，不得超过50%；

二、同一根钢筋两个接头的距离应大于$30d_0$，并不小于500毫米。

注：同一截面是指$30d_0$（d_0为主筋的直径）区域内，但不得小于500毫米。

第 4.2.2 条 预制桩钢筋骨架的允许偏差，应符合表4.2.2的规定。

预制桩的钢筋骨架的允许偏差　　表 4.2.2

项 次	项 目	允许偏差（毫米）
1	主筋间距	±5
2	桩尖中心线	10
3	箍筋间距或螺旋筋的螺距	±20
4	吊环沿纵轴线方向	±20
5	吊环沿垂直于纵轴线方向	±20
6	吊环露出桩表面的高度	－0～＋10
7	主筋距桩顶距离	±10
8	桩顶钢筋网片	±10
9	多节桩锚固钢筋长度	±10
10	多节桩锚固钢筋位置	5
11	多节桩预埋铁件	±3

第 4.2.3 条 确定单根桩或多节桩的单节长度应符合下列规定：

一、应根据桩架的有效高度、制作场地、运输和装卸能力；

二、多节桩如采用电焊或法兰接桩时，节点竖向位置应避开土层中的硬夹层。

第 4.2.4 条 预制桩的混凝土，应由桩顶向桩尖连续浇筑，严禁中断。

第 4.2.5 条 同一配合比的混凝土在与桩身相同条件下养护的试块，每班不得少于1组。标准养护的试块留置组数应按《钢筋混凝土工程施工及验收规范》（GBJ204—83）的规定执行。

第 4.2.6 条 用于锤击的预制桩的粗骨料，应用碎石或碎卵石，粒径宜为5～40毫米。

第 4.2.7 条 重叠法制作预制桩时，应符合下列规定：

一、场地应平整、坚实，不得产生不均匀沉陷；

二、制桩的底模必须平整、坚实；

三、桩与邻桩：底模间的接触面不得粘结；

四、桩在拆模时不得损坏棱角；

五、上层桩或邻桩的浇筑，必须在下层桩或邻桩的混凝土达到设计强度的30％以后，方可进行；

六、桩的重叠层数，应根据具体情况确定，一般不宜超过4层。

第 4.2.8 条 桩的制作偏差应符合表4.2.8的规定。

第 4.2.9 条 桩的制作质量除应按表4.2.2和表4.2.8的规定执行外，尚应符合下列规定：

预制桩的允许偏差 **表 4.2.8**

项次	项目	允许偏差
1	钢筋混凝土预制桩：	
	①横截面边长	±5毫米
	②桩顶对角线之差	10毫米
	③保护层厚度	±5毫米
	④桩身弯曲矢高	不大于1‰桩长，且不大于20毫米
	⑤桩尖中心线	10毫米
	⑥桩顶平面对桩中心线的倾斜	≤3毫米
	⑦锚筋预留孔深	－0～＋20毫米
	⑧浆锚预留孔位置	5毫米
	⑨浆锚预留孔径	±5毫米
	⑩锚筋孔的垂直度	≤1％
2	钢筋混凝土管桩：	
	①直　径	±5毫米
	②管壁厚度	－5毫米
	③抽芯圆孔平面位置对桩中心线	5毫米
	④桩尖中心线	10毫米
	⑤下节或上节桩的法兰对中心线的倾斜	2毫米
	⑥中节桩两个法兰对桩中心线倾斜之和	3毫米

一、桩的表面应平整、密实，掉角的深度不应超过10毫米，且局部蜂窝和掉角的缺损总面积不得超过该桩表面全部面积的0.5％，并不得过分集中；

二、由于混凝土收缩产生的裂缝，深度不得大于20毫米，宽度不得大于0.25毫米；横向裂缝长度不得超过边长的一半（管桩或多角形桩不得超过直径或对角线的1/2）；

三、桩顶和桩尖处不得有蜂窝、麻面、裂缝和掉角。

第 4.2.10 条 预制桩检查时，应参照附表5.20做好记录，桩上应标明编号、制作日期和吊点位置。

第 4.2.11 条 验收应在制作地点进行，在检验前，不得修补蜂窝、裂缝、掉角及其它缺陷。用重叠法制桩时应结合浇筑顺序逐根检验。

验收时，应有下列资料：

一、桩的结构图；

二、材料检验记录；

三、钢筋隐蔽验收记录；

四、混凝土试块强度报告；

五、桩的检查记录；

六、养护方法等。

（Ⅱ）桩的起吊、搬运和堆放

第 4.2.12 条 混凝土预制桩应达到设计强度的70%方可起吊；达到100%才能运输和打桩。如提前吊运，必须采取措施并经过验算合格方可进行。

第 4.2.13 条 桩在起吊和搬运时，必须做到平稳并不得损坏。吊点应符合设计要求。

第 4.2.14 条 桩运到现场后（包括现场预制的桩），应提供质量合格证并按表4.2.8及第4.2.9条进行检查。

第 4.2.15 条 桩的堆放应符合下列规定：

一、地面处理应符合第4.2.7条一款的规定；

二、垫木与吊点的位置应相同，并应保持在同一平面上；

三、各层垫木应上下对齐，最下层的垫木应适当加宽；

四、堆放层数可按照第4.2.7条六款执行。

（Ⅲ）打　桩

第 4.2.16 条 桩在打入前，应在桩的侧面或桩架上设置标尺，并参照附表5.21做好记录。

第 4.2.17 条 打桩应符合下列规定：

一、桩帽或送桩帽与桩周围的间隙应为5～10毫米；

二、锤与桩帽、桩帽与桩之间应有相适应的弹性衬垫；

三、桩锤、桩帽（送桩）和桩身应在同一中心线上；

四、桩或桩管插入时的垂直度偏差，不得超过0.5%；

五、送桩留下的桩孔，应立即回填密实。

第 4.2.18 条 打桩顺序应按下列规定确定：

一、根据桩的密集程度：

1.自中间向两个方向对称进行；

2.自中间向四周进行；

3.由一侧向单一方向进行。

二、根据基础的设计标高，宜先深后浅；

三、根据桩的规格，宜先大后小，先长后短。

第 4.2.19 条 水冲法打桩，应符合下列规定：

一、水冲法打桩适用于砂土和碎石土；

二、水冲至最后1～2米时，应停止水冲，并用锤击至规定标高，如有困难，可按第4.1.7条的有关规定执行。

第 4.2.20 条 在冻土地区打桩有困难时，应先将冻土挖除或解冻后进行。如用电热解冻，应在切断电源后打桩。

第 4.2.21 条 开始打桩时，落距应较小，入土一定深度待桩稳定后，再按要求的落距进行；用落锤或单动汽锤打桩时，最大落距不宜大于1米；用柴油锤时应使锤跳动正常。

第 4.2.22 条 遇到下列情况，应暂停打桩，并及时与有关单位研究处理：

一、贯入度剧变；

二、桩身突然发生倾斜、移位或有严重回弹；

三、桩顶或桩身出现严重裂缝或破碎。

第 4.2.23 条 桩的最后贯入度应在下列条件下测量：

一、锤的落距符合规定；

二、桩帽和弹性垫层等正常；

三、锤击没有偏心；

四、桩顶没有破坏或破坏处已凿平。

（Ⅳ）静力压桩

第 4.2.24 条 静力压桩适用于软弱土层。压桩应符合下列规定：

一、压桩机应配足额定的总重；

二、插桩偏差同第4.2.7条四款的规定；

三、桩帽、桩身和送桩的中心线应重合；

四、节点处理应符合第 4.2.26～4.2.30 条中的有关规定；

五、压同一根桩，各工序应连续施工，并参照附表5.22做好记录。

第 4.2.25 条 遇到下列情况应暂停压桩，并及时与有关单位研究处理：

一、初压时，桩身发生较大幅度移位、倾斜，压入过程中桩身突然下沉或倾斜；

二、桩顶混凝土破坏或压桩阻力剧变。

（Ⅴ）桩的节点处理

第 4.2.26 条 各种接桩的适用范围如下：焊接接桩和法兰接桩适用于各类土层；硫磺胶泥锚接桩适用于软弱土层。

第 4.2.27 条 接桩材料应符合下列规定：

一、焊接接桩：钢板宜用低碳钢，焊条宜用结422；

二、法兰接桩：钢板和螺栓宜用低碳钢；

三、硫磺胶泥锚接桩：硫磺胶泥配合比应按试验决定，当无试验资料时，可参照附录二执行。

第 4.2.28 条 桩的节点处理应符合下列规定：

一、焊接接桩：

1.预埋铁件表面应保持清洁；

2.上下节桩之间的间隙应用铁片填实焊牢；

3.焊接时，应采取措施，减少焊接变形；焊缝应连续饱满。

二、法兰接桩：

上下节桩之间宜用石棉或纸板衬垫，拧紧螺帽，经锤击数次后再拧紧一次，并焊死螺帽。

三、硫磺胶泥锚接桩：

1.锚筋应事先清刷干净和调直；

2.应预先检查锚筋长度、孔深和平面位置等；

3.锚筋孔内应有完好螺纹，无积水、杂物和油污；

4.接桩时节点的平面和锚筋孔内应灌满硫磺胶泥；

5.硫磺胶泥灌注时间不得超过两分钟；

6.灌注后需停歇的时间应符合表4.2.28的规定；

7.硫磺胶泥试块每班不得少于1组。

第 4.2.29 条 硫磺胶泥的原料和制品在运输、储存和使用时不得混有杂质，并应防潮、防火和忌油。

硫磺胶泥灌注后需停歇的时间　　表 4.2.28

项次	项目	不同气温下的停歇时间(分钟)									
		0～10°C		11～20°C		21～30°C		31～40°C		41～50°C	
		打桩	压桩	打桩	压桩	打桩	压桩	打桩	压桩	打桩	压桩
1	桩断面400×400毫米	6	4	8	5	10	7	13	9	17	12
2	桩断面450×450毫米	10	6	12	7	14	9	17	11	21	14
3	桩断面500×500毫米	13	—	15	—	18	—	21	—	24	—

第 4.2.30 条　接桩时，上下节桩的中心线偏差不得大于10毫米，节点弯曲矢高不得大于1‰桩长。

第三节　板　　桩

第 4.3.1 条　板桩运至使用地点后，应进行检验，制作偏差应符合表4.3.1的规定。

板桩制作的允许偏差　　表 4.3.1

项次	项目	允许偏差
1	钢筋混凝土板桩：	
	①横截面相对两边之差	5毫米
	②凸榫或凹榫	±3毫米
	③保护层厚度	±5毫米
	④桩尖对桩轴线位移	10毫米
	⑤桩身弯曲矢高	0.1%桩长 并不得大于10毫米
2	木板桩：	
	①厚　度	-10毫米
	②凸榫或凹榫	±2毫米
	③桩身弯曲矢高	0.3%桩长

第 4.3.2 条　木板桩的凹、凸榫应平整光滑，在打入前应试拼并编号。

第 4.3.3 条　钢筋混凝土预制板桩（包括钢板桩）的始桩长度应较其它的桩加长2～3米。转角处应设置转角桩。始桩和转角桩的桩尖应制成对称形。

第 4.3.4 条　板桩施工应沿板桩两侧设置导向围囹，围囹应有足够强度和刚度。板桩应顺围囹打入，并应随时检验和校正。

第 4.3.5 条　打板桩，宜凸榫套凹榫，并应参照附表5.23做好记录

第 4.3.6 条　开始打入的板桩或挂角桩应保持垂直，否则应采取措施处理。

第 4.3.7 条　钢板桩打入前应检查锁口，并涂黄油或其它油脂。用于永久性工程的钢板桩，应按设计要求执行。

第 4.3.8 条　打钢板桩宜分段和阶梯式进行，不宜单块打入。半封闭或全封闭的板桩，应根据板桩规格和封闭段的长度计算块数，便于合拢。

第 4.3.9 条　在板桩施工和基坑开挖期间应采取措施，确保板桩稳定，并做好观测记录。

第四节　钢　管　桩

第 4.4.1 条　制作钢管桩的材料应符合要求，并有合格证。

第 4.4.2 条　钢管桩制作的偏差应符合表4.4.2的规定。

第 4.4.3 条　钢管桩的分段长度应按照第4.2.3条确定，一般不宜大于15米。

钢管桩制作的允许偏差　　表 4.4.2

项次	项目		允许偏差
1	外径	管端部	±0.5%外径，毫米
		管身部	±1%外径，毫米
2	长度		-0
3	矢高		≤0.1%桩长
4	管端平整度		≤2毫米
5	管端平面与管身中心线的倾斜		≤2毫米

第 4.4.4 条　用于地下水有侵蚀性的地区的钢管桩，应按设计要求作防腐蚀处理。

第 4.4.5 条　接桩应符合下列规定：

一、钢管桩焊接前，应在焊缝上下30～50毫米范围内清除铁锈、油污，如有潮湿应先烘干；

二、上下节桩对口的间隙为2～4毫米；

三、焊接定位点和施焊应对称进行；

四、导向圈的焊缝质量应与钢管桩相同；

五、钢管桩应采用多层焊，焊完每层焊缝后，应及时清除焊渣，并作外观检查，每层焊缝的接头应错开；

六、气温在0℃以下焊接时，应将焊缝上下各10厘米处预热。当气温低于-10℃时，不宜焊接。

第 4.4.6 条　接桩焊缝外观的偏差应符合表4.4.6的规定。

第 4.4.7 条　打钢管桩除应符合第4.2.17条及第4.2.18条规定外，尚应符合下列规定：

一、插桩、打桩及接桩时，必须控制桩的垂直度，以防止桩管变形；

接桩焊缝外观允许偏差　　表 4.4.6

项次	项目	允许偏差（毫米）	备注
1	上下节桩错口：		
	①外径≥700	3	
	②外径＜700	2	
2	咬边深度	0.5	
3	加强层高度	2	
4	加强层宽度	3	

二、打桩过程中，应参照附表5.24做好记录，如发现桩顶有局部变形，应及时修复；

三、钢管桩打至设计标高后，桩顶管口应覆盖。

第五节　混凝土和钢筋混凝土灌注桩

（Ⅰ）一般规定

第 4.5.1 条　泥浆护壁成孔、干作业成孔、套管成孔及爆扩成孔的工艺及适用范围，应按表4.5.1选用。

第 4.5.2 条　灌注桩成孔的控制原则：

一、锤击套管成孔应按第4.1.7条执行；

二、泥浆护壁成孔、干作业成孔应达到设计规定深度，并应按第4.7.3条的规定，清理孔底沉渣。

第 4.5.3 条　钢筋笼制作偏差应符合表4.5.3规定。

第 4.5.4 条　钢筋笼的直径除按设计要求外，尚应符合下列规定：

一、套管成孔的桩，应比套管内径小60～80毫米；

二、用导管灌注水下混凝土的桩，应比导管连结处的外

灌注桩适用范围　　表 4.5.1

项次	项	目	适用范围
1	泥浆护壁成孔	冲抓 冲击 回转钻	碎石土、砂土、粘性土及风化岩
		潜水钻	粘性土、淤泥、淤泥质土及砂土
2	干作业成孔	螺旋钻	地下水位以上的粘性土、砂土及人工填土
		钻孔扩底	地下水位以上的坚硬、硬塑的粘性土及中密以上的砂土
		机动洛阳铲（人工）	地下水位以上的粘性土、黄土及人工填土
3	套管成孔	锤击 振动	可塑、软塑、流塑的粘性土，稍密及松散的砂土
4	爆扩成孔		地下水位以上的粘性土、黄土、碎石土及风化岩

钢筋笼制作的允许偏差　　表 4.5.3

项次	项目	允许偏差（毫米）
1	主筋间距	±10
2	箍筋间距	±20
3	直径	±10
4	长度	±100

径大100毫米以上；

三、钢筋笼在制作、运输和安装过程中，应采取措施防止变形，并应有保护层垫块（或垫管、垫板）；

四、吊放入孔时，不得碰撞孔壁。灌注混凝土时，应采取措施固定钢筋笼位置。

第 4.5.5 条　钢筋笼保护层的允许偏差：

水下灌注混凝土的桩　　±20毫米；

非水下灌注混凝土的桩　　±10毫米。

第 4.5.6 条　混凝土的粗骨料粒径（不包括爆扩桩）：卵石不宜大于50毫米，碎石不宜大于40毫米；配筋的桩不宜大于30毫米，并不宜大于钢筋间最小净距的1/3。坍落度：水下灌注的宜为16～22厘米；干作业成孔的宜为 8～10 厘米；套管成孔的宜为6～8厘米。

第 4.5.7 条　灌注桩各工序应连续施工。钢筋笼放入泥浆后 4 小时内必须灌注混凝土，并参照附表5.25做好记录。

第 4.5.8 条　浇筑后的桩顶应高出设计标高，并予保护，浮浆层应凿除。

第 4.5.9 条　当气温低于0℃以下浇筑混凝土时，应采取保温措施。浇筑时，混凝土的温度不得低于5℃。在桩顶混凝土未达到设计强度50％以前不得受冻。当气温高于30℃时，应根据具体情况对混凝土采取缓凝措施。

第 4.5.10 条　灌注桩的实际浇筑混凝土量不得小于计算体积。

套管成孔的灌注桩，应通过浮标观测，测出桩的任何一段平均直径与设计直径之比不得小于 1 。

第 4.5.11 条　浇筑混凝土时，同一配合比的试块，每班不得少于 1 组；泥浆护壁成孔的灌注桩每根不得少于1组。

（Ⅱ）泥浆护壁成孔的灌注桩

第 4.5.12 条 护筒埋设应符合下列规定：

一、护筒内径应大于钻头直径：用回转钻时，宜大100毫米；用冲击钻时，宜大200毫米；

二、护筒位置应埋设正确和稳定，护筒与坑壁之间应用粘土填实，护筒中心与桩位中心线偏差不得大于50毫米；

三、护筒的埋设深度：在粘性土中不宜小于1米，在砂土中不宜小于1.5米，并应保持孔内泥浆面高出地下水位1米以上。受江河水位影响的工程，应严格控制护筒内外的水位差。

第 4.5.13 条 采用泥浆护壁和排渣时，应符合下列规定：

一、在粘土和亚粘土中成孔时，可注入清水，以原土造浆护壁。排渣泥浆的比重应控制在1.1～1.2；

二、在砂土和较厚的夹砂层中成孔时，泥浆比重应控制在1.1～1.3；在穿过砂夹卵石层或容易坍孔的土层中成孔时，泥浆比重应控制在1.3～1.5；

三、泥浆可就地选择塑性指数$I_p \geqslant 17$的粘土调制；

四、施工中应经常测定泥浆比重，并定期测定粘度、含砂率和胶体率。

注：泥浆的控制指标：粘度18～22秒，含砂率不大于4～8%，胶体率不小于90%。

第 4.5.14 条 泥浆护壁成孔的灌注桩的清孔，应符合下列规定：

一、孔壁土质较好不易塌孔时，可用空气吸泥机清孔；

二、用原土造浆的孔，清孔后泥浆比重应控制在1.1左右；

三、孔壁土质较差时，宜用泥浆循环清孔。清孔后的泥浆比重应控制在1.15～1.25；

四、清孔过程中，必须及时补给足够的泥浆，并保持浆面稳定；

五、浇筑混凝土前，孔底沉渣允许厚度应符合第4.7.3条的规定。

注：泥浆取样应选在距孔底20～50厘米处。

第 4.5.15 条 泥浆护壁成孔时，发生斜孔、弯孔、缩孔和塌孔或沿护筒周围冒浆以及地面沉陷等情况，应停止钻进。经采取措施后，方可继续施工。

第 4.5.16 条 钻进速度，应根据土层情况、孔径、孔深、供水或供浆量的大小、钻机负荷以及成孔质量等具体情况确定。

第 4.5.17 条 在各类土层中冲击成孔时，可按表4.5.17选用冲程和泥浆比重。

冲程和泥浆比重 **表 4.5.17**

项次	项目	冲程（米）	泥浆比重	备注
1	在护筒中及护筒脚下3米以内	0.9～1.1	1.1～1.3	土层不好时宜提高泥浆比重，必要时加入小片石和粘土块
2	粘土	1～2	清水	或稀泥浆
3	砂土	1～3	1.3～1.5	抛粘土块
4	砂卵石	1～3	1.3～1.5	
5	风化岩	1～4	1.2～1.4	
6	塌孔回填重成孔	1	1.3～1.5	反复冲击，加粘土块及片石

第 4.5.18 条 浇筑水下混凝土除按照本规范第6.2.33

条执行外，尚应符合下列规定：

一、导管的第一节底管长度应≥4米；

二、第一次浇筑混凝土，必须保证导管底端能埋入混凝土中0.8～1.3米。

（Ⅲ）干作业成孔的灌注桩

第 4.5.19 条 螺旋钻成孔时应符合下列规定：

一、开始钻孔时，应保持钻杆垂直，位置正确，防止因钻杆晃动引起扩大孔径及增加孔底虚土；

二、钻进速度应根据电流值变化，及时调整；

三、钻进过程中，应随时清理孔口积土，遇到地下水、塌孔、缩孔等异常情况时，应会同有关单位研究处理。

第 4.5.20 条 成孔达到设计深度后，孔口应予保护，按第4.7.3条规定验收，并参照附表5.26做好记录。

第 4.5.21 条 浇筑混凝土前，应先放置钢筋笼并再次测量孔内虚土厚度。

浇筑时，应随浇随振，每次浇筑高度不得大于1.5米。

第 4.5.22 条 钻孔扩底桩的施工除直孔部分应按第4.5.19～4.5.21条规定执行外，扩底部位尚应符合下列规定：

一、根据电流值或油压值，随时调节扩孔刀片切削土量，防止出现超负荷现象；

二、扩底直径应符合设计要求，经清底扫膛，孔底的虚土厚度应符合第4.7.3条的规定。

第 4.5.23 条 在扩底过程中，如遇地下水或塌孔等情况时，应会同有关单位研究处理。

第 4.5.24 条 浇筑混凝土时，第一次应浇到扩底部位的顶面，随即振捣密实。浇筑桩身部分的混凝土同第4.5.21条规定。

第 4.5.25 条 采用机动洛阳铲成孔时，可按照第4.5.19和4.5.20条的规定执行。

（Ⅳ）套管成孔的灌注桩

第 4.5.26 条 采用套管成孔的灌注桩，必须制订防止缩孔和断桩等措施。

第 4.5.27 条 套管成孔可采用预制钢筋混凝土桩尖或活瓣桩尖。预制桩尖的混凝土标号不得低于300号。活瓣桩尖应有足够强度和刚度，活瓣之间的缝隙应紧密。桩管下端与预制桩尖接触处，应垫置缓冲材料，桩尖中心应与桩管中心线重合。

第 4.5.28 条 打（振）桩管时，如遇桩尖损坏或地下障碍物时，应及时将桩管拔出，待处理后，方可继续施工。

第 4.5.29 条 浇筑混凝土和拔管时应保证混凝土质量，在测得混凝土确已流出桩管后，方能继续拔管。桩管内应保持不少于2米高度的混凝土。拔管速度：锤击沉管时应为0.8～1.2米/分钟；振动沉管时，对用预制桩尖者，不宜大于4米/分钟，用活瓣桩尖者，不宜大于2.5米/分钟。

振动沉管灌注桩一般宜采用单打法，每次拔管高度应控制在50～100厘米；采用反插法时，反插深度不宜大于活瓣桩尖长度的2/3。

第 4.5.30 条 锤击沉管扩大灌注桩施工时，应符合下列规定：

一、桩管每次打入时，中心线应重合；

二、第一次灌注的混凝土应接近自然地面标高；

三、复打前，应把桩管外壁的污泥清除；

四、必须在第一次灌注的混凝土初凝前完成复打工作。扩大桩以扩大一次为宜。

第 4.5.31 条 套管成孔的灌注桩施工时，应参照附表5.27做好记录，并应随时观测桩顶和地面有无隆起及水平位移，必要时，应及时采取措施处理。

（Ⅴ）爆扩成孔的灌注桩

第 4.5.32 条 爆扩桩的成孔机具和方法，可根据土层情况，按表4.5.32选用。

爆扩桩成孔方法　　表 4.5.32

项次	项　目	适用范围	备　注
1	人工成孔： 洛阳铲或手摇钻	粘性土	用于缺乏电源及场地不平整地区
2	机钻成孔： 螺旋钻机等	粘性土	可作斜桩
3	打拔管成孔： 打桩机	各类土	适用于大面积施工
4	爆扩成孔： 用铲或钢钎打孔，放入炸药爆扩成孔	没有地下水的粘性土	可作斜桩

第 4.5.33 条 桩孔的底部，应达到设计扩大头的中心标高。

第 4.5.34 条 扩大头的爆扩，宜采用硝铵炸药和电雷管进行。同一工程中宜采用同一种类的炸药和雷管。

第 4.5.35 条 药包制作应符合下列规定：

一、炸药用量应由现场试爆试验确定；

二、每个药包应放 2 个电雷管，用并联法与引爆线路连接；

三、引爆线路应采用绝缘及防潮性能良好的导线；

四、药包应制成近似球体，并能防水，一般可用塑料薄膜等包装。

第 4.5.36 条 施工前，应在现场做爆扩成型试验，在每一种土层中试爆的数量不应少于 2 个。通过试爆检验扩大头的尺寸是否符合设计要求。试爆时用药量可按表4.5.36选用。施工时，应按试爆资料调整用药量。

爆扩桩用药量　　表 4.5.36

项次	项　目	用药量（千克）
	扩大头直径(米)：	
1	0.6	0.30～0.45
2	0.7	0.45～0.60
3	0.8	0.60～0.75
4	0.9	0.75～0.90
5	1.0	0.90～1.10
6	1.1	1.10～1.30
7	1.2	1.30～1.50

注：①表内数值适用于地面以下深度3.5～9.0米的粘性土，土质松软时采用较小值，坚硬时采用较大值；

②在地面以下 2～3 米的土层中爆扩时，用药量应按表 4.5.36 减少20％～30％；

③在砂土中爆扩时用药量应按表4.5.36增加10％。

第 4.5.37 条 桩距不宜小于扩大头直径的1.5倍，否则应同时引爆。桩距等于或大于1.5倍时，可逐个引爆。

第 4.5.38 条 引爆时，必须符合下列规定：

一、距爆扩桩位15米的范围内应做好危险警戒，不得有人员停留或穿行；

二、经专职人员发出装药信号后，爆破人员方可安装药包，药包应放置在桩孔底面中心，在药包上填砂和检验引爆线路完好后，再浇填混凝土，其数量不宜超过估计扩大头的50%；

三、经专职人员检查现场安全无误后，方可发出引爆信号。

第 4.5.39 条 对于瞎炮，应由专职人员检查，并设法诱爆，或采取措施破坏药包。

第 4.5.40 条 因瞎炮未制成的桩，应会同有关单位研究处理。

第 4.5.41 条 爆扩桩的混凝土标号不宜低于150号，骨料粒径不宜大于25毫米。引爆前浇筑混凝土的坍落度：在粘性土中宜为10～12厘米；在砂土中及人工填土中宜为12～14厘米，引爆后浇筑的混凝土宜为8～12厘米。

第 4.5.42 条 从爆破前浇筑混凝土开始至引爆时的间隙时间，不宜超过30分钟。引爆后应连续浇筑混凝土。

第六节 木　　桩

第 4.6.1 条 木桩的材质应良好，其单面弯曲度不得大于0.1%。

第 4.6.2 条 用于水质有侵蚀性地区的木桩，其木材品种和防腐处理方法，应按设计要求执行。

第 4.6.3 条 木桩的顶部应垂直于桩中心线锯平，并按桩帽和桩箍加工。土层中有坚硬的夹杂物时，桩的下端应安装铁桩尖。

第 4.6.4 条 木桩制作的偏差，应符合表4.6.4的规定。

木桩制作的允许偏差　　表 4.6.4

项　次	项　　目	允　许　偏　差
1	木桩的梢径	－20毫米
2	桩身弯曲的矢高	0.3%桩长

第 4.6.5 条 接长木桩时，应符合下列规定：

一、桩打入后，桩的接头在地面下的深度不得小于2米；

二、相邻桩接头的高差，不得小于0.75米；

三、每根桩以一个接头为宜，接头处宜根径对根径。

注：接长的木桩，不得用振动打桩机下沉。

第七节 工 程 验 收

第 4.7.1 条 桩基工程的验收，除应按设计要求和本章有关的规定执行外，尚应符合下列规定：

一、当桩顶设计标高与施工场地标高相同时，桩基工程的验收应待打桩完毕后进行；

二、当桩顶设计标高低于施工场地标高需送桩时，在每一根桩的桩顶打至场地标高（单根灌注桩施工完毕），应进行中间验收，待全部桩打完，并开挖到设计标高后，应再作检验。

第 4.7.2 条 打桩完毕后的偏差，应符合表4.7.2的规定。

第 4.7.3 条 灌注桩的沉渣厚度、位置和垂直度的偏差应符合下列规定：

一、当桩以摩擦力为主时，沉渣允许厚度不得大于300毫米；桩以端承力为主时不得大于100毫米。

预制桩（钢管桩、木桩）位置的允许偏差　　表 4.7.2

项次	项　　目	允许偏差
1	上面盖有基础梁的桩： （1）垂直基础梁的中心线 （2）沿基础梁的中心线	 100毫米 150毫米
2	桩数为1～2根或单排桩基中的桩	100毫米
3	桩数为3～20根桩基中的桩	1/2桩径或边长
4	桩数大于20根桩基中的桩： （1）最外边的桩 （2）中间的桩	 1/2桩径或边长 一个桩径或边长

注：由于地质、降水、基坑开挖和送桩深度超过2米等原因产生的位移，不包括在本表内。

灌注桩的平面位置和垂直度的允许偏差　　表 4.7.3

项次	项　　目	允许偏差：位置：1～2根、单排桩基垂直于中心线和群桩基础的边桩	允许偏差：位置：条形桩基沿顺中心线方向和群桩基础的中间桩	允许偏差：垂直度
1	护壁成孔灌注桩、干成孔灌注桩、爆扩成孔灌注桩	1/6桩径	1/4桩径	1%
2	沉管成孔灌注桩： ①桩数为1～2根或单排桩基中的桩 ②桩数为3～20根的桩基中的桩 ③桩数为大于20根的桩基中的桩 最外边的桩 中间的桩	 7厘米 1/2桩径 1/2桩径 一个桩径		1%

套管成孔的灌注桩不得有沉渣；

二、灌注桩的平面位置及垂直度与设计位置的偏差不得超过表4.7.3的规定；

第 4.7.4 条　按标高控制的预制桩，桩顶的允许偏差：－50～＋100毫米。

第 4.7.5 条　斜桩倾斜度的偏差，不得大于倾斜角正切值的15％。

注：倾斜角系指桩纵向中心线与铅垂线间的夹角。

第 4.7.6 条　打入的板桩的平面位置和垂直度的偏差应符合表4.7.6的规定：

板桩的位置和垂直度的允许偏差　　表 4.7.6

项次	项　　目	允许偏差：位置	允许偏差：垂直度
1	钢筋混凝土板桩	100毫米	1%
2	陆上施工的钢板桩	100毫米	1%

注：钢筋混凝土板桩间的缝隙：用于防渗时，不得大于20毫米；用于挡土时，不得大于25毫米。

第 4.7.7 条　桩基工程验收时，应提交下列资料：

一、桩位测量放线图；

二、工程地质勘察报告；

三、材料试验记录；

四、桩的制作和打入记录；

五、桩位的竣工平面图（基坑开挖至设计标高的桩位图）；

六、桩的静载荷和动载荷试验的资料和确定桩贯入度的记录。

第五章　地下连续墙

第一节　一 般 规 定

第 5.1.1 条　本章适用于在粘性土、砂土以及冲填土等软土层中，采用抓斗式及回转钻头式挖槽机械成槽，以泥浆护壁的现浇混凝土或钢筋混凝土地下连续墙（简称地下墙，下同）的施工及验收。

注：采用冲击钻法成槽的地下墙，可按《水利水电工程混凝土防渗墙施工技术规范》（SDJ82—79）执行。

第 5.1.2 条　地下墙的施工除必须符合本规范第1.0.2和1.0.3条规定外，尚应具有沿地下墙中心线设计深度范围内的地下障碍物资料，以及槽段开挖时废浆处理的措施。

第二节　墙 体 施 工

（Ⅰ）导　墙

第 5.2.1 条　槽段开挖前，应沿地下墙墙面线两侧构筑导墙。导墙一般可采用现浇、预制混凝土或钢筋混凝土及其他材料构筑。

导墙深度一般为1～2米，顶面应高于施工地面。

第 5.2.2 条　现浇的混凝土或钢筋混凝土导墙宜筑于密实的粘性土地基上，遇有特殊情况必须妥善处理。导墙背侧需回填时，应用粘性土并夯实，不得漏浆。

预制的钢筋混凝土导墙安装时，必须保证接头连接质量。

第 5.2.3 条　现浇的混凝土或钢筋混凝土导墙，拆模后应立即在墙间加设支撑。混凝土养护期间，起重机等重型设备不应在导墙附近作业或停置，以防导墙开裂和位移。

第 5.2.4 条　导墙内墙面应垂直，内外导墙墙面间距应为地下墙设计厚度加施工余量，一般为40～60毫米。墙面与纵轴线距离的允许偏差为±10毫米；内外导墙间距允许偏差为±5毫米。导墙顶面应保持水平。

（Ⅱ）槽 段 开 挖

第 5.2.5 条　挖槽机械应根据现场工程地质条件、施工环境、地下墙的结构尺寸及质量要求等选用。

第 5.2.6 条　挖槽前，应预先将地下墙划分为若干个单元槽段，其长度一般为4～6米。每个单元槽段可由若干个开挖段组成。

第 5.2.7 条　地下墙挖槽的槽壁及接头均应保持垂直。垂直度偏差应符合设计要求。

接头处相邻两槽段的挖槽中心线，在任一深度的偏差值，不得大于墙厚的1/3。

第 5.2.8 条　挖槽时应加强观测，如槽壁发生较严重局部坍塌时，应及时回填并妥善处理。

第 5.2.9 条　槽段开挖结束后，应检查槽位、槽深、槽宽及槽壁垂直度等，合格后方可进行清槽换浆。

挖槽施工应参照附表5.28做好记录。

第 5.2.10 条　清理槽底和置换泥浆结束1小时后，应符合下列规定：

一、槽底（设计标高）以上200毫米处的泥浆比重应不大于1.20；

二、沉淀物淤积厚度不应大于200毫米。

（Ⅲ）泥　浆

第 5.2.11 条　拌制泥浆，宜选用膨润土，使用前应取样进行泥浆配合比试验。

如采用其他粘土时，应进行物理、化学分析和矿物鉴定，其粘粒含量应大于50％、塑性指数大于20、含砂量小于5％、二氧化硅与三氧化二铝含量的比值宜为3～4。

第 5.2.12 条　泥浆拌制和使用时必须检验，不合格应及时处理。泥浆的性能指标应通过试验确定。在一般软土层成槽时，可按表5.2.12采用。泥浆质量检查应参照附表5.29做好记录。

泥浆的性能指标　　**表 5.2.12**

项次	项目		性能指标	检验方法
1	比重		1.05～1.25	泥浆比重秤
2	粘度		18～25秒	500cc/700cc漏斗法
3	含砂量		＜4％	
4	胶体率		＞98％	量杯法
5	失水量		＜30毫升/30分钟	失水量仪
6	泥皮厚度		1～3毫米/30分钟	失水量仪
7	静切力	1分钟 10分钟	20～30 50～100 毫克/平方厘米	静切力计
8	稳定性		≤0.02克/立方厘米	
9	pH值		7～9	pH试纸

第 5.2.13 条　在施工期间，槽内泥浆面必须高于地下水位0.5米以上，亦不应低于导墙顶面0.3米。施工场地应设置集水井和排水沟，防止地表水流入槽内破坏泥浆性能。如地下水含盐或泥浆受到化学污染时，应采取措施保证泥浆质量。

第 5.2.14 条　泥浆应存放24小时以上或加分散剂，使膨润土或粘土充分水化后方可使用。

第 5.2.15 条　泥浆回收，可采用振动筛、旋流器、沉淀池或其他方法净化处理后重复使用。

废弃泥浆应按有关规定处理。

第 5.2.16 条　在容易产生泥浆渗漏的土层施工时，应适当提高泥浆粘度和增加储备量，并备堵漏材料。如发生泥浆渗漏，应及时补浆和堵漏，使槽内泥浆保持正常液面。

（Ⅳ）钢筋笼制作及安装

第 5.2.17 条　钢筋笼的尺寸应根据单元槽段、接头形式及现场起重能力等确定，并应在制作台上成型和预留插放混凝土导管的位置。

分节制作的钢筋笼，应在制作台上预先进行试装配。接头处纵向钢筋的预留搭接长度应符合设计要求。

第 5.2.18 条　为保证钢筋的保护层厚度和钢筋笼在吊运过程中具有足够的刚度，可采用保护层垫件、纵向钢筋桁架及主筋平面的斜向拉条等措施。

第 5.2.19 条　钢筋笼应在清槽换浆合格后立即安装，在运输及入槽过程中，不应产生不可恢复的变形，不得强行入槽。浇筑混凝土时，钢筋笼不得上浮。钢筋笼的吊点设置、起吊及固定的方式应符合设计和施工要求。

（Ⅴ）混凝土浇筑和接缝处理

第 5.2.20 条　混凝土的配合比应按设计要求，通过试验确定，水灰比不应大于0.6；水泥用量不宜少于370千克/立方米；坍落度宜为18～20厘米；扩散度宜为34～38厘米。

第 5.2.21 条 配制混凝土的骨料宜选用中、粗砂及粒径不大于40毫米的卵石或碎石。水泥宜采用普通硅酸盐水泥或矿渣硅酸盐水泥。并可根据需要掺外加剂。

第 5.2.22 条 接头管（箱）和钢筋笼就位后，应检查沉淀物厚度并在 4 小时以内浇筑混凝土，超过时应重新清底。浇筑混凝土应采用导管法，槽内混凝土面上升速度不应小于2米/小时；导管埋入混凝土内的深度不得小于1.5米，亦不宜大于 6 米。

在浇筑过程中，应采取防止污染泥浆的措施。

第 5.2.23 条 在单元槽段内，同时使用两根以上导管浇筑时，其间距一般不应大于 3 米。导管距槽段端部不宜大于1.5米，各导管处的混凝土表面的高差不宜大于0.3米。

第 5.2.24 条 凿去浮浆层后的墙顶标高，应符合设计要求。浇筑混凝土时，顶面宜高于设计标高300～500毫米。

第 5.2.25 条 各单元槽段之间所选用的接头方式，应符合设计要求。接头管（箱）应能承受混凝土的压力，并应避免混凝土绕过接头管（箱）进入另一个槽段。

第 5.2.26 条 清刷接头面，应在换浆前进行。浇筑混凝土时，应经常转动及提动接头管。拔管时，不得损坏接头处的混凝土。

第 5.2.27 条 浇筑混凝土应参照附表5.30做好记录。

第三节 工 程 验 收

第 5.3.1 条 地下墙工程应按下列项目进行中间（隐蔽工程）验收：

一、每一单元槽段的下列工序完成后，应进行检查并填写验收记录：

1.槽段开挖；

2.钢筋笼制作及安装；

3.清槽及换浆；

4.混凝土浇筑。

二、需要开挖一侧土方的地下墙，尚应在开挖后检查下列内容并填写验收记录：

1.墙面平整度和实测倾斜度；

2.混凝土质量；

3.槽段接缝质量（包括墙体夹泥和渗漏情况）。

第 5.3.2 条 地下墙的质量要求

一、墙面垂直度应符合设计要求；

二、墙顶中心线的允许偏差为±30毫米；

三、裸露墙面应平整，局部突起部分的允许值，由设计、施工单位研究确定，在均匀的粘性土层中不宜大于100毫米；

四、混凝土的抗压、抗渗标号及弹性模量应符合设计要求。

第 5.3.3 条 竣工验收时，应提交下列资料：

一、工程竣工图（包括开挖后墙面实际位置和形状图）；

二、单元槽段中间验收记录；

三、设计变更及材料代用通知单；

四、混凝土试块的试验报告；

五、钢筋焊接接头的试验报告；

六、工程质量事故的处理资料等。

第六章　沉井和沉箱

第一节　一　般　规　定

第 6.1.1 条　沉井、沉箱工程的地质勘察资料，除应符合第1.0.2条的规定外，尚应符合下列规定：

一、面积在200平方米以下的沉井、沉箱，不得少于一个钻孔；

二、面积在200平方米以上的沉井、沉箱，应在四角(圆形为相互垂直两直径与圆周的交点)附近各取一个钻孔；

三、沉井、沉箱面积较大或地质条件复杂时，应根据具体情况增加钻孔数。

每座沉井、沉箱至少应有一个钻孔提供土的各项物理力学指标，其余钻孔应能鉴别土层变化情况。

第 6.1.2 条　沉井、沉箱刃脚的形状和构造，应与下沉处的土质条件相适应。

在软土层下沉的沉井，为防止突然下沉或减少突然下沉的幅度，其底部结构应符合下列规定：

一、沉井平面布置应分孔（格），圆形沉井亦应设置底梁予以分格。每孔（格）的净空面积可根据地质和施工条件确定；

二、隔墙及底梁应具有足够的强度和刚度；

三、隔墙及底梁的底面，宜高于刃脚踏面0.5～1.0米；

四、刃脚踏面宜适当加宽，斜面水平倾角不宜大于60°。

第 6.1.3 条　在沉井、沉箱周围土的破坏棱体范围内有永久性建筑物时，应会同有关单位研究并采取确保安全和质量的措施后，方可施工。

第 6.1.4 条　在原有建筑物附近下沉沉井、沉箱时，应经常对原有建筑物进行沉降观测，必要时应采取相应的安全措施。

第 6.1.5 条　在沉井、沉箱周围布置起重机、管路和其他重型设备时，应考虑地面的可能沉陷，并采取相应措施。

第 6.1.6 条　制作沉井、沉箱的场地应预先清理整平。土质松软或软硬不均匀的表面层，应予更换或加固处理。

第 6.1.7 条　制作沉井、沉箱的施工场地和水中筑岛的地面标高，应比从制作至开始下沉期间内其周围水域最高水位（加浪高）高0.5米以上。在基坑中制作时，基坑底面应比从制作至开始下沉期间内的最高地下水位高0.5米以上，并应防止积水。

第 6.1.8 条　制作和下沉沉井、沉箱的水中筑岛四周应设有护道，其宽度，有围堰时不得小于1.5米；无围堰时不得小于 2 米。岛侧边坡应稳定，并符合抗冲刷的要求。

第 6.1.9 条　水中筑岛应采用透水性好和易于压实的砂或其他材料填筑，不得采用粘性土。冬期筑岛时，应清除冰冻层，不得用冻土填筑。

第 6.1.10 条　采用无承垫木方法制作沉井时，应通过计算确定，如在均匀土层上，可采用铺筑一层与井壁宽度相适应的混凝土代替承垫木和砂垫层，或采用土模以及其他方式制作沉井的刃脚部分。

第 6.1.11 条　采用土模应符合下列规定：

一、填筑土模宜用粘性土。如用砂填筑，应采取措施保证其坡面。如地下水位低、土质较好时，可开挖成型；

二、土模及土模下地基的承载力应符合要求；

三、应保证沉井的设计尺寸；

四、有良好的防水、排水措施；

五、浇水养护混凝土时，应防止土模产生不均匀沉陷。

第 6.1.12 条 当采用承垫木方法制作沉井、沉箱时，砂垫层铺筑厚度应根据扩散沉井、沉箱重量的要求由计算确定，并应便于抽出承垫木。

第 6.1.13 条 沉井、沉箱刃脚下承垫木的数量、尺寸及间距应由计算确定。垫木之间，应用砂填实。

第 6.1.14 条 分节下沉的沉井接高前，应进行稳定性计算。如不符合要求，可根据计算结果采取井内留土、灌水、填砂（土）等措施，确保沉井稳定。

第二节 沉 井

（Ⅰ）制 作

第 6.2.1 条 沉井制作应在场地和中轴线验收以后进行。

第 6.2.2 条 沉井接高的各节竖向中心线应与前一节的中心线重合或平行。沉井外壁应平滑，如用砖砌筑，应在外壁表面抹一层水泥砂浆。

第 6.2.3 条 沉井分节制作的高度，应保证其稳定性并能使其顺利下沉。如采用分节制作一次下沉的方法时，制作总高度不宜超过沉井短边或直径的长度，亦不应超过12米；总高度超过时，必须有可靠的计算依据和采取确保稳定的措施。

第 6.2.4 条 分节制作的沉井，在第一节混凝土达到设计强度的70%后，方可浇筑其上一节混凝土。

第 6.2.5 条 沉井浇筑混凝土时，应对称和均匀地进行。如采用土模时必须按上述规定执行。

第 6.2.6 条 沉井有抗渗要求时，在抽承垫木之前，应对封底及底板接缝部位凿毛处理。井体上的各类穿墙管件及固定模板的对穿螺栓等应采取抗渗措施。

第 6.2.7 条 冬期制作沉井时，第一节混凝土或砌筑砂浆未达到设计强度、其余各节未达到设计强度的70%前，不应受冻。

（Ⅱ）浮 运

第 6.2.8 条 本节的浮运规定，适用于装有临时防水底板的沉井。

注：其它浮式沉井的浮运，可按铁路、公路有关规范的规定执行。

第 6.2.9 条 浮运前，必须对沉井的浮运、就位和落床时的稳定性进行计算。并应根据现场条件采用滑道、起吊或自浮等方式，在混凝土达到设计规定的强度后下（入）水。

第 6.2.10 条 浮运沉井所经水域应探明确无水下障碍（礁石、沉船等），并有足够的水深，同时应根据具体情况考虑水流速度的影响，在确保安全的条件下方可浮运。

第 6.2.11 条 沉井浮运前，应与航运、气象和水文等部门联系，确定浮运和沉放时间。

沉放时，为避免船只和排筏等冲撞，应在沉放地点的上游和周围设立明显标志或用驳船及其他漂浮设备防护，并应组织船只值班。

第 6.2.12 条 沉放处应有能满足承载和稳定要求的水下基床。当基床坡度大于3%时，应预先整平，其范围应较沉井外壁尺寸放宽2米。

第 6.2.13 条 浮运的沉井和防水围壁的实际重量与计算重量不符时，应在采取措施后浮运。防水围壁露出水面的高度，在浮运及沉放的任何时间内，均不得小于1米。

第 6.2.14 条 应保证浮运沉井临时底板的防水质量和易于拆除。浮运及定位过程中应备有2台以上的水泵，以便排水或灌水。

第 6.2.15 条 浮运的沉井应以多方向缆绳、锚链或导向架控制沉放位置。布置锚碇、锚缆时，应考虑河流的通航要求。

沉井初步定位时，应偏向上游适当距离，以免水下基床或河床受到强烈冲刷。沉放至水下基床后，其平面位置偏差应符合设计要求，如设计无要求时，不得超过250毫米。

沉放至基（河）床后，应注意沉井上下游基（河）床冲刷情况，必要时应采取措施，保证沉井正确位置。

第 6.2.16 条 浮运的沉井沉放至水下基床后，其下沉和封底，应按陆上沉井的有关规定执行。

接高时，应根据其结构、土质、水文等条件验算稳定性，在达到确保稳定的入土深度后，方可进行。

（Ⅲ）下　沉

第 6.2.17 条 编制沉井工程施工组织设计时，应进行分阶段下沉系数的计算，作为确定下沉施工方法和采取技术措施的依据。

第 6.2.18 条 抽出承垫木，应在井壁混凝土达到设计强度以后，分区、依次、对称、同步地进行。每次抽去垫木后，刃脚下应立即用砂或砾砂填实。定位支点处的垫木，应最后同时抽出。

第 6.2.19 条 沉井第一节的混凝土或砌筑砂浆，达到设计强度以后，其余各节达到设计强度的70%后，方可下沉。

第 6.2.20 条 挖土下沉时，应分层、均匀、对称地进行，使其能均匀竖直下沉，不得有过大的倾斜。一般情况，不应从刃脚踏面下挖土。如沉井的下沉系数较大时，应先挖锅底中间部分，沿沉井刃脚周围保留土堤，使沉井挤土下沉；如沉井的下沉系数较小时，应采取其他措施，使沉井不断下沉，中间不应有较长时间的停歇，亦不得将锅底开挖过深。

第 6.2.21 条 由数个井孔组成的沉井，为使其下沉均匀，挖土时各井孔土面高差不应超过1米。

第 6.2.22 条 在软土层中以排水法下沉沉井，当沉至距设计标高2米时，对下沉与挖土情况应加强观测，如沉井尚不断自沉时，则应向井内灌水，改用不排水法施工，或采取其他使沉井稳定的措施。

第 6.2.23 条 当决定沉井由不排水改为排水施工或抽除井内的灌水时，必须经过核算后慎重进行。

第 6.2.24 条 对于下沉系数小的沉井，可根据情况分别采用泥浆润滑套或其他减阻措施进行下沉。

注：采用空气幕法下沉时，可按铁路、公路有关规范的规定执行。

第 6.2.25 条 采用泥浆润滑套减阻下沉的沉井，应设置套井，顶面宜高出地面300～500毫米，其外围应回填粘土井分层夯实。沉井外壁应设置台阶形泥浆槽，宽度宜为100～200毫米，距刃脚踏面的高度宜大于3米。

第 6.2.26 条 为确保正常供应泥浆，输送管宜预埋在井壁内或安设在井内。

第 6.2.27 条 沉井下沉时，槽内应充满泥浆，其液面应接近自然地面，并储备一定数量泥浆，以供下沉时及时补浆。

第 6.2.28 条 采用泥浆润滑套的沉井，下沉至设计标高后，泥浆套应按设计要求处理。

第 6.2.29 条 泥浆的性能指标可按表5.2.12选用。

第 6.2.30 条 沉井下沉过程中，每班至少测量两次，如有倾斜、位移应及时纠正，并参照附表5.31做好记录。

（Ⅳ）封　底

第 6.2.31 条 沉井下沉至设计标高，应进行沉降观测，在8小时内下沉量不大于10毫米时，方可封底。

第 6.2.32 条 干封底时，应符合下列规定：

一、沉井基底土面应全部挖至设计标高；

二、井内积水应尽量排干；

三、混凝土凿毛处应洗刷干净；

四、浇筑时，应防止沉井不均匀下沉，在软土层中封底宜分格对称进行；

五、在封底和底板混凝土未达到设计强度以前，应从封底以下的集水井中不间断地抽水。停止抽水时，应考虑沉井的抗浮稳定性，并采取相应的措施。

第 6.2.33 条 采用导管法进行水下混凝土封底，应符合下列规定：

一、基底为软土层时，应尽可能将井底浮泥清除干净，并铺碎石垫层；

二、基底为岩基时，岩面处沉积物及风化岩碎块等应尽量清除干净；

三、混凝土凿毛处应洗刷干净；

四、水下封底混凝土应在沉井全部底面积上连续浇筑。当井内有间隔墙、底梁或混凝土供应量受到限制时，应预先隔断分格浇筑；

五、导管应采用直径为200～300毫米的钢管制作，内壁表面应光滑并有足够的强度和刚度。管段的接头应密封良好和便于装拆。每根导管上端应装有数节1米的短管；

六、导管的数量由计算确定，布置时应使各导管的浇筑面积相互覆盖，导管的有效作用半径一般可取3～4米；

七、水下混凝土面平均上升速度不应小于0.25米/小时，坡度不应大于1:5；

八、浇筑前，导管中应设置球、塞等隔水；浇筑时，导管插入混凝土的深度不宜小于1米；

九、水下混凝土达到设计强度后，方可从井内抽水，如提前抽水，必须采取确保质量和安全的措施。

第 6.2.34 条 配制水下封底用的混凝土，应符合下列规定：

一、配合比应根据试验确定，在选择施工配合比时，混凝土的试配强度应比设计强度提高10～15%；

二、水灰比不宜大于0.6；

三、有良好的和易性，在规定的浇筑期间内，坍落度应为16～22厘米；在灌筑初期，为使导管下端形成混凝土堆，坍落度宜为14～16厘米；

四、水泥用量一般为350～400千克/立方米；

五、粗骨料可选用卵石或碎石，粒径以5～40毫米为宜；

六、细骨料宜采用中、粗砂，砂率一般为45～50%；

七、可根据需要掺用外加剂。

第三节 沉 箱

第 6.3.1 条 沉箱工程施工除应符合本节的规定外，尚应按沉井有关条文和气压沉箱安全技术的有关规定执行。

第 6.3.2 条 气闸、升降筒、贮气罐等承压设备应按有关规定检验合格后，方可使用。

第 6.3.3 条 沉箱上部箱壁的模板和支撑系统，不得支撑在升降筒和气闸上。

第 6.3.4 条 沉放到水下基床的沉箱，应校核中心线，其平面位置和压载经核算符合要求后，方可排出作业室内的水。

第 6.3.5 条 沉箱施工应有备用电源。压缩空气站应有不少于工作台数1/3的备用空气压缩机，其供气量不应小于使用中最大一台的供气量。

第 6.3.6 条 沉箱开始下沉至填筑作业室完毕，应用两根或两根以上输气管不断地向沉箱作业室供给压缩空气，供气管路应装有逆止阀，以保证安全和正常施工。

第 6.3.7 条 沉箱下沉时，作业室内应设置枕木垛或采取其他安全措施。在下沉过程中，作业室内土面距顶板的高度不得小于1.8米。

第 6.3.8 条 如沉箱自重小于下沉阻力，采取降压强制下沉时，必须符合下列规定：

一、强制下沉前，沉箱内所有人员均应出闸；

二、强制下沉时，沉箱内压力的降低值，不得超过其原有工作压力的50%，每次强制下沉量，不得超过0.5米。

第 6.3.9 条 在沉箱内爆破时，炮孔位置、深度和药量应经过计算，不得破坏沉箱结构。

在刃脚下爆破时，宜分段进行，并应先保留沉箱定位支点下的岩层作支垫。

第 6.3.10 条 爆破后，应开放排气阀，同时增大进气量，迅速排出有害气体。经检验当有害气体含量符合有关规定后，方可由专门人员进人作业室检查爆破效果。如有瞎炮，须经处理后，方可继续施工。

第 6.3.11 条 沉箱下沉到设计标高后，应按要求填筑作业室，并采取压浆方法填实顶板与填筑物之间的缝隙。

第 6.3.12 条 沉箱下沉过程中，应参照附表5.32做好记录。

第四节 工 程 验 收

第 6.4.1 条 对下列各分项工程，应进行中间验收并填写隐蔽工程验收记录：

一、沉井、沉箱的制作场地和筑岛；

二、浮运的沉井、沉箱水下基床；

三、沉井、沉箱（每节）应在下沉或浮运前进行中间验收；

四、沉井、沉箱下沉完毕后的位置、偏差和基底的验收应在封底前进行。用不排水法施工的沉井基底，可用触探及潜水检查，必要时可用钻孔方法检查。沉井、沉箱下沉完毕应参照附表5.33做好记录。

第 6.4.2 条 沉井、沉箱制作的允许偏差，不得超过表

沉井、沉箱制作的允许偏差　　表 6.4.2

项次	项　　目	允许偏差
1	平面尺寸 （1）长、宽 （2）曲线部分半径 （3）两对角线的差异	 ±0.5%；并不得大于100毫米 ±0.5%；并不得大于50毫米 1%对角线长
2	井、箱壁厚度 钢筋混凝土、混凝土、毛石混凝土、砌砖	±15毫米

6.4.2的规定。

第 6.4.3 条　沉井、沉箱下沉完毕后的允许偏差应符合下列规定：

一、刃脚平均标高与设计标高的偏差一般不得超过100毫米，在软土层其允许偏差值可根据使用条件和施工条件另行确定；

二、刃脚平面中心的水平位移，不得超过下沉总深度的1%；下沉总深度小于10米时，水平位移可为100毫米；

三、沉井、沉箱四角（圆形为相互垂直两直径与圆周的交点）中任何两角的刃脚底面高差，不得超过该两角间水平距离的1%，且最大不得超过300毫米。如两角间水平距离小于10米时，其刃脚底面高差可为100毫米。

注：（1）上述三款的允许偏差可同时存在。浮运沉井、沉箱的平面位置偏差可与第6.2.15条规定的允许偏差同时存在；
（2）下沉总深度，系指下沉前与下沉完毕后刃脚标高之差。

第 6.4.4 条　沉井、沉箱工程竣工验收时，应提交下列资料：

一、工程竣工图；

二、测量记录；

三、中间验收记录；

四、设计变更及材料代用通知单；

五、混凝土试块的试验报告；

六、钢筋焊接接头的试验报告；

七、工程质量事故的处理资料等。

附录一　轻便触探"检定锤击数"试验方法

一、打试验桩孔，孔深不宜小于2.4米。

二、从孔底起每60～90厘米为一层，以三种不同的下料速度，逐层回填夯实。

当夯实机的夯击频率和功能固定时，各层土的密实度随下料速度的不同而各异。

三、通过桩孔内夯填土轻便触探试验，求得每30厘米的锤击数N_{10}，一般同一层内的2～3个N_{10}值应相互接近，它们的平均值即为每层土的平均N_{10}值。

四、开剖试验桩孔时，沿夯填桩孔深度每隔10～15厘米取3～6个原状夯实土样，测定其干容重，并计算各层夯填土的平均干容重。

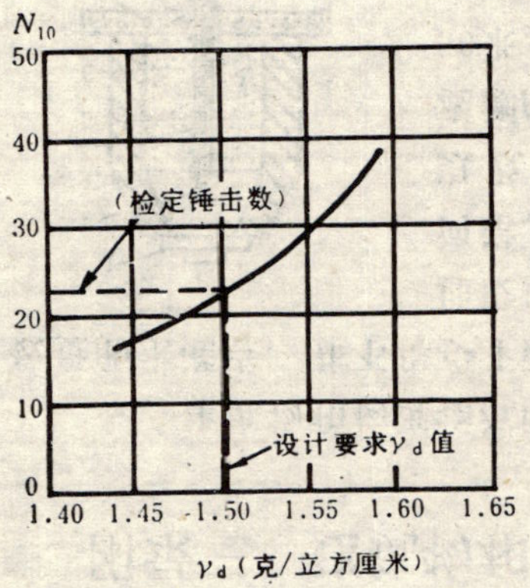

五、绘制夯填土的N_{10}～γ_d关系曲线，其中夯填土设计要求干容重所对应的锤击数，即为施工中用于检验夯填质量的最少锤击数——"检定锤击数"（如附图1.1）。

六、夯填所用的填料、施工机械和工艺，应与施工时采用的相同。

附图 1.1　N_{10}～γ_d关系曲线

附录二　硫磺胶泥的配合比和主要物理力学性能指标

一、硫磺胶泥的重量配合比

硫磺:水泥:砂:聚硫橡胶（44:11:44:1）

二、主要物理性能

1.热变性

硫磺胶泥的强度与温度的关系：在60℃以内强度无明显影响；120℃时变液态且随着温度的继续升高，由稠变稀；到140～145℃时，密度最大且和易性最好；170℃时开始沸腾；超过180℃开始焦化，且遇明火即燃烧。

2.容重：2.28～2.32克/立方厘米。

3.吸水率

硫磺胶泥的吸水率与胶泥制作质量、容重及试件表面的平整度有关，一般为0.12～0.24%。

4.弹性模量：5×10^5千克力/平方厘米。

5.耐酸性

在常温下能耐盐酸、硫酸、磷酸、40%以下的硝酸、25%以下的铬酸、中等浓度乳酸和醋酸。

三、主要力学性能

1.抗拉强度：40千克力/平方厘米。

2.抗压强度：400千克力/平方厘米。

3.抗折强度：100千克力/平方厘米。

4.握裹强度：与螺纹钢筋为110千克力/平方厘米；与螺纹孔混凝土为40千克力/平方厘米。

5.疲劳强度：参照混凝土的试验方法，当疲劳应力比值

ρ为0.38时，疲劳强度修正系数$\gamma_p>0.8$。

附录三　建筑物和构筑物沉降观测要点

一、建筑物和构筑物沉降观测的每一区域，必须有足够数量的水准点，并不得少于两个。水准点应考虑永久使用，埋设坚固（不应埋设在道路、仓库、河岸、新填土、将建设或堆料的地方，以及受震动影响的范围内），与被观测的建筑物和构筑物的间距为30～50米。水准点帽头宜用铜或不锈钢制成，如用普通钢代替，应注意防锈。水准点埋设须在基坑开挖前15天完成；

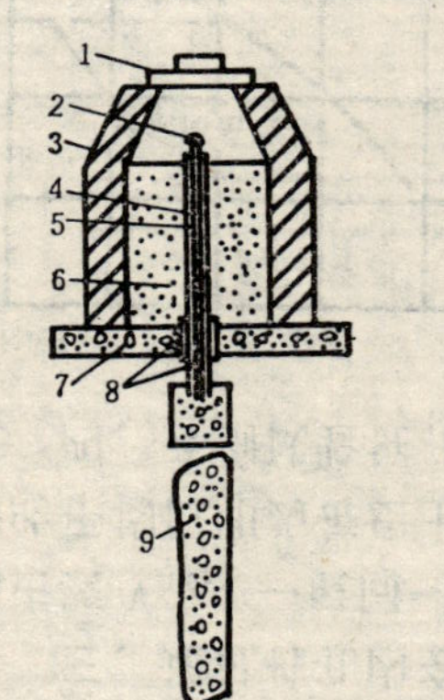

附图 3.1　深埋式水准基点构造示意图

1—生铁盖或混凝土盖；2—水准基点头部；3—保护井的壁；4—保护套管（铁管）；5—水准基点支承钢管；6—木屑或干炉渣；7—混凝土底板；8—油毛毡二层；9—灌注混凝土桩

二、水准基点可按实际要求，采用深埋式（参见附图3.1）和浅埋式（参见附图3.2）两种，但每一观测区域内，至少应设置一个深埋式水准点；

三、测定建筑物和构筑物下沉的观测点，可根据建筑物的特点采用各种不同的类型（参见附图3.3）；

四、观测点的布置，应按能全面地查明建筑物和构筑物基础沉降的要求，由设计单位根据地基的工程地质资料及建筑结构的特点确定；

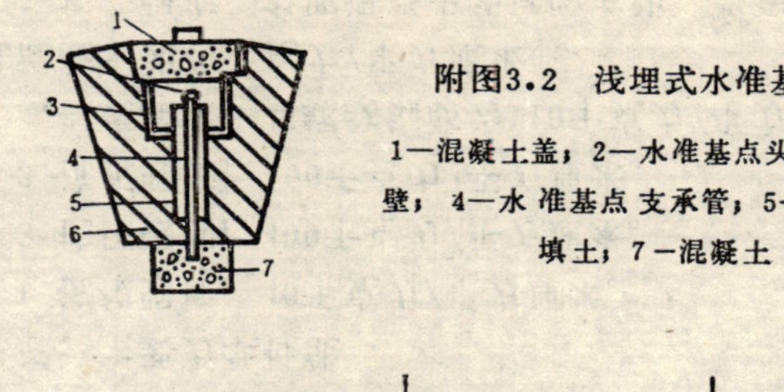

附图3.2　浅埋式水准基点

1—混凝土盖；2—水准基点头部；3—护壁；4—水准基点支承管；5—套管；6—填土；7—混凝土

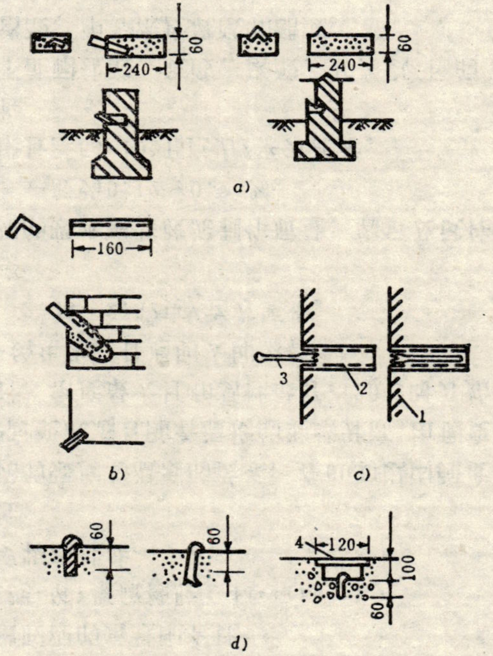

附图 3.3　各种观测点类型示意图（单位：毫米）

a）预制式观测点；*b*）现浇式观测点；*c*）隐蔽式观测点（伸入墙内）；*d*）平面上观测点

1—墙壁；2—螺纹；3—观测点（金属螺丝）；4—保护盖

五、砖墙承重的各观测点，一般可沿墙的长度每隔8～12米设置一个，并应设置在建筑物的转角处、纵墙和横墙的交接处及纵墙和横墙的中央，建筑物沉降缝的两侧也应设置观测点。当建筑物的宽度大于15米时，内墙也应在适当位置设观测点；

六、框架式结构的建筑物，应在每个柱基或部分柱基上安设观测点。具有浮筏基础或箱形基础的高层建筑，观测点应沿纵、横轴线和基础(或接近基础的结构部分)周边设置。新建与原有建筑物的连接处两边，都应设置观测点。烟囱、水塔、油罐及其他类似构筑物的观测点，应沿周边对称设置；

七、沉降观察宜采用精密水准仪及钢水准尺进行，在缺乏上述仪器时，也可采用精密的工程水准仪（带有符合水准器）和刻度精确的水准尺进行。观察时应使用固定的测量工具，人员宜固定。每次观察均需采用环形闭合方法或往返闭合方法当场进行检查。同一观察点的两次观测之差不得大于1毫米；

八、水准测量应采用闭合法进行：

1.采用二等水准测量应符合$\pm0.4\sqrt{n}$毫米的要求；

2.采用三等水准测量应符合$\pm1.0\sqrt{n}$毫米的要求；

注：n为水准测量过程中水准仪安设的次数。

九、沉降观测的次数和时间，应按设计要求，一般第一次观测应在观测点安设稳固后及时进行。民用建筑每加高一层应观测一次，工业建筑应在不同荷载阶段分别进行观测，整个施工时间的观测不得少于4次。建筑物和构筑物全部竣工后的观测次数：第一年4次，第二年2次，第三年后每年1次，至下沉稳定（由沉降与时间的关系曲线判定）为止。观测期限一般为：砂土地基二年，粘性土地基五年，软土地基十年。

当建筑物和构筑物突然发生大量沉降、不均匀沉降或严重的裂缝时，应立即进行逐日或几天一次的连续观测，同时应对裂缝进行观测；

十、建筑物的裂缝观测，应在裂缝上设置可靠的观测标志（如石膏条等），观测后应绘制详图，画出裂缝的位置、形状和尺寸，并注明日期和编号。必要时应对裂缝照相；

十一、沉降观测资料应及时整理和妥善保存，作为该工程技术档案的一部分，并应附有下列各项资料：

1.根据水准点测量得出的每个观测点高程和其逐次沉降量（参照沉降观测结果表填列）；

2.根据建筑物和构筑物的平面图绘制的观测点的位置图（参见附图3.4），根据沉降观测结果绘制的沉降量、地基

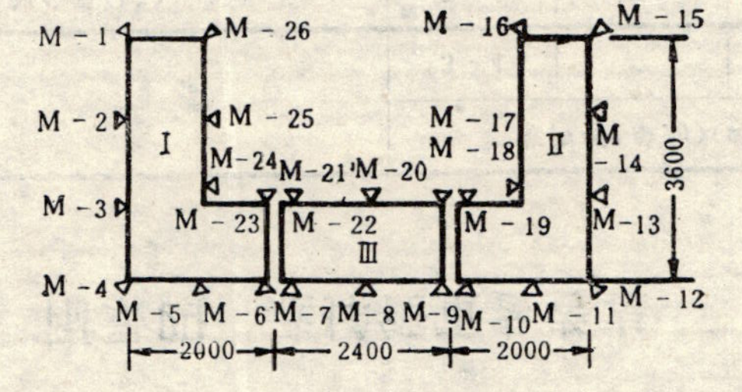

附图 3.4 观测点平面布置示意图

（单位：厘米）

荷载与延续时间三者的关系曲线图（参见附图3.5a）及沉降量分布曲线图（参见附图3.5b）；

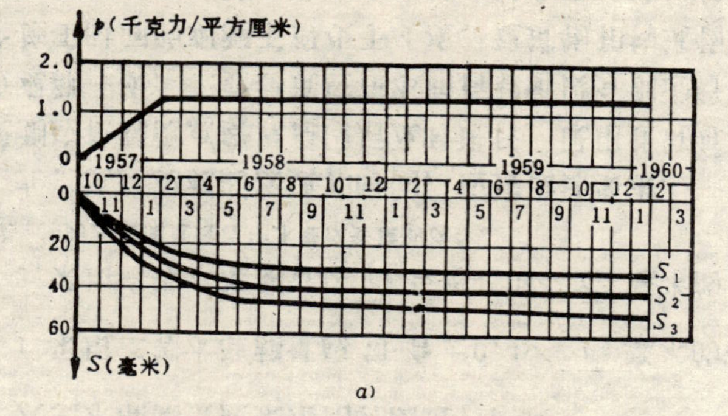

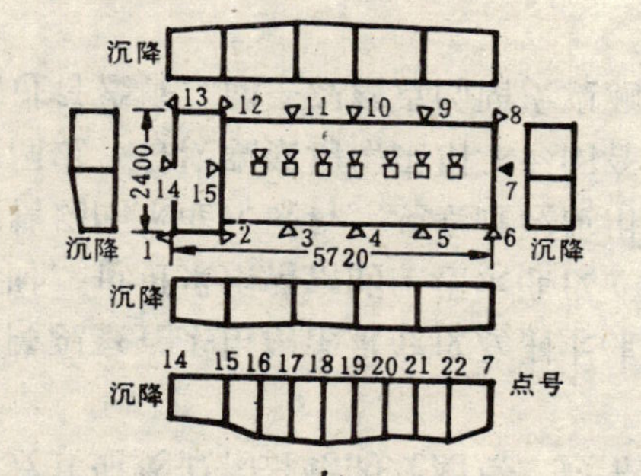

附图 3.5 沉降观测结果综合示意图

a)压力与沉降发展曲线图；b)沉降量分布曲线示意图（单位：厘米）。S_1—最小沉降量；S_2—平均沉降量；S_3—最大沉降量

3.计算出的建筑物和构筑物的平均沉降量、相对弯曲和相对倾斜值；

4.水准点的平面布置图和构造图，测量沉降的全部原始资料；

5.施工时建筑物和构筑物标高的水准测量记录及晴雨气象资料；

6.根据上述内容编写的沉降观测分析报告（其中应附有工程地质和工程设计的简要说明）。

附录四 选择锤重参考表

锤型			蒸汽锤（单动）（吨）		
			3～4	7	10
锤型资料	冲击部分重（吨）		3～4	5.5	9
	锤总重（吨）		3.5～4.5	6.7	11
锤冲击力（吨）			～230	～300	350～400
常用冲程（米）			0.6～0.8	0.5～0.7	0.4～0.6
适用的桩规格	预制方桩、管桩的边长或直径（厘米）		35～45	40～45	40～50
	钢管桩直径（厘米）				
粘性土	一般进入深度（米）		1～2	1.5～2.5	2～3
	桩尖可达到静力触探p_s平均值（千克力/平方厘米）		30	40	50
砂土	一般进入深度（米）		0.5～1	1～1.5	1.5～2
	桩尖可达到标准贯入击数N值		15～25	20～30	30～40
岩石（软质）	桩尖可进入深度（米）	强风化		0.5	0.5～1
		中等风化			表层
锤的常用控制贯入度（厘米/10击）			3～5		
设计单桩极限承载力（吨）			60～140	150～300	250～400

续表

锤型			柴油锤（吨）				
			1.8	2.5	3.2	4	7
锤型资料	冲击部分重（吨）		1.8	2.5	3.2	4.6	7.2
	锤总重（吨）		4.2	6.5	7.2	9.6	18
锤冲击力（吨）			～200	180～200	300～400	400～500	600~1000
常用冲程（米）			1.8～2.3				
适用的桩规格	预制方桩、管桩的边长或直径（厘米）		30～40	35～45	40～50	45～55	55～60
	钢管桩直径（厘米）		ϕ40			ϕ60	ϕ90
粘性土	一般进入深度（米）		1～2	1.5～2.5	2～3	2.5～3.5	3～5
	桩尖可达到静力触探P_s平均值（千克力/平方厘米）		30	40	50	＞50	＞50
砂土	一般进入深度（米）		0.5～1	0.5～1	1～2	1.5～2.5	2～3
	桩尖可达到标准贯入击数N值		15～25	20～30	30～40	40～45	50
岩石（软质）	桩尖可进入深度（米）	强风化		0.5	0.5～1	1～2	2～3
		中等风化			表层	0.51	1～2
锤的常用控制贯入度（厘米/10击）			2～3			3～5	4～8
设计单桩极限承载力（吨）			40～120	80～160	200～160	300～500	500~1000

注：1.适用于预制桩长度20～40米、钢管桩长度40～60米，且桩尖进入硬土层一定深度。不适用于桩尖处于软土层的情况。

2.标准贯入击数N值为未修正的数值。

3.本表仅供选锤参考，不能作为设计确定贯入度和承载力的依据。

附录五　施工记录表

附表5.1　井点施工记录

附表5.2　轻型井点降水记录

附表5.3　喷射井点降水记录

附表5.4　电渗井点降水记录

附表5.5　管井井点降水记录

附表5.6　深井井点降水记录

附表5.7　重锤夯实试夯记录

附表5.8　重锤夯实施工记录

附表5.9　强夯施工现场记录

附表5.10　强夯地基施工记录

附表5.11　土（灰土）挤密桩桩孔施工记录

附表5.12　土（灰土）挤密桩桩孔回填质量轻型触探记录

附表5.13　振冲地基施工记录

附表5.14　单管旋喷施工记录

附表5.15　二重管旋喷施工记录

附表5.16　三重管旋喷施工记录

附表5.17　压力单液、双液硅化地基施工记录

附表5.18　电动双液硅化地基施工记录

附表5.19　桩的动荷载试验记录

附表5.20　钢筋混凝土预制桩检查记录

附表5.21　钢筋混凝土预制桩施工记录

附表5.22　压桩施工记录
附表5.23　板桩施工记录
附表5.24　钢管桩施工记录
附表5.25　泥浆护壁成孔的灌注桩施工记录
附表5.26　干作业成孔的灌注桩施工记录
附表5.27　套管成孔的灌注桩施工记录
附表5.28　地下连续墙挖槽施工记录
附表5.29　地下连续墙护壁泥浆质量检查记录
附表5.30　地下连续墙混凝土浇筑记录
附表5.31　沉井下沉记录
附表5.32　沉箱工程施工记录
附表5.33　沉井、沉箱下沉完毕检查记录

井点施工记录　　附表 5.1

施工单位________　工程名称________
气　　候________　井点孔施工机具规格________
班 组 别______井点类别______施工日期______年____月____日

井点编号	冲孔起讫时间	井点孔		井点管		灌砂量	滤管长度	滤管底端标高	沉淀管长度	备注
		直径（毫米）	深度（米）	直径（毫米）	全长（米）	（千克）	（米）		（米）	

工程负责人：________　记录：________

轻型井点降水记录　　附表 5.2

施工单位________　工程名称________
班 组 别________　气　　候________
降水泵房编号________　机组类别及编号________
实际使用机组数量____台　井点数量：开____根，停____根
观测日期自____年____月____日____时至____年____月____日____时

观测时间		降水机组		地下水流量	观测孔水位读数（米）				记事	观测记录者
时	分	真空表读数（毫米汞柱）	压力表读数（千克力/平方厘米）	（立方米/小时）	1	2	3	…		

工程负责人：________

注：记事内容包括换工作水的时间、抽出地下水的含泥量、边坡稳定简要描述及井点系统运转情况等。

喷射井点降水记录　　附表 5.3

施工单位________　工程名称________
班 组 别________　气　　候________
降水泵房编号____机组编号：在运转____，在停止____，在修理____
井点数量：开____根，停____根。观测日期____年____月____日____时
至　年　月　日　时

观测时间		工作水压力	地下水流量	观测孔水位读数（米）				实际抽水的井点编号	记事	观测记录者
时	分	（千克力/平方厘米）	（立方米/小时）	1	2	3	…			

工程负责人：________

注：记事内容包括换工作水时间、工作水含泥量、真空度、基坑边坡稳定简要描述及井点系统运转情况等。

电渗井点降水记录

附表 5.4

施工单位＿＿＿＿＿＿＿＿　工程名称＿＿＿＿＿＿＿＿

班 组 别＿＿＿＿＿＿＿＿　气　　候＿＿＿＿＿＿＿＿

降水泵房编号＿＿＿＿井点类别＿＿＿＿　机组数量＿＿＿＿台

通电方式(连续、间歇)井点根数＿＿＿＿根　直流电机(或电焊机)数量＿＿＿＿台

观测日期自＿＿＿年＿＿月＿＿日＿＿时至＿＿＿年＿＿月＿＿日＿＿时

观测时间		连续通电时间	电气设备		井点设备		地下水流量	观测孔水位读数(米)			记事	观测记录者
时	分		电流(安培)	电压(伏特)	真空表读数(毫米汞柱)	压力表读数(千克力/平方厘米)	(立方米/小时)	1	2	…		

工程负责人：＿＿＿＿＿＿

注：记事内容包括换工作水时间、通电停电时间、通电井点根数、基坑边坡稳定情况简要描述等。

管井井点降水记录

附表 5.5

施工单位＿＿＿＿＿＿＿＿　工程名称＿＿＿＿＿＿＿＿

班 组 别＿＿＿＿＿＿＿＿　气　　候＿＿＿＿＿＿＿＿

实际抽水井点数量＿＿＿＿＿根　观测日期自＿＿＿年＿＿月＿＿日＿＿时

至＿＿＿年＿＿月＿＿日＿＿时

观测时间		地下水流量	各井点内水位读数(米)			电压	各泵电流读数(安培)				记事	观测记录者
时	分	(立方米/小时)	1	2	…	(伏特)	1	2	3	…		

工程负责人：＿＿＿＿＿＿

注：记事内容包括水泵运转、抽出水的含泥量及基坑边坡稳定情况简要描述等。

深井井点降水记录

附表 5.6

施工单位______ 工程名称______

班 组 别______ 气 候______

观测时间____年____月____日____时____分

井点和观测孔编号	井点类别	功率（千瓦）	电流（安培）	电压（伏特）	水位读数（孔口起算）（米）	流量（立方米/小时）	含泥量	记事	观测记录者
井1									
井2									
…									
观1	观测孔口标高 （米）					孔 深(米)			
观2	观测孔口标高 （米）					孔 深(米)			
…	观测孔口标高 （米）					孔 深(米)			

工程负责人：______

注：记事内容包括水泵运转及基坑边坡稳定情况等。

重锤夯实试夯记录

附表 5.7

施工单位______

工程名称______ 试夯日期______

试夯地点及试坑编号______ 试坑土质______

夯锤重量____吨 锤底直径____米 落距____米 落锤方法______

地基天然含水量______%为达到最佳含水量______%而加的

水量______升/平方米

1. 观测点下沉观测结果______

夯击遍数		0	2	4	6	7	8	9	10	11	12	13	14	15	16
观测点1	水准读数														
	下 沉 量（毫米）														
	累计下沉量(毫米)														
观测点2	水准读数														
	下 沉 量（毫米）														
	累计下沉量(毫米)														
观测点3	水准读数														
	下 沉 量（毫米）														
	累计下沉量(毫米)														

2. 土样试验结果______

		0.25	0.50	0.75	1.00	1.25	1.50	1.75	2.00	2.25	2.50
原状土	容 重（克/立方厘米）										
	含水量(%)										
	干 容 重（克/立方厘米）										
夯实土	容 重（克/立方厘米）										
	含水量(%)										
	干 容 重（克/立方厘米）										

工程负责人：______ 记录：______

重锤夯实施工记录　　附表 5.8

施工单位＿＿＿＿　地基土质＿＿＿＿

工程名称＿＿＿＿

夯锤重量＿＿吨　锤底直径＿＿米　落距＿＿米　落锤方法＿＿

施工地段及面积	夯打日期		气候条件	含水量（%）		实际加水量（升/平方米）	夯击遍数		最后下沉量（厘米）	预留土层厚度（厘米）	底面标高		总下沉量（厘米）	备注
	开始	完成		天然	最佳		规定	实际			夯前	夯后		

工程负责人：＿＿＿＿　记录：＿＿＿＿

强夯施工现场记录　　附表 5.9

施工单位＿＿＿＿

工程名称＿＿＿＿施工日期＿＿年＿＿月＿＿日

建筑物名称＿＿＿＿夯击遍数　第＿＿＿＿遍

夯击坑编号	夯击次数	落距（米）	锤顶面距地面高（厘米）					时间
			一	二	三	四	平均	
备注	锤体高度：　　厘米							

工程负责人：＿＿＿＿记录：＿＿＿＿

强夯地基施工记录　　附表 5.10

施工单位＿＿＿＿施工日期＿＿＿＿至＿＿＿＿

工程名称＿＿＿＿

建筑物名称＿＿＿＿占地面积＿＿＿＿平方米

场地标高＿＿＿＿米　地下水位标高＿＿＿＿米

地层土质＿＿＿＿

起重设备＿＿＿＿夯锤规格＿＿＿＿重量＿＿＿＿吨

夯击遍数：第＿＿遍　本遍每个夯击坑击数＿＿＿＿击

本遍夯击坑数＿＿个　本遍总夯击击数＿＿＿＿击

总夯击遍数＿＿遍　总夯击坑数＿＿＿＿个

平均夯击能＿＿吨米/米²　总夯击击数＿＿＿＿击

场地平均沉降量＿＿厘米　累计＿＿＿＿厘米

建筑物基础夯击坑布置简图	

工程负责人：＿＿＿＿记录：＿＿＿＿

土和灰土挤密桩桩孔施工记录　　附表 5.11

施工单位＿＿＿＿　工程名称＿＿＿＿

施工班组＿＿＿＿　地面标高＿＿＿＿

机械型号＿＿＿＿　设计孔径＿＿＿＿孔深＿＿＿＿

序号	施工日期	基础编号	桩孔编号	桩孔深度（米）	锤击次数		成孔时间（分）		成孔质量检查	备注
					总数	最后1米内次数	总计	最后1米内次数		

工程负责人：＿＿＿＿　记录：＿＿＿＿

注：1.采用锤击沉管时，记录“锤击次数”一栏；采用振动沉管成孔时，记录“成孔时间”一栏；

2.成孔质量检查内容：桩径、垂直度、孔深、缩颈、坍孔和回淤等。

土和灰土挤密桩桩孔分填施工记录　　附表 5.12

施工单位＿＿＿＿＿＿　工程名称＿＿＿＿＿＿

施工班组＿＿＿＿＿＿　地面标高＿＿＿＿＿＿

夯填机械＿＿＿＿＿＿　填料类别＿＿＿＿＿＿

序号	施工日期	基础编号	桩孔编号	桩孔深度（米）	桩孔直径（米）	设计填料量（米³）	实际填料量（米³）	夯填时间（分）	质量检查	备注

工程负责人：＿＿＿＿＿＿　记录：＿＿＿＿＿＿

振冲地基施工记录　　附表 5.13

施工单位＿＿＿＿＿＿　工程名称＿＿＿＿＿＿

孔位编号＿＿＿＿＿＿累计号＿＿＿＿＿＿振冲器型号＿＿＿＿＿＿

填料规格＿＿＿＿施工日期＿＿年＿＿月＿＿日上、下午

造孔					填料					
作业		电流	水压（千克力/平方厘米）	备注	作业		填料数量（立方米）	电流	水压（千克力/平方厘米）	备注
时间	深度（米）	（安培）			时间	深度（米）		（安培）		

工程负责人：＿＿＿＿＿＿记录：＿＿＿＿＿＿

单管旋喷施工记录　　附表 5.14

施工单位＿＿＿＿＿＿　注浆材料及配比＿＿＿＿＿＿　设计人土深度＿＿＿＿＿＿

工程名称＿＿＿＿＿＿　地面标高＿＿＿＿＿＿　设计提升速度＿＿＿＿＿＿

桩号＿＿＿＿＿＿　喷嘴直径及个数＿＿＿＿＿＿　设计旋转速度＿＿＿＿＿＿

旋喷日期＿＿＿＿＿＿

顺序号	旋喷深度（米）	加固有效长度（米）	旋喷时间		高压浆液			平均提升速度（厘米/分）	旋转速度（转/分）	冒浆情况
			开始（时分）	结束（时分）	压力（千克力/平方厘米）	流量（升/分）	总量（升）			

工程负责人：＿＿＿＿＿＿　记录：＿＿＿＿＿＿

二 重 管 旋 喷 施 工 记 录

附表 5.15

施工单位＿＿＿＿＿＿

工程名称＿＿＿＿＿＿ 注浆材料及配比＿＿＿＿＿＿ 设计入土深度＿＿＿＿＿＿

桩　　号＿＿＿＿＿＿ 地 面 标 高＿＿＿＿＿＿ 设计提升速度/旋转速度＿＿＿＿＿＿

旋喷日期＿＿＿＿＿＿ 浆液喷嘴直径及个数＿＿＿＿＿＿ 空气喷嘴直径及间隙宽度＿＿＿＿＿＿

顺序号	旋喷深度（米）	加固有效长度（米）	旋喷时间		高压浆液			压缩空气		平均提升速度（厘米/分）	旋转速度（转/分）	冒浆情况
			开始（时分）	结束（时分）	压力（千克力/平方厘米）	流量（升/分）	总量（升）	压力（千克力/平方厘米）	流量（立方米/分）			

工程负责人：＿＿＿＿＿＿ 记录：＿＿＿＿＿＿

三 重 管 旋 喷 施 工 记 录

附表 5.16

施工单位＿＿＿＿＿＿ 地 面 标 高＿＿＿＿＿＿

工程名称＿＿＿＿＿＿ 水流喷嘴直径及个数＿＿＿＿＿＿

桩　　号＿＿＿＿＿＿ 设计入土深度＿＿＿＿＿＿

旋喷日期＿＿＿＿＿＿ 设计提升速度/旋转速度＿＿＿＿＿＿

注浆材料及配比＿＿＿＿＿＿ 空气喷嘴直径及个数＿＿＿＿＿＿

顺序号	旋喷深度（米）	加固有效长度（米）	旋喷时间		高压水流			压缩空气		水泥注浆			平均提升速度（厘米/分）	旋转速度（转/分）	冒浆情况	备注
			开始（时、分）	结束（时、分）	压力（千克力/厘米²）	流量（升/分）	总量（升）	压力（千克力/厘米²）	流量（米³/分）	压力（千克力/厘米²）	流量（升/分）	总量（升）				

工程负责人：＿＿＿＿＿＿ 记录：＿＿＿＿＿＿

压力单液、双液硅化地基施工记录

附表 5.17

施工单位：__________　　工程名称：__________

注液管的打入						水玻璃的压入								
日期	班次	钻孔编号	加固层编号	深度（米）	延续时间（分钟）	日期	灌注时间 开始（时-分）	灌注时间 结束（时-分）	灌注时间 延续时间（分钟）	灌注速度（升/分）	溶液数量（升）	表压力（千克力/厘米²）	溶液温度（℃）	备注

注液管的打入						氯化钙溶液的压入								
日期	班次	钻孔编号	加固层编号	深度（米）	延续时间（分钟）	日期	灌注时间 开始（时-分）	灌注时间 结束（时-分）	灌注时间 延续时间（分钟）	灌注速度（升/分）	溶液数量（升）	表压力（千克力/厘米²）	溶液温度（℃）	备注

工程负责人：__________　记录：__________

电动双液硅化地基施工记录

附表 5.18

施工单位：__________　　工程名称：__________

日期	注液管及电极棒的打入				电工数据							灌注溶液													备注
	班次	编号 注液管	编号 电极棒	加固层编号	延续时间（小时）	通电时间 开始（时-分）	通电时间 结束（时-分）	通电时间 累计（小时）	电流（安培）	电压（伏特）	耗电量（千瓦时）	电阻（欧姆）	水玻璃 时间 开始	水玻璃 时间 结束	水玻璃 时间 延续	水玻璃 阶段用量	水玻璃 累计用量	氯化钙 时间 开始	氯化钙 时间 结束	氯化钙 时间 延续	氯化钙 阶段用量	氯化钙 累计用量	表压力（千克力/厘米²）	溶液温度（℃）	

工程负责人：__________　记录：__________

桩的动荷载试验记录　　附表 5.19

施工单位________工程名称________气候________

桩的类型、规格及重量________

桩号及坐标________

工程及水文地质简要说明________

桩制作于______年___月___日　打入于___年___月___日

桩的复打检验于______年___月___日结束

打桩使用的桩锤类型和重量________

复打时使用的桩锤类型和重量________

初打时使用的桩帽的构造及采用弹性垫层情况________

复打时使用的桩帽的构造及采用弹性垫层情况________

初打时锅炉蒸汽压力________

复打时锅炉蒸汽压力________

初打时采用的落锤高度________厘米

复打时采用的落锤高度________厘米

桩尖设计标高________米

桩尖实际标高________米

初打完毕最后一阵(10击)贯入度________厘米

复打检查五次贯入度(1)______厘米，(2)______厘米，(3)______厘米，(4)______厘米，(5)______厘米，平均贯入度______厘米

复打贯入度与初打贯入度的比值________

工程负责人________记录：________

钢筋混凝土预制桩检查记录　　附表 5.20

施工单位________　工程名称________

混凝土设计强度________　桩 规 格________

编　号	浇筑日期	混凝土强度（千克力/平方厘米）	外观检查	质量鉴定	备　　注

工程负责人：________记录：________

钢筋混凝土预制桩施工记录　　附表 5.21

施工单位________工程名称________

施工班组________桩的规格________

桩锤类型及冲击部分重量________自然地面标高________

桩帽重量________气候____桩顶设计标高________

编号	打桩日期	桩入土每米锤击次数 1 2 3 4 … … …	落距（厘米）	桩顶高出或低于设计标高（米）	最后贯入度（厘米/10击）	备　　注

工程负责人：________记录：________

压 桩 施 工 记 录

附表.5.22

施工单位＿＿＿＿＿＿＿＿　工程名称＿＿＿＿＿＿＿＿

施工班组＿＿＿＿＿＿＿＿　桩的规格＿＿＿＿＿＿＿＿

桩机编号和重量＿＿＿＿气候＿＿＿＿　自然地面标高＿＿＿＿＿＿＿＿

压力表压载换算＿＿＿千克力/平方厘米合＿＿吨　桩顶设计标高＿＿＿＿＿＿＿＿

日期	班别（早 中 夜）	顺号	桩号	起迄时间（时分 至 时分）	节长连桩尖(米)	读数（千克力/平方厘米）	节长(米)	读数（千克力/平方厘米）	节长(米)	读数（千克力/平方厘米）	节长(米)	读数（千克力/平方厘米）	节长(米)	读数（千克力/平方厘米）	送桩深度(米)	读数（千克力/平方厘米）	换算压载(吨)	入土总深度(米)	备注

工程负责人：＿＿＿＿＿＿＿＿　记录：＿＿＿＿＿＿＿＿

板 桩 施 工 记 录

附表 5.23

施工单位＿＿＿＿＿＿＿＿　工程名称＿＿＿＿＿＿＿＿

施工班组＿＿＿＿＿＿＿＿　桩的规格＿＿＿＿＿＿＿＿

桩锤类型及冲击部分重量＿＿＿＿＿＿＿＿　自然地面标高＿＿＿＿＿＿＿＿

桩帽重量＿＿＿＿＿＿气候＿＿＿＿＿＿　桩顶设计标高＿＿＿＿＿＿＿＿

板桩编号	打桩日期	板桩入土深度(米)		板桩切割长度（厘米）	板桩间缝隙宽度（厘米）	备注
		设计	实际			

工程负责人：＿＿＿＿＿＿＿＿　记录：＿＿＿＿＿＿＿＿

钢管桩施工记录

附表 5.24

施工单位________________自然地面标高(绝对)______米　打桩机编号________

工程名称________________桩尖端设计标高(绝对)______米　桩锤类型及重量(吨)________

桩类型及规格____桩直径____壁厚____桩长____

桩尖端形状________________气候________________焊接设备及焊工________

日期	班次	桩号	分节顺序	打桩起迄时间	焊接起迄时间	锤击下沉情况 入土深度(米)	1	2	15	16	累计入土深度	累计土芯高度	最后贯入度(毫米/击)	回弹量(毫米)	平面偏差(厘米)	倾斜(%)	备注
						锤击次数 落距高度 (厘米)											
						锤击次数 落距高度 (厘米)											
						锤击次数 落距高度 (厘米)											
						锤击次数 落距高度 (厘米)											
						锤击次数 落距高度 (厘米)											

工程负责人：________________记录：________________

泥浆护壁成孔的灌注桩施工记录

附表 5.25

施工单位________________　工程名称________________

施工班组________________　气　　候________________

钻机类型________________　设计桩顶标高________________

设计桩径________________　自然地面标高________________

施工日期	班次	桩位编号	钻孔时间(分钟)	钻孔直径(厘米) 设计	钻孔直径(厘米) 实测	钻孔深度(米) 设计	钻孔深度(米) 实测	护筒埋深(米)	孔底沉渣厚度(厘米)	孔底标高(米)	泥浆种类	泥浆指标 比重	泥浆指标 胶体率(%)	泥浆指标 含砂量(%)	备注

工程负责人：________________记录：________________

干作业成孔的灌注桩施工记录

附表 5.26

施工单位＿＿＿＿＿＿＿＿＿＿ 工程名称＿＿＿＿＿＿＿＿＿＿

施工班组＿＿＿＿＿＿＿＿＿＿ 气　候＿＿＿＿＿＿＿＿＿＿

钻机类型及编号＿＿＿＿＿＿＿＿ 设计桩顶标高＿＿＿＿＿＿＿＿

设计桩径＿＿＿＿＿＿＿＿＿＿ 自然地面标高＿＿＿＿＿＿＿＿

顺序号	日期 年 月日	桩位编号	自然地面标高	持力层标高（米）	钻孔深度（米）	进入持力层深（厘米）	第一次测孔			第二次测孔			混凝土灌注		钻孔总用时间分秒	出现情况			备注
							孔深（米）	虚土（厘米）	进水（厘米）	孔深（米）	虚土（厘米）	进水（厘米）	实际（米³）	计算（米³）		坍孔	缩径	进水	

工程负责人：＿＿＿＿＿＿＿＿ 记录：＿＿＿＿＿＿＿＿

套管成孔的灌注桩施工记录

附表 5.27

施工单位＿＿＿＿＿＿ 工程名称＿＿＿＿＿＿ 气候＿＿＿＿＿＿ 施工班组别＿＿＿＿＿＿

打桩顺序＿＿＿＿＿＿ 跳打后中心距＿＿＿＿＿＿ 桩管规格及重量＿＿＿＿＿＿

打桩机类型及编号＿＿＿＿＿＿ 桩锤类型＿＿＿＿＿＿

桩锤冲击部分重量＿＿＿＿＿＿ 桩帽类型及重量＿＿＿＿＿＿

桩管上弹性垫的材料及厚度＿＿＿＿＿＿ 桩尖类型＿＿＿＿＿＿

施工日期	班次	班号	钻孔深度	灌注次数	沉管锤击次数（击/米）								最后十击贯入度（厘米）	最后十击平均落距（厘米）	沉管时间									实际消耗时间	
					总计	1	2	3	4	5	…	…			开始		结束		停歇时间						
															时	分	时	分	原因	开始 时	开始 分	结束 时	结束 分	时	分

桩号	第一次加混凝土时间				第一次拔管时间				第一次拔管高度	第二次加混凝土时间				第二次拔管时间				拔管总时间（分钟）	钢筋长度（米）	桩顶离地面深度（厘米）	灌注混凝土数量（立方米）		
	开始		结束		开始		结束			开始		结束		开始		结束					第一次	第二次	总计
	时	分	时	分	时	分	时	分		时	分	时	分	时	分	时	分						

工程负责人：＿＿＿＿＿＿＿＿ 记录：＿＿＿＿＿＿＿＿

注：“沉管扩大灌注桩施工记录”可参照本附表格式填写。

地下连续墙挖槽施工记录　　附表 5.28

施工单位＿＿＿＿　挖土设备＿＿＿＿

工程名称＿＿＿＿　挖槽设计深度＿＿＿＿

挖槽设计宽度＿＿＿＿

日期班次	单元槽段编号	单元槽段深度 本班开始时（米）	单元槽段深度 本班结束时（米）	本班挖槽深度（米）	本班挖土数量（立方米）	挖槽宽度（米）	槽壁垂直度	槽位偏差情况	备注

工程负责人：＿＿＿＿记录：＿＿＿＿

地下连续墙护壁泥浆质量检查记录　　附表 5.29

施工单位＿＿＿＿　泥浆搅拌机类型＿＿＿＿

工程名称＿＿＿＿　膨润土种类和特性＿＿＿＿

泥浆配合比：

	每立方米	每盘
土（千克）		
水（千克）		
化学掺合剂（千克）		

日期班次	泥浆取样位置	比重	粘度（秒）	含砂量（%）	胶体率（%）	失水量（毫米/30分钟）	泥皮厚度（毫米）	静切力（毫克/平方厘米）	稳定性（克/立方厘米）	pH	备注

（表头“比重”至“pH”各栏总称：泥浆质量指标）

工程负责人：＿＿＿＿记录：＿＿＿＿

地下连续墙混凝土浇筑记录　　附表 5.30

施工单位＿＿＿＿　混凝土设计标号＿＿＿＿

工程名称＿＿＿＿　混凝土坍落度＿＿＿＿

混凝土导管直径＿＿＿＿　混凝土扩散度＿＿＿＿

日期班次	单元槽段编号	本单元槽段混凝土计算浇灌数量（立方米）	本单元槽段混凝土实际浇灌数量（立方米）	混凝土浇灌平均强度（立方米/小时）	混凝土实测的坍落度（厘米）	导管埋入混凝土深度（米）	备注

工程负责人：＿＿＿＿记录：＿＿＿＿

沉井下沉记录　　附表 5.31

年　月　日　时　分至　时　分　班次

出土量	立方米		出勤人数			工日
含泥量			气侯		温度	℃
刃脚标高	1.	2.	3.	4.	平均标高	米
下沉量	1.厘米	2.厘米	3.厘米	4.厘米	平均值	厘米
土的类别			该层土开始标高			
机械设备管路等情况						
刃脚掏空情况						
井内各孔土面标高及锅底情况						
倾斜和水平位移的情况						
记事						

工程负责人：＿＿＿＿记录：＿＿＿＿

沉箱工程施工记录　　附表 5.32

年　月　日　时　分至　时　分　班次____

出勤人数	闸外	工日		大气温度		℃
	闸内	工日		工作室温度		℃
附加气压	工作室	千克力/平方厘米		出土量		
	变压站	千克力/平方厘米		压缩空气周转量		立方米/分
锅底距顶板高度		厘米		锅底积水深度		厘米
刃脚标高		1.	2.	3.	4.	平均标高
下沉量		1.厘米	2.厘米	3.厘米	4.厘米	平均值　厘米
土的类别				该层土开始标高		
减压下沉情况	始沉时工作室气压	千克力/平方厘米		减压后工作室气压		千克力/平方厘米
	减压时间	分钟		溢水水面高度		
	刃脚掏空情况					
压舱情况						
机械、管路、电讯设备等情况						

记事

工程负责人：________　记录：________

沉井、沉箱下沉完毕检查记录　　附表 5.33

施工单位________工程名称________

1.沉井、沉箱开始下沉日期________开始下沉时，刃脚标高______米

2.沉井、沉箱下沉完毕日期________下降完毕时，刃脚标高______米

3.基底平整后$\frac{\text{高于}}{\text{低于}}$刃脚________厘米，刃脚下的土质为________

系采用________法挖除

4.为核对预先勘察的地质资料，曾在沉井、沉箱中$\frac{\text{挖深井}}{\text{钻　孔}}$，挖掘深度达

刃脚下________米，发现________

5.沉井、沉箱平面位置(在刃脚平面上)与设计位置的偏差：

水平纵轴线偏移________厘米；水平横轴线偏移________厘米

6.沉井、沉箱刃脚高差测量结果：

________处刃脚标高______米，________处刃脚标高______米，

________处刃脚标高______米，________处刃脚标高______米

7.检查结论________

工程负责人：________记录：________

附录六 规范用词说明

本规范条文中要求严格程度的用词说明如下，以便在执行时区别对待。

1.表示很严格，非这样作不可的用词：

正面词采用“必须”，反面词采用“严禁”。

2.表示严格，在正常情况下均应这样作的用词：

正面词采用“应”，反面词采用“不应”或“不得”。

3.表示允许稍有选择，在条件许可时首先应这样作的用词：

正面词采用“宜”或“可”，反面词采用“不宜”。

中华人民共和国国家标准

砌体工程施工及验收规范

Code for Construction and Acceptance of Masonry Engineering

GB 50203—98

主编部门：陕西省计划委员会
批准部门：中华人民共和国建设部
施行日期：1999年6月1日

关于发布国家标准《砌体工程施工及验收规范》的通知

建标［1998］234号

根据国家计委“一九九三年工程建设标准定额制订修订计划”（计综合［1993］10号文附件五）的要求，由陕西省计划委员会会同有关部门共同修订的《砌体工程施工及验收规范》，经有关部门会审，批准为强制性国家标准，编号为GB50203—98，自1999年6月1日起施行。原《砖石工程施工及验收规范》GBJ203—83同时废止。

本规范由陕西省计划委员会负责管理，由陕西省建筑科学研究设计院负责具体解释工作，由建设部标准定额研究所组织中国建筑工业出版社出版发行。

中华人民共和国建设部
1998年11月13日

前　言

《砌体工程施工及验收规范》是根据建设部司发文（93）建标字第8号文的要求，由陕西省计委负责，具体由陕西省建筑科学研究设计院会同四川华西集团总公司等单位共同对原国家标准《砖石工程施工及验收规范》GBJ 203—83 修订而成的。

本规范修订的主要内容为：根据现行国家标准《建筑结构设计通用符号、计量单位和基本术语》GBJ 83 的要求，修改了有关符号、计量单位和术语；与1983年以后颁布的相关标准、规范进行了协调配套；将原规范更名为《砌体工程施工及验收规范》；借鉴国际先进经验，划分砌体工程施工质量控制等级；增加了混凝土小型砌块工程、填充墙工程、多孔砖和蒸压（养）砖砌体工程、冬期施工中采用掺外加剂法及暖棚法等施工规定；充实了配筋砌体、砌筑砂浆的有关规定。

该规范由陕西省计委负责管理，具体解释由陕西省建筑科学研究设计院负责。在执行过程中，请各单位结合工程实践，认真总结经验，并将意见和建议寄交西安市环城西路142号陕西省建筑科学研究设计院（邮编：710082）。

《砌体工程施工及验收规范》的主编单位是陕西省建筑科学研究设计院，参加单位有四川华西集团总公司、陕西省建筑工程总公司、四川省建筑科学研究院、西安建筑科技大学、天津建工集团总公司、辽宁省建设科学研究院和南京建筑工程学院。主要起草人是：张昌叙、周九仪、张鸿勋、雷　波、侯汝欣、李会民、佟贵森、张书禹、王　赫和刘长平。

陕西省计划委员会

1998年8月

1　总　则

1.0.1　为了在砌体工程施工和验收中，贯彻执行国家的技术经济政策，确保工程施工质量，做到技术先进、经济合理、安全适用，制定本规范。

1.0.2　本规范适用于工业与民用建筑中砖、石、混凝土小型空心砌块、加气混凝土砌块等砌体工程的施工及验收。本规范不适用于铁路、公路和水工建筑等砌石工程。

1.0.3　抗震设防地区建筑物的砌体工程的施工和验收，除应按本规范执行外，尚应符合国家现行有关标准、规范的规定。

1.0.4　砌体工程施工应符合施工图设计的要求，并应符合本规范的规定。当需要修改设计时，应取得原设计单位同意，并应签署设计变更文件。

1.0.5　施工时的安全技术、劳动保护和防火要求等，必须符合国家的有关标准、规范规定。

2 基本规定

2.0.1 砌体工程所用的材料应具有质量证明书，并应符合设计要求。有复试要求的应在复试合格后方可使用。

砌体工程所采用的砖和砌块，应符合国家现行标准《烧结普通砖》GB 5101、《烧结多孔砖》GB 13544、《蒸压灰砂砖》GB 11945、《粉煤灰砖》JC 239、《烧结空心砖和空心砌块》GB 13545、《混凝土小型空心砌块》GB 8239、《蒸压加气混凝土砌块》GB 11968 等的规定。

石材应符合设计要求的强度等级和岩种。

2.0.2 砌体工程应在地基或基础工程验评合格后，方可施工。

2.0.3 建筑物或构筑物的标高，应引自标准水准点或设计指定的水准点。

2.0.4 基础施工前，应在建筑物的主要轴线部位设置标志板。标志板上应标明基础、墙身和轴线的位置及标高。

外形或构造简单的建筑物，可用控制轴线的引桩代替标志板。

2.0.5 砌筑基础前，应先用钢尺校核放线尺寸，允许偏差应符合表 2.0.5 的规定。

放线尺寸的允许偏差　　表 2.0.5

长度 L、宽度 B 的尺寸 (m)	允许偏差 (mm)	长度 L、宽度 B 的尺寸 (m)	允许偏差 (mm)
L（或 B）$\leqslant 30$	±5	$60 < L$（或 B）$\leqslant 90$	±15
$30 < L$（或 B）$\leqslant 60$	±10	L（或 B）> 90	±20

2.0.6 砌体施工，应设置皮数杆，并应根据设计要求、块材规格和灰缝厚度在皮数杆上标明皮数及竖向构造的变化部位。

2.0.7 砌筑顺序，应符合下列规定：

1　基底标高不同时，应从低处砌起，并应由高处向低处搭接。当设计无要求时，搭接长度不应小于基础扩大部分的高度。

2　内外墙应同时砌筑。当不能同时砌筑时，应按规定留槎并做好接槎处理。

2.0.8 砌完基础后，应及时双侧回填。回填土的施工应符合现行国家标准《土方与爆破工程施工及验收规范》GBJ 201 的有关规定。单侧填土应在砌体达到侧向承载能力要求后进行。

2.0.9 基础墙的防潮层，当设计无具体要求，宜用 1：2.5 的水泥砂浆加适量的防水剂铺设，其厚度宜为 20mm。

抗震设防地区建筑物，不应采用卷材作基础墙的水平防潮层。

2.0.10 砌筑前，应将砌筑部位的砂浆和杂物等清除干净，并应浇水湿润。

2.0.11 伸缩缝、沉降缝、防震缝中，不得夹有砂浆、块材碎渣和杂物等。

2.0.12 不得在下列墙体或部位中设置脚手眼：

1　空斗墙、120mm 厚砖墙、料石清水墙和独立柱。

2　过梁上与过梁成 60°角的三角形范围及过梁净跨度 1/2 的高度范围内。

3　宽度小于 1m 的窗间墙。

4　砖砌体的门窗洞口两侧 200mm 和转角处 450mm 的范围内。石砌体的门窗洞口两侧 300mm 和转角处 600mm 范围内。

5　梁或梁垫下及其左右各 500mm 范围内。

6　设计不允许设置脚手眼的部位。

2.0.13 砌体表面的平整度、垂直度、灰缝厚度及砂浆饱满度等均应按本规范规定随时检查并校正。

砌体表面平整度、垂直度校正必须在砂浆终凝前进行。

2.0.14 砌体工程工作段的分段位置，宜设在伸缩缝、沉降缝、防震缝、构造柱或门窗洞口处，相邻工作段的砌筑高度差不得超过一个楼层的高度，也不宜大于 4m。

2.0.15 砌体临时间断处的高度差，不得超过一步脚手架的高度。

临时施工洞口顶部宜设置过梁，普通砖砌体也可在洞口上部采取逐层挑砖的方法封口，并应预埋水平拉结筋，洞口净宽度不应超过1m。

2.0.16 设计要求的洞口、管道、沟槽和预埋件等应于砌筑时正确留出或预埋。宽度超过300mm的洞口，应砌筑成平拱或设置过梁。多孔砖、空心砖、小砌块墙体表面不得留置水平沟槽。

注：砌体中的预埋件应作防腐处理。预埋木砖的木纹应与钉子垂直。

2.0.17 通气道、垃圾道等采用水泥制品时，接缝处外侧宜带有槽口，安装时除座浆外，尚应采用1∶2水泥砂浆将槽口填封密实。

2.0.18 砌体施工质量控制等级，应符合下列规定：

1 砌体工程施工质量控制等级，依据施工技术和质量控制状况应划分为三级，并应符合表2.0.18的规定。

砌体工程施工质量控制等级 **表2.0.18**

项　目	施工质量控制等级		
	A	B	C
现场质保体系	制度健全，并严格执行；非施工方质量监督人员经常到现场，或现场设有常驻代表；施工方有在岗质监人员，并持证上岗	制度基本健全，并能执行；非施工方质量监督人员间断地到现场进行质量控制；施工方有在岗质监人员，并持证上岗	有制度；非施工方质量监督人员很少作现场质量控制；施工方有在岗质监人员
砂浆、混凝土强度	试块按规定制作，强度满足验收规定，离散性小	试块按规定制作，强度满足验收规定，离散性较小	试块强度满足验收规定
砂浆拌合方式	机械拌合；配合比计量控制严格	机械拌合；配合比计量控制较严格	机械或人工拌合；配合比计量控制一般
砌筑工人技术等级	中级工以上，其中高级工不少于20%	高、中级工不少于70%	初级工以上

2 砌体施工质量控制等级的选用，应符合设计要求，当设计无规定时，可根据砌体工程类型由建设、设计、工程监理等单位共同确定。对重要的建筑物，宜优先选用A级，不应选用C级。

2.0.19 砌筑完基础或每一楼层后，应校核砌体的轴线和标高，在允许偏差范围内，其偏差可在基础顶面或楼面上校正。标高偏差宜通过调整上部灰缝厚度逐步校正。

2.0.20 砌体施工时，楼面和屋面堆载不得超过楼板的允许荷载值。施工层进料口楼板下，宜采取临时加撑措施。

2.0.21 搁置预制梁、板的砌体顶面应找平，并应在安装时座浆。

2.0.22 尚未安装楼板或屋面的墙和柱，当可能遇大风时，其允许自由高度不得超过表2.0.22的规定。如超过表列限值，必须采用临时支撑等有效措施。

墙和柱的允许自由高度 **表2.0.22**

墙（柱）厚（mm）	墙和柱的允许自由高度（m）					
	砌体密度>1600kg/m³			砌体密度 1300～1600kg/m³		
	风载（kN/m²）			风载（kN/m²）		
	0.3（大致相当于7级风）	0.4（大致相当于8级风）	0.6（大致相当于9级风）	0.3（大致相当于7级风）	0.4（大致相当于8级风）	0.6（大致相当于9级风）
190	—	—	—	1.4	1.1	0.7
240	2.8	2.1	1.4	2.2	1.7	1.1
370	5.2	3.9	2.6	4.2	3.2	2.1
490	8.6	6.5	4.3	7.0	5.2	3.5
620	14.0	10.5	7.0	11.4	8.6	5.7

注：①本表适用于施工处相对标高（H）在10m范围内的情况。如$10m<H\leqslant15m$，$15m<H\leqslant20m$和$H>20m$时，表内的允许自由高度值应分别乘以0.9、0.8和0.75的系数；

②当所砌筑的墙有横墙或其它结构与其连结，而且间距小于表列限值的2倍时，砌筑高度可不受本表的限制。

2.0.23 雨期施工应防止基槽灌水和雨水冲刷砂浆，砂浆稠度应适当减小，每日砌筑高度不宜超过1.2m。收工时，应采用防雨材料覆盖新砌砌体的表面。对蒸压（养）灰砂砖、粉煤灰砖及混凝土小型空心砌块砌体，雨天不宜施工。

2.0.24 墙面勾缝前，应做好下列准备工作：

1 清除墙面粘结的砂浆、泥浆和杂物等，并洒水湿润。

2 开凿瞎缝，并对缺棱掉角的部位用与墙面相同颜色的砂浆修复齐整。

3 将脚手眼内清理干净并洒水湿润，后采用与原墙相同的块材补砌严密。

2.0.25 墙面勾缝应采用加浆勾缝，并宜采用细砂拌制的1：1.5水泥砂浆。石墙勾缝也可采用水泥混合砂浆或掺入麻刀、纸筋等的石灰浆或青灰浆。

注：内墙面也可采用原浆勾缝，但必须随砌随勾，并使灰缝光滑密实。

2.0.26 墙面勾缝应横平竖直、深浅一致、搭接平整并压实抹光，不得有丢缝、开裂、粘结不牢和污染墙面等现象。

当设计无特殊要求时，砖墙勾缝宜采用凹缝或平缝，凹缝深度宜为4～5mm；空斗墙和混凝土小型空心砌块墙应采用平缝；石墙勾缝应采用凸缝或平缝，毛石墙勾缝应保持砌合的自然缝。

勾缝完毕，应清扫墙面。

2.0.27 砌筑炉灶和附墙烟囱，当设计无要求时，尚应符合下列规定：

1 有防火层的炉灶或烟囱内表面距易燃烧体不应小于240mm；无防火层的不应小于370mm。

2 烟囱外表面距易燃烧体屋面结构（木屋架、木梁等）不应小于120mm，距易燃烧体屋面不应小于250mm。

3 靠近易燃烧体的烟囱内表面，应抹砂浆。设置烟管时，应用砂浆填满所有缝隙。对有内衬的烟囱，其内衬应用粘土砂浆或耐火泥砌筑。

4 炉灶灰坑和灶门前地面如为易燃烧体，灰坑的底部应至少砌4皮砖，炉门前地面应用非燃烧材料覆盖。

5 烟囱所有的灰缝均应填满砂浆。阁楼内及屋面至顶棚空间部分的烟囱外表面，应抹灰并刷石灰浆。

6 砌筑烟道，应防止砂浆、砖块等杂物落入。砌筑垂直烟道，宜采用桶式提芯工具，随砌随提。烟道下端应砌有出灰检查口。

7 防火层应采用石棉或其它耐火材料制成。

2.0.28 砌筑通气孔道，应符合第2.0.27条第6款的规定。

3 砌筑砂浆

3.1 原材料的要求

3.1.1 水泥应按品种、标号、出厂日期分别堆放，并应保持干燥。当遇水泥标号不明或出厂日期超过三个月（快硬硅酸盐水泥超过一个月）时，应复查试验，并应按试验结果使用。

不同品种的水泥，不得混合使用。

3.1.2 砂浆用砂宜采用中砂，并应过筛，且不得含有草根等杂物。砂中含泥量，对于水泥砂浆和强度等级不小于M5的水泥混合砂浆，不应超过5%；对于强度等级小于M5的水泥混合砂浆，不应超过10%。

人工砂、山砂及特细砂，经试配能满足砌筑砂浆技术条件时，含泥量可适当放宽。

3.1.3 拌制水泥混合砂浆用的石灰膏、粘土膏、电石膏、粉煤灰和磨细生石灰粉等无机掺合料应符合下列要求：

1 块状生石灰熟化成石灰膏时，应采用孔洞不大于3mm×3mm网过滤，熟化时间不得少于7d；对于磨细生石灰粉，其熟化时间不得小于2d。沉淀池中贮存的石灰膏，应防止干燥、冻结和污染。严禁使用脱水硬化的石灰膏。

消石灰粉不得直接使用于砂浆中。

2 采用粘土或亚粘土制备粘土膏，宜采用孔洞不大于3mm×3mm的网过筛，并应采用搅拌机加水搅拌，粘土中的有机物含量应采用比色法鉴定，且色应浅于标准色。

3 粉煤灰的品质指标应符合现行行业标准《粉煤灰在混凝土及砂浆中应用技术规程》JGJ 28的有关规定。

4 生石灰及磨细生石灰粉应符合现行行业标准《建筑生石灰》JC/T 479及《建筑生石灰粉》JC/T 480的有关规定。

5 制作电石膏的电石渣，应进行20min加热至70℃检验，无乙炔气味时方能使用。

3.1.4 凡在砂浆中掺入有机塑化剂时，应经检验和试配符合要求后，方可使用。

3.1.5 用于砂浆中的早强、缓凝、防冻剂等，其掺量应通过试验确定。

3.1.6 拌制砂浆用水宜采用饮用水。当采用其他来源水时，水质必须符合现行行业标准《混凝土拌合用水标准》JGJ 63的规定。

3.2 砂浆的配合比

3.2.1 砂浆的配合比应采用重量比，配合比应事先通过试配确定。

水泥、有机塑化剂和冬期施工中掺用的氯盐等的配料准确度应控制在±2%以内；砂、水及石灰膏、电石膏、粘土膏、粉煤灰、磨细生石灰粉等组份的配料精确度应控制在±5%范围内。砂应计入其含水量对配料的影响。

3.2.2 为使砂浆具有良好的保水性，应掺入无机或有机塑化剂，不应采取增加水泥用量的方法。

3.2.3 水泥砂浆的最少水泥用量不宜小于200kg/m³。

3.2.4 砌筑砂浆的分层度不应大于30mm。

3.2.5 石灰膏、粘土膏和电石膏的用量，宜按稠度120±5mm计量。现场施工时当石灰膏稠度与试配时不一致时，可按表3.2.5换算。

石灰膏不同稠度时的换算系数 表3.2.5

石灰膏稠度(mm)	120	110	100	90	80	70	60	50	40	30
换算系数	1.00	0.99	0.97	0.95	0.93	0.92	0.90	0.88	0.87	0.86

3.2.6 施工时砌筑砂浆配制强度应按本规范第2.0.18条施工质

量控制等级要求及现行行业标准《砌筑砂浆配合比设计规程》JGJ/T 98 的有关规定确定。

3.2.7 当砂浆的组成材料有变更时，其配合比应重新确定。

3.2.8 水泥混合砂浆中掺入有机塑化剂时，无机掺合料的用量最多可减少一半。

水泥砂浆掺入有机塑化剂时，应考虑砌体抗压强度较水泥混合砂浆砌体降低 10% 的不利影响。

水泥粘土砂浆中，不得掺入有机塑化剂。

3.3 砂浆的拌制及使用

3.3.1 砌筑砂浆应采用机械搅拌，自投料完算起，搅拌时间应符合下列规定：

1 水泥砂浆和水泥混合砂浆，不得少于 2min。

2 水泥粉煤灰砂浆和掺用外加剂的砂浆，不得少于 3min。

3.3.2 砌筑砂浆的稠度，宜按表 3.3.2 的规定选用。

砌筑砂浆的稠度　　表 3.3.2

砌体种类	砂浆稠度（mm）
烧结普通砖砌体	70～90
轻骨料混凝土小型空心砌块砌体	60～90
烧结多孔砖、空心砖砌体	60～80
烧结普通砖平拱式过梁 空斗墙、筒拱 普通混凝土小型空心砌块砌体 加气混凝土砌块砌体	50～70
石砌体	30～50

3.3.3 施工中当采用水泥砂浆代替水泥混合砂浆时，应按现行国家标准《砌体结构设计规范》GBJ 3 的有关规定，考虑砌体强度降低的影响，重新确定砂浆强度等级，并以此设计配合比。

3.3.4 掺用有机塑化剂的砂浆，必须采用机械搅拌。搅拌时间，自投料完算起为 3～5min。

3.3.5 砂浆拌成后和使用时，均应盛入贮灰器中。如砂浆出现泌水现象，应在砌筑前再次拌合。

3.3.6 砂浆应随拌随用。水泥砂浆和水泥混合砂浆必须分别在拌成后 3h 和 4h 内使用完毕；当施工期间最高气温超过 30℃时，必须分别在拌成后 2h 和 3h 内使用完毕。

3.3.7 有特殊性能要求的砂浆，应符合相应标准并满足施工要求。

3.4 试块抽样及强度评定

3.4.1 砂浆试样应在搅拌机出料口随机取样、制作。一组试样应在同一盘砂浆中取样制作，同盘砂浆只应制作一组试样。

3.4.2 砂浆的抽样频率应符合以下规定：

每一楼层或 250m³ 砌体中的各种强度等级的砂浆，每台搅拌机应至少检查一次，每次至少应制作一组试块。如砂浆强度等级或配合比变更时，还应制作试块。

注：基础砌体可按一个楼层计。

3.4.3 砂浆强度应以标准养护，龄期为 28d 的试块抗压试验结果为准。砂浆试块的制作、养护和抗压强度取值，应按现行行业标准《建筑砂浆基本性能试验方法》JGJ 70 的规定执行。

3.4.4 砂浆试块强度应按下列公式进行评定：

$$f_{2,m} \geqslant f_2 \tag{3.4.4-1}$$

$$f_{2,min} \geqslant 0.75 f_2 \tag{3.4.4-2}$$

式中 $f_{2,m}$——同一验收批中砂浆立方体抗压强度各组平均值（MPa）；

f_2——验收批砂浆设计强度等级所对应的立方体抗压强度（MPa）；

$f_{2,min}$——同一验收批中砂浆立方体抗压强度的最小一组平均值（MPa）。

3.4.5 当施工中出现下列情况时，可采用非破损和微破损检验方法对砂浆和砌体强度进行原位检测，判定砂浆的强度：

1　砂浆试块缺乏代表性或试块数量不足。

2　对砂浆试块的试验结果有怀疑或有争议。

3　砂浆试块的试验结果，已判定不能满足设计要求，需要确定砂浆或砌体强度。

4　砌砖工程

4.1　一般规定

4.1.1　本章适用于普通砖及多孔砖砌体工程。

4.1.2　用于清水墙、柱表面的砖，应边角整齐、色泽均匀。

4.1.3　砌筑砖砌体时，砖应提前1～2d浇水湿润，烧结普通砖、多孔砖含水率宜为10%～15%；灰砂砖、粉煤灰砖含水率宜为8%～12%。

4.1.4　砖砌体的灰缝应横平竖直、厚薄均匀，并应填满砂浆。墙厚370mm及以上的砌体宜采用双面挂线砌筑。

4.1.5　砌砖工程宜采用“三一”砌砖法。当采用铺浆法砌筑时，铺浆长度不得超过750mm；施工期间气温超过30℃时，铺浆长度不得超过500mm。

注：“三一”砌筑法即为一铲灰、一块砖、一揉压的砌筑方法。

4.1.6　埋入砖砌体中的拉结筋，应设置正确、平直，其外露部分在施工中不得任意弯折。

4.1.7　非直角砌体的角砖宜采用无齿锯加工制作。

4.1.8　砖砌体的尺寸和位置的允许偏差，不应超过表4.1.8的规定。

4.1.9　砖砌体的转角处和交接处应同时砌筑，严禁无可靠措施的内外墙分砌施工。对不能同时砌筑而又必须留置的临时间断处，应砌成斜槎。烧结普通砖砌体的斜槎长度不应小于高度的2/3（图4.1.9-1）；多孔砖砌体的斜槎长高比应按砖的规格尺寸参照图4.1.9-1做适当调整。

施工中不能留斜槎时，除转角处外，可留直槎，但直槎必须做成凸槎，并应加设拉结钢筋。拉结筋的数量为每120mm墙厚放置1根直径6mm的钢筋；间距沿墙高不得超过500mm；埋入长度从墙的留槎处算起，每边均不应小于500mm；末端应有90°弯钩（图4.1.9-2）。

抗震设防地区建筑物的砌砖工程不得留直槎。

注：拉结筋不得穿过烟道和通气孔道。如遇烟道或通气孔道时，拉结筋应分成两股沿孔道两侧平行设置。

砖砌体的尺寸和位置的允许偏差　　表4.1.8

项目			允许偏差(mm) 基础	墙	柱	检验方法
轴线位移			10	10	10	用经纬仪复查或检查施工测量记录
基础顶面和楼面标高			±15	±15	±15	用水平仪复查或检查施工测量记录
墙面垂直度	每层		—	5	5	用2m托线板检查
墙面垂直度	全高	小于或等于10m	—	10	10	用经纬仪或吊线和尺检查
墙面垂直度	全高	大于10m	—	20	20	用经纬仪或吊线和尺检查
表面平整度	清水墙、柱		—	5	5	用2m直尺和楔形塞尺检查
表面平整度	混水墙、柱		—	8	8	用2m直尺和楔形塞尺检查
水平灰缝平直度	清水墙		—	7	—	拉10m线和尺检查
水平灰缝平直度	混水墙		—	10	—	拉10m线和尺检查
水平灰缝厚度（10皮砖累计数）			—	±8	—	与皮数杆比较，用尺检查
清水墙游丁走缝			—	20	—	吊线和尺检查，以每层第一皮砖为准
外墙上下窗口偏移			—	20	—	用经纬仪或吊线检查，以底层窗口为准
门窗洞口宽度（后塞口）			—	±5	—	用尺检查

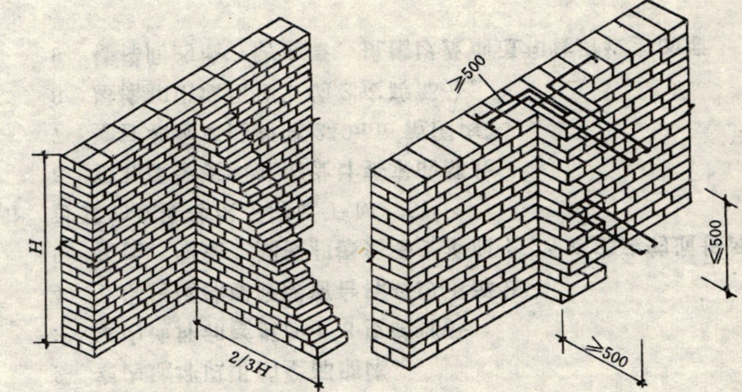

图4.1.9-1　砖砌体斜槎砌筑　　图4.1.9-2　砖砌体直槎和拉结筋

4.1.10　隔墙与墙或柱不能同时砌筑而又不留成斜槎时，可于墙或柱中引出凸槎。对抗震设防区，灰缝中还应预埋拉结筋，其构造应符合本规范第4.1.9条的规定，且每道墙不得少于2根。

4.1.11　砌体接槎时，必须将接槎处的表面清理干净，浇水湿润，并应填实砂浆，保持灰缝平直。

4.2　烧结普通砖砌体

4.2.1　砖砌体应上、下错缝，内外搭砌。实心砌体宜采用一顺一丁、梅花丁或三顺一丁的砌筑形式。砖柱不得采用包心砌法。

4.2.2　砌体水平灰缝的砂浆饱满度不得小于80%；竖缝宜采用挤浆或加浆方法，不得出现透明缝，严禁用水冲浆灌缝。有特殊要求的砌体，灰缝的砂浆饱满度应符合设计要求。

4.2.3　砌体的水平灰缝厚度和竖向灰缝宽度宜为10mm，但不应小于8mm，也不应大于12mm。

4.2.4　每层承重墙的最上1皮砖，240mm厚墙应是整砖丁砌层。在梁或梁垫的下面，砖砌体的阶台水平面上以及砖砌体的挑出层（挑檐、腰线等）中，也应是整砖丁砌层。

4.2.5　砖柱和宽度小于1m的窗间墙，应选用整砖砌筑。半砖和破损的砖应分散使用在受力较小的砖体中和墙心。

4.2.6 在墙上留置临时施工洞口，其侧边离交接处的墙面不应小于 500mm。

9 度以上地震区建筑物的临时施工洞口位置，应会同设计单位研究确定。临时施工洞口的补砌，洞口周围砖块表面应清理干净，并浇水湿润，再用与原墙相同的材料补砌严密。

4.2.7 实心砖平拱过梁的灰缝应砌成楔形缝。灰缝的宽度，在过梁的底面不应小于 5mm；在过梁的顶面不应大于 15mm。

拱脚下面应伸入墙内不小于 20mm，拱底应有 1%的起拱。

4.2.8 砖过梁底部的模板，应在灰缝砂浆强度不低于设计强度的 50%时，方可拆除。

注：砌筑砂浆自然养护时不同温度下强度随龄期的增长关系见附录 A。

4.2.9 设有钢筋混凝土抗风柱的房屋，应在柱顶与屋架以及屋架间的支撑均已连接固定后，方可砌筑山墙。

4.2.10 砌筑水池、化粪池、窨井和检查井，尚应符合下列规定：

1 如设计无要求，一般应采用普通砖和水泥砂浆，并砌筑严实。

2 砌体应同时砌筑，如同时砌筑有困难时，必须砌成斜槎。

3 各种管道及附件，必须在砌筑时按设计要求埋设。

4 防水部分的施工，应符合现行国家标准《地下防水工程施工及验收规范》GBJ 208 中的有关规定。

4.3 空 斗 墙

4.3.1 空斗墙的砌筑形式，如设计无要求，可采用无眠空斗、一眠一斗、一眠二斗或一眠多斗。每隔 1 块斗砖必须砌 1～2 块丁砖，墙面不应有竖向通缝。

注：本条中所列丁砖系指垂直于墙面的侧砌砖；斗砖系指平行于墙面的侧砌砖；眠砖系指垂直于墙面的平砌砖。

4.3.2 空斗墙应用整砖砌筑。砌筑前应试摆，不够整砖处，可加砌丁砖，不得砍凿斗砖。

4.3.3 砌筑空斗墙，应采用水泥混合砂浆。

在有眠空斗墙中，眠砖层与丁砖接触处，除两端外，其余部分不应填塞砂浆（图 4.3.3）。

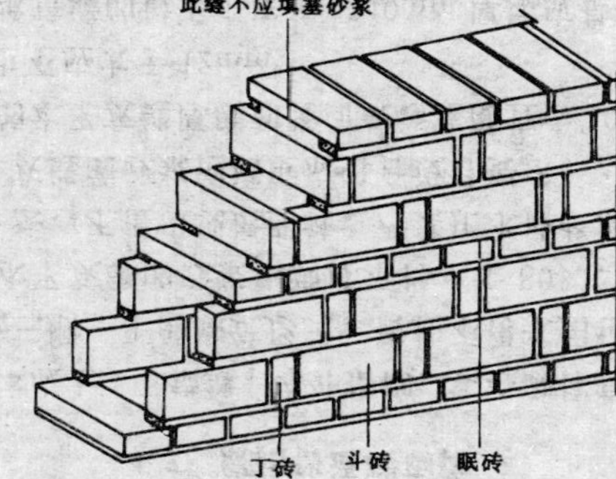

图 4.3.3 一眠一斗空斗墙

4.3.4 空斗墙的水平灰缝厚度和竖向灰缝宽度宜为 10mm，但不应小于 7mm，也不应大于 13mm。

4.3.5 空斗墙中留置的洞口，必须在砌筑时留出，严禁砌完后再行砍凿。

4.3.6 在空斗墙的下列部位，应砌成实砌体（平砌或侧砌）：

1 墙的转角处和交接外。

2 室内地坪以下的全部砌体。

3 室内地坪和楼板面上 3 皮砖部分。

4 三层房屋外墙底层窗台标高以下部分。

5 楼板、圈梁、搁栅和檩条等支承面下 2～4 皮砖的通长部分。砂浆的强度等级不应低于 M2.5。

6 梁和屋架支承处按设计要求的部分。

7 壁柱和洞口的两侧 240mm 范围内。

8 屋檐和山墙压顶下的 2 皮砖部分。

9 楼梯间的墙、防火墙、挑檐以及烟道和管道较多的墙。

10 作填充墙时，与框架拉结筋的连接处。

11 预埋件处。

注：空斗墙与实砌体的竖向连接处，应相互搭砌。

4.3.7 空斗墙的尺寸和位置的偏差，如超过本规范表4.1.8规定的限值时，应拆除重砌或采取补救措施，不应采用敲击的方法校正。

4.4 多孔砖砌体

4.4.1 基础工程和水池、水箱等不得使用多孔砖。

4.4.2 多孔砖在运输装卸过程中，严禁倾倒和抛掷。进场后应按强度等级分类堆放整齐，堆置高度不宜超过2m。

4.4.3 砌体宜采用一顺一丁或梅花丁的砌筑形式。

4.4.4 砌筑砌体时，多孔砖的孔洞应垂直于受压面，砌筑前应试摆。

砌体灰缝应横平竖直，水平灰缝和竖向灰缝宽度应符合本规范第4.2.3条的规定。

4.4.5 砌体水平灰缝砂浆饱满度不得小于80%。竖缝砌筑应刮浆适宜并加浆填灌，不得出现透明缝，严禁用水冲浆灌缝。

4.4.6 多孔砖坡屋顶房屋的顶层内纵墙顶，宜增加支撑端山墙的踏步式墙垛。

4.4.7 门窗洞口的预埋木砖、铁件等应采用与多孔砖横截面一致的规格。

4.5 蒸压（养）砖砌体

4.5.1 本节的蒸压（养）砖系指灰砂砖、粉煤灰砖。蒸压（养）砖自生产之日起，应放置一个月以后，方可用于砌体的施工。

4.5.2 砌筑蒸压（养）砖砌体时，砖的含水率宜为8%～12%，严禁使用干砖或含水饱和的砖。至少应提前2d浇水，不得随浇随砌。

4.5.3 防潮层以上的砖砌体，应采用水泥混合砂浆砌筑；有条件时，可采用高粘结性能的专用砂浆。

4.5.4 蒸压（养）砖砌体的砌筑形式、灰缝砂浆的施工质量要求应符合本规范第4.2.1条～第4.2.3条的规定。

4.5.5 蒸压（养）砖砌体的日砌筑高度不应超过一步脚手架高度或1.5m。

4.5.6 蒸压（养）砖砌体中的过梁应采用钢筋混凝土过梁。

4.6 筒拱

4.6.1 筒拱模板必须放实样配制。模板安装尺寸的允许偏差，应符合下列规定：

1 在任何点上的竖向偏差，不应超过该点拱高的1/200。

2 拱顶位置沿跨度方向的水平偏差，不应超过矢高的1/200。

4.6.2 如设计无要求，拱脚上面4皮砖和拱脚下面6～7皮砖的墙体部分，砂浆强度等级不应低于M5；砂浆强度达到设计强度的50%以上时，方可砌筑拱体。

4.6.3 砌筑筒拱，应符合下列规定：

1 拱体的砌合应错缝。

2 自两侧拱脚同时向拱冠砌筑，且中间一块砖必须塞紧。

3 多跨连续拱的相邻各跨，如不能同时施工，应采取抵消横向推力的措施。

4 拱体的纵、横灰缝应全部用砂浆填满，拱底灰缝宽度宜为5～8mm。

5 拱座斜面应与筒拱轴线垂直，筒拱的纵向缝应与拱的横断面垂直（图4.6.3）。

6 筒拱的纵向两端，一般不宜砌入墙内，其两端与墙面接触的缝隙，应用砂浆填塞（图4.6.3）。

4.6.4 穿过拱体的洞口应在砌筑时留出，洞口的加固环应与周围砌体紧密结合。已砌完的拱体不得任意凿洞。

4.6.5 筒拱砌完后应进行养护，养护期内应防止冲刷、冲击和振动。

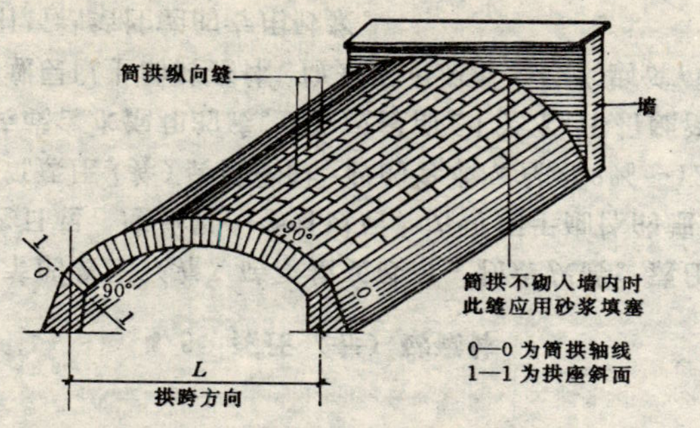

图 4.6.3 筒拱示意图

4.6.6 筒拱的模板，应在保证横向推力不产生有害影响的条件下，方可拆移。拆移时，应先使模板均匀下降 50～200mm，并对砌体进行检查。

有拉杆的筒拱应在拆移模板前，将拉杆按设计要求拉紧。同跨内各根拉杆的拉力应均匀。

4.6.7 当筒拱的砂浆强度不低于设计强度的 70%时，方可在已拆除模板的筒拱上铺设楼面或屋面材料。

在整个施工过程中，拱体受力应当对称。

5 混凝土小型空心砌块工程

5.1 一 般 规 定

5.1.1 本章适用的块体材料包括：普通混凝土小型空心砌块，轻骨料混凝土小型空心砌块（以下简称小砌块）。

5.1.2 承重墙体严禁使用断裂小砌块或壁肋中有竖向裂缝的小砌块。

5.1.3 基础和底层墙体施工前，应分别用钢尺校核房屋的放线尺寸，并根据小砌块尺寸和灰缝厚度确定皮数和排数。砌体的尺寸和位置的允许偏差应符合现行行业标准《混凝土小型空心砌块建筑技术规程》JGJ/T 14 的规定。

5.1.4 底层室内地面以下或防潮层以下的砌体，应采用强度等级不低于 C15 的混凝土灌实砌体的孔洞。

5.1.5 小砌块砌筑时的含水率，对普通混凝土小砌块，宜为自然含水率；当天气干燥炎热时，可提前喷水湿润；对轻骨料混凝土小砌块，宜提前 2d 以上浇水湿润。严禁雨天施工；小砌块表面有浮水时，亦不得施工。

5.1.6 防潮层以上的小砌块砌体，应采用水泥混合砂浆或专用砂浆砌筑，并宜采取改善砂浆和易性和粘结性的措施。

5.2 小 砌 块 砌 筑

5.2.1 砌筑墙体时，小砌块的生产龄期不应小于 28d，并应清除表面污物和芯柱用小砌块孔洞底部的毛边，剔除外观质量不合格的小砌块。

5.2.2 使用单排孔小砌块砌筑墙体时，应对孔错缝搭砌；使用多排孔小砌块砌筑墙体时，应错缝搭砌，搭接长度不应小于 120mm。

墙体的个别部位不能满足上述要求时，应在灰缝中设置拉结钢筋或钢筋网片，但竖向通缝仍不得超过两皮小砌块。

小砌块应底面朝上反砌于墙体上。

5.2.3 墙体的转角处和内外墙交接处应同时砌筑。墙体临时间断处应砌成斜槎，斜槎长度与高度比应按小砌块的规格尺寸确定。

在非抗震设防地区，除外墙转角处外，墙体临时间断处可从墙面伸出 200mm 砌成直槎，并应沿墙高每隔 600mm 设 2ϕ6 拉结筋或钢筋网片；拉结筋或钢筋网片必须准确埋入灰缝或芯柱内；埋入长度，从留槎处算起，每边均不应小于 600mm，外露部分不得随意弯折。

5.2.4 小砌块砌体的水平灰缝应平直，按净面积计算的砂浆饱满度不应低于 80%。

竖向灰缝应采用加浆方法，使其砂浆饱满，严禁用水冲浆灌缝；不得出现瞎缝、透明缝；竖缝的砂浆饱满度不宜低于 80%。

5.2.5 小砌块砌体的水平灰缝厚度和竖向灰缝宽度宜为 10mm，但不应小于 8mm，也不应大于 12mm。砌筑时的一次铺灰长度不宜超过 2 块主规格块体的长度。

5.2.6 需要移动砌体中的小砌块或被撞动的小砌块时，应重新铺砌。

5.2.7 对设计规定的洞口、管道、沟槽和预埋件，应在砌筑墙体时预留和预埋，不得随意打凿已砌好的墙体。

5.2.8 需要在墙上设置脚手眼时，可用辅助规格的小砌块侧砌，利用其孔洞作脚手眼，墙体完工后应采用不低于强度等级为 C15 的混凝土填实。

5.2.9 墙体中作为施工通道的临时洞口，其侧边离交接处的墙面不应小于 600mm，并在顶部设过梁；填砌临时洞口的砌筑砂浆强度等级宜提高一级。

5.2.10 常温条件下，小砌块墙体的日砌筑高度，宜控制在 1.5m 或一步脚手架高度内。

5.3 素混凝土芯柱

5.3.1 砌筑芯柱部位的墙体，宜采用不封底的通孔小砌块，如采用半封底的小砌块，必须清除孔洞底部的毛边。

浇灌芯柱的混凝土，坍落度不应小于 70mm，且宜掺加增大混凝土流动性的外加剂。

5.3.2 在芯柱部位，每层楼的第一皮块体，应采用开口小砌块或 U 型小砌块砌出操作孔，操作孔侧面宜预留连通孔；砌筑开口小砌块或 U 型小砌块时，应随时刮去灰缝内凸出的砂浆，直至一个楼层高度。

5.3.3 浇灌芯柱混凝土，应遵守下列规定：

1 清除孔洞内的杂物，并用水冲洗。

2 砌筑砂浆强度大于 1MPa 后，方可浇灌芯柱混凝土。

3 对整层楼高的芯柱孔洞，先注入适量与芯柱混凝土配比相同的去石水泥砂浆，再浇灌混凝土。每浇灌 400～500mm 高度，捣实一次，或边浇灌边捣实并宜用插入式机械振捣。

4 应事先计算每个芯柱的混凝土用量，按计量浇灌混凝土。

5 芯柱与圈梁交接处，可在圈梁下留置施工缝。

5.3.4 芯柱混凝土在预制楼盖处应贯通，不得削弱芯柱断面尺寸。可采用设置现浇钢筋混凝土板带的方法或预制楼板预留缺口（板端外伸钢筋锚入芯柱）的方法，实施芯柱贯通。

5.3.5 芯柱混凝土的拌制、运输、浇筑、养护、质量检查等的要求，尚应符合现行国家标准《混凝土结构工程施工及验收规范》GB 50204 的要求。

6 砌石工程

6.1 一般规定

6.1.1 石砌体所用的石材应质地坚实，无风化剥落和裂纹。用于清水墙、柱表面的石材，尚应色泽均匀。

6.1.2 石材表面的泥垢、水锈等杂质，砌筑前应清除干净。

6.1.3 石砌体应采用铺浆法砌筑。砂浆必须饱满，叠砌面的粘灰面积（即砂浆饱满度）应大于80%。

6.1.4 石砌体的转角处和交接处应同时砌筑。对不能同时砌筑而又必须留置的临时间断处，应砌成踏步槎。

6.1.5 砂浆初凝后，不得再移动或碰撞已砌筑的石块。如必须移动，再砌筑时，须将原砂浆清理干净，重新铺浆。

6.1.6 石砌体的尺寸和位置的允许偏差，应符合表6.1.6的规定。

石砌体的尺寸和位置的允许偏差　　表6.1.6

项目	允许偏差（mm）								检验方法
	毛石砌体		料石砌体						
	基础	墙	毛料石		粗料石		半细料石	细料石	
			基础	墙	基础	墙	墙、柱	墙、柱	
轴线位移	20	15	20	15	15	10	10	10	用经纬仪、水平仪复查或检查施工测量记录
基础和楼面标高	±25	±15	±25	±15	±15	±15	±10	±10	
砌体厚度	+30	+20 −10	+30	+20 −10	+15	+10 −5	+10 −5	+10 −5	用尺检查

续表

项目		允许偏差（mm）								检验方法
		毛石砌体		料石砌体						
		基础	墙	毛料石		粗料石		半细料石	细料石	
				基础	墙	基础	墙	墙、柱	墙、柱	
墙面垂直度	每层	—	20	—	20	—	10	7	5	用经纬仪或吊线和尺检查
	全高	—	30	—	30	—	25	20	15	
表面平整度	清水墙、柱	—	20	—	20	—	10	7	5	细料石：用2m直尺和楔形塞尺检查 其他：用两直尺垂直于灰缝拉2m线和尺检查
	混水墙、柱	—	20	—	20	—	15	—	—	
清水墙水平灰缝平直度		—	—	—	—	—	10	7	5	拉10m线和尺检查

6.2 毛石砌体

6.2.1 毛石砌体所用的毛石应呈块状，其中部厚度不宜小于150mm。

注：毛石砌体系用乱毛石、平毛石砌成的砌体。乱毛石系指形状不规则的石块；平毛石系指形状不规则，但有两个平面大致平行的石块。

6.2.2 毛石砌体宜分皮卧砌，各皮石块间应利用自然形状经敲打修整使能与先砌石块基本吻合、搭砌紧密；应上下错缝，内外搭砌，不得采用外面侧立石块中间填心的砌筑方法；中间不得有铲口石（尖石倾斜向外的石块）、斧刃石和过桥石（仅在两端搭砌的石块）。

6.2.3 毛石砌体的灰缝厚度宜为20～30mm，石块间不得有相互接触现象。石块间较大的空隙应先填塞砂浆后用碎石块嵌实，不得采用先摆碎石块后塞砂浆或干填碎石块的方法。

6.2.4 砌筑毛石基础的第一皮石块应座浆，并将大面向下。

毛石基础的扩大部分，如做成阶梯形，上级阶梯的石块应至少压砌下级阶梯的 1/2，相邻阶梯的毛石应相互错缝搭砌。

6.2.5 毛石砌体的第一皮及转角处、交接处和洞口处，应用较大的平毛石砌筑。

每个楼层（包括基础）砌体的最上一皮，宜选用较大的毛石砌筑。

6.2.6 毛石砌体必须设置拉结石。拉结石应均匀分布，相互错开，毛石基础同皮内每隔 2m 左右设置一块；毛石墙一般每 $0.7m^2$ 墙面至少应设置一块，且同皮内的中距不应大于 2m。

拉结石的长度，如基础宽度或墙厚等于或小于 400mm，应与宽度或厚度相等；如基础宽度或墙厚大于 400mm，可用两块拉结石内外搭接，搭接长度不应小于 150mm，且其中一块长度不应小于基础宽度或墙厚的 2/3。

6.2.7 毛石砌体每日的砌筑高度，不应超过 1.2m。

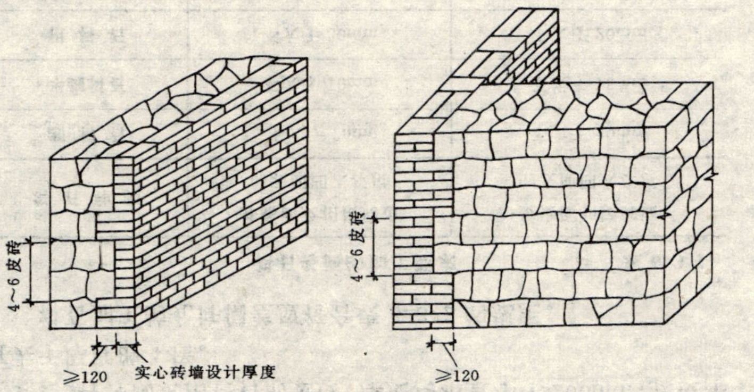

图 6.2.8 毛石和实心砖组合墙

图 6.2.9-1 砖墙和毛石墙面转角处砌筑图

6.2.8 在毛石和实心砖的组合墙中，毛石砌体与砖砌体应同时砌筑，并每隔 4～6 皮砖用 2～3 皮丁砖与毛石砌体拉结砌合（图 6.2.8）。两种砌体间的空隙应用砂浆填满。

6.2.9 毛石墙和砖墙相接的转角处和交接处应同时砌筑。

转角处应自纵墙（或横墙）每隔 4～6 皮砖高度引出不小于 120mm 与横墙（或纵墙）相接（图 6.2.9-1、图 6.2.9-2）；交接处应自纵墙每隔 4～6 皮砖高度引出不小于 120mm 与横墙相接（图 6.2.9-3、图6.2.9-4）。

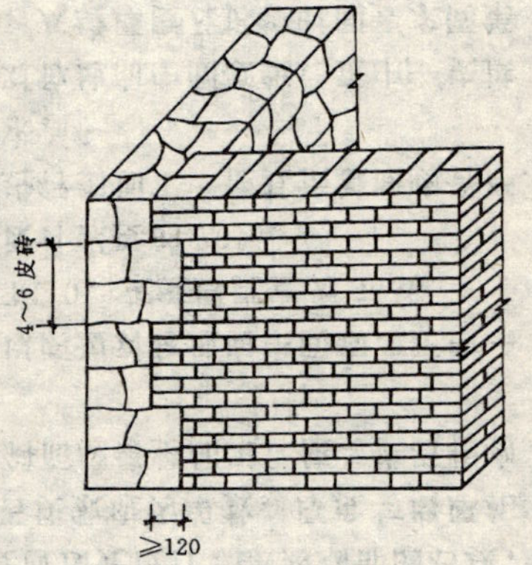

图 6.2.9-2 毛石墙和砖墙的转角处砌筑图

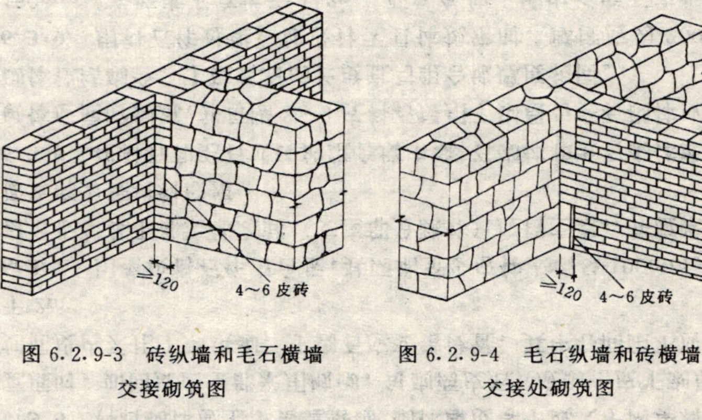

图 6.2.9-3 砖纵墙和毛石横墙交接砌筑图

图 6.2.9-4 毛石纵墙和砖横墙交接处砌筑图

6.3 料石砌体

6.3.1 料石砌体所用的料石，按其加工面的平整程度分为细料石、半细料石、粗料石和毛料石四种。

料石各面的加工要求，应符合表 6.3.1 的规定。

6.3.2 各种砌筑用料石的宽度、厚度均不宜小于 200mm，长度不宜大于厚度的 4 倍。

料石加工的允许偏差应符合表 6.3.2 的规定。

料石各面的加工要求　　表 6.3.1

料石种类	外露面及相接周边的表面凹入深度	叠砌面和接砌面的表面凹入深度
细料石	不大于 2mm	不大于 10mm
半细料石	不大于 10mm	不大于 15mm
粗料石	不大于 20mm	不大于 20mm
毛料石	稍加修整	不大于 25mm

注：①相接周边的表面系指叠砌面、接砌面与外露面相接处 20～30mm 范围内的部分；

②如设计对外露面有特殊要求，应按设计要求加工。

料石加工的允许偏差　　表 6.3.2

料石种类	允许偏差	
	宽度、厚度（mm）	长度（mm）
细料石、半细料石	±3	±5
粗料石	±5	±7
毛料石	±10	±15

注：如设计有特殊要求，应按设计要求加工。

6.3.3 料石砌体的灰缝厚度，应按料石的种类确定：细料石砌体不宜大于 5mm；半细料石砌体不宜大于 10mm；粗料石和毛料石砌体不宜大于 20mm。

6.3.4 砌筑料石砌体时，料石应放置平稳。砂浆铺设厚度应略高于规定灰缝厚度，其高出厚度：细料石、半细料石宜为 3～5mm；粗料石、毛料石宜为 6～8mm。

6.3.5 料石基础砌体的第一皮应用丁砌层座浆砌筑。阶梯形料石基础，上级阶梯的料石应至少压砌下级阶梯的 1/3。

6.3.6 料石砌体应上下错缝搭砌。砌体厚度等于或大于两块料石宽度时，如同皮内全部采用顺砌，每砌两皮后，应砌一皮丁砌层；如同皮内采用丁顺组砌，丁砌石应交错设置，其中心间距不应大于 2m。

6.3.7 用整块料石作窗台板，其两端至少应伸入墙身 100mm。在窗台板与其下部墙体之间（支座部分除外）应留空隙，并应采用沥青麻刀等材料嵌塞。

6.3.8 在料石和毛石或砖的组合墙中，料石砌体和毛石砌体或砖砌体应同时砌筑，并每隔 2～3 皮料石层用丁砌层与毛石砌体或砖砌体拉结砌合。丁砌料石的长度宜与组合墙厚度相同。

6.3.9 用料石作过梁，如设计无具体规定时，厚度应为 200～450mm，净跨度不宜大于 1.2m，两端各伸入墙内长度不应小于 250mm，过梁宽度与墙厚度相等，也可用双拼料石。

过梁上续砌墙时，其正中石块不应小于过梁净跨度的 1/3，其两旁应砌不小于 2/3 过梁净跨度的料石。

6.3.10 用料石作平拱，应按设计图要求加工。如设计无规定，则应加工成楔形（上宽下窄），斜度应预先设计，拱两端部的石块，在拱脚处坡度以 60°为宜。平拱石块数应为单数，厚度与墙厚相等，高度为二皮料石高。拱脚处斜面应修整加工，使与拱石相吻合。

砌筑时，应先支设模板，并以两边对称地向中间砌，正中一块锁石要挤紧。所用砂浆不低于 M10，灰缝厚度宜为 5mm。

拆模时，砂浆强度必须大于设计强度的 70%。

6.3.11 用料石作圆拱，石块应进行细加工，使其接触面吻合严密，形状及尺寸均应符合设计要求。

砌筑时应先支模，并由拱脚对称地向中间砌筑，正中一块拱冠石要对中挤紧。砂浆强度等级、灰缝厚度及拆模时间要求同第

6.3.10 条。

6.4 挡 土 墙

6.4.1 本节适用于建筑场地周围的浆砌毛石、料石挡土墙。

砌筑挡土墙除应按本节执行外，尚应符合本章前三节的有关规定。

6.4.2 砌筑毛石挡土墙应符合下列规定：

1 毛石的中部厚度不宜小于 200mm。

2 每砌 3～4 皮为一个分层高度，每个分层高度应找平一次。

3 外露面的灰缝厚度不得大于 40mm，两个分层高度间的错缝不得小于 80mm。(图 6.4.2)。

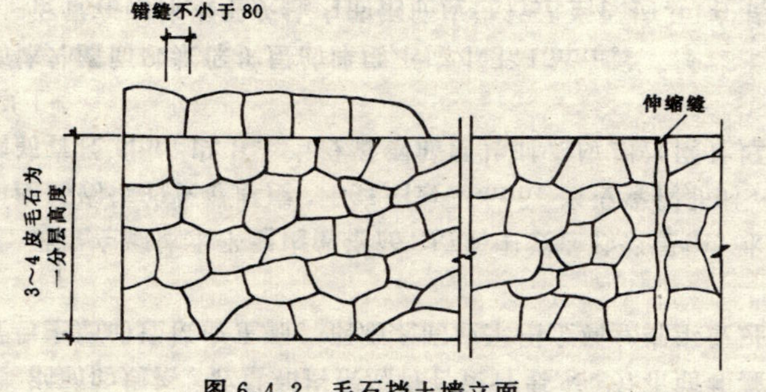

图 6.4.2 毛石挡土墙立面

6.4.3 料石挡土墙宜采用同皮内丁顺相间的砌筑形式。当中间部分用毛石填砌时，丁砌料石伸入毛石部分的长度不应小于 200mm。

6.4.4 砌筑挡土墙，应按照设计要求收坡或收台，设置伸缩缝和泄水孔，但干砌挡土墙可不设泄水孔。如设计无明确规定，泄水孔施工应符合下列规定：

1 泄水孔应均匀设置，在每米高度上间隔 2m 左右设置一个泄水孔。

2 泄水孔宜采取抽管方法留置。

3 泄水孔周围的杂物应清理干净，并在泄水孔与土体间铺设长宽各为 300mm、厚 200mm 的卵石或碎石作疏水层。

6.4.5 挡土墙内侧回填土必须分层夯填，分层松土厚度应为 300mm。墙顶土面应有适当坡度使流水流向挡土墙外侧面。

7 配筋砌体工程

7.1 一 般 规 定

7.1.1 钢筋的品种和性能必须符合设计要求。

7.1.2 钢筋在运输、堆放和使用中，应避免被泥、油或其它对钢筋、砂浆、混凝土有不利化学作用或影响粘结性能的物质所污染。

7.1.3 钢筋的规格、数量和搭接应符合设计要求，分布筋和箍筋的位置与主筋的连接应正确。钢筋之间应采用金属丝绑牢或进行焊接。

7.1.4 设置在砌体水平缝内的钢筋，应居中放在砂浆层中。水平灰缝内配筋砌体的灰缝厚度，不宜超过15mm。当设置钢筋时，应超过钢筋直径6mm以上；当设置钢筋网片时，应超过网片厚度4mm以上。

砌体外露面砂浆保护层的厚度不应小于15mm。

7.1.5 设置在砌体水平灰缝内的钢筋应进行适当保护，可在其表面涂刷钢筋防腐涂料或防锈剂。

7.1.6 伸入砌体内的锚拉钢筋，从接缝处算起，不得少于500mm。

7.1.7 配筋砖砌体和配筋混凝土小型空心砌块砌体的尺寸和位置的允许偏差不应超过表4.1.8和本规范第5.1.3条的规定。

7.1.8 构造柱尺寸允许偏差应符合国家现行行业标准《设置钢筋混凝土构造柱多层砖房抗震技术规程》JGJ/T 13规定。

7.2 配筋砖砌体构件

7.2.1 钢筋砖圈梁内，钢筋搭接长度应大于40倍钢筋直径，端头应做成弯钩。

7.2.2 钢筋砖圈梁和钢筋砖过梁内的钢筋，应均匀、对称放置。

7.2.3 砌筑钢筋砖过梁，如设计无具体要求，底面应铺1∶3水泥砂浆层，其厚度宜为30mm；钢筋应埋入砂浆层中，两端伸入支座砌体内不应小于240mm，并有90°弯钩埋入墙的竖缝内。

钢筋砖过梁的第一皮砖应砌丁砌层。

7.2.4 网状配筋砌体的钢筋网，宜采用焊接网片。当采用连弯钢筋网时，放置前应保持网片的平整。

网片放置后，应将砂浆摊铺平整再砌块材。

7.2.5 由砌体和钢筋混凝土或配筋砂浆面层构成的组合砌体构件，其连接受力钢筋的拉结筋，应在两端做成弯钩，并在砌筑砌体时正确埋入。

7.3 钢筋混凝土构造柱、圈梁和配筋带

7.3.1 设置钢筋混凝土构造柱的砌体，应按先砌墙后浇柱的施工程序进行。

7.3.2 构造柱与墙体的连接处应砌成马牙槎，从每层柱脚开始，先退后进，每一马牙槎沿高度方向的尺寸不宜超过300mm。沿墙高每500mm设2ϕ6拉结钢筋，每边伸入墙内不宜小于1m。预留伸出的拉结钢筋，不得在施工中任意反复弯折，如有歪斜、弯曲，在浇灌混凝土之前，应校正到准确位置并绑扎牢固。

7.3.3 在浇灌砖砌体构造柱混凝土前，必须将砌体和模板浇水润湿，并将模板内的落地灰、砖渣和其它杂物清除干净。砌墙时，应在各层柱的底部（圈梁面上），以及该层二次浇灌段的下端位置留出2皮砖洞眼，供清除模板内杂物用。清除完毕应立即封闭洞眼。

7.3.4 构造柱混凝土可分段浇灌，每段高度不宜大于2m。在施工条件较好并能确保浇灌密实时，亦可每层浇灌一次。浇灌混凝土前，在结合面处先注入适量水泥砂浆（构造柱混凝土配比相同的去石子水泥砂浆），再浇灌混凝土。振捣时，振捣器应避免触碰砖墙，严禁通过砖墙传振。

7.3.5 在砌完一层墙后和浇灌该层构造柱混凝土之前，是否对已

砌好的独立墙片采取临时支撑等措施，应根据风力、墙高确定。必须在该层构造柱混凝土浇完之后，才能进行上一层的施工。

7.3.6 混凝土小型空心砌块工程中，钢筋混凝土芯柱的施工除应遵守本章有关规定外，尚应满足本规范第5.3节的要求。

芯柱内的钢筋，应与基础或基础梁中的预埋钢筋连接，上下楼层的钢筋应在楼板面上连接。

7.3.7 现浇钢筋混凝土圈梁，宜采用硬架支模工艺施工。

7.4 钢筋混凝土填心墙

7.4.1 钢筋混凝土填心墙系将砌好的两个独立墙，用拉筋连接在一起，在两墙之间放置钢筋并浇灌混凝土而成的组合墙体。

7.4.2 钢筋混凝土填心墙可采用低位浇灌混凝土和高位浇灌混凝土两种施工方法，并应符合下列规定：

1 低位浇灌混凝土：两独立墙每次砌筑高度不超过600mm。砌筑中，应按设计要求在墙内设置拉筋，拉筋应与配筋固定连接。当砂浆强度达到使独立墙能承受住混凝土产生的侧压力时，将落入独立墙之间的砂浆和碎渣等杂物清除干净并浇水润湿墙后，浇灌混凝土。这一过程应反复进行，直至墙体全部完成。

2 高位浇灌混凝土：两独立墙砌至全高，但不得超过3m，一片墙与另一片墙的砌筑高度差不应大于墙内拉结筋的竖向间距。砌筑中，应按设计要求在墙内设置拉筋，拉筋与配筋应固定连接。在一片墙的底部应预留清理洞口，待两墙片间落入的砂浆和碎渣等杂物清除干净后，再用同品种、同强度等级的块材和砂浆将洞口堵塞。当砂浆强度达到使独立墙能承受住混凝土产生的侧压力时（不少于3d），应浇水润湿墙面后再浇灌混凝土。

8 填 充 墙

8.1 一 般 规 定

8.1.1 本章适用于框架结构房屋的填充墙砌体工程。

8.1.2 在空心砖、加气混凝土砌块、轻骨料混凝土小型空心砌块的运输、装卸过程中，严禁抛掷和倾倒。进场后应按品种、规格分别堆放整齐，堆置高度不宜超过2m。加气混凝土砌块应防止雨淋。

8.1.3 填充墙砌筑用的空心砖、轻骨料混凝土小型空心砌块应提前1～2d浇水湿润，含水率宜分别为10%～15%和5%～8%；加气混凝土砌块砌筑时，应向砌筑面适量浇水。

8.1.4 用轻骨料混凝土空心砌块和加气混凝土砌块砌筑填充墙时，墙底部应砌烧结普通砖或多孔砖，其高度不宜小于200mm。

8.1.5 砌筑填充墙时，必须把预埋在柱中的拉结钢筋砌入墙内。拉结钢筋的规格、数量、间距、长度应符合设计要求。填充墙与框架柱之间的缝隙应采用砂浆填满。

8.1.6 填充墙砌至接近梁、板底时，应留一定空隙，在抹灰前采用侧砖、或立砖、或砌块斜砌挤紧，其倾斜度宜为60°左右，砌筑砂浆应饱满。

8.1.7 砌体尺寸、位置的允许偏差和检验方法应符合本规范表4.1.8或第5.1.3条的规定。

8.2 空 心 砖 砌 体

8.2.1 空心砖的品种、规格必须符合设计要求。

8.2.2 空心砖的砌筑应上下错缝，砖孔方向应符合设计要求。当设计无具体要求时，宜将砖孔置于水平位置；当砖孔垂直砌筑时，水平铺灰应用套板。砖竖缝应先挂灰后砌筑。

8.2.3 砌体灰缝应横平竖直，水平灰缝和竖向灰缝厚度的要求应符合本规范第 4.2.3 条规定。

砌体灰缝应砂浆饱满。水平灰缝饱满度不得低于 80%，竖缝不得出现透明缝、瞎缝。

8.2.4 管线留置方法，当设计无具体要求时，可采用弹线定位后凿槽或开槽，不得采用斩砖预留槽。

8.3 加气混凝土砌块砌体

8.3.1 加气混凝土砌块施工时的含水率宜小于 15%；对于粉煤灰加气混凝土制品宜小于 20%。

8.3.2 砌筑墙体时，应根据预先绘制的砌块排列图进行，并应设置皮数杆。

8.3.3 不同干密度和强度等级的加气混凝土砌块不应混砌。加气混凝土砌块也不得和其它砖、砌块混砌。

8.3.4 砌筑时应上下错缝，搭接长度不宜小于砌块长度的 1/3，并应不小于 150mm。如不能满足时，在水平灰缝中应设置 2ϕ6 钢筋或 ϕ4 钢筋网片加强，加强筋长度不应小于 500mm。

8.3.5 灰缝应横平竖直，砂浆饱满，垂直缝宜用内外临时夹板灌缝。水平灰缝厚度不得大于 15mm，垂直灰缝不得大于 20mm。

8.3.6 切锯砌块应使用专用工具，不得用斧子或瓦刀等任意砍劈。洞口两侧应选用规则整齐的砌块砌筑。

8.3.7 砌筑外墙时，不得留脚手眼。

8.3.8 加气混凝土砌块墙与框架结构的连接构造、配筋带的设置与构造、门窗框固定方法与过梁做法，以及附墙固定件做法等均应符合设计规定。

门窗框安装宜采用后塞口法施工。

8.3.9 当设计无具体要求时，填充墙与承重墙或柱交接处，应沿墙高 1m 左右设置 2ϕ6 拉结钢筋，伸入墙内长度不得小于 500mm。

8.3.10 墙体洞口下部应放置 2ϕ6 钢筋，伸过洞口两边长度每边不得小于 500mm。

8.4 轻骨料混凝土小型空心砌块砌体

8.4.1 轻骨料混凝土小型空心砌块砌体，除应遵守本章规定外，尚应符合本规范第 5 章的有关规定。

8.4.2 砌块应错缝搭砌，搭接长度不应小于 90mm，如不能保证时，应在灰缝中设置拉结钢筋或网片。

8.4.3 砌体每日砌筑高度不宜超过 1.8m。

9 冬期施工

9.1 一般规定

9.1.1 当室外日平均气温连续5d稳定低于5℃时，砌体工程应采取冬期施工措施，并应在气温突然下降时及时采取防冻措施。

注：①气温根据当地气象资料确定。

②冬期施工期限以外，当日最低气温低于－3℃时，也应按本章的规定执行。

9.1.2 冬期施工所用的材料，应符合下列规定：

1 砌筑前，应清除块材表面污物、冰霜等。遭水浸冻后的砖或砌块不得使用。

2 砂浆宜采用普通硅酸盐水泥拌制。

3 石灰膏、粘土膏和电石膏等应防止受冻，如遭冻结，应经融化后方可使用。

4 拌制砂浆所用的砂，不得含有冰块和直径大于10mm的冻结块。

5 拌合砂浆宜采用两步投料法。水的温度不得超过80℃；砂的温度不得超过40℃。

9.1.3 冬期施工不得使用无水泥配制的砂浆。

9.1.4 普通砖、多孔砖和空心砖在气温高于0℃条件下砌筑时，应适当浇水湿润。在气温低于、等于0℃条件下砌筑时，可不浇水，但必须增大砂浆的稠度。

抗震设计烈度为9度的建筑物，普通砖、多孔砖和空心砖无法浇水湿润时，如无特殊措施，不得砌筑。

9.1.5 冬期施工的砖砌体应按"三一"砌砖法施工，并应采用一顺一丁或梅花丁的排砖方法。

9.1.6 冬期施工中，每日砌筑后应及时在砌筑表面覆盖保温材料，砌筑表面不得留有砂浆。在继续砌筑前，应扫净砌筑表面，然后再施工。

9.1.7 基土不冻胀时，基础可在冻结的地基上砌筑；基土有冻胀性时，必须在未冻的地基上砌筑。在施工时和回填土前，均应防止地基遭受冻结。

9.2 氯盐砂浆法

9.2.1 氯盐砂浆所用的盐类宜为氯化钠。气温在－15℃以下时可掺用双盐（氯化钠和氯化钙）。氯盐砂浆的掺盐量应符合表9.2.1的规定。

氯盐砂浆的掺盐量（占用水量的百分比） 表9.2.1

盐及砌体材料种类			日最低气温（℃）			
			等于或高于－10	－11～－15	－16～－20	低于－20
单盐	氯化钠	砖、砌块	3	5	7	—
		石	4	7	10	—
双盐	氯化钠	砖、砌块	—	—	5	7
	氯化钙		—	—	2	3

注：①掺盐量以无水氯化钠和氯化钙确定。

②氯化钠和氯化钙溶液的比重与含量关系可按本规范附录B换算。

③如有可靠试验依据，也可适当增减盐类的掺量。

④日最低气温低于－20℃时，砌石工程不宜施工。

9.2.2 砂浆使用时的温度不应低于＋5℃。

9.2.3 当日最低气温等于或低于－15℃时，对砌筑承重砌体的砂浆强度等级应按常温施工时提高一级。

9.2.4 氯盐砂浆中掺微沫剂时，盐类溶液和微沫剂溶液必须在拌合中先后加入。

9.2.5 砌体的每日砌筑高度不得超过1.2m。

9.2.6 氯盐砂浆不得在下列情况下采用：

1 对装饰工程有特殊要求的建筑物。

2 处于潮湿环境的建筑物。

3 配筋、铁埋件无可靠的防腐处理措施的砌体。

4 接近高压电线的建筑物。

5 经常处于地下水位变化范围内，而又没有防水措施的砌体。

9.3 冻结法

9.3.1 采用冻结法施工，应会同设计单位制定在施工过程中和解冻期内必要的加固措施。

9.3.2 采用冻结法施工，应保证砌体在解冻期间对强度、稳定和均匀沉降的要求。在解冻期验算砌体强度和稳定时，可按砂浆强度为零进行计算。

9.3.3 当日最低气温高于或等于－25℃，对砌筑承重砌体的砂浆强度等级应按常温施工时提高一级；当日最低气温低于－25℃时，则应提高二级。

9.3.4 砂浆使用时的温度不应低于＋10℃。

9.3.5 为保证砌体在解冻时的正常沉降，尚应符合下列规定：

1 砌体每日的砌筑高度及临时间断处的高度差，均不得大于1.2m。

2 跨度大于0.7m的过梁，应采用预制构件。

3 在门框上部应留出缝隙，其厚度在砖砌体中不应小于5mm；在料石砌体中不应小于3mm。

4 砖砌体的水平灰缝厚度不宜大于10mm。

5 砖砌体中的洞口和沟槽等，宜在解冻前填砌完毕。

6 解冻前，应清除房屋中剩余的建筑材料等临时荷载。

9.3.6 在解冻期间，应经常对砌体进行观测和检查，如发现裂缝、不均匀下沉等情况，应分析原因并立即采取加固措施。

9.3.7 下列砌体，不得采用冻结法施工：

1 空斗墙。

2 毛石砌体。

3 砖薄壳、双曲砖拱、筒拱及承受侧压力的砌体。

4 在解冻期间可能受到振动或其它动力荷载的砌体。

5 在解冻期间不允许发生沉降的结构。

6 混凝土小型空心砌块砌体。

9.4 其它方法

9.4.1 采用掺加外剂法时，施工应符合本规范第9.2节的要求，外加剂应符合现行行业标准《混凝土外加剂应用技术规范》GBJ 119的有关规定，其掺量应通过试验确定。

9.4.2 采用暖棚法施工时，砖、石等块材和砂浆在砌筑时的温度均不应低于＋5℃，距离所砌的结构底面0.5m处的棚内温度也不应低于＋5℃。

9.4.3 在暖棚内的砌体养护时间，应根据暖棚内的温度，按表9.4.3确定。

暖棚法砌体的养护时间（d）　　表9.4.3

暖棚内温度（℃）	5	10	15	20
养护时间不少于（d）	6	5	4	3

10 工 程 验 收

10.0.1 砌体工程应对下列隐蔽项目进行验收：

1 基础砌体。

2 沉降缝、伸缩缝和防震缝。

3 砌体中的预埋拉结筋、网片以及预埋件。

4 素混凝土及钢筋混凝土芯柱、构造柱、圈梁和配筋带。

5 其它隐蔽项目。

10.0.2 砌体工程验收时应提供下列资料：

1 材料的出厂合格证或试验检验资料。

2 砂浆及混凝土试块强度试验报告。

3 砌体工程施工记录。

4 分项工程质量检验评定记录。

5 隐蔽工程验收记录。

6 冬期施工记录。

7 结构尺寸和位置对设计的偏差及检查记录。

8 重大技术问题的处理或修改设计的技术文件。

9 有特殊要求的工程项目应单独验收时的记录。

10 其它必须检查的项目。

11 其它有关文件和记录。

10.0.3 砌体工程的验收，除检查有关文件、记录外，还应进行外观抽查。

10.0.4 当提供的文件、记录及外观检查的结果符合有关现行国家标准的要求时方可进行验收。

附录A 普通硅酸盐水泥和矿渣硅酸盐水泥拌制的砂浆的强度增长关系

用325号、425号普通硅酸盐水泥拌制的砂浆强度增长 **表A-1**

龄期 (d)	不同温度下的砂浆强度百分率（以在20℃时养护28d的强度为100%）							
	1℃	5℃	10℃	15℃	20℃	25℃	30℃	35℃
1	4	6	8	11	15	19	23	25
3	18	25	30	36	43	48	54	60
7	38	46	54	62	69	73	78	82
10	46	55	64	71	78	84	88	92
14	50	61	71	78	85	90	94	98
21	55	67	76	85	93	96	102	104
28	59	71	81	92	100	104	—	—

用325号矿渣硅酸盐水泥拌制的砂浆强度增长 **表A-2**

龄期 (d)	不同温度下的砂浆强度百分率（以在20℃时养护28d的强度为100%）							
	1℃	5℃	10℃	15℃	20℃	25℃	30℃	35℃
1	3	4	5	6	8	11	15	18
3	8	10	13	19	30	40	47	52
7	19	25	33	45	59	64	69	74
10	26	34	44	57	69	75	81	88
14	32	43	54	66	79	87	93	98
21	39	48	60	74	90	96	100	102
28	44	53	65	83	100	104	—	—

用425号矿渣硅酸盐水泥拌制的砂浆强度增长　　表A-3

龄期(d)	不同温度下的砂浆强度百分率（以在20℃时养护28d的强度为100%）							
	1℃	5℃	10℃	15℃	20℃	25℃	30℃	35℃
1	3	4	6	8	11	15	19	22
3	12	18	24	31	39	45	50	56
7	28	37	45	54	61	68	73	77
10	39	47	54	63	72	77	82	86
14	46	55	62	72	82	87	91	95
21	51	61	70	82	92	96	100	104
28	55	66	75	89	100	104	—	—

附录B　氯化钠和氯化钙溶液的比重与含量的关系

氯化钠与氯化钙溶液的比重与含量的关系　　表B

15℃时溶液比重	无水氯化钠含量（kg）		15℃时溶液比重	无水氯化钙含量（kg）	
	1dm³溶液中	1kg溶液中		1dm³溶液中	1kg溶液中
1.02	0.029	0.029	1.02	0.025	0.025
1.03	0.044	0.043	1.03	0.037	0.036
1.04	0.058	0.056	1.04	0.050	0.048
1.05	0.073	0.070	1.05	0.062	0.059
1.06	0.088	0.083	1.06	0.075	0.071
1.07	0.103	0.096	1.07	0.089	0.084
1.08	0.119	0.110	1.08	0.102	0.094
1.09	0.134	0.122	1.09	0.114	0.105
1.10	0.149	0.136	1.10	0.126	0.115
1.11	0.165	0.149	1.11	0.140	0.126
1.12	0.181	0.162	1.12	0.153	0.137
1.13	0.198	0.175	1.13	0.166	0.147
1.14	0.214	0.188	1.14	0.180	0.158
1.15	0.230	0.200	1.15	0.193	0.168
1.16	0.246	0.212	1.16	0.206	0.178
1.17	0.263	0.224	1.17	0.221	0.189
1.175	0.271	0.231	1.18	0.236	0.199
			1.19	0.249	0.209
			1.20	0.263	0.219
			1.21	0.276	0.228
			1.22	0.290	0.238

附录C　本规范用词说明

C.0.1 为了便于在执行本规范条文时区别对待，对要求严格程度不同的用词说明如下：

1 表示很严格，非这样做不可的用词：

正面词采用“必须”，反面词采用“严禁”。

2 表示严格，在正常情况下均应这样做的用词：

正面词采用“应”，反面词采用“不应”或“不得”。

3 表示允许稍有选择，在条件许可时，首先应这样做的用词：

正面词采用“宜”或“可”，反面词采用“不宜”。

C.0.2 条文中指明必须按其它有关标准、规范执行时，采用“应按……执行”或“应符合……要求或规定”。

中华人民共和国国家标准

砌体工程施工及验收规范

GB 50203—98

条 文 说 明

目　次

1 总 则

1.0.1 制订本规范的目的，是为了对砌体结构工程施工及验收中统一技术要求，保证质量，做到技术先进、经济合理、安全使用，因此增加本条文。

1.0.2 本规范对原规范的适用范围作了修改，增加了混凝土小型空心砌块、配筋砌体及填充墙的章节内容。

工业与民用建筑包括房屋和构筑物，而此处的构筑物系指一般与房屋有关的常用构筑物，如生活用烟囱、炉灶、水池、化粪池、窨井、沟槽、围墙以及建筑物场地周围的石砌挡土墙等。

铁路、公路和水工建筑等中的涵洞、护坡、桥墩和挡土墙等砌石工程因各有特殊要求，且各主管部门均订有专门的规范、规程，故不包括在本规范范围内。

1.0.3 全国划分抗震设防（指设计烈度七度及七度以上）的地区，所占比例较大，而砌体工程的施工与抗震要求的关系较为密切，故本规范保留原规范抗震施工要求。关于抗震设防的构造措施，主要应由设计规范作出规定，同时也为了避免重复，故本条规定，在施工时尚应符合现行国标《建筑抗震设计规范》中的有关规定。新规范仅对原规范条文做了文字上的修改。

1.0.5 安全技术、劳动保护和防火要求等，施工时必须按国家现行有关标准、规范的规定执行。新规范仅对原规范条文做了文字上的修改。

2 基本规定

2.0.1 本条文是原规范第1.0.4条的修改。

在砌体工程中，只有应用合格的材料才可能砌筑出符合质量要求的工程。砖、砌块、石块、水泥、钢材及各种外加剂的质量证明书是工业与民用建筑单位工程质量评定中必须具备的质量保证资料之一。因此，作为砌体工程的主要材料，提出应具有质量证明书的要求。

水泥是工程建设大量使用的材料之一，是砌筑砂浆的主要胶结材料。我国水泥生产量大，生产厂家极多，生产规模、工艺、质量控制水平等各异，从而影响水泥质量的稳定性，尤其是星罗棋布的小窑生产的水泥质量稳定性较差，经常出现体积安定性不合格的现象，造成工程质量事故的为数不少。因此，近些年来，很多地区都规定，对一些地方水泥进场后要求进行安定性复试。随着施工技术的发展，外加剂已成为砌筑砂浆的一个组成部分。外加剂的质量虽有行业标准《砂浆、混凝土防水剂标准》JG 474、《混凝土外加剂应用技术规范》GBJ 119等可遵循，但是由于目前外加剂生产、销售市场比较混乱，质量控制不严，甚至出现假冒产品，同时，受各地水泥品质的影响，外加剂的应用效果存在着差别，单纯按产品说明书加以应用是不妥的，一般也应用当地材料通过实际试验来确定其掺量。因此，对有复试要求的材料，增加复试合格的要求。

2.0.2 工序质量是保证工程质量的基础，分项、分部工程质量是评定分部、单位工程质量的依据，若出现不合格的分项工程，则相应分部工程乃至单位工程都将不合格。若地基基础质量不好，不仅影响砌体质量，也影响整个工程质量。在《建筑安装工程质量检验评定统一标准》GBJ 300中，明确要求，当分项工程质量不符合相应质量检验评定标准合格的规定时，必须及时处理。因此本条要求，砌体工程应在地基或基础工程验评合格后方可施工。新规范仅对原规范条文的个别文字做了修改。

2.0.4，2.0.5 基础砌筑放线是确定建筑平面的基础工作，砌筑基础前校核放线尺寸、控制放线精度，在建筑施工中具有重要意义。校核用钢尺应根据计量器具管理规定，按规定周期检定，并正确维护、保管和使用，以确保准确度。

2.0.6 实践证明，使用皮数杆对保证砌体灰缝一致，避免砌体发生错缝、错皮的作用较大。在调研中发现，有些单位对这一措施往往重视不够，故本条对设置皮数杆问题再予强调，并明确要求在皮数杆上必须按设计规定的层高，施工规定的灰缝大小及施工现场的块材规格，计算出灰缝厚度，并算出结构变化部位的位置，以保证砌体的砌筑质量。

本条仅将原规范条文中砖石规格改为块材规格，以便把其他砌体包括进去。

2.0.7 基础高低台的合理搭接，对保证基础砌体的整体性至关重要。从受力角度考虑，基础扩大部分的高度与荷载、地耐力等有关。故本条规定，对有高低台的基础，应从低处砌起，在设计无要求时，基础高低台的搭接长度不应小于基础扩大部分的高度。

内外墙同时砌筑可以保证墙体结构部位的整体性，从而大大提高砌体结构的抗震性能。唐山地震中，诸多层砖混结构建筑，虽内隔墙未倒，楼板未塌，但外纵墙因与内隔墙咬砌部位较少或接槎不好而被摔出。现很多砖混结构建筑已采取设构造柱的加强措施，无构造柱部位不能同时砌筑时，应按规定留置斜槎和设拉结钢筋，并认真做好接槎处理。

2.0.8 基础砌完后，为防止基础浸水，保护基础砌体并方便后续工序施工，本条强调应及时回填，并应遵守《土方和爆破工程施工及验收规范》GBJ 201 的有关规定。砌体工程未达到承载能力而单侧填土，则容易造成砌体过大的侧向位移变形，甚至倒塌，也影响砌体强度的正常发展。

2.0.9 对于基础防潮层的施工，经调研有些单位重视不够，在设计无具体要求时，各地做法也不一致。为此，根据各地的经验，本条推荐采用1∶2.5水泥砂浆加适量防水剂的作法，这样，施工时容易压实抹光，但考虑各地防水剂品种不一，纯度和浓度也各异，所以对防水剂的掺量不作具体规定。

防潮层的位置，应根据建筑物的具体情况而定，故不作统一规定（一般设置在室内地坪下一皮砖处）。

采用卷材作基础墙的水平防潮层，往往在该处形成上、下砌体间的分隔现象，对抗震不利。因此，规定抗震设防地区的建筑物，不应采用此作法。

此条文在原规范条文上仅做了个别文字修改。

2.0.10 施工中，一般对砌筑前的准备工作不够重视，常因砌筑部位清扫不净或不洒水湿润，而使铺设的砂浆不能很好粘结，影响砌体强度，特别是抗剪强度。将原规范中“基础、防潮层、楼板等表面”改为“砌筑部位”，这样范围更广些，以适应各类砌体，也可适用砌体停止施工一段时间后再继续施工的情况。

2.0.11 伸缩缝、沉降缝、防震缝中，若有砂浆、块材碎渣和杂物等，这样各种缝就很难起到应起的作用。

原条文中“砌体的伸缩缝、沉降缝、抗震缝”概念不准确，故取消“砌体的”几个字，并将原条文中碎砖改为块材碎渣，以和本规范适用范围相对应。

2.0.12 独立柱包括砖、石和砌块砌筑的独立柱。

砖砌体门窗洞口两侧不得设置脚手眼的范围由180mm改为200mm，转角处由430mm改为450mm以及脚手眼的大小的限定由80mm×140mm改为110mm×140mm，主要是考虑适应多孔砖模数的要求，对普通砖来说无实质性变化。

2.0.13 本条强调对砌体表面的平整、垂直、灰缝厚度以及砂浆的饱满度等应由有关施工人员，根据岗位责任制随砌随检查，并及时进行纠正。对这四“度”的检查要贯彻自检和专职检相结合的原则，特别要强调改正和处理的及时性，否则易造成返工和影响砌体质量。平整度、垂直度的校正应尽量在砂浆初凝前进行，最迟不得超过终凝时间，以免采取撬击等方法矫正时造成砌体粘结不良甚至脱开，影响砌体质量或造成返工事故。

2.0.14 我国很多地区处于地震设防区，《建筑抗震设计规范》第5.3.1条明确规定：多层砖房应按要求设置钢筋混凝土构造柱。因此现在施工多层砖混结构建筑都设有若干构造柱。构造柱将砌体结构自然分成了若干部分，因而为砌体分段施工提供了便利，故增加了工作段的分段位置可设在构造柱外。

为了替留置斜槎创造有利条件（指操作和运输方便），并有利于保证墙体的稳定性和组织流水施工，故规定砌体临时间断处的高度差，不得超过一个楼层的高度。

2.0.15 多层砖混住宅建筑和其它多层砌体结构，由于楼层施工平面运输和过人的需要，常在单元分隔墙等横墙中留置临时洞口。据调查，留置洞口方法、式样各不相同，封口接槎往往不好，造成该部位砌体整体性下降，影响砌体质量，故要求临时洞口顶部应设置过梁，并预埋水平拉结钢筋，对洞口净宽度也作出了适当限制。

2.0.16 实际施工管理中，常存在各工种之间不配合或配合不紧的现象（特别是土建与安装工种之间的配合），造成事后打洞凿槽等问题，直接影响到砌体的质量，故本条强调预留、预埋。

为保证砌体的整体性，对宽度超过 300mm 的洞要求砌筑平拱或设置过梁。

多孔砖、空心砖、小砌块等块体材料中间多为孔洞或空腔，周边为较薄的实体部分，如在该类砌体墙面留置水平沟槽，则减少块体有效承载截面过多，影响砌体强度。且在竖直荷载作用下，易造成该部位过大的偏心受力，于砌体承载极为不利，故不得在该类砌体表面留置水平沟槽。砌体结构设计和施工的国际建议中，也明确提出"水平或对角线开槽一般是不允许的，除非设计采用时在其计算中已考虑这个因素并书面同意。"

考虑到砌体中预埋件的使用效能和使用寿命，注中要求预埋件应作防腐处理，并对木砖与门窗的钉接也提出了要求。

2.0.17 多层或高层建筑中一般都设计有通气道、垃圾道等竖向通道，常采用预制件安装，以节约人力、物力，加快进度。调查发现有的安装接缝不严，造成串气等问题，影响使用，故本条提出接缝处外侧宜设槽口，安装后用1∶2水泥砂浆填封密实，并在安装时座浆。

2.0.18 砌体结构设计和施工的国际建议（CIB）第二部分砌体结构的材料说明和施工砌筑中，就材料规定、质量控制、砌体的砌筑和细部构造要求等提出了具体的建议。其中质量控制内容包括工厂控制、施工控制、砂浆强度控制、砖或砌块强度控制和墙体的尺寸控制等，工厂控制分A、B二级，施工控制分A、B、C三级。

为了逐步和国际上同类标准接轨，参照国际标准的有关内容及其控制实质，根据我国工程建设的特点、管理方式、施工技术水平和管理水平、质量等级评定标准等，本条提出砌体施工质量控制等级分为A、B、C三级及其相应的等级要求。

砂浆强度直接影响砌体强度，特别对抗剪强度影响更明显，保证砂浆强度是确保砌体强度的重要环节。因此，无论哪个质量等级，均必须满足质量检验评定标准中关于砂浆强度保证项目的基本要求。

在各种砌筑条件中均相同的情况下，砌筑工人的技术熟练程度对砌体质量也有着很大的影响，这是不言而喻的。对一个技术熟练的工人来说，一些不利的砌筑条件可以通过其娴熟的技术来得到弥补和改善，因此，本条通过控制操作工人的技术等级来间接反映对技术熟练程度的要求。虽然我国目前工人的技术等级并不完全反映其技术水平，但总体上说还是接近的。

砌体施工质量控制等级，当设计无规定时，可由建设、设计、工程监理等单位共同商定。

2.0.19 本条规定对保证砌体质量很重要。同时强调标高偏差的调整宜逐步缓慢校正，不宜一次调整完成。

2.0.20 调研发现施工堆载问题很多地方未引起施工管理人员和操作人员的足够重视。特别是楼面上砌筑施工时，常发现以下几种超载现象：一是集中卸料造成楼面超载；二是抢进度或遇停电时，提前集中备料造成超载；三是采用井架或门架上料时，吊篮停置位置偏高，接料平台倾斜有坎，运料车辆出吊篮后对进料口房间楼面产生较大的冲击荷载。这些超载现象常使楼板底面产生横向裂缝，造成质量问题。因此本条要求楼面（屋面）堆载不得超过楼板的允许荷载值，施工层进料口楼板下宜采取临时加撑措施。

2.0.21 预制板底与墙顶面是否紧密接触对砌体强度影响很大。目前施工中搁置混凝土预制板的墙体顶面，往往忽略了找平这道工序，而在楼板安装时也不进行座浆，致使墙体受力不均匀，安装的预制板因底面不平而不够平稳，对平顶和地面抹灰工程产生不利影响。

2.0.22 表 2.0.22 的数值系根据 1956 年《建筑安装工程施工及验收暂行技术规范》第二篇中表一规定推算而得。验算时，为偏于安全计，略去了墙或柱底部砂浆与楼板（或下部墙体）间的粘结作用，只考虑墙体的自重，进行倾覆验算。

经验算，原表一的安全系数在 1.1 至 1.5 之间，表 2.0.22 按原表一反算求得的安全系数为：对 190、240mm 厚墙，$K=1.12$；对 370mm 厚墙，$K=1.41$；对 490mm 厚墙，$K=1.49$；对 620mm 厚墙，$K=1.46$。

为了比较切合实际和查对方便，将原表一中的风压值 40、70 千克力/平方米改为 0.3、0.4、0.6kN/m^2 三种，并列出风的相应级数。

施工处标高可按下式计算：

$$H = H_0 + \frac{h}{2}$$

式中 H——施工处的标高（m）；

H_0——起始计算自由高度处的标高（m）；

h——表 2.0.22 内相应的允许自由高度值（m）。

对于设置圈梁的墙和柱，其砌筑高度在未达圈梁位置时，应从地面算起；超过圈梁时，则可从最近的一道圈梁处算起，但此时圈梁的混凝土强度应达到 5N/mm^2 以上。

本条仅对计量单位作了改变，采用了法定计量单位。

2.0.23 对蒸压（养）灰砂砖、粉煤灰砖及混凝土小型空心砌块，由于本身吸水率较低，雨天施工会降低砂浆强度，影响砌体质量，故该类砌体雨天不宜施工。

2.0.24 本条对清水墙面在勾缝前的准备工作提出了要求，以保证勾缝质量。在内容上强调了脚手眼补砌时先将眼内清理干净并洒水湿润的施工要求，以保证补砌的粘结质量。新规范仅对原规范条文做了个别文字上的修改。

2.0.25 为使清水墙面的勾缝作到美观、牢固，本条明确规定"应采用加浆勾缝"，并建议勾缝砂浆采用细砂拌制。根据实践经验，1∶1.5 的水泥砂浆和易性较好，也便于压实抹光。

本规范规定，内墙勾缝也可采用原浆勾缝或原浆刮平，考虑到建筑物内墙面大多做抹灰，不做抹灰的则一般质量要求不高，故允许内墙面也可采用原浆勾缝，但必须随砌随勾，并使灰缝光滑密实，不允许省略勾缝这道工序。

新规范仅对原规范条文做了个别文字上的修改。

2.0.26 本条保留原条文对勾缝形式和质量要求的规定，这是根据各地经验，综合考虑墙面美观和砂浆饱满度的要求，规定凹缝深度一般为 4～5mm；空斗墙采用平缝是为了不降低砌体的受力性能。

目前各地施工中，墙面勾缝后往往不清扫干净，从而影响墙面的美观，故强调"勾缝完毕后，应清扫墙面"的规定。

新规范条文在原规范条文基础上，增加了混凝土小型空心砌块墙勾缝的规定。

2.0.27 本条文中"附墙烟囱"指与墙同时砌筑的烟囱，避免与工业独立烟囱混淆。

在调研中，从不少单位的施工实践证明，采用桶式提芯工具，一般可做到烟囱内壁光滑，灰缝砂浆密实，并有效地防止烟囱堵塞，故强调第 2.0.27 条第 6 款，建议推广使用。

新规范上将原规范条文的注变为正文。

2.0.28 保留本条的理由与第 2.0.27 条第 6 款相同，但通气孔道与烟囱分属不同砌筑对象，故另列一条。

3 砌筑砂浆

3.1 原材料的要求

3.1.1 目前有些地区施工现场的水泥保管比较混乱，为了避免水泥变质、混杂而引起质量事故或材料浪费，本条对水泥保管提出了要求。此外，本条在原条文的基础上增加了“快硬硅酸盐水泥出厂日期超过一个月时，应进行复试的规定。”

由于各种水泥成分不一，当不同品种的水泥混合使用后往往会发生材性变化或强度降低现象，引起工程质量问题，故规定不同品种的水泥，不得混合使用。

3.1.2 采用中砂拌制砂浆，既能满足和易性要求，又能节约水泥，因此建议优先采用。砂中含泥量过大，不但会增加砂浆的水泥用量，还可能使砂浆的收缩值增大，耐久性降低，影响砌体质量。对于水泥砂浆，当砂的含泥量过大，尽管没有另加塑化剂，但实际上已经成为水泥粘土砂浆，况且砂中含泥量和一般使用的粘土膏在性质上也有一定的差异，难以满足某些条件下的使用要求。M5 以上的水泥混合砂浆，如砂子含泥量过大，有可能已达到或超过所需塑化剂的掺量，而塑化剂掺量过多，又对砂浆强度不利，因此，本条规定，对于水泥砂浆和强度等级不小于 M5 的水泥混合砂浆，含泥量不应超过 5%；对于强度等级小于 M5 的水泥混合砂浆，不应超过 10%。

除特细砂外，本条还增加了人工砂、山砂在砌筑砂浆中的应用。但由于人工砂、山砂及特细砂含泥量一般较大，如按上述规定执行，则某些地区施工用砂需要外地运去，这样影响正常施工，又增加工程成本，故本条规定，经试配能满足砌筑砂浆技术条件下，含泥量可适当放宽。

3.1.3 为使石灰能充分熟化，根据各地经验为使石灰膏充分熟化，规定其熟化时间不得少于7d；对于磨细生石灰粉，其熟化时间不得少于2d。另外为了保证石灰膏的质量，要求石灰膏应防止干燥、冻结和污染。脱水硬化的石灰膏及消石灰粉因不能起塑化作用又影响砂浆强度，故严禁使用。

为了使粘土或亚粘土制备的粘土膏达到所需细度，从而起到塑化作用，因此规定要用搅拌机搅拌，且过筛，而粘土中有机物含量过高会降低砂浆质量，因此用比色法鉴定合格后方可使用。

粉煤灰、建筑生石灰、建筑生石灰粉在砌筑砂浆中的使用，为了保证砌筑砂浆的质量，均应符合现行行业标准的质量要求。

3.1.4 砂浆中掺入有机塑化剂可使砂浆具有良好的和易性，并减少了石灰膏的用量，故不少地区已推广使用。但目前生产有机塑化剂的厂家较多，质量差异较大，故本条规定有机塑化剂的使用要求。

3.1.5 在砂浆中掺入外加剂的数量，应根据设计要求经试配确定，过少将达不到设计要求，而过多时将不能满足设计要求或会影响砂浆强度。

3.1.6 考虑到目前水源污染比较普遍，当水中含有有害物质时，将会影响水泥的正常凝结，并可能对钢筋产生锈蚀作用，故要求拌制砂浆应采用不含有害物质的洁净水。这里所说的有害物质，主要指能影响水泥正常凝结的有害杂质或油脂、糖类等。凡能饮用的水，均能拌制砂浆。本条文增加了其它水源的应用规定；对于其它水源，当水质符合现行行业标准《混凝土拌合用水标准》JGJ 63，方可使用。

3.2 砂浆的配合比

3.2.1 砂浆材料配合比不准确，是砂浆达不到设计强度等级和砂浆强度离散性较大的主要原因。按体积比计量，水泥因操作方法不同，其密度变化幅度约为900～1200kg/m³，砂因含水量不同，其密度变化达20%以上。这样必然大大影响砂浆配料的精确度。甘肃省第五建筑公司在试验室内对重量比和体积比两种计量方法作了对比，得出，采用重量比和体积比拌制的砂浆，其强度变异系数分别为0.86%～15.8%和2.51%～27.9%。如果在施工现场，上者的差别将会更大，为了确保砂浆质量，必须采用重量比；又因施工单位的施工及管理水平不同，故砂浆的配合比应根据计算和试配确定。

由于配料的精确度会影响配合比，因此，对其要求也作出相应规定。

3.2.2 目前，在砂浆中掺用的无机或有机塑化剂已有多种材料可供选用，故不必采用不经济的增加水泥用量的办法来获取砂浆良好的保水性。新规范条文中取消了"皂化松香（微沫剂）"字样，这是考虑有机塑化剂有更广的范围。

3.2.3 为了保证水泥砂浆的保水性，满足分层度的要求，本条规定采纳了行业标准《砌筑砂浆配合比设计规程》JGJ/T 98中对水泥砂浆的最少水泥用量不宜小于200kg/m³的规定。

3.2.4 为保证砂浆具有良好的保水性，并为了施工中便于执行，并据现行国家行业标准《砌筑砂浆配合比设计规程》JGJ/T 98编制组大量试验结果，对各种砂浆统一规定其分层度不大于30mm。

3.2.5 砂浆中掺入石灰膏等无机塑化剂，有利于改善砂浆和易性，提高砌筑质量，但掺量过多，则砂浆强度明显降低。鉴于无机塑化剂的稠度与掺量直接有关，即稠度愈小，掺量愈大。行业标准《砌筑砂浆配合比设计规程》JGJ/T 98规定，石灰膏、粘土膏和电石膏试配时的稠度，一般应为120±5mm，对施工现场应用广泛的石灰膏不同稠度规定了换算系数。故将原条文中的"一般为12厘米"做了相应的改动，并补充了石灰膏不同稠度时的换算系数，以便确定石灰膏掺量。

3.2.6 由于各施工单位的砌筑质量水平不同，相对应的砂浆现场强度的离散性也大不相同，加之建筑物要求的质量水平也不相同。为保证做到安全适用、确保质量、经济合理，砂浆的配合比的设计与试配，应按表2.0.18中砂浆强度离散性的规定及《砌筑砂浆配合比设计规程》JGJ/T 98 执行。

3.2.7 砂浆的原材料是直接影响砂浆强度的主要因素。当原材有变化时，原配合比作废，应重新确定配合比。

3.2.8 水泥石灰砂浆中掺入有机塑化剂可降低石灰膏的用量，但根据国内各地的对比试验，加入有机塑化剂的砂浆，其砌体开裂荷载高于水泥石灰砂浆，而破坏荷载低于水泥石灰砂浆。故本条规定，石灰膏的用量最多可减少一半，以保证砌体具有一定的延性，应考虑砌体抗压强度降低 10%的不利影响，并依此重新考虑砂浆的配合比。

3.3 砂浆的拌制及使用

3.3.1 由于人工拌合砂浆不易搅拌均匀，而目前一般施工企业基本上均备有砂浆搅拌机，故本条规定，砂浆应采用机械拌合。同时，为指导合理使用设备以及使物料充分拌合，保证砂浆拌合质量，将原规范规定的砂浆拌合时间修改为，水泥砂浆和水泥混合砂浆不得少于 2min；水泥粉煤灰砂浆和掺用外加剂的砂浆，不得少于 3min。

3.3.2 本条将各种砌体所需的砂浆稠度统一列表作出规定，以便选用。

本条将原规范规定的普通烧结砖的砂浆稠度 70～100mm，改为 70～90mm，并增加了轻骨料小型砌块、普通混凝土小型砌体及加气混凝土砌块砌体砂浆稠度的内容。在规定砂浆稠度范围时，主要考虑了块材的吸水性能、砌体受力特点及气候条件诸因素。

3.3.3 现行《砌体结构设计规范》GBJ 3 中第 2.2.1 条、第 2.2.2 条、第 2.2.3 条规定，当用水泥砂浆代替水泥混合砂浆时，砌体的抗压强度和抗剪、抗拉强度分别考虑降低 15%和 25%，故在施工中应根据原设计强度要求，换算水泥砂浆的强度等级，并依此及《砌筑砂浆配合比设计规程》JGJ/T 98 而设计施工配合比。

3.3.4 由于掺用有机塑化剂的砂浆需很好搅拌才能充分发泡，而且搅拌时间过短或过长，砂浆强度都有所下降，故本条规定必须采用机械拌合和搅拌时间的限制。

3.3.5 为了避免砂浆漏浆和失水过快，故要求砂浆拌合后和使用过程中都存在贮灰器内（包括铁板）。当砂浆存放时间较长，或者经长距离运输后，都可能会产生分层泌水现象，这样将使操作不便，且不容易保证灰缝砂浆的饱满度，另外还会影响砂浆的粘结力。故规定砂浆出现泌水现象时，应重新进行二次拌合，才能使用。二次拌合可人工拌合，拌合时应使砂浆稠度符合施工要求。

3.3.6 根据湖南、山东、广东、四川、陕西等地的试验结果表明，在一般气温情况下，水泥砂浆和水泥混合砂浆在 3h 和 4h 内使用完，及在施工温度超 30℃时，在 2h 和 3h 使用完，砂浆强度降低一般不超过 20%。经计算在 MU10 砖和 M5 砂浆情况下，按全部砂浆强度均降低 20%计，砌体抗压强度降低 7.7%。因大部分砂浆已在规定的时间内陆续使用完毕，故对整个砌体强度来讲，其影响很小。

3.3.7 对有特殊要求的砂浆，如防水砂浆、耐酸砂浆等，不但要满足本规范的要求，还需满足设计及相应标准的要求。

3.4 试块抽样及强度评定

3.4.1 为保证砂浆试样具有统一性和代表性，规定砂浆试样应在搅拌机出料口随机取样、制作，并规定一组试样应在同一盘砂浆中取样制作，同盘砂浆只应制作一组试样。

3.4.2 在施工中，有时采用一台以上搅拌机拌制砂浆的情况，而每台搅拌机的配料和搅拌情况都不完全相同，故规定每一工作班每台搅拌机都要取样检查砂浆强度。为使砂浆试块具有代表性，还规定了每一楼层或 250m³ 砌体中的各种强度等级的砂浆至少制作一组试块。基础砌体按一个楼层计，以便按规定制作试块。

此条文系在原条文基础上做了局部删改而成的。

3.4.3 砂浆试块的制作、养护、取值，现行行业标准《建筑砂浆基本性能试验方法》JGJ 70 已有明确规定，本条规定照此执行。

3.4.4 《砌体结构设计规范》GBJ 3 对砂浆的强度等级是按试块

的抗压强度平均值定义的，并在此基础上考虑砂浆抗压强度降低25%的条件下确定砌体强度。并且《建筑工程质量检验评定标准》GBJ 301将此评定条件已应用多年，实践证明，满足结构可靠性的要求，故本规范引进采用此条来评定砂浆强度的施工质量。

3.4.5 砌体的质量与砂浆、砖的强度等级、施工工艺及砌筑质量有关，为保证砌体的质量能满足设计要求，本规范规定在以下情况下，应对砌体进行原位检测：砂浆试块缺乏代表性或试块数量不足；对砂浆试块的试验结果有怀疑或争议；砂浆试块的试验结果，已判定不能满足设计要求，需要确定砂浆或砌体强度。

4 砌砖工程

4.1 一般规定

4.1.1 砌砖工程包括：烧结普通砖、蒸压（养）砖及烧结多孔砖砌体工程，简称普通砖砌体工程及多孔砖砌体工程。

4.1.2 由于在本规范第2.0.1条中已作了砌体工程所用的材料应符合设计要求的规定，因此，在本条中就取消了相应的内容。用于清水墙、柱表面的砖，根据砌体外观质量的需要，应边角整齐、色泽均匀。

4.1.3 原规范要求砖在砌筑前浇水湿润，不够具体，调研中不少地区建议对此规定应具体些。根据北京二公司、陕西省八公司及湖南大学的试验，及施工现场经验，认为可根据气候条件，砖在提前1～2d浇水最为合适。严禁砌筑前临时浇水的施工方法，这主要是为了避免砖表面存有水膜，而影响砌体质量。

砌筑灰砂砖、粉煤灰砖砌体时，其含水率由原规范规定的5%～8%更改为8%～12%，这是由对比试验结果得到的。四川省建筑科学研究院通过十字型试件的法向粘结力对比试验得出，当粉煤灰砖的含水率为5%～8%时，法向粘结力则为0.1～0.14MPa之间，砖含水率为10.7%时，其法向粘结力为0.17MPa，前者仅相当于后者的57%～80%，故建议砖的含水率改为8%～12%。湖南省长沙市城建科研所对灰砂砖的对比试验结果表明，灰砂砖的含水率宜为7%～12%。因此，砌筑这类砌体时，砖的含水率统一规定为8%～12%。施工现场抽查砖的含水率的简化方法仍可采用现场断砖，砖截面四周融水深度为15～20mm视为符合要求。因砖的含水率直接影响砌体质量，故现场砖含水率应严格检验，检验方法按现行国家标准《烧结普通砖》GB5101中对砖含水率的测试方法，或其它可靠的测试方法。

4.1.4 灰缝横平竖直，厚薄均匀，并填满砂浆，关系到砌体的质量，对清水墙还影响美观。故本规范对原条文进行了修改，增加了厚薄均匀的要求。

为保证砌筑墙面的垂直度和表面平整度，对墙厚大于370mm的砌体，砌筑时宜采用双面挂线的方法。

4.1.5 众所周知，增加砂浆饱满度（水平与竖缝砂浆饱满度）可以提高砌体抗剪强度。通过调查了解到，目前使用大铲的地区，绝大部分都采用“三一”砌砖法，这种方法不论对水平灰缝还是竖向灰缝的砂浆饱满度都是有利的，故本规范强调砌体工程宜采用“三一”砌砖法。使用瓦刀的铺浆砌筑法，铺浆长度对水平灰缝砂浆饱满度有一定的影响，且关系到砖与砂浆间的粘结。根据陕西省建筑科学研究设计院对铺浆后不同时间砌筑的试验结果，采用铺浆法砌筑时，铺浆长度不得超过750mm，施工期间气温超过30℃时，铺灰长度不得超过500mm。

此条文为原规范第4.2.2条后两条注的修改条文。

4.1.6 由于联结墙体的钢筋和因抗震需要而设置的钢筋都是拉结作用，是保证砌体整体性和抗震共同工作的关键。钢筋不平直，影响受力作用；任意弯折拉结筋的外露部分，易松动钢筋，从而影响锚固效果，故施工中应高度重视，严格执行。

4.1.7 对非直角外墙平面角砖的要求，是为了满足设计要求，保证施工进度和砌筑质量。

4.1.8 经调研，《砌体的尺寸和位置允许偏差表》中的项目和允许值是合理的、可靠的，故此条文予以保留。

4.1.9 内外墙节点砌筑质量是保证砖砌体结构性能及抗震性的关键之一，通过陕西省建筑科学研究设计院的试验分析证明，内、外墙分砌，其砌体整体抗震性能远小于同时砌筑的抗震性能，且不能满足设计要求。加之为保证砌体在正常沉降下的内、外墙抗开裂性能，故保留此条文。

鉴于对原规范条文所写“如临时间断处留斜槎确有困难时”的理解，往往把不便和不习惯视为确有困难，从而给规范的正确理解和执行带来一些问题。因此，新规范将此段文字改为“特殊施工留槎”。对条文中的“不能留斜槎”要正确理解，应该在确保砌筑工程质量的前提下，根据设备、劳力等条件，考虑同时砌筑或留置斜槎。当施工中因客观条件的限制，无法留置斜槎时，则应经过具体施工单位的技术负责人同意，并提出相应的技术措施后，方可留置直槎，但直槎必须做成凸槎，绝不能因怕麻烦而随意将斜槎改为直槎。留置直槎时，其位置、配设的拉结筋以及接槎要求等，都必须严格遵守本规范的规定。

根据唐山等地区的震害教训，可以看出，一般墙体破坏主要发生在留直槎处，且接槎处砂浆不饱满，故规定抗震设防地区建筑物的临时间断处不得留成直槎。

4.1.10 原规范条文经调研，其规定合理，便于施工，且能保证结构的整体性和抗震性能，基本内容予以保留。本条文将原条文中“阴、阳槎”改为“凹、凸槎”；对抗震设防区，留槎处作了还应预埋拉结筋的新规定。

4.1.11 墙体连接的质量与留槎、接槎都直接有关。接槎时，必须将槎缝处清理干净，浇水湿润，并填实砂浆，以增强砌体的粘结力和整体性，故保留此条文。

4.2 烧结普通砖砌体

4.2.1 一顺一丁、梅花丁和三顺一丁等砌筑形式在砌体施工中采用较多，且整体性较好，而五顺一丁因横向拉结较差，且各地现已极少采用，故未提及。

据以往调查，甘肃、吉林、陕西等地曾发生过砖柱倒塌事故，经分析与采用包心砌法有关，故本条仍保留了原规范的规定，不得采用包心砌法。

4.2.2 水平灰缝饱满度不小于80%的规定，沿用已久。又根据四川省建研院试验结果，当水泥混合砂浆水平灰缝饱满度达到73.6%时，则可满足设计规范所规定的砌体抗压强度值，故仍保留这一规定。

竖灰缝砂浆饱满度的优劣对砌体的抗剪强度、弹性模量都直接影响，原规范列举了四川省建研院试验得到的竖缝无砂浆的砌体抗剪强度比竖缝有砂浆的砌体抗剪强度降低23%的结果，故本条文增加了竖缝宜采用挤浆或加浆方法，不得出现透明缝。

本条文将原规范注中"有特殊要求的砌体，灰缝的砂浆饱满度应符合设计要求"的内容列入正文，以视从严。

4.2.3 试验证明灰缝厚度和宽度一般为10mm的规定是合适的，故予以保留。

4.2.4 保留了原规范条文的内容，从严明确了丁砌层是整砖丁砌层，杜绝了外丁内"破"砖的现象，即将原规范条文中注的内容纳人正文。

4.2.5 本条所指的整砖，包括砌筑墙体时必须使用的错缝砖（俗称找砖）在内。对半砖和破损的砖的使用部位的规定，是为了保证砌体的整体性和受力。

4.2.6 在墙体上留置临时洞口，限于施工条件，有时确实难免。但留洞不当，必然削弱墙体的整体性，或造成洞口砌体变形。为此，本条对留洞的位置和补砌要求均作出了具体规定，以保证砌体质量。

抗震设防地区的建筑物留洞口时，必须考虑墙体所承受的剪力。为确保使用安全，本条强调，当设计烈度为9度以上时，临时施工洞口位置，应会同设计单位研究决定。临时施工洞口的补砌要求，较原规范条文清楚。

4.2.7 本条内容沿用原规范规定，未作修改。由于空心砖砌筑平拱式过梁目前尚缺乏经验和资料，故明确此条只适用于实心砖砌平拱式过梁。

4.2.8 砂浆要有一定强度后砌体方可承受荷载作用，因此，考虑原规范执行情况，保留原规定。从科学性出发，规定砂浆强度一般以实测强度为准，或按本规范附录A进行换算。

4.2.9 为保证施工安全，原条文对设有钢筋混凝土抗风柱的房屋砌筑山墙前的施工程序作出规定，是必要的。

4.2.10 水池、化粪池、窨井和检查井等的施工，在防渗方面较一般砖砌体要求高，故根据各地的经验，保留本条。其中：(1) 根据《砌体结构设计规范》GBJ 3"地面以下或防潮层以下的砌体，不应采用空心砖、硅酸盐砖和硅酸盐砌块"的规定，故规定这类构筑物一般采用普通砖砌筑。(2) 为了满足防渗的要求，规定应采用水泥砂浆，并要求砌筑严密，虽然对水平和竖向灰缝的砂浆饱满度未作具体数字规定，但其含义应比一般砖砌体的要求有所提高。(3) 考虑到这类构筑物的施工工作面比较小，一般均能同时砌筑。当同时砌筑确有困难时，留置斜槎也完全可以作到，故从保证构筑物整体性出发，规定必须砌成斜槎。(4) 规定管道和所有预埋件均必须在砌筑时埋设，是为了避免事后凿洞补埋，而产生渗漏现象。

4.3 空 斗 墙

4.3.1 现行国家标准《砌体结构设计规范》GBJ 3中规定，各种砌筑形式的空斗墙，其抗压强度值均采用相同数值，故本条规定，在设计无要求时，几种空斗墙砌筑形式均可以采用。

4.3.2 由于空斗墙中的眠砖和丁砖的中间部分悬空，墙体稳定性也比一般实心墙为差，为了便于施工操作和保证砌筑质量，故规定采用整砖砌筑。因斗砖很难砍齐，故试摆不够整砖时，规定可加砌丁砖，而不允许对斗砖砍凿。

4.3.3 砌筑空斗墙一般采用提刀灰，要求砂浆有较好的和易性，在《砌体结构设计规范》GBJ 3中规定，空斗墙的砂浆强度等级不超过M5，故本条规定，为保证砌体的强度和整体性，应采用水泥混合砂浆。为了避免折断眠砖，本条文规定眠砖悬空部分不应填塞砂浆。

4.3.4 根据空斗墙砌筑特点，其水平灰缝厚度和竖向灰缝宽度比一般砖砌体幅度稍大一些，故保留了原规范"不应小于7mm，也不应大于13mm"的规定。

4.3.5 因为空斗墙的整体性较差，为了保证空斗墙的完整性和相应的可靠性，故作本条规定。

4.3.6 本条根据空斗墙的特点及结构构造要求规定了十一款，规定洞口及墙的有关部位应砌成实砌体，并规定了空斗墙与实砌体的竖向连接处，应相互搭砌，以明确任何部位都不允许留成无槎的直缝，使两种形式的墙体，组成较好的整体。

4.3.7 本条文关于空斗墙不应采取敲击方法进行校正的规定，对保证空斗墙质量和稳定性至关重要。

4.4 多孔砖砌体

4.4.1 基础工程处于潮湿环境中，有的处于水位以下，有的还会遇到侵蚀介质，因此从耐久性要求出发，基础工程不得使用多孔砖；水池、水塔等属储液结构，要求壁体结构密实抗渗，故也不得使用多孔砖。

4.4.2 多孔砖在运输装卸中，如倾倒或抛掷，容易破损，破损的多孔砖难以使用，并造成浪费损失。据有关单位测定，人工二次倒运的空心砖破损率是实心砖的 2～3 倍。堆置高度过高，则取砖不方便，也易造成倾倒损失。

4.4.3 空心砖采用一顺一丁和梅花丁的砌筑方式是目前各单位主要采用的砌筑方式。

4.4.4 多孔砖的孔洞垂直于受压面是为了确保块体具有最大的有效受压面积，有利于块体受力，同时孔洞垂直于水平灰缝，部分砂浆深入孔洞周壁和孔内，加大了水平砂浆层和块体间的摩阻力，可提高砌体的抗剪强度。砌筑前试摆是为了确定合适的组砌方式，并通过调整灰缝大小的办法使砌体平面尺寸和块体尺寸相协调。鉴于新规范将多孔砖砌体单列一节，因此，在此条文中增加了对砌体灰缝横平竖直、厚度、砂浆饱满度的要求，原因同普通粘土砖砌体。

4.4.5 由于多孔砖比普通砖厚得多，采用普通挤密办法砌筑不能保证竖缝砂浆饱满，易出现透明缝，因此，不仅要求砌筑时进行刮浆处理，块体砌摆到位后，尚要从上部加浆填满竖缝，但严禁用水冲浆灌缝，否则会冲失水泥浆，降低砂浆强度，影响砌体质量。

4.4.6 坡屋顶房屋顶层内纵墙顶增加支撑山墙的踏步式墙垛，是为了增强山墙的抗震和抗风载能力。

4.4.7 多孔砖比普通规格砖厚得多，如用常规尺寸埋件，则不易埋设牢固，故本条强调埋件规格应与多孔砖横截面一致。

4.5 蒸压（养）砖砌体

4.5.1 灰砂砖、粉煤灰砖出釜后早期收缩值大。如果这时用于墙体，将会出现明显的收缩裂缝。因而要求出釜后停放一个月左右，使其早期收缩值在此期间内完成大部分，这是预防墙体早期开裂的一个重要技术措施。

4.5.2 灰砂砖及粉煤灰砖具有吸水滞后的特征，因此规定至少应提前 2d 浇水。砌筑时，严禁砖的含水率达到或接近饱和状态，因为这类砖的吸水速度和失水速度较烧结普通砖慢得多，在正常的砌筑速度情况下，砖块可能游动，导致墙体弯曲变形。

4.5.3 灰砂砖、粉煤灰砖的砌体抗剪强度仅相当于烧结普通砖砌体的 2/3，如果使用水泥砂浆砌筑墙体，其抗剪强度还要下降约 25%。为此，规定防潮层以上的墙体，应采用混合砂浆，或采用高粘结性能的砂浆。

4.5.4 同烧结普通砖砌体。

4.5.5 考虑到蒸压（养）砖吸水（失水）速度慢的特性，如果每次连续砌筑高度超过一步脚手架或 1.5m，墙体稳定性差，易产生变形，故作出本条规定。

4.5.6 蒸压（养）砖砌体的法向粘结力和切向粘结力均较低，所以在砌体中的过梁应采用钢筋混凝土过梁。

4.6 筒　　拱

4.6.1 由于拱体模板尺寸精确度要求较高，为了使其符合设计要求并且严格控制施工中规定的允许偏差，因而本条保留了“筒拱模板必须放实样配制”的规定。

4.6.2 原规范规定的“如设计无要求，拱脚上面4皮砖和拱脚下面6～7皮砖的墙体部分，……”，经多年的施工验证，能确保筒拱的安全及施工质量控制，是合理的，故保留此条文。

4.6.3 本条第二款中“且中间一块砖必须塞紧”一句，意即拱体的砖排成单数，中间一块砖塞紧后可合理组成拱体，以保证筒拱的质量。其它款项规定出了筒拱的施工工艺要求。为保证筒拱的受力和整体性，强调了拱体的纵、横灰缝应填满砂浆。

4.6.4 为保证砌筑好的拱体不受开凿的影响，本条规定洞口应在砌筑时留出，洞口的加固环应与周围的砌体紧密结合，并规定已砌好的拱体不得任意凿洞。

4.6.5 筒拱砌成后，必须做好养护工作，以保证拱体质量。本条对养护期间提出一些应该注意的事项，很有必要，故予以保留。

4.6.6 为保证拱体在拆移模板时的安全，特制定此条文，即“横向推力不产生有害影响”，并规定了“同跨内各根拉杆的拉力应均匀”，以保证拱体均匀受力。

4.6.7 为保证拱体上铺设荷载时筒拱的安全性，故保留此条文。

半边荷载对筒拱受力最为不利。因此，不单在铺设楼面或屋面材料时，而且在整个施工过程中都应避免，因为施工中常常有半边堆放砖或其他建筑材料的情况。所以，本条十分强调“在整个施工过程中，拱体应对称受荷”。

5 混凝土小型空心砌块工程

5.1 一般规定

5.1.1 目前小砌块种类较多，本章规定系针对承重墙体用的普通混凝土小砌块和轻骨料混凝土小砌块。

5.1.2 使用断裂小砌块或壁肋中有竖向裂缝的小砌块砌筑墙体，其承载能力将受到较大的削弱，所以承重墙体严禁使用这两类有缺陷的小砌块。

5.1.3 单个小砌块的体积比普通砖大得多，且砌筑时必须使用整块，不象普通砖那样可以较随意的砍凿，为此应事先计算皮数和排数，保证砌体平面尺寸和高度是块体加灰缝尺寸的倍数。

5.1.4 房屋底层室内地面以下或防潮层以下的砌体，环境比较潮湿，为保证其受力和耐久性，故作此条规定。

5.1.5 普通混凝土小砌块吸水率很小，吸水速度迟缓，砌筑前可以不浇水，但在天气炎热干燥条件下，可提前洒水湿润。使用较潮湿的小砌块砌筑墙体，易产生“走浆”现象，墙体稳定性差，并影响灰缝的砂浆饱满度和砌体抗剪强度，故严禁雨天施工；小砌块表面也不得有浮水。轻骨料小砌块吸水率较高，应根据轻骨料的品种，在砌筑前洒水湿润，以保证砂浆不致于失水过快而影响砌体强度。

5.1.6 从使用要求出发提出此条规定。

5.2 小砌块砌筑

5.2.1 由于小砌块墙体易产生收缩裂缝，故规定小砌块于生产龄期不小于28d后再使用，使其收缩值在早期完成大部分，可减缓墙体的裂缝。

5.2.2 单排孔小砌块对孔错缝搭砌，其壁肋能够较好地传递竖向荷载；墙体整体性好；有利于浇灌芯柱的混凝土。小砌块底部的肋略厚，上部的肋较薄，砌筑时为便于铺放砂浆，其底面应朝上。有关设计规范的砌体抗压设计计算指标，即是基于这些条件的标准试件的试验结果而确定的。所以，施工中应严格遵守本条规定。

多排孔小砌块多是由于房屋保温隔热要求而用于外墙部位，其孔洞多为窄条孔，不易做到对孔砌筑，但要求错缝搭砌，上、下块体搭接长度不应小于120mm。当搭接长度小于此值，从墙面纵向观察，竖向灰缝接近于通缝，对墙体受力不利。

5.2.3 本条系总结工程施工经验并参照本规范砖砌体施工中的相关条文而编制的。

5.2.4 本条对砂浆饱满度的要求，均高于砖砌体的规定。其原因一是由于小砌块的壁肋较窄，应提出更高的要求；二是砂浆饱满度对砌体抗压和抗剪强度影响较大，其中抗剪强度较低又是小砌块砌体的一个弱点；三是考虑了建筑物理性能（如抗渗）的需要。只要严格要求，施工中是可以做到的。

5.2.5 根据小砌块外形的平整度，规定了砌体水平灰缝厚度和竖向灰缝宽度，以及其正负误差。具体取值则与砖砌体一致，这样也便于施工检查。多年施工经验表明，这些规定是合适的。

5.2.6 小砌块块体较大，单个块体对墙、柱的影响大于单块砖对墙体的影响，故作出此条规定。

5.2.7 小砌块的壁肋较薄，如果在墙面上打凿孔洞，必然严重削弱墙体受力的有效面积并增大偏心距，对墙体正常受力极为不利。

5.2.8～5.2.10 总经施工经验，提出这些要求。

5.3 素混凝土芯柱

5.3.1 素混凝土芯柱和钢筋混凝土芯柱一样，是保证小砌块建筑整体工作性能的重要构造措施。为此，必须保证芯柱的施工质量。本条是保证芯柱的断面尺寸和浇灌密实性的施工措施之一。

5.3.2 芯柱部位的底部，在砌体上砌出操作孔，便于清除芯柱孔洞中的灰渣等杂物，以及绑扎或焊接钢筋。

5.3.3 本条系浇灌芯柱混凝土的操作要点及应注意的主要事项。芯柱属于隐蔽工程，难以检查其密实程度，即使发现问题，采取补救措施也较麻烦。以往实际工程施工中，曾发生芯柱混凝土不连续（中间断开几百毫米）、振捣不密实等弊病，因此应严格执行本条规定。

5.3.4 安放预制楼盖的墙体处，既要保证楼板支承长度，又不得削弱芯柱断面尺寸，有的施工单位往往重视不够，顾此失彼。本条提出了两条处置方法，供使用者选用。

5.3.5 芯柱混凝土因是砌体的一个组成部分，所以应相应满足《混凝土结构工程施工及验收规范》GB 50204 的要求。

6 砌石工程

6.1 一般规定

6.1.1 本条对石砌体所用石材的质量作出了一些规定，以满足砌体强度要求，并从美观角度出发，要求用于清水墙、柱表面的石材，应色泽均匀。对于石材强度和岩种的要求，应由设计决定，这在本规范 2.0.1 条中已有规定。

6.1.2 为了确保石材与砂浆粘结牢固，本条规定石材表面的泥垢及水锈等杂质，在砌筑前都应清除干净。

6.1.3 本条将毛石和料石应用铺浆法砌筑的规定统一合并，并根据福建省多年来的实践经验，增加了砂浆必须饱满，叠砌面的粘灰面积（即砂浆饱满度）应大于 80% 的规定。原规范条文对砂浆稠度的规定，鉴于本规范已在第 3.3.2 条作出了规定，故略去。

6.1.4 本条将毛石及料石砌体的转角处和交接处的砌筑要求予以合并。首先要求同时砌筑，对不能同时砌筑又必须留置的临时间断处，考虑到石砌体所用石材自重较大和毛石外形不规则等原因，如果留置直槎，既影响砌体的整体性，又因不便接槎而难以保证质量，故规定应砌成踏步槎。

6.1.5 砂浆初凝后，如果再移动或碰撞已砌筑的石块，砂浆的内部及砂浆与石块的粘结面已形成的粘结力会被破坏，使砌体产生内伤，降低砌体强度，故本条作出了严格的规定。

6.1.6 经过多年来的工程实践证明，石砌体的尺寸和位置的允许偏差按原规范要求执行是可行的，故保留该条文。

6.2 毛石砌体

6.2.1 考虑到石块过小或过薄，都会影响砌体的强度和搭砌效果，故要求石块应呈块状，而不应是片状、楔状和针状，并规定其中部厚度不宜小于 150mm（指毛石的主要规格）。

将注中对平毛石的解释，由"大致有两个平行面的石块"改为"有两个平面大致平行的石块"，使含义更确切，避免引起误解。

6.2.2 由于毛石砌体一般以几皮为一分层高度，为保证砌筑质量，本条规定分皮卧砌，在施工中，应根据各皮石块间利用自然形状经敲打修整使能与先砌石块基本吻合，搭接紧密；为保证砌体的整体性及砌体内部的拉结作用，应上下错缝，内外搭砌，不得采用外面侧立石块中间填心的砌筑方法；中间不得有铲口石（尖石倾斜向外的石块）、斧刃石和过桥石（仅在两端搭砌的石块）。

6.2.3 毛石砌体的灰缝厚度，原条文规定为 20～30mm，根据调研，是合适的，故予以保留。

众所周知，砂浆饱满度是影响砌体强度的一个重要因素，为保证砌筑质量，本条要求砂浆应饱满，施工中应特别注意防止石块间无浆直接接触的情况。由于毛石形状不规则，棱角多，在叠砌时容易形成空隙，故为了保证砌体强度和稳定性，本条强调对较大的空隙，应采用先填塞砂浆后用碎石块嵌实的合理工艺，并规定不得采用先摆碎石块后塞砂浆或干填碎石块的方法。

6.2.4 为使毛石基础与地基或基础垫层粘结紧密，保证传力均匀和石块平稳，故要求砌筑第一皮石块应座浆并将大面向下。

毛石基础的扩大部分为阶梯形时，考虑到如果顺向压砌不够，则易于翘动，影响砌体的稳定性，故本条规定，上级阶梯应至少压砌下级阶梯石块的 1/2。同时，相邻阶梯的毛石应相互错缝搭砌，以保证砌体质量。

6.2.5 本条要求在砌体中影响受力的一些重要部位配砌平毛石，以加强砌体的拉结强度。同时，为使砌体传力均匀及搁置的楼板（或屋面板）平稳牢固，要求在每个楼层（包括基础）砌体的顶面，选用较大的毛石砌筑。

6.2.6 设置拉结石，是保证毛石砌体整体性的重要因素之一，但在实际施工中，这一问题往往不被重视，甚至有漏设现象，为此，本条参照原规范条文作出对毛石墙设置拉结石的具体规定。此外，本条还增加了毛石基础同皮内每隔 2m 左右设置一块拉结石的规定，使其受力可靠。

根据调研及有关资料介绍，毛石墙厚度一般为 400mm 左右，大于 400mm 的不多。结合石材实际情况，为合理设置拉结石，故本条规定，如基础宽度或墙厚等于和小于 400mm 时，拉结石的长度应为基础宽度或墙厚；如基础宽度和墙厚大于 400mm 时，则允许采用两块石块搭接，但必须内外搭接并保持一定的搭接长度，以保证砌体的整体性。经征求意见，大都认为，对搭接长度不小于 150mm，其中一块的长度不小于墙厚的 2/3 的规定，还是比较合理的。

6.2.7 考虑到毛石本身的形状不规则性及自重较大，而砌筑时砂浆强度的增长又较缓慢，如日砌筑高度过大，将难以保证砌体的稳定性，严重时甚至会发生倒塌情况，故本条规定“不应超过 1.2m”，以强调控制日砌高度的重要性。

6.2.8 本条规定毛石和实心砖的组合墙中，毛石砌体与砖砌体应同时砌筑，是为了确保砌体的整体性。

原条文规定，“每隔 4～6 皮砖用 2～3 皮砖与毛石砌体拉结砌合”。一般 2～3 皮砖的厚度约为 120～180mm，与毛石的中部尺寸相近，这样既可保证拉结良好，也便于砌筑。

6.2.9 据调查，一些地区有时为了就地取材和适应建筑要求，而采用砖和毛石两种材料分别砌筑纵墙和横墙。针对这一情况，为了加强墙体的整体性和便于施工，故参照砖墙的留槎规定和本规范 6.2.8 条对组合墙的连接要求，仍保留了本条规定。

6.3 料石砌体

6.3.1 对原规范此条的执行情况，没有收集到反对意见，故予保留。对外露面及相接周边的表面，主要考虑外观需要以及砌筑中保证砌体平稳、受压均匀，避免因压力集中于相接周边处而造成料石裂缝、掉角等因素。对于叠砌面和接砌面因在砌体中并不外露，不需要与外露面作同样的加工要求，而主要应从保证砌筑质量考虑。

6.3.2 料石的长度与厚度、宽度的比例关系，主要应从料石的抗折性能考虑，不同的材质，其抗折性能也不同。原规范规定，料石的宽度和厚度均不宜小于 200mm，长度不宜大于厚度的 4 倍。这样规定除比较符合实际外，而且不影响砌体的受力性能，各地施工时也比较灵活，可以根据当地的石质和使用经验，确定料石长度。

原规范对料石的宽度、厚度和长度作出加工允许偏差的规定，是合理的，故予以保留。

6.3.3 根据调研，原规范规定的灰缝厚度符合实际，故予以保留。

6.3.4 砂浆受载后会发生压缩，由于各种料石加工表面的凹入深度不同，施工要求的灰缝厚度也不同，因而砂浆在灰缝中的压缩量也随之有所差异。为此，本条根据料石的品种，规定了砂浆铺设厚度高出规定灰缝厚度的相应数值，以保证最后（即经过压缩后）的灰缝厚度符合要求。在施工时，还应根据气候、砂浆稠度等情况，按实际经验适当调整。

6.3.5 为了使料石基础砌体与地基或基础垫层接触紧密，并作到传力均匀，故规定第一皮料石采用丁砌层座浆砌筑。由于料石的外形方整，稳定性比毛石砌体好，因此，规定在阶梯形料石基础中，上级阶梯应至少压砌下级阶梯料石的 1/3，这比毛石砌体的压砌宽度 1/2 要小一些。

6.3.6 为了增强料石砌体的整体性，在原规范中对组砌方式作了规定。本规范将予以保留。

6.3.7 经调研，在窗台板与其下面的墙体之间，如果不留空隙，整块窗台板往往容易折断，故将本条文保留了“应留空隙”的规定。另外，根据对福建、广东等地的调查，在空隙中嵌塞粘土砂浆，效果也比较好，但这属于地方性经验，故未列入条文中。本规范依照工程建设技术标准编写要求，删除了原规范条文中“以免因两端下沉而折断石块”字样。

6.3.8 原条文强调了“丁砌料石的长度宜与组合墙厚度相同”的规定，以加强组合墙的整体性。故予以保留。

6.3.9 经调研，用料石作过梁应用较为广泛，根据福建省地方标准《砖石工程施工技术操作规程》DBJ 13—203及应用情况，本规范增加了此条文。为保证过梁的可靠性，本条对料石过梁的厚度、净跨度、两端伸入墙内长度均作了相应规定。过梁宽度与墙厚相等，如用双拼料石，每块料石的宽度也不会太小，且不影响垂直受力，故可采用双拼料石过梁。在过梁上继续砌墙时，正中石块不应小于过梁净跨的1/3，其两旁应砌上不小于2/3过梁净跨的料石的规定，主要是要尽量减小梁中部的受力，使其安全。

6.3.10 对于料石平拱，设计一般都有具体要求，应严格按设计要求加工和施工。当设计无具体要求时，为保证平拱的可靠性，本条规定了应将料石加工成楔形，斜度应预先设计。拱两端部的石块，在拱脚处坡度以60°为宜，这是为了保证平拱料石间有足够的压应力。正中一块锁石挤紧，可产生横向挤压作用，增强整体性。所用砂浆不低于M10，灰缝厚度宜为5mm的规定，能减少砂浆收缩和增强平拱的整体性。

6.3.11 为保证料石圆拱的受力和砌筑质量，应按设计图纸要求对料石加工，并应遵守6.3.10的有关规定。

6.4 挡 土 墙

6.4.1 因公路、铁路、水利工程的挡土墙具有自身特点，而且各有关部门都订有专门规程，故本条明确指出本节的挡土墙，只限于建筑场地周围的浆砌毛石或料石挡土墙。在砌筑要求上，由于许多地方与一般石砌体相同，故应按本章执行，对于其不同的地方，本节作了一些补充规定。

6.4.2 由于挡土墙一般体积较大，故要求所用毛石的中部厚度相应增大，但为了节约砂浆和确保砌体质量，施工时，毛石宜大小搭配使用。

本条规定每砌3～4皮为一个分层高度，并应找平一次，是为了能及时发现并纠正砌筑中的偏差，以保证工程质量。

挡土墙的厚度和所用的石材尺寸一般都较大，因而其外露面的灰缝厚度也相应比一般毛石砌体稍大些，故规定“不得大于40mm”。另外，为增强砌体的整体性，参照有关技术资料，规定“两分层高度间的错缝不得小于80mm”。

6.4.3 从挡土墙的整体性和稳定性考虑，对料石挡土墙，建议采用同皮内丁顺相间的砌合法砌筑。当设计未作具体要求时，从经济上考虑，中间部分可填砌毛石，但为了保证拉结强度，规定丁砌料石伸入毛石部分的长度不应小于200mm。

6.4.4 挡土墙因承受侧向压力，一般为变截面，故砌筑时，应按设计要求架立坡度样板进行收坡或收台。另外，挡土墙应注意设置泄水孔，以防止地面水渗入基础而造成基础沉陷或墙体倒塌。本条增加了设计无具体要求时，泄水孔的具体做法。

6.4.5 挡土墙内侧的回填土的质量是保证挡土墙可靠性的重要因素之一，应控制其质量，并在顶面应有适当坡度使流水流向挡土墙外侧面，以保证挡土墙内土含水量不增加或增加不多，而不会使墙的侧向土压力有明显变化，以确保挡土墙的安全性。

7 配筋砌体工程

7.1 一 般 规 定

7.1.1～7.1.3 这几条规定是保证配筋质量和设置以及与砂浆能很好粘结在一起的措施要求。

7.1.4 水平缝中钢筋居中放置有两个目的：一是对钢筋有较好的保护；二是使砂浆层与砖能较好地粘结。特别要避免钢筋偏上或偏下而与砖直接接触的情况出现。原规范条文规定，用钢筋网作横向配筋时，要求其末端在灰缝中露明。其目的是为了便于检查配筋是否遗漏和设置是否正确。经调研认为，鉴于检查还可采取其它方法和手段，因此在本规范中删去这一规定。

灰缝过厚会降低砌体抗压强度，考虑到灰缝内配筋直径一般不超过 6mm，因而规定灰缝厚度不宜超过 15mm，这样可以保证钢筋保护层在 3mm 左右。图系引用欧洲共同体的《配筋砌体结构规范》。当配置钢筋网片时，要保证 3mm 的保护层则不易做到，故适当放宽了一些，即对砂浆保护层厚度降低了 1mm 的要求。

7.1.5 钢筋防腐是保护配筋砌体耐久性的一个重要问题。国外对钢筋的防腐非常重视，规定钢筋应是镀锌钢材、不锈钢或有色金属材料，这在我国当前是难以做到的。但考虑到这一问题的重要性，结合国内近年来的研究成果，提出钢筋表面涂刷防腐涂料或防锈剂的保护措施。

7.1.6 砌体与横墙连接试验结果表明，在采用 M5 砂浆的情况下，钢筋伸入砌体内 500mm 完全可以保证钢筋不会发生滑移。

7.2 配筋砖砌体构件

7.2.1 为使钢筋能较好地受力和保证端部的锚固，明确规定钢筋搭接长度大于 40 倍钢筋直径和端头需做成弯钩。

7.2.2 为使配置的各根钢筋受力均匀，而要求均匀、对称地放置。所谓均匀，系指等间距放置。

7.2.3 钢筋砖过梁的设置，对砌体承载能力直接有关，必须引起重视。一般在设计图纸上已作规定的，则按图施工。但据调查，有些设计往往不够具体，而且目前各地作法也不一，有的甚至草率施工。故结合以往施工经验，作了此条规定。

7.2.4 由于焊接网片较为平直，故推荐采用。连弯网片的平直度较差，因而放置前应加以调整，使其尽量平直，以满足网面上下砂浆层厚度的要求。为避免网片上表面砂浆过薄或直接与砖面接触，网片铺放后应将砂浆再次摊平。

7.2.5 组合砌体构件的钢筋配置在构件的两侧，为使两侧钢筋能较好地共同受力，拉结筋所起的作用很大。为此，拉结筋的作法与位置非常重要，故进行了必要的规定。

7.3 钢筋混凝土构造柱、圈梁和配筋带

7.3.1～7.3.2 构造柱是建筑物抗震设防的重要构造措施。为保证构造柱与墙体可靠的连接，使构造柱能充分发挥其作用而提出这些施工要求。将设计规范对构造柱配筋的有关规定列出，以引起施工人员的注意，避免在施工中出现差错。外露的拉结筋有时会妨碍施工，必要时进行弯折是可以的，但不允许随意反复弯折。在弯折和平直复位时，应仔细操作，避免使埋入部分的钢筋产生松动。

7.3.3 本条这些施工规定，是为了保证构造柱混凝土的强度和两次浇捣时结合面的密实和整体性。

7.3.4 按此要求施工，可以较好地保证混凝土的浇注质量，并使新老混凝土较好地结合在一起，避免出现“断柱”现象。

7.3.5 在构造柱浇灌前，墙片之间没有形成整体，这些独立墙片的稳定性很差，特别在风力较大情况下，有可能产生墙体倾倒，故必要时应采取临时支撑等措施，以保证安全。

7.3.6 混凝土小型空心砌块工程中，钢筋混凝土芯柱的施工要求均同于素混凝土芯柱的施工，故予明确。

钢筋混凝土芯柱内的钢筋，必须沿房屋总高度连续贯通，并应有可靠连接，以确保受力可靠。由于砌块孔洞很小，为便于操作，特作出芯柱内钢筋的搭接位置应放于楼板面上。

7.3.7 砖石结构的水平施工中预制楼（屋面）板的安装或现浇楼板的施工是主体施工的重要一环，这一环的关键又是垂直结构与水平结构的节点施工，即墙与板的节点施工。如何保证和提高这一节点的施工质量，是施工企业同行们非常关注的技术问题。调研中对这一技术质量问题讨论的非常热烈，同时对原规范中第2.0.18条的"墙顶面应找平……安装时座浆"提出许多生产与工艺的实际问题，一致要求予以修订，从规范上尽量采用可靠的、成熟的施工技术加以统一，便于施工中检查及验收。

自80年代初，各地区，特别是华北地区在砖砌体工程上广泛采用硬架支模施工，即对于预制楼板的砖混结构和框架结构工程采用先安装楼板后浇注板下梁或圈梁混凝土的施工方法。虽然各地区硬架支模施工所选用的支模工具、材料各不相同，但施工方法大同小异。采用硬架支模施工工艺较早，逐渐成熟、完善成为成套施工工法的河北省第四建筑公司于1991年通过了省级施工技术成果鉴定，从而形成了"硬架支模"施工工法。

"硬架支模"工法特点：

1. 简化施工工序，将原常规十道工序减为四道，可缩短楼层工期50%。

2. 楼板安装平整、牢固，增强了结构的整体性，提高和稳定了墙板节点的施工质量。

3. 水平浇混凝土，避免浪费，杜绝浇混凝土损失20%～30%，文明施工。

4. 去掉20mm找平层，节省结构空间，节省工程造价。

5. 一般先浇梁的强度也不都是全部达到设计强度后再安装楼板，所以支模用的支撑并不比常规施工增加多少。

6. 砌体结构的大开间梁也可采用硬架支模同时施工，施工技术安全要求较高。

7.4 钢筋混凝土填心墙

7.4.1～7.4.2 这种墙体在我国目前极少，尚缺乏工程实践经验，有关规定是参照欧洲共同体《配筋砌体规范》而制定的。

8 填 充 墙

8.1 一 般 规 定

8.1.1 随着框架结构建筑日益增多，填充墙工程也大量增加。为区别填充墙与承重墙的不同技术要求，特新增本章内容。

8.1.2 加气混凝土砌块极易吸水，为防止其含水率过高而改变物理性能和加大自重，砌块的堆放应有防雨措施。

8.1.3 空心砖、轻骨料混凝土空心砌块提前浇水，控制适当含水率的目的，一是为了保证质量；二是便于砌筑。加气混凝土砌块因孔隙多，在砌筑前浇水后，对砌块间的粘结和施工操作等均无益，而且还易造成砌体超重、物理性能降低等不良后果。因此规定砌筑时向砌筑面适量浇水，以便砌筑和保证砌筑砂浆有适当的硬化条件。

8.1.4 考虑到轻骨料空心砌块和加气混凝土砌块强度和耐久性，又不宜承受剧烈碰撞，以及吸湿性大等因素而作此规定。

8.1.5 保证填充墙与框架柱间连接牢固。本规范对原规范条文在文字上做了修改。

8.1.6 填充墙砌完后，有的砌体还将要有一定变形，因此规定在抹灰前再砌到顶。由于填充墙砌到顶时，墙顶与梁底不易紧密结合，将来易开裂，故要求“斜砌挤紧”。本规范较原规范更具体一些。

8.1.7 同第4.1.8条或第5.1.3条。明确了填充墙尺寸、位置允许偏差和检验方法。

8.2 空 心 砖 砌 体

8.2.1 本条规定不仅为了保证建筑尺寸、体形等功能，而且还防止滥用不同品种、规格砖造成结构安全问题。

8.2.2 由于空心砖尺寸较大，竖缝砂浆不易饱满，因此砖竖缝应先挂灰后砌筑，以保证砌体的整体性。当砖孔竖放砌筑时，砂浆往往大量落人孔内，因此要求铺灰应用套板。

8.2.3 相对于空心砖砌体，增加了本条砌体灰缝的要求。要求同本规范第4.2.3条。

作为填充墙的空心砖砌体，根据其受力特性，对竖缝的要求作了一些放松，只要求不得出现透明缝、瞎缝。

8.2.4 空心砖斩砖破碎严重，不仅影响质量而且造成大量浪费，故作本条规定。

8.3 加气混凝土砌块砌体

8.3.1 加气混凝土砌块出釜时的含水率约35%左右，以后砌块逐渐干燥而收缩，因此体积不稳定。为防止砌体及抹灰层开裂，故作此规定。

8.3.2 为减少砌块材料的浪费和砌筑规整，故作此规定。

8.3.3 加气混凝土砌体抹灰面开裂较普遍，为防止砌块变形差而裂缝，因而限制不同干密度和强度等级砌块的混用，同时限制与其它砖、砌块混砌。

8.3.4 为提高墙体的整体性和减少砌体累计的收缩率，而规定本条内容。

8.3.5 加气混凝土砌块厚度较大，竖缝砂浆不易饱满而影响砌体的整体性，因此建议支临时夹板灌缝。由于块材较大，因此灰缝厚度和宽度较其它砌体加大一些。

8.3.6 为保证设计要求和施工质量，需用预先加工的规整砌块砌筑。洞口两侧选用规则整齐的砌块砌筑，主要是尽量避免同其它材料（如砂浆）修补不牢和形成裂缝。

8.3.7 脚手眼填塞后，易形成“热桥”。

8.3.8 为防止加气混凝土砌块收缩造成砌体与门窗框连接处裂缝。

8.3.9 为保证加气混凝土砌体与承重墙柱的连接。

8.3.10 为防止洞口下部砌体和抹灰层开裂。

8.4 轻骨料混凝土小型空心砌块砌体

8.4.1 轻骨料混凝土空心砌块砌体工程与混凝土小型空心砌块工程在施工上有许多相似之处，因此制定本条规定。

8.4.2 此条规定，基本与5.2.2条相同，仅在搭接长度上，将不应小于120mm改为90mm，这是考虑该条文指填充墙，可以放松。

8.4.3 本条规定是为保证新砌砌体的外形及尺寸及施工安全。

9 冬期施工

9.1 一般规定

9.1.1 经过多年的实践证明，室外日平均气温连续5d稳定低于5℃时，作为划定冬期施工的界限，基本上是符合我国国情的，其技术效果和经济效果均比较好。若冬期施工期规定得太短，或者应采取冬期施工措施时没有采取，都会导致技术上的失误，造成工程质量事故；若冬期施工期规定得太长，到了没有必要时还采取冬期施工措施，将影响到冬期施工取费问题，增加工程造价，并给施工带来不必要的麻烦。

为与我国已颁布的其它有关规范相协调，对原规范条文冬期施工的界限做了修改。

9.1.2 块材表面的污物、冰霜等将影响砌体的砌筑质量，因此砌筑前应予清除。鉴于遭水浸冻后的砖或砌块，使用时将降低它们与砂浆的粘结强度，因此增加“遭水浸冻后的砖或砌块不得使用”。

考虑到普通硅酸盐水泥早期强度增长较快，有利于砂浆在冻结前具有一定强度，故建议采用。

其他对石灰膏、粘土膏、电石膏、水和砂的要求，均是为了保证砂浆的强度而所作的规定。

9.1.3 无水泥配制的砂浆早期强度很低，且不耐冻，故规定此类砂浆不得在冬期施工中使用。

9.1.4 普通砖、多孔砖和空心砖的湿润程度对砌体强度的影响较大，特别对抗剪强度的影响更为明显，故规定在气温高于0℃条件下砌筑时，仍应对砖进行浇水湿润。但在气温低于、等于0℃条件下砌筑时，不宜对砖浇水，这是因为水在材料表面有可能立即结成冰薄膜，反而会降低和砂浆的粘结强度，同时也给施工操作带来诸多不便。因此可不浇水，但必须适当增大砂浆的稠度。原规范的“如浇水确有困难”在实施中不便区分掌握，故本规范改为“可不浇水”概念更明确。

抗震设计烈度为9度的地区虽为少数，但尚有冬期施工，因此保留原规范对砖浇水湿润的要求，若“无法浇水湿润时，如无特殊措施，不得砌筑。”本条增加了“多孔砖”的内容。

9.1.5 增加本条文的目的是通过对施工方法的限制来提高砌体的施工质量，以保证砌体的最终强度。根据各地的多年经验，“三一”砌砖法和一顺一丁或梅花丁的排砖方法能提高砌体的砌筑质量。

9.1.6 本条在原有“冬期施工中，每日砌筑后，应在砌体表面覆盖保温材料”的基础上加强了限制，“应在”改为“应及时在”。同时强调“砌筑表面不得留有砂浆。在继续砌筑前，应扫净砌筑表面，然后再施工。”其目的是为了保证砌体的砌筑质量。

9.1.7 本条规定是为保证冻胀性地基施工的安全，实际证明是合理的，故以保留。

9.2 氯盐砂浆法

9.2.1 原规范“气温过低时，可掺用复盐”。根据原规范表6.2.1，改为“气温在－15℃以下时可掺用双盐”，并将原表形式适当变动，并将砌体材料种类增添了砌块。

9.2.2 主要是施工操作的需要。

9.2.3 为保证砌体强度而采取的措施。

9.2.4 根据沈阳、青岛等地的实践经验及前苏联《混凝土和砂浆中采用有机塑化剂暂行指示》中的规定，微沫剂溶液与盐类溶液如同时加入拌合，将会减弱微沫剂的发泡率，影响砂浆质量，所以要求两种溶液必须在拌合中先后加入。

9.2.5 查阅诸多有关冬期施工资料，砌体的每日砌筑高度规定不一，有的规定为1.8m，有的规定为1.2m。此条文的确定主要是参照《黑龙江省工业与民用建筑冬期施工技术规定》及各地冬期施工经验判定的。

9.2.6 参照《黑龙江省工业与民用建筑冬期施工技术规定》和中国建筑工业出版社出版发行的《冬期施工手册》中的内容，增补了有关条款。因为氯盐砂浆砌体有析盐现象发生，影响装饰工程质量和效果，并且铁埋件极易腐蚀，同时砌体增加了吸湿性和导电性。因此有些工程砌体不得采用氯盐砂浆法砌筑。

9.3 冻结法

9.3.1 经调研，目前各地区很少采用冻结法施工，但考虑到一些对隔温、绝缘和装饰有特殊要求的冬期施工问题，故仍予保留。根据以往施工经验，采取冻结法施工一般只需在施工前由施工、设计单位共同制订加固措施即可，以便从实际出发，简化手续，并确保安全。

9.3.2 冻结法施工的砌体在解冻过程中有一个砂浆强度为零的阶段，必须考虑砌体的强度和稳定问题，否则有可能出现倒塌事故。关于这方面的要求，在《黑龙江省工业与民用建筑冬期施工技术规定》和《冬期施工手册》中均有提示，因此规定了对砌体强度和稳定性在解冻阶段要进行验算，防止事故发生。

9.3.3 在原规范第6.3.2条的基础上，增加了砂浆强度等级要求的限制。主要是考虑冻结法砌筑的砂浆，一般都有强度损失，当气温低于－20℃时，可能降低一个强度等级，而且砂浆强度等级不能过低。黑龙江省、甘肃省建筑工程总公司、内蒙古第三建筑公司等对此都有要求，并经实践检验很有必要。

9.3.4 是施工操作的需要。

9.3.5 为保证砌体在解冻时的安全，故保留此条文。

9.3.6 在解冻期间，可能产生不均匀沉降，为保证建筑物安全度过解冻期，故保留此条文。

9.3.7 考虑到砖薄壳、双曲砖拱、筒拱以及混凝土小型空心砌块砌体结构的稳定性较差，采取加固措施也比较复杂，并且不一定能确保砌体质量，因此也加以限制其不得采用冻结法施工。

9.4 其它方法

9.4.1 目前，氯盐防冻剂很多，砌筑砂浆除了可以掺入氯化钠和氯化钙外，还可以选用其它外加剂。例如亚硝酸钠、硫酸钠、碳酸钾、氨水、硝酸钙、尿素等均可以降低冰点，使砂浆在负温下强度能缓慢增长。但是使用时应注意它们的适用条件并确保产品质量，符合现行行业标准《混凝土外加剂应用技术规范》GBJ 119中有关规定，并且外加剂在砂浆中的掺量应通过试验来确定。

9.4.2 本条选自中国建筑工业出版社出版的《冬期施工手册》中的暖棚法施工要点，主要目的是最终要保证砌体中砂浆的一定温度，以利其强度增长。

9.4.3 砌体的暖棚法施工，相当于常温下施工与养护，为有利于砌体强度的增长，暖棚内尚应保持一定的温度。表中给出的最少养护期是根据砂浆强度等级和养护温度与强度增长之间的关系确定的。根据砂浆增长皆可达到强度等级的30%，即达到了砂浆允许受冻临界强度值，再拆除暖棚时，遇到负温度也不会引起强度损失。表中数值是最少养护期限，并限于未掺盐的砂浆，如果施工要求强度有较快增长，可以延长养护时间或提高棚内养护温度以满足施工进度要求。

10 工程验收

10.0.1 该条在原条文的基础上增加了以下三项：

①防潮层；

②素混凝土及钢筋混凝土芯柱；

③梁及屋架支承处的垫块。

并将原条文中“砌体中的配筋”一项改成了“砌体中预埋拉结筋、网片以及墙、板的节点焊。”

10.0.2 该条在原条文的基础上增加了以下5项：

①砌体工程施工记录；

②分项工程质量检验评定记录；

③结构尺寸和位置对设计的偏差及检查记录；

④有特殊要求的工程项目应单独验收时的记录；

⑤其他有关文件和记录。

删掉了原条文中的“砖石工程质量检验评定记录”一项。

10.0.3 该条要求在工程验收时，除要进行资料检查外，还要进行外观抽查，才具有代表性和真实性。

10.0.4 该条要求所备资料及外观抽查结果均应符合现行的国家标准。

中华人民共和国国家标准

混凝土结构工程施工及验收规范

GB 50204—92

主编部门：中华人民共和国原城乡建设环境保护部
批准部门：中华人民共和国建设部
施行日期：1993年5月1日

关于发布国家标准《混凝土结构工程施工及验收规范》的通知

建标[1992]651号

根据国家计委计综[1987]2390号和建设部建标[1991]727号文的要求，由中国建筑科学研究院会同有关单位修订的《混凝土结构工程施工及验收规范》，已经有关部门会审。现批准《混凝土结构工程施工及验收规范》GB 50204—92为强制性国家标准。自一九九三年五月一日起施行。原《钢筋混凝土工程施工及验收规范》GBJ204—83同时废止。

本标准由建设部负责管理。具体解释等工作由中国建筑科学研究院负责，出版发行由建设部标准定额研究所负责组织。

一九九二年九月二十五日

修 订 说 明

本规范是根据国家计委计综[1987]2390号和建设部建标[1991]727号文的要求，由中国建筑科学研究院会同有关单位对《钢筋混凝土工程施工及验收规范》GBJ204—83进行修订而成。

本规范在修订过程中，修订组总结了近年来国内的工程实践经验，结合《混凝土结构设计规范》GBJ 10—89的修订情况，提出修订稿，改名为《混凝土结构工程施工及验收规范》，并广泛征求了全国有关单位的意见，经过反复修改，最后由我部会同有关部门审查定稿。

本规范共分八章和五个附录。本次修订的主要内容有：根据《建筑结构设计通用符号、计量单位和基本术语》GBJ 83—85规定，修改了有关的符号、计量单位和基本术语；采用了新的混凝土强度分级方法，用混凝土强度等级取代了混凝土设计标号，相应修改了混凝土施工配制强度的确定原则和混凝土强度检验评定的方法等；增加了预拌混凝土、大体积混凝土、无粘接预应力混凝土结构施工方面的内容；调整了钢筋焊接接头、绑扎接头的最小搭接长度和混凝土最小保护层厚度；补充了与抗震有关的要求和预应力锚夹具连接器性能要求和检验方面的内容；修改了模板侧压力的计算公式和有关施工允许偏差的规定；增补了混凝土蓄热法养护热工计算的内容；删除了原规范中一些不适用的规定和附录等。

请各单位在执行本规范的过程中，结合工程实际，注意总结经验并积累资料，随时将发现的问题和意见寄交中国建筑科学研究院结构所，以便今后修订时参考。

建 设 部

1992年7月

主 要 符 号

L、(l)——长度；

H——结构全高；

d——钢筋直径；

D——弯曲直径；

$f_{cu,0}$——混凝土施工配制强度；

$f_{cu,k}$——设计的混凝土强度标准值；

σ——混凝土强度标准差；

η_a——锚具效率系数；

η_p——预应力筋的效率系数；

$\varepsilon_{apu,tot}$——组装件破断时的总应变；

A_p——预应力筋的截面面积；

σ_{con}——预应力筋的张拉控制应力；

E_s——钢筋弹性模量。

第一章 总 则

第 1.0.1 条 为了在混凝土结构工程施工及验收中做到技术先进、经济合理、确保质量，特制定本规范。

第 1.0.2 条 本规范适用于工业与民用房屋和一般构筑物的混凝土结构工程的施工及验收。不适用于特种混凝土或有特殊要求的混凝土结构工程的施工及验收。

第 1.0.3 条 本规范中的主要质量要求是根据现行国家标准《混凝土结构设计规范》等有关规范规定的原则制定的；符号、计量单位和基本术语按现行国家标准《建筑结构设计通用符号、计量单位和基本术语》的规定采用。

第 1.0.4 条 混凝土结构工程的施工应根据设计图纸的要求进行。对原材料、半成品和成品的质量要求及试验方法，凡本规范有规定者，应按照执行；凡本规范无规定者，应按照国家现行有关标准、规范的规定执行。

混凝土结构各分部或分项工程的施工，应在前一分部或分项工程检查合格后进行。分部和分项工程的划分，应根据现行国家标准《建筑安装工程质量检验评定标准》的规定进行。

第 1.0.5 条 混凝土结构工程施工时的安全技术、劳动保护、防火措施等，必须符合有关的专门规定。

第二章 模板工程

第一节 一般规定

第 2.1.1 条 模板的材料宜选用钢材、胶合板、塑料等，模板支架的材料宜选用钢材等，材料的材质应符合有关的专门规定。

当采用木材时，其树种可根据各地区实际情况选用，材质不宜低于Ⅲ等材。

第 2.1.2 条 模板及其支架必须符合下列规定：

一、保证工程结构和构件各部分形状尺寸和相互位置的正确；

二、具有足够的承载能力、刚度和稳定性，能可靠地承受新浇筑混凝土的自重和侧压力，以及在施工过程中所产生的荷载；

三、构造简单，装拆方便，并便于钢筋的绑扎、安装和混凝土的浇筑、养护等要求；

四、模板的接缝不应漏浆。

第 2.1.3 条 组合钢模板、大模板、滑升模板等的设计、制作和施工尚应符合国家现行标准《组合钢模板技术规范》、《大模板多层住宅结构设计与施工规程》和《液压滑动模板施工技术规范》的相应规定。

第 2.1.4 条 模板与混凝土的接触面应涂隔离剂。对油质类等影响结构或妨碍装饰工程施工的隔离剂不宜采用。严禁隔离剂沾污钢筋与混凝土接槎处。

第 2.1.5 条 对模板及其支架应定期维修。钢模板及钢支架应防止锈蚀。

第二节 模板设计

第 2.2.1 条 模板及其支架的设计应根据工程结构形式、荷载大小、地基土类别、施工设备和材料供应等条件进行。

第 2.2.2 条 钢模板及其支架的设计应符合现行国家标准《钢结构设计规范》的规定，其截面塑性发展系数取1.0；其荷载设计值可乘以系数0.85予以折减。采用冷弯薄壁型钢应符合现行国家标准《冷弯薄壁型钢结构技术规范》的规定，其荷载设计值不应折减。

木模板及其支架的设计应符合现行国家标准《木结构设计规范》的规定；当木材含水率小于25%时，其荷载设计值可乘以系数0.90予以折减。

其他材料的模板及其支架的设计应符合有关的专门规定。

第 2.2.3 条 模板及其支架的设计应考虑下列各项荷载：

1.模板及其支架自重；

2.新浇筑混凝土自重；

3.钢筋自重；

4.施工人员及施工设备荷载；

5.振捣混凝土时产生的荷载；

6.新浇筑混凝土对模板侧面的压力；

7.倾倒混凝土时产生的荷载。

参与模板及其支架荷载效应组合的各项荷载应符合表2.2.3的规定，荷载效应的组合应符合有关标准的规定，荷载标准值及分项系数可按本规范附录一采用。

参与模板及其支架荷载效应组合的各项荷载　表 2.2.3

模板类别	参与组合的荷载项	
	计算承载能力	验算刚度
平板和薄壳的模板及支架	1，2，3，4	1，2，3
梁和拱模板的底板及支架	1，2，3，5	1，2，3
梁、拱、柱(边长≤300mm)、墙(厚≤100mm)的侧面模板	5，6	6
大体积结构、柱(边长>300mm)、墙(厚>100mm)的侧面	6，7	6

第 2.2.4 条　当验算模板及其支架的刚度时，其最大变形值不得超过下列允许值：

一、对结构表面外露的模板，为模板构件计算跨度的1/400；

二、对结构表面隐蔽的模板，为模板构件计算跨度的1/250；

三、支架的压缩变形值或弹性挠度，为相应的结构计算跨度的1/1000。

第 2.2.5 条　支架的立柱或桁架应保持稳定，并用撑拉杆件固定。

第 2.2.6 条　当验算模板及其支架在自重和风荷载作用下的抗倾倒稳定性时，应符合有关的专门规定。

第三节　模板安装

第 2.3.1 条　竖向模板和支架的支承部分，当安装在基土上时应加设垫板，且基土必须坚实并有排水措施。对湿陷性黄土，尚必须有防水措施；对冻胀性土，尚必须有防冻融措施。

第 2.3.2 条　模板及其支架在安装过程中，必须设置防倾覆的临时固定设施。

第 2.3.3 条　现浇钢筋混凝土梁、板，当跨度等于或大于4m时，模板应起拱；当设计无具体要求时，起拱高度宜为全跨长度的1/1000～3/1000。

第 2.3.4 条　现浇多层房屋和构筑物，应采取分层分段支模的方法，安装上层模板及其支架应符合下列规定：

一、下层楼板应具有承受上层荷载的承载能力或加设支架支撑；

二、上层支架的立柱应对准下层支架的立柱，并铺设垫板；

三、当采用悬吊模板、桁架支模方法时，其支撑结构的承载能力和刚度必须符合要求。

第 2.3.5 条　当层间高度大于5m时，宜选用桁架支模或多层支架支模。

当采用多层支架支模时，支架的横垫板应平整，支柱应垂直，上下层支柱应在同一竖向中心线上。

第 2.3.6 条　当采用分节脱模时，底模的支点应按模板设计设置，各节模板应在同一平面上，高低差不得超过3mm。

第 2.3.7 条　当承重焊接钢筋骨架和模板一起安装时，应符合下列规定：

一、模板必须固定在承重焊接钢筋骨架的结点上；

二、安装钢筋模板组合体时，吊索应按模板设计的吊点位置绑扎。

第 2.3.8 条 固定在模板上的预埋件和预留孔洞均不得遗漏，安装必须牢固，位置准确，其允许偏差应符合表2.3.8的规定。

预埋件和预留孔洞的允许偏差(mm)　　表 2.3.8

项	目	允许偏差
预埋钢板中心线位置		3
预埋管、预留孔中心线位置		3
预埋螺栓	中心线位置	2
	外露长度	+10 0
预留洞	中心线位置	10
	截面内部尺寸	+10 0

第 2.3.9 条 现浇结构模板安装的允许偏差，应符合表2.3.9的规定。

现浇结构模板安装的允许偏差(mm)　　表 2.3.9

项	目	允许偏差
轴线位置		5
底模上表面标高		±5
截面内部尺寸	基础	±10
	柱、墙、梁	+4 −5
层高垂直	全高≤5 m	6
	全高＞5 m	8
相邻两板表面高低差		2
表面平整(2 m长度上)		5

第 2.3.10 条 预制构件模板安装的允许偏差，应符合表2.3.10的规定。

预制构件模板安装的允许偏差(mm)　　表 2.3.10

项	目	允许偏差
长度	板、梁	±5
	薄腹梁、桁架	±10
	柱	0 −10
	墙板	0 −5
宽度	板、墙板	0 −5
	梁、薄腹梁、桁架、柱	+2 −5
高度	板	+2 −3
	墙板	0 −5
	梁、薄腹梁、桁架、柱	+2 −5
板的对角线差		7
拼板表面高低差		1
板的表面平整(2 m长度上)		3
墙板的对角线差		5
侧向弯曲	梁、柱、板	L/1000 且≤15
	墙板、薄腹梁、桁架	L/1500 且≤15

注：L为构件长度(mm)。

第四节　模板拆除

第 2.4.1 条 现浇结构的模板及其支架拆除时的混凝土强度，应符合设计要求；当设计无具体要求时，应符合下列规定：

一、侧模，在混凝土强度能保证其表面及棱角不因拆除模板而受损坏后，方可拆除；

二、底模，在混凝土强度符合表2.4.1规定后，方可拆除。

现浇结构拆模时所需混凝土强度　　表 2.4.1

结构类型	结构跨度(m)	按设计的混凝土强度标准值的百分率计(%)
板	≤2	50
	>2，≤8	75
	>8	100
梁、拱、壳	≤8	75
	>8	100
悬臂构件	≤2	75
	>2	100

注：本规范中"设计的混凝土强度标准值"系指与设计混凝土强度等级相应的混凝土立方体抗压强度标准值。

第 2.4.2 条　预制构件模板拆除时的混凝土强度，应符合设计要求；当设计无具体要求时，应符合下列规定：

一、侧模，在混凝土强度能保证构件不变形、棱角完整时，方可拆除；

二、芯模或预留孔洞的内模，在混凝土强度能保证构件和孔洞表面不发生坍陷和裂缝后，方可拆除；

三、底模，当构件跨度不大于4m时，在混凝土强度符合设计的混凝土强度标准值的50%的要求后，方可拆除；当构件跨度大于4m时，在混强土强度符合设计的混凝土强度标准值的75%的要求后，方可拆除。

第 2.4.3 条　预应力混凝土结构构件模板的拆除，除应符合本规范第2.4.1条或第2.4.2条的规定外，侧模应在预应力张拉前拆除；底模应在结构构件建立预应力后拆除。

第 2.4.4 条　已拆除模板及其支架的结构，在混凝土强度符合设计混凝土强度等级的要求后，方可承受全部使用荷载；当施工荷载所产生的效应比使用荷载的效应更为不利时，必须经过核算，加设临时支撑。

第三章 钢筋工程

第一节 一般规定

第 3.1.1 条 混凝土结构所采用的热轧钢筋、热处理钢筋、碳素钢丝、刻痕钢丝和钢铰线等的质量，应符合现行国家标准的规定。

第 3.1.2 条 钢筋应有出厂质量证明书或试验报告单，钢筋表面或每捆（盘）钢筋均应有标志。进场时应按炉罐（批）号及直径 d 分批检验。检验内容包括查对标志、外观检查，并按现行国家有关标准的规定抽取试样作力学性能试验，合格后方可使用。

钢筋在加工过程中，如发现脆断、焊接性能不良或力学性能显著不正常等现象，尚应根据现行国家标准对该批钢筋进行化学成分检验或其他专项检验。

第 3.1.3 条 对有抗震要求的框架结构纵向受力钢筋应进行检验，检验所得的强度实测值应符合下列要求：

一、钢筋的抗拉强度实测值与屈服强度实测值的比值不应小于1.25；

二、钢筋的屈服强度实测值与钢筋的强度标准值的比值，当按一级抗震设计时，不应大于1.25；当按二级抗震设计时，不应大于1.4。

第 3.1.4 条 钢筋在运输和储存时，不得损坏标志，并应按批分别堆放整齐，避免锈蚀或油污。

第 3.1.5 条 钢筋的级别、种类和直径应按设计要求采用。当需要代换时，应征得设计单位的同意，并应符合下列规定：

一、不同种类钢筋的代换，应按钢筋受拉承载力设计值相等的原则进行；

二、当构件受抗裂、裂缝宽度或挠度控制时，钢筋代换后应进行抗裂、裂缝宽度或挠度验算；

三、钢筋代换后，应满足混凝土结构设计规范中所规定的钢筋间距、锚固长度、最小钢筋直径、根数等要求；

四、对重要受力构件，不宜用Ⅰ级光面钢筋代换变形（带肋）钢筋；

五、梁的纵向受力钢筋与弯起钢筋应分别进行代换；

六、对有抗震要求的框架，不宜以强度等级较高的钢筋代替原设计中的钢筋；当必须代换时，其代换的钢筋检验所得的实际强度，尚应符合第3.1.3条的要求；

七、预制构件的吊环，必须采用未经冷拉的Ⅰ级热轧钢筋制作，严禁以其他钢筋代换。

第二节 钢筋冷拉和冷拔

第 3.2.1 条 冷拉钢筋可采用热轧钢筋加工制成。冷拉Ⅰ级钢筋适用于钢筋混凝土结构中的受拉钢筋，冷拉Ⅱ、Ⅲ、Ⅳ级钢筋可用作预应力混凝土结构的预应力筋。

冷拉钢筋的力学性能应符合表3.2.1的规定。

冷弯后不得有裂纹，起层等现象。

第 3.2.2 条 钢筋的冷拉方法可采用控制应力或控制冷拉率的方法。对不能分清炉批号的热轧钢筋，不应采取控制冷拉率的方法。

冷拉钢筋的力学性能　　表 3.2.1

钢筋级别	钢筋直径（mm）	屈服强度（N/mm²）	抗拉强度（N/mm²）	伸长率 δ_{10}（%）	冷弯	
		不	小	于	弯曲角度	弯曲直径
Ⅰ 级	≤12	280	370	11	180°	3d
Ⅱ 级	≤25	450	510	10	90°	3d
	28～40	430	490	10	90°	4d
Ⅲ 级	8～40	500	570	8	90°	5d
Ⅳ 级	10～28	700	835	6	90°	5d

注：①d为钢筋直径（mm）；

②表中冷拉钢筋的屈服强度值，系现行国家标准《混凝土结构设计规范》中冷拉钢筋的强度标准值；

③钢筋直径大于25mm的冷拉Ⅱ、Ⅳ级钢筋，冷弯弯曲直径应增加1d。

第 3.2.3 条　当采用控制应力方法冷拉钢筋时，其冷拉控制应力下的最大冷拉率，应符合表3.2.3的规定。

冷拉时应检查钢筋的冷拉率，当超过表3.2.3的规定时，应进行力学性能检验。

冷拉控制应力及最大冷拉率　　表 3.2.3

钢筋级别	钢筋直径（mm）	冷拉控制应力（N/mm²）	最大冷拉率（%）
Ⅰ 级	≤12	280	10.0
Ⅱ 级	≤25	450	5.5
	28～40	430	
Ⅲ 级	8～40	500	5.0
Ⅳ 级	10～28	700	4.0

第 3.2.4 条　当采用控制冷拉率方法冷拉钢筋时，冷拉率必须由试验确定。测定同炉批钢筋冷拉率，其试样不少于4个，并取其平均值作为该批钢筋实际采用的冷拉率。测定冷拉率时钢筋的冷拉应力，应符合表3.2.4的规定。

测定冷拉率时钢筋的冷拉应力（N/mm²）　　表 3.2.4

钢筋级别	钢筋直径（mm）	冷拉应力
Ⅰ 级	≤12	310
Ⅱ 级	≤25	480
	28～40	460
Ⅲ 级	8～40	530
Ⅳ 级	10～28	730

注：当钢筋平均冷拉率低于1%时，仍应按1%进行冷拉。

冷拉多根连接的钢筋，冷拉率可按总长计，但冷拉后每根钢筋的冷拉率，应符合表3.2.3的规定。

第 3.2.5 条　钢筋的冷拉速度不宜过快，待拉到规定的控制应力（或冷拉率）后，须稍停，然后再放松。

当采用控制应力方法冷拉钢筋时，对使用的测力计，应经常维护，定期校验。

第 3.2.6 条　冷拉钢筋的检查验收，应符合下列规定：

一、应分批进行验收，每批由不大于20t的同级别、同直径冷拉钢筋组成；

二、钢筋表面不得有裂纹和局部缩颈，当用作预应力筋时，应逐根检查；

三、从每批冷拉钢筋中抽取两根钢筋，每根取两个试样分别进行拉力和冷弯试验，当有一项试验结果不符合本规范第3.2.1条的规定时，应另取双倍数量的试样重做各项试验；当仍有一个试样不合格时，则该批冷拉钢筋为不合格品。

注：①计算冷拉钢筋的屈服强度和抗拉强度，应采用冷拉前的截面面积；
②拉力试验包括屈服强度、抗拉强度和伸长率三个指标。

第 3.2.7 条 冷拔低碳钢丝分为甲、乙两级。甲级钢丝适用于作预应力筋；乙级钢丝适用于作焊接网、焊接骨架、箍筋和构造钢筋。

甲级冷拔低碳钢丝应采用符合Ⅰ级热轧钢筋标准的圆盘条拔制。

冷拔低碳钢丝的力学性能不得小于表3.2.7的规定。

冷拔低碳钢丝的力学性能　　表 3.2.7

钢丝级别	直　径 (mm)	抗拉强度(N/mm²) Ⅰ　组	抗拉强度(N/mm²) Ⅱ　组	伸长率 δ_{100}(%)	180°反复弯曲 (次数)
甲　级	5	650	600	3.0	4
	4	700	650	2.5	
乙　级	3～5	550		2.0	4

注：预应力冷拔低碳钢丝经机械调直后，抗拉强度标准值应降低50N/mm²。

第 3.2.8 条 冷拔低碳钢丝的检查验收应符合下列规定：

一、逐盘检查外观，钢丝表面不得有裂纹和机械损伤；

二、甲级钢丝的力学性能应逐盘检验，从每盘钢丝上任一端截去不少于500mm后再取两个试样，分别作拉力和180°反复弯曲试验，并按其抗拉强度确定该盘钢丝的组别；

三、乙级钢丝的力学性能可分批抽样检验。以同一直径的钢丝5t为一批，从中任取三盘，每盘各截取两个试样，分别作应力和反复弯曲试验；如有一个试样不合格，应在未取过试样的钢丝盘中，另取双倍数量的试样，再做各项试验；如仍有一个试样不合格，则应对该批钢丝逐盘检验，合格者方可使用。

注：拉力试验包括抗拉强度和伸长率两个指标。

第三节　钢筋加工

第 3.3.1 条 钢筋加工的形状、尺寸必须符合设计要求。钢筋的表面应洁净、无损伤、油渍、漆污和铁锈等应在使用前清除干净。带有颗粒状或片状老锈的钢筋不得使用。

第 3.3.2 条 钢筋应平直，无局部曲折。调直钢筋时应符合下列规定：

一、采用冷拉方法调直钢筋时，Ⅰ级钢筋的冷拉率不宜大于4%；Ⅱ、Ⅲ级钢筋的冷拉率不宜大于1%；

二、冷拔低碳钢丝在调直机上调直后，其表面不得有明显擦伤，抗拉强度不得低于设计要求。

第 3.3.3 条 钢筋的弯钩或弯折应符合下列规定：

一、Ⅰ级钢筋末端需要作180°弯钩，其圆弧弯曲直径D不应小于钢筋直径d的2.5倍，平直部分长度不宜小于钢筋直径d的3倍(图3.3.3-1)；用于轻骨料混凝土结构时，其弯曲直径D不应小于钢筋直径d的3.5倍；

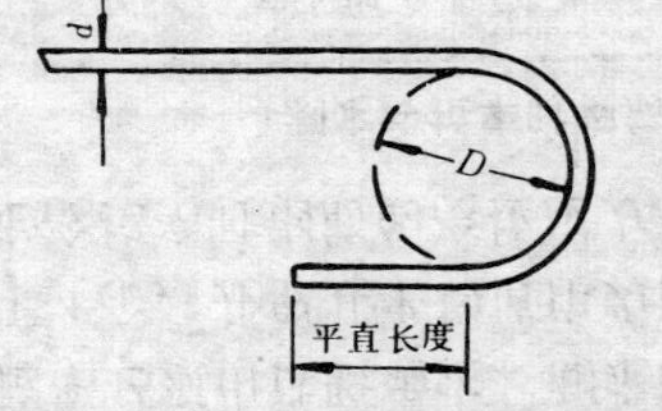

图 3.3.3-1　钢筋末端180°弯钩

二、Ⅱ、Ⅲ级钢筋末端需作90°或135°弯折时，Ⅱ级钢筋的弯曲直径D不宜小于钢筋直

径 d 的 4 倍；Ⅲ级钢筋不宜小于钢筋直径 d 的 5 倍（图3.3.3-2），平直部分长度应按设计要求确定；

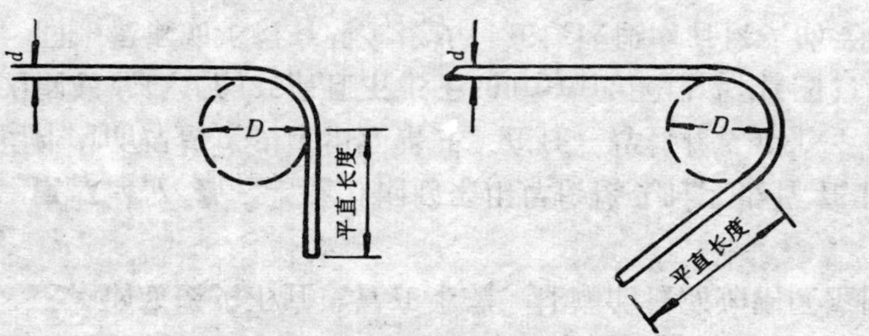

图 3.3.3-2　钢筋末端90°或135°弯折

三、弯起钢筋中间部位弯折处的弯曲直径 D，不应小于钢筋直径 d 的 5 倍（图3.3.3-3）。

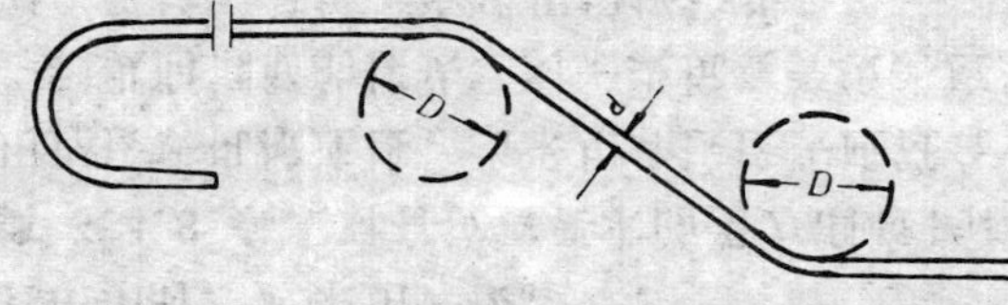

图 3.3.3-3　钢筋弯折加工

第 3.3.4 条　箍筋的末端应作弯钩，弯钩形式应符合设计要求。当设计无具体要求时，用Ⅰ级钢筋或冷拔低碳钢丝制作的箍筋，其弯钩的弯曲直径应大于受力钢筋直径，且不小于箍筋直径的2.5倍；弯钩平直部分的长度，对一般结构，不宜小于箍筋直径的 5 倍，对有抗震要求的结构，不应小于箍筋的10倍。

弯钩形式，可按图3.3.4*a*）、*b*）加工，对有抗震要求和受扭的结构，可按图3.3.4*c*）加工。

第 3.3.5 条　钢筋加工的允许偏差，应符合表3.3.5的规定。

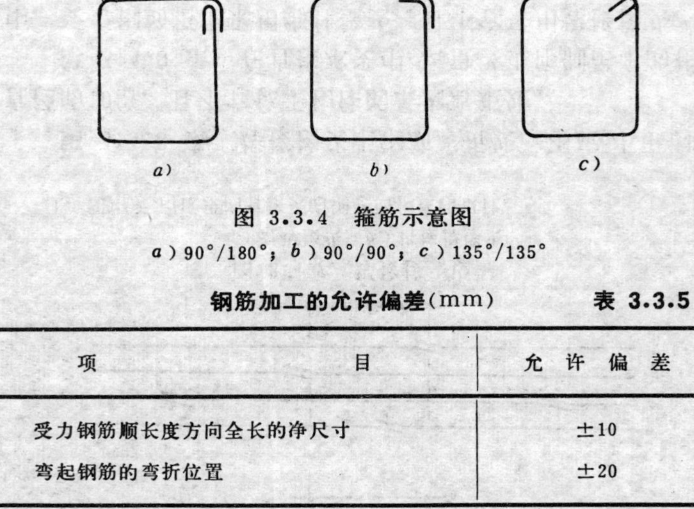

图 3.3.4　箍筋示意图

a）90°/180°；*b*）90°/90°；*c*）135°/135°

钢筋加工的允许偏差(mm)　　**表 3.3.5**

项　　目	允 许 偏 差
受力钢筋顺长度方向全长的净尺寸	±10
弯起钢筋的弯折位置	±20

第四节　钢 筋 焊 接

第 3.4.1 条　热轧钢筋的对接焊接，可采用闪光对焊、电弧焊、电渣压力焊或气压焊。

钢筋骨架和钢筋网片的交叉焊接宜采用电阻点焊。

钢筋与钢板的T型连接，宜采用埋弧压力焊或电弧焊。

第 3.4.2 条　钢筋焊接的接头形式、焊接工艺和质量验收，应符合国家现行标准《钢筋焊接及验收规程》的有关规定。

钢筋焊接接头的试验方法应符合国家现行标准《钢筋焊接接头试验方法》的有关规定。

采用钢筋气压焊时，其施工技术条件和质量要求应符合现行国家标准《钢筋气压焊》的规定。

第 3.4.3 条 钢筋焊接前，必须根据施工条件进行试焊，合格后方可施焊。

焊工必须有焊工考试合格证，并在规定的范围内进行焊接操作。

第 3.4.4 条 冷拉钢筋的闪光对焊或电弧焊，应在冷拉前进行；冷拔低碳钢丝的接头，不得焊接。

第 3.4.5 条 轴心受拉和小偏心受拉杆件中的钢筋接头，均应焊接。普通混凝土中直径大于22mm的钢筋和轻骨料混凝土中直径大于20mm的Ⅰ级钢筋及直径大于25mm的Ⅱ、Ⅲ级钢筋的接头，均宜采用焊接。

对轴心受压和偏心受压柱中的受压钢筋的接头，当直径大于32mm时，应采用焊接。

第 3.4.6 条 对有抗震要求的受力钢筋的接头，宜优先采用焊接或机械连接。当采用焊接接头应符合下列规定：

一、纵向钢筋的接头，对一级抗震等级，应采用焊接接头；对二级抗震等级，宜采用焊接接头；

二、框架底层柱、剪力墙加强部位纵向钢筋的接头，对一、二级抗震等级，应采用焊接接头；对三级抗震等级，宜采用焊接接头；

三、钢筋接头不宜设置在梁端、柱端的箍筋加密区范围内。

第 3.4.7 条 当受力钢筋采用焊接接头时，设置在同一构件内的焊接接头应相互错开。在任一焊接接头中心至长度为钢筋直径 d 的35倍且不小于500mm的区段 l 内(图3.4.7)，同一根钢筋不得有两个接头；在该区段内有接头的受力钢筋截面面积占受力钢筋总截面面积的百分率，应符合下列规定：

一、非预应力筋

受拉区不宜超过50%；受压区和装配式构件连接处不限制。

二、预应力筋

受拉区不宜超过25%，当有可靠保证措施时，可放宽至50%；受压区和后张法的螺丝端杆不限制。

注：①接头宜设置在受力较小部位，且在同一根钢筋全长上宜少设接头；
②承受均布荷载作用的屋面板、楼板、檩条等简支受弯构件，当在受拉区内配置的受力钢筋少于3根时，可在跨度两端各四分之一跨度范围内设置一个焊接接头。

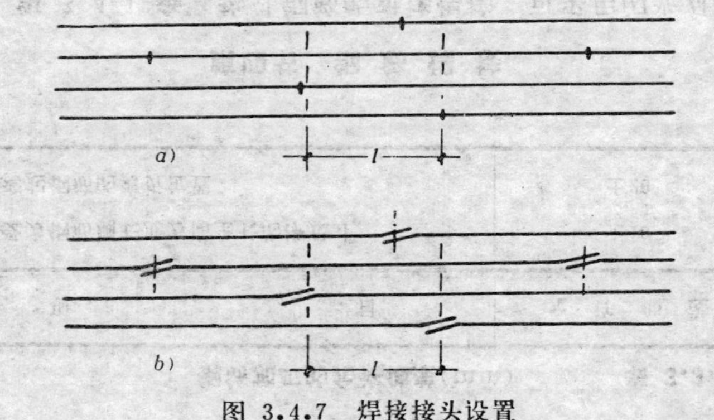

图 3.4.7 焊接接头设置

a）对焊接头；b）搭接焊接头

注：图中所示 l 区段内有接头的钢筋面积按两根计。

第 3.4.8 条 焊接接头距钢筋弯折处，不应小于钢筋直径的10倍，且不宜位于构件的最大弯矩处。

第 3.4.9 条 在直接承受中级、重级工作制吊车的构件中，受力钢筋不得采用绑扎接头，且不宜采用焊接接头，除端头锚固外，不得在钢筋上焊有任何附件。

当设计允许采用闪光对焊时，对非预应力筋和预应力筋均应除去焊接的毛刺和卷边。在钢筋直径的45倍区段范围内，焊接接头截面面积占受力钢筋总截面面积不得超过25%。

需要进行疲劳验算的构件，不得采用有焊接接头的冷拉Ⅳ级钢筋。

第 3.4.10 条 装配式框架结构预制柱的钢筋外露长度，应按设计要求采用，当设计无具体要求时，应符合表3.4.10的规定。

预制柱钢筋外露长度(mm)　　表 3.4.10

接头形式	受力钢筋根数	
	≤14根	>14根
坡口焊	250	350
搭接焊	$250+l_w$	$350+l_w$

注：l_w为焊缝长度（mm），其值应按国家现行标准《钢筋焊接及验收规程》确定。

第 3.4.11 条 焊接网和焊接骨架的焊点，应符合设计要求；当设计无具体要求时，应按下列规定进行焊接：

一、焊接骨架的所有钢筋相交点必须焊接；

二、当焊接网片只有一个方向受力时，受力主筋与两端边缘的两根锚固横向钢筋的全部相交点必须焊接；当焊接网两个方向受力时，则四周边缘的两根钢筋的全部相交点均应焊接；其余的相交点可间隔焊接。

注：承受重复荷载并需进行疲劳验算的混凝土结构中的非预应力受力筋，不得采用焊接网及焊接骨架。

第 3.4.12 条 焊接网及焊接骨架外形尺寸的允许偏差，应符合表3.4.12的规定。

焊接网及焊接骨架的允许偏差(mm)　　表 3.4.12

项目		允许偏差
网的长、宽		±10
网眼的尺寸		±10
骨架的宽及高		±5
骨架的长		±10
箍筋间距		±10
受力钢筋	间距	±10
	排距	±5

第五节　钢筋绑扎与安装

第 3.5.1 条 钢筋的绑扎应符合下列规定：

一、钢筋的交叉点应采用铁丝扎牢；

二、板和墙的钢筋网，除靠近外围两行钢筋的相交点全部扎牢外，中间部分交叉点可间隔交错扎牢，但必须保证受力钢筋不产生位置偏移；双向受力的钢筋，必须全部扎牢；

三、梁和柱的箍筋，除设计有特殊要求外，应与受力钢筋垂直设置；箍筋弯钩叠合处，应沿受力钢筋方向错开设置；

四、在柱中竖向钢筋搭接时，角部钢筋的弯钩平面与模板面的夹角，对矩形柱应为45°角，对多边形柱应为模板内角的平分角；对圆形柱钢筋的弯钩平面应与模板的切平面垂直；中间钢筋的弯钩平面应与模板面垂直；当采用插入式振捣器浇筑小型截面柱时，弯钩平面与模板面的夹角不得小于15°。

第 3.5.2 条 绑扎网和绑扎骨架外型尺寸的允许偏差，应符合表3.5.2的规定。

绑扎网和绑扎骨架的允许偏差(mm)　　表 3.5.2

项目		允许偏差
网的长、宽		±10
网眼尺寸		±20
骨架的宽及高		±5
骨架的长		±10
箍筋间距		±20
受力钢筋	间距	±10
	排距	±5

第 3.5.3 条 钢筋的绑扎接头应符合下列规定：

一、搭接长度的末端距钢筋弯折处，不得小于钢筋直径的10倍，接头不宜位于构件最大弯矩处；

二、受拉区域内，Ⅰ级钢筋绑扎接头的末端应做弯钩，Ⅱ、Ⅲ级钢筋可不做弯钩；

三、直径不大于12mm的受压Ⅰ级钢筋的末端，以及轴心受压构件中任意直径的受力钢筋的末端，可不做弯钩，但搭接长度不应小于钢筋直径的35倍；

四、钢筋搭接处，应在中心和两端用铁丝扎牢；

五、受拉钢筋绑扎接头的搭接长度，应符合表3.5.3的规定；受压钢筋绑扎接头的搭接长度，应取受拉钢筋绑扎接头搭接长度的0.7倍。

第 3.5.4 条 焊接骨架和焊接网采用绑扎连接时，应符合下列规定：

一、焊接骨架和焊接网的搭接接头，不宜位于构件的最大弯矩处；

受拉钢筋绑扎接头的搭接长度　　表 3.5.3

钢筋类型		混凝土强度等级		
		C20	C25	高于C25
Ⅰ级钢筋		$35d$	$30d$	$25d$
月牙纹	Ⅱ级钢筋	$45d$	$40d$	$35d$
	Ⅲ级钢筋	$55d$	$50d$	$45d$
冷拔低碳钢丝		300mm		

注：①当Ⅱ、Ⅲ级钢筋直径d大于25mm时，其受拉钢筋的搭接长度应按表中数值增加$5d$采用；

②当螺纹钢筋直径d不大于25mm时，其受拉钢筋的搭接长度应按表中值减少$5d$采用；

③当混凝土在凝固过程中受力钢筋易受扰动时，其搭接长度宜适当增加；

④在任何情况下，纵向受拉钢筋的搭接长度不应小于300mm；受压钢筋的搭接长度不应小于200mm；

⑤轻骨料混凝土的钢筋绑扎接头搭接长度应按普通混凝土搭接长度增加$5d$，对冷拔低碳钢丝增加50mm；

⑥当混凝土强度等级低于C20时，Ⅰ、Ⅱ级钢筋的搭接长度应按表中C20的数值相应增加$10d$，Ⅲ级钢筋不宜采用；

⑦对有抗震要求的受力钢筋的搭接长度，对一、二级抗震等级应增加$5d$；

⑧两根直径不同钢筋的搭接长度，以较细钢筋的直径计算。

二、焊接网在非受力方向的搭接长度，宜为100mm；

三、受拉焊接骨架和焊接网在受力钢筋方向的搭接长度，应符合表3.5.4的规定；受压焊接骨架和焊接网在受力钢筋方向的搭接长度，可取受拉焊接骨架和焊接网在受力钢筋方向的搭接长度的0.7倍。

受拉焊接骨架和焊接网绑扎接头的搭接长度

表 3.5.4

钢筋类型		混凝土强度等级		
		C20	C25	高于C25
Ⅰ级钢筋		30d	25d	20d
月牙纹	Ⅱ级钢筋	40d	35d	30d
	Ⅲ级钢筋	45d	40d	35d
冷拔低碳钢丝		250mm		

注：①搭接长度除应符合本表规定外，在受拉区不得小于250mm，在受压区不得小于200mm；

②当混凝土强度等级低于C20时，Ⅰ级钢筋的搭接长度不得小于40d，Ⅱ级钢筋的搭接长度不得小于50d；

③当月牙纹钢筋直径d大于25mm时，其搭接长度应按表中数值增加5d；

④当螺纹钢筋直径d不大于25mm时，其搭接长度应按表中值减少5d；

⑤当混凝土在凝固过程中受力钢筋易受扰动时，其搭接长度宜适当增加；

⑥轻骨料混凝土的焊接骨架和焊接网绑扎接头的搭接长度，应按普通混凝土搭接长度增加5d，对冷拔低碳钢丝增加50mm；

⑦当有抗震要求时，对一、二级抗震等级应增加5d。

第 3.5.5 条 各受力钢筋之间的绑扎接头位置应相互错开。从任一绑扎接头中心至搭接长度l_1的1.3倍区段范围内（图3.5.5），有绑扎接头的受力钢筋截面面积占受力钢筋总截面面积百分率，应符合下列规定：

一、受拉区不得超过25%；

二、受压区不得超过50%。

绑扎接头中钢筋的横向净距s不应小于钢筋直径d且不应小于25mm（图3.5.5）。

焊接骨架和焊接网在构件宽度内，其接头位置应错开。在绑扎接头区段l内，受力钢筋截面面积不得超过受力钢筋总截面面积的50%。

注：①采用绑扎骨架的现浇柱，在柱中及柱与基础交接处，当采用搭接接头时，其接头面积允许百分率，经设计单位同意，可适当放宽；

②绑扎接头区段l的长度范围内，当接头受力钢筋截面面积百分率超过规定时，应采取专门措施。

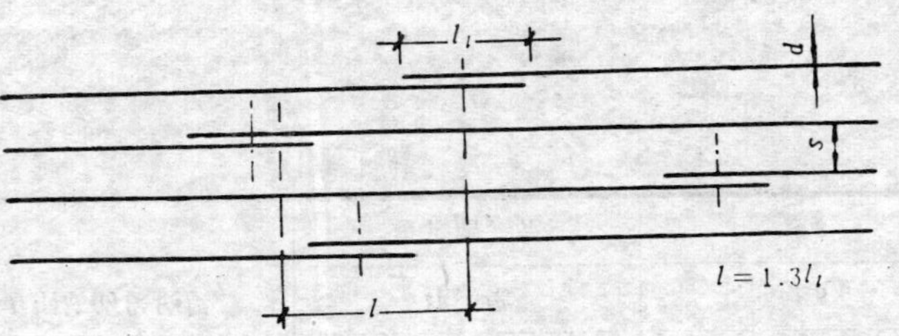

图 3.5.5 受力钢筋绑扎接头

注：图中所示l区段内有接头的钢筋面积按两根计。

第 3.5.6 条 在绑扎骨架中非焊接的搭接接头长度范围内，当搭接钢筋为受拉时，其箍筋的间距不应大于5d，且不应大于100mm。当搭接钢筋为受压时，其箍筋间距不应大于10d，且不应大于200mm（d为受力钢筋中的最小直径）。

第 3.5.7 条 受力钢筋的混凝土保护层厚度，应符合设计要求；当设计无具体要求时，不应小于受力钢筋直径，并应符合表3.5.7的规定。

钢筋的混凝土保护层厚度(mm)　　表 3.5.7

环境与条件	构件名称	混凝土强度等级		
		低于C25	C25及C30	高于C30
室内正常环境	板、墙、壳		15	
	梁和柱		25	
露天或室内高湿度环境	板、墙、壳	35	25	15
	梁和柱	45	35	25
有垫层	基础		35	
无垫层			70	

注：①轻骨料混凝土的钢筋保护层厚度应符合国家现行标准《轻骨料混凝土结构设计规程》的规定；

②处于室内正常环境由工厂生产的预制构件，当混凝土强度等级不低于C20且施工质量有可靠保证时，其保护层厚度可按表中规定减少5mm，但预制构件中的预应力钢筋(包括冷拔低碳钢丝)的保护层厚度不应小于15mm；处于露天或室内高湿度环境的预制构件，当表面另作水泥砂浆抹面层且有质量保证措施时，保护层厚度可按表中室内正常环境中构件的数值采用；

③钢筋混凝土受弯构件，钢筋端头的保护层厚度一般为10mm；预制的肋形板，其主肋的保护层厚度可按梁考虑；

④板、墙、壳中分布钢筋的保护层厚度不应小于10mm；梁柱中箍筋和构造钢筋的保护层厚度不应小于15mm。

第 3.5.8 条　安装钢筋时，配置的钢筋级别、直径、根数和间距均应符合设计要求。绑扎或焊接的钢筋网和钢筋骨架，不得有变形、松脱和开焊。钢筋位置的允许偏差，应符合表3.5.8的规定。

钢筋位置的允许偏差(mm)　　表 3.5.8

项	目	允许偏差
受力钢筋的排距		±5
钢筋弯起点位置		20
箍筋、横向钢筋间距	绑扎骨架	±20
	焊接骨架	±10
焊接预埋件	中心线位置	5
	水平高差	+3 0
受力钢筋的保护层	基础	±10
	柱、梁	±5
	板、墙、壳	±3

第四章　混凝土工程

第一节　一 般 规 定

第 4.1.1 条　工业与民用房屋和一般构筑物的混凝土结构，应采用由水泥、普通碎（卵）石、砂和水配制的质量密度为1950～2500kg/m³的普通混凝土或采用由水泥、轻粗骨料、轻细骨料（或普通砂）和水配制的质量密度小于1950kg/m³的轻骨料混凝土。

第 4.1.2 条　配制混凝土所用的水泥，应采用硅酸盐水泥、普通硅酸盐水泥、矿渣硅酸盐水泥、火山灰质硅酸盐水泥或粉煤灰硅酸盐水泥，必要时也可采用其他品种水泥，水泥的性能指标必须符合现行国家有关标准的规定。

第 4.1.3 条　水泥进场必须有出厂合格证或进场试验报告，并应对其品种、标号、包装或散装仓号、出厂日期等检查验收。

当对水泥质量有怀疑或水泥出厂超过三个月（快硬硅酸盐水泥超过一个月）时，应复查试验，并按试验结果使用。

第 4.1.4 条　普通混凝土和轻骨料混凝土所用的粗、细骨料，应符合国家现行有关标准的规定。

第 4.1.5 条　混凝土用的粗骨料，其最大颗粒粒径不得超过结构截面最小尺寸的1/4，且不得超过钢筋间最小净距的3/4。

对混凝土实心板，骨料的最大粒径不宜超过板厚的1/2，且不得超过50mm。

第 4.1.6 条　骨料应按品种、规格分别堆放，不得混杂，骨料中严禁混入煅烧过的白云石或石灰块。

第 4.1.7 条　拌制混凝土宜采用饮用水。当采用其他来源水时，水质必须符合国家现行标准《混凝土拌合用水标准》的规定。

钢筋混凝土和预应力混凝土，均不得采用海水拌制。

第 4.1.8 条　混凝土中掺用的外加剂，应符合下列规定：

一、外加剂的质量应符合现行国家标准的要求；

二、外加剂的品种及掺量必须根据对混凝土性能的要求、施工及气候条件、混凝土所采用的原材料及配合比等因素经试验确定；

三、在蒸汽养护的混凝土和预应力混凝土中，不宜掺用引气剂或引气减水剂；

四、当掺用含氯盐的外加剂时，应符合本规范第7.3.3条和第7.3.4条的规定。

第 4.1.9 条　在采用硅酸盐水泥或普通硅酸盐水泥拌制的混凝土中，可掺用混合材料。混合材料的质量应符合国家现行标准的规定，其掺量应通过试验确定。

第二节　混凝土配合比

第 4.2.1 条　混凝土施工配合比，应根据设计的混凝土强度等级和质量检验以及混凝土施工和易性的要求确定，并应符合合理使用材料和经济的原则，对有抗冻、抗渗等要求的混凝土，尚应符合有关的专门规定。

第 4.2.2 条　普通混凝土和轻骨料混凝土的配合比，应分别按国家现行标准《普通混凝土配合比设计技术规程》和《轻集料混凝土技术规程》进行计算，并通过试配确定。

第 4.2.3 条 混凝土的施工配制强度可按下式确定：

$$f_{cu,0}=f_{cu,k}+1.645\sigma \qquad (4.2.3)$$

式中 $f_{cu,0}$——混凝土的施工配制强度（N/mm^2）；

$f_{cu,k}$——设计的混凝土强度标准值（N/mm^2）；

σ——施工单位的混凝土强度标准差（N/mm^2）。

第 4.2.4 条 施工单位的混凝土强度标准差应按下列规定确定：

一、当施工单位具有近期的同一品种混凝土强度资料时，其混凝土强度标准差σ应按下列公式计算：

$$\sigma=\sqrt{\frac{\sum_{i=1}^{N}f_{cu,i}^2-N\mu_{fcu}^2}{N-1}} \qquad (4.2.4)$$

式中 $f_{cu,i}$——统计周期内同一品种混凝土第i组试件的强度值（N/mm^2）；

μ_{fcu}——统计周期内同一品种混凝土N组强度的平均值（N/mm^2）；

N——统计周期内同一品种混凝土试件的总组数，$N\geqslant 25$。

注：①“同一品种混凝土”系指混凝土强度等级相同且生产工艺和配合比基本相同的混凝土；
②对预拌混凝土厂和预制混凝土构件厂，统计周期可取为一个月；对现场拌制混凝土的施工单位，统计周期可根据实际情况确定，但不宜超过三个月；
③当混凝土强度等级为C20或C25时，如计算得到的$\sigma<2.5N/mm^2$，取$\sigma=2.5N/mm^2$；当混凝土强度等级高于C25时，如计算得到的$\sigma<3.0N/mm^2$，取$\sigma=3.0N/mm^2$。

二、当施工单位不具有近期的同一品种混凝土强度资料时，其混凝土强度标准差σ可按表4.2.4取用。

第 4.2.5 条 混凝土的最大水灰比和最小水泥用量，应符合表4.2.5的规定。

σ值（N/mm^2） **表 4.2.4**

混凝土强度等级	低于C20	C20～C35	高于C35
σ	4.0	5.0	6.0

注：在采用本表时，施工单位可根据实际情况，对σ值作适当调整。

混凝土的最大水灰比和最小水泥用量　表 4.2.5

混凝土所处的环境条件	最大水灰比	最小水泥用量（kg/m^3）			
		普通混凝土		轻骨料混凝土	
		配筋	无筋	配筋	无筋
不受雨雪影响的混凝土	不作规定	250	200	250	225
（1）受雨雪影响的露天混凝土 （2）位于水中或水位升降范围内的混凝土 （3）在潮湿环境中的混凝土	0.70	250	225	275	250
（1）寒冷地区水位升降范围的混凝土 （2）受水压作用的混凝土	0.65	275	250	300	275
严寒地区水位升降范围内的混凝土	0.60	300	275	325	300

注：①本表中的水灰比，对普通混凝土系指水与水泥（包括外掺混合材料）用量的比值；对轻骨料混凝土系指净用水量（不包括轻骨料1h吸水量）与水泥（不包括外掺混合材料）用量的比值；
②本表中的最小水泥用量，对普通混凝土包括外掺混合材料，对轻骨料混凝土不包括外掺混合材料；当采用人工捣实混凝土时，水泥用量应增加25kg/m^3；当掺用外加剂且能有效地改善混凝土的和易性时，水泥用量可减少25kg/m^3；
③当混凝土强度等级低于C10时，可不受本表的限制；
④寒冷地区系指最冷月份平均气温在－5℃～－15℃之间；严寒地区系指最冷月份平均气温低于－15℃；
⑤防水混凝土应符合现行国家标准《地下防水工程施工及验收规范》的有关规定。

第 4.2.6 条 混凝土的最大水泥用量不宜大于550kg/m³。

第 4.2.7 条 混凝土浇筑时的坍落度，宜按表4.2.7选用，坍落度测定方法应符合现行国家标准《普通混凝土拌合物性能试验方法》的规定。

混凝土浇筑时的坍落度(mm) **表 4.2.7**

结构种类	坍落度
基础或地面等的垫层、无配筋的大体积结构(挡土墙、基础等)或配筋稀疏的结构	10～30
板、梁和大型及中型截面的柱子等	30～50
配筋密列的结构(薄壁、斗仓、筒仓、细柱等)	50～70
配筋特密的结构	70～90

注：①本表系采用机械振捣混凝土时的坍落度，当采用人工捣实混凝土时其值可适当增大；
②当需要配制大坍落度混凝土时，应掺用外加剂；
③曲面或斜面结构混凝土的坍落度应根据实际需要另行选定；
④轻骨料混凝土的坍落度，宜比表中数值减少10～20m。

第 4.2.8 条 泵送混凝土的配合比，应符合下列规定：

一、骨料最大粒径与输送管内径之比，碎石不宜大于1:3，卵石不宜大于1:2.5；通过0.315mm筛孔的砂不应少于15%；砂率宜控制在40%～50%；

二、最小水泥用量宜为300kg/m³；

三、混凝土的坍落度宜为80～180mm；

四、混凝土内宜掺加适量的外加剂。

注：泵送轻骨料混凝土的原材料选用及配合比，应通过试验确定。

第三节 混凝土拌制

第 4.3.1 条 混凝土原材料每盘称量的偏差，不得超过表4.3.1中允许偏差的规定。

混凝土原材料称量的允许偏差(%) **表 4.3.1**

材料名称	允许偏差
水泥、混合材料	±2
粗、细骨料	±3
水、外加剂	±2

注：①各种衡器应定期校验，保持准确；
②骨料含水率应经常测定，雨天施工应增加测定次数。

第 4.3.2 条 混凝土搅拌的最短时间可按表4.3.2采用。

混凝土搅拌的最短时间(s) **表 4.3.2**

混凝土坍落度(mm)	搅拌机机型	搅拌机出料量(l)		
		<250	250～500	>500
≤30	强制式	60	90	120
	自落式	90	120	150
>30	强制式	60	60	90
	自落式	90	90	120

注：①混凝土搅拌的最短时间系指自全部材料装入搅拌筒中起，到开始卸料止的时间；
②当掺有外加剂时，搅拌时间应适当延长；
③全轻混凝土宜采用强制式搅拌机搅拌，砂轻混凝土可采用自落式搅拌机搅拌，但搅拌时间应延长60～90s；
④采用强制式搅拌机搅拌轻骨料混凝土的加料顺序是：当轻骨料在搅拌前预湿时，先加粗、细骨料和水泥搅拌30s，再加水继续搅拌；当轻骨料在搅拌前未预湿时，先加1/2的总用水量和粗、细骨料搅拌60s，再加水泥和剩余用水量继续搅拌；
⑤当采用其他形式的搅拌设备时，搅拌的最短时间应按设备说明书的规定或经试验确定。

第四节　混凝土运输和浇筑

第 4.4.1 条　混凝土运至浇筑地点，应符合浇筑时规定的坍落度，当有离析现象时，必须在浇筑前进行二次搅拌。

第 4.4.2 条　混凝土应以最少的转载次数和最短的时间，从搅拌地点运至浇筑地点。

混凝土从搅拌机中卸出到浇筑完毕的延续时间不宜超过表4.4.2的规定。

混凝土从搅拌机中卸出到浇筑完毕的延续时间(min)

表 4.4.2

混凝土强度等级	气温	
	不高于25℃	高于25℃
不高于C30	120	90
高于C30	90	60

注：①对掺用外加剂或采用快硬水泥拌制的混凝土，其延续时间应按试验确定；

②对轻骨料混凝土，其延续时间应适当缩短。

第 4.4.3 条　采用泵送混凝土应符合下列规定：

一、混凝土的供应，必须保证输送混凝土的泵能连续工作；

二、输送管线宜直，转弯宜缓，接头应严密，如管道向下倾斜，应防止混入空气，产生阻塞；

三、泵送前应先用适量的与混凝土内成分相同的水泥浆或水泥砂浆润滑输送管内壁；预计泵送间歇时间超过45min或当混凝土出现离析现象时，应立即用压力水或其他方法冲洗管内残留的混凝土；

四、在泵送过程中，受料斗内应具有足够的混凝土，以防止吸入空气产生阻塞。

第 4.4.4 条　在地基或基土上浇筑混凝土时，应清除淤泥和杂物，并应有排水和防水措施。

对干燥的非粘性土，应用水湿润；对未风化的岩石，应用水清洗，但其表面不得留有积水。

第 4.4.5 条　对模板及其支架、钢筋和预埋件必须进行检查，并作好记录，符合设计要求后方能浇筑混凝土。

第 4.4.6 条　在浇筑混凝土前，对模板内的杂物和钢筋上的油污等应清理干净；对模板的缝隙和孔洞应予堵严；对木模板应浇水湿润，但不得有积水。

第 4.4.7 条　混凝土自高处倾落的自由高度，不应超过2m。

第 4.4.8 条　在浇筑竖向结构混凝土前，应先在底部填以50～100mm厚与混凝土内砂浆成分相同的水泥砂浆；浇筑中不得发生离析现象；当浇筑高度超过3m时，应采用串筒、溜管或振动溜管使混凝土下落。

第 4.4.9 条　在降雨雪时不宜露天浇筑混凝土。当需浇筑时，应采取有效措施，确保混凝土质量。

第 4.4.10 条　混凝土浇筑层的厚度，应符合表4.4.10的规定。

第 4.4.11 条　浇筑混凝土应连续进行。当必须间歇时，其间歇时间宜缩短，并应在前层混凝土凝结之前，将次层混凝土浇筑完毕。

混凝土运输、浇筑及间歇的全部时间不得超过表4.4.11的规定，当超过时应留置施工缝。

混凝土浇筑层厚度(mm)　　**表 4.4.10**

捣实混凝土的方法		浇筑层的厚度
插入式振捣		振捣器作用部分长度的1.25倍
表面振动		200
人工捣固	在基础、无筋混凝土或配筋稀疏的结构中	250
	在梁、墙板、柱结构中	200
	在配筋密列的结构中	150
轻骨料混凝土	插入式振捣	300
	表面振动(振动时需加荷)	200

混凝土运输、浇筑和间歇的允许时间(min)

表 4.4.11

混凝土强度等级	气温	
	不高于25℃	高于25℃
不高于C30	210	180
高于C30	180	150

注：当混凝土中掺有促凝或缓凝型外加剂时，其允许时间应根据试验结果确定。

第 4.4.12 条　采用振捣器捣实混凝土应符合下列规定：

一、每一振点的振捣延续时间，应使混凝土表面呈现浮浆和不再沉落；

二、当采用插入式振捣器时，捣实普通混凝土的移动间距，不宜大于振捣器作用半径的1.5倍；捣实轻骨料混凝土的移动间距，不宜大于其作用半径；振捣器与模板的距离，不应大于其作用半径的0.5倍，并应避免碰撞钢筋、模板、芯管、吊环、预埋件或空心胶囊等；振捣器插入下层混凝土内的深度应不小于50mm；

三、当采用表面振动器时，其移动间距应保证振动器的平板能覆盖已振实部分的边缘；

四、当采用附着式振动器时，其设置间距应通过试验确定，并应与模板紧密连接；

五、当采用振动台振实干硬性混凝土和轻骨料混凝土时，宜采用加压振动的方法，压力为1～3kN/m²。

第 4.4.13 条　在混凝土浇筑过程中，应经常观察模板，支架、钢筋、预埋件和预留孔洞的情况，当发现有变形、移位时，应及时采取措施进行处理。

第 4.4.14 条　在浇筑与柱和墙连成整体的梁和板时，应在柱和墙浇筑完毕后停歇1～1.5h，再继续浇筑。

第 4.4.15 条　梁和板宜同时浇筑混凝土；拱和高度大于1m的梁等结构，可单独浇筑混凝土。

第 4.4.16 条　浇筑混凝土叠合构件应符合下列规定：

一、在主要承受静力荷载的梁中，预制构件的叠合面应有凹凸差不小于6mm的自然粗糙面，并不得疏松和有浮浆；

二、当浇筑叠合板时，预制板的表面应有凹凸差不小于4mm的人工粗糙面；

三、当浇筑叠合式受弯构件时，应按设计要求确定是否设置支撑。

第 4.4.17 条　大体积混凝土的浇筑应合理分段分层进行，使混凝土沿高度均匀上升；浇筑应在室外气温较低时进行，混凝土浇筑温度不宜超过28℃。

注：混凝土浇筑温度系指混凝土振捣后，在混凝土50mm～100mm深处的温度。

第 4.4.18 条 施工缝的位置应在混凝土浇筑之前确定，并宜留置在结构受剪力较小且便于施工的部位。施工缝的留置位置应符合下列规定：

一、柱，宜留置在基础的顶面、梁和吊车梁牛腿的下面、吊车梁的上面、无梁楼板柱帽的下面；

二、与板连成整体的大截面梁，留置在板底面以下20～30mm处。当板下有梁托时，留置在梁托下部；

三、单向板，留置在平行于板的短边的任何位置；

四、有主次梁的楼板宜顺着次梁方向浇筑，施工缝应留置在次梁跨度的中间1/3范围内（图4.4.18）；

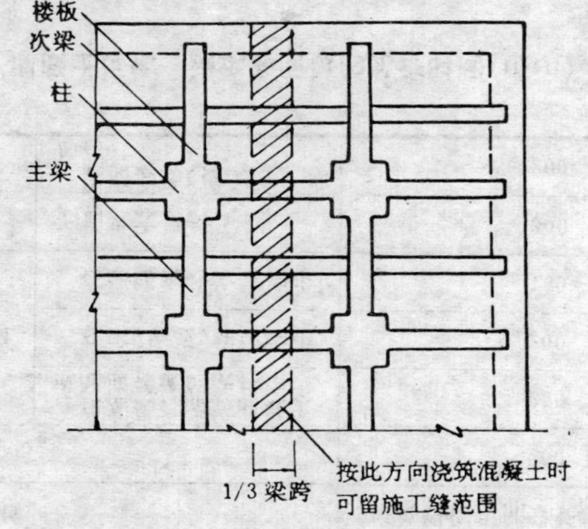

图 4.4.18 有主次梁楼板施工缝留置

五、墙，留置在门洞口过梁跨中1/3范围内，也可留在纵横墙的交接处；

六、双向受力楼板、大体积混凝土结构、拱、穹拱、薄壳、蓄水池、斗仓、多层刚架及其他结构复杂的工程，施工缝的位置应按设计要求留置。

第 4.4.19 条 在施工缝处继续浇筑混凝土时，应符合下列规定：

一、已浇筑的混凝土，其抗压强度不应小于1.2N/mm²；

二、在已硬化的混凝土表面上，应清除水泥薄膜和松动石子以及软弱混凝土层，并加以充分湿润和冲洗干净，且不得积水；

三、在浇筑混凝土前，宜先在施工缝处铺一层水泥浆或与混凝土内成分相同的水泥砂浆；

四、混凝土应细致捣实，使新旧混凝土紧密结合。

第 4.4.20 条 承受动力作用的设备基础，不应留置施工缝；当必须留置时，应征得设计单位同意。

第 4.4.21 条 在设备基础的地脚螺栓范围内施工缝的留置位置，应符合下列要求：

一、水平施工缝，必须低于地脚螺栓底端，其与地脚螺栓底端的距离应大于150mm；

当地脚螺栓直径小于30mm时，水平施工缝可留置在不小于地脚螺栓埋入混凝土部分总长度的四分之三处；

二、垂直施工缝，其与地脚螺栓中心线间的距离不得小于250mm，且不得小于螺栓直径的5倍。

第 4.4.22 条 承受动力作用的设备基础的施工缝处理，应符合下列规定：

一、标高不同的两个水平施工缝，其高低接合处应留成台阶形，台阶的高宽比不得大于1.0；

二、在水平施工缝上继续浇筑混凝土前，应对地脚螺栓进行一次观测校准；

三、垂直施工缝处应加插钢筋，其直径为12～16mm，长度为500～600mm，间距为500mm，在台阶式施工缝的垂直面上也应补插钢筋；

四、施工缝的混凝土表面应凿毛，在继续浇筑混凝土前，应用水冲洗干净，湿润后在表面上抹10～15mm厚与混凝土内成分相同的一层水泥砂浆。

第 4.4.23 条 浇筑混凝土应填写施工记录，其格式可按照本规范附录四采用。

第五节　混凝土自然养护

第 4.5.1 条 对已浇筑完毕的混凝土，应加以覆盖和浇水，并应符合下列规定：

一、应在浇筑完毕后的12h以内对混凝土加以覆盖和浇水；

二、混凝土的浇水养护的时间，对采用硅酸盐水泥、普通硅酸盐水泥或矿渣硅酸盐水泥拌制的混凝土，不得少于7d，对掺用缓凝型外加剂或有抗渗性要求的混凝土，不得少于14d；

三、浇水次数应能保持混凝土处于润湿状态；

四、混凝土的养护用水应与拌制用水相同。

注：①当日平均气温低于5℃时，不得浇水；
②当采用其他品种水泥时，混凝土的养护应根据所采用水泥的技术性能确定。

第 4.5.2 条 采用塑料布覆盖养护的混凝土，其敞露的全部表面应用塑料布覆盖严密，并应保持塑料布内有凝结水。

注：混凝土的表面不便浇水或使用塑料布养护时，宜涂刷保护层（如薄膜养生液等），防止混凝土内部水分蒸发。

第 4.5.3 条 对大体积混凝土的养护，应根据气候条件采取控温措施，并按需要测定浇筑后的混凝土表面和内部温度，将温差控制在设计要求的范围以内；当设计无具体要求时，温差不宜超过25℃。

第 4.5.4 条 在已浇筑的混凝土强度未达到1.2N/mm²以前，不得在其上踩踏或安装模板及支架。

第六节　混凝土质量检查

第 4.6.1 条 混凝土在拌制和浇筑过程中应按下列规定进行检查：

一、检查拌制混凝土所用原材料的品种、规格和用量，每一工作班至少两次；

二、检查混凝土在浇筑地点的坍落度，每一工作班至少两次；

三、在每一工作班内，当混凝土配合比由于外界影响有变动时，应及时检查；

四、混凝土的搅拌时间应随时检查。

第 4.6.2 条 检查混凝土质量应进行抗压强度试验。对有抗冻、抗渗要求的混凝土，尚应进行抗冻性、抗渗性等试验。

第 4.6.3 条 当采用预拌混凝土时，预拌厂应提供下列资料：

一、水泥品种、标号及每立方米混凝土中的水泥用量；

二、骨料的种类和最大粒径；

三、外加剂、掺合料的品种及掺量；

四、混凝土强度等级和坍落度；

五、混凝土配合比和标准试件强度；

六、对轻骨料混凝土尚应提供其密度等级。

第 4.6.4 条 当采用预拌混凝土时，应在商定的交货地点进行坍落度检查，实测的混凝土坍落度与要求坍落度之间的允许偏差应符合表4.6.4的要求。

混凝土坍落度与要求坍落度之间的允许偏差（mm）

表 4.6.4

要求坍落度	允许偏差
<50	±10
50～90	±20
>90	±30

第 4.6.5 条 评定结构构件的混凝土强度应采用标准试件的混凝土强度，即按标准方法制作的边长为150mm的标准尺寸的立方体试件，在温度为20±3℃、相对湿度为90%以上的环境或水中的标准条件下，养护至28d龄期时按标准试验方法测得的混凝土立方体抗压强度。

确定结构构件的拆模、出池、出厂、吊装、张拉、放张及施工期间临时负荷时的混凝土强度，应采用与结构构件同条件养护的标准尺寸试件的混凝土强度。

试件强度试验的方法应符合现行国家标准《普通混凝土力学性能试验方法》的规定。

注：①试件应采用钢模制作；

②对采用蒸汽法养护的混凝土结构构件，其标准试件应先随同结构构件同条件蒸汽养护，再转入标准条件下养护共28d；

③与结构构件同条件养护试件的强度，在不同温度、不同龄期达到标准条件养护28d强度的百分率，可采用本规范附录二；当试验结果与本规范附录二的数值相差较大时，应检查原因，并确定处理办法。

第 4.6.6 条 实际施工中允许采用的混凝土立方体试件的最小尺寸应根据骨料的最大粒径确定，当采用非标准尺寸试件时，应将其抗压强度值乘以折算系数，换算为标准尺寸试件的抗压强度值。允许的试件最小尺寸及其强度折算系数应符合表4.6.6的规定。

允许的试件最小尺寸及其强度折算系数　表 4.4.6

骨料最大粒径（mm）	试件边长（mm）	强度折算系数
≤30	100	0.95
≤40	150	1.00
≤50	200	1.05

第 4.6.7 条 用于检查结构构件混凝土质量的试件，应在混凝土的浇筑地点随机取样制作。试件的留置应符合下列规定：

一、每拌制100盘且不超过100m^3的同配合比的混凝土，其取样不得少于一次；

二、每工作班拌制的同配合比的混凝土不足100盘时，其取样不得少于一次；

三、对现浇混凝土结构，其试件的留置尚应符合以下要求：

1.每一现浇楼层同配合比的混凝土，其取样不得少于一次；

2.同一单位工程每一验收项目中同配合比的混凝土，其取样不得少于一次。

每次取样应至少留置一组标准试件，同条件养护试件的留置组数，可根据实际需要确定。

注：预拌混凝土除应在预拌混凝土厂内按规定留置试件外，混凝土运到施工现场后，尚应按本条的规定留置试件。

第 4.6.8 条 每组三个试件应在同盘混凝土中取样制作，并按下列规定确定该组试件的混凝土强度代表值：

一、取三个试件强度的平均值；

二、当三个试件强度中的最大值或最小值之一与中间值之差超过中间值的15%时，取中间值；

三、当三个试件强度中的最大值和最小值与中间值之差均超过中间值的15%时，该组试件不应作为强度评定的依据。

第 4.6.9 条 混凝土强度的评定应按下列要求进行：

一、混凝土强度应分批进行验收，同一验收批的混凝土应由强度等级相同、生产工艺和配合比基本相同的混凝土组成，对现浇混凝土结构构件，尚应按单位工程的验收项目划分验收批，每个验收项目应按现行国家标准《建筑安装工程质量检验评定统一标准》确定。对同一验收批的混凝土强度，应以同批内标准试件的全部强度代表值来评定。

二、当混凝土的生产条件在较长时间内能保持一致，且同一品种混凝土的强度变异性能保持稳定时，应由连续的三组试件代表一个验收批，其强度应同时符合下列要求：

$$m_{fcu} \geqslant f_{cu,k} + 0.7\sigma_0 \quad (4.6.9\text{-}1)$$

$$f_{cu,min} \geqslant f_{cu,k} - 0.7\sigma_0 \quad (4.6.9\text{-}2)$$

当混凝土强度等级不高于C20时，尚应符合下式要求：

$$f_{cu,min} \geqslant 0.85 f_{cu,k} \quad (4.6.9\text{-}3)$$

当混凝土强度等级高于C20时，尚应符合下式要求：

$$f_{cu,min} \geqslant 0.90 f_{cu,k} \quad (4.6.9\text{-}4)$$

式中 m_{fcu}——同一验收批混凝土强度的平均值（N/mm^2）；

$f_{cu,k}$——设计的混凝土强度标准值（N/mm^2）；

σ_0——验收批混凝土强度的标准差（N/mm^2）；

$f_{cu,min}$——同一验收批混凝土强度的最小值（N/mm^2）；

验收批混凝土强度的标准差，应根据前一检验期内同一品种混凝土试件的强度数据，按下列公式确定：

$$\sigma_0 = \frac{0.59}{m} \sum_{i=1}^{m} \Delta f_{cu,i} \quad (4.6.9\text{-}5)$$

式中 $\Delta f_{cu,i}$——前一检验期内第 i 验收批混凝土试件中强度的最大值与最小值之差；

m——前一检验期内验收批总批数。

注：每个检验期不应超过三个月，且在该期间内验收批总批数不得少于15组。

三、当混凝土的生产条件不能满足本条二款的规定，或在前一检验期内的同一品种混凝土没有足够的强度数据用以确定验收批混凝土强度标准差时，应由不少于10组的试件代表一个验收批，其强度应同时符合下列要求：

$$m_{fcu} - \lambda_1 s_{fcu} \geqslant 0.9 f_{cu,k} \quad (4.6.9\text{-}6)$$

$$f_{cu,min} \geqslant \lambda_2 f_{cu,k} \quad (4.6.9\text{-}7)$$

式中 s_{fcu}——验收批混凝土强度的标准差（N/mm^2），当 s_{fcu} 的计算值小于 $0.06 f_{cu,k}$ 时，取 $s_{fcu} = 0.06 f_{cu,k}$；

λ_1, λ_2——合格判定系数。

验收批混凝土强度的标准差 s_{fcu} 应按下式计算：

$$s_{f_{cu}} = \sqrt{\frac{\sum_{i=1}^{n} f_{cu,i}^2 - n m_{f_{cu}}^2}{n-1}} \qquad (4.6.9\text{-}3)$$

式中 $f_{cu,i}$ ——验收批内第 i 组混凝土试件的强度值（N/mm²）；

n ——验收批内混凝土试件的总组数。

f 合格判定系数，应按表4.6.9取用。

合格判定系数　　表 4.6.9

试件组数	10～14	15～24	≥25
λ_1	1.70	1.65	1.60
λ_2	0.90	0.85	

四、对零星生产的预制构件的混凝土或现场搅拌批量不大的混凝土，可采用非统计法评定。此时，验收批混凝土的强度必须同时符合下列要求：

$$m_{f_{cu}} \geq 1.15 f_{cu,k} \qquad (4.6.9\text{-}9)$$

$$f_{cu,min} \geq 0.95 f_{cu,k} \qquad (4.6.9\text{-}10)$$

第 4.6.10 条　当对混凝土试件强度的代表性有怀疑时，可采用非破损检验方法或从结构、构件中钻取芯样的方法，按有关标准的规定，对结构构件中的混凝土强度进行推定，作为是否应进行处理的依据。

第 4.6.11 条　现浇混凝土结构的允许偏差，应符合表4.6.11的规定，当有专门规定时，尚应符合相应规定的要求。

第 4.6.12 条　混凝土设备基础的允许偏差，应符合表4.6.12的规定。

现浇混凝土结构的允许偏差（mm）　　表 4.6.11

项目			允许偏差
轴线位置	基础		15
	独立基础		10
	墙、柱、梁		8
	剪力墙		5
垂直度	层间	≤5m	8
		>5m	10
	全高		H/1000且≤30
标高	层高		±10
	全高		±30
截面尺寸			+8 −5
表面平整(2m长度上)			8
预埋设施中心线位置	预埋件		10
	预埋螺栓		5
	预埋管		5
预留洞中心线位置			15
电梯井	井筒长、宽对定位中心线		+25 0
	井筒全高垂直度		H/1000且≤30

注：H为结构全高。

混凝土设备基础的允许偏差(mm)　　表 4.6.12

项目		允许偏差
坐标位置(纵横轴线)		20
不同平面的标高		0 −20
平面外形尺寸		±20
凸台上平面外形尺寸		0 −20
凹穴尺寸		+20 0
平面的水平度(包括地坪上需安装设备的部分)		每米5且全长10
垂直度		每米5且全长10
预埋地脚螺栓	标高(顶端)	+20 0
	中心距 (在根部和顶部两处测量)	±2
预埋地脚螺栓孔	中心位置	10
	深度	+20 0
	孔壁铅垂度	10
预埋活动地脚螺栓锚板	标高	+20 0
	中心位置	5
	带槽的锚板与混凝土面的平整度	5
	带螺纹孔的锚板与混凝土面的平整度	2

第七节　混凝土缺陷修整

第 4.7.1 条　混凝土表面缺陷的修整，应符合下列规定：

一、面积较小且数量不多的蜂窝或露石的混凝土表面，可用1:2～1:2.5的水泥砂浆抹平，在抹砂浆之前，必须用钢丝刷或加压水洗刷基层；

二、较大面积的蜂窝、露石和露筋应按其全部深度凿去薄弱的混凝土层和个别突出的骨料颗粒，然后用钢丝刷或加压水洗刷表面，再用比原混凝土强度等级提高一级的细骨料混凝土填塞，并仔细捣实。

第 4.7.2 条　对影响混凝土结构性能的缺陷，必须会同设计等有关单位研究处理。

第五章　装配式混凝土结构工程

第一节　构　件　制　作

第 5.1.1 条　装配式混凝土结构构件的制作，可以采用台座、钢平模和成组立模等方法。

制作构件的场地应平整坚实，并有排水措施；台座表面应光滑平整，在 2 m长度上平整度的允许偏差为 3 mm，在气温变化较大的地区应留有伸缩缝。

第 5.1.2 条　当采用平卧、重叠法制作构件时，其下层构件混凝土的强度，需达到5.0N/mm²后，方可浇筑上层构件混凝土，并应有隔离措施。

第 5.1.3 条　在构件混凝土浇筑完毕后，应标注构件的型号和制作日期，对于上、下难以分辨的构件尚应注明“上”字，并均应标在统一的位置上。

第 5.1.4 条　构件采用蒸汽养护应符合下列规定：

一、升温速度，对薄壁构件（如多肋楼板、多孔楼板等），不得超过25℃/h；对其他构件不得超过 20℃/h；对采用干硬性混凝土制作的构件，不得超过40℃/h；

二、恒温加热阶段应保持90～100%的相对湿度；最高温度不得大于95℃；

三、对采用先张法施工的预应力混凝土构件，其最高允许温度应根据设计要求的允许温差（张拉钢筋时的温度与台座温度之差）经计算确定：对采用粗钢筋配筋的构件，当混凝土强度养护至7.5N/mm²以上时、对采用钢丝、钢铰线配筋的构件，当混凝土强度养护至10.0N/mm²以上时，可不受设计要求的温差限制，按一般构件的蒸汽养护规定进行；

四、降温速度，不得超过10℃/h；

五、构件出池后，其表面与外界的温差，不得大于20℃。

注：①采用硅酸盐水泥、普通硅酸盐水泥配制的混凝土构件，蒸养前宜先在常温下静停2～6h；
②采用模腔通蒸汽的成组立模方法制作的混凝土构件，出池后与外界的温差可不受限制。

第 5.1.5 条　预制混凝土构件的质量，应符合现行国家标准《预制混凝土构件质量检验评定标准》的规定。

第 5.1.6 条　构件的验收应符合下列规定：

一、构件不得有影响结构性能或安装使用的外观缺陷；

二、构件应具有合格证，构件上应有合格标志；

三、构件尺寸的允许偏差，当设计无具体要求时，应符合表5.1.6的规定。

构件尺寸的允许偏差（mm）　**表 5.1.6**

项		目	允许偏差
截面尺寸	长度	板、梁	+10 −5
		柱	+5 −10
		墙板	±5
		薄腹梁、桁架	+15 −10
	宽度、高度	板、梁、柱、墙板、薄腹梁、桁架	±5
肋宽、厚度			+4 −2

续表

项	目	允许偏差
侧向弯曲	梁、柱、板	$l/750$且≤20
	墙板、薄腹梁、桁架	$l/1000$且≤20
预埋件	中心线位置	10
	螺栓位置	5
	螺栓明露长度	+10 −5
预留孔	中心线位置	5
预留洞	中心线位置	15
保护层厚度	板	+5 −3
	梁、柱、墙板、薄腹梁、桁架	+10 −5
对角线差	板、墙板	10
表面平整	板、墙板、柱、梁	5
预应力构件预留孔道位置	梁、墙板、薄腹梁、桁架	3

注：①受力钢筋保护层厚度的偏差，仅在必要时进行检查；

②l为构件长度（mm）。

第 5.1.7 条 预制混凝土桩的制作及验收应按现行国家标准《地基与基础工程施工及验收规范》的规定执行。

第 5.1.8 条 带有表面装饰的构件，其质量应符合国家现行标准《建筑装饰工程施工及验收规范》的有关规定。

第二节 构件运输和堆放

第 5.2.1 条 构件运输应符合下列规定：

一、构件运输时的混凝土强度，当设计无具体规定时，不应小于设计的混凝土强度标准值的75%；

二、构件支承的位置和方法，应根据其受力情况确定，不得引起混凝土的超应力或损伤构件；

三、构件装运时应绑扎牢固，防止移动或倾倒；对构件边部或与链索接触处的混凝土，应采用衬垫加以保护；

四、在运输细长构件时，行车应平稳，并可根据需要对构件设置临时水平支撑。

第 5.2.2 条 构件堆放应符合下列规定：

一、堆放构件的场地应平整坚实，并具有排水措施，堆放构件时应使构件与地面之间留有一定空隙；

二、应根据构件的刚度及受力情况，确定构件平放或立放，并应保持其稳定；

三、重叠堆放的构件，吊环应向上，标志应向外；其堆垛高度应根据构件与垫木的承载能力及堆垛的稳定性确定；各层垫木的位置应在一条垂直线上；

四、采用靠放架立放的构件，必须对称靠放和吊运，其倾斜角度应保持大于80°，构件上部宜用木块隔开。

第三节 构件安装

第 5.3.1 条 构件安装时的混凝土强度，当设计无具体要求时，不应小于设计的混凝土强度标准值的75%；预应力混凝土构件孔道灌浆的强度，不应小于15.0N/mm²。

第 5.3.2 条 构件安装前，应在构件上标注中心线。

支承结构的尺寸、标高、平面位置和承载能力均应符合设计要求；应用仪器校核支承结构和预埋件的标高及平面位置，并在支承结构上划出中心线和标高，根据需要尚应标出轴线位置，并作好记录。

第 5.3.3 条 构件起吊应符合下列规定：

一、当设计无具体要求时，起吊点应根据计算确定；

二、在起吊大型空间构件或薄壁构件前，应采取避免构件变形或损伤的临时加固措施；

当起吊方法与设计要求不同时，应验算构件在起吊过程中所产生的内力能否符合要求；

三、构件在起吊时，绳索与构件水平面所成夹角不宜小于45°，当小于45°，应经过验算或采用吊架起吊。

第 5.3.4 条 构件安装就位后，应采取保证构件稳定性的临时固定措施。

第 5.3.5 条 安装就位的构件，必须经过校正后方准焊接或浇筑接头混凝土，根据需要焊后可再进行一次复查。

结构构件的校正工作，应符合下列规定：

一、应根据水准点和主轴线进行校正，并作好记录；

二、吊车梁的校正，应在房屋结构校正和固定后进行。

第 5.3.6 条 构件接头的焊接，应符合国家现行标准《钢结构工程施工及验收规范》和《钢筋焊接及验收规程》的规定，并经检查合格后，填写记录单。

当混凝土在高温作用下易受损伤时，可采用间隔流水焊接或分层流水焊接的方法。

第 5.3.7 条 装配式结构中承受内力的接头和接缝，应采用混凝土或砂浆浇筑，其强度等级宜比构件混凝土强度等级提高二级；对不承受内力的接缝，应采用混凝土或水泥砂浆浇筑，其强度不应低于15.0N/mm²。

对接头或接缝的混凝土或砂浆宜采取快硬措施，在浇筑过程中，必须捣实。

第 5.3.8 条 承受内力的接头和接缝，当其混凝土强度未达到设计要求时，不得吊装上一层结构构件；当设计无具体要求时，应在混凝土强度不小于10.0N/mm²或具有足够的支承时，方可吊装上一层结构构件。

第 5.3.9 条 已安装完毕的装配式结构，应在混凝土强度达到设计要求后，方可承受全部设计荷载。

第 5.3.10 条 构件安装的允许偏差，应符合表5.3.10的规定。

构件安装的允许偏差（mm）　　表 5.3.10

项	目		允许偏差
杯形基础	中心线对轴线位置		10
	杯底安装标高		0 −10
柱	中心线对定位轴线的位置		5
	上下柱接口中心线位置		3
	垂直度	≤5m	5
		>5m，<10m	10
		≥10m	1/1000标高且≤20
柱	牛腿上表面和柱顶标高	≤5m	0 −5
		>5m	0 −8
梁或吊车梁	中心线对定位轴线的位置		5
	梁上表面标高		0 −5
屋架	下弦中心线对定位轴线的位置		5
	垂直度	桁架、拱形屋架	1/250屋架高
		薄腹梁	5

续表

项	目		允许偏差
天窗架	构件中心线对定位轴线的位置		5
	垂直度		1/300天窗架高
托架梁	底座中心线对定位轴线的位置		5
	垂直度		10
板	相邻两板下表面平整	抹灰	5
		不抹灰	3
楼梯阳台	水平位置		10
	标高		±5
大型墙板	中心线对定位轴线的位置		3
	垂直度		3
	每层山墙内倾(或外倾)		2
	建筑物全高垂直度		10
	墙板拼缝高差		±5

第六章　预应力混凝土工程

第一节　预应力筋制作

第 6.1.1 条　预应力筋的下料长度，应由计算确定。计算时应考虑下列因素：结构的孔道长度、锚夹具厚度、千斤顶长度、焊接接头或镦头的预留量、冷拉伸长值、弹性回缩值、张拉伸长值、台座长度等。

钢丝束两端采用镦头锚具时，同一束中各根钢丝下料长度的相对差值，应不大于钢丝束长度的1/5000，且不得大于5 mm。

注：对长度不大于 6 m的先张法预应力构件，当钢丝成组张拉时，同组钢丝下料长度的相对差值，不得大于 2 mm。

第 6.1.2 条　钢丝、钢铰线、热处理钢筋及冷拉Ⅳ级钢筋，宜采用砂轮锯或切断机切断，不得采用电弧切割。

第 6.1.3 条　成束预应力筋宜采用穿束网套穿束。穿束前应逐根理顺，捆扎成束，不得紊乱。

第 6.1.4 条　预应力筋在储存、运输和安装过程中，应采取防止锈蚀及损坏措施。

第二节　预应力筋锚具、夹具和连接器

第 6.2.1 条　预应力筋锚具，应按设计要求采用。锚具按锚固性能不同分为两类：

Ⅰ类锚具：适用于承受动载、静载的预应力混凝土结构；

Ⅱ类锚具：仅适用于有粘结预应力混凝土结构，且锚具只能处于预应力筋应力变化不大的部位。

第 6.2.2 条 Ⅰ、Ⅱ类锚具的静载锚固性能，应由预应力锚具组装件静载试验测定的锚具效率系数η_a和达到实测极限拉力时的总应变$e_{apu,tot}$确定，其值应符合表6.2.2的规定。

锚具效率系数与总应变　　表 6.2.2

锚具类别	锚具效率系数 η_a	实测极限拉力时的总应变 $e_{apu,tot}$(%)
Ⅰ	≥0.95	≥2.0
Ⅱ	≥0.90	≥1.7

第 6.2.3 条 锚具效率系数η_a应按下式计算：

$$\eta_a=\frac{F_{apu}}{\eta_p \times F^c_{apu}} \quad (6.2.3)$$

式中 F_{apu}——预应力筋锚具组装件的实测极限拉力（kN）；

F^c_{apu}——预应力筋锚具组装件中各根预应力钢材计算极限拉力之和（kN）；

η_p——预应力筋的效率系数。

第 6.2.4 条 预应力筋效率系数η_p应按下列规定取用：

一、对于重要预应力混凝土结构工程使用的锚具，应按国家现行标准《预应力锚具、夹具和连接器应用技术规程》计算确定；

二、对于一般预应力混凝土结构工程使用的锚具，当预应力筋为钢丝、钢铰线或热处理钢筋时，预应力筋效率系数η_p取0.97；当预应力筋为冷拉Ⅱ、Ⅲ、Ⅳ级钢筋时，预应力筋效率系数η_p取1.00。

第 6.2.5 条 试验采用的预应力筋锚具（夹具、连接器）组装件，应由锚具（夹具、连接器）的全部零件和预应力筋组装而成。组装应符合设计要求，当设计无具体要求时，不得在锚固零件上添加影响锚固性能的物质，如金刚砂、石墨等。预应力筋应等长平行，使之受力均匀，其受力长度不得小于3m。

注：①单根预应力筋的锚具组装件试件，预应力筋的受力长度不得小于0.6m；

②钢丝镦头锚具组装件试验前，应进行六个试件的镦头强度试验，其镦头强度不得低于钢丝标准强度的98%。

第 6.2.6 条 Ⅰ类锚具组装件，除必须满足静载锚固性能外，尚必须满足循环次数为200万次的疲劳性能试验。疲劳性能试验的荷载应按下列规定取用：

一、当预应力筋为钢丝、钢铰线或热处理钢筋时，试验应力上限σ_{max}为预应力筋强度标准值的65%，应力幅度为80N/mm²；

二、当预应力筋为冷拉Ⅱ、Ⅲ、Ⅳ级钢筋时，试验应力上限σ_{max}为预应力筋强度标准值的80%，应力幅度为80N/mm²。

第 6.2.7 条 Ⅰ类锚具组装件在抗震结构中，尚应满足循环次数为50次的周期荷载试验。试验荷载应按下列规定取用：

一、当预应力筋为钢丝、钢铰线或热处理钢筋时，试验应力上限为预应力筋强度标准值的80%，下限为预应力筋强度标准值的40%；

二、当预应力筋为冷拉Ⅱ、Ⅲ、Ⅳ级钢筋时，试验应力上限为预应力筋强度标准值，下限为预应力筋强度标准值的

40%。

第 6.2.8 条 锚具尚应符合下列规定：

一、当预应力筋锚具组装件达到实测极限拉力时，除锚具设计允许的现象外，全部零件均不得出现肉眼可见的裂缝或破坏；

二、除能满足分级张拉及补张拉工艺外，宜具有能放松预应力筋的性能；

三、锚具或其附件上宜设置灌浆孔道，灌浆孔道应有使浆液通畅的截面面积。

第 6.2.9 条 夹具的静载锚固性能，应符合Ⅰ类锚具的效率系数η_a的要求，并具有良好的自锚与松锚性能。

第 6.2.10 条 用于后张法的预应力筋连接器，必须符合Ⅰ类锚具锚固性能的要求；用于先张法的预应力筋连接器，必须符合夹具的锚固性能要求。

第 6.2.11 条 预应力筋锚具、夹具和连接器验收批的划分，在同种材料和同一生产条件下，锚具、夹具应以不超过1000套组为一个验收批；连接器应以不超过500套组为一个验收批。

第 6.2.12 条 预应力筋锚具、夹具和连接器应有出厂合格证，并在进场时按下列规定进行验收：

一、外观检查：应从每批中抽取10%但不少于10套的锚具，检查其外观和尺寸。当有一套表面有裂纹或超过产品标准及设计图纸规定尺寸的允许偏差时，应另取双倍数量的锚具重做检查，如仍有一套不符合要求，则不得使用或逐套检查，合格者方可使用；

二、硬度检查：应从每批中抽取5%但不少于5件的锚具，对其中有硬度要求的零件做硬度试验，对多孔夹片式锚具的夹片，每套至少抽5片。每个零件测试三点，其硬度应在设计要求范围内，当有一个零件不合格时，应另取双倍数量的零件重做试验，如仍有一个零件不合格，则不得使用或逐个检查，合格者方可使用；

三、静载锚固性能试验：经上述两项试验合格后，应从同批中抽取6套锚具（夹具或连接器）组成3个预应力筋锚具（夹具、连接器）组装件，进行静载锚固性能试验，当有一个试件不符合要求时，应另取双倍数量的锚具（夹具或连接器）重做试验，如仍有一套不合格，则该批锚具（夹具或连接器）为不合格品。

注：对一般工程的锚具（夹具或连接器）进场验收，其静载锚固性能，也可由锚具生产厂提供试验报告。

第三节 施 加 预 应 力

第 6.3.1 条 施加预应力所用的机具设备及仪表，应定期维护和校验。

张拉设备应配套校验，以确定张拉力与仪表读数的关系曲线。压力表的精度不宜低于1.5级，校验张拉设备用的试验机或测力计精度不得低于±2%。校验时千斤顶活塞的运行方向，应与实际张拉工作状态一致。

张拉设备的校验期限，不宜超过半年。如在使用过程中，张拉设备出现反常现象或在千斤顶检修以后，应重新校验。

第 6.3.2 条 安装张拉设备时，直线预应力筋，应使张拉力的作用线与孔道中心线重合；曲线预应力筋，应使张拉力的作用线与孔道中心线末端的切线重合。

第 6.3.3 条 预应力筋的张拉控制应力，应符合设计要求；当施工中预应力筋需要超张拉时，可比设计要求提高

5%，但其最大张拉控制应力，不得超过表6.3.3的规定。

最大张拉控制应力允许值　　表 6.3.3

钢　种	张拉方法	
	先张法	后张法
碳素钢丝、刻痕钢丝、钢铰线	$0.80f_{ptk}$	$0.75f_{ptk}$
热处理钢筋、冷拔低碳钢丝	$0.75f_{ptk}$	$0.70f_{ptk}$
冷拉钢筋	$0.95f_{pyk}$	$0.90f_{pyk}$

注：f_{ptk}为预应力筋极限抗拉强度标准值；
f_{pyk}为预应力筋屈服强度标准值。

第 6.3.4 条　预应力筋张拉锚固后实际预应力值与工程设计规定检验值的相对允许偏差为±5%。

第 6.3.5 条　当采用超张拉方法减少预应力筋的松弛损失时，预应力筋的张拉程序宜为：

从零应力开始张拉至1.05倍预应力筋的张拉控制应力σ_{con}，持荷2min后，卸荷至预应力筋的张拉控制应力；或从应力为零开始张拉至1.03倍预应力筋的张拉控制应力。

其中　σ_{con}为预应力筋的张拉控制应力。

第 6.3.6 条　当采用应力控制方法张拉时，应校核预应力筋的伸长值。如实际伸长值比计算伸长值大于10%或小于5%，应暂停张拉，在采取措施予以调整后，方可继续张拉。

第 6.3.7 条　预应力筋的计算伸长值Δl（mm），可按下式计算：

$$\Delta l=\frac{F_p\cdot l}{A_p\cdot E_s}$$

式中　F_p——预应力筋的平均张拉力（kN），直线筋取张拉端的拉力；两端张拉的曲线筋，取张拉端的拉力与跨中扣除孔道摩阻损失后拉力的平均值；

A_p——预应力筋的截面面积（mm^2）；

l——预应力筋的长度（mm）；

E_s——预应力筋的弹性模量（kN/mm^2）。

预应力筋的实际伸长值，宜在初应力为张拉控制应力10%左右时开始量测，但必须加上初应力以下的推算伸长值；对后张法，尚应扣除混凝土构件在张拉过程中的弹性压缩值。

第 6.3.8 条　张拉过程中预应力钢材（钢丝、钢铰线或钢筋）断裂或滑脱的数量，对后张法构件，严禁超过结构同一截面预应力钢材总根数的3%，且一束钢丝只允许一根；对先张法构件，严禁超过结构同一截面预应力钢材总根数的5%，且严禁相邻两根断裂或滑脱。

先张法构件在浇筑混凝土前发生断裂或滑脱的预应力钢材必须予以更换。

第 6.3.9 条　锚固阶段张拉端预应力筋的内缩量，不宜大于表6.3.9的规定。

锚固阶段张拉端预应力筋的内缩量允许值(mm)表 6.3.9

锚具类别	内缩量允许值
支承式锚具(镦头锚、带有螺丝端杆的锚具等)	1
锥塞式锚具	5
夹片式锚具	5
每块后加的锚具垫板	1

注：①内缩量值系指预应力筋锚固过程中，由于锚具零件之间和锚具与预应力筋之间的相对移动和局部塑性变形造成的回缩量；
②当设计对锚具内缩量允许值有专门规定时，可按设计规定确定。

第 6.3.10 条 预应力筋张拉和放张时，均应填写施加预应力记录表，其格式可按本规范附录四采用。

第四节 先 张 法

第 6.4.1 条 先张法墩式台座的承力台墩，其承载能力和刚度必须满足要求，且不得倾覆和滑移，其抗倾覆和抗滑移安全系数，应符合现行国家标准《建筑地基基础设计规范》的规定。台座的构造，应适合构件生产工艺的要求；台座的台面，宜采用预应力混凝土。

第 6.4.2 条 在铺放预应力筋时，应采取防止隔离剂沾污预应力筋的措施。

第 6.4.3 条 当同时张拉多根预应力筋时，应预先调整初应力，使其相互之间的应力一致。

第 6.4.4 条 张拉后的预应力筋与设计位置的偏差不得大于5mm，且不得大于构件截面最短边长的4%。

第 6.4.5 条 放张预应力筋时，混凝土强度必须符合设计要求；当设计无专门要求时，不得低于设计的混凝土强度标准值的75%。

第 6.4.6 条 预应力筋的放张顺序，应符合设计要求；当设计无专门要求时，应符合下列规定：

一、对承受轴心预压力的构件（如压杆；桩等），所有预应力筋应同时放张；

二、对承受偏心预压力的构件，应先同时放张预压力较小区域的预应力筋，再同时放张预压力较大区域的预应力筋；

三、当不能按上述规定放张时，应分阶段、对称、相互交错地放张。

第 6.4.7 条 放张后预应力筋的切断顺序，宜由放张端开始，逐次切向另一端。

第五节 后 张 法

第 6.5.1 条 预留孔道的尺寸与位置应正确，孔道应平顺。端部的预埋钢板应垂直于孔道中心线。

第 6.5.2 条 孔道可采用预埋波纹管；钢管抽芯、胶管抽芯等方法成形。钢管应平直光滑，胶管宜充压力水或其他措施以增强刚度，波纹管应密封良好并有一定的轴向刚度，接头应严密，不得漏浆。

固定各种成孔管道用的钢筋井字架间距：钢管不宜大于1m；波纹管不宜大于0.8m；胶管不宜大于0.5m；曲线孔道宜加密。

灌浆孔间距：预埋波纹管不宜大于30m；抽芯成形孔道不宜大于12m；曲线孔道的曲线波峰部位，宜设置泌水管。

第 6.5.3 条 当铺设已穿有预应力筋的波纹管或其他金属管道时，严禁电火花损伤管道内的钢丝或钢铰线。

第 6.5.4 条 孔道成形后，应立即逐孔检查，发现堵塞，应及时疏通。

第 6.5.5 条 预应力筋张拉时，结构的混凝土强度应符合设计要求，当设计无具体要求时，不应低于设计强度标准值的75%。

第 6.5.6 条 预应力筋的张拉顺序应符合设计要求，当设计无具体要求时，可采用分批、分阶段对称张拉。

采用分批张拉时，应计算分批张拉的预应力损失值，分别加到先张拉预应力筋的张拉控制应力值内，或采用同一张拉值逐根复拉补足。

第 6.5.7 条 预应力筋张拉端的设置，应符合设计要求；当设计无具体要求时，应符合下列规定：

一、抽芯成形孔道：对曲线预应力筋和长度大于24m的直线预应力筋，应在两端张拉；对长度不大于24m的直线预应力筋，可在一端张拉；

二、预埋波纹管孔道：对曲线预应力筋和长度大于30m的直线预应力筋，宜在两端张拉；对长度不大于30m的直线预应力筋可在一端张拉。

当同一截面中有多根一端张拉的预应力筋时，张拉端宜分别设置在结构的两端。

当两端同时张拉同一根预应力筋时，宜先在一端锚固，再在另一端补足张拉力后进行锚固。

第 6.5.8 条 平卧重叠浇筑的构件，宜先上后下逐层进行张拉。为了减少上下层之间因摩阻引起的预应力损失，可逐层加大张拉力。底层张拉力，对钢丝、钢铰线、热处理钢筋，不宜比顶层张拉力大5%；对冷拉Ⅱ、Ⅲ、Ⅳ级钢筋，不宜比顶层张拉力大9%，且不得超过第6.3.3条的规定。当隔离层效果较好时，可采用同一张拉值。

第 6.5.9 条 预应力筋锚固后的外露长度，不宜小于30mm，锚具应用封端混凝土保护，当需长期外露时，应采取防止锈蚀的措施。

第 6.5.10 条 采用冷拉钢筋作预应力筋的结构，可采用电热法张拉，但对严格要求不出现裂缝的结构，不宜采用电热法张拉。

采用波纹管或其他金属管作预留孔道的结构，不得采用电热法张拉。

第 6.5.11 条 当采用电热法张拉时，预应力筋的电热温度，不应超过350°C，反复电热次数不宜超过三次。

成批生产前应检查所建立的预应力值，其偏差不应大于相应阶段预应力值的10%或小于5%。

第 6.5.12 条 预应力筋张拉后，孔道应及时灌浆；当采用电热法时，孔道灌浆应在钢筋冷却后进行。

第 6.5.13 条 用连接器连接的多跨连续预应力筋的孔道灌浆，应张拉完一跨随即灌注一跨，不得在各跨全部张拉完毕后，一次连续灌浆。

第 6.5.14 条 孔道灌浆应采用标号不低于425号普通硅酸盐水泥配制的水泥浆；对空隙大的孔道，可采用砂浆灌浆。水泥浆及砂浆强度，均不应小于20N/mm²。

第 6.5.15 条 灌浆用水泥浆的水灰比宜为0.4左右，搅拌后三小时泌水率宜控制在2%，最大不得超过3%，当需要增加孔道灌浆的密实性时，水泥浆中可掺入对预应力筋无腐蚀作用的外加剂。

注：矿渣硅酸盐水泥，按上述要求试验合格后，也可使用。

第 6.5.16 条 灌浆前孔道应湿润、洁净；灌浆顺序宜先灌注下层孔道；灌浆应缓慢均匀地进行，不得中断，并应排气通顺；在灌满孔道并封闭排气孔后，宜再继续加压至0.5～0.6MPa，稍后再封闭灌浆孔。

不掺外加剂的水泥浆，可采用二次灌浆法。

第六节 无粘结预应力

第 6.6.1 条 无粘结筋宜采用钢丝、钢铰线等预应力钢材制作。

第 6.6.2 条 无粘结筋的涂料层，可采用防腐油脂或防腐沥青制作，涂料成分、配比及性能应符合有关专门规定。

第 6.6.3 条 无粘结筋的外包层，可采用高压聚乙烯塑料制作，外包层应符合下列要求：

一、在 -20℃～+70℃温度范围内，低温不脆化，高温化学稳定性好；

二、必须具有足够的韧性，抗破损性强；

三、对周围材料无侵蚀作用；

四、防水性好。

第 6.6.4 条 制作单根无粘结筋时，宜优先选用防腐油脂作涂料层，塑料外包层宜采用塑料注塑机注塑成形。防腐油脂应充足饱满，外包层应松紧适度。

第 6.6.5 条 成束无粘结筋可用防腐沥青或防腐油脂作涂料层。当使用防腐沥青时，应用密缠塑料带作外包层，塑料带各圈之间的搭接宽度应不小于带宽的二分之一，缠绕层数不应小于四层。

第 6.6.6 条 无粘结预应力筋的包装、运输、保管应符合下列要求：

一、对不同规格的无粘结预应力筋应有标记；

二、当无粘结预应力筋带有镦头锚具时，应有塑料袋包裹；

三、无粘结预应力筋应堆放在通风干燥处，露天堆放应搁置在架板上，并加以覆盖。

第 6.6.7 条 无粘结筋的锚具性能，应符合Ⅰ类锚具的规定。

第 6.6.8 条 无粘结筋使用前，应逐根进行检查外包层的完好程度，对有轻微破损者，可包塑料带补好，对破损严重者应予以报废。

第 6.6.9 条 铺设无粘结筋时，无粘结筋的曲率，可垫铁马凳控制。铁马凳高度应根据设计要求的无粘结筋曲率确定，铁马凳间隔不宜大于2m，并应用铁丝与无粘结筋扎紧。

第 6.6.10 条 铺设双向配筋的无粘结筋时，应先铺设标高低的无粘结筋，再铺设标高较高的无粘结筋。宜避免两个方向的无粘结筋相互穿插编结。

第 6.6.11 条 无粘结筋张拉过程中，当有个别钢丝发生滑脱或断裂时，可相应降低张拉力，但滑脱或断裂的数量，不应超过结构同一截面无粘结预应力筋总量的2%。

注：对多跨双向连续板，其同一截面应按每跨计算。

第 6.6.12 条 无粘结筋的锚固区，必须有严格的密封防护措施，严防水汽进入，锈蚀预应力筋。对外露的预应力筋应分散弯折后，再浇筑在封头混凝土内。无粘结筋及端头锚固区的防护措施，尚应符合有关专门规定。

第七章 冬期施工

第一节 一般规定

第 7.1.1 条 根据当地多年气温资料，室外日平均气温连续5d稳定低于5°C时，混凝土结构工程应采取冬期施工措施；并应及时采取气温突然下降的防冻措施。

第 7.1.2 条 冬期浇筑的混凝土，在受冻前，混凝土的抗压强度不得低于下列规定：

硅酸盐水泥或普通硅酸盐水泥配制的混凝土，为设计的混凝土强度标准值的30%；

矿渣硅酸盐水泥配制的混凝土，为设计的混凝土强度标准值的40%，但不大于C10的混凝土，不得小于5.0N/mm²。

第 7.1.3 条 混凝土的冬期施工，应对原材料的加热、搅拌、运输、浇筑和养护等按本规范附录三进行热工计算，并应据以施工。

第二节 钢筋冷拉、张拉与焊接

第 7.2.1 条 钢筋冷拉可在负温下进行，温度不宜低于－20°C。当采用控制应力方法时，冷拉控制应力应较本规范表3.2.3提高30.0N/mm²；当采用冷拉率方法时，冷拉率与本规范表3.2.3相同。

冬期张拉预应力钢筋，其温度不宜低于－15°C。

第 7.2.2 条 钢筋的冷拉和张拉设备以及仪表和工作油液应根据环境温度选用，并应在使用温度条件下进行配套校验。

第 7.2.3 条 冬期钢筋的焊接，宜在室内进行，当必须在室外焊接时，其最低气温不宜低于－20°C，且应有防雪挡风措施。焊后的接头，严禁立即碰到冰雪。

第三节 混凝土配制和搅拌

第 7.3.1 条 配制冬期施工的混凝土，应优先选用硅酸盐水泥或普通硅酸盐水泥。水泥标号不应低于425号，最小水泥用量不宜少于300kg/m³，水灰比不应大于0.6。

使用矿渣硅酸盐水泥，宜采用蒸汽养护；使用其他品种水泥，应注意其中掺合材料对混凝土抗冻、抗渗等性能的影响。

掺用防冻剂的混凝土，严禁使用高铝水泥。

注：大体积混凝土最小水泥用量应根据实际情况确定。

第 7.3.2 条 在冬期浇筑的混凝土，宜使用无氯盐类防冻剂、对抗冻性要求高的混凝土，宜使用引气剂或引气减水剂。

掺用防冻剂、引气剂或引气减水剂的混凝土的施工，应符合现行国家标准《混凝土外加剂应用技术规范》的规定。

第 7.3.3 条 在钢筋混凝土中掺用氯盐类防冻剂时，氯盐掺量按无水状态计算不得超过水泥重量的1%。掺用氯盐的混凝土必须振捣密实，且不宜采用蒸汽养护。

在下列钢筋混凝土结构中不得掺用氯盐：

一、在高湿度空气环境中使用的结构；

二、处于水位升降部位的结构；

三、露天结构或经常受水淋的结构；

四、与镀锌钢材或与铝铁相接触部位的结构，以及有外露钢筋预埋件而无防护措施的结构；

五、与含有酸、碱或硫酸盐等侵蚀性介质相接触的结构；

六、使用过程中经常处于环境温度为60°C以上的结构；

七、使用冷拉钢筋或冷拔低碳钢丝的结构；

八、薄壁结构、中级或重级工作制吊车梁、屋架 落锤或锻锤基础等结构；

九、电解车间和直接靠近直流电源的结构；

十、直接靠近高压电源（发电站、变电所）的结构；

十一、预应力混凝土结构。

第 7.3.4 条 当采用素混凝土时，氯盐掺量不得大于水泥重量的 3 %。

第 7.3.5 条 冬期拌制混凝土时应优先采用加热水的方法。水及骨料的加热温度应根据热工计算确定，但不得超过表7.3.5的规定。

拌合水及骨料最高温度(°C) **表 7.3.5**

项目	拌合水	骨料
标号小于525号的普通硅酸盐水泥、矿渣硅酸盐水泥	80	60
标号等于及大于525号的硅酸盐水泥、普通硅酸盐水泥	60	40

注：当骨料不加热时，水可加热到100℃，但水泥不应与 80℃ 以上的水直接接触，投料顺序为先投入骨料和已加热的水，然后再投入水泥。

水泥不得直接加热，并宜在使用前运入暖棚内存放。

第 7.3.6 条 混凝土所用骨料必须清洁、不得含有冰、雪等冻结物及易冻裂的矿物质。在掺用含有钾、钠离子防冻剂的混凝土中，不得混有活性骨料。

第 7.3.7 条 拌制掺用防冻剂的混凝土应符合下列规定：

一、防冻剂溶液的配制及防冻剂的掺量应符合现行国家标准的有关规定；

二、严格控制混凝土水灰比，由骨料带入的水分及防冻剂溶液中的水分均应从拌合水中扣除；

三、搅拌前，应用热水或蒸汽冲洗搅拌机，搅拌时间应取常温搅拌时间的1.5倍；

四、混凝土拌合物的出机温度不宜低于10℃，入模温度不得低于 5 ℃。

第四节 混凝土运输和浇筑

第 7.4.1 条 混凝土在浇筑前，应清除模板和钢筋上的冰雪和污垢。

运输和浇筑混凝土用的容器应具有保温措施。

第 7.4.2 条 混凝土在运输、浇筑过程中的温度，应与本规范附录三热工计算的要求相符，当与要求不符时，应采取措施进行调整。

当采用加热养护时，混凝土养护前的温度不得低于2℃。

第 7.4.3 条 冬期不得在强冻胀性地基土上浇筑混凝土；当在弱冻胀性地基土上浇筑混凝土时，基土不得遭冻。当在非冻胀性地基土上浇筑混凝土时，应符合第7.1.2条的规定。

第 7.4.4 条 对加热养护的现浇混凝土结构，混凝土的浇筑程序和施工缝的位置，应能防止在加热养护时产生较大的温度应力，当加热温度在40℃以上时，应征得设计单位同意。

第 7.4.5 条 当分层浇筑大体积结构时，已浇筑层的混凝土温度，在被上一层混凝土覆盖前，不得低于按热工计算的温度，且不得低于 2 ℃。

第 7.4.6 条 装配式结构的接头应符合下列规定：

一、浇筑承受内力接头的混凝土或砂浆，宜先将结合处的表面加热到正温；浇筑后的接头混凝土或砂浆在温度不超过45℃的条件下，应养护至设计要求强度；当设计无专门要求时，其强度不得低于设计的混凝土强度标准值的75%；

二、浇筑接头的混凝土或砂浆，可掺用不致引起钢筋锈蚀的外加剂。

第 7.4.7 条 预应力混凝土的孔道灌浆，应在正温下进行，并应符合本规范第6.5.14条和第6.5.15条的规定，且应养护到强度不小于15.0N/mm²。

第五节 混凝土养护

第 7.5.1 条 当室外最低温度不低于－15℃时，地面以下的工程或表面系数不大于15m⁻¹的结构，应优先采用蓄热法养护。蓄热法养护热工计算可按本规范附录三进行。

混凝土蓄热法养护可掺用早强型外加剂、外部早期短时加热、采用快硬早强水泥、采用棚罩加强围护或利用未冻土热量等延长正温养护龄期和加快混凝土强度的增长措施。

对结构容易受冻的部位，应采取防止混凝土过早冷却的保温措施。

注：表面系数系指结构冷却的表面积(m^2)与其全部体积(m^3)的比值。

第 7.5.2 条 当在一定龄期内采用蓄热法养护达不到要求时，可采用蒸汽法、暖棚法、电热法等其他养护方法。

第 7.5.3 条 整体浇筑的结构，当采用蒸汽法或电热法养护时，混凝土的升、降温速度，不得超过表7.5.3的规定。

加热养护混凝土的升、降温速度(℃/h)　　表 7.5.3

表面系数(m^{-1})	升温速度	降温速度
≥6	15	10
<6	10	5

注：大体积混凝土应根据实际情况确定。

第 7.5.4 条 蒸汽养护的混凝土，当采用普通硅酸盐水泥时，养护温度不宜超过80℃；当采用矿渣硅酸盐水泥时，养护温度可提高到85℃～95℃。

电热法养护混凝土的温度，应符合表7.5.4的规定。

电热法养护混凝土的温度(℃)　　表 7.5.4

水泥标号	结构表面系数(m^{-1})		
	<10	10～15	>15
425	40	40	35

第 7.5.5 条 当采用蒸汽养护混凝土时，应使用低压饱和蒸汽，加热应均匀，并须排除冷凝水和防止结冰。

对不应受水浸的基土或掺用引气型外加剂的混凝土，不应采用蒸汽法养护。

第 7.5.6 条 当采用电热法养护混凝土时，电极的布置，应保证混凝土温度均匀，且混凝土仅应加热到设计的混凝土强度标准值的50%。并尚应符合下列规定：

一、应在混凝土的外露表面覆盖后进行；

二、宜采用工作电压为50～110V，在素混凝土和每立方米混凝土含钢量不大于50kg的结构中，可采用120～120V；

三、在养护过程中，应观察混凝土外露表面的湿度，当表面开始干燥时，应先停电，并浇温水湿润混凝土表面。

第 7.5.7 条 当采用暖棚法养护混凝土时，棚内温度不得低于5℃，并应保持混凝土表面湿润。

第 7.5.8 条 模板和保温层，应在混凝土冷却到5℃后方可拆除。当混凝土与外界温差大于20℃时，拆模后的混凝土表面，应采取使其缓慢冷却的临时覆盖措施。

第 7.5.9 条 掺用防冻剂混凝土的养护应符合下列规定：

一、在负温条件下养护，严禁浇水且外露表面必须覆盖；

二、混凝土的初期养护温度，不得低于防冻剂的规定温度，达不到规定温度时，应立即采取保温措施；

三、掺用防冻剂的混凝土，当温度降低到防冻剂的规定温度以下时，其强度不应小于3.5N/mm²；

四、当拆模后混凝土的表面温度与环境温度差大于15℃时，应对混凝土采用保温材料覆盖养护。

第六节 混凝土质量检查

第 7.6.1 条 冬期施工的混凝土质量检查除应符合本规范第四章第六节的规定外，尚应符合下列规定：

一、检查外加剂的掺量；

二、测量水和外加剂溶液以及骨料的加热温度和加入搅拌时的温度；

三、测量混凝土自搅拌机中卸出时和浇筑时的温度。

每一工作班至少应测量检查四次。

第 7.6.2 条 混凝土养护温度的测量应符合下列规定：

一、当采用蓄热法养护时，在养护期间至少每6h一次；

二、对掺用防冻剂的混凝土，在强度未达到3.5N/mm²以前每2h测定一次，以后每6h测定一次；

三、当采用蒸汽法或电流加热法时，在升温、降温期间每1h一次，在恒温期间每2h一次。

室外气温及周围环境温度在每昼夜内至少应定时定点测量四次。

第 7.6.3 条 混凝土养护温度的测量方法应符合下列规定：

一、全部测温孔均应编号，并绘制测温孔布置图；

二、测量混凝土温度时，测温表应采取措施与外界气温隔离；测温表留置在测温孔内的时间应不少于3min；

三、测温孔的设置，当采用蓄热法养护时，应在易于散热的部位设置；当采用加热养护时，应在离热源不同的位置分别设置；大体积结构应在表面及内部分别设置。

第 7.6.4 条 混凝土试件的留置除应符合本规范第4.6.6条和第4.6.7条的规定外，尚应增设不少于两组与结构同条件养护的试件，分别用于检验受冻前的混凝土强度和转入常温养护28d的混凝土强度。

第 7.6.5 条 与结构构件同条件养护的受冻混凝土试件，解冻后方可试压。

第 7.6.6 条 所有各项测量及检验结果，均应填写“混凝土工程施工记录”和“混凝土冬期施工日报”，其格式可按本规范附录四采用。

第八章 工 程 验 收

第 8.0.1 条 混凝土结构工程验收时，应提供下列文件和记录：

1.设计变更和钢材代用证件；

2.原材料质量合格证件；

3.钢筋及焊接接头的试验报告；

4.混凝土工程施工记录；

5.混凝土试件的试验报告；

6.装配式结构构件的制作及安装验收记录；

7.预应筋锚具、夹具和连接器的合格证及检验记录；

8.预应力筋的冷拉和张拉记录；

9.冬期施工热工计算及施工记录；

10.隐蔽工程验收记录；

11.分项工程质量评定记录；

12.工程的重大问题处理记录；

13.竣工图及其他有关文件及记录。

第 8.0.2 条 混凝土结构工程的验收，除检查有关文件、记录外，尚应进行外观抽查。

第 8.0.3 条 当提供的文件、记录及外观检查的结果符合有关现行国家标准的要求时方可进行验收。

附录一 普通模板及其支架荷载标准值及分项系数

一、计算模板及其支架时的荷载标准值

1.模板及支架自重标准值

模板及其支架的自重标准值应根据模板设计图纸确定。对肋形楼板及无梁楼板模板的自重标准值，可按附表1.1采用。

楼板模板自重标准值(kN/m^2) **附表 1.1**

模板构件名称	木模板	定型组合钢模板
平板的模板及小楞	0.3	0.5
楼板模板(其中包括梁的模板)	0.5	0.75
楼板模板及其支架(楼层高度为4m以下)	0.75	1.1

2.新浇筑混凝土自重标准值

对普通混凝土可采用$24kN/m^3$，对其他混凝土可根据实际重力密度确定。

3.钢筋自重标准值

钢筋自重标准值应根据设计图纸确定。对一般梁板结构每立方米钢筋混凝土的钢筋自重标准值可采用下列数值：

楼板 1.1kN；

梁 1.5kN。

4.施工人员及设备荷载标准值

（1）计算模板及直接支承模板的小楞时，对均布荷载取2.5kN/m²，另应以集中荷载2.5kN再行验算；比较两者所得的弯矩值，按其中较大者采用；

（2）计算直接支承小楞结构构件时，均布活荷载取1.5kN/m²；

（3）计算支架立柱及其他支承结构构件时，均布活荷载取1.0kN/m²。

注：①对大型浇筑设备如上料平台、混凝土输送泵等按实际情况计算；
②混凝土堆集料高度超过100mm以上者按实际高度计算；
③模板单块宽度小于150mm时，集中荷载可分布在相邻的两块板上。

5.振捣混凝土时产生的荷载标准值

对水平面模板可采用2.0kN/m²；

对垂直面模板可采用4.0kN/m²（作用范围在新浇筑混凝土侧压力的有效压头高度之内）。

6.新浇筑混凝土对模板侧面的压力标准值

采用内部振捣器时，新浇筑的混凝土作用于模板的最大侧压力，可按下列二式计算，并取二式中的较小值。

$$F = 0.22\gamma_c t_0 \beta_1 \beta_2 V^{\frac{1}{2}} \qquad (附1.1)$$

$$F = \gamma_c H \qquad (附1.2)$$

式中 F——新浇筑混凝土对模板的最大侧压力（kN/m²）；

γ_c——混凝土的重力密度（kN/m³）；

t_0——新浇混凝土的初凝时间（h），可按实测确定。当缺乏试验资料时，可采用$t_0 = 200/(T+15)$计算（T为混凝土的温度℃）；

V——混凝土的浇筑速度（m/h）；

H——混凝土侧压力计算位置处至新浇筑混凝土顶面的总高度（m）；

β_1——外加剂影响修正系数，不掺外加剂时取1.0，掺具有缓凝作用的外加剂时取1.2；

β_2——混凝土坍落度影响修正系数，当坍落度小于30mm时，取0.85；50～90mm时，取1.0；110～150mm时，取1.15。

混凝土侧压力的计算分布图形如下图所示：

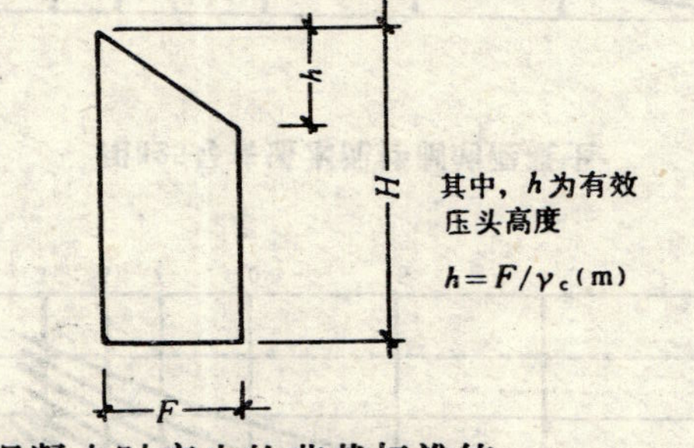

7.倾倒混凝土时产生的荷载标准值

倾倒混凝土时对垂直面模板产生的水平荷载标准值可按附表1.2采用。

倾倒混凝土时产生的水平荷载标准值(kN/m²) 附表 1.2

向模板内供料方法	水平荷载
溜槽、串筒或导管	2
容量小于0.2m³的运输器具	2
容量为0.2至0.8m³的运输器具	4
容量为大于0.8m³的运输器具	6

注：作用范围在有效压头高度以内。

二、计算模板及其支架时的荷载分项系数

计算模板及其支架时的荷载设计值，应采用荷载标准值乘以相应的荷载分项系数求得，荷载分项系数应按附表 1.3 采用。

荷载分项系数 **附表 1.3**

项次	荷载类别	γ_i
1	模板及支架自重	
2	新浇筑混凝土自重	1.2
3	钢筋自重	
4	施工人员及施工设备荷载	1.4
5	振捣混凝土时产生的荷载	
6	新浇筑混凝土对模板侧面的压力	1.2
7	倾倒混凝土时产生的荷载	1.4

附录二　温度、龄期对混凝土强度影响曲线

用325号矿渣水泥拌制的混凝土

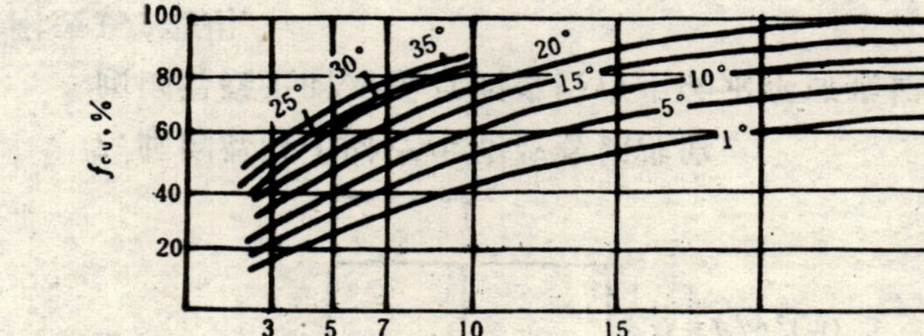
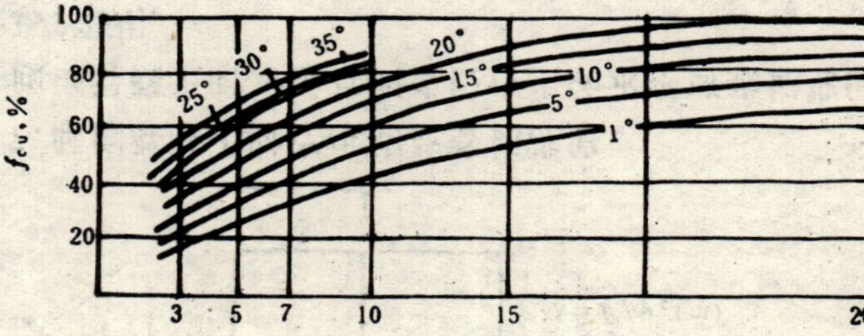

用425号普通水泥拌制的混凝土

用325号普通水泥拌制的混凝土

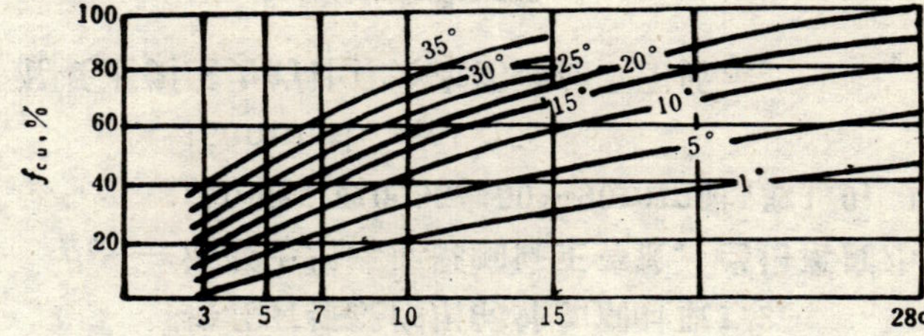

用425号矿渣水泥拌制的混凝土

附录三　冬期施工热工计算

一、混凝土拌合物的温度公式：

$$T_0=[0.9(m_{ce}T_{ce}+m_{sa}T_{sa}+m_gT_g)+4.2T_w(m_w-w_{sa}m_{sa}-w_gw_g)+c_1(w_{sa}m_{sa}T_{sa}+w_gm_gT_g)-c_2(w_{sa}m_{sa}+w_gm_g)]\div[4.2m_w+0.9(m_{ce}+m_{sa}+m_g)] \quad (附3.1)$$

式中　T_0——混凝土拌合物的温度（℃）；

m_w、m_{ce}、m_{sa}、m_g——水、水泥、砂、石的用量(kg)；

T_w、T_{ce}、T_{sa}、T_g——水、水泥、砂、石的温度(℃)；

w_{sa}、w_g——砂、石的含水率（%）；

c_1、c_2——水的比热容（kJ/kg·K）及溶解热（kJ/kg）。

当骨料温度＞0℃时，$c_1=4.2$，$c_2=0$；

≤0℃时，$c_1=2.1$，$c_2=335$。

二、混凝土拌合物的出机温度公式：

$$T_1=T_0-0.16(T_0-T_i) \quad (附3.2)$$

式中　T_1——混凝土拌合物的出机温度（℃）；

T_i——搅拌机棚内温度（℃）。

三、混凝土拌合物经运输至成型完成时的温度公式：

$$T_2=T_1-(\alpha t_t+0.032n)(T_1-T_a) \quad (附3.3)$$

式中　T_2——混凝土拌合物经运输至成型完成时的温度（℃）；

t_t——混凝土自运输至浇筑成型完成的时间（h）；

n——混凝土转运次数；

T_a——运输时的环境气温（℃）；

α——温度损失系数（h^{-1}）；

当用混凝土搅拌输送车时，$\alpha=0.25$；

当用开敞式大型自卸汽车时，$\alpha=0.20$；

当用开敞式小型自卸汽车时，$\alpha=0.30$；

当用封闭式自卸汽车时，$\alpha=0.10$；

当用手推车时，$\alpha=0.50$。

四、考虑模板和钢筋吸热影响，混凝土成型完成时的温度公式：

$$T_3=\frac{c_cm_cT_2+c_fm_fT_f+c_sm_sT_s}{c_cm_c+c_fm_f+c_sm_s} \quad (附3.4)$$

式中　T_3——考虑模板和钢筋吸热影响，混凝土成型完成时的温度（℃）；

c_c、c_f、c_s——混凝土、模板材料、钢筋的比热容(kJ/kg·K)；

m_c——每立方米混凝土的重量（kg）；

m_f、m_s——与每立方米混凝土相接触的模板、钢筋的重量（kg）；

T_f、T_s——模板、钢筋的温度，未预热者可采用当时环境气温（℃）。

五、混凝土蓄热养护过程中的温度计算公式：

1.混凝土蓄热养护开始至任一时刻 t 的温度

$$T=\eta e^{-\theta v_{ce}t}-\varphi e^{-v_{ce}t}+T_{m,a} \quad (附3.5)$$

2.混凝土蓄热养护开始至任一时刻 t 的平均温度

$$T_m=\frac{1}{v_{ce}t}\left(\varphi e^{-v_{ce}t}-\frac{\eta}{\theta}e^{-\theta v_{ce}t}+\frac{\eta}{\theta}-\varphi\right)+T_{m,a} \quad (附3.6)$$

其中　θ、φ、η为综合参数如下：

$$\theta=\frac{\omega K\psi}{v_{ce}c_c\rho_c}，\varphi=\frac{v_{ce}c_{ce}m_{ce}}{v_{ce}c_c\rho_c-\omega K\psi}$$

$$\eta=T_3-T_{m,a}+\varphi$$

式中　T——混凝土蓄热养护开始至任一时刻t和温度(℃)；

T_m——混凝土蓄热养护开始至任一时刻 t 的平均温度（℃）；

t——混凝土蓄热养护开始至任一时刻的时间(h)；

$T_{m,a}$——混凝土蓄热养护开始至任一时刻 t 的平均气温（℃）；

ρ_c——混凝土质量密度（kg/m^3）；

m_{ce}——每立方米混凝土水泥用量（kg/m^3）；

c_{ce}——水泥累积最终放热量（kJ/kg）；

v_{ce}——水泥水化速度系数（h^{-1}）；

ω——透风系数；

ψ——结构表面系数（m^{-1}）；

K——围护层的总传热系数（$kJ/m^2\cdot h\cdot K$）；

e——自然对数之底，可取$e=2.72$。

注：①结构表面系数ψ值可按下式计算：

$$\psi=\frac{A_c(\text{混凝土结构表面积})}{v_c(\text{混凝土结构总体积})}$$

②平均气温$T_{m,a}$的取法，可采用蓄热养护开始至t时气象预报的平均气温，若遇大风雪及寒潮降临，可按每时或每日平均气温计算。

③围护层的总传热系数K值可按下式计算：

$$K=\frac{3.6}{0.04+\sum_{i=1}^{n}\frac{d_i}{k_i}}$$

式中　d_i——第i围护层的厚度(m)；

k_i——第i围护层的导热系数(w/m·K)。

④水泥累积最终放热量c_{ce}、水泥水化速度系数v_{ce}及透风系数ω取值表：

水泥累积最终放热量c_{ce}和水泥水化速度系数v_{ce}　附表 3.1

水泥品种及标号	c_{ce}(kJ/kg)	v_{ce}(h^{-1})
525号硅酸盐水泥	400	0.013
525号普通硅酸盐水泥	360	
425号普通硅酸盐水泥	330	
425号矿渣、火山灰、粉煤灰水泥	240	

透风系数ω　附表 3.2

保温层的种类	透风系数ω		
	小风	中风	大风
保温层由容易透风材料组成	2.0	2.5	3.0
在容易透风材料外面包以不易透风材料	1.5	1.8	2.0
保温层由不易透风材料组成	1.3	1.45	1.6

注：小风速$v_w<3m/s$，中风速$3\leqslant v_w\leqslant 5m/s$，大风速$v_w>5m/s$。

3.当施工需要计算混凝土蓄热养护冷却至0℃的时间时，可根据公式（附3.5）采用逐次逼近的方法进行计算，如果实际采取的蓄热养护条件满足$\frac{\varphi}{T_{m,a}}\geqslant 1.5$，且$K_\psi\geqslant 50$时，也可按下式直接计算：

$$t_0=\frac{1}{v_{ce}}l_n\frac{\varphi}{T_{m,a}}\qquad（附3.7）$$

式中　t_0——混凝土蓄热养护冷却至0℃的时间（h）。

混凝土蓄热养护开始冷却至0℃时间t_0内的平均温度，可根据公式（附3.6）取$t=t_0$进行计算。

附录四　常用施工记录表格

附 4.1　混凝土工程施工记录

年　　月　　日　　气温：　　　　气候：

建设单位名称：

单位工程名称：

浇筑部位及结构名称（标明轴线和标高）：

混凝土数量（当班完成量m³）：

混凝土强度等级：

混凝土配合比设计报告单编号：

混凝土配合比：

材　料	水泥	砂	石	水	外加剂名称及用量			外掺混合材料名称及用量
配 合 比								
每立方米数量								

混凝土捣实方法：

试件数量、编号及试压结果：

拆模日期：

试　件	留置组数	试　压　结　果						
同条件养护								
标准养护								

注：试压结果栏中应注明试压报告编号和试压龄期。

附 4.2　钢筋冷拉记录表

试验报告编号＿＿＿＿＿　　控 制 应 力＿＿＿＿＿

构件名称和编号＿＿＿＿＿　　控制冷拉率＿＿＿＿＿

冷拉日期	钢筋编号	钢筋规格	钢　筋　长　度（m）（不包括螺丝端杆长）			冷拉控制拉力（kN）	冷拉时温度（℃）	备　注
			冷拉前	冷拉后	弹性回缩后			
1	2	3	4	5	6	7	8	9

注：①如用冷拉率控制，则第7栏可不填写；

②如有拉断或拉断后再焊接重拉等情况，应在备注栏内注明；

③钢筋冷拉后应按规定截取试样进行有关试验，试验结果应在备注栏内注明。

附 4.3 用千斤顶施加预应力记录

工 程 名 称________________

构 件 名 称________________

型　　　号________________

钢筋张拉程序________________

钢筋张拉顺序编号草图

施加预应力日期	构件编号	钢筋张拉顺序编号	钢筋规格	设计		张拉时						张拉时弹性伸长(mm)		锚具内缩量(mm)	张拉时混凝土强度(N/mm²)	张拉时立缝处混凝土砂浆的强度(N/mm²)	钢筋放松顺序编号	放张时				混凝土强度(N/mm²)	备注
				控制应力(N/mm²)	张拉力(kN)	千斤顶编号	压力表编号	第一次		第二次		计算	实际					千斤顶编号	压力表编号	放松螺帽时			
								压力表读数(N/mm²)	拉力(kN)	压力表读数(N/mm²)	拉力(kN)									压力表读数(N/mm²)	张拉力(kN)		
1	2	3	4	5	6	7	8	9	10	11	12	13	14	15	16	17	18	19	20	21	22	23	24

注：①用于后张法施工的表格18～23栏可以取消；

②用于先张法施工的表格16～17栏可以取消；

③放松预应力筋如采用氧乙炔焰切割时，应在备注栏内说明；

④张拉和放张过程中，所发生的问题记在备注栏内或记载在表后。

附 4.4 电热法施加预应力记录表

构件名称________________

型　　号________________

钢筋张拉顺序编号草图

张拉日期	张拉顺序	钢筋长度(mm)	钢筋直径(mm)	通电时间(s)	伸长(mm)	一次电压(V_1)	一次电流(A_1)	二次电压(V_2)	二次电流(A_2)	孔道温度(℃)	用电量(度)	校核应力			备注
												计算应力(N/mm²)	实际应力(N/mm²)	误差(%)	
1	2	3	4	5	6	7	8	9	10	11	12	13	14	15	16

附 4.5 冬期施工混凝土日报

单位工程名称________________　　　　年　　月　　日

时:分	天气情况	积雪 (mm)	风向	风速 (m/s)	气温 (℃)			
					最高	最低	干球	湿球

时:分	原材料温度 (℃)					混凝土温度℃养护条件					备注
	水泥	水	砂	石	其它	出机	入模	结构部位	混凝土数量 (m^3)	养护方法	

时:分	测温点温度									平均温度	备注
	1	2	3	4	5	6	7	8	9		

附录五　本规范用词说明

一、执行本规范条文时，对于要求严格程度的用词说明如下，以便在执行中区别对待：

1.表示很严格，非这样作不可的用词：

正面词采用“必须”；

反面词采用“严禁”。

2.表示严格，在正常情况下均应这样作的用词：

正面词采用“应”；

反面词采用“不应”或“不得”。

3.表示允许稍有选择，在条件许可时，首先应这样作的用词：

正面词采用“宜”或“可”；

反面词采用”不宜”。

二、条文中指明必须按其它有关标准和规范执行的写法为，“应按……执行”或“应符合……要求或规定”。

附加说明

本规范主编单位、参加单位和主要起草人名单

主 编 单 位： 中国建筑科学研究院

参 加 单 位： 北京市建筑工程总公司
广东省建筑工程总公司
上海市建筑工程总公司
东南大学

主要起草人： 莫 鲁 杨崇永 丁方儒 林钟立
顾政勇 杨宗放 艾永祥 史志华
汪 洪

中华人民共和国国家标准

混凝土结构工程施工及验收规范

GB 50204—92

条 文 说 明

中国建筑科学研究院 主 编

目　录

第一章 总 则

第 1.0.1 条 制订本规范的目的，是为了在混凝土结构工程施工及验收中做到技术先进、经济合理、确保质量。本条为新增加的条文。

第 1.0.2 条 本规范适用范围与原规范相同，包括工业与民用房屋和与房屋有关的常用构筑物，如烟囱、水塔、斗仓等，只是在文字上作了必要的修改。

根据《建筑结构设计通用符号、计量单位和基本术语》GBJ 83—85的规定，对“建筑”来说，一般指各种房屋及其附属的构筑物，而本规范适用的斗仓，就很难说是房屋的附属构筑物。因此，将原条文中的“建筑”改为“房屋和一般构筑物”。

本规范中混凝土结构包括素混凝土结构、钢筋混凝土结构和预应力混凝土结构，与《混凝土结构设计规范》GBJ 10—89取得一致。

第 1.0.3 条 本条为本规范的主要编制依据。

第 1.0.4 条 混凝土结构工程施工及验收规范是一本综合性强、牵涉面广的规范，不仅有原材料方面的，如水泥、钢筋、砂、石、外加剂等，尚有半成品、成品方面的，如预应力锚具、夹具、连接器、预制构件等，也与其他分项施工技术和质量评定方面的有关规范、标准有密切关系。因此，凡本规范有规定者应按照执行，凡本规范无规定者，尚应按照有关的现行规范、标准的规定执行。

同时考虑到混凝土结构工程的施工具有整体性和连续性的特点，前一分部或分项工程的质量如不符合要求，势必影响后一分部或分项工程的施工质量。因此，对混凝土结构各分部或分项工程的施工，必须在前一分部或分项工程的质量进行合格验收后，方可进行下一分部或分项工程的施工，如不合格，应及时进行处理或返工。

第 1.0.5 条 对混凝土结构工程施工时的安全技术、劳动保护、防火等要求也是非常重要的，但本规范未包括这方面的内容，另有专门的规范标准，应按照执行，因此保留本条文。

第二章 模板工程

第一节 一般规定

第 2.1.1 条 目前我国现浇混凝土结构模板材料除钢材、木材外，已向多样化发展，主要有胶合板模板、塑料模板、玻璃钢模板、压型钢模、钢木（竹）组合模板、装饰混凝土模板、预应力混凝土薄板等。由于目前木材较缺，因此在模板工程中应以尽量少用木材为原则，故对原条文作了相应的修改。对钢材、木材的材质，已有相应的标准，钢材应符合《碳素结构钢技术条件》GB 700—88的有关规定；当采用木材时，应符合《木结构设计规范》GBJ 5—88的承重结构选材标准，其树种可按各地区实际情况选用，但材质不宜低于Ⅲ等材；当采用胶合板等其他材料时，则应符合有关专门规定。

第 2.1.2 条 原规范规定，模板接缝应严密，不得漏浆。现考虑到木模板的接缝湿水后膨胀，接缝过于严密会产生变形，因此将接缝应严密予以删除。无论是采用钢材、木材或其他材料制作的模板，模板接缝主要是以保证不漏浆为原则。

第 2.1.3 条 组合钢模模板、大模板、滑升模板等的设计、制作和施工尚应分别符合以下现行标准：《组合钢模板技术规范》GBJ 214—88、《大模板多层住宅结构设计与施工规程》JGJ 20—84、《液压滑动模板施工技术规范》GBJ113—87等标准的相应规定。

第 2.1.4 条 由于目前隔离剂的种类很多，有些油质类化合物的隔离剂能对混凝土结构性能和装饰带来影响，因此加以限制。此外考虑到在施工中隔离剂沾污钢筋和混凝土接槎处的情况严重，因此也作了相应限制。

第二节 模板设计

第 2.2.1 条 为确保工程质量和施工安全，模板工程均应有模板工程设计，设计时应根据工程结构形式、荷载大小、地基土类别、施工设备和材料供应等条件全面考虑。由于有些模板支撑直接支承在基土上，因此对基土情况也应予以考虑。设计内容一般包括：选型、选材、结构计算、施工图和说明。对简单的工程，如能根据经验确定材料规格和构造，亦可不作结构计算。

第 2.2.2 条 对模板的设计，由于我国目前还没有临时性工程的设计规范，还只能规定按正式结构设计规范执行。由于与本条文相关的一些规范已进行修订，因此，对钢模板及其支架的设计应符合现行《钢结构设计规范》GBJ 17—88的规定。采用冷弯薄壁型钢应符合《冷弯薄壁型钢结构技术规范》GBJ 18—87的规定。木模板及其支架的设计应符合《木结构设计规范》GBJ 5—88的规定。

考虑到原条文对容许应力值作了提高，如对钢材的容许应力值提高25%，对含水率小于25%的木材，容许应力值可提高15%，而在使用过程中也未发现有什么问题，因此在这次修订时，按相应的新规范进行了套改，分别将设计荷载乘以相应的折减系数采用。但对钢模板及其支架的设计时，对截面塑性发展系数应取为1.0。

第 2.2.3、2.2.4 条 对条文未作修改，只是根据《建筑结构设计通用符号、计量单位和基本术语》GBJ 83—85，在名词上统一了。“重量”即“质量”，故将具有荷载性质的“重量”都改为“自重”，以免混淆。原条文中的“厚大结构”，都改为“大体积结构”。“自由跨度”改为“跨度”。

第 2.2.6 条 验算模板及其支架在自重和风荷载作用下的抗倾倒稳定性，原规范是参照起重机械设计的有关规定和以往模板设计的经验，规定模板及其支架的抗倾倒系数不应小于1.15已不适用，因此作了相应的修改。对于风荷载的取值等，则应符合有关专门规定。

第三节 模 板 安 装

第 2.3.3 条 将原条文中的“整体式”用词都改为“现浇”。原条文只考虑梁的起拱要求，现将板的起拱要求也考虑在内。

关于模板的起拱高度，原规定是合适的，未作改动。但作用时应注意该起拱高度未包括设计起拱值，而只考虑到模板本身在荷载下的下挠。因此在使用时应根据模板情况，如钢模板可取偏小值（1/1000～2/1000），木模板可取偏大值（1.5/1000～3/1000）。

第 2.3.6 条 采用分节脱模时，底模的支点应按模板设计设置，各节模板应在同一平面上，主要是对其模板的高低差限制在3mm以内。因此，对支点高低差的限制予以删除。

第 2.3.8 条 对预埋件和预留孔洞的允许偏差表中的项目，部分作了合并。对保证预埋螺栓的固定长度，其外露部分只允许有正偏差，不允许有负偏差；预留洞内部尺寸，只准大不准小。对比在允许偏差表中，不允许的偏差都以“0”来表示。无正负号的允许偏差值，则无正负之分。

第 2.3.9 条 对现浇结构模板安装的允许偏差值的规定与原规范相同，适用于一般工业与民用房屋和构筑物的要求。对一些有特殊要求的结构中的某些项目，当有专门规范、标准规定时，其偏差值尚应符合相应规范、标准的要求。

第 2.3.10 条 对预制构件模板安装的允许偏差表中，较原规范增加了“墙板”，删除了“块体”。因墙板已应用很多，而块体应用已很少。

第四节 模 板 拆 除

第 2.4.1～2.4.3 条 在原条文基础上作了如下修改补充：

一、将模板名称统一分为三类，即侧模（包括柱、墙模板）、底模和内模（包括芯模），而不使用承重模板、不承重模板及承重底模等名称；

二、对2.4.1表中的结构类型，重新进行了划分，并补充了壳体，即划分为板、梁、拱与壳和悬臂构件四类；

三、对现浇结构拆模时所需混凝土强度，已由原按“设计标号”的百分率计改为按“设计的混凝土强度标准值的百分率”计。

表中的百分率值，原规定为70%的值，现考虑与《混凝土结构设计规范》GBJ 10—89取得一致，而改为75%。这是由于混凝土标号改混凝土强度等级后，对相同质量的一批混凝土，其标号比强度等级高2.0N/mm²，因此，在拆模时为了达到与原规范规定的同等拆模强度，对以强度等级表示的混凝土尚应提高5％的强度标准值，来补偿其差值。对达100％和50％混凝土强度标准值的两次指标，则未作改动。但应指出：混凝土强度是否达到设计的混凝土立方体抗压强度标准值的100％或50％，尚应按混凝土强度检验评定方法予以确定。

第 2.4.4 条 仅作文字修改，将“计算荷载”改为“使用荷载”等，以便与设计规范名词统一。同时考虑到施工荷载与使用荷载不便于从大小上作直接比较，因此将“施工荷载大于计算荷载”改为“施工荷载产生的效应比使用荷载效应更为不利”的用词。

第三章 钢筋工程

第一节 一般规定

第 3.1.1 条 混凝土结构所采用的热轧钢筋、热处理钢筋、碳素钢丝、刻痕钢丝和钢铰线的质量，应分别符合以下现行国家标准的规定：

一、《钢筋混凝土用热轧带肋钢筋》GB 1499—91；

二、《钢筋混凝土用热轧光圆钢筋》GB 13013—91；

三、《钢筋混凝土用余热处理钢筋》GB 13014—91；

四、《预应力混凝土用热处理钢筋》GB 4463—84；

五、《预应力混凝土用钢丝》GB 5223—85；

六、《预应力混凝土用钢铰线》GB 5224—85。

在过渡期间，当采用原有热轧钢筋时，其质量应符合《钢筋混凝土用钢筋》GB 1499—84标准的要求。

第 3.1.3 条 按一、二级抗震设计的框架结构纵向受力钢筋，要求其强屈比大于1.25，其目的是使结构某部位出现塑性铰以后，具有足够的转动能力。同时，对钢筋的实际屈服强度与钢筋的标准强度的比值，根据不同抗震等级有不同的限值，以保证设计上的“强柱弱梁”、“强剪弱弯”的要求能够实现。

第 3.1.5 条 钢筋的代换，根据原条文进行了补充。在施工中，若缺乏设计图中所要求的钢筋种类、级别或规格时，可进行钢筋代换，但必须遵守代换的原则，以满足原结构设计时的要求。

钢筋级别对结构构件延性影响很大，我国的Ⅰ、Ⅱ、Ⅲ级钢筋的塑性性能较好，因此对有抗震要求的结构，在混凝土结构设计规范中有明确的规定："对梁、柱的纵向受力钢筋宜采用Ⅱ、Ⅲ级钢筋；箍筋宜采用Ⅰ、Ⅱ级钢筋"。在钢筋代换时，也应尽量采用。

第二节 钢筋冷拉和冷拔

第 3.2.1 条 对冷拉钢筋的力学性能表中的数值，部分作了适当的调整，其抗拉强度值是按《钢筋混凝土用热轧带肋钢筋》GB 1499—91的规定取值。其屈服点值系根据《混凝土结构设计规范》GBJ 10—89中所规定的冷拉控制应力时的标准强度值。

对于冷拉Ⅱ级钢筋的屈服点，原规范规定，不分钢筋直径都取为420N/mm²。现考虑了钢筋直径对其强度的影响，将$d \leqslant 25$mm的钢筋屈服点取为450N/mm²，将$d = 28 \sim 40$mm的钢筋屈服点取为430N/mm²，比原规定值有所提高。

第 3.2.2 条 对钢筋的冷拉方法，有控制应力法和控制冷拉率法两种。原规范规定对用作预应力混凝土结构的预应力筋，宜采用控制应力的方法。由于新规范对测定冷拉率时钢筋的冷拉应力较原规范提高了30N/mm²，这样对采用控制冷拉率法与控制应力法基本具有同等的保证率。因此，将原规范规定"对用作预应力混凝土结构的预应力筋，宜采用控制应力的方法"予以删除。

对于不同炉批的热轧钢筋，由于厂间、炉间的差异，钢筋抗拉强度的标准离差很大，据统计资料表明：同炉批钢筋的标准离差为15N/mm²，而混炉批的在20～50N/mm²之间，有时甚至超过50N/mm²，出入太大。因此规范规定：混炉批的钢筋不应采用控制冷拉率的方法冷拉钢筋。如必须采用控制冷拉率方法时，则应逐根测定，将冷拉率相近的钢筋分批冷拉，以保质量。

第 3.2.3 条 对采用控制应力方法冷拉钢筋时，其冷拉控制应力作了部分调整。

实践表明，热轧钢筋冷拉后所建立的屈服点等于或略高于冷拉时的控制应力，故冷拉控制应力仍取为冷拉钢筋的屈服点强对钢筋的冷拉，由于抗拉强度较低的热轧钢筋，也可以拉到符合标准的冷拉强度。但其冷拉率将超过限值，对结构使用非常不利。因此需要对抗拉强度低于钢筋标准要求的热轧钢筋，规定一个最大冷拉率限值加以控制。原规范规定的冷拉率上限值，基本上是合适的，本规范未作改动。但对冷拉Ⅱ级钢筋的屈服点，由于已考虑了钢筋直径对其强度的影响，因此，对其冷拉控制应力也按钢筋直径$d \leqslant 25$mm和$d = 28 \sim 40$mm两档分别作出规定，并较原规范值稍有提高。

第 3.2.4 条 在本条中对测定冷拉率时钢筋的冷拉应力部分作了调整。

由于冷拉工艺中的控制应力法，是直接控制法，建立的应力比较准确，但所用的工艺设备，目前我国大多数施工单位尚未具备。控制冷拉率法是间接控制法，虽然比较粗糙，但一般施工单位均能执行。

根据有关单位试验统计资料，同炉批钢筋按平均冷拉率冷拉后的抗拉强度的标准离差σ约为15～20N/mm²，为满足保证率95%的要求，应按冷拉控制应力增加1.645σ，约

30N/mm²。因此，在本条中用控制冷拉率方法冷拉钢筋时，其钢筋的冷拉应力作了相应的修改和提高。

第 3.2.7 条 冷拔低碳钢丝经过机械调直后，会出现强度降低。根据Φ^{b}5、Φ^{b}4冷拔低碳钢丝试验结果，调直后钢丝强度标准值大约降低50N/mm²。因此，在本条文中增加了对预应力冷拔低碳钢丝经调直后，强度标准值应按降低50N/mm²考虑。

第三节 钢 筋 加 工

第 3.3.4 条 根据混凝土结构设计规范的规定，受扭构件中的箍筋必须做成封闭式，当采用绑扎骨架时，箍筋的末端应做成不小于135°弯钩。因此，在条文中增加了这一规定。对有抗震要求的结构、要求这种箍筋的弯钩平直部分长度，不应小于箍筋直径的10倍。但对抗扭构件中的这种箍筋的弯钩平直部分长度，则不宜小于箍筋直径的5倍。

第四节 钢 筋 焊 接

第 3.4.1、3.4.2 条 条文在原规范基础上增加了气压焊。近几年来，由于钢筋气压焊技术在我国得到比较迅速的发展，在一些大中城市的钢筋混凝土结构中已经应用钢筋气压焊接头数十万个，并已制订《钢筋气压焊》GB 12219—89标准。

钢筋气压焊系采用氧乙炔火焰对两钢筋接缝处进行加热，使钢筋端部加热达到高温状态，并施加足够轴向压力，而形成牢固的对焊接头。钢筋气压焊可用于直径为40mm及以下的Ⅰ、Ⅱ级钢筋的纵向连接。当两钢筋直径不同时，其直径之差不得大于7mm。当采用其它品种、规格钢筋进行气压焊时、则应经技术鉴定或试验合格后方可使用。

此外，由于钢筋焊接接头和焊接制品的质量验收中，均需进行拉伸、抗剪和弯曲等基本性能试验，在一些比较特殊的工程中，还需进行冲击、疲劳、硬度、金相等特殊性能试验。为对这些试验方法作出明确的统一的规定，现已制订有《钢筋焊接接头试验方法》JGJ 27—86，因此在本条中引入，在试验中应按照执行。

第 3.4.5 条 据有关试验结果表明，搭接钢筋的破坏是由于纵向劈裂导致的滑移拔出。劈裂裂缝首先沿两根钢筋之间发生，且由接头两端迅速向中间发展。导致粘结强度降低。

当受拉的搭接钢筋直径较大时，混凝土保护层相对变薄或钢筋间距相对减小，因此传力间断而引起的应力集中，使劈裂、滑移和粘结强度降低更为明显，故对搭接钢筋的直径予以限制，要求$d>22$mm的受力钢筋，不宜采用非焊接的搭接接头形式。因此，本规范也将原规定的普通混凝土中直径大于25mm的钢筋，修改为直径大于22mm的钢筋宜采用焊接接头，较原规范的要求略严。

对轴心受压和偏心受压柱中的受压钢筋，当钢筋直径大于32mm时，应采用焊接接头。这与设计规范要求一致，但应注意当钢筋直径$d\leqslant32$mm时如采用非焊接的搭接接头，其接头位置应设置在受力较小处。

第 3.4.6 条 由于钢筋混凝土结构构件的抗震设计，应根据结构类型、房屋高度、设防烈度以及屋盖情况，分别按一级、二级、三级抗震等级进行抗震设计，对不同抗震等级的结构构件抗震性能，在延性和耗能要求上有所不同，因此对材料和施工方面也有不同的要求。根据《混凝土结构设计规范》GBJ 10—89中的抗震设计要求，对受力钢筋的接头及其位置，提出了本条施工规定，以满足设计上的强柱弱梁的质量要求。

第 3.4.7 条 受力钢筋采用焊接接头的有关规定中，作了如下的修改：

一、根据《混凝土结构设计规范》GBJ 10—89，将原规范规定“在受力钢筋直径30倍的区段范围内”改为“35d区段范围内”，与设计规范取得协调一致；

二、对焊接接头位置区段示意图作了适当修改。对闪光对焊接头和电弧焊接头，其接头位置区段l，都采用接头中到中的距离。并将图（b）改为同轴受力图，以消除钢筋骨架截面尺寸及保护层都相应误差一根钢筋的直径；

三、在本条中增加二个注，对接头位置提出了进一步的规定，也与设计规范取得统一。

第 3.4.11 条 根据原条文作了如下修改补充：

一、补充了焊接骨架的内容。由于焊接骨架不宜间隔点焊，因而规定所有钢筋相交点必须焊接，这与目前施工单位的实际做法是一致的；

二、具体规定了焊接网的中部用间隔点焊，取消了按钢筋级别和根据运输和安装条件来决定焊点的数目和位置，使规定更为具体，便于执行和检查；

三、取消了原规定的第三款。因为焊接网的钢丝间距很少有小于100mm，且跳点焊接过多时焊接网的搬运与安装都会造成麻烦，因此也统一按间隔焊接的规定执行。

第五节　钢筋绑扎与安装

第 3.5.3 条 钢筋绑扎接头的最小搭接长度，较原规定有较大的修改，已按混凝土强度等级的不同而提出了不同的规定。这是根据混凝土结构设计规范中的受拉钢筋的搭接长度不应小于$1.2l_a$（l_a——受拉钢筋锚固长度），且不小于300mm的要求而重新确定的。为便于记忆，取值上作了适当的调整。对同类钢筋而不同混凝土强度等级时，搭接长度相互差为$5d$，对相同混凝土强度等级而不同类型的钢筋，其搭接长度相互差$10d$。

对受压钢筋的搭接长度，设计规范要求不应小于$0.85l_a$；且不应小于200mm。则实际受压钢筋的搭接长度为受拉钢筋搭接长度的$0.85/1.2=0.7$倍。故在本条文中规定受压区钢筋为受拉区搭接长度的0.7倍。

对修改后的搭接长度，对Ⅰ级钢筋，当混凝土强度等级低于C25时较原规范有所增加，高于C25时则有所减小。对于Ⅱ、Ⅲ级钢筋，当混凝土强度等级低于C30时较原规范有较大的增加，等于或高于C30时则与原规范相当。

由于表中搭接长度值，对Ⅱ、Ⅲ级钢筋主要是根据月牙纹钢筋的取值，故对螺纹钢筋加了附注。同时对轻骨料混凝土的钢筋绑扎接头的搭接长度，有抗震要求的框架梁的纵向钢筋的搭接长度，以及当混凝土强度等级低于C20时的搭接长度都在附注中予以说明。

第 3.5.4 条 焊接骨架和焊接网采用绑扎连接时，接头的最小搭接长度，也按混凝土强度等级不同而作了修改。

这是根据混凝土结构规范中对焊接骨架在受力方向的接头可采用焊接的搭接接头，其受拉钢筋的搭接长度不应小于l_a（l_a——锚固长度）修订而成。

受压焊接网在受力钢筋方向的搭接长度应符合表3.5.4数值的0.7倍，也是按受压钢筋搭接长度不应小于$0.85l_a$所得。

同时考虑到用Ⅱ级钢筋作焊接网的已很少，故原规范中的Ⅱ级钢筋的最小搭接长度予以删除。

对轻骨料混凝土焊接网绑扎接头改用以注②说明。即按普通混凝土增加$5d$，冷拔丝增加50mm。

修改后的搭接长度与原规范比较，混凝土强度等级较低时，即低于C25时有所增加，高于C25时相应有所减少，在C25时与原规范规定一致。

第 3.5.5 条 对受力钢筋绑扎接头的规定，作了如下的修改和补充：

一、将原规范对有接头的受力钢筋截面积百分率的规定为“在受力钢筋30倍区段范围内（不小于500mm）”改为“从任一绑扎接头中心至搭接长度1.3倍的区段范围内”，并补充了绑扎接头区段示意图。图中表示在l区段范围内只包含了二个接头中心线，则只算二个接头。当这4根钢筋为同样直径时，其接头钢筋面积百分率，在l区段内则为50%；

二、补充了绑扎接头区段钢筋的横向间距图。对于纵向配筋率高的梁，由于采用绑扎接头时，对钢筋接头处的横向间距受到影响，因此对钢筋横向最小间距作了规定。根据混凝土结构设计规范规定，梁的下部纵向钢筋净距不应小于25mm和d（d——钢筋的最大尺寸），因此本规范也按此值取用。但是对于梁的上部纵向钢筋以及对构件下部钢筋配置多于两排时的上排钢筋，其净距尚应加大一倍。

第 3.5.6 条 根据混凝土结构设计规范的规定，在绑扎骨架中非焊接的搭接接头长度范围内对箍筋间距的要求，而补充了本条规定。

第 3.5.7 条 混凝土的保护层，是保证钢筋与混凝土的共同工作，防止钢筋锈蚀，增加耐久性具有重要作用，施工时应按设计要求进行。如设计无具体要求时，应按本条执行。

本条的修改，是根据混凝土结构设计规范提出的按不同的环境与条件，不同的构件类型和不同的混凝土强度等级而提出了不同的要求。

实践表明，原规范规定的混凝土保护层最小厚度，基本上能保证室内正常环境下耐久性的要求，但对于露天或室内高湿度环境中的构件，由于保护层偏薄，或混凝土质量（密实性）较差时，有些使用20～50年的构件出现了钢筋锈蚀现象，影响了结构的耐久年限。因此对室内正常环境的梁和柱类构件，其保护层厚度仍照原规范，而对板、墙、壳类构件，当截面厚度小于和等于100mm时，考虑到施工时又允许有负偏差，将保护层厚度调整为15mm。这样在正常环境下的板、墙、壳构件就不再分厚度大于或小于100mm而提不同的要求，而统一到最小厚度到15mm。

对于露天或室内高湿度环境中的构件，混凝土碳化后钢筋锈蚀较快。当混凝土强度等级为C20时，50年碳化深度约为25mm，以此作为板类构件混凝土保护层最小厚度取值。为了不过多增加保护层厚度，采用了按不同混凝土强度等级来要求最小保护层厚度。

表中混凝土保护层厚度，是指构件中的主要受力钢筋。如果主要受力钢筋能满足上述要求时，对梁、柱中箍筋保护层厚度也能满足要求，因此将原规范中对梁，柱箍筋和构造钢筋的混凝土保护层厚度的规定予以删除。

对于基础的最小保护层厚度未作变动，对有垫层的基础混凝土保护层厚度为35mm，其垫层厚度一般为100mm，这与现行《建筑地基基础设计规范》GBJ 7—89的要求是统一的。

第四章 混凝土工程

第一节 一般规定

第 4.1.1 条 对工业与民用房屋和一般构筑物所采用的混凝土有普通混凝土和轻骨料混凝土两类，普通混凝土是用水泥、普通碎（卵）石、砂和水配制质量密度为1950～2500kg/m³的混凝土。轻骨料混凝土是采用水泥、轻粗骨料、轻细骨料（或普通砂）和水配制的质量密度小于1950kg/m³的混凝土。轻骨料可采用天然轻骨料、人造轻骨料和工业废料轻骨料。采用普通砂作细骨料的轻骨料混凝土为砂轻混凝土；采用轻细骨料的轻骨料混凝土为全轻混凝土。

第 4.1.2 条 我国生产的水泥品种很多，常用的水泥主要是五种，即硅酸盐水泥、普通硅酸盐水泥，矿渣硅酸盐水泥、火山灰质硅酸盐水泥和粉煤灰硅酸盐水泥。这五种水泥的现行国家标准是：《硅酸盐水泥、普通硅酸盐水泥》GB 175—85和《矿渣硅酸盐水泥、火山灰质硅酸盐水泥和粉煤灰硅酸盐水泥》GB 1344—85。当采用其他品种的水泥，如快硬水泥、膨胀水泥等，其性能必须符合相应标准的要求。

第 4.1.4 条 根据原规范第4.1.4条和第 4.1.5 条修改而成。目前普通混凝土和轻骨料混凝土所用的骨料标准，仍然是原规范所列的 7 个标准。这些标准有的正在修订。待新标准颁布后则应按新标准执行，因此条文中未将这些标准列入。

混凝土用的砂、石质量与混凝土的性能密切相关，特别是当所采用的砂、石中含有碱——活性骨料时，将影响潮湿环境中的混凝土结构的耐久性，对此必须按照有关标准的要求，或进行必要的试验，或采取有效抑制措施来防止碱骨料反应。

第 4.1.5、4.1.6 条 保留原规范条文，仅作文字修改。

第 4.1.7 条 对混凝土的拌合用水，在原规范中只提出宜用饮用水和对海水的应用作了限制。为了扩大混凝土拌合用水资源，同时考虑到水是混凝土的主要组分之一。水质不纯可影响水泥的凝结以及混凝土强度的发展，并对钢筋（特别是预应力钢丝）产生锈蚀作用。因此，当使用其它水时，为了保证混凝土各种技术性能，使建筑物的混凝土质量满足设计要求的各项技术指标，目前已编制了《混凝土拌合用水标准》JGJ 63—89，因此在条文中增加了相应内容。

第 4.1.8 条 由于我国已制订了《混凝土外加剂应用技术规范》GBJ 119—88等，因此在条文中增加了这方面的内容。

条文中提出选用外加剂须根据混凝土的性能要求、施工及气候条件，结合混凝土的原材料及配合比等因素，经试验后确定外加剂品种及掺量。是由于各种外加剂都有其特性和适用范围，因此应根据使用目的予以选用。如对混凝土的性能要求是早强还是缓凝，是节约水泥还是改善其性能，并应通过技术经济比较来确定外加剂品种。

对于施工条件指的是现场工地条件，如当时当地的气温，保温养护措施以及工地的操作水平。在我国混凝土的原材料变化较大，由于原材料的变化对外加剂的效果也不一样。因此在工程中使用外加剂时，在确定外加剂品种后，也应根据工程的具体条件，在推荐掺量的基础上作适当的调整，即通过试验复验确定掺量。

由于掺入引气剂混凝土的含气量增加，因而不适宜用于蒸养混凝土，对预应力混凝土可能使应力损失增加，因此在预应力混凝土中也不宜掺用。

第 4.1.10 条 在混凝土中掺用的混合材料，主要有粉煤灰、火山灰和粒化高炉矿渣等。新制订和修订的粉煤灰标准有：《粉煤灰在混凝土和砂浆中应用技术规程》JGJ 28—86和《用于水泥和混凝土中的粉煤灰》GB1592—90。

第二节 混凝土配合比

第 4.2.2 条 根据原规范第4.2.2条和第 4.2.3 条内容修改而成。轻骨料混凝土配合比的设计与普通混凝土配合比设计略有不同，原《轻骨料及轻骨料混凝土技术规定和试验方法》JGJ 51—78 现已修订为《轻集料混凝土技术规程》JGJ 51—90，故相应作了修改。

第 4.2.3、4.2.4 条 混凝土施工配制强度，由原规范规定的混凝土设计标号增加一倍标准差（标号的保证率85%），改为混凝土强度标准值增加1.645倍标准差（标准值的保证率95%）。强度标准差σ应由强度等级相同、混凝土配合比和工艺条件基本相同的混凝土标准试件的强度统计求得。考虑到目前混凝土生产单位的质量管理水平，因而规定了强度标准差计算值的下限。

当施工单位无近期混凝土强度统计资料时，可按表4.2.4采用，该表基本上仍适用，故未作改动。施工单位也可根据本单位情况适当调整σ取值。

第 4.2.5 条 本条所规定的混凝土最大水灰比和最小水泥用量表中，未包括防水混凝土，对防水混凝土应符合《地下防水工程施工及验收规范》GBJ 208—83 的有关规定。

第 4.2.6 条 对混凝土的最大水泥用量，由原规范规定的不宜大于500kg/m³，现改为550kg/m³。其原因是：

一、随着对混凝土强度要求越来越高，其单方水泥用量也在提高；

二、由于混凝土标号改为混凝土强度等级，其强度保证率已由过去的85%提高到95%，混凝土配制强度有所提高，单方水泥用量也相应有所提高；

三、因轻骨料混凝土的水泥用量要比普通混凝土高，配制C40及其以上的轻骨料混凝土，一般水泥用量都超过500kg/m³，因此在《轻集料混凝土技术规程》JGJ 51—90中也已规定最高水泥用量不宜超过550kg/m³。

第 4.2.7、4.2.8 条 保留原规范条文内容，仅作文字修改。

第三节 混凝土拌制

第 4.3.1 条 对混凝土原材料计量的允许偏差在文字上稍有修改，明确按每盘重量计其允许偏差。

第 4.3.2 条 由于现在搅拌机的容量都以出机容量而不是原规范以装料容量来表示的，因此相应作了改动，同时考虑到应优先使用强制式搅拌机，因此将强制式搅拌机放在首位。

在附注中对采用强制式搅拌机搅拌轻骨料混凝土的加料顺序，根据《轻集料混凝土技术规程》JGJ 51—90的要求，将轻骨料在搅拌前预湿和未经预湿两种情况来确定。

此外，由于目前搅拌设备的形式、规格在不断更新，因此，当采用其他形式的搅拌设备时，对搅拌的最短时间应按设备说明书的规定或经试验确定。

第四节 混凝土运输和浇筑

第 4.4.1 条 为控制运输至浇筑时的混凝土质量变化，应检查其坍落度。混凝土一经受到运动作用即有离析现象，特别是坍落度大的混凝土，在料斗中静置时也发生析水或粗骨料分离现象，不可长时间装在料斗里。

第 4.4.2～4.4.5 条 实践表明，原规定是合适的，故原文保留，仅作文字修改。

第 4.4.6 条 在浇筑混凝土前，对清除模板内的垃圾、泥土等杂物往往不注意，这样会影响混凝土的质量，使混凝土产生蜂窝、孔洞。因此必要时应设置清理孔。

第 4.4.8 条 原规定混凝土的水灰比和坍落度，应随浇筑高度的上升酌予递减，一般不易作到，故删除。

第 4.4.9、4.4.10 条 保留原规范条文，仅作文字修改。

第 4.4.11 条 对原条文文字上有些修改。

由于混凝土的凝结时间是与水泥品种、混凝土的凝结条件以及是否掺用速凝或缓凝型外加剂等因素有关，而混凝土连续浇筑的允许间歇时间则应由混凝土的凝结时间而定。表中所列混凝土运输、浇筑和间歇的允许时间，是未包括掺用外加剂的混凝土。当掺用外加剂（特别是速凝剂）时，则应按现场条件试验结果另行确定。

第 4.4.13 条 浇筑混凝土时，应经常观察模板、支架、钢筋、预埋件和预留孔洞的情况。原规范规定，当发现有变形、移位时，应立即停止浇筑，并应在已浇筑的混凝土凝结前修整完好。这一规定对有些情况可能过严，是否应立即停止浇筑，要根据当时情况来确定，不能一概而论，因此作了适当的修改。

第 4.4.16 条 在装配整体式楼盖中，目前较为广泛采用的有在施工阶段不加支撑的受弯叠合构件，或称二阶段受力叠合构件。也有在施工阶段应在预制构件下面设有可靠支撑的“一阶段受力叠合构件”。因此，在浇筑叠合构件的混凝土时，是否设置支撑，应根据设计的要求。同时对预制构件叠合面提出了要求，以保证混凝土在叠合后能形成整体。

第 4.4.17 条 在浇筑大体积混凝土时，由于混凝土的温度高，凝结加快（一般混凝土达30℃比20℃要快1～3h），施工上必须的处理时间也相应缩短，这样就容易产生接槎不良，而且冷却时的容积变化也大，这对大体积混凝土更容易出现裂缝，因此，增加了本条规定。

从国外一些施工规范对混凝土浇筑温度也都作出了规定，如日本规范规定，暑期混凝土的搅拌温度为30℃以下，浇筑时的混凝土温度应低于35℃；对大体积混凝土的温度，规定拌制时为25℃以下，浇筑时要在30℃以下。

苏联规范规定：在暑期施工时，当浇筑表面系数大于3的结构混凝土时，混凝土拌合物从搅拌站运出时的温度应当不超过30～35℃，而对于表面系数小于3的大体积结构，混凝土拌合物温度应尽可能降低，且不超过20℃。

美国规范规定在炎热气候条件下浇筑时的混凝土温度不得超过32℃。

西德规范规定在气候炎热时，新拌混凝土温度在卸车时不得超过30℃。

在我国《水工混凝土施工规范》SDJ 207—82中规定：高温季节施工时，混凝土最高浇筑温度不得超过28℃。为求得统一，因此，在本条中也规定了这一温度值。

第 4.4.18 条 由于在高层建筑施工中，常遇到墙体应留置施工缝。因此补充了墙的施工缝应留置的位置。

对于柱子的施工缝，修改为“宜”留置在基础的顶面。给予一定的灵活性。这是根据国内一些施工单位的经验，认为柱子施工缝留在基础顶面，使基础无法回填土，且给楼层模板支撑安装带来不便，而影响楼层的施工质量。如果采取适当的加强措施，施工缝也可留置在基础顶面稍高一些的地方。

第五节 混凝土自然养护

第 4.5.2 条 目前我国采用塑料布覆盖养护混凝土较多，根据国内实践经验提出了本条规定。

第 4.5.3 条 大体积混凝土在硬化过程中，产生的水化热不易散发，施工中如不采取措施，会由于混凝土内外温差过大而出现裂缝。因此必须使温差控制在设计要求以内。当设计无要求时，温差以不超过25℃为宜，是适用于建筑物的基础大体积混凝土（即最小边尺寸在1～3m范围内）。这一温差值与我国《钢筋混凝土高层建筑结构设计与施工规程》JGJ3—91的要求相一致。

第六节 混凝土质量检查

第 4.6.3、4.6.4 条 混凝土的集中搅拌是建筑工程生产管理方面一项意义重大的改革，是实现建筑工业化的合理措施之一。近十几年来，在我国一些城市和一些大型工程的工地，都开始采用了预拌混凝土（或称商品混凝土），并充分显示出使用预拌混凝土在保证混凝土的质量、提高设备利用率、节约原材料、节约能源、节约施工用地、实现文明施工等方面的优越性。为使施工现场能更好地使用预拌混凝土，并结合我国的现实情况，而补充了这些条文。

施工现场在接收预拌混凝土时，必须要有预拌厂提交的混凝土质量资料，以便查对该批混凝土是否符合商定的质量要求。如果交货的质量不符合施工要求时，则不得使用。

对预拌混凝土应进行坍落度的质量检查，这是保证施工质量的一个重要因素。在国外对预拌混凝土交货时一般尚应作含气量的检查，但考虑我国目前现场条件，还难于做到，因此未列入，而只做坍落度的检查。

第 4.6.5、4.6.6 条 混凝土抗压强度标准试件与现行国家标准《混凝土结构设计规范》GBJ 10—89统一。条文中补充了试验应按《普通混凝土力学性能试验方法》GBJ 81—85的规定进行。

对试件的最小尺寸应根据骨料的最大粒径确定，当采用非标准尺寸的试件时，其抗压强度应乘以折算系数，并以表格形式表示。

第 4.6.8 条 每组三个试件强度的差别，主要是由试件制作和试验误差造成的，试验误差可用盘内变异系数来衡量。国内外试验结果表明，盘内变异系数一般在5%左右。本条规定除取三个试件强度的平均值作为该组试件强度代表值外，还保留了原条文中当组内三个试件强度的最大值或最小值之一与中间值之差，超过中间值的15%时，取中间值为该组试件强度代表值；同时还补充了当三个试件中的强度最大值和最小值，与中间值之差均超过中间值的15%，即约超过三倍的盘内变异系数时，其试验结果不作为评定依据的评定。

第 4.6.9 条 混凝土强度的检验评定，根据《混凝土强度检验评定标准》GBJ 107—87进行修改。给出了统计方法（包括方差已知法和方差未知法）和非统计方法。凡有条件的混凝土生产和施工单位均应采用统计法进行混凝土强度的检验评定。对零星生产的预制构件的混凝土或现场搅拌的批量不大的混凝土，即不具备采用统计法评定混凝土强度条件时，可按本条规定的非统计方法评定。但是，非统计法的检验效率较差，即存在着将合格品错判为不合格品（生产方风险）或将不合格品漏判为合格品（用户方风险）的较大可能性。

第 4.6.10 条 混凝土质量的检查，应按本规范第4.6.7条至第4.6.9条的规定，采用标准试块的抗压强度来评定混凝土的强度质量。不允许采用从结构或构件中钻取芯样的方法或采用非破损检测方法去取代制作的标准试件来做混凝土强度评定。

但是，由于管理不善、施工质量不良，试件与结构中混凝土质量不一致或对试件检验结果有怀疑时，可采用从结构或构件中钻取芯样的方法或采用非破损检测方法，按有关标准的规定对结构或构件中混凝土的强度进行推定，以作为处理混凝土质量问题的一个主要依据。

第 4.6.11 条 由于高层建筑增多，因此在现浇混凝土结构的允许偏差中。补充了现浇混凝土电梯井允许偏差要求，其偏差值与《建筑工程质量检验评定标准》GBJ 301—88相统一。

第五章 装配式混凝土结构工程

第一节 构 件 制 作

第 5.1.1 条 用台座生产预制构件时，台座表面的光滑平整度，直接影响结构构件的平整度。原规范规定平整度用2米靠尺检查，不得超过±2mm，现改为在2m长度内，允许偏差不得超过3mm。这样允许偏差值也与模板的允许偏差值相一致。实际上用2m靠尺检查也得不到±偏差值。

第 5.1.5 条 对原规范条文作了修改。预制混凝土构件质量应符合《预制混凝土构件质量检验评定标准》GBJ 321—90的规定。

第 5.1.6 条 本条有如下修改：

一、在构件的允许偏差表中，已将很少使用的“块体”删除，并增补了大量使用的墙板；

二、对板的侧向弯曲的允许偏差，原规定为$l/1000$。修改为$l/750$。这样更符合实际。

第 5.1.7 条 由于我国大量使用的混凝土预制桩，也是一种重要的预制构件。在本规范中应作出相应的规定。考虑到预制桩的制作及验收在《地基与基础工程施工及验收规范》GBJ 202—83中已有详细规定。因此应按照执行。

第二节 构件运输和堆放

第 5.2.1 条 对原条文作如下修改补充：

一、由于混凝土标号改为混凝土强度等级，因此运输时的混凝土强度，相应地改为不低于设计的混凝土强度标准值的75％；

二、补充了装运构件时的保护措施，一种是板类构件，一种是梁、柱等细长构件的规定，以免损伤构件。

第 5.2.2 条 在原条文基础上，补充了“堆放构件时应使构件与地面之间留有一定空隙”，避免构件与地面直接接触和污损构件。

第三节 构 件 安 装

第 5.3.1～5.3.3 条 保留原规范条文，对原条文中的混凝土标号、计量单位及文字上作了修改。

第 5.3.4、5.3.5 条 构件安装就位后，应有一定的临时固定措施，否则容易发生倾倒、移位等事故。

第 5.3.7 条 装配式结构中承受内力的接头和接缝，根据混凝土结构设计规范的规定，灌筑接缝的水泥砂浆和细石混凝土的强度等级宜比构件混凝土的强度等级提高二级，因此本条文也相应进行了修改。

第 5.3.10 条 对构件安装允许偏差表中，根据GBJ 83—85统一了用词。在大型墙板中并增加了墙板拼缝高差的允许偏差的要求，并与《建筑工程质量检验评定标准》GBJ 301—88相一致。

第六章 预应力混凝土工程

第一节 预应力筋制作

第 6.1.1、6.1.2 条 保留原规范条文，仅作文字修改。对同一束中各根钢丝的下料长度的相对差值的规定，只有当钢丝束两端采用镦头锚具时才应符合这一规定，当一端采用镦头锚具时无此要求。

第 6.1.3 条 成束预应力筋采用网套穿束，在国内预应力混凝土工程施工中已广泛使用，效果良好，因此列入条文，推荐使用。

第二节 预应力筋锚具、夹具和连接器

第 6.2.1 条 按锚固性能不同，将锚具分为Ⅰ、Ⅱ两类。第Ⅰ类锚具锚固性能指标达到国际标准，适用于承受动、静载的无粘结或有粘结的预应力混凝土结构。第Ⅱ类锚具锚固性能低于国际标准，仅适用于有粘结预应力混凝土结构，且锚具只能处于预应力筋应力变化不大的部位，如简支梁端部。

目前，我国常用锚具中，有些锚具应用比较广泛，但性能达不到国际标准，为保证结构安全，对于这些一时尚不能完全禁止使用的锚具，划为第Ⅱ类，以限制其使用范围。

第 6.2.2 条 Ⅰ类锚具和Ⅱ类锚具有不同的静载锚固性能，并以锚具的效率系数和总应变指标来区分。Ⅰ类锚具

指标与FIP建议中所规定的相同，Ⅱ类锚具由于只能用于有粘结结构，且只能处于预应力筋应力变化不大的部位，结构使用期锚具所承受的拉力不会增加，故将锚具的效率系数和总应变两项指标适当降低。

第 6.2.3 条 锚具组装件试验时，由于锚固部位存在应力集中现象，使应力筋提前断裂。为了准确求得锚具的效率系数，公式6.2.3中分母F^{c}_{apu}必须采用预应力筋锚具组装件中各根预应力钢材计算极限拉力之和。如采用某个规定数值，则当组装件中各根预应力钢材极限拉力之和大于该规定值时，所求得的锚固效率系数偏低，反之则偏高。

第 6.2.4 条 关于应力筋效率系数η_p的规定。成束应力筋中，即使各根应力筋的长度完全一致，由于强度和塑性的差异，试验时必然造成有些预应力筋提前破断，影响成束强度的发挥，这种影响用η_p表示。钢丝、钢铰线塑性较小，影响比较明显，η_p小于1。钢筋塑性较大，在塑性范围内能对各根钢筋的应力进行调整，η_p接近1。由于确定η_p时需要对原材料做数量较大的试验，所以允许对于一般工程所使用锚具的进场验收和生产厂出厂试验，按规定数值采用，不做专门试验。

第 6.2.5 条 锚具的锚固性能用锚具组装件进行试验。锚具组装件由锚具的全部零件和预应力筋组装而成。由于：

1.锚具的锚固性能只有与预应力筋组装后进行试验才能求得，只对锚具本身进行试验目前尚无法确定；

2.相同的锚具用于不同的预应力筋时，其锚固性能是不同的。本规范用“组装件”一词来强调锚具及应力筋对锚固性能的影响。

第 6.2.6、6.2.7 条 对Ⅰ类锚具的锚固性能要求有：静载锚固性能、动载疲劳试验，在抗震结构中还应进行周期荷载试验、Ⅱ类锚具只要求静载锚固性能。

Ⅰ类锚具疲劳试验荷载取值，当应力筋为钢丝、钢铰线时按国际标准，试验应力上限σ_{max}取预应力筋标准强度的65%，应力幅度取80N/mm²，参照以上的取值比例，确定冷拉Ⅱ、Ⅲ、Ⅳ级钢筋的试验应力上限σ_{max}为预应力筋标准强度的80%，应力幅度不变。

第 6.2.9 条 夹具只考核静载锚固性能，夹具的效率系数应大于或等于0.95。本条来自《预应力锚夹具技术标准》的要求制订的。

第 6.2.10 条 用于后张法的预应力筋连接器，其受力条件与Ⅰ类锚具相同，所以它的锚固性能必须符合Ⅰ类锚具的性能要求，同样，用于先张法的连接器其受力条件与夹具相同，所以必须符合夹具的性能要求。

第 6.2.11、6.2.12 条 由于锚具、夹具和连接器的材质、机加工尺寸及热处理硬度等主要由生产厂负责，进场验收时，只就生产厂出厂证明书中所列各项进行核对、进场验收主要做预应力锚具（夹具、连接器）的静载试验，试验的试件抽取，复试条件与原规范GBJ204—83基本相同。但在目前情况下同一材料和同一生产工艺的锚具，以不超过200套为一批，数量偏小，试验工作量太大，故改为1000套。连接器以不超过500套为一个验收批。

第三节 施 加 预 应 力

第 6.3.1、6.3.2 条 保留原规范条文，仅作文字修改。

第 6.3.3 条 预应力筋的张拉控制应力应按设计值采用，但为了提高构件在施工阶段的抗裂性能而在使用阶段受压区内设置的预应力筋；为了部分抵消由于应力松弛、摩擦、钢筋分批张拉以及预应力钢筋与张拉台座之间的温差因素产生的预应力损失时，则可按设计要求提高5%，但不得超过表6.3.3的规定。原规范对钢丝、钢铰线及热处理钢筋的张拉控制应力规定为抗拉强度的75%，现按先张法和后张法分别作出了规定。

第 6.3.4 条 对预应力筋张拉锚固后，实际预应力值的偏差值与量测时间有关。相隔时间越长，预应力筋的松弛损失量越大，因此其检验值由设计者通过计算确定。

第 6.3.5～6.3.7 条 保留原规范条文，仅作文字、符号和计量单位的修改。

第 6.3.8 条 施加预应力过程中，结构中预应力筋（钢丝、钢铰线或钢筋）发生断裂或滑脱根数的限制，对先张法和后张法应有所不同。因此，将原规范规定的不得大于总根数的3%，改为对后张法结构，严禁超过结构同一截面预应力钢材总根数的3%，且一束钢丝中只允许一根；对先张法构件，严禁超过结构同一截面钢材总根数的5%，且严禁相邻两根预应力钢材断裂或滑脱。

第 6.3.9 条 锚固阶段张拉端预应力筋的内缩量允许值，原规范对带有螺母的锚具、钢丝镦头锚具、钢丝束钢质锥形锚具、JM—12锚具和单根冷拔低碳钢丝锥形夹具作了规定，但不能包括所有的锚具。现根据锚固原理的不同，将锚具分为支承式、锥塞式和夹片式三类，对每一类作了规定，这样不仅概括了目前常用的各种锚具，对今后可能开发的新型锚具，只要锚固原理符合以上三类之一者，也作了规定。对于某些锚具的内缩量可能偏大时，只要设计上有专门规定，可按设计规定确定，当设计上无专门规定时，则应采取超张拉等方法予以弥补。

第四节 先 张 法

第 6.4.1 条 墩式台座的抗倾覆和抗滑移，主要参考现行国家标准《建筑地基基础设计规范》GBJ 7—89的挡土墙设计，根据该规范的要求，其抗倾覆安全系数规定不小于1.5；抗滑移安全系数不小于1.3。此外考虑到目前国内使用预应力台面已获得很好的效果，能避免台面裂缝而提高构件质量，因而推荐采用。

第 6.4.2～6.4.4 条 保留原规范条文，仅作文字修改。

第 6.4.5 条 先张法放张预应力筋时混凝土强度，当设计无专门要求时，已改为不得低于设计的混凝土强度标准值的75%，与设计规范统一。

第 6.4.7 条 先张法长线台座施工放张后预应力筋的切断顺序，规定由放张端开始逐次切向另一端，以防止切断过程中发生钢丝自行拉断现象。

第五节 后 张 法

第 6.5.2 条 用预埋波纹管留孔，目前国内许多大型工程中已经采用，效果良好，因此增加了这种留孔方法，并作出相应规定。

第 6.5.3 条 被电火花损伤的钢丝或钢铰线张拉时常常发生断裂，为此予以严禁。

第 6.5.5 条 根据原规范条文作了修改，考虑到目前块体拼装已很少，故作了删减。对预应力张拉时的混凝土强度，按设计规范取值一致。

第 6.5.6～6.5.8 条 保留原规范内容，根据实践经验，仅增加了预埋波纹管张拉的规定及文字上的修改。

第 6.5.9 条 预应力筋锚固后的外露长度，主要考虑到热影响不波及锚固部位和外露部份不影响构件安装。结合国内实践经验，将原规定的外露长度作了适当增加。

第 6.5.10～6.5.12 条 保留原规范内容，仅作文字上的修改。

第 6.5.13 条 用连接器连接的多跨连续预应力筋的孔道，要求张拉完一跨随即灌注一跨，以防预应力筋锈蚀。

第 6.5.14～6.5.16 条 对孔道灌浆用的水泥浆，原规定其水灰比为0.4～0.45。实践表明，未掺外加剂时水灰比需大于0.45；掺有外加剂时，水灰比一般为0.35，因此作了调整。

第六节 无粘结预应力

第 6.6.1～6.6.3 条 对无粘结预应力筋、涂料及外包层提出了总的要求，涂料及其外包层的质量是影响无粘结筋耐久性的关键，在选用涂料时，必须符合其性能要求和实践检验是可靠的方能选用。并应符合有关专门规程的要求。

第 6.6.4、6.6.5 条 对无粘结预应力筋的制作要求，单根无粘结筋宜优先选用防腐油脂作涂料层，塑料外包层用注塑机注塑成形。成束无粘结筋当使用防腐沥青时，亦可使用塑料带缠绕，层数应不小于四层，这是从国内实践经验提出来的，效果较好，都可采用。

第 6.6.6 条 对无粘结筋进场应进行验收，对不同规格的无粘结筋是否设有标记，带有镦头锚具时，端头是否包裹，并应妥善保存，以免损伤。

第 6.6.7 条 无粘结预应力结构的安全可靠性与无粘筋的锚具直接相关，因此应采用Ⅰ类锚具。

第 6.6.8 条 包裹好的无粘结筋应堆放在有遮盖的棚内，以免烈日暴晒后造成涂料流淌。装卸堆放时，应妥善保护，防止无粘结筋的外包层损坏。使用前应逐根进行检查，以免给施工造成困难。

第 6.6.9、6.6.10 条 无粘结筋的铺设，在单向连续梁、板中比较简单，基本上与非预应力筋相同。在双向连续配筋时，无粘结筋互相穿插，给施工操作带来困难，应事先编出无粘结筋的铺设顺序，采用不同高度的铁马凳来控制无粘结筋的曲率和位置。

第 6.6.11 条 对无粘结筋张拉过程中滑丝或断裂的数量，较有粘结预应力筋控制稍严一些。当有个别钢丝发生滑脱或断裂时，可相应降低张拉力，以免钢丝产生连续断裂。

第 6.6.12 条 张拉端头处理，根据所采用的无粘结筋与锚具不同而异。如果处理不当，无粘结筋的锈蚀往往从锚头的水汽进入而引起。因此对无粘结筋及端头锚固区的防护措施，应特别重视。

第七章 冬期施工

第一节 一般规定

第 7.1.1、7.1.2 条 根据国内的实践经验，原规范的规定是合适的。混凝土经预养达到一定强度后遭受冻结，开冻后的后期强度损失在5%以内时，一般把这一强度值称为混凝土的受冻临界强度。原条文中的有关混凝土设计标号，现修改为设计的混凝土强度标准值的用词。

第 7.1.3 条 混凝土的冬期施工，应做专门的施工设计，应按本规范附录三进行各项热工计算。

第二节 钢筋冷拉、张拉与焊接

第 7.2.1、7.2.2 条 根据有关试验和实践表明，采用控制应力方法冷拉钢筋时，将冷拉应力提高30N/mm²，可获得与常温冷拉后相同的力学性能指标。预应力筋的张拉温度控制在－15℃以上是安全的。

第 7.2.3 条 保留原规范条文，仅作文字修改。

第三节 混凝土配制和搅拌

第 7.3.1 条 对原条文作了如下修改和补充：

一、对冬期施工的混凝土，使用的水泥最低标号由325号提高为425号。目的是使混凝土早期强度发展快一些，而达到抗冻害临界强度所需要的养护时间短一些，这样对抵抗早期冻害有利，使混凝土不易受破坏；

二、补充了掺防冻剂的混凝土，严禁使用高铝水泥。原因是高铝水泥因其重结晶，导致强度降低，对钢筋保护作用也比硅酸盐水泥差，因此禁止使用。

第 7.3.2 条 根据《混凝土外加剂应用技术规范》GBJ119—88的规定，冬期施工宜采用防冻剂，以降低混凝土冰点温度，掺引气剂或引气减水剂主要是提高抗冻性，即提高混凝土的耐久性。

第 7.3.4 条 对素混凝土无钢筋锈蚀问题，因此规定氯盐掺量可较钢筋混凝土提高，但不得大于水泥重量的3%，原规定用冷材料拌制时，氯盐掺量过大，故予以删除。

第 7.3.5 条 保留原规范条文，仅作文字修改。

第 7.3.6、7.3.7 条 根据原条文及《混凝土外加剂应用技术规范》GBJ119—88进行了修改和补充。

一、因防冻剂含有较多的碱性离子（Na^+，K^+），在混凝土硬化过程中与活性养化硅作用，会产生混凝土体积膨胀，导致结构破坏，故不应混杂有活性骨料；

二、补充了拌制混凝土时应遵守的几种规定。对于控制混凝土的入模温度，主要是使混凝土浇注后有一段正温养护期，这对混凝土早期强度增长有利，可以使混凝土早日达到临界强度以免遭受冻害。但入模温度较难控制，因此根据出机到入模的热耗估计，定为出机温度不得低于10℃，而入模温度不得低于5℃。

第四节 混凝土运输和浇筑

第 7.4.1～7.4.3 条 保留原规范条文，仅作文字修改。

第 7.4.4 条 在冬期负温条件下，现浇结构加热养护温度超过40℃时，在升降温阶段产生一定的温度应力，因此在浇筑混凝土和留施工缝时，应与设计单位商定。

第 7.4.5 条 保留原规范内容，将“厚大的整体式结构”修改为“大体积结构”。

第 7.4.6 条 将原条文中的强度“不得低于设计标号的70%”，修改为“不得低于设计的混凝土强度标准值的75%”。

第 7.4.7 条 预应力混凝土的孔道，断面很小，灌浆极易受冻，因此规定必须在正温下灌浆及养护，并将计量单位作了修改。

第五节 混 凝 土 养 护

第 7.5.1 条 蓄热法是混凝土冬施的主要方法，根据实践经验，本条将适用范围确定为“地面以下的工程或表面系数不大于$15m^{-1}$的结构”。对于扩大蓄热法适用范围的措施，仍保留原内容。

第 7.5.4 条 电热养护属于高温干热型式，温度过高易出现局部过热脱水现象，因此保留原规范关于电热养护混凝土最高允许温度的规定。冬期施工不应采用325号水泥，故将325号水泥的温度规定删除。

第 7.5.5～7.5.8 条 保留原规范条文，仅作文字修改。

第 7.5.9 条 对掺防冻剂的混凝土养护作出了规定。

关于防冻剂的规定温度，是在研究防冻剂配方试验时所规定的某一恒定负温，如－5℃、－10℃、－15℃等。

对掺防冻剂的混凝土，温度降低到防冻剂的规定温度以下时的混凝土强度不应小于$3.5N/mm^2$。是由于掺防冻剂混凝土的冰晶形态与不掺防冻剂的有区别，冰晶强度低，因此临界强度也低，但仍存在临界强度。如掺亚硝酸钠混凝土，其规定温度为－10℃，在－10℃养护3天，强度达到0.7MPa，再放到－20℃下受冻，后期强度损失达32%；如－10℃预养7天，强度达到3.5MPa，再在－20℃下受冻，则后期强度不损失。根据试验和使用经验，在混凝土外加剂应用技术规范中将防冻剂的临界强度定为3.5MPa，在本规范中也予以采用。

第六节 混凝土质量检查

第 7.6.2 条 在原条文基础上增加了对掺防冻剂的混凝土养护温度检查的规定。这一规定与《混凝土外加剂应用技术规范》中要求是一致的。

第 7.6.5 条 混凝土试件不得在受冻状态下试压，如试件受冻，则应进行解冻。由于试件尺寸不同，解冻的条件不同，而时间长短也不同。据有关试验表明，对边长为100mm的立方体试件，应在15～20℃室温下解冻3～4h，或浸入10℃的水中解冻3h；对边长为150mm的立方体试件，应在15～20℃室温下解冻5～6h，或浸入10℃的水中解冻6h，将试件表面擦干后进行试压。

第八章 工 程 验 收

第 8.0.1～8.0.3 条 将原规范中工程验收时应提供的11份资料修改为13份文件和记录，对相应的用词也作了修改。同时增加第8.0.3条，进一步明确对验收的标准要求。

由于在工程施工过程中，各分项工程均已经过检查验收，并有各项技术文件和记录，因此最后验收，应检查第8.0.1条所规定的这些文件和记录是否符合规范要求，对于外观则根据需要进行抽查。

附录一 普通模板及其支架荷载标准值及分项系数

对附录一中的新浇混凝土模板侧压力计算公式作了修改。主要考虑到原规范公式在浇筑速度大于2m/h时，计算的侧压力有所偏低。新公式是以流体静压力原理为基础，并结合浇筑速度与侧压力的国内试验结果而建立的，考虑了不同混凝土密度、凝结时间、坍落的影响和掺缓凝剂的影响等因素。它适用于浇筑速度在6m/h以下的普通混凝土及轻骨料混凝土。

在附录中对计算模板及其支架时的荷载分项系数，是参照《建筑结构荷载规范》GBJ 9—87的原则而定出的。

附录二 温度、龄期对混凝土强度影响曲线

本附录是按照原规范附录三而保留下来的，只是将原强度百分率（R%）符号修改为现用符号，即混凝土标准强度值的百分率（f_{cu}%）来表示。

附录三 冬期施工热工计算

本附录是根据原规范附录五进行如下修改和补充而成：

一、删除了原规范中冻胀性地基土遭冻计算公式。主要考虑到该公式施工单位未曾使用，且新修订的《建筑地基基

础设计规范》GBJ 7—89已有新的规定。

二、对混凝土拌合物的温度公式已按国际计量单位作了修改、因此，对公式中的相应计算系数作了调整，对公式中的符号也作了修改。

三、补充了考虑模板和钢筋吸热影响对混凝土成型完成时的温度计算公式，以便为混凝土蓄热养护过程中的温度计算公式，提供较准确的混凝土起始温度，该公式是根据混凝土、模板和钢筋三者的热平衡原理而建立的。

四、补充了混凝土蓄热养护过程中的温度计算公式。该公式是根据湖南大学的《非大体积混凝土蓄热冷却计算理论的研究》课题的研究成果，按不稳定传热理论，考虑了实际影响混凝土蓄热冷却的主要因素，如水泥品种及水化特点、保温措施、起始温度、外界气温、表面系数等。同时依据外热源近似看作稳定传热，内热源考虑了水泥水化的不稳定传热。对非大体积混凝土构件混凝土内各点温度相等，且考虑二维等量传热的假定条件，而提出了“非大体积混凝土在冷却过程中，任一时刻单位体积混凝土内含热量的变化量，等于同一时刻内它所产生的水泥水化热量与扩散热量之差”的蓄热冷却规律，并据此建立了非大体积混凝土蓄热微分方程，从而导出精确的理论计算公式。

利用该公式不仅可以算出蓄热养护的冷却时间和平均温度，从而制定在一定气温下混凝土是否受冻或所采用的施工方案是否合理，而且可计算混凝土在蓄热养护期间的逐日温度，因而可以算逐日强度，以指导施工。

公式主要适用于混凝土结构表面系数在15m^{-1}以下，施工中应特别注意对混凝土结构表面系数较大的板类构件要及时覆盖，以防早期受冻。

五、当施工中需要计算混凝土蓄热养护冷却至0℃的时间时，可根据公式（附3.5）采用逐次逼近的方法进行计算，但计算比较繁，因此附录中也列出了满足一定条件下的简化计算公式（附3.7），以便直接计算出混凝土蓄热养护冷却至0℃的时间。按照简化公式计算的t_0与精确公式（附3.5）比较，其平均误差在5%左右。

附录四　常用施工记录表格

本附录是根据原规范附录六而保留下来的，只是在文字上和计量单位上作了必要的修改。

中华人民共和国国家标准

钢结构工程施工及验收规范

Code for construction and acceptance of steel structure engineering

GB 50205—95

主编部门：湖北省计划委员会
批准部门：中华人民共和国建设部
施行日期：1995 年 11 月 1 日

关于发布国家标准《钢结构工程施工及验收规范》的通知

建标[1995]154 号

根据国家计委计综合[1991]290 号文的要求，由湖北省计委会同有关部门共同修订的《钢结构工程施工及验收规范》，已经有关部门会审，现批准《钢结构工程施工及验收规范》GB 50205—95 为强制性国家标准，自一九九五年十一月一日起施行。原《钢结构工程施工及验收规范》GBJ 205—83 同时废止。

本标准由湖北省计委负责管理，其具体解释等工作由湖北省建筑工程总公司负责，出版发行由建设部标准定额研究所负责组织。

中华人民共和国建设部
一九九五年三月十八日

1 总　　则

1.0.1 为在钢结构工程施工中贯彻执行国家的技术经济政策，确保工程施工质量，做到技术先进、经济合理、安全适用，制定本规范。

1.0.2 本规范适用于工业与民用房屋和一般构筑物的钢结构工程。

1.0.3 钢结构的制作和安装应符合施工图设计的要求，并应符合本规范的规定。当需要修改设计时，应取得原设计单位同意，并应签署设计变更文件。

1.0.4 钢结构工程施工前，制作和安装单位应按施工图设计的要求，编制制作工艺和安装施工组织设计。

1.0.5 钢结构的制作和安装，应根据工艺要求和施工组织设计进行；并应实行工序检验，当上道工序合格后，下道工序方可施工。

1.0.6 钢结构工程施工及验收，应使用经计量检定合格的计量器具，并应按有关规定操作。

1.0.7 在钢结构工程施工中，除执行本规范的规定外，尚应符合国家现行的有关标准、规范的规定。

2 术语、符号、代号

2.1 术　　语

2.1.1 零件　part

组成部件或构件的最小单元，如节点板、翼缘板等。

2.1.2 部件　component

由若干零件组成的单元，如焊接H型钢、牛腿等。

2.1.3 构件　element

由零件或由零件和部件组成的钢结构基本单元，如梁、柱、支撑等。

2.1.4 高强度螺栓连接副　set of high strength bolt

高强度螺栓和与之配套的螺母、垫圈的总称。

2.1.5 抗滑移系数　slip factor

高强度螺栓连接中，使连接件摩擦面产生滑动时的外力与垂直于摩擦面的高强度螺栓预拉力之和的比值。

2.1.6 预拼装　test assembling

为检验构件是否满足安装质量要求而进行的拼装。

2.1.7 空间刚度单元　space rigid unit

由构件构成的基本的稳定空间体系。

2.1.8 栓钉焊　stud welding

将焊钉（螺柱）一端与板件（或管件）表面接触通电引弧，待接触面熔化后，给焊钉（螺柱）一定压力完成焊接的方法。

2.1.9 翘曲　warping

包括线位移和角位移的钢结构构件的组合变形。

2.1.10 环境温度　ambient temperature

制作或安装时现场的温度。

2.2 符号、代号

编号	符号、代号	涵义
2.2.1	a	间距
2.2.2	b	宽度或板的自由外伸宽度
2.2.3	d	直径
2.2.4	e	偏心距
2.2.5	f	挠度、弯曲矢高
2.2.6	H	柱高度
2.2.7	H_i	各楼层高度
2.2.8	h	截面高度
2.2.9	h_e	角焊缝有效厚度
2.2.10	K	系数
2.2.11	l	长度、跨度
2.2.12	P	高强度螺栓设计预拉力
2.2.13	ΔP	预拉力损失值
2.2.14	R_a	轮廓算术平均偏差(表面粗糙度参数)
2.2.15	r	半径
2.2.16	T_c	高强度螺栓终拧扭矩
2.2.17	T_{ch}	高强度螺栓检查扭矩
2.2.18	T_0	高强度螺栓初拧扭矩
2.2.19	t	板、壁的厚度
2.2.20	Δ	增量

3 材　料

3.0.1 本章适用于现行国家标准《碳素结构钢》规定的 Q235 钢，《低合金结构钢》规定的 16Mn 钢、15Mn V 钢，《桥梁用结构钢》规定的 16Mn q 钢、15Mn V q 钢。

3.0.2 钢结构工程所采用的钢材，应具有质量证明书，并应符合设计的要求。

当对钢材的质量有疑义时，应按国家现行有关标准的规定进行抽样检验。

3.0.3 钢材表面质量除应符合国家现行有关标准的规定外，尚应符合下列规定:

3.0.3.1 当钢材表面有锈蚀、麻点或划痕等缺陷时，其深度不得大于该钢材厚度负偏差值的 1／2;

3.0.3.2 钢材表面锈蚀等级应符合现行国家标准《涂装前钢材表面锈蚀等级和除锈等级》规定的 A、B、C 级。

3.0.4 钢结构工程所采用的连接材料和涂装材料，应具有出厂质量证明书，并应符合设计的要求和国家现行有关标准的规定。

4 钢构件的制作

4.1 放样、号料和切割

4.1.1 放样和号料应根据工艺要求预留制作和安装时的焊接收缩余量及切割、刨边和铣平等加工余量。

4.1.2 放样和样板（样杆）的允许偏差应符合表 4.1.2 的规定。

放样和样板(样杆)的允许偏差　　表 4.1.2

项　　目	允许偏差
平行线距离和分段尺寸	±0.5mm
对角线差	1.0mm
宽度、长度	±0.5mm
孔距	±0.5mm
加工样板的角度	±20′

4.1.3 号料的允许偏差应符合表 4.1.3 的规定。

号料的允许偏差(mm)　　表 4.1.3

项　　目	允许偏差
零件外形尺寸	±1.0
孔距	±0.5

4.1.4 气割前应将钢材切割区域表面的铁锈、污物等清除干净，气割后应清除熔渣和飞溅物。

4.1.5 气割的允许偏差应符合表 4.1.5 的规定。

气割的允许偏差(mm)　　表 4.1.5

项　　目	允许偏差
零件宽度、长度	±3.0
切割面平面度	0.05t，且不大于 2.0
割纹深度	0.2
局部缺口深度	1.0

注：t 为切割面厚度。

4.1.6 机械剪切的零件，其钢板厚度不宜大于 12.0mm，剪切面应平整。

机械剪切的允许偏差应符合表 4.1.6 的规定。

机械剪切的允许偏差(mm)　　表 4.1.6

项　　目	允 许 偏 差
零件宽度、长度	±3.0
边缘缺棱	1.0
型钢端部垂直度	2.0

4.1.7 碳素结构钢在环境温度低于−20℃、低合金结构钢在环境温度低于−15℃时，不得进行剪切、冲孔。

4.2 矫正和成型

4.2.1 碳素结构钢在环境温度低于−16℃、低合金结构钢在环境温度低于−12℃时，不得进行冷矫正和冷弯曲。

4.2.2 冷矫正和冷弯曲的最小曲率半径和最大弯曲矢高宜符合本规范附录 A 的规定。

4.2.3 碳素结构钢和低合金结构钢在加热矫正时，加热温度应根据钢材性能选定，但不得超过 900℃。低合金结构钢在加热矫正后应缓慢冷却。

4.2.4 矫正后的钢材表面，不应有明显的凹面或损伤，划痕深度不得大于 0.5mm，且应符合本规范第 3.0.3 条的规定。钢材矫正后的允许偏差，应符合表 4.2.4 的规定。

4.2.5 当零件采用热加工成形时，加热温度宜控制在 900～1000℃；碳素结构钢在温度下降到 700℃之前、低合金结构钢在温度下降到 800℃之前，应结束加工；低合金结构钢应缓慢冷却。

4.2.6 弯曲成形的零件应采用弧形样板检查。当零件弦长小于或等于 1500mm 时，样板弦长不应小于零件弦长的 2/3；零件

钢材矫正后的允许偏差(mm) 表 4.2.4

项目		允许偏差	图例
钢板的局部平面度	$t\leqslant14$	1.5	
	$t>14$	1.0	
型钢弯曲矢高		$l/1000$ 5.0	
角钢肢的垂直度		$\frac{b}{100}$ 双肢栓接角钢的角度不得大于 90°	
槽钢翼缘对腹板的垂直度		$\frac{b}{80}$	
工字钢、H 型钢翼缘对腹板的垂直度		$\frac{b}{100}$ 2.0	

弦长大于 1500mm 时，样板弦长不应小于 1500mm。成形部位与样板的间隙不得大于 2.0mm。

4.3 边 缘 加 工

4.3.1 气割或机械剪切的零件，需要进行边缘加工时，其刨削量不应小于 2.0mm。

4.3.2 边缘加工的允许偏差应符合表 4.3.2 的规定。

边缘加工的允许偏差 表 4.3.2

项目	允许偏差
零件宽度、长度	±1.0mm
加工边直线度	$l/3000$ 且不大于 2.0mm
相邻两边夹角	±6′
加工面垂直度	$0.025t$ 且不大于 0.5mm
加工面表面粗糙度	50/ (▽)

4.3.3 焊缝坡口尺寸应按工艺要求确定。

4.4 管球节点加工

4.4.1 螺栓球宜热锻成型，不得有裂纹、叠皱、过烧。

4.4.2 螺栓球加工的允许偏差应符合表 4.4.2 的规定。

螺栓球加工的允许偏差 表 4.4.2

项目		允许偏差
圆度	$d\leqslant120$mm	1.5mm
	$d>120$mm	2.5mm
同一轴线上两铣平面平行度	$d\leqslant120$mm	0.2mm
	$d>120$mm	0.3mm
铣平面距球中心距离		±0.2mm
相邻两螺孔中心线夹角		±30′
两铣平面与螺栓孔轴线垂直度		$0.005r$ mm

注：r 为螺栓球半径；d 为螺栓球直径。

4.4.3 焊接球宜采用钢板热压成半圆球，表面不得有裂纹、折皱，并应经机械加工坡口后焊成圆球。焊接应符合本章的有关规定。

4.4.4 焊接球的允许偏差应符合表 4.4.4 的规定。

焊接球的允许偏差(mm) **表 4.4.4**

项目	允许偏差
直径	$\pm 0.005d$ ± 2.5
圆度	2.5
壁厚减薄量	$0.13t$ 且不大于 1.5
两半球对口错边	1.0

4.4.5 网架钢管杆件直端宜采用机床下料，管口曲线宜采用自动切管机下料。钢管杆件加工的允许偏差应符合表 4.4.5 的规定。

钢管杆件加工的允许偏差(mm) **表 4.4.5**

项目	允许偏差
长度	±1.0
端面对管轴的垂直度	$0.005r$
管口曲线	1.0

4.5 制　孔

4.5.1 A、B 级螺栓孔（Ⅰ类孔），应具有 H12 的精度，孔壁表面粗糙度 R_a 不应大于 12.5μm。

注：①A、B级螺栓孔、H12精度，是根据现行国家标准《紧固件公差　螺栓、螺钉和螺母》和《公差与配合》的分级规定确定的；

②R_a 是根据现行国家标准《表面粗糙度参数及其数值》确定的。

4.5.2 C 级螺栓孔（Ⅱ类孔），孔壁表面粗糙度 R_a 不应大于 25μm，允许偏差应符合表 4.5.2 的规定。

C 级螺栓孔的允许偏差(mm) **表 4.5.2**

项目	允许偏差
直径	+1.0 0
圆度	2.0
垂直度	$0.03t$ 且不大于 2.0

4.5.3 螺栓孔孔距的允许偏差应符合表 4.5.3 的规定。

螺栓孔孔距的允许偏差(mm) **表 4.5.3**

项目	允许偏差			
	<500	501～1200	1201～3000	>3000
同一组内任意两孔间距离	±1.0	±1.5	—	—
相邻两组的端孔间距离	±1.5	±2.0	±2.5	±3.0

4.5.4 螺栓孔的允许偏差超过上述规定时，不得采用钢块填塞，可采用与母材材质相匹配的焊条补焊后重新制孔。

4.5.5 螺栓孔的分组应符合下列规定：

4.5.5.1 在节点中连接板与一根杆件相连的所有螺栓孔为一组；

4.5.5.2 对接接头在拼接板一侧的螺栓孔为一组；

4.5.5.3 在两相邻节点或接头间的螺栓孔为一组，但不包括上述两款所规定的螺栓孔；

4.5.5.4 受弯构件翼缘上的连续螺栓孔，每米长度范围内的螺栓孔为一组。

4.6 组　装

4.6.1 组装前，零件、部件应经检查合格；连接接触面和沿焊缝边缘每边 30～50mm 范围内的铁锈、毛刺、污垢、冰雪等应清除干净。

4.6.2 板材、型材的拼接，应在组装前进行；构件的组装应在部件组装、焊接、矫正后进行。

4.6.3 焊接连接组装的允许偏差应符合表 4.6.3 的规定。

焊接连接组装的允许偏差(mm) **表 4.6.3**

项　目	允许偏差	图　例
对口错边(Δ)	t/10 且不大于 3.0	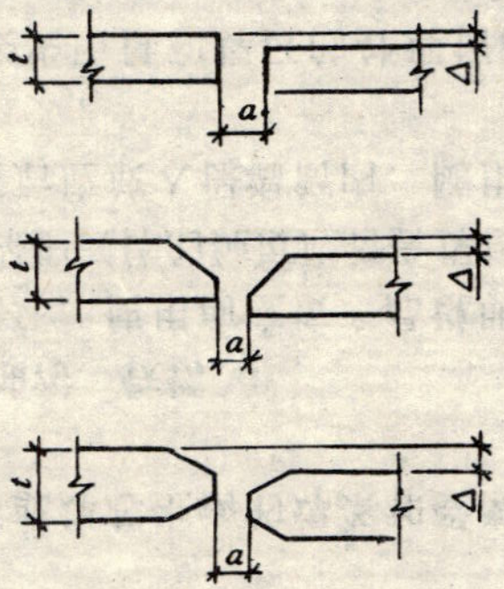
间　隙(a)	±1.0	
搭接长度(a)	±5.0	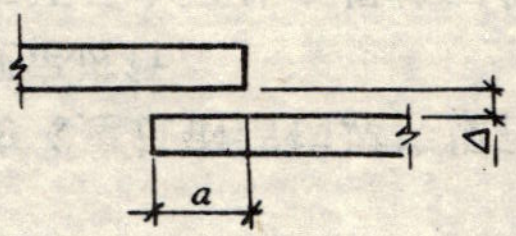
缝　隙(Δ)	1.5	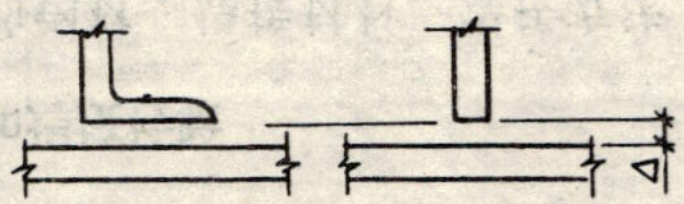

续表 4.6.3

项　目		允许偏差	图　例
高度(h)		±2.0	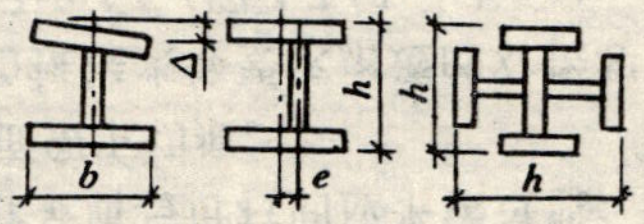
垂直度(Δ)		b/100 且不大于 2.0	
中心偏移(e)		±2.0	
型钢错位	连接处	1.0	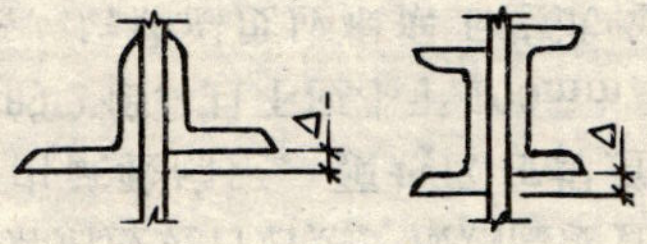
	其它处	2.0	
箱形截面高度(h)		±2.0	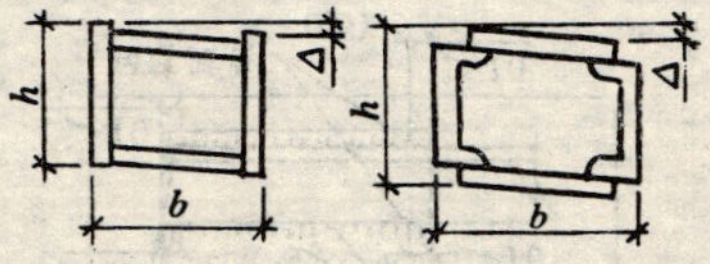
宽度(b)		±2.0	
垂直度(Δ)		b/200 且不大于 3.0	

4.6.4 组装顺序应根据结构型式、焊接方法和焊接顺序等因素确定。

4.6.5 构件的隐蔽部位应焊接、涂装，并经检查合格后方可封闭；完全密闭的构件内表面可不涂装。

4.6.6 桁架结构杆件轴线交点的允许偏差不得大于 3.0mm。

4.6.7 当采用夹具组装时，拆除夹具时不得损伤母材；对残留的焊疤应修磨平整。

4.6.8 顶紧接触面应有 75%以上的面积紧贴，用 0.3mm 塞尺检查，其塞人面积应小于 25%，边缘间隙不应大于 0.8mm。

4.7 焊接和焊接检验

4.7.1 施工单位对其首次采用的钢材、焊接材料、焊接方法、焊后热处理等，应进行焊接工艺评定，并应根据评定报告确定焊接工艺。

焊接工艺评定应按国家现行的《建筑钢结构焊接规程》和《钢制压力容器焊接工艺评定》的规定进行。

4.7.2 焊工应经过考试并取得合格证后方可从事焊接工作。合格证应注明施焊条件、有效期限。焊工停焊时间超过 6 个月，应重新考核。

4.7.3 焊接时，不得使用药皮脱落或焊芯生锈的焊条和受潮结块的焊剂及已熔烧过的渣壳。

4.7.4 焊丝、焊钉在使用前应清除油污、铁锈。

4.7.5 焊条、焊剂和栓钉用焊接瓷环，使用前应按产品说明书规定的烘焙时间和温度进行烘焙。保护气体的纯度应符合焊接工艺评定的要求。低氢型焊条经烘焙后应放入保温筒内，随用随取。

4.7.6 施焊前，焊工应复查焊件接头质量和焊区的处理情况。当不符合要求时，应经修整合格后方可施焊。

4.7.7 对接接头、T 形接头、角接接头、十字接头等对接焊缝及对接和角接组合焊缝，应在焊缝的两端设置引弧和引出板，其材质和坡口形式应与焊件相同。引弧和引出的焊缝长度：埋弧焊应大于 50mm；手工电弧焊及气体保护焊应大于 20mm。焊接完毕应采用气割切除引弧和引出板，并修磨平整，不得用锤击落。

4.7.8 焊接时，焊工应遵守焊接工艺，不得自由施焊及在焊道外的母材上引弧。

4.7.9 角焊缝转角处宜连续绕角施焊，起落弧点距焊缝端部宜大于 10.0mm（图 4.7.9*a*）；角焊缝端部不设置引弧和引出板的连续焊缝，起落弧点距焊缝端部宜大于 10.0mm（图 4.7.9*b*），弧坑应填满。

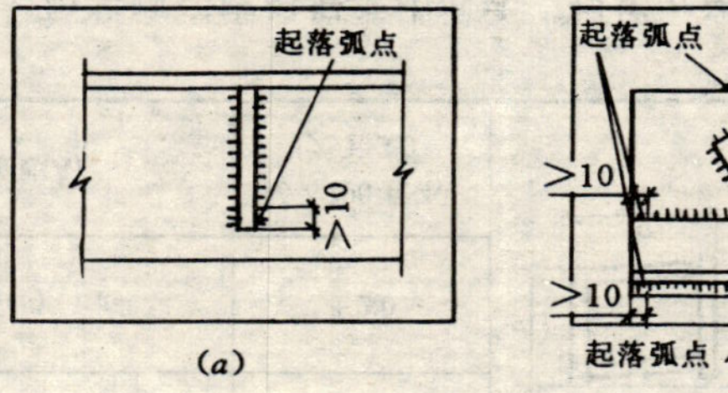

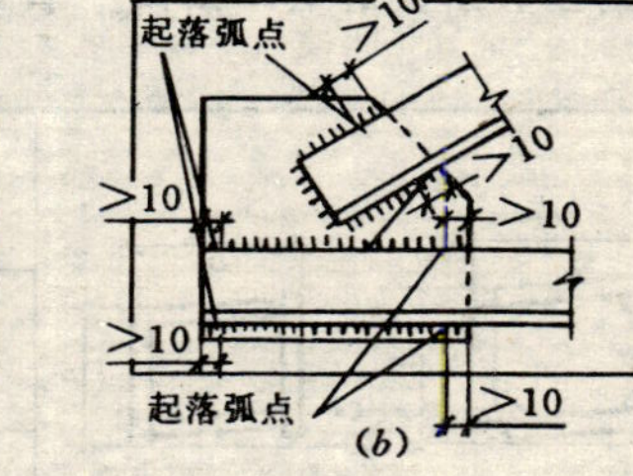

图 4.7.9 起落弧点位置

4.7.10 厚度大于 50mm 的碳素结构钢和厚度大于 36mm 的低合金结构钢，施焊前应进行预热，焊后应进行后热。预热温度宜控制在 100～150℃；后热温度应由试验确定。预热区在焊道两侧，每侧宽度均应大于焊件厚度的 2 倍，且不应小于 100mm。

环境温度低于 0℃时，预热、后热温度应根据工艺试验确定。

4.7.11 多层焊接宜连续施焊，每一层焊道焊完后应及时清理检查，清除缺陷后再焊。

4.7.12 焊成凹形的角焊缝，焊缝金属与母材间应平缓过渡；加工成凹形的角焊缝，不得在其表面留下切痕。

4.7.13 T 形接头、十字接头、角接接头等要求熔透的对接和角接组合焊缝，其焊脚尺寸不应小于 $t/4$（图 4.7.13*a*、*b*、*c*）；重级工作制和起重量大于或等于 50t 的中级工作制吊车梁腹板与上翼缘的连接焊缝的焊脚尺寸为 $t/2$（图 4.7.13*d*），且不应大于 10mm。

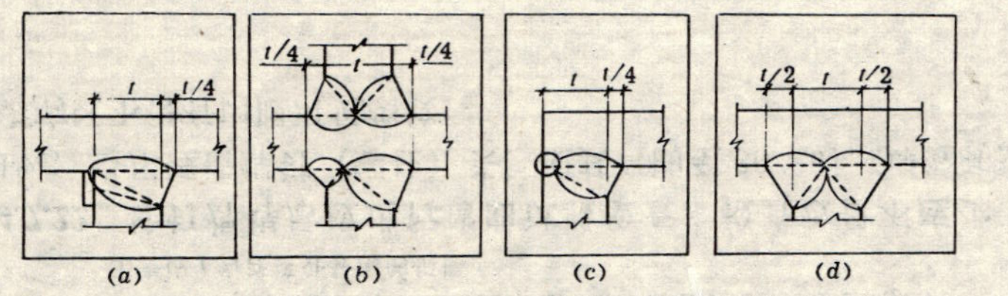

图 4.7.13　焊脚尺寸

4.7.14　定位焊所采用的焊接材料型号，应与焊件材质相匹配；焊缝厚度不宜超过设计焊缝厚度的 2／3，且不应大于 8mm；焊缝长度不宜小于 25mm，定位焊位置应布置在焊道以内，并应由持合格证的焊工施焊。

4.7.15　焊缝出现裂纹时，焊工不得擅自处理，应查清原因，订出修补工艺后方可处理。

4.7.16　焊缝同一部位的返修次数，不宜超过两次。当超过两次时，应按返修工艺进行。

4.7.17　焊接完毕，焊工应清理焊缝表面的熔渣及两侧的飞溅物，检查焊缝外观质量。检查合格后应在工艺规定的焊缝及部位打上焊工钢印。

4.7.18　碳素结构钢应在焊缝冷却到环境温度、低合金结构钢应在完成焊接 24h 以后，方可进行焊缝探伤检验。

4.7.19　焊缝外形尺寸应符合现行国家标准《钢结构焊缝外形尺寸》的规定。

4.7.20　焊接接头内部缺陷分级应符合现行国家标准《钢焊缝手工超声波探伤方法和探伤结果分级》的规定，焊缝质量等级及缺陷分级应符合表 4.7.20 的规定。

4.7.21　局部探伤的焊缝，有不允许的缺陷时，应在该缺陷两端的延伸部位增加探伤长度，增加的长度不应小于该焊缝长度的 10%，且不应小于 200mm；当仍有不允许的缺陷时，应对该焊缝百分之百探伤检查。

焊缝质量等级及缺陷分级(mm)　　**表 4.7.20**

焊缝质量等级		一级	二级	三级
内部缺陷超声波探伤	评定等级	Ⅱ	Ⅲ	—
	检验等级	B 级	B 级	—
	探伤比例	100%	20%	—
外观缺陷	未焊满(指不足设计要求)	不允许	≤0.2+0.02t 且小于等于 1.0	≤0.2+0.04t 且小于等于 2.0
			每 100.0 焊缝内缺陷总长小于等于 25.0	每 100.0 焊缝内缺陷总长小于等于 25.0
	根部收缩	不允许	≤0.2+0.02t 且小于等于 1.0	≤0.2+0.04t 且小于等于 2.0
			长度不限	长度不限
	咬边	不允许	≤0.05t 且小于等于 0.5；连续长度小于等于 100.0，且焊缝两侧咬边总长小于等于 10%焊缝全长	＜0.1t 且小于等于 1.0，长度不限
	裂纹	不允许	不允许	不允许
	弧坑裂纹	不允许	不允许	允许存在个别长小于等于 5.0 的弧坑裂纹
	电弧擦伤	不允许	不允许	允许存在个别电弧擦伤

续表 4.7.20

焊缝质量等级		一级	二级	三级
外观缺陷	飞溅	清除干净		
	接头不良	不允许	缺口深度小于等于 0.05t 且小于等于 0.5	缺口深度小于等于 0.1t 且小于等于 1.0
			每米焊缝不得超过 1 处	
	焊瘤	不允许		
	表面夹渣	不允许		深≤0.2t 长≤0.5t 且小于等于 20
	表面气孔	不允许		每 50.0 长度焊缝内允许直径小于等于 0.4t 且小于等于 3.0 气孔 2 个；孔距大于等于 6 倍孔径
	角焊缝厚度不足(按设计焊缝厚度计)	—		≤0.3+0.05t 且小于等于 2.0 每 100.0 焊缝长度内缺陷总长小于等于 25.0
	角焊缝焊脚不对称	—		差值≤2+0.2h

注：①超声波探伤用于全熔透焊缝，其探伤比例按每条焊缝长度的百分数计，且不小于 200mm；

②除注明角焊缝缺陷外，其余均为对接、角接焊缝通用；

③咬边如经磨削修整并平滑过渡，则只按焊缝最小允许厚度值评定；

④表内 t 为连接处较薄的板厚。

4.7.22 栓钉焊焊后应进行弯曲试验检查，检查数量不应少于 1%；当用锤击焊钉（螺柱）头、使其弯曲至 30° 时，焊缝和热影响区不得有肉眼可见裂纹。

4.8 焊接 H 型钢

4.8.1 翼缘板和腹板应采用半自动或自动气割机进行切割，切割面质量应符合本章的有关规定。

4.8.2 当翼缘板需要拼接时，可按长度方向拼接；腹板拼接，拼接缝可为"十"字型或"T"字型；翼缘板拼接缝和腹板拼接缝的间距应大于 200mm；拼接焊接应在 H 型钢组装前进行。

4.8.3 焊缝质量应符合设计的要求和本章的有关规定。

4.8.4 焊接 H 型钢的允许偏差应符合表 4.8.4 的规定。

焊接 H 型钢的允许偏差(mm)　　表 4.8.4

项目		允许偏差	图例
截面高度(h)	h<500	±2.0	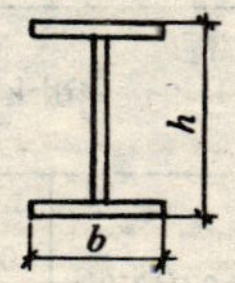
	500<h<1000	±3.0	
	h>1000	±4.0	
截面宽度(b)		±3.0	
腹板中心偏移		2.0	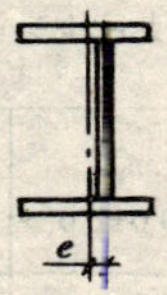
翼缘板垂直度(Δ)		b/100 3.0	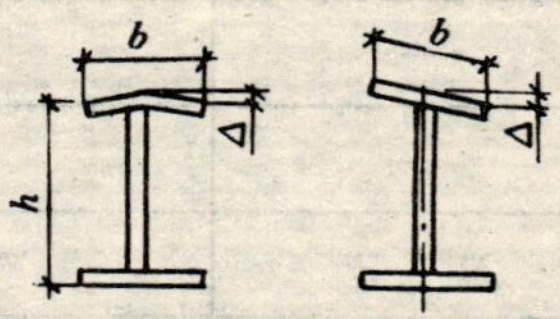

续表 4.8.4

项　目		允许偏差	图　例
弯曲矢高		l/1000 5.0	
扭曲		h/250 5.0	
腹板局部平面度(f)	t<14	3.0	b　f　1000　1　1　1000　1—1
	t≥14	2.0	

4.9 端部铣平

4.9.1 端部铣平的允许偏差应符合表 4.9.1 的规定。

端部铣平的允许偏差(mm)　　表 4.9.1

项　目	允许偏差
两端铣平时构件长度	±2.0
两端铣平时零件长度	±0.5
铣平面的平面度	0.3
铣平面对轴线的垂直度	l/1500

4.9.2 外露铣平面应涂防锈油保护。

4.10 摩擦面处理

4.10.1 高强度螺栓摩擦面处理后的抗滑移系数值应符合设计的要求。

4.10.2 采用砂轮打磨处理摩擦面时，打磨范围不应小于螺栓孔径的 4 倍，打磨方向宜与构件受力方向垂直。

4.10.3 经处理的摩擦面，出厂前应按批作抗滑移系数试验，最小值应符合设计的要求；出厂时应按批附 3 套与构件相同材质、相同处理方法的试件，由安装单位复验抗滑移系数。在运输过程中试件摩擦面不得损伤。

4.10.4 处理好的摩擦面，不得有飞边、毛刺、焊疤或污损等。

4.11 涂装、编号

4.11.1 钢构件的除锈和涂装应在制作质量检验合格后进行。

4.11.2 钢构件表面的除锈方法和除锈等级应符合表 4.11.2 的规定，其质量要求应符合现行国家标准《涂装前钢材表面锈蚀等级和除锈等级》的规定。

除锈方法和除锈等级　　表 4.11.2

除锈方法	喷射或抛射除锈			手工和动力工具除锈	
除锈等级	Sa2	Sa2$\frac{1}{2}$	Sa3	St2	St3

注：当材料和零件采用化学除锈方法时，应选用具备除锈、磷化、钝化两个以上功能的处理液，其质量应符合现行国家标准《多功能钢铁表面处理液通用技术条件》的规定。

4.11.3 构件表面除锈方法与除锈等级应与设计采用的涂料相适应。

4.11.4 涂料、涂装遍数、涂层厚度均应符合设计的要求。当设计对涂层厚度无要求时，宜涂装 4～5 遍；涂层干漆膜总厚度：室外应为 150μm，室内应为 125μm，其允许偏差为−25μm。涂装工程由工厂和安装单位共同承担时，每遍涂层干漆膜厚度的允许偏差为−5μm。当设计对涂层厚度有要求时，设计最低涂层干漆膜厚度加允许偏差的绝对值即为涂层的要求厚度，其允许偏差应符合设计对涂层厚度无要求时的规定。当天使用的涂料应在当天配置，并不得随意添加稀释剂。

4.11.5 涂装时的环境温度和相对湿度应符合涂料产品说明书的要求，当产品说明书无要求时，环境温度宜在5～38℃之间，相对湿度不应大于85%。构件表面有结露时不得涂装。涂装后4h内不得淋雨。

4.11.6 施工图中注明不涂装的部位不得涂装。安装焊缝处应留出30～50mm暂不涂装。

4.11.7 涂装应均匀，无明显起皱、流挂，附着应良好。

4.11.8 涂装完毕后，应在构件上标注构件的原编号。大型构件应标明重量、重心位置和定位标记。

4.11.9 当喷涂防火涂料时，应符合国家现行的《钢结构防火涂料应用技术规程》(CECS24) 的规定。

4.12 钢构件验收

4.12.1 钢构件制作完成后，应按照施工图和本规范的规定进行验收。钢构件外形尺寸的允许偏差应符合本规范附录 B 的规定。

4.12.2 钢构件出厂时，应提交下列资料:

4.12.2.1 产品合格证;

4.12.2.2 施工图和设计变更文件，设计变更的内容应在施工图中相应部位注明;

4.12.2.3 制作中对技术问题处理的协议文件;

4.12.2.4 钢材、连接材料和涂装材料的质量证明书或试验报告;

4.12.2.5 焊接工艺评定报告;

4.12.2.6 高强度螺栓摩擦面抗滑移系数试验报告、焊缝无损检验报告及涂层检测资料;

4.12.2.7 主要构件验收记录;

4.12.2.8 预拼装记录;

4.12.2.9 构件发运和包装清单。

4.13 工厂预拼装

4.13.1 合同规定或设计要求预拼装的构件，在出厂前应进行自由状态预拼装。预拼装的允许偏差应符合表4.13.1的规定。

构件预拼装的允许偏差(mm) 表 4.13.1

构件类型	项目		允许偏差
多节柱	预拼装单元总长		±5.0
	预拼装单元弯曲矢高		l/1500 且不大于 10.0
	接口错边		2.0
	预拼装单元柱身扭曲		h/200 且不大于 5.0
	顶紧面至任一牛腿距离		±2.0
梁、桁架	跨度最外端两安装孔或两端支承面最外侧距离		+5.0 −10.0
	接口截面错位		2.0
	拱度	设计要求起拱	±l/5000
		设计未要求起拱	l/2000 0
	节点处杆件轴线错位		3.0
管构件	预拼装单元总长		±5.0
	预拼装单元弯曲矢高		l/1500 且不大于 10.0
	对口错边		t/10 且不大于 3.0
	坡口间隙		+2.0 −1.0

续表 4.13.1

构件类型	项　　目	允 许 偏 差
构件平面总体预拼装	各楼层柱距	±4.0
	相邻楼层梁与梁之间距离	±3.0
	各层间框架两对角线之差	H / 2000 且不大于 5.0
	任意两对角线之差	ΣH / 2000 且不大于 8.0

4.13.2 高强度螺栓和普通螺栓连接的多层板叠，应采用试孔器进行检查，并应符合下列规定：

4.13.2.1 当采用比孔公称直径小 1.0mm 的试孔器检查时，每组孔的通过率不应小于 85%；

4.13.2.2 当采用比螺栓公称直径大 0.3mm 的试孔器检查时，通过率应为 100%。

4.13.3 通过率不符合本章第 4.13.2 条规定时，可按本章第 4.5.4 条的规定处理。

4.13.4 预拼装检查合格后，应标注中心线、控制基准线等标记，必要时应设置定位器。

4.14 包装和发运

4.14.1 包装应在涂层干燥后进行，包装应保护构件涂层不受损伤，保证构件、零件不变形、不损坏、不散失；包装应符合运输的有关规定。

4.14.2 螺纹应涂防锈剂并应包裹。传力铣平面和铰轴孔的内壁应涂抹防锈剂，铰轴和铰轴孔应采取保护措施。

4.14.3 包装箱上应标注构件、零件的名称、编号、重量、重心和吊点位置等，并应填写包装清单。

5 钢结构的安装

5.1 一 般 规 定

5.1.1 钢结构安装应按施工组织设计进行。安装程序必须保证结构的稳定性和不导致永久性变形。

5.1.2 安装前，应按构件明细表核对进场的构件，查验产品合格证和设计文件；工厂预拼装过的构件在现场组装时，应根据预拼装记录进行。

5.1.3 钢结构安装过程中，制孔、组装、焊接和涂装等工序的施工均应符合本规范第 4 章中的有关规定。

5.1.4 钢构件在运输、存放和安装过程中损坏的涂层以及安装连接部位应按本规范第 4 章的有关规定补涂。结构面层涂装应在安装完成后进行。

5.1.5 设计要求对钢结构进行结构试验时，试验应符合相应的设计文件要求。

5.1.6 钢构件吊装前应清除其表面上的油污、冰雪、泥沙和灰尘等杂物。

5.1.7 吊车梁的受拉翼缘或吊车桁架的受拉弦杆上不得焊接悬挂物和卡具等。

5.2 基础和支承面

5.2.1 钢结构安装前应对建筑物的定位轴线、基础轴线和标高、地脚螺栓位置等进行检查，并应进行基础检测和办理交接验收。当基础工程分批进行交接时，每次交接验收不应少于一个安装单元的柱基基础，并应符合下列规定：

5.2.1.1 基础混凝土强度达到设计要求；

5.2.1.2 基础周围回填夯实完毕；

5.2.1.3 基础的轴线标志和标高基准点准确、齐全。

5.2.2 基础顶面直接作为柱的支承面和基础顶面预埋钢板或支座作为柱的支承面时，其支承面、地脚螺栓（锚栓）的允许偏差应符合表 5.2.2 的规定。

支承面、地脚螺栓(锚栓)的允许偏差(mm)　　表 5.2.2

项目		允许偏差
支承面	标高	±3.0
	水平度	l/1000
地脚螺栓（锚栓）	螺栓中心偏移	5.0
	螺栓露出长度	+20.0 0
	螺纹长度	+20.0 0
预留孔中心偏移		10.0

5.2.3 钢柱脚采用钢垫板作支承时，应符合下列规定：

5.2.3.1 钢垫板面积应根据基础混凝土的抗压强度、柱脚底板下细石混凝土二次浇灌前柱底承受的荷载和地脚螺栓（锚栓）的紧固拉力计算确定。

5.2.3.2 垫板应设置在靠近地脚螺栓（锚栓）的柱脚底板加劲板或柱肢下，每根地脚螺栓（锚栓）侧应设 1～2 组垫板，每组垫板不得多于 5 块。垫板与基础面和柱底面的接触应平整、紧密。当采用成对斜垫板时，其叠合长度不应小于垫板长度的 2/3。二次浇灌混凝土前垫板间应焊接固定。

5.2.3.3 采用座浆垫板时，应采用无收缩砂浆。柱子吊装前砂浆试块强度应高于基础混凝土强度一个等级。座浆垫板的允许偏差应符合表 5.2.3 的规定。

座浆垫板的允许偏差(mm)　　表 5.2.3

项目	允许偏差
顶面标高	0 −3.0
水平度	l/1000
位置	20.0

5.2.4 钢结构安装在形成空间刚度单元后，应及时对柱底板和基础顶面的空隙采用细石混凝土二次浇灌。

5.3 钢构件运输和存放

5.3.1 钢构件应根据钢结构的安装顺序，分单元成套供应。

5.3.2 运输钢构件时，应根据钢构件的长度、重量选用车辆；钢构件在运输车辆上的支点、两端伸出的长度及绑扎方法均应保证钢构件不产生变形、不损伤涂层。

5.3.3 钢构件存放场地应平整坚实，无积水。钢构件应按种类、型号、安装顺序分区存放；钢构件底层垫枕应有足够的支承面，并应防止支点下沉。相同型号的钢构件叠放时，各层钢构件的支点应在同一垂直线上，并应防止钢构件被压坏和变形。

5.4 安装和校正

5.4.1 钢结构安装前，应对钢构件的质量进行检查。钢构件的变形、缺陷超出允许偏差时，应进行处理。

5.4.2 钢结构安装的测量和校正，应根据工程特点编制相应的工艺。厚钢板和异种钢板的焊接、高强度螺栓安装、栓钉焊和负温度下施工等主要工艺，应在安装前进行工艺试验，编制相应的施工工艺。

5.4.3 钢结构采用扩大拼装单元进行安装时，对容易变形的钢构件应进行强度和稳定性验算，必要时应采取加固措施。

钢结构采用综合安装时，应划分成若干独立单元。每一单元的全部钢构件安装完毕后，应形成空间刚度单元。

5.4.4 大型构件或组成块体的网架结构，采用单机或多机抬吊安装及高空滑移安装时，吊点必须经计算确定。

5.4.5 钢结构的柱、梁、屋架、支撑等主要构件安装就位后，应立即进行校正、固定。当天安装的钢构件应形成稳定的空间体系。

5.4.6 钢结构安装、校正时，应根据风力、温差、日照等外界环境和焊接变形等因素的影响，采取相应的调整措施。

5.4.7 利用安装好的钢结构吊装其它构件和设备时，应征得设计单位同意，并应进行验算，采取相应措施。

5.4.8 设计要求顶紧的节点，接触面应有 70%的面紧贴。用 0.3mm 厚塞尺检查，可插入的面积之和不得大于接触顶紧总面积的 30%；边缘最大间隙不应大于 0.8mm。

5.5 高层钢结构的安装

5.5.1 柱、梁、支撑等构件的长度尺寸应包括焊接收缩余量和荷载使柱产生的压缩变形值。

5.5.2 柱安装时，每节柱的定位轴线应从地面控制轴线直接引上，不得从下层柱的轴线引上。

5.5.3 楼层标高可采用相对标高或设计标高进行控制，并应符合下列规定：

5.5.3.1 当采用设计标高进行控制时，应以每节柱为单位进行柱标高的调整，使每节柱的标高符合设计的要求；

5.5.3.2 建筑物总高度的允许偏差和同一层内各节柱的柱顶高度差应符合本规范附录 C 中表 C–6 的规定。

5.5.4 安装使用的塔式起重机与主体结构相连时，其连接装置必须进行计算，并应根据施工荷载对主体结构的影响，采取相应的措施。

5.5.5 楼面压型钢板安装前，应在钢梁上放出压型钢板的定位线，相邻压型钢板端部的波形槽口应对正。

5.5.6 安装时，必须控制楼面的施工荷载，施工荷载和冰雪荷载严禁超过梁和楼板的承载能力。

5.5.7 同一流水作业段、同一安装高度的一节柱，当各柱的全部构件安装、校正、连接完毕并验收合格后，方可从地面引放上一节柱的定位轴线。

5.6 连接和固定

5.6.1 钢构件的连接接头，应经检查合格后方可紧固或焊接。

5.6.2 安装使用的临时螺栓和冲钉，在每个节点上穿入的数量，应根据安装过程所承受的荷载计算确定，并应符合下列规定：

5.6.2.1 不应少于安装孔总数的 1／3；

5.6.2.2 临时螺栓不应少于 2 个；

5.6.2.3 冲钉不宜多于临时螺栓的 30%；

5.6.2.4 扩钻后的 A、B 级螺栓孔不得使用冲钉。

5.6.3 永久性的普通螺栓连接应符合下列规定：

5.6.3.1 每个螺栓一端不得垫 2 个及以上的垫圈，并不得采用大螺母代替垫圈。螺栓拧紧后，外露螺纹不应少于 2 个螺距，

5.6.3.2 螺栓孔不得采用气割扩孔。

5.6.4 安装焊缝的质量应符合设计的要求和本规范第 4 章的有关规定。

5.6.5 安装定位焊缝应符合本规范第 4.7.14 条的规定。当承受荷载时，焊点数量、厚度和长度应由计算确定。

5.6.6 焊接和高强度螺栓并用的连接，当设计无特殊要求时，

应按先栓后焊的顺序施工。

5.6.7 由制造厂处理的钢构件摩擦面，安装前应复验所附试件的抗滑移系数，合格后方可安装。现场处理的构件摩擦面，抗滑移系数应按国家现行标准《钢结构高强度螺栓连接的设计、施工及验收规程》的规定进行试验，并应符合设计的要求。

5.6.8 钢构件拼装前，应清除飞边、毛刺、焊接飞溅物。摩擦面应保持干燥、整洁，不得在雨中作业。

5.6.9 高强度螺栓连接的板叠接触面应平整。当接触有间隙时，小于 1.0mm 的间隙可不处理；1.0～3.0mm 的间隙，应将高出的一侧磨成 1∶10 的斜面，打磨方向应与受力方向垂直；大于 3.0mm 的间隙应加垫板，垫板两面的处理方法应与构件相同。

5.6.10 高强度螺栓连接副应按批号分别存放，并应在同批内配套使用。在储存、运输和施工过程中不得混放、混用，并应轻装、轻卸，防止受潮、生锈、沾污和碰伤。

5.6.11 施工前，高强度大六角头螺栓连接副应按出厂批号复验扭矩系数，其平均值和标准偏差应符合国家现行标准《钢结构高强度螺栓连接的设计、施工及验收规程》的规定；扭剪型高强度螺栓连接副应按出厂批号复验预拉力，其平均值和变异系数应符合国家现行标准《钢结构高强度螺栓连接的设计、施工及验收规程》的规定。

5.6.12 安装高强度螺栓时，螺栓应自由穿入孔内，不得强行敲打，并不得气割扩孔。穿入方向宜一致并便于操作。高强度螺栓不得作为临时安装螺栓。

5.6.13 高强度螺栓的安装应按一定顺序施拧，宜由螺栓群中央顺序向外拧紧，并应在当天终拧完毕。

5.6.14 高强度螺栓的拧紧，应分初拧和终拧。对于大型节点应分初拧、复拧和终拧。复拧扭矩应等于初拧扭矩。

5.6.15 扭剪型高强度螺栓的初拧扭矩宜按下列公式计算；终拧应采用专用扳手将尾部梅花头拧掉。

$$T_0 = 0.065 P_c \cdot d \tag{5.6.15-1}$$

$$P_c = P + \Delta P \tag{5.6.15-2}$$

式中 T_0——初拧扭矩（N·m）；

P_c——施工预拉力(kN)；

P——高强度螺栓设计预拉力（kN）；

ΔP——预拉力损失值（kN），宜取设计预拉力的 10%；

d——高强度螺栓螺纹直径（mm）。

5.6.16 高强度大六角头螺栓的初拧扭矩宜为终拧扭矩的 50%；终拧扭矩应按下列公式计算：

$$T_c = K \cdot P_c \cdot d \tag{5.6.16-1}$$

$$P_c = P + \Delta P \tag{5.6.16-2}$$

式中 T_c——终拧扭矩（N·m）；

K——扭矩系数。

5.6.17 高强度大六角头螺栓施拧采用的扭矩扳手和检查采用的扭矩扳手，在每班作业前后，均应进行校正，其扭矩误差应分别为使用扭矩的 ±5% 和 ±3%。

5.6.18 扭剪型高强度螺栓终拧结束后，应以目测尾部梅花头拧掉为合格；高强度大六角头螺栓终拧结束后，宜采用 0.3～0.5kg 的小锤逐个敲检，且应进行扭矩抽查，欠拧或漏拧者应及时补拧，超拧者应予更换。

5.6.19 高强度大六角头螺栓扭矩检查应在终拧 1h 以后、24h 以内完成。扭矩检查时，应将螺母退回 30°～50°，再拧至原位测定扭矩，该扭矩与检查扭矩的偏差应在检查扭矩的 ±10% 以内。检查扭矩应按下式计算：

$$T_{ch} = K \cdot P \cdot d \tag{5.6.19}$$

式中 T_{ch}——检查扭矩（N·m）。

5.7 安装偏差检测

5.7.1 钢结构安装偏差的检测，应在结构形成空间刚度单元并连接固定后进行。

5.7.2 构件安装的允许偏差应符合本规范附录 C 中表 C–1～C–5 的规定。

5.7.3 高层钢结构安装的允许偏差应符合本规范附录 C 中表 C–6 的规定。

6 工 程 验 收

6.0.1 钢结构工程的验收，应在钢结构的全部或空间刚度单元部分的安装工作完成后进行。

6.0.2 工程验收，应提交下列资料：

6.0.2.1 钢结构工程竣工图和设计文件；

6.0.2.2 安装过程中形成的与工程技术有关的文件；

6.0.2.3 安装所采用的钢材、连接材料和涂料等材料质量证明书或试验、复验报告；

6.0.2.4 工厂制作构件的出厂合格证；

6.0.2.5 焊接工艺评定报告；

6.0.2.6 焊接质量检验报告；

6.0.2.7 高强度螺栓抗滑移系数试验报告和检查记录；

6.0.2.8 隐蔽工程验收记录；

6.0.2.9 工程中间检查交接记录；

6.0.2.10 结构安装检测记录及安装质量评定资料；

6.0.2.11 钢结构安装后涂装检测资料；

6.0.2.12 设计要求的钢结构试验报告。

附录A 冷矫正和冷弯曲的最小曲率半径和最大弯曲矢高的允许值

冷矫正和冷弯曲的最小曲率半径和最大弯曲矢高的允许值 表 A

钢材类别	图例	对应轴	矫正 r	矫正 f	弯曲 r	弯曲 f
钢板 扁钢		x-x	50t	$\frac{l^2}{400t}$	25t	$\frac{l^2}{200t}$
		y-y (仅对扁钢轴线)	100b	$\frac{l^2}{800b}$	50b	$\frac{l^2}{400b}$
角钢		x-x	90b	$\frac{l^2}{720b}$	45b	$\frac{l^2}{360b}$
槽钢		x-x	50h	$\frac{l^2}{400h}$	25h	$\frac{l^2}{200h}$
		y-y	90b	$\frac{l^2}{720b}$	45b	$\frac{l^2}{360b}$
工字钢		x-x	50h	$\frac{l^2}{400h}$	25h	$\frac{l^2}{200h}$
		y-y	50b	$\frac{l^2}{400b}$	25b	$\frac{l^2}{200b}$

注：r 为曲率半径；f 为弯曲矢高；l 为弯曲弦长；t 为钢板厚度。

附录B 钢构件外形尺寸的允许偏差

单层钢柱外形尺寸的允许偏差(mm) 表 B-1

项目		允许偏差	图例
柱底面到柱端与桁架连接的最上一个安装孔距离(l)		$\pm l/1500$ ± 15.0	
柱底面到牛腿支承面距离(l_1)		$\pm l_1/2000$ ± 8.0	
受力支托表面到第一个安装孔距离(a)		± 1.0	
牛腿面的翘曲(Δ)		2.0	
柱身弯曲矢高		$H/1000$ 12.0	
柱身扭曲	牛腿处	3.0	
	其它处	8.0	
柱截面几何尺寸	连接处	± 3.0	
	其它处	± 4.0	
翼缘板对腹板的垂直度	连接处	1.5	
	其它处	$b/100$ 5.0	
柱脚底板平面度		5.0	
柱脚螺栓孔中心对柱轴线的距离		3.0	

多节钢柱外形尺寸的允许偏差(mm)　　表 B–2

项目		允许偏差	图例
一节柱高度(H)		±3.0	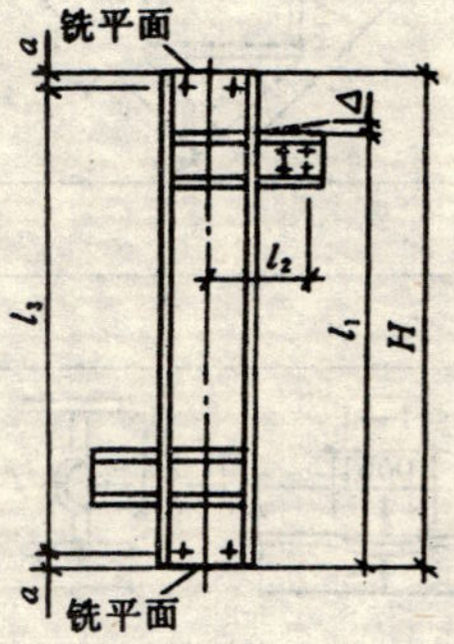
两端最外侧安装孔距离(l_3)		±2.0	
柱底铣平面到牛腿支承面的距离(l_1)		±2.0	
铣平面到第一个安装孔距离(a)		±1.0	
柱身弯曲矢高(f)		H/1500 5.0	
一节柱的柱身扭曲		h/250 5.0	
牛腿端孔到柱轴线距离(l_2)		±3.0	
牛腿的翘曲(Δ)	l_2<1000	2.0	
	l_2>1000	3.0	
柱截面尺寸	连接处	±3.0	
	其它处	±4.0	
柱脚底板平面度		5.0	

续表 B–2

项目		允许偏差	图例
翼缘板对腹板的垂直度	连接处	1.5	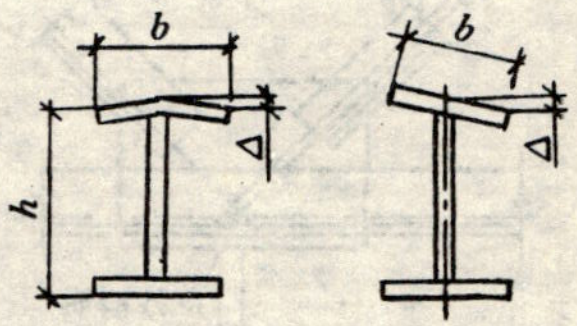
	其它处	b/100 5.0	
柱脚螺栓孔对柱轴线的距离(a)		3.0	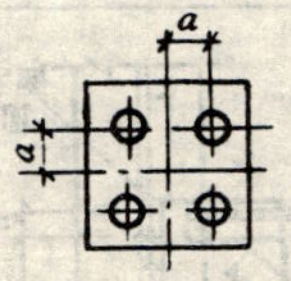
箱形截面连接处对角线差		3.0	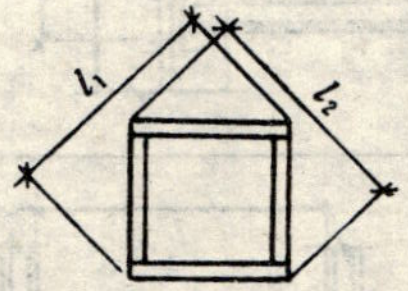
柱身板平面度		h (b) /150 5.0	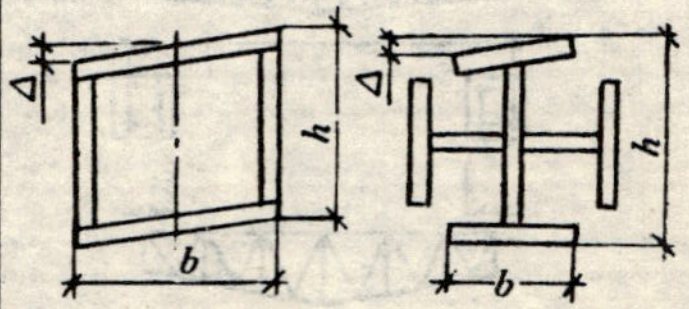

焊接实腹钢梁外形尺寸的允许偏差(mm)　　表 B-3

项	目	允许偏差	图　例
梁长度(l)	端部有凸缘支座板	0 −5.0	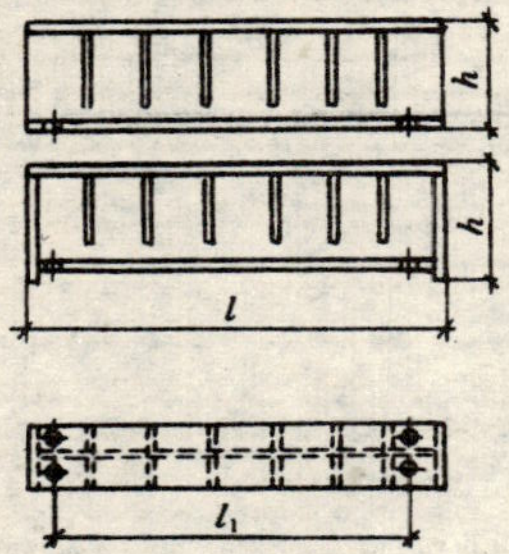 h l
	其它形式	$\pm l/2500$ ±10.0	
端部高度(h)	$h \leqslant 2000$	±2.0	
	$h>2000$	±3.0	
两端最外侧安装孔距离(l_1)		±3.0	l_1
拱度	设计要求起拱	$\pm l/5000$	
	设计未要求起拱	10.0 −5.0	
侧弯矢高		$l/2000$ 10.0	
扭曲		$h/250$ 10.0	
腹板局部平面度	$t \leqslant 14$	5.0	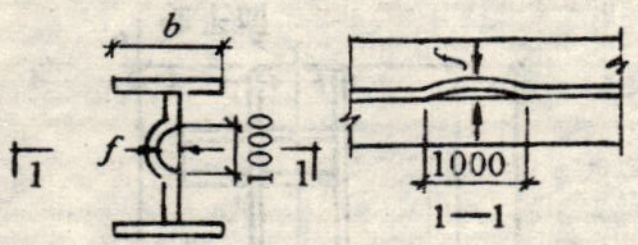 b f 1000 1—1
	$t>14$	4.0	
翼缘板对腹板的垂直度		$b/100$ 3.0	
吊车梁上翼缘板与轨道接触面平面度		1.0	
箱形截面对角线差		5.0	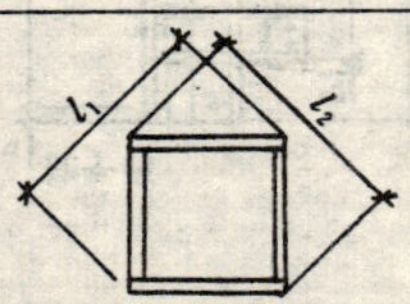 l_1 l_2
两腹板至翼缘板中心线距离(a)	连接处	1.0	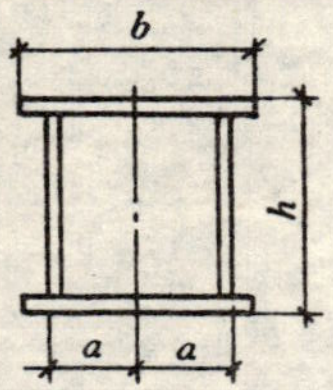 b h a a
	其它处	1.5	

注：吊车梁不得下挠。

钢桁架外形尺寸的允许偏差(mm)　　表 B-4

项	目	允许偏差	图　例
桁架跨度最外端两个孔，或两端支承处最外侧的距离(l)	$l \leqslant 24$m	+3.0 −7.0	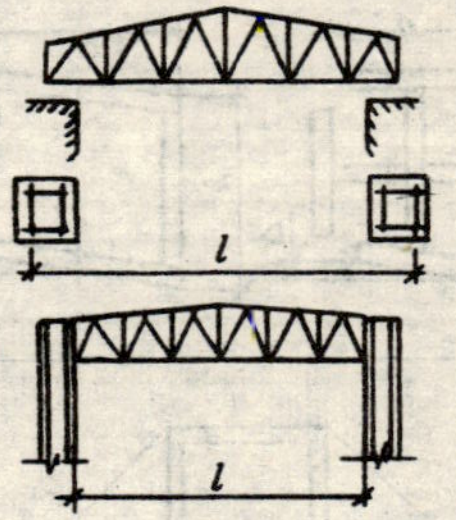 l
	$l>24$m	+5.0 −10.0	
桁架跨中高度		±10.0	
桁架跨中拱度	设计要求起拱	$\pm l/5000$	l
	设计未要求起拱	10.0 −5.0	
支承面到第一个安装孔距离(a)		±1.0	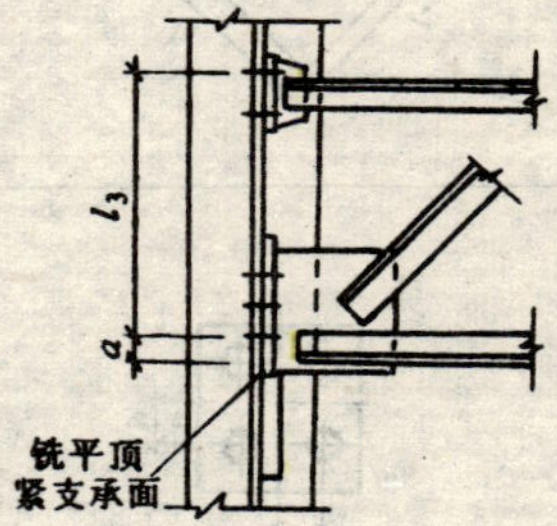 l_3 a 铣平顶紧支承面
相邻节间弦杆的弯曲		$l/1000$	
檩条连接支座间距(a)		±5.0	 a
杆件轴线交点错位(e)		3.0	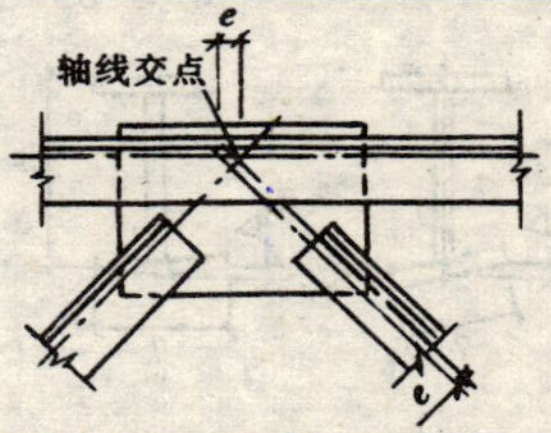 轴线交点 e

注：吊车桁架严禁下挠。

钢管构件外形尺寸的允许偏差(mm)　　表 B-5

项　　目	允许偏差	图　　例
直径(d)	$\pm d/500$ ± 5.0	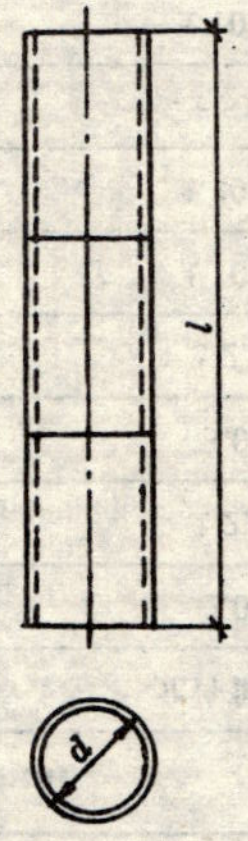
构件长度(l)	± 3.0	
管口圆度	$d/500$ 5.0	
端面对管轴的垂直度	$d/500$ 3.0	
弯曲矢高	$l/1500$ 5.0	
对口错边	$t/10$ 3.0	

钢平台、钢梯和防护钢栏杆外形尺寸的允许偏差(mm)　表 B-6

项　　目	允许偏差	图　　例
平台长度和宽度	± 5.0	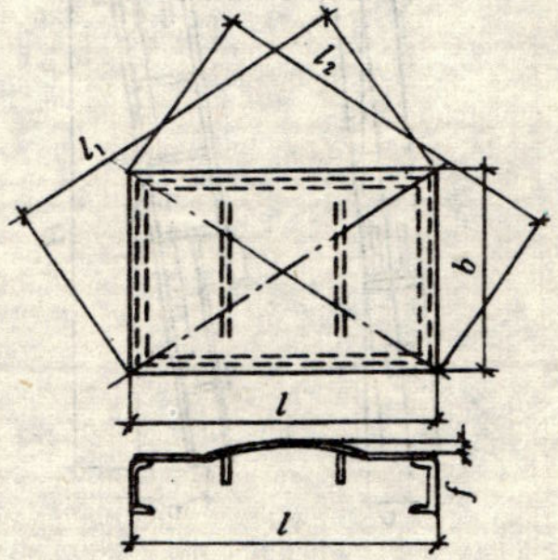
平台两对角线差$\lvert l_1-l_2\rvert$	6.0	
平台表面平面度(1m 范围内)	6.0	
梯梁长度(l)	± 5.0	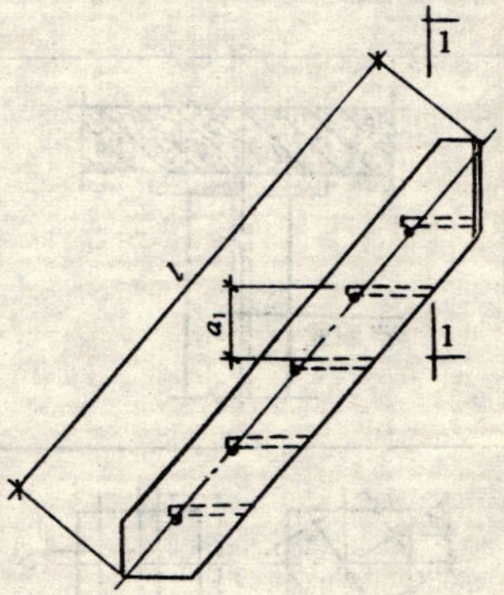
钢梯宽度(b)	± 5.0	
钢梯安装孔距离(a)	± 3.0	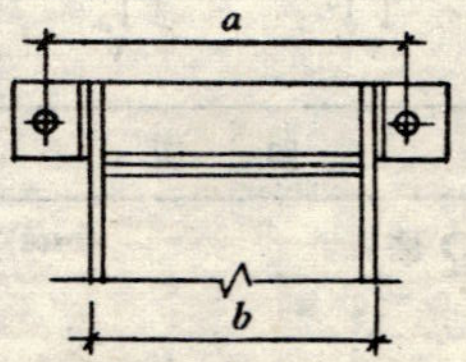
梯梁纵向挠曲矢高	$l/1000$	
踏步间距(a_1)	± 5.0	1—1

续表 B-6

项目	允许偏差	图例
栏杆高度	±5.0	
栏杆立柱间距	±10.0	

墙架、支撑系统钢构件的允许偏差(mm) 表 B-7

项目	允许偏差	图例
构件长度(l)	±5.0	
构件两端最外侧安装孔距离(l_1)	±3.0	
构件弯曲矢高	l/1000 10.0	

钢网架外形尺寸的允许偏差(mm) 表 B-8

项目		允许偏差
拼装单元节点中心偏移		2.0
小拼装单元为单锥体	弦杆长度	±2.0
	上弦对角线差	3.0
	锥体高	±2.0
分条分块网架单元长度	＜20m	±10.0
	＞20m	±20.0
多跨连续点支承时,分条分块网架单元长度	＜20m	±5.0
	＞20m	±10.0

附录 C 钢结构安装的允许偏差

钢柱安装的允许偏差(mm) 表 C-1

项目			允许偏差	图例
柱脚底座中心线对定位轴线的偏移			5.0	
柱基准点标高	有吊车梁的柱		+3.0 −5.0	基准点
	无吊车梁的柱		+5.0 −8.0	
挠曲矢高			H/1000 15.0	
柱轴线垂直度	单层柱	H＜10m	10.0	H
		H＞10m	H/1000 25.0	
	多节柱	底层柱	10.0	
		柱全高	35.0	

钢吊车梁安装的允许偏差(mm) 表 C-2

项目		允许偏差	图例
梁跨中垂直度		$h/500$	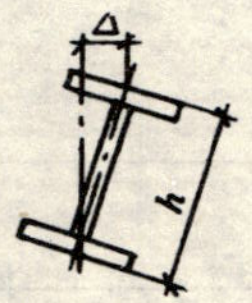
挠曲	侧向	$l/1000$ 10.0	
	垂直方向	+10.0 0	
两端支座中心位移(Δ)	安装在钢柱上,对牛腿中心的偏移	5.0	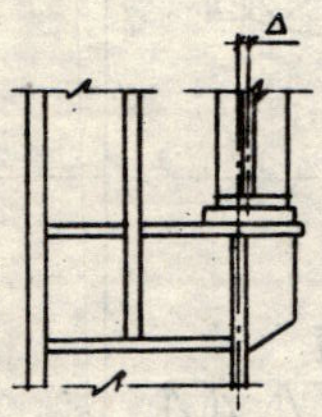
	安装在混凝土柱上,对定位轴线偏移	5.0	
吊车梁支座加劲板中心与柱子承压加劲板中心偏移(Δ_1)		$t/2$	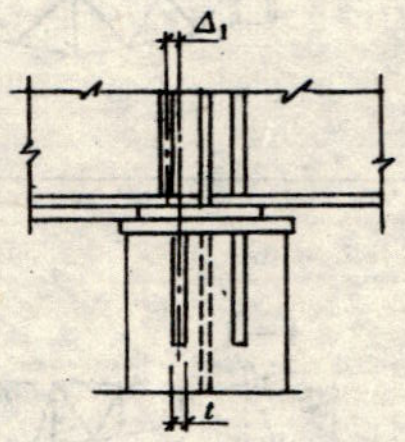

续表 C-2

项目		允许偏差	图例
同跨间内同一横截面吊车梁顶面高差	支座处	10.0	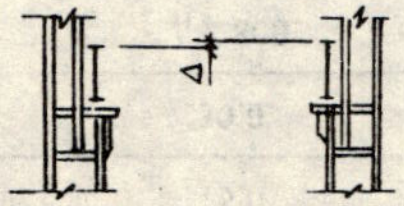
	其它处	15.0	
同列相邻两柱间吊车梁顶面高差		$l/1500$ 10.0	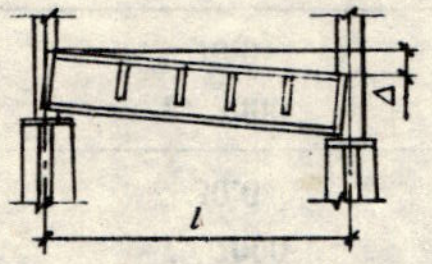
同跨间任一截面的吊车梁中心跨距		±10.0	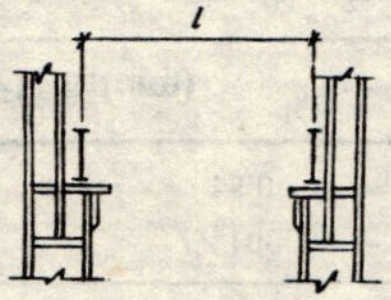
相邻两吊车梁接头部位	中心错位	3.0	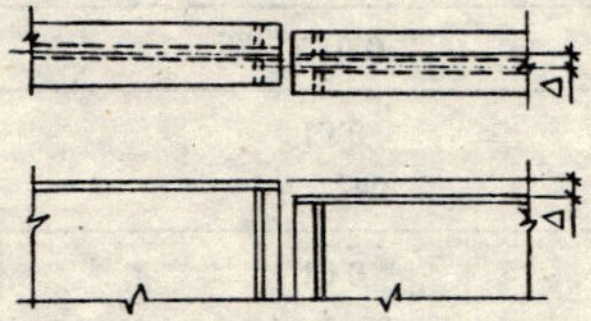
	顶面高差	1.0	
轨道中心对吊车梁腹板轴线偏移		10.0	

钢桁架安装的允许偏差(mm)　　表 C-3

项　　目	允许偏差	图　　例
跨中的垂直度	$h/250$ 15.0	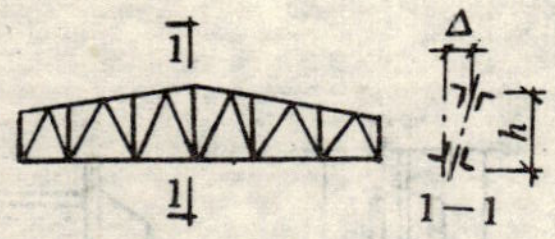 1—1
桁架及其受压弦杆的侧向弯曲矢高(f)	$l/1000$ 10.0	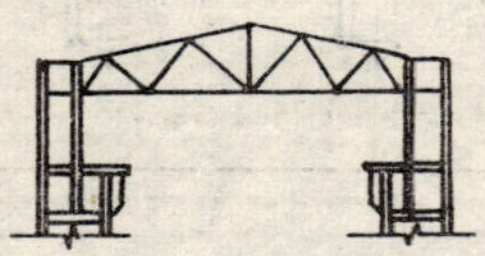 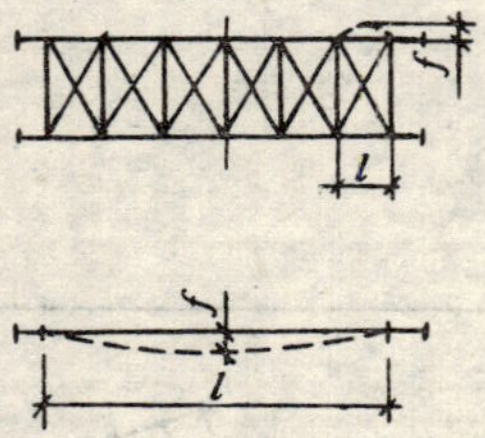
当安装在混凝土柱上时，支座中心对定位轴线偏移	10.0	
桁架间距(采用大型混凝土屋面板时)	±10.0	

钢平台、钢梯和防护钢栏杆安装的允许偏差(mm)　　表 C-4

项　　目	允　许　偏　差
平台标高	±10.0
平台梁水平度	$l/1000$ 20.0
平台支柱垂直度	$H/1000$ 15.0
承重平台梁侧向弯曲	$l/1000$ 10.0
承重平台梁垂直度	$h/250$ 15.0
栏杆高度	±10.0
栏杆立柱间距	±10.0
直梯垂直度	$l/1000$ 15.0

钢网架结构安装的允许偏差(mm)　　表 C-5

项　　目		允　许　偏　差
纵横向长度 l		$l/2000$ 30.0
支座中心偏移		$l/3000$ 30.0
周边支承网架	相邻支座(距离为 l_1)高差	$l_1/400$ 15.0
	支座最大高差	30.0
多点支承网架相邻支座(距离为 l_1)高差		$l_1/800$ 30.0
杆件轴线直线度		$l/1000$ 5.0

高层钢结构安装的允许偏差(mm)　　表 C-6

项　目	允许偏差	图　例
钢结构定位轴线	±l/20000 ±3.0	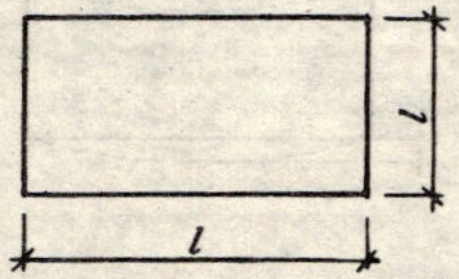
柱子定位轴线	1.0	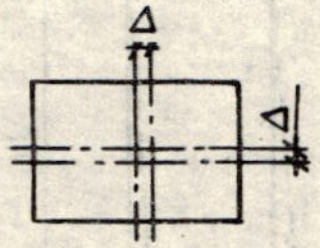
地脚螺栓偏移	2.0	
底层柱柱底轴线对定位轴线偏移	3.0	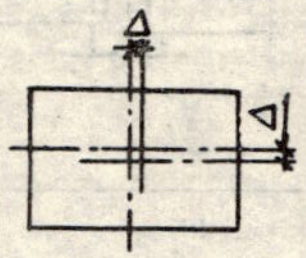
底层柱基准点标高	±2.0	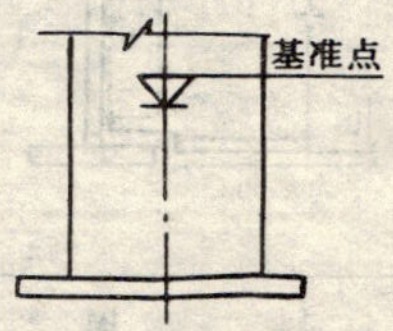

续表 C-6

项　目	允许偏差	图　例
上、下柱连接处的错口	3.0	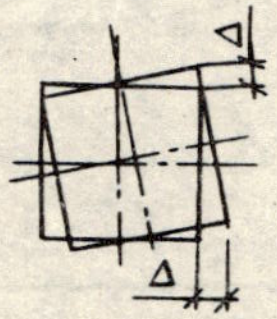
单节柱的垂直度	H/1000 10.0	
同一层柱的各柱顶高度差	5.0	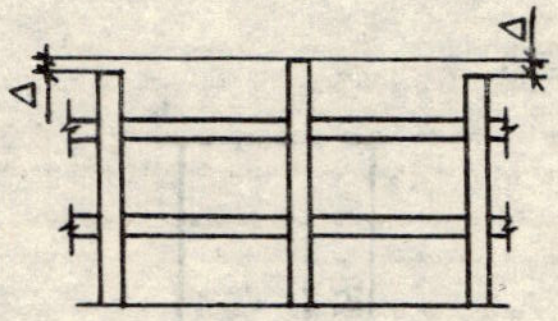
同一根梁两端顶面高差	l/1000 10.0	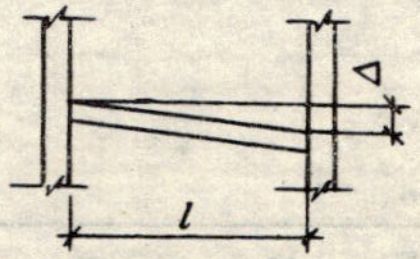

续表 C-6

项目	允许偏差	图例
主梁与次梁表面高差	±2.0	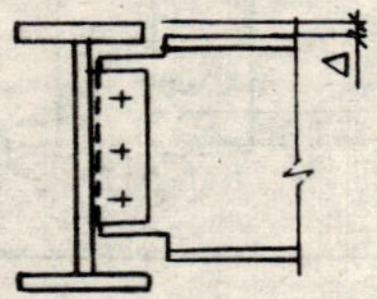
压型钢板在钢梁上相邻列的错位	10.0	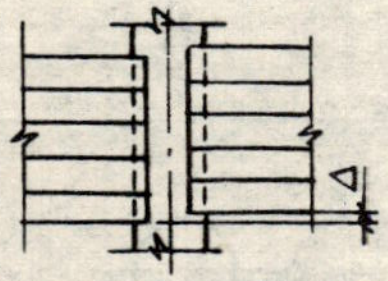
主体结构整体垂直度	(由各节柱的倾斜算出) H/2500+ 10.0 50.0	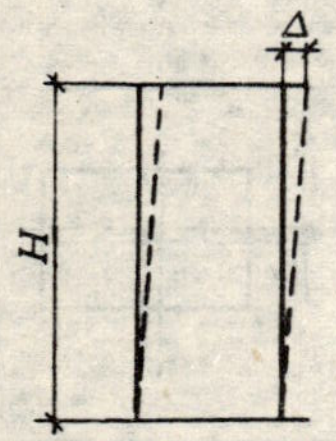
主体结构整体平面弯曲	(由各层产生的偏差算出) l/1500 25.0	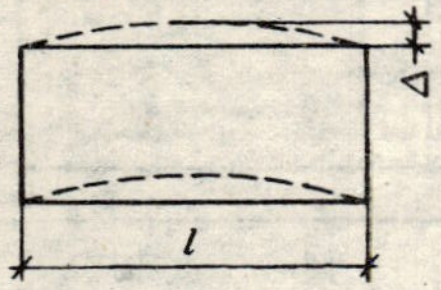

续表 C-6

项目		允许偏差	图例
主体结构总高度	用相对标高控制安装	$\pm\sum_{i}^{n}(\Delta_h+\Delta_z+\Delta_w)$	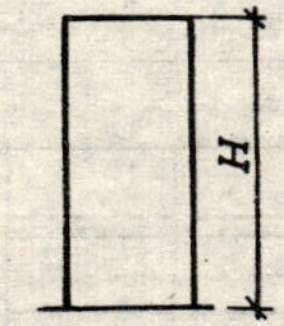
	用设计标高控制安装	$\pm H/1000$ ±30.0	

注：Δ_h 为柱子长度的制造允许偏差；

Δ_z 为柱子长度受荷载后的压缩值；

Δ_w 为柱子接头焊缝的收缩值；

n 为柱子节数。

附录D　本规范用词说明

D.0.1 本规范条文中要求严格程度的用词说明如下,以便在执行时区别对待。

(1) 表示很严格，非这样做不可的用词:

正面词采用“必须”，反面词采用“严禁”。

(2) 表示严格，在正常情况下均应这样做的用词:

正面词采用“应”，反面词采用“不应”或“不得”。

(3) 表示允许稍有选择，在条件许可时首先应这样做的用词:

正面词采用“宜”或“可”，反面词采用“不宜”。

D.0.2 条文中指明必须按其它有关标准、规范执行时，采用“应符合现行的……的规定”或“应按……执行”。

附加说明

本规范主编单位、参加单位和主要起草人名单

主编单位: 湖北省建筑工程总公司

参加单位: 冶金部建筑研究总院
北京钢铁设计研究总院
武钢金属结构厂
武汉冶金设备制造公司
北京建筑机械厂
北京市机械施工公司
铁道部科学研究院
陕西建设机械厂
冶金部第五冶金建设公司
深圳宝安阳光金属构件公司

主要起草人：张双喜　何奋韬　李　云　李国兴　王　方
傅清钰　温宏达　俞国音　范懋达　李大鹏
王康强　程季青　贺贤娟　卢运栋

中华人民共和国国家标准

钢结构工程施工及验收规范

GB 50205—95

条 文 说 明

修 订 说 明

本规范是根据国家计委计综合[1991]290号文的通知，由我委作为主编部门，具体由主编单位湖北省建筑工程总公司会同国家建设、冶金、铁道等部门所属科研、设计和施工单位对1983年的《钢结构工程施工及验收规范》(GBJ205—83) 修订而成。

修订时，总结了多年来在钢结构工程施工方面的成熟经验和科研成果，并考虑了当前技术与装备水平的情况和发展的需要。除删去原规范中不符合实际的条文外，对其余大多数条文均作了不同程度的修订，并增加了新的技术内容，因而增加了规范的覆盖面和可操作性。修订后，本规范共分6章23节178条和4个附录。修订的主要内容有：新增了术语、符号、代号、网架结构、高层钢结构等章节；对焊接和焊接检验、涂装等内容作了重大修改；增补了新型钢材、焊接H型钢、预拼装等的检查验收条文；调整了制作和安装的技术指标；取消了铆钉连接和贮罐安装的内容。

在修订过程中，多次向全国有关单位广泛征求修订意见，到有关单位收集资料和召开专题座谈会，并有针对性地进行了几项验证性试验，取得了重要的数据。通过多次反复研究修改，前后形成5稿，最后完成修订工作。

本规范必须与《钢结构设计规范》(GBJ17) 配套使用。

为了提高规范的质量，在执行本规范过程中，请各单位随时将发现的问题和意见寄交湖北省建筑工程总公司（武汉市武昌中南一路46号，邮编430071)，以供今后修订时参考。

湖北省计划委员会

1994年2月25日

目 次

1 总　　则

1.0.1 根据建设部《工程建设标准编写暂行办法》的规定，在总则第一章中应有标准编写目的的条款，因此增加此条。

根据本规范的性质，在此条中强调了本规范“贯彻执行国家的技术经济政策，确保工程施工质量”的编写宗旨。

1.0.2 本条在措词上的修改主要是与《钢结构设计规范》相协调。

这里构筑物是指一般与房屋有关的常用构筑物及其它行业标准不包括的通用构筑物，如通廊、照明塔架、工业管道的支架及梯子平台、厂区内的跨线过桥等。

水工结构、桥梁结构、电力电讯塔架、低压贮罐、高压容器、工业管道、工业炉体结构、薄钢结构等钢结构工程，因各有特殊要求，应按相应的标准执行。

目前，国家已组织编写了许多国家标准和行业标准，许多有特殊要求的钢结构工程有了相应的标准。此外随着标准化的进展，作为规范的补充，许多其它标准如一些“规程”、“技术条件”等都陆续编制出版。所以在执行本规范时，还应注意有关标准的规定。

1.0.4 “设计文件”的内容包括“施工图”。而编制制作工艺和安装施工组织设计主要应按施工图进行，所以文中仅用了“施工图”，取消“设计文件”4个字。

1.0.5 工艺参数是保证施工质量的重要依据，因此本文新增内容强调应按工艺要求进行钢结构工程施工。

施工组织设计是保证钢结构工程施工做到技术先进、经济合理、安全适用的前提，所以应认真执行。

工序检查是根据钢结构工程的特点制定的。钢结构从制作到安装，工序多，工程质量是各道工序相互控制的结果。如其中一道达不到规定的质量标准，下道工序很难纠正，甚至不能纠正。在制作和安装过程中，不仅操作人员要进行自检、互检，专职检查人员亦应根据进度抽查，符合要求后应签署检查记录。

1.0.6 钢结构工程施工及验收所使用的计量器具必须合格。这里“合格”不仅是制造意义上的合格，更重要的是指根据计量法规定的、定期计量检验意义上的合格。因此制作和安装单位应按有关规定，定期对所使用的计量器具送计量检验部门进行计量检定，并保证在检定有效期内使用。

不同计量器具有不同的使用要求。如钢尺在测量一定长度的距离时，应使用夹具和拉力计数器。由于计量器具较多，特别是随着各种先进的计量设备的出现，各种不同的使用方法不可能一一列出。因此，本规范要求严格按有关规定正确操作计量器具。

1.0.7 根据标准编写的有关规定，总则中应有相关标准和引用标准的条款。

2 术语、符号、代号

本章是根据《工程建设技术标准编写暂行办法》的规定新增加的一章。在原规范的执行中，由于对一些技术术语的解释不同而产生对规范条文理解的分歧，直接影响到对工程质量的控制。符号、代号使用的混乱情况也给设计、施工、质量监督和工程验收带来不便，不利于标准化。

2.1 术 语

2.1.1～2.1.3 在施工过程中，对“零件”、“部件”和“构件”有不同的要求，许多情况下不能混淆，文中根据钢结构工程的特点，给出了这3个术语的定义，以便正确理解和操作。

2.1.8 在国家标准《焊接名词术语》中，本条对应的术语是“螺柱焊”，由于在“焊钉”和“螺柱”两种材料中，钢结构工程多用焊钉，而且在工程界也习惯用“栓钉焊”这一名称，因此正文采用了“栓钉焊”这个术语。

2.1.9 钢结构构件由于其刚度相对较小，在制作和安装中易产生组合变形。翘曲能较好地概括这种变形，采用这一术语后，有助于简化正文所列检验项目。当然，检验时还应注意根据具体情况将组合变形分解成基本变形来检测。

2.1.10 由于钢结构的特点，经常对施工环境的温度提出要求，而对环境温度的理解不同，又经常引起争议。因此将“环境温度”加以解释，以便正确操作。

3 材　料

3.0.1 Q235钢是现行国家标准《碳素结构钢》的钢号，它是原普通3号钢修改后的钢号，其性能及化学成份基本一致，只是把钢材的代号由A3改为Q235。Q是屈服点屈字的汉语拼音第一个字母。235代表该钢号的屈服点为235N/mm^2。其化学成份和机械性能均列入GB700–88中。Q235是普通钢结构中最常用的钢号，与美国A36，日本SS41、SM41，西德St37的钢材是等同的。

GB700–88的牌号表示方法以及对各牌号所规定的技术要求与GB700–79都不同，新旧标准牌号对照如下，供参考。

新旧标准牌号对照表　　**表1**

GB700–88		GB700–79
Q195	不分等级，化学成份和力学性能(抗拉强度、伸长率和冷弯)均须保证，但轧制薄板和盘条之类产品，力学性能的保证项目，根据产品特点和使用要求，可在有关标准中另行规定	1号钢 Q195的化学成份与本标准1号钢的乙类钢B1同，力学性能(抗拉强度，伸长率和冷弯)与甲类钢A1同(A1的冷弯试验是附加保证条件)，1号钢没有特类钢
Q215	A级 B级(做常温冲击试验，V型缺口)	A2 C2
Q235	A级(不做冲击试验) B级(做常温冲击试验，V型缺口) C级(作为重要焊接结构用) D级	A3 (附加保证常温冲击试验，U型缺口) C3 (附加保证常温或–2℃冲击试验，U型缺口) — —
Q255	A级 B级(做常温冲击试验，V型缺口)	A4 C4 (附加保证冲击试验，U型缺口)
Q275	不分等级，化学成份和力学性能均须保证	C5

16Mn钢、15Mn V钢是现行国家标准《低合金结构钢》的钢号，钢号前面的“16”、“15”表示该钢号的平均含碳量分别为0.16%和0.15%，而Mn、V二字代表该钢号含有较高的锰和一定含量的钒。这两种元素在钢材中主要是提高钢材的强度。16Mn钢使用在重要钢结构上，有一定的综合经济效益。其性能和美国A441、日本SM50、西德St52的钢材等同。

16Mn q钢、15Mn V q钢是现行冶金部行业标准《桥梁用结构钢》的钢号，是用于铁道、公路桥梁结构的专用钢材。与16Mn钢、15Mn V钢不同之处，在于钢水出炉到钢水罐中时加入适量的Al（铝）以细化钢材的晶粒，这对提高钢材的韧性和改善加工工艺性能等，有较好的效果。这两种钢主要用于动载的重级工作制吊车梁以及类似的钢结构上。

Q235钢和16Mn钢均为普通结构钢，目前各先进的工业国家无论在冶炼方法、轧制工艺，以及其化学成份、机械性能、加工性能、焊接性能等方面均基本相同，在国内外生产、使用很普遍，几乎占全部钢结构用钢的85%左右。

对于新生产的钢号以及进口钢材在用于重要钢结构时，必须先进行化学成份、机械性能的认真复核，在必要时还要进行加工工艺性能试验（如焊接性能试验）等。目前进口钢材较多，在施工过程中钢材代用的现象经常存在，因此必须注意钢材的材质，以确保工程质量。

3.0.2 在过去几十年的建设当中，经常出现无钢材质量证明书的现象，甚至混堆混料，好坏难以区分。出现以上情况时，必须分批分规格按有关标准抽样检查，其试验结果必须符合国家标准才能使用。

3.0.3 新增对钢材表面锈蚀状况的控制，对于锈蚀过于严重，如达到《涂装前钢材表面锈蚀等级和除锈等级》规定的D级时，不得用作结构材料。

根据调研和试验资料的证实，国内钢材目前存在钢材进厂后的管理问题，许多钢结构制造厂的钢材基本在露天存放，因长时间受风吹雨淋和空气的侵蚀，致使钢材表面出现麻点和片状锈蚀。为了弄清锈蚀对质量的影响，曾经作过专题试验，结果证明，麻点深度超过 0.3mm 时，晶界组织有明显变化，因而出现 σ_b 值下降，对此应由制造厂对钢材加强管理。

3.0.4 钢结构连接用材料包括螺栓、焊条、焊丝、焊钉（螺柱）、焊剂、保护焊用气体等，并应与有关钢材匹配使用，妥善保管。

规范条文未列入连接用材料的钢号和牌号，这主要由于目前连接用的螺栓（包括钢结构用高强度螺栓、网架用高强度螺栓以及各类焊接材料、地脚专用锚栓等）应按设计文件规定，根据具体情况来选用与钢结构工程相应的材料。

4 钢构件的制作

4.1 放样、号料和切割

4.1.2 放样和样板（样杆）是号料的依据，规定其允许偏差，便于工序检查。

放样应采用经过计量检定的钢尺，并将标定的偏差值计入量测尺寸。尺寸划法应先量全长后分尺寸，不得分段丈量相加，避免偏差积累。

4.1.3 号料应使用经过检查合格的样板（样杆），避免直接用钢尺所造成的过大偏差或看错尺寸而引起的不必要损失。

零件的尺寸有较高要求时，气割线要划双线控制或注明留线割。

号孔应使用与孔径相等的圆规规孔，并打上样冲作出标记，便于钻孔后检查孔位是否正确。

4.1.4 气割前后对钢材、零件进行清理，以保证切割顺利进行，切后零件平整、清洁。

4.1.5 气割的允许偏差由原规范分散规定的内容集中于一条，便于执行。

气割的允许偏差以零件尺寸来检查测量数据，较原规范以切割号料线来检查测量数据更为明确、合理，并可促进前后工序的配合。

原规范允许偏差按气割机具分别规定，致使零件质量标准不统一，在执行过程中容易产生分歧。现根据热切割的专业标准统一了部分名词、术语，并结合有关截面尺寸及缺口深度的限制，提出了气割的允许偏差。将切割面垂直度归并为切割面平面度。

4.1.6 机械剪切的零件，当厚度大于 12.0mm 时，剪切边沿质量很差，故本次修订时规定了机械剪切钢材的厚度不宜大于 12.0mm。

机械剪切的允许偏差也以零件测量检查为准，规定明确、合理，便于执行。

4.1.7 规定机械剪切、冲孔的最低环境温度的限制，以保证加工过程中钢材不致造成冷脆和冷裂的质量事故。

4.2 矫正和成型

4.2.1 对冷矫正和冷弯曲的最低环境温度进行限制，是为了保证钢材在低温情况下受到外力时不致产生冷脆断裂。在低温下钢材受外力而脆断要比冲孔和剪切加工时而断裂更敏感，故环境温度限制较严。

4.2.2 冷矫正和冷弯曲最小曲率半径和最大弯曲矢高的规定，是根据钢材的特性、工艺的可行性以及成形后外观质量的限制而作出的。

4.2.3 火焰加热矫正的温度超过 900℃，材质会下降；800～900℃是热塑性变形的理想温度；低于 600℃，矫正效果不大。

缓慢冷却是为防止加热区脆化。低合金钢加热后不应强制冷却。

4.2.4 钢材和零件在矫正过程中，矫正设备和吊运都有可能对表面产生影响。按照钢材表面缺陷的允许程度规定了划痕深度不得大于 0.5mm，并应符合本规范 3.0.3 条的规定，以此保证表面质量。

钢材矫正的允许偏差中将工字钢提出并增加 H 型钢的翼缘倾斜值要求，并统一为 $b/100$ 且不大于 2.0mm。

4.2.5 零件热加工成形的加热温度由原规定 1000～1100℃修改为 900～1000℃；终止温度规定为 700℃（碳素结构钢）和 800℃（低合金结构钢）。

钢材加热到 800℃以上，所有铁素体都转变为奥氏体，很容易热加工成形，考虑到成形过程的延续，以及转运等温度降低，故将加热温度规定为 900～1000℃。结束加工的温度为钢高温奥氏体化后冷却时，奥氏体分解为铁素体和珠光体的温度。对碳素结构钢规定为 700℃，对低合金结构钢规定为 800℃，是根据其相变点分别作出的。实践证明加工温度低于 700℃，加工困难，成形压力增加很快；结束加工温度低于 600℃，钢材容易出现兰脆。

4.3 边 缘 加 工

4.3.1 将原规范第 3.2.7 条修订说明的第二段文字列为正式条文。规定边缘加工的最小刨削量为 2.0mm，以消除切割对钢材造成的冷作硬化和热影响区的不利影响，使加工边缘达到设计规范中关于加工边缘应力取值和压杆曲线的有关要求。

4.3.2 增加了相邻两边夹角和加工面垂直度的质量指标，以控制零件外形满足组装、拼接和受力的要求。

加工边直线度的偏差不得与尺寸偏差叠加。

4.3.3 将原规定"焊接坡口加工尺寸的允许偏差"改为"焊缝坡口尺寸"，这样改动可直接使用国家标准。按工艺要求，制作单位按工艺手段可在编制工艺时作些变动，取值亦可作调整。

焊缝坡口加工还可以采用气割、铲削、坡口机切成等加工方法。

4.4 管球节点加工

4.4.1 螺栓球是网架杆件互相连接的受力部件，采用热锻成型，质量容易得到保证。对锻造球，应着重检查是否有裂纹、叠皱，表面是否过烧，并除去氧化皮。

4.4.3 焊接球体要求表面光滑，故规定表面不得有裂纹、折皱。焊缝余高在符合焊缝表面质量后，在接管处应打磨平整。

4.4.4 焊接球的质量指标，规定了直径、圆度、壁厚减薄量和两半球对口错边量。这些允许偏差基本同《网架结构设计与施工规程》的规定，但直径一项在ϕ300mm至ϕ500mm范围内时稍有提高，而圆度一项有所降低，这是避免控制指标突变和考虑错边量能达到的程度，而相对于大直径焊接球又控制较严，以保证接管间隙和焊接质量。

4.4.5 网架钢管杆件两端面的质量要求较高，一般应采用机床下料，对于大直径（ϕ245mm以上）钢管亦可采用展开作图制成的样板号料、气割后铣（镗）加工的工艺方法。对管口曲线的展开放样必须考虑壁厚和坡口的影响。

钢管杆件的长度、端面垂直度和管口曲线，其允许偏差的规定值是按照组装、焊接和网架杆件受力的要求而提出的。杆件直线度的允许偏差应符合型钢矫正弯曲矢高的规定。管口曲线用样板靠紧检查，其间隙不应大于1.0mm。

螺栓球网架钢管杆件的长度、端面垂直度偏差应在封板外端测量。

4.5 制　孔

4.5.1 为了与钢结构设计规范一致，将原规范所列精制螺栓孔改称为"A、B级螺栓孔（Ⅰ类孔）"。

国家标准《紧固件公差　螺栓、螺钉和螺母》规定螺栓产品等级为A、B、C三级，其中"8杆径"规定的公差：A级h13、B级h14、C级±IT15。为了对照，将有关的标准公差、孔和轴的公差带数值列于表2。

A、B级螺栓孔的精度偏差和孔壁表面粗糙度是指先钻小孔、组装后铰孔应达到的质量标准。

4.5.2 C级螺栓孔，包括普通螺栓孔和高强度螺栓孔。

钢结构设计规范规定摩擦型高强度螺栓孔径比杆径大1.5～2.0mm，承压型高强度螺栓孔径比杆径大1.0～1.5mm，并包括

标准公差、轴和孔的公差带(mm)　　表2

基本尺寸	标准公差等级					轴的公差带					孔的公差带				
	IT12	IT13	IT14	IT15	IT16	h12	h13	h14	h15	h16	H12	H13	H14	H15	H16
6～10	0.15	0.22	0.36	0.58	0.90	0 −0.15	0 −0.22	0 −0.36	0 −0.58	0 −0.90	+0.15 0	+0.22 0	+0.36 0	+0.58 0	+0.90 0
10～18	0.18	0.27	0.43	0.70	1.10	0 −0.18	0 −0.27	0 −0.43	0 −0.70	0 −1.10	+0.18 0	+0.27 0	+0.43 0	+0.70 0	+1.10 0
18～30	0.21	0.33	0.52	0.84	1.30	0 −0.21	0 −0.33	0 −0.52	0 −0.84	0 −1.30	+0.21 0	+0.33 0	+0.52 0	+0.84 0	+1.30 0
30～50	0.25	0.39	0.62	1.00	1.60	0 −0.25	0 −0.39	0 −0.62	0 −1.00	0 −1.60	+0.25 0	+0.39 0	+0.62 0	+1.00 0	+1.60 0
50～80	0.30	0.46	0.74	1.20	1.90	0 −0.30	0 −0.46	0 −0.74	0 −1.20	0 −1.90	+0.30 0	+0.46 0	+0.74 0	+1.20 0	+1.90 0
80～120	0.35	0.54	0.87	1.40	2.20	0 −0.35	0 −0.54	0 −0.87	0 −1.40	0 −2.20	+0.35 0	+0.54 0	+0.87 0	+1.40 0	+2.20 0

了普通螺栓。本条增加了孔壁粗糙度的规定，将孔的允许偏差单列一条。

设计孔径加允许偏差后的孔径比杆径大 2.0～3.0mm 的规定较原规范的规定相差不大，并考虑修孔的允许程度，故将孔径偏差统一规定为 $^{+1.0}_{0}$mm，相应将圆度统一为 2.0mm，垂直度（中心线倾斜）与原规定相同。

4.5.4 本条规定了超差孔的处理方法。对原规定中“焊补后重新钻孔的数量不得超过 20%”一段文字删去，因为焊补孔后零件仍然是一个整体，在其上重新制孔并未降低零件承载能力。焊补孔部位应打磨平整。

4.6 组　装

4.6.2 板材、型材由于长度（板材包括宽度）受到限制，往往需要在工厂进行拼接；一个较复杂的构件由很多零件或部件（组合牛腿等）组成，为减少构件的焊接残余应力，应先进行材料拼接和部件组装，待焊接、矫正后再进行构件的组装、焊接。

4.6.4 钢构件制作中，焊接变形是普遍存在的，变形的矫正既费时又费工，特别是大的变形，矫正较困难，有时甚至无法矫正，因此组装顺序十分重要，应根据结构形式的复杂程度、所采用的焊接方法（手工焊、自动焊等）和先后顺序来确定。

4.6.5 为保证隐蔽部位焊接和涂装的质量，在焊接、涂装后，应经质量检查部门认可，签发隐蔽部位验收记录，方可封闭。完全密闭指大气不可进入内部，内表面钢材不会继续锈蚀，故可不涂装。

4.6.7 在拆除夹具时，不得用锤击落，而应用气割切除，不应损伤母材，并应打磨平整。

4.7 焊接和焊接检验

4.7.1 焊接工艺评定是保证钢结构焊缝质量的前提，通过焊接工艺评定选择最佳的焊接材料、焊接方法、焊接工艺参数、焊后热处理等，以保证焊接接头的力学性能达到设计要求。只用探伤来保证焊接接头的质量是不够的。因此，本条规定适用于任何施工单位，凡该单位首次使用的钢材、焊材及改变焊接方法、焊后热处理等，必须进行焊接工艺评定，其主要力学性能均应达到设计要求。工艺评定合格后写出正式的焊接工艺评定报告和焊接工艺指导书，根据工艺指导书及图样的规定，编写焊接工艺，根据焊接工艺进行焊接施工，只有这样才能保证焊接接头力学性能达到设计要求。

4.7.2 焊工考试一般按各部、委有关焊工考试规程进行。建筑钢结构焊工考试可按《建筑钢结构焊接规程》的有关规定进行。参加施焊的焊工应在考试合格证有效期内担任合格项目的焊接工作，严禁无证焊工上岗施焊。焊工停焊时间超过 6 个月，应重新考试取得合格证后方可上岗担任相应项目的焊接工作。取得压力容器焊接合格证的焊工，可免试相应的合格项目（钢材、焊材、焊接方法、焊接位置等）。

4.7.3 焊条的药皮是保证焊接电弧正常焊接过程、参与熔化过渡、保证焊缝质量的基础。焊条生锈严重影响电弧熔化过渡化学反应，熔烧过的渣壳和受潮结块变质的焊剂不能参与焊接熔化过渡及保证电弧正常燃烧过程，无法保证焊缝质量，所以严禁使用。

4.7.5 条文中的规定均为防止气孔及氢裂纹的产生、保证焊接质量的必要措施。

4.7.8 焊接工艺是依据焊接工艺评定而制定的，焊工焊接时必须按焊接工艺参数施焊，不得自由大电流施焊。焊接时不得在焊道外引弧，防止电弧擦伤及弧坑裂纹出现在母材上，如发生上述缺陷，将严重影响焊接件的质量，对承受动载荷的重要焊接件应将缺陷磨去，必要时用磁粉或渗透着色探伤检查，直至消除缺陷为止。

4.7.9 角焊缝的端部在构件的转角处宜连续绕角（包角）施焊，垫板、节点板的连续角焊缝，其落弧点应距焊缝端部至少10mm，这是防止起弧、落弧时弧坑缺陷出现在应力集中的端部的措施。此规定根据《钢结构设计规范》第8.2.12及8.5.3条的有关规定编写。对图4.7.9（*a*）的情况，要求施焊时绕过转角处距端部10.0mm以上再落弧；对图4.7.9（*b*）的情况，要求施焊时距端部10.0mm以上起弧，焊到端部后不间断地连续回焊，填满弧坑，落弧时在端部也应不间断地连续回焊，在距端部10.0mm以上落弧。

4.7.11 为保证焊接质量，多层焊接应不间断地连续施焊，为处理焊接缺陷，可能会出现间断，但这种间断的次数和时间应降低到最低程度，因此，应及时清理焊渣和处理焊接缺陷，以保证连续施焊。

4.7.12 要求焊成凹形的角焊缝，焊缝金属与母材间应平缓过渡，这样抗疲劳性能好。如加工成凹形角焊缝，其表面会留有切痕，并降低使用寿命，所以应采取处理措施。

4.7.13 原规范规定T型接头的焊脚尺寸均为$t/2$，这对吊车梁来说是必要的，但对一般结构而言，焊脚过大并不一定有利，这次将两种情况区别对待。因此，根据GB3375、GB324、GB985、GB986的规定，T型接头、十字接头、角接接头要求熔透的对接焊缝可焊成无焊脚的焊缝。根据日本、德国有关标准的规定，为减少应力集中、增加抗疲劳性能，一般结构焊脚尺寸定为腹板厚度的1/4。原规范规定吊车梁上翼缘焊脚尺寸为腹板厚度的1/2不变，但最大焊脚尺寸应小于10.0mm。如有特殊要求应在施工图上明确标注。

4.7.14 对原规范第3.3.6条作了局部修改：一是将定位焊采用的焊接材料与正式焊接的材料相同改成应与焊件材质相匹配，因为自动焊焊接的定位焊不可能相同；二是增加了定位焊焊缝长度和位置的要求。

定位焊难度较大，焊缝的高度和长度都有严格的限制。因此，在定位焊的焊缝上出现裂纹、未焊透现象也是经常有的。其原因是：焊接过渡时间短，母材升温迟缓，而冷却速度迅速，因此产生强大的收缩应力，使焊缝拉裂；还有焊缝在冷淬效应作用下形成冷淬裂纹。另一种是母材升温迟缓对母材熔融深度往往达不到要求，导致未焊透的情况发生，当正式焊缝过渡覆盖后容易留下缺陷，有时构件在吊翻和移位时发生断裂事故。虽然如此，有些单位仍不注意，多数是由装配工施焊，所以出现的问题较多。为了提高定位焊的质量，本条规定，凡是定位焊，应由具有焊接合格证的焊工操作；定位焊操作应采用回焊引弧、落弧填满弧坑的方法；焊缝的长度，如设计文件未作要求，一般应按受力焊缝（设计焊缝）高度的7倍计算。

4.7.15 焊缝出现裂纹时，应查明产生冷、热裂纹的原因，制定返修工艺措施后方可处理，严禁焊工擅自返工处理，杜绝裂纹再次发生。

4.7.16 焊缝返修严重影响焊缝整体质量，会增加局部应力。焊缝同一部位的返修次数不宜超过两次，如超过两次应按返修工艺返修。

4.7.17 熔渣及飞溅物均为焊接缺陷，必须清除。焊工应在规定的部位打上钢印，以便于质量跟踪，焊工应对所焊的焊缝负责。

4.7.18 延迟性的冷裂纹是构件的一大隐患。产生的原因是：焊缝中的氢在结晶过程中要扩散、聚集，如果被焊母材的淬透性较大，焊后冷却下来在热影响区形成马氏体组织，并转变为脆性，再加上焊接时的残余应力，在上述三个因素（氢、脆、硬组织和应力）的综合作用下会导致冷裂纹的产生。由于氢在金属里的扩散有快有慢，因此，冷裂纹产生的时间也就不同，有的裂纹发生在焊后冷却过程中，但有的要放置一段时间后才产生，称之为延迟裂纹。为防止上述事故发生和防止裂纹漏检，特制定本条。

4.7.19 焊缝外形尺寸执行现行国家标准《钢结构焊缝外形尺

寸》的规定。此标准较全面地控制了焊缝宽度、高度、边缘直线度、表面凹凸及焊角尺寸等，比原规范的控制指标更合理，更具有可操作性。

4.7.20 焊缝接头外观缺陷质量控制，基本符合国家标准《焊接质量保证钢熔化焊接头的要求和缺陷分级》的规定。该标准是参照国际标准化组织 ISO／44 及德国 DIN8563 标准，并结合我国的具体情况再加以细化制定的我国焊接质量保证系列标准。由于该标准为焊接通用标准，为使之符合建筑钢结构焊接的具体情况，对其中一些技术指标进行了调整。其中：焊缝内部缺陷质量控制按国家标准《钢焊缝手工超声波探伤方法和探伤结果分级》的规定执行。以国家统一系列标准为基础进行焊缝缺陷控制分级，给设计人员选用焊缝质量控制等级提供了依据，给企业施工带来方便，符合标准化的要求。国家标准《钢结构设计规范》规定焊缝质量级别分为一、二、三级。一、二级焊缝需进行焊缝内部缺陷检测，对应 GB11345 的Ⅱ、Ⅲ级质量等级。超声波探伤检测等级采用 B 级执行，原则上采用斜探头在焊缝单面双侧进行，对整个焊缝截面进行探测，以防二维（片状）缺陷漏检。日本及西欧 13 国建筑钢结构焊缝内部质量控制也均采用超声波探伤，一般已不采用射线探伤。如钢结构工程有特殊要求，可在设计图中或订货合同中另行规定。超声波探伤质量控制等级及探伤比例，均与国标《钢制压力容器》及原规范基本一致，超声波探伤选用 GB11345 也解决了原规范对 T 字接头、十字接头等要求熔透的对接焊缝的探伤问题。超声波探伤仅用于全熔透焊缝，不要求熔透的焊缝（角焊缝或组合焊缝），不能进行超声波探伤。超声波探伤比例为各条焊缝长度的百分数，绝对不是部件、构件焊缝总长的百分数，这是保证每条焊缝质量的硬性规定。

4.7.22 目前栓钉焊的应用越来越多，为保证钢结构工程中栓钉焊的质量，新增加了栓钉焊质量检查数量及弯曲试验的规定。关于弯曲试验中焊钉弯曲角度，日本规定为 15°，我国现行国家标准《圆柱头焊钉》规定为 30°，为与国家标准协调一致，本条规定弯曲角度为 30°

4.8 焊接 H 型钢

由于 H 型钢受力性能好，便于机械化施工，目前钢结构大量采用这一新型材料。它可直接制成构件或组合成各种截面形式的构件。H 型钢有轧制和焊接两大类，大型的 H 型钢大多是焊接而成，以弥补轧制规格、品种的不足，为此增加了本节内容。

4.8.1 翼缘板和腹板均为长条形钢板，能发挥半自动或自动气割的作用，工效高、质量好，一般气割边缘可不另行加工，如采用手工气割或剪切，则需刨边。

4.8.2 钢板的长度和宽度有限，大多需要进行拼接，由于翼缘板与腹板相连有两条角焊缝，因此翼缘板不应再设纵向拼接缝，只允许长度拼接；而腹板则长度、宽度均可拼接，拼接缝可为“十”字形或“T”字形；翼缘板和腹板接缝应错开 200mm 以上，以避免焊缝交叉和焊缝缺陷的集中。

4.9 端部铣平

4.9.1 考虑到零件铣平增加了零件和构件长度偏差的要求，经铣（刨或磨）平的表面，其粗糙度均能满足要求，故取消了原表面粗糙度的要求。

4.9.2 外露铣平面应涂防锈油而不是防锈漆，以保护铣平面不生锈。

4.10 摩擦面处理

4.10.1 摩擦面处理是指使用高强度螺栓连接时构件接触面的钢材表面加工，经过加工使其接触处表面的抗滑移系数达到设计要求额定值，一般为 0.45～0.55。

高强度螺栓连接是指国内目前大量采用的摩擦型连接，除摩擦面处理在本节中叙述之外，有关连接方式和具体要求在5.6节中另作规定。

修改后的规范中没有列入摩擦面处理方法。一般情况下，设计文件仅对抗滑移系数提出要求，因而施工单位只要采用适当的处理方法，达到设计文件的要求即可。若设计文件提出了处理方法，则应按设计要求施工。通常采用的摩擦面处理方法及其特点如下：

喷砂后生赤锈的处理方法，国内曾进行过大量试验并在工程中得到应用，效果良好，但使用时应遵守有关施工规程，严格掌握赤锈程度，且安装前应清除浮锈。

喷吵后涂无机富锌漆，是不带锈组装，应严格控制工艺过程。由于其成本高，工艺较复杂，应慎重采用。

砂轮打磨，适用于环境和施工条件受到限制时的局部摩擦面处理，其抗滑移系数基本上能满足要求，在实际工程中使用较多，但使用中要慎重。

钢丝刷清除浮锈或未经处理的干净轧制表面，仅适用于全面地覆盖着氧化铁皮或有轻微浮锈的钢材表面和抗滑移系数较低的连接面。

酸洗处理曾得到广泛应用，后来又大多改用以弱酸为基底的化学剂除锈，效果虽然较好，但残存的酸性液体会不可避免地存在，将继续腐蚀摩擦面，故不予推荐。

几种方法比较，喷砂为最佳处理方法。

4.10.2 本条规定了打磨范围和方向。垂直于受力方向打磨有利于提高接触面的抗滑移系数。

4.10.3 本条为原规范第3.6.2条的一部分，工厂在确定采用何种方法处理摩擦面之前，均应作抗滑移系数试验，其值符合设计要求后方可施工；出厂时还要按一定批量分别提供3套同材质、同处理方法的试件，供安装前复验用，3套试件抗滑移系数的最低值不得低于设计值。

4.11 涂装、编号

4.11.2 本条根据现行国家标准《涂装前钢材表面锈蚀等级和除锈等级》重新编写。

该标准等效采用国际标准ISO8501-1，将钢材表面原始锈蚀程度和采用不同方式除锈后的表面质量均分成几个等级，并附有样板照片，供目视比较评定等级。结合建（构）筑物钢结构的实际情况，本条选用了其中喷射或抛射除锈与手工和动力工具除锈二类方法中大部分质量等级，共分Sa2, $Sa2\frac{1}{2}$, Sa3, St2, St3。与原条文相比，质量标准要求更明确，便于执行和管理。考虑到目前施工企业的实际情况，对材料和零件仍允许有条件地采用化学处理方法，要求必须选用包括钝化、磷化的多功能表面处理液，以保证处理质量。

4.11.3 设计一般对涂装前构件表面除锈方法与质量等级不提要求，这种情况应逐渐改变，Sa2和St2应分别是喷射、手工和动力工具除锈方法的最低要求。

本条在于突出设计单位应关注构件表面除锈质量要求，并注意选用涂料的适应性，以保证涂装工程的质量。

钢结构的腐蚀是长期使用过程中不可避免的一种自然现象，由腐蚀引起的经济损失甚至可在国民经济中占一定的比例，因此防止结构过早腐蚀、提高其使用寿命，是设计、制造、使用单位的共同使命。在钢材表面涂刷防护涂层，目前仍然是防止腐蚀的主要手段之一。影响涂层保护寿命的诸多因素中，最主要的是涂装前钢材表面除锈质量，据统计分析，该因素影响程度占50%左右，故而应强调除锈的质量等级要求。

然而随着除锈质量等级的提高，除锈费用也急剧增加，因此在确定选用除锈质量等级时，应从经济、技术效果方面作综合权衡，还应结合被涂构件所选用涂料的品种和使用环境等进行分析。

不同涂料对底层除锈质量要求是不同的，一般来说常规的油性涂料湿润性和浸透性较好，对除锈质量要求可略低一些，而高性能涂料如富锌涂料等对底层表面处理要求较高，不同涂料与除锈方法和等级的适应性可参考表 3。

除锈质量等级与涂料的适应性 **表 3**

除锈方法	除锈等级(GB8923-88)	涂料种类							
		洗涤底漆	有机富锌	无机富锌	油性涂料	长油醇酸涂料	环氧沥青涂料	环氧树脂涂料	氯化橡胶涂料
喷砂除锈	Sa3	0	0	0	0	0	0	0	0
	Sa2(1/2)	0	0	0–△	0	0	0	0	0
	Sa2	0	0–△	x	0	0	0–△	0–△	0
动力工具除锈	St3	△	△	x	0	0–△	△	△	△
手工工具除锈	St2	x	x	x	△	△	x	x	x

注：0 为适合；△为稍不适合；x 为不适合。

工程上，$Sa2\frac{1}{2}$是最常用的除锈等级，适用于各种涂料，与 Sa3 相比，所需费用可大大降低；一般环境和常规涂料也可降低等级选用 Sa2。采用手工和动力工具除锈方法，一般只适用于常规涂料，除锈质量等级应不低于 St2。

4.11.5 与原规范条文差异在于提出涂装环境温度应与涂料产品说明书相符。表面结露会严重影响施工质量，将“不宜”用语提高为“不得”。

本条规定涂装时的温度以 5～38℃为宜，但这个规定只适合在室内无阳光直接照射的情况，一般来说钢材表面温度要比气温高 2～3℃。如果在阳光照射下，钢材表面温度能比气温高 8～12℃，涂装时漆膜的耐热性只能在 40℃以下，当超过 43℃时，钢材表面上涂装的漆膜就容易产生气泡而局部鼓起，使附着力降低。

低于 0℃时，在室外钢材表面涂装容易使漆膜冻结而不易固化；湿度超过 85%时，钢材表面有露点凝结，漆膜附着力差。最佳涂装时间是当日出 3h 之后，这时附在钢材表面的露点基本干燥，日落后 3h 之内停止（室内作业不限），此时空气中的相对湿度尚未回升，钢材表面尚存的温度不会导致露点形成。

涂层在 4h 之内，漆膜表面尚未固化，容易被雨水冲坏，故规定在 4h 之内不得淋雨。

为了便于掌握漆膜干燥时间，故摘抄当环境温度在 25℃、湿度小于 70%的条件下，各种常用涂料的表干和实干时间，见表 4，供参考。

常用涂料的表干和实干时间(h) **表 4**

涂料品种	表干时间	实干时间
红丹油性防锈漆	<8	<36
钼铬红环氧酯防锈漆	<4	<24
铝铁酚醛防锈漆	<3	<24(不常用)
各色醇酸磁漆	<12	<18
灰铝锌醇酸磁漆	<6	<24

注：实践经验为用手指按涂层面不留指纹时，即为表面基本干燥。

4.11.6 根据试验证明，在涂过漆的钢材表面上施焊，焊缝的根部会出现密集气孔，影响焊缝质量。在已往的工程中，曾有在不涂层的部位误涂油漆的情况。施焊时，采用火焰吹烧或者焊条引弧吹烧的方法进行处理，但都不能彻底清除油漆，因而焊缝根部仍产生气孔。故规定不得在不涂层的部位和焊缝处 30～50mm 范围内涂刷油漆。凡是发现在焊缝位置范围内误涂油漆的，应按除锈方法清除干净后才能施焊。

4.11.8 构件标号，常规作法是构件组装成型之后随即用油漆在明显之处按照施工图标注构件号。构件运出车间后进行除锈和涂装，一般在涂装时（特别是相同的颜色）易盖住原有标号。故本条规定，在涂装完毕后要在明显处标注原构件号，此外还要对重大构件标注重量和起吊位置等，便于运输和安装。

4.11.9 近年来，要求喷涂防火涂料的钢结构工程日益增多，但防火涂装工程的用料和施工人员均须由法定的专门机构检测和批准，并另有专业标准验收，本条仅用于与此衔接。

4.12 钢构件验收

4.12.2 （1）使用的“钢材和其它材料”改为“钢材、连接材料和涂装材料”，突出后面二者的重要性。

（2）增加“焊接工艺评定报告”条目，“焊接工艺指导书”作为企业内部资料不予提供。

条文中的内容并非所有工程中都有，而是按本规范有关条款和合同规定的有关内容提供。

4.13 工厂预拼装

4.13.1 由于受运输、吊装等条件的限制，有时构件要分成两段或若干段出厂，为了保证安装的顺利进行，应根据构件或结构的复杂程度，或者设计另有要求时，应由建设单位在合同中另行委托制作单位在出厂前进行预拼装；除管结构为立体预拼装，并可设卡、夹具外，其它结构一般均为平面预拼装，预拼装的构件应处于自由状态，不得强行固定；预拼装数量可按设计或合同要求执行。

4.13.2 分段构件预拼装或构件与构件的总体预拼装，如为螺栓连接，在预拼装时，所有节点连接板均应装上，除检查各部位尺寸外，还应用试孔器检查板叠孔的通过率。

4.13.3 在施工过程中，修孔现象时有发生，如错孔在 3.0mm 以内时，一般都用铰刀铣孔或锉刀锉孔，其孔径扩大不超过原孔径的 1.2 倍；如错孔超过 3.0mm，一般都用焊条焊补堵孔，并修磨平整，不得凹陷。考虑到目前各制作单位大多采用模板钻机，如果发现错孔，则一组孔均错，故未规定每组孔的焊补数量，各制作单位可根据节点的重要程度来确定采取焊补孔或更换零部件。本条还特别强调不得在孔内填塞钢块，如果用钢块填塞（这实际是一种假补孔），将会造成严重后果，是绝对不允许的。

4.13.4 预拼装检查合格后，对上下定位中心线、标高基准线、交线中心点等应标注清楚、准确；对管结构、工地焊接连接处等，除应有上述标记外，还应焊接一定数量的卡具、角钢或钢板定位器等，以便按预拼装结果进行安装。

4.14 包装和发运

4.14.3 发运的构件，单件超过 3 t，宜在易见部位用油漆标上重量及重心位置的标志，以免在装、卸车和起吊过程中损坏构件；易碰部位要有适当的保护措施；节点板、垫板、模拟试验构件、零星构件及其它部件等都要按同一类别用螺栓和铁丝紧固成束或装箱发运。

5 钢结构的安装

5.1 一 般 规 定

5.1.1 增加了按施工组织设计进行施工的规定，强调施工前要作好技术准备工作。

施工组织设计是施工单位编制的指导施工的重要技术文件，可视钢结构安装工程量的大小和技术的难易程度等因素，编制施工组织设计、施工方案或作业设计。

保证结构的稳定性和构件不发生永久性变形，是对钢结构安装的基本要求。由于构件刚度较小，所以安装前要确定构件重心，选择合理的吊点位置和吊具，对重要的构件和细长构件应进行吊装前的稳定性验算，并根据验算结果进行临时加固。构件安装过程中采取必要的牵拉、支撑和临时连接等措施也是非常重要的。

5.1.2 根据调研，安装前对进入工地的构件进行复验很有必要。

对受到运输条件限制而需要在工厂分段制作的大型构件，出厂前一般都要在工厂进行预拼装，并有详细记录标明组装偏差。工地正式组装时，应以预拼装记录作为调整依据。当组装出现问题时，应查明原委，不得盲目改变或修扩构件原设计孔以及杆件的位置。

5.1.4 钢结构构件，在一般情况下都在制造厂涂刷一道底漆出厂，然后在工地再涂一道红丹和两层面漆。构件在运输过程中，经常有碰落底漆的现象，多数安装单位不作修补，而只在工地涂一道底漆敷盖（包括连接处在内），安装固定后再涂两道面漆（有的在安装前涂）。这样，被碰处的底漆就比其它面少涂一道，对防锈不利，故增加补涂底漆的规定。

5.1.6 钢结构构件多为露天存放，风吹雨（雪）溅，被灰尘、泥沙和油污污染是难免的，安装前如不清除，不仅影响结构观感质量，而且长期粘着会侵蚀涂层，影响结构防腐蚀能力，对生产精密产品的工厂还会影响产品质量。

5.2 基础和支承面

5.2.1 为防止钢结构安装中因基础混凝土强度低而造成基础破坏，本条增加对基础混凝土强度的规定。

近年来，钢结构安装工程中采用大型履带式或轮胎式吊装机械施工的工程日渐增多，施工中因基础周围不回填或回填不密实造成施工机械倾翻的事故时有发生。因此本条增加有关基础回填的规定。

5.2.2 (1) 将支承面和支座的允许偏差合为一个标准。考虑到原规范规定的有吊车梁和无吊车梁的柱基允许偏差相差无几，不足以影响结构安装精度，故将该二项允许偏差予以合并。

(2) 柱底板底面与柱基支承面（支座）的贴合状况，除与支承面（支座）表面的水平度有关外，还和柱底板的平面度以及柱底板与柱轴线的垂直度有关。考虑到所用水平尺的示值范围，故将原规范中规定的允许偏差值 1／750 和 1／1500 均修改为 1／1000。

5.2.3 钢结构安装工程中，柱底下多数采用钢垫板支承的方法，本条对钢垫板的设置从技术上作了基本规定。钢结构安装用钢垫板按承受荷载情况可分为三种：

(1) 柱底板下的钢垫板组数较多，所有荷载均由钢垫板承受，灌浆层只起固定垫板和防止油、水等液体流入的作用；

(2) 垫板组数较少，只起结构校正（标高、垂直度）作用，灌浆层与柱底座接触紧密，荷载基本由灌浆层承受；

(3) 柱底板下垫以一定数量的钢垫板，每组垫板均须垫稳、垫实，且灌浆层与底座接触紧密，荷载由垫板和灌浆层共同承受。

座浆垫板是近年来安装行业所采用的一种重大革新工艺，它不仅可以减轻施工人员的劳动强度，提高效率，而且可以节约数量可观的钢垫板。座浆垫板要承担较大荷载，故要求采用较高强度等级的无收缩砂浆（混凝土），强度等级可由施工单位根据灌浆到吊装的时间要求确定，但结构吊装前砂浆（混凝土）试块强度应达到要求。

考虑到座浆垫板设置后不可调节的特性，所以规定其顶面标高为 $_{-3}^{0}$mm。

5.3 钢构件运输和存放

5.3.1 钢结构（尤其是高层钢结构）工程的施工现场场地狭小，往现场运送钢构件时，要按照分段分单元的安装顺序成套供应。凡不是本单元使用的构件，不应提前运进现场，以免造成构件的多次倒运及损伤。

5.4 安装和校正

5.4.1 钢结构安装前的构件检查非常重要。安装前应对外形尺寸、螺栓孔位置及直径、连接件位置、焊缝、焊钉、摩擦面处理、防腐涂层等进行详细检查，对构件的变形、缺陷，一定要在地面进行矫正、修理，合格后方能安装。

5.4.2 钢结构（特别是高层钢结构）的测量工艺、校正方法，厚钢板焊接工艺，高强度螺栓（特别注意栓焊混合接头的高强度螺栓）安装工艺，栓钉焊及负温度地区的焊接工艺，在安装前都应根据工程特点和现场条件进行编制。

5.4.3 为了减少高空安装工作量，在起重设备能力允许的条件下，尽可能在地面组拼成扩大安装单元。为防止构件在吊装过程中局部受力大而变形，对受力大的部位要进行验算。必要时应采取临时加强措施，如增加起吊桁架、铁扁担、滑轮组等。

采用综合安装时，每个安装单元按顺序把柱、支撑、吊车梁、托架、桁架、天窗架、屋面板或高层钢结构一节柱上的全部构件组成一个独立的有足够刚度和可靠稳定性的空间结构。

5.4.4 大型构件和网架块体，长度较长，面积较大，重量也较大。一般要用大型起重设备才能进行安装，有的要用2台、3台甚至4台起重设备进行安装。也经常把桁架、网架组成整体屋顶进行高空滑移安装。此时对吊点及滑移受力点要进行安装验算。结构各部位产生的内力必须小于构件的承载力，不产生永久变形。

5.4.5 钢结构的主要构件，如柱、主梁、屋架、天窗架、支撑等，安装时应立即校正，位置校正正确后，应立即进行永久固定。切忌安装一大片后再另组织人员进行校正。如在安装时不对主要构件进行校正，而在连成整体后再对单个构件进行校正，是错误的。

5.4.6 钢结构对温差的影响特别敏感，季节变化、天气变化、焊接等产生的热量，对钢结构安装的长度尺寸影响极大，在钢结构安装施工组织设计中，应有相应的技术措施保证钢结构的外形尺寸符合设计要求和规范的规定。

5.5 高层钢结构的安装

5.5.1 高层钢结构的柱与柱、主梁与柱的接头，一般用焊接方法连接，焊缝的收缩值以及荷载对柱的压缩变形，对建筑物的外形尺寸有一定的影响。因此，柱和主梁构件的制作长度要作如下考虑：柱要考虑荷载对柱的压缩变形值和接头焊缝的收缩变形值；梁要考虑焊缝的收缩变形值。

5.5.2 高层钢结构每节柱的定位轴线，一定要从地面的控制轴线直接引上来，因为下面一节柱的柱顶位置有安装偏差，所以不得用下节柱的柱顶位置线作上节柱的定位轴线。

5.5.3 高层钢结构安装中，建筑物的高度可以按相对标高控制，也可按设计标高控制，在安装前要先决定选用哪一种方法。可会同建设单位、设计单位、质量检验部门共同商定。

用相对标高安装时，不考虑焊缝收缩变形和荷载对柱的压缩变形，只考虑柱全长的累计偏差不大于分段制作允许偏差再加上荷载对柱子的压缩变形值和柱焊接收缩值的总和。采用这种方法安装比较简便。

用设计标高控制安装时，每节柱的调整都要以地面第一节柱的柱底标高基准点进行柱标高的调整，要预留焊缝收缩量、荷载对柱的压缩量。

不论用相对标高还是用设计标高进行高层钢结构的安装，对同一层柱顶的高度偏差均要控制在 5mm 以内，使柱顶高度偏差不致失控。

5.5.5 在楼面安装压型钢板前，梁面上应放出压型钢板的位置线，按照设计规定的行距、列距顺序排放。相邻二列压型钢板的槽口必须对齐，使组合楼板钢筋混凝土下层的主钢筋能顺利通过。

5.5.6 高层钢结构楼面上铺设压型钢板及楼板的模板，承载能力比较小，不得在上面堆放过重的施工机械等集中荷载，安装活荷载必须限制，或经过计算，以防压坏压型钢板和钢梁，造成事故。

5.6 连接和固定

5.6.1 随着高强度螺栓连接和焊接连接的大量采用，对被连接件的要求愈来愈严格。例如构件位移、水平度、垂直度、磨平顶紧的密贴程度、板叠摩擦面的处理、连接间隙、孔的同心度、未焊表面处理等，都应经质量监督部门检查认可，然后才能进行紧固和焊接，以免留下难以处理的隐患。

5.6.2 临时螺栓除了起临时连接作用之外，还应有足够承受构件自重和抵抗校正时来自外力的作用，因此，穿入数量应根据安装过程可能承受的荷载计算确定。本条规定在一个节点的最少个数，是为了防止构件偏移；限制冲钉用量，要求多用临时螺栓，是为了加大对板叠的压紧力，使其安装间隙达到最小限度，保证贴角焊缝的焊接质量；扩钻的 A、B 级螺栓孔，要求孔壁具有较高的精度，使用冲钉会导致孔壁精度破坏，故规定不得使用冲钉。

5.6.3 普通螺栓安装时，在螺母下垫多个垫圈之间所形成的间隙、多个垫圈或大螺母的弹性变形均会引起螺栓轴力的损失，因此不允许使用；气割扩孔很不规则，既削弱了构件有效面积，还会使扩孔处钢材造成缺陷，故规定不得用气割扩孔。

5.6.5 安装定位焊缝需考虑工地安装的特点，例如构件的自重、所承受的外力、气候影响等，因此承受荷载的安装定位焊缝的焊点数量、高度、长度均应由计算确定。

5.6.6 焊接和高强度螺栓并用连接，按先栓后焊的顺序施工，可以避免先行焊接后由于焊接变形造成错孔导致高强度螺栓无法安装的后果。

5.6.7 抗滑移系数是高强度螺栓连接的主要设计参数之一，直接影响构件承载力，因此构件摩擦面无论由制造厂处理还是由现场处理，均应对抗滑移系数进行测试，测得的抗滑移系数最小值应符合设计要求。

5.6.9 当构件与拼接板面有间隙时，固定后较薄的一侧摩擦面间压力减小，影响承载能力。试验证明，当间隙小于或等于 1.0mm 时，对受力后的滑移影响不大；当间隙大于 1.0mm 时，抗滑移力下降 10%。如出现间隙过大现象，应将构件厚的一侧边缘加工成缓坡或将薄的一侧加垫板过渡，以消除滑移。

5.6.10 高强度螺栓连接副的生产厂家是按出厂批号包装供货和提供产品质量证明书的，因此在储存、运输、施工过程中，应严格按批号存放、使用。不同批号的螺栓、螺母、垫圈不得混杂使用。高强度螺栓连接副的表面经特殊处理，在施拧前应尽可能地保持其出厂状态，以免扭矩系数和标准偏差或紧固轴力、变异系数发生变化。

5.6.11 为确保高强度螺栓连接副施工质量可靠，施工单位应按出厂批号进行复验。高强度大六角头螺栓连接副每批号随机抽8套，复验扭矩系数和标准偏差；扭剪型高强度螺栓连接副每批号随机抽5套，复验紧固轴力和变异系数。由于生产厂对产品质量的保证期为6个月，因此施工单位应在保证期内及时复验。上述复验数据应符合相应的国家标准，作为施拧的主要参数。

5.6.12 强行穿入螺栓会损伤丝扣，改变高强度螺栓连接副的扭矩系数，甚至连螺母都拧不上，因此需要控制。螺栓穿入方向主要是便于扳手操作，但也尽量做到一致，使整体更美观。从构件组装到螺栓拧紧一般要经过一段时间，为防止高强度螺栓连接副的扭矩系数、标准偏差、预拉力和变异系数发生变化，高强度螺栓不得兼作安装螺栓。

5.6.13 为使被连接板叠密贴，应从螺栓群中央顺序向外施拧，即从节点中刚度大的中央按顺序向不受约束的边缘施拧。为防止高强度螺栓连接副的表面处理涂层发生变化影响预拉力，规定在当天终拧完毕。

5.6.14 为了减小先拧与后拧的高强度螺栓预拉力的差别，高强度螺栓的拧紧必须分为初拧和终拧两步进行，对于大型节点，螺栓数量较多，先拧与后拧造成的螺栓预拉力差别更大，因此则需在初拧后增加一道复拧工序。由于初拧后螺栓预拉力有所损失，所以采用的复拧扭矩仍等于初拧扭矩，以保证螺栓均达到初拧值。

5.6.15 初拧的目的是使被连接板叠达到密贴，通过大量试验证明：当初拧扭矩为终拧扭矩的50%时，已能达到此目的，过大的初拧扭矩反而会造成螺栓超拧。

扭剪型高强度螺栓连接副的终拧没有终拧扭矩的规定，因此按相同直径的高强度大六角头螺栓连接副扭矩系数的中限（即0.13）计算出终拧扭矩，并按其50%做为初拧扭矩，即：$T_0=0.5T_c=0.5\times0.13\times P_c\times d=0.065P_cd$。

扭剪型高强度螺栓的终拧是采用专用扳手拧掉螺栓尾部梅花头，但是个别部位的螺栓无法使用专用扳手，则按相同直径的高强度大六角头螺栓采用扭矩法施拧，扭矩系数取0.13。

5.6.17 高强度大六角头螺栓施拧用的扭矩扳手，一般采用电动定扭矩扳手或指针式扭矩扳手，检查用扭矩扳手一般采用指针式扭矩扳手或带百分表的扭矩扳手。上述扳手在班前和班后均应进行扭矩校正，班前校正是为保证施拧的扭矩可靠，班后校正是确认该班使用此扳手在操作过程中扭矩未发生变化。如班后校正时发现扭矩误差超过允许范围，则该班用此扳手施拧的螺栓全部判为不合格，应重新校正扳手并重新施拧。

施拧扳手的扭矩误差定为±5%，是设计可以接受的水平，而检查扳手的扭矩误差定为±3%，是为了保证施拧扭矩准确，故检查扳手的扭矩精度比施拧扳手的扭矩精度高。

5.6.18 对于高强度螺栓终拧后的检查，扭剪型高强度螺栓可采用目测法检查螺栓尾部梅花头是否拧掉；高强度大六角头螺栓，可用"小锤敲击法"逐个进行检查。方法是用手指紧按住螺母的一个边（尽量靠近垫圈处），用0.3～0.5kg重的小锤敲击螺母相对应的另一边，如手指感到轻微颤动即为合格，颤动较大即为欠拧或漏拧，完全不颤动即为超拧。

高强度大六角头螺栓终拧结束后，除用"小锤敲击法"逐个检查之外，还应进行扭矩抽查，如发现欠拧或漏拧者，应及时补拧至规定扭矩；由于超拧后螺栓可能出现塑性变形，为避免螺栓发生延迟断裂，故超拧螺栓应予更换。

5.6.19 高强度大六角头螺栓扭矩检查采用"松扣、回扣法"，即先在螺母与螺杆的相对应位置划一细直线，然后将螺母退回约

30°～50°，再拧至原位（即与该细直线重合）时测定扭矩，该扭矩与检查扭矩的偏差在检查扭矩的±10%范围以内即为合格。这种方法能测出动摩擦紧固时的扭矩值，比较真实地反映出终拧扭矩值。检查扭矩按公式（5.6.19）计算，其中 P 为螺栓设计预拉力，因为在检查时，高强度螺栓预拉力损失值已大部分完成，高强度螺栓预拉力已接近设计预拉力。

扭矩检查应在终拧 1h 以后进行，此时螺栓预拉力损失值已大部分完成。如果检查与终拧间隔时间过长，扭矩系数将会发生变化，影响检查的准确性，因此要求在终拧后 24h 之内完成检查。

中华人民共和国国家标准

木结构工程施工及验收规范

GBJ 206—83

主编单位：哈尔滨建筑工程学院
批准单位：中华人民共和国城乡建设环境保护部
　　　　　报中华人民共和国国家计划委员会备案
实行日期：1983年11月1日

关于颁发《木结构工程施工及验收规范》的通知

（83）城科字第273号

原建筑工程部批准颁发的国家标准《木结构工程施工及验收规范》（GBJ5—64〈修订本〉），交由黑龙江省建委主管、哈尔滨建工学院主编，并会同有关单位进行修订，已会审定稿。现经我部审查，批准颁发并报国家计委备案，从一九八三年十一月一日起实施。编号为GBJ206—83。规范的管理和解释工作，由哈尔滨建工学院“木结构工程施工及验收规范管理组”负责。希将执行中存在的问题和意见函告他们，以作再次修订时参考。

城乡建设环境保护部
一九八三年五月三日

修订说明

本规范是根据原国家建委（79）建施发字168号和原国家建工总局（80）建工科字第385号通知，由黑龙江省建委主管，哈尔滨建筑工程学院主编，对原建工部批准颁发的《木结构工程施工及验收规范》（GBJ5—64）1973年修订本进行修订而成。参加修订的有吉林、黑龙江、江西省建委，福建、广东、云南省建工局，黑龙江省林业总局所属的设计、施工和科研单位以及天津大学、福州大学、合肥工业大学、中国林科院木材所、广东省林业科研所、北京光华木材厂、牙克石林管局及林业设计院、香坊木材综合加工厂等。

在修订过程中，对木结构使用条件不同的南北各个地区，进行了调查研究，总结了广大群众的实践经验，并吸取了近年来较成熟的木结构科研成果。原规范分五章九节共107条和八个附录，修订后的规范分六章十四节共140条和八个附录，修订的主要内容有以下六个方面：

1.针对我国目前木材供应的实际情况，补充了采用东北落叶松、马尾松、云南松、桦木、木麻黄等树种木材时，应采取的保证质量的措施，改变了原规范只适应优质针叶材施工的状况。

2.为了适应四个现代化的需要，增加胶合木结构的内容，并将其单独列为一章。

3.删去一些不太符合我国国情，且对木材利用率不高的结构形式，例如键合梁，板销梁等等。

4.补充建国以来特别是近年来工程实践和科研成果所证明的经验，例如钢木桁架、支撑和锚固及有效的防腐、防虫、防火药剂和处理方法等等。

5.适当补充为适应对国外承包工程和国内标准较高的建筑要求的规定，例如在门窗的选材标准中，增添要求较高的一级标准等等。

6.根据“技术先进、经济合理、安全适用”的原则，对原规范中基于施工条件较差和技术水平偏低的要求，作了一些修改。

此外对原规范某些条文前后重复、次序安排不当、措词含混不清以及个别错误都作了修改。

第一章　总　　则

第 1.0.1 条　本规范适用于工业与民用建筑木结构及细木制品的制作、装配及安装。

第 1.0.2 条　木结构及细木制品所用木材的树种应符合设计的要求，应根据其特性按本规范的规定进行防裂、防变形、防腐和防虫。

第 1.0.3 条　木制品的制作应遵守节约木材的指示，根据设计的要求计划用材，不得任意锯割，防止大材小用、长材短用及优材劣用。

第 1.0.4 条　木制品的制作、装配及安装宜采用机械化或半机械化的施工方法，以提高工程质量和生产效率。

成批制作的木制品应先做出标准实样，经检查合格后，方可大批生产。

第 1.0.5 条　木制品每一主要工序交接时，应进行质量检查，并做好施工记录。

第 1.0.6 条　木制品在保管和运输时，应采取措施防止受潮、碰伤、污染及曝晒。

第 1.0.7 条　木结构中钢材部分的施工及验收应符合《钢结构工程施工及验收规范》（GBJ205—83）的规定。

第 1.0.8 条　木制品的施工尚应符合《建筑设计防火规范》（TJ16—74）的规定。

第二章　木结构和木构件

第一节　材　　料

第 2.1.1 条　承重结构用的木材应符合表2.1.1.1、表2.1.1.2或表2.1.1.3选材标准的规定。

注：本规范中的木材等级系指制作构件的选材标准，并非木材供应的分级标准。

承重木结构方木选材标准　　表 2.1.1.1

项次	缺陷名称	木材等级		
		Ⅰ等材	Ⅱ等材	Ⅲ等材
		受拉构件或拉弯构件	受弯构件或压弯构件	受压构件
1	腐朽	不允许	不允许	不允许
2	木节： 在构件任一面任何15厘米长度上所有木节尺寸的总和，不得大于所在面宽的	1/3 （连接部位为1/4）	2/5	1/2
3	斜纹：斜率不大于(%)	5	8	12

续表

项次	缺陷名称	I等材 受拉构件或拉弯构件	Ⅱ等材 受弯构件或压弯构件	Ⅲ等材 受压构件
4	裂缝： （1）在连接的受剪面上	不允许	不允许	不允许
	（2）在连接部位的受剪面附近，其裂缝深度（有对面裂缝时用两者之和）不得大于材宽的	1/4	1/3	不限
5	髓心	应避开受剪面	不限	不限

注：1.Ⅰ等材不允许有死节，Ⅱ、Ⅲ等材允许有死节（不包括发展中的腐朽节），对于Ⅱ等材直径不应大于20毫米，且每延米中不得多于1个，对于Ⅲ等材直径不应大于50毫米，每延米中不得多于2个。

2.Ⅰ等材不允许有虫眼，Ⅱ、Ⅲ等材允许有表层的虫眼。

3.木节尺寸按垂直于构件长度方向测量。木节表现为条状时，在条状的一面不量（参见图2.1.1）；直径小于10毫米的木节不计。

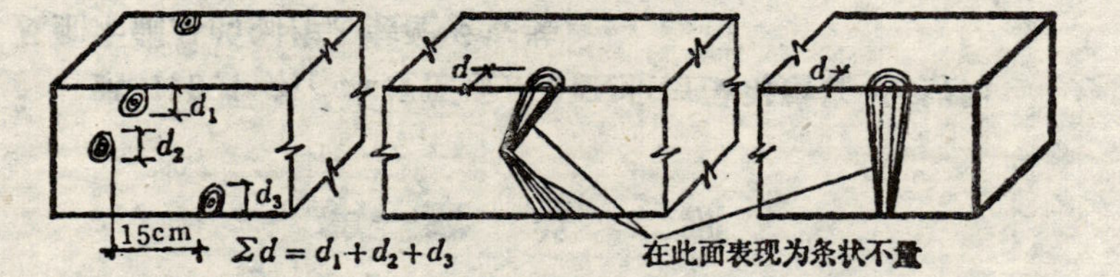

图 2.1.1 木节量法

承重木结构板材选材标准　　表 2.1.1.2

项次	缺陷名称	I等材 受拉构件或拉弯构件	Ⅱ等材 受弯构件或压弯构件	Ⅲ等材 受压构件
1	腐朽	不允许	不允许	不允许
2	木节： 在构件任一面任何15厘米长度上所有木节尺寸的总和，不得大于所在面宽的	1/4 （连接部位为1/5）	1/3	2/5
3	斜纹：斜率不大于(%)	5	8	12
4	裂缝： 连接部位的受剪面及其附近	不允许	不允许	不允许
5	髓心	不允许	不允许	不允许

注同表2.1.1.1。

承重木结构原木选材标准　　表 2.1.1.3

项次	缺陷名称	I等材 受拉构件或拉弯构件	Ⅱ等材 受弯构件或压弯构件	Ⅲ等材 受压构件
1	腐朽	不允许	不允许	不允许

续表

项次	缺陷名称	木材等级		
		Ⅰ等材	Ⅱ等材	Ⅲ等材
		受拉构件或拉弯构件	受弯构件或压弯构件	受压构件
2	木节： （1）在构件任何15厘米长度上沿周长所有木节尺寸的总和，不得大于所测部位原木周长的 （2）每个木节的最大尺寸，不得大于所测部位原木周长的	 1/4 1/10（连接部位为1/12）	 1/3 1/6	 不限 1/6
3	扭纹：斜率不大于（%）	8	12	15
4	裂缝： （1）在连接的受剪面上 （2）在连接部位的受剪面附近，其裂缝深度（有对面裂缝时用两者之和）不得大于原木直径的	 不允许 1/4	 不允许 1/3	 不允许 不限
5	髓心	应避开受剪面	不限	不限

注：1.Ⅰ、Ⅱ等材不允许有死节，Ⅲ等材允许有死节（不包括发展中的腐朽节），直径不应大于原木直径的1/5，且每2米长度内不得多于1个。
2.同表2.1.1.1注2。
3.木节尺寸按垂直于构件长度方向测量，直径小于10毫米的木节不量。

第2.1.2条 当供承重木结构用的成批木材的材质或外观与同类木材有显著差异（如容重过小、灰色）时，应按《木材物理力学性能试验方法》（GB1927～1943—80）的规定，作顺纹受压强度试验，按其极限强度的最低值确定该批木材的应力等级。

确定木材应力等级的检验指标（千克力/平方厘米）

表 2.1.2

木材种类	针叶材					阔叶材		
应力等级	A-1	A-2	A-3	A-4	A-5	B-1	B-2	B-3
顺纹受压最低极限强度	400	320	300	280	260	450	400	350

注：1.表列的极限强度系木材含水率为15%时的数值。
2.检验时应从该批木材中随意抽取两根，每根木材各取3个试件。根据6个试件中的最低值确定该批木材的应力等级，
3.按检验结果确定的木材等级，不得高于《木结构设计规范》（GBJ5—73）中所规定的同种木材的应力等级。对于树名不详的木材，应按检验结果，降低一级使用。

第2.1.3条 制作木结构用的板、方材宜供应经过干燥的成材。若受条件限制只能供应原木时，则当木材运到工地后，应按设计要求的尺寸，预留干缩量（见表2.1.3）立即锯割，合理堆垛并加遮盖，进行自然干燥。

对于直接采用原木的构件，则应剥掉树皮并砍平木节，然后合理堆垛进行自然干燥。

各种木材制作时的干缩量　　表 2.1.3

板方材厚度（毫米）	干缩量（毫米）	板方材厚度（毫米）	干缩量（毫米）
15～25	1	130～140	5
40～60	2	150～160	6
70～90	3	170～180	7
100～120	4	190～200	8

注：落叶松、木麻黄等树种的木材，应按表中规定加大干缩量30%。

第 2.1.4 条 在制作构件时，木材含水率应符合下列规定：

一、原木或方木结构应不大于25%；

二、板材结构及受拉构件的连接板应不大于18%；

三、通风条件较差的木构件应不大于20%。

注：本条中规定的含水率为构件全截面的平均值。

第 2.1.5 条 采用易于开裂的树种制作方木桁架时，其下弦应"破心下料"：

一、当径级较大时，沿方木底边破心（图2.1.5,*a*）

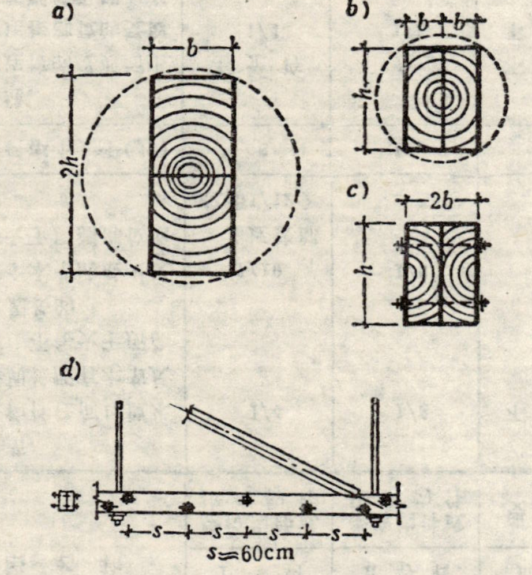

图 2.1.5 破心下料的方木下弦

a）沿方木底边破心；*b*）沿方木侧边破心；*c*）沿侧边破心方木拼合截面；*d*）侧边破心方木拼合下弦系紧螺栓的布置

二、当径级较小时，沿侧边破心（图2.1.5，*b*），髓心朝外用直径$d=10\sim12$毫米的螺栓拼合（图2.1.5,*c*），螺栓沿下弦长度方向每隔60厘米左右按两行错列布置，在节点处钢拉杆两侧各用一个螺栓系紧（图2.1.5，*d*）。

第 2.1.6 条 当受条件限制不得不用湿材制作原木或方木结构时，应采取下列措施：

一、应符合第2.1.5条的规定，以消除或减轻开裂对结构的不利影响；

二、桁架的受拉腹杆应采用圆钢，以便于调整；

三、桁架下弦采用带髓心的方木时，在桁架支座节点处，应将髓心避开齿连接的受剪面（图2.1.6）。

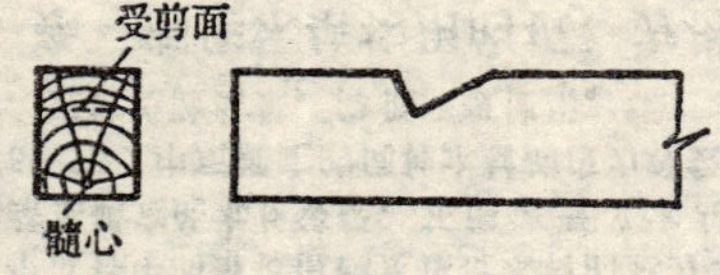

图 2.1.6 髓心避开齿连接受剪面的示意图

第 2.1.7 条 采用马尾松、木麻黄、桦木、杨木等易腐朽和虫蛀的树种时，整个构件应用防腐、防虫药剂处理（见第六章及附录六）。

第二节 桁架和梁

第 2.2.1 条 制作桁架或梁之前，应按下列规定绘制足尺大样：

一、按设计图纸确定桁架的起拱高度，若设计无明确要求，起拱高度可取约为跨度的1/200，然后按此确定其它尺寸；

二、将全部节点构造详尽绘入，除设计图纸有特殊要求者外，结构各杆的受力轴线在节点处应交汇于一点；

三、当桁架完全对称时，可只放半个桁架的足尺大样；

四、足尺大样的尺寸必须用同一钢尺量度，经校核后，对设计尺寸的允许偏差不应超过表2.2.1中规定的限值，方可套制样板。

足尺大样的允许偏差　　表 2.2.1

结构跨度(米)	跨度偏差(毫米)	结构高度偏差（毫米）	节点间距偏差（毫米）
≤15	±5	±2	±2
>15	±7	±3	±2

第 2.2.2 条　结构构件的样板应用木纹平直不易变形且含水率不大于18%的板材制作。样板对足尺大样的允许偏差不应大于±1毫米，经检验合格后方准使用。在使用过程中，应防止受潮或损坏。

第 2.2.3 条　按样板制作的构件，其长度的允许偏差不应大于±2毫米。

第 2.2.4 条　齿连接的构造必须正确按图施工，并应符合下列规定：

一、压杆的几何轴线应垂直承压面，对于单齿连接应通过承压面ab的中心（图2.2.4，a，b）；

二、双齿连接的第一齿顶点a位于上、下弦的上边缘

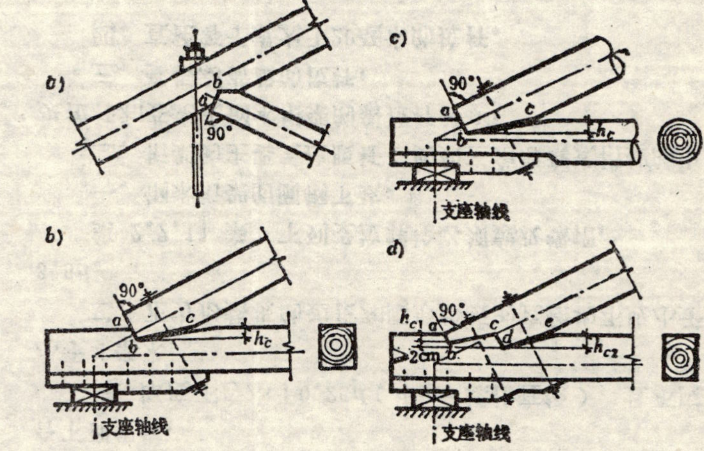

图 2.2.4　齿连接的构造

交点处，第二齿顶点c位于上弦轴线与下弦上边缘的交点处。第二齿槽深h_{c2}应比第一齿槽深h_{c1}至少大2厘米（图2.2.4，d）；

三、桁架支座节点处垫木的中线应与设计的支座轴线重合，对于方木桁架，并应通过上弦轴线与下弦净截面的中线（图2.2.4中单齿连接b点以下、双齿连接d点以下的下弦截面的中线）的交点。对于原木桁架则应通过上、下弦的毛截面轴线的交点（图2.2.4，c）；

四、桁架支座节点上、下弦间不受力的交接缝的上口（图2.2.4中单齿连接的c点，双齿连接的e点）宜留出约5毫米的间隙。

第 2.2.5 条　桁架上、下弦接头的位置，所采用螺栓的直径、数量及排列间距均应按图施工。螺栓排列应避开

木材髓心。受拉构件端部布置螺栓的区段及其连接板的木节尺寸的限值应符合表2.1.1.1和表2.1.1.2中Ⅰ等材连接部位的规定。

第 2.2.6 条 受压接头的承压面应与构件的轴线垂直锯平（图2.2.6，*a*），不应采用斜搭接头(图2.2.6,*b*)。

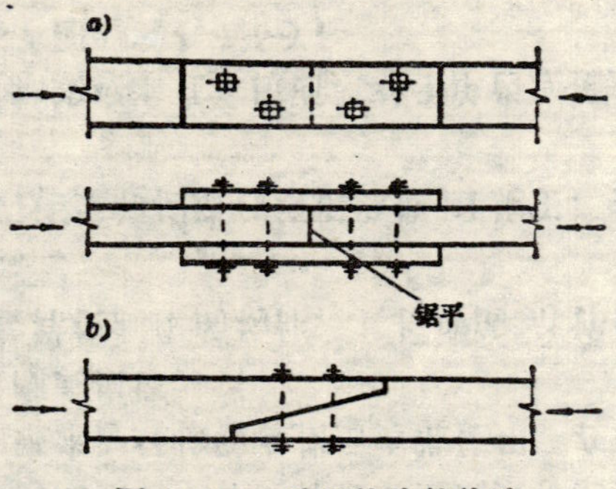

图 2.2.6 受压接头的构造

a）正确的构造；*b*）错误的构造

第 2.2.7 条 齿连接或构件接头处，不得采用凸凹榫（图2.2.7）。

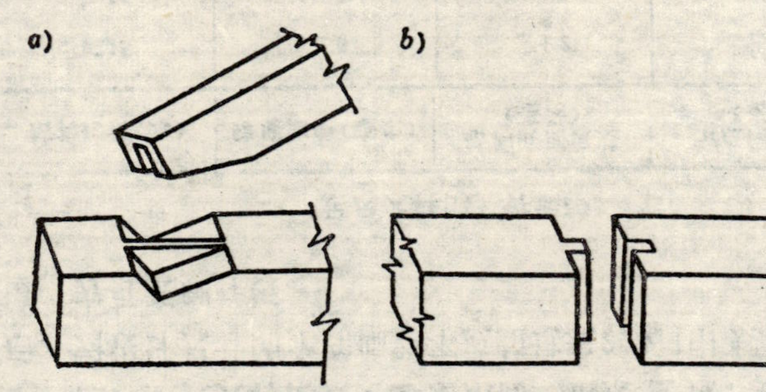

图 2.2.7 不允许采用的凸凹榫

a）齿连接，*b*）构件接头

第 2.2.8 条 采用木夹板螺栓连接的接头及用螺栓拼合的木构件钻孔时，应按设计的要求，将各部分定位并临时固定，然后用电钻一次钻通。当采用钢夹板或钢填板而不能一次钻通时，应采取可靠措施，保证各部分的对应孔位完全一致。受剪螺栓（例如连接受拉木构件接头的螺栓）的孔径不应大于螺栓直径1毫米；系紧螺栓（例如系紧受压木构件接头木夹板的螺栓）的孔径可大于螺栓直径2毫米。

第 2.2.9 条 木结构中所用钢材的钢号应符合设计的要求。钢件的连接均应用电焊，不应用气焊或锻接。所有钢件均应除锈，并涂防锈油漆。

第 2.2.10 条 受拉、受剪和系紧螺栓的垫板尺寸应符合设计要求，并不得用两块或多块垫板来达到设计要求的厚度。

受拉螺栓（包括钢木桁架的圆钢下弦、桁架的圆钢腹杆以及保险螺栓）的垫板尺寸如设计无要求，应根据螺栓直径和所用的树种从附录七中查得。

受剪螺栓和系紧螺栓的垫板尺寸如设计无要求，应符合下列规定：

一、厚度不应小于$0.25d$（d——螺栓直径），且不应小于4毫米；

二、正方形垫板的边长和圆形垫板的直径均不应小于$3.5d$。

第 2.2.11 条 下列受拉螺栓必须戴双螺帽：

一、钢木桁架的圆钢下弦；

二、桁架的主要受拉腹杆（例如三角形豪式桁架的中央拉杆和芬克式钢木桁架的斜拉杆等）；

三、受振动荷载的拉杆；

四、直径等于或大于20毫米的拉杆。

受拉螺栓装配完毕后，螺杆伸出螺帽的长度不应小于螺栓直径的0.8倍。

第 2.2.12 条 圆钢拉杆应平直，用双绑条焊连接（图2.2.12，a），不应采用搭接焊（图 2.2.12，b）。绑条直径应不小于拉杆直径的0.75倍，绑条在接头一侧的长度宜为拉杆直径的 4 倍。当采用闪光对焊时，对焊接头应经过冷拉检验。

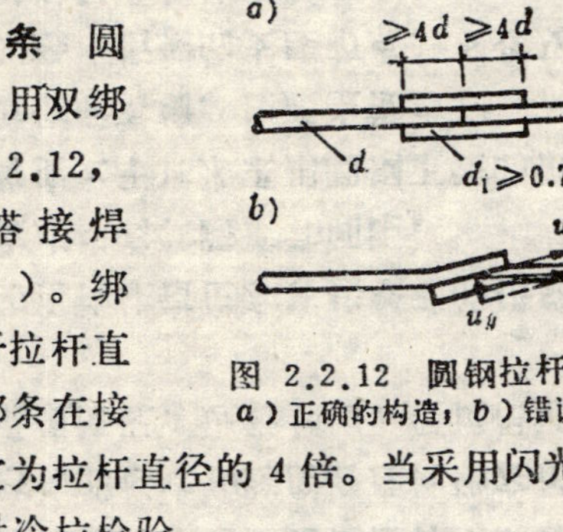

图 2.2.12 圆钢拉杆的接头
a）正确的构造；b）错误的构造

第 2.2.13 条 钉连接施工应符合下列规定：

一、钉的直径、长度和排列间距应符合设计的要求；

二、当钉的直径大于 6 毫米时，或当采用易劈裂的树种木材（例如落叶松、硬质阔叶树种等）时，均应预先钻孔，孔径取钉径的0.8～0.9倍，孔深应不小于钉入深度的0.6倍；

三、扒钉直径宜取 6～10毫米。

第 2.2.14 条 在施工过程中，不得在结构上悬吊或堆放设计未考虑的荷载；不得在结构构件上钻凿通孔、或其他管道的孔洞；并不得挖刻装设搁板用的凹槽或裁口。

第 2.2.15 条 制成的结构构件的截面尺寸、质量及加工精度应符合下列规定：

一、对设计截面尺寸的允许偏差：

方木桁架构件、梁及柱的截面宽度或高度为± 3毫米，方木檩条、屋面板及其他板材和小方为± 2 毫米；

原木构件的小头直径（如呈椭圆形，按椭圆长、短径的平均值计算，但树皮不得计算在内）为± 5 毫米；

二、板材钝棱的宽度不应大于该板宽度的20%；

三、方木横截面的翘曲不得大于构件宽度的 1.5%，其平面上的扭曲，每米长度内不得大于 2 毫米；

四、受压或压弯构件纵长方向的单向弯曲，对于方木，不应大于构件全长的1/500；对于原木，不应大于构件全长的1/200。

第 2.2.16 条 制作钢木桁架的节点时，要保证钢、木接触处的正确角度。就地安装时，宜立拼。装配和运输时，应保证钢木桁架的侧向刚度，不得着地拖运，防止结构变形或损坏。

第 2.2.17 条 木结构制作和装配的允许偏差不得大于表2.2.17的规定。

木结构制作和装配的允许偏差　　表 2.2.17

项次	项　　目	允许偏差
1	结构长度	
	(一)跨度≤15米	±10毫米
	(二)跨度>15米	±15毫米
2	结构高度	
	(一)跨度≤15米	±10毫米
	(二)跨度>15米	±15毫米
3	弦杆节点间距	±5 毫米
4	齿连接刻槽深度	±2 毫米
5	支座节点受剪面的	
	(一)长　度	−10毫米
	(二)宽　度	
	1.方　木	−3 毫米
	2.原　木	−4 毫米

续表

项次	项　　目	允许偏差
6	螺栓中心间距 (一)进孔处 (二)出孔处 1.垂直木纹方向 2.顺木纹方向	 ±0.2d ±0.5d 且不得大于板束总厚度的4% ±1.0d
7	钉进孔处的中心间距	±1.0d

注：d——螺栓或钉的直径。

第 2.2.18 条　木结构制作、装配完毕后，应根据设计要求进行检查，记录材料质量、结构及其构件尺寸的正确程度及构件的制作质量，验收合格后方准吊装。

第 2.2.19 条　木结构吊装前应做好下列工作：

一、修整运输过程中造成的缺陷；

二、拧紧所有螺栓（包括圆钢拉杆）的螺帽；

三、根据结构的形式和跨度合理地确定吊点，并按翻转和提升时的受力情况，进行加固。经试吊证明结构确具足够的刚度；

四、采取防止构件错位和连接松动的措施；

五、校正支座标高、跨度和间距；

六、对于跨度大于15米采用圆钢下弦的钢木桁架，应采取措施防止就位后对墙、柱产生推力。

第 2.2.20 条　桁架的支座节点、下弦及梁的端部不应封闭在墙、保温层或其他通风不良的处所，构件的周边（除支承面外）及端部均应留出不小于5厘米的空隙（图 2.2.20）。

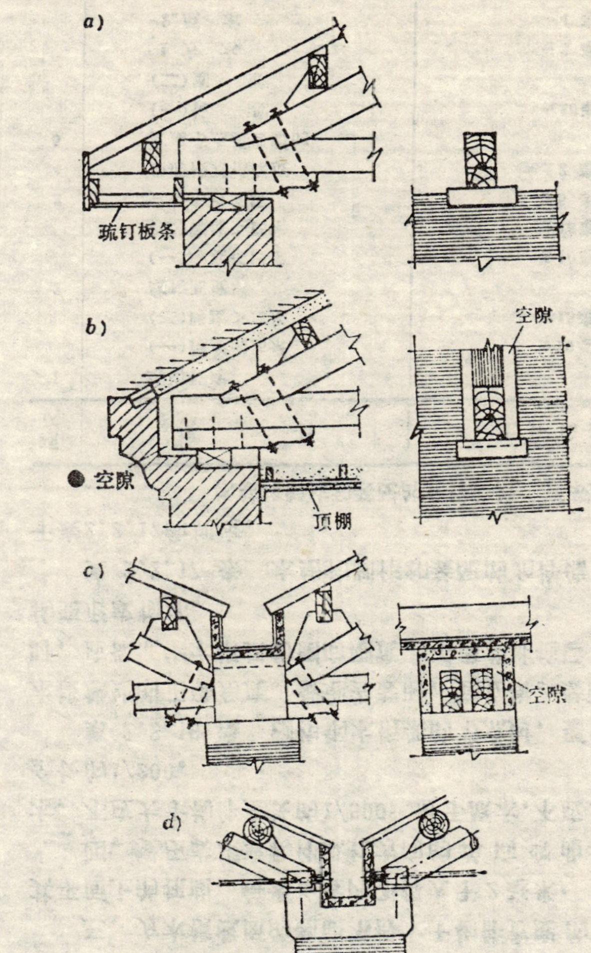

图 2.2.20　木屋盖支座节点通风构造示意图

木楼盖、底层木地板（指在木搁栅上铺设的）等隐蔽的木结构应设置通风孔洞。

桁架和梁的支座垫木下应铺设防潮层。

在木柱下应设柱墩，以防受潮。严禁将木柱埋入土中。

第 2.2.21 条 木结构及其构件在下列情况下应进行防腐处理（见第六章及附录六）：

一、露天结构；

二、木楼盖、底层木地板及其搁栅；

三、木构件与砖石砌体或混凝土结构接触处；

四、桁架和梁的支座垫木。

第 2.2.22 条 在虫害（指白蚁、长蠹虫、粉蠹虫及家天牛等）地区的木结构应进行防虫处理（药剂配方及用法见附录六）。

第 2.2.23 条 木结构或木构件与烟囱、壁炉的防火间距应符合设计要求。

第 2.2.24 条 木结构或木构件支承在防火墙上时，不应穿过防火墙，并将端面隔断。

第三节 屋面木骨架

第 2.3.1 条 檩条施工应符合下列规定：

一、檩条截面制作的允许偏差不应大于第2.2.15条的规定；

二、简支檩条的接头应设在桁架上，并应保证支承面的长度；

三、弓曲的檩条应将弓背朝上；

四、檩条在桁架上应用檩托支承，每个檩托至少用两个钉固定，檩托高度不得小于檩条高度的2/3。不应在桁架上刻槽承托。

第 2.3.2 条 椽条应平直铺钉不得歪斜，其接头应设在檩条上，并错开布置。椽条在每根檩条上均应用钉固定，在屋脊处应用螺栓或钉相互牢固连接。

第 2.3.3 条 屋面板可用平缝、高低缝或斜缝拼接，木板宽度不宜大于15厘米。屋面板的接头应分段错开，每段的长度不应大于1.5米。

屋面板应在屋脊两侧对称铺钉，逐段封闭。

第 2.3.4 条 封檐、封山板应平直光洁、采用燕尾榫（图2.3.4，*a*）或龙凤榫（图2.3.4，*b*）镶接，不得平接。封檐板下边沿应较檐口平顶低25毫米，防止雨水浸湿平顶。

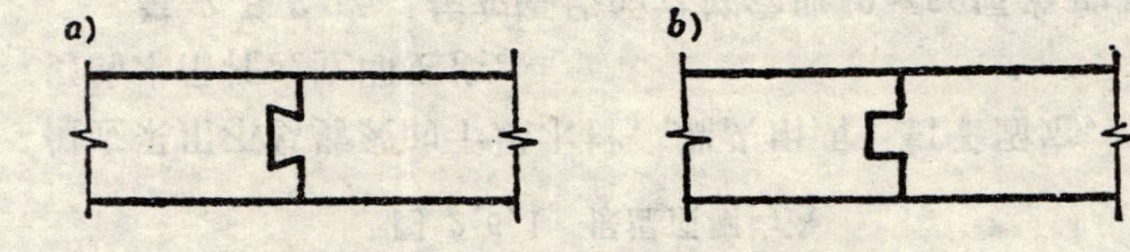

图 2.3.4 燕尾榫、龙凤榫示意图

第四节 支撑和锚固

第 2.4.1 条 应在安装桁架的同时安装支撑；如设计中不设支撑，则应同时安装脊檩及主要位置的檩条。当受条件限制不能同时安装时，应安设可靠的临时支撑，以防桁架侧倾。

第 2.4.2 条 支撑杆件与桁架应用螺栓连接，不得采用钉连接或抵承连接。螺栓直径设计无要求时，可根据房屋的跨度及其整体刚度，在12～16毫米的范围内选用。

安装圆钢斜杆的上弦横向支撑时，应拧紧其调整长度的装置，使圆钢斜杆张紧。

第 2.4.3 条 下列部位的檩条应与桁架上弦及山墙锚固：

1.桁架及天窗脊节点和其池上弦节点或其附近的檩条；

2.支撑架节点处的檩条。

锚固的方法可用螺栓或卡板（图2.4.3）。在抗震设防地区和台风、风口地区，必须用螺栓锚固。

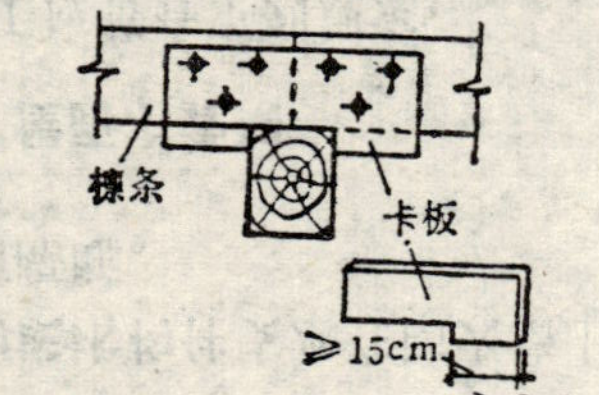

图 2.4.3 卡板锚固示意图

螺栓直径设计无要求时，可在12～16毫米的范围内选用。

第 2.4.4 条 桁架支座与纵墙或柱、木柱柱脚与基础均应用螺栓锚固。

第 2.4.5 条 在抗震设防地区，除应遵守第2.4.3条和第2.4.4条的规定外，尚应将顶棚主梁或顶棚搁栅、楼板梁与墙或柱用螺栓锚固。

第五节 顶棚和隔墙

第 2.5.1 条 保温顶棚的主梁应悬吊在桁架下弦的节点上，顶棚搁栅固定在主梁上（图2.5.1）。非保温顶棚可将顶棚搁栅直接悬吊在桁架下弦上。对于抹灰的顶棚，顶棚搁栅的间距宜取40～50厘米。

顶棚的吊杆宜采用圆钢，非保温顶棚也可采用木吊杆，

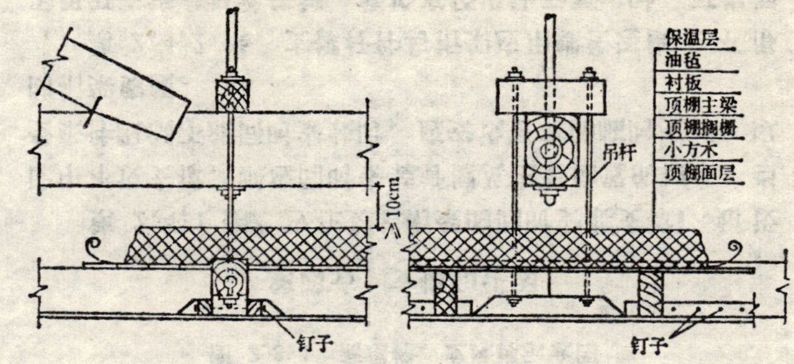

图 2.5.1 保温顶棚构造

但应采用不易劈裂的干燥木材，端头用两个钉子固定，顶劈的木吊杆应立即更换。

第 2.5.2 条 抹灰隔墙的立筋宜取40～50厘米的间距，在立筋之间应按1.2～1.5米的间距加设横撑。隔墙立筋用作门窗框时，其两侧应用双立筋或加大立筋截面，并在上面用人字撑加固。

第 2.5.3 条 顶棚的施工应遵守下列规定：

一、桁架下弦底面与保温层的净距应不小于10厘米；

二、保温顶棚的底衬板接缝应严密，隔汽层（油纸或油毛毡）应分段压紧，折裂的油纸或油毛毡应予更换；

三、吊杆经检验合格后，方可钉灰板条；

四、顶棚四周水平线应位于同一标高，其允许偏差于应大于±5毫米，中间部分应起拱，其起拱高度应不小于房间短向跨度的1/200。

第 2.5.4 条 单层灰板条的间隙应取7～10毫米，板条接头应设在顶棚搁栅或隔墙立筋上，其端头及中部每隔

一根搁栅（或立筋）应用两个钉子固定。板条端面间宜留3～5毫米的空隙。板条接头应分段交错布置，每段长度不宜大于50厘米。

钉在衬板上的双层灰板条的空格不应大于35毫米。衬板接缝应留10～15毫米的空隙。

板条的钝棱应钉向里侧，厚度不足的板条不得使用。

第 2.5.5 条 应在屋面完工之后，填充顶棚或隔墙的保温、隔音材料。应采用干燥、不燃烧和不腐朽的材料，如所用材料易燃或易腐时，应用防火或防腐药剂处理。

第 2.5.6 条 顶棚或隔墙采用金属网抹灰时，在铺钉过程中应将金属网拉紧钉平。金属网的接缝应设在顶棚搁栅或隔墙立筋上。

第 2.5.7 条 刨花板、木丝板等人造板的顶棚或隔墙中的搁栅或立筋间距应按设计要求设置，铺钉时应加垫圈，其拼缝间隙以3～5毫米为宜。压条的宽度应一致，缝格应平直。

第 2.5.8 条 木板顶棚或隔墙的罩面板的接缝应严密平整，板宽不宜大于15厘米。当平面有分缝时，板宽应均匀一致。

第 2.5.9 条 鱼鳞板墙中每块板的接头均应设在立筋上，相邻的接头应相互错开。接头处应留出1～3毫米的空隙。铺钉时应由下而上，上、下板搭盖宽度应不小于30～40毫米。

第六节 保 管

第 2.6.1 条 制成的木结构及木构件应置于仓库或敞棚下储存。堆放时，每层应加置厚度相同的板条垫平，防止变形、翘曲。

第 2.6.2 条 结构竖直放置时，其临时支承点应与结构在建筑物中的支承相同，并设可靠的临时支撑，以防侧倾。水平放置时，应加垫木置平，防止构件变形和连接松动。

第三章 胶合木结构

第一节 材 料

第 3.1.1 条 承重结构胶合木构件的材质等级应按表3.1.1的要求配置。

承重结构胶合木构件的材质等级配置　　表 3.1.1

项次	构件类别	材质等级	材质等级的配置
1	层板胶合的受拉构件： （1）当内力超过承载能力的70%时 （2）当内力等于或低于承载能力的70%时	J-Ⅰ J-Ⅱ	J-Ⅰ　a-a J-Ⅱ　b-b
2	层板胶合的受压构件	J-Ⅲ	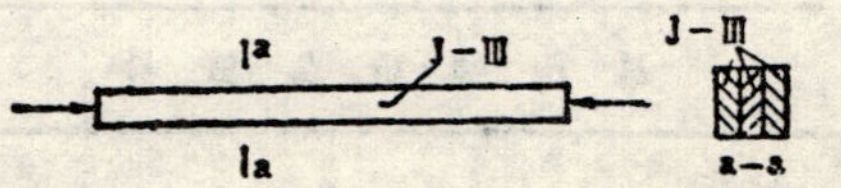 J-Ⅲ　a-a

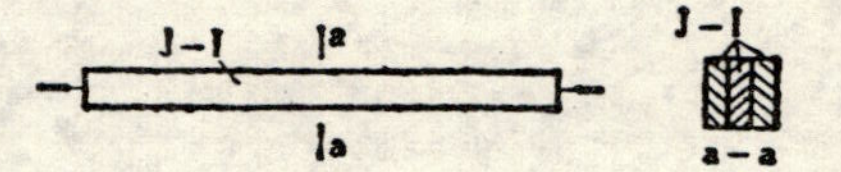

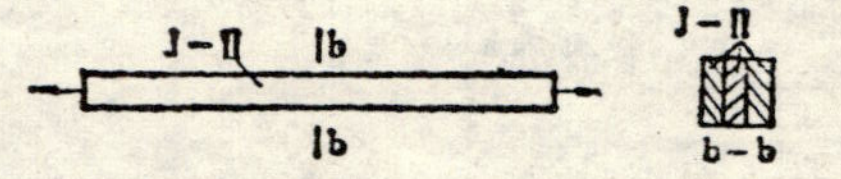

续表

项次	构件类别	材质等级	材质等级的配置
3	层板胶合的桁架或拱的上弦（其中包括直线形和弧形构件）		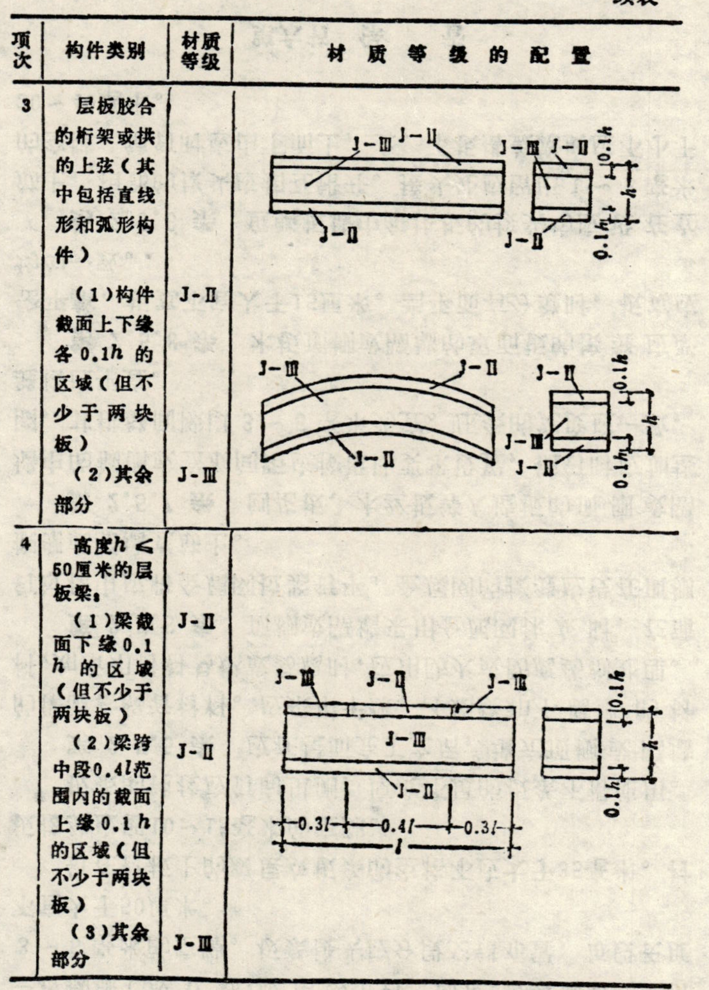
	（1）构件截面上下缘各0.1h的区域（但不少于两块板）	J-Ⅱ	
	（2）其余部分	J-Ⅲ	
4	高度h≤50厘米的层板梁：		
	（1）梁截面下缘0.1h的区域（但不少于两块板）	J-Ⅱ	
	（2）梁跨中段0.4l范围内的截面上缘0.1h的区域（但不少于两块板）	J-Ⅱ	
	（3）其余部分	J-Ⅲ	

续表

项次	构件类别	材质等级	材质等级的配置
5	高度h＞50厘米的层板梁：		
	（1）梁跨中段0.4l范围内的截面下缘0.1h的区域（但不少于两块板）	J-Ⅰ	
	（2）梁两端0.3l（范围内的截面下缘0.1h的区域（但不少于两块板）	J-Ⅱ	
	（3）梁跨中段0.4l范围内的截面下缘0.1h～0.2h区域	J-Ⅱ	
	（4）梁跨中0.4l（范围内截面上缘0.1h区域(但不少于两块板)	J-Ⅱ	
	（5）其余部分	J-Ⅲ	

第 3.1.2 条 承重胶合木结构用的木材，应符合表3.1.2选材标准的要求。

承重胶合木结构的选材标准　　表 3.1.2

项次	木材缺陷	材质等级 J-Ⅰ	J-Ⅱ	J-Ⅲ
1	腐朽	不容许	不容许	不容许
2	木节： 在木板任一面15厘米长度上，所有木节尺寸的总和不得大于所在面宽的	1/3	2/5	1/2
3	斜纹：斜率不大于(%)	5	8	15
4	裂缝： 在木板窄面上的裂缝深度（有对面裂缝时用两者之和）不得大于木板宽度的	1/4	1/3	不限
	在木板宽面上的裂缝	不限	不限	不限
5	髓心	不容许	不限	不限

注：1、2、3同表2.1.1.1。
4.当J-Ⅱ级木材用于受拉构件或受弯构件的受拉区时，则不容许有髓心。

第二节 结构用胶

第 3.2.1 条 不受潮的结构宜采用半耐水的脲醛树脂胶。

露天、经常受潮及重要房屋的结构应采用耐水的酚醛树脂胶。

第 3.2.2 条 结构用胶在使用前均需作胶缝抗剪强度试验（试验方法见附录四），其强度应不小于表3.2.2规定的限值。

胶缝抗剪强度限值　　表 3.2.2

项次	试件名称	胶缝顺纹抗剪强度(千克力/平方厘米) $A_1A_2A_3A_4$级木材	$A_5B_1B_2B_3$级木材
1	干试件	60	80
2	湿试件	40	65

注：1.当检验某一批胶的强度时，每种试验的试件数不得少于两个，如有一个试件的强度低于表3.2.2的数值，必须以两倍数量的试件进行重复试验，若仍有一个试件剪切强度不合格时，则该批胶不得使用。
2.如试件强度低于表3.2.2的数值，但沿木材剪坏的面积大于70%者，认为该试件合格。
3.湿试件是指浸水24小时后的试件。

第 3.2.3 条 胶液在20°C的室温下，保持工作活性的时间应不低于2小时。胶液的温度应保持在10～20°C之间，以防止粘度过大或加速凝结。若胶液温度过高时，应将盛装胶液的容器置于冷水槽中降温。

第三节 胶合木结构的制作

第 3.3.1 条 胶合木结构应在专门的车间内制作，室温不应低于16°C，在制作过程中车间的温湿度应保持稳定。

第 3.3.2 条 胶合构件的木板尺寸应符合下列规定：

一、木板厚度：胶合直线形构件，采用软质针叶材或阔叶材时，厚度不宜大于4.5厘米；采用硬质针叶材或阔叶材时，厚度不宜大于3.5厘米。对于露天或经常受潮的结构，上述限值应分别降为4厘米和3厘米。

胶合弧形构件，木板厚度宜小于3厘米，且不应超过构件最小曲率半径的1/200。

二、木板宽度：顺纹胶合时宽度不限；成90°角胶合时宽度不宜大于10厘米；成45°角胶合或与胶合板胶合时宽度不宜大于15厘米。

三、木板最短不应小于1.5米。

第 3.3.3 条 胶合构件宜采用窑干的木材，含水率不应大于18％，相互胶合的木板，含水率的差别不应大于5％，若气干木材的含水率达到上述要求时，也可使用。

第 3.3.4 条 胶合构件各层木板的年轮方向均应一致（图3.3.4）。

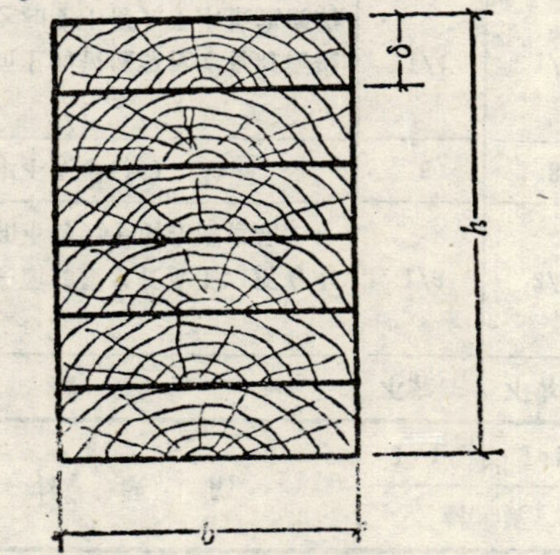

图 3.3.4 胶合构件木板年轮方向布置

第 3.3.5 条 胶合构件的木板接头宜全部采用指接（图3.3.5）。各层木板接头的间距不应小于1.5米，相邻两层木板的接头间距应不小于10δ（δ——木板的厚度）。

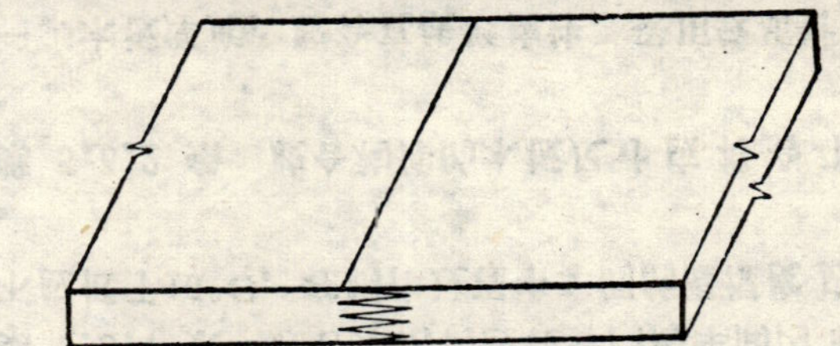

图 3.3.5 木板的指形接头

第 3.3.6 条 在指接范围内不应有木节或涡纹，其斜纹的斜率不应大于1/10。木节距指根的净距不应小于该木节直径的3倍或10厘米。

第 3.3.7 条 指形接头应在专门的铣床上加工，各指必须完整，不得有剥劈、裂缝及其他缺陷。经检验合格后，在12小时内胶合。

第 3.3.8 条 制作每批胶合构件时，均需作指形接头传力效能的试验（试验方法见附录五）。对于J-Ⅰ、J-Ⅱ等材其传力效能应不低于0.70，对于J-Ⅲ等材应不低于0.50。

第 3.3.9 条 胶合构件宽度方向的木板拼缝在相邻两层木板间应不小于4厘米（图3.3.9）。

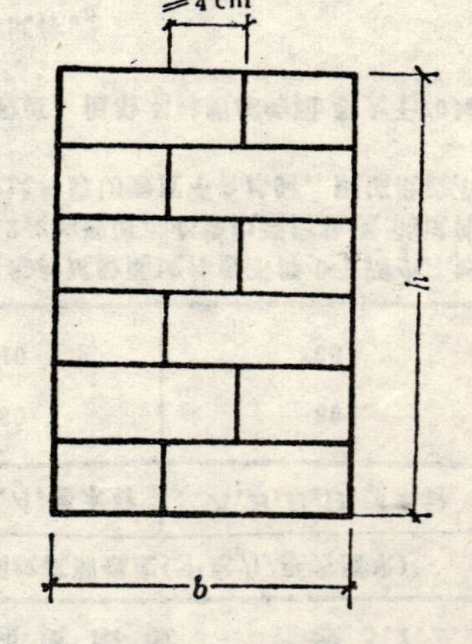

图 3.3.9 宽度方向木板拼缝的间距

第 3.3.10 条 胶合构

件各层木板应按表3.1.1和表3.1.2的规定选材、配级，并按第3.3.5条的要求布置指形接头。

第 3.3.11 条 木板应在指形接头胶合后，方可刨光胶合面（如接头胶合时未经高频电干燥，则应经过24小时养护）。刨光质量应符合下列规定：

一、上、下胶合面刨光后应平行，凹、凸处的允许偏差不应大于0.5毫米；

二、木板刨光后，靠近木节处的戗槎面长度不应大于10厘米。

第 3.3.12 条 木板刨光后，宜在12小时内胶合，至多不得超过24小时。

第 3.3.13 条 涂胶前应清除木板胶合面上的油脂、污垢及尘土。

第 3.3.14 条 可采用涂胶机或手工涂胶。一般结构构件可单面涂胶，重要结构构件应双面涂胶。指形接头应双面涂胶。胶液厚度应均匀。

单面涂胶时，用胶量应达到300～400克/平方米。

第 3.3.15 条 胶合时必须加压，并保证整个胶合面压力均匀。需起拱的构件应在加压时预起拱度。承重构件胶合面的压力应为5～6千克力/平方厘米，指形接头应在端头加压的同时，在指的侧面用夹具卡紧。对于J-Ⅰ、J-Ⅱ等材，端头压力应为10～12千克力/平方厘米，对于J-Ⅲ等材应为6～10千克力/平方厘米。

第 3.3.16 条 弧形构件胶合时应采用模架。模架拱面的曲率半径应稍小于弧形构件下表面的曲率半径，以抵消卸模后构件的回弹，其值按下式确定：

$$\rho_0=\rho\left(1-\frac{1}{n}\right)$$

式中 ρ_0——模架拱面的曲率半径（厘米）；

ρ——弧形构件下表面的设计曲率半径（厘米）；

n——木板层数。

第 3.3.17 条 为保证胶合构件在加工、运送前胶缝有足够的强度，构件胶合后的加压和养护时间应不低于表3.3.17规定的限值。

合成树脂胶胶合构件加压和养护的最短时间（小时）

表 3.3.17

制作过程	构件类别	室内温度（°C）		
		16～20	21～25	26～30
加压	不起拱的构件	8	6	4
	起拱的构件	18	8	6
	弧形构件	24	18	12
加压及养护	所有构件	32	30	24

第 3.3.18 条 胶合构件的保管、运输及安装，除应符合总则第1.0.6条的规定外，尚应采取下列措施：

一、做好屋盖工程的施工组织设计，保证进度，避免胶合构件淋雨受潮；

二、胶合构件宜刨光并涂刷油漆，以提高防潮能力。

第 3.3.19 条 胶合构件的制作质量应符合下列规定：

一、构件的胶缝不容许存在贯穿整个宽度的通缝。胶缝局部漏胶的长度，在最大切力处不得大于100毫米，其他部位不得大于200毫米。相邻两个漏胶段的净距应不小于两漏胶段长度之和的4倍。

指形接头的胶缝不容许局部漏胶。

二、胶缝的厚度一般不得大于0.3毫米，厚度超过0.3毫米的胶缝长度不得大于300毫米，彼此的净距不得小于1米。厚度超过1.0毫米的胶缝按漏胶计算。

三、胶合构件各层木板的边缘凸出或凹进不应大于2毫米。

四、胶合构件长度的允许偏差不应大于±15毫米，高度和宽度的允许偏差不应大于±5毫米，且不应大于3%。

第四节　小料、短料胶合门窗

第 3.4.1 条　为了节约木材，可采用小料层叠和短料指接胶合的构件来制作门窗的框和扇。

第 3.4.2 条　胶合门窗构件的面层材质应符合所要求的等级标准，而内层材质可降低一级，但缺陷应错开（参见第4.1.1条）。其含水率不应大于12%。

第 3.4.3 条　外门窗及经常受潮（例如浴室等）的门窗应选用耐水胶，内门窗可选用半耐水胶。

第 3.4.4 条　门窗构件采用指形接头胶合接长时，其端压力应为2～4千克力/平方厘米，指的侧面不必用夹具卡紧。

第 3.4.5 条　胶合门窗的施工除应遵守本章的规定外，尚应符合第四章门窗施工的有关规定。

第四章　门窗及其他细木制品

第一节　材　　料

第 4.1.1 条　门窗及其他细木制品所用木材，按各类房屋的使用要求分为三级，应符合表4.1.1选材标准的规定。

注：门窗及其他细木制品的等级应在施工图中注明。

第 4.1.2 条　门窗及其他细木制品如有允许限值以内的死节及直径较大的虫眼等缺陷时，应用同一树种的木塞加胶填补，对于清油制品，木塞的色泽和木纹应与制品一致。

第 4.1.3 条　在门窗及其他细木制品的结合处和安装小五金处，均不得有木节或已填补的木节。

第 4.1.4 条　门窗及其他细木制品应采用窑干法干燥的木材，含水率不应大于12%。当受条件限制，除东北落叶松、云南松、马尾松、桦木等易变形的树种外，可采用气干木材，其制作时的含水率不应大于当地的平衡含水率。

第 4.1.5 条　门窗及其他细木制品制成后，应立即刷一遍底油（干性油），防止受潮变形。

第 4.1.6 条　门窗及其他细木制品与砖石砌体、混凝土或抹灰层接触处、埋入砌体或混凝土中的木砖均应进行防腐处理（见第六章及附录六）。除木砖外其他接触处应设置防潮层。

门窗及其他细木制品用木材的选材标准

表 4.1.1

木材缺陷 \ 制品名称 / 等级		门窗扇的立梃、冒头、中冒头及楼梯扶手			窗樘、压条、门窗及气窗的线角、通风窗立梃、披水、贴脸板及挂镜线			门心板及护墙板			门窗框，窗台板、踢脚板及木楼梯		
		Ⅰ	Ⅱ	Ⅲ	Ⅰ	Ⅱ	Ⅲ	Ⅰ	Ⅱ	Ⅲ	Ⅰ	Ⅱ	Ⅲ
活节 径	不计个数时应小于（毫米）	10	15		5			10	15	20	10	15	20
活节 径	计算个数时不应大于	材宽的 1/4	材宽的 1/3		材宽的 1/4	材宽的 1/3		（毫米）20	30	40	材宽的 1/3		1/2
活节 个数	任何1延米中不应超过	2	3	4	0	2	3	2	3	5	3	5	6
死节		允许，包括在活节总数中			不允许			允许，包括在活节总数中					
髓心		不露出表面的，允许			不允许			不露出表面的，允许					
裂缝		深度及长度不得大于厚度及材长的 1/6	1/5	1/4	不允许		允许可见裂缝	允许可见裂缝			深度及长度不得大于厚度及材长的 1/5	1/4	1/3
斜纹，斜率不大于（%）		6	7	10	4	5	6	15	不限		10	12	15
油眼		Ⅰ、Ⅱ级非正面允许、Ⅲ级不限											
其他		浪形纹理、圆形纹理、偏心及化学变色允许											

注：Ⅰ级品不允许有虫眼，Ⅱ、Ⅲ级品允许有表层的虫眼。

第 4.1.7 条 采用马尾松、木麻黄 桦木、杨木易腐朽、虫蛀的树种木材制作门窗及其他细木制品时，整个构件应用防腐、防虫药剂处理（见第六章及附录六）。

第二节 门 窗

第 4.2.1 条 门窗框及厚度大于50毫米的门窗扇应采用双榫连接。框、扇拼装时，榫槽应严密嵌合，应用胶料胶结，并用胶楔加紧。

注：在潮湿地区，Ⅰ级品应采用耐水的酚醛树脂胶，Ⅱ、Ⅲ级品可采用半耐水的脲醛树脂胶。

第 4.2.2 条 窗扇拼装完毕，构件的裁口应在同一平面上。镶门心板的凹槽深度应于镶入后尚余2～3毫米的间隙。

第 4.2.3 条 制作胶合板门（包括纤维板门）时，边框和横楞必须在同一平面上，面层与边框及横楞应加压胶结。应在横楞和上、下冒头各钻两个以上的透气孔，以防受潮脱胶或起臌。

第 4.2.4 条 门窗的制作质量，应符合下列规定：

一、表面应净光或砂磨，并不得有刨痕、毛刺和锤印；

二、框、扇的线型应符合设计要求。割角、拼缝应严实平整；

三、小料和短料胶合门窗及胶合板或纤维板门扇不允许脱胶。胶合板不允许刨透表层单板和戗槎；

四、门窗制作的允许偏差，应符合表4.2.4的规定。

门窗制作允许偏差 表4.2.4

项次	项目	构件名称	允许偏差（毫米） Ⅰ级	Ⅱ级	Ⅲ级
1	翘曲	框	3		4
		扇	2		3
2	对角线长度	框、扇	2		3
3	胶合板、纤维板门一平方米内平整度	扇	2		3
4	高、宽	框	+0 −1		+0 −2
		扇	+1 −0		+2 −0
5	裁口、线条和结合处	框、扇	0.5		1
6	冒头或棂子对水平线	扇	±1		±2

注：高、宽尺寸，框量内裁口，扇量外口。

第 4.2.5 条 当条件具备时，宜将门窗扇与框装配成套，装好全部小五金，然后成套安装。

在一般情况下，则应先安装门窗框，后安装门窗扇。

第 4.2.6 条 安装门窗框或成套门窗，应符合下列规定：

一、门窗框安装前应校正规方，钉好斜拉条（不得少于两根），无下坎的门框应加钉水平拉条，防止在运输和安装过程中变形；

二、门窗框（或成套门窗）应按设计要求的水平标高和平面位置在砌墙的过程中进行安装；

三、在砖石墙上安装门窗框（或成套门窗）时，应以钉子固定于砌在墙内的木砖上，每边的固定点应不少于两处，其间距应不大于1.2米；

四、当需要先砌墙后安装门窗框（或成套门窗）时，宜在预留门窗洞口的同时，留出门窗框走头（门窗框上、下坎两端伸出口外部分）的缺口，在门窗框调整就位后，封砌缺口。

当受条件限制，门窗框不能留走头时，应采取可靠措施将门窗框固定在墙内的木砖上，以防在施工或使用过程中发生安全事故；

五、当门窗框的一面需镶贴脸板时，则门窗框应凸出墙面，凸出的厚度应等于抹灰层的厚度；

六、寒冷地区的门窗框（或成套门窗）与外墙砌体间的空隙，应填塞保温材料。

第 4.2.7 条 门窗安装的留缝宽度和允许偏差应分别符合表4.2.7.1和表4.2.7.2的规定：

门窗安装的留缝宽度　　表 4.2.7.1

项次	项目		留缝宽度（毫米）
1	门窗扇对口缝、扇与框间立缝		1.5～2.5
2	工业厂房双扇大门对口缝		2～5
3	框与扇间上缝		1.0～1.5
4	窗扇与下坎间缝		2～3
5	门扇　地面间缝	外　门	4～5
		内　门	6～8
		卫生间门	10～12
		厂房大门	10～20

门窗安装的允许偏差　　表 4.2.7.2

项次	项目	允许偏差（毫米）	
		Ⅰ级	Ⅱ、Ⅲ级
1	框的正、侧面垂直度	3	
2	框对角线长度	2	3
3	框与扇接触面平整度	2	

第 4.2.8 条 门窗小五金的安装，应符合下列规定：

一、小五金应安装齐全，位置适宜，固定可靠；

二、合页距门窗上、下端宜取立挺高度的1/10，并避开上、下冒头。安装后应开关灵活；

三、小五金均应用木螺丝固定，不得用钉子代替。应先用锤打入1/3深度，然后拧入，严禁打入全部深度。采用硬木时，应先钻2/3深度的孔，孔径为木螺丝直径的0.9倍；

四、不宜在中冒头与立挺的结合处安装门锁；

五、门窗拉手应位于门窗高度中点以下，窗拉手距地面以1.5～1.6米为宜，门拉手距地面以0.9～1.05米为宜。

第三节　其他细木制品

第 4.3.1 条 细木制品的刨光面应光滑平直，割角应准确平整，接头及对缝应严密整齐，安装牢固。

第 4.3.2 条 木楼梯的踏步平板、踏步立板与楼梯帮应用暗榫和刻槽连接。踏步平板宜用整块木板制作，如用拼板，应采用龙凤榫连接，防止错缝和开裂。

楼梯扶手宜采用硬木，各段的接头应用暗榫或指形接头加胶连接。

第 4.3.3 条 贴脸板应紧密地固定于门窗框上，贴脸板搭盖在墙上的宽度应不小于10毫米。

第 4.3.4 条 安装护墙板时，木板的年轮凸面应向内放置，木纹和色泽应近似（刷混油时不限）。

第 4.3.5 条 安装窗台板和窗帘盒时，其两侧伸出窗洞以外的长度要一致。在同一房间内，应按相同的标高安装窗台板或窗帘盒，并各自保持水平。宽度大于150毫米的窗台板，拼合时应穿暗带。

第 4.3.6 条 挂镜线和踢脚板应平整地固定于预埋的木砖上，其接头和阴阳角应连接紧密，接口上下平齐。

第 4.3.7 条 其他细木制品的安装允许偏差应符合表4.3.7的规定。

其他细木制品安装允许偏差　　表 4.3.7

项次	制品名称	项目	允许偏差（毫米）
1	楼梯	踏步板的尺寸	1
		栏杆垂直	2
		栏杆间距	3
		扶手纵向弯曲	4
		踏步平板水平	≤1/1000
2	贴脸板	贴脸板内边沿至门窗框裁口的距离	2
3	护墙板	上口平直	3
		垂直	2
		表面平整	1.5
		压缝条间距	2
4	窗台板和窗帘盒	两端高低差	2
		两端离窗洞长度差	3
5	挂镜线	平直	3
6	踢脚板	上口平直	3
		接头平整	0.5
7	配电箱和消火栓箱	两侧高低差	2
		垂直	2
		高度	±2

第四节 保　管

第 4.4.1 条 门窗及其他细木制品应储存在仓库或敞棚中。应按制品的种类、规格水平堆放，底层应搁置在垫木上，在仓库中垫木离地面高度应不小于200毫米，在临时的敞棚中离地面高度应不小于400毫米，使其能自然通风。

第 4.4.2 条 在施工中作为出入口的门窗框应在其立挺和下坎上预钉保护条，以防碰伤或污染。

第五章　木结构的防腐、防虫和防火处理

第 5.0.1 条　木结构的防腐、防虫和防火处理，应按设计要求，并遵照本章的规定进行。

第 5.0.2 条　木结构所用的防腐、防虫和防火剂应符合下列规定：

一、在建筑物预定的使用期限内，木材应保持其防腐、防虫和防火的性能，并对人畜无害；

二、木材经处理后，不得增加吸湿性，不得降低强度，不得腐蚀与木材接触的金属配件。

药剂的选用、验收、储存和运输应按本规范附录六之5的规定进行。

第 5.0.3 条　木结构的防腐、防虫和防火药剂的配制、适用范围按照附录六中的规定执行，其处理方法根据各地的具体条件从附录六中选用。

第 5.0.4 条　工业建筑木结构需作耐酸防腐处理时，应按照《建筑防腐蚀工程施工及验收规范》(TJ212—76)进行处理。

第 5.0.5 条　具有木腐菌感染征象或虫蛀现象的木材和木构件应单独堆置，并先进行毒杀，然后进行防腐、防虫处理，方允许使用。

第 5.0.6 条　需要进行热冷槽或减压、加压处理的木构件，其含水率不应大于25%。

第 5.0.7 条　对于第2.2.21条和第4.1.6条列出的易受潮的木结构或木构件以及某些部位，处于隐蔽状态通风不良的木构件，应根据其遭致腐朽的不同程度，分别选用油类、油溶性或不易流失的水溶性防腐剂。

第 5.0.8 条　采用第2.1.7条和第4.1.7条列出易腐或易受虫蛀的树种木材，或用于虫害严重地区的木结构或细木制品，应选用防腐、防虫效果较好的药剂。

第 5.0.9 条　不同树种和不同规格的木构件应分类进行防腐、防虫处理。

第 5.0.10 条　木结构防腐、防虫处理前、后必须进行检查和记载：

一、处理前的含水率和清除树皮、杂物的情况；

二、防腐、防虫剂的质量证明或试验数据；

三、防腐、防虫剂的配合成分及处理方法；

四、防腐、防虫剂的溶解情况；

五、防腐、防虫剂的透入深度和均匀性；

六、每立方米或每平方米木构件所吸收的防腐、防虫剂数量。

第 5.0.11 条　应根据《建筑设计防火规范》(TJ16—74)的规定和设计的要求，按建筑物耐火等级对木构件耐火极限的要求，确定所采用的防火剂。如采用防火浸渍剂，则应依此确定浸渍的等级。

第 5.0.12 条　对于露天结构或易受潮的木构件，经过防火剂处理后，尚应加防水层保护。

第六章 工程验收

第 6.0.1 条 木结构交工验收时，应作外形及尺寸的检查。必须时还应作现场试验或试验室试验。验收应在抹灰（或油漆）前进行。

第 6.0.2 条 下列结构或构件应进行中间验收，并作出验收记录：

一、在施工过程中被其他结构遮盖的木结构或木构件（隐蔽工程）；

二、需作防腐、防虫、防火或防化学侵蚀处理的木构件。

第 6.0.3 条 在验收时应具备下列文件：

一、施工图，并在图中注明施工中所有的更改内容；

二、允许更改设计的文件；

三、中间验收记录（包括隐蔽工程记录）。

第 6.0.4 条 承重木结构验收时，应检查下列各项：

一、竣工结构是否符合设计要求和本规范的规定（其中包括材质标准和含水率）；

二、各个构件和各个连接处的精确度；

三、建筑物中结构的安装和装配是否正确；

四、已否执行防腐、防虫、防火及防化学侵蚀等措施。

第 6.0.5 条 结构安装后的位置对设计位置的偏差不应大于表6.0.5的规定：

木结构安装位置的允许偏差　　表 6.0.5

项次	项　　目	允许偏差
1	结构中心线的间距	±20毫米
2	结构的垂直度	结构高度的0.5%
3	受压或压弯构件对设计外形	构件长度的1/300
4	支座轴线对支承面中心	±10毫米
5	支座标高	± 5 毫米

第 6.0.6 条 隔墙、楼盖及顶棚等验收时，应检查下列各项：

一、完工的结构是否符合设计的要求和本规范的规定；

二、楼盖夹层和底层地板下空间的自然通风是否通畅；

三、保温层、隔声层和隔潮层及其所采用的材料质量是否符合设计的要求和本规范的规定；

四、已否执行防火安全规定（在烟囱、炉灶、火墙等附近有无隔离层等）和防火处理；

五、已否执行防腐、防虫措施。

第 6.0.7 条 木隔墙和楼盖梁对设计位置的偏差不应大于表6.0.7的规定。

第 6.0.8 条 胶合木结构验收时，应检查下列各项：

一、各批胶料是否符合设计要求（根据胶缝抗剪强度试验记录）；

二、胶缝厚度是否符合规定；

三、胶缝中未胶合处尺寸和位置是否符合规定；

木隔墙和楼盖梁对设计位置的允许偏差　　表 6.0.7

项次	项　　目	允许偏差（毫米）
1	木隔墙全高对竖直线	4
2	楼盖梁底面对水平线 一、在梁的一米长度内 二、在全房间内	 2 10
3	楼盖梁间距	±20

注：本表第 2 项规定的偏差，如使用原木可不受此限制。

四、指接的传力效能是否达到规定标准（根据指接传力效能试验记录）。

第 6.0.9 条　门窗及其他细木制品验收时，应检查下列各项：

一、门窗及其他细木制品的制作质量是否符合设计要求和本规范的规定；

二、门窗安装的留缝宽度、门窗和其他细木制品安装的偏差是否符合本规范的规定；

三、门窗的小五金及合页的安装是否齐全、牢固，位置是否适宜，门窗扇开关是否灵活，并在任何位置上均能保持稳定；

四、是否执行防腐、防虫、防火及防化学侵蚀的措施。

第 6.0.10 条　验收木结构和细木制品的防腐、防虫和防火处理时，除检查其外观外，尚应根据其处理记录，检查药剂的透入深度和均匀性是否符合规定。

附录一　名词对照表

附表 1.1

本规范采用的名词	原规范采用的名词	各地其他习用名词
连　接	结　合	联　结
齿连接	榫结合	槽齿结合，齿联结
檩　条	檩　条	檩子、桁条
椽　条	椽　条	椽子、椽桷、瓦桷
顶　棚	吊　顶	天棚、平顶
搁　栅	搁　栅	楼地楞、地板楞、楞木、龙骨
顶棚搁栅	吊顶搁栅	天棚楞、吊龙骨（吊顶次梁）
隔　墙	隔　墙	间壁墙、间壁
隔墙立筋	隔墙立筋	间壁立柱，墙筋、木筋
护墙板	护墙板	木墙裙、台度
檐口平顶	檐口平顶	檐头盒子
门窗框	门窗樘	—
棂　子	窗棂子	玻璃梗、窗芯子
走　头	—	码　头
披　水	披　水	滴水线、吐水
合　页	合　页	折页、铰链
吊　杆	吊　水	吊　筋
屋面木骨架	屋面木基层	—
保　温	防寒、保温	保暖、隔热

附录二　常用木材的主要特性

1.落叶松　干燥较慢，易开裂，早晚材硬度及收缩差异均大，在生长过程中易轮裂，耐腐性强。

2.陆均松（泪杉）　干燥较慢．若干燥不当，可能翘曲，耐腐性较强，心材耐白蚁。

3.云杉类木材　干燥易，收缩较大，但不易变形，耐腐性中等。

4.软木松　系五针松类，如红松、华山松、广东松、台湾果松、新疆红松等一般干燥易，不易开裂变形，收缩小，耐腐性中等，边材易出现蓝变色。

5.硬木松　系二针或三针松类，如马尾松、云南松、赤松、高山松、黄山松、樟子松、油松等干燥时可能翘裂，不耐腐，最易受白蚁侵害，边材蓝变色最常见。

6.铁杉　干燥较易，耐腐性中等。

7.青冈（槠木）　干燥困难，较易开裂，收缩颇大，甚重甚硬，耐腐性强。

8.栎木（柞木）及椆木　干燥困难，易开裂，收缩甚大，强度高，甚重甚硬，耐腐性强。

9.水曲柳　干燥困难，易翘裂，耐腐性较强。

10.桦木　干燥过程中易翘裂，较重较硬，强度高，不耐腐。

注：耐腐性系指心材部分在室外条件下而言，边材一般均不耐腐。干燥难易系指板、方材而言。

附录三　木材含水率的测定

测定木材含水率的方法有两种，即重量法和电测法。

一、重量法

1.试样的截取：试样可从试验的木材上离端头200毫米处截取，尺寸可取20×20×30毫米，截取后应用毛刷除去锯屑。试样数量为5个。

2.测定步骤：试样截得后应立即称量，准确度为0.001克，然后将试样放入烘箱，保持103±2°C的温度，软木烘6～8小时，硬木8～10小时，进行第一次称量，以后每隔2小时称量一次，至最后两次重量之差小于0.002克时，即认为达到烘干。将试样自烘箱内取出，置于玻璃干燥器中，待其冷却后，自干燥器中取出称量。

3.含水率计算：试样含水率（W）按下式计算，以百分率计，准确到0.1%。

$$W=\frac{G_g-G_h}{G_h}\times 100$$

式中　G_g——检验时试样重量，以克计；

G_h——烘干后试样重量，以克计。

将5个试样的试验数据及计算结果记入下列的记录表，并求得其平均值。

含水率测定记录

树种：　试验室温度：　°C；　试验室相对湿度：　%

试样标号	重量（克）			含水率(%)	备注
	检验时试样重 G_g	烘干后试样重 G_h	蒸发的水分 (G_g-G_h)	$W=\frac{G_g-G_h}{G_h}$	

记录者　　　　年　月　日

二、电测法

应用木材含水率测定仪直接测量。我国目前生产多种型号的这种仪器，是根据木材含水率与木材导电性能的关系制成的。量测简单，便于携带，可用于工地测定，但测量的深度一般仅达木材表层20毫米。

当需测定木料全截面内外各处的含水率，则应将木料端头截去200毫米，并立即量测。

附录四　胶结能力的测定

胶结能力根据胶缝顺纹剪切强度试验测定。

采用含水率为W≤15%用作胶合构件的木材制作试胚（附图4.1）。试胚由两块25×60×320毫米的木板组成。木纹应与木板长度方向平行，年轮与胶合面成40°～90°角。

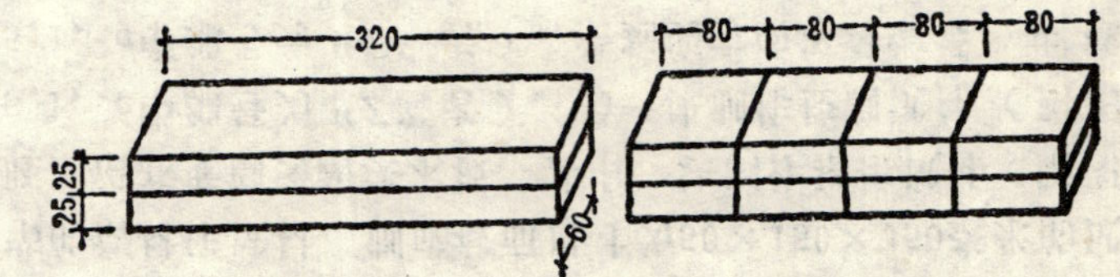

附图 4.1　试胚的尺寸

木板刨光后，胶合面应接触严密，边角应完整准确。胶合面应在刨光后两小时内涂胶。涂胶前，应用刷子清除胶合面上的木屑及其他污垢。涂胶后应放置15分钟再拼合加压，压力取4～6千克力/平方厘米。制作试胚的室温应符合第3.3.1条规定。

试胚在加压器中放置24小时，取出后再养护24小时。将试胚截成四块，按附图4.2所示尺寸制作剪切试件。

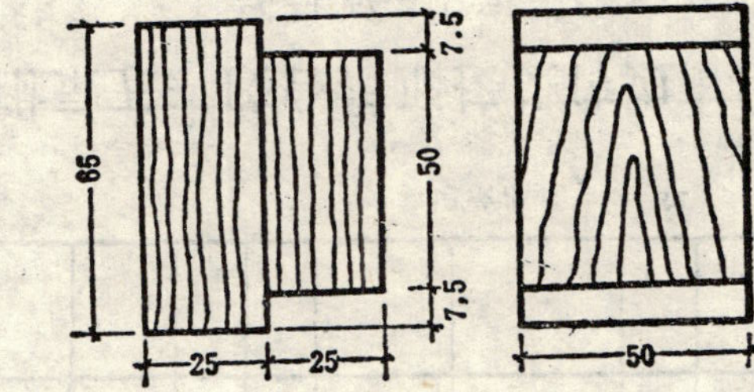

附图 4.2　胶缝顺纹剪切试件

试件应用角尺检查，两端必须与侧边垂直，端面必须平整。试件受剪面的尺寸允许偏差应小于0.5毫米。取两个试件作干状试验，另两个浸水24小时后作湿状试验。采用耐水胶时，可不作湿状试验。

胶缝剪切强度试验应在专门夹具（附图4.3）中测定。试验应在胶合后的3～5天内进行。

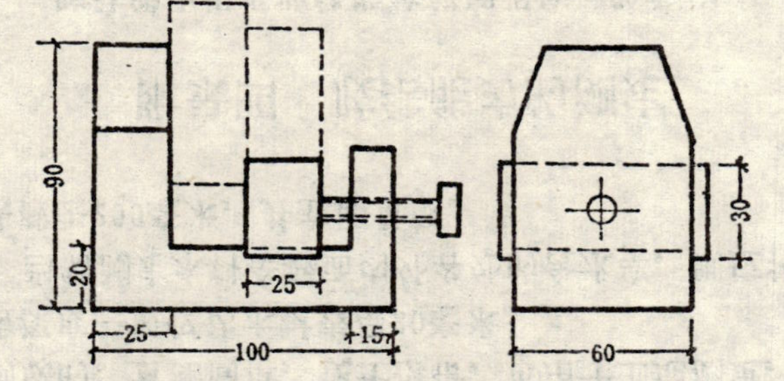

附图 4.3 胶缝剪切试验夹具

试验时，应先用游标卡尺量测剪切面尺寸，试件放在夹具上应保证胶合面与荷重方向一致。加荷要均匀，加荷速度要控制试件在3～5分钟内破坏。测力盘的读数精度应达到估计破坏荷载的1％或以下。

剪切强度极限R按下式计算：

$$R=\frac{P}{A}$$

式中 P——最大荷载；

A——剪切面积。

试验记录应包括：强度极限及破坏特征。破坏特征要求标出木材破坏面积与胶合面总面积之比，量测准确度应达到5％。

胶缝剪切强度试验记录

材 种 ， 试验室温度： °C；
加荷速度 千克力/分 试验室相对湿度 ％；

试件编号	试件尺寸最大			含水率	年轮	荷载	强度极限	破坏特征	备注
	高（厘米）	宽（厘米）	面积（平方厘米）	（％）		（千克力）	（千克力/平方厘米）		

记录者 年 月 日

附录五 胶合指形接头传力效能的测定

指接的传力效能采用指接试件与清材控制试件受拉对比试验测定：

$$K_{r}=\frac{R_{L}^{z}}{R_{L}^{C}} \tag{附式5.1}$$

式中 K_{r}——指接受拉的传力效能；

R_{L}^{z}——指接试件的受拉强度（千克力/平方厘米）；

R_{L}^{C}——清材控制试件的受拉强度（千克力/平方厘米）。

应从制作成批胶合构件的木料中选取木纹平直、无木节的清材作试材，制成截面尺寸为50×150×450毫米的试胚，沿高度剖为两块木板，其中一块制作指接试件（附图5.1，a中编号为“Z”者），另一块制作控制试件（附图5.1，a中编号为“C”者）。沿宽度方向逐对编号，共截取 6 对双生试件。

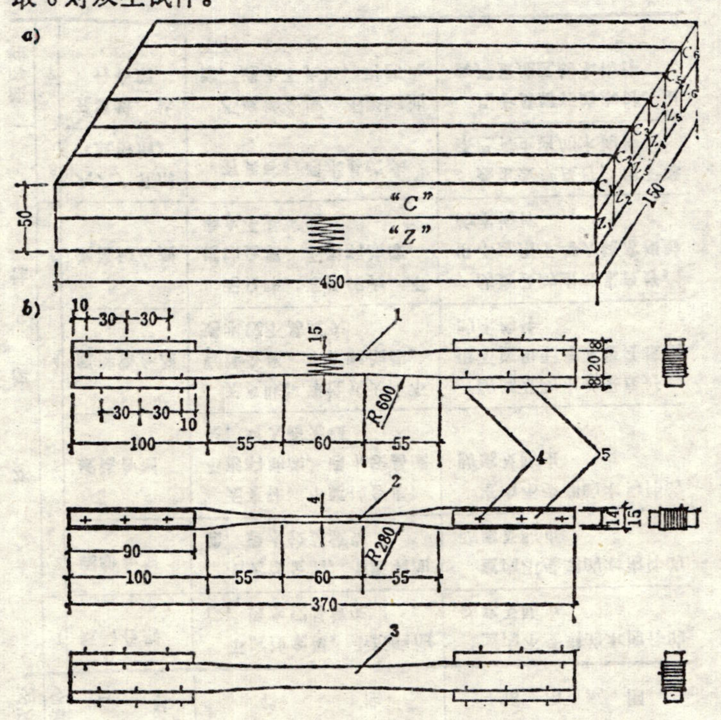

附图 5.1 测定指接传力效能的试胚和试件

a）试胚，b）试件形状及尺寸

1—指接试件的正面；2—试件的侧面；3—控制试件的正面；4—木螺钉；5—木夹垫

不论指接试件或清材控制试件均应按照中华人民共和国国家标准《木材顺纹抗拉强度试验方法》(GB1938—80)的规定进行试验，试件的形状及尺寸示于附图5.1，b中。

制作指接试件时，应将用作指接试件的木板沿中线截为两段，分别在铣床上加工指形。胶合加压，端压力取8千克力/平方厘米，养护24小时。然后沿纵向截为 6 个小方，按规定的形状和尺寸加工试件。

当采用软质木材时，必须在两端受夹持部分的窄面，附以8×14×90毫米的硬木夹垫（附图5.1,b中标为“5”者），用胶合剂或木螺钉固定在试件上。硬质木材试件，可不用木夹垫。

将试验数据和破坏特征记入下列格式的记录表内。凡沿指根截面拉断的指接试件的受拉强度极限，可与对应的清材控制试件的抗拉强度极限对比，逐对代入附式5.1，求得传力效能。经统计分析后，当变异系数不大于12%时，则认为所得传力效能平均值有效。若沿胶缝破坏的指接试件数量超过1/3时，则说明指接铣刀的几何参数选择不当，不能满足承重构件传力的要求，应改选其他几何参数的铣刀，重新进行试验。

指接试件（或清材控制试件）抗拉强度试验记录表

树种：　　；试验室温度：　　°C；试验室相对湿度　　%；

加荷速度：　　千克力/分

试件编号	试件有效部分尺寸			含水率（%）	最大荷载（千克力）	强度极限（千克力/平方厘米）	破坏特征	备注
	宽度（厘米）	厚度（厘米）	面积（平方厘米）					

记录者　　年　月　日

附录六　木材防腐、防虫及防火药剂

1.木材防腐、防虫药剂特性及适用范围列于附表6.1：

附表 6.1

类别	编号	名　称	特　性	适用范围
水溶性	1	氟酚合剂	不腐蚀金属，不影响油漆，遇水较易流失	室内不受潮的木构件的防腐及防虫
	2	硼酚合剂	不腐蚀金属，不影响油漆，遇水较易流失	室内不受潮的木构件的防腐及防虫
	3	硼铬合剂	无臭味，不腐蚀金属，不影响油漆，遇水较易流失，对人畜无毒	室内不受潮的木构件的防腐及防虫
	4	氟砷铬合剂	无臭味，毒性较大，不腐蚀金属，不影响油漆，遇水较不易流失	防腐及防虫效果良好，但不应用于与人经常接触的木构件
	5	铜铬砷合剂	无臭味，毒性较大，不腐蚀金属，不影响油漆，遇水不易流失	防腐及防虫效果良好，但不应用于与人经常接触的木构件
	6	六六六乳剂（或粉剂）	有臭味，遇水易流失	杀虫效果良好，用于毒杀已有虫害的木构件
油溶性	7	五氯酚、林丹合剂	不腐蚀金属，不影响油漆，遇水不流失，对防火不利	用于易腐朽的木材、虫害严重地区的木构件

续附表

类别	编号	名　称	特　性	适用范围
油类	8	混合防腐油（或蒽油）	有恶臭，木材处理后呈黑褐色，不能油漆，遇水不流水，对防火不利	用于经常受潮或与砌体接触的木构件的防腐和防白蚁
	9	强化防腐油	有恶臭，木材处理后呈黑褐色，不能油漆，遇水不流水，对防火不利	用于经常受潮或与砌体接触的木构件的防腐和防白蚁，效果较高
浆膏	10	氟砷沥青浆膏	有恶臭，木材处理后呈黑褐色，不能油漆，遇水不流失	用于经常受潮或处于通风不良情况下的木构件的防腐和防虫

注：1.油溶性药剂是指溶于柴油。
2.沥青只能防水，不能防腐，用以构成浆膏。

2.木材防腐、防虫药剂的配制及处理方法列于附表6.2：

附表 6.2

类别	编号	名　称	配方组成（%）	浓度（%）	剂　量	处理方法
水溶性	1	氟酚合剂	五氯酚钠 35 氟化钠 60 碳酸钠 5	5	4.5～6千克/立方米（干剂）	常温浸渍，热冷槽处理，加压处理
	2	硼酚合剂	硼酸 30 硼砂 35 五氯酚钠 35	5	4.5～6千克/立方米（干剂）白蚁严重地区用8千克/立方米	常温浸渍，热冷槽处理，加压处理
	3	硼铬合剂	硼酸 40 硼砂 40 重铬酸钠（或重铬酸钾） 20	5	6千克/立方米（干剂）	常温浸渍，热冷槽处理，加压处理

续附表

类别	编号	名称	配方组成(%)	浓度(%)	剂量	处理方法
水	4	氟砷铬合剂	氟化钠 60 砷酸钠(或砷酸氢钠) 20 重铬酸钠 20	5	4.5～6千克/立方米(干剂)	常温浸渍 热冷槽处理, 加压处理, 减压处理
溶	5	铜铬砷合剂	硫酸铜 35 重铬酸钾 45 砷酸氢二钠 20	5	4.5～6千克/立方米(干剂)	常温浸渍, 加压处理, 减压处理
性	6	六六六乳剂	单剂	0.5～1.0	0.25～0.3千克/立方米(溶液)	喷涂2～3次
油溶性	7	五氯酚、林丹合剂	五氯酚 4 林丹(或氯丹) 1 柴油 95	5	4～5千克/立方米(干剂)涂刷法 0.3～0.4千克/立方米	常温浸渍, 热冷槽处理, 加压处理, 双真空处理
油类	8	混合防腐油(或蒽油)	煤杂酚油(即50木材防腐油) 煤焦油 50 (100)	—	100～120千克/立方米 涂刷法 0.5～0.6千克/立方米	热冷槽处理, 加压处理 涂刷2～3次
油类	9	强化防腐油	混合防腐油 97 (或蒽油) 五氯酚 3	—	80～100千克/立方米 涂刷法 0.5～0.6千克/立方米	热冷槽处理 加压处理 涂刷2～3次
浆膏	10	氟砷沥青浆膏	氟化钠 40 砷酸钠 10 60号石油沥青22 柴油(或煤油)28	—	0.7～1.0千克/立方米	涂刷一次

3.木材防火浸渍剂的特性和用途列于附表6.3：

附表 6.3

编号	名称	配方组成(%)	特性	适用范围	处理方法
1	铵氟合剂	磷酸铵 27 硫酸铵 62 氟化钠 11	空气相对湿度超过80%时易吸湿，降低木材强度10～15%	不受潮的木结构	加压浸渍
2	氨基树脂1384型	甲醛 46 尿素 4 双氰胺 18 磷酸 32	空气相对湿度在100%以下，温度为25°C时，不吸湿，不降低木材强度	不受潮的细木制品	加压浸渍
3	氨基树脂OP144型	甲醛 26 尿素 5 双氰胺 7 磷酸 28 氨水 34	空气相对湿度在85%以下，温度为20°C时，不吸湿，不降低木材强度	不受潮的细木制品	加压浸渍

注：木材防火浸渍等级的要求分为三级：
一级浸渍——吸收量应达80千克/立方米，保证木材无可燃性；
二级浸渍——吸收量应达48千克/立方米，保证木材缓燃；
三级浸渍——吸收量应达20千克/立方米，在露天火源作用下，能延迟木材燃烧起火。

4.木材的防火涂料——丙烯酸乳胶涂料，每平方米的用量不得少于0.5千克。这种涂料无抗水性，可用于顶棚、木屋架及室内细木制品。

5.药剂的经收、运输和储存：

（1）药剂应按说明书验收；

（2）药剂运输和储存时，其包装应符合规定；

（3）药剂应储存在封闭的仓库中，并与其他材料隔离；

（4）可燃或易爆炸的药剂应遵守有关可燃或爆炸材料储存规程的规定；

（5）药剂的运输、装卸和使用应遵守有关工业毒物安全技术规则的规定。

附录七 受拉螺栓、圆钢拉杆的钢垫板尺寸表

附表 7.1

螺栓直径 d（毫米）	正方形垫板尺寸（毫米）			
	木材容许横纹承压应力（千克力/平方厘米）			
	38	34	30	28
12	60×6	60×6	60×6	60×6
14	70×7	70×7	70×7	70×7
16	80×8	80×8	90×8	90×8
18	80×9	90×9	90×9	90×9
20	90×10	100×10	100×10	110×10
22	100×11	110×11	120×11	120×11
25	120×12	120×12	130×12	130×12
28	130×15	140×15	150×15	150×15
30	140×15	150×15	160×15	160×15
32	150×16	160×16	170×16	170×16
36	170×18	180×18	190×18	190×18
38	180×20	190×20	200×20	200×20

注：1.钢材用3号钢。

2.木材容许横纹承压应力根据采用的树种从《木结构设计规范》（GBJ 5—73）表5中查得。

附录八 规范用词说明

本规范的条文中，要求严格程度的用词，说明如下，以便在执行时区别对待：

1.表示很严格，非这样作不可的用词：正面词采用“必须”，反面词采用“严禁”。

2.表示严格，在正常情况下均应这样作的用词：正面词采用“应”，反面词采用“不应”或“不得”。

3.表示允许稍有选择，在条件许可时首先应这样作的用词：正面词采用“宜”或“可”，反面词采用“不宜”。

中华人民共和国国家标准

屋面工程技术规范

Technical code for roof engineering

GB 50207—94

主编部门：山 西 省 建 设 厅
批准部门：中华人民共和国建设部
施行日期：1994 年 11 月 1 日

关于发布国家标准《屋面工程技术规范》的通知

建标〔1994〕200号

根据国家计委计综合〔1991〕290号文的要求，由山西省城乡建设环境保护厅会同有关部门共同修订的《屋面工程技术规范》，已经有关部门会审。现批准《屋面工程技术规范》GB 50207-94为强制性国家标准，自1994年11月1日起施行。原国家标准《屋面工程施工及验收规范》GBJ 207-83同时废止。

本规范由山西省城乡建设环境保护厅负责管理，其具体解释等工作由山西省建筑工程总公司负责。出版发行由建设部标准定额研究所负责组织。

中华人民共和国建设部
1994年3月16日

1 总　　则

1.0.1 为提高我国屋面工程的技术水平，确保防水、保温隔热工程的质量，制定本规范。

1.0.2 本规范适用于工业与民用建筑屋面工程的设计、施工及验收。

1.0.3 屋面工程的设计、施工及验收，除应符合本规范外，尚应符合国家现行有关标准规范的规定。

2 术　　语

2.0.1 防水层耐用年限：指屋面防水层能满足正常使用要求的期限。

2.0.2 一道防水设防：具有单独防水能力的一个防水层次。

2.0.3 沥青防水卷材：用原纸、纤维织物、纤维毡等胎体材料浸涂沥青，表面撒布粉状、粒状或片状材料制成可卷曲的片状防水材料。

2.0.4 高聚物改性沥青防水卷材：以合成高分子聚合物改性沥青为涂盖层，纤维织物或纤维毡为胎体、粉状、粒状、片状或薄膜材料为覆面材料制成可卷曲的片状防水材料。

2.0.5 合成高分子防水卷材：以合成橡胶、合成树脂或它们两者的共混体为基料，加入适量的化学助剂和填充料等，经不同工序加工而成可卷曲的片状防水材料；或把上述材料与合成纤维等复合形成两层或两层以上可卷曲的片状防水材料。

2.0.6 冷玛琋脂：由石油沥青、填充料、溶剂等配制而成的冷用沥青胶结材料。

2.0.7 基层处理剂：为了增强防水材料与基层之间的粘结力，在防水层施工前，预先涂刷在基层上的涂料。

2.0.8 分格缝：为了减少裂缝，在屋面找平层、刚性防水层、刚性保护层上预先留设的缝。刚性保护层仅在表面上作成V形槽，称为表面分格缝。

2.0.9 满粘法（全粘法）：铺贴防水卷材时，卷材与基层采用全部粘结的施工方法。

2.0.10 空铺法：铺贴防水卷材时，卷材与基层仅在四周一定宽度内粘结，其余部分不粘结的施工方法。

2.0.11 条粘法：铺贴防水卷材时，卷材与基层采用条状粘结的施工方法。每幅卷材与基层粘结面不少于两条，每条宽度不小于150mm。

2.0.12　点粘法：铺贴防水卷材时，卷材或打孔卷材与基层采用点状粘结的施工方法。每平方米粘结不少于5个点，每点面积为100mm×100mm。

2.0.13　热熔法：采用火焰加热器熔化热熔型防水卷材底层的热熔胶进行粘结的施工方法。

2.0.14　冷粘法（冷施工）：采用胶粘剂或冷玛𤃩脂进行卷材与基层、卷材与卷材的粘结，而不需要加热施工的方法。

2.0.15　自粘法：采用带有自粘胶的防水卷材，不用热施工，也不需涂胶结材料，而进行粘结的施工方法。

2.0.16　热风焊接法：采用热空气焊枪进行防水卷材搭接粘合的施工方法。

2.0.17　沥青基防水涂料：以沥青为基料配制成的水乳型或溶剂型防水涂料。

2.0.18　高聚物改性沥青防水涂料：以沥青为基料，用合成高分子聚合物进行改性，配制成的水乳型或溶剂型防水涂料。

2.0.19　合成高分子防水涂料：以合成橡胶或合成树脂为主要成膜物质，配制成的单组份或多组份的防水涂料。

2.0.20　胎体增强材料：是指在涂膜防水层中增强用的化纤无纺布、玻璃纤维网布等材料。

2.0.21　改性沥青密封材料：用沥青为基料，用适量的合成高分子聚合物进行改性，加入填充料和其他化学助剂配制而成的膏状密封材料。

2.0.22　合成高分子密封材料：以合成高分子材料为主体，加入适量的化学助剂、填充料和着色剂，经过特定的生产工艺加工而成的膏状密封材料。

2.0.23　接缝位移：在屋盖系统中，因温度、外力引起接缝间隙的变化。

2.0.24　拉伸-压缩循环性：反映密封材料在使用过程中，因温度变化引起接缝位移而经受周期性拉、压循环后，保持密封的能力。

2.0.25　背衬材料：为控制密封材料的嵌填深度，防止密封材料和接缝底部粘结，在接缝底部与密封材料中间设置可变形的材料。

2.0.26　块体刚性防水层：以掺入防水剂的防水水泥砂浆为底层防水层，中间铺砌粘土砖等块材，再用防水水泥砂浆灌缝并抹防水面层。

2.0.27　架空隔热屋面：用烧结粘土或混凝土制成的薄型制品，覆盖在屋面防水层上并架设一定高度的空间，利用空气流动加快散热，起到隔热作用的屋面。

2.0.28　蓄水屋面：在屋面防水层上蓄一定高度的水，起到隔热作用的屋面。

2.0.29　种植屋面：在屋面防水层上覆土或铺设锯末、蛭石等松散材料，并种植植物，起到隔热作用的屋面。

2.0.30　倒置式屋面：将憎水性保温材料设置在防水层上的屋面。

2.0.31　压型钢板：以镀锌钢板为基材，经成型机轧制，并敷以各种防腐耐蚀涂层与彩色烤漆而制成的轻型屋面材料。

3 基本规定

3.0.1 屋面工程应根据建筑物的性质、重要程度、使用功能要求以及防水层耐用年限等，将屋面防水分为四个等级，按不同等级进行设防，并应符合表3.0.1的要求。

3.0.2 屋面工程应根据工程特点、地区自然条件等，按照屋面防水等级的设防要求，进行防水构造设计，重要部位应有详图。

3.0.3 屋面工程设计时，对水落管的管径、数量和保温层的厚度等，应通过计算确定。

3.0.4 屋面工程如采用多种防水材料复合使用时，耐老化、耐穿刺的防水材料应放在最上面。

3.0.5 屋面工程施工前，施工单位应通过图纸会审，掌握施工图中的细部构造及有关技术要求，并应编制防水工程的施工方案或技术措施。

3.0.6 屋面工程施工中，应按施工工序、层次进行检验，合格后方可进行下道工序、层次的作业。

3.0.7 屋面工程的防水必须由防水专业队伍或防水工施工。严禁非防水专业队伍或非防水工进行屋面工程的防水施工。

3.0.8 屋面工程所采用的防水、保温隔热材料应有材料质量证明文件，并经指定的质量检测部门认证，确保其质量符合技术要求。

材料进场后，施工单位应按规定取样复试，提出试验报告，严禁在工程中使用不合格的材料。

3.0.9 当下道工序或相邻工程施工时，对屋面工程已完成的部分应采取保护措施，防止损坏。

3.0.10 伸出屋面的管道、设备或预埋件等，应在防水层施工前安设完毕。屋面防水层完工后，应避免在其上凿孔打洞。

屋面防水等级和设防要求 表 3.0.1

项目	屋面防水等级			
	Ⅰ	Ⅱ	Ⅲ	Ⅳ
建筑物类别	特别重要的民用建筑和对防水有特殊要求的工业建筑	重要的工业与民用建筑、高层建筑	一般的工业与民用建筑	非永久性的建筑
防水层耐用年限	25年	15年	10年	5年
防水层选用材料	宜选用合成高分子防水卷材、高聚物改性沥青防水卷材、合成高分子防水涂料、细石防水混凝土等材料	宜选用高聚物改性沥青防水卷材、合成高分子防水卷材、合成高分子防水涂料、高聚物改性沥青防水涂料、细石防水混凝土、平瓦等材料	应选用三毡四油沥青防水卷材、高聚物改性沥青防水卷材、合成高分子防水卷材、高聚物改性沥青防水涂料、合成高分子防水涂料、沥青基防水涂料、刚性防水层、平瓦、油毡瓦等材料	可选用二毡三油沥青防水卷材、高聚物改性沥青防水涂料、沥青基防水涂料、波形瓦等材料
设防要求	三道或三道以上防水设防，其中应有一道合成高分子防水卷材，且只能有一道厚度不小于2mm的合成高分子防水涂膜	二道防水设防，其中应有一道卷材。也可采用压型钢板进行一道设防	一道防水设防，或两种防水材料复合使用	一道防水设防

3.0.11 屋面工程应建立管理、维修、保养制度，由专人负责定期进行检查维修。

4 卷材防水屋面

4.1 一 般 规 定

4.1.1 卷材防水屋面适用于防水等级为Ⅰ～Ⅳ级的屋面防水。

4.1.2 屋面结构层为装配式钢筋混凝土板时，应采用细石混凝土灌缝，其强度等级不应小于C20。灌缝的细石混凝土宜掺微膨胀剂。当屋面板板缝宽度大于40mm或上窄下宽时，板缝内应设置构造钢筋。

4.1.3 找平层表面应压实平整，排水坡度应符合设计要求。采用水泥砂浆找平层时，水泥砂浆抹平收水后应二次压光，充分养护，不得有酥松、起砂、起皮现象。

4.1.4 基层与突出屋面结构（女儿墙、立墙、天窗壁、变形缝、烟囱等）的连接处，以及基层的转角处（水落口、檐口、天沟、檐沟、屋脊等），均应做成圆弧。圆弧半径应根据卷材种类按表4.1.4选用。内部排水的水落口周围应做成略低的凹坑。

转角处圆弧半径 **表 4.1.4**

卷 材 种 类	圆弧半径(mm)
沥青防水卷材	100～150
高聚物改性沥青防水卷材	50
合成高分子防水卷材	20

4.1.5 铺设屋面隔汽层和防水层前，基层必须干净、干燥。

注：干燥程度的简易检验方法，是将1m² 卷材平坦地干铺在找平层上，静置3～4h后掀开检查，找平层覆盖部位与卷材上未见水印即可铺设隔汽层或防水层。

4.1.6 采用基层处理剂时，其配制与施工应符合下列规定：

4.1.6.1 基层处理剂的选择应与卷材的材性相容。

4.1.6.2 基层处理剂可采取喷涂法或涂刷法施工。喷、涂应均匀一致。当喷、涂二遍时，第二遍喷、涂应在第一遍干燥后进行。待最后一遍喷、涂干燥后，方可铺贴卷材。

4.1.6.3 喷、涂基层处理剂前，应用毛刷对屋面节点、周边、拐角等处先行涂刷。

4.1.7 卷材铺设方向应符合下列规定：

4.1.7.1 屋面坡度小于3%时，卷材宜平行屋脊铺贴。

4.1.7.2 屋面坡度在3%～15%之间时，卷材可平行或垂直屋脊铺贴。

4.1.7.3 屋面坡度大于15%或屋面受震动时，沥青防水卷材应垂直屋脊铺贴；高聚物改性沥青防水卷材和合成高分子防水卷材可平行或垂直屋脊铺贴。

4.1.7.4 上下层卷材不得相互垂直铺贴。

4.1.8 屋面防水层施工时，应先做好节点、附加层和屋面排水比较集中部位（屋面与水落口连接处、檐口、天沟、檐沟、屋面转角处、板端缝等）的处理，然后由屋面最低标高处向上施工。铺贴天沟、檐沟卷材时，宜顺天沟、檐沟方向，减少搭接。

4.1.9 卷材搭接的方法、宽度和要求，应根据屋面坡度、年最大频率风向和卷材的材性决定。

4.1.9.1 铺贴卷材应采用搭接法，上下层及相邻两幅卷材的搭接缝应错开。平行于屋脊的搭接缝应顺流水方向搭接；垂直于屋脊的搭接缝应顺年最大频率风向搭接。

4.1.9.2 各种卷材搭接宽度应符合表4.1.9的要求。

4.1.9.3 高聚物改性沥青防水卷材和合成高分子防水卷材的搭接缝，宜用材性相容的密封材料封严。

4.1.9.4 叠层铺设的各层卷材，在天沟与屋面的连接处，应采用叉接法搭接，搭接缝应错开；接缝宜留在屋面或天沟侧面，不宜留在沟底。

4.1.10 在铺贴卷材时，不得污染檐口的外侧和墙面。

卷材搭接宽度 表 4.1.9

搭接方向		短边搭接宽度(mm)		长边搭接宽度(mm)	
卷材种类 \ 铺贴方法		满粘法	空铺法 点粘法 条粘法	满粘法	空铺法 点粘法 条粘法
沥青防水卷材		100	150	70	100
高聚物改性沥青防水卷材		80	100	80	100
合成高分子防水卷材	粘结法	80	100	80	100
	焊接法	50			

4.2 材 料 要 求

4.2.1 沥青防水卷材的质量应符合下列要求：

4.2.1.1 沥青防水卷材的外观质量和规格应符合表4.2.1-1和表4.2.1-2的要求。

沥青防水卷材的外观质量要求 表 4.2.1-1

项目	外观质量要求
孔洞、硌伤	不允许
露胎、涂盖不匀	不允许
折纹、折皱	距卷芯1000mm以外，长度不应大于100mm
裂 纹	距卷芯1000mm以外，长度不应大于10mm
裂口、缺边	边缘裂口小于20mm，缺边长度小于50mm，深度小于20mm，每卷不应超过四处
接 头	每卷不应超过一处

4.2.1.2 沥青防水卷材的物理性能应符合表4.2.1-3的要求。

4.2.2 高聚物改性沥青防水卷材的质量应符合下列要求：

4.2.2.1 高聚物改性沥青防水卷材的外观质量和规格应符合表4.2.2-1和表4.2.2-2的要求。

沥青防水卷材规格 表 4.2.1-2

标 号	宽度(mm)	每卷面积(m²)	卷 重 (kg)	
350 号	915	20±0.3	粉 毡	≥28.5
	1000		片 毡	≥31.5
500 号	915	20±0.3	粉 毡	≥39.5
	1000		片 毡	≥42.5

沥青防水卷材的物理性能 表 4.2.1-3

项 目		性能要求	
		350 号	500 号
纵向拉力(25±2℃时)		≥340 N	≥440 N
耐热度(85±2℃，2h)		不流淌，无集中性气泡	
柔性(18±2℃)		绕φ20mm圆棒无裂纹	绕φ25mm圆棒无裂纹
不透水性	压 力	≥0.10MPa	≥0.15MPa
	保持时间	≥30min	≥30min

高聚物改性沥青防水卷材的外观质量要求 表 4.2.2-1

项 目	外 观 质 量 要 求
断裂、皱折、孔洞、剥离	不 允 许
边缘不整齐、砂砾不均匀	无明显差异
胎体未浸透、露胎	不 允 许
涂盖不均匀	不 允 许

高聚物改性沥青防水卷材规格 表 4.2.2-2

厚 度 (mm)	宽 度 (mm)	每卷长度 (m)
2.0	≥1000	15.0～20.0
3.0	≥1000	10.0
4.0	≥1000	7.5
5.0	≥1000	5.0

4.2.2.2 高聚物改性沥青防水卷材的物理性能应符合表4.2.2-3的要求。

高聚物改性沥青防水卷材的物理性能 表 4.2.2-3

项目		性能要求			
		Ⅰ类	Ⅱ类	Ⅲ类	Ⅳ类
拉伸性能	拉力	≥400N	≥400N	≥50N	≥200N
	延伸率	≥30%	≥5%	≥200%	≥3%
耐热度(85±2℃, 2h)		不流淌，无集中性气泡			
柔性(-5℃～-25℃)		绕规定直径圆棒无裂纹			
不透水性	压力	≥0.2MPa			
	保持时间	≥30min			

注：①Ⅰ类指聚酯毡胎体，Ⅱ类指麻布胎体，Ⅲ类指聚乙烯膜胎体，Ⅳ类指玻纤毡胎体；
②表中柔性的温度范围系表示不同档次产品的低温性能。

4.2.3 三元乙丙、聚氯乙烯、氯化聚乙烯、氯磺化聚乙烯和氯化聚乙烯橡胶共混的合成高分子防水卷材质量要求，应符合本规范第4.2.4条的规定。除此之外，其他类型的合成高分子防水卷材，当在屋面防水工程中使用时，应有成果鉴定证明和产品质量标准，并应经屋面工程实践检验，符合防水功能要求。

4.2.4 合成高分子防水卷材的质量应符合下列要求。

4.2.4.1 合成高分子防水卷材的外观质量和规格应符合表4.2.4-1和表4.2.4-2的要求。

合成高分子防水卷材的外观质量要求 表 4.2.4-1

项目	外观质量要求
折痕	每卷不超过2处，总长度不超过20mm
杂质	大于0.5mm颗粒不允许
胶块	每卷不超过6处，每处面积不大于4mm²
缺胶	每卷不超过6处，每处不大于7mm，深度不超过本身厚度的30%

合成高分子防水卷材规格 表 4.2.4-2

厚度 (mm)	宽度 (mm)	每卷长度 (m)
1.0	≥1000	20.0
1.2	≥1000	20.0
1.5	≥1000	20.0
2.0	≥1000	10.0

4.2.4.2 合成高分子防水卷材的物理性能应符合表4.2.4-3的要求。

合成高分子防水卷材的物理性能 表 4.2.4-3

项目		性能要求		
		Ⅰ	Ⅱ	Ⅲ
拉伸强度		≥7MPa	≥2MPa	≥9MPa
断裂伸长率		≥450%	≥100%	≥10%
低温弯折性		-40℃	-20℃	-20℃
		无裂纹		
不透水性	压力	≥0.3MPa	≥0.2MPa	≥0.3MPa
	保持时间	≥30min		
热老化保持率 (80±2℃, 168h)	拉伸强度	≥80%		
	断裂伸长率	≥70%		

注：Ⅰ类指弹性体卷材，Ⅱ类指塑性体卷材，Ⅲ类指加合成纤维的卷材。

4.2.5 卷材的贮运、保管应符合下列规定：

4.2.5.1 不同品种、标号、规格和等级的产品应分别堆放。

4.2.5.2 应贮存在阴凉通风的室内，避免雨淋、日晒和受潮，严禁接近火源。沥青防水卷材贮存环境温度不得高于45℃。

4.2.5.3 卷材宜直立堆放，其高度不宜超过两层，并不得倾斜或横压，短途运输平放不宜超过四层。

4.2.5.4 应避免与化学介质及有机溶剂等有害物质接触。

4.2.6 卷材胶粘剂的质量应符合下列要求：

4.2.6.1 改性沥青胶粘剂的粘结剥离强度不应小于8N/10mm。

4.2.6.2 合成高分子胶粘剂的粘结剥离强度不应小于15N/10mm，浸水168h后粘结剥离强度保持率不应小于70%。

4.2.7 卷材胶粘剂的贮运、保管应符合下列规定：

4.2.7.1 不同品种、规格的胶粘剂应分别用密封桶包装。

4.2.7.2 胶粘剂应贮存在阴凉通风的室内，严禁接近火源和热源。

4.2.8 进场材料抽样复验应符合下列规定：

4.2.8.1 同一品种、牌号和规格的卷材，抽验数量为：大于1000卷抽取5卷；500～1000卷抽取4卷；100～499卷抽取3卷；小于100卷抽取2卷。

4.2.8.2 将抽检的卷材开卷进行规格和外观质量检验，全部指标达到标准规定时，即为合格。其中如有一项指标达不到要求，应在受检产品中加倍取样复检，全部达到标准规定为合格。复检时有一项指标不合格，则判定该产品外观质量为不合格。

4.2.8.3 卷材物理性能应检验下列项目：

（1）沥青防水卷材：拉力、耐热度、柔性和不透水性；

（2）高聚物改性沥青防水卷材：拉伸性能、耐热度、柔性和不透水性；

（3）合成高分子防水卷材：拉伸强度、断裂伸长率、低温弯折性和不透水性。

4.2.8.4 胶粘剂物理性能应检验下列项目：

（1）改性沥青胶粘剂：粘结剥离强度；

（2）合成高分子胶粘剂：粘结剥离强度和粘结剥离强度浸水后保持率。

4.3 设 计 要 点

4.3.1 屋面防水等级为Ⅰ级或Ⅱ级的多道防水设防时，可采用多道卷材，亦可采用卷材、涂膜、刚性防水复合使用。

4.3.2 屋面防水卷材的选择应符合下列规定：

4.3.2.1 根据当地历年最高气温、最低气温、屋面坡度和使用条件等因素，应选择耐热度和柔性相适应的卷材。

4.3.2.2 根据地基变形程度、结构形式、当地年温差、日温差和震动等因素，应选择拉伸性能相适应的卷材。

4.3.2.3 根据屋面防水卷材的暴露程度，应选择耐紫外线、热老化保持率或耐霉烂性能相适应的卷材。

4.3.2.4 屋面防水等级为Ⅰ级时，合成高分子防水卷材厚度不应小于1.5mm；高聚物改性沥青防水卷材厚度不宜小于3mm。屋面防水等级为Ⅱ级时，合成高分子防水卷材厚度不应小于1.2mm；高聚物改性沥青防水卷材厚度不宜小于3mm。屋面防水等级为Ⅲ级时，合成高分子防水卷材厚度不应小于1.2mm，复合使用时不应小于1mm；高聚物改性沥青防水卷材厚度不宜小于4mm，复合使用时不应小于2mm。

4.3.3 在纬度40°以北地区且室内空气湿度大于75%，或其他地区室内空气湿度常年大于80%时，保温屋面应设置隔汽层。

设置隔汽层时，在屋面与墙面连接处，隔汽层应沿墙面向上连续铺设，高出保温层上表面不得小于150mm。

隔汽层可采用气密性好的单层卷材或防水涂料。采用卷材时，可用空铺法施工，卷材搭接宽度不得小于70mm；采用沥青基防水涂料时，其耐热度应比室内或室外的最高温度高出20℃～25℃。

4.3.4 铺贴卷材的找平层可采用水泥砂浆、细石混凝土或沥青砂浆；水泥砂浆找平层宜掺微膨胀剂，其要求应遵守下列规定：

4.3.4.1 找平层的厚度和技术要求应符合表4.3.4的规定。

4.3.4.2 找平层宜留设分格缝，缝宽宜为20mm，并嵌填密封材料。分格缝兼作排汽屋面的排汽道时，可适当加宽，并应与保温层连通。

分格缝应留设在板端缝处，其纵横缝的最大间距为：找平层采用水泥砂浆或细石混凝土时，不宜大于6m；找平层采用沥青

找平层厚度和技术要求 **表 4.3.4**

类别	基层种类	厚度(mm)	技术要求
水泥砂浆找平层	整体混凝土	15～20	1:2.5～1:3(水泥:砂)体积比，水泥标号不低于325号
	整体或板状材料保温层	20～25	
	装配式混凝土板、松散材料保温层	20～30	
细石混凝土找平层	松散材料保温层	30～35	混凝土强度等级C15
沥青砂浆找平层	整体混凝土	15～20	质量比为1:8(沥青:砂)
	装配式混凝土板、整体或板状材料保温层	20～25	

砂浆时，不宜大于4m。

4.3.5 卷材屋面的坡度不宜超过25%，当不能满足坡度要求时应采取防止卷材下滑的措施。

4.3.6 平屋面的排水坡度：结构找坡宜为3%；材料找坡宜为2%。

4.3.7 平屋面宜由结构找坡。当用材料找坡时，可用轻质材料或保温层找坡。

4.3.8 天沟、檐沟纵向坡度不应小于1%；沟底水落差不得超过200mm。天沟、檐沟排水不得流经变形缝和防火墙。

4.3.9 卷材防水层上有重物覆盖或基层变形较大时，应优先采用空铺法、点粘法或条粘法。但距屋面周边800mm内应满粘，卷材与卷材之间亦应满粘。

4.3.10 水落管内径不应小于 75mm；一根水落管的屋面最大汇水面积宜小于200m²。

水落管距离墙面不应小于 20mm，其排水口距散水坡的高度不应大于200mm。水落管应用管箍与墙面固定。接头的承插长度不应小于 40mm。水落管经过的带形线脚、檐口线等墙面突出部位处宜用直管，并应预留缺口或孔洞。当必须采用弯管绕过时，弯管的接合角应为钝角。

4.3.11 卷材防水节点设计应符合下列规定：

4.3.11.1 应根据屋面的结构变形、温差变形、干缩变形和震动等因素，使节点设防能够满足基层变形的需要。

4.3.11.2 应采用柔性密封、防排结合、材料防水与构造防水相结合的作法。

4.3.11.3 应采用卷材、防水涂料、密封材料和刚性防水材料等互补并用的多道设防（包括设置附加层）。

4.3.12 高低跨屋面设计尚应符合下列规定：

4.3.12.1 高低跨变形缝处的防水处理应采用有足够适应变形能力的材料和构造措施，必要时应严密封闭。

4.3.12.2 当高跨屋面为无组织排水时，低跨屋面受水冲刷的部位应加铺一层整幅卷材，再铺设300～500mm宽的板材加强保护；当有组织排水时，水落管下应加设钢筋混凝土水簸箕。

4.3.13 跨度大于18m的屋面设计尚应符合下列规定：

4.3.13.1 屋面应采用结构找坡来满足排水坡度的要求。

4.3.13.2 防水卷材采取满粘法施工时，找平层应做分格缝。

4.3.13.3 无保温层的屋面，板端缝应采用空铺附加层或卷材直接空铺处理，空铺宽度宜为200～300mm。

4.3.14 屋面保温层和找平层干燥有困难时，宜采用排汽屋面，排汽屋面的设计应符合下列规定：

4.3.14.1 找平层设置的分格缝可兼做排汽道；铺贴卷材时宜采用条粘法或点粘法。

4.3.14.2 排汽道应纵横连通，并同与大气连通的排汽孔相通。排汽孔可设在檐口下或屋面排汽道交叉处。

4.3.14.3 排汽道间距宜为6m，纵横设置，屋面面积每36m²宜设置一个排汽孔，排汽孔应做防水处理。

4.3.15 上人屋面设计应符合下列规定：

4.3.15.1 当上人屋面选用块体或细石混凝土面层时，应根据使用功能要求确定其面层厚度。

4.3.15.2 块体或细石混凝土面层与防水层之间应作隔离层。

4.3.16 屋面上设施处理应符合下列规定：

4.3.16.1 设施基座与结构层相连时，防水层宜包裹设施基座的上部，并在地脚螺栓周围作密封处理。

4.3.16.2 在防水层上放置设施时，设施下部的防水层应做附加增强层，必要时应在其上浇筑细石混凝土，其厚度应大于50mm。

4.3.16.3 需经常维护的设施周围和屋面出入口至设施之间的人行道应铺设刚性保护层。

4.3.17 卷材屋面应有保护层；易积灰屋面宜采用刚性保护层。当卷材本身无保护层时，应另作保护层，并宜符合下列规定：

4.3.17.1 可采用与卷材材性相容、粘结力强和耐风化的浅色涂料涂刷，或粘贴铝箔等作保护层。亦可采用20mm 厚水泥砂浆、30mm厚细石混凝土（宜掺微膨胀剂）或块材做保护层。

4.3.17.2 热玛琋脂粘结的沥青防水卷材保护层可选用粒径为3～5mm、色浅、耐风化和颗粒均匀的绿豆砂；冷玛琋脂粘结的沥青防水卷材保护层可选用云母或蛭石等片状材料。

4.3.18 架空隔热屋面或倒置式屋面的卷材防水层上可不做保护层。

4.4 细部构造

4.4.1 天沟、檐沟防水构造应符合下列规定：

4.4.1.1 天沟、檐沟应增铺附加层。当采用沥青防水卷材时应增铺一层卷材；当采用高聚物改性沥青防水卷材或合成高分子防水卷材时宜采用防水涂膜增强层。

4.4.1.2 天沟、檐沟与屋面交接处的附加层宜空铺，空铺宽度应为200mm（图4.4.1-1）。

4.4.1.3 天沟、檐沟卷材收头，应固定密封（图4.4.1-2）。

4.4.1.4 高低跨内排水天沟与立墙交接处应采取能适应变形的密封处理（图4.4.1-3）。

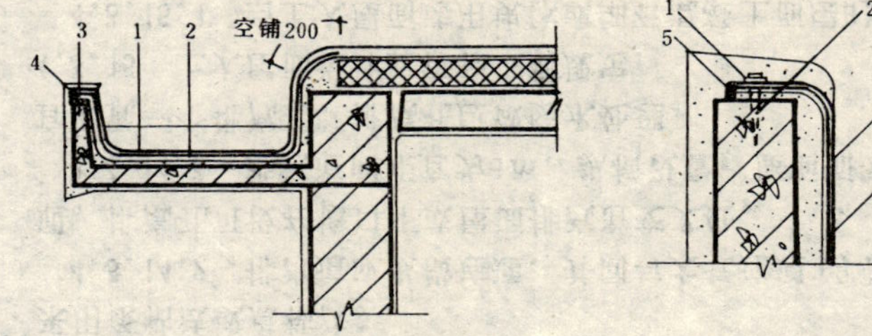

图 4.4.1-1 檐沟

1—防水层；2—附加层；3—水泥钉；4—密封材料

图 4.4.1-2 檐沟卷材收头

1—钢压条；2—水泥钉；3—防水层；4—附加层；5—密封材料

4.4.2 无组织排水檐口800mm范围内卷材应采取满粘法；卷材收头应固定密封（见图4.4.2）。

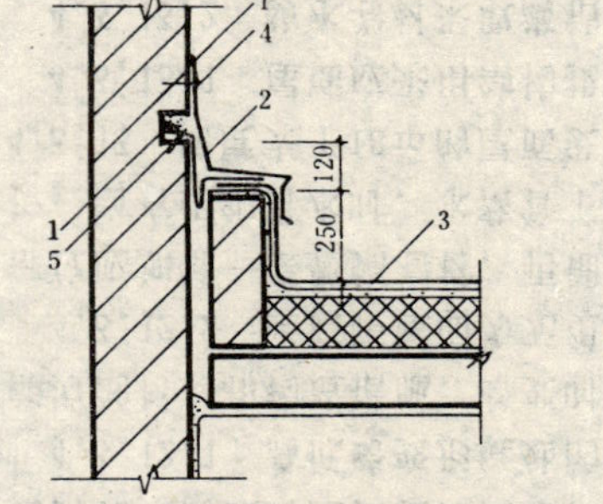

图 4.4.1-3 高低跨变形缝

1—密封材料；2—金属或高分子盖板；3—防水层；4—金属压条钉子固定；5—水泥钉

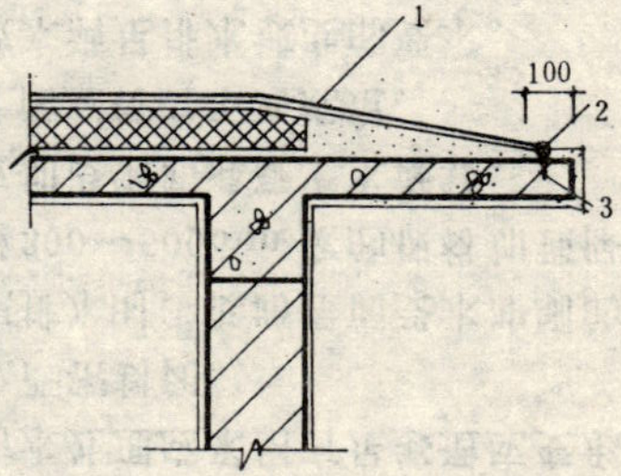

图 4.4.2 无组织排水檐口

1—防水层；2—密封材料；3—水泥钉

4.4.3 泛水防水构造应遵守下列规定。

4.4.3.1 铺贴泛水处的卷材应采取满粘法。泛水收头应根据泛水高度和泛水墙体材料确定收头密封形式。

（1）墙体为砖墙时，卷材收头可直接铺压在女儿墙压顶下，压顶应做防水处理（图4.4.3-1）；也可在砖墙上留凹槽，卷材收头应压入凹槽内固定密封；凹槽距屋面找平层最低高度不应小于250mm，凹槽上部的墙体亦应做防水处理（图4.4.3-2）。

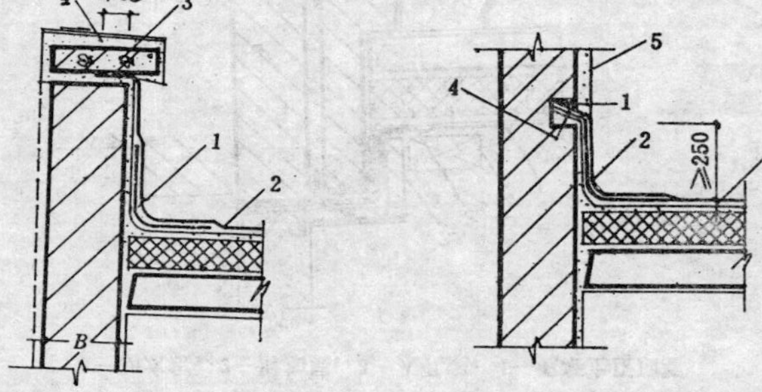

图 4.4.3-1　卷材泛水收头

1—附加层；2—防水层；3—压顶；4—防水处理

图 4.4.3-2　砖墙卷材泛水收头

1—密封材料；2—附加层；3—防水层；4—水泥钉；5—防水处理

（2）墙体为混凝土时，卷材的收头可采用金属压条钉压，并用密封材料封固（图4.4.3-3）。

4.4.3.2　泛水宜采取隔热防晒措施，可在泛水卷材面砌砖后抹水泥砂浆或浇细石混凝土保护；亦可采用涂刷浅色涂料或粘贴铝箔保护层。

4.4.4　变形缝内宜填充泡沫塑料或沥青麻丝，上部填放衬垫材料，并用卷材封盖，顶部应加扣混凝土盖板或金属盖板（图4.4.4）。

4.4.5　水落口防水构造应符合下列规定：

4.4.5.1　水落口杯宜采用铸铁或塑料制品。

4.4.5.2　水落口杯埋设标高应考虑水落口设防时增加的附加层和柔性密封层的厚度及排水坡度加大的尺寸。

4.4.5.3　水落口周围直径500mm范围内坡度不应小于5%，并应用防水涂料或密封材料涂封，其厚度不应小于2mm。水落口杯与基层接触处应留宽20mm、深20mm凹槽，嵌填密封材料（图4.4.5-1和图4.4.5-2）。

4.4.6　女儿墙、山墙可采用现浇混凝土或预制混凝土压顶，也

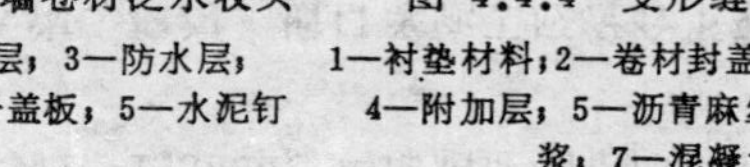

图 4.4.3-3　混凝土墙卷材泛水收头

1—密封材料；2—附加层；3—防水层；4—金属、合成高分子盖板；5—水泥钉

图 4.4.4　变形缝防水构造

1—衬垫材料；2—卷材封盖；3—防水层；4—附加层；5—沥青麻丝；6—水泥砂浆；7—混凝土盖板

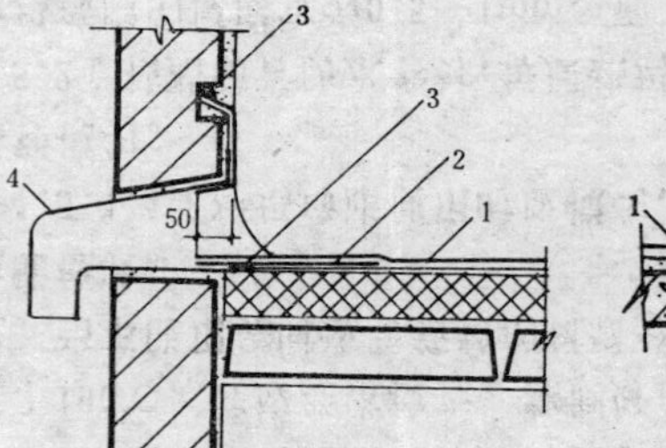

图 4.4.5-1　横式水落口

1—防水层；2—附加层；3—密封材料；4—水落口

图 4.4.5-2　直式水落口

1—防水层；2—附加层；3—密封材料；4—水落口杯

可采用金属制品或合成高分子卷材封顶。

4.4.7　反梁过水孔构造应符合下列规定：

4.4.7.1　应根据排水坡度要求留设反梁过水孔，图纸应注明孔底标高。

4.4.7.2　留置的过水孔高度不应小于150mm，宽度不应小于250mm；当采用预埋管做过水孔时，管径不得小于75mm。

4.4.7.3　过水孔可采用防水涂料、密封材料防水。预埋管道

两端周围与混凝土接触处应留凹槽，用密封材料封严。

4.4.8 伸出屋面管道周围的找平层应做成圆锥台，管道与找平层间应留凹槽，并嵌填密封材料，防水层收头处应用金属箍箍紧，并用密封材料封严（图4.4.8）

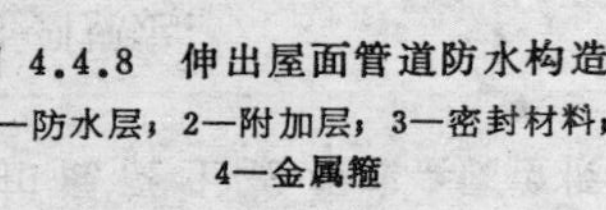

图 4.4.8 伸出屋面管道防水构造

1—防水层；2—附加层；3—密封材料；4—金属箍

4.4.9 屋面垂直出入口防水层收头应压在混凝土压顶圈下（图4.4.9-1）；水平出入口防水层收头应压在混凝土踏步下，防水层的泛水应设护墙（图4.4.9-2）。

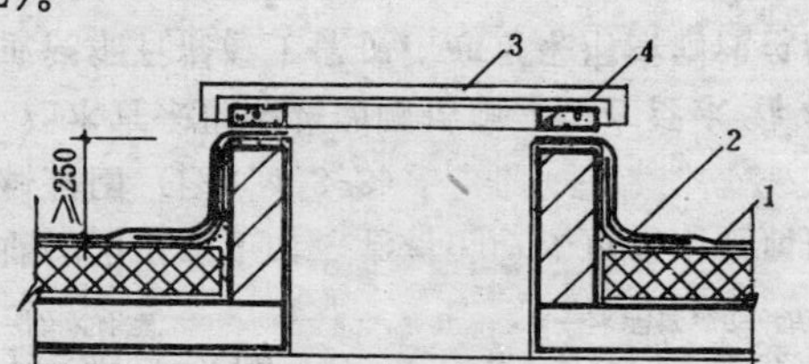

图 4.4.9-1 垂直出入口防水构造

1—防水层；2—附加层；3—人孔盖；4—混凝土压顶圈

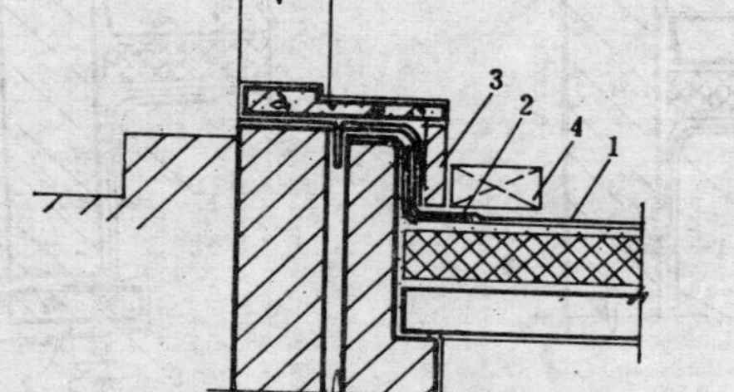

图 4.4.9-2 水平出入口防水构造

1—防水层；2—附加层；3—护墙；4—踏步

4.5 沥青防水卷材施工

4.5.1 配制沥青玛琋脂（以下简称玛琋脂）应遵守下列规定；

4.5.1.1 玛琋脂的标号，应视使用条件、屋面坡度和当地历年极端最高气温，遵照本规范附录A.1.1选定，其性能应符合本规范附录A.1.2的规定。

4.5.1.2 现场配制玛琋脂的配合比及其软化点和耐热度的关系数据，应由试验部门根据所用原材料试配后确定。在施工中按确定的配合比严格配料，每工作班均应检查与玛琋脂耐热度相应的软化点和柔韧性。

4.5.1.3 热玛琋脂的加热温度不应高于240℃，使用温度不宜低于190℃，并应经常检查。熬制好的玛琋脂宜在本工作班内用完。当不能用完时应与新熬的材料分批混合使用，必要时还应做性能检验。

4.5.1.4 冷玛琋脂使用时应搅匀，稠度太大时可加少量溶剂稀释搅匀。

4.5.2 粘贴沥青防水卷材，每层热玛琋脂的厚度宜为1～1.5mm；冷玛琋脂的厚度宜为0.5～1mm。面层厚度：热玛琋脂宜为2～3mm，冷玛琋脂宜为1～1.5mm。玛琋脂应涂刮均匀，不得过厚或堆积。

4.5.3 水落口、天沟、檐沟、檐口等施工应符合下列规定：

4.5.3.1 水落口杯应牢固地固定在承重结构上，当采用铸铁制品时，所有零件均应除锈，并涂刷防锈漆。

4.5.3.2 铺至混凝土檐口的卷材端头应裁齐后压入凹槽。当采用压条或带垫片钉子固定时，最大钉距不应大于900mm。凹槽内用密封材料嵌填封严。

4.5.3.3 天沟、檐沟铺贴卷材应从沟底开始。当沟底过宽，卷材需纵向搭接时，搭接缝应用密封材料封口。

4.5.4 铺贴立面或大坡面卷材时，玛琋脂应满涂，并尽量减少卷材短边搭接。

4.5.5 立面卷材收头的端部应裁齐，压入预留凹槽内，用压条或垫片钉压固定，最大钉距不应大于900mm，然后用密封材料将凹槽嵌填封严。

4.5.6 排汽屋面施工应符合下列规定：

4.5.6.1 排汽道应纵横贯通，不得堵塞。铺贴卷材时，应避免玛琋脂流入排汽道。

4.5.6.2 采用条粘、点粘、空铺第一层卷材或第一层为打孔卷材时，在檐口、屋脊和屋面的转角处及突出屋面的连接处，卷材应满涂玛琋脂，其宽度不得小于800mm。当采用热玛琋脂时，应涂刷冷底子油。

4.5.7 卷材铺贴应符合下列规定：

4.5.7.1 卷材在铺贴前应保持干燥，其表面的撒布料应预先清扫干净，并避免损伤卷材。

4.5.7.2 在无保温层的装配式屋面上，为避免结构变形将卷材防水层拉裂，应沿屋面板的端缝先单边点粘一层卷材，每边的宽度不应小于100mm，或采取其它能增大防水层延伸变形的措施，然后再铺贴屋面卷材。

4.5.7.3 选择不同胎体和性能的卷材共同使用时，高性能的卷材应放在面层。

4.5.7.4 铺贴卷材时，应随刮涂玛琋脂随铺贴卷材，并展平压实。

4.5.8 保护层的施工应符合下列规定：

4.5.8.1 卷材铺贴经检验合格后，应将防水层表面清扫干净。

4.5.8.2 用绿豆砂作保护层时，应将清洁的绿豆砂预热至100℃左右，随刮涂热玛琋脂，随铺撒热绿豆砂。绿豆砂应铺撒均匀并滚压使其与玛琋脂粘结牢固。未粘结的绿豆砂应清除。

4.5.8.3 用云母或蛭石作保护层时，应筛去粉料，铺设时，应随刮涂冷玛琋脂随撒铺云母或蛭石。撒铺应均匀，不得露底，待溶剂基本挥发后，再将多余的云母或蛭石清除。

4.5.8.4 用水泥砂浆作保护层时，表面应抹平压光，并应设表面分格缝，分格面积宜为$1m^2$。

4.5.8.5 用块体材料作保护层时，宜留设分格缝。分格面积不宜大于$100m^2$；分格缝宽度不宜小于20mm。

4.5.8.6 用细石混凝土作保护层时，混凝土应振捣密实，表面抹平压光，并留设分格缝。分格面积不宜大于$36m^2$。

4.5.8.7 刚性保护层与女儿墙之间应预留宽度为30mm的空隙并嵌填密封材料。

4.5.8.8 水泥砂浆、块材或细石混凝土保护层与防水层之间设置的隔离层应平整，起到完全隔离的作用。

4.5.9 沥青防水卷材严禁在雨天、雪天施工，五级风及其以上时不得施工；负温度下不宜施工。施工中途下雨时，应做好已铺卷材周边的防护工作。

4.6 高聚物改性沥青防水卷材施工

4.6.1 水落口、天沟、檐沟、檐口等的施工应符合本规范第4.5.3条的规定。

4.6.2 立面或大坡面铺贴高聚物改性沥青防水卷材时，应采用满粘法，并宜减少短边搭接。

4.6.3 高聚物改性沥青防水卷材的收头处理，应符合本规范第4.5.5条的规定。

4.6.4 排汽屋面施工应符合本规范第4.5.6条的有关规定。

4.6.5 冷粘法铺贴卷材应符合下列规定：

4.6.5.1 胶粘剂涂刷应均匀、不漏底、不堆积。空铺法、条粘法、点粘法应按规定的位置与面积涂刷胶粘剂。

4.6.5.2 根据胶粘剂的性能，应控制胶粘剂涂刷与卷材铺贴的间隔时间。

4.6.5.3 铺贴卷材时，应排除卷材下面的空气，并辊压粘贴牢固。

4.6.5.4 铺贴卷材时应平整顺直，搭接尺寸准确，不得扭曲、皱折。搭接部位的接缝应满涂胶粘剂，辊压粘结牢固，溢出的胶粘剂随即刮平封口；也可采用热熔法接缝。

4.6.5.5 接缝口应用密封材料封严，宽度不应小于10mm。

4.6.6 热熔法铺贴卷材应符合下列规定：

4.6.6.1 火焰加热器的喷嘴距卷材面的距离应适中，幅宽内加热应均匀，以卷材表面熔融至光亮黑色为度，不得过份加热或烧穿卷材。

4.6.6.2 卷材表面热熔后应立即滚铺卷材，滚铺时应排除卷材下面的空气，使之平展，不得皱折，并应辊压粘结牢固。

4.6.6.3 搭接缝部位宜以溢出热熔的改性沥青为度，并应随即刮封接口。

4.6.6.4 铺贴卷材时应平整顺直，搭接尺寸准确，不得扭曲。

4.6.6.5 采用条粘法时，每幅卷材的每边粘贴宽度不应小于150mm。

4.6.7 铺贴自粘高聚物改性沥青防水卷材应符合下列规定：

4.6.7.1 铺粘卷材前，基层表面应均匀涂刷基层处理剂，干燥后应及时铺贴卷材。

4.6.7.2 铺贴卷材时，应将自粘胶底面隔离纸完全撕净。

4.6.7.3 铺贴卷材时，应排除卷材下面的空气，并辊压粘结牢固。

4.6.7.4 铺贴的卷材应平整顺直，搭接尺寸应准确，不得扭曲、皱折。搭接部位宜采用热风焊枪加热，加热后随即粘贴牢固，溢出的自粘胶随即刮平封口。

4.6.7.5 接缝口应用密封材料封严，宽度不应小于10mm。

4.6.7.6 铺贴立面、大坡面卷材时，应加热后粘贴牢固。

4.6.8 高聚物改性沥青防水卷材保护层施工应符合下列规定：

4.6.8.1 采用浅色涂料作保护层时，应待卷材铺贴完成，并经检验合格，清扫干净后涂刷。涂层应与卷材粘结牢固、厚薄均匀，不得漏涂。

4.6.8.2 采用刚性材料做保护层时应符合本规范第4.5.8.4款至第4.5.8.8款的规定。

4.6.9 高聚物改性沥青防水卷材严禁在雨天、雪天施工；五级风及其以上时不得施工；气温低于0℃时不宜施工。

施工中途下雨、下雪，应做好已铺卷材周边的防护工作。

注：热熔法施工气温不宜低于－10℃。

4.7 合成高分子防水卷材施工

4.7.1 水落口、天沟、檐沟、檐口等的施工应符合本规范第4.5.3条的规定。

4.7.2 立面或大坡面铺贴合成高分子防水卷材应符合本规范第4.6.2条的规定。

4.7.3 立面卷材收头的端部应裁齐，并用压条或垫片钉压固定；最大钉距不应大于900mm；上口应用密封材料封固。

4.7.4 排汽屋面施工应符合本规范第4.5.6条的有关规定。

4.7.5 冷粘法铺贴合成高分子防水卷材施工应符合下列规定：

4.7.5.1 基层胶粘剂，可涂刷在基层或涂刷在基层和卷材底面。涂刷应均匀、不露底、不堆积。采取空铺法、条粘法、点粘法时应按规定的位置与面积涂刷胶粘剂。

4.7.5.2 根据胶粘剂的性能，应控制胶粘剂涂刷与卷材铺贴的间隔时间。

4.7.5.3 铺贴卷材不得皱折，也不得用力拉伸卷材，并应排除卷材下面的空气，辊压粘贴牢固。

4.7.5.4 铺贴的卷材应平整顺直，搭接尺寸准确，不得扭曲。

4.7.5.5 卷材铺好压粘后，应将搭接部位的结合面清除干净，并应采用与卷材配套的接缝专用胶粘剂，在搭接缝粘合面上涂刷均匀，不露底、不堆积。根据专用胶粘剂性能，应控制胶粘剂涂刷与粘合间隔时间，并排除接缝间的空气，辊压粘结牢固。

4.7.5.6 接缝口应采用密封材料封严，其宽度不应小于10mm。

4.7.6 自粘合成高分子防水卷材的铺贴应符合本规范第4.6.7条的有关规定。

4.7.7 热风焊接法铺设合成高分子防水卷材应符合下列规定：

4.7.7.1 焊接前，卷材铺放应平整顺直，搭接尺寸准确。焊接缝的结合面应清扫干净。

4.7.7.2 应先焊长边搭接缝，后焊短边搭接缝。

4.7.8 合成高分子防水卷材保护层的施工应符合本规范第4.6.8条的有关规定。

4.7.9 合成高分子防水卷材施工的气候条件应符合本规范第4.6.9条的有关规定。

5 涂膜防水屋面

5.1 一 般 规 定

5.1.1 涂膜防水屋面主要适用于防水等级为Ⅲ级、Ⅳ级的屋面防水，也可用作Ⅰ级、Ⅱ级屋面多道防水设防中的一道防水层。

5.1.2 涂膜防水层的厚度：沥青基防水涂膜在Ⅲ级防水屋面上单独使用时不应小于8mm，在Ⅳ级防水屋面上或复合使用时不宜小于4mm；高聚物改性沥青防水涂膜不应小于3mm，在Ⅲ级防水屋面上复合使用时，不宜小于1.5mm；合成高分子防水涂膜不应小于2mm，在Ⅲ级防水屋面上复合使用时，不宜小于1mm。

5.1.3 当屋面结构层采用装配式钢筋混凝土板时，板缝内应浇灌细石混凝土，其强度等级不应小于C20；灌缝的细石混凝土中宜掺微膨胀剂。宽度大于40mm的板缝或上窄下宽的板缝中，应加设构造钢筋。板端缝应进行柔性密封处理。非保温屋面的板缝上应预留凹槽，并嵌填密封材料。

5.1.4 基层施工，应符合本规范4.1.3条至4.1.6条的有关规定。

5.1.5 防水涂膜应分层分遍涂布。待先涂的涂层干燥成膜后，方可涂布后一遍涂料。需铺设胎体增强材料，且屋面坡度小于15%时可平行屋脊铺设；当屋面坡度大于15%时，应垂直于屋脊铺设，并由屋面最低处向上操作。胎体长边搭接宽度不得小于50mm；短边搭接宽度不得小于70mm。采用二层胎体增强材料时，上下层不得互相垂直铺设，搭接缝应错开，其间距不应小于幅宽的1/3。

5.1.6 天沟、檐沟、檐口、泛水等部位，均应加铺有胎体增强材料的附加层。水落口周围与屋面交接处，应作密封处理，并加铺两层有胎体增强材料的附加层。涂膜伸入水落口的深度不得小于50mm。

涂膜防水层的收头应用防水涂料多遍涂刷或用密封材料封严。

5.1.7　在涂膜实干前，不得在防水层上进行其它施工作业。涂膜防水屋面上不得直接堆放物品。

5.2　材 料 要 求

5.2.1　沥青基防水涂料的质量应符合表5.2.1的要求。

沥青基防水涂料质量要求　　表 5.2.1

项目		质量要求
固体含量		≥50%
耐热度(80℃，5h)		无流淌、起泡和滑动
柔性(10±1℃)		4mm厚，绕φ20mm圆棒，无裂纹、断裂
不透水性	压力	≥0.1MPa
	保持时间	≥30min不渗透
延伸(20±2℃拉伸)		≥4.0mm

5.2.2　高聚物改性沥青防水涂料的质量应符合表5.2.2的要求。

高聚物改性沥青防水涂料质量要求　　表 5.2.2

项目		质量要求
固体含量		≥43%
耐热度(80℃，5h)		无流淌，起泡和滑动
柔性(-10℃)		3mm厚，绕φ20mm圆棒，无裂纹、断裂
不透水性	压力	≥0.1MPa
	保持时间	≥30min不渗透
延伸（20±2℃拉伸）		≥4.5mm

5.2.3　合成高分子防水涂料的质量应符合表5.2.3的要求。

合成高分子防水涂料质量要求　　表 5.2.3

项目		质量要求	
		Ⅰ	Ⅱ
固体含量		≥94%	≥65%
拉伸强度		≥1.65MPa	≥0.5MPa
断裂延伸率		≥300%	≥400%
柔性		-30℃弯折无裂纹	-20℃弯折无裂纹
不透水性	压力	≥0.3MPa	≥0.3MPa
	保持时间	≥30min不渗透	≥30min不渗透

注：Ⅰ类为反应固化型，Ⅱ类为挥发固化型。

5.2.4　胎体增强材料的质量应符合表5.2.4的要求。

胎体增强材料质量要求　　表 5.2.4

项目		质量要求		
		Ⅰ	Ⅱ	Ⅲ
外观		均匀，无团状，平整无折皱		
拉力（宽50mm）	纵向	≥150N	≥45N	≥90N
	横向	≥100N	≥35N	≥50N
延伸率	纵向	≥10%	≥20%	≥3%
	横向	≥20%	≥25%	≥3%

注：Ⅰ类为聚酯无纺布，Ⅱ类为化纤无纺布，Ⅲ类为玻纤网布。

5.2.5　防水涂料和胎体增强材料的贮运、保管应符合下列规定：

5.2.5.1　防水涂料包装容器必须密封，容器表面应有明显标志，标明涂料名称、生产厂名、生产日期和产品有效期。

5.2.5.2　水乳型涂料贮运和保管环境温度不得低于0℃。

5.2.5.3　溶剂型涂料贮运和保管环境温度不宜低于0℃，并不得日晒、碰撞和渗漏；保管环境应干燥、通风，并远离火源。仓库内应有消防设施。

5.2.5.4 胎体增强材料贮运、保管环境应干燥、通风，并远离火源。

5.2.6 进场的防水涂料和胎体增强材料抽样复验应符合下列规定：

5.2.6.1 同一规格、品种的防水涂料，每10 t 为一批，不足10 t 者按一批进行抽检；胎体增强材料，每3000m²为一批，不足3000m²者按一批进行抽检。

5.2.6.2 防水涂料应检验延伸或断裂延伸率、固体含量、柔性、不透水性和耐热度；胎体增强材料应检验拉力和延伸率。

5.3 设计要点

5.3.1 按屋面防水等级和设防要求选择防水涂料。对易开裂、渗水的部位，应留凹槽嵌填密封材料，并应增设一层或一层以上带有胎体增强材料的附加层。

5.3.2 涂膜防水层的基层，应符合本规范第4.3.4.1款中水泥砂浆或细石混凝土找平层的规定。找平层应设分格缝，缝宽宜为20mm，并应留设在板的支承处，其间距不宜大于6m。分格缝应嵌填密封材料。转角处应抹成圆弧形，其半径不宜小于50mm。

5.3.3 涂料品种选择应符合下列规定：

5.3.3.1 根据当地历年最高气温、最低气温、屋面坡度和使用条件等因素，应选择与耐热度、低温柔性相适应的涂料。

5.3.3.2 根据地基变形程度、结构形式、当地年温差、日温差和震动等因素，应选择与延伸性能相适应的涂料。

5.3.3.3 根据屋面防水涂膜的暴露程度，应选择与耐紫外线、热老化保持率相适应的涂料。

5.3.4 屋面排水坡度应符合本规范第4.3.6条的规定。当屋面坡度大于25%时，不宜采用沥青基防水涂料及成膜时间过长的涂料。

5.3.5 隔汽层设置原则应符合本规范第4.3.3条的规定。

5.3.6 应沿找平层分格缝增设带胎体增强材料的空铺附加层，其宽度宜为200～300mm。

5.3.7 涂膜防水屋面应设置保护层。保护层材料可采用细砂、云母、蛭石、浅色涂料、水泥砂浆或块材等。采用水泥砂浆或块材时，应在涂膜与保护层之间设置隔离层。水泥砂浆保护层厚度不宜小于20mm。

5.4 细部构造

5.4.1 天沟、檐沟与屋面交接处的附加层宜空铺，空铺的宽度宜为200～300mm（图5.4.1）。屋面设有保温层时，天沟、檐沟处宜铺设保温层。

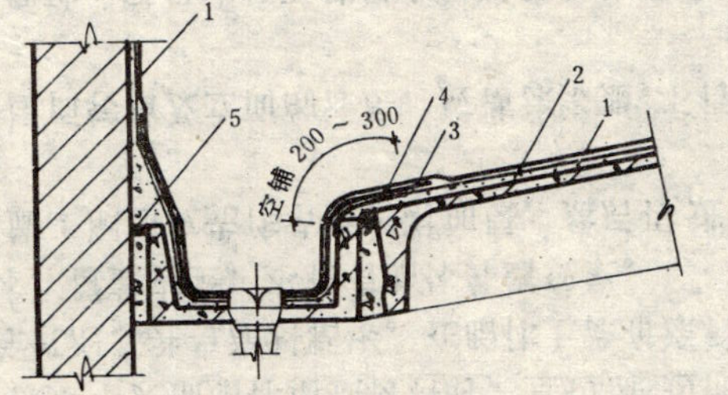

图 5.4.1 天沟、檐沟构造

1—涂膜防水层；2—找平层；3—有胎体增强材料的附加层；4—空铺附加层；5—密封材料

5.4.2 檐口处涂膜防水层的收头，应用防水涂料多遍涂刷或用密封材料封严（图5.4.2）。

5.4.3 泛水处的涂膜防水层宜直接涂刷至女儿墙的压顶下，收头处理应用防水涂料多遍涂刷封严。压顶应做防水处理（图5.4.3）。

5.4.4 变形缝内应填充泡沫塑料或沥青麻丝，其上放衬垫材料，并用卷材封盖；顶部应加扣混凝土盖板或金属盖板（图5.4.4）。

5.4.5 水落口防水构造应符合本规范第4.4.5条的有关规定。

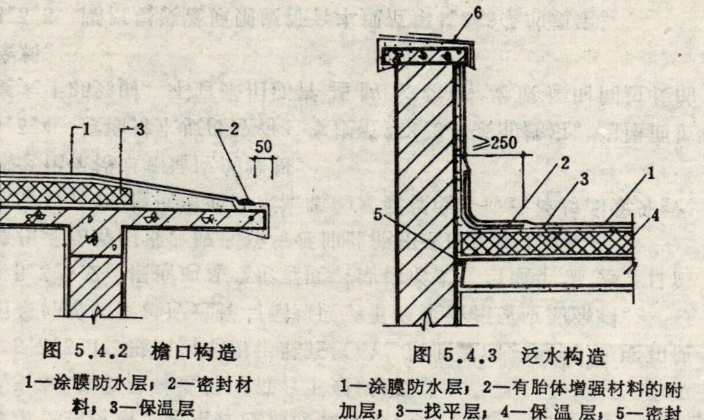

图 5.4.2 檐口构造

1—涂膜防水层；2—密封材料；3—保温层

图 5.4.3 泛水构造

1—涂膜防水层；2—有胎体增强材料的附加层；3—找平层；4—保 温 层；5—密封材料；6—防水处理

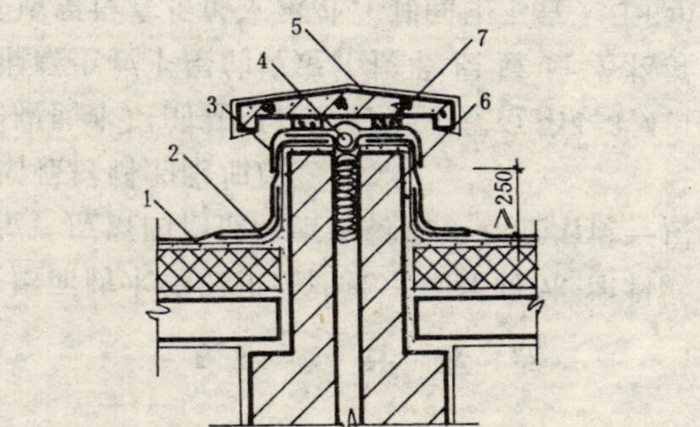

图 5.4.4 变形缝构造

1—涂膜防水层；2—有胎体增强材料的附加层；3—卷材封盖；4—衬垫材料；5—混凝土盖板；6—沥青麻丝；7—水泥砂浆

5.5 沥青基防水涂膜施工

5.5.1 沥青基防水涂膜施工，应在屋面基层表面干燥后方可进行涂膜施工操作。

5.5.2 屋面的板缝处理应符合下列规定：

5.5.2.1 板缝应清理干净，细石混凝土应浇捣密实。板端缝中嵌填的密封材料应粘结牢固、封闭严密。

5.5.2.2 抹找平层时，分格缝应与板端缝对齐，均匀顺直，并嵌填密封材料。

5.5.2.3 涂层施工时，板端缝部位空铺的附加层，每边距板缝边缘不得小于80mm。

5.5.3 基层处理剂应涂刷均匀，覆盖完全，干燥后方可进行涂膜施工。

5.5.4 沥青基防水涂膜施工应符合下列规定：

5.5.4.1 防水涂膜应由两层及以上涂层组成。其总厚度应达到设计要求和遵守本规范第5.1.2条的规定。

5.5.4.2 涂层应厚薄均匀、表面平整。

5.5.4.3 涂层中夹铺胎体增强材料时，宜边涂边铺胎体；胎体应刮平排除气泡，并与涂料粘牢。在胎体上涂布涂料时，应使涂料浸透胎体，覆盖完全，不得有胎体外露现象。

5.5.4.4 施工顺序应先作节点、附加层，然后再进行大面积涂布。

5.5.4.5 屋面转角及立面的涂层，应薄涂多遍，不得有流淌、堆积现象。

5.5.5 当用细砂、云母或蛭石等撒布材料作保护层时，应筛去粉料。在涂刮最后一遍涂料时，边涂边撒布均匀，不得露底。当涂料干燥后，将多余的撒布材料清除。当用砂浆、块材或细石混凝土作保护层时，应符合本规范第4.5.8.4款至第4.5.8.8款的规定。

5.5.6 沥青基防水涂膜严禁在雨天、雪天施工，五级风及其以上时或预计涂膜固化前有雨时不得施工；气温低于5℃或高于35℃时不宜施工。

5.6 高聚物改性沥青防水涂膜施工

5.6.1 屋面基层的干燥程度应视所用涂料特性确定。当采用溶剂型涂料时，屋面基层应干燥。

5.6.2 屋面板缝处理应符合本规范第5.5.2条的规定。

5.6.3 基层处理剂应充分搅拌，涂刷均匀，覆盖完全，干燥后方可进行涂膜施工。

5.6.4 高聚物改性沥青防水涂膜施工应符合本规范第5.5.4条的规定。最上层涂层的涂刷不应少于两遍，其厚度不应小于1mm。

5.6.5 采用细砂、云母或蛭石等作保护层时，应遵守本规范第5.5.5条的规定。当涂料属水乳型，采用撒布材料作保护层时，撒布后应进行辊压粘牢。

5.6.6 高聚物改性沥青防水涂膜严禁在雨天、雪天施工；五级风及其以上时不得施工。溶剂型涂料施工环境气温宜为－5℃～35℃；水乳型涂料施工环境气温宜为5℃～35℃。

5.7 合成高分子防水涂膜施工

5.7.1 屋面基层应干燥。

5.7.2 屋面板缝处理应符合本规范第5.5.2条的规定。

5.7.3 基层处理剂施工，应符合本规范第5.6.3条的规定。

5.7.4 合成高分子防水涂膜施工除应符合本规范第5.5.4条的规定外，尚应符合下列规定：

5.7.4.1 可采用涂刮或喷涂施工。当采用涂刮施工时，每遍涂刮的推进方向宜与前一遍相互垂直。

5.7.4.2 多组份涂料应按配合比准确计量，搅拌均匀，已配成的多组份涂料应及时使用。配料时可加入适量的缓凝剂或促凝剂来调节固化时间，但不得混入已固化的涂料。

5.7.4.3 在涂层中夹铺胎体增强材料时，位于胎体下面的涂层厚度不宜小于1mm；最上层的涂层不应少于两遍。

5.7.5 当采用浅色涂料作保护层时，应在涂膜固化后进行。当采用水泥砂浆、细石混凝土或块材作保护层时，应符合本规范第4.5.8.4款至第4.5.8.8款的规定。

5.7.6 合成高分子防水涂料施工的气候条件，应符合本规范第5.6.6条的规定。

6 刚性防水屋面

6.1 一般规定

6.1.1 刚性防水屋面主要适用于防水等级为Ⅲ级的屋面防水，也可用作Ⅰ、Ⅱ级屋面多道防水设防中的一道防水层；不适用于设有松散材料保温层的屋面以及受较大震动或冲击的建筑屋面。

6.1.2 刚性防水屋面的结构层宜为整体现浇的钢筋混凝土。当屋面结构层采用装配式钢筋混凝土板时，应用细石混凝土灌缝，其强度等级不应小于C20，灌缝的细石混凝土宜掺微膨胀剂。当屋面板板缝宽度大于40mm或上窄下宽时，板缝内应设置构造钢筋；板端缝应进行密封处理。

6.1.3 刚性防水层与山墙、女儿墙以及突出屋面结构的交接处均应做柔性密封处理。

6.1.4 细石混凝土防水层与基层间宜设置隔离层。

6.1.5 防水层的细石混凝土宜掺膨胀剂、减水剂、防水剂等外加剂，并应用机械搅拌，机械振捣。

6.1.6 刚性防水层应设置分格缝，分格缝内应嵌填密封材料。

6.1.7 天沟、檐沟应用水泥砂浆找坡，找坡厚度大于20mm时，宜采用细石混凝土。

6.1.8 刚性防水层内严禁埋设管线。

6.1.9 刚性防水层施工气温宜为5～35℃，并应避免在负温度或烈日暴晒下施工。

6.2 材料要求

6.2.1 防水层的细石混凝土宜用普通硅酸盐水泥或硅酸盐水泥；当采用矿渣硅酸盐水泥时应采取减小泌水性的措施，水泥标号不宜低于425号，并不得使用火山灰质水泥。

6.2.2 防水层内配置的钢筋宜采用冷拔低碳钢丝。

6.2.3 防水层的细石混凝土和砂浆中，粗骨料的最大粒径不宜大于15mm，含泥量不应大于1％；细骨料应采用中砂或粗砂，含泥量不应大于2％；拌合用水应采用不含有害物质的洁净水。

6.2.4 防水层细石混凝土使用的膨胀剂、减水剂、防水剂等外加剂，应根据不同品种的适用范围、技术要求选择。

6.2.5 水泥贮存时应防止受潮，存放期不得超过三个月。当超过存放期限时，应重新检验确定水泥标号。

6.2.6 外加剂应分类保管，不得混杂，并应存放于阴凉、通风、干燥处。运输时应避免雨淋、日晒和受潮。

6.2.7 块体刚性防水层使用的块材应无裂纹、无石灰颗粒、无灰浆泥面、无缺棱掉角、质地密实和表面平整。

6.3 设计要点

6.3.1 选择刚性防水设计方案时，应根据屋面防水设防要求、地区条件和建筑结构特点等因素，经技术经济比较确定。

6.3.2 刚性防水屋面的坡度宜为2％～3％，并应采用结构找坡。

6.3.3 细石混凝土防水层的厚度不应小于40mm，并应配置直径为$\phi 4$～$\phi 6$mm，间距为100～200mm的双向钢筋网片。钢筋网片在分格缝处应断开，其保护层厚度不应小于10mm。

普通细石混凝土、补偿收缩混凝土的强度等级不应小于C20。补偿收缩混凝土的自由膨胀率应为0.05％～0.1％。

6.3.4 防水层的分格缝应设在屋面板的支承端、屋面转折处、防水层与突出屋面结构的交接处，并应与板缝对齐。

普通细石混凝土和补偿收缩混凝土防水层的分格缝，其纵横间距不宜大于6m。

6.3.5 隔离层可采用纸筋灰、麻刀灰、低强度等级砂浆、干铺卷材等材料。

6.3.6 块体刚性防水层应用1:3水泥砂浆铺砌；块体之间的缝宽应为12～15mm；座浆厚度不应小于25mm；面层应用1:2水泥砂浆，其厚度不应小于12mm。水泥砂浆中应掺入防水剂。

6.4 细部构造

6.4.1 普通细石混凝土和补偿收缩混凝土防水层的分格缝宽度宜为20～40mm。分格缝中应嵌填密封材料，上部铺贴防水卷材（图6.4.1-1和图6.4.1-2）。

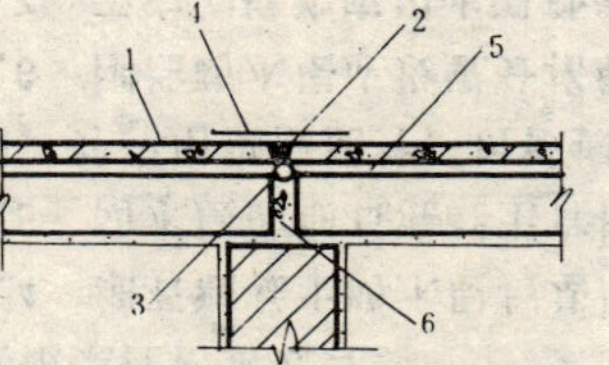

图 6.4.1-1 分格缝构造

1—刚性防水层；2—密封材料；3—背衬材料；4—防水卷材；5—隔离层；6—细石混凝土

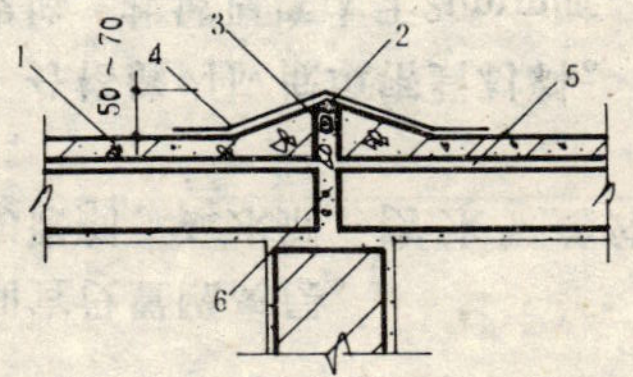

图 6.4.1-2 分格缝构造

1—刚性防水层；2—密封材料；3—背衬材料；4—防水卷材；5—隔离层；6—细石混凝土

6.4.2 细石混凝土防水层与天沟、檐沟的交接处应留凹槽，并应用密封材料封严（图6.4.2）。

6.4.3 刚性防水层与山墙、女儿墙交接处应留宽度为30mm的缝隙，并应用密封材料嵌填；泛水处应铺设卷材或涂膜附加层（图6.4.3）。收头做法应符合本规范第4.4.3条和第5.4.3条的规定。

6.4.4 刚性防水层与变形缝两侧墙体交接处应留宽度为30mm的缝隙，并应用密封材料嵌填；泛水处应铺设卷材或涂膜附加层；变形缝中应填充泡沫塑料或沥青麻丝，其上填放衬垫材料，并应用卷材封盖，顶部应加扣混凝土盖板或金属盖板（图6.4.4）。

6.4.5 伸出屋面管道与刚性防水层交接处应留设缝隙，用密封材料嵌填，并应加设柔性防水附加层；收头处应固定密封

(图6.4.5)。

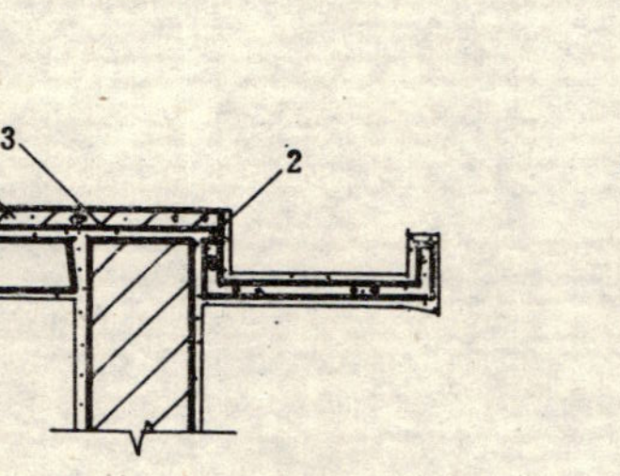

图 6.4.2 檐沟滴水

1—刚性防水层；2—密封材料；3—隔离层

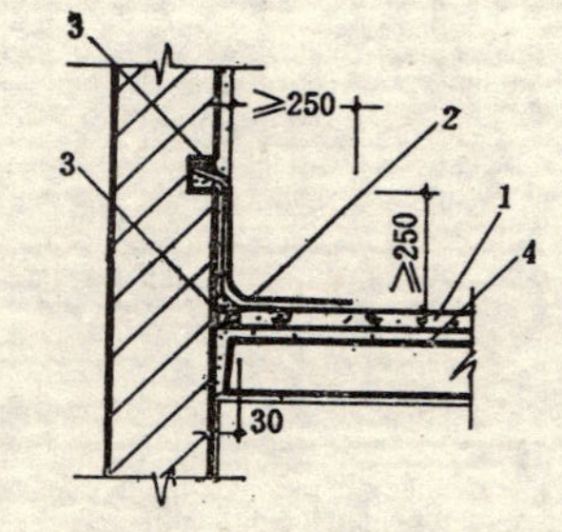

图 6.4.3 泛水构造

1—刚性防水层；2—防水卷材或涂膜；3—密封材料；4—隔离层

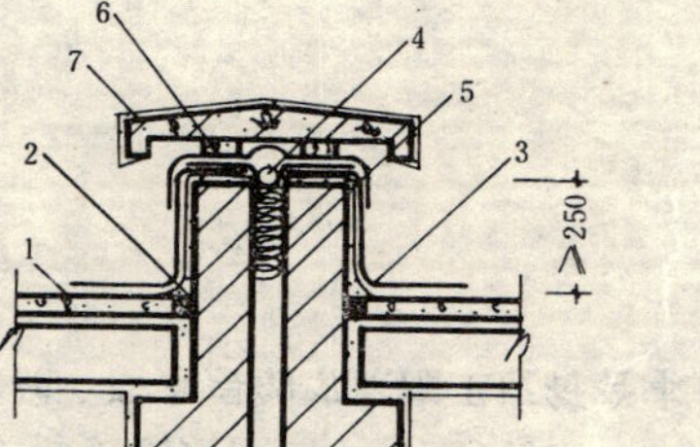

图 6.4.4 变形缝构造

1—刚性防水层；2—密封材料；3—防水卷材；4—衬垫材料；5—沥青麻丝；6—水泥砂浆；7—混凝土盖板

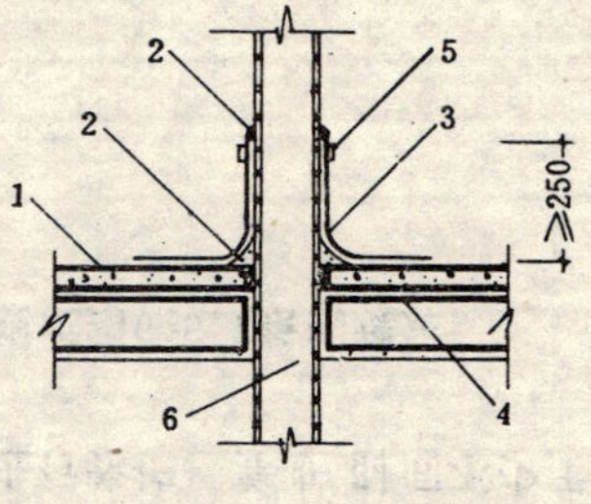

图 6.4.5 伸出屋面管道防水构造

1—刚性防水层；2—密封材料；3—卷材（涂膜）防水层；4—隔离层；5—金属箍；6—管道

6.4.6 水落口防水构造应符合本规范第4.4.5条的规定。

6.5 普通细石混凝土防水施工

6.5.1 混凝土水灰比不应大于0.55；每立方米混凝土水泥最小用量不应小于330kg，含砂率宜为35%～40%；灰砂比应为1:2～1:2.5。

6.5.2 细石混凝土防水层中的钢筋网片，施工时应放置在混凝土中的上部。

6.5.3 分格缝截面宜做成上宽下窄。分格条安装位置应准确，起条时不得损坏分格缝处的混凝土。分格缝嵌缝密封处理应符合本规范第7章的有关规定。

6.5.4 普通细石混凝土中掺入减水剂或防水剂时，应准确计量，投料顺序得当，搅拌均匀。

6.5.5 混凝土搅拌时间不应少于2min。混凝土运输过程中应防止漏浆和离析。每个分格板块的混凝土应一次浇筑完成，不得留施工缝；抹压时不得在表面洒水、加水泥浆或撒干水泥。混凝土收水后应进行二次压光。

6.5.6 混凝土浇筑12～24h后应进行养护，养护时间不应少于14d。养护初期屋面不得上人。

6.5.7 防水层的节点施工应符合设计要求。预留孔洞和预埋件位置应准确；安装管件后，其周围应按设计要求嵌填密实。

6.6 补偿收缩混凝土防水施工

6.6.1 补偿收缩混凝土的水灰比、每立方米混凝土水泥最小用量、含砂率和灰砂比应符合本规范第6.5.1条的规定。分格缝和节点施工应符合本规范第6.5.3条和第6.5.7条的规定。

6.6.2 用膨胀剂拌制补偿收缩混凝土时，应按配合比准确秤量；搅拌投料时膨胀剂应与水泥同时加入。混凝土连续搅拌时间不应少于3min。

6.6.3 每个分格板块的混凝土应一次浇筑完成，不得留施工缝；抹压时不得在表面洒水、加水泥浆或撒干水泥。混凝土收水后应进行二次压光。

6.6.4 补偿收缩混凝土防水层的养护应符合本规范第6.5.6条的规定。

6.7 块体刚性防水施工

6.7.1 水泥砂浆中防水剂的掺量应准确，并应用机械搅拌均匀，随拌随用。

6.7.2 铺抹底层水泥砂浆防水层时应均匀连续,不得留施工缝。

6.7.3 当块材为粘土砖时，铺砌前应浸水湿透；铺砌宜连续进行；缝内挤浆高度宜为块材厚度的1/2～1/3。当铺砌必须间断时，块材侧面的残浆应清除干净。

6.7.4 当采用粘土砖铺砌时，应直行平砌并与板缝垂直，不得采用人字形铺设。

6.7.5 块材铺设后，在铺砌砂浆终凝前不得上人踩踏。

6.7.6 面层施工时，块材之间的缝隙应用水泥砂浆灌满填实；面层水泥砂浆应二次压光，抹平压实。

6.7.7 面层施工完成后12～24h应进行养护，养护时间不少于7d。养护初期屋面不得上人。

6.7.8 防水层的节点施工应符合本规范第6.5.7条的规定。

7. 屋面接缝密封防水

7.1 一 般 规 定

7.1.1 屋面接缝密封防水适用于屋面防水工程的密封处理,并与卷材防水屋面、涂膜防水屋面、刚性防水屋面等配套使用。

7.1.2 密封防水部位的基层应符合下列要求：

7.1.2.1 基层应牢固，表面应平整、密实，不得有蜂窝、麻面、起皮和起砂现象。

7.1.2.2 嵌填密封材料前，基层应干净、干燥。

7.1.3 对嵌填完毕的密封材料应避免碰损及污染；固化前不得踩踏。

7.2 材 料 要 求

7.2.1 采用的密封材料应具有弹塑性、粘结性、施工性、耐候性、水密性、气密性和拉伸-压缩循环性能。

7.2.2 改性沥青密封材料的质量应符合表7.2.2的要求。

改性沥青密封材料质量要求　　表 7.2.2

项　　目		质量要求	
		Ⅰ类	Ⅱ类
粘结延伸率	（不浸水）	—	≥250%
	（浸水24h）	—	≥200%
粘结性（25±1℃拉伸）		≥15mm	—
耐热度（80℃，5h）		下垂值≤4mm	
柔　性		－10℃无裂纹	－20℃无裂纹

续表

项目	质量要求	
	Ⅰ类	Ⅱ类
回弹率	—	≥80%
施工度（25±1℃，5s）	沉入量≥22mm	—

注：Ⅰ类指改性石油沥青密封材料，Ⅱ类指改性煤焦油沥青密封材料。

7.2.3 合成高分子密封材料的质量应符合表7.2.3的要求。

合成高分子密封材料质量要求 表 7.2.3

项目		质量要求	
		Ⅰ类	Ⅱ类
粘结性	粘结强度	≥0.1MPa	≥0.02MPa
	延伸率	≥200%	≥250%
柔性		-30℃无裂纹	-20℃无裂纹
拉伸-压缩循环性能	拉伸-压缩率	≥±20%	≥±10%
	2000次后破坏面积	≤25%	

注：Ⅰ类指弹性体密封材料，Ⅱ类指弹塑性体密封材料。

7.2.4 密封材料的贮运、保管应符合下列规定：

7.2.4.1 密封材料的贮运、保管应避开火源、热源，避免日晒、雨淋，防止碰撞，保持包装完好无损。

7.2.4.2 密封材料应分类贮放在通风、阴凉的室内，环境温度不应高于50℃。

7.2.5 进场的改性沥青密封材料抽样复验，应符合下列规定：

7.2.5.1 同一规格、品种的材料应每2t为一批，不足2t者按一批进行抽检。

7.2.5.2 改性石油沥青密封材料应检验施工度、粘结性、柔性和耐热度。改性煤焦油沥青密封材料应检验耐热度、粘结延伸率和柔性。

7.2.6 进场的合成高分子密封材料抽样复验，应符合下列规定：

7.2.6.1 同一规格、品种的材料应每1t为一批，不足1t者按一批进行抽检。

7.2.6.2 进场的合成高分子密封材料应检验柔性和粘结性。

7.3 设计要点

7.3.1 屋面接缝密封防水设计应保证密封部位不渗水，并满足防水层耐用年限的要求。

7.3.2 屋面密封防水的接缝宽度不应大于40mm，且不应小于10mm；接缝深度可取接缝宽度的0.5～0.7倍。

7.3.3 密封材料品种选择应符合下列规定：

7.3.3.1 根据当地历年最高气温、最低气温、屋面构造特点和使用条件等因素，选择耐热度和柔性相适应的材料。

7.3.3.2 根据屋面接缝位移的大小和特征，选择延伸性和拉伸-压缩循环性能相适应的材料。

7.3.4 密封防水处理连接部位的基层应涂刷基层处理剂。基层处理剂应选用与密封材料化学结构及极性相近的材料。

7.3.5 接缝处的密封材料底部宜设置背衬材料。背衬材料应选择与密封材料不粘结或粘结力弱的材料。

7.3.6 接缝部位外露的密封材料上宜设置保护层，其宽度不应小于100mm。

7.4 细部构造

7.4.1 结构层板缝中浇灌的细石混凝土上应填放背衬材料，上部嵌填密封材料，并应设置保护层（图7.4.1）。

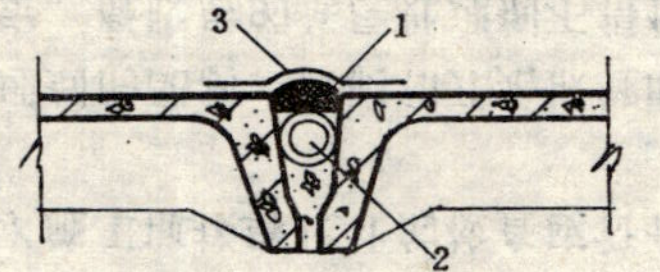

图 7.4.1 板缝密封防水处理

1—密封材料；2—背衬材料；3—保护层

7.4.2 水落口杯节点密封防水处理应符合本规范第4.4.5.3款的有关规定。

7.4.3 伸出屋面管道根部节点密封防水处理，应符合本规范第4.4.8条的有关规定。

7.4.4 天沟、檐沟节点密封防水处理，应符合本规范第4.4.1条的有关规定。

7.4.5 檐口、泛水卷材收头节点密封防水处理，应符合本规范第4.4.2条和第4.4.3条的有关规定。

7.4.6 刚性防水屋面密封防水处理应符合本规范第6.4.1条至第6.4.5条的有关规定。

7.5 改性沥青密封材料防水施工

7.5.1 密封防水施工前应检查接缝尺寸，符合设计要求后，方可进行下道工序施工。

7.5.2 基层处理剂应配比准确，搅拌均匀。采用多组份基层处理剂时，应根据有效时间确定使用量。

基层处理剂的涂刷宜在铺放背衬材料后进行。涂刷应均匀，不得漏涂。待基层处理剂表干后，应立即嵌填密封材料。

7.5.3 改性沥青密封材料防水施工应符合下列规定：

7.5.3.1 当采用热灌法施工时，应由下向上进行，尽量减少接头；垂直于屋脊的板缝宜先浇灌，同时在纵横交叉处宜沿平行于屋脊的两侧板缝各延伸浇灌150mm，并留成斜槎。密封材料熬制及浇灌温度，应按不同材料要求严格控制。

7.5.3.2 当采用冷嵌法施工时，应先将少量密封材料批刮在缝槽两侧，分次将密封材料嵌填在缝内，用力压嵌密实，并与缝壁粘结牢固。嵌填时，密封材料与缝壁不得留有空隙，并防止裹入空气。接头应采用斜槎。

7.5.4 改性沥青密封材料严禁在雨天或雪天施工；五级风及其以上时不得施工；施工环境气温宜为0～35℃。

7.6 合成高分子密封材料防水施工

7.6.1 密封防水施工前接缝尺寸的检查应符合本规范第7.5.1条的规定。

7.6.2 基层处理剂的配制、涂刷和开始嵌缝时间应符合本规范第7.5.2条的规定。凝胶后的基层处理剂不得使用。

7.6.3 合成高分子密封材料防水施工应符合下列规定：

7.6.3.1 单组分密封材料可直接使用。多组分密封材料应根据规定的比例准确计量，拌合均匀。每次拌合量、拌合时间和拌合温度应按所用密封材料的要求严格控制。

7.6.3.2 密封材料可使用挤出枪或腻子刀嵌填。嵌填应饱满，防止形成气泡和孔洞。

7.6.3.3 当采用挤出枪施工时，应根据接缝的宽度选用口径合适的挤出嘴，均匀挤出密封材料嵌填，并由底部逐渐充满整个接缝。

7.6.3.4 一次嵌填或分次嵌填应根据密封材料的性质确定。

7.6.3.5 当采用腻子刀嵌填时，应符合本规范第7.5.3.2款的规定。

7.6.3.6 密封材料嵌填后，应在表干前用腻子刀进行修整。

7.6.3.7 多组分密封材料拌合后应在规定的时间内用完；未混合的多组分密封材料和未用完的单组分密封材料应密封存放。

7.6.3.8 嵌填的密封材料表干后方可进行保护层施工。

7.6.4 合成高分子密封材料严禁在雨天或雪天施工；五级风及其以上时不得施工；溶剂型密封材料施工环境气温宜为0～35℃；水乳型密封材料施工环境气温宜为5～35℃。

8 保温隔热屋面

8.1 一 般 规 定

8.1.1 保温隔热屋面适用于具有保温隔热要求的屋面工程。当屋面防水等级为Ⅰ级、Ⅱ级时不宜采用蓄水屋面。

保温层可采用松散材料保温层、板状保温层或整体保温层；隔热层可采用架空隔热层、蓄水隔热层、种植隔热层等。

8.1.2 封闭式保温层的含水率应相当于该材料在当地自然风干状态下的平衡含水率；当采用有机胶结材料时，不得超过5％；当采用无机胶结材料时，不得超过20％。易腐蚀的保温材料应做防腐处理。

8.1.3 当保温隔热屋面的基层为装配式钢筋混凝土板时，板缝处理应符合本规范第4.1.2条的规定。

8.1.4 对正在施工或施工完的保温隔热层应采取保护措施。

8.2 材 料 要 求

8.2.1 屋面保温材料应具有吸水率低、表观密度和导热系数较小，并有一定强度的性能。

8.2.2 松散保温材料的质量应符合下列要求：

8.2.2.1 膨胀蛭石的粒径宜为3～15mm；堆积密度应小于300kg/m³；导热系数应小于0.14W/m·K。

8.2.2.2 膨胀珍珠岩的粒径宜大于0.15mm；粒径小于0.15mm的含量不应大于8％；堆积密度应小于120kg/m³；导热系数应小于0.07W/m·K。

8.2.3 板状保温材料的质量应符合表8.2.3的要求。

8.2.4 整体现浇保温层原材料的质量应符合下列要求：

板状保温材料质量要求　　表 8.2.3

材料类别	表观密度 (kg/m³)	导热系数 (W/m·K)	强度(MPa) 抗压	强度(MPa) 抗折	外观质量
泡沫塑料类	30～130	0.04～0.05	≥0.1	—	板的外形整齐，厚度允许偏差为±5％，且不大于4mm
微孔混凝土类	500～700	0.19～0.22	≥0.4	—	
膨胀蛭石、膨胀珍珠岩类	300～800	0.10～0.26	≥0.3	—	

8.2.4.1 膨胀蛭石、膨胀珍珠岩的质量应符合本规范第8.2.2条的规定。

8.2.4.2 沥青膨胀珍珠岩所用的沥青宜采用10号建筑石油沥青。

8.2.4.3 水泥膨胀蛭石及水泥膨胀珍珠岩中所用水泥的标号不应小于325号。

8.2.5 架空隔热制品的质量应符合下列要求：

8.2.5.1 非上人屋面的粘土砖强度等级不应小于MU7.5；上人屋面的粘土砖强度等级不应小于MU10。

8.2.5.2 当采用混凝土板时，其强度等级不应小于C20；板内宜加放钢丝网片。

8.2.6 保温隔热材料应检验下列项目：

8.2.6.1 松散保温材料应检查粒径、堆积密度。

8.2.6.2 板状保温材料应检查密度、厚度、板的形状和强度。

8.2.7 保温隔热材料抽检数量应按使用的数量确定，同一批材料至少应抽检一次。

8.2.8 保温隔热材料的贮运、保管应符合下列规定：

8.2.8.1 保温材料应采取防雨、防潮的措施，并应分类堆放，防止混杂。

8.2.8.2 板状保温隔热材料在搬运时应轻放，防止损伤断裂，缺棱掉角，保证板的外形完整。

8.3 设 计 要 点

8.3.1 保温隔热屋面的类型和构造设计应根据建筑物的使用要求、屋面的结构形式、环境气候条件、防水处理方法和施工条件等因素，经技术经济比较确定，并应符合下列规定：

8.3.1.1 蓄水屋面不宜在寒冷地区、地震区和震动较大的建筑物上使用。

8.3.1.2 蓄水屋面的坡度不宜大于0.5%；种植屋面的坡度不宜大于3%；架空隔热屋面的坡度不宜大于5%。

8.3.1.3 蓄水屋面、种植屋面的防水层，应选择耐腐蚀、耐穿刺性能好的材料。

8.3.1.4 架空隔热屋面宜在通风较好的建筑物上采用，不宜在寒冷地区采用。

8.3.1.5 倒置式屋面保温层应采用憎水性或吸水率低的保温材料。

8.3.2 保温层厚度设计应符合下列规定：

8.3.2.1 保温层厚度应按下式计算：

$$\delta_x = \lambda_x(R_{0.min} - R_i - R - R_e) \cdots\cdots \quad (8.3.2\text{—}1)$$

式中 δ_x——所求保温层厚度，m；

λ_x——保温材料的导热系数，W/m·K；

$R_{0.min}$——屋盖系统的最小传热阻，m^2k/W；

R_i——内表面换热阻，m^2k/W，取0.11；

R——除保温层外，屋盖系统材料层热阻，m^2k/W；

R_e——外表面换热阻，取$0.04m^2k/W$。

8.3.2.2 除外保温层，屋面各层材料热阻之和R应按下式计算：

$$R = \delta_1/\lambda_1 + \delta_2/\lambda_2 + \cdots \delta_n/\lambda_n \cdots\cdots \quad (8.3.2\text{—}2)$$

式中 R——除保温层外，屋盖系统材料层热阻，$m^2 \cdot k/w$；

δ_1、δ_2……δ_n——各层材料的厚度，m；

λ_1、λ_2……λ_n——各层材料的导热系数，w/m·k。

8.3.2.3 屋盖系统的最小传热阻的取值，应按现行的《民用建筑热工设计规范》GB 50176确定，并符合国家有关节能标准的规定。

8.3.3 保温层的构造应符合下列规定：

8.3.3.1 保温层设置在防水层上部时宜做保护层，保温层设置在防水层下部时应做找平层。

8.3.3.2 水泥膨胀蛭石及水泥膨胀珍珠岩不宜用于整体封闭式保温层；当需要采用时，应做排汽道。排汽道应纵横贯通，并应与大气连通的排汽孔相通。排汽孔的数量应根据基层的潮湿程度和屋面构造确定，屋面面积每$36m^2$宜设置一个。排汽孔应做好防水处理。

8.3.3.3 屋面坡度较大时，保温层应采取防滑措施。

8.3.4 隔热层的设计应符合下列规定：

8.3.4.1 架空隔热层的高度应按照屋面宽度或坡度大小的变化确定。

8.3.4.2 当屋面宽度大于10m时，应设置通风屋脊。

8.3.4.3 进风口宜设置在当地炎热季节最大频率风向的正压区；出风口宜设置在负压区。

8.3.4.4 蓄水屋面应划分为若干蓄水区，每区的边长不宜大于10m；在变形缝的两侧，应分成两个互不连通的蓄水区；长度超过40m的蓄水屋面，应做横向伸缩缝一道。

8.3.4.5 蓄水屋面、种植屋面泛水的防水层高度应高出溢水口100mm。

8.3.4.6 蓄水屋面应设排水管、溢水口和给水管，排水管应与水落管连通。

8.3.4.7 蓄水屋面的蓄水深度宜为150～200mm。

8.3.4.8 蓄水区的分仓墙宜采用水泥砂浆砌筑，其强度等级宜为M10；墙的顶部可设置直径为ϕ6mm或ϕ8mm的钢筋砖带，也可采用钢筋混凝土压顶。

8.3.4.9 蓄水屋面、种植屋面应设置人行通道。

8.3.4.10 种植屋面四周应设置围护墙及泄水管、排水管。当种植屋面为柔性防水层时，上部应设置刚性保护层。

8.3.5 倒置式屋面保温层可采用干铺；亦可采用与防水层材性相容的胶粘剂粘贴。

8.4 细部构造

8.4.1 天沟、檐沟与屋面交接处，屋面保温层的铺设应延伸到墙内，其伸入的长度不应小于墙厚的1/2（图4.4.1-1）。

8.4.2 排汽出口应埋设排汽管，排汽管应设置在结构层上；穿过保温层的管壁应打排汽孔（图8.4.2-1和图8.4.2-2）。

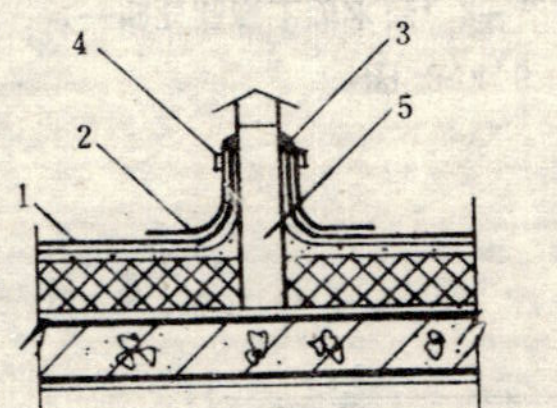

图 8.4.2-1 排汽出口构造

1—防水层；2—附加防水层；3—密封材料；4—金属箍；5—排汽管

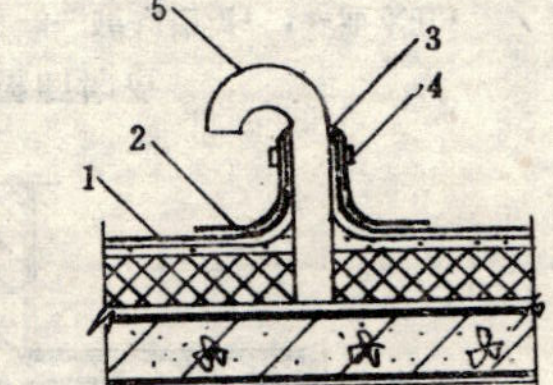

图 8.4.2-2 排汽出口构造

1—防水层；2—附加防水层；3—密封材料；4—金属箍；5—排汽管

8.4.3 架空隔热屋面的架空隔热层高度宜为100～300mm；架空板与女儿墙的距离不宜小于250mm（图8.4.3）。

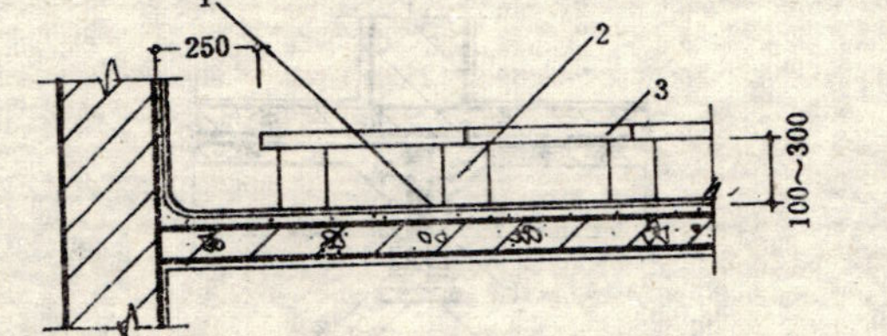

图 8.4.3 架空隔热屋面构造

1—防水层；2—支座；3—架空板

8.4.4 倒置式屋面的保温层上面可采用混凝土等板材、水泥砂浆或卵石做保护层；卵石保护层与保温层之间应铺设纤维织物；板状保护层可干铺，也可用水泥砂浆铺砌（图8.4.4-1和图8.4.4-2）。

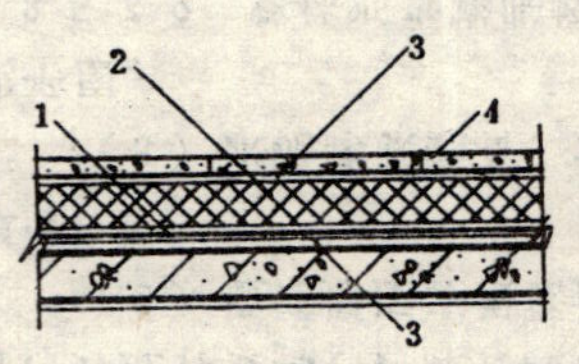

图 8.4.4-1 倒置屋面板材保护层

1—防水层；2—保温层；3—砂浆找平层；4—混凝土或粘土板材制品

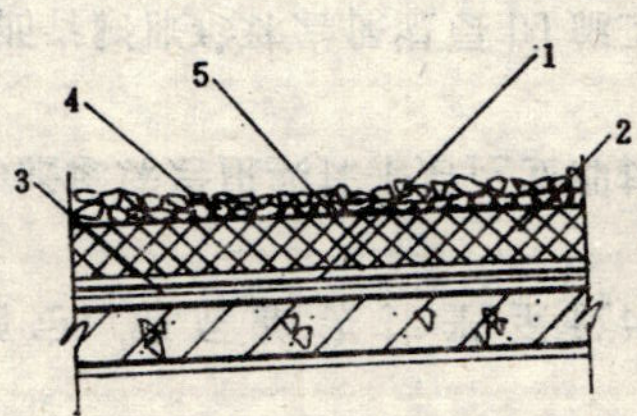

图 8.4.4-2 倒置屋面卵石保护层

1—防水层；2—保温层；3—砂浆找平层；4—卵石保护层；5—纤维织物

8.4.5 蓄水屋面的溢水口的上部高度应距分仓墙顶面100mm（图8.4.5-1）；过水孔应设在分仓墙底部，排水管应与水落管连通（图8.4.5-2）；分仓缝内应嵌填沥青麻丝，上部用卷材封盖，然后加扣混凝土盖板（图8.4.5-3）。

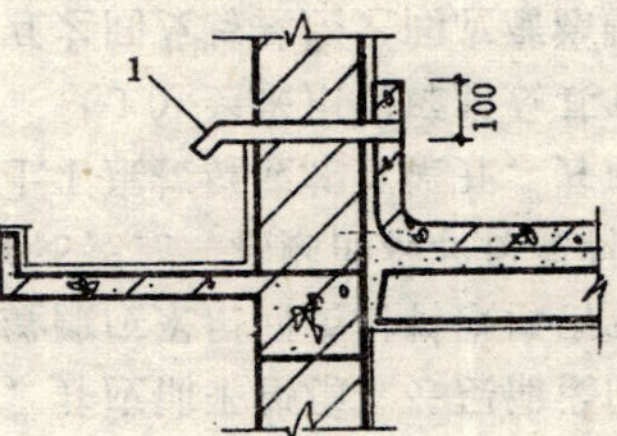

图 8.4.5-1 溢水口构造

1—溢水管

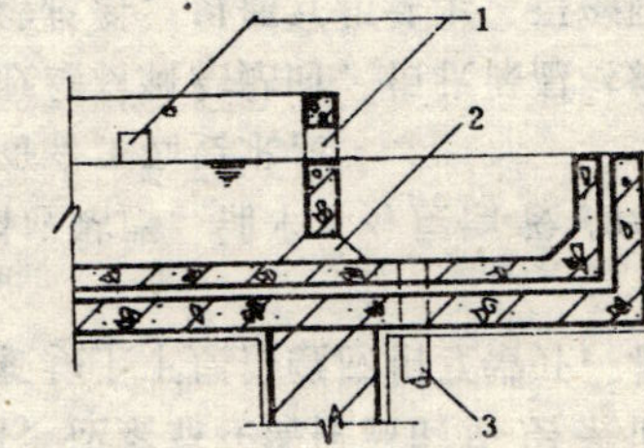

图 8.4.5-2 排水管、过水孔构造

1—溢水口；2—过水孔；3—排水管

8.4.6 种植屋面上的种植介质四周应设挡墙；挡墙下部应设泄水孔（图8.4.6）。

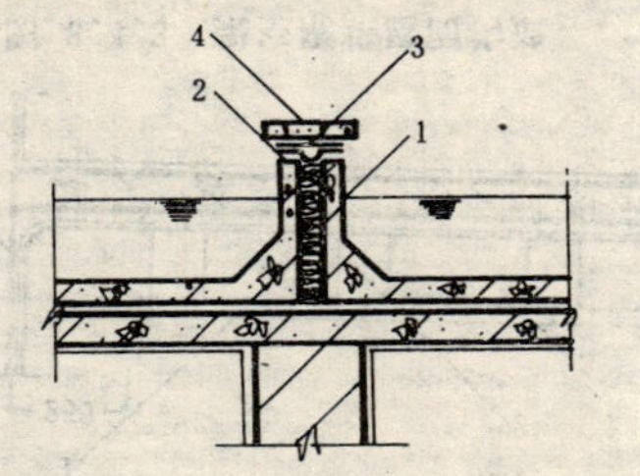

图 8.4.5-3　分仓缝构造

1—沥青麻丝；2—粘贴卷材层；3—干铺卷材层；4—混凝土盖板

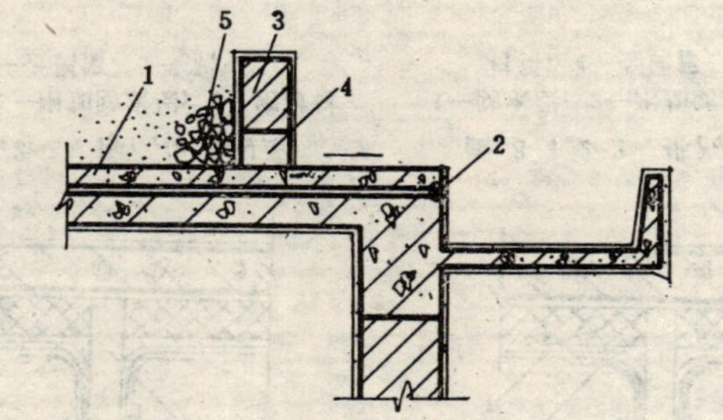

图 8.4.6　种植屋面构造

1—细石混凝土防水层；2—密封材料；3—砖砌挡墙；4—泄水孔；5—种植介质

8.5　保温层施工

8.5.1　松散材料保温层施工应符合下列规定：

8.5.1.1　铺设松散材料保温层的基层应平整、干燥和干净。

8.5.1.2　保温层含水率不得超过规定要求。炉渣应过筛。

8.5.1.3　松散保温材料应分层铺设，并适当压实；每层虚铺厚度不宜大于150mm；压实的程度与厚度应经试验确定；压实后不得直接在保温层上行车或堆放重物，施工人员宜穿软底鞋进行操作。

8.5.1.4　保温层施工完成后，应及时进行下一道工序，完成上部防水层的施工。在雨季施工的保温层应采取遮盖措施，防止雨淋。

8.5.2　板状材料保温层施工应符合下列规定：

8.5.2.1　铺设板状材料保温层的基层应平整、干燥和干净。

8.5.2.2　干铺的板状保温材料，应紧靠在需保温的基层表面上，并应铺平垫稳。分层铺设的板块上下层接缝应相互错开；板间缝隙应采用同类材料嵌填密实。

8.5.2.3　粘贴的板状保温材料应贴严、铺平；分层铺设的板块上下层接缝应相互错开，并应符合下列要求：

（1）当采用玛䀝脂及其它胶结材料粘贴时，板状保温材料相互之间及与基层之间应满涂胶结材料，以便互相粘牢。玛䀝脂的加热和使用温度，应符合本规范第4.5.1.3款的规定；

（2）当采用水泥砂浆粘贴板状保温材料时，板间缝隙应采用保温灰浆填实并勾缝。保温灰浆的配合比宜为1:1:10（水泥：石灰膏：同类保温材料的碎粒，体积比）。

8.5.3　整体现浇保温层施工应符合下列规定：

8.5.3.1　水泥膨胀蛭石、水泥膨胀珍珠岩保温层的施工应符合下列要求：

（1）水泥膨胀蛭石、水泥膨胀珍珠岩的拌合宜采用人工搅拌，并应拌合均匀，随拌随铺；

（2）虚铺厚度应根据试验确定，铺后拍实抹平至设计厚度；

（3）水泥膨胀蛭石、水泥膨胀珍珠岩压实抹平后应立即抹找平层。

8.5.3.2　整体沥青膨胀蛭石、沥青膨胀珍珠岩保温层的施工应符合下列要求：

（1）沥青加热温度应符合本规范第4.5.1.3款的规定；膨胀蛭石或膨胀珍珠岩的预热温度宜为100～120%；

（2）沥青膨胀蛭石或沥青膨胀珍珠岩宜用机械搅拌，并应色泽一致，无沥青团。压实程度应根据试验确定，其厚度应符合设计要求，表面应平整。

8.5.4 干铺的保温层可在负温度下施工。用热沥青粘结的整体现浇保温层和粘贴的板状材料保温层在气温低于－10℃时不宜施工。用水泥、石灰、或乳化沥青胶结的整体现浇保温层和用水泥砂浆粘贴的板状材料保温层在气温低于5℃时不宜施工。

当雨天、雪天和五级风及其以上时不得施工；当施工中途下雨、下雪时应采取遮盖措施。

8.6 架空隔热屋面施工

8.6.1 架空隔热层施工时，应先将屋面清扫干净，并应根据架空板的尺寸，弹出支座中线。

8.6.2 在支座底面的卷材、涂膜防水层上应采取加强措施。支座宜采用水泥砂浆砌筑，其强度等级应为M5。

8.6.3 铺设架空板时，应将灰浆刮平，随时扫净屋面防水层上的落灰、杂物等，以保证架空隔热层气流畅通。操作时不得损伤已完工的防水层。

8.6.4 架空板的铺设应平整、稳固；缝隙宜采用水泥砂浆或水泥混合砂浆嵌填，并应按设计要求留变形缝。

8.7 蓄水屋面施工

8.7.1 蓄水屋面的所有孔洞应预留，不得后凿。所设置的给水管、排水管和溢水管等，应在防水层施工前安装完毕。

8.7.2 每个蓄水区的防水混凝土应一次浇筑完毕、不得留施工缝；立面与平面的防水层应同时做好。

8.7.3 蓄水屋面采用刚性防水施工的气候条件应符合本规范第6.1.9条的规定。

8.7.4 蓄水屋面采用卷材防水施工的气候条件应符合本规范第4.5.9条和第4.6.9条的规定。

8.7.5 蓄水屋面的刚性防水层完工后应及时养护；蓄水后不得断水。

8.8 种植屋面施工

8.8.1 种植屋面挡墙施工时，留设的泄水孔位置应准确，并不得堵塞。

8.8.2 种植屋面防水层施工完后，在覆土前应进行蓄水试验，其静置时间不应小于24h，当确认不漏时方可覆盖。

8.8.3 种植覆盖层的施工应避免损坏防水层；覆盖材料的厚度、质量(重)应符合设计要求。

8.9 倒置式屋面施工

8.9.1 板状保温材料的铺设应平稳，拼缝应严密。

8.9.2 保护层施工时应避免损坏保温层和防水层。

8.9.3 当保护层采用卵石铺压时，卵石的质量(重)应符合设计规定。

9 瓦屋面

9.1 一般规定

9.1.1 平瓦屋面适用于防水等级为Ⅱ级、Ⅲ级、Ⅳ级的屋面防水；油毡瓦屋面适用于防水等级为Ⅲ级、Ⅳ级的屋面防水；压型钢板屋面适用于防水等级为Ⅱ级的屋面防水；波形瓦屋面适用于防水等级为Ⅳ级的屋面防水。

9.1.2 平瓦、油毡瓦可铺设在钢筋混凝土或木基层上；波形瓦、压型钢板可直接铺设在檩条上。

9.1.3 平瓦、油毡瓦屋面与山墙及突出屋面结构等的交接处，均应做泛水处理。

9.1.4 在大风或地震地区，应采取措施使瓦与屋面基层固定牢固。

9.1.5 瓦屋面完工后，应避免屋面受物体冲击。严禁任意上人或堆放物件。

9.2 材料要求

9.2.1 平瓦及其脊瓦的质量及贮运、保管应符合下列规定：

9.2.1.1 平瓦及其脊瓦应边缘整齐，表面光洁，不得有分层、裂纹和露砂等缺陷。平瓦的瓦爪与瓦槽的尺寸应配合适当。

9.2.1.2 平瓦运输时应轻拿轻放，不得抛扔、碰撞；进入现场后应堆垛整齐。

9.2.2 波形瓦及其脊瓦的质量及贮运、保管应符合下列规定：

9.2.2.1 波形瓦及其脊瓦应边缘整齐，表面光洁，不得有起层、断裂和掉角等缺陷。

9.2.2.2 波形瓦应双张花弧或井字堆垛，脊瓦可侧立平垛堆放；堆放场地应平整、坚实。

9.2.2.3 玻璃钢波瓦应贮存在地面平整的室内，并需用草袋等软物垫衬；堆放时应竖放，运输时应进行包装或垫衬。

9.2.3 油毡瓦的质量及贮运、保管应符合下列规定：

9.2.3.1 油毡瓦应边缘整齐，切槽清晰，厚薄均匀；表面应无孔洞、楞伤、裂纹、折皱和起泡等缺陷。

9.2.3.2 油毡瓦应在环境温度不高于45℃的条件下保管；应避免雨淋、日晒、受潮，并应注意通风和避免接近火源。

9.2.4 压型钢板的质量及贮运、保管应符合下列规定：

9.2.4.1 压型钢板应边缘整齐、表面光滑，色泽均匀；外形应规则，不得有扭翘、脱膜和锈蚀等缺陷。

9.2.4.2 压型钢板堆放地点宜选择在安装现场附近；堆放场地应平坦、坚实，且便于排除地面水。堆放时应分层，并宜每隔3～5m加放垫木。

9.2.5 各种瓦的规格和技术性能应符合国家现行标准的要求。进场后应进行外观检验，并按有关规定进行抽样复验。

9.3 设计要点

9.3.1 瓦屋面的排水坡度，应根据屋架形式、屋面基层类别、防水构造型式、材料性能以及当地气候条件等因素经技术经济比较后确定。并宜符合表9.3.1的规定。

瓦屋面的排水坡度　　表 9.3.1

材料种类	屋面排水坡度(%)
平瓦	20～50
波形瓦	10～50
油毡瓦	≥20
压型钢板	10～35

9.3.2 基层与突出屋面结构的连接处，以及屋面的转角处应绘出细部构造详图。

9.3.3 当平瓦、波形瓦屋面坡度大于50%，油毡瓦屋面坡度大于150%时，应采取固定加强措施。

9.3.4 当平瓦屋面采用木基层时，应在基层上铺设一层卷材，其搭接宽度不宜小于100mm，并用顺水条将卷材压钉在木基层上；顺水条的间距宜为500mm，再在顺水条上铺钉挂瓦条。

9.3.5 平瓦可采用在基层上设置泥背的方法铺设，泥背厚度宜为30～50mm。

9.3.6 玻璃钢波瓦的长度方向，每800mm应加设檩条一根。

9.3.7 天沟、檐沟的防水层宜采用1.2mm厚的合成高分子防水卷材、3mm厚的高聚物改性沥青防水卷材或三毡四油的沥青防水卷材铺设；亦可用镀锌薄钢板铺设。

9.4 细部构造

9.4.1 平瓦、波形瓦的瓦头挑出封檐板的长度宜为50～70mm（图9.4.1-1），波形瓦、压型钢板檐口挑出的长度不应小于200mm（图9.4.1-2和图9.4.1-3）。

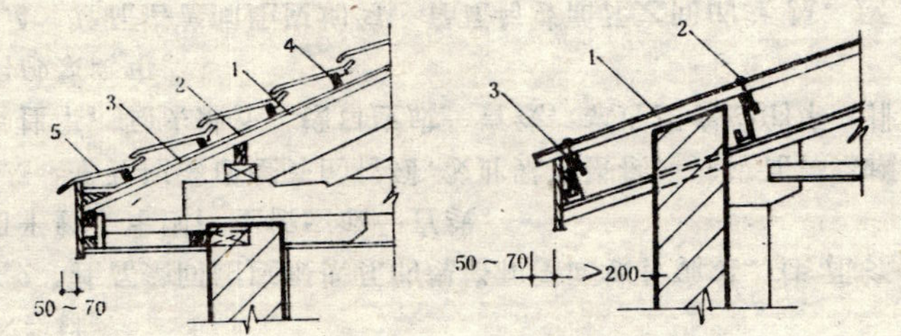

图 9.4.1-1 平瓦檐口

1—木基层；2—干铺油毡；3—顺水条；4—挂瓦条；5—平瓦

图 9.4.1-2 波形瓦檐口

1—波形瓦；2—镀锌螺钉；3—檩条

9.4.2 平瓦屋面上的泛水，宜采用水泥石灰砂浆分次抹成，其配合比宜为1:1:4，并应加1.5%的麻刀。烟囱与屋面的交接处在迎水面中部应抹出分水线，并应高出两侧各30mm(图9.4.2-1)。压型钢板屋面的泛水板与突出屋面的墙体搭接高度不应小于300mm；安装应平直（图9.4.2—2）。

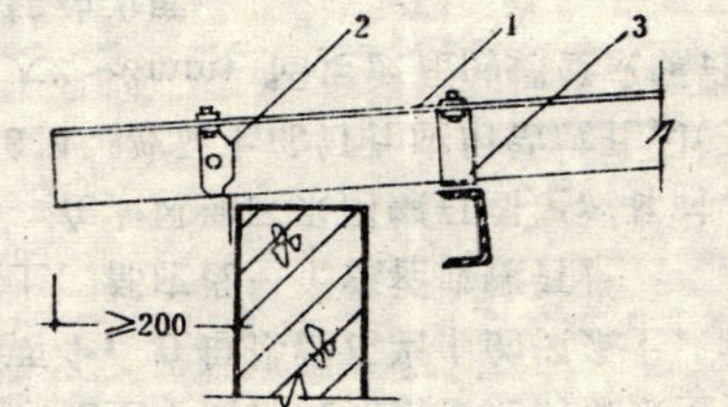

图 9.4.1-3 压型钢板檐口

1—压型钢板；2—檐口堵头板；3—固定支架

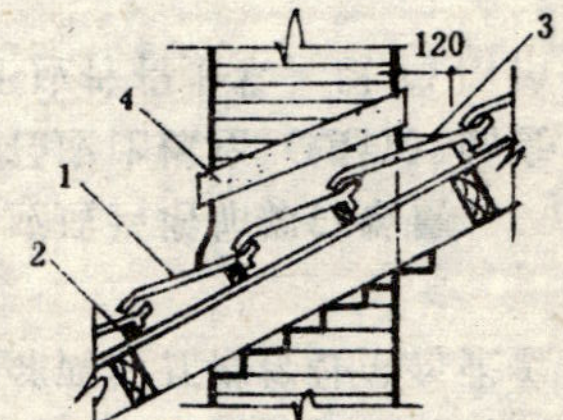

图 9.4.2-1 烟囱根泛水

1—平瓦；2—挂瓦条；3—分水线；4—水泥石灰砂浆加麻刀

9.4.3 瓦伸入天沟、檐沟的长度应为50～70mm（图9.4.3）。

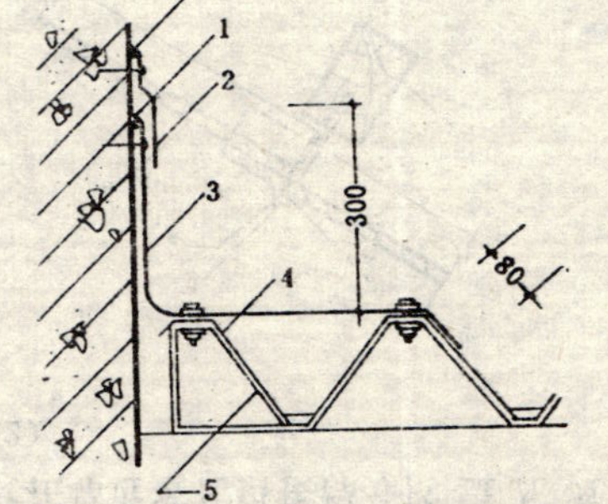

图 9.4.2-2 压型钢板屋面泛水

1—密封材料；2—盖板；3—泛水板；4—压型钢板；5—固定支架

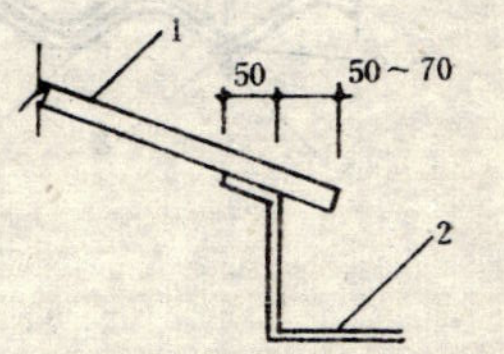

图 9.4.3 天沟、檐沟示意

1—瓦；2—天沟、檐沟

9.4.4 平瓦屋面的脊瓦下端距坡面瓦的高度不宜大于80mm；脊瓦在两坡面瓦上的搭盖宽度，每边不应小于40mm。

沿山墙封檐的一行瓦，宜用1:2.5的水泥砂浆做出披水线，将瓦封固。

9.5 平瓦屋面施工

9.5.1 在木基层上铺设卷材时，应自下而上平行屋脊铺贴，搭接应顺流水方向。卷材铺设时应压实铺平，上部工序施工时不得损坏卷材。

9.5.2 挂瓦条间距应根据瓦的规格和屋面坡长确定。挂瓦条应铺钉平整、牢固；上棱应成一直线。

9.5.3 平瓦应铺成整齐的行列，彼此紧密搭接，并应瓦榫落槽，瓦脚挂牢；瓦头排齐，檐口应成一直线，靠近屋脊处的第一排瓦应用砂浆窝牢。

9.5.4 脊瓦搭盖间距应均匀；脊瓦与坡面瓦之间的缝隙，应采用掺有麻刀的混合砂浆填实抹平；屋脊和斜脊应平直，无起伏现象。

9.5.5 铺设平瓦时，平瓦应均匀分散堆放在两坡屋面上，不得集中堆放。铺瓦时，应由两坡从下向上同时对称铺设，严禁单坡铺设。

9.5.6 在基层上采用泥背铺设平瓦时，前后坡应自下而上同时对称施工，并应分两层铺抹，待第一层干燥后，再铺抹第二层，并随铺平瓦。

9.6 波形瓦屋面施工

9.6.1 铺设波形瓦（以下简称波瓦）屋面时，相邻两瓦应顺年最大频率风向搭接。其搭接宽度：大波瓦和中波瓦不应少于半个波；小波瓦不应少于一个波。上下两排波瓦的搭接长度应根据屋面坡长确定，但不应少于100mm。

9.6.2 当波瓦采用上下两排瓦长边搭接缝错开的方法铺设时，宜错开半张波瓦，但大波瓦和中波瓦至少应错开一个波，小波瓦至少应错开两个波。

当采用上下两排瓦长边搭接缝不错开的方法铺设时，在相邻四块瓦的搭接处，应随盖瓦方向的不同，先将对瓦割角，对角缝隙不宜大于5mm。玻璃钢瓦可不割角。

9.6.3 波瓦应采用带防水垫圈的镀锌弯钩螺栓固定在金属檩条或混凝土檩条上，或用镀锌螺钉固定在木檩条上；螺栓或螺钉应设在靠近波瓦搭接部分的盖瓦波峰上（图9.6.3-1和图9.6.3-2）。

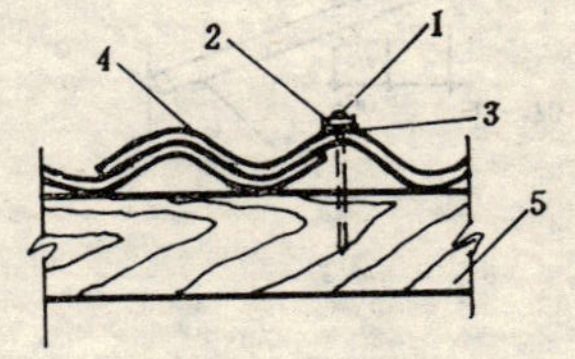

图 9.6.3-1 波瓦固定方法

1—镀锌螺钉；2—镀锌垫圈；3—防水垫圈；4—波瓦；5—檩条

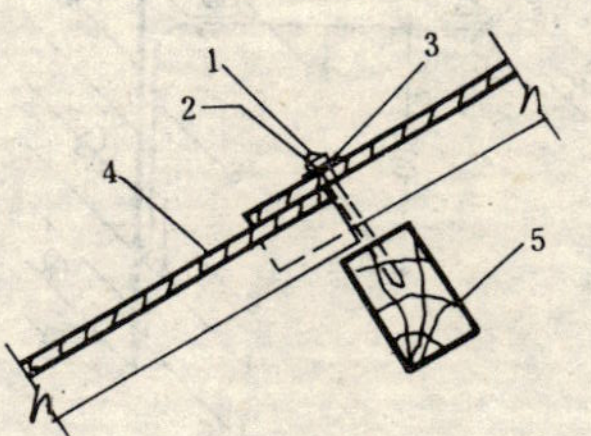

图 9.6.3-2 相邻两瓦搭接

1—镀锌螺钉；2—镀锌垫圈；3—防水垫圈；4—波瓦；5—檩条

在上下两排波瓦搭接处的檩条上，每张盖瓦的螺栓或螺钉应为两个；在每排波瓦当中的檩条上，相邻两波瓦搭接处的每张盖瓦上，都应设一个螺栓或螺钉。

在大风地区采用螺钉固定波瓦时，应适当增加螺钉数量。

9.6.4 波瓦上的钉孔应用钻成孔，其孔径应比螺栓（螺钉）的直径大2～3mm；固定波瓦的螺栓或螺钉不应拧得太紧，以垫圈稍能转动为度。

9.6.5 璃玻钢波瓦铺设时应用木螺丝或对拧螺栓固定，并加橡胶垫衬，每张瓦至少应有6处与檩条固定。

玻璃钢波瓦安装时不得接触明火，并应防止重物及工具将波瓦砸伤。在波瓦与檩条未用螺栓固定前，屋面严禁上人。

9.6.6 屋脊、斜脊应采用脊瓦铺盖，亦可采用镀锌薄钢板铺盖；脊瓦与波瓦之间的空隙，宜用麻刀灰等嵌封严密。

9.6.7 当屋面有天沟、檐沟时，波瓦伸入沟内的长度不应小于50mm；沟底防水层与波瓦间的空隙，宜用麻刀灰等嵌填严密。

9.6.8 屋面与突出屋面的墙或烟囱的连接处采用镀锌薄钢板做泛水时，波瓦与泛水的搭接宽度不宜小于150mm。波瓦与泛水间的空隙，宜用麻刀灰等嵌填严密。

9.7 油毡瓦屋面施工

9.7.1 油毡瓦铺设在木基层上时，可用油毡钉固定；油毡瓦铺设在混凝土基层上时，可用射钉与冷玛𤧛脂粘结固定。

9.7.2 油毡瓦的基层应平整。铺设时，在基层上应先铺一层沥青防水卷材垫毡，从檐口往上用油毡钉铺钉；钉帽应盖在垫毡下面；垫毡搭接宽度不应小于50mm。

9.7.3 油毡瓦应自檐口向上铺设；第一层瓦应与檐口平行；切槽应向上指向屋脊，用油毡钉固定。第二层油毡瓦应与第一层叠合，但切槽应向下指向檐口。第三层油毡瓦应压在第二层上，并露出切槽125mm。油毡瓦之间的对缝，上下层不应重合。

9.7.4 每片油毡瓦不应少于4个油毡钉；当屋面坡度大于150%时，应增加油毡钉固定。

9.7.5 铺设脊瓦时，应将油毡瓦沿切槽剪开，分成四块做为脊瓦，并用两个油毡钉固定。脊瓦应顺年最大频率风向搭接，并应搭盖住两坡面油毡瓦接缝的1/3。脊瓦与脊瓦的压盖面不应小于脊瓦面积的1/2。

9.7.6 屋面与突出屋面结构的连接处，油毡瓦应铺贴在立面上，其高度不应小于250mm。

在屋面与突出屋面的烟囱、管道等连接处，应先做二毡三油垫层，待铺瓦后，再用高聚物改性沥青卷材做单层防水。

在女儿墙泛水处，油毡瓦可沿基层与女儿墙的八字坡铺贴，并用镀锌薄钢板覆盖，钉入墙内预埋木砖上；泛水上口与墙间的缝隙应用密封材料封严。

9.8 压型钢板屋面施工

9.8.1 压型钢板应用专用吊具吊装；吊点的最大间距不宜大于5m。吊装时不得勒坏压型钢板。

9.8.2 压型钢板应根据板型和设计的配板图铺设。铺设时，应先在檩条上安装固定支架；压型钢板和固定支架应用钩头螺栓连接。

压型钢板应预先钻四角钉孔，并应按此孔位置在檩条上定位钻孔，其孔径应比螺栓直径大0.5mm。

9.8.3 铺设压型钢板屋面时，相邻两块板应顺年最大频率风向搭接；上下两排板的搭接长度，应根据板型和屋面坡长确定，并不应小于200mm。接缝内应用密封材料嵌填严密。

9.8.4 压型钢板的安装应使用单向螺栓或拉铆钉连接固定。压型钢板与固定支架应用螺栓固定。

9.8.5 天沟用镀锌薄钢板制作时，应伸入压型钢板的下面，其长度不应小于100mm；当设有檐沟时，压型钢板应伸入檐沟内，其长度不应小于50mm。檐口应用异型镀锌钢板的堵头封檐板；山墙应用异型镀锌钢板的包角板和固定支架封严。

9.8.6 每块泛水板的长度不宜大于2m，与压型钢板的搭接宽度不应小于200mm。泛水板的安装应平直。

10 工程验收和管理维护

10.1 质量要求

10.1.1 屋面不得有渗漏和积水现象。

10.1.2 屋面工程所用的材料应符合质量标准和设计要求。

10.1.3 屋面坡度应准确，排水系统应通畅。

10.1.4 找平层表面平整度不应大于5mm，并不得有酥松、起砂、起皮现象。

10.1.5 节点做法应符合设计要求，封固严密，不得开缝、翘边。水落口及突出屋面设施与屋面连接处，应固定牢靠、密封严实。

10.1.6 松散材料保护层、涂料保护层应覆盖均匀、粘结牢固。刚性整体保护层与防水层间应设置隔离层，其表面分格缝的留设应正确。块体保护层应铺砌平整，勾缝严密，其分格缝的留设应正确。

10.1.7 卷材铺贴方法和搭接顺序应符合规定，其搭接宽度应正确，接缝应严密，并不得皱折、鼓泡和翘边。

10.1.8 涂膜防水层不应有裂纹、脱皮、流淌、鼓泡、露胎体和皱皮等现象，厚度应符合设计要求。

10.1.9 密封材料与基层应粘结牢固，密封部位应光滑、平直，尺寸符合设计要求，不得有鼓泡、龟裂等现象。保护层覆盖应严密。

10.1.10 刚性防水层厚度应符合设计要求，其表面应平整，不得起壳、起砂和裂缝。防水层内钢筋位置应准确。分格缝应平直，位置正确。密封材料应嵌填密实，粘结牢固。

10.1.11 架空隔热屋面的架空板不得断裂、缺损，架设应平稳，相邻两块板的高低偏差不应大于3mm；架空层中不得堵塞。

10.1.12 倒置式屋面的保温层表面应平整；铺压材料应分布均匀。

10.1.13 保温层厚度、含水率和表观密度应符合设计要求。

10.1.14 蓄水屋面、种植屋面的溢水口、过水孔、排水管和泄水孔应符合设计要求。

10.1.15 瓦屋面的基层应平整、牢固，瓦片排列应整齐、平直，搭接合理，接缝严密，并不得有残缺瓦片。

10.2 质量检验

10.2.1 屋面工程施工中应做分项工程的交接检查；未经检查验收，不得进行后续施工。

10.2.2 防水层施工中，每一道防水层完成后，应由专人进行检查，合格后方可进行下一道防水层的施工。

10.2.3 检验屋面有无渗漏和积水、排水系统是否通畅，可在雨后或持续淋水2h以后进行。有可能作蓄水检验的屋面宜作蓄水检验，其蓄水时间不宜小于24h。

10.2.4 卷材防水屋面的节点处理、接缝、保护层等应进行外观检验。

10.2.5 涂膜防水屋面的涂膜厚度，可用针刺等方法进行检验；每$100m^2$的屋面不应少于一处；每一屋面不应少于三处，并取其平均值评定。

10.2.6 找平层和刚性防水层的平整度，应用2m直尺检查；面层与直尺间最大空隙不应大于5mm；空隙应平缓变化，每米长度内不应多于一处。

10.2.7 密封防水处理部位应经检查合格后方可隐蔽。

10.2.8 蓄水屋面、种植屋面应作蓄水检验，其蓄水时间不应小于24h。

10.2.9 瓦屋面的瓦片排列、搭接，节点处理和瓦片的完整程度，应进行外观检验。

10.3 工 程 验 收

10.3.1 屋面工程完工后，应由质量监督部门进行核定，合格后方可验收。

10.3.2 工程验收时，应提交下列技术资料，并应归档：

10.3.2.1 屋面工程设计图、设计变更和工程洽商单。

10.3.2.2 屋面工程施工方案和技术交底记录。

10.3.2.3 材料出厂质量证明文件及复试报告。

10.3.2.4 施工检验记录、淋水或蓄水检验记录、隐蔽工程验收记录、验评报告。

10.4 管 理 维 护

10.4.1 工程竣工验收后，应由使用单位指派专人负责屋面管理。严禁在防水层和保温隔热层上凿孔打洞、重物冲击；不得任意在屋面上堆放杂物及增设构筑物，并应经常检查节点的变形情况。

10.4.2 在需要增加设施的屋面上，应做好相应的防水处理。

10.4.3 严防水落口、天沟、檐口堵塞，保持屋面排水系统畅通。

10.4.4 管理人员应在每年雨季、冬季前进行检查并清扫，发现问题及时维修，并做出维修保养记录。

10.4.5 蓄水屋面除应执行第10.4.1条至第10.4.4条外，尚应定期清理杂物，严防干涸。

附录A 沥青玛𤧛脂的选用、调制和试验

A.1 标号的选用及技术性能

A.1.1 粘贴各层卷材、粘结绿豆砂保护层采用的沥青玛𤧛脂的标号应根据屋面的使用条件、坡度和当地历年极端最高气温，按表A.1.1的规定选用。

A.1.2 沥青玛𤧛脂的质量要求，应符合表A.1.2的规定。

沥青玛𤧛脂选用标号　　表 A.1.1

材料名称	屋面坡度	历年极端最高气温	沥青玛𤧛脂标号
沥青玛𤧛脂	1%～3%	小于38℃	S—60
		38℃～41℃	S—65
		41℃～45℃	S—70
	3%～15%	小于38℃	S—65
		38℃～41℃	S—70
		41℃～45℃	S—75
	15%～25%	小于38℃	S—75
		38℃～41℃	S—80
		41℃～45℃	S—85

注：①卷材层上有块体保护层或整体刚性保护层，沥青玛𤧛脂标号可按表A.1.1降低5号；

②屋面受其它热源影响（如高温车间等）或屋面坡度超过25%时，应将沥青玛𤧛脂的标号适当提高。

沥青玛琋脂的质量要求　　表 A.1.2

指标名称＼标号		S—60	S—65	S—70	S—75	S—80	S—85
耐热度	用2mm厚的沥青玛琋脂粘合两张沥青油纸，于不低于下列温度(℃)中，在1:1坡度上停放5h的沥青玛琋脂不应流淌，油纸不应滑动						
		60	65	70	75	80	85
柔韧性	涂在沥青油纸上的2mm厚的沥青玛琋脂层，在18±2℃时，围绕下列直径(mm)的圆棒，用2s的时间以均衡速度弯成半周，沥青玛琋脂不应有裂纹						
		10	15	15	20	25	30
粘结力	用手将两张粘贴在一起的油纸慢慢地一次撕开，从油纸和沥青玛琋脂的粘贴面的任何一面的撕开部分，应不大于粘贴面积的1/2						

A.2 配 合 成 分

A.2.1 配制沥青玛琋脂用的沥青，可采用10号、30号的建筑石油沥青和60号甲、60号乙的道路石油沥青或其熔合物。

A.2.2 选择沥青玛琋脂的配合成分时，应先选配具有所需软化点的一种沥青或两种沥青的熔合物。当采用两种沥青时，每种沥青的配合量，宜按下列公式计算：

$$石油沥青熔合物\ B_g=\left(\frac{t-t_2}{t_1-t_2}\right)\times 100 \qquad (A.2.2\text{-}1)$$

$$B_d=100-B_g \qquad (A.2.2\text{-}2)$$

式中 B_g——熔合物中高软化点石油沥青含量，%；

B_d——熔合物中低软化点石油沥青含量，%；

t——沥青玛琋脂熔合物所需的软化点，℃；

t_1——高软化点石油沥青的软化点，℃；

t_2——低软化点石油沥青的软化点，℃。

A.2.3 在配制沥青玛琋脂的石油沥青中，可掺入10%～25%的粉状填充料或掺入5%～10%的纤维填充料。填充料宜采用滑石粉、板岩粉、云母粉、石棉粉。填充料的含水率不宜大于3%。粉状填充料应全部通过0.21mm(900孔/cm²)孔径的筛子，其中大于0.085mm(4900孔/cm²)的颗粒不应超过15%。

A.3 调 制 方 法

A.3.1 将沥青放入锅中熔化，应使其脱水并不再起沫为止。

当采用熔化的沥青配料时，可采用体积比；当采用块状沥青配料时，应采用质量比。

当采用体积比配料时，熔化的沥青应用量勺配料，石油沥青的密度，可按1.00计。

A.3.2 调制沥青玛琋脂时，应在沥青完全熔化和脱水后，再慢慢地加入填充料，同时不停地搅拌至均匀为止。填充料在掺入沥青前，应干燥并宜加热。

A.4 试 验 方 法

A.4.1 沥青玛琋脂的各项试验，每项应至少3个试件，试验结果均应合格。

A.4.2 耐热度测定：应将已干燥的110mm×50mm的350号石油沥青油纸，由干燥器中取出，放在瓷板或金属板上，将熔化的沥青玛琋脂均匀涂布在油纸上，其厚度应为2mm，并不得有气泡。但在油纸的一端应留出10mm×50mm空白面积以备固定。以另一块100mm×50mm的油纸平行地置于其上，将两块油纸的三边对齐，同时用热刀将边上多余的沥青玛琋脂刮下。将试件置放于15～25℃的空气中，上置一木制薄板，并将2kg重的金属块放在木板中心，使均匀加压1h，然后卸掉试件上的负荷，将试件平置于预先已加热的电烘箱中（电烘箱的温度低于沥青玛琋脂软化点30℃）停放30min，再将油纸未涂沥青玛琋脂的一端向上，固定在45°角的坡度板上，在电烘箱中继续停放5h，然后取出试件，并仔细察看有无沥青玛琋脂流淌和油纸下滑现象。如果未发生沥青玛琋脂流淌或油纸下滑，应认为沥青玛琋脂的耐热度在该温度下合格。然后将电烘箱温度提高5℃，另取一试件重复以上步骤，直至出现沥青玛琋脂流淌或油纸下滑时为止，此时可认为在该温度下沥青玛琋脂的耐热度不合格。

A.4.3 柔韧性测定：应在100mm×50mm的350号沥青油纸上，均匀地涂布一层厚约2mm的沥青玛琋脂（每一试件用10g 沥青玛琋脂），静置2 h 以上且冷却至温度为18±2℃后，将试件和规定直径的圆棒放在温度为18±2℃的水中浸泡15min，然后取出并用2s时间以均衡速度弯曲成半周。此时沥青玛琋脂层上不应出现裂纹。

A.4.4 粘结力测定：将已干燥的100mm×50mm的350号石油沥青油纸，由干燥器中取出，放在成型板上，将熔化的沥青玛琋脂均匀涂布在油纸上，厚度宜为2mm，面积为80mm×50mm，并不得有气泡，但在油纸的一端应留出20mm×50mm的空白，以另一块100mm×50mm的沥青油纸平行的置于其上，将两块油纸的四边对齐，同时用热刀把边上多余的沥青玛琋脂刮下。试件置于15～25℃的空气中，上置木制薄板，并将2kg重的金属块放在木板中心，使均匀加压1h，然后除掉试件上的负荷，再将试件置于18±2℃的电烘箱中30min取出，用两手的拇指与食指捏住试件未涂沥青玛琋脂的部分一次慢慢地揭开，若油纸的任何一面被撕开的面积不超过原粘贴面积的1/2时，应认为合格。

附 录 B 本规范用词说明

B.0.1 为便于在执行本标准（规范）条文时区别对待，对要求严格程度不同的用词说明如下：

1. 表示很严格，非这样做不可的：

正面词采用“必须”；

反面词采用“严禁”；

2. 表示严格，在正常情况下均应这样做的：

正面词采用“应”；

反面词采用“不应”或“不得”；

3. 表示允许稍有选择，在条件许可时首先应这样做的：

正面词采用“宜”或“可”；

反面词采用：“不宜”。

B.0.2 条文中指定应按其它有关标准、规范的规定执行时，写法为“应符合……的规定”或“应按……执行”。

附加说明：

主编单位： 山西省建筑工程总公司

参加单位： 北京市建筑科学研究所
建设部建筑设计院
浙江工学院
湖南省建筑设计院
山西省第六建筑工程公司
太原工业大学
四川省建筑科学研究院
中国建筑防水材料公司苏州研究设计所
黑龙江省低温建筑研究所
温州大学

主要起草人： 王寿华　高延继　叶林标　王　天
项桦太　李启培　严仁良　马芸芳
王宜群　王海林　姜静波　杨汝博
林益善　杨　扬

中华人民共和国国家标准

屋面工程技术规范

GB 50207—94

条 文 说 明

修订说明

本规范是根据国家计委计综合【1991】290号文的要求，由山西省建设厅负责主编，具体由山西省建筑工程总公司会同有关单位对原国家标准《屋面工程施工及验收规范》（GBJ207-83）共同修订而成，经建设部1994年3月16日以建标（1994）200号文批准，并会同国家技术监督局联合发布。

这次修订的主要内容有：增加了设计的内容，划分了屋面防水等级；增加了新的施工工艺，如冷玛瑞脂铺贴、热熔法、冷粘法、自粘法等施工工艺；增加了压型钢板、油粘瓦、块体刚性防水、补偿收缩混凝土防水以及蓄水屋面、种植屋面、倒置式屋面等新的防水、保温隔热屋面的做法；提出了各类材料在屋面工程中使用的技术要求；增加了对屋面工程管理维护的规定。取消了过时以及与当今不适应的防水形式，如石板瓦、小青瓦屋面，石灰、炉渣屋面等。原规范4章126条修订后为10章48节355条。在本规范修订过程中，规范修订组进行了广泛的调查研究，认真总结我国近几年屋面防水工程的实践经验，同时参考了有关国际标准和国外先进标准，针对主要技术问题开展了科学研究与试验验证工作，并广泛地征求了全国有关单位的意见，最后由我部会同有关部门审查定稿。

本规范在执行过程中如发现需要修改和补充之处，请将意见和有关资料寄送山西省建筑工程总公司（地址：山西省太原市新建路8号；邮政编码：030002），并抄送山西省建设厅，以便今后修订时参考。

本条文说明仅供国内有关部门和单位执行本规范时使用，不得外传和翻印。

目录

1 总　　则

第1.0.1条 （增加条文）

屋面渗漏是当前房屋建筑中最为突出的质量问题之一。建设部监理司曾于1991年对100个城市在1988～1990年内竣工的公共建筑、工业厂房和住宅工程进行了抽样检验，共调查了2072栋房屋建筑，建筑面积797.7万m^2，其中屋面有不同程度渗漏的共725栋，占抽检总数的35%。在每个城市抽检的20个工程中，屋面无一渗漏的只有一个城市；而20个工程的屋面全部存在不同程度、不同部位渗漏的却有14个城市。

另一方面，近年来我国新型防水材料发展迅速，据中国建筑防水材料公司、中国建筑材料工业规划研究院编写的《我国建筑防水材料工业现状与发展研究报告》中提出，当前国内的高分子防水卷材已有69个厂家，20多个品种，建筑防水涂料已有200多个厂家，27个品种，获得防水材料科研成果奖的约有130项。另外，在刚性防水技术方面也有较大的发展，如补偿收缩混凝土屋面、块体刚性防水屋面等，都已在工程中推广使用，蓄水屋面、种植屋面、倒置式屋面等也在一些地区得到推广应用。所以，现行的《屋面工程施工及验收规范》（GBJ 207—83），已不能适应屋面工程技术发展的需要。

为了促进建筑防水、保温隔热新材料、新技术的发展，确保屋面工程的质量，解决当前屋面渗漏这一突出的问题，必须在原规范的基础上重新进行修订，这就是修订本规范的目的。

第1.0.2条 （原规范第1.0.1条，修改条文）

因为原规范仅适用于施工及验收，如要贯彻屋面防水综合治理的原则，就必须对材料、设计、施工、管理等内容通盘考虑。另外，目前国内尚无屋面工程设计方面的规范，致使屋面工程设计时，设计人员无所适从。针对以上问题，经建设部同意将屋面工程的设计、施工纳入一本规范中，这不仅是可行的，而且也是完全必要的。

按照以上思路，将原来只适用于施工及验收的规范增加了设计要点、细部构造以及对防水材料的质量要求等内容，成为屋面工程设计和施工必须遵守的技术法规。

第1.0.3条 （原规范第1.0.2条、第103条、第104条，修改条文）

原规范1.0.2条只强调屋面工程施工及验收，已不符合综合治理的原则。原文中："如设计无要求时,应符合本规范规定"，而这次修订的规范明确规定必须进行屋面防水设计，不允许"无设计"，而且也不能用规范来代替设计。原规范第1.0.4条中对材料要求"应符合现行的国家标准或部颁标准的规定"的提法不妥，本规范根据建设部1991年颁发的《工程建设技术标准编写细则》第十三的"2"，改为："除应符合本规范外，尚应符合国家现行有关标准、规范的规定"典型用语。

2 术 语

根据建设部（91）建标技字第32号通知精神，在《工程建设技术标准编写暂行办法》第十五条中明确规定："标准中采用的术语、符号、代号，当现行的国家标准、行业标准中尚无统一规定，且需要给出定义或说明时，应独立成章，集中列出。"按照这一规定，本次修订时将原规范中的附录六"名词对照表"删去，按术语部分单独列为本章。

在规范中涉及屋面工程方面的术语有三种情况：

1. 在现行国家标准、行业标准中无规定,是本规范首次提出的，如：防水层耐用年限、一道防水设防、冷玛琋脂、点粘法、条粘法、热熔法、冷粘法等。

2. 虽在国家标准、行业标准中出现过这一术语,但人们比较生疏，且又未给出确切的定义时，本规范尽量与其协调。如：接缝位移、拉伸——压缩循环性等。

3. 现行的国家标准、行业标准中虽有类似术语,但内容不完全相同。如沥青防水卷材、沥青基防水涂料等。

对以上三种类型的术语共31条，在本章中一一列入，并给予定义。

3 基 本 规 定

第3.0.1条 （增加条文）

屋面防水设防应按建筑物不同的类型、重要程度、使用功能要求、结构特点等划分等级，这是近年来通过大量工程实践提出来的问题。尤其是要考虑我国当前的经济发展水平，如一般建筑使用高档次的防水材料，就会大大提高房屋造价，在某种意义上讲会造成浪费；而重要的、高级的建筑，如使用低档次的防水材料，则难以满足使用功能的要求。由于目前国内尚无屋面防水等级划分的规定，因此在新修订的规范中明确划分屋面防水等级、确定不同的防水层耐用年限、规定不同的设防要求和选用相应的防水材料，是完全必要的。

参考中国建筑业联合会防水工程技术协作网主办的《建筑防水工程网讯》1990、2期中《提高屋面防水工程质量的途径》一文中建议：将屋面防水根据建筑物的重要性、渗漏后的影响程度划分为四个等级，使用年限分别定为10年、20年、30年、30年以上的建议，经过广泛征求意见，将屋面划分为四个防水等级，即在表3.0.1中的建筑物类别。Ⅰ类是指特别重要的民用建筑和对防水有特殊要求的工业建筑，如国家级的特别重要的博物馆、档案馆及纪念性建筑等；Ⅱ类是指重要的工业与民用建筑、高层建筑，如重要的博物馆、图书馆、医院、宾馆、影剧院等；Ⅲ类是指一般的工业与民用建筑，如住宅、办公楼、学校、旅馆、一般的工业厂房、仓库等；Ⅳ类是指非永久性建筑，如简易宿舍、简易车间等。

根据建设部（1991）370号文《关于治理屋面渗漏的若干规定》中提出："……选材要考虑其耐久性能保证十年"的要求，以及建设部（1991）837号文《关于提高防水工程质量的若干规定》中的有关精神，结合我国当前防水材料的质量情况，按不同屋面防水等级规定了不同的防水层耐用年限。永久性工程分别为10年、15年、25年以上，这和建设部"保证十年"的规定是一致的。对于非永久性建筑，由于其使用周期较短，因此可选用一些低档次的防水材料，能保证5年左右不漏雨即可。根据不同的屋面防水等级和防水层耐用年限，规定了不同的构造要求和选用材料，并提出分别选用高、中、低档防水材料复合使用，进行屋面防水一道或多道设防，作为设计人员做屋面工程设计时的依据。

第3.0.2条 （增加条文）

根据建设部（1991）370号文《关于治理屋面渗漏的若干规定》中"一、房屋建筑工程屋面防水设计，必须要有防水设计经验的人员承担，设计时要结合工程的特点，对屋面防水构造进行认真处理"。

因此，本条规定设计人员在进行屋面工程设计时，必须遵守本规范中有关条文的规定。首先要根据建筑物的性质、重要程度、使用功能要求，确定建筑物的屋面防水等级和屋面做法，然后按照不同地区的自然条件、防水材料情况、经济技术水平和其他特殊要求等综合考虑，选定适合的防水材料，按设防要求的规定进行屋面工程构造设计，并应绘出屋面工程的设计图，对檐口、泛水等重要部位，应由设计人员绘出大样图。

第3.0.3条 （增加条文）

由于过去我国没有屋面工程的设计规范，在进行设计时对屋面防水设防、排水计算、水落管直径和数量、保温层厚度等，大多凭经验或按当地的习惯做法而定，其结果往往导致屋面排水不畅、顶层房间保温效果不好等情况。

本规范明确提出了应根据屋面汇水面积计算水落管直径、数量；保温层理论厚度的计算方法等，做为屋面工程设计时进行计算的依据。

本条强调要克服以往的经验做法，对水落管直径、数量，保温层厚度等，要通过计算后确定。

第3.0.4条 （增加条文）

在进行屋面防水设计时，如采用多种防水材料复合使用，防水层次应根据什么原则来设置，目前国内做法不一。有的设计下面是刚性防水层，上面作卷材防水层，由于卷材直接暴露在空气中，因受气候等诸多因素的影响而易起鼓、老化，不利于提高屋面工程的整体防水效果。还有的设计在复合屋面中将合成高分子防水卷材放到最上层，由于合成高分子防水卷材较薄，易被刺穿，且易老化，而导致整个防水工程的失败。

为此，本条规定对使用多种防水材料的复合屋面，应充分利用各种防水材料技术性能上的优势，将耐老化、耐穿刺的防水材料放在最上面，以提高屋面工程的整体防水功能。

第3.0.5条 （增加条文）

本条主要是对施工单位的要求，建设部（1991）837号文《关于提高防水工程质量的若干规定》中第五条规定："防水工程施工前，施工单位要组织对图纸的会审，通过会审，掌握施工图中的细部构造及有关要求"。这个规定有两重意义，一是通过图纸会审对设计把关；二是使施工单位掌握该工程屋面防水设计的要点，制定施工中针对性的确保防水工程质量的技术措施。

在上述规定中还提出施工单位"应编制防水工程的施工方案和操作说明"，其目的就是要求施工单位重视屋面工程的施工，以达到确保防水工程质量的目的。北京市住宅建设总公司承建的恩济里小区，专门编制了《防水工程施工设计》，其内容包括：概述、质量工作目标、组织与管理、屋面防水施工操作技术等部分，明确提出了防水材料要求、施工程序、工序管理与质量措施、防水层的施工准备和操作要点，以及一些细部作法等，通过施工实践，取得了良好的效果。

第3.0.6条 （增加条文）

在屋面工程施工中应严格按照防水施工方案进行。本条特别强调屋面防水施工必须按工序、分层次进行检查验收，而不能等防水层全部做完后才进行一次性的检查验收，否则一些上道工序存在的问题，就会被下道工序覆盖，给防水工程留下隐患。因此，如对于传统的石油沥青卷材屋面而言，应在找平层经检查验收合格后方可做第一层卷材；第一层卷材经检查验收合格后再做第二层卷材……直至保护层做完最后检查验收。也就是说如发现上一工序质量不合格，必须进行返工或修补，直至合格后方可进行下道工序施工。

第3.0.7条 （增加条文）

防水工程施工，实际上是对防水材料的一次再加工。因此，必须建立防水专业施工队伍，这支队伍应由经过理论与实际施工操作培训，并经考试合格的人员组成。实现防水施工专业化，有利于加强管理和落实责任制；有利于操作技能的熟练与提高；有利于推行防水工程质量保证期制度，所以这是提高屋面防水工程质量的关键。

目前我国一些地区使用不懂防水技术的农村付业队或新工人进行屋面防水作业，以致造成屋面渗漏的严重后果。所以本条特别强调非正式的防水专业队伍或非防水工（指未取得合格证的防水工），不得进行屋面防水工程施工操作。在建设部（1991)370号文中明确提出："屋面防水工程必须由防水专业队伍或防水工施工。凡非防水专业队伍或非防水工施工的，当地质量监督部门应责令其停止施工"。

第3.0.8条 （原规范第1.0.4条，修改条文）

这一条除了条文中规定的防水、保温材料必须有出厂质量证明文件外，并按照《关于治理屋面渗漏的若干规定》中的第二条，明确要求所用的防水材料必须经过各省、自治区、直辖市建设主管部门所指定的检测单位抽样检验认证的产品。其目的就是控制进入"市场"的材料，质量必须符合国家标准或行业标准的要求。

本条还根据上述规定中的第二条，控制进入"现场"的防水、保温材料质量，要由施工单位按照规定对进场材料进行抽样复试。这样才能较有效的防止不合格的材料流入"市场"和"现场”。如一经发现不合格的材料已进入现场，则决不允许使用到工程上。

第3.0.9条 （原规范第1.0.5条，修改条文）

本规范修订时考虑到对屋面工程的成品保护是一个重要的问题。很多工程在屋面施工完后，又上人去进行其它作业，如安装天线、安装水箱、堆放脚手工具等，造成防水层局部破坏而出现渗漏。

所以，将成品保护单列为一条，以引起重视。

第3.0.10条 （原规范第2.1.11条，修改条文）

本条将原规范中“穿过屋面防水层的管道”改为：“伸出屋面的管道”，这是因为有的管道不一定穿过屋面，如排气管只是伸出屋面，因此不论穿过或未穿过屋面，只要是伸出屋面的管道，均应做好防水处理，这样就更确切一些。本条还强调在防水层施工前应将伸出屋面的管道、设备及预埋件安装完毕，方可进行防水层施工；不允许在防水层施工完毕后，才上人去安装，因为这样做要局部揭开已做好的防水层，进行凿眼打洞，破坏了防水层的整体性，而易于导致节点渗漏。

第3.0.11条 （增加条文）

在工程交付使用后，应由使用单位建立保养维修制度，指定专人定期对屋面进行检查、维修。做好屋面的保养、维修，是延长防水层使用年限的基本保证。据调查，很多屋面由交付使用到发现渗漏水期间，从未有人过问或清理，造成屋面排水口堵塞，引起屋面长期积水，或杂草、小树滋长，有的因上人而导致损坏，这都破坏了屋面防水层的密封完整性，加速了防水层的老化、开裂、腐烂和渗漏水现象的发生。

为此，按照建设部《关于提高防水工程质量的若干规定》中第七条的要求，列入了本规范，并提出了屋面工程维修的原则规定。

4 卷材防水屋面

4.1 一 般 规 定

第4.1.1条 （增加条文）

卷材是在工厂中生产，机械化程度高，规格尺寸准确，质量可靠度高，防水卷材种类多，有合成高分子防水卷材、高聚物改性沥青防水卷材、传统的沥青防水卷材等，各种卷材的物理性能差异很大，价格高低悬殊；根据卷材性能的高低，可在屋面防水等级为Ⅰ～Ⅳ级的工业与民用建筑屋面防水工程中采用。同时，要根据卷材的抗拉强度和延伸率大小、屋面基层条件、结构及基层变形情况、防水处理部位等，运用不同的施工工艺进行铺贴。

第4.1.2条 （原规范第2.3.8条，修改条文）

屋面结构刚度大小，对屋面变形大小起主要作用。为了减少防水层受屋面结构变形的影响，必须提高屋面结构刚度。所以，屋面结构层最好是整体现浇混凝土。但许多建筑由于种种原因，须采用预制装配式混凝土板，因目前混凝土板的强度等级均高于C20，故要求板缝用强度等级不低于C20的细石混凝土灌缝。板缝过宽或上窄下宽，灌缝的混凝土干缩受震动后容易掉落，故须配筋。灌缝混凝土中掺入UEA等微膨胀剂，是使灌缝混凝土密实的有效措施。

第4.1.3条 （原规范第2.2.1条，修改条文）

将找平层平整度检验放在工程验收条文中，这里只写对找平层的质量要求。由于目前一些施工单位对找平层质量不重视，致使找平层表面不平、排水坡度不准确，积水现象和表面酥松、起砂、起皮、裂缝严重，直接影响防水层和基层的粘结或导致防水层开裂。因而首先规定要求找平层应压实平整、充分养护、排水坡度按设计要求做到准确。并规定找平层要在收水后二次压光，使表面坚固密实、平整，水泥砂浆终凝后，应采取浇水、覆盖浇水、喷养护剂、涂刷冷底子油等手段充分养护，保证砂浆中的水泥充分水化，以确保找平层质量。

第4.1.4条 （原规范第2.2.3条，修改条文）

将天沟排水坡度的规定移到设计条文中，保留沥青防水卷材转角处圆弧半径、增加高聚物改性沥青防水卷材和合成高分子防水卷材转角处两种不同圆弧半径。因该两种卷材柔性好而且薄，半径值可较小。

第4.1.5条 （原规范第2.2.6条、第2.2.7条，修改条文）

原条文中只规定基层必须干净、干燥，而干燥程度未作规定，83规范修订和本次修订征求意见时，许多单位都要求作出基层含水率的定量限值。但由于我国地域广阔，气候差异甚大，不可能制订一个统一的数据，因为可铺贴卷材的基层含水率与当地湿度有关，既应相当于当地湿度的相平衡含水率，目前许多企业和地方标准中规定为8％～15％。如含水率定得过小，干燥困难，人工干燥费用大，不可能实施；过大则保证不了质量。而且目前尚无找平层含水率的检测仪器，故参考日本规范和我国目前一些单位采用的方法，即条文(注)中所示的"简易检验方法"是可行的。

第4.1.6条 （原规范第2.2.8条，修改条文）

如今卷材品种繁多，材性各异，所以规定选用的基层处理剂要与铺贴的卷材材性相容，使之粘结良好，不发生腐蚀等侵害。原条文中规定采用涂刷法，目前机械喷涂工艺效果良好，工效高，故写入条文。并增加分遍喷、涂时，须待第一遍干燥后再行喷、涂第二遍、未干燥即行喷、涂就不称为二遍。

节点、周边、拐角处与大面积同时喷、涂基层处理剂，边角处很难均匀，常常出现漏涂和堆积现象，为了保证这些部位更好的粘结，规定对节点、周边、拐角等处用小工具先行涂刷。

第4.1.7条 （原规范第2.2.12条，修改条文）

卷材铺设方向在原规范中是针对沥青防水卷材规定的。考虑沥青软化点较低，防水层较厚，屋面坡度较大时须垂直屋脊方向铺贴，以免发生流淌。高聚物改性沥青防水卷材和合成高分子防水卷材耐温性好，厚度较薄，不存在流淌问题，故对铺贴方向不予限制。

第4.1.8条 （原规范第2.1.3条，修改条文）

增加"节点、附加层"，使先处理部位更全面，这些部位在历次调查中出现渗漏现象最多，故应按设计要求和规范规定先行仔细处理，检查无误后再开始铺贴大面卷材，这是保证防水质量的重要措施，也是有较好素质施工队伍的一般正规施工顺序。

天沟、檐沟是雨水集中和受冲刷较多的部位，并容易积水，排水方向多变。而卷材的搭接缝又是防水层的薄弱环节，如果卷材垂直于天沟、檐沟方向铺贴，搭接缝大大增加，搭接方向难以控制，因而开缝和受水冲刷接缝的概率增大，故规定天沟、檐沟铺贴的卷材宜顺向铺贴，尽量减少搭接缝。

第4.1.9条 （原规范第2.2.13条、第2.2.17条，修改条文）

规定所有卷材均应采用搭接法。目前合成高分子防水卷材有提出采用平接法，国外亦有此作法，但由于目前我国合成高分子防水卷材胶粘剂性能可靠度较差，故不予规定。对于卷材搭接宽度，原规范只对石油沥青防水卷材作出规定，今增加高聚物改性沥青防水卷材和合成高分子防水卷材两类材料的搭接宽度，并统一以表格列出，条理明确。搭接宽度系根据我国现行多数作法及国外资料的数据做出规定。

实践证明，用密封材料将搭接缝缝口密封，将大大提高接缝防水可靠性。沥青防水卷材多为叠层使用，卷材表面已满涂玛𤥻脂，故未提出要求。高聚物改性沥青防水卷材和合成高分子防水卷材多为单层使用，故接缝口密封就更为重要。

在原规范第2.2.17条中，图示仅说明单层工业厂房中的一种天沟形式，但由于天沟形式很多，故将原图取消，并用文字按原意予以规定。

第4.1.10条 （原规范第2.2.18条，修改条文）

将原规范第2.2.18条的第三款作为本条的内容，原条文中的其它两款移入设计章节中。

4.2 材料要求

第4.2.1条 （增加条文）

沥青防水卷材主要指石油沥青纸胎油毡，这是我国传统的防水材料，生产量大，已制订较完整的技术标准。经多年使用，证明可行，故对沥青防水卷材的外观质量、规格和材性要求，参考GB 326—89《石油沥青纸胎油毡》的主要内容，作为制定本规范对沥青防水卷材的要求。

第4.2.2条 （增加条文）

我国近年来迅速发展的高聚物改性沥青防水卷材，品种繁多，性能各异，已在全国普遍应用，获得较好效果。但也存在一定质量问题，现根据工程对防水材料要求出发，参考行标《弹性体沥青防水卷材》、《塑性体沥青防水卷材》(报批稿)，和国外同类产品标准，规定了该类卷材的外观质量标准、规格和物理性能要求，又根据它的胎体品种和拉伸性能划分为Ⅰ～Ⅳ类。Ⅰ类为聚脂胎，属高拉力、较高延伸率；Ⅱ类为麻布胎，属高拉力、低延伸率；Ⅲ类为聚乙烯胎，属低拉力、高延伸率；Ⅳ类为玻纤胎，属中等拉力、低延伸率，且质地较脆。条文中的性能要求是取满足工程上应用必须具备的几项指标，在屋面上就可以满足要求，而不是这些材料的全部指标和最高标准要求。

第4.2.3条 （增加条文）

目前国内合成高分子防水卷材的种类主要为：三元乙丙、聚氯乙烯、氯化聚乙烯、氯磺化聚乙烯和氯化聚乙烯橡胶共混。第4.2.4条所给出的质量指标也是针对这类材料的，这些材料在国内使用时间较长，数量相对来讲也比较大。这些材料在国外使用也比较多，而且比较成熟。

国内新型防水材料的发展很快，为了促进新型防水卷材的使用与发展，对其他类型的合成高分子防水卷材也提出了原则上的要求。

第4.2.4条 （增加条文）

合成高分子防水卷材在我国已具有一定规模的生产能力，由于合成高分子防水卷材性能差异较大，对于这一类高档材料，工程应用指标应高一些，但一般采用本品种的合格品等级指标。本规范参考国外和我国已公布的高分子防水卷材的材料标准GB 12952—91《聚氯乙烯防水卷材》等，按其拉伸强度、断裂伸长率、低温弯折性的不同，将其划分为Ⅰ～Ⅲ类，Ⅰ类为弹性体卷材，Ⅱ类为塑性体卷材，Ⅲ类为加筋卷材。综合其主要指标的控制数据，以拉伸强度、断裂伸长率、柔性、不透水性和热老化保持率作为主要控制指标，只要这些指标能达到要求，就可以满足工程应用的需要。

第4.2.5条 （增加条文）

由于卷材品种繁多，性能差异很大，但外观可以完全一样，难以辩认，因此要求按不同品种标号、规格、等级分别堆放，不得混杂，避免在使用时误用而造成质量事故。

卷材有一定的吸水性，但施工时表面要求干燥，否则施工后可能出现起鼓和粘结不良现象，故应避免雨淋和受潮。卷材均怕火，所以不能接近火源，以免变质和引起火灾。尤其是沥青防水卷材不得在高于45℃的环境中贮存，否则易发生粘卷现象，影响质量。另外由于卷材中空，横向受挤压，可能压扁，开卷后不易展平铺贴于屋面，造成粘贴不实，影响工程质量。

高聚物改性沥青防水卷材、合成高分子防水卷材均为高分子化学材料，都较容易受某些化学介质及溶剂的溶解和腐蚀，故规定不允许与这些有害物质直接接触。

第4.2.6条 （增加条文）

本条文对不同胶粘剂提出了基本的质量要求。高分子胶粘剂浸水保持率是一大重要性能指标，因为诸多高分子胶粘剂浸水后强度下降，粘结力降低，为保证屋面的整体防水性能，本条文规定浸水168h后粘结剥离强度保持率不应低于70%。

第4.2.7条 （增加条文）

胶粘剂品种繁多，性能各异，有溶剂型、水乳型，单组份、多组份等。一般溶剂型胶粘剂应用铁桶密封包装，以免溶剂挥发变质或腐蚀包装筒，水乳型胶粘剂可用塑料桶密封包装。密封包装也是为了运输、贮存时胶粘剂不致外漏，以免污染和侵蚀其它物品。如为溶剂型胶粘剂，受热后容易挥发，引起火灾，故不能接近火源。

第4.2.8条 （增加条文）

卷材抽验数量的规定系参考GB 326—89《石油沥青纸胎油毡、油纸》和《弹性体沥青防水卷材》、《塑性体沥青防水卷材》（报批稿）的有关规定，结合现场使用要求，制订本规范条文，以防止不合格的材料应用到防水工程中。评定进场卷材是否合格，系按通常作法和要求进行规定。对于卷材和胶粘剂的检验项目，主要是考虑既能保证材料质量，又为一般检验单位力所能及而作出的规定。

4.3 设计要点

第4.3.1条 （增加条文）

屋面防水层多道设防时，这里规定可采用同种卷材叠层或不同卷材复合，也可采用卷材、涂膜复合，刚性防水和涂膜复合等，采取复合使用虽增加品种，对施工和采购带来不便，但对材性互补，保证防水可靠性是有利的，应予提倡。

第4.3.2条 （增加条文）

本条是对卷材材性选择作四条原则规定。由于各种卷材的耐热度和柔性指标相差甚大，耐热度低就不能在气温高的南方和坡度大的屋面上使用，否则就会发生流淌事故，而柔性差的材料在北方低温地区使用就会变硬变脆。同时也要考虑使用条件，如倒置式屋面，卷材埋在保温层下面，对耐热度和柔性的要求就不那么高了，而在高温车间则要选择耐热度高的卷材。所以，要求它们之间相适应。

地基变形大，大跨度和装配式结构，温差大的地区和有震动影响的车间都会对屋面产生较大的变形和拉裂，因此，必须选择延伸率大的卷材。反之，则选择延伸率小一些的卷材。

卷材长期受太阳紫外线和热作用时，老化加速，长期处于水泡的蓄水屋面或干湿交替的种植屋面及处于潮湿背阴处霉烂加快，因此选择卷材时，要注意这方面的性能。如果有涂料、粒料保护层，暴露情况减少，紫外线和热作用也减少；如有刚性保护层或倒置式屋面，卷材的老化和霉烂则大大减缓，故在选材时要视卷材的暴露情况来选择卷材热老化保持率和耐霉烂的性能相适应。

为确保防水工程质量，使屋面在防水层耐用年限内不发生渗漏，在材料方面的因素，除卷材的材性材质因素外，其厚度应是最主要的因素了。因此，对选用卷材的厚度按防水设防等级作出规定，如卷材厚度选用表。

卷材厚度选用表

屋面防水等级	设防道数	合成高分子防水卷材	高聚物改性沥青防水卷材	沥青防水卷材
Ⅰ级	三道以上设防	不应小于1.5mm	不宜小于3mm	—
Ⅱ级	二道以上设防	不应小于1.2mm	不宜小于3mm	—
Ⅲ级	单道设防	不应小于1.2mm	不宜小于4mm	宜用三毡四油
	复合设防	不应小于1.0mm	不应小于2mm	可用二毡三油

厚度数据是按照我国现时水平和参考国外的资料确定。由于合成高分子防水卷材本身较薄，故作严格规定为“不应小于”，而高聚物改性沥青防水卷材厚度较厚，除复合用材外只作“不宜小于”，设计人员可根据具体要求和条件决定。

卷材的一定厚度在防水层的施工、使用过程中，对保证屋面防水工程质量起关键作用，如人们的踩踏、机具的压扎、穿刺、自然老化等，均要求卷材有足够厚度，因此对厚度的选择应认真。

第4.3.3条 （原规范第2.2.1条，修改条文）

本条增加设置隔汽层的条件范围，修改卷材搭接宽度和铺贴方法，明确对材料的气密性要求。

设置隔汽层的目的，是为了防止室内水蒸汽通过屋面板渗透到保温层内，影响保温效果，并易使卷材起鼓。参考有关资料，我国纬度40°以北冬季取暖地区（寒冷地区），室内空气湿度大于75%时就会发生结露，潮汽会通过屋面板渗到保温层中；而常年室内湿度大于80%的建筑，也同样会出现此现象，故作此规定。

隔汽层的材料不但要求防水，还要求隔绝蒸汽的渗透，故增加“采用气密性好的”材料。卷材铺贴原规范规定为满粘，根据实践，隔汽层被保温层、找平层等埋压，为了提高抗基层的变形能力，故规定为可采用空铺法。原规范规定隔汽层卷材搭接宽度不得小于50mm，这次修订时增宽为不得小于70mm，以提高搭接缝的可靠性。

其它内容，原规范正确可行，予以保留。

第4.3.4条 （原规范第2.2.3条，修改条文）

本条根据原规范第2.2.3条第三款修改。增加水泥砂浆找平层宜掺微膨胀剂，以提高找平层密实性，避免或减小因找平层裂缝而拉裂防水层。

本条增加细石混凝土找平层，用于松散的保温层上，以增强找平层的刚度和强度。

保留原规范表格内容，将技术要求中施工内容并归入施工章节。

原规范第2.2.3条第四款，现仍可行，保留原条文。

第4.3.5条 （原规范第2.2.15条，修改条文）

卷材屋面坡度超过25%时，常发生下滑现象，故应采取防止下滑措施，原条文中的拱形屋面和天窗下坡面已包括在25%坡度范围内故删去。防止卷材下滑措施除采取满粘法外，目前还有钉钉法等。

第4.3.6条 （原规范第2.2.21条，修改条文）

原规范规定平屋面坡度1%～3%，实际多数低于2%，屋面坡度过小，施工难以保证，因排水不畅常发生严重积水，故应增大排水坡度，取消1%的坡度，体现防排结合的原则。又为了减轻屋面荷载，分别作出结构找坡宜为3%，材料找坡宜为2%，既考虑到排水又照顾了构造和荷载的要求。

第4.3.7条 （原规范第2.2.21条，修改条文）

平屋面只要建筑功能允许，采取结构找坡，既节省材料，降低成本，又减轻了屋面荷重，因此应首先采用。如建筑功能不允许，须材料找坡，为了减轻屋面荷载和施工方便，故应采用轻质材料或保温层（亦为轻质材料）找坡。

第4.3.8条 （原规范第2.2.3条，修改条文）

原规范规定天沟纵坡不小于5‰，根据历次全国屋面防水工程调查，和全国征求意见都认为5‰坡度过小，施工很难做到，因此天沟、檐沟积水普遍，致使卷材因浸泡而发生霉烂，加速了卷材的损坏。故坡度增为“不应小于1%”，并对沟底的水落差作相应规定。水落差不得超过200mm，即要求水落口距离分水线不得超过20m的要求，如果沟底细石混凝土找坡增加荷重过大，可采用轻质材料找坡。

变形缝是变形集中之处，比较敏感，如天沟、檐沟经过该处，则防水处理很困难，稍有不慎，就要渗漏，因此规定天沟、檐沟不得流经变形缝，也不允许通过防火墙，否则防火墙会失去作用。

第4.3.9条 （增加条文）

原规范第2.2.7条对空铺、点粘、条粘法只应用于排汽屋面。这里则是对所有防水屋面而言。

根据历次对屋面工程的调查资料分析，屋面受地基变形、结构荷载、干缩变形、温差变形，找平层收缩变形及防水层自身收缩变形等因素影响，若防水层满粘贴于基层，参加延伸变形范围过小，防水层常被拉裂破损。解决这一问题的办法有：提高卷材延伸率、减少结构变形和改变粘贴施工工艺，而改变粘贴施工工艺的成本费用最低，技术简单，只要采取空铺、点粘、条粘工艺，使防水层与基层尽量脱开，防水层有足够长度参加应变，对解决防水层被拉裂起到了良好的效果，特别是在有重物覆盖的防水层，因风力掀不起，应优先采用。

屋面周边800mm满粘是保留原规范对空铺、点粘、条粘工艺的要求。

第4.3.10条 （原规范第2.1.6条，第2.1.7条，修改条文）

实践证明目前水落管的内径普遍偏小，排水不及时，且易堵塞，导致排水不畅。故内径一般应大于100mm。这里规定75mm的最小值，是考虑到屋面面积较小，雨量少的地区和汇水面积小的建筑采用。

下表中一根水落管最大汇水面积的数据是根据测试统计，计算所得，并参考日本有关资料中对小时降雨量、汇水面积与管径的关系列出的。

小时降雨量(mm)		50		100		200	
管径(mm)		75	100	75	100	75	100
汇水面积(m²)	中国	684	1116	342	558	171	279
	日本	409	855	204	427	102	214

由上表可见，降雨量大小对汇水面积影响极大，结合实际情况，进行综合考虑，在本条中规定一根水落管的最大汇水面积为200m²。

第4.3.11条 （增加条文）

节点是当前屋面防水工程渗漏最严重的部位，为保证工程质量，特提出设计时应遵守的三条原则规定。

节点是屋面变形集中的部位，也是变形首先表现的地方，为了解决各种变形对节点防水的影响，就必须采取能够满足变形的措施，如采用高弹性密封材料嵌填可能出现的裂缝处；设置分格缝，再对分格缝作防水处理；卷材底部垫泡沫条或卷材作成凹凸形，预留伸缩的长度，空铺条带及构造固定的一些措施。

采取柔性密封、防排结合、材料与构造相结合的方法处理节点防水已被许多实践证明是可行的。节点变形集中且表面复杂，形状多变，而柔性防水材料是唯一能经受重复变形作用的材料。一般采用涂膜和密封材料适应不平整复杂表面，无接缝之虑。在这些节点处易被水浸入，故应首先保证排水；如伸出屋面管道周围填高作坡，使排水通畅，不会发生积水；如卷材收头节点要采取嵌入凹槽压条钉压的构造；然后再行密封，抹水泥砂浆等措施，做到防水可靠。

各种防水材料性能差异大，各具自己的特点，应互补并用是普通道理。由于节点所处的环境和复杂构造、场地狭窄、工序繁多、施工难度大，所以保证率就会降低，因此提倡采取多道设防进行处理，将会大大提高防水可靠度。

第4.3.12条 （原规范第2.2.20条，修改条文）

高低跨变形缝节点是容易发生渗漏的部位，故增加条文内容予以明确规定。高低跨变形缝是让高低跨结构自由沉降和胀缩的缝隙，因此变形大，覆盖卷材防水层时应采用高延伸卷材并使它预留较大的变形余地，如将卷材下凹在缝中或往上凸起，可避免因建筑物沉降、胀缩拉断卷材。

变形缝处在排水坡上方（檐口排水），不一定对变形缝进行密封，只要能挡雨就可以，如变形缝处在排水坡低处（水排向变形缝一方的内天沟作内排水）时，则要将缝两侧的卷材粘牢并进行严密封闭，避免大雨时，因水落管排水不畅，屋面及天沟积水，发生倒灌水现象。

第4.3.13条 （原规范第2.2.3条，第2.2.9条，修改条文）

大跨度的屋面如采用保温层或轻质材料找平坡，势必大大增加荷载，增加造价，是极不合理的，而且这么大的跨度，一般为工业厂房和公共建筑，对顶棚水平要求不高或加作吊顶，所以条文作出应采用结构找坡的明确规定。

为了适应18m以上跨度屋面工程的需要，保留原规范中第2.2.3条、第2.2.9条的原意，并在文字上作了修改，使之符合设计规定的内容。

第4.3.14条 （原规范第2.2.7条，修改条文）

保留原规范第2.2.7条第一款部分设计内容并在文字上作了修改，找平层留分格缝在本节第4.3.4条中已予规定，这里只作引伸说明“兼作”。

第4.3.15条 （增加条文）

由于建筑技术的发展，将屋面作为人们活动的场所和利用它做停车场、种植等越来越多，为更好保护防水层，对面层作此规定。上人屋面亦称使用屋面，按使用功能，面层可采用块体和细石混凝土，未提到用水泥砂浆，这是因为屋面受温差影响大，水泥砂浆作为使用屋面的面层耐久性差，常常开裂破碎脱落。块体或细石混凝土面层的厚度应按使用地面要求，可参考地面工程有关标准。

至于在细石混凝土面层与防水层之间设置隔离层的问题，主要是为了让细石混凝土面层与防水层脱开，目的是为了面层因温差变形开裂或收缩，不会将防水层拉伸挤压而导致破坏。设置隔离层的理由，见本规范第6.1.4条的条文说明。

第4.3.16条 （增加条文）

由于大型建筑和高层建筑日益增多，在屋面上设置天线塔、擦窗机枕木、太阳能机座等，这些设施有的搁置在防水层上，有的则与屋面结构相连。若与结构相连时，防水层应包裹基座部分，否则基座处就会发生渗漏，对于地脚螺栓周围更要密封。

搁置在防水层上的设备，有一定的质量或震动，对防水层易造成破损，因此按常规作附加增强层，但有些设备重，支腿面积小，那就要作垫块、衬垫，即浇筑细石混凝土，以免压坏防水卷材。

为了使用和维护屋面上的设施，经常有工作人员在设施周围活动、行走、踩踏防水层，凡防水层无刚性保护层的，应在设施周围和通向屋面出入口的人行道均要做刚性保护层，以延长防水层正常寿命。

第4.3.17条 （原规范第2.2.22条，修改条文）

卷材的功能首先是防水，若没有保护层而完全暴露时，卷材防水层直接遭受日光曝晒，紫外线、臭氧作用、热老化作用、雨水冲刷、风吹、霜冻、人的踩踏和人们活动直接接触所受到的损坏是很严重的，大大加速防水层的老化和损坏，缩短防水层的寿命。因此条文中对卷材屋面必须有保护层作了硬性规定，加以特别强调。这对减少维修费用和降低综合成本具有重大意义。目前许多卷材本身就带保护层，如彩砂卷材，铝箔面层卷材等，可不另作保护层。

易积灰屋面需要经常清理打扫，如涂料、粒砂保护层，在清扫时很容易受到损坏，故规定此种屋面应作刚性保护层。

可作卷材保护层的材料很多，规范对目前普遍采用的材料做了明确规定，并提出要求，如采用涂料保护时材性必须相容和色浅。材性不相容时，粘结不牢，还有可能相互有侵蚀。刚性保护层的厚度，是指满足使用功能的最小厚度。

本条修改时，保留了热玛琋脂粘结绿豆砂保护层设计方面的内容，增加了冷玛琋脂粘结保护层材料的规定。

第4.3.18条 （增加条文）

架空隔热屋面、倒置式屋面上的卷材防水层已由上面的覆盖层保护，因此允许不再做保护层。

4.4 细部构造

第4.4.1条 （原规范第2.2.16条，修改条文）

本条修改时，首先维持原规范的原意："天沟、檐沟应增铺附加层"，在屋面节点易受损害的部位予以加强，沥青卷材增铺一层，（原规范1～2层），考虑到本规范规定正式工程已为三毡四油，而高聚物改性沥青防水卷材本身较厚，如两层铺设，一则过厚，二则造价高，三则过厚施工不便，四则对复杂基层密封不好，因此规定宜用防水涂膜增强层处理。

根据全国历次调查发现檐沟与屋面交接处由于构件断面变化和屋面的变形，常在这个部位发生裂缝，装配式结构更甚，故规定屋面与天沟转角处增加空铺附加层，以防开裂造成渗漏。

檐沟卷材收头在沟帮顶部，由于卷材铺贴较厚，转弯不服贴，不采取固定措施就会由于卷材的弹性发生翘边脱落现象，因此规范规定采用压条钉压，密封材料封固，水泥砂浆抹面保护。

高低跨内排水在高层与裙房建筑上大量出现，此处不作密封处理，遇大雨、暴雨时屋面积水倒灌现象严重，故作此规定。

第4.4.2条 （原规范第2.2.18条，修改条文）

删去原规范第2.2.18条中的第一款关于薄钢板包檐作法，因其易锈蚀、不耐久，现已很少在工程上应用。保留第二款原意并做了文字修改。

第4.4.3条 （原规范第2.2.19条、第2.2.15条，修改条文）

根据原规范第2.2.19条修改。卷材在泛水处应采取满粘，是防止立面卷材下滑，收头密封根据泛水墙体材料及高度分为三种情况处理。

（1）女儿墙较低，卷材铺到压顶下，上用金属或钢筋混凝土等盖压。

（2）女儿墙为砖砌体时，应留凹槽，将卷材收头压实，为避免卷材脱开，要用压条钉压，密封材料封严，抹水泥砂浆或聚合物砂浆保护。原规范中的挑眉砖作法取消，因为挑眉砖抹灰后容易裂缝，雨水从裂缝中渗入，抄后路在防水层背后渗入室内，造成试水不漏，下雨漏水的现象，另外因挑眉砖到屋面距离小，在挑眉砖下抹水泥砂浆和卷材收头操作困难，易造成质量问题。

（3）女儿墙为混凝土时，卷材收头直接用压条固定于墙上，用密封材料封固，虽然这样已严密，但无保护层，一旦收头张嘴密闭不严就立即产生渗漏，故在收头上部作柔性保护层，保护层局部损坏时，不会立即发生渗漏，可以及时进行修补复原。

原规范第2.2.15条的原意是立面处要加保护以防太阳直晒，修改后直接说明，并规定防晒的措施和采用的材料。这些都是目前工程应用中的有效方法。

第4.4.4条 （原规范第2.2.19条，修改条文）

关于变形缝的构造，按原规范第2.2.19条，修改了二点：

（1）在变形缝上中间放置一条聚乙烯发泡棒或板，因有弹性，缝的间距变化时不会掉落，另一办法是先整个覆盖一层卷材，并向缝中凹伸，上放圆棒。这个圆棒也是覆盖卷材作Ω形造型模架。

（2）以前变形缝处卷材往往断开，利用金属或混凝土盖板防水，本规范是将卷材盖过变形缝并作成Ω形，全封闭处理，金属盖板或混凝土盖板只作为保护层。

第4.4.5条 （原规范第2.2.3条、第2.2.16条、第2.2.17条，修改条文）

对于水落口的选材，保留水落口采用铸铁件的规定，增加塑料制品。国外采用塑料配件已很普遍，国内要求呼声很高，但由于标准未统一，未能大量生产使用。塑料产品既轻又不怕腐蚀，成本降低，应予推广。

增加了对水落口杯安装标高的要求。通过历次全面屋面调查发现水落口高出天沟及屋面，不是屋面最低处，究其原因，在埋设水落口杯时，（或设计规定标高时）未考虑附加层、密封层和加大排水坡度的尺寸所造成，为了保证屋面不积水和排水通畅，特作此规定。

对于水落口处的节点防水处理，根据原规范第2.2.3条、第2.2.16条、第2.2.17条的内容进行综合修改。修改时根据本规范第4.3.11条对节点设防的原则要求，采取多道设防、柔性密封、防排结合的原则处理。在水落口杯周围500mm内增大坡度，规定5%，有利排水。坡度过小，施工困难，不易找准。再采取防水涂料涂封，涂层厚度为2mm，相当于屋面涂层的平均厚，使它具有一定的防水能力，在水落口杯与基层交接处，由于混凝土收缩常出现裂缝，故规定在水落口杯周围的混凝土上预留凹槽，并嵌填柔性密封材料，这才能避免水落口节点的渗漏发生。

第4.4.6条 （增加条文）

砖砌水泥砂浆抹面女儿墙压顶耐久性差，容易开裂、剥落、酥松，致使雨水从墙体渗入室内。因此可用现浇混凝土或预制混凝土压顶，但必须设分仓缝嵌填密封材料。国外采用金属制品压顶已普遍、效果极佳，国内有用粘贴高分子卷材作法，效果亦好故编入规范提倡使用。

第4.4.7条 （增加条文）

近年来出现屋面大挑檐设计，挑檐的反梁过水孔过小，标高不准，造成渗漏是常见的节点症害。根据调查研究，规范首先要求留过水孔的标高应在结构施工图上标明，且标高按排水坡度找坡后留置，否则找坡后孔底标高低于挑檐沟底标高，造成长年积水。过水孔尺寸扩大，以便进行孔内防水处理，首先提倡作方孔，如埋管时，管径要大于75mm，以免孔道堵塞。

过水孔的防水处理十分重要，故本条还规定了过水孔的防水材料和设防要求。预埋管道与混凝土之间常因混凝土收缩出现缝隙造成渗漏，故管子周围应进行密封处理。

第4.4.8条 （增加条文）

原规范第2.1.11条只提到穿过屋面管道做好防水处理的原则要求。过去习惯作法，在管道四周用砂浆堆筑圆锥台，高达200mm以上，这给卷材施工带来困难，渗漏时有发生。为便于卷材施工操作，作成距管外径100mm内，以30%找坡，组成高30mm的圆锥台，在管四周留20mm×20mm凹槽嵌填密封材料，并增加卷材附加层，做到管道上方250mm处收头，用金属箍或铅丝紧固，密封材料封严，充分体现多道设防，柔性密封的原则。

第4.4.9条 （增加条文）

屋面出入口有垂直出入口和水平出入口，也是防水设防的重要节点，有多种不同的防水处理做法，本条仅根据我国现行的典型作法提出一些原则要求。

4.5 沥青防水卷材施工

第4.5.1条 （原规范第2.2.5条、第2.2.10条、第2.2.11条，修改条文）

本条修改时保留了原规范第2.2.5条中的第一段、第2.2.10条中的第一段；修改了原规范第2.2.5条中第二段，因我国目前已很少生产焦油沥青卷材，且采用普通石油沥青（高蜡沥青）及纯沥青作卷材防水层胶粘材料的耐老化性能不好，容易影响工程质量。故将原规范第2.2.10条中的第二段与第2.2.11条合并后，删去焦油沥青和普通石油沥青的内容。

另外，本条中还增加了冷玛琋脂的内容，这是因为这种材料具备施工方便、减少环境污染等优点，且现已由天津油毡厂批量生产，并已由天津市制订了地方标准，应用面已逐步扩大，故将其列入新规范中。

第4.5.2条 （原规范第2.2.14条，修改条文）

本条修订时删去了原规范中用普通石油沥青作胶结材料时的每层厚度规定，增加了冷玛琋脂用料厚度，并增加“应均匀，不得过厚或堆积”的施工要求。过厚时易流淌，同时冷玛琋脂的溶剂得不到挥发，易发生鼓泡。

第4.5.3条 （原规范第2.2.17条、第2.2.18条，修改条文）

将原规范第2.2.17条第二段中的水落口设计部分并入设计章节，施工部分单独列此条文。

对檐口做法原规范第2.2.18条列举三种檐口做法。第一种薄钢板檐口作法目前已很少采用，故予取消，第三种预埋木砖钉钉工艺，也已落后，过去使用时耐久性差故予删去。本规范保留第二种，即在檐口留置凹槽，将卷材压入凹槽再用钉子（射钉枪）压条固定后，密封材料嵌封，采用这种双保险作法，使收头更可靠，故将这种作法的施工要求列入条文。钉距要求900mm，系每幅卷材至少应有二点固定。

天沟、檐沟是被水冲刷和排水集中处，且容易积水，所以在沟底留置搭接缝是很不利的，一般应留在沟侧面，如果沟底过宽时，搭接缝要增加密封材料封口，增加防水的可靠性。

第4.5.4条 （原规范第2.2.15条，修改条文）

将原条文中的设计内容归并入设计章节，施工内容单列保留原文，为了卷材与基层粘结牢固，规定“玛琋脂应满涂”，以示空铺法、点粘法、条粘法工艺在此处不能采用。

第4.5.5条 （原规范第2.2.19条，修改条文）

将原条文中的设计内容归并设计章节，保留施工内容，对留有凹槽的作法，为使收头压入凹槽，必须将收头裁齐。钉距是根据每幅卷材至少有二点固定，并采取密封，以提高卷材收头防水可靠性。

第4.5.6条 （原规范第2.2.7条，修改条文）

将原规范第2.2.7条中的有关设计内容归并设计章节，保留施工内容，并增加施工时不得堵塞排汽道的注意事项。另外，增加打孔卷材，因打孔卷材已在我国天津油毡厂等地生产。本条规定使用热玛琋脂时，应涂刷冷底子油，而与采用冷玛琋脂分别开、冷玛琋脂为溶剂型、浸透力强，不一定必须要求涂刷冷底子油。

第4.5.7条 （原规范第2.2.6条、第2.2.9条、第2.2.13条，修改条文）

将原规范第2.2.6条、第2.2.9条、第2.2.13条合并为一条，其中第2.2.6条保留原条文，在第2.2.9条中将"单边点贴一层宽度为200～300mm的油毡条"，改为"单边点粘一层每边不少于100mm宽的卷材"，目的是使卷材条能对准板端缝居中铺贴，以提高设防质量。条文中的其它措施是指卷材筒、泡沫条等方法。

在原规范第2.2.13条的内容中增加"随刮随铺"的技术要点。"展平压实"，就要将卷材下空气及时排净，全面粘牢。取消搭接缝必须用玛琋脂仔细封严，因为叠层卷材每层间和最上一层都必须涂刮一层玛琋脂，所以不需重复。

另外，考虑到目前我国沥青防水卷材的胎体有纸胎、玻纤胎、黄麻胎、聚酯胎等，品种繁多。覆盖料有建筑石油沥青、吹氧改性沥青等性能各异，因此，性能高的卷材，它的防水层耐用年限长，耐热性、柔性好，放置在面层是合理的。

第4.5.8条 （原规范第2.2.22条，修改条文）

将原条文中的设计要求归并入设计章节，保留施工要求，并按保护层所采用材料不同分别列款，逐款编写，条理清楚。并将原条文中"经检验合格"和"表面清扫干净"作为铺设保护层的必要条件单独列款。

关于用绿豆砂做保护层，系传统的做法，据全国调查，许多工程因未能认真按规范施工而不能确保防水工程质量，而严格按规范组织施工的绿豆砂保护层则铺撒均匀、粘结牢固，真正起到了保护层的作用，故这段规定予以保留。由于近年来出现了冷玛琋脂，这种胶结材料主要以云母或蛭石做保护层，根据调研，效果可靠，工艺可行，故这次将其列入新规范。

水泥砂浆保护层在原规范中未作规定，但根据目前使用情况看 很多在卷材上用水泥砂浆做的保护层，由于自身干缩或温度变化影响，往往产生严重龟裂，且裂缝宽度较大，常常造成碎裂、脱落。根据工程实践经验，在水泥砂浆保护层上划分表面分格缝，将裂缝均匀分布在分格缝内，避免了大面积的表面龟裂，故在新规范中增加了这一项行之有效的规定。

用块体材料做保护层时，在调研中发现有的卷材上满铺块体保护层，往往因温度升高、膨胀，致使块体隆起，因此，新规范作出对块体材料保护层宜留设分格缝的规定。

原规范规定对现浇细石混凝土保护层分格面积不宜大于9m²，经多年采用，全国较多单位一致认为9m²太小了，应明确该细石混凝土是保护层，而不是防水层。如分格缝过密，不但对施工带来了困难，也不容易确保质量，故根据全国一些单位的意见进行修改，将分格面积扩大为36m²。

根据历次对屋面工程的调查发现许多工程的水泥砂浆、块材、细石混凝土等刚性保护层与女儿墙间未留空隙，当高温季节，刚性保护层热胀顶推女儿墙，有的还将女儿墙推裂造成渗漏，而在刚性保护层与女儿墙间留出空隙的屋面，均未见出现推裂女儿墙事故，故本条规定了刚性保护层与女儿墙之间必须留30mm以以上空隙。另外，本条还强调了在刚性保护层与防水层之间设置隔离层的必要性，从施工的角度要求做到平整，起到完全隔离的作用，以保证当刚性保护层胀缩变形时，不致损坏防水层。

第4.5.9条 （原规范第2.2.23条，修改条文）

雨天、雪天基层和卷材潮湿，卷材不能粘结或发生起鼓，故雨天、雪天严禁施工。五级风及其以上时，浇热玛琋脂时被风扬起烫伤工人，或将高跨或脚手板上的灰尘刮到屋面基层上，使卷材与基层不能粘结。施工中途下雨，刚铺的卷材周边应先密封，否则雨水冲刷易渗入卷材底下，发生粘结不良或起鼓。

4.6 高聚物改性沥青防水卷材施工

第4.6.1条 （增加条文）

参见本规范第4.5.3条的条文说明。

第4.6.2条 （增加条文）

为防止卷材下滑和便于收头粘结密封良好，规定采取满粘法工艺，必要时还要根据本规范第4.3.5条的规定采取固定措施。同样理由，短边搭接过多，对防止卷材下滑不利，但总可能出现短边搭接现象，因此要求尽量减少短边搭接。

第4.6.3条 （增加条文）

参见本规范第4.5.5条的条文说明。

第4.6.4条 （增加条文）

参见本规范第4.5.6条的条文说明。

第4.6.5条 （增加条文）

胶粘剂的涂刷质量对保证卷材防水施工质量关系极大，涂刷不均匀，有堆积现象或漏涂不但影响卷材的粘结力，还会造成材料浪费，因此，规范特作此条规定。空铺法、点粘法、条粘法应在屋面周边800mm宽的部位满涂刷胶粘剂实现满粘贴，点粘和条粘还应在规定位置和面积部位涂刷胶粘剂，以达到条粘和点粘的质量要求。具体做法见本规范第2.0.11条、第2.0.12条的有关规定。

各种胶粘剂的性能和施工环境要求不同，有的可以在涂刷后立即粘贴，有的得待溶剂挥发一部分后粘贴，间隔时间还和气温、湿度、风力等因素有关，因此，本规范提出原则规定，要求控制好间隔时间，否则会直接影响粘贴力和粘结的可靠性。

卷材与基层、卷材与卷材间的粘贴是否牢固，是防水工程中重要的质量指标之一。要粘贴牢固，在铺贴时应将卷材下面空气排净，加适当压力才能粘牢。有空气存在还会由于温度升高，气体膨胀，使卷材起鼓，发生质量事故。

卷材防水的关键在搭接缝的防水质量，搭接缝的粘结质量关键在搭接宽度和粘结力，因此本规范对卷材搭接施工的要点作明确规定。搭接缝平直，不扭曲是使搭接宽度起码的保证。涂满胶粘剂、粘结牢固，溢出胶粘剂才能证明粘结完满。为了更好保证粘结，可用热熔法使搭接缝粘结更可靠。为保证搭接尺寸，一般在已铺卷材上量好搭接宽度弹出粉线作为标准。

卷材铺贴后，考虑到施工的可靠率因素、防水层的收缩以及外力使缝口翘边开缝的可能，要求接缝口用宽10mm的密封材料封口，这也体现多道防水的原则，进一步提高了防水层的密封抗渗漏性能。

第4.6.6条 （增加条文）

本条系针对热熔法铺贴卷材的要点作出规定。施工加热时幅宽内必须均匀一致，就要求火焰加热器喷嘴距卷材面适当，加热至卷材表面有光亮时方可以粘合，如熔化不够会影响粘结强度；但加温过高，会使改性沥青老化变焦，不但失去粘结力，且易把卷材烧穿。铺贴卷材时应将空气排出，才能粘贴牢固，滚铺卷材时缝边必须溢出沥青热熔胶使接缝粘贴严密。

用条粘法铺贴卷材时，为确保条粘部分的卷材与基层粘结牢固，规定每幅卷材的每边粘贴宽度为150mm。

至于铺贴应平整顺直，搭接尺寸准确等要求，可参见本规范第4.6.5条的条文说明。

第4.6.7条 （增加条文）

本条对自粘高聚物改性沥青防水卷材的施工要点作出规定。首先将隔离纸撕净，否则不能实现完全粘贴。自粘卷材较冷粘法、热熔法的初期粘结强度差尤其在搭接缝处，为了提高卷材与基层粘结性能，基层必须涂刷处理剂，并及时铺贴卷材。为保证接缝粘结性能，搭接部位提倡采用热风枪加热，尤其在温度较低时施工，这一措施就更为必要。

采用这种铺贴工艺，考虑到施工的可靠度、防水层的收缩，以及外力使缝口翘边开缝的可能，要求接缝口要用密封材料封口，以提高密封抗渗的性能。

在铺贴立面或大坡面卷材时，立面和大坡面处卷材容易下滑，可采用加热方法使自粘卷材与基层粘结牢固，必要时还应加钉固定等。

第4.6.8条 （增加条文）

涂料保护层要求对卷材全面覆盖，粘结牢固，才能起到对卷材的保护作用。所以要求卷材铺完经检验合格，即可将卷材表面清理干净，均匀涂刷保护涂料，确保涂层质量的要求。当采用刚性保护层时，可参见本规范第4.5.8条的条文说明中有关部分。

第4.6.9条 （增加条文）

参见本规范第4.5.9条的条文说明。气温低于0℃时，由于改性沥青防水卷材较厚，质地变硬，施工时不易保证质量；热熔法施工时，对卷材和基层均能烤热，可以施工；若温度低于－10℃时，冷却过快，消耗能源过多，成本加大，且施工也较困难，故规定“不宜”在此温度以下进行施工。

4.7 合成高分子防水卷材施工

第4.7.1条 （增加条文）

参见本规范第4.5.3条的条文说明。

第4.7.2条 （增加条文）

参见本规范第4.6.2条的条文说明。

第4.7.3条 （增加条文）

由于合成高分子卷材较薄，粘贴压紧较容易，故允许不留凹槽，直接钉压于立面上，收头用密封材料封固，当然也可以留置凹槽，将卷材压入凹槽内密封处理。

第4.7.4条 （增加条文）

参见本规范第4.5.6条的条文说明。

第4.7.5条 （增加条文）

冷粘法铺贴合成高分子防水卷材时，对基层胶粘剂的涂刷，应根据所用卷材和胶粘剂的性能要求，有的只需涂在基层上就可以粘贴；有的则需要在基层上和卷材底面同时涂刷后才能粘贴牢固，这是由所用卷材的工艺决定的。由于各种胶粘剂的性能和施工环境要求不同，有的可以在涂刷后立即粘贴；有的则需待溶剂挥发一部分后粘贴，间隔时间还和气温、湿度、风力等因素有关，因此本条中只提出原则规定，要求控制好间隔时间，否则会直接影响粘结力和粘结的可靠性。

由于合成高分子防水卷材厚度较薄，铺贴时稍不注意就会出现皱折，影响与基层的粘结，且易在皱折地方破坏而造成渗漏。因此要求铺贴合成高分子防水卷材时要展平并与基层服贴，但决不可用力拉伸来展平卷材，因为合成高分子防水卷材在生产过程中经压延后都有不同的收缩率，如拉伸过紧，再加上收缩，使卷材具有很大的拉应力，在高应力状况下卷材老化加速，导致卷材发生断裂现象。因此本条着重规定对合成高分子防水卷材施工时不得用力拉伸卷材，卷材下的空气要排净，以便辊压粘牢。

合成高分子防水卷材之间的搭接缝要顺直，不要扭曲，否则就难以保证必要的搭接宽度，尤其是合成高分子防水卷材一般均为单层铺贴，且卷材与卷材搭边之间一般胶粘剂也还需进一步提高粘结质量，所以，如果搭接缝不直，则不能保证最小搭接宽度，降低了防水效果。卷材搭接缝质量是防水质量的关键，因此本条比较详尽地对施工要点逐点作出规定。

（1）搭接缝结合面必须干净，要清扫灰尘、砂粒、污垢，必要时还需用清洁剂（汽油、煤油等）擦洗，否则就不能粘牢。

（2）胶粘剂应与卷材配套，因卷材材性各异，胶粘剂性能也应与之适应，否则将会发生粘结性差或腐蚀作用。

（3）涂刷要均匀、不漏、不堆。

（4）由于各种胶粘剂的性能不同，涂刷后粘合的间隔时间要求也不同，有的可以立即粘合，有的则待手触不粘时才可粘合，否则大大影响粘合性能。同时间隔时间与气温和湿度、风力等条件有关。

（5）搭接缝中的空气必须排净，粘合面完全接触经辊压才能粘牢。

合成高分子防水卷材铺贴后，考虑到施工的可靠性因素、防水层的收缩变形、胶粘剂的质量好坏，以及受外力使缝口翘边开缝的可能，要求接缝口用宽10mm的密封材料 封口，进一步提高整体防水效果。

第4.7.6条 （增加条文）

参见本规范第4.6.7条的条文说明。

第4.7.7条 （增加条文）

热风焊接法一般适用于热塑性高分子防水卷材的接缝施工。为使接缝焊接牢固和密封，必须将接缝的结合面清扫干净，无灰尘、砂粒、污垢，必要时要用清洁剂清洗。焊缝施焊前，应将卷材铺放平整顺直，搭接缝应按事先弹好的标准线对齐、铺展，不得扭曲、皱折，才能进行施焊。为了保证焊缝质量和便于施焊操作，应先焊长边接缝，后焊短边接缝。

第4.7.8条 （增加条文）

参见本规范第4.6.8条的条文说明。

第4.7.9条 （增加条文）

参见本规定第4.6.9条的条文说明。

5 涂膜防水屋面

5.1 一 般 规 定

第5.1.1条 （增加条文）

本条是根据本规范第 3.0.1 条屋面防水等级 和设 防 要求编写的。

防水涂料除聚氨酯、丙烯酸和硅橡胶（有机硅）等涂料外，均属中低档涂料，若用涂料进行一道设防，其防水层耐用年限仅聚氨酯、丙烯酸和硅橡胶等涂料可达十年以上，但也超不过十五年，所以按屋面防水等级、防水耐用年限、设防要求，涂膜防水屋面只能适用于屋面防水等级为Ⅲ、Ⅳ级的工业与民用建筑。既然涂膜防水可单独做成一道设防，同时涂膜防水又具有整体性好，对屋面节点和不规则屋面便于防水处理等特点，所以涂膜防水屋面可用作Ⅰ、Ⅱ级屋面多道设防中的一道防水层。

第5.1.2条 （增加条文）

涂膜防水屋面是靠涂刷的防水涂料固化后形成有一定厚度的涂膜来达到屋面防水的目的，如果涂膜太薄就起不到所要求的防水作用和耐用年限的要求，所以本条对各类涂膜防水层作了厚度的规定。

沥青基防水涂料对沥青基本上没有 进 行 改 性，或改性也不大，但可涂成较厚的涂膜，称之为厚质涂料（如水性石棉沥青防水涂料、膨润土沥青乳液和石灰乳化沥青等），一般铺抹厚度在4～8mm，所以本条规定其厚度为4mm（主要适用 于Ⅳ级防水屋面或Ⅲ级防水屋面复合使用），在Ⅲ级屋面单独使用时，厚度不应小于8mm，否则就难以达到耐用年限的要求。高聚物改性沥青防水涂料（如溶剂型和水乳型防水涂料）涂布固化后很难形成较厚的涂膜，称之为薄质涂料，但此类涂料对沥青进行了较好的改性，材料性能优于沥青基防水涂料，但涂膜过薄又很难达到耐用年限的要求，所以本条规定了其厚度不应小于3mm，它可通过薄涂多次或多布多涂来达到其厚度的要求。合成高分子防水涂料是以优质合成橡胶或合成树脂为原料配制成的防水涂料（如多组份聚氨酯防水涂料、丙烯酸酯类浅色防水涂料等），其性能大大优于上述两类涂料，可是由于价格较贵，所以本条规定其厚度不应小于2mm，它可分遍涂刮来达到其厚度要求。高聚物改性沥青防水涂料和合成高分子防水涂料与其它防水材料复合使用时，综合防水效果较好，所以涂膜本身厚度可适当减薄一些，为此对高聚物改性沥青涂膜规定了不宜小于1.5mm，合成高分子涂膜不宜小于1mm。

第5.1.3条 （原规范第2.3.8条，修改条文）

参见本规范第4.1.2条的条文说明外，尚应对板端缝进行柔性密封处理，因为板端缝是屋面结构层产生变形最大的部位，最易引起此处防水层开裂，造成屋面渗漏。

非保温屋面板缝的温度变形比保温屋面板缝的温度变形要大，防水层最易在此处产生开裂，造成屋面渗漏，所以为确保非保温屋面防水层的整体防水效果，除板端缝要进行密封处理外，板的侧缝也必须进行柔性密封处理。

第5.1.4条 （原规范第2.3.4条，修改条文）

参见本规范第4.1.3～4.1.6条的有关条文说明。

第5.1.5条 （原规范第2.3.5条，修改条文）

厚质防水涂料和薄质防水涂料的涂膜，均不得一次涂成，因为厚质涂料若一次涂成，涂膜收缩和水分蒸发后易产生开裂；薄质涂料一次很难涂成所要求的涂膜厚度，所以本条规定了涂膜防水层应分遍涂布，而且待先涂的涂层干燥成膜后方可涂布后一遍涂料，使其达到所要求的涂膜厚度。需铺设胎体增强材料时，一般是平行屋脊铺设，但坡度大于15%时，为防止胎体增强材料下滑，要求垂直于屋脊铺设。铺设时必须由最低标高处向上操作，使胎体增强材料搭接按顺着流水方向，避免呛水。完工后的涂膜防水层将形成无接缝的完整的防水涂膜，所以胎体增强材料的长、短边搭接宽度不必达到卷材所要求的搭接宽度，长边搭接宽度为50mm，短边搭接宽度为70mm就足够了。由于胎体增强材料的纵横向延伸率不一样大，所以采用两层胎体增强材料时，上下层不得垂直铺设，使其二层胎体材料有一致的延伸性，所以本条规定了上下层的搭接缝应错开不小于1/3幅宽，避免了上下层胎体材料产生重缝。

第5.1.6条 （增加条文）

天沟、檐沟、檐口、泛水等部位最易产生雨水渗漏，也是屋面防水的薄弱部位，所以在这些部位必须加铺胎体增强材料的附加层，提高防水层适应变形的能力。水落口处是屋面雨水最集中的部位，也是屋面最易产生渗漏的部位，所以应加铺二层有胎体增强材料的附加层，并伸入杯口内不得小于50mm；伸入杯口内过大，不易施工操作；同时由于水落口杯与屋面交接处总会留有一定缝隙（尤其是内排水），所以在加铺附加层之前，应在这部位做密封处理，使之更有效的避免渗漏。

第5.1.7条 （原规范第2.3.5条，修改条文）

完工后的涂膜防水层，其厚度比较薄，耐穿刺能力较弱，特别是在涂膜未实干前，为避免破坏防水涂膜的完整性，保证其防水效果，所以本条规定不得在其上进行其它施工作业和在其上直接堆放物品。

5.2 材料要求

第5.2.1条 （增加条文）

第5.2.2条 （增加条文）

第5.2.3条 （增加条文）

表5.2.1条、表5.2.2、表5.2.3中所列的项目和质量要求，是为了满足屋面防水工程所必须达到的主要项目和最低质量标准，并非是各类防水涂料产品质量检验的全部项目和指标。现综合说明如下：

固体含量：是各类防水涂料的主要成膜物质，根据各类防水涂料的特性，表中列出了各类防水涂料最低的固体含量要求，如果固体含量过低，涂膜的质量就难以得到保证。

耐热度：在夏季最高气温条件下，屋面表面的温度可达70℃，若涂料的耐热度小于80℃，同时保持不了5h，那么涂膜将会产生“流淌”，所以对各类防水涂料表中列出了耐热度最低质量要求为80℃，5h。

柔性：此项质量要求主要是为使各类防水涂料对施工温度具有一定的适应性，根据各类防水涂料的特性，表中列出了各类防水涂料的最低柔性质量要求。

不透水性：这是各类防水涂料的主要质量指标。根据各类防水涂料的特性，表中列出了各类防水涂料最低的不透水质量要求，如能达到表中列出的质量要求，完工后的防水层就不会产生直接渗漏。

延伸：此项要求主要是使各类防水涂料具有一定的适应基层变形的能力，保证防水效果。根据各类防水涂料的特性，表中列出了各类涂料最低延伸性质量要求。

表5.2.1和表5.2.2中列出的五项质量要求是参考JC 408-91《水性沥青基防水涂料》提出的。但表5.2.2中柔性指标的测试方法在JC 408-91中曾明确指出：本标准“不适用于高聚物改性沥青防水涂料”，目前我国对此类涂料柔性指标的测试方法尚无明确规定。参考中国建筑防水材料公司苏州研究设计所及一些科研单位的做法，测试时涂膜厚度采用3mm，在－10℃条件下，绕ϕ20mm圆棒，无裂纹判定为柔性合格，这种测试方法能较准确的反映高聚物改性沥青防水涂料的低温柔性，故在本规范中做出规定。

表5.2.3质量要求中Ⅰ类属反应固化型，如聚氨酯类防水涂料，Ⅱ类属挥发固化型，如丙烯酸酯类防水涂料。Ⅰ类的五项质量要求是参考JC500-92《聚氨酯防水涂料》提出的，Ⅱ类的五项质量要求是参考CБ型弹性丙烯酸酯类防水涂料提出的。（见冶金部建筑研究总院试验厂产品）。

第5.2.4条 （增加条文）

表5.2.4中列出的Ⅰ类是指聚酯无纺布，Ⅱ类是指化纤无纺布，Ⅲ类是指玻璃纤维网布。Ⅰ、Ⅱ类无纺布的各项质量要求是参考江苏省《防水涂料屋面施工及验收规程》（苏建规02-89）附录C和附录E提出的，Ⅲ类玻纤网布是参考DBJ 07-204-87黑龙江省《屋面防水工程冷作施工技术暂行规定》提出的。

第5.2.5条 （增加条文）

各类防水涂料的包装容器必须密封，是因为不论是水乳型涂料还是溶剂型涂料，如包装容器密封不好，水分或溶剂易挥发，使涂料易结皮，另外对溶剂型涂料来说，溶剂挥发时易引起火灾。

各类涂料的包装容器上均应有明显标志。标明涂料名称（尤其多组份涂料），以避免用户把各类涂料搞混，特别是在容器上应标明生产日期和产品有效期，使用户能准确把握涂料是否过期失效，另外还要标明厂名，使用户一旦发现涂料有质量问题，可直接与厂家取得联系。

水乳型涂料是属水性涂料，如贮运和保管环境温度低于0℃，涂料就要结冻而失效。溶剂型涂料虽然在低于0℃时不会产生冻结，但涂料稠度要加大，在使用时不易从包装容器中的倒出，也不利于施工操作，所以提出此类涂料在贮运和保管的环境温度不宜低于0℃。此类涂料具有一定的燃爆性，所以应严防日晒、渗漏、远离火源，避免碰撞，在仓库内应设有消防设备。

为使在施工操作时胎体材料易铺平并使其与涂料结合良好，故要求贮运和保管环境应干燥通风，不使材料受潮和被雨淋，另外此类材料具有一定易燃性，所以要远离火源。

第5.2.6条 （增加条文）

根据建设部（1991）370号文《关于治理屋面渗漏的若干规定》，以及建设部（1991）837号文《关于提高防水工程质量的若干规定》中的有关精神，对进入施工现场的防水涂料和胎体增强材料应进行抽样复验，检验其质量，达到该产品的质量标准，方可在屋面防水工程中使用。抽样复验时只提出对该产品质量尤关重要的几个项目进行抽样复验，因为复验的这几个项目质量如何，对该产品是否达到质量标准具有一定的代表性。每批产品抽样的数量是据屋面防水面积为 $1000m^2$ 所耗用的防水涂料和胎体增强材料的数量为一个抽验单位考虑给出的。

5.3 设 计 要 点

第5.3.1条 （增加条文）

涂膜防水屋面设计时，应根据不同的屋面防水等级、不同的使用条件、不同的防水层耐用年限，不同的设防要求和不同的气候条件等，选择与其相适应的不同档次、不同品种的防水涂料。

对于涂膜防水屋面的易开裂、易渗水部位，为了适应基层变形的要求，应采取加强处理措施，以确保防水质量。

第5.3.2条 （原规范第2.3.4条，修改条文）

参见本规范第4.3.4条的条文说明。

第5.3.3条 （原规范第2.3.7条，修改条文）

我国幅员广阔，气候变化幅度大（包括历年最高、最低气温，年温差、日温差等），各类建筑的使用条件、建筑结构形式及各种因素造成的结构变形差异很大，用于屋面的防水涂料是暴露还是埋置的形式也不同，所以对屋面防水工程的设计者来说，应充分考虑上述各种因素来选择相适应的防水涂料，以保证防水工程质量，这是十分重要的，否则必将遭致失败。比如，在高温地区，就应选择耐热度高的涂料，以防“流淌”；在严寒地区，就应选择低温柔性好，耐冻融指标高的涂料，以防冷脆；对结构有可能产生较大变形的建筑，就应选择延伸大的防水涂料，以适应结构的变型；对暴露式的防水涂膜，就应选择耐紫外线的防水涂料，以提高屋面防水的耐用年限等等。但上述各种因素不是独立存在的，设计时还应综合考虑。

第5.3.4条 （原规范第2.1.1条，修改条文）

参见本规范第4.3.6条的条文说明，另外本条规定当屋面坡度大于25%时，不宜采用沥青基防水涂料和成膜时间过长的涂料，否则易产生涂料下堆现象，使涂膜厚薄不均，影响防水质量。

第5.3.5条 （增加条文）

参见本规范第4.3.3条的条文说明。

第5.3.6条 （增加条文）

空铺附加层的目的是扩大防水层的剥离区，使之更能适应找平层分格缝处变形的要求，避免防水层产生裂缝。

第5.3.7条 （原规范第2.3.6条，修改条文）

在防水层上设置保护层，其目的是使防水层避免日光曝晒、紫外线直接照射、臭氧和热老化作用、风吹、雨淋、以及人为的损坏等，从而可延缓防水层老化进程。当采用水泥砂浆或块材作保护层时，为避免此类保护层变形把防水层拉裂，所以在两者之间应设置隔离层。设置水泥砂浆保护层，多为上人屋面，为使保护层具有一定的承载能力，其厚度不宜小于20mm。

5.4 细 部 构 造

第5.4.1条 （增加条文）

第5.4.2条 （增加条文）

第5.4.3条 （增加条文）

根据全国历次调查发现，天沟、檐沟、檐口和泛水等部位与屋面的交接处，由于构件断面变化和屋面的变形，常在这些部位发生裂缝，装配式结构更甚，故规定屋面与这些部位转角处增设附加层或空铺附加层，避免防水层开裂，造成屋面渗漏，所以本规范绘制了节点构造示意图，至于屋面防水设计中的节点构造详图，由设计者根据具体情况遵循本规范节点构造示意图的原则绘制。

在设有保温层的屋面，内檐沟部位宜铺设保温层，避免冬季在此处的室内天棚产生冷桥。

无组织排水檐口的收头，应将防水层伸入凹槽内，用防水涂料多遍涂刷或用密封材料封严，避免防水层收头翘起，而造成渗漏。

根据多年实践证实，防水涂料与水泥砂浆抹灰层具有良好的粘结性能，所以在女儿墙泛水处的砖墙上不设凹槽和挑眉砖，并将防水层一直涂刷至女儿墙压项下，压顶也应做防水处理，避免泛水处和压顶的抹灰层开裂而造成渗漏。

第5.4.4条 （增加条文）

参见本规范第4.4.4条的条文说明。

第5.4.5条 （增加条文）

参见本规范第4.4.5条的条文说明。

5.5 沥青基防水涂膜施工

第5.5.1条 （增加条文）

沥青基防水涂料多数属水性厚质涂料，可在潮湿无积水的基层上涂布，至于基层潮湿到何种程度可以涂布，本规范未给出定量值，只定性的给出了基层表干能进行涂膜施工操作为度这一要求，即使给出了基层含水率的定量值，施工现场也无普遍应用的仪器准确的测出其含水率定量值。

第5.5.2条 （原规范第2.3.8条，修改条文）

板端缝处是屋面结构产生变形较大的部位，如果板端缝中浇注的细石混凝土浇捣不密实和嵌填的密封材料与缝的侧壁粘结不牢，当板端缝处产生变形时，就有可能使细石混凝土与板缝侧壁或嵌填的密封材料与板缝侧壁之间脱开而出现裂缝，易造成屋面渗漏。

板端缝处的变形会引起找平层的开裂，同时找平层在硬化过程中由于自身的收缩也要产生开裂，这样找平层在板端缝处的裂缝就会更大，所以事先应在找平层上留出分格缝并与板端缝上下对齐、均匀顺直，这样便于嵌缝材料施工操作，节省密封材料，并使嵌缝材料受力均匀，也有利于空铺附加层。

板端缝部位的空铺附加层，每边距板缝边缘留有80mm时，这样总的空铺宽度可达180mm，可满足防水层不会因板端缝的变形而被拉断。

第5.5.3条 （增加条文）

采用冷底子油或防水涂料稀释后做基层处理剂是比较常用的方法。在基层上涂刷处理剂可起到二种作用，一是可堵塞基层毛细孔，使基层的湿气不易向上渗到防水层中，避免防水层鼓泡。二是可增加防水层与基层的粘结力。为达此目的，在基层上一般都要涂刷处理剂，而且要涂刷均匀，覆盖完全，同时要等干燥后再涂布涂膜防水层。

第5.5.4条 （原规范第2.3.5条，修改条文）

沥青基防水涂料涂布时，如一次涂成，涂膜易产生开裂，最好是薄涂多次，但最少也不得少于涂布二次，而且须待先涂的涂层干燥后，再进行后一遍涂层，最终达到第5.1.2条要求的涂膜厚度规定。

涂膜防水层在涂布操作时，最大的难点就是不易将涂层涂刮得厚薄均匀，这就要求施工操作人员要有熟练的操作技术和认真负责精神，如果涂层涂刮的厚薄不均，厚处可能达到或超过第5.1.2条要求的涂膜厚度，而薄处就有可能达不到第5.1.2条要求的涂膜厚度，而影响防水效果和降低了防水层耐用年限，所以要求涂层应涂刮的厚薄要均匀而且表面要平整。表面平整也有利于屋面排水畅通。

涂层中夹铺胎体增强材料，是为了使防水层的防水效果得到加强，为此要边涂边铺胎体增强材料，并要刮平排除气泡，这样才能保证胎体增强材料易被涂料浸透，并与涂料结合的更好，达到真正增强的目的。铺胎体增强材料时不得有外露现象，因为外露的胎体增强材料易很快老化而失去增强作用。

节点和需铺附加层的部位是最易产生渗漏的地方，此处施工质量至关重要，所以应先涂布节点和附加层，这样便于检查其质量是否符合设计要求，待检查无误后再进行大面积涂布，可保证屋面整体的防水效果。

如屋面及立面转角部位的涂层要是一次涂成，涂层就易产生下滑，出现涂层堆积现象，这样就保证不了涂膜厚薄均匀而影响防水质量。

第5.5.5条 （增加条文）

防水层上设置保护层，可使防水层受到保护，提高防水层的耐用年限。如采用细砂等粉料作保护层，应在涂刮最后一遍涂料时，边涂边撒布，使细砂等粉料与防水层粘结牢固，并要求撒布均匀不得露底，起到长期保护防水层的作用。但尽管精心施工，还是会有与防水层粘结不牢的细砂等粉料，所以要待涂膜干燥后，将多余的细砂等粉料及时清除掉，避免因雨水冲刷作用将多余的细砂等粉料堆积到排水口处，堵塞排水口而影响排水畅通或使屋面产生局部积水而影响防水效果。

当采用水泥砂浆、块材或细石混凝土作保护层时，参见本规范第4.5.8条的有关条文说明。

第5.5.6条 （增加条文）

沥青基防水涂料多数属水性涂料，对施工环境湿度要求比较苛刻。日最低气温低于5℃时，会使涂料成膜时间过长，并易遭冻结而失去防水作用；日气温高于35℃时，涂膜易粘脚影响施工操作，同时高温下涂料水分蒸发过快、涂膜易开裂影响防水效果。雨天或预计涂膜固化前有雨时，涂料易破乳或被雨水冲掉而失去防水作用。五级风以上涂布将影响施工操作，难以保证防水质量和人身安全，所以五级风以上不得施工。

5.6 高聚物改性沥青防水涂膜施工

第5.6.1条 （增加条文）

高聚物改性沥青防水涂料按其类别不同对基层含水率要求也不一样，本规范未给出统一的定量值，只定性的规定视所用防水涂料特性而定。但采用溶剂型涂料时，基层应干燥，否则会影响涂膜与基层的粘结力。

第5.6.2条 （增加条文）

参见本规范第5.5.2条的条文说明。

第5.6.3条 （增加条文）

参见本规范第5.5.3条的条文说明。

第5.6.4条

高聚物改性沥青涂料防水虽然不易做成较厚的涂膜，但表涂层也不能涂的过薄，因为过薄不耐老化。在铺有胎体增强材料时，表涂层过薄，短期内涂膜老化后易露胎体，而使失去防水作用，同时涂刮一遍也很难达到其厚度和厚薄均匀一致的要求，所以本条规定最上层涂层应至少涂刮二遍，其厚度不小于1mm。除本条说明外，尚应参见本规范第5.5.4条的条文说明。

第5.6.5条 （增加条文）

参见本规范第 5.5.5 条的条文说明，只是在水乳型涂膜上用细砂等粉料做保护层时，撒布后应进行辊压，因为在水乳型涂膜上撒布不同于在溶剂型涂膜上撒布粘结那样牢固，所以要通过辊压来使其撒布材料与涂膜粘结牢固。

第5.6.6条 （增加条文）

如果在雨天、雪天进行涂膜施工，一方面增加施工操作难度，另一方面，对水乳型涂料会造成破乳或被雨水冲掉而失去防水作用，对溶剂型涂料将降低各涂层之间、涂层与基层之间的粘结力，所以雨天、雪天严禁施工。

溶剂型涂料在负温下不会冻结，只是稠度要增大，增加施工操作难度，但如果在涂布前采取加温措施，保证其可涂性，就可在负温下涂布而不会影响防水质量，但低于－5℃，可涂性就难以保证，涂膜厚薄就更难控制，所以溶剂型涂料的施工环境温度宜在－5～35℃；水乳型涂料在低温下涂布，将会延长固化时间，同时易遭冻结而失去防水作用，温度过高，水分蒸发过快，涂膜易产生收缩而出现裂缝，所以规定水乳型涂料的施工环境气温宜为5～35℃。

五级风以上涂布将影响施工操作，难以保证防水质量和人身安全，所以五级风以上不得施工。

5.7 合成高分子防水涂膜施工

第5.7.1条 （增加条文）

各种合成高分子防水涂料对基层含水率有严格的要求，因为基层的含水率是直接影响涂层与基层的粘结力和使涂层产生起泡的主要因素，所以对基层要求必须干燥。

第5.7.2条 （原规范2.3.8条，修改条文）

参见本规范第5.5.2条的条文说明。

第5.7.3条 （增加条文）

参见本规范第5.5.3条的条文说明。

第5.7.4条 （增加条文）

本条规定前后两遍涂刮的推进方向宜互相垂直，其目的是使上下遍涂布互相覆盖严密，避免产生直通的针眼气孔。

采用多组份涂料时，由于涂料是通过各组份的配料发生化学反应而由液态变为固态。各组份的配料计量不准和搅拌不均将会影响混合料的充分化学反应而造成涂料性能指标下降。配成的涂料固化时间比较短，所以应按照一次涂布用量，确定配料的多少，在固化前用完，已固化的涂料不能和未固化的涂料混合使用，因为混合后将会降低防水涂膜的质量。当涂料粘度过大，不便进行涂布时，或涂料固化过快，影响施工时，或涂料固化过慢，影响下道工序进行时，可分别加入适量的稀释剂、缓凝剂或促凝剂来调节粘度或固化时间，但不得影响防水涂膜的质量。

如果在涂层中夹铺胎体增强材料时，最上层的涂层应不少于两遍，以保证涂膜易达到设计所要求的厚度。为提高涂层的耐穿刺性、耐磨性和充分发挥涂层的延伸性，胎体增强附加层应尽量设置在涂层的上部。

第5.7.5条

当采用浅色涂料做保护层时，应在涂膜固化后方可进行保护层涂刷，使保护层与防水层粘结牢固，充分发挥保护层对防水层的保护作用。如采用刚性保护层时参见本规范第 4.5.8 条的有关条文说明。

第5.7.6条 （增加条文）

参见本规范第5.6.6条的条文说明。

6 刚性防水屋面

6.1 一 般 规 定

第6.1.1条 （原规范第2.4.1条，修改条文）

在原规范第四节“细石混凝土屋面”的基础上进行了内容的充实，本章所指的刚性防水层包括了普通细石混凝土防水层，补偿收缩混凝土防水层，块体刚性防水层。由于膨胀剂技术的发展在屋面细石混凝土防水层中应用越来越广泛，因而由原规范属于细石混凝土防水层的范畴中分立出来，单独作为“补偿收缩混凝土防水层”，以便和未掺膨胀剂的普通细石混凝土防水层相区别。块体刚性防水是中国建筑科学研究院机械化所的研究成果，迄今为止已推广应用于屋面工程400多万平方米，并且制定了《块体刚性屋面施工及验收暂行规定》，技术比较成熟，故而列入本规范。对于钢纤维混凝土由于目前在屋面工程中应用还较少，未列入本规范，但作为一种新型材料，有着很好的发展前景。

刚性防水屋面所用材料易得，价格便宜，耐久性好，维修方便，所以广泛用于一般工业与民用建筑，但刚性防水屋面所用材料表观密度大，抗拉强度低，极限拉应变小，易受混凝土或砂浆的干湿变形、温度变形及结构变位而产生裂缝，因此对于屋面防水等极为Ⅱ级以上的重要建筑物，只有在与卷材刚柔结合做二道防水时方可使用。原规范规定刚性防水层只适用于无保温层的建筑，主要是考虑到保温层的强度低、变形大，易使防水层产生受力裂缝。但是黑龙江省、四川省在非松散材料保温层上采用刚性防水，实践证明，效果良好，而且黑龙江省已制订了标准图集DBJ 07-31-92（LJ 414）《JJ 91 硅质密剂刚柔防水屋面》，因此，本规范修订为刚性防水屋面“不适用于设有松散材料保温层的屋面”。

第6.1.2条（增加条文）

刚性防水层对结构的变形比较敏感，因此较适用于基层为整体现浇钢筋混凝土的屋盖。当基层为装配式屋盖时，应用强度等级不小于C20的混凝土灌缝，以提高结构层的整体刚度。板端缝处也是易变形开裂部位，而刚性防水层在板端缝处又设有分格缝，尽管分格缝要作柔性密封处理，但一旦渗漏，必然沿板端缝渗入室内，因而在板端缝处应作密封处理，以提高防水的可靠性。

第6.1.3条（增加条文）

刚性防水层与山墙、女儿墙以及突出屋面交接处变形复杂，易于开裂，造成渗漏，而且由于刚性防水层因温度及干湿变形，造成推裂女儿墙的现象在历次调研中均有发现，故而本规范规定在这些交接处应留设缝隙，并且用柔性密封材料加以处理，以防渗漏。

第6.1.4条（原规范第2.4.3条，修改条文）

由于温差、干缩、落载作用等因素，使结构层发生变形、开裂。而导致刚性防水层产生裂缝。为此根据资料和各地施工单位的经验，在防水层和基层之间设置隔离层，使两层之间不粘结，这样防水层可以自由伸缩，减少了结构层变形对防水层的不利影响，因此混凝土防水层与基层间应设置隔离层，补偿收缩混凝土防水层虽有一定的抗裂性，但以设隔离层为佳。

第6.1.5条（原规范2.4.2条，修改条文）

掺入膨胀剂、减水剂、防水剂等外加剂，可改善拌合物的和易性，有利于施工操作，提高了混凝土和砂浆的密实性，对抗裂、抗渗和减缓表面风化、碳化也是有利的。外加剂技术的蓬勃发展也为刚性防水层性能的改善提供了必要的物质条件，能够带来良好的技术经济效益。日本混凝土外加剂的应用率已达95%以上，国内外公认外加剂是混凝土的第五种组分。

外加剂必须通过在混凝土、砂浆中的均匀分布才能实现混凝土、砂浆性能的提高，因此规定应用机械搅拌。

第6.1.6条（原规范第2.4.3条，保留条文）

构件受温度影响产生热胀冷缩，混凝土本身的干燥收缩及荷载作用下挠曲引起的角变形，都能导致混凝土构件的板端裂缝。装配式混凝土屋面适应变形能力更差，根据全国各地实践经验和资料介绍，在这些有规律的裂缝处，设置人工缝（分格缝），用柔性密封材料嵌填，以柔适变，刚柔结合达到减少裂缝和增强防水的目的。为此必须在屋面防水层设置分格缝。

原规范条文目前依然适用，予以保留。

第6.1.7条（增加条文）

天沟、檐沟找坡一般采用水泥砂浆，当厚度大于20mm时，为防止开裂、起壳，宜用细石混凝土找坡。

第6.1.8条（增加条文）

刚性防水层通常只有40mm厚，如再埋设管线或凿眼打洞，将严重削弱损伤防水层断面，而且沿管线位置的混凝土易出现裂缝，导致屋面渗漏，因此不允许在刚性防水层中埋设管线。

第6.1.9条（原规范第2.4.6条，保留条文）

在低于5℃或高于35℃的气温下做刚性防水层时，对混凝土的施工质量影响甚大，在烈日暴晒下，气温过高，由于防水层较薄，混凝土中的水分很快蒸发，收缩过快，易出现干缩裂缝，导致渗漏。当气温过低，强度增长缓慢，在负温度时，容易受冻，导致强度降低或内部组织结构破坏，降低防水的效果，因此，应予避免。

6.2 材 料 要 求

第6.2.1条（原规范第2.4.4条，保留条文）

由于火山灰质水泥干缩率大，易开裂，矿渣硅酸盐水泥泌水性大，抗渗性差，碳化速度快，所以在刚性防水屋面上不得采用。425号普通硅酸盐水泥或硅酸盐水泥，早期强度高、干缩性小，性能较稳定，耐风化，同时比其它品种的水泥碳化速度较慢，所以宜在刚性防水屋面上使用。

第6.2.2条 （增加条文）

防水层配筋的目的是提高混凝土的抗裂度和限制裂缝宽度，一般采用ϕ4乙级冷拔低碳钢丝既满足构造要求，同时也比较经济。

第6.2.3条 （原规范第2.4.4条，修改条文）

混凝土防水层的厚度较薄，如果石子粒径较大则沉降速率就大，造成沉降空隙。以保证防水层的效果。粗骨料含泥量要求与强度等级等于或高于C30的普通混凝土相同。

第6.2.4条 （原规范第2.4.4条，修改条文）

由于外加剂的发展迅速，品种繁多，例如：膨胀剂有U型膨胀剂、复合膨胀剂、明矾石膨胀剂等；减水剂有早强型、缓凝型，又有引气型、非引气型，还有高效型与普通型等；防水剂更有无机盐防水剂、有机硅防水剂等，而且性能各异，掺量、使用方法也各不相同，因此应根据不同技术要求选择不同品种的外加剂。

第6.2.5条 （增加条文）

水泥受潮对性能影响较大，不仅强度大大降低，而且抗渗性也相应降低；存放期超过三个月后，水泥活性大大降低，强度降低30%，所以对受潮及存放时间过长的水泥应重新检验其标号，合格后方可使用。

第6.2.6条 （增加条文）

外加剂品种较多，性能、掺量、使用方法不同，必须分类保管，防止使用时混用、错用，造成质量事故。保存和运输过程均应防晒、防潮，以免发生化学变化，造成变质。

第6.2.7条 （增加条文）

块体刚性防水层使用的块材是防水层的主体，块体质量是影响防水效果的主要因素之一。如粘土砖中有石灰颗粒，受潮吸水后会生成$Ca(OH)_2$，体积增加1.5～2倍，造成砖和砂浆膨胀崩裂。块材上灰浆混面的存在影响与底层砂浆的粘结，因此块体的质量作出严格规定是必要的。

6.3 设计要点

第6.3.1条 （增加条文）

刚性防水有多种构造类型，应结合地区条件针对不同的建筑结构形式选择适宜的做法，以获得较好的防水效果。例如在非松散材料保温层上，应选用混凝土刚性防水层；在屋面温差较大地区，宜选择混凝土刚性防水层；在结构变形较大的基层上，宜采用补偿收缩混凝土防水层。

第6.3.2条 （增加条文）

刚性防水一般用于平屋面的屋面防水，但必须保证一定的坡度以利排水。坡度不能过大，否则混凝土防水层不易浇捣，而且我国平屋面坡度一般在5%以下；坡度也不能过小，否则不利排水，也达不到防排结合的目的。

采用结构找坡，易使防水层厚度一致，同时增加基层的刚度，也利于节约材料，经济上合理，因此应采用结构找坡。

第6.3.3条 （原规范第2.4.3条，修条改文）

细石混凝土防水层的厚度，原规范第2.4.3条第三款中规定“不宜”小于40mm，目前国内的细石混凝土防水层厚度为40～60mm。如厚度小于40mm时，混凝土失水很快，水泥水化不充分，降低了抗渗性能；另外，由于防水层过薄，一些石子粒径可能超过防水层厚度的一半，上部砂浆收缩后容易在此处出现微裂而造成渗水的通道，故这次修订时将其改为厚度不应小于40mm。双向钢筋网片的钢筋间距为100～200mm时，可满足各类刚性屋面的构造要求，也可满足计算要求。分格缝处钢筋断开，以利各分格中防水层自由伸缩。

防水层的混凝土强度等级低于C20时，防水性能不能满足要求，而且结构层的强度等级都是大于C20的。补偿收缩混凝土作为屋面防水层，在我国安徽、江苏等省已广泛使用，由于微膨胀剂的类型不同，配筋和约束条件不同，其掺量也就不同。

补偿收缩混凝土的技术指标：

自由膨胀率：0.05%～0.1%。

约束膨胀率：稍大于0.04%（配筋率0.25%）。

自应力值：0.2～0.7MPa。

由于普通混凝土的干缩值一般在0.04%左右，因此要求掺入膨胀剂，使混凝土微膨胀，达到补偿混凝土收缩的目的。如掺量过大，自由膨胀率大于0.01%，将会使混凝土破坏；如掺量过小，则起不到补偿收缩的作用。膨胀剂的掺量，是影响补偿收缩混凝土质量的关键，所以要求施工时根据膨胀剂的类型、水泥品种、配筋含量、约束条件等，经试验确定掺量以控制膨胀率。混凝土在有约束情况下膨胀率稍大于0.04%，使混凝土最终产生少量的压应力，从而防止干缩。

第6.3.4条 （原规范第2.4.3条，保留条文）

设置分格缝是为了避免防水层因基层变形及本身的变形而引起混凝土开裂，其位置应该是变形较大或较易变形的屋面板支承端、屋面转折处、防水层与突出屋面结构的交接处。其分格间距不宜大于6m，这是因为考虑到我国工业建筑柱网以6m为模数，而民用住宅建筑的开间模数多数也小于6m。

第6.3.5条 （原规范第2.4.3条，修改条文）

隔离层的做法有多种，如粘土砂浆隔离层，石灰砂浆隔离层或在水泥砂浆找平层上铺一层细砂，再铺一层卷材等。各地可根据条件和经验，灵活采用。

第6.3.6条 （增加条文）

块体刚性屋面具有防水功能，是由于粘土砖等块体本身干缩小，同时热胀冷缩率低，屋面的热胀冷缩和干湿变形产生的裂缝，均匀分散在较密的块体之间的缝隙中，有利于避免屋面产生较大的可导致渗漏的裂缝，而且底层和面层砂浆中必须掺入防水剂以提高砂浆的防水性能，成为块体刚性防水层的主体防水层。本条规定的数据系参考中国建筑科学研究院机械化所编制的《块体刚性屋面施工及验收暂行规定》而制定的。

6.4 细部构造

第6.4.1条 （原规范第2.4.3条，修改条文）

原规范在分格缝中用油膏嵌封，或者做成泛水用盖瓦覆盖。根据调查和各地反映，用盖瓦覆盖的做法阻碍排水，对上人屋面的人员活动也带来不利。由于目前密封材料发展较快，性能有很大提高，品种也较多，能够满足分格缝的防水要求。因此本规范取消了盖瓦覆盖的分格缝构造形式，规定了两种贴缝式构造。

第6.4.2条 （原规范第2.4.3条，修改条文）

原规范第2.4.3条图2.4.3-2中防水层挑出做法在工程实践中施工支模困难，挑出部分混凝土易损坏，并且其底部不加密封，容易出现“爬水”情况，雨水沿挑檐下部渗入室内，导致渗漏，因此本规范改为与檐沟平齐，不留凹槽，并用密封材料封严。

第6.4.3条 （原规范第2.4.3条，修改条文）

原规范第2.4.3条图2.4.3-1中泛水做法是将刚性防水层延伸至墙边，不设附加层，上设挑眉砖，这种做法不能保证该部位防水的可靠性。由于防水层混凝土的伸缩变形推裂女儿墙；泛水处无附加层，容易开裂渗漏；挑眉砖抹灰后容易裂缝，雨水抄后路渗入室内，造成渗漏。为了改善防水性能，发挥不同材料的特点，本规范规定刚性防水层与墙体交接处应留缝隙，嵌填密封材料；泛水处设卷材或涂膜附加层；取消挑眉砖，卷材收头与预留凹槽内密封固定，涂膜采用多遍涂刷收头至压顶下。

第6.4.4条 （增加条文）

参见本规范第4.4.4条的条文说明。考虑到刚性防水层的伸缩变形较大，在与变形缝两侧墙体的交接处还须留设缝隙，嵌填密封材料，保证防水可靠。

第6.4.5条 （增加条文）

参见本规范第4.4.8条的条文说明。交接处还应留设缝隙嵌填密封材料，附加层可采用卷材或涂膜。

第6.4.6条 （增加条文）

参见本规范第4.4.5条的条文说明。

6.5 普通细石混凝土防水施工

第6.5.1条 （原规范第2.4.4条，修改条文）

根据国内外资料和调研证明，提高混凝土的密实性，有利于提高混凝土的抗风化能力和减缓碳化速度，也有利于提高混凝土的抗渗性能。混凝土的密实主要取决于混凝土的水灰比、水泥用量、骨料级配、匀质性、成型方法、振捣方法以及使用外加剂等因素。

水灰比是控制密实性的决定因素。由于水泥水化作用所需用水量只相当于水泥质量的0.2～0.25，从理论上讲用水量少则混凝土密实性好。过多的水分蒸发后在混凝土中形成微小的孔隙。为方便施工，限定最大水灰比为0.55，日本对屋面防水混凝土亦限定在0.5～0.55之间。最小水泥用量、含砂率、灰砂比的限制都是为了保证形成足够的水泥砂浆包裹粗骨料表面，并充分填塞粗骨料间的空隙，形成足够的水泥浆包裹细骨料表面，并填充细骨料间的空隙，以保证混凝土的密实度，提高抗渗性。

第6.5.2条 （原规范第2.4.4条，修改条文）

由于刚性防水层表面比下部更易受干缩变形、温度变形影响发生裂纹，因此钢筋网片位置应尽可能偏上，但又必须保证足够的保护层厚度，以减少因混凝土碳化而对钢筋的影响。因此原规范第2.4.3条规定保护层厚度为10mm。

第6.5.3条 （增加条文）

分格缝截面做成上宽下窄有利于起模，并避免起模时损坏分格缝边缘的混凝土。

第6.5.4条 （增加条文）

为了改善普通细石混凝土的防水性能，提倡加减水剂或防水剂，但外加剂的掺量是关键的工艺参数，应按不同外加剂品种严格计量，由于不同外加剂的投料次序不同，效果也不一样。因此应按使用说明或通过试验确定掺量，决定采用先掺法、后掺法或是同掺法。并充分搅拌均匀。

第6.5.5条 （原规范第2.4.4条，修改条文）

本条系按原规范第2.4.4条改写，增加了搅拌时间要求和严禁留施工缝的规定。搅拌时间的规定系参考GB50204—92《混凝土结构工程施工及验收规范》中的规定，对水灰比较小，坍落度小于或等于30mm且用250～500L的自落式搅拌机搅拌混凝土时，搅拌时间为2min，以保证混凝土搅拌均匀。

通过调研了解到细石混凝土防水层如果留设施工缝，往往因为接槎处理不好，形成渗水通道导致屋面渗漏，所以这次修订时，要求分格缝中的每一板块的混凝土应一次浇灌完成，严禁留施工缝。

防水层施工时任意洒水、加铺水泥浆或撒干水泥做表面处理只能使混凝土表面产生一层浮浆，其硬化后内部与表面的强度和干缩很不一致，极易产生面层的收缩龟裂、脱皮现象，降低防水层的防水效果。收水后二次压光是保证防水层表面密实度的极其重要的一道工序，可以封闭毛细孔，提高抗渗性。

第6.5.6条 （原规范第2.4.5条，修改条文）

原规范第2.4.5条中，对细石混凝土浇灌后什么时间养护、养护多长时间均未作明确规定，这次修订时，考虑到防水混凝土早期脱水，会由于干缩而引起混凝土内部裂缝，使抗渗性大幅度降低，为了防止混凝土早期裂缝故规定在混凝土终凝后，即12～24h后立即养护，养护时间不少于14d。混凝土养护初期，强度较低，应严禁屋面上人踩踏，避免防水层受到损坏，影响防水效果。养护方法可采取洒水湿润养护，也可覆盖塑料薄膜、喷涂养护剂等，但必须保证细石混凝土处于充分的湿润状态。

第6.5.7条 （增加条文）

细石混凝土屋面渗漏多数是由于节点的施工粗糙或施工工序不合理、难度大造成的，因此强调节点施工必须符合设计要求。特别是孔洞和预埋件位置应准确，安装管件后四周应按设计要求嵌填密实。

6.6 补偿收缩混凝土防水施工

第6.6.1条 （增加条文）

补偿收缩混凝土是在细石混凝土中加入外加剂，使之产生微膨胀，在有配筋的情况下，能够补偿混凝土的收缩，并使混凝土密实，提高混凝土抗裂性和抗渗性。这种防水层的施工与细石混凝土的施工在许多方面是一致的，因此应遵守普通细石混凝土刚性屋面施工的有关规定。

第6.6.2条 （原规范第2.4.4条，修改条文）

本条系根据原规范第2.4.4条第三款进行修改，并增加有关补偿收缩混凝土拌制的内容。补偿收缩混凝土的强度在膨胀变形值较小的情况下不会下降，但如果膨胀变形值大于0.1%，则会立刻下降，同时混凝土在钢筋的限制下，预应力过大还会破坏其内部结构，发生混凝土开裂甚至胀坏，但如果膨胀变形值太小，则起不到预应力的作用。因此补偿收缩混凝土的自由膨胀率一般控制在0.05%～0.1%之间。因为补偿混凝土的膨胀率与膨胀剂的渗入量有密切关系，故强调应按配合比准确称重，此外，膨胀剂是通过与水泥均匀混合而发挥作用，因此搅拌时间应多于普通混凝土。

第6.6.3条 （增加条文）

屋面防水混凝土不能留施工缝，否则该处的混凝土在外界因素影响下易引起开裂产生渗漏。抹压时做错误的表面处理后果也同普通细石混凝土，所以必须禁止。

第6.6.4条 （原规范第2.4.5条，修改条文）

将原规范第2.4.5条的"注"修改后成为正式条文。因为蓄水养护的实施不太现实，而且对混凝土的早期结构有不利影响，可采用其它养护方法，例如使用养护剂可保证补偿收缩混凝土的充分湿润状态，故删去"宜采用蓄水养护"的要求。

参见本规范第6.5.6条的条文说明。

6.7 块体刚性防水施工

第6.7.1条 （增加条文）

块体刚性防水层是通过底层防水砂浆、块体和面层砂浆共同工作发挥作用。砂浆是主要防水材料，应准确掺入防水剂并用机械搅拌使其均匀一致。

第6.7.2条 （增加条文）

底层砂浆施工缝是块体刚性防水的主要渗漏缝，因此底层砂浆必须均匀连续铺设，防止因留施工缝而引起的开裂渗漏。

第6.7.3条 （增加条文）

块体材料在浸水前吸水性很强，使用未吸透水的块材，对底层和面层砂浆强度将产生很不利的影响。在底层砂浆上铺砌块材应保持缝内的挤浆高度，以便在面层铺设砂浆后，整个块材之间的缝隙中有饱满的砂浆。挤浆高度的规定是参考建筑科学研究院机械化所编制的《块体刚性屋面施工及验收暂行规定》而确定的。

第6.7.4条 （增加条文）

块体的铺砌形式应为直行平砌，一般砖的长边方向宜顺流水方向排列，严禁人字形铺设。

第6.7.5条 （增加条文）

在铺砌砂浆终凝前，由于其强度很低，严禁踩踏块体以保护底层砂浆不致损坏，这对保证块体防水效果是十分重要的。

第6.7.6条 （增加条文）

面层砂浆是块体防水的第一道防线，为确保其防水效果，必须将块材缝用砂浆灌满填实，面层还应做二次压光，以封闭毛细孔，提高抗渗性，并做到密实、光洁。

第6.7.7条 （增加条文）

养护是块体防水的关键工序之一，应确保养护时间不少于7d，尤其要加强初期养护，以保证面层和底层砂浆中的水泥有足够的水分充分水化，提高砂浆的强度和密实性。参见本规范第

6.5.6条的条文说明。

第6.7.8条 （增加条文）

参见本规范第6.5.7条的条文说明。

7 屋面接缝密封防水

7.1 一 般 规 定

第7.1.1条 （增加条文）

屋盖系统的各种接缝是屋面渗漏水的主要通道，密封处理质量的好坏，直接影响屋面防水工程的连续性和整体性。因此对于防水等级为Ⅰ～Ⅳ级的工业与民用建筑屋面的接缝部位均应进行密封防水处理。但是，密封防水处理不宜作为一道防水单独使用，它主要用于屋面构件与构件、构件与配件的拼接缝，以及各种防水材料的接缝和收头的密封防水处理，和卷材防水屋面、涂膜防水屋面、刚性防水屋面以及保温隔热等屋面配套使用。

第7.1.2条 （原规范第2.3.9条、第2.3.10条，修改条文）

本条文对密封防水部位基层的规定，如果接触密封材料的基层强度不够，或有蜂窝、麻面、起皮、起砂现象，会降低密封材料与基层的粘结强度。如果基层不平整、不密实、嵌填密封材料不均匀，接缝位移时，密封材料受力不均匀，局部易拉坏，失去密封防水的作用。

密封材料本身具有一定的粘结强度，如果基层不干净、不干燥会降低密封材料与基层的粘结强度，尤其是溶剂型或反应固化型密封材料，基层必须干燥。一般水泥砂浆找平层完工10d后接缝方可嵌填密封材料，并且施工前应晾晒干燥，由于我国目前尚无适当的现场测定基层含水率的设备和措施，不能给出定量的规定，只能提出定性的要求。

第7.1.3条 （增加条文）

已经嵌填完毕的密封材料，一般应养护2～3d。接缝密封防水处理通常为隐蔽工程，下一道工序施工时，必须对接缝部位的密封材料采取临时性或永久性的保护措施。如施工现场清扫、找平层保温隔热层施工时，对已嵌填的密封材料宜采用卷材或木板条保护，以防止污染及碰损。嵌填的密封材料，固化前不得踩踏，因为密封材料嵌缝时构造尺寸和形状都有一定的要求，若未固化，材料则不具备一定的弹性，踩踏后密封材料发生塑性变形，导致密封材料构造尺寸不符合设计要求。

7.2 材 料 要 求

第7.2.1条 （原规范第2.3.7条，修改条文）

密封材料用在屋面上，主要是起防水作用；其次对于有隔气要求的屋面，还可起隔气作用，因此密封材料首先必须具备水密性和气密性；另外密封材料防水主要是将屋面各个节点连接起来，使屋面形成一个连续的整体，能在气候、温差变化及震动、冲击、错动等条件下起到防水作用，这就要求密封材料还必须经受得起长期的压缩——拉伸震动疲劳作用，必须具备一定的拉伸——压缩循环性、弹塑性和粘结性；本规范所指的密封材料是不定型膏状体，是目前屋面最常用的，因此还要求密封材料必须具备可施工性。

第7.2.2条 （原规范第2.3.7条，修改条文）

改性沥青密封材料按沥青的类别分成两类，Ⅰ类指改性石油沥青密封材料，质量要求参考JC 207-76《建筑防水沥青嵌缝油膏》标准中的有关规定；Ⅱ类是改性焦油沥青密封材料，质量要求参考ZBQ 24001-85《聚氯乙烯建筑防水接缝材料》标准中的有关规定。

密封材料现场施工时，考虑到实际的施工条件和防水工程质量的基本要求，改性石油沥青密封材料应检测粘结性、耐热性、柔性、施工度；改性焦油沥青密封材料应检测粘结延伸率、耐热度、柔性、回弹率。这里需要说明的是两类密封材料延伸性能采用了不同的名称和表示方法，主要是参考的材料标准不同。

石油沥青密封材料按耐热度和柔性分为701号、702号、703号、801号、802号、803号六种标号；

焦油沥青密封材料，按耐热度和柔性分为802号、703号两种标号，应根据环境气候和使用条件不同选择不同标号的密封材料，具体某种材料质量要求必须遵守相应的材料标准。

表7.2.2中"耐热度"的试验条件只给出了80℃，对于寒冷地区或者密封材料上设置隔热层等，亦可采用70℃作为材料质量要求的试验条件，这样规定，具有一定的导向性。

第7.2.3条 （增加条文）

合成高分子密封材料分为两类：Ⅰ类指弹性体密封材料，如聚氨酯类、酮类、聚硫类等密封材料，质量要求主要是参考JC 482-92《聚氨酯建筑密封膏》；Ⅱ类指弹塑体密封材料，如丙烯酸类，丁基橡胶类等密封材料，质量要求主要是参考JC 484-92《丙烯酸建筑密封膏》。

合成高分子密封材料质量技术指标项目很多，除表7.2.3列出各项质量要求外，还有挤出性、耐水性、下垂度、表干时间、收缩率、恢复率、耐老化性能等，但考虑到设计选材时主要技术要求和工程最基本要求，表7.2.3中只列出了三项质量要求指标，其中拉伸——压缩循环性能虽然我国目前测试设备和试验方法尚不普及，但它是建筑屋面密封防水接缝设计的一项重要的技术指标，我们在表7.2.3中也作了明确的规定。

第7.2.4条 （增加条文）

密封材料在紫外线、高温和雨水的作用下，会加速其老化，降低产品质量。大部分密封材料是易燃品，因此贮运和保管时应避免日晒、雨淋、接近火源。合成高分子类密封材料贮运和保管时应保证包装密封完好，如包装不严密，干燥固化型密封材料，溶剂和水分挥发会产生固化，反应固化型密封材料如与空气接触会产生凝胶。保管时应将其密封分类，不应与其它材料或不同生产日期的同类材料堆放在一起，尤其是多组分密封材料更应避免混淆堆放。

第7.2.5条 （增加条文）

改性沥青密封材料依据ZBQ 24001-85《聚氯乙烯建筑防水接缝材料》标准中规定："材料出厂抽检以20t为一批。不足20t者也作一批进行抽检。"本规范规定是每2t为一批，不足2t者也作为一批进行抽检，主要考虑是施工现场检验，对于某一建筑单项防水工程，所需密封材料用量一般都不会超过20t，如果我们在规范中定出20t为一批则没有什么实际意义。

改性石油沥青密封材料一般为冷施工，现场检测时首先必须检测施工度，施工度是指密封材料施工时的难易程度，如果施工度不符合要求，则该批产品为不合格。粘结性是反映密封材料与基层的粘结性能和密封材料对接缝位移的适应情况，粘结性能不好，会影响密封材料的水密性和气密性。石油沥青最大弱点是高温易流淌，低温易龟裂，改性的主要之一就是提高密封材料的耐高、低温性能。因此，施工现场应检测材料的高、低温性能指标。

改性焦油沥青密封材料一般均为热施工，抽检项目除施工度外，其它抽检项目同改性石油沥青密封材料。

第7.2.6条 （增加条文）

本规范规定合成高分子密封材料抽检以1t为一批，不足1t者作为一批抽检，其原因参见本规范第7.2.5条的条文说明。

合成高分子密封材料应抽检粘结性和低温柔性，而高温性能一般均能满足屋面温度要求，因此施工现场不必抽检，"粘结性和低温柔性"参见本规范第7.2.5条的条文说明。拉伸——压缩循环性能试验程序比较复杂，试验费时，尽管在JC 482～485-92《建筑密封膏》中对材料的这一技术要求作了明确的规定，在GB/T 13477-92《建筑密封材料试验方法》中对这一技术要求的测试方法也作了具体规定，但是目前国内试验设备还不普及，故本规范不作为施工现场必检项目。

7.3 设 计 要 点

第7.3.1条 （增加条文）

密封防水设计的基本要求就是满足建筑屋面在一定的使用年限内不渗水。根据建筑屋面防水等级，进行密封部位的接缝设计，选择密封材料和辅助材料（基层处理剂、背衬材料），同时还要考虑外部条件和施工可行性。本规范第3.0.1条中对建筑等级和防水耐用年限的划分，以及防水材料的选择，没有对密封材料作具体的规定，是因为密封材料在实际工程中一般不单独作为防水屋面，但它在和其它屋面配套使用时，接缝密封防水设计亦应满足相应建筑屋面防水耐用年限的要求，做到密封防水处理与主体防水层匹配。

第7.3.2条 （原规范第2.3.8条，修改条文）

原规范第2.3.8条中规定"屋面板板缝上口的宽度，应调整为20～40mm"。本条文中接缝尺寸规定，接缝宽度不应大于40mm，且不应小于10mm。因为原规范中密封防水材料只局限于改性沥青密封材料，本规范引入了高分子密封材料，拉伸——压缩循环性能有了大幅度提高，设计理论计算结果会出现小于10mm的尺寸，但又考虑到接缝宽度太窄，密封材料不易嵌填，太宽造成材料浪费，如设计计算时，接缝宽度尺寸超过40mm时，应重新选择拉伸——压缩循环性较大的密封材料或者采用定型密封防水材料来解决屋面密封防水问题。

屋面构件吊装完毕后，如果板接缝宽度不符合本规范的要求，应进行调整，或用聚合物水泥砂浆处理，板缝为上窄下宽，灌缝的混凝土易脱落，会造成密封材料流坠，要求板外侧做成台阶形，并配置适量的构造钢筋。

本条文中规定"接缝深度可取接缝宽度的0.5～0.7，是从国外大量的资料和国内屋面密封防水工程实践中总结出来的，是一个经验值。日本东京工业大学教材科研所教授小池迪夫通过大量的实验得出了接缝宽度b、接缝位移ΔL、密封材料拉伸——压缩允许变形率$\sum$之间的关系式为：$b=\Delta L/\sum$，并且和密封材料产生龟裂时接缝拉伸——压缩往返次数$N(\sum)$之间关系式为：$N(\sum)=4130/(d^5/b)^{0.48}\sum^{3.6}$，通过这两个关系式计算出来的接缝宽度b值和深度d值，与本条文的规定基本相符合。

另外根据德国的经验，缝深为缝宽的1/2～2/3左右，与本条文的规定也基本一致。固此我们在本规范中规定了接缝深度为缝宽的0.5～0.7。

第7.3.3条 （增加条文）

本条文是密封材料品种选择的具体规定。

我国幅员广阔，气候变化幅度大，历年最高、最低气温差别很大，并且屋面构造特点和使用条件的不同，接缝部位的密封材料存在着埋置和外露、水平和竖向之分，因此接缝部位的密封材料应根据上述各种因素选择耐热度和柔性相适应的材料。否则会引起密封材料高温流淌，低温龟裂。

影响接缝位移的因素有以下几种：

（1）温度均匀变化，引起构件热胀冷缩；

（2）板上、下温度不一致和荷载作用下，产生挠曲，引起角变形；

（3）基体的干湿变形引起板的相对位移；

（4）支座不均匀沉陷和屋架挠度差引起接缝变化；

（5）建筑物受到冲击荷载、风力荷载、地震荷载，引起建筑结构变形。

对于大型屋面板的板端缝，综合考虑各种因素，接缝位移可达到8～10mm，但是有些接缝，如水落口与基层，伸出屋面的管道与基层的接缝等可以认为位移很小。因此应根据接缝位移的大小，选择延伸性相适应的密封材料。

接缝位移的特征可以分为两类，一类是外力引起接缝移位，可以认为是短期的，恒定不变的；另一类是温度引起接缝周期性拉伸——压缩变化的位移，使密封材料产生疲劳破坏，因此应根据接缝位移的特征及接缝周期性拉压幅度的大小选择拉伸——压缩循环性能相适应的密封材料。

第7.3.4条 （增加条文）

基层处理剂的作用主要是使被粘结表面受到渗透及湿润，从而改善密封材料和粘结体的粘结性，并可以封闭混凝土及水泥砂浆表面，防止从其内部渗出碱性物及水分，因此密封防水处理连接部位的基层应涂刷基层处理剂，当接缝两边基材不同时，应采用不同基层处理剂涂刷。选择基层处理剂时，既要考虑密封材料与基层处理剂在化学结构上的相近性，又要与被粘结体有良好的粘结性，必须针对不同品种密封材料与粘结体进行选择。

第7.3.5条 （增加条文）

背衬材料的主要用途是填塞在接缝底部，控制嵌填密封材料的深度，以及预防密封材料与缝的底部粘结而形成三面粘，造成应力集中，破坏密封防水。因此选择背衬材料应尽量与密封材料不粘结或粘结力弱的材料。背衬材料的形状有圆形、方形或片状，应根据实际需要决定，常用的有泡沫棒或油毡条。

第7.3.6条 （原规范第2.3.12条，修改条文）

密封材料嵌填后若暴露在大气中，宜设置保护层，其作用是保护接缝处密封材料，延长密封防水耐用年限。密封材料表面若暴露在大气中，经受风、雨、日晒作用，加速老化。

保护层施工，必须待密封材料表干后方可进行，这样才能保证密封材料的固化时间和构造尺寸不被破坏。

7.4 细 部 构 造

第7.4.1条 （原规范第2.3.12条，修改条文）

本条规定的板缝密封防水处理的构造要求与GBJ207-83规范第2.3.12条中的油膏嵌缝示意图有很大的区别。

关于密封防水处理接缝的宽度和深度，原规范统一规定了一个具体尺寸，修订时考虑到因建筑结构和屋面使用条件，以及密封材料的品种不同，接缝的宽度和深度相应变化，故必须根据密封防水的设计要求来确定。

原规范中要求密封材料高出屋面板2～5mm，并宽出板缝边缘20mm，新规范中没有作此要求，主要是考虑施工过程很难做到这点故不作此要求；

本规范还增加了采用圆棒状背衬材料嵌填的规定，这是因为圆棒状背衬材料是挤压进接缝内，接缝变化时，背衬材料在一定范围内不会与缝壁脱开，另一方面增大密封材料与缝壁的接触面，并且节约密封材料。

第7.4.2条 （增加条文

参见本规范第4.4.5条的条文说明。

第7.4.3条 （增加条文）

参见本规范第4.4.8条的条文说明。

第7.4.4条 （增加条文）

参见本规范第4.4.1条的条文说明。

第7.4.5条 （增加条文）

参见本规范第4.4.2条、第4.4.3条的条文说明。

第7.4.6条 （增加条文）

参见本规范第6.4.1条、第6.4.2条、第6.4.3条、第6.4.4条、第6.4.5条的条文说明。

7.5 改性沥青密封材料防水施工

第7.5.1条 （增加条文）

防水工程质量的好坏是以设计为前提，如果建筑安装完的接缝尺寸不符合密封防水的接缝尺寸要求，那么密封防水的耐用年限就不能保证，因此接缝尺寸必须符合设计要求方可进行下道工序施工。

第7.5.2条 （增加条文）

改性沥青密封材料的基层处理剂一般都是施工现场配制，为保证基层处理剂的质量，配比应准确，搅拌应均匀。多组分基层处理剂属于反应固化型材料，应配制多少用多少，未用完的材料不得下次使用，配制时应根据固化前的有效时间确定一次使用量配料的多少，否则将会造成材料的浪费。

基层处理剂涂刷完毕后再铺放背衬材料，将会对接缝壁的基层处理剂有一定的破坏，削弱基层处理剂的作用。这里需要说明的是，设计时应选择与背衬材料不相容的基层处理剂。

基层处理剂配制一般均加有易挥发的溶剂，溶剂尚未挥发或尚未完全挥发，这时如嵌填密封材料，会影响密封材料与基层处理剂的粘结性能，降低基层处理剂的作用。因此嵌填密封材料应待基层处理剂达到表干状态后方可进行。基层处理剂表干后，应立即嵌填密封材料，否则基层处理剂被污染，也会削弱密封材料与基层的粘结强度。

第7.5.3条 （原规范第2.3.12条，修改条文）

热灌法施工顺序和密封材料接头是参考 ZBQ 24001-85《聚氯乙烯建筑防水接缝材料》的有关条文对原规范第2.3.12条进行修改的。

聚氯乙烯建筑防水接缝密封材料按施工工艺可分为热塑型和热熔型。热塑型密封材料现场施工时熬制温度不能低于130℃，低于此温度达不到充分塑化；当温度达到135±5℃时应保持5min以上，让其充分塑化；当温度超过140℃时将会产生结焦、冒黄烟现象，使聚氯乙烯失去改性作用。聚氯乙烯密封材料浇灌时温度若低于110℃，不仅大大降低密封材料的粘结性能，还会使材料变稠不便施工。热熔型密封材料现场施工时，只需化开即可使用，熬制温度不宜过高。聚氯乙烯建筑防水接缝密封材料通常用铁桶包装，称为PVC胶泥的是属于热塑型材料，用袋包装的称为PVC油膏的是属于热熔型材料。

冷嵌法施工的条文内容是参考有关资料，并通过施工实践总结出来的，目的是使嵌填的密封材料饱满、密实、无气泡孔洞现象出现。

第7.5.4条 （增加条文）

雨天、雪天进行施工，密封材料与基层不粘结，起不到密封防水的作用。五级风以上施工，一方面工人在屋面上作业安全得不到保证；另一方面密封材料施工要求较严，工人无法操作，影响屋面防水工程质量；施工时气温低于0℃，密封材料变稠，工人难以施工，同时也大大减弱密封材料与基层的粘结力。

7.6 合成高分子密封材料防水施工

第7.6.1条 （增加条文）

参见本规范第7.5.1条的条文说明。

第7.6.2条 （增加条文）

参见本规范第7.5.2条的条文说明。对于过期或凝胶后的基层处理剂，由于质量得不到保证，降低了粘结能力，影响了防水效果，故不得使用。

第7.6.3条 （增加条文）

单组份密封材料只需在施工现场拌匀即可使用，多组份密封材料为反应固化型，各个组份配比一定要准确，宜采用机械搅拌，拌合应均匀，否则不能充分反应，降低材料质量。拌合好的密封材料必须在规定的时间内施工完，因此应根据实际情况和有效时间内材料施工用量来确定每次拌合量。不同的材料，生产厂家都规定了不同的拌合时间和拌合温度，这两点是决定多组份密封材料施工质量好坏的关键因素。

合成高分子密封材料的嵌填十分重要，如嵌填不饱满，有凹陷或漏嵌，有气泡裹入或出现孔洞都会降低密封防水工程质量。因此本条对施工方法提出了明确的要求。如规定采用挤出枪施工时，怎样避免裹入气泡、出现孔洞、材料分层等不良现象；怎样确保密封嵌填密实、饱满。挤出嘴是一圆锥体，根据接缝尺寸，可按需要大小剪切，挤出嘴可剪成斜口或平口视需要而定。

由于各种密封材料均存在着不同程度的干湿变形，当干湿变形和接缝尺寸均较大时，密封材料应分次嵌填，否则密封材料表面会出现“U”形。另外一次嵌填的密封材料量过多时，材料不易固化，会影响密封材料与基层的粘结力，同时由于残留溶剂的挥发引起内部不密实，或产生气泡。需要强调的是，允许一次嵌填的应尽量一次性施工，避免嵌填的密封材料出现分层现象。

采用高分子密封材料嵌填时，不管是用挤出枪还是用腻子刀施工，表面都不会光滑平直，可能还会出现凹陷、漏嵌填、孔洞、气泡等现象，故应在密封材料表干前进行修整。如果表干前不修整，则表干后不易修整，且容易将成膜固化的密封材料破坏。

由于水乳型和溶剂型密封材料均易挥发干燥固化，而反应固化型密封材料，如与空气接触，易吸潮凝胶，降低材料质量，因此未用完的密封材料必须密封保存。

保护层待密封材料表干后方可施工，以免损坏密封材料，达不到密封防水处理的设计要求。

第7.6.4条 （增加条文）

水乳型密封材料在雨天、雪天施工，不易成膜，未成膜的材料易被雨水冲掉，失去防水作用。另外在5℃以下施工，密封材料易破乳，产生凝胶现象，大大降低密封防水工程质量。本条文中的其它规定的说明参见本规范第7.5.4条的条文说明。

8 保温隔热屋面

8.1 一 般 规 定

第8.1.1条 （增加条文）

保温隔热屋面在今后的发展中使用的范围将越来越广泛，根据建筑物的功能可选择相适应的保温隔热屋面。

根据全国蓄水屋面使用的情况看，均为一般的民用和工业建筑，在高等级建筑上使用极少（屋面上建游泳池的除外），故而规定不宜在防水等级为Ⅰ、Ⅱ级的屋面上采用。

保温层分为：松散、板状、整体三种类型基本上概括了国内目前所采用的类型；隔热层分为：架空、蓄水、种植三种类型也基本上反映了隔热屋面的形式。重庆现在推广的蓄水种植屋面，是将蓄水与种植相结合的一种新的形式，从重庆建筑工程学院所做的其他几种类型屋面对比分析的综合技术经济效果来看不错，但使用时间较短，做为一种形式而确定将有待进一步的总结经验。

第8.1.2条 （原规范第3.1.1条，修改条文）

保温材料的干湿程度与导热系数关系很大，限制含水率是保证工程质量的重要环节。原规范修订时经过调研归纳各地意见规定了最大含水率，用憎水性胶结材料时不得超过5%，用水硬性胶结材料时不得超过20%。经过这些年规范的实施认为该规定比较切合实际，亦能保证防水层的施工质量，故维持原规范规定的最大含水率限值。为统一名词概念，将憎水性胶结材料改称为有机胶结材料，水硬性胶结材料改为无机胶结材料。

第8.1.3条 （原规范第2.3.8条，修改条文）

参见本规范第4.1.2条的条文说明。

第8.1.4条 （增加条文）

施工中及完工后的隔热层不采取保护措施，随意踩踏或遇雨水不遮盖，致使保温层内部含水率增加，而影响保温隔热效果，故必须强调采取保护措施。

8.2 材 料 要 求

第8.2.1条 （增加条文）

在屋面保温材料中应采用吸水率低，表观密度和导热系数较小的，是为了保证保温性能；强调材料有一定的强度，主要是为了运输、搬运及施工时不易损坏，以保证屋面工程质量。

第8.2.2条 （原规范第3.1.2条，修改条文）

增加了两种材料的堆积密度和导热系数的规定，根据GB 50176-93《民用建筑热工设计规范》及有关国家材料标准的要求，综合确定了基本应保证的数值，也就是最低的保证值。给出此值便于在材料验收时参考。新条文取消了对炉渣的规定，这是考虑到当前屋面使用的情况和今后发展的需要确定的，炉渣作为辅助性的保温材料，用于找平层的找坡尚可。根据今后建筑节能要求的提高，此种材料应逐步淘汰，仅可作为找平层的找坡材料。

第8.2.3条 （原规范第3.1.10条、第3.1.2条修改条文）

在原规范第3.1.10条和第3.1.14条的基础上进行了增加调整。把原规范第3.1.14条板状及整体材料分开来规定，比较适合当前材料使用的状况；板状保温材料今后使用的量将会增多，有必要分别做出规定。表中所列的数据根据国标GB 10303、GB 10800、GB 10801、GB 11835、行标JGJ 24等有关资料综合确定。

第8.2.4条 （原规范第3.1.4条、第3.1.5条、第3.1.6条，修改条文）

在原规范第3.1.4条、第3.1.5条、第3.1.6条的基础上综合提出了国内整体现浇保温层的主要材料质量要求。

第8.2.5条 （增加条文）

根据国内主要采用的架空隔热材料粘土砖（包括大阶砖）及混凝土板的实际情况规定的。其它架空隔热制品的使用较少，而且又不定型，因此未做规定。确定架空制品的强度等级，主要考虑到施工及上人时不易破损。

第8.2.6条 （增加条文）

为了保证保温隔热材料的实际使用性能，规定了保温隔热材料在进场时应检查的主要项目。导热系数的检查由于现场不易检测，且亦可根据材料的表观密度及含水率已能预计其导热系数的大小，故仅对保温隔热有特殊要求及对保温隔热材料的质量有疑问时，才做必要的检测。

第8.2.7条 （增加条文）

因保温隔热材料的种类、条件等因素的不同，不好给出具体的抽验数量指标，只提原则的规定。同一批材料指的是同一生产单位、同一规格的、同一时期生产的材料。

第8.2.8条 （增加条文）

大部分保温隔热材料强度较低，容易损坏怕雨淋受潮，为保证材料的规格质量，应当做好贮运保管工作，以减少材料的损坏。

8.3 设计要点

第8.3.1条 （增加条文）

设计保温隔热屋面应根据建筑物的使用要求、屋面的结构形式、环境条件、防水处理方法、施工条件等因素而确定。这是因为不同条件的建筑物要求不同，同样类型的建筑在不同地区采用防水保温隔热方法将有很大的区别，不能随意套用标准图或其他人的做法。确定不同地区主要建筑类型的保温隔热形式，这方面的工作有待进一步的研究、总结经验。

蓄水屋面主要在我国南方采用，北方尚无此类做法。国外有资料介绍在寒冷地区使用的为密封式，我国目前均为开敞式的，故不排除北方使用的可能性。

地震区和震动较大的建筑物上最好不采用蓄水屋面，震动易使建筑物尤其是屋面上产生裂缝，造成渗漏。

蓄水屋面的蓄水深度宜为150～200mm，根据各地调研的情况，大部分采用此值，当然也有深蓄水400～500mm的，但最小值不宜低于100mm。屋面蓄水区的跨度有的可达10m以上，如按10m计算，100mm的蓄水深度，0.5%的坡度，坡顶的蓄水深度仅有50mm，是比较浅的、易干涸，故规定不宜超过0.5%的坡度、蓄水深度宜为150～200mm。

第8.3.2条 （增加条文）

本规范内容包括了材料、设计、施工及管理维护等方面，故在保温隔热屋面的设计中列出了保温层厚度的计算要求。

保温层厚度的计算公式系参考现行高等学校教材《房屋建筑学》、《建筑物理》、《建筑绝热》（中国建筑工业出版社1987年）；GB 50176-93《民用建筑热工设计规范》及JGJ 26—86《民用建筑节能设计标准》（采暖居住建筑部分）确定。

由于屋盖系统是由多种建筑材料组合而成，不同材料其传热性能不同，热阻也不相同，所以首先要计算出除保温层外各种材料的总热阻R（公式8.3.2-1）。

当热量从室内通过屋盖系统向室外转移时，往往需经过三个阶段，即感热、传热和散热。感热即接受热量的阶段，系接近屋盖系统的内表面运气层净热量传给屋盖系统的过程。散热阶段系接近屋盖系统外表面的空气层将屋盖系统的热量传至室外的过程。感热与散热均传出一定的热量，因此这两部分空气层也存在导热与热阻问题，所以计算屋盖系统总热阻时后考虑进去，其值根据屋盖的构造形式而定（公式8.3.2-2）。

计算保温层厚度δ_x时，必须确定两个基本数据，即屋盖系统最小总热阻$R_{0.min}$及屋盖系统所用保温材料的导热系数λ_x。

$R_{0.min}$可根据GB 50176-93《民用建筑热工设计规范》及JGJ 26—86《民用建筑节能设计标准》（采暖居住建筑部分）

确定。

第8.3.3条 （原规范第2.2.7条、第3.1.6条，修改条文）

本条增加了保温层在防水层上下位置设置的规定。根据国内及国外的有关资料，新型的保温材料使用的越来越多，这对保温层设置在防水层上部（称为倒置屋面）拓宽了选择的范围。保温层设在防水层的上部对延缓、保护防水层起到了良好的作用，据日本《建筑绝热》介绍的热工测试结果，绝热效能非常好。可以预料这种形式使用的量将逐步扩大。从使用的情况看，倒置式屋面对保证屋面质量和使用年限是有利的。保温层下做找平层也是为了保证屋面工程质量。

根据屋面使用情况调查，水泥膨胀珍珠岩与水泥膨胀蛭石不宜用于封闭式保温层(今后应逐步淘汰此种材料的屋面,但由于我国经济条件所限，目前尚不能取消）。这是由于在施工中用水量往往较大，含水率常达100%以上，且未及蒸发即做找平层，从而影响保温效果，易出现卷材起鼓，应采取措施使过多的水分排出，即采用排汽屋面，使保温层内的水分排出，从而降低保温层的含水率，以保证屋面工程的质量。

第8.3.4条 （原规范第3.2.1条、第3.2.4条、第3.2.5条、第3.2.6条、第3.2.7条，修改条文）

屋面隔热是指在炎热地区防止夏季室外热量通过屋面传入室内的措施。在我国南方一些省份如广东、海南、广西、江苏、浙江、安徽、湖南、湖北、四川等地，夏季时间较长、气温较高。随着人民生活的不断改善，对住房的隔热要求也逐渐提高，在不少地区为解决炎热季节室内温度过高的问题，已采用了架空、蓄水、无土种植等多种形式的屋面隔热措施。有些作法比较成熟，并积累了宝贵的经验。鉴于隔热屋面日益增多，在各地经验的基础上，增加了一些新的内容。

在进行架空隔热屋面设计时，确定架空隔热层的高度应根据屋面宽度和坡度大小来决定。屋面较宽时，风道中阻力增加，宜采用较高的架空层；屋面坡度较小时，进风口和出风口之间的温差相对较小，为便于风道中空气流通，宜采用较高的架空层，反之可采用较低的架空层。

蓄水深度宜为150mm的规定，是根据使用及有关资料介绍，低于此深度隔热效果则不理想，高于此深加重荷载，隔热效能提高并不大，当水较深时夏季白天水温升高，晚间反而导致室温增加。

当采用砖砌分仓隔墙时，可用强度等级为M10的砂浆及在墙顶部设置带钢筋的砖带或用钢筋混凝土的压顶，是为了保证隔墙有一定的强度和整体性，使墙体不易产生裂缝。

蓄水屋面、种植屋面设置人行通道为了便于使用过程中的管理，这两种屋面的使用管理工作是非常重要的。

其他内容基本保持了原规范的内容。

第8.3.5条 （增加条文）

倒置式屋面国内外采用的铺贴方法主要是松铺埋压法(干铺)和粘贴这两种方法。上人屋面应采用粘贴的方法，不上人屋面可用粘贴或不粘贴的方法。粘结材料可用水泥砂浆或其他胶结材料。

8.4 细部构造

第8.4.1条 （增加条文）

本条强调了“天沟、檐沟与屋面交接处保温层的铺设应伸到不小于墙厚的1/2处”。主要根据节能的要求，避免墙体与屋面的交接处产生冷桥，降低热工效能。

第8.4.2条 （增加条文）

排汽口的细部构造图8.4.2-1和图8.4.2-2，是目前主要采用的两种形式。此外，也可采用侧面留排汽口排汽的方法。排汽管与保温层接触处的管壁打孔的孔径及分布应适当，以保证排汽道的畅通。

第8.4.3条 （增加条文）

原规范架空高度为130～260mm，此次修订根据各地对征求意见稿的意见及调研了解的情况确定为100～300mm。广东目前推广使用的预制架空混凝土“板凳”，按90mm考虑，可提到100mm，但不宜做得太高。江苏、浙江、安徽、湖南、湖北等地有的架空高度可达400mm，这样高度的架空层稳定性不好，且荷载加大，太高了通风效果并不能提高多少，太低了隔热效果也不理想。

架空板与女儿墙的距离由原来规定的50mm增大为250mm，这主要是考虑在保证屋面收缩变形的同时，亦应考虑防止堵塞和便于清理的问题，当然最大间距也不应过大，太宽了将降低架空隔热的作用。

第8.4.4条 （增加条文）

保温层上的保护层采用混凝土板或地砖等材料时，可用水泥砂浆铺砌；采用卵石做保护层时，加铺的纤维织物，应选用耐穿刺、耐久性的防腐性能好的材料，铺设时应满铺不露底，上面的卵石分布均匀，以保证工程质量。

第8.4.5条 （增加条文）

溢水管标高应设计在最大蓄水高度处，是防止暴雨溢流而设定的，其数量、口径应根据当地的降雨量确定；分仓墙及防水处理的部位，应高出溢水口的上部不少于100mm；蓄水屋面宜采用整体现浇混凝土。

分仓缝隔墙可根据屋面工程的情况确定采用混凝土或砖砌的方法。

第8.4.6条 （增加条文）

种植屋面的构造可根据不同的种植介质确定。种植介质主要为有土种植（包括炉渣与土的混合）和无土种植（蛭石、珍珠岩、锯末等）两类。

8.5 保温层施工

第8.5.1条 （原规范第3.1.2条、第3.1.3条，修改条文）

根据原规范第3.1.2条、第3.1.3条修订，主要增加了松散保温层施工时防雨水的规定。如在松散保温层中渗入了雨水，则找平层做好后水汽不易排出，此后则对找平层和上部的防水层带来不利影响，产生起鼓裂缝。因此应做好防雨水的措施。

第8.5.2条 （原规范第3.1.11条、第3.1.12条，修改条文）

修订时基本上保留了原规范第3.1.11条和第3.1.12条的内容。仅在第二款，粘贴的板状材料增加了“其它胶结材料”，因新的保温材料种类的增加，粘贴材料的种类也相应的改变，所以增加了这一内容。

第8.5.3条 （原规范第3.1.5条、第3.1.6条，修改条文）

因水泥膨胀蛭石、水泥膨胀珍珠岩在搅拌中易破损，而导致降低保温效能，目前的机械搅拌方式尚难保证质量，故提倡人工搅拌。

沥青膨胀珍珠岩、沥青膨胀蛭石因人工搅拌不易均匀，故强调采用机械搅拌。

铺设完的水泥膨胀蛭石、水泥膨胀珠珍岩（一般是铺设一段即做找平层），应立即做找平层，这样做主要考虑找平层做完后不易产生裂缝。

第二款的内容将原规范第3.1.5条的“压缩比”改为“压实程度根据试验确定”，因为“压缩比”一般不由设计确定，是由施工时根据试验后确定的，设计上只要满足总厚度的要求即可。

第8.5.4条 （原规范第3.1.13条，修改条文）

对原规范中所提的用沥青粘结和粘贴的保温材料，“允许在气温不低于－20℃时施工”改为“气温低于－10℃时不宜施工”，是考虑到，其一，气温太低施工不易保证质量；其二，施工中工序是相互配合衔接的，气温太低找平层也无法保证施工质量；其三，规定“不宜施工”，但在情况特殊必须施工，又有措施保证时，也是可以施工的。

同样对于水硬性胶结材料的施工，原规范规定“应在气温不低于5℃时施工”，改为“气温低于5℃时不宜施工”。这是因为：随着新型防冻外加剂的使用，根据工程实际情况，可在5℃

以下时施工，但一般情况下不宜低于5℃时施工。

增加了雨、雪天，风大时不得施工的限制，这主要考虑保证施工质量和保障人员安全。

8.6 架空隔热屋面施工

第8.6.1条 （增加条文）

此条规定主要是架空隔热层施工前的铺设准备工作，应当做好，以保证施工的顺利进行。

第8.6.2条 （原规范第3.2.2条，修改条文）

原规范仅提出了对卷材防水层应采取加强措施，现在涂膜防水层用量也比较大，故增加了涂膜防水层的内容。加强措施是为了防止支座下的防水层造成损伤。

取消了原规范对"对座排列应整齐划一"的内容。整齐划一对屋面的使用功能并无什么影响，只要稳固即可。

砌筑用的砂浆在一般情况下均采用强度等级为M5的水泥砂浆，强度太低了不易稳固，太高了也无此必要。

第8.6.3条 （原规范第3.2.3条，修改条文）

将原规范"并应保护已完工的防水层"改为"操作时不得损伤已完工的防水层"，此节规定的为施工要求，因此，仅规定施工中应注意的事项，对于架空隔热屋面来讲，架空板施工完对防水层也就是保护层了。

第8.6.4条 （原规范第3.2.4条，修改条文）

取消了原条文中"密实"及"架空板距山墙或女儿墙不应小于50毫米"一词。其原因，架空板间缝的密实与否在实际施工及使用中并不重要，平整、稳固是主要的。此条是施工中的规定，架空板与山墙、女儿墙的距离是由设计确定的，故取消。

8.7 蓄水屋面施工

第8.7.1条 （原规范第3.2.6条，修改条文）

由于蓄水屋面防水的特殊性，屋面孔洞后凿不易保证质量，所以，强调预留孔洞。

所安装管道等缝隙的密封防水施工在本规范相关的章节中已有规定故不再提出。

原规范中所讲的"蓄水屋面完工后，应及时蓄水，防止混凝土干涸开裂"，此句取消。原因是原规范中有关混凝土的养护移入第8.7.5条中，故此处不再重复。

第8.7.2条 （增加条文）

强调蓄水屋面上每个蓄水区的防水混凝土必须一次浇筑完毕，是为了使每个蓄水区混凝土的整体防水性好、不出现施工缝，避免因接头处理不好而导致裂缝。另外可使混凝土收缩均匀，从而保证蓄水屋面的施工质量。

第8.7.3条 （增加条文）

参见本规范第6.1.9条的条文说明。

第8.7.4条 （增加条文）

说明见本规范第4.5.9条和第4.6.9条的条文说明，

第8.7.5条 （增加条文）

蓄水屋面的刚性防水层完工后应在终凝时即撒水养护，养护好后方可蓄水，并不可断水，以防刚性防水层产生裂缝。

8.8 种植屋面施工

第8.8.1条 （增加条文）

泄水孔主要是排泄种植介质之中因雨水或其它原因造成过多的水而设置的，如留设位置不正确或泄水孔中堵塞，种植介质中过多的水分不能排出，不仅会影响使用，而且会给防水层带来不利。

第8.8.2条 （增加条文）

进行蓄水试验是为了检验防水层的质量，只有经检验合格后才能进行覆盖种植介质。如采用刚性防水层防水则应与蓄水屋面一样进行养护，养护后方可蓄水试验。

第8.8.3条 （增加条文）

种植覆盖层施工时如破坏了防水层，产生渗漏后既不容易查找渗漏部位，也不易维修，因此，在施工时应特别注意。覆盖层的质量尤其应严格控制，防止过量超载。

8.9 倒置式屋面施工

第8.9.1条 （增加条文）

倒置式板状保温层的施工与其在防水层下做法相同。

第8.9.2条 （增加条文）

保护层施工时如损坏了保温层和防水层，就会降低使用功能，而且一旦出现渗漏，很难找到渗漏点，且不便于修理。

第8.9.3条 （增加条文）

卵石铺设应防止过量，以免加大屋面荷载，致使结构开裂或变形过大，甚至造成结构破坏，因此，应严加注意。

9 瓦屋面

9.1 一般规定

第9.1.1条 （增加条文）

平瓦常用于一般性建筑的木基层屋面上，近年来已发展在混凝土基层屋面上使用，故本规范规定适用于屋面防水等级为Ⅱ、Ⅲ、Ⅳ级的工业与民用建筑，其中Ⅱ级系用于混凝土基层。

波瓦由于易开裂或老化，接缝为搭接等因素，一般用于非永久性建筑的屋面，故本规范规定只用于屋面防水等级为Ⅳ级的工业与民用建筑。

油毡瓦与压型钢板是近几年来引进开发的新型屋面。在京、津等地区工程上已逐渐推广使用，鉴于油毡瓦是沥青卷材类和接缝是搭接的特性，故本规范规定适用于屋面防水等级为Ⅲ、Ⅳ级的工业与民用建筑。压型钢板屋面也在我国冶金、电力及公共设施等工程上应用，压型钢板的接缝虽是搭接，但接缝增加了密封材料嵌填的措施，日本规定耐用年限为10年，考虑我国国情，故本规范规定适用于屋面防水等级为Ⅱ级的工业与民用建筑。

第9.1.2条 （增加条文）

说明瓦与屋面基层的相互关系。

第9.1.3条 （原规范第2.5.2条，修改条文）

屋面与山墙及突出屋面结构等的交接处是屋面防水的薄弱环节，做好泛水处理是保证屋面工程质量的关键。

第9.1.4条 （原规范第2.5.5条，修改条文）

瓦屋面的坡度一般大于10%，瓦与瓦是相互搭接而透风，以及固定螺栓年久松动等因素，在遇到大风或地震时，瓦易被刮起或脱落，故必须采取措施将瓦与屋面基层固定牢固。

第9.1.5条 （增加条文）

注意瓦屋面完工后的成品保护，以保证屋面工程质量。

9.2 材料要求

第9.2.1条 （增加条文）

为了防止质量不合格的平瓦在工程使用，或因贮运、保管不当而造成平瓦的缺损，故参考国标GB 8001—87《混凝土平瓦》、GB 11710—89《粘土瓦》和1986年中国建筑工业出版社出版的《常用建筑材料试验手册》（以下简称《试验手册》）的内容而制定本条文。

第9.2.2条 （增加条文）

为了防止质量不合格的波瓦在工程上使用，或因贮运、保管不当而造成瓦的缺损，故参照GB 9772—88《石棉水泥波瓦及其脊瓦》、JC 316—82《普通玻璃钢波形瓦》和《试验手册》的内容而制定本条文。

第9.2.3条 （增加条文）

为了防止质量不合格的油毡瓦在工程上使用，或因贮运、保管不当而造成瓦的缺损、粘连，故参照JC503—92《油毡瓦》和《试验手册》的内容而制定本条文。

第9.2.4条 （增加条文）

为了防止质量不合格的压型钢板在工程上使用，或因贮运、保管不当而造成板的变形、缺损，参考《试验手册》、1979年重庆钢铁设计研究院和上海宝钢设计总队《宝山钢铁总厂彩色压型钢板屋面和墙面设计和施工参考资料》（以下简称《宝钢》）和1987年山西省电力建筑修造厂《U-200、V-125金属压型板围护结构节点参考图集》（以下简称《图集》）的内容而制定本条文。

第9.2.5条 （原规范第2.5.1条，修改条文）

原规范条文仅原则性地对各种瓦的规格和技术性能应符合现行标准的规定，以及使用前应挑选。本条文补充了进场后应进行外观检验和抽样复验的内容，这样对瓦的检验更具体、全面。

9.3 设计要点

第9.3.1条 （增加条文）

屋面排水坡度统一以百分比表示，根据当前木屋架、钢屋架、钢筋混凝土屋架和钢木屋架等的高跨比折算为百分比的近似值，如1/3应为33.33%，取35%；原规范第2.5.5条中的屋面坡度超过30度，换算应为57.74%，取50%，油毡瓦适用于屋面坡度5°～85°，5°换算应为8.75%，但考虑油毡瓦是搭接点粘，为防止雨水沿瓦的搭接缝形成的爬水现象，故本规范将屋面排水坡度规定为不宜小于20%。

第9.3.2条 （增加条文）

针对当前大量设计图中，不做屋面防水设计的现状，对瓦屋面上的一些易渗漏的节点，强调了设计的细部构造详图，以利施工有据，确保工程质量。

第9.3.3条 （原规范第2.5.5条，修改条文）

删去原条文中用铁丝将瓦系牢在挂瓦条上的规定，因为固定的方法很多，不能局限于一种方法，目的是解决“固定”。对于油毡瓦屋面，参考有关资料，增加了油毡瓦屋面坡度超过150%时应采取固定加强措施。

第9.3.4条 （原规范第2.5.3条，修改条文）

将原规范第2.5.3条中有关施工的内容移入施工一节中。当瓦屋面下设有木基层，为防止大风时雨水沿瓦间隙飘入瓦下或因爬水而浸湿木基层，甚至造成渗漏，故规定应在木基层上铺设一层卷材并用顺水条固定。

第9.3.5条 （增加条文）

据了解北方很多地方都采用在屋面板（或荆笆）上抹草泥，然后再座泥扣平瓦的方法，这样做相对造价较低，且泥背还有一定的保温效果。尤其是对一些跨度较小的非永久性工程应用更多。故参照原规范第2.5.9条编写，并对泥背厚度作了规定。

第9.3.6条 （增加条文）

玻璃钢波形瓦由于本身厚度较薄，刚度较差，参考 JC 316—82《普通玻璃钢波形瓦》中规定不同厚度玻璃钢波形瓦的允许挠度值，都是按跨度800mm作为试验条件而确定的。因此要求在沿玻璃钢形瓦的长度方向每800mm加设檩条一根，以保证其挠度值不超过允许范围。

第9.3.7条 （原规范第2.5.6条，修改条文）

在原规范中规定了天沟、檐沟用镀锌薄钢板制作，但是镀锌薄钢板仍易锈蚀，且接口、钉眼等处处理不好极易渗漏。目前已有合成高分子等防水材料，铺设天沟等效果很好，相对造价也较低，故本条增加了合成高分子防水卷材、高聚物改性沥青防水卷材作为天沟、檐沟防水层的内容。

9.4 细部构造

第9.4.1条 （原规范第2.5.4条，修改条文）

本条保留了原条文中关于平瓦挑出檐口板的尺寸规定，增加了波形瓦和压型钢板檐口挑出的尺寸。其中：波形瓦挑出宽度系参考1988年中国建筑工业出版社出版的《房屋维修加固手册》（以下简称《加固手册》），压型钢板参考《宝钢》和《图集》确定。主要是有利于防水和美观。

第9.4.2条 （原规范第2.5.2条，修改条文）

泛水是瓦屋面工程最易渗漏的部位，做好泛水处理甚为重要。但原条文中只提做什么泛水，未提具体的技术要求，故对平、波形瓦屋面，根据大部分地方的传统做法，提出了技术要求，对压型钢板的泛水做法参考《建筑构造通用图集》88J5屋面部分。

第9.4.3条 （原规范第2.7.6条，修改条文）

原条文中波瓦应伸入天沟内50mm，规定得太死，应考虑伸缩调整的余地，故改为50～70mm。删去了不易施工和维修的镀锌薄钢板泛水。

第9.4.4条 （原规范第2.5.7条，修改条文）

因脊瓦与坡面瓦之间的缝隙需用麻刀灰填实抹平，故脊瓦下端距坡面瓦的高度不宜超过80mm的规定，一是考虑施工操作，二是防止麻刀灰干缩开裂，雨水流入而造成渗漏。山墙封檐主要是瓦的收头处理，有利于防水和美观。

9.5 平瓦屋面施工

第9.5.1条 （原规范第2.5.3条，修改条文）

本条阐述铺设卷材的操作要点，注意铺设后对卷材的成品保护。

第9.5.2条 （原规范第2.5.3条，修改条文）

本条是对挂瓦条的间距及铺钉的规定，这样既可保证瓦的搭接、防止渗漏，又可使瓦面整齐美观。

第9.5.3条 （原规范第2.5.4条，修改条文）

参考原规范第2.5.4条和《房屋维修加固手册》（以下简称《加固手册》）的内容修改，主要是有利于防水和美观。

第9.5.4条 （原规范第2.5.7条，修改条文）

脊瓦搭盖间距均匀、平直、无起伏现象主要是有利于美观；砂浆中掺入麻刀可增加弹性减少由于砂浆干缩引起的裂缝。

第9.5.5条 （原规范第2.5.9条，修改条文）

平瓦均匀分散堆放坡屋面的两坡，以及铺瓦应由两坡从下而上对称铺设的规定，是考虑施工时屋面结构尽量避免产生过大的不对称的施工荷载，使屋架等结构受力不均，改变了原设计的受力条件，对结构不利，严重时甚至会导致结构破坏事故。

第9.5.6条 （原规范第2.5.9条，修改条文）

前后坡自下而上同时对称铺设参见本规范第9.5.5条的条文说明。铺设泥背要求分层，一是干燥较快，二是最后一层还可起到找平和座瓦的作用。

9.6 波形瓦屋面施工

第9.6.1条 （原规范第2.7.1条，保留条文）

原条文内容明确，现仍适用。本此修订只修改了个别字，原文保留。

第9.6.2条 （原规范第2.7.2条，修改条文）

本条保留了原规范第2.7.2条的文字部分，原条文中的图2.7.2-1，图2.7.2-2，因已为施工人员所熟知，且条文中亦已阐述清楚，故这次修订时予以删去；增加了玻璃钢波瓦可不割角的内容，因玻璃钢波瓦厚度较薄和具有弹性，故对瓦时可不割角。

第9.6.3条 （原规范第2.7.3条 保留条文）

固定波瓦的方法由于檩条的不同而有所不同。采用金属檩条或混凝土檩条时，应用镀锌弯钩螺栓；采用木檩条时，应用镀锌螺钉。为防止在螺栓或螺钉处渗漏，在固定波瓦的螺栓或螺钉处加设防水垫圈，并规定螺栓（螺钉）的位置。

为保证波瓦的稳定、牢靠、规定了螺栓的数量。

第9.6.4条 （原规范第2.7.4条 保留条文）

波瓦为轻质较脆的材料，钉孔必须用钻钻好，否则易使波瓦损坏。螺栓（螺钉）均设在波峰上，安装螺栓（螺钉）的部位都不是平面，如拧得过紧，易使波瓦开裂，故规定拧紧的程度以垫圈能转动为度。同时为了适应结构的小量变形及石棉本身的涨缩，规定钉孔应加大2～3mm。

第9.6.5条 （增加条文）

玻璃钢波瓦为轻质较脆和遇明火易燃的材料，铺瓦的固定和注意事项，是根据工程实践，并参考JC316-82《普通玻璃钢波形瓦》的规定而制定本条文，以保证施工质量和安全。

第9.6.6条 （原规范第2.7.5条 保留条文）

波瓦屋面的屋脊、斜脊应用专用的石棉水泥脊瓦（或镀锌薄钢板），将两坡面的波瓦盖住，脊瓦与波瓦之间的空隙宜用麻刀灰填塞严密，防止渗漏。

第9.6.7条 （原规范第2.7.6条 修改条文）

将原规范第2.7.6条的“天沟、斜沟用镀锌薄钢板制作时”，修改为“屋面如有天沟、檐沟时”，这样可不限定只用镀锌薄钢板，波瓦伸入沟内至少50mm，是有利于屋面雨水流入沟内，防止爬水；空隙宜用麻力灰等嵌填严密以防止渗漏。

第9.6.8条 （原规范第2.7.7条 保留条文）

用镀锌薄钢板制作天沟和斜沟，由于处在屋面转折处，与屋面又不是同一种材料，因此在连接处应妥善处理，薄钢板应涂防锈漆，缝隙用麻刀灰或油膏等填塞，防止渗漏。

9.7 油毡瓦屋面施工

第9.7.1条 （增加条文）

油毡瓦为薄而轻的片状材料，且瓦片是相互搭接点粘，为防止大风将油毡瓦掀起，应使油毡瓦与基层紧贴，使瓦面平整，故需用钉固定或冷玛琋脂粘接固定。

第9.7.2条 （增加条文）

油毡瓦的基层平整，才能保证油毡瓦屋面平整，不论在木基层或混凝土基层上都应先铺一层垫毡，为防止钉帽外露锈蚀而影响固定，故规定需将钉帽盖在垫毡下面。

第9.7.3条 （增加条文）

油毡瓦的铺钉和层层搭盖的规定，是防止瓦的错动或因爬水而引起屋面渗漏。

第9.7.4条 （增加条文）

为保证瓦与基层的固定，规定了每片瓦油毡钉的数量。

第9.7.5条 （增加条文）

脊瓦的铺钉是根据坡面油毡瓦规格的特性，经剪裁而成的。脊瓦与坡面瓦的搭盖规定，参见本规范第9.4.4条的条文说明。

第9.7.6条 （增加条文）

屋面与突出屋面的烟囱、管道等的连接处是防水的薄弱环节，一定要有可靠的防水措施。本条就泛水的处理作了规定。

9.8 压型钢板屋面施工

第9.8.1条 （增加条文）

压型钢板应用专用吊具吊装，主要是防止压型钢板在吊装中的变形或将板面的涂膜破坏。

第9.8.2条 （增加条文）

型钢板为薄壁长条、多种规格的型材，板应根据设计的配板图铺设和钉孔先用钻钻好，以防损坏板材和搭接长度不符合要求。

第9.8.3条 （增加条文）

压型钢板的长边搭接缝顺主导风向铺设，可避免刮风时冷空气贯入室内。由于压型钢板屋面的坡度一般均较小，所以上下两块板的搭接长度宜稍大一些，最小不少于200mm，以防刮风下雨时雨水沿搭接缝渗入室内。所有搭接缝内要用密封材料嵌填封严，防止渗漏。

第9.8.4条 （增加条文）

为保证压型钢板、固定支架的稳定、牢靠，规定必须用螺栓连接。

第9.8.5条 （增加条文）

用镀锌薄钢板制作天沟时，沟帮两侧应压入压型钢板下，并使其保持一定的宽度，以便固定密封。压型钢板伸入檐沟内的长度，应视板型而定，但最短不得少于50mm，以防爬水。压型钢板的类型不一，故此种屋面的檐口和山墙应用与所用板型配套的檐口堵头板和包角板固定、封严。

第9.8.6条 （增加条文）

主要是便于安装齐整美观。

10 工程验收和管理维护

10.1 质 量 要 求

第10.1.1条 （原规范第4.0.1条，修改条文）

保留原条文的第一段文字，原条文中其余部分移入检验方法的有关条文中。

第10.1.2条 （增加条文）

为了保证屋面防水层的耐用年限，必须采用与屋面防水等级相适应的防水材料，故规定防水材料必须符合质量标准和设计要求。

第10.1.3条 （原规范4.0.2条，修改条文）

原规范中只提：“坡度均匀一致”，未明确坡度应为多大。尤其是平屋面如坡度过小，易出现排水不畅或局部积水而造成渗漏。为此，本条规定屋面坡度必须准确，是指坡度的大小应符合设计要求或本规范对平屋顶坡度的规定。本条规定排水系统必须畅通，是指水落管、天沟、檐沟等设置合理，不得堵塞，排水流畅。体现防排结合的原则。

第10.1.4条 （原规范第2.1.2条，修改条文）

原规范在一般规定中对找平层提出了质量要求，这次修订时认为找平层质量好坏，对防水层质量影响很大，而且按照屋面工程分工序验收的要求，将原条文精炼，合并后移入工程验收的质量要求中。

第10.1.5条 （规范第4.0.2条，修改条文）

节点处是屋面防水工程最易渗漏的部位，屋面上有各种节点，均应严格按设计要求和本规范的规定施工验收，以确保节点的质量。

第10.1.6条 （原规范4.0.6条，修改条文）

原规范第4.0.6条第一款中只提了绿豆砂保护层，而目前随着防水材料品种的不同，还采用了细砂、蛭石、云母等松散材料做保护层，故将原规范单一的“绿豆砂”改为“松散材料”就比较全面。另外，为适应当前屋面工程的技术发展，增加了涂料保护层、刚性保护层和块体保护层的有关要求。

第10.1.7条 （原规范第4.0.6条，修改条文）

原规范第4.0.6条第一款中对卷材屋面提出了质量要求，但原规范仅指石油沥青防水卷材。而目前我国已逐渐推广使用高聚物改性沥青防水卷材和合成高分子防水卷材，这些卷材对搭接顺序、搭接宽度、搭接缝封口等尤为重要。因此，修订条文中的卷材，不仅指石油沥青防水卷材这单一品种，而包括了多个品种的卷材。

第10.1.8条 （原规范第4.0.6条，修改条文）

原规范第4.0.6条第二款中对涂膜屋面提出了一些具体的要求，但是未提出对涂膜厚度的要求，而膜涂厚度又是影响涂膜屋面防水质量的重要因素，故这次修订时，增加了厚度的质量要求。

第10.1.9条 （原规范第4.0.6条，修改条文）

在原规范4.0.6条第二款的基础上修改完善，并增加了接缝尺寸应符合设计要求的规定，以确保密封防水处理的质量。

第10.1.10条 （原规范第4.0.6条，修改条文）

本条系在原规范第4.0.6条第三款的基础上进行修改，增加了刚性防水层厚度的质量要求。

第10.1.11条 （原规范4.0.8条，修改条文）

架空隔热屋面的架空层中有无堵塞，是确保隔热效果关键之一，空气流通才能散热。故这次修改时，增加架空层中不得堵塞的规定。

第10.1.12条 （增加条文）

因倒置式屋面的保温层是在防水层上面。所以要求保温层表面平整，以利排水，铺压材料如为卵石时，应均匀分布在屋面上，以保证结构均匀受力。

第10.1.13条 （原规范第3.1.3条、第3.1.10条，修改条文）

保温层厚度是关系到屋面保温效果好坏的主要因素之一，如厚度不足，则屋面系统的热阻值降低，而不能满足设计要求的保温效果。保温层的含水率大小也是影响保温效果的一个主要因素，含水率过大，会使导热系数增高，同样会降低屋面的保温效果。所以本条规定了保温层厚度、含水率、表观密度应符合设计要求。

第10.1.14条 （增加条文）

蓄水屋面、种植屋面上设置的溢水口、过水孔、排水管、泄水孔是此种屋面特有的作法，是保证屋面正常使用的措施，只有按设计要求的大小、位置、标高留设，才能发挥溢水、排水、泄水的作用。

第10.1.15条 （原规范第4.0.6条，保留条文）

本条系原规范第4.0.6条第六款，此次修订时予以保留，仅对其中个别字句进行了调整。

10.2 质量检验

第10.2.1条 （增加条文）

屋面工程施工前的交接检查，既指找平层施工前对结构层的检查，在本规范中更是指防水层施工前对找平层质量和节点构造是否符合规范要求的检查。只有基层质量符合要求，才有可能使整个防水层取得良好的防水效果。

第10.2.2条 （增加条文）

对于多道设防的防水层，每一道完成后由专人先行检查，务使每道防水层均能达到质量要求，才能取得多道防水的应有效能。

第10.2.3条 （原规范第4.0.1条，修改条文）

原规范只提出雨后，淋水或蓄水检查，未提出具体的定量要求，根据一些地方的做法，本规范明确规定“淋水2h后”和“蓄水24h”后进行检查的定量要求。

第10.2.4条 （增加条文）

卷材屋面的节点处理、接缝、保护层等的质量，直接影响着屋面防水工程的质量。节点处理不当会造成屋面渗漏；接缝处理不好，会出现翘边张口，日久导致渗漏；保护层质量低劣，会出现松散脱落，使防水层直接暴露，易老化或因吸热而流淌。所以，这些项目是衡量屋面防水工程质量优劣的内容。为此，本规范规定应采用外观检验的方法来进行检查。

第10.2.5条 （增加条文）

涂膜厚度的检验，目前国内部分单位用细针刺入已硬化的涂膜测定厚度。此外，还有将涂膜切割后测定厚度的方法，由于此方法破坏防水层的整体性，故很少采用；用仪器测定虽进行了试点，但尚未成熟普遍推广应用。因此，本条采用了针刺法，但不排除有更好的仪器或工具来精确测定涂膜厚度。

第10.2.6条 （原规范第2.1.1条，保留条文）

本条系原规范第2.1.1条第二款的条文，现仍适用，故予以保留。

第10.2.7条 （增加条文）

密封处理多数用于接缝部位，密封处理后往往被找平层、防水层等覆盖隐蔽。因此，其质量检验应在隐蔽前进行。

第10.2.8条 （增加条文）

本规范第10.2.3条关于屋面用雨后、淋水或蓄水检验的内容是对多种屋面而言，蓄水屋面则排除了雨后和淋水检验的适用性，而以蓄水检验作为验收检验的必须内容。

第10.2.9条 （增加条文）

瓦屋面的施工质量，在大面上主要是瓦片排列、搭接，而节点仍是最易渗漏的部位，同时，在施工中存在着损坏瓦片的可能性，所以，这四项应在验收时作外观检验。

10.3 工程验收

第10.3.1条 （增加条文）

根据建设部建建〔1991〕370号文《关于治理屋面渗漏的若干规定》第五条中明确要求：“防水工程的质量必须经工程质量监督站核定。”目前我国绝大部分地区均已有质量监督站。完全可以实现对屋面工程进行监督，因此这次修订时增加了屋面工程应由质量监督部门核定的条文。

第10.3.2条 （原规范第4.0.9条，修改条文）

本条文列出的交竣工资料是屋面工程验收必须的。实际工作中，屋面验收可能与整个单位工程一起进行，其技术资料可一并提交，但必须有屋面工程这一部分，不可短缺。

10.4 管理维护

第10.4.1条 （增加条文）

本条要求使用单位有专人负责屋面管理，并对管理内容作了一般性规定。因为目前部分屋面的渗漏以致返修，管理维护不善也是原因之一，只有设计、材料、施工、管理维护各环节都作好了，才能保持和延长屋面工程的使用年限。

第10.4.2条 （增加条文）

在调研中发现，近年来不少工程交付使用后，又在屋面上增设电视天线等设施。从而造成防水层损坏，导致屋面渗漏。故增加本条文，要求在管理维护中加强注意，作好相应的防水处理。

第10.4.3条 （增加条文）

排水系统不但交工时要畅通，在使用过程中仍应经常检查，防止堵塞以免造成屋面长期积水或大雨时溢水。因此，在管理维护中增列此条。

第10.4.4条 （增加条文）

为使管理维护经常化、制度化、规定了在每年雨季、冬季要进行屋面检查、清扫。以利及时发现问题，及时进行维修，延长防水层的使用寿命。维修记录主要写明维修部位，所用材料性质、维修年月等，以利日后再次维修时参考。

第10.4.5条 （增加条文）

蓄水屋面如年久失修，往往引起给排水系统堵塞。国内多数经验证明，这类屋面养护后应及时蓄水，防止干裂造成渗漏。在使用过程中，同样不得干涸，一旦干涸之后再存水，则极易渗漏，且不易修复，故特别强调要严防干涸。

附录A 沥青玛琋脂的选用、调试和试验

（原规范附录一，修改条文）

根据全国调查表明：目前我国在屋面防水工程中，采用石油沥青防水卷材的仍占较大比重，仍然是屋面防水工程的主要材料，与其配套的胶粘剂仍以石油沥青玛琋脂为主。而焦油沥青防水卷材目前在屋面工程中已极少使用。

因此，本规范删去了原规范附录一中的有关焦油沥青卷材和焦油沥青胶结材料的部分。并将原附录一中所有的“沥青胶结材料”改为“沥青玛琋脂”。同时删去了原附录一中涉及普通石油沥青的部分。修改理由参见本规范第4.5.1条的条文说明。

中华人民共和国国家标准

地下防水工程施工及验收规范

GBJ 208—83

主编单位：山西省建筑工程局
批准单位：中华人民共和国城乡建设环境保护部
报中华人民共和国国家计划委员会备案
实行日期：1983年12月1日

关于批准颁发《屋面工程施工及验收规范》和《地下防水工程施工及验收规范》的通知

（83）城科字第282号

原建筑工程部主编、批准并报原国家建委备案的国家标准《屋面和防水隔热工程施工及验收规范》(GBJ16—66［修订本］)，交由山西省建委主管、建工局主编，会同各有关科研、设计、施工和教学单位进行了修订，改名并分为《屋面工程施工及验收规范》（GBJ207—83）和《地下防水工程施工及验收规范》（GBJ208—83）。这两本规范已会审定稿，现批准颁发，并报国家计委备案，从一九八三年十二月一日起实行。规范的管理和解释工作，由山西省建工局“屋面、地下防水工程施工规范管理组”负责。希将执行中存在的问题和意见告诉他们，以供再次修订时参考。

城乡建设环境保护部

一九八三年五月五日

修订说明

根据原国家建委（79）建发施字第168号和原国家建工总局（80）建工科字第385号文件精神，《屋面和防水隔热工程施工及验收规范》GBJ16—66（修订本），以山西省建工局为主编单位，安徽、黑龙江、甘肃、广西、陕西、河南、天津等省、市建工局和铁道部、冶金部等九个单位参加共同修订。

这次修订本着实事求是的精神，既要适应当前的施工技术水平，又要考虑今后发展的可能。凡多年来行之有效，且符合当前实际情况和施工水平的条文予以保留；凡内容已经陈旧；或被新材料、新工艺所代替的条文予以删除；对规定不明确，技术数据不确切，或者工艺已有所改进的条文予以修改；对经过长期实践考验和国家正式鉴定，确为技术上先进，经济上合理，有发展前途的新技术在规范中予以增加。

一九八〇年五月，召开了有关省市二十七个单位参加的技术座谈会，广泛听取了对原规范的意见和修改建议。经过全国性的调查研究和必要的试验工作，编写成了初稿，并于一九八〇年十月在柳州市召开了初审会。根据对资料的整理、分析，写出了征求意见稿，发至全国各地区和有关单位广泛征求意见。根据各地意见，经修改后提出了审定稿，并于一九八一年九月在江苏省镇江市召开了审定会，有全国二十三个省、市的四十六个单位参加，根据审定会的意见，又进行了修改和补充。

一九八二年十二月在湖北省荆州召开的审批定稿会议上，确定分为《屋面工程施工及验收规范》和《地下防水工程施工及验收规范》两本。

《地下防水工程施工及验收规范》经审查定稿后共为4章、8节、63条。主要修订内容为：

防水混凝土是我国地下防水的主要形式，修订后的规范规定了所用水泥标号、水泥最少单位用量、水灰比、含砂率、灰砂比等控制指标。并根据国外有关资料和国内工程实践增加了渗排水和盲沟排水的内容，在细部构造中增加了后浇缝的内容。

由于我们水平所限，再加调研工作还不够深入，试验数据也不够完善，如有不妥之处，希使用单位随时函告山西省建工局“屋面、地下防水工程施工规范管理组”，以便在下次修订中补充或更正。

山西省建工局

一九八二年十二月

第一章 总 则

第 1.0.1 条 本规范适用于工业与民用建筑地下防水工程的施工及验收。

注：特殊建筑的地下防水工程应按设计要求或专门技术规程施工及验收。

第 1.0.2 条 在地下防水工程施工中，凡需交叉进行其它工程施工时，除应符合本规范规定外，对本规范未作规定的事项，尚应按现行的其它有关工程施工及验收规范执行。

第 1.0.3 条 地下防水工程的构造必须符合设计要求，如设计无要求时，应符合本规范的规定。

第 1.0.4 条 各种原材料、制品和配件应符合设计要求，并须符合现行的国家标准或部颁标准的规定。使用前应具有质量证明文件，并应在施工过程中进行检验，作好记录。

各种拌合物的配合成分和调制方法，应符合设计要求并参照本规范附录和有关技术标准通过试验确定。

第 1.0.5 条 地下防水工程施工必须符合国务院颁发的《建筑安装工程安全技术规程》和劳动部颁发的《关于防止沥青中毒的办法》以及其它有关安全防火的专门规定。

第二章 地下防水工程

第一节 一般规定

第 2.1.1 条 地下防水工程的防水混凝土结构、各种防水层及渗排水和盲沟排水均应在地基或结构验收合格后施工。

第 2.1.2 条 地下防水工程施工期间，应继续做好排水工作，并符合下列规定：

一、防水工程施工期间，地下水位应降低至防水工程底部最低标高以下，不小于300毫米，直至防水工程全部完成为止；

二、基坑周围的地面水必须排除或控制，不得流入基坑；

三、基坑中不应积水，如有积水，应予排除，严禁带水或带泥浆进行防水工程施工；

四、排水时应避免基土流失。

第 2.1.3 条 采用水泵从基坑内排水降低地下水位时，集水井宜设置在防水工程底平面边线以外，并根据土质情况选择适当距离，且不得破坏基坑及基坑附近的土层构造。

如防水工程的底面面积较大，为了有效地降低地下水位，必须将集水井设置在防水工程底平面以内时，应采用可与防水层紧密连接的集水井筒，并在排水工作结束时，用混凝土将井筒填实，再用螺栓或焊接等方法将井口封严。

第 2.1.4 条 地下防水层需有管道、设备或预埋件穿过时，应在穿过处做好防水处理。地下防水层施工完成后，应避免再在其上凿眼打洞。

第 2.1.5 条 地下防水工程施工过程中，应根据工程进度进行分项工程检查，并做好记录。隐蔽工程应经验收后，方可继续施工。

当下一工序或相邻工程施工时，应对地下防水工程已完成的部分妥善保护，防止损坏。

第二节 防水混凝土结构

第 2.2.1 条 防水混凝土结构是指本身具有一定防水能力的整体式混凝土或钢筋混凝土承重结构，适用于地下室、水池、地下水泵房、设备基础等防水建筑。

第 2.2.2 条 防水混凝土结构应采用普通防水混凝土或掺外加剂的防水混凝土。

防水混凝土在侵蚀性介质中使用时，其耐蚀系数不应小于0.8。

注：混凝土的耐蚀系数是混凝土试块分别在侵蚀性介质中与在饮用水中养护六个月的抗折强度之比。

第 2.2.3 条 防水混凝土所用的材料应符合下列规定：

一、水泥：标号不宜低于425号。

在不受侵蚀性介质和冻融作用时，宜采用普通硅酸盐水泥、火山灰质硅酸盐水泥、粉煤灰硅酸盐水泥。如掺用外加剂，亦可采用矿渣硅酸盐水泥。如受侵蚀性介质作用时，应按设计要求选用水泥。

在受冻融作用时，应优先选用普通硅酸盐水泥，不宜采用火山灰质硅酸盐水泥和粉煤灰硅酸盐水泥。

二、砂、石：混凝土所用的砂、石技术指标除应符合《普通混凝土用砂质量标准及检验方法》（JGJ52—79）和《普通混凝土用碎石或卵石质量标准及检验方法》（JGJ53—79）的规定外，尚应符合下列规定：

石子最大粒径不宜大于40毫米，所含泥土不得呈块状或包裹石子表面，吸水率不大于1.5%。

三、水：不含有害物质的洁净水。

四、外加剂：应根据具体情况采用减水剂、加气剂、防水剂及膨胀剂等。

第 2.2.4 条 防水混凝土的配合比应通过试验选定。选定配合比时，应按设计要求的抗渗标号提高2千克力/平方厘米，其它各项技术指标应符合下列规定：

一、每立方米混凝土的水泥用量（包括粉细料在内）不少于320千克；

二、含砂率以35～40%为宜，灰砂比应为1:2～1:2.5；

三、水灰比不大于0.6；

四、坍落度不大于5厘米，如掺用外加剂或采用泵送混凝土时，不受此限；

五、掺用引气型外加剂的防水混凝土，其含气量应控制在3～5%。

第 2.2.5 条 防水混凝土结构施工时，固定模板用的铁丝和螺栓不宜穿过防水混凝土结构。结构内部设置的各种钢筋以及绑扎铁丝，均不得接触模板。

如固定模板用的螺栓必须穿过防水混凝土结构时，应采取止水措施，一般采用下列方法：

一、在螺栓或套管上加焊止水环。止水环必须满焊，环数应符合设计要求，见图2.2.5.1、2.2.5.2；

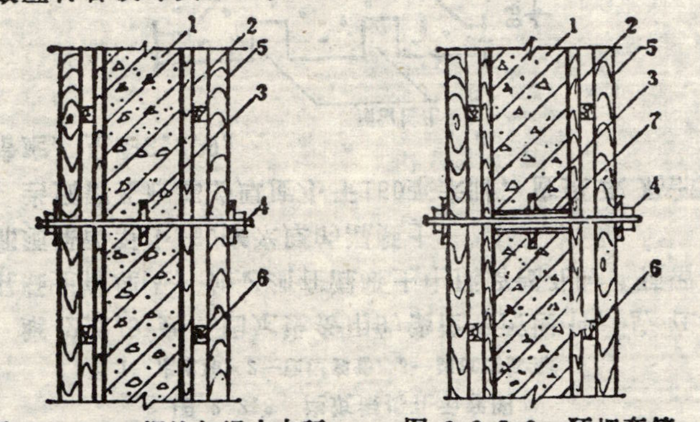

图 2.2.5.1 螺栓加焊止水环

1—防水建筑；2—模板；3—止水环；4—螺栓；5—大龙骨；6—小龙骨

图 2.2.5.2 预埋套管

1—防水构筑物；2—模板；3—止水环；4—螺栓；5—大龙骨；6—小龙骨；7—预埋套管（拆模后将螺栓拔出，套管内用膨胀水泥砂浆封堵）

二、螺栓加堵头，见图2.2.5.3。

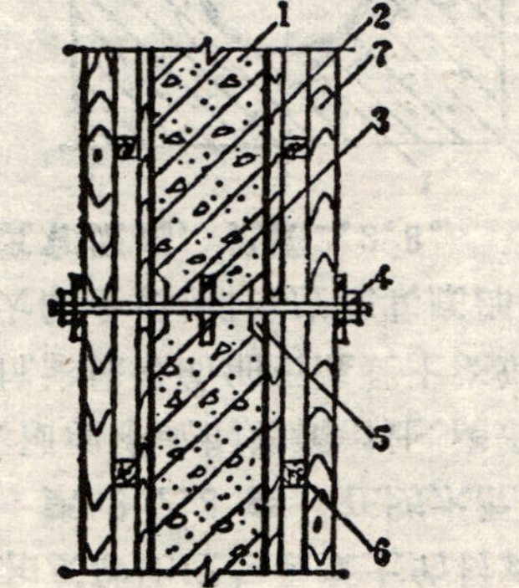

图 2.2.5.3 螺栓加堵头

1—防水建筑；2—模板；3—止水环；4—螺栓；5—堵头（拆模后将螺栓沿平凹坑底割去，再用膨胀水泥砂浆封堵）；6—小龙骨；7—大龙骨

第2.2.6条 防水混凝土应用机械搅拌，搅拌时间不应少于2分钟。掺外加剂的防水混凝土应根据外加剂的技术要求选用搅拌时间。

防水混凝土应用机械振捣密实。

第 2.2.7 条 底板混凝土应连续浇筑，不得留施工缝。

墙体一般只允许留设水平施工缝，其位置不应留在剪力与弯矩最大处或底板与侧壁交接处，一般宜留在高出底板上表面不小于200毫米的墙身上。墙体设有孔洞时，施工缝距孔洞边缘不宜小于300毫米。

如必须留设垂直施工缝时，应留在结构的变形缝处。

施工缝接缝形式可按图2.2.7选用。

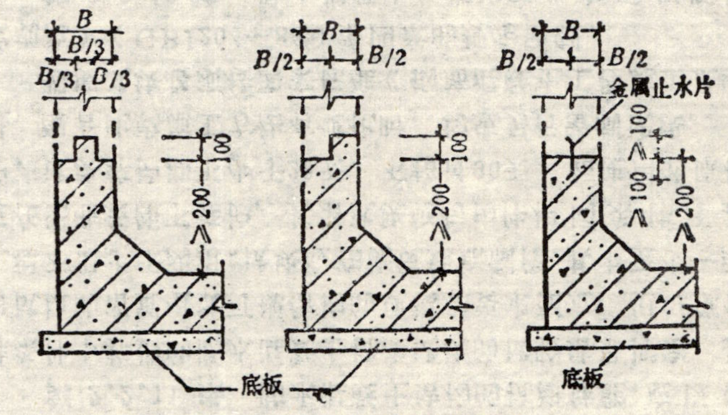

图 2.2.7 施工缝接缝形式

在施工缝上继续浇筑混凝土前，应将施工缝处的混凝土表面凿毛，清除浮粒和杂物，用水冲洗干净，保持湿润，再铺上一层20～25毫米厚的水泥砂浆，水泥砂浆所用的材

料和灰砂比应与混凝土的材料和灰砂比相同。

第 2.2.8 条 在防水混凝土结构中有密集管群穿过处、预埋件或钢筋稠密处、浇筑混凝土有困难时，应采用相同抗渗标号的细石混凝土浇筑；预埋大管径的套管或面积较大的金属板时，应在其底部开设浇筑振捣孔，以利排气、浇筑和振捣，见图2.2.8。

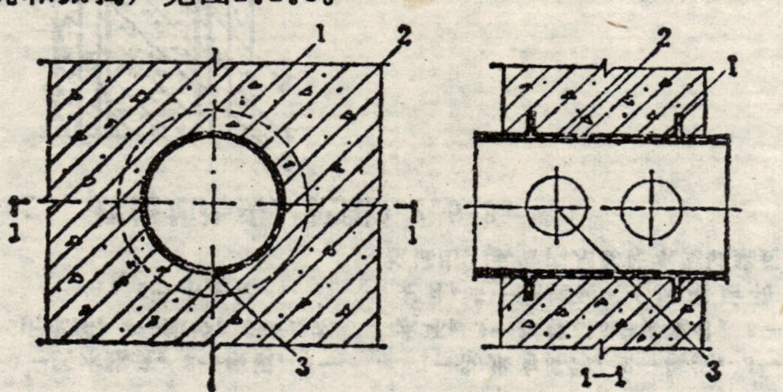

图 2.2.8 浇筑振捣孔示意图

1—止水环；2—预埋套管；3—浇筑振捣孔

第 2.2.9 条 固定设备用的锚栓等预埋件，应在浇筑混凝土前埋入。如必须在混凝土中预留锚孔时，预留孔底部须保留至少150毫米厚的混凝土。

当预留孔底部的厚度小于150毫米时，应采取局部加厚措施，见图2.2.9。

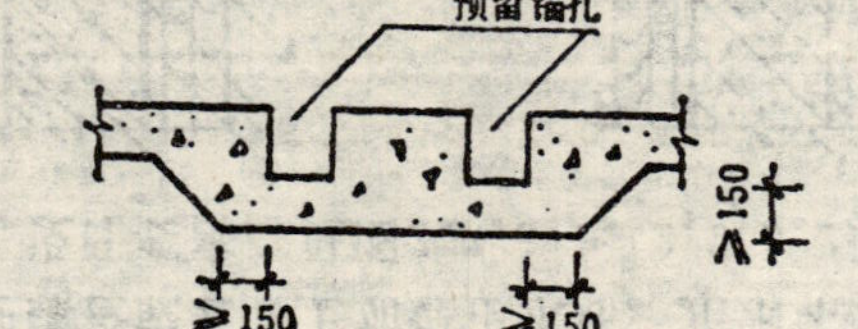

图 2.2.9 混凝土局部加厚

第 2.2.10 条 防水混凝土凝结后，应立即进行养护，并充分保持湿润。养护时间不得少于14昼夜。

拆模时，防水混凝土结构表面的温度与周围气温的温差不得超过15°C。

第 2.2.11 条 防水混凝土结构的抗渗性能，应以标准条件下养护的防水混凝土抗渗试块的试验结果评定。抗渗试块的留置组数可视结构的规模和要求而定，但每单位工程不得少于两组。试块应在浇筑地点制作，其中至少一组应在标准条件下养护，其余试块应与构件相同条件下养护。试块养护期不少于28天，不超过90天。如使用的原材料、配合比或施工方法有变化时，均应另行留制试块。

强度试块必须按国家标准《钢筋混凝土工程施工及验收规范》（GBJ204—83）第四章的规定留制。

第 2.2.12 条 防水混凝土冬期施工，宜采用暖棚法，并应符合国家标准《钢筋混凝土工程施工及验收规范》（GBJ204—83）第七章冬期施工的有关规定。

防水混凝土不宜采用电热法养护。

采用蒸汽养护时，不宜直接向混凝土喷射蒸汽，但应保持混凝土结构有一定的湿度，防止混凝土早期脱水，并应采取措施排除冷凝水和防止结冰。蒸汽养护应按下列规定控制升温与降温速度：

升温速度：

对表面系数小于6的结构，不宜超过6°C/小时；对表面系数为6和大于6的结构，不宜超过8°C/小时；恒温温度不得高于50°C；

降温速度：

不宜超过5°C/小时。

第三节　水泥砂浆防水层

第 2.3.1 条　水泥砂浆防水层分为掺外加剂的水泥砂浆防水层、刚性多层作法防水层两种，适用于地下砖石结构的防水层及防水混凝土结构的加强层。

第 2.3.2 条　水泥砂浆防水层所用的材料应符合下列规定：

一、水泥：宜采用标号不低于325号的普通硅酸盐水泥或膨胀水泥，亦可采用矿渣硅酸盐水泥。在受侵蚀性介质作用时，水泥砂浆防水层所用的水泥应按设计要求选用；

二、外加剂：宜采用氯化物金属盐类防水剂、膨胀剂或减水剂；

三、砂：应符合《普通混凝土用砂质量标准及检验方法》（JGJ52—79）的规定；

四、水：不含有害物质的洁净水。

第 2.3.3 条　水泥砂浆和水泥浆的配合比应根据防水要求、原材料性能和施工方法确定，施工时必须严格掌握，可按表2.3.3选用。

配合比表　　表 2.3.3

序号	名称	配合比		水灰比	稠度（厘米）	备注
		水泥	砂			
1	水泥浆	按工程需要定量	—	0.37～0.4	—	
2	水泥浆	按工程需要定量	—	0.55～0.6	—	
3	水泥砂浆	1	2.5	0.6～0.65	7～8	

掺外加剂或使用膨胀水泥的水泥砂浆，其配合比应按有关技术规定执行。

第 2.3.4 条　铺抹水泥砂浆防水层应符合下列规定：

一、基层表面应平整、坚实、粗糙、清洁并充分湿润，但不得有积水；

二、掺外加剂的水泥砂浆防水层不论迎水面或背水面均须分两层铺抹，表面应压光，总厚度不应小于20毫米；

三、刚性多层作法防水层，在迎水面宜用五层交叉抹面作法，在背水面宜用四层交叉抹面作法；

四、水泥砂浆的稠度宜控制在7～8厘米；

五、水泥砂浆应随拌随用。

第 2.3.5 条　各种水泥砂浆防水层的阴阳角均应做成圆弧形或钝角。圆弧半径一般为：阳角10毫米，阴角50毫米。

第 2.3.6 条　刚性多层作法防水层每层宜连续施工，各层紧密贴合不留施工缝。如必须留施工缝时，则应留成阶梯坡形槎，接槎要依照层次顺序操作，层层搭接紧密，见图2.3.6。接槎位置一般宜在地面上，亦可留在墙面上，但均需离开阴阳角处200毫米。

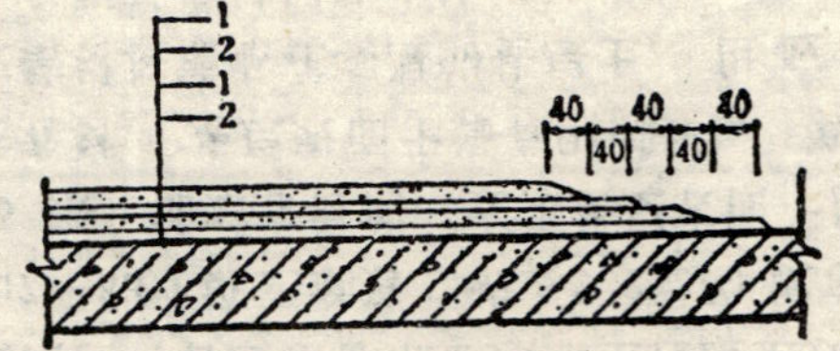

图 2.3.6　防水层留槎方法

1—砂浆层；2—水泥浆层

第 2.3.7 条 水泥砂浆防水层无论迎水面或背水面，其高度均应超出室外地坪不小于150毫米。

第 2.3.8 条 水泥砂浆防水层施工时，气温不应低于5°C，且基层表面应保持正温度。如在低于此温度时施工，则应采取防冻措施。

掺用氯化物金属盐类防水剂及膨胀剂的防水砂浆，不应在35°C以上或烈日照射下施工。

第 2.3.9 条 手工铺抹或机械喷涂施工的水泥砂浆防水层在凝结后应立即进行养护。养护时的环境温度不宜低于5°C，并应保持防水层湿润。使用普通硅酸盐水泥时，养护时间不应少于7昼夜；使用矿渣硅酸盐水泥时，养护时间不应少于14昼夜，在此期间不得受静水压作用。

使用其他品种的水泥，应按专门技术规定养护。

第四节 卷材防水层

第 2.4.1 条 卷材防水层应铺贴在下列基层上：

一、整体的混凝土或钢筋混凝土结构；

二、整体的水泥砂浆找平层；

三、整体的沥青砂浆或沥青混凝土找平层。

第 2.4.2 条 铺贴卷材的基层表面应符合下列规定：

一、基层必须牢固，无松动现象；

二、基层表面应平整，其平整度为：用2米长直尺检查，基层与直尺间的最大空隙不应超过5毫米，且每米长度内不得多于一处，空隙仅允许平缓变化；

三、基层表面应清洁干净；

四、基层表面的阴阳角处，均应做成圆弧形或钝角；

五、基层尚应符合国家标准《屋面工程施工及验收规范》（GBJ207—83）第二章第二节表2.2.3的规定。

第 2.4.3 条 铺贴卷材前，宜使基层表面干燥。

平面铺贴卷材，基层表面干燥有困难时，第一层卷材可用沥青胶结材料铺贴在潮湿的基层上，但应使卷材与基层贴紧。必要时卷材层数应比设计增加一层。

立面铺贴卷材，基层表面应满涂冷底子油，待冷底子油干燥后，即可铺贴。

第 2.4.4 条 沥青胶结材料的配合比、调制方法、试验方法应符合国家标准《屋面工程施工及验收规范》（GBJ207—83）附录一的有关规定。

铺贴石油沥青卷材必须用石油沥青胶结材料，铺贴焦油沥青卷材必须用焦油沥青胶结材料。

防水层所用的沥青，其软化点应较基层及防水层周围介质可能达到的最高温度高出20～25°C，且不低于40°C。

沥青胶结材料的加热温度及使用温度应符合国家标准《屋面工程施工及验收规范》（GBJ207—83）第2.2.11条的有关规定。

第 2.4.5 条 地下卷材防水层宜采用耐腐蚀的卷材和玛瑺脂。

耐酸玛瑺脂应采用角闪石棉、辉绿岩粉、石英粉或其它耐酸的矿物粉为填充料；耐碱玛瑺脂应采用滑石粉、温石棉、石灰石粉、白云石粉或其它耐碱的矿物粉为填充料。

卷材铺贴前应保持干燥，清除表面撒布物，避免损伤卷材。

第 2.4.6 条 铺贴卷材应符合下列规定：

一、粘贴卷材的沥青胶结材料的厚度一般为1.5～2.5毫米；

二、卷材的搭接长度：长边不应小于100毫米，短边不应小于150毫米。上下两层和相邻两幅卷材的接缝应错开，上下层卷材不得相互垂直铺贴；

三、在立面与平面的转角处，卷材的接缝应留在平面上距立面不小于600毫米处，见图2.4.6；

四、在所有转角处均应铺贴附加层。附加层可用两层同样的卷材或一层抗拉强度较高的卷材。附加层应按加固处的形状仔细粘贴紧密，见图2.4.6；

五、粘贴卷材时应展平压实。卷材与基层和各层卷材间必须粘结紧密，多余的沥青胶结材料应挤出，搭接缝必须用沥青胶结材料仔细封严。最后一层卷材贴好后，应在其表面上均匀地涂刷一层厚为1～1.5毫米的热沥青胶结材料。

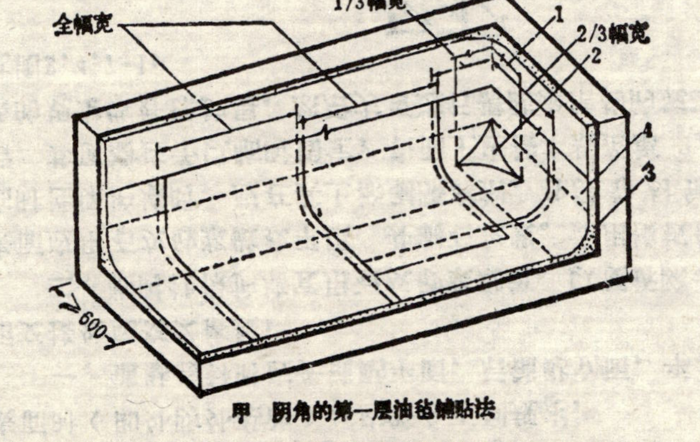

甲 阴角的第一层油毡铺贴法

图 2.4.6 三面角油毡铺贴法（一）

乙 阴角的第二层油毡铺贴法

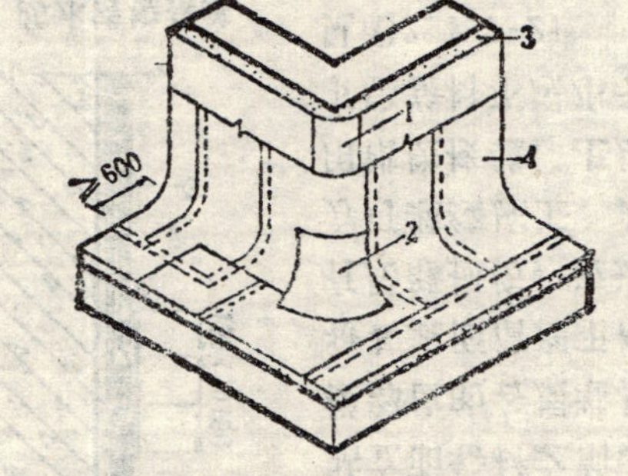

丙 阳角的第一层油毡铺贴法

图 2.4.6 三面角油毡铺贴法（二）

1—转折处油毡加固层；2—角部加固层；3—找平层；4—油毡

第 2.4.7 条 立面卷材防水层铺贴在需防水结构外表面时（即外防外贴法），应符合下列规定：

一、铺贴卷材时应先铺贴平面，后铺贴立面，平、立面交接处应交叉搭接；

二、临时性保护墙宜用石灰砂浆砌筑，以便拆除，内表面应用石灰砂浆做找平层，并刷石灰浆。如用模板代替临时性保护墙时，应在其上涂刷隔离剂。各层卷材铺好后，其顶端应予以临时固定，表面上应按本规范第 2.8.1 条的规定做好保护层，然后方可进行需防水结构的施工，见图2.4.7-1；

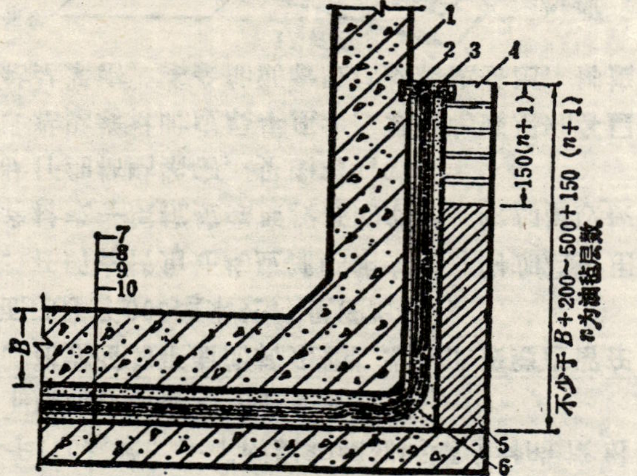

图 2.4.7-1 用临时保护墙铺设转折处油毡的方法
1—需防水结构；2—永久性木条；3—临时性木条；4—临时保护墙；5—永久性保护墙；6—附加油毡层；7—保护层；8—油毡防水层；9—找平层；10—钢筋混凝土垫层

三、自平面折向立面的卷材与永久性保护墙接触的部位，应用沥青胶结材料紧密贴严，与临时性保护墙或需防水结构的模板接触的部位，应临时贴附在该墙上或模板上；

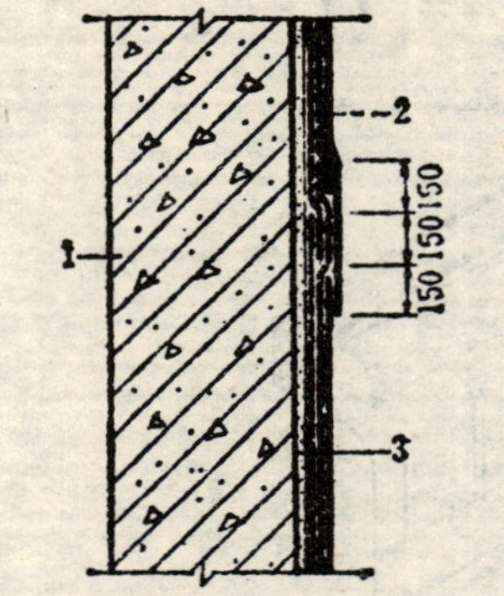

图 2.4.7-2 防水错槎接缝
1—需防水结构；2—油毡防水层；3—找平层

需防水结构完成后，铺贴立面卷材之前，应先将接槎部位的各层卷材揭开，并将其表面清理干净。如卷材有局部损伤，应进行修补后方可继续施工。此处卷材应用错槎接缝，上层卷材盖过下层卷材不应小于150毫米，见图2.4.7-2；

四、卷材防水层完成经检查合格后，应按本规范第2.8.1条和第2.8.2条的规定做好保护层。

第 2.4.8 条 当施工条件受到限制时，卷材方可铺贴在永久性保护墙的内表面上（即外防内贴法），并应符合下列规定：

一、在需防水结构施工前，应将永久性保护墙砌筑在与需防水结构同一的垫层上。保护墙内表面应抹 1 ∶ 3 水泥砂浆找平层；待其基本干燥并满涂冷底子油后，再将全部立面卷材防水层粘贴在该墙上。永久性保护墙可代替模板，但应采取加固措施；

二、卷材宜先铺贴立面，后铺贴平面。铺贴立面时，应先铺转角，后铺大面；

三、卷材防水层铺贴完成后，应按照本规范第2.8.1条的规定做好保护层，然后方可进行需防水结构施工。

第 2.4.9 条 卷材防水层应在气温不低于5°C时施工，如必须在低于此气温时施工，则应采取措施使沥青胶结材料的铺设厚度尽量控制在2.5毫米以内，铺好的防水层不得有裂缝和粘结不良现象，否则应在暖棚中进行施工。

第五节 沥青胶结材料防水层

第 2.5.1 条 沥青胶结材料防水层主要用于防水混凝土结构或水泥砂浆防水层上，作为附加防水层。

第 2.5.2 条 在侵蚀性介质中，如使用沥青玛𤧛脂作防水层时，应采用相应的耐腐蚀填充料，其具体要求应符合本规范第2.4.5条的有关规定。

第 2.5.3 条 沥青胶结材料防水层施工时，应符合下列规定：

一、基层表面应平整、密实、洁净；

二、基层表面应满涂冷底子油，并宜使其干燥；

三、沥青胶结材料防水层一般涂2层，每层厚度为1.5～2毫米；

四、沥青胶结材料所用的沥青，其软化点应符合本规范第2.4.4条的有关规定。

沥青胶结材料的加热温度和使用温度应符合国家标准《屋面工程施工及验收规范》（GBJ207—83）第 2.2.11 条的有关规定。

第 2.5.4 条 沥青胶结材料防水层可在气温不低于－20°C时施工，如温度过低，必须采取保温措施。

在炎热季节施工时，为避免烈日暴晒引起沥青流淌，应采取遮阳措施。

第六节 金属防水层

第 2.6.1 条 金属防水层所用的金属板和焊条的规格及材性均应符合设计要求。

金属板的拼接或金属板与需防水结构金属连接件的连接，均应采用焊接。

防水层采用4毫米以上的钢板时，其焊接质量及技术要求应按国家标准《钢结构工程施工及验收规范》（GBJ205—83）的有关规定执行。

防水层采用4毫米及其以下的钢板时，其焊接质量及技术要求应按有关的专门规程执行。

竖向金属板的垂直接缝应相互错开。

第 2.6.2 条 金属防水层一般铺设在防水建筑的内部。

浇筑防水建筑的混凝土前铺设金属防水层时，拼接好的金属防水层应与防水建筑的钢筋焊牢，或在金属防水层上焊以一定数量的锚件，以便与混凝土或砌体连结牢固。金属防水层可作模板使用，但应用临时支撑加固。

在已作好的防水建筑上铺设金属防水层时，金属板应连续焊在混凝土或砌体中的预埋件上。

如金属防水层先焊成箱体，再整体吊装就位时，应在其内部加设临时支撑，防止箱体变形。

第 2.6.3 条 金属板的拼缝焊好后，应用探伤仪、气泡法、真空法、煤油渗透法等检查焊缝的严密性，如发现焊缝不合格或有渗漏现象，应予修整或补焊，直至合格为止。

第 2.6.4 条 金属防水层应与防水建筑紧密贴合。如先施工防水建筑，后铺设金属防水层时，其焊缝经检查合格后，应将金属防水层与防水建筑间的空隙用水泥砂浆灌严。

第 2.6.5 条 金属防水层应加保护，所用保护材料应符合设计要求。

第 2.6.6 条 金属防水层与卷材防水层相连时，应将卷材防水层夹紧在金属防水层与夹板中间，夹板宽度不应小于100毫米，夹板下涂沥青胶结材料，并用沥青玻璃布油毡、再生胶油毡或软金属片等衬垫，然后用螺栓紧固。螺栓应焊在金属防水层上或预埋在混凝土中。

第七节 细部构造

第 2.7.1 条 地下防水工程墙体和底板上所有的预埋管道及预埋件，必须在浇筑混凝土前按设计要求予以固定，并经检查合格后，浇筑于混凝土内。

穿墙管道预埋套管应设置止水环，环数应符合设计要求。止水环必须满焊严密，见图2.7.1。

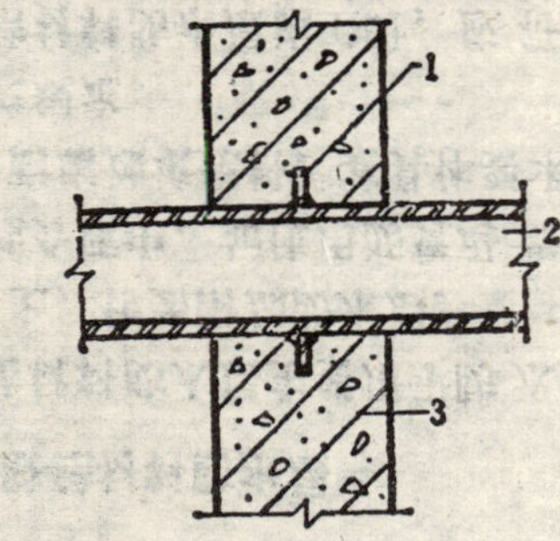

图 2.7.1 套管设置止水环

1—止水环；2—预埋套管；3—需防水结构

第 2.7.2 条 卷材防水层与穿过防水层的管道的连接处，如预埋套管带有法兰时，应将卷材粘贴在法兰上，粘贴宽度至少为100毫米，并用夹板将卷材压紧。粘贴前应将金属配件表面的尘垢和铁锈清除干净，刷上沥青。夹紧卷材的压紧板或夹板下面应用软金属片、石棉纸板、再生胶油毡或沥青玻璃布油毡衬垫。卷材防水层与管道预埋件的连接方法见图2.7.2-1。

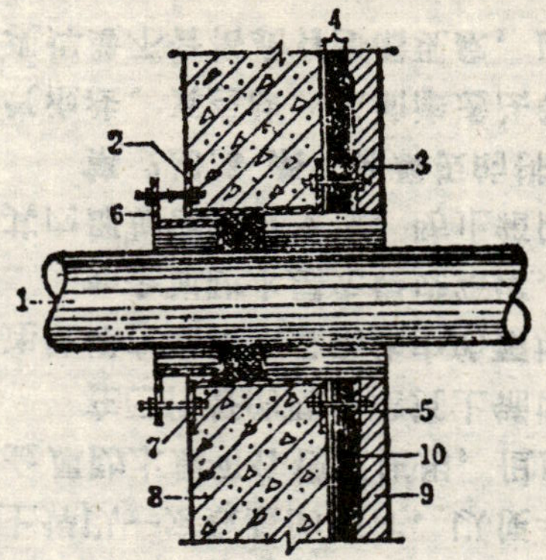

图 2.7.2-1 油毡防水层与管道埋设件连接处的作法示意图

1—管子；2—预埋件（带法兰盘的套管）；3—夹板；4—油毡防水层；5—压紧螺栓；6—填缝材料的压紧环；7—填缝材料；8—需防水结构；9—保护墙；10—附加油毡层

卷材防水层与穿过防水层的管道或设备的连接处，如预埋套管无法兰时，应逐层增设卷材附加层（见图2.7.2-2）。在铺贴卷材前必须将预埋套管上的铁锈、杂物清理干净。在第一层卷材铺贴后，随即铺贴一层圆环形及长条形卷材附加层，并用沥青麻丝缠牢，照此铺贴第二层及以后各层卷材和卷材附加层。最后一层卷材和卷材附加层做完后，应缠上沥青麻丝，并涂上一层热沥青。穿墙管与套管之间封口可用铅捻口或石棉水泥打口。

第 2.7.3 条 变形缝（沉降缝、伸缩缝、抗震缝等）的处理应符合下列规定：

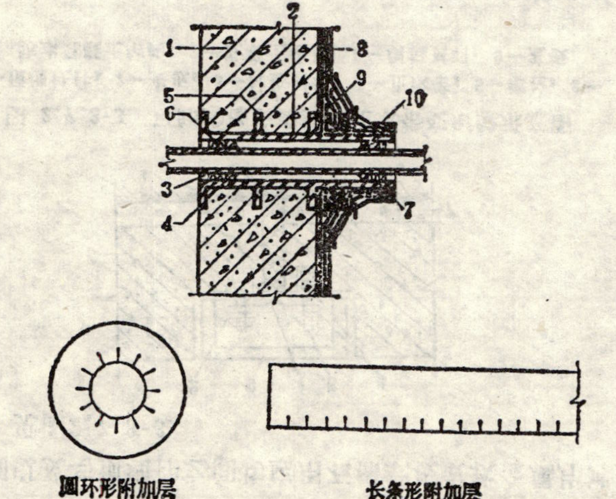

图 2.7.2-2 穿墙管铺贴卷材和附加卷材示意图

1—需防水结构；2—预埋套管；3—铅捻口；4—捻口阻挡环；5—止水环；6、7—沥青麻丝；8—卷材防水层；9—圆环形附加层；10—长条形附加层

一、在不受水压的地下防水工程中，结构的变形缝应用加防腐掺合料的沥青浸过的毛毡、麻丝或纤维板填塞严密，并用有纤维掺合料的沥青等材料封缝。在重要的结构中，墙的变形缝应做出沟槽，并填嵌严密。

墙的变形缝的填缝应根据墙的施工进度逐段进行，每300～500毫米高应填缝一次，缝宽不宜小于30毫米。

不受水压的卷材防水层，在变形缝处，除原有的卷材防水层外，应加铺两层抗拉强度较高的卷材，如玻璃布油毡或再生胶油毡等，见图2.7.3-1；

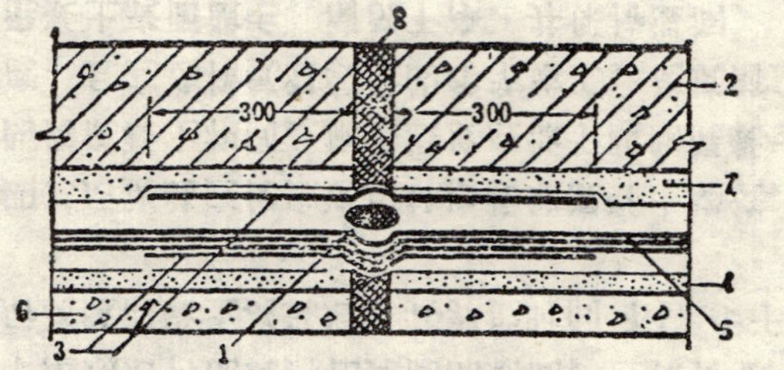

图 2.7.3-1 不受水压的油毡防水层在变形缝处的做法示意图

1—浸过沥青的垫卷；2—底板（墙身）；3—加铺的沥青玻璃布油毡或无胎油毡；4—砂浆找平层；5—油毡防水层；6—垫层或墙身保护层；7—砂浆保护层；8—填缝材料

二、在受水压的地下防水工程中，当温度经常处于50°C以下并不受强氧化作用时，结构的变形缝宜采用橡胶或塑料止水带；当有油类侵蚀时，应选用相应的耐油橡胶或塑料止水带。止水带应采用整条的，如必须接长或接成环状时，其接缝应焊接或胶结；

注：橡胶止水带技术性能的参考指标，是在抗拉延伸率达到150%时，用肉眼观察没有裂缝、孔洞和分层等破坏现象。

三、在受高温和水压的防水工程中，结构变形缝宜采用1～2毫米厚的紫铜板或不锈钢板制成的金属止水带。金属止水带应是整条的，如需接长时，接缝应用焊接，焊缝应严密平整并经检验合格后方可安装；

四、采用埋入式橡胶或塑料止水带的变形缝施工时，止水带的位置应准确，圆环中心应在变形缝的中心线上。止水带应固定，浇筑混凝土前必须清洗干净，不得留有泥土杂物，以免影响与混凝土的粘结，见图2.7.3-2；

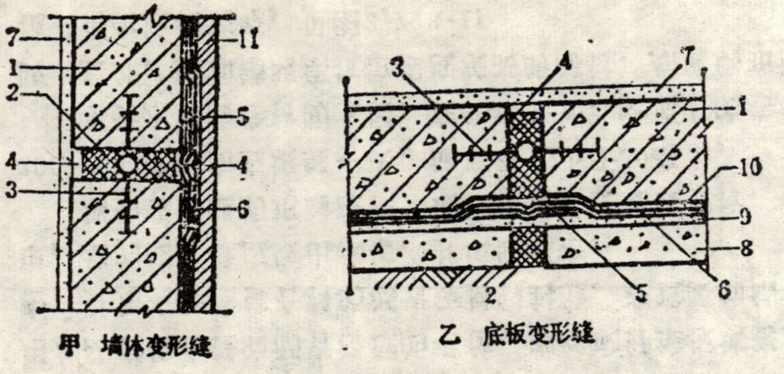

图 2.7.3-2 采用埋入式橡胶或塑料止水带的变形缝示意图

1—防水结构；2—填缝材料 3—止水带；4—填缝油膏；5—油毡附加层；6—油毡防水层；7—水泥砂浆面层；8—混凝土垫层；9—水泥砂浆找平层；10—水泥砂浆保护层；11—保护墙

五、采用夹板安装在预埋螺栓上的可卸式止水带与夹板之间以及与预埋件之间均应用石棉纸板或软金属片衬垫严密，见图2.7.3-3。

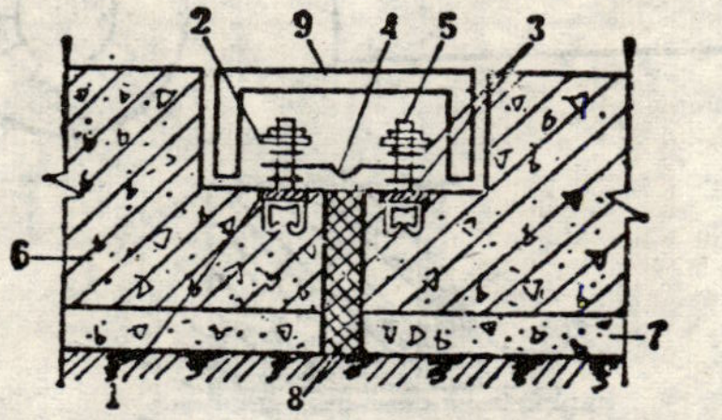

图 2.7.3-3 可卸式橡胶或塑料止水带变形缝示意图

1—预埋铁件；2—夹板；3—衬垫材料；4—止水带；5—螺栓；6—防水混凝土结构；7—混凝土垫层；8—填缝材料；9—盖板

采用埋入式金属止水带时，其两侧边缘应有可靠的锚固措施；

六、止水带的接头应尽可能设置在变形缝的水平部位，不得设置在变形缝的转角处。转角处的金属止水带应做成圆弧形。

第 2.7.4 条 后浇缝是一种刚性接缝，适用于不允许留柔性变形缝的工程。施工时应符合下列规定：

一、后浇缝留设的位置及宽度应符合设计要求；

二、后浇缝可留成企口缝、阶梯缝或平直缝，见图2.7.4；

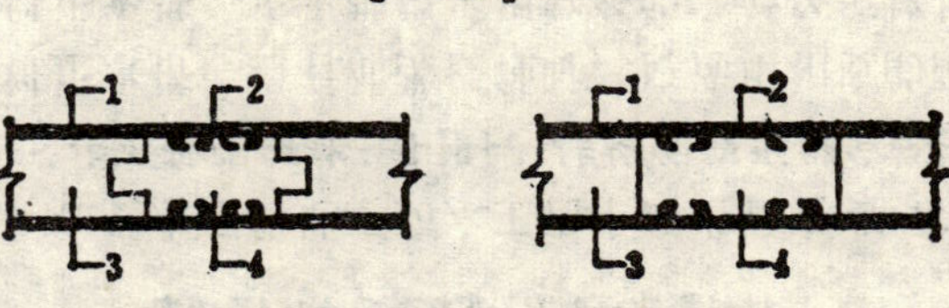

图 2.7.4 混凝土后浇缝

1—主钢筋；2—附加钢筋；3—先浇混凝土；4—后浇混凝土

三、后浇缝混凝土应在其两侧混凝土浇筑完毕，并间隔六个星期后再浇筑，在此间隔期间，应保持该部位清洁。后浇缝混凝土浇筑后，其养护时间不应少于四个星期；

四、后浇缝应优先选用补偿收缩混凝土浇筑，其标号应与两侧混凝土相同。施工温度应低于两侧混凝土施工时的温度，且宜选择气温较低的季节施工。浇筑前应将接缝处的混凝土表面凿毛、清洗干净，并保持湿润。

第 2.7.5 条 水泥砂浆防水层细部处理：

一、露出基层的埋设件和管道等周围应剔出深30毫米、宽20毫米的环形凹槽（可根据埋设件或管径大小适当调整宽深尺寸），在水泥砂浆防水层施工前，先用水泥浆（水灰比0.37～0.4）及水泥砂浆将其填实，然后再做防水层，见图2.7.5-1、2.7.5-2；

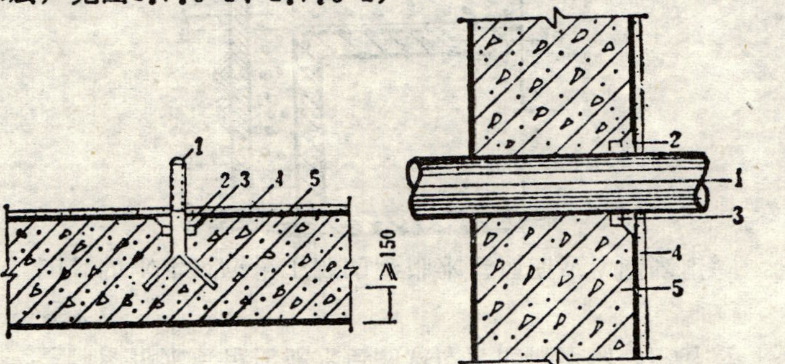

图 2.7.5-1 预埋螺栓做法示意图

1—预埋螺栓；2—水泥砂浆；3—水泥浆；4—水泥砂浆防水层；5—防水建筑

图 2.7.5-2 预埋管道做法示意图

1—预埋管道；2—水泥砂浆；3—水泥浆；4—水泥砂浆防水层；5—防水建筑

二、地下防水工程的楼梯或门口均须做防水处理。楼梯间的装饰及踏步的防滑条等应在防水层抹完后再行施工。木制门应采用后塞口的作法，即在其他部位的防水层施工完毕后，再安装门框。

第八节 防水层的保护层

第 2.8.1 条 卷材防水层或沥青涂料防水层上的水泥砂浆或混凝土保护层，在立面上，应在涂刷防水层最后一层沥青胶结材料时，趁热粘上干净的热砂或散麻丝，待冷却后，随即铺抹一层10～20毫米厚的1∶3水泥砂浆保护层；在平面上可铺设一层30～50毫米厚的1∶3水泥砂浆或细石混凝土保护层。

第 2.8.2 条 为压紧和保护外部防水层在建筑物使用过程中不受损伤，应在防水层上先铺抹水泥砂浆，再用砖或混凝土板块修筑保护墙，防水层与保护墙间的空隙应随时用砌筑砂浆填实。

防水层保护墙应在转角处和每隔5～6米的地方断开，并在断开的缝中用卷材条或沥青麻丝填塞。

内部防水层一般采用混凝土或钢筋混凝土衬层压紧保护。

顶板上外部的防水层可用整体浇筑的低标号混凝土或用砂浆砌筑砖石、混凝土板块做成保护层。

第 2.8.3 条 防水层的保护层（保护墙）完工或防水混凝土结构模板拆除并经验收合格后，基坑应及时回填。回填土应符合设计要求。如设计无要求，宜采用粘性土或灰土，土中不得含有石块、碎砖、灰碴及有机杂物。回填土夯实应符合国家标准《土方与爆破工程施工及验收规范》（GBJ201—83）第三章的有关规定。

第三章 渗排水、盲沟排水

第 3.0.1 条 渗排水适用于地下水为上层滞水且防水要求较高的地下建筑。渗排水的排水系统必须畅通。渗排水应符合下列规定：

一、渗排水层中埋设渗水管时，相邻管端之间应间隔10～15毫米，使水向管内汇集后再行排走。渗排水管的坡度一般为1%，并不得有倒坡现象；

二、渗排水层所用的砂石，应根据地下水所含的不同介质选用，但地下水中游离碳酸含量超过规定时，不得采用碳酸钙石料。

石料粒径以20～40毫米为宜，砂宜采用中粗砂。

砂石必须洁净，含泥量不应大于2%。

渗排水层总厚度一般不应小于300毫米。如较厚时，则应分层铺填，每层厚度不得超过300毫米，凡与基坑土层接触处，宜采用5～15毫米的豆石或粗砂作滤水层，滤水层厚度一般为100～150毫米；

三、渗排水层包括滤水层的总厚度的偏差不宜超过+50毫米；

四、防水建筑底板下部的渗排水层顶面应作隔浆层。

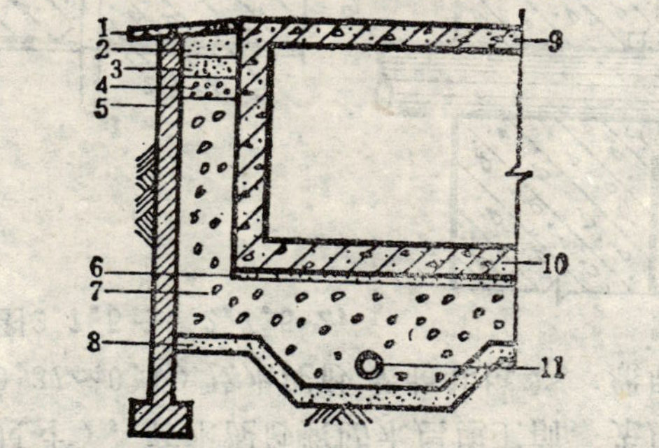

图 3.0.1 渗排水层构造示意图

1—混凝土保护层，2—300厚细砂层，3—300厚粗砂层，4—300厚小砾石或碎石，5—保护墙，6—隔浆层，7—渗排水层，8—砂滤水层，9—防水结构顶板，10—防水结构底板，11—渗水管

隔浆层可铺油毡或抹30～50毫米厚的1∶3水泥砂浆。在防水建筑周围的渗排水层顶面应做混凝土地坪或混凝土散水坡，散水坡应超过渗排水层外边缘不小于400毫米，渗排水层的构造见图3.0.1；

五、渗排水层上覆土较薄而又采用陶土管、无筋混凝土管作渗排水管时，应禁止机动车在上面行驶。

第 3.0.2 条 盲沟排水一般适用于地基为弱透水性土层、地下水量不大、排水面积较小、常年地下水位低于地下建筑底板或丰水期短期内地下水位稍高于地下建筑底板的地下防水工程。盲沟的一般作法如下：

一、盲沟的坡度应符合设计要求，沟内应填以粒径为60～100毫米的砾石或碎石。周围与土层接触的部位应设置粒径为5～10毫米的粗砂或小碎石做滤水层。盲沟的构造见图3.0.2；

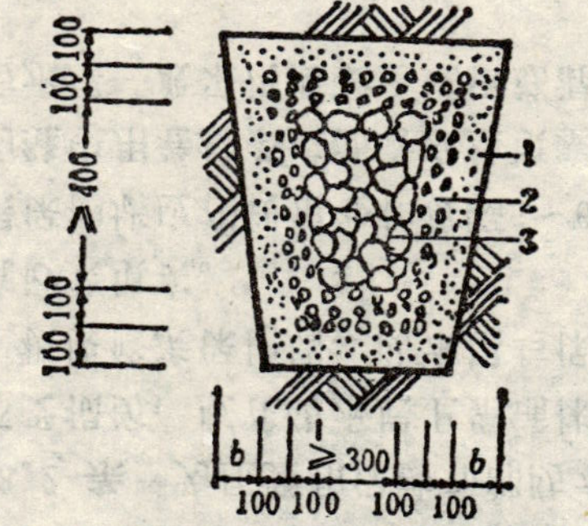

图 3.0.2 盲沟构造示意图

1—粗砂滤水层，2—小石子滤水层，3—石子滤水层

二、盲沟用的砂石必须洁净、无杂质，含泥量不应大于2%；

三、盲沟出水口处应设滤水篦子，以防碎石或砾石流失。

第四章 工程验收

第 4.0.1 条 地下防水工程中的下列各项在隐蔽前，必须进行验收，并作好记录：

一、卷材防水层及沥青胶结材料防水层的基层；

二、防水层被土、水、砌体或其它结构掩盖的部位；

三、管道设备穿过防水层的封固处；

四、渗排水层和盲沟排水的隐蔽工程。

第 4.0.2 条 地下防水工程的质量应符合下列要求：

一、防水层应满铺不断，接缝严密，各层之间和防水层与基层之间应紧密结合，无裂缝、损伤、气泡、脱层或滑动等现象；

二、管道、电缆等穿过防水层的地方应封严；

三、变形缝的止水带不应有折裂、脱焊或脱胶，预埋件螺栓应拧紧，缝隙应用填缝材料封严。

第 4.0.3 条 地下防水工程竣工验收时，应提交下列文件：

一、隐蔽工程记录；

二、原材料、半成品、成品的质量证明文件、试验报告和检验记录；

三、施工过程中重大技术问题的处理记录和工程变更记录。

附录一 标准目录

1.国家标准	GB175—77	硅酸盐水泥，普通硅酸盐水泥
2.国家标准	GB1344—77	矿渣硅酸盐水泥、火山灰质硅酸盐水泥与粉煤灰硅酸盐水泥
3.原建筑工程部标准	建标55—61	硅酸盐膨胀水泥
4.原国家建筑工程总局标准	JGJ52—79	普通混凝土用砂质量标准及检验方法
5.原国家建筑工程总局标准	JGJ53—79	普通混凝土用碎石或卵石质量标准及检验方法
6.国家标准	GB494—75	建筑石油沥青
7.石油工业部标准	SYB1661—72	道路石油沥青规格
8.石油工业部标准	SYB1665—62S	

普通石油沥青

9.石油工业部标准　SYB2801—77 石油沥青针入度测定法

10.石油工业部标准　SYB2804—66 石油沥青延度测定法

11.石油工业部标准　SYB2806—66 石油沥青软化点测定法（环球法）

12.国家标准　GB2290—80 煤沥青

13.冶金工业部标准　YB294—75 煤焦油

14.国家标准　GB326—73 石油沥青油毡、油纸

15.原国家基本建设委员会标准　JC84—74 沥青玻璃布油毡

16.原国家建筑材料工业总局标准　JC206—76 再生胶油毡

17.原建筑工程部标准　JG73—64 煤沥青油毡

18.国家标准　GB328—73 沥青纸胎防水卷材检验方法

19.原国家建筑材料工业总局标准　JC207—76 建筑防水沥青嵌缝油膏

20.原建筑工程部标准　建标39—61 防水剂

21.冶金工业部标准　YB181—65 镀锌用厚板和酸洗薄钢板品种

附录二　名词对照表

序号	本规范采用的名词	GBJ16—66(修订本)采用的名词	其他习惯用名词
1	变形缝	变形缝、伸缩缝、沉降缝	
2	再生胶油毡	无胎油毡	再生胶油毡、无胎油毡
3	卷材	卷材	卷材、防水卷材
4	油毡	油毡	油毡、防水毡
5	油膏		油膏、胶泥、嵌缝油膏
6	补偿收缩混凝土		微膨胀混凝土
7	防水混凝土结构	混凝土防水结构	
8	外加剂	附加剂	附加剂、外加剂
9	止水带	伸缩片	止水带、伸缩片
10	砂、石	骨料、砂、石	骨料、砂、石
11	刚性多层作法防水层	水泥砂浆分层交叉做法	四层、五层做法 刚性防水抹面
12	后浇缝		后浇缝、刚性接缝
13	外防外贴法		外贴法
14	外防内贴法	内贴法	内贴法
15	侵蚀性介质	侵蚀性环境	
16	玛璃脂	玛璃脂	沥青胶
17	水泥浆		素灰

附录三　规范用词说明

本规范条文中，要求严格程度的用词说明如下，以便在执行时区别对待。

1.表示很严格、非这样作不可的用词：

正面词采用“必须”，反面词采用“严禁”。

2.表示严格，在正常情况下均应这样作的用词：

正面词采用“应”，反面词采用“不应”或“不得”。

3.表示允许稍有选择，在条件许可时首先应这样作的用词：

正面词采用“宜”或“可”，反面词采用“不宜”。

中华人民共和国国家标准

建筑地面工程施工及验收规范

Code for construction and acceptance of building ground engineering

GB 50209-95

主编部门：江苏省建设委员会
批准部门：中华人民共和国建设部
施行日期：1996年7月1日

关于发布国家标准《建筑地面工程施工及验收规范》的通知

建标〔1995〕777号

根据国家计委计综合〔1991〕290号文的要求，由江苏省建设委员会会同有关部门共同修订的《建筑地面工程施工及验收规范》，已经有关部门会审。现批准《建筑地面工程施工及验收规范》GB 50209-95为强制性国家标准，自一九九六年七月一日起施行，原国家标准《地面与楼面工程施工及验收规范》GBJ 209-83同时废止。

本规范由江苏省建设委员会负责管理，其具体解释等工作由江苏省建筑工程局负责。出版发行由建设部标准定额研究所负责组织。

中华人民共和国建设部
一九九五年十二月二十五日

1 总 则

1.0.1 为了提高建筑地面工程的施工技术，在符合设计要求和满足使用功能条件下，做到技术先进、经济合理、确保质量、安全适用，制定本规范。

1.0.2 本规范适用于工业与民用建筑地面工程的施工及验收。

本规范不适用于对保温、隔热、超净、屏蔽、绝缘和防止放射线等特殊要求的建筑地面工程的施工及验收。

1.0.3 建筑地面工程的施工及验收，除应执行本规范外，尚应符合国家现行的有关标准和规范的规定。

2 基本规定

2.0.1 建筑地面应包括建筑物底层地面和楼层地面，并包含室外散水、明沟、踏步、台阶、坡道等。

2.0.2 建筑地面应由下列各构造层组成：

2.0.2.1 面层：直接承受各种物理和化学作用的表面层；

2.0.2.2 结合层：面层与下一构造层相联结的中间层，也可作为面层的弹性基层；

2.0.2.3 找平层：在垫层上、楼板上或填充层（轻质、松散材料）上起整平、找坡或加强作用的构造层；

2.0.2.4 隔离层：防止建筑地面上各种液体（含油渗）或地下水、潮气渗透地面等作用的构造层，仅防止地下潮气透过地面时可称作防潮层；

2.0.2.5 填充层：在建筑地面上起隔声、保温、找坡或敷暗管线等作用的构造层；

2.0.2.6 垫层：承受并传递地面荷载于基土上的构造层；

2.0.2.7 基土：地面垫层下的土层（含地基加强或软土地基表面加固处理）。

2.0.3 建筑地面各构造层采用的材料、建筑产品的品种、规格、配合比、标号或强度等级等，应按设计要求和本规范的规定选用，并应符合现行的有关产品标准的规定。对进场材料的质量应抽样复验，确认合格后方可使用。

各层采用拌合料的配合比或强度等级应由试验确定。

2.0.4 建筑地面各层的厚度和连接件（接合用的、镶边用的等）的构造，应符合设计要求和本规范的规定。

2.0.5 位于建筑地面工程下部的沟槽、暗管等，应待该项工程完工，经检验合格并做隐蔽工程记录后，方可进行上部工程的施工。

2.0.6 建筑地面工程各层的铺设，应待其下一层符合本规范的有关规定后进行施工。

2.0.7 建筑地面工程施工时，各层环境温度及所铺设材料的温度，应符合下列规定：

2.0.7.1 采用掺有水泥的拌合料铺设面层、结合层、找平层和垫层时，环境温度不应小于5℃；

2.0.7.2 采用掺有石灰的拌合料铺设垫层时，环境温度不应小于5℃；

2.0.7.3 采用沥青胶结料（无特别注明时，均为石油沥青胶结料，以下同）作为结合层和填缝料铺设块料、木板和硬质纤维板面层时，环境温度不应小于5℃；

2.0.7.4 采用胶粘剂（无特别注明时，均为有机胶粘剂，以下同）粘贴塑料板、木板和硬质纤维板面层时，环境温度不应小于10℃；

2.0.7.5 当在砂石垫层和砂结合层上铺设块料、料石面层时，环境温度不应小于0℃；

2.0.7.6 当铺设碎石、碎砖垫层时，环境温度不应小于0℃；

2.0.7.7 当低于上述温度施工时，应采取相应的冬期措施。

2.0.8 水泥混凝土和水泥砂浆试块的制作、养护及强度检验，应符合现行的国家标准《混凝土结构工程施工及验收规范》和《砖石工程施工及验收规范》的规定。

试块的组数，按每一层建筑地面工程不应少于一组。当每层建筑地面工程面积超过1000m^{2}时，每增加1000m^{2}各增做一组试块，不足1000m^{2}按1000m^{2}计算。当改变配合比时，亦应相应的制作试块组数。

2.0.9 在夯实的基土上铺设有坡度的地面，应修整基土高差达到设计所要求的坡度。

在钢筋混凝土板上铺设有坡度的地面或楼面，应按结构起坡或利用填充层（或找平层）找坡达到设计所要求的坡度。

2.0.10 建筑地面工程完工后，应对面层采取保护措施。

3 基　　土

3.0.1 地面应铺设在均匀密实的基土上。填土或土层结构被挠动的基土，应予分层压（夯）实。

3.0.2 在淤泥、淤泥质土及杂填土、冲填土等软弱土层上施工时，应按设计要求对基土进行更换或加固；并应符合国家现行的《地基与基础工程施工及验收规范》和《建筑地基处理技术规范》的有关规定。

填土的质量应符合现行的国家标准《土方与爆破工程施工及验收规范》的有关规定。淤泥、腐植土、冻土、耕植土和有机物含量大于8%的土，均不得用作填土；膨胀土作为填土时，应进行技术处理。

3.0.3 填土的施工应采用机械或人工方法分层压（夯）实，土块的粒径不应大于50mm。每层虚铺厚度：机械压实时，不宜大于300mm；用蛙式打夯机夯实时，不应大于250mm；人工夯实时，不应大于200mm。每层压（夯）实后土的压实系数应符合设计要求，但不应小于0.9。填土前宜取土样用击实试验确定最优含水量与相应的最大干密度。

3.0.4 填土宜控制在最优含水量的情况下施工；过干的土在压实前应加以湿润，过湿的土应予晾干。

当工业厂房的填土时，在施工前应通过试验确定其最优含水量和施工含水量的控制范围。

3.0.5 当墙、柱基础处的填土时，应重叠夯填密实。在填土与墙柱相连处，亦可采取设缝进行技术处理。

3.0.6 当基土下为非湿陷性土层，其填土为砂土时可随浇水随压（夯）实。每层虚铺厚度不应大于200mm。

3.0.7 采用碎石、卵石等作基土表层加强时，应均匀铺成一层。粒径宜为40mm，并应压（夯）入湿润的土层中。

3.0.8 在冻胀性土上铺设地面时，应按设计要求做防冻胀处理后方可施工。并不得在冻土上进行填土施工。

4 垫 层

4.1 灰土垫层

4.1.1 灰土垫层应采用熟化石灰与粘土（或粉质粘土、粉土）的拌合料铺设，其厚度不应小于100mm。并应铺设在不受地下水浸湿的基土上。

灰土拌合料的体积比宜为3∶7（熟化石灰∶粘土），或按设计要求配料。

当采用粉煤灰或电石渣代替熟化石灰作垫层时，其粒径不得大于5mm，拌合料的体积比应通过试验确定。

4.1.2 熟化石灰应在生石灰（石灰中的块灰不应小于70%）使用前3～4d洒水粉化，并加以过筛，其粒径不得大于5mm；熟化石灰亦可采用磨细生石灰，并按体积比与粘土拌合洒水堆放8h后使用。

采用的粘土不得含有有机杂质，使用前应予过筛，其粒径不得大于15mm。

4.1.3 灰土拌合料应拌合均匀，颜色一致，并保持一定湿度。加水量宜为拌合料总重量的16%。

4.1.4 铺设灰土拌合料应分层随铺随夯，不得隔日夯实，亦不得受雨淋。每层虚铺厚度宜为150～250mm。夯实的干密度最低值应符合设计要求。夯实后的表面应平整，经晾干方可进行下道工序的施工。

在施工间歇后继续铺设前，接槎处应清扫干净，铺设后接槎处应重叠夯实。

4.2 砂垫层和砂石垫层

4.2.1 砂垫层厚度不得小于60mm；砂石垫层厚度不宜小于100mm。

砂或砂石中不得含有草根等有机杂质；冬期施工时不得含有冰冻块；石子的最大粒径不得大于垫层厚度的2／3。

4.2.2 砂宜选用质地坚硬的中砂或中粗砂。砂垫层铺平后，应洒水湿润，并宜采用机具振实。振实后的密实度应符合设计要求，其检验方法可采取环刀法测定其干密度值，或采用小型锤击贯入度测定。

当基土为非湿陷性的土层时，砂垫层施工应符合本规范第3.0.6条的规定。

4.2.3 砂石宜选用级配良好的材料。砂石垫层应摊铺均匀，不得有粗细颗粒分离现象。压实前应洒水使砂石表面保持湿润；采用机械碾压或人工夯实时，均不应小于三遍，并压（夯）至不松动为止。

4.3 碎石垫层和碎砖垫层

4.3.1 碎石垫层厚度不应小于60mm；碎砖垫层厚度不宜小于100mm。

碎石应选用强度均匀和未风化的石料，其最大粒径不得大于垫层厚度的2／3。

碎砖不得采用风化、酥松、夹有瓦片和有机杂质的砖料，其粒径不应大于60mm。

4.3.2 碎石垫层应摊铺均匀，表面空隙应以粒径为5～25mm的细石子填补，其施工应符合本规范第4.2.3条的规定。

4.3.3 碎砖垫层应分层摊铺均匀，洒水湿润后，采用机具夯实，并达到表面平整。夯实后的厚度不应大于虚铺厚度的3／4。

在已铺设的垫层上，不得用锤击的方法进行砖料加工。

4.4 三合土垫层

4.4.1 三合土垫层应采用石灰、砂（亦可掺入少量粘土）与碎砖的拌合料铺设，其厚度不应小于 100mm。砂亦可用炉渣代替。

铺设方法采取先拌合三合土后铺设或先铺设碎砖后灌浆。三合土垫层在硬化期间应避免受水浸湿。

4.4.2 三合土垫层采用的材料：石灰应采用熟化石灰，并应符合本规范第 4.1.2 条的规定；碎砖应符合本规范第 4.3.1 条的规定；砂应采用中砂或中粗砂，并不得含有草根等有机杂质。

4.4.3 当三合土垫层采取先拌合后铺设的方法时，其采用石灰、砂和碎砖拌合料的体积比宜为 1∶3∶6（熟化石灰∶砂∶碎砖），或按设计要求配料。加水拌合均匀后，每层虚铺厚度为 150mm；铺平夯实后每层的厚度宜为 120mm。

4.4.4 当三合土垫层采取先铺设后灌浆的方法时，碎砖先分层铺设，每层虚铺厚度不应大于 120mm，并洒水湿润和铺平拍实，而后灌石灰砂浆，其体积比宜为 1∶2～1∶4，灌浆后夯实。

4.4.5 三合土垫层表面应平整；搭接处应夯实。

4.5 炉 渣 垫 层

4.5.1 炉渣垫层应采用炉渣或采用水泥与炉渣或采用水泥、石灰与炉渣的拌合料铺设。其厚度不应小于 80mm。配合比应符合设计要求。

炉渣内不应含有有机杂质和未燃尽的煤块；粒径不应大于 40mm，且粒径在 5mm 及以下的体积，不得超过总体积的 40%。石灰应符合本规范第 4.1.2 条的规定。

4.5.2 炉渣或水泥炉渣垫层采用的炉渣，使用前应浇水闷透；水泥石灰炉渣垫层采用的炉渣，应先用石灰浆或用熟化石灰浇水拌合闷透。闷透时间均不得小于 5d。

4.5.3 炉渣垫层拌合料应拌合均匀，并应控制加水量，铺设时垫层表面不得呈现泌水现象。

在垫层铺设前，基层应清扫干净并洒水湿润；铺设后应压实拍平。垫层厚度大于 120mm 时，应分层铺设；每层压实后的厚度不应大于虚铺厚度的 3／4。

4.5.4 当炉渣垫层内埋设管道时，管道周围宜用细石混凝土予以稳固。

4.5.5 炉渣垫层施工完毕应养护，并应待其凝固后方可进行下道工序的施工。

4.6 水泥混凝土垫层

4.6.1 水泥混凝土垫层厚度不得小于 60mm；其强度等级不应小于 C10。

4.6.2 水泥混凝土垫层应分区段进行浇筑。分区段应结合变形缝位置、不同材料的建筑地面连接处和设备基础的位置进行划分。浇筑前，垫层的下一层表面应予湿润。

浇筑水泥混凝土垫层前应按设计要求和施工埋设锚栓或木砖等要求预留孔洞。

5 找 平 层

5.0.1 找平层应采用水泥砂浆、水泥混凝土和沥青砂浆、沥青混凝土铺设，并应符合本规范第7章同类面层的规定。其采用的碎石或卵石的粒径不应大于找平层厚度的2／3。

水泥砂浆体积比不宜小于1∶3；水泥混凝土强度等级不应小于C15。

5.0.2 在铺设找平层前，应将下一层表面清理干净。当找平层下有松散填充料时，应予铺平振实。

用水泥砂浆或水泥混凝土铺设找平层，其下一层为水泥混凝土垫层时，应予湿润，当表面光滑时，应划（凿）毛。铺设时先刷一遍水泥浆，其水灰比宜为0.4～0.5，并应随刷随铺。

5.0.3 在预制钢筋混凝土板上铺设找平层前，板缝填嵌施工时，应符合下列规定：

5.0.3.1 预制钢筋混凝土相邻板的板缝底宽不应小于20mm；

5.0.3.2 填嵌时，板缝内应清理干净，保持湿润；

5.0.3.3 填缝采用细石混凝土，其强度等级不得小于C20；

5.0.3.4 浇筑时混凝土的坍落度应控制在10mm，振捣应密实，其填嵌高度应小于板面10～20mm，表面不宜压光；

5.0.3.5 当板缝间分两次填嵌时，可先灌水泥砂浆，其体积比为1∶2～1∶2.5，后浇筑细石混凝土；

5.0.3.6 当板缝宽度大于40mm时，板缝内应按设计要求配置钢筋。施工时应支底模，并应嵌入缝内5～10mm；

5.0.3.7 板缝填嵌后应养护。混凝土强度等级达到C15时，方可继续施工。

5.0.4 在预制钢筋混凝土板上铺设找平层时，其板端间应按设计要求采取防裂的构造措施。

5.0.5 有防水要求的楼面工程，在铺设找平层前，应对立管、套管和地漏与楼板节点之间进行密封处理。并应在管四周留出深8～10mm的沟槽，采用防水卷材或防水涂料裹住管口和地漏（图5.0.5）。

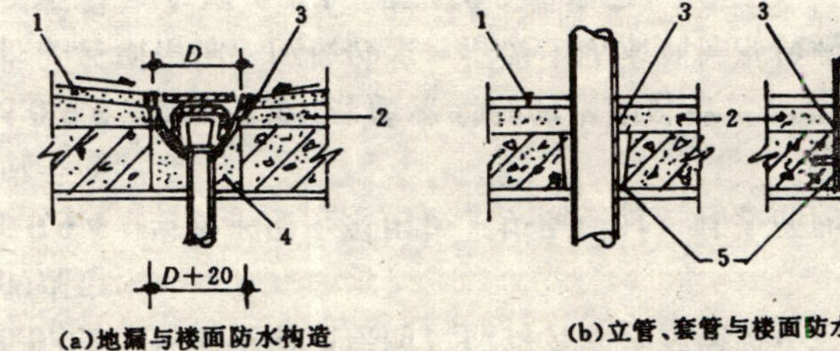

图5.0.5 管道与楼面防水构造

1—面层按设计；2—找平层（防水层）；
3—地漏（管）四周留出8～10mm小沟槽（元钉剔槽、打毛、扫净）；
4—1∶2水泥砂浆或细石混凝土填实；5—1∶2水泥砂浆

5.0.6 在水泥砂浆或水泥混凝土找平层上铺涂防水卷材或防水涂料隔离层时，找平层表面应洁净、干燥，其含水率不应大于9%，并应涂刷基层处理剂。基层处理剂应采用与卷材性能配套的材料或采用同类涂料的底子油。铺设找平层后，涂刷基层处理剂的相隔时间以及其配合比均应通过试验确定。

在沥青砂浆或沥青混凝土找平层上铺设水泥类（掺有水泥的拌合料，以下同）面层或结合层时，找平层的表面应符合本规范第6.0.10条的规定。

6　隔离层和填充层

6.0.1　隔离层的材料应符合设计要求，防油渗隔离层的材料应符合本规范第 7.5 节的规定。采用的材料应符合现行的产品标准的规定，并应经国家法定的检测单位检测。

6.0.2　填充层的材料，其材料密度和导热系数、强度等级或配合比均应符合设计要求。

6.0.3　隔离层和填充层的施工，除应执行本规范外，尚应符合现行的国家标准《屋面工程技术规范》和《地下防水工程施工及验收规范》的有关规定。

在隔离层上铺设板块时，应符合本规范第 7 章有关同类板块面层铺设的规定。

6.0.4　隔离层采用沥青胶结料时，其标号和技术指标，应符合现行的国家标准《屋面工程技术规范》的有关规定，并应符合设计要求。沥青胶结料的配制，应符合本规范第 7.1.5 条的规定。

6.0.5　当铺设隔离层和填充层时，其下一层的表面应平整、洁净和干燥；并不得有空鼓、裂缝和起砂现象。

6.0.6　当采用松散材料做填充层时，应分层铺平拍实；当采用板、块状材料做填充层时，应分层错缝铺贴，每层应选用同一厚度的板、块料；其铺设厚度均应符合设计要求。

当采用沥青胶结料粘贴板、块状填充层材料时，应边刷、边贴、边压实，防止板、块材料翘曲。

6.0.7　厕浴间和有防水要求的建筑地面应铺设隔离层。其楼面结构层应采用现浇水泥混凝土或整块预制钢筋混凝土板，其混凝土强度等级不应小于 C20。楼面结构层四周支承处除门洞外，应设置向上翻的边梁，其高度不应小于 120mm，宽度不应小于 100mm。施工时，结构层标高和预留孔洞位置应准确。

6.0.8　铺设防水类材料时，宜制定施工程序。在穿过楼板面管道四周处，防水材料应向上铺涂，并应超过套管的上口；在靠近墙面处，防水材料应向上铺涂，并应高出面层 200～300mm，或按设计要求的高度铺涂。阴阳角和穿过楼板面管道的根部尚应增加铺涂防水材料。

铺设完毕后，应作蓄水检验，蓄水深度宜为 20～30mm，24h 内无渗漏为合格，并应做记录。

6.0.9　当隔离层采用水泥砂浆或水泥混凝土找平层作为地面与楼面防水时，应在水泥砂浆或水泥混凝土中掺防水剂。当采用 JJ91 硅质密实剂施工时，应符合下列规定：

6.0.9.1　应在水泥砂浆或水泥混凝土中，掺量为水泥用量 10％的 JJ91 硅质密实剂，其水泥砂浆体积比应为 1∶2.5～1∶3（水泥∶砂）；水泥混凝土强度等级宜为 C20；

6.0.9.2　水泥砂浆厚度不应小于 30mm，水泥混凝土厚度宜为 50mm；其施工应符合本规范第 5 章的规定，并在水泥终凝前完成不小于两次压光；

6.0.9.3　当铺设隔离层时，应符合本规范第 6.0.7 条和第 6.0.8 条的规定；

6.0.9.4　当找平层上采用板、块面层时，其表面两次压光后应搓成毛面；

6.0.9.5　掺入 JJ91 硅质密实剂的水泥砂浆、水泥混凝土的技术性能各项指标，应按砂浆、混凝土防水剂标准检验，并应符合本规范附录 A 表 A.0.1、表 A.0.2 的规定。

6.0.10　在沥青类（掺有沥青的拌合料，下同）隔离层上铺设水泥类面层或结合层前，其表面应洁净、干燥，并应涂刷同类的沥青胶结料，其厚度宜为 1.5～2.0mm。

涂刷沥青胶结料的温度不应低于 160℃，并应随即将预热的绿豆砂均匀撒入沥青胶结料内，压入 1～1.5mm。绿豆砂的粒径宜为 2.5～5mm，预热温度宜为 50～60℃。表面过多的绿豆砂应在胶结料冷却后扫去。绿豆砂使用前应筛洗、晾干。

6.0.11 防水卷材铺设应粘实、平整，不得有皱折、空鼓、翘边和封口不严等缺陷。被挤出的沥青胶结料应及时刮去。

防水类涂料的涂刷应符合本规范第 7.18 节的规定。

7 面　层

7.1 一 般 规 定

7.1.1 各类面层的铺设宜在室内装饰工程基本完成后进行，并应做建筑地面工程的基层处理工作。

当铺设活动地板、木板、拼花木板和塑料地板面层时，应待室内抹灰工程或暖气试压工程等可能造成建筑地面潮湿的施工工序完成后进行。并应在铺设上述面层之前，使房间干燥，避免在气候潮湿的情况下施工。

7.1.2 当铺设水泥类面层、找平层和结合层，其下一层为水泥类材料时，其表面应粗糙、洁净和湿润，并不得有积水现象；当在预制钢筋混凝土板上铺设时，应在已压光的板面上划（凿）毛或涂刷界面处理剂。

当铺设水泥类面层和在水泥类结合层上铺设板块面层时，其下一层的水泥类材料的抗压强度不得小于1.2MPa。在铺设前应刷一遍水泥浆，其水灰比宜为 0.4～0.5，并随刷随铺。

7.1.3 当铺设沥青类面层以及采用沥青胶结料或防水涂料结合层铺设板块面层时，其下一层表面应坚固、密实、平整、干燥、洁净，并应涂刷基层处理剂。

基层处理剂的表面以及沥青胶结料或防水卷材、防水涂料隔离层的表面应保持洁净。

7.1.4 结合层和板块面层的填缝采用的水泥砂浆，应符合下列规定：

7.1.4.1 配制水泥砂浆应采用硅酸盐水泥、普通硅酸盐水泥或矿渣硅酸盐水泥，其标号不宜小于 425 号；

7.1.4.2 水泥砂浆采用的砂应符合现行的行业标准《普通混凝

土用砂质量标准及检验方法》的规定;

7.1.4.3 配制水泥砂浆的体积比、相应强度等级和稠度，应按表 7.1.4 采用。

水泥砂浆的体积比、相应强度等级和稠度 **表 7.1.4**

面层种类	构造层	水泥砂浆体积比	相应的水泥砂浆强度等级	水泥砂浆稠度(以标准圆锥体沉入度计,mm)
条石、缸砖面层	结合层和面层的填缝	1∶2	>M15	25～35
水泥钢(铁)屑面层	结合层	1∶2	>M15	25～35
整体水磨石面层	结合层	1∶3	>M10	30～35
预制水磨石板、大理石板、花岗石板、陶瓷锦砖、陶瓷地砖面层	结合层	1∶2	>M15	25～35
水泥花砖、预制混凝土板面层	结合层	1∶3	>M10	30～35

7.1.5 结合层、板块面层填缝的沥青胶结料以及隔离层的沥青胶结料应采用同类沥青与纤维、粉状或纤维和粉状混合的填充料配制，并应符合下列规定:

7.1.5.1 纤维填充料宜采用 6 级石棉和锯木屑，使用前应通过 2.5mm 筛孔的筛子。石棉的含水率不应大于 7%；锯木屑的含水率不应大于 12%;

7.1.5.2 粉状填充料应为松散的，并符合本规范第 7.8.4 条的规定，其粒径不应大于 0.3mm;

7.1.5.3 沥青的重量在沥青胶结料中，当采用纤维填充料时，不应大于 90%；当采用粉状填充料时，不应大于 75%;

7.1.5.4 沥青的软化点应符合设计要求。沥青胶结料熬制和铺设时的温度，应根据使用部位、施工气温和材料性能等不同条件按附录 B 表 B.0.1 选用。

7.1.6 铺设水泥类面层以及铺设预制混凝土板、预制水磨石板、水泥花砖、陶瓷锦砖、陶瓷地砖和条石、缸砖、碎拼大理石等面层的结合层和填缝的水泥砂浆，在面层铺设后，表面应覆盖湿润，其养护时间不应小于 7d。

7.1.7 当水泥类面层的抗压强度达到 5MPa 以及板块面层的水泥砂浆结合层的抗压强度达到 1.2MPa 时，其面层方可准许人行走。当上述面层或结合层的抗压强度达到设计要求后，其面层方可正常使用。

7.1.8 踢脚板施工时，除应执行本章同类面层规定外，尚应符合下列规定:

7.1.8.1 当采用掺有水泥的拌合料踢脚板施工时，严禁采用石灰砂浆打底;

7.1.8.2 踢脚板宜在面层基本完工及墙面最后一遍抹灰（或刷涂料）前完成。当墙面采用机械喷涂抹灰时，应先做踢脚板;

7.1.8.3 木制踢脚板的施工应在木板面层刨（磨）光后装置。

7.1.9 厕浴间和有防水要求的建筑地面的结构层标高，应结合房间内外标高差、坡度流向以及隔离层能裹住地漏等进行施工。面层铺设后不应出现倒泛水和地漏处渗漏。

7.1.10 楼梯踏步的高度，应以楼梯间结构层的标高结合楼梯上、下级踏步与平台、走道连接处面层的做法，进行划分。铺设后每级踏步的高度与上一级踏步和下一级踏步的高度差不应大于 20mm。

7.1.11 室外散水、明沟、踏步、台阶、坡道等各构造层均应符合设计要求，施工时应符合本规范基土和同类垫层、面层的规定。

水泥混凝土的散水和明沟，应设置伸缩缝，其间距宜按各地气候条件和传统做法确定，但间距不应大于 10m；房屋转角处亦应设置伸缩缝；水泥混凝土的散水、明沟和台阶与建筑物连接处应设缝进行技术处理；上述缝宽应为 20mm，缝内应填沥青胶结料。

7.1.12 木板面层搁栅下的砖、石地垅墙、墩的砌筑，应符合现行国家标准《砖石工程施工及验收规范》的有关规定。

7.1.13 木板和拼花木板面层包含木搁栅、垫木、毛地板等采用木材的选材标准和铺设时木材含水率限值，均应符合现行国家标准《木结构工程施工及验收规范》的有关规定。

7.1.14 铺设水泥类面层，当需分格时，其面层一部分分格缝应与水泥混凝土垫层的缩缝相应对齐。水磨石面层与垫层对齐的分格缝宜设置双分格条。

7.1.15 室内水泥类面层与走道邻接的门扇处应设分格缝；大开间楼层的水泥类面层在结构易变形的位置亦应设置分格缝。当不设置分格缝时，应按本规范第 5.0.4 条的规定采用。

7.2 水泥混凝土面层

7.2.1 水泥混凝土面层采用的材料、施工和质量检查，除应执行本节规定外，尚应符合现行的国家标准《混凝土结构工程施工及验收规范》的有关规定。

7.2.2 水泥混凝土面层采用的粗骨料，其最大颗粒粒径不应大于面层厚度的 2／3。细石混凝土面层采用的石子粒径不应大于 15mm。

7.2.3 水泥混凝土面层的强度等级不应小于 C20；水泥混凝土垫层兼面层的强度等级不应小于 C15。浇筑水泥混凝土面层时，其坍落度不宜大于 30mm，并应振捣密实。

7.2.4 水泥混凝土面层不应留置施工缝。当施工间歇超过允许时间规定，在继续浇筑混凝土时，应对已凝结的混凝土接槎处进行处理；刷一层水泥浆，其水灰比宜为 0.4～0.5，再浇筑混凝土，并应捣实压平，不显接头槎。

7.2.5 水泥混凝土面层的抹平工作应在水泥初凝前完成；压光工作应在水泥终凝前完成。

7.2.6 浇筑钢筋混凝土楼板或水泥混凝土垫层兼面层时，应采用随捣随抹的方法。当面层表面出现泌水时，可加干拌的水泥和砂进行撒匀，其水泥与砂的体积比宜为 1∶2～1∶2.5，并应进行抹平和压光工作。采用的水泥和砂应符合本规范第 7.3.2 条的规定。

7.3 水泥砂浆面层

7.3.1 水泥砂浆面层厚度不应小于 20mm。水泥砂浆的体积比宜为 1∶2（水泥∶砂），其稠度不应大于 35mm，强度等级不应小于 M15。

7.3.2 水泥砂浆面层采用的水泥宜为硅酸盐水泥、普通硅酸盐水泥，其标号不应小于 425 号，并严禁混用不同品种、不同标号的水泥。采用的砂应为中粗砂，其含泥量不应大于 3%。

7.3.3 水泥砂浆应拌合均匀，施工时应随铺随拍实；抹平工作应在水泥初凝前完成；压光工作应在水泥终凝前完成。

7.3.4 当水泥砂浆面层内埋设管线等出现局部厚度减薄时，应按设计要求做防止面层开裂处理后方可施工。

7.3.5 当采用石屑代砂铺设水泥石屑面层时，施工除应执行本规范第 7.3.3 条的规定外，尚应符合下列规定：

7.3.5.1 采用的石屑粒径宜为 3～5mm，其含粉量不应大于 3%；

7.3.5.2 水泥宜采用硅酸盐水泥、普通硅酸盐水泥，其标号不宜小于 425 号；

7.3.5.3 水泥与石屑的体积比宜为 1∶2，其水灰比宜控制在 0.4；

7.3.5.4 面层的压光工作不应小于两次，并做养护工作。

7.4 水磨石面层

7.4.1 水磨石面层应采用水泥与石粒的拌合料铺设。面层厚度除有特殊要求的以外，宜为12～18mm，并应按石粒粒径确定。拌合料的体积比宜采用1∶1.5～1∶2.5（水泥∶石粒）。

水磨石面层的颜色和图案应符合设计要求。

7.4.2 水磨石面层的石粒，应采用坚硬可磨的白云石、大理石等岩石加工而成。石粒应洁净无杂物，其粒径除特殊要求外，宜为4～14mm。

7.4.3 白色或浅色的水磨石面层，应采用白水泥；深色的水磨石面层，宜采用硅酸盐水泥、普通硅酸盐水泥或矿渣硅酸盐水泥，其标号不应小于425号。同颜色的面层应使用同一批水泥。

水泥中掺入的颜料应采用耐光、耐碱的矿物颜料，不得使用酸性颜料。其掺入量宜为水泥重量的3%～6%，或由试验确定。同一彩色面层应使用同厂、同批的颜料。

7.4.4 在铺设水磨石面层前，应在基层面上按设计要求的分格或图案设置铜条或玻璃条，亦可采用彩色塑料条。分格条应采用水泥浆固定，水泥浆顶部应低于条顶4～6mm，并做成45°。分格条应平直、牢固、接头严密，并作为铺设面层的标志。

铺设时应在下一层表面涂刷与面层颜色相同的水泥浆结合层，其水灰比宜为0.4～0.5，亦可在水泥浆内掺加胶粘剂，随刷随铺。

7.4.5 水磨石拌合料应拌合均匀，平整地铺设在结合层上；铺拌合料面宜高出分格条2mm，并应拍平、滚压密实。

7.4.6 水磨石面层应采用磨石机分遍磨光。开磨前应先试磨，以面层石粒不松动方可开磨。

面层表面呈现的细小孔隙和凹痕，应用同色水泥浆涂抹；脱落的石粒应补齐，养护后应再磨，直至磨光、平整、无孔隙为度。表面石子应显露均匀，无缺石子现象。

7.4.7 普通水磨石面层磨光遍数不应少于三遍，每遍磨光采用的油石规格可按表7.4.7选用。

油石规格的选用　　表7.4.7

遍　数	油 石 规 格 (#)
头　遍	54、60、70
二　遍	90、100、120
三　遍	180、220、240

7.4.8 高级水磨石面层的厚度和磨光遍数与采用油石规格应根据设计确定。

7.4.9 在水磨石面层磨光后涂草酸和上蜡前，其表面严禁污染。涂草酸和上蜡工作，应在有影响面层质量的其它工程全部完成后进行。

7.5 防油渗面层

7.5.1 防油渗面层应在水泥类基层上采用防油渗混凝土或防油渗涂料进行铺设（或涂刷）。在铺设防油渗面层前，当设计需要时，尚应设置防油渗隔离层。

7.5.2 防油渗混凝土应在普通混凝土中掺入外加剂或防油渗剂。防油渗混凝土的强度等级不应小于C30，其厚度宜为60～70mm，面层内配置的钢筋应根据设计确定，并应在分区段缝处断开。

防油渗混凝土的抗渗性能应符合设计要求，其抗渗性能检测方法，应符合现行的国家标准《普通混凝土长期性能和耐久性能试验方法》的规定。

7.5.3 防油渗混凝土面层按厂房柱网分区段浇筑，区段面积不宜大于 50m²。分区段缝的宽度宜为 20mm，并上下贯通；缝内应灌注防油渗胶泥材料，亦可采用弹性多功能聚胺酯类涂膜材料嵌缝，并应在缝的上部用膨胀水泥砂浆封缝（图 7.5.3），封填深度宜为 20～25mm。

防油渗胶泥应按产品质量标准和使用说明配置。

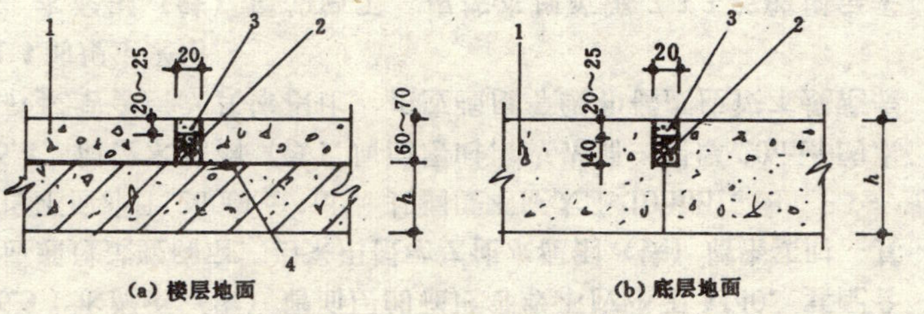

图 7.5.3　防油渗面层分格缝做法

1——防油渗混凝土；2——防油渗胶泥；

3——膨胀水泥砂浆；4——按设计做一布二胶

7.5.4　防油渗混凝土面层采用的材料，应符合下列要求：

7.5.4.1　水泥宜用普通硅酸盐水泥，其标号应为 425 号或 525 号；

7.5.4.2　碎石应采用花岗石或石英石，严禁使用松散多孔和吸水率大的石子，粒径宜为 5～15mm，其最大粒径不应大于 20mm，含泥量不应大于 1%。

7.5.4.3　砂应为中砂，其细度模数应控制在 2.3～2.6 。砂应洁净无杂物。

7.5.5　防油渗混凝土配合比应按设计要求的强度等级和抗渗性能通过试验确定。试验时可按表 7.5.5 试配。

7.5.6　防油渗混凝土拌合应均匀，浇筑时坍落度不宜大于 10mm。振捣应密实，不得漏振。

防油渗混凝土配合比（重量比）　　表 7.5.5

材　料	水　泥	砂	石　子	水	防油渗剂
防油渗混凝土	1	1.79	2.996	0.5	B 型防油剂

注：B 型防油剂按产品质量标准和生产厂说明使用。

7.5.7　在整浇水泥层上铺设（涂刷）防油渗面层，其基层表面必须平整、洁净、干燥，不得有起砂现象。铺设（涂刷）时，尚应满涂防油渗水泥浆结合层。防油渗水泥浆可按本规范附录 C.1 的规定配制。

7.5.8　防油渗隔离层的设置，除按设计要求外，施工时尚应符合下列规定：

7.5.8.1　防油渗隔离层宜采用一布二胶防油渗胶泥玻璃纤维布，其厚度为 4mm；

7.5.8.2　采用的玻璃纤维布应为无碱网格布。采用的防油渗胶泥（或弹性多功能聚胺酯类涂膜材料），其厚度宜为 1.5～2.0mm；防油渗胶泥的配制，应符合本规范第 7.5.3 条的规定；

7.5.8.3　在水泥类基层上设置隔离层和在隔离层上铺设防油渗混凝土面层时，其下一层表面应洁净。铺设时均应涂刷同类的底子油，防油渗胶泥底子油的配制，应按本规范附录 C.2 采用；

7.5.8.4　隔离层施工时，在已处理的基层上应将加温的防油渗胶泥均匀涂抹一遍。随后应将玻璃布粘贴覆盖，其搭接宽度不得小于 100mm；与墙、柱连接处的涂刷应向上翻边，其高度不得小于 30mm。一布二胶防油渗隔离层完成后，经检查符合要求后方可进行下道工序施工。

7.5.9　当防油渗混凝土面层的抗压强度达到 5MPa 时，应将分区段缝内清理干净并干燥，并应在涂刷一遍同类底子油后，趁热灌注防油渗胶泥。

7.5.10　当防油渗面层采用防油渗涂料时，其涂料材料应按设计要求选用，且具有耐油、耐磨、耐火和粘结性能，抗拉粘结强度不应小于0.3MPa。涂料的涂刷（喷涂）不得少于三遍，涂层厚度宜为5～7mm。其配合比及施工，应按涂料的产品标准规定的特点、性能等要求进行。涂料的涂刷应按本规范第7.18节面层涂饰的规定采用。

7.5.11 防油渗混凝土面层内不得敷设管线，凡露出面层的电线管、接线盒预埋套管和地脚螺栓等，应采用防油渗胶泥或环氧树脂进行处理。与墙、柱、变形缝及孔洞等连接处，应做泛水。

7.6 水泥钢（铁）屑面层

7.6.1 水泥钢（铁）屑面层，应采用钢（铁）屑与水泥的拌合料铺设。

7.6.2 水泥钢（铁）屑面层采用的钢（铁）屑，其粒径应为1～5mm；颗粒大的应予破碎，颗粒小于1mm的应予筛去。钢（铁）屑中不应有其它杂物，使用前应清除钢（铁）上的油脂，并用稀酸溶液除锈，再以清水冲洗后使用。

7.6.3 水泥钢（铁）屑面层的强度等级不应小于M40，其配合比应通过试验确定。当采用振动法使水泥钢（铁）屑密实时，其密度不应小于2000kg／m^3，其稠度不应大于10mm。

7.6.4 铺设水泥钢（铁）屑面层时，应先铺一层厚20mm的水泥砂浆结合层，其体积比、相应强度等级和稠度应按本规范表7.1.4的规定采用。

水泥钢（铁）屑的施工，应按本规范第7.3.3条的规定采用。其拍实和抹平工作，应在结合层和面层的水泥初凝前完成；压光应在水泥终凝前完成，并应养护。

7.7 不发火（防爆的）面层

7.7.1 不发火（防爆的）面层应采用水泥类或沥青类的拌合料铺设。面层的厚度和强度等级均应符合设计要求。

7.7.2 不发火（防爆的）面层采用的砂和碎石，应选用大理石、白云石或其它石料加工而成，并以金属或石料撞击时不发生火花为合格。在原材料加工和配制时，应随时检查，不得混入金属或其它易发生火花的杂质。

面层分格的嵌条亦应采用不发生火花的材料配制。

7.7.3 不发火（防爆的）面层采用的砂，应质地坚硬、多棱角、表面粗糙并有颗粒级配，其粒径宜为0.15～5mm，含泥量不应大于3%，有机物含量不应大于0.5%。

7.7.4 不发火（防爆的）水泥类面层，水泥应采用普通硅酸盐水泥，其标号不应小于425号。

7.7.5 不发火（防爆的）沥青类面层采用的材料，应符合下列规定：

7.7.5.1 采用的石油沥青应符合现行的国家标准《建筑石油沥青》或现行的行业标准《道路石油沥青》的规定，其软化点按“环球法”试验时宜为50～60℃，并不得大于70℃；

7.7.5.2 采用的粗纤维填充料应为锯木屑，其粒径不应大于5mm，含水率不应大于12%；

7.7.5.3 采用的细纤维填充料应为6级石棉或木粉等。石棉的纤维不宜太长或结块，其含水率不应大于7%；木粉的含水率不应大于12%；

7.7.5.4 粗、细纤维填充料中均不得含有杂质和金属细粒。

7.7.6 各类不发火（防爆的）面层的铺设应按本章同类面层的规定采用。

7.7.7 不发火（防爆的）面层采用的石料和硬化后的试件，均应在金刚砂轮上作磨擦试验。试验时应符合本规范附录D的规定。

7.8 沥青砂浆和沥青混凝土面层

7.8.1 沥青砂浆和沥青混凝土面层应采用骨料、粉状填充料与热沥青的拌合料铺设，其配合比应由试验确定。面层的厚度应符合设计要求。

有特殊要求的沥青类面层采用的材料，应按设计要求选用。

7.8.2 沥青混凝土采用的碎（卵）石，其粒径不应大于面层分层铺设厚度的 2／3，其质量要求应符合现行的行业标准《普通混凝土用碎石或卵石质量标准及检验方法》的有关规定。石子应洁净、干燥，含泥量不应大于 2%。

7.8.3 沥青类面层采用的砂，宜为天然砂或以坚硬岩石破碎而成的砂，其质量要求应符合现行的行业标准《普通混凝土用砂质量标准及检验方法》的有关规定。砂应洁净、干燥，含泥量不应大于 3%。

7.8.4 沥青类面层采用的粉状填充料，应为磨细的石料、砂或炉灰、粉煤灰、页岩灰以及其它粉状的矿物质材料。不得采用石灰、石膏、泥岩灰或粘土作为粉状填充料。粉状填充料中小于 0.08mm 的细颗粒含量不应小于 85%。采用振动法使粉状填充料密实时，其空隙率不应大于 45%。其含泥量不应大于 3%。

配制高耐水性的沥青类面层采用的粉状填充料，其亲水系数应小于 1.10。亲水系数的试验方法，应符合现行国家标准《建筑防腐蚀工程施工及验收规范》的规定。

7.8.5 沥青类面层采用的石油沥青，应符合本规范第 7.7.5 条的规定。

7.8.6 沥青类面层的骨料和粉状填充料，应具有固定的颗粒级配，其质量要求均应分别符合本规范第 7.8.2 条至第 7.8.4 条的规定。

7.8.7 不导电的沥青类面层采用的骨料和粉状填充料，应为辉绿岩、大理石或其它不导电的石料加工成的碎石、砂和粉状填充料。

7.8.8 不导电的沥青类面层采用的粗纤维填充料，应符合本规范第 7.7.5 条的规定。

7.8.9 沥青砂浆的拌合料（砂、粉状填充料与热沥青），采用振动法使其密实时，其空隙率不应大于 25%。沥青混凝土的拌合料（碎石或卵石、砂、粉状填充料与热沥青），采用振动法使其密实时，其空隙率不应大于 22%。

7.8.10 沥青类面层的抗压强度应符合设计要求。设计无要求时，应符合本规范附录 E 表 E.0.1 的规定。

7.8.11 当检验高耐水性面层时，沥青砂浆或沥青混凝土的吸水率不应大于 1.5%（以体积计）。

7.8.12 沥青类的拌合料，应拌合均匀，并宜采用机械搅拌。拌合料的拌制，开始碾压和压实完毕的温度，应按本规范附录 E 表 E.0.2 的规定采用。

7.8.13 沥青类面层拌合料应分段分层铺平后，进行揉压拍实，并用加热设备的碾压机具压实。每层虚铺厚度不宜大于 30mm。

7.8.14 在沥青类面层施工间歇后继续铺设前，应将已压实的面层边缘加热，接槎处应碾压至不显接缝为止。

高耐水性的沥青类面层，在接槎处及面层与墙、地漏或其它类型面层连接处，均应碾压密实。

7.8.15 已铺设的面层不得出现裂缝、蜂窝、脱层等现象，亦不得用热沥青作表面处理。

当面层的局部强度不符合要求或局部出现裂缝、蜂窝、脱层等现象时，应将该局部挖去，并清扫干净，以热沥青类拌合料修补，拌合料的铺设和压实均应按本节的规定采用。

7.9 砖 面 层

7.9.1 砖面层应按设计要求采用缸砖、陶瓷地砖、水泥花砖或陶瓷锦砖等板块材在结合层上铺设。

7.9.2 有防腐蚀要求的砖面层采用的耐酸瓷砖、浸渍沥青砖、缸砖的质量要求和铺设方法，应符合现行的国家标准《建筑防腐蚀工程施工及验收规范》的规定。

7.9.3 缸砖、陶瓷地砖的质量要求应符合现行的产品标准的规定；水泥花砖的质量要求应符合本规范附录 F 表 F.0.1 的规定；陶瓷锦砖的技术等级、外观质量要求应符合现行的国家标准《建筑陶瓷锦砖产品》的规定。

7.9.4 结合层厚度采用水泥砂浆铺设时应为 10～15mm；采用沥青胶结料铺设时应为 2～5mm；采用胶粘剂铺设时应为 2～3mm。

7.9.5 结合层采用的水泥砂浆（含面层的填缝），应符合本规范第 7.1.4 条的规定。结合层采用的沥青胶结料，应符合本规范第 6.0.4 条的规定。结合层采用的胶粘剂，应防水和防菌，并应符合本规范第 7.13.3 条的规定。

7.9.6 在水泥砂浆结合层上铺贴缸砖、陶瓷地砖、水泥花砖和陶瓷锦砖面层时，其结合层的下一层应符合本规范第 7.1.2 条的规定。

7.9.7 在水泥砂浆结合层上铺贴缸砖、陶瓷地砖和水泥花砖面层时，应符合下列要求：

7.9.7.1 在铺贴前，应对砖的规格尺寸、外观质量、色泽等进行预选，并应浸水湿润后晾干待用；

7.9.7.2 铺贴时宜采用干硬性水泥砂浆，面砖应紧密、坚实，砂浆应饱满，并严格控制标高；

7.9.7.3 面砖的缝隙宽度应符合设计要求。当设计无规定时，紧密铺贴缝隙宽度不宜大于 1mm；虚缝铺贴缝隙宽度宜为 5～10mm；

7.9.7.4 大面积施工时，应采取分段按顺序铺贴，按标准拉线镶贴，并做各道工序的检查和复验工作；

7.9.7.5 面层铺贴应在 24h 内进行擦缝、勾缝和压缝工作。缝的深度宜为砖厚的 1／3；擦缝和勾缝应采用同品种、同标号、同颜色的水泥，随做随清理水泥，并做养护和保护。

7.9.8 在水泥砂浆结合层上铺贴陶瓷锦砖时,应符合下列要求：

7.9.8.1 结合层和陶瓷锦砖应分段同时铺贴，在铺贴前，应刷水泥浆，其厚度宜为 2～2.5mm，并应随刷随铺贴，用抹子拍实；

7.9.8.2 陶瓷锦砖底面应洁净，每联陶瓷锦砖之间、与结合层之间以及在墙角、镶边和靠墙处，均应紧密贴合，并不得有空隙。在靠墙处不得采用砂浆填补；

7.9.8.3 陶瓷锦砖面层在铺贴后，应淋水、揭纸，并应采用白水泥擦缝，做面层的清理和保护工作。

7.9.9 在沥青胶结料结合层上铺贴缸砖面层时，其下一层应符合本规范第 6.0.10 条的规定。缸砖应干净，铺贴时应在摊铺热沥青胶结料上进行，并应在沥青胶结料凝结前完成。缸砖之间应留有 3～5mm 缝隙，用挤压的方法使胶结料挤入，再用胶结料填满。填缝前，缝隙应予清扫并使其干燥。

7.9.10 在胶粘剂结合层上铺贴砖面层时，其下一层应符合本规范第 7.13.4 条的规定，铺贴要求应按本规范第 7.13.8 条和第 7.13.9 条的规定采用。

7.9.11 在砖面层铺完后，面层应坚实、平整、洁净、线路顺直，不应有空鼓、松动、脱落和裂缝、缺棱、掉角、污染等缺陷。

7.10 大理石和花岗石面层

7.10.1 大理石和花岗石面层应采用天然大理石、花岗石板材在结合层上铺设。

大理石板材不得用于室外地面面层。

7.10.2 天然大理石、花岗石的技术等级、光泽度、外观等质量要求，应符合国家现行的标准《天然大理石建筑板材》、《花岗石建筑板材》的规定，并应符合本规范附录 F 表 F.0.1 的规定。

7.10.3 在铺设前，板材应按设计要求，根据石材的颜色、花纹、图案、纹理等试拼编号；当板材有裂缝、掉角、翘曲和表面有缺陷时应予剔除，品种不同的板材不得混杂使用。

7.10.4 结合层的厚度：当采用水泥砂（其体积比为 1∶4～1∶6，水泥∶砂）时应为 20～30mm，当采用水泥砂浆时应为 10～15mm。

7.10.5 当采用 1∶4～1∶6 水泥砂结合层时，应洒水干拌均匀。当采用水泥砂浆结合层时，宜为干硬性水泥砂浆，并应符合本规范第 7.1.4 条的规定。

7.10.6 在铺砌大理石、花岗石面层时，板材应先用水浸湿，待擦干或表面晾干后方可铺设；结合层与板材应分段同时铺砌，铺砌时宜采用水泥浆或干铺水泥洒水作粘结。

铺砌的板材应平整，线路顺直，镶嵌正确；板材间、板材与结合层以及在墙角、镶边和靠墙处均应紧密砌合，不得有空隙。

7.10.7 大理石、花岗石面层的表面应洁净、平整、坚实；板材间的缝隙宽度当设计无规定时不应大于 1mm。铺砌后，其表面应加保护，待结合层的水泥砂浆强度达到要求后，方可打蜡达到光滑洁亮。

7.10.8 碎拼天然大理石面层应采用颜色协调、薄厚一致、不带尖角的碎块大理石板材在水泥砂浆结合层上铺设。在铺设时，应采用水泥砂浆或水泥与石粒的拌合料填补板材间的间隙。面层铺设应按本规范第 7.4 节、第 7.9 节、第 7.11 节及本节有关条文的规定采用。

7.11 预制板块面层

7.11.1 预制板块面层应采用混凝土板块、水磨石板块等在结合层上铺设。

7.11.2 预制板块应按颜色和花纹进行分类，有裂缝、掉角、翘曲和表面上有缺陷的板块应剔出；强度和品种不同的板块不得混杂使用。

在现场加工预制板块时，应按本规范同类整体面层的有关规定采用。其质量（含工厂生产）应符合本规范附录 F 表 F.0.1 的规定。

7.11.3 砂结合层的厚度应为 20～30mm；当采用砂垫层兼做结合层时，其厚度不宜小于 60mm。

砂结合层（或垫层）应采用洁净无杂质的砂。在铺设面层前，应洒水压实，并用刮尺找平。

7.11.4 水泥砂浆结合层的厚度应为 10～15mm。

在水泥砂浆结合层上铺设预制板块面层时，其铺贴要求应按本规范第 7.10.6 条的规定采用。

7.11.5 预制板块面层的板块间的缝隙宽度应符合设计要求。当设计无规定时，应符合下列规定：

7.11.5.1 水磨石块面层缝隙宽度不应大于 2mm；

7.11.5.2 混凝土块面层缝隙宽度不宜大于 6mm。

7.11.6 预制板块面层在水泥砂浆结合层上铺贴时，应在砂浆凝结前完成。铺贴时，预制板块面层应平整、线路顺直、镶嵌正确。

7.11.7 预制板块面层在水泥砂浆结合层上铺贴后 2d 内，应采用稀水泥浆或 1∶1（水泥∶细砂）稀水泥砂浆填缝。待缝内的水泥浆或水泥砂浆凝结后，应将面层清理（擦）干净。

7.12 料 石 面 层

7.12.1 料石面层应采用天然石料铺设。料石面层的石料宜为条石或块石两类。采用条石做面层应铺设在砂、水泥砂浆或沥青胶结料结合层上；采用块石做面层应铺设在基土或砂垫层上。

7.12.2 条石应采用岩石加工制成，其质量应均匀，其强度等级不应小于 Mu60；其形状应接近矩形六面体，厚度宜为 80～120mm。

块石应采用岩石加工制成，其强度等级不应小于 Mu30；其形状应接近直棱柱体，或有规则的四边形或多边形。底面截锥体、顶面应粗琢平整，底面面积不应小于顶面面积的 60%，厚度宜为 100～150mm。

7.12.3 不导电的料石面层的石料，应采用辉绿岩石加工制成。嵌缝材料亦采用辉绿岩石加工的砂填嵌。

耐高温的料石面层的石料，应按设计要求选用。

7.12.4 垫层、结合层和面层填缝所用的砂应采用洁净无杂质的砂。

7.12.5 条石面层采用水泥砂浆或沥青胶结料结合层时，其厚度应符合本规范第 7.9.4 条的规定；砂结合层厚度应为 15～20mm。

块石面层的砂垫层厚度，在夯实后不应小于 60mm。块石面层的基土层应符合本规范第 3.0.1 条的规定。

7.12.6 料石面层采用的石料应洁净。在水泥砂浆结合层上铺设时，石料铺砌前应洒水湿润，铺砌后应养护。

7.12.7 在料石面层铺砌时不宜出现十字缝。条石应按规格尺寸分类，并垂直于行走方向拉线铺砌成行，相邻两行的错缝应为条石长度的 1／3～1／2。铺砌时方向和坡度应正确。

7.12.8 在砂垫层上铺砌块石面层时，石料应大面朝上，缝隙互相错开，通缝不得超过两块石料。嵌入砂垫层的深度不应小于石料厚度的 1／3。

块石面层铺设后应先夯平，并以碎石嵌缝，其粒径宜为 15～25mm，而后用碾压机碾压，再填以碎石，其粒径宜为 5～15mm，继续碾压至块石不松动为止。

7.12.9 在砂结合层上铺砌条石面层时，缝隙宽度不宜大于 5mm。石料间的缝隙，采用水泥砂浆或沥青胶结料填塞时，应预先用砂填缝至高度的 1／2。

7.12.10 在水泥砂浆结合层上铺砌条石面层时，石料的缝隙应采用同类砂浆填塞，缝隙宽度不应大于 5mm。

7.12.11 在沥青胶结料结合层上铺砌条石面层时，其铺砌要求应按本规范第 7.9.9 条的规定采用。

7.13 塑料地板面层

7.13.1 塑料地板面层应采用塑料板块、卷材并以粘贴、干铺或采用现浇整体式在水泥类基层上铺设。板块、卷材可采用聚氯乙烯树脂、聚氯乙烯——聚乙烯共聚地板、聚乙烯树脂、聚丙烯树脂和石棉塑料板等。现浇整体式面层可采用环氧树脂涂布面层、不饱和聚脂涂布面层和聚醋酸乙烯塑料面层等。

施工时室内相对湿度不应大于 80%。

7.13.2 塑料地板面层采用的板块应平整、光洁、无裂纹，色泽均匀，厚薄一致，边缘平直，板内不应有杂物和气泡，并应符合产品的各项技术指标。

在运输塑料板块及卷材时，应防止日晒雨淋和撞击；在贮存时，应堆放在干燥、洁净的仓库，并距热源 3m 以外，其环境温度不宜大于 32℃。

7.13.3 胶粘剂的选用应根据基层所铺材料和面层材料使用要求，通过试验确定。胶粘剂应存放在阴凉通风、干燥的室内。超过生产期三个月的产品，应取样检验，合格后方可使用；超过保质期的产品，不得使用。

胶粘剂可采用乙烯类（聚醋酸乙烯乳液）、氯丁橡胶型、聚胺酯、环氧树脂，合成橡胶溶液型、沥青类和 926 多功能建筑胶等。

7.13.4 水泥类基层的表面应平整、坚硬、干燥、无油脂及其它杂质，其含水率不应大于 9%。当表面有麻面起砂、裂缝现象时，应采用乳液腻子处理。处理时每次涂刷的厚度不应大于 0.8mm，干燥后应用 0 号铁砂布打磨，再涂刷第二遍腻子，直至表面平整后，再用水稀释的乳液涂刷一遍。乳液腻子和乳液的适用范围和配合比，应按本规范附录 G 的规定并通过试配选用。

基层的表面平整度，采用 2m 直尺检查时，其允许空隙不应大于 2mm。

7.13.5 塑料地板面层的施工顺序应为先基层处理，后弹线、割块、铺贴和表面清理。

7.13.6 在塑料板块铺贴前和基层清理后应按设计要求进行弹线、分格和定位（图 7.13.6），并在距墙面 200～300mm 处作镶边。

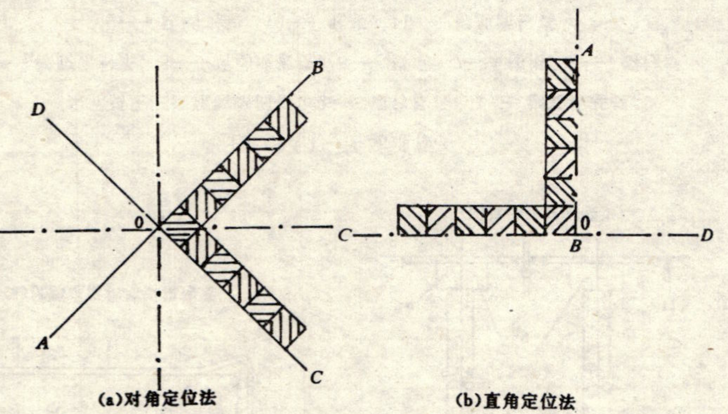

图 7.13.6 定位方法

7.13.7 在试铺前塑料板块应进行处理。软质聚氯乙烯板应作预热处理，宜放入 75℃ 的热水浸泡 10～20min，待板面全部松软伸平后取出晾干待用，但不得用炉火或电热炉预热；半硬质聚氯乙烯板宜采用丙酮、汽油混合溶液（1∶8）进行脱脂除蜡。

7.13.8 在铺贴塑料板块前，按定位图应先试铺编号。铺贴时应在清扫干净的基层表面涂刷一层薄而匀的底子胶，待其干燥后按弹线位置沿轴线由中央向四面铺贴。

底子胶的配制，当采用非水溶性胶粘剂时，宜按同类胶粘剂（非水溶性）加入其重量为 10%的汽油（65 号）和 10%的醋酸乙酯（或乙酸乙酯）并搅拌均匀；当采用水溶性胶粘剂时，宜按同类胶加水，并搅拌均匀。

7.13.9 在基层表面涂刷胶粘剂时应按胶的品种采用相应方法。当采用乳液型胶粘剂时，应在塑料板背面和基层上同时均匀涂刷胶粘剂；当采用溶剂型胶粘剂时，应在基层上均匀涂胶。在涂刷基层时，应超出分格线 10mm，涂刷厚度均应小于或等于 1mm。在铺贴塑料板块时，应待胶层干燥至不粘手（约 10～20min）进行，或按胶粘剂产品的要求操作；并应一次就位准确，粘贴密实。

7.13.10 在铺贴软质塑料板时，当板块缝隙需要焊接时，宜在铺贴 48h 以后方可施焊；亦可采用先焊后铺贴。焊条成分与性能应与被焊的板材性能相同。

7.13.11 铺贴踢脚板的要求，应按面层铺贴的规定采用。

7.13.12 塑料板块面层的质量应符合下列规定：

7.13.12.1 表面应平整、光洁、无皱纹，四边应顺直，不得翘边和鼓泡；

7.13.12.2 色泽应一致、接槎应严密。脱胶处的面积不得大于 $20cm^2$，其相隔的间距不得小于 500mm；

7.13.12.3 与管道接合处应严密、牢固、平整；

7.13.12.4 焊缝应平整、光洁，无焦化变色、斑点、焊瘤和起鳞等缺陷，其凹凸允许偏差为 ±0.6mm；焊缝的抗拉强度不得小于塑料板强度的 75%；

7.13.12.5 踢脚板上口应平直，拉 5m 直线检查（不足 5m 的要拉通线检查）允许偏差为 ±3mm。侧面应平整、接槎应严密，阴阳角应做直角或圆角。

7.13.12.6 塑料板块面层平整度采用 2m 直尺检查时，其允许空隙为 2mm，相邻板块拼缝的高度差不应大于 0.5mm，相邻板块排缝的宽度宜为 0.3～0.5mm。

7.14 活动地板面层

7.14.1 活动地板面层适用于防尘和导静电要求的专业用房地

面，应以特制的平压刨花板为基材，表面饰以装饰板和底层用镀锌钢板经粘结胶合组成的活动板块，配以横梁、橡胶垫条和可供调节高度的金属支架组装的架空地板在水泥类基层上铺设（图7.14.1）。面层下可敷设管道和导线。

活动地板面层承载力不应小于 7.5MPa，其体积电阻率宜为 $10^5 \sim 10^9\Omega$。

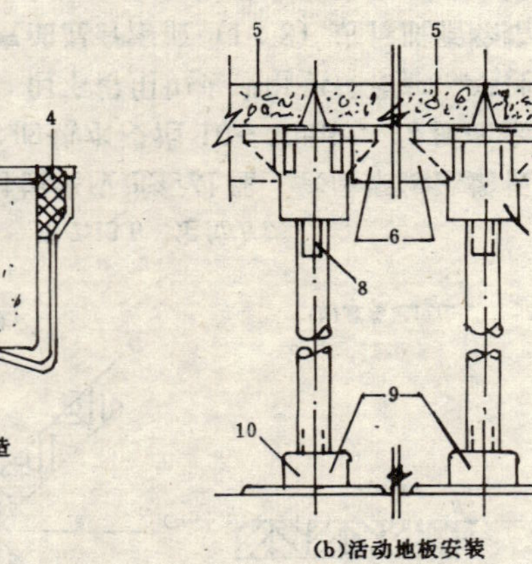

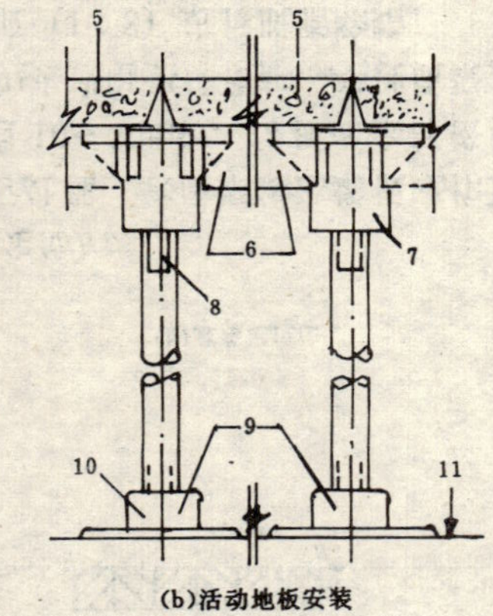

图 7.14.1 活动地板

1—— 柔元高压三聚氰胺贴面板；2—— 镀锌铁板；3—— 刨花板基材；

4—— 橡胶密封条；5—— 活动地板块；6—— 横梁；7—— 柱帽；8—— 螺柱；

9—— 活动支架；10—— 底座；11—— 楼地面标高

7.14.2 活动地板面层应包括标准地板、异形地板和地板附件(即支架和横梁组件)。采用的活动板块应平整、坚实，并具有耐磨、防潮、阻燃、耐污染、耐老化和导静电等特点，其技术性能与技术指标应符合现行的有关产品标准的规定。

7.14.3 在铺设活动地板面层时，应待室内各项工程完工和超过地板承载力的设备进入房间预定位置以及相邻房间内部也全部完工后，方可进行。不得交叉施工，亦不得在室内加工活动板块和地板附件。

7.14.4 活动地板面层的金属支架应支承在现浇混凝土基层上，其表面应平整、光洁、不起灰。安装前应清扫干净，并根据需要，在基层表面上涂刷清漆。

7.14.5 铺设活动地板面层房间的建筑地面标高，应符合设计要求。当房间平面是矩形时，其相邻墙体应相互垂直。

根据房间平面尺寸和设备等情况，应按活动地板模数选择板块的铺设方向。当平面尺寸符合活动地板板块模数，而室内无控制柜设备时，宜由里向外铺设；当平面尺寸不符合活动地板板块模数时，宜由外向里铺设。当室内有控制柜设备且需要预留洞口时，铺设方向和先后顺序应综合考虑选定。

7.14.6 在铺设活动地板面层前，室内四周的墙应划出标高控制位置，并按选定的铺设方向和顺序设基准点。在基层表面上应按板块尺寸弹线并形成方格网，标出地板块的安装位置和高度，并标明设备预留部位。

7.14.7 按标出地板块的位置，应在方格网交点处安放支座和横梁，并应转动支座螺杆，用水平尺调整每个支座面的高度至全室等高，待所有支座柱和横梁构成框架一体后，应用水平仪抄平。支座与基层面之间的空隙应灌注环氧树脂并连接牢固，亦可用膨胀螺栓或射钉连接。

在横梁上铺放缓冲胶条时，应采用乳胶液与横梁粘合。当铺设活动地板块时，应调整水平度保证四角接触处平整、严密，不得采用加垫的方法。

7.14.8 当铺设的活动地板不符合模数时，其不足部分可根据实际尺寸将板面切割后镶补，并配装相应的可调支撑和横梁。切割的边应采用清漆或环氧树脂胶加滑石粉按比例调成腻子封边，或用防潮腻子封边；亦可采用铝型材镶嵌。当切割边处理后方可安装。

在与墙边的接缝处，应根据接缝宽窄分别采用活动地板或木条镶嵌，窄缝隙宜采用泡沫塑料镶嵌。

7.14.9 在检查活动地板面下铺设的管线和导线后，方可铺放活动地板块。

7.14.10 活动地板面层的质量应符合下列规定：

7.14.10.1 表面应平整，用 2m 直尺检查时，其允许空隙不应大于 2mm；

7.14.10.2 相邻板块间缝隙不应大于 0.3mm；相邻板块的不平度不应大于 0.4mm；板块与四周墙面间的缝隙不应大于 3mm；

7.14.10.3 板块间的板缝直线度不应大于 0.5‰；

7.14.10.4 活动地板面层应排列整齐，行走时应无声响、摆动。

7.15 木 板 面 层

7.15.1 木板面层可采用双层面层和单层面层铺设。双层木板面层的上层和单层木板面层，应采用不易腐朽、不易变形开裂的木材做成，顶面应刨平，其侧面带有企口的木板宽度不应大于 120mm，厚度应符合设计要求。

双层木板面层下层采用的毛地板以及木板面层下木搁栅和垫木等用材规格和树种以及防腐处理，均应符合设计要求。

7.15.2 木板面层的条材和块材宜采用具有商品检验合格证的产品，其技术等级及质量要求均应符合现行的国家标准《实木地板产品》的规定。

7.15.3 木板面层下的木搁栅，其两端应垫实钉牢，搁栅之间应加钉剪刀撑或横撑。当采用地垄墙、墩时，尚应与搁栅固定牢固。木搁栅与墙之间宜留出 30mm 的缝隙。

木搁栅的表面应平直，用 2m 直尺检查时，其允许空隙为 3mm。

7.15.4 在钢筋混凝土板上铺设有木搁栅的木板面层，其木搁栅的截面尺寸、间距和稳固方法等均应符合设计要求。

木搁栅和木板应作防腐处理，木板的底面应满涂沥青或木材防腐油。

7.15.5 双层木板面层下层的毛地板可采用钝棱料，其宽度不宜大于 120mm。在铺设前应清除毛地板下空间内的刨花等杂物。

在铺设毛地板时，应与搁栅成 30° 或 45° 并应斜向钉牢，使髓心向上；其板间缝隙不应大于 3mm。毛地板与墙之间应留 10～20mm 缝隙。每块毛地板应在每根搁栅上各钉两个钉子固定，钉子的长度应为板厚的 2.5 倍。当在毛地板上铺钉长条木板或拼花木板时，宜先铺设一层沥青纸（或油毡），以隔声和防潮。

7.15.6 在双层木板面层的上层铺设拼花木板时，应按本规范第 7.16.3 条的规定采用。

7.15.7 在铺设单层木板面层时，每块长条木板应钉牢在每根搁栅上，钉长应为板厚的 2～2.5 倍，并从侧面斜向钉入板中，钉头不应露出。

7.15.8 大面积木板面层的通风构造层其高度以及室内通风沟、室外通风窗等均应符合设计要求。

7.15.9 在铺设木板面层时，木板端头接缝应在搁栅上，并应间隔错开。板与板之间应紧密，但仅允许个别地方有缝隙，其宽度不应大于 1mm；当采用硬木长条形板时，不应大于 0.5mm。

木板面层与墙之间应留 10～20mm 的缝隙，并用木踢脚板封盖。

7.15.10 木板面层的表面应刨平磨光。木踢脚板应在面层刨平磨光后装置，待室内装饰工程完工后方可涂油、上蜡。

7.16 拼花木板面层

7.16.1 拼花木板面层应采用经加工的拼花木板铺设。

铺设方法宜采取拼花木板铺钉在双层木板面层下层的毛地板

上或以沥青胶结料（或胶粘剂）粘贴在水泥类基层上。

7.16.2 拼花木板面层采用的木材树种应按设计要求选用。当设计无要求时，应用水曲柳、核桃木、柞木等质地优良、不易腐朽开裂的木材，并做成企口、截口或平头接缝的拼花木板（图7.16.2）。

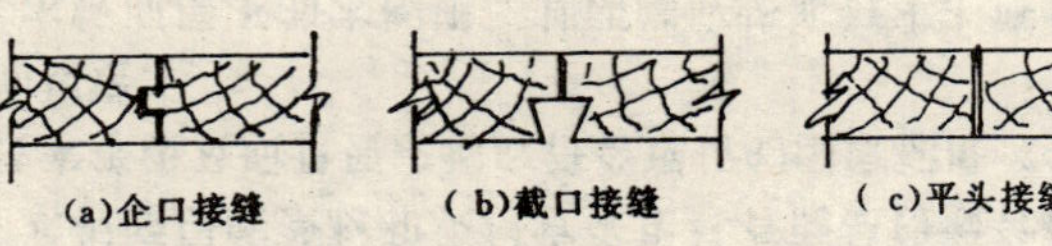

图 7.16.2 拼花木板接缝

拼花木板的铺设图案以及板块的长度、宽度和厚度均应符合设计要求。

注：截口和平头接缝，适用于以沥青胶结料或胶粘剂粘贴。

7.16.3 在毛地板上铺设拼花木板面层时，铺钉应紧密，铺钉要求应按本规范第 7.15.7 条的规定采用。毛地板应铺钉在搁栅上，并应符合本规范第 7.15.5 条的规定。大面积拼花木板面层的通风构造层应符合设计要求。

当拼花木板的长度不大于 300mm 时，侧面应钉两个钉；长度大于 300mm 时，每 300mm 应增加一个钉子，顶端均应钉一个钉。

7.16.4 拼花木板预制成板块，应采用防水和防菌的胶。接缝处应对齐，胶合应紧密，缝隙不应大于 0.2mm，外形尺寸应准确，表面应平整。

预制成板块的拼花木板铺钉在毛地板或木格条上，应以企口互相联结，铺钉应符合本规范第 7.15.7 条的规定。

7.16.5 采用沥青胶结料铺贴拼花木板面层时，其下一层应平整、洁净、干燥，并应先涂刷一遍同类底子油，后用沥青胶结料随涂随铺，其厚度宜为 2mm。在铺贴时，木板块背面亦应涂刷一层薄而均匀的沥青胶结料。

7.16.6 采用胶粘剂铺贴拼花木板面层时，胶粘剂的选择和保管应按本规范第 7.13.3 条规定采用。板的厚度不应小于 10mm，铺贴要求应按本规范第 7.13 节、第 7.17 节的有关条文规定采用。

7.16.7 当采用沥青胶结料或胶粘剂铺贴拼花木板面层时，其相邻两块的高差不应高于铺贴面 1.5mm 或低于铺贴面 0.5mm，不符合要求的应予重铺。

在铺贴时，沥青胶结料或胶粘剂应防止溢出表面，溢出时应随即刮去。

7.16.8 拼花木板面层的板块间缝隙不应大于 0.3mm。面层与墙之间的缝隙，应以木踢脚板封盖。

7.16.9 拼花木板面层的表面应予刨平磨光，刨去的厚度不宜大于 1.5mm，并应无刨痕。采用粘贴的拼花木板面层，应待沥青胶结料或胶粘剂凝固后方可进行。

拼花木板面层的木踢脚板应在面层刨平磨光后装置。面层的涂油、磨光、上蜡工作应在房间内装饰工程完工后进行，并应做面层保护。

7.17 硬质纤维板面层

7.17.1 硬质纤维板面层应采用纤维板以胶粘剂或沥青胶结料在水泥类（含水泥木屑砂浆）基层上铺设。

7.17.2 采用的硬质纤维板应符合现行的国家标准《硬质纤维板》的规定，并按需要预先加工成型。在铺贴前应浸水（冷水24h）晾干后备用。

7.17.3 胶粘剂的选择和保管，应按本规范第 7.13.3 条的规定采用。

胶粘剂亦可采用脲醛树脂与水泥拌合成的胶粘剂，其配合比应通过试验确定，或按表 7.17.3 配制。

7.17.4 沥青胶结料宜采用 10 号或 30 号建筑石油沥青。当掺机油时，其配合比应通过试验确定。沥青的软化点宜为 60～

80℃。针入度宜为20～40。

脲醛树脂水泥胶粘剂配合比（重量比） **表7.17.3**

材料名称	脲醛树脂(5011)	水泥(425号)	20%浓度氯化胺溶液(氯化胺：水＝1：4)	水(洁净水)
配合比	100	160～170	7～9	14～16

7.17.5 在水泥木屑砂浆基层上铺贴硬质纤维板时，水泥木屑砂浆配合比应通过试验确定，或按表7.17.5配制。其厚度宜为25mm。

水泥木屑砂浆配合比（重量比） **表7.17.5**

材料名称	水泥(325号)	砂(中砂)	木屑	工业氯化钙(无水)	水(洁净水)
配合比	100	100	13～14	2	60

配制的水泥木屑砂浆，其抗压强度不应小于10MPa。应搅拌均匀，颜色一致，随铺随拍实；抹平工作应在初凝前完成；压光工作应在终凝前完成。养护7～10d即可铺贴面层。

7.17.6 硬质纤维板面层应铺贴在基层上，其表面应平整、洁净、干燥、不起砂，含水率不应大于9%。其平整度以2m直尺检查，允许空隙为2mm。

7.17.7 在面层铺贴前，应按设计图案、尺寸、弹线试铺，并应检查其拼缝高低、平整度、对缝等，符合要求后应进行编号。施工时宜从房间中心向四周铺贴。

7.17.8 采用胶粘剂铺贴面层时，应按编号顺序在基层表面和硬质纤维板背面分别涂刷胶粘剂，其厚度：基层表面应为1mm；硬质纤维板背面应为0.5mm。并应待5min后铺贴，在铺贴的板面上加压，粘贴牢固，防止翘曲。

7.17.9 采用沥青胶结料铺贴面层时，铺贴要求应符合本规范第7.16.5条、第7.16.7条的规定。

7.17.10 在水泥木屑砂浆基层上铺贴硬质纤维板面层时，应沿板边及V形槽内，采用钉子钉牢，板面可不加压。钉的长度宜为20mm，直径宜为1.8mm，钉头应嵌入板内；钉眼在涂漆前应用腻子涂补。

7.17.11 硬质纤维板间的缝隙宽度宜为1～2mm，相邻两块板的高度差不宜大于1mm，板面与基层间不得有空鼓现象。面层应平整，用2m直尺检查，其允许空隙为2mm。

铺贴完后1～2d即可涂漆打蜡。

7.18 面层涂饰

7.18.1 面层涂饰应采用地面涂料或弹性多功能地面涂料涂刷在水泥类面层上。

地面涂料宜采用树脂乳液地面涂料。

7.18.2 面层涂饰的施涂顺序应为：底层处理、打底、主涂层、罩面和打蜡养护。

7.18.3 水泥类面层的表面应平整、坚实、洁净、干燥；并不空鼓、不起砂、不开裂、无油脂；含水率不应大于9%。用2m直尺检查，其允许空隙为2mm。

7.18.4 在打底时，应采用稀释胶粘剂或水泥胶粘剂腻子涂刷（刮涂）1～3遍，干燥后打磨并清除粉尘。

7.18.5 当主涂层采用树脂乳液涂料涂刷时，应按选用的原料种类和设计要求，满涂刷1～3遍，厚度宜控制在0.8～1.0mm。每遍的间隔时间，宜通过试验确定。涂层打磨后可刻花或做图案。

7.18.6 当罩面采用树脂乳液涂料时，应满涂刷1～2遍，待干燥后方可打蜡上光。

7.18.7 面层涂饰的质量,表面应平整、洁净,用2m直尺检查,其允许空隙为2mm。其颜色、光泽应符合要求,花饰图案清晰。

8 变形缝和镶边的设置

8.0.1 建筑地面的伸缩缝、沉降缝、防震缝等变形缝，应按设计要求设置，并应与结构相应的缝位置一致。除假缝外，均应贯通各构造层。

水泥混凝土垫层应铺设在基土上，当气温长期处于 0℃ 以下，且设计无要求时，其房间地面，应设置伸缩缝。

8.0.2 沉降缝和防震缝的宽度应符合设计要求。在缝内清洗干净后，应先用沥青麻丝填实，再以沥青胶结料填嵌后用盖板封盖，并应与面层齐平（图 8.0.2）。

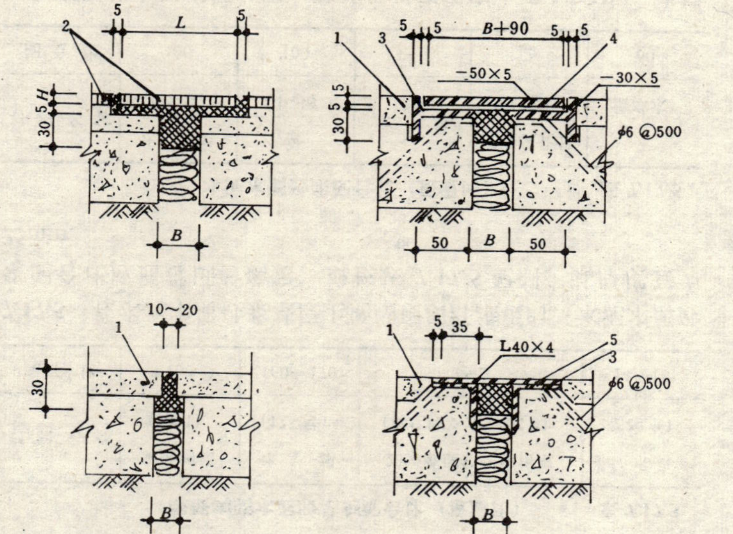

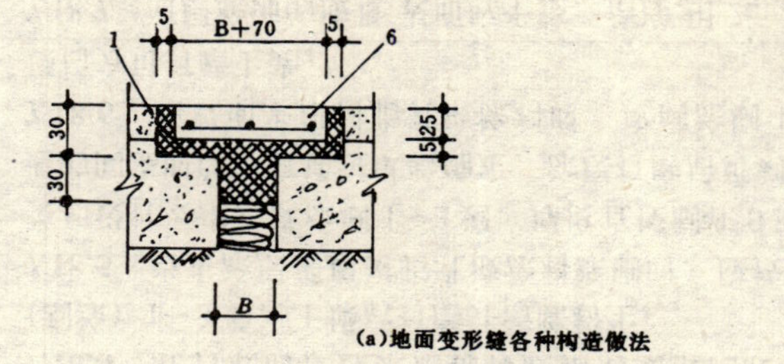

(a)地面变形缝各种构造做法

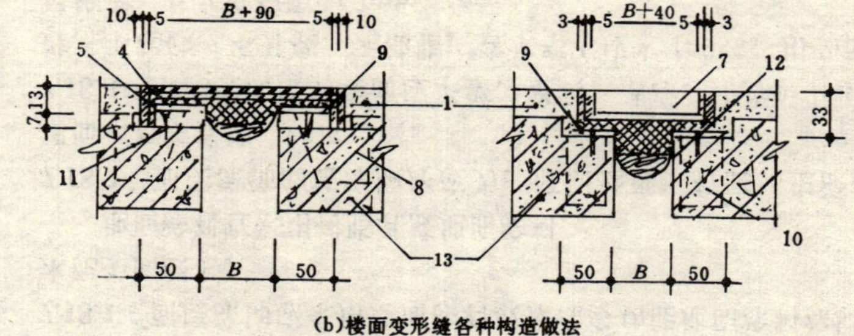

(b)楼面变形缝各种构造做法

示填嵌沥青油胶泥　示填嵌沥青麻丝

图 8.0.2 建筑地面变形缝构造

1—— 整体面层按设计；2—— 板块面层按设计；3—— 焊牢；4—— 5 厚钢板（或铝合金板、塑料硬板）；5—— 5 厚钢板；6—— C20 混凝土预制板；7—— 钢板或块材、铝板；8—— 40×60×60 木楔 500 中距；9—— 24[#]镀锌铁皮；10—— 40×40×60 木楔 500 中距；11—— 木螺丝固定 500 中距；12—— $L30\times3$ 木螺丝固定 500 中距；13—— 楼层结构层；B—— 缝宽按设计要求；L—— 尺寸按板块料规格；H—— 板块面层厚度

8.0.3 室外水泥混凝土地面工程应设置伸缩缝；室内水泥混凝土楼面与地面工程应设置纵、横向缩缝，不宜设置伸缝。

8.0.4 室内水泥混凝土地面工程分区、段浇筑时，应与设置的纵、横向缩缝的间距相一致（图 8.0.4a）。纵向缩缝应做平头缝（图 8.0.4b）；当垫层板边加肋时，应做加肋板平头缝（图 8.0.4e）；当垫层厚度大于 150mm 时，亦可采用企口缝（图 8.0.4c、横向缩缝应做假缝（图 8.0.4d）。

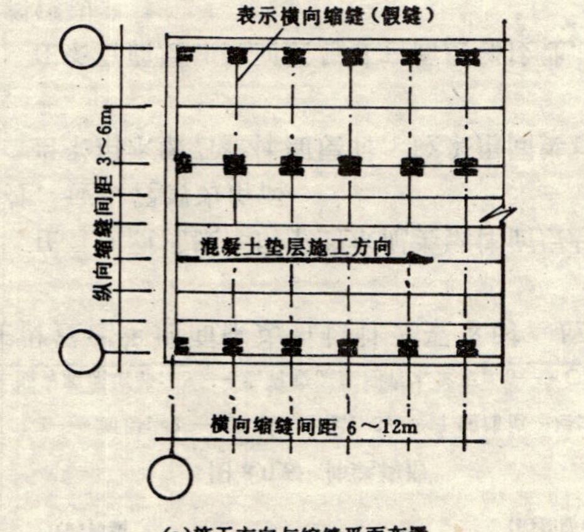

(a)施工方向与缩缝平面布置

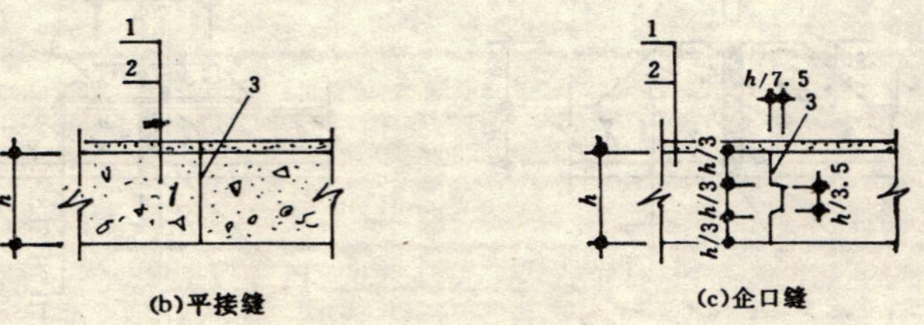

(b)平接缝 (c)企口缝

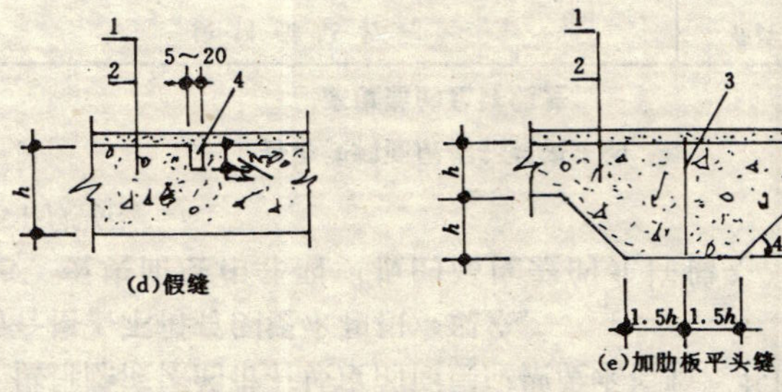

(d)假缝 (e)加肋板平头缝

图 8.0.4 纵、横向缩缝

1—— 面层；2—— 混凝土垫层；

3—— 互相紧贴，不放隔离材料；4—— 1∶3 水泥砂浆填缝

8.0.5 缩缝和伸缝的间距，当设计无要求时，应符合下列规定：

8.0.5.1 室内纵向缩缝的间距，宜为 3～6m；

8.0.5.2 室内横向缩缝的间距，宜为 6～12m；室外横向缩缝的间距，宜为 3～6m；

8.0.5.3 室外伸缝的间距宜为 30m。

8.0.6 水泥混凝土地面的缩缝（平头缝、企口缝、假缝和加肋平头缝）和伸缝的做法，应符合下列规定：

8.0.6.1 平头缝和企口缝的缝间不得放置任何隔离材料，在浇筑时应互相紧贴。企口缝的尺寸应符合设计要求，拆模时的混凝土抗压强度不宜小于 3MPa；

8.0.6.2 假缝应按规定的间距设置吊装模板，或在浇筑混凝土时，将预制的木条埋设在混凝土中，并在混凝土终凝前取出；亦可采用在混凝土达到强度后用锯割缝。缝的宽度宜为 5～20mm，其深度宜为垫层厚度的 1／3，缝内应填水泥砂浆；

8.0.6.3 伸缝的缝的宽度宜为 20～30mm，上下贯通。缝内应填嵌沥青类材料（图 8.0.6）。当沿缝两侧垫层板边加肋时，应做加肋板伸缝（图 8.0.6b）。

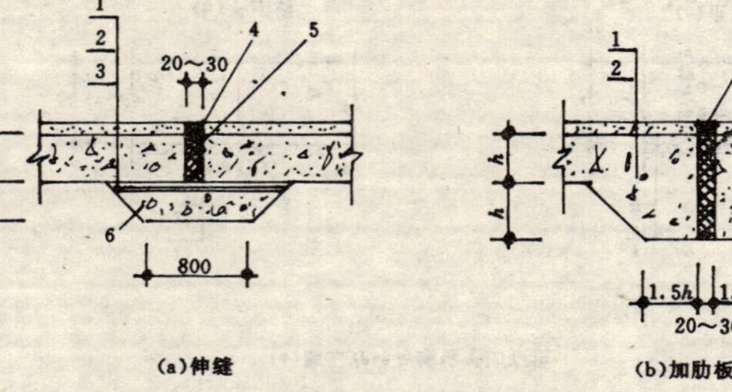

图 8.0.6　伸缝构造

1—— 面层；2—— 混凝土垫层；3—— 干铺油毡一层；

4—— 沥青胶泥填缝；5—— 沥青胶泥或沥青木丝板；6—— C10 混凝土

8.0.7　在设置建筑地面镶边且设计无要求时，应符合下列规定：

8.0.7.1　在有强烈机械作用下的水泥类整体面层与其它类型的面层邻接处，应设置镶边角钢；

8.0.7.2　当采用水磨石整体面层时，应采用同类材料以分格条设置镶边；

8.0.7.3　在条石面层和砖面层与其它面层邻接处，应采用顶铺的同类材料镶边；

8.0.7.4　当采用木板、拼花地板、塑料地板和硬质纤维板面层时，应采用同类材料镶边；

8.0.7.5　在地面面层与管沟、孔洞、检查井等邻接处，应设置镶边。

8.0.8　在管沟、变形缝等处的建筑地面面层的镶边构件，应在铺设面层前装设。

9　工程验收

9.0.1　在验收建筑地面工程时，应检查采用材料和完成的楼地面各层构造及其连接件等是否符合设计要求和本规范的规定。

9.0.2　对完成的地面下的基土，各种防护层以及防腐处理的结构或连接件，应做工程中间验收，并应提供隐蔽工程和浸水试验记录。

9.0.3　已完工工程的验收，应检查下列各项：

9.0.3.1　建筑地面各层的强度和密度以及上下层结合的牢固性；

9.0.3.2　建筑地面各层的坡度、厚度、标高和平整度；

9.0.3.3　变形缝的位置和宽度，板、块材间缝隙的大小，以及填缝的质量；

9.0.3.4　不同类型面层的连接，面层与墙和其它构筑物（地沟、管道等）的结合以及图案等。

9.0.4　各层表面与水平面或与设计坡度的允许偏差，为房间相应尺寸的 0.2%，但最大偏差应为 30mm。

供排除液体的带有坡度的面层应做泼水检验，并以能排除液体为合格。不得有倒泛水和积水现象。

9.0.5　板块面层相邻两块板的高度差的允许偏差，应符合表 9.0.5 的规定。

各种块料面层相邻两块板的高度差的允许偏差　　表 9.0.5

块料面层名称	允许偏差(mm)
条石面层	2

续表 9.0.5

块料面层名称	允许偏差(mm)
缸砖和混凝土块面层	1.5
水磨石块、陶瓷锦砖、陶瓷地砖、水泥花砖和硬质纤维板面层	1
大理石、花岗石、木板、拼花木板和塑料地板面层	0.5

9.0.6 水泥混凝土、水泥砂浆、水磨石、水泥钢（铁）屑等现浇整体面层和铺设在水泥砂浆或沥青胶结料、胶粘剂上的板块面层以及铺贴在沥青胶结料或胶粘剂上的木板、塑料地板、硬质纤维板面层，其与下一层的结合应用敲击方法检查，不得有空鼓。

9.0.7 各类现浇整体面层的表面不应有裂纹、脱皮、麻面和起砂等现象。踢脚板应与墙面（板面）紧密贴合。

9.0.8 面层中板块行列（接缝）在 5m 长度内，其直线度的允许偏差应符合表 9.0.8 的规定。

各种面层板块行列（接缝）直线度的允许偏差 表 9.0.8

面层名称	允许偏差(mm)
缸砖、陶瓷锦砖、陶瓷地砖、水泥花砖、水磨石板、塑料地板和硬质纤维板面层	3
活动地板面层	2.5
大理石和花岗石面层	2
其它块料面层	8

9.0.9 在铺设建筑地面时，应检查各层厚度与设计厚度的偏差。其允许偏差为该层厚度的 10%。

9.0.10 各类现浇整体面层的强度，在其未达到设计强度前不得进行验收。

9.0.11 建筑地面各层表面的平整度，应采用 2m 直尺检查，当为斜面时，应采用水平尺或样尺检查。

各层表面平整度的允许偏差应符合表 9.0.11 的规定。

建筑地面各层表面平整度的允许偏差 表 9.0.11

地面与楼面各层	材料种类		2m 直尺检查时的允许偏差(mm)
基土	土		15
垫层	砂、砂石、碎石、碎砖		15
	灰土、三合土、炉渣、水泥混凝土		10
	毛地板	拼花木板面层	3
		其它种类面层	5
	木搁栅		3
找平层	用水泥砂浆做结合层铺设板块面层以及铺设隔离层、填充层		5
	用沥青胶结料做结合层铺设板块、拼花木板和硬质纤维板面层		3
	用胶粘剂做结合层铺设塑料地板、拼花木板和硬质纤维板面层		2
面层	块石、条石		10
	水泥混凝土、水泥砂浆、沥青砂浆、沥青混凝土、水泥钢（铁）屑、不发火（防爆的）、防油渗等面层		4

续表 9.0.11

地面与楼面各层	材料种类	2m 直尺检查时的允许偏差 (mm)
面层	缸砖，混凝土块面层	4
	普通水磨石、水泥花砖、水磨石块，碎拼大理石和木板面层	3
	高级水磨石面层	2
	陶瓷锦砖、陶瓷地砖、拼花木板、活动地板、塑料地板和硬质纤维板等面层以及面层涂饰	2
	大理石、花岗石面层	1

注：直接在建筑地面上安装机械设备和有特殊要求的面层，表面平整度的允许偏差应符合设计要求。

附录 A 水泥砂浆、水泥混凝土（掺入 JJ91 硅质密实剂）技术性能

A.0.1 掺入 JJ91 硅质密实剂后的水泥砂浆技术性能应符合表 A.0.1 的要求。

水泥砂浆（掺入 JJ91 硅质密实剂）技术性能　　表 A.0.1

试验项目 \ 性能指标		一等品	合格品	JJ91 硅质密实剂试验结果
安定性		合格	合格	合格
凝结时间	初凝不早于（min）	45	45	123
	终凝不迟于（h）	10	10	5.17
抗压强度比（%）	7d	>100	>95	>95.1
	28d	>90	>85	>127.4
	90d	>85	>80	>100.1
透水压力比（%）		>300	>200	>300
48h 吸水量比（%）		<65	<75	<72.8
90d 收缩率比（%）		<110	<120	<98.2

注：本表除凝结时间和安定性为受检净浆的试验结果以外，其它数据均为受检砂浆与基准砂浆的比值。

A.0.2 掺入 JJ91 硅质密实剂后的水泥混凝土技术性能应符合表 A.0.2 的要求。

水泥混凝土（掺入JJ91硅质密实剂）技术性能　　表A.0.2

试验项目 ＼ 性能指标			一等品	合格	JJ91硅质密实剂试验结果
净浆安定性			合格	合格	合格
凝结时间差（min）		初凝	-90～+120	-90～+120	+33
		终凝	-120～+120	-90～+120	+66
泌水率比（%）			<80	<90	<0
抗压强度比（%）		7d	>110	>100	>127
		28d	>100	>95	>104
		90d	>100	>90	>95.6
渗透高度比（%）			<30	<40	<38
48h吸水量比（%）			<65	<75	<72.4
90d收缩率比（%）			<110	<120	<93
抗冻性能（50次冻融循环）（%）	慢冻法	抗压强度损失率比	<100	<100	<86.5
		质量损失率比	<100	<100	<7.3
	快冻法	相对动弹性模量比	>100	>100	—
		质量损失率比	<100	<100	—
对钢筋的锈蚀作用					无锈蚀危害

附录B　沥青的软化点以及沥青玛琋脂熬制和铺设时的温度

B.0.1　沥青的软化点以及沥青玛琋脂熬制和铺设的温度应符合表B.0.1的要求。

沥青的软化点以及沥青玛琋脂熬制和铺设时的温度　　**表B.0.1**

地面受热的最高温度	按"环球法"测定的最低软化点(℃)		沥青玛琋脂的温度（℃）		
			熬制时		铺设时温度
	石油沥青	玛琋脂	夏季	冬季	
30℃以下	60	80	180～200	200～220	>160
31～40℃	70	90	190～210	210～225	>170
41～60℃	95	110	200～220	210～225	>180

注：① 取100cm^{3}的沥青玛琋脂加热至铺设所需温度时（见上表），应能在平坦面上自动流动，其厚度等于或小于4mm。当温度为18±2℃时，玛琋脂应凝结，均匀而无明显的杂物和无填充料颗粒。

② 地面受热的最高温度，应根据设计要求选用。

附录C 防油渗材料的配制

C.1 防油渗水泥浆配制

C.1.1 氯乙烯—偏氯乙烯混合乳液的配制，应采用10%浓度的磷酸三钠水溶液中和氯乙烯—偏氯乙烯共聚乳液，其pH值宜为7～8，加入浓度为40%的OP溶液，搅拌均匀，而后加入少量消泡剂（以消除表面泡沫为度）。

C.1.2 防油渗水泥浆的配制，应将氯乙烯—偏氯乙烯混合乳液和水，按1∶1配合比搅拌均匀后，边拌边加入水泥，按要求的加入量加入后，充分拌匀。

C.2 防油渗胶泥底子油的配制

C.2.1 将已熬制好的防油渗胶泥自然冷却到85～90℃，边搅拌边缓慢加入按配合比要求的二甲苯和环己酮的混合溶剂（切勿近水）。搅拌至胶泥全部溶解即成底子油。当暂时存放时，应置于有盖的容器中，以防止溶剂挥发。

附录D 不发生火花（防爆的）建筑地面材料及其制品不发火性的试验方法

D.1 不发火性的定义

D.1.1 当所用材料与金属或石块等坚硬物体发生摩擦、冲击或冲擦等机械作用时，不发生火花（或火星），使易燃物引起发火或爆炸的危险，即为具有不发火性。

D.2 试验方法

D.2.1 试验前的准备。材料不发火的鉴定，可采用砂轮来进行。试验的房间应完全黑暗，以便在试验时易于看见火花。

试验用的砂轮直径为150mm，试验时其转速应为600～1000r／min，并在暗室内检查其分离火花的能力。检查砂轮是否合格，可在砂轮旋转时用工具钢、石英岩或含有石英岩的混凝土等能发生火花的试件进行摩擦，摩擦时应加10～20N的压力，如果发生清晰的火花，则该砂轮即认为合格。

D.2.2 粗骨料的试验。从不少于50个试件中选出做不发生火花试验的试件10个。被选出的试件，应是不同表面、不同颜色、不同结晶体、不同硬度的。每个试件重50～250g，准确度应达到1g。

试验时也应在完全黑暗的房间内进行。每个试件在砂轮上摩擦时，应加以10～20N的压力，将试件任意部分接触砂轮后，仔细观察试件与砂轮摩擦的地方，有无火花发生。

必须在每个试件的重量磨掉不少于20g后，才能结束试验。

在试验中如没有发现任何瞬时的火花，该材料即为合格。

D.2.3 粉状骨料的试验。粉状骨料除着重试验其制造的原料外，并应将这些细粒材料用胶结料（水泥或沥青）制成块状材料来进行试验，以便于以后发现制品不符合不发火的要求时，能检查原因，同时，也可以减少制品不符合要求的可能性。

D.2.4 不发火沥青砂浆、沥青混凝土、水泥砂浆、水磨石和水泥混凝土的试验。主要试验方法同前。在试验时沥青砂浆或沥青混凝土可能因摩擦发热而粘在砂轮上，不能再分离火花，故试验时，应注意经常检查砂轮，如果有沥青粘住之处，应刮净后再行试验。

附录 E 沥青砂浆和沥青混凝土技术指标

E.0.1 沥青砂浆和沥青混凝土技术指标应符合表 E.0.1 的要求。

沥青砂浆和沥青混凝土的物理力学性能技术指标 **表 E.0.1**

物理力学性能	技术指标
(1) 50℃时抗压强度（R50℃），MPa	
当圆柱形试件直径及高为:	
50.5mm时	>1
71.4mm时	>0.8
(2) 20℃时抗压极限强度（R20℃），MPa	
当圆柱形试件直径及高为:	
50.5mm时,	>3
71.4mm时	>2.5
(3) 温度稳定系数（$K_T=\frac{R_{20℃}}{R_{50℃}}$）	<3.5
(4) 水稳定系数（$K_W=\frac{R'_{20℃}}{R_{50℃}}$）	<0.9
(5) 吸水率，体积比（%）	<3
(6) 膨胀率，体积比（%）	<1

注：① 沥青砂浆采用50.5mm圆柱形试件，沥青混凝土采用71.4mm圆柱形试件。

② $R'_{20℃}$指吸水饱和的试件在20℃时试验的抗压强度。

E.0.2 沥青砂浆和沥青混凝土拌合物的拌制、开始碾压、压实完毕的温度及技术要求应符合表E.0.2的要求。

沥青砂浆和沥青混凝土拌合物的拌制、开始碾压、压实完毕的温度及技术要求　　表E.0.2

项　　目	拌　　制		开始碾压		压实完毕	
气温（℃）	5以上	5～−10	5以上	5～−10	5以上	5～−10
拌合料温度（℃）	140～170	160～180	90～100	110～130	>60	>40

注：当环境温度低于5℃时，不宜施工。

附录F　板块材质量要求

F.0.1 板块材质量要求应符合表F.0.1的要求

板块材质量要求　　表F.0.1

<table>
<tr><th rowspan="2">种　类</th><th colspan="3">允许偏差（mm）</th><th rowspan="2">外　观　要　求</th></tr>
<tr><th>长　度
宽　度</th><th>厚　度</th><th>平整度最
大偏差值</th></tr>
<tr><td>花岗石板材</td><td rowspan="2">+0
−1</td><td>±2</td><td rowspan="2">长度>400　0.6
>800　0.8</td><td rowspan="5">花岗石、大理石板材表面要求光洁明亮、色泽鲜明无刀痕、旋纹
水磨石板块表面要求石子均匀，颜色一致，无旋纹、气孔
水泥花砖块表面要求光滑，图案花纹正确，颜色一致
混凝土板块表面要求密实，无麻面、裂纹和脱皮
各种板块应边角方正，无扭曲缺角掉边</td></tr>
<tr><td>大理石板材</td><td rowspan="2">+1
−2</td></tr>
<tr><td>水磨石板块</td><td></td><td>长度>400　1.0
>800　2.0</td></tr>
<tr><td>水泥花砖</td><td>±1</td><td>±1</td><td rowspan="2">长度>400　1.0
>800　2.0</td></tr>
<tr><td>混凝土板块</td><td>±2.5</td><td>±2.5</td></tr>
</table>

注：多边形、弧形等异形板块的质量，除应符合上表规定外，外形尺寸应符合设计要求。

附录G 腻子及乳液的用途与配合比

G.0.1 聚乙烯醇缩甲醛（107胶）水泥腻子适用于基层表面因不平整、麻面、起砂等作为找平修补处理。水泥、107胶与水的重量比宜为1∶0.175∶0.4。

G.0.2 聚乙烯醇缩甲醛（107胶）水泥乳液适用于涂刷基层表面，增加整体性和胶结层的粘结力。水泥、107胶与水的重量比宜为1∶0.5～0.8∶6～8。

G.0.3 石膏乳液腻子适用于基层表面第一道嵌补找平。石膏、土粉与聚醋酸乙烯乳液的体积比宜为2∶2∶1。石膏乳液腻子拌合时，加水量应根据现场具体情况确定。

G.0.4 滑石粉乳液腻子适用于基层表面第二道修补找平。滑石粉∶聚醋酸乙烯乳液∶羧甲基纤维素溶液的体积比宜为1∶0.2～0.25∶0.1。滑石粉乳液腻子拌合时，加水量应根据现场具体情况确定。

附录H 本规范用词说明

H.0.1 为便于在执行本规范条文时区别对待，对要求严格程度不同的用词说明如下：

(1) 表示很严格，非这样做不可的：
正面词采用“必须”；
反面词采用“严禁”。

(2) 表示严格，在正常情况下均应这样做的：
正面词采用“应”；
反面词采用“不应”或“不得”。

(3) 表示允许稍有选择，在条件许可时，首先应这样做的：
正面词采用“宜”或“可”；
反面词采用“不宜”。

H.0.2 条文中指定应按其它有关标准、规范执行时，写法为“应符合……的规定”或“应按……执行”。

附加说明

本规范主编单位、参加单位和主要起草人名单

主 编 单 位：江苏省建筑工程局

参 加 单 位：天津市建筑工程局
广东省建筑工程总公司
甘肃省建筑工程总公司
湖北省建筑工程总公司
中国核工业华兴建设公司

主要起草人：熊杰民　佟贵森　邵泉清　杨崇永　邓学才
何永祥　高　洁　方肇华　李瑞萱

中华人民共和国国家标准

建筑地面工程施工及验收规范

GB 50209–95

条 文 说 明

修订说明

本规范是根据建设部（91）建标计字第10号通知转发国家计委计综合〔1991〕290号文附件一《一九九一年工程建设标准规范制订修订计划》（草案）中序号15项《地面与楼面工程施工及验收规范》（GBJ209—83）的修订任务，由江苏省建设委员会主管，江苏省建筑工程局为主编单位，天津市建筑工程局、广东省建筑工程总公司、甘肃省建筑工程总公司、湖北省建筑工程总公司和中国核工业华兴建设公司等为参加单位共同编制而成。经建设部1995年12月25日以建标〔1995〕777号文批准，并与国家技术监督局联合发布。

在本规范的编制过程中，规范编制组通过调查研究、收集资料和征求意见，提出了规范征求意见稿，分发全国广泛征求意见，并重点召开座谈会，由主编单位进一步修改成规范送审稿。采取了先函审的方式，选择有代表性的省、市建筑部门的有经验的专家，直接发函对审定稿进行审查，最后由江苏省建设委员会召开了有关部门参加的规范报批稿审查会议，定稿上报。

这次修订是遵照《工程建设国家标准管理办法》中规定的“制定国家标准必须贯彻执行国家的有关法律、法规方针和政策，密切结合自然条件、合理利用资源、充分考虑使用和维修的要求，做到安全适用、技术先进、经济合理”总的指导思想进行的。因此本规范在修订中，根据我国的经济技术政策、物质资源以及现有施工技术水平等实际情况并考虑了发展，在原规范的基础上，保留了有效的条文；修改了不适合当前情况的内容；补充了有利于保证质量的规定；调整了有关类似的目录；增加了适应发展的面层类型；取消了不常用和不适用的章、节内容等，力求做到技术先进、经济合理、安全适用、确保质量。原规范共有九章、三十一节、235条和六个附录。修订后的规范共九章、二十四节、247条和八个附录，与原规范相比共删除33条。修订后的247条中：保留的90条，占36.4%；修改的80条，占32.4%；增加的77条，占31.2%。修订的主要内容有以下五个方面：

一、本规范原名称是《地面与楼面工程施工及验收规范》。从字面上讲很明确，规范的范围是指工业与民用建筑的地面和楼面工程，也就是建筑物的底层地面和楼层地面工程，为了更确切和简化起见，并与修订后已报批的设计规范相对应，修改本规范名称为《建筑地面工程施工及验收规范》。

二、对章、节编排作了调整，删除了一些已基本上不适合当前实际情况的章、节，有原规范第6章第2节土面层、第3节碎石和卵石面层、第4节灌石油沥青碎石面层、第11节菱苦土面层和第18节地漆布面层等五节和原规范第9章厂区和住宅区道路工程一章；增加了已推广采用的防油渗面层、活动地板面层和面层涂饰等三节；调整了相类似的碎（卵）石垫层和碎砖垫层以及在原砖面层、板块面层中增列了大理石和花岗石面层、预制板块面层和不发火（防爆的）面层；更改了原规范保温层和防水（潮）层的构造层名称为隔离层和填充层，以与设计规范相对应。

三、本着有利于保证质量，更好的指导施工，对原规范的内容加以充实提高，配以必要的图示。补充了隔离层的新材料和水泥类面层质量通病的防范等；增加了防止厕浴间渗漏的构造、施工等规定。

四、从实际出发，修正了一些条文规定。修改了楼地面强度检验试块的组数以及有关垫层、面层的厚度、配合比、强度等级等的规定；统一了水泥类基层表面含水率值的规定等。

五、对原规范中的术语用词、计量单位、文字内容等方面尽可能予以调整、修改和统一。

这次修订中由于时间要求紧、增加条文多、修订内容大、人员难集中、调研工作不够深入、总结经验不够完善，且限于我们的水平，定有错误和不足之处。各单位在执行本规范的过程中结合工程实践，注意总结经验和积累资料，如发现需要修改和补充，请将意见和有关资料寄交江苏省建筑工程局规范管理组（江苏南京市云南路 31 号-1，邮政编码：210008），以便今后修订时参考。

一九九五年五月

目　次

1 总 则

1.0.1 本条为新增条文，提出了制定本规范的原则。施工时应重视节约材料，提高施工技术，满足使用功能，加强管理维护，力争达到技术先进、经济合理、确保质量、安全适用的目的。

1.0.2 本条规定了本规范的适用范围，在原规范第1.0.1条的基础上作了修改，取消了不属于建筑地面工程范围的“厂区和住宅区道路工程”这一部分。明确规定适用于新建、扩建、改建的一般工业与民用建筑地面工程的施工及验收。对于保温、隔热、超净、屏蔽、绝缘和防止放射线等特殊要求的楼地面工程，因上述工程设计，是按整个房屋建筑的外围结构和其面层下的构造层共同考虑的，由于专业性较强，本规范很难以包括。

1.0.3 本条依据原规范第1.0.2条修改和补充。由于建筑地面工程的施工及验收涉及面广，与许多专业有关，因此，除应按本规范执行外，尚应符合与本规范相关的其它有关国家和行业现行的标准规范的规定。

2 基本规定

2.0.1 本条依据原规范第 1.0.3 条作了修改和补充。阐明了建筑地面即底层地面（地面）和楼层地面（楼面）的总称并包括室外散水、明沟、踏步、台阶、坡道等工程。

2.0.2 为使构成建筑地面各构造层的名称一致，参照《建筑地面设计规范》将防水（潮）层改为隔离层，保温层改为填充层。修改后，使构成建筑地面的各层名称规定比原规范内容更加确切明了。

2.0.3 本条在原规范第 1.0.4 条的基础上作了补充。提出建筑地面构造层采用的材料、建材产品等应符合材料标准的规定。对进场材料增加了抽样复验的规定，以控制材料质量。

2.0.5 本条为原规范第 1.0.6 条的内容。为了保证建筑地面工程完成后，不致因下层的沟槽、暗管等施工影响其上层的质量而造成返工，也是强调先地下后地上的施工顺序。经检验合格做隐蔽工程记录后方可施工的规定，也是为了确保工程质量。

2.0.6 本条是强调施工顺序。在铺设建筑地面工程各构造层时，施工上一层必须检查其下一层的质量，以保证各层的质量。因原规范第 1.0.7 条和第 1.0.8 条的内容接近，故修改后合并为本条。

2.0.7 本条依据原规范第 1.0.9 条作局部修改，对建筑地面工程各层的施工，规定了铺设该层表面的环境温度以及所铺设材料的温度，这不仅是使各层具有正常凝结和硬化的条件，更重要的是保证工程质量。根据本规范修改后的各类面层，取消了掺有氯化镁成分的拌合料的规定。

2.0.8 本条依据原规范第 1.0.10 条作了重大修改。为便于施工人员在执行本规范时对水泥混凝土和水泥砂浆强度的确定、检验以及试块做法等，提出均应按现行的国家标准《混凝土结构工程施工及验收规范》和《砖石工程施工及验收规范》中有关章节条文内容执行。对试块的组数，除分别按上述两本国标的规定外，还应符合本规范的规定，每一层不应少于一组，并按每层的面积分档划分，将原规范规定的 $500m^2$ 改为 $1000m^2$，每增加 $1000m^2$ 各增做一组试块；补充了改变配合比时应相应制作组数。

2.0.9 本条依据原规范第 1.0.11 条作了补充。在地面工程中强调了在夯实的基土上修整高差达到所要求的坡度；为了适应有些地区在楼面工程中采用钢筋混凝土楼板包括预制和现浇的钢筋混凝土楼板以及地面工程采用架空的预制板，其起坡可利用填充层或找平层作为找坡外，增加了在钢筋混凝土板上按结构起坡达到设计的要求的坡度。

2.0.10 本条为新增条文，经调研和各地反映，为了保证建筑地面工程各类面层完工后免遭表面质量的损坏，应强调做面层的保护工作是非常重要的。

3 基 土

3.0.1 本条为原规范第 2.0.1 条，提出基土应分层压实或夯实，这是保证地面工程质量的基本要求。

3.0.2 本条是原规范第 2.0.2 条规定对地面下基土土质提出的严格要求。对不得用作地面下填土的几种土料作出规定，对膨胀土提出应经技术处理亦可作为填土土料。

3.0.3 本条依据原规范第 2.0.3 条作了补充及修改。强调了每层压实后土的压实系数不应小于 0.9，或按设计要求。按照现行国家标准《土方与爆破工程施工及验收规范》要求的最优含水量与相应的最大干密度的测定方法，采用击实试验应在填土前进行，经设计与施工单位的共同确认后，以指导施工和作为工程质量控制与隐蔽验收的依据。

3.0.4 本条为原规范第 2.0.4 条，主要提出填土压实时，土料宜控制在最优含水量的状态下进行，过干的土无法压实，过湿的土亦同样压不密实，因此，在铺填前必须采取措施，使其含水量在控制范围内。通常处理方法，规定了在压实前应加以湿润或晾干。工业厂房和冷库等重要地面工程的填土，施工前应作土料的击实试验，求出填料的干密度—含水量关系曲线，并确定其最大干密度和最优含水量的数值。根据设计要求的压实系数换算出的干密度，在干密度—含水量关系曲线图中找出相应的含水量上限和下限值，即为该填料施工含水量控制范围。现行国家标准《土方与爆破工程施工及验收规范》规定："如无击实试验条件，设计压实系数为 0.9 时，施工含水量与最优含水量之差可控制在−4～+2%范围内（使用振动碾时，可控制在−6～+2%范围内）"，亦可遵照执行。

3.0.5 本条为新增条文。地面填土工程在室内地面沿墙、柱连接处，因夯填不实出现下沉现象，以致造成地面面层空鼓开裂，并与沿墙、柱处脱开，影响了使用。为此，根据各地意见增订这一条内容，从而保证地面工程的施工质量。

3.0.6 本条为原规范第 2.0.5 条。若使用砂土作为地面下填土的填料时，如不浇水就无法压实或夯实，只有浇水至饱和后方能施工。但必须注意填料下的基土应为非湿陷性土层，这是本条规定的前提，否则又将会影响基土的质量。

3.0.7 本条为原规范第 2.0.6 条内容，其规定是针对地面下基土出现局部浸水、松软呈"橡皮土"状态时作表面加强处理的措施，以保证基土层的质量。

3.0.8 本条在原规范第 2.0.7 条基础上作了简练。在冻胀性土深度范围内铺设地面工程时，如不采取防止冻胀处理的措施，往往会导致地面开裂造成质量事故，但用于防冻胀的材料很多，凡是水稳性和冰冻稳定性好的材料都可以用，而防冻胀层的厚度和选用何种材料，这是设计应当考虑的，因此本条文提出了应按设计要求做防止冻胀的措施后方可铺设地面工程。这既向设计部门提出了要求，也向施工单位提出了要求，以保证地面工程的质量。

4 垫 层

4.1 灰土垫层

4.1.1 本条依据原规范第 3.1.1 条作了修改和补充，参照《建筑地面设计规范》对灰土垫层的厚度修订为“不应小于 100mm”的规定，以与设计规范相一致。原条文在粘土后的括号内注明“或亚粘土、轻亚粘土”，根据现行土的分类名称，相应改为“或粉质粘土、粉土”。消石灰仍应改为熟化石灰。拌合料体积比按一般常规提出为 3∶7，或按设计要求配料。在《建筑地面设计规范》中，亦规定“熟化石灰可用粉煤灰、电石渣等代替”，采用上述代用材料有利于三废处理和保护环境，有一定的经济效益和社会效益，故在本条中均作了补充。

4.1.2 本条依据原规范第 3.1.2 条作了补充。有些单位提出对熟化石灰也可采用磨细生石灰，但在使用前应先按体积比与粘土拌合洒水后堆放 8h 后方可铺设。

4.1.3 本条为原规范第 3.1.3 条。提出拌合料保持一定的湿度，实质上是控制灰土拌合时的加水量。根据经验，加水量控制在拌合料总重量的 16%左右，其湿度是可以达到现行的国家标准《地基与基础工程施工及验收规范》第三章第 3.1.5 条的规定，故予列入，以指导施工。

4.1.4 本条依据原规范第 3.1.4 条作了修改。对铺设要求和夯实后的干密度补充了内容，以进一步保证施工质量。

4.2 砂垫层和砂石垫层

4.2.1 本条为原规范第 3.2.1 条的内容，垫层厚度的规定按《建筑地面设计规范》予以修改。

4.2.2 本条依据原规范第 3.2.2 条作了修改和补充，提出了砂的质量要求和铺设要求以及振实后的密实度检验方法等，都是针对保证施工质量而规定的。

4.2.3 本条为原规范第 3.2.3 条内容，主要是保证砂石垫层的施工质量。

4.3 碎石垫层和碎砖垫层

因原规范第三节和第四节规定的碎（卵）石料和碎砖料施工做法及质量的基本要求大同小异，故合并为一节，改称为碎石垫层和碎砖垫层。

4.3.1 本条为原规范第 3.3.1 条和第 3.4.1 条合并的内容。提出对碎石和碎砖材料质量和垫层厚度的规定，以指导施工。

4.3.2 本条为原规范第 3.3.2 条内容。提出对碎石垫层铺设和碾压的规定，以保证质量。

4.3.3 本条为原规范第 3.4.1 条和第 3.4.2 条一部分的合并内容。提出对碎砖垫层的铺设和夯实的规定，以保证质量。

4.4 三合土垫层

4.4.1 本条为原规范第 3.5.1 条的内容。仅补充对垫层厚度和采用炉渣可代替砂的规定。

4.4.3 本条为原规范第 3.5.3 条的内容，增加了三合土拌合料的体积比。

4.4.5 本条为新增条文。提出了垫层夯实后的质量要求，以利于施工检查。

4.5 炉渣垫层

4.5.1 本条为原规范第 3.6.1 条的内容。规定了垫层分别采用不同的组成材料的三种做法，拌合料配合比应符合设计要求。对垫层厚度由原 60mm 改为不应小于 80mm 的限值。关于炉渣内不应含有未燃尽煤块的问题，在上一次规范修订中，认为炉渣材料很难符合这一规定，建议有一个控制指标，根据天津施工经验，一般炉渣内含煤量在10%左右是可以的，但究竟含量多少会影响工程质量，缺乏实验资料，对原条文暂不修改，待进一步试验总结后再确定。

4.5.2 本条为原规范第3.6.2条的内容。规定了对炉渣材料在使用前应浇水闷透，以防止炉渣闷不透而引起体积膨胀造成质量事故；闷透时间过长，亦会影响工程进度，提出不得少于5d是适宜。

4.5.4 本条为原规范第3.6.4条的内容。强调了垫层铺设后必须重视养护工作，并规定待其凝固后即有一定强度后方可进行下一道工序的施工，以保证垫层质量。

4.6 水泥混凝土垫层

4.6.1 本条依据原规范第3.7.2条作了修改，主要是按设计规范将垫层厚度改为不得小于60mm，混凝土强度等级提出不应低于C10。

4.6.2 本条依据原规范第3.7.3条，作了部分修改，对混凝土垫层分区、段浇筑的宽度进行了修改，删除了"其宽度一般为3～4m"的规定。

5 找 平 层

5.0.1 本条依据原规范第4.0.1条作了修改。对混凝土强度等级问题，原条文是一般不宜低于200号，而这次设计规范修订改为大于或等于C15，经与设计规范管理组协商，本规范提出强度不应小于C15，与原条文不宜低于200号基本接近。

5.0.2 本条为原规范第4.0.2条内容作局部修改。为了使上下层更好的结合，表面光滑是不宜的，应将表面划毛或凿毛。

5.0.3 本条在原规范第4.0.3条的基础上作了修改和补充。在预制钢筋混凝土楼板上铺设整体水泥类面层，由于板缝间填缝施工质量问题，面层极易出现沿板缝方向开裂，为了克服这一质量通病，必须做好填缝工作。本条系统的提出了从预制板板缝宽度、清理、填缝、养护和保护等各道工序的具体施工要求，以增强楼面与地面（架空板）的整体性，防止沿板缝方向开裂。

5.0.4 本条针对预制钢筋混凝土板的板端缝之间提出应增加防止面层开裂的构造措施是很重要的，也是克服水泥类面层裂缝出现的质量通病之一。

5.0.5 本条为新增条文，针对有防水要求的楼面工程，如厕浴间，提出容易发生渗漏的部位（如立管、地漏等处）的要求和做法，并以图示。

5.0.6 本条依据原规范第4.0.4条作了补充，强调了找平层与隔离层之间的施工要求。

6　隔离层和填充层

6.0.1　本条为新增条文。近年来由于建筑材料工业的发展，作为楼地面隔离层使用的防水卷材和防水涂料产品种类繁多、性能各异，为保证隔离层的效果，本规范对产品质量标准提出应符合国家或部颁标准的要求，对新型材料也作出更严格的规定。

6.0.2　本条为新增条文，主要提出对填充层施工技术的要求。

6.0.4　本条依据原规范第 5.0.2 条作了较大的修改，提出隔离层所用的沥青胶结料以及配制等的规定。

6.0.5　本条在原规范第 5.0.3 条基础上作了必要的补充，以保证铺贴质量。

6.0.7　本条为新增条文。为了防止厕浴间和有防水要求的建筑地面不致发生渗漏现象，对楼面结构层提出了要求。

6.0.8　本条为新增条文。对铺设隔离层和穿管四周、墙面以及管道与套管之间的施工工艺作了严格的规定，从施工角度保证工程质量达到隔离要求。同时针对目前厕浴间和有防水要求的建筑地面工程完工后，普遍存在渗漏通病的情况，规范要求作 24h 的浸水试验。

6.0.9　本条为新增条文。为了提高楼地面工程的防水质量和使用功能，在调研、考察的基础上，经过反复论证，对黑龙江省建委黑建字（1989）第 170 号文件、1992 年 11 月向建设部科技司的推荐信以及工程建设地方标准《黑龙江省硅质密实剂建筑防水工程技术规定》(DBJ07–008–93)、黑龙江省建筑标准设计 JJ91 硅质密实剂楼地面防水图集等资料以及工程应用的实际进行研讨，提出以水泥砂浆（掺 JJ91 硅质密实剂）作为隔离层的防水构造层，具有防水性能可靠、耐久性好、造价低、施工方便、效果良好等特点，故增加本条文。

6.0.11　本条依据原规范第 5.0.6 条作了一些补充，规定铺设隔离层的施工要求，以进一步保证质量。

7 面 层

7.1 一般规定

7.1.1 本条依据原规范第 6.1.1 条作了补充规定，强调做好建筑地面工程基层处理工作的重要性，方可避免质量通病

7.1.2 本条依据原规范第 6.1.2 条作了修改。主要考虑在预制钢筋混凝土板上铺设水泥类面层、找平层和结合层时，当板面已压光修改为应予划毛或涂刷界面处理剂，以保证上下层结合牢固。

7.1.4 本条为原规范第 6.1.4 条的内容，仅作了部分修改。对拌制水泥砂浆中水泥标号问题，经广泛征求意见，认为 325 号水泥按体积比配制达不到相应的砂浆强度，而目前工地普遍采用的是 425 号水泥，故予修正。

7.1.9 本条为增加条文。根据调研，为保证厕浴间和有防水要求的建筑地面不出现倒泛水和地漏处渗漏，必须对结构标高、坡度流向以及地漏的标高等方面预先处理好，特制定本条文。

7.1.10 本条为增加条文。根据调研，为保证楼梯踏步高度一致，防止相邻两级踏步高差超过 10mm，影响正常使用功能，造成永久性施工质量缺陷，特制定本条文。

7.1.11 本条依据原规范第 6.1.9 条作了必要的补充，考虑到水泥混凝土散水和明沟的施工未按规定设置伸缩缝以及与建筑物连接处不设缝断开，有的虽留了伸缩缝，亦不重视在缝内填沥青类材料，因此，竣工后沿长度方向出现了一些不应有的裂缝等质量问题，故本条提出了设置伸缩缝和断开的规定。

7.1.14 本条依据原规范第 6.1.13 条作了补充。鉴于水磨石面层虽有分格缝，但仍然会出现一些裂缝，有的发生在分格条边，根据有些地区施工时安放双分格条的经验，建议规范修改时予以考虑，经研究本条作了补充。

7.1.15 本条为增加条文。根据调研，水泥类室内的楼地面与走道邻接处以及大开间楼面在梁、墙处易出现面层裂纹或裂缝的现象，如能设置分格缝或采取其它构造措施，可防止此质量通病，为此增加本条的规定。

7.2 水泥混凝土面层

7.2.3 本条为原规范第 6.5.3 条的内容，仅对面层的强度等级和由原规范第 6.5.6 条内的垫层兼面层的强度等级一律采用新的符号作出规定。

7.2.4 本条在原规范第 6.5.4 条的基础上予以修改，提出了不应留置施工缝，并增加了新旧混凝土接槎处质量的规定。

7.2.5 本条为原规范第 6.5.5 条的内容，规定了面层抹平和压光的施工要求。混凝土面层在完工后因施工不善往往产生起砂、起灰、起壳、裂纹等施工缺陷，成了建筑地面工程的质量通病。为了杜绝上述质量通病，除采用规定的水泥、砂石材料外，尚应严格掌握水灰比，遵守各地编制的施工操作规程，并做好养护等一系列工作，因此，在条文中强调混凝土和水泥砂浆面层应在水泥初凝前完成抹平工作，水泥终凝前完成压光工作。忽视了这一要点待水泥终凝后去抹平压光，不仅难以操作而且易使表面结构破坏，造成质量事故。

7.2.6 本条为原规范第 6.5.6 条的内容，并作了修改。当水泥混凝土面层浇筑时采用随捣随抹的施工方法和注意事项时，原条文规定了必要时加干拌水泥和砂，因不易掌握这个标准，故修改为当表面出现泌水时，为了吸水可加干拌水泥和砂进行撒匀，以利施工操作。

7.3 水泥砂浆面层

7.3.1 本条为原规范第 6.6.2 条的内容，在原规定水泥砂浆的配

合比的基础上，增加了等级强度要求，并根据调研情况，面层太薄，容易开裂，故规定厚度不应小于 20mm。

7.3.2 本条在原规范第 6.6.1 条的基础上，考虑到各地反映以及水泥砂浆面层的当前质量状况和市场供应水泥情况，将水泥标号由不应小于 325 号改为不应小于 425 号，并提出使用水泥的要求。

7.3.3 本条为原规范第 6.6.3 条和第 6.6.4 条一部分的内容。

7.3.4 本条为原规范第 6.6.4 条一部分，提出面层厚度减薄时，应做防裂处理是必要的，以保证质量。

7.3.5 本条为原规范第 6.6.5 条的内容，作了部分修改。考虑到石屑内泥、粉是混在一起的，含量大将会影响质量，提出控制含粉量不应大于 3%为宜。另对水灰比问题，经与镇江建筑公司调研，由原条文的 0.3～0.4 修改为控制在 0.4 为宜。

7.4 水磨石面层

7.4.1 本条依据原规范第 6.7.1 条和第 6.7.3 条修改。对面层厚度，因目前普遍采用大粒径的石子较美观，由原规定的 12～15mm 改为 12～18mm。拌合料体积比由 1∶1.5～1∶2 修改为 1∶1.5～1∶2.5 为宜。

7.4.2 本条为原规范第 6.7.1 条一部分内容，考虑目前一般工程的石粒都要求大于 12mm，故提出由原 4～12mm 改为 4～14mm。

7.4.3 本条依据原规范第 6.7.2 条修改，主要是水泥中掺入颜料问题，原规范规定掺入量为水泥重量的 12%，这一指标虽已较 GBJ6－64（修订本）规范规定的 15%修改了，但掺量仍然较大，往往会降低或影响水磨石面层的强度，经调研，一般掺入量均不超过 5%，综合各地情况修改为掺入量宜为水泥重量的 3%～6%，或由试验确定。另外，补充了同颜色的面层应使用同一批水泥和同彩色面层应使用同厂、同批的颜料，是为了进一步保证面层的强度和色泽美观、不混色。

7.4.4 本条依据原规范第 6.7.4 条进行修改，主要对分格条的设置、固定和水泥浆内掺加胶粘剂，提出补充要求，以进一步保证工程质量。

7.4.5 本条依据原规范第 6.7.5 条修改，补充铺料宜高出分格条 2mm 的要求，以进一步控制面层质量。

7.4.7 本条为增加条文。依据原规范第 6.7.6 条的注，并对面层磨光遍数补充了油石规格的选用。

7.4.8 本条为增加条文。鉴于高级水磨石面层不断出现，而设计和使用要求不一，特规定其面层厚度和磨光遍数等均应符合设计要求。

7.5 防油渗面层

本节为新增加的面层，从第 7.5.1 条至第 7.5.11 条共 11 条。主要是根据《建筑地面设计规范》（已报批）第 2 章地面的类型中列入的防油渗地面设计要求，提出相应的施工及验收的条文。本节参照《工业地面设计规范》修订组“关于楼地面防油问题”、“多层厂房防油地面调查”以及机械部第二设计研究院“防油渗混凝土及其嵌缝材料”等技术文件，从防油渗面层的铺设定义、构造要求、材料选用，直至基层处理、施工技术等方面制定了比较完整的条文，并以图示，满足施工要求。

7.6 水泥钢（铁）屑面层

7.6.2 本条为原规范第 6.17.2 条的内容。规定了钢（铁）屑的规格、质量要求和具体做法。

7.6.3 本条为原规范第 6.17.3 条的内容。仅修改了强度等级的符号。规定了水泥钢（铁）屑面层的标号和配合比等。

7.6.4 本条为原规范第 6.17.4 条的内容。规定了铺设水泥钢（铁）屑面层的施工顺序和具体做法。为了进一步保证质量，补充了压光和养护工作的规定。

7.7 不发火（防爆的）面层

本节为新增条文，从7.7.1条至第7.7.7条共7条。原《地面与楼面工程施工及验收规范》GBJ209—83批准颁发以来，有些地区反映不发火（防爆的）面层在具体施工时无章可循，考虑这一情况，将原规范第6章第1节第6.1.12条内容加以充实，增列一节以便指导施工。

7.8 沥青砂浆和沥青混凝土面层

7.8.2 本条在原规范第6.10.2条的基础上，增加了对石料的质量要求。

7.8.3 本条在原规范第6.10.3条的基础上，增加了对砂的质量要求。

7.8.8 本条为原规范第6.10.7条的内容。删除了不发生火花（防爆的）的部分。

7.8.13 本条在原规范第6.10.13条的基础上，增加了对拌合料的施工要求，以进一步保证质量。

7.9 砖 面 层

7.9.1 本条在原规范第6.8.1条的基础上，根据砖面层的品种，作了适当调整，明确了砖面层铺设内容。

7.9.3 本条为增加条文。对砖面层采用的板块材料的质量要求，应按有关的国家标准和相应的各项技术指标，以进一步控制材料质量。

7.9.4 本条为增加条文。对砖面层铺设时结合层材料和厚度提出了规定。

7.9.5 本条为增加条文。对结合层（含填缝）材料的采用提出了规定。

7.9.6 本条为增加条文。对在水泥砂浆结合层上铺设缸砖、陶瓷地砖和水泥花砖板块面层时，提出了下一层表面的基本要求。

7.9.7 本条为增加条文。对铺贴缸砖、陶瓷地砖和水泥花砖提出铺贴的具体要求和做法，以指导施工，保证质量。

7.9.8 本条为增加条文。对在水泥砂浆结合层上铺贴陶瓷锦砖面层时，提出了下一层表面的规定和铺贴的具体要求和做法，以指导施工，保证质量。

7.9.9 本条在原规范第6.8.7条的基础上，补充对下一层表面的规定。

7.9.10 本条为增加条文。对在胶粘剂结合层上铺贴砖面层时，提出了下一层表面的规定和铺贴的具体要求和做法，以指导施工，保证质量。

7.9.11 本条为增加条文。规定了砖面层的质量要求。

7.10 大理石和花岗石面层

7.10.1 本条为增加条文。在原规范第6.9.1条的基础上，单列出大理石、花岗石面层。

7.10.2 本条为增加条文。对天然大理石、花岗石的材料质量标准提出要求。

7.10.3 本条为增加条文。提出了铺设前对石材的检验和试铺等方面的规定，以进一步控制质量。

7.10.4 本条为增加条文。对石材铺设的结合层的厚度提出了规定。

7.10.5 本条为增加条文。对采用的结合层提出了材料要求。

7.10.6 本条为增加条文。对在水泥砂浆结合层上铺砌大理石、花岗石面层提出了工艺和施工要求，以保证质量。

7.10.7 本条为增加条文。在原规范第6.9.8条和6.9.11条的基础上，综合并补充提出了铺砌后大理石、花岗石面层的表面质量的要求。

7.10.8 本条在原规范第 6.9.12 条的基础上进行修改，补充了碎拼大理石面层的选材要求和用水泥砂浆填补间隙的规定。

7.11 预制板块面层

7.11.1 本条在原规范第 6.9.1 条的基础上，明确了预制板块面层仅指混凝土板块和水磨石板块。

7.11.2 本条在原规范第 6.9.2 条和第 6.9.3 条合并为一条的基础上，对混凝土板块和水磨石板块提出要求。

7.11.3 本条在原规范第 6.9.4 条和第 6.9.5 条合并为一条的基础上，就本节预制板块面层对砂结合层的厚度和砂质量以及铺设时提出要求，以指导施工。

7.11.4 本条在原规范第 6.9.6 条的基础上，对本节预制板块面层采用水泥砂浆结合层的厚度和铺贴时提出要求，以指导施工。

7.11.5 本条在原规范第 6.9.8 条的基础上，规定了对本节预制板块面层相邻缝隙宽度的质量要求。

7.11.6 本条在原规范第 6.9.9 条的基础上，规定了本节预制板块面层在水泥砂浆结合层上铺贴时的施工要求和质量标准。

7.12 料 石 面 层

7.12.2 本条在原规范第 6.16.2 条的基础上，作了修改。对条石的强度等级由原规定MU100 改为 MU60，根据调研，认为是合理的，并补充了条石和块石常用厚度，以供施工时选用。

7.12.3 本条为增加条文。为了满足设计单位提出的不导电和耐高温的料石面层，提出对石料的选用要求。

7.12.4 本条为原规范第 6.16.3 条的内容，规定了砂的质量要求。

7.12.5 本条在原规范第 6.16.4 条的基础上，按本规范第 7.12.1 条的内容要求进行了必要的补充。

7.12.6 本条为增加条文。提出了铺设要求，以保证结合牢固。

7.12.7 本条在原规范第 6.16.5 条的基础上，补充了应重视铺砌时的坡度和方向。

7.12.8 本条为原规范第 6.16.5 条中对块石的铺砌要求和第 6.16.6 条的内容合并为一条，较为完整。

7.12.9 本条为增加条文。在原规范第 6.16.7 条的基础上，规定了在砂结合层上条石面层的铺设、缝隙和材料等要求，以利于指导施工。

7.12.10 本条为增加条文。在原规范第 6.16.7 条的基础上，规定了在水泥砂浆结合层上条石面层的铺设、缝隙和材料等要求，以利于指导施工。

7.12.11 本条为增加条文。在原规范第 6.16.7 条的基础上，规定了在沥青胶结料结合层上条石的铺设、缝隙和材料等要求，以利于指导施工。

7.13 塑料地板面层

7.13.1 本条在原规范第 6.12.1 条的基础上作了补充和修改。原规定用软质（指聚乙烯）、半硬质（指石棉塑料板）塑料板以胶粘剂铺贴在基层上的施工方法。由于塑料工业近年发展较快，可供作为楼地面面层的塑料品种增多，而在施工工艺上根据塑料材质而选择的余地也较大，故本规范分别规定可作粘贴、干铺或现浇整体式铺设的常用的塑料面层材料。

7.13.2 本条为原规范第 6.12.2 条中有关采用板的内容。

7.13.3 本条为原规范第 6.12.2 条中有关采用胶粘剂的内容。

7.13.4 本条依据原规范第 6.12.3 条作了局部修改和补充。对水泥类的基层表面含水率由不应大于 8%改为 9%，以资统一。为了保证面层粘贴平整和粘结牢固，补充了对基层表面出现质量缺陷时应采用乳胶腻子进行处理。

7.13.5 本条为增加条文。规定了面层的施工顺序，以进一步控制质量。

7.13.9 本条在原规范第6.12.7条的基础上进行修改。铺贴塑料板块的胶粘剂，按品质可分为两大类，本条文对两种不同类型的胶粘剂规定了不同的涂刷方法，铺粘时应一次准确就位，粘贴密实。

7.13.10 本条依据原规范第6.12.8条作了修改。考虑原规范已执行了十年，一些基本做法已成习惯，故予取消。

7.13.12 本条依据原规范第6.12.9条作了修改。补充了已铺贴的塑料板块面层的质量检验和质量控制。

7.14 活动地板面层

本节为新增加条文，从第7.14.1条至第7.14.10条共10条。原规范在修订过程中，曾考虑到活动地板面层一节，由于当时资料收集不齐，施工技术也不太成熟，经研究未列入规范。鉴于这次《建筑地面设计规范》的修订，在地面一章的类型中，对空气洁净度要求的地段，提出采用防尘和导静电的面层。目前各地生产的抗静电架空活动地板已能满足这方面的设计和使用要求。据了解，活动地板面层已大量的应用在各个领域的专业用房，故本规范也应编人，以控制产品质量和安装施工技术。本节根据航空航天工业部保定螺旋桨制造厂和浙江省金华电子材料厂提供的抗静电活动地板成套资料编写条文，从产品项目的技术性能和结构构造以及施工工艺、安装技术、注意事项、质量检验等，以指导施工并作为验收的依据。

7.15 木 板 面 层

7.15.1 本条依据原规范第6.13.1条作了修改，明确木板面层有双层和单层的定义，并提出木材的质量要求。

7.15.2 本条为新增条文。补充了面层的条材和板材宜采用符合国家标准《实木地板产品》的具有商品检验合格证的产品。

7.15.3 本条在原规范第6.13.3条的基础上作了补充。为了保证质量，补充了木搁栅应与地垄墙、墩固定牢固和搁栅之间横撑的要求。

7.15.6 本条为新增条文。提出了双层木板面层上层铺设的规定。

7.15.8 本条为新增条文。强调对大面积木板面层的构造通风层的重要性，以防止木板可能受潮腐坏，影响使用，保证木板面层的质量。

7.15.10 本条在原规范第6.13.8条的基础上作了补充，完善了木板面层最后一道工序的施工要求。

7.16 拼花木板面层

7.16.3 本条在原规范第6.14.3条的基础上，补充了毛地板铺钉在搁栅上的要求。

7.16.6 本条在原规范第6.14.6条的基础上，补充了拼花木板板厚度的规定。因考虑到铺贴面层后仍需在面层刨平、刨光，如厚度小于10mm，就将影响质量。

7.16.7 本条为原规范第6.14.7条的内容，并作了修改。对相邻两块高差的规定，在执行中容易误解，这次修订时，以铺贴面为准，提出正负差。

7.16.9 本条为原规范第6.14.9条和第16.14.10条的内容，并为一条。

7.17 硬质纤维板面层

7.17.8 本条为原规范第6.15.8条内容的一部分。规定了采用胶粘剂铺贴面层的具体要求和做法。

7.17.10 本条是新增条文，系原规范第6.15.8条的第二段内容。因考虑其基层为水泥木屑砂浆层的特殊性质，故单独列出。

7.17.11 本条在原规范第6.15.10条的基础上作了补充。增加了两块板的高差和板面平整度的质量要求。

7.18 面 层 涂 饰

本节为新增加的条文，从第 7.18.1 条至第 7.18.7 条共 7 条。面层涂饰已在建筑地面工程中采用，主要在水泥砂浆面层或水泥混凝土面层上涂刷一层地面涂料，它是保护面层和美化环境的技术措施，不属于本规范规定构成面层的名称，不应为一种面层类型。但考虑到目前采用地面涂料较广泛，根据调研，应增加这一节内容。

8 变形缝和镶边的设置

8.0.1 本条在原规范第 7.0.1 条的基础上，作了局部修改。补充了变形缝范围，强调缝的构造作用，以引起施工中的重视，防止发生质量缺陷。

8.0.2 本条为新增条文。对变形缝缝的处理提出了要求，并加图示。这一部位构造，往往在施工中被忽略，因而造成一些质量缺陷，故予增加。

8.0.3 本条在原规范第 7.0.2 条的基础上作了修改。规定了室内和室外水泥混凝土垫层设置伸缩缝的要求。

8.0.4 本条在原规范第 7.0.3 条的基础上作了补充。修订后增加了加肋板平头缝的做法，以指导施工。

8.0.6 本条在原规范第 7.0.5 条的基础上作了局部修改。主要补充了假缝的具体做法，可采用锯割成缝的工艺，并增加伸缩构造图。

8.0.7 本条在原规范第 7.0.6 条的基础上作了修改。取消了菱苦土面层的镶边设置。

9　工 程 验 收

9.0.4　本条在原规范第 8.0.4 条的基础上作了修改，对带有坡度的面层补充了作泼水检验及不得有倒泛水和积水现象的规定。

9.0.5　本条在原规范第 8.0.5 条的基础上进行修改，主要对大理石、花岗岩、木板、拼花木板和塑料地板面层的相邻两块高低允许偏差值提出了 0.5mm 的规定，而原规范表 9.0.5 条中无定量，也就是不允许有偏差，实际上无法做到。在修订质量检验评定标准时，已制定了 0.5mm 允许偏差，故予以改正。

9.0.8　本条为原规范第 8.0.8 条的条文内容。仅就本规范现有的面层作个别调整。

9.0.10　本条在原规范第 8.0.9 条的基础上，进行修改。主要是指各类现浇整体面层，而不是原规定的水泥混凝土、水泥砂浆的整体面层。

9.0.11　本条为原规范第 8.0.11 条的条文内容。仅就本规范现有的各构造层和材料种类进行调整。

附录 A　水泥砂浆、水泥混凝土（掺入 JJ91 硅质密实剂）技术性能

本附录为增加附录。表 A.0.1 及表 A.0.2 择自中国建筑标准设计研究所编《全国通用建筑产品优选集》以及《黑龙江省硅质密实剂建筑防水工程技术规范》。

附录 B 沥青的软化点以及沥青玛瑞脂熬制和铺设时的温度

本附录表 B.0.1 为原规范附录一附表 1.1 的内容。

附录 C 防油渗材料的配制

本附录防油渗材料的配制是增加的附录。主要满足本规范第 7.5 节防油渗面层中有关条文所规定采用的 C.1 防油渗水泥浆配制和 C.2 防油渗胶泥底子油的配制的参考资料。主要摘自机电部第二设计研究院有关技术总结和成熟的试验资料，以指导施工。

附录D　不发生火花（防爆的）建筑地面材料及其制品不发火性的试验方法

本附录系原规范附录二的内容。

附录E　沥青砂浆和沥青混凝土技术指标

本附录表E.0.1为原规范附录一附表1.4，表E.0.2为原规范附录一附表1.5。

附录F　板块材质量要求

本附录表F.0.1为原规范附录一附表1.3的内容，并作了补充。保留了原规定预制板块的允许偏差和外形要求，增列了花岗岩板材，以供施工参考。

附录G　腻子及乳液的用途与配合比

本附录G.0.1、G.0.2、G.0.3系原规范附录三的内容。

中华人民共和国国家标准

建筑防腐蚀工程施工及验收规范

GB 50212—91

主编部门：中华人民共和国化学工业部
批准部门：中华人民共和国建设部
施行日期：1992年7月1日

关于发布国家标准《建筑防腐蚀工程施工及验收规范》的通知

建标[1991]817号

根据国家计委计综[1986]2630号文的要求，由化学工业部会同有关部门共同修订的《建筑防腐蚀工程施工及验收规范》，已经有关部门会审。现批准《建筑防腐蚀工程施工及验收规范》GB 50212—91为国家标准，自1992年7月1日起施行。原国家标准《建筑防腐蚀工程施工及验收规范》TJ212—76同时废止。

本标准由中国化学工业部负责管理。具体解释等工作由化工部施工技术研究所负责。出版发行由建设部标准定额研究所负责组织。

中华人民共和国建设部
1991年11月15日

修订说明

本规范是根据国家计委计综(1986)2630号文的要求，由我部负责主编，具体由化工部施工技术研究所会同冶金工业部、航空航天工业部、中国石油化工总公司和化学工业部所属的有关单位对原《建筑防腐蚀工程施工及验收规范》(TJ212—76)进行全面修订而成。

在修订过程中，编制组进行了广泛的调查研究，认真总结了我国近10余年来建筑防腐蚀工程施工、工程应用和科研等方面的经验，并多次广泛征求了全国有关单位的意见，经过反复修改后，由我部会同有关部门审查定稿。

本规范共包括十二章和四个附录，其中第一、二、十一、十二章为通用部分，其余各章为按材料划分的各种防腐蚀工程的特殊要求，第八、十一章为本次修订时新增内容。

随着建设事业的不断发展，新技术、新工艺将不断涌现，希望各单位在执行本规范的过程中，认真总结经验，注意积累资料。若发现需要修改和补充之处，请将意见和有关资料寄交化学工业部施工技术研究所(地址：河北省石家庄市槐中中路，邮政编码：050021)，以便今后修订时参考。

化学工业部

1990年6月

第一章 总 则

第1.0.1条 为保证建筑物和构筑物防腐蚀工程的施工质量，以减少因腐蚀而造成的损失，制订本规范。

第1.0.2条 本规范适用于新建、改建、扩建的建筑物和构筑物防腐蚀工程的施工及验收。

第1.0.3条 防腐蚀工程所用的原材料，必须符合本规范的规定，并具有出厂合格证或检验资料。对原材料的质量有怀疑时，应进行复验。

第1.0.4条 对施工配合比有要求的防腐蚀材料，其配合比应经试验确定，并不得任意改变。

第1.0.5条 防腐蚀工程的施工，除应符合本规范的规定外，尚应符合国家现行有关标准的规定。

第二章　基层处理及要求

第一节　水泥砂浆或混凝土基层

第 2.1.1 条　水泥砂浆或混凝土基层，必须坚固、密实、平整；基层的坡度和强度应符合设计要求，不应有起砂、起壳、裂缝、蜂窝麻面等现象。平整度应用 2m 直尺检查，允许空隙不应大于 5mm。

第 2.1.2 条　当在水泥砂浆或混凝土基层表面进行块材铺砌施工时，基层的阴阳角应做成直角；进行其它种类防腐蚀施工时，基层的阴阳角应做成斜面或圆角。

第 2.1.3 条　基层必须干燥。在深为 20mm 的厚度层内，含水率不应大于 6%。当设计对湿度有特殊要求时，应按设计要求进行施工。

注：当使用湿固化型环氧树脂固化剂施工时，基层的含水率可不受此限制，但基层表面不得有浮水。

第 2.1.4 条　基层表面必须洁净。防腐蚀施工前，应将基层表面的浮灰、水泥渣及疏松部位清理干净。基层表面的处理方法，宜采用砂轮或钢丝刷等打磨表面，然后用干净的软毛刷、压缩空气或吸尘器清理干净。当有条件时，可采用轻度喷砂法，使基层形成均匀粗糙面。

第 2.1.5 条　已被油脂、化学药品污染的表面或改建、扩建工程中已被侵蚀的疏松基层，应进行表面预处理，处理方法应符合下列规定：

一、被油脂、化学药品污染的表面，可使用溶剂、洗涤剂、碱液洗涤或用火烤、蒸汽吹洗等方法处理，但不得损坏基层；

二、被腐蚀介质侵蚀的疏松基层，必须凿除干净，用细石混凝土等填补，养护之后按新的基层进行处理。

第 2.1.6 条　凡穿过防腐层的管道、套管、预留孔、预埋件，均应预先埋置或留设。

第二节　钢结构基层

第 2.2.1 条　钢结构表面应平整，施工前应把焊渣、毛刺、铁锈、油污等清除干净。

第 2.2.2 条　钢结构表面处理的等级应分为两级，并应符合下列规定：

一、一级钢结构表面无可见的油脂、污垢、氧化皮、铁锈和油漆涂层等附着物，任何残留的痕迹只能是点状或条纹状的轻微色斑。

二、二级钢结构表面无可见的油脂和污垢，并且没有附着不牢的氧化皮、铁锈和油漆涂层等附着物。

第 2.2.3 条　钢结构表面的处理方法，可采用干法喷砂、酸洗处理、机械除锈或手工除锈。

第 2.2.4 条　对污染严重的钢结构和改建、扩建工程中腐蚀严重的钢结构，应进行表面预处理，处理方法应符合下列规定：

一、被油脂污染的钢结构表面，可采用有机溶剂、热碱液或乳化剂以及烘烤等方法除去油脂；

二、被氧化物污染或附着有旧漆层的钢结构表面，可采用烘烤、铲除等方法清理。

第 2.2.5 条　经处理过的钢结构基层，应及时刷上底涂料，间隔时间不应超过 8h。

第三节 木质基层

第 2.3.1 条 木质基层表面，应平整、光滑，无油脂、树脂，并将表面的浮灰清除干净。

第 2.3.2 条 木质基层应干燥，含水率不应大于 15%。

第 2.3.3 条 基层表面被油脂污染时，可先用砂纸磨光，再用汽油等溶剂洗净。

木质基层有节疤、树脂时，应用脂胶清漆等作封闭处理。

第三章 块材防腐蚀工程

第一节 原材料和制成品的质量要求

第 3.1.1 条 块材的品种、规格及等级，应符合设计要求；当设计无要求时，应符合下列规定：

一、耐酸砖、缸砖、耐酸陶板、铸石板的耐酸率和吸水率，应符合表 3.1.1 的规定，其热稳定性应符合本规范附录三中合格的规定。

耐酸砖、缸砖、耐酸陶板、铸石板的质量　表 3.1.1

项目		耐酸率(%)	吸水率(%)
耐酸砖	一类	≥99.80	≤0.5
	二类	≥99.80	≤2.0
	三类	≥99.70	≤4.0
缸砖		≥94.00	≤7.0
耐酸陶板		≥97.00	≤7.0
铸石板		≥99.00	

二、花岗石及其它条石块材应组织均匀，不得有裂纹或不耐酸的夹层，其耐酸率不应小于 95%；浸酸安定性应合格；吸水率不应大于 1%；抗压强度不应小于 100MPa。

三、聚合物浸渍混凝土块材的抗压强度，不应小于 70MPa；吸水率不应大于 1%；抗渗性应大于 4MPa；其表面的浸渍深度不应小于20mm。浸渍液宜采用配合比为9：1的苯乙烯环氧树脂液或苯乙烯不饱和聚酯树脂液。

四、沥青浸渍砖，其浸渍用砖宜采用75号粘土砖。当使用温度小于30℃时，浸渍用沥青的标号，宜采用60号；当使用温度为30～40℃时，宜采用30号。浸渍深度不应小于15mm。

第3.1.2条 胶泥、砂浆的质量要求及配制，铺砌块材的要求，应符合本规范有关章节的规定。

第二节 块材的施工及检查

第3.2.1条 块材使用前应经挑选，并应洗净、干燥后备用。

第3.2.2条 块材铺砌前，宜先试排；铺砌时，铺砌顺序应由低往高，先地坑、地沟，后地面、踢脚板或墙裙。阴角处立面块材应压住平面块材，阳角处平面块材应盖住立面块材。块材铺砌不应出现十字通缝，多层块材不得出现重迭缝。

第3.2.3条 块材的结合层及灰缝应饱满密实，粘结牢固，不得有疏松、裂纹和起鼓现象，灰缝的表面应平整，灰缝的尺寸应符合本规范有关章节的规定。

第3.2.4条 需作勾缝的块材面层，铺砌时，应随时刮除缝内多余的胶泥或砂浆；勾缝前，应将灰缝清理干净。

第3.2.5条 块材面层的平整度和坡度，应符合下列规定：

一、地面的面层应平整，并应采用2m直尺检查，其允许空隙不应大于下列数值：

耐酸砖、缸砖、耐酸陶板、铸石板的面层	4mm
花岗石及其它条石块材的面层	8mm
聚合物浸渍混凝土块材的面层	6mm
沥青浸渍砖的面层	6mm

二、块材面层相邻块材之间的高差，不应大于下列数值：

耐酸砖、缸砖、耐酸陶板、铸石板的面层	1.5mm
花岗石及其它条石块材的面层	3mm
聚合物浸渍混凝土块材的面层	2mm
沥青浸渍砖的面层	2mm

三、坡度应符合设计要求，其允许偏差应为坡长的±0.2%，最大偏差值不得大于30mm；做泼水试验时，水应能顺利排除。

第四章　沥青类防腐蚀工程

第一节　一般规定

第4.1.1条　沥青类防腐蚀工程包括下列内容：

一、沥青稀胶泥铺贴的油毡隔离层、涂覆的隔离层；

二、沥青胶泥铺砌的块材面层；

三、沥青砂浆和沥青混凝土铺筑的整体面层或垫层；

四、碎石灌沥青垫层。

第4.1.2条　施工环境的温度，不宜低于5℃；施工时的工作面，应保持清洁干燥。

第4.1.3条　沥青应按不同品种和标号分别堆放，不宜曝晒和沾染杂物。

第二节　原材料和制成品的质量要求

第4.2.1条　道路石油沥青、建筑石油沥青和普通石油沥青，应符合国家现行标准《道路石油沥青》、《建筑石油沥青》和《普通石油沥青》以及表4.2.1的规定。

道路、建筑和普通石油沥青的质量　　表4.2.1

项　目	道路石油沥青		建筑石油沥青			普通石油沥青		
	60号甲	60号乙	30号甲	30号乙	10号	75号	65号	55号
针入度（25℃，100g，1/10mm）	51～80	41～80	21～40	21～40	5～20	75	65	55
延度（25℃，cm）	≥70	≥40	≥3	≥3	≥1	≥2	≥1.5	≥1
软化点（环球法，℃）	45～50	≥45	≥70	≥60	≥95	≥60	≥80	≥100

第4.2.2条　石油沥青油毡、沥青玻璃布油毡和再生胶油毡，应符合国家现行标准《石油沥青油毡》、《沥青玻璃布油毡》和《再生胶油毡》的规定；石油沥青油毡的标号，不应低于350号。

第4.2.3条　纤维状填料宜采用6级角闪石棉或温石棉；温石棉应符合现行国家标准《温石棉》的规定。

第4.2.4条　粉料的耐酸率不应小于95%；其细度要求为0.15mm筛孔筛余量不应大于5%，0.09mm筛孔筛余量应为10%～30%；亲水系数不应大于1.1。

第4.2.5条　细骨料的耐酸率，不应小于95%。含泥量不应大于1%，其颗粒级配应符合表4.2.5的规定。

细骨料颗粒级配　　表4.2.5

筛孔（mm）	5.0	1.25	0.315	0.16
累计筛余量（%）	0～10	35～65	80～95	90～100

第4.2.6条　粗骨料的耐酸率不应小于95%，浸酸安定性应合格，空隙率不应大于45%，含泥量不应大于1%。

第4.2.7条　沥青胶泥的质量，应符合表4.2.7的规定。

沥青胶泥的质量　　表 4.2.7

项　　目	使用部位的最高温度(℃)			
	≤30	31～40	41～50	51～60
耐热稳定性(℃)	≥40	≥50	≥60	≥70
浸酸后质量变化率(%)	≤1			

第 4.2.8 条　沥青砂浆和沥青混凝土的抗压强度，20℃时不应小于 3MPa，50℃时不应小于 1MPa。饱和吸水率(体积计)不应大于 1.5%，浸酸安定性应合格。

第三节　沥青胶泥、沥青砂浆和沥青混凝土的配制

第 4.3.1 条　沥青胶泥的施工配合比，应根据工程部位、使用温度和施工方法等因素确定。施工配合比可按本规范附录一附表 1.1 选用。

第 4.3.2 条　沥青胶泥的配制，应符合下列规定：

一、沥青应破成碎块，均匀加热至 160～180℃，不断搅拌、脱水，至不再起泡沫，并除去杂物。

二、当建筑石油沥青升温至 200～230℃、普通石油沥青升温至 250～270℃时，按施工配合比，将预热至 120～140℃的干燥粉料(或同时加入纤维状填料)逐步加入，并不断搅拌，直至均匀。当施工环境温度低于 5℃时，应取最高值。

熬好的沥青胶泥，可按附录一中附表 1.1 的要求取样做软化点试验。

注：①用普通石油沥青(多蜡沥青)配制沥青胶泥时，应掺入沥青总量 30%～50%的建筑石油沥青或掺入外加剂后使用，外加剂宜为 1%～1.8%的氯化锌。

②掺入氯化锌时，应在上述规定温度内加入，并不断搅拌，待泡沫消失后再加入粉料。氯化锌应保存在密闭的容器中。

三、熬制好的沥青胶泥应一次用完，在未用完前，不得再加入沥青或填料。取用沥青胶泥时，应先搅匀，以防填料沉底。

第 4.3.3 条　沥青砂浆、沥青混凝土的施工配合比，应符合下列规定：

一、粉料和骨料之间颗粒级配，应符合表 4.3.3 的规定。

粉料和骨料混合物的颗粒级配　　表 4.3.3

种　类	混合物累计筛余量(%)								
	25	15	5	2.5	1.25	0.63	0.315	0.16	0.08
沥青砂浆			0	20～38	33～57	45～71	55～80	63～86	70～90
细粒式沥青混凝土		0	22～37	37～60	47～70	55～78	65～88	70～88	75～90
中粒式沥青混凝土	0	10～20	30～50	43～67	52～75	60～82	68～87	72～92	77～92

二、采用平板振动器振实时，沥青用量占粉料和骨料混合物质量的百分率(%)为：

沥青砂浆　　11～14

细粒式沥青混凝土　8～10

中粒式沥青混凝土　7～9

注：①普通石油沥青不宜用于配制沥青砂浆和沥青混凝土。

②涂抹立面的沥青砂浆，沥青用量可达 25%。

三、当采用平板振动器或热滚筒压实时，沥青标号宜用 30 号；当采用辗压机压实时，宜采用 60 号。

第 4.3.4 条　沥青砂浆、沥青混凝土的配制，应符合下列规

定：

一、沥青的熬制，应符合本规范第 4.3.2 条第一款的规定。

二、按施工配合比量，将预热至 140℃左右的干燥粉料和骨料混合均匀，随即将熬至 200～230℃的沥青逐渐加入，不断翻拌至全部粉料和骨料被沥青覆盖为止。拌制温度宜为 180～210℃。

第四节　隔离层的施工

第 4.4.1 条　基层的表面，应先均匀涂刷冷底子油两遍。涂刷冷底子油的表面，应保持清洁，待干燥后，方可进行隔离层的施工。冷底子油的质量配比，应符合下列规定：

一、第一遍，建筑石油沥青与汽油之比为 30∶70；

第二遍，建筑石油沥青与汽油之比为 50∶50。

二、建筑石油沥青与煤油或轻柴油之比为 40∶60。

第 4.4.2 条　沥青稀胶泥的浇铺温度，不应低于下列数值：

建筑石油沥青	190℃
建筑和普通石油沥青混合	220℃
普通石油沥青	240℃

当环境温度低于 5℃时，应采取措施提高温度后方可施工。

第 4.4.3 条　油毡隔离层的铺贴，应符合下列规定：

一、油毡使用前，表面撒布物应清除干净，并保持干燥。

二、油毡铺贴顺序，应由低往高，先平面后立面，地面隔离层应延续铺至墙面的高度为 100～150mm；贮槽等构筑物的隔离层，应延续铺至顶部，转角处应增加油毡一层。

三、油毡隔离层的施工应随浇随贴，必须满浇，每层沥青稀胶泥的厚度不应大于 2mm，油毡必须展平压实，接缝处应粘牢；油毡的搭接宽度，短边和长边均不应小于 100mm；上下两层油毡的搭接缝，同一层油毡的短边搭接缝均应错开。

四、隔离层上采用水玻璃类材料施工时，应在铺完的油毡层上浇铺一层沥青胶泥，并随即均匀稀撒预热的粒径为 2.5～5mm 的耐酸粗砂粒；砂粒嵌入沥青胶泥的深度宜为 1.5～2.5mm。

第 4.4.4 条　涂覆隔离层的层数，当设计无要求时，宜采用两层，其总厚度宜为 2～3mm。当隔离层上采用水玻璃类耐酸材料施工时，应随即均匀稀撒干净预热的粒径为 1.2～2.5mm 的耐酸砂粒。

第五节　沥青胶泥铺砌块材

第 4.5.1 条　基层表面若未设置隔离层，应按本规范第 4.4.1 条的规定，预先涂刷冷底子油。

第 4.5.2 条　块材铺砌前宜进行预热；当环境温度低于 5℃时，必须预热，预热温度不应低于 40℃。

第 4.5.3 条　沥青胶泥的浇铺温度不应低于下列数值：

建筑石油沥青胶泥	180℃
建筑和普通石油沥青混合胶泥	200℃
普通石油沥青胶泥	220℃

当环境温度低于 5℃时，应采取措施提高温度后方可施工。

第 4.5.4 条　块材结合层的厚度和灰缝的宽度，应符合表 4.5.4 的规定。

第 4.5.5 条　平面块材的铺砌，可采用挤缝法或灌缝法。

一、挤缝法：应随浇沥青胶泥，随铺砌块材。沥青胶泥的浇铺厚度，应按结合层要求增厚 2～3mm；铺砌时，灰缝应挤严灌满，表面平整。

块材结合层厚度和灰缝宽度 表 4.5.4

块材种类	结合层厚度(mm)		灰缝宽度(mm)	
	挤缝法 灌缝法	刮浆铺砌法 分段浇灌法	挤缝法、刮浆铺砌法、分段浇灌法	灌缝法
标形耐酸砖、缸砖、铸石板	3～5	5～7	3～5	6～8
平板形耐酸砖、耐酸陶板	3～5	5～7	2～3	5～7
花岗石及其它条石块材面层				8～15

注：当花岗石及其它条石块材的结合层采用沥青砂浆时，其厚度应为 10～15mm，沥青用量可达 25%。

二、灌缝法：沥青胶泥应浇铺刮平，块材应粘结牢固，不得浮铺。灌缝前，灰缝处宜预热。

第 4.5.6 条 立面块材的铺砌，可采用刮浆铺砌法或分段浇灌法。

一、刮浆铺砌法：应随刮随铺，趁热挤实压平。

二、分段浇灌法(图 4.5.6)：结合层应饱满，表面应平整。

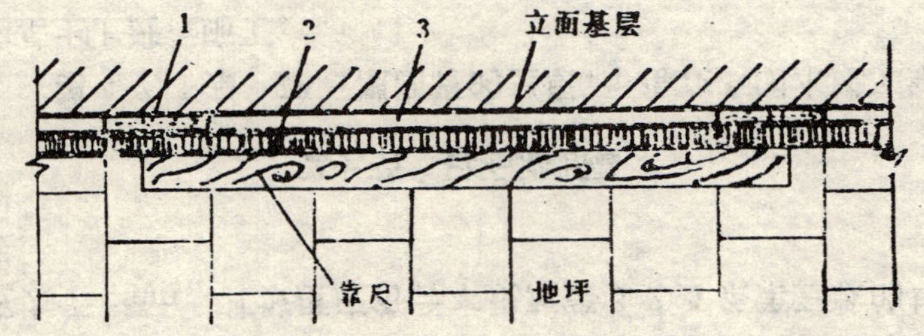

图 4.5.6 分段浇灌法

1—先用刮浆铺砌法粘贴块材 1～2 块；2—浮贴块材约 5～6 块；3—留出结合层 5～7mm，然后浇灌沥青胶泥

第六节 沥青砂浆和沥青混凝土的施工

第 4.6.1 条 沥青砂浆和沥青混凝土，应采用平板振动器或辗压机和热滚筒压实。墙脚等处，应采用热烙铁拍实。

第 4.6.2 条 沥青砂浆和沥青混凝土摊铺前，应在已涂有沥青冷底子油的水泥砂浆或混凝土基层上，先涂一层沥青稀胶泥，沥青与粉料的质量配比，应为 100∶30。

第 4.6.3 条 沥青砂浆和沥青混凝土摊铺后，应随即刮平进行压实。每层的压实厚度，沥青砂浆和细粒式沥青混凝土不宜超过 30mm；中粒式沥青混凝土不应超过 60mm。虚铺的厚度应经试压确定，用平板振动器振实时，宜为压实厚度的 1.3 倍。

第 4.6.4 条 沥青砂浆和沥青混凝土用平板振动器振实时，开始压实温度应为 150～160℃，压实完毕的温度不应低于 110℃。当施工环境的温度低于 5℃时，开始压实温度应取最高值。

第 4.6.5 条 垂直的施工缝应留成斜槎，用热烙铁拍实。继续施工时，应将斜槎清理干净，并预热。预热后，涂一层热沥青，然后连续摊铺沥青砂浆或沥青混凝土。接缝处应用热烙铁仔细拍实，并拍平至不露痕迹。

当分层铺砌时，上下层的垂直施工缝应相互错开；水平的施工缝应涂一层热沥青。

第 4.6.6 条 立面涂抹沥青砂浆应分层进行，最后一层抹完后，应用烙铁烫平。当采用沥青砂浆预制块铺砌时，应按本规范第 4.5.6 条的规定施工。

第 4.6.7 条 铺压完的沥青砂浆和沥青混凝土，应与基层结合牢固。其面层应密实、平整，并不得用沥青作表面处理，和不得有裂纹、起鼓和脱层等现象。当有上述缺陷时，应先将缺陷处挖除，清理干净，预热后，涂上一层热沥青，然后用沥青砂浆或沥青混凝土进行填铺、压实。

地面面层的平整度，应采用 2m 直尺检查，其允许空隙不应大于 6mm。其坡度应符合本规范第 3.2.5 条第三款的规定。

第七节　碎石灌沥青

第 4.7.1 条　碎石灌沥青的垫层，不得在有明水或冻结的基土上进行施工。

第 4.7.2 条　沥青软化点应低于 90℃；石料应干燥，材质应符合设计要求。

第 4.7.3 条　碎石灌沥青的垫层施工时，先在基土上铺一层粒径为 30～60mm 的碎石，夯实后，再铺一层粒径为 10～30mm 的碎石，找平、拍实，随后浇灌热沥青，沥青渗入深度应符合设计要求。当设计要求垫层表面平整时，应在浇灌热沥青后，随即均匀撒一层粒径为 5～10mm 的细石，整平后再浇一层热沥青。

第五章　水玻璃类防腐蚀工程

第一节　一般规定

第 5.1.1 条　水玻璃类防腐蚀工程包括下列内容：

一、水玻璃耐酸胶泥、水玻璃耐酸砂浆（以下简称水玻璃胶泥、水玻璃砂浆）铺砌的块材面层。

二、水玻璃耐酸混凝土及改性水玻璃耐酸混凝土（以下简称水玻璃混凝土及改性水玻璃混凝土）灌筑的整体面层、设备基础和构筑物。

第 5.1.2 条　水玻璃类防腐蚀工程施工的环境温度，宜为 15～30℃；相对湿度不宜大于 80%。当施工的环境温度低于 10℃时，应采取加热保温措施。原材料使用时的温度，不应低于 10℃。

水玻璃在装运及贮存直至使用时，应防止受冻。当受冻时，可通过加热及充分搅拌均匀后方可使用。

第 5.1.3 条　水玻璃类防腐蚀工程在施工及养护期间，严禁与水或水蒸汽接触，并应防止早期过快脱水。

第二节　原材料和制成品的质量要求

第 5.2.1 条　水玻璃的质量，应符合现行国家标准《硅酸钠》及表 5.2.1 的规定，其外观应为无色、略带色的透明或半透明粘稠液体。

水玻璃的质量　　表 5.2.1

项　目	指　标	项　目	指　标
密度(20℃,g/cm³)	1.44～1.47	二氧化硅(%)	≥25.7
氧化钠(%)	≥10.2	模数(M)	2.6～2.9

施工用水玻璃的密度(20℃,g/cm³),应符合下列规定:

用于胶泥　　1.40～1.43

用于砂浆　　1.40～1.42

用于混凝土　　1.38～1.42

第 5.2.2 条　氟硅酸钠的纯度不应小于 95%,含水率不应大于 1%,细度要求全部通过孔径 0.15mm 的筛。当受潮结块时,应在不高于 100℃的温度下烘干并研细过筛后方可使用。

第 5.2.3 条　粉料的耐酸率不应小于 95%,含水率不应大于 0.5%,细度要求 0.15mm 筛孔筛余量不应大于 5%,0.09mm 筛孔筛余量应为 10%～30%。

第 5.2.4 条　细骨料的耐酸率不应小于 95%,含水率不应大于 1%,并不得含有泥土。当细骨料采用天然砂时,含泥量不应大于 1%。水玻璃砂浆采用细骨料时,粒径不应大于 1.2mm。水玻璃混凝土用的细骨料的颗粒级配,应符合表 5.2.4 的规定。

细骨料的颗粒级配　　表 5.2.4

筛　孔(mm)	5	1.25	0.315	0.16
累计筛余量(%)	0～10	20～55	70～95	95～100

第 5.2.5 条　粗骨料的耐酸率不应小于 95%,浸酸安定性应合格,含水率不应大于 0.5%,吸水率不应大于 1.5%,并不得含有泥土。

粗骨料的最大粒径,不应大于结构最小尺寸的 1/4。粗骨料的颗粒级配,应符合表 5.2.5 的规定。

粗骨料的颗粒级配　　表 5.2.5

筛孔(mm)	最大粒径	1/2 最大粒径	5
累计筛余量(%)	0～5	30～60	90～100

第 5.2.6 条　水玻璃胶泥的质量,应符合表 5.2.6 的规定,其浸酸安定性应符合附录三中合格的规定。

水玻璃胶泥的质量　　表 5.2.6

项　目	指　标	项　目	指　标
初凝时间(min)	＞30	与耐酸砖粘结强度(MPa)	≥1.0
终凝时间(h)	＜8	煤油吸收率(%)	＜16.
抗拉强度(MPa)	＞2.5		

第 5.2.7 条　水玻璃砂浆的抗压强度,不应小于 15MPa。水玻璃混凝土的抗压强度,不应小于 20MPa。改性水玻璃混凝土的抗压强度,不应小于 25MPa,抗渗标号不小于 1.2MPa。浸酸安定性均应合格。

第三节　水玻璃胶泥、水玻璃砂浆和水玻璃混凝土的配制

第 5.3.1 条　水玻璃材料的施工配合比,可按本规范附

录一附表 1.2 选用，并应符合下列规定：

一、水玻璃胶泥稠度为 33±3mm，施工时，应有足够的流动性及稠度，既易于施工又能保持铺砌好的块材的原来位置。水玻璃砂浆圆锥沉入度，当用于铺砌块材时，宜为 3～4cm；当用于涂抹时，宜为 4～6cm。水玻璃混凝土的坍落度，当机械捣实时，不应大于 2cm；当人工捣实时，不应大于 3cm。

二、氟硅酸钠的用量，应按下式计算：

$$G = 1.5 \times \frac{N_1}{N_2} \times 100 \qquad (5.3.1)$$

式中 G——氟硅酸钠用量占水玻璃用量的百分率(%)；

N_1——水玻璃中含氧化钠的百分率(%)；

N_2——氟硅酸钠的纯度(%)。

三、填料混合物的空隙率，应符合下列规定：

水玻璃砂浆所用粉料、细骨料的混合物，不应大于 25%。

水玻璃混凝土所用粉料、粗细骨料的混合物，不应大于 22%。

第 5.3.2 条 水玻璃胶泥、水玻璃砂浆的配制，应符合下列规定：

一、机械搅拌：先将粉料、细骨料与氟硅酸钠加入搅拌机内，干拌均匀，然后加入水玻璃湿拌，湿拌时间不应少于 2min，当配制水玻璃胶泥时，不加入细骨料。

二、人工搅拌：先将粉料和氟硅酸钠混合，过筛两遍后，加入细骨料干拌均匀，然后逐渐加入水玻璃湿拌，直至均匀。当配制水玻璃胶泥时，不加细骨料。

第 5.3.3 条 水玻璃混凝土及改性水玻璃混凝土的配制，应符合下列规定：

一、机械搅拌应采用强制式混凝土搅拌机，将细骨料、已混匀的粉料和氟硅酸钠、粗骨料加入搅拌机内，干拌均匀，然后加入水玻璃湿拌，直至均匀。

当配制改性水玻璃混凝土时，若加入糠醇单体或多烃醚化三聚氰胺外加剂时，可将水玻璃与外加剂一起加入，湿拌直至均匀；当加入木质素磺酸钙及水溶性环氧树脂外加剂时，应先计算出调整水玻璃密度所需总加水量，将木质素磺酸钙溶解后再与水溶性环氧树脂及水玻璃加入搅拌机内湿拌直至均匀。

二、人工搅拌：应先将粉料和氟硅酸钠混合，过筛后，加入细骨料、粗骨料，干拌均匀，最后加入水玻璃，湿拌不宜少于 3 次，直至均匀。

第 5.3.4 条 拌好的水玻璃胶泥、水玻璃砂浆、水玻璃混凝土内严禁加入任何物料，并必须在初凝前用完。

第四节 水玻璃胶泥、水玻璃砂浆铺砌块材

第 5.4.1 条 施工前应将块材和基层表面清理干净。

第 5.4.2 条 施工时，块材的结合层厚度和灰缝宽度，应符合表 5.4.2 的规定。

结合层厚度和灰缝宽度 表 5.4.2

块材种类	结合层厚度(mm)		灰缝宽度(mm)	
	水玻璃胶泥	水玻璃砂浆	水玻璃胶泥	水玻璃砂浆
标形耐酸砖、缸砖、铸石板	5～7	6～8	3～5	4～6
平板形耐酸砖、耐酸陶板	5～7	6～8	2～3	4～6
花岗石及其它条石块材		10～15		8～12

第5.4.3条 当铺砌砖、板时，应采用揉挤法；铺砌花岗石及其它条石块材时，应采用座浆填缝法。

第5.4.4条 当立面铺砌块材时，应防止变形。在水玻璃胶泥或水玻璃砂浆终凝前，一次铺砌的高度应以不变形为限，待凝固后再继续施工。当平面铺砌块材时，应防止滑动。

第5.4.5条 水玻璃类材料在不同养护温度下的养护期，应符合表5.4.5的规定。

水玻璃类材料的养护期 **表5.4.5**

养护温度(℃)	养护时间(昼夜)	养护温度(℃)	养护时间(昼夜)
10～20	≥12	31～35	≥3
21～30	≥6		

第5.4.6条 水玻璃类防腐蚀工程养护后，应采用浓度为20%～25%盐酸或30%～40%硫酸作表面酸化处理，酸化处理至无白色结晶钠盐析出为止。酸化处理次数不宜少于3次，每次间隔时间不应少于8h，每次处理前应清除表面的白色析出物。

第五节 水玻璃混凝土的施工

第5.5.1条 模板应支撑牢固，拼缝严密，表面平整，并应涂矿物油脱模剂。

第5.5.2条 水玻璃混凝土内的预埋铁件必须除锈，并应涂刷环氧树脂漆或过氯乙烯漆等防腐蚀涂料。

第5.5.3条 水玻璃混凝土的灌筑，应符合下列规定：

一、水玻璃混凝土应在初凝前振捣密实。

二、当采用插入式振动器时，每层灌筑厚度不宜大于200mm，插点间距不应大于作用半径的1.5倍，振动器应缓慢拔出，不得留有孔洞。当采用平板振动器和人工捣实时，每层灌筑厚度不应大于100mm。

当灌筑厚度大于上述规定时，应分层连续灌筑。分层灌筑时，上一层应在下一层初凝以前完成。当超过初凝时间，应待下一层凝固后，按施工缝的施工方法处理。

耐酸贮槽的灌筑必须一次完成，严禁留设施工缝。

三、最上层捣实后，表面应在初凝前压实抹平。

四、灌筑地面时，应随时控制平整度和坡度；平整度应采用2m直尺检查，其允许空隙不应大于4mm；其坡度应符合本规范第3.2.5条第三款的规定。

第5.5.4条 当需留施工缝时，在继续灌筑前应将该处打毛清理干净，薄涂一层水玻璃稀胶泥，稍干后再继续灌筑。地面施工缝应留成斜槎。

第5.5.5条 水玻璃混凝土在不同环境温度下的拆模时间，应符合表5.5.5的规定。

水玻璃混凝土的拆模时间 **表5.5.5**

环境温度(℃)	拆模时间(昼夜)	环境温度(℃)	拆模时间(昼夜)
10～15	≥5	21～30	≥2
16～20	≥3	31～35	≥1

第5.5.6条 承重模板的拆除，应在混凝土的抗压强度达到设计强度的70%时方可进行。拆模后不得有蜂窝、麻面、裂纹等缺陷。当有上述缺陷时，应将该处的混凝土凿去，清理

干净，薄涂一层水玻璃稀胶泥，待稍干后用水玻璃胶泥或水玻璃砂浆进行修补。

第5.5.7条 水玻璃混凝土的养护和酸化的处理，应符合本规范第5.4.5条和第5.4.6条的规定。

第六章 硫磺类防腐蚀工程

第一节 一般规定

第6.1.1条 硫磺类防腐蚀工程包括下列内容：

一、硫磺胶泥、硫磺砂浆浇灌的块材面层。

二、硫磺混凝土灌筑的地面、设备基础和贮槽等。

第6.1.2条 硫磺类防腐蚀工程的施工环境温度，不宜低于5℃，相对湿度不应大于80%，并宜在施工完成2h后方可使用，设备基础、贮槽等构筑物必须在24h后方可使用。

第6.1.3条 硫磺类防腐蚀材料在冷固前，严禁与水接触；施工中使用的材料、器具，必须保持清洁干燥。

第二节 原材料和制成品的质量要求

第6.2.1条 硫磺的质量，应符合现行国家标准《工业硫磺及其测定方法》和表6.2.1的规定，硫磺中不得含有机械杂质。

硫磺的质量 **表6.2.1**

项目	硫(%)	水分(%)
指标	≥98.5	≤1.0

第6.2.2条 粉料的耐酸率不应小于95%，细度要求为0.15mm筛孔筛余量不应大于5%，0.09mm筛孔筛余量为

10%～30%,含水率不应大于 0.5%。

第 6.2.3 条 细骨料的耐酸率不应小于 95%,含泥量不应大于 1%,粒径要求为 1mm 筛孔筛余量不应大于 5%。

第 6.2.4 条 粗骨料宜采用碎石,并不得含有泥土,其耐酸率不应小于 95%,浸酸安定性应合格。粒径为 20～40mm 碎石的含量不应小于 85%,10～20mm 的含量不应大于 15%。

第 6.2.5 条 改性剂应采用半固态黄绿色聚硫甲胶、半固态灰黄色聚硫乙胶或棕褐色粘稠状液体聚硫橡胶,其质量应符合表6.2.5的规定。

聚硫橡胶的质量 **表 6.2.5**

项目	聚硫甲胶	聚硫乙胶	液态聚硫橡胶
柔软度(20℃,S)	10～70	5～50	
水分(%)	<2.0	<1.0	<0.1
粘度(25℃,Pa.S)			50～120
pH 值	6～8	6～8	6～8

第 6.2.6 条 硫磺胶泥、硫磺砂浆的质量,应符合表 6.2.6 的规定。

硫磺胶泥、硫磺砂浆的质量 **表 6.2.6**

项目		硫磺胶泥	硫磺砂浆
抗拉强度(MPa)		≥4.0	≥3.5
与耐酸砖粘结强度(MPa)		≥1.3	≥1.3
急冷急热残余抗拉强度(MPa)		≥2.0	
分层度			0.7～1.3
浸酸后	抗拉强度降低率(%)	≤20	≤20
	质量变化率(%)	≤1	≤1

第 6.2.7 条 硫磺混凝土的抗压强度,不应小于 40MPa;抗折强度,不应小于 4MPa。

第三节 硫磺胶泥和硫磺砂浆的熬制

第 6.3.1 条 硫磺胶泥和硫磺砂浆的施工配合比,可按本规范附录一附表 1.4 选用。

第 6.3.2 条 硫磺胶泥和硫磺砂浆的熬制,应符合下列规定:

一、先将块状硫磺打成小块,再在 130～150℃条件下熔化脱水。

二、将已烘干的粉料、细骨料及聚硫橡胶分别加入锅中,搅拌熬制,熬制温度应为 140～160℃,当熬制硫磺胶泥时不应加细骨料。

三、熬制硫磺胶泥和硫磺砂浆时,宜采用砂浴加热和搅拌。

第 6.3.3 条 硫磺胶泥和硫磺砂浆熬制至液面无气泡时,应取样检查,外观检查合格后方可使用,或浇灌成锭备用。从锅中取出硫磺胶泥或硫磺砂浆时,必须搅拌均匀。

注:①外观检查方法:将硫磺胶泥或硫磺砂浆在 140℃时浇入"8"字型抗拉试模中,应无起鼓现象,将试件打断,颈部断面内肉眼可见小孔不宜多

于5个。

②强度的检查，应符合本规范附录三的有关规定。

第四节 硫磺胶泥和硫磺砂浆浇灌块材

第6.4.1条 浇灌前块材应预热，当施工环境温度低于5℃时，必须预热，预热温度不应低于40℃。

第6.4.2条 硫磺胶泥或硫磺砂浆的浇灌温度，应为135～145℃。

第6.4.3条 块材结合层的厚度和灰缝的宽度，应符合表6.4.3的规定。

结合层厚度和灰缝宽度 表6.4.3

块材种类	结合层厚度(mm)	灰缝宽度(mm)
耐酸砖、缸砖、耐酸陶板、铸石板	6～10	5～8
花岗石及其它条石块材	10～15	8～15

第6.4.4条 浇灌块材应符合下列规定：

一、浇灌前应采用硫磺胶泥或其它耐酸小块将块材垫平；当浇灌立面时，外侧应撑牢。

二、面积较大的块材面层，应分段分行浇灌。段、行边缘的缝隙应堵严，堵缝材料不得沾有油污。

三、平面块材的灰缝在浇灌时宜盖以玻璃条，并留出排气孔。立面块材的灰缝，应用软棉布或牛皮纸浸水玻璃封贴严密。

四、浇灌时应设若干浇灌点，同时连续进行浇灌，至该段全部灌满为止；平面浇灌的顺序，应沿坡度方向自低而高进行。

五、面层的灰缝不饱满时，应立即进行补灌；高出块材部分的硫磺胶泥或硫磺砂浆应铲除或烫平，烫平温度应为140～160℃。

六、当施工环境温度低于5℃时，对已浇灌的块材表面，应立即覆盖保温。

第6.4.5条 当将块材制成预制块时，其施工方法应符合本规范第6.4.4条的规定。预制块的制作，应符合下列规定：

一、将块材反铺在平整的底板上，底板面应先薄涂矿物油脱模剂，块材间留出灰缝的宽度，边缘处应封严。

二、浇灌硫磺胶泥或硫磺砂浆时，不应高出块材面。

三、使用时平整面应向上。

第五节 硫磺混凝土的施工

第6.5.1条 硫磺混凝土的施工，应符合下列规定：

一、模板应支撑牢固，拼缝必须严密，表面平整、干燥，并应薄涂脱模剂。脱模剂宜采用矿物油，但施工缝处的模板不应涂脱模剂。

二、粗骨料必须干燥，并应预热，然后浮铺在模板内，其每层厚度不宜大于400mm，并预留浇灌孔。浇灌时的温度，应为40～60℃。

浇灌孔的预留方法，可将直径约50mm的钢管，按300～400mm的间距，在铺放粗骨料时预先埋入，待粗骨料铺完后将钢管缓慢抽出。浇灌孔预留后应加以保护，不得堵塞。

三、硫磺胶泥或硫磺砂浆应同时向预留的各浇灌孔浇灌，至全部灌满为止，中间不得中断。浇灌的温度，应符合本规范第 6.4.2 条的规定。

四、浇灌平面时，应分块进行，每块面积宜为 2～4m²，待一块灌完并冷固收缩后，再浇灌相邻块。

硫磺混凝土的面层表面，应露出石子，最后用硫磺胶泥或硫磺砂浆找平；找平后面层的平整度，应采用 2m 直尺检查，其允许空隙不应大于 6mm。

五、浇灌立面时，每层硫磺混凝土的水平施工缝，应露出石子；垂直施工缝应相互错开。

六、在面层找平或浇灌第二层硫磺混凝土前，应将下一层硫磺混凝土表面收缩孔中的针状物凿除。

七、当施工环境温度低于 5℃时，对已浇灌的硫磺混凝土表面，应立即覆盖保温。

第 6.5.2 条 当硫磺混凝土制成硫磺混凝土预制块时，其浇灌方法应符合本规范第 6.4.4 条的规定。硫磺混凝土预制块的制作，应符合下列规定：

一、将活动模板放置在平整钢板上，钢板表面薄涂矿物油脱模剂。

二、模板底部先浇灌一层厚为 3mm 的硫磺胶泥或硫磺砂浆，作为预制块的面层。

三、将干燥的粗骨料按规定厚度浮铺在硫磺胶泥或硫磺砂浆层上，随之浇灌硫磺胶泥或硫磺砂浆，待冷固后方可拆模。

四、使用时平整面向上。

第七章　树脂类防腐蚀工程

第一节　一般规定

第 7.1.1 条 本章所列的树脂应采用环氧、不饱和聚酯、呋喃、酚醛以及环氧煤焦油、环氧呋喃、环氧酚醛树脂。树脂类防腐蚀工程包括下列内容：

一、树脂胶料铺衬的玻璃钢整体面层和隔离层。

二、树脂胶泥和砂浆铺砌、树脂胶泥勾缝或树脂稀胶泥灌缝的块材面层。

三、用树脂稀胶泥、砂浆制作的单一的或复合的整体面层。

第 7.1.2 条 施工环境温度宜为 15～25℃，相对湿度不宜大于 80%。施工环境温度低于 10℃时，应采取加热保温措施，并不得用明火或蒸汽直接加热。

施工时原材料的温度，不应低于本条规定的施工环境温度。

注：当采用苯磺酰氯作固化剂时，温度不得低于 17℃。

第 7.1.3 条 当采用呋喃树脂或酚醛树脂进行防腐施工时，在基层表面必须采用环氧树脂类涂料、不饱和聚酯树脂类涂料或玻璃钢作隔离层。

第 7.1.4 条 树脂类防腐蚀工程在施工及养护期间，应防火、防曝晒。

第 7.1.5 条 树脂、固化剂、稀释剂等材料，均应密封贮存在阴凉、干燥的通风处，并应防火。

第二节　原材料和制成品的质量要求

第7.2.1条　环氧树脂的质量，应符合国家现行标准《E型环氧树脂》及表7.2.1的规定，其外观应为淡黄色至棕黄色粘厚透明液体。

E型环氧树脂的质量　　表7.2.1

项　目	E-44	E-42
环氧值(当量/100g)	0.41～0.47	0.38～0.45
软化点(℃)	12～20	21～27

第7.2.2条　环氧酚醛、环氧呋喃和环氧煤焦油树脂，应由环氧树脂与酚醛、呋喃树脂或煤焦油混合而成。其混合比例宜符合下列规定：

一、环氧树脂与酚醛树脂之比为70：30；

二、环氧树脂与呋喃树脂之比为70：30；

三、环氧树脂与煤焦油之比为50：50。

第7.2.3条　双酚A型和二甲苯型和邻苯型不饱和聚酯树脂的质量，应符合表7.2.3的规定。其外观：双酚A型和邻苯型应为黄色透明液；二甲苯型应为黄色、棕黄色粘稠液。

不饱和聚酯树脂的质量　　表7.2.3

项　目	指	标	
	双酚A型	二甲苯型	邻苯型
酸值(氢氧化钾 mg/g)	12～23	<40	17～27
粘度(25℃,Pa.S)	0.25～0.85	0.25～0.55	0.25～0.75

续表

项　目	指	标	
	双酚A型	二甲苯型	邻苯型
固体含量(%)	50～65	64～72	60～70
胶化时间(250℃,min)	8～30	60	10～30

注：不饱和聚酯树脂的贮存期20℃时不应超过6个月；30℃时不应超过3个月。

第7.2.4条　呋喃树脂的质量，应符合表7.2.4的规定。其外观：糠酮型应为棕褐色粘稠液；糠醇糠醛型、糠酮糠醛型应为棕黑色液。

呋喃树脂的质量　　表7.2.4

项　目	指	标	
	糠酮型	糠醇糠醛型	糠酮糠醛型
树脂含量(%)	>94		
灰分(%)	<3		
含水率(%)	<1		
pH值	7		
粘度(涂-4粘度计,25℃,S)		20～30	50～80

注：①呋喃树脂的贮存期，不宜超过12个月。
②糠酮型呋喃树脂主要用于配制环氧呋喃树脂。

第7.2.5条　酚醛树脂的质量，应符合表7.2.5的规定，其外观应为棕红色粘稠液体。

酚醛树脂的质量 表 7.2.5

项目	指标	项目	指标
游离酚含量(%)	<10	含水率(%)	<12
游离醛含量(%)	<2	粘度(落球粘度计,25℃,S)	45～65

注:① 酚醛树脂常温下的贮存期,不应超过 1 个月。
② 当采用冷藏法或加入 10%的苯甲醇时,贮存期不宜超过 3 个月。

第 7.2.6 条 煤焦油的质量,应符合国家现行标准《煤焦油》及表 7.2.6 的规定。

煤焦油的质量 表 7.2.6

项目	指标	
	一级	二级
密度(g/cm^3)	≤1.12～1.20	≤1.13～1.22
含水率(%)	≤4.0	≤4.0
灰分(%)	≤0.15	≤0.15
游离炭(%)	≤6.0	≤10.0
粘度(E80)	≤5.0	≤5.0

当使用煤焦油时,应在 110～150℃时脱水,滤去杂质,冷却后备用,其含水率不应大于 1%。

第 7.2.7 条 环氧、环氧酚醛、环氧呋喃、环氧煤焦油树脂的固化剂,应优先选用低毒固化剂,也可采用乙二胺等各种胺类固化剂,对潮湿基层可采用湿固化型环氧树脂固化剂。

第 7.2.8 条 不饱和聚酯树脂的固化剂应包括引发剂和促进剂。常用的引发剂应为过氧化环己酮二丁酯糊、过氧化甲乙酮二丁酯糊、过氧化苯甲酰二丁酯糊;促进剂应为环烷酸钴苯乙烯液、二甲基苯胺苯乙烯液。

第 7.2.9 条 呋喃树脂的固化剂应为酸性固化剂。糠醇糠醛树脂的固化剂已混入粉料内。糠酮糠醛树脂使用苯磺酸型固化剂。

第 7.2.10 条 酚醛树脂常用固化剂宜采用苯磺酰氯和硫酸乙酯等。硫酸乙酯中硫酸与无水乙醇的质量比宜为 1：2～1：3,当硫酸乙酯与苯磺酰氯复合使用时,其质量比为 1：1。

使用硫酸乙酯应预先配制,先把无水乙醇放入容器中,在不断搅拌下缓慢加入比例量的浓硫酸,控制反应温度不超过 50℃。严禁将无水乙醇加入浓硫酸中。配制好的硫酸乙酯在室温下贮存于耐腐蚀的密闭容器中备用。

第 7.2.11 条 环氧树脂稀释剂宜采用丙酮、乙醇、二甲苯、甲苯;不饱和聚酯树脂的稀释剂应为苯乙烯;酚醛树脂的稀释剂应为无水乙醇。

第 7.2.12 条 树脂玻璃钢使用的增强材料,应采用非石蜡乳液型的无捻粗纱玻璃纤维方格平纹布;其厚度宜为 0.2～0.4mm;经纬密度应为每平方厘米 4×4～8×8 纱根数或厚度为 0.2～0.4mm 的玻璃纤维毡。无纺涤纶布的经纬密度,应为每平方厘米 8×8 纱根数。

第 7.2.13 条 粉料的耐酸率不应小于 95%,当使用酸性固化剂时不应小于 98%。其体积安定性应合格,含水率不应大于 0.5%。细度要求 0.15mm 筛孔筛余量不应大于 5%,0.09mm 筛孔筛余量为 10%～30%。

第 7.2.14 条 树脂砂浆用的细骨料耐酸率不应小于

95%，当使用酸性固化剂时，不应小于98%。其含水率不应大于0.5%，粒径不应大于2mm。

第7.2.15条 树脂类材料制成品的质量，应符合表7.2.15的规定。

树脂类材料制成品的质量　　表7.2.15

项目		环氧树脂 环氧酚醛树脂 环氧呋喃树脂	环氧煤焦油树脂	不饱和聚酯树脂		呋喃树脂	酚醛树脂
				双酚A型	邻苯型		
抗拉强度（MPa）	胶泥	≥11	≥5	≥11	≥11	≥6	≥6
	砂浆	≥11	≥4	≥9	≥8	≥6	
	玻璃钢	≥160	≥60	≥100	≥90	≥80	≥60
粘结强度（MPa）	与小形砖	≥3～4	≥5.0	≥2.5	≥1.5	≥1.5	≥1
	与标形砖	≥1.7	≥1.7	≥1.7		≥1.0	≥1.0

第三节　树脂类材料的配制

第7.3.1条 树脂类材料的施工配合比，可按本规范附录一附表1.5～1.8选用。

第7.3.2条 配料用的容器及工具，应保持清洁、干燥、无油污、无固化残渣等。

第7.3.3条 环氧树脂、环氧酚醛、环氧呋喃和环氧煤焦油玻璃钢胶料、胶泥和砂浆的配制，应符合下列规定：

一、将预热至40℃左右的环氧树脂及稀释剂或环氧树脂及稀释剂与酚醛树脂、呋喃树脂或煤焦油按比例加入容器中，搅拌均匀并冷却至室温，配制成环氧或环氧酚醛、环氧呋喃、环氧煤焦油等各种树脂备用。使用时取定量的各种树脂，按比例加入固化剂搅拌均匀，配制成各种玻璃钢胶料；若再加入粉料搅匀制成胶泥，加入粉料和细骨料搅匀制成砂浆。

二、当配制彩色玻璃钢胶料、胶泥或砂浆时，应先将矿物颜料用稀释剂调匀，然后再与各种树脂液混合均匀。

三、配制好的环氧材料应在40min内用完；环氧酚醛材料应在30min内用完；环氧呋喃和环氧煤焦油材料应在60min内用完。

第7.3.4条 不饱和聚酯树脂玻璃钢胶料、胶泥和砂浆的配制，应符合下列规定：

一、按施工配合比先将不饱和聚酯树脂与引发剂混匀，再加入促进剂混匀，配制成玻璃钢胶料，然后加入粉料或粉料与砂搅拌均匀，配制成胶泥或砂浆。

二、当配制彩色树脂胶泥或砂浆时，应先将矿物颜料用稀释剂调匀，然后再与树脂混合均匀。

三、配制好的材料，应在45min内用完。

第7.3.5条 酚醛树脂玻璃钢胶料、胶泥的配制，应符合下列规定：

一、在容器中称取定量酚醛树脂，加入稀释剂搅匀，再加入固化剂搅匀，配制成玻璃钢胶料；当再加入粉料搅匀，配制成胶泥。配制胶泥时不宜加入稀释剂。

二、配制好的材料应在45min内用完。

第7.3.6条 呋喃树脂玻璃钢胶料、胶泥和砂浆的配制，应符合下列规定：

一、在容器中将糠醇糠醛树脂按比例与糠醇糠醛玻璃钢粉、糠醇糠醛胶泥粉或糠醇糠醛胶泥粉与砂搅拌均匀制成玻璃钢胶料、胶泥或砂浆。

二、在容器中将糠酮糠醛树脂与苯磺酸型固化剂混匀，加入粉料搅匀制成胶泥，加入粉料和砂搅匀制成砂浆。

三、配制好的各种呋喃材料，应在 45min 内用完。

第 7.3.7 条 当树脂胶料、胶泥和砂浆有凝固、结块等现象时，不得继续使用。

第四节 树脂玻璃钢的施工

第 7.4.1 条 玻璃钢的施工宜采用手糊法，手糊法分间断法和连续法。酚醛玻璃钢的施工，必须采用间断法。

第 7.4.2 条 间断法的施工，应符合下列规定：

一、在基层的表面，应均匀地涂刷打底料，不得有漏涂、流挂等缺陷。酚醛玻璃钢和呋喃玻璃钢在施工时，基层应涂两遍环氧类树脂作打底料，自然固化不宜少于 24h。

二、基层的凹陷处，应用腻子修平。自然固化不宜少于 24h，酚醛玻璃钢应用环氧腻子刮平，修平表面后，进行衬布施工。

三、先在基层上均匀涂刷一层衬布胶料，随即衬上一层玻璃布，玻璃布必须贴实，使胶料浸入布的纤维内，并赶净气泡。胶料应饱满，应固化 24h，修整表面后，再按上述衬布程序铺衬以下各层玻璃布。如此反复，铺衬至设计要求的层数或厚度。

每间断一次，均应检查衬布层的质量，当有毛刺、脱层和气泡等缺陷时，应进行修补。

衬布时，同层布的搭接宽度不应小于 50mm。上下两层布的接缝应错开，错开距离不得小于 50mm。阴阳角处应增加一至二层玻璃布。

四、应均匀涂刷面层胶料。当涂刷两层以上时，待第一层硬化后，再涂刷下一层。

第 7.4.3 条 当采用连续法施工时，其打底、刮腻子和涂面层胶料施工，均应与间断法相同。衬布应连续铺衬到设计要求的层数或厚度，并应自然养护 24h，然后进行面层胶料的施工。

第 7.4.4 条 当采用玻璃钢作隔离层时，打底、刮腻子、衬布的施工应符合本规范第 7.4.2 条和第 7.4.3 条的规定。在铺完最后一层布后，应涂刷一层面层胶料，同时应均匀稀撒一层粒径为 0.7～1.2mm 的石英砂。

第五节 树脂胶泥、树脂砂浆铺砌块材和树脂胶泥勾缝与灌缝施工

第 7.5.1 条 在水泥砂浆、混凝土或金属基层上用树脂胶泥、砂浆铺砌块材时，基层的表面，应均匀涂刷打底料。固化后再进行块材的铺砌。当采用酸性固化剂配制胶泥时，应涂刷两遍环氧树脂类打底料。

当基层上有玻璃钢隔离层时，可涂刷一遍与衬砌用树脂相同品种的打底料，然后进行块材的铺砌。

第 7.5.2 条 块材结合层厚度、灰缝宽度和勾缝或灌缝的尺寸，均应符合表 7.5.2 的规定。

结合层厚度、灰缝宽度和勾缝或灌缝的尺寸　表 7.5.2

块材种类	铺砌(mm)		勾缝或灌缝(mm)	
	结合层厚度	灰缝宽度	缝宽	缝深
标形耐酸砖、缸砖	4～6	2～4	6～8	15～20
平板形耐酸砖、耐酸陶板	4～6	2～3	6～8	10～12
铸石板	4～6	3～5	6～8	10～12
花岗石及其它条石块材	4～12	4～12	8～15	20～30

第 7.5.3 条 块材的铺砌，除应符合本规范第 3.2.2 条

的要求外，尚应符合下列规定：

一、块材的铺砌应采用揉挤法，铺砌花岗石及其它条石块材应采用座浆法。

二、结合层和灰缝的胶泥或砂浆应饱满密实，并应采取防止块材滑移的措施。

三、立面块材的连续铺砌高度，应与胶泥硬化时间相适应，并应采取防止砌体受压变形的措施。

四、当铺砌块材时，应在胶泥或砂浆初凝前，将缝填满压实，灰缝的表面应平整光滑。

第7.5.4条 块材的勾缝与灌缝，应符合下列规定：

一、树脂胶泥的勾缝与灌缝，必须待铺砌块材用的胶泥或砂浆养护后方可进行。

二、勾缝或灌缝时，必须将灰缝清理干净，不得沾有污垢。

三、勾缝必须填满压实，不得有气泡，灰缝的表面应平整光滑。

四、灌缝时，缝内必须密实，表面应平整光滑。

第六节 树脂稀胶泥、树脂砂浆整体面层的施工

第7.6.1条 当进行树脂稀胶泥整体地坪施工时，应符合下列规定：

一、在基层上应均匀涂刷打底料。

二、在打底料硬化后，将稀胶泥摊铺在基层表面，用锯齿形刮板按设计要求厚度将稀胶泥刮平。

第7.6.2条 当进行树脂砂浆整体地坪和防腐面层的施工时，应符合下列规定：

一、在基层上应均匀涂刷打底料，表干后，再涂刷一遍打底料，同时均匀稀撒一层粒径为0.7～1.2mm的砂，硬化后进行树脂砂浆的施工。

二、将砂浆摊铺在基层的表面，摊铺时可用塑料条或钢条控制摊铺的厚度。铺好的树指砂浆，应立即压实抹光。

树脂砂浆整体防腐蚀的面层不宜留施工缝，必须留施工缝时，应留斜槎。当连续施工时，应将留槎处清理干净，边涂刷打底料，边进行摊铺的施工。

三、对要求作面层胶料的工程，应均匀涂刷面层胶料或刮涂一层稀胶泥。当进行两层胶料的施工时，第一层胶料硬化后，再进行第二层胶料的施工。

第七节 树脂类防腐蚀工程的养护和质量检查

第7.7.1条 常温下，树脂类防腐蚀工程的养护期，应符合表7.7.1的规定。

树脂类防腐蚀工程的养护天数　　表7.7.1

树脂类别	养护期天数	
	地面	贮槽
环氧树脂	≥7	≥15
酚醛树脂	≥10	≥20
环氧酚醛树脂	≥10	≥20
环氧呋喃树脂	≥10	≥20
环氧煤焦油树脂	≥15	≥30
不饱和聚酯树脂	≥7	≥15
呋喃树脂	≥7	≥15

第7.7.2条 玻璃钢、稀胶泥和砂浆的面层，均应平整光滑、色泽均匀，与基层结合牢固，无脱层、起壳和固化不完全等

缺陷;块材结合层及灰缝的质量,应符合本规范第 3.2.3 条的规定。

第 7.7.3 条 对于金属的基层,应使用磁性测厚仪测定树脂类防腐蚀面层的厚度。使用电火花探测器检查针孔,电火花长度宜为 15~20mm,电压宜为 3~3.5kV。对不合格处必须进行修补。对于水泥砂浆和混凝土基层,在其上进行树脂类防腐蚀面层的施工时,应同时做出试板,测定厚度。

第 7.7.4 条 玻璃钢、树脂稀胶泥、树脂砂浆面层防腐蚀工程的平整度,应采用 2m 直尺检查,允许空隙不应大于 5mm。

第 7.7.5 条 地坪的坡度和块材面层的平整度,应符合本规范第 3.2.5 条的规定。

第八章 氯丁胶乳水泥砂浆防腐蚀工程

第一节 一 般 规 定

第 8.1.1 条 氯丁胶乳水泥砂浆防腐蚀工程包括下列内容:

一、在混凝土、砖石结构或钢结构表面上铺抹的整体面层。

二、铺砌的耐酸砖和耐酸陶板的块材面层。

第 8.1.2 条 当进行氯丁胶乳水泥砂浆施工时,基层的表面应干净、无尘、无油。多孔性材料的表面应预先用水浸湿;钢基层表面应清除浮锈。

第 8.1.3 条 施工的环境温度,宜为 10~30℃,不应低于 5℃。

第 8.1.4 条 胶乳、复合助剂及水泥等应分别堆放,不得雨淋日晒和杂物污染;冬季应采取防冻措施。

第二节 原材料和制成品的质量要求

第 8.2.1 条 配制水泥砂浆应采用硅酸盐水泥或普通硅酸盐水泥,其标号不得低于 425 号,其质量应符合现行国家标准《硅酸盐水泥、普通硅酸盐水泥》的规定。

第 8.2.2 条 细骨料宜采用石英砂,砂的颜色不得深于标准色,其颗粒的级配和质量应符合表 8.2.2-1 和表 8.2.2-2 的规定。

细骨料的颗粒级配 表 8.2.2-1

筛孔(mm)	5.0	2.5	1.25	0.63	0.315	0.16
筛余量(%)	0	0～25	10～50	41～70	70～92	90～100

细骨料的质量 表 8.2.2-2

项　目	含泥量(%)	云母含量(%)	硫化物含量(%)
指　标	≤3	≤1	≤1

第 8.2.3 条　阳离子氯丁胶乳的质量，应符合表 8.2.3 的规定。

阳离子氯丁胶乳的质量 表 8.2.3

项　目	指标		
	优级品	一级品	合格品
总固物含量(%)	≥50	≥48	≥47
粘度(MPa·S)	10～35	10～45	10～55
表面张力(10^{-3}N/m)	20～40	20～50	20～50
密度(g/cm³)	≥1.100	≥1.085	≥1.080

第 8.2.4 条　复合助剂应由消泡剂、稳定剂、pH 调节剂等配制而成，配合比可按本规范附录一选用。消泡剂宜采用有机硅类消泡剂。稳定剂宜采用月桂醇与环氧乙烷缩合物(平平加 O—20)烷基酚与环氧乙烷缩合物(OP—10)及十六烷基三甲基氯化铵等乳化剂。pH 调节剂可采用氨水、氢氧化钠或氧化镁。复合助剂的质量，应符合下列规定：

一、与胶乳混合后，拌制的水泥砂浆应有良好的和易性，砂浆中不应有大量气泡。

二、应能使胶乳由酸性变为碱性，不应在拌和水泥时出现胶乳破乳现象。

第 8.2.5 条　拌和好的水泥砂浆，初凝时间不得少于 45min，终凝时间不得超过 12h。

第 8.2.6 条　氯丁胶乳水泥砂浆制成品经 28d 养护后的质量，应符合表 8.2.6 的规定。

氯丁胶乳水泥砂浆制成品的质量 表 8.2.6

项　目	指　标	项　目	指　标
抗压强度(MPa)	≥20	与水泥砂浆粘结强度(MPa)	≥1.2
抗折强度(MPa)	≥7.5	与钢铁粘结强度(MPa)	≥2.0

第三节　砂浆的配制

第 8.3.1 条　氯丁胶乳水泥砂浆的施工配合比，可按本规范附录一附表 1.9 选用。

第 8.3.2 条　氯丁胶乳水泥砂浆宜采用手工拌和，拌制时，不宜剧烈搅动。拌匀后不宜反复搅拌及中途加水。配制好的砂浆应在 1h 内用完。

第 8.3.3 条　砂浆的配制，应按比例称取氯丁胶乳与复合助剂，加入适量自来水，充分搅拌均匀备用。自来水的加入量，应根据细骨料的含水量经现场试验确定。将水泥和细骨料干拌均匀,倒入胶乳和复合助剂混合物后,再拌制均匀。

第四节 施工及养护

第8.4.1条 当做整体面层时,厚度不应小于10mm。当一次施工面积较大时,应留施工缝或分片错开施工,每块的面积不宜超过10～15m²,应视现场环境而定。补缝或分片错开施工的间隔时间不应少于24h。

第8.4.2条 在混凝土或砖石结构的立面和钢结构的表面上做整体面层时,应分两次进行,每次的间隔时间不应少于24h。当进行最后一次抹面时,应一次抹平,不得反复抹压。

第8.4.3条 当铺砌块材时,宜采用揉挤法施工。并应控制缝宽和结合层的厚度,其要求应符合表8.4.3的规定。

结合层厚度和灰缝宽度　　表8.4.3

块　材	结合层厚度(mm)	灰缝宽度(mm)
耐酸砖、耐酸陶板	6～8	4～6

第8.4.4条 氯丁胶乳水泥砂浆施工后,必须先湿养护3～7d后,再干养护,湿养护时表面不得有积水。养护28d后方可使用。

第九章 涂料类防腐蚀工程

第一节 一般规定

第9.1.1条 本章所列防腐蚀涂料包括:过氯乙烯漆、沥青漆、漆酚树脂漆、酚醛树脂漆、环氧树脂漆、聚氨基甲酸酯漆、氯化橡胶漆和氯磺化聚乙烯漆。

第9.1.2条 防腐蚀涂料的质量,应符合本规范附录二的规定。

第9.1.3条 腻子、底漆、磁漆、清漆的配套使用,应符合设计要求。不同厂家、不同品种的防腐蚀涂料,当需掺合使用时,应经试验确定;未经试验的不得掺合使用。

第9.1.4条 防腐蚀涂料工程的施工,环境温度宜为15～30℃,相对湿度不宜大于80%;施工时应通风良好,在前一遍漆未干前不得涂刷第二遍漆。全部涂层完成后,应自然干燥7昼夜以后方可交付使用。

不得在雨、雾、雪天进行室外施工,不宜在强烈日光照射下施工。

第9.1.5条 防腐蚀涂料和稀释剂在贮存、施工及干燥过程中,不得与酸、碱及水接触。严禁明火,并应防尘、防曝晒。

第9.1.6条 配漆所用的填料应干燥,其耐酸率不应小于95%,含水率不应大于0.5%,细度要求0.075mm筛孔筛余不应大于15%。

第9.1.7条 进行防腐蚀涂料施工时,应先进行试涂。

第 9.1.8 条 使用防腐蚀涂料时，应先搅拌均匀；当有碎漆皮及其它杂物时，必须过筛除净后，方可使用。开桶使用后的剩余涂料，必须密封保存。

第 9.1.9 条 基层的表面应清除干净，如有凹陷不平等缺陷，应使用腻子涂刮平整。当在水泥砂浆、混凝土及木质基层上涂刮腻子时，应先用稀释的清漆打底，然后再刮腻子。腻子实干后，应打磨平整，擦拭干净，然后再进行底漆的施工。

金属基层的表面处理，应符合本规范第 2.2.2 条中一级的规定；水泥砂浆、混凝土及木质基层的表面要求，应符合本规范第二章的有关规定。

第 9.1.10 条 金属的表面涂刷防腐蚀涂料时，应使用温湿度计测定金属的表面温度，用温湿度计测定环境的温度和相对湿度，然后按图 9.1.10 查出露点温度，金属的表面温度必须高于露点温度 3℃时方可进行施工。也可按下式进行验证：

$$\Phi = e^{-P\left(\frac{1}{A}-\frac{1}{B}\right)} \times 100\% \qquad (9.1.10)$$

式中 Φ——环境相对湿度；

P——当地大气压力；

A——露点温度(K)；

B——环境温度(K)；

$e=2.718$。

第 9.1.11 条 防腐蚀涂料的施工，宜采用刷涂或喷涂。刷涂时，层间应纵横交错，除乙烯磷化底漆和过氯乙烯漆除外，每层应往复进行。当采用空气喷涂时，喷嘴与被喷面的距离，平面宜为 200～300mm；圆弧面宜为 400mm，喷涂角度以与工作面垂直为原则，在两端以 45°为限，在角隅部分应将喷

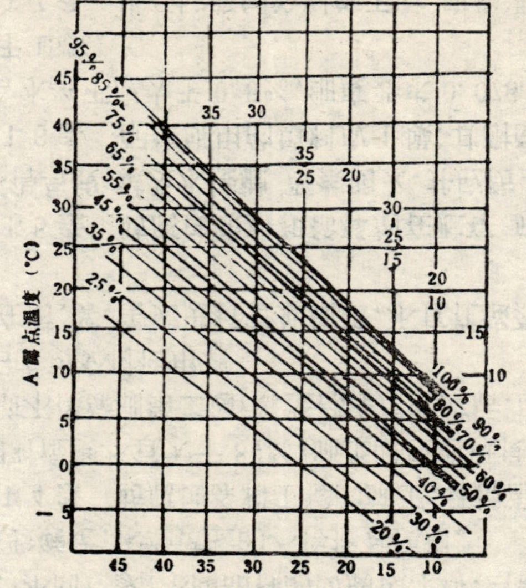

图 9.1.10 露点温度

图中斜线表示环境相对湿度。

A＝B 时，则 RH＝100%就结露。A 取决于 B 和 RH（相对湿度）的条件，当金属表面温度低于 A 则结露，高就不结露。

枪移近喷涂点进行断续喷涂。压缩空气的压力，宜为0.3～0.6 MPa。大面积施工时，可采用高压无气喷涂。

刷涂、喷涂都应均匀，不得漏涂。施工的工具应保持干燥清洁。

第二节 涂料的配制及施工

第 9.2.1 条 乙烯磷化底漆的配制与施工，应符合下列规定：

一、乙烯磷化底漆（以下简称磷化底漆）可用于钢材表面的磷化处理，但不得代替防腐蚀涂料中的底漆使用；磷化底漆应符合国家现行标准《X06－1 乙烯磷化底漆》（分装）的规定。

二、磷化底漆的质量配合比，应为底漆与磷化液之比为4：1。配制时，应先将搅匀的底漆放入非金属容器中，边搅拌边慢慢加入磷化液，混合均匀放置 30min 后方可使用，并应在 12h 内用完。

三、磷化底漆应涂覆一层，厚度宜为 8～12μm，耗漆量宜为 80g/m²，宜采用喷涂法施工，当采用刷涂时，不宜往复进行。

四、磷化底漆施工粘度宜为 15s。调整粘度所用的稀释剂为乙醇和丁醇的混合液，其质量配比为工业乙醇与丁醇之比为 3：1。

五、涂覆磷化底漆 2h 后，应立即涂覆配套防腐蚀涂料的底漆，涂覆时间不得超过 24h。

第 9.2.2 条 过氯乙烯漆的配制与施工，应符合下列规定：

一、在水泥砂浆、混凝土及木质的基层上，应先用过氯乙烯防腐清漆打底，再涂覆过氯乙烯底漆。在金属的基层上，当采用喷砂处理时，喷砂后应先涂覆乙烯磷化底漆，再用过氯乙烯底漆打底；当采用人工除锈时，除锈后应用铁红醇酸底漆或铁红环氧酯底漆打底；底漆实干后，方可进行各涂层的施工。

二、过氯乙烯漆必须配套使用，按底漆、磁漆、清漆（面漆）的顺序施工，并应在底漆与磁漆及磁漆与清漆之间涂覆过渡漆，过渡漆的质量配比为底漆比磁漆或磁漆比清漆为1：1。

三、除底漆外，过氯乙烯漆的施工，应连续进行。如前一层漆膜已实干，在涂覆下层漆时，宜先用 X-3 过氯乙烯漆的稀释剂喷润一遍。X-3 过氯乙烯漆的稀释剂，应符合国家现行标准《X-3 过氯乙烯漆稀释剂》的规定。

四、过氯乙烯漆的施工，宜采用喷涂；当采用刷涂时，不宜往复进行。

五、过氯乙烯漆的施工粘度：喷涂时应为 14～25s；刷涂时，底漆应为 30～40s，磁漆、清漆、过渡漆应为 20～40s；调整粘度的稀释剂应采用 X-3 过氯乙烯漆稀释剂，严禁使用醇类稀释剂或汽油。

六、当施工的环境湿度大于 70%时，宜减少稀释剂用量，在稀释剂内可加入 30%的 F-2 过氯乙烯漆防潮剂或醋酸丁酯。F-2 过氯乙烯漆防潮 剂和醋酸丁酯，应符合国家现行标准《F-2 过氯乙烯漆防潮剂》和《醋酸丁酯》的规定。

第 9.2.3 条 沥青漆的配制与施工，应符合下列规定：

一、在水泥砂浆、混凝土及木质的基层上，应先用稀释的沥青清漆打底；在金属的基层上，宜用铁红醇酸底漆或红丹酚醛防锈漆打底。底漆实干后，方可涂刷沥青耐酸漆或沥青漆。沥青耐酸漆也可不用底漆，直接涂刷在金属的基层上。

二、当进行刷涂施工时，每层漆应在前层漆实干后涂刷，施工的间隔宜为 24h。

三、刷涂时的施工粘度，应为 25～50s。当粘度过大时，可用 200 号溶剂油稀释。当施工的环境温度较低、干燥较慢时，可加入不超过涂料量 5%的催干剂。

第 9.2.4 条 漆酚树脂漆的配制与施工，应符合下列规定：

一、在水泥砂浆、混凝土及木质的基层上，应先用稀释的漆酚树脂清漆打底，再刮腻子、涂刷底漆。当需衬布时，可在底漆上贴衬浸透漆酚树脂漆的纱布，衬布应贴紧压实，不得有气泡；在金属的基层上，应用漆酚树脂底漆或漆酚环氧防腐漆直接打底。底漆实干后，方可进行过渡漆、面漆的施工。每层漆应在前一层漆实干后涂刷，施工的间隔宜为 24h。

二、漆酚树脂漆的施工环境温度宜为 15～30℃，相对湿度宜为 75%～85%，当现场湿度低于 75%时，应采用加湿措施。当涂料干燥速度减慢时，可在涂料中添加涂料量 0.5%的醋酸铵或 0.5%的二氧化锰。当施工环境温度低于 15℃时，保养期应为 15～30d。

三、漆酚树脂漆的施工粘度，应为 30～50s。当粘度过大时，可用二甲苯或 200 号溶剂油进行稀释。

漆酚环氧防腐漆的施工粘度应为 40～80s，当粘度过大时，可用质量比，丁醇与二甲苯之比为 1∶1 的混合液或二甲苯进行稀释。

四、当设计对漆酚树脂漆和漆酚环氧防腐漆涂刷层数与厚度未作要求时，宜涂刷四层，面漆不少于两层，每层厚度宜为 30μm。漆酚树脂漆的施工配合比，可按本规范附录一附表 1.10选用。

第 9.2.5 条　酚醛漆的配制与施工，应符合下列规定：

一、在水泥砂浆、混凝土及木质的基层上，宜先用质量比为清漆与稀释剂之比为 3∶1 的酚醛清漆打底，再涂刷红丹酚醛防锈漆或铁红酚醛底漆；在金属的基层上，应用红丹酚醛防锈漆或铁红酚醛底漆直接打底。底漆实干后，方可涂刷酚醛耐酸漆。每层漆应在前一层漆实干后涂刷，施工的间隔宜为 24h。酚醛耐酸漆也可不用底漆，直接涂刷在金属和木质的基层上。

二、刷涂时的施工粘度，应为 30～50s。当粘度过大时，可用 200 号溶剂油或松节油进行稀释。

第 9.2.6 条　环氧树脂漆的配制与施工，应符合下列规定：

一、环氧树脂漆包括环氧酯底漆、胺固化环氧树脂漆和胺固化环氧沥青漆。

环氧酯底漆为单组份。胺固化环氧树脂漆、胺固化环氧沥青漆均为双组份。配合比应按产品说明书，使用时将两组份按配比准确称量，混合搅匀，并放置 1h 后，方可使用，并宜在 6h 内用完。

二、在水泥砂浆、混凝土及木质的基层上，宜先用质量比为清漆与稀释剂之比为 5∶1～7∶1 的稀释清漆打底，然后再涂刷环氧酯底漆或环氧沥青底漆；在金属的基层上应用环氧酯底漆或环氧沥青底漆直接打底。底漆实干后，方可进行其它各层漆的施工，每层漆应在前一层漆实干后涂刷，施工的间隔宜为 6～8h。

三、施工粘度刷涂时应为 30～40s；喷涂时应为 18～25s。当粘度过大时，可用稀释剂稀释，环氧酯底漆、胺固化环氧树脂漆使用的稀释剂其质量比为二甲苯与丁醇之比为 7∶3；胺固化环氧沥青漆使用的稀释剂为甲苯与丁醇与环己酮与氯化苯之比为 7∶1∶1∶1。

第 9.2.7 条　聚氨基甲酸酯漆的配制与施工，应符合下列规定：

一、聚氨基甲酸酯漆（以下简称聚氨酯漆）宜采用 S07-1 聚氨酯腻子、S06-2 聚氨酯底漆、S04-4 聚氨酯磁漆和S01-2聚氨酯清漆配套使用。腻子、底漆、磁漆、清漆均按规定的配套组份配制而成。其配套组份应符合表 9.2.7 的规定。

腻子、底漆、磁漆、清漆的配套组份　　表 9.2.7

组份内容 / 漆的名称 / 组份号数	S07-1 聚氨酯腻子	S06-2 聚氨酯底漆	S04-4 聚氨酯磁漆	S01-2 聚氨酯清漆
组份一	314 蓖麻油预聚物	预聚物		314 蓖麻油预聚物
组份二	E-42 环氧液	E-42 环氧液	E-42 环氧液	E-42 环氧液
组份三	二甲基乙醇胺			
组份四	腻子填料			

二、按产品说明书的施工配合比计算出各组份用量，称取组份二、组份一置于清洁干燥容器中，搅匀后加入稀释剂二甲苯，二甲苯的加入量：清漆为 10%～25%，底漆、过渡漆、磁漆均为 10%，然后加入组份三，充分搅匀，气泡溢出后方可使用；当调制腻子时，应先配成清漆，再加入组份四。

三、用底漆和磁漆配制过渡漆时，当涂刷一层时，配比为 1：1；当涂两层时，第一层配比为 3：1，第二层配比为 1：1。配制好的漆宜在 8h 内用完。

四、在水泥砂浆、混凝土及木质的基层上，应先用稀释的聚氨酯清漆打底，再涂刷聚氨酯底漆；在金属基层上，直接用聚氨酯底漆打底，底漆实干后，方可进行其它各层漆的施工，每层漆应在前一层漆实干后涂刷，间隔时间宜为 8～20h。

五、施工粘度刷涂时应为 30～50s，喷涂时应为 20～35s。当粘度过大时，宜采用专用稀释剂进行稀释。当采用二甲苯作稀释剂时，必须控制含水率。

注：二甲苯含水率检验方法，取二甲苯 10ml，置于带磨口塞的试管中，将试管放在冰浴中静置 3min 后，观察透明度，不混浊为合格。

第 9.2.8 条　氯化橡胶漆的配制与施工，应符合下列规定：

一、氯化橡胶漆为单罐包装，分为一般型漆与厚浆型漆。

二、氯化橡胶漆施工前，应先用氯化橡胶云铁防锈漆或环氧富锌底漆打底。底漆实干后，方可进行各层漆的施工。每层漆必须在前一层漆实干后涂刷，施工的间隔时间，应符合表 9.2.8 的规定。

施工的间隔时间　　表 9.2.8

气　温(℃)	−20～0	0～15	15～30	30 以上
间隔时间(h)	≥24	≥12	≥8	≥6

三、氯化橡胶漆的施工，可采用刷涂、喷涂、滚涂，使用前必须搅匀，不得有沉淀。氯化橡胶漆的施工环境温度应为 −20～50℃。

四、氯化橡胶漆不宜加稀释剂，当气温过低或粘度过大时，应采用氯化橡胶漆专用稀释剂进行稀释，其用量不得超过漆量的 5%，也可用少量的 200 号溶剂油或二甲苯稀释。

五、氯化橡胶漆的贮存期，不宜超过一年。

第 9.2.9 条　氯磺化聚乙烯漆的配制与施工，应符合下列规定：

一、氯磺化聚乙烯漆为双组份，使用时必须按规定的配比配制，配合比按产品说明书，配漆前 A、B 组份必须充分搅匀，配制好的漆必须在 12h 内用完。

二、氯磺化聚乙烯漆的施工，可采用刷涂、喷涂、浸涂，每层漆施工间隔时间为 30～40min。全部施工完毕后，常温下熟化5～7d方可使用。

三、涂刷有油性漆的表面，不宜再涂刷氯磺化聚乙烯漆。

四、当漆液粘度过大时，必须采用X-1型溶剂或二甲苯稀释。

五、氯磺化聚乙烯漆的贮存期，不宜超过一年。

第三节 质量检查

第9.3.1条 外观的检查：涂层薄膜应光滑平整，颜色一致，无气泡、流挂及剥落等缺陷，用5～10倍放大镜检查，无针孔者为合格。

第9.3.2条 涂层厚度的检查：涂层厚度应均匀，对于金属的基层应用磁性测厚仪测定，对于水泥砂浆、混凝土的基层和木质的基层，在其上进行涂料施工时，应同时做出样板，测定厚度。

第十章 耐酸陶管工程

第一节 一般规定

第10.1.1条 本章所列陶管工程的接口材料，应包括沥青胶泥、硫磺砂浆、环氧树脂胶泥和水玻璃胶泥。

第10.1.2条 在陶管工程施工前，对敷设陶管的地基或基础，应办理工序交接手续。

当管道敷设在受震、受压、穿墙、穿渠和过路等部位时，其保护措施应符合设计规定。

第10.1.3条 耐酸陶管及配件应符合现行国家标准《化工陶管及配件》的规定，敷设前应逐根进行外观的质量检查。

第10.1.4条 陶管敷设时，可采用预制拼装管段。预制拼装管段的节数宜为2～4节。拼装的各节管应保持同心垂直。

第10.1.5条 陶管的就位，应符合下列规定：

一、承插式陶管，应按流水方向使承口向上游，插口向下游。下管时应防止受震或撞击。当采用预制拼装管段时，严禁损坏接口。

二、陶管放入管沟经检查无破损后，方可由下游往上游进行对口找正。对口的间隙，应为3～6mm(图10.2.4)。承插口之间的环缝宽度应均匀。陶管的就位，应严格控制轴线、坡度及标高的准确性。

三、陶管就位后，应防止移动。接口时，接口部位必须清扫干净。

第二节　沥青胶泥接口

第10.2.1条　接口用的沥青胶泥施工配合比和配制要求，应符合本规范第四章第三节的规定。

管径大于250mm的陶管，宜在沥青胶泥中掺入30%的细砂，其最大粒径不大于2.5mm。

第10.2.2条　陶管的接口部位应涂刷沥青冷底子油，涂刷冷底子油后的表面应保持清洁，干燥后方可进行下一道工序的施工。

第10.2.3条　沥青浸渍的石棉绳，应符合下列规定：

一、石棉绳按接口周长加100mm下料。

二、沥青溶液的质量配比为30号建筑石油沥青比汽油为40：60。

三、石棉绳应浸透，浸透时间宜为2～4h。

四、浸透后的石棉绳，应挤掉表面多余的沥青，晾干后方可使用。

第10.2.4条　承插式接口的施工，应符合下列规定：

一、承插口内应先填入10mm厚的沥青砂浆(图10.2.4)。

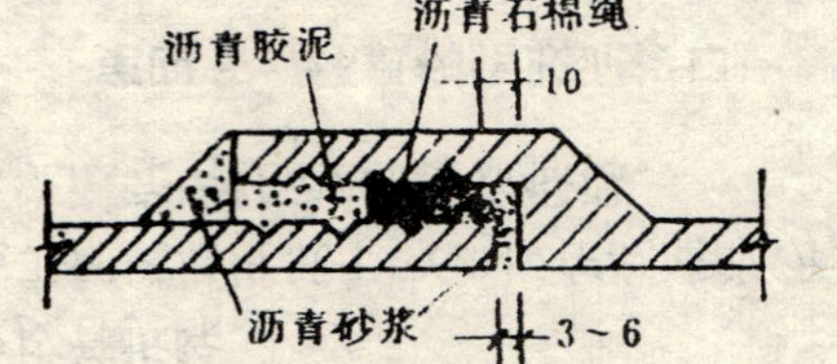

图10.2.4　沥青泥胶接口示意图

二、沥青浸渍石棉绳的搭接头应放在环缝上部。打实应对称进行，其深度为环缝深的1/2。

三、浇灌沥青胶泥时，承口外端部的挡板应卡严，上端应留浇灌口和排气口。沥青胶泥应在不低于190℃的温度下徐徐灌入，一次灌满。当施工的环境温度低于5℃时，浇灌胶泥前，应将承插口预热至40～60℃。

四、沥青胶泥冷固拆除挡板后，接口的外端应及时抹上沥青砂浆。

第10.2.5条　套环式接口的沥青浸渍石棉绳的填塞，应同时从套环的两端对称进行，其它施工技术要求应与承插式接口的要求相同。

第三节　硫磺砂浆接口

第10.3.1条　接口用的硫磺砂浆施工配合比和熬制，应符合本规范第六章第三节的规定。

第10.3.2条　承插式接口的施工，应符合下列规定：

一、承插口的粘结面应干燥。

二、承插口的接口间隙，应用干燥填充物(如石棉绳)封严(图10.3.2)。

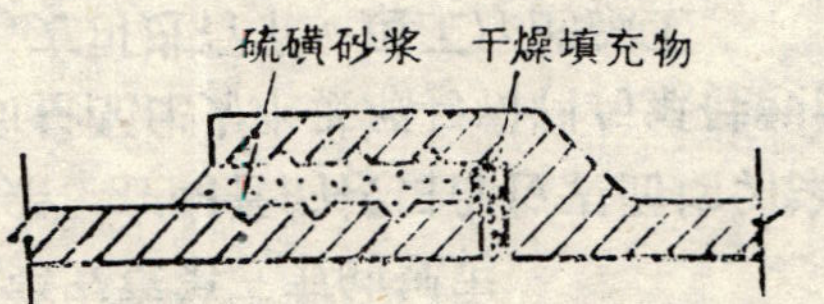

图10.3.2　硫磺砂浆接口示意图

三、硫磺砂浆浇灌前承口外端宜用橡皮管封闭，在管道顶部一侧的部位留出浇灌口，上设一漏斗。浇灌时，严防杂质落入缝内，并应注意排气。每个接口必须一次灌完。硫磺砂浆冷固后，应将橡皮管拆除。

四、当施工环境温度低于5℃时，在浇灌前，承插口应预热至40～60℃，浇灌完毕，应立即覆盖保温。

第四节　环氧树脂胶泥接口

第10.4.1条　接口用的环氧树脂胶泥施工配合比和配制，应符合本规范第七章第三节的规定。

第10.4.2条　在陶管的接口部位，应涂刷一层树脂打底料，固化后方可进行下一道工序的施工。

第10.4.3条　陶管接口用的石棉绳，必须用树脂打底料浸透后方可使用。

第10.4.4条　承插式接口的施工，应符合下列规定：

一、承插口内应先填入厚度为10～15mm的树脂砂浆，再填入浸透树脂打底料的石棉绳，其深度为环缝深的1/2，石棉绳的接头应放在环缝上部。

二、当浇灌树脂胶泥时，承口外端部的挡板应卡严，上端应留浇灌口和排气口，将树脂胶泥徐徐灌入。胶泥应填充饱满。当施工环境温度低于10℃时，应采取加热保温措施。

三、树脂胶泥完全固化拆除挡板后，接口的外端应及时抹上树脂砂浆。

第10.4.5条　配制好的树脂胶泥、树脂砂浆及树脂打底料，应在40min内用完。当施工过程中有胶凝现象时，不得继续使用。

第五节　水玻璃胶泥接口

第10.5.1条　接口用的水玻璃胶泥施工配合比和配制，应符合本规范第五章第三节的规定。

第10.5.2条　在陶管的接口部位表面均匀涂刷一层水玻璃稀胶泥，其质量配比为水玻璃与粉料与氟硅酸钠之比为1:1:0.15。凝固后，方可进行下一道工序的施工。

第10.5.3条　陶管接口用的石棉绳，必须用水玻璃稀胶泥浸透后方可使用。

第10.5.4条　承插式接口的施工，应符合下列规定：

一、承插接口应清理干净，再充填浸透水玻璃稀胶泥的石棉绳，其深度为环缝深的1/2。

二、将配制好的水玻璃胶泥在初凝前填入缝内，填充必须密实。

第10.5.5条　水玻璃胶泥接口的施工完毕后，应按本规范第5.4.5条和第5.4.6条的规定进行养护及酸化处理。

第六节　检漏与回填

第10.6.1条　陶管敷设完毕后，应按设计要求作检漏试验。一般是在两窨井间管段内注满水，经24h后，不得有渗漏现象。

第10.6.2条　检漏试验合格后，即可回填土，当回填至管顶以上500mm时，应再对管道进行检漏试验。宜将两个窨井间注满水，经24h后，观察窨井水位下降情况，除蒸发量外，无显著下降为合格。试验合格后，即可继续回填。

第10.6.3条　在管道两侧及顶部300mm以内的回填土中，不得含有砖石、冻土等硬块。回填应在陶管两侧同时对称进行，并用较轻的夯锤分层夯实；当填土高度距管顶800mm以上时，方可用较重的夯锤夯实。

第十一章　安全技术要求

第11.0.1条　防腐蚀工程的安全技术和劳动保护，除应符合本规范的规定外，尚应符合国家现行有关标准的规定。

第11.0.2条　参加防腐蚀工程的施工操作和管理人员，施工前必须进行安全技术教育，制订安全操作规程。

第11.0.3条　易燃、易爆和有毒材料不得堆放在施工现场，应存放在专用库房内，并设有专人管理。施工现场和库房，必须设置消防器材。

第11.0.4条　施工现场应有通风排气设备，现场的有害气体、粉尘不得超过最高允许浓度，其值应符合表11.0.4的规定。

施工现场有害气体、粉尘的最高允许浓度　　表11.0.4

物质名称	最高允许浓度 (mg/m^3)	物质名称	最高允许浓度 (mg/m^3)
二甲苯	100	溶剂油	350
甲苯	100	硫化氢	10
苯乙烯	40	二氧化硫	15
苯(皮)	40	甲醛	3
环己酮	50	含有10%以下游离二氧化硅粉尘(石英、石英岩等)	2

续表

物质名称	最高允许浓度 (mg/m³)	物质名称	最高允许浓度 (mg/m³)
丙　酮	400	含有10%以下游离二氧化硅的水泥粉尘	6
酚(皮)	5		

注：①有"(皮)"标记者为除经呼吸道外，还易经皮肤吸收的有毒物质。
②本表所列各项有毒物质的检验方法，应按国家现行标准《车间空气监测检验方法》执行。

第11.0.5条　在易燃、易爆区域内动火时，必须采取防范措施，办理动火证后，方可动火。

第11.0.6条　进入油库、易燃、易爆区域和地沟阴井等密闭处时，严禁携带火种及其它易产生火花、静电的物品，不得穿带钉鞋和化纤工作服。

第11.0.7条　临时用电线路、设备，必须经认真检查，符合安全使用要求后，方可使用。用电设备必须进行接地，在防爆区域内施工，其照明灯具必须用防爆灯。

第11.0.8条　高处作业时，使用的脚手架、吊架、靠梯和安全带等，必须认真检查合格后，方可使用。

第11.0.9条　熬炼沥青、硫磺的锅灶，应设置在通风处，上方不得有架空电线，并必须采取防雨水、防火措施。

第11.0.10条　当用水稀释浓硫酸时，必须不断搅拌，应将硫酸慢慢倒入水中，不得将水倒入硫酸内。

第11.0.11条　当进行防腐蚀施工时，操作人员必须穿戴防护用品，并应按规定佩戴防毒面具。

第十二章　工程验收

第12.0.1条　建筑防腐蚀工程的验收，包括中间验收和交工验收，工程未经交工验收，不得投入生产使用。

第12.0.2条　建筑防腐蚀工程施工前，必须对基层检查验收，合格后办理工序交接手续。

第12.0.3条　防腐蚀工程的交工验收，应提交下列资料：

一、原材料的出厂合格证或复验报告。

二、耐腐蚀胶泥、砂浆、混凝土、玻璃钢胶料和涂料的配合比及其主要技术性能的试验报告。

三、设计变更单、材料代用单。

四、隐蔽工程记录。

五、陶管工程管线敷设坡度的实测记录和接口检漏试验报告。

六、修补和返工记录。

第12.0.4条　建筑防腐蚀工程的施工及验收记录，可按表12.0.4-1填写。防腐胶泥、砂浆、混凝土和胶料试验报告，可按表12.0.4-2填写。

建筑防腐蚀工程施工及验收记录表

工程编号或名称：　　　　　　　　**表12.0.4-1**

<table>
<tr><td rowspan="2">防腐部位</td><td colspan="2">基层的表面处理</td><td colspan="3">隔　离　层</td><td colspan="3">防　腐　面　层</td></tr>
<tr><td>处理方法</td><td>检验结果（等级）</td><td>名称</td><td>层数或厚度</td><td>检验结果</td><td>名称</td><td>层数或厚度</td><td>检验结果</td></tr>
<tr><td></td><td></td><td></td><td></td><td></td><td></td><td></td><td></td><td></td></tr>
<tr><td>年.月.日</td><td colspan="2"></td><td colspan="3"></td><td colspan="3"></td></tr>
<tr><td>施工班(组)</td><td colspan="2"></td><td colspan="3"></td><td colspan="3"></td></tr>
</table>

技术负责人：　　　　　　质检员：

防腐胶泥、砂浆、混凝土和胶料试验报告　表12.0.4-2

工程编号或名称：　　　　　　　　　　　　　　年　　月　　日

制品名称：

使用部位及用途：

原材料技术指标：

名　称	牌　号	指　标	检验结果

施工配合比：

养护条件：

试验项目及结果：

项　目	指标		检验结果
	规范要求值	实际试验值	

主管：　　　　审核：　　　　试验者：

附录一　施工配合比

沥青胶泥的施工配合比和耐热性能　　附表1.1

沥青软化点（℃）	配合比（质量比）			胶泥耐热性能（℃）		用　途
	沥青	石英粉	6级石棉	软化点	耐热稳定性	
≥75			5	≥75	40	
≥90	100	30	5	≥95	50	隔离层用
≥110			5	≥110	60	
≥75			5	≥95	40	
≥90	100	80	5	≥110	50	灌缝用
≥110			5	≥115	60	
≥75			5	≥95	40	
≥90	100	100	10	≥120	60	铺砌平面块材用
≥110			5	≥120	70	
≥65			5	≥105	40	
≥75	100	150	5	≥110	50	铺砌立面块材用
≥90			10	≥125	60	
≥110			5	≥135	70	
≥65			5	≥120	40	
≥75	100	200	5	≥145	50	灌缝法施工时，铺砌平面结合层用
≥90			10	≥145	60	
≥110			5	≥145	70	

水玻璃类材料的施工配合比　　附表1.2

材料名称		配合比（质量比）					
		水玻璃	氟硅酸钠	粉料		骨料	
				铸石粉	铸石粉:石英粉=1:1	细骨料	粗骨料
水玻璃胶泥	1	1.0	0.15～0.18	2.55～2.7			
	2				2.2～2.4		
水玻璃砂浆	1	1.0	0.15～0.17	2.0～2.2		2.5～2.7	
	2				2.0～2.2	2.5～2.6	

续表

材料名称		配合比（质量比）					
		水玻璃	氟硅酸钠	粉料		骨料	
				铸石粉	铸石粉:石英粉=1:1	细骨料	粗骨料
水玻璃混凝土	1	1.0	0.15～0.16	2.0～2.2		2.3	3.2
	2				1.8～2.0	2.4～2.5	3.2～3.3

注：表中氟硅酸钠用量是按水玻璃中氧化钠含量的变动而调整的，氟硅酸钠纯度按100%计。

改性水玻璃混凝土的施工配合比 附表1.3

配方编号	配合比（质量比）					
	水玻璃	氟硅酸钠	铸石粉	石英砂	石英石	外加剂
1	100	15	180	250	320	糠醇单体3～5
2	100	15	180	260	330	多羟醚化三聚氰胺8
3	100	15	210	230	320	木质素磺酸钙2、水溶性环氧树脂3

注：①水玻璃的密度（g/cm^3）：配方3应为1.42，其它配方应为1.38～1.40。

②氟硅酸钠纯度以100%计。

③糠醇单位应为淡黄色或微棕色液体，有苦辣气味，密度1.13～1.14g/cm^3，纯度不应小于98%。

④多羟醚化三聚氰胺应为微黄色透明液体，固体含量约40%，游离醛不得大于2%，pH值应为7～8。

⑤水溶性环氧树脂应为黄色透明粘稠液体，固体含量不得小于55%，水溶性（1:10）呈透明。

⑥木质素磺酸钙应为黄棕色粉末，密度为1.06g/cm^3，碱木素含量应大于55%，pH值应为4～6，水不溶物含量应小于12%，还原物含量小于12%。

硫磺类材料的施工配合比 附表1.4

材料名称		配合比（质量比）				
		硫磺	填料			改性剂
			石英粉或铸石粉	石墨粉	细骨料	聚硫橡胶
硫磺胶泥	1	58～60	38～40			2
	2	70～72		26～28		2
硫磺砂浆		50	17		30	3

注：①石墨粉应用于耐氢氟酸工程。

②硫磺砂浆亦可加入不大于1%的6级石棉。

不饱和聚酯玻璃钢胶料、胶泥和砂浆的施工配合比 附表1.5

材料名称		配合比（质量比）									
		双酚A型、二甲苯型或邻苯型树脂	50%过氧化环已酮二丁酯糊、过氧化苯甲酰二丁酯糊和过氧化甲乙酮	环烷酸钴苯乙烯液、二甲基苯胺苯乙烯液	苯乙烯	矿物颜料	苯乙烯石蜡液（100:5）	粉料		细骨料	
								耐酸粉	重晶石粉	石英砂	重晶石砂
玻璃钢胶料	打底料	100	2～4	0.5～4	0～15			0～15			
	腻子料				0～10			200～350	(400～500)		
	衬布胶料与面层胶料					0～2		0～15			
	封面料						3～5				
胶泥	砌筑或勾缝料	100	2～4	0.5～4	0～10			200～300	(250～350)		
砂浆	打底料	100	2～4	0.5～4	0～15			0～15			
	砂浆料				0～10	0～2		150～200	(350～400)	300～400	(600～750)
	封面料						3～5				

注：①表中（ ）内的数据应用于耐氢氟酸工程。

②二甲苯型不饱和聚酯树脂的引发剂应采用过氧化苯甲酰二丁酯糊，促进剂应采用二甲基苯胺苯乙烯液；双酚A型或邻苯型不饱和聚酯树脂当引发剂。采用过氧化环已酮二丁酯糊或过氧化甲乙酮时，促进剂应采用环烷酸钴苯乙烯液。当引发剂采用过氧化苯甲酰二丁酯糊时，促进剂应采用二甲基苯胺苯乙烯液。过氧化甲乙酮的加入量应为1～2。

③减少胶泥内粉料用量，可用作灌缝或稀胶泥整体面层。

环氧类玻璃钢胶料、胶泥和砂浆的施工配合比

附表1.6

材料名称		环氧树脂	环氧呋喃树脂	环氧酚醛树脂	环氧煤焦油树脂	稀释剂	乙二胺	矿物颜料	耐酸粉料	石英砂
		配合比(质量比)								
玻璃钢胶料	打底料	100				40~60	6~8		0~20	
			100			10~15	4.2~5.6		0~15	
				100		40~60	4.2~5.6		0~20	
					100	10~15	3.5~4.0		0~15	
	腻子料	100				10~20	6~8		150~200	
			100			10~15	4.2~5.6		150~200	
				100		13~20	4.2~5.6		150~200	
					100	10~15	3.5~4.0		200~250	
	衬布胶料与面层胶料	100				10~20	6~8		0~20	
			100			10~15	4.2~5.6	0~2	0~15	
				100		13~20	4.2~5.6		0~20	
					100	10~15	3.5~4.0		0~15	
胶泥	砌筑或勾缝料	100				10~20	6~8		150~200	
			100			10~15	4.2~5.6		150~200	
				100		13~20	4.2~5.6		150~200	
					100	10~15	3.5~4.0		200~250	

续表

材料名称		环氧树脂	环氧呋喃树脂	环氧酚醛树脂	环氧煤焦油树脂	稀释剂	乙二胺	矿物颜料	耐酸粉料	石英砂
		配合比(质量比)								
砂浆	打底料	100				40~60	6~8		0~20	
					100	10~15	3.5~4.0		0~15	
	砂浆料	100					6~8			
			100			10~20	4.2~5.6	0~2	150~200	300~400
					100		3.5~4.0			
	面层胶料	同衬布胶料配方								

注:①环氧呋喃树脂的配方应为环氧树脂比呋喃树脂为70:30;环氧酚醛树脂的配方应为环氧树脂比酚醛树脂为70:30;环氧煤焦油树脂配方为环氧树脂比煤焦油为50:50。

②固化剂除乙二胺外,还可用其它各种胺类固化剂,应优先选用低毒固化剂,用量可按产品说明书或经试验确定。

③减少胶泥内粉料用量可配制灌缝用或稀胶泥整体面层用胶泥。

呋喃树脂玻璃钢胶料、胶泥和砂浆的施工配合比

附表1.7

材料名称		配合比（质量比）							
		糠醇糠醛树脂	糠酮糠醛树脂	糠醇糠醛树脂玻璃钢粉	糠醇糠醛树脂胶泥粉	苯磺酸型固化剂	稀释剂	耐酸粉料	石英砂
玻璃钢胶料	打底料	同环氧类玻璃钢打底料							
	腻子料	100		40～50				100～150	
	衬布胶料与面层胶料	100		40～50					
胶泥	灌缝用	100			250～300				
	砌筑或勾缝料	100			250～400				
			100			15～18		200～400	
							0～10		
砂浆	打底料	同环氧类砂浆底料							
	砂浆料	100			250				250～300
			100			15～18		200	400

注：糠醇糠醛树脂玻璃钢粉料和胶泥粉内已混有酸性固化剂。

酚醛玻璃钢胶料、胶泥的施工配合比

附表1.8

材料名称		配合比（质量比）			
		酚醛树脂	稀释剂	苯磺酰氯	耐酸粉料
玻璃钢胶料	打底料	同环氧类玻璃钢打底料			
	腻子料	100	0～15	8～10	120～180
	衬布胶料与面层胶料				0～15
胶泥	砌筑或勾缝料	100	0～15	8～10	150～200

氯丁胶乳水泥砂浆的施工配合比

附表1.9

材料名称	水泥	砂子	胶乳	稳定剂	消泡剂	水
配合比(质量比)	100	150～200	38～50	0.6～0.8	适量	适量

注：胶乳浓度按40%计，当采用其它浓度的氯丁胶乳时，可按比例换算。

漆酚树脂漆的施工配合比

附表1.10

材料名称	配合比（质量比）		
	漆酚树脂漆	溶剂油或二甲苯	耐酸粉料
腻子	1.0	按施工粘度要求确定	1.5～2.0
底漆			0.5～0.8
过渡漆			0.35～0.45
面漆			

附录二　防腐蚀涂料的质量要求

乙烯磷化底漆、过氯乙烯漆、沥青漆、漆酚树脂漆、酚醛漆、环氧漆、聚氨酯漆、氯化橡胶漆、氯磺化聚乙烯漆及其配套底漆的质量要求　　附表2.1

	涂料名称	指标			
		漆膜颜色及外观	粘度（涂-4粘度计,s）	干燥时间（25±1℃,相对湿度65±5%,h）	附着力（级）
乙烯磷化底漆	X06-1乙烯磷化底漆 ZBG51007-87	黄绿色半透明	30～70	实干≤0.5	≤1
过氯乙烯漆	G07-3各色过氯乙烯腻子 ZBG51066-87	色调不规定，涂刮腻子平整、无粗粒		≤3	
	G06-4锌黄、铁红过氯乙烯底漆 ZBG51065-87	锌黄、铁红色调不规定，漆膜平整无粗粒	60～140		≤2
	G52-31各色过氯乙烯防腐漆 ZBG51067-87	符合标准样板及色差范围，漆膜平整光亮	30～75		≤3
	G52-2过氯乙烯防腐清漆 ZBG51068-87	浅黄色透明溶液，允许带乳光，无机械杂质	20～25		

续表

	涂料名称	指标			
		漆膜颜色及外观	粘度（涂-4粘度计,s）	干燥时间（25±1℃,相对湿度65±5%,h）	附着力（级）
沥青漆及配套底漆	L50-1沥青耐酸漆 ZBG51032-87	黑色漆膜，平整光滑	50～80	表干≤6 实干≤24	
	L01-6沥青清漆 ZBG51029-87	黑色漆膜，平整光滑	20	表干≤1/3 实干≤2	≤2
	P53-31红丹酚醛防锈漆 ZBG51090-87	桔红色，漆膜平整，允许略有刷痕	40	表干≤5 实干≤24	
	C06-1铁红醇酸底漆 ZBG51010-87	铁红色，色调不规定，漆膜平整	60	表干≤2 实干≤24	≤1
	T07-2各色酯胶腻子 ZBG51016-87	色调不规定，涂刮后腻子层平整，无明显粗粒，无刮痕，无气泡，干后无裂纹		自干≤24 烘干≤2 （100±2℃）	
漆酚树脂漆	漆酚树脂清漆（1001）漆酚树脂漆	深棕色，漆膜平整光滑	30～50	表干≤2 实干≤24	
	漆酚环氧防腐漆（6001）漆酚防腐漆	铁红色，米黄色，红棕色，漆膜平整光滑	40～80（红棕色25～35）	表干≤0.5 实干≤24	

续表

涂料名称		指标			
		漆膜颜色及外观	粘度（涂-4粘度计,s）	干燥时间（25±1℃,相对湿度65±5%,h）	附着力（级）
酚醛漆	各色酚醛耐酸漆	符合标准样板及色差范围,漆膜平整光滑	70～120	表干≤6 实干≤18	
	F06-8锌黄,铁红灰酚醛底漆 ZBG51024-87	色调不规定,漆膜平整	60～100	表干≤4 实干≤24	≤1
	F53-31红丹酚醛防锈漆 ZBG51090-87	桔红色,漆膜平整,允许略有刷痕	40	表干≤5 实干≤24	
	F01-1酚醛清漆 ZBG51018-87	透明,无机械杂质	60～90	表干≤5 实干≤15	
	T07-2各色酯胶腻子 ZBG51016-87	色调不规定,涂刷后腻子层平整,无明显粗粒,无擦痕,无气泡,干后无裂纹		自干≤24 烘干≤2 （100±2℃）	
环氧漆	H07-5各色环氧酯腻子 ZBG51050-87	色调不规定,涂刮后腻子层平整,无明显粗粒,无擦痕,无气泡,干后无裂纹		自干≤24	

续表

涂料名称		指标			
		漆膜颜色及外观	粘度（涂-4粘度计,s）	干燥时间（25±1℃,相对湿度65±5%,h）	附着力（级）
环氧漆	H06-2铁红、锌黄、铁黑环氧酯底漆 ZBG51048-87	色调不规定,漆膜平整	50～80	实干≤24	≤1
	各色环氧防腐漆	符合标准样板及色差范围,漆膜平整光滑	50～70	表干≤3 实干≤24	≤1
	环氧清漆	浅棕色,无机械杂质	12～20	≤2	≤2
	环氧沥青清漆	黑色,漆膜平整光滑	90～120	表干≤4 实干≤24	
	环氧沥青底漆	色调不规定,漆膜平整光滑		表干≤4 实干≤24	
	环氧沥青漆	黑色,漆膜平整光滑	（甲组份） 20～40	表干≤4 实干≤24	
聚氨酯漆	铁红、棕黄聚氨酯底漆	色调不规定,漆膜平整		≤24	≤2
	各色聚氨酯磁漆	符合标准样板及色差范围,漆膜平整光亮	25～50	表干≤2 实干≤12	≤2
	聚氨酯清漆	黄或棕色,漆膜透明,无机械杂质	15～30	表干≤2 实干≤24	≤2

续表

涂料名称		指标			
		漆膜颜色及外观	粘度（涂-4粘度计，s）	干燥时间（25±1℃，相对湿度65±5%，h）	附着力（级）
氯化橡胶漆	氯化橡胶云铁防腐漆	灰、黑色，漆膜平整光滑		表干≤2 实干≤8	
	氯化橡胶浅灰色面漆（厚浆型）	近似标准样板，无可见粗粒		表干≤4 实干≤16	
氯磺化聚乙烯防腐漆	氯磺化聚乙烯防酸碱盐腐蚀漆	各色平光漆		表干≤0.5 实干≤48	≤2
	氯磺化聚乙烯煤气柜防腐底漆	黑色、棕色，漆膜平整光滑		表干≤12 实干≤48	
氯磺化聚乙烯防腐漆	氯磺化聚乙烯煤气柜防腐磁漆	符合标准样板及色差范围，漆膜平整光亮		表干≤1 实干≤48	
	氯磺化聚乙烯耐氢氟酸腐蚀漆	半透明清漆	60～90		
	氯磺化聚乙烯厚浆管道防腐底漆	红棕色平光漆	70～100		≤1
	氯磺化聚乙烯厚浆管道防腐磁漆	各色平光漆	90～120		≤1
	氯磺化聚乙烯腻子（双组份）	各色		24～28	

附录三　原材料和制成品的试验方法

本规范所列试验方法凡现行国家标准有规定者按现行国家标准执行，无现行国家标准者按本规范试验执行。

原材料经试验结果不合格者，应加倍取样，进行重复试验，如仍不合格者，则不得使用。

（一）主要原材料的取样法

一、耐酸砖和铸石板的取样，应按《耐酸砖》（GB 8488—87）或《铸石制品检验、验收、标志、包装运输规则》（JC 253—81）执行。缸砖和耐酸陶板的取样，可参照《耐酸砖》（GB 8488—87）执行。

二、花岗石及其它条石块材应从每批中抽取3块，加工成3个5cm×5cm×5cm的试块，供测定抗压强度；浸酸安定性和吸水率的测定，可采用块径约5cm的碎块各4块；耐酸率的测定，亦可采用碎块。

三、粉料应从每批中的不同点（不少于5处）共取5kg，经拌匀后取样1kg。

四、骨料应从每批中的不同点（不少于5处）取样，各取砂子5kg，各取石子20～30kg。然后以四分法取样，取砂子5kg，取石子20～35kg。

五、块状沥青从每批中的不同点（不少于10处）各凿取2～3块，混熔后，取其平均试样。

膏状桶装沥青的取样桶数，应为总桶数的10%。将取样器旋入桶中，直旋入桶底为止，取出取样器，铲下螺旋上的沥青。取样的数量应按需要确定。

六、水玻璃取样时，应用直径 1cm 的玻璃管以管内外液面相平的速度插入铁桶或塑料桶的底部取样。桶装时每批取样的桶数，不得少于 50%，且不得少于 3 桶。

取不得少于 500g 的平均试样，装入清洁、干燥带有盖子的塑料瓶中以供检验。

七、硫磺应从每批中的不同点(不少于 10 处)共取 1kg，经混合均匀(块状应先打成小块)后，取样 200g。

八、树脂分桶取样时，试样不应少于 500g。桶内树脂表面若有析出水分，应在取样前倒去。

九、耐酸陶管应从每批中抽取 6 根做水压试验。耐酸率和呼水率的试验，可用破裂的陶管。

(二)原材料的试验方法

一、耐酸砖、缸砖、铸石板、花岗石及其它条石块材、骨料和粉料的耐酸率测定法，应符合下列规定：

1. 耐酸砖耐酸率的测定，应按《耐酸砖》(GB 8488－87)执行；

2. 铸石板耐酸率的测定，应按《铸石板耐酸碱腐蚀性能试验方法》(JG 258－81)执行；

3. 缸砖、耐酸陶板、花岗石及其它条石块材、骨料和粉料耐酸率的测定：

粉料的细度，应取原有细度；其它材料，应取粒径为 0.5～1.0mm 的细度，用蒸馏水洗净。

将试样在 105～110℃烘干至恒重，冷却后用 1‰天平称取试样 1g，置于 250ml 的锥形烧瓶内，加入 95%～98%化学纯硫酸 25mL，并在烧瓶上连接冷凝管，将烧瓶加热至沸腾，保持 1h 后停止加热。待瓶内硫酸蒸汽完全消失时，拆去冷凝管。一面摇动锥形烧瓶，一面慢慢注入蒸馏水 50mL，同时用少量蒸馏水冲洗冷凝管和塞子，并将冲洗后的水收集在同一烧瓶内。

为了避免试样损失，过滤时可向烧瓶内加入少量用无灰滤纸制成的纸浆。过滤时先将定量纸浆放在带有中速滤纸(蓝带的)的漏斗底上，用热蒸馏水冲洗烧瓶，并将此水注入漏斗，然后用热蒸馏水洗 涤滤纸上的残渣，至洗涤水(用 0.1%甲基橙溶液试验)无反应为止。将带有残渣的滤纸干燥并在瓷坩埚内灰化，灼烧至恒重。

耐酸率应按下式计算：

$$耐酸率(\%)=\frac{G_1}{G}\times 100 \qquad (附 3\text{-}1)$$

式中 G_1——灼烧后残渣的质量(g)；

G——试样的质量(g)。

取两次平行试验的平均值应作为试验结果，平行试验的误差应在 0.5%以内。

二、耐酸砖、缸砖、耐酸陶板和花岗石及其它条石块材的吸水率测定法，应符合下列规定：

1. 耐酸砖吸水率的测定，应按《耐酸砖》(GB 8488－87)执行；

2. 缸砖、耐酸陶板、花岗石及其它条石块材的吸水率测定：

应取试块 2 块，每块体积为 30～80cm³。若为砖板，应取中间部位，并应保持原有的厚度；异形制品则不受形状限制。

试块表面如有严重裂纹，不得采用。选好的试块应刷去灰尘碎屑，在105～110℃烘干至恒重。冷却、称重后(准确至0.01g)，置于盛水容器内，加热至沸腾。经1h后，将盛试块的容器放在水中完全冷却至室温。从水中取出试块，用拧干的湿毛巾擦去表面多余水分，迅速称量，准确至0.01g。

吸水率应按下式计算：

$$吸水率(\%)=\frac{G_1-G}{G}\times 100 \quad (附 3\text{-}2)$$

式中 G_1——煮沸后试块的质量(g)；

G——烘干后试块的质量(g)。

取两次平行试验的平均值作为试验结果，平行试验的误差应在0.5%以内。

三、耐酸砖和铸石板的热稳定性测定法，应符合下列规定：

1. 耐酸砖热稳定性的测定，应按《耐酸砖》(GB 8488－87)执行；

2. 铸石板材耐急冷急热性能的测定，应按《铸石板材耐急冷急热性能试验方法》(JG 261－81)执行。

四、花岗石及其它条石块材抗压强度和浸酸安定性的测定法，应符合下列规定：

1. 抗压强度的测定：

将已加工成5cm×5cm×5cm的试块，每组3块，作抗压强度测定。试块在试验前应用放大镜仔细检查，无裂纹者方可选用。测定方法，应按《普通混凝土力学性能试验方法》(GBJ 81－85)执行。

2. 浸酸安定性的测定：

应取块径约5cm的碎块4块(在试验前用放大镜仔细检查，无裂纹者方可选用)，在20±5℃的温度下放入盛有95%～98%化学纯硫酸的带盖容器中，试块底面应架空，侧面应隔开，酸液应高出试块表面。在浸泡期内，应经常检查试块外观变化，并保持酸液浓度。

浸泡45昼夜后，取出试块，用水冲洗，然后用纱布擦干，检查试块有无裂纹、剥落和膨胀现象。若试块完整，试块表面和浸泡酸液亦无显著变色，则为合格。

五、粉料的含水率、细度和耐酸粉料体积安定性的测定法，应符合下列规定：

1. 含水率的测定：

应用1%天平称取试样100g，在105～110℃烘干至恒重，冷却后称重。

含水率应按下式计算：

$$含水率(\%)=\frac{G_1-G}{G}\times 100 \quad (附 3\text{-}3)$$

式中 G——烘干前试样的质量(g)；

G_1——烘干后试样的质量(g)。

2. 细度的测定：

应用1%天平称取已烘干至恒重的试样50g，倒入规定筛孔的筛内。过筛时，应往复摇动、拍打，并使试样均匀分布在筛布上，摇动速度为每分钟125次。将近筛完时，除去筛底，改在纸上筛动，至每分钟通过筛孔的质量不超过0.05g为止。称量筛余物，以其克数乘2，即得筛余百分数。

当用两种筛孔的筛子控制细度时，通过上一级筛孔的试样，应全部倒入下一级筛孔的筛内，进行过筛，不得散失。

3. 耐酸粉料的体积安定性测定：

应将酚醛树脂与比例量的酸性固化剂混合均匀，然后加入适量耐酸粉料，搅拌均匀；若为糠醇糠醛型，加入比例量的糠醇糠醛型玻璃钢粉，再加入适量耐酸粉料，搅拌均匀。将拌制好的酚醛树脂胶泥或呋喃树脂胶泥装入 30mm×30mm×30mm 的试模内，振实并刮平表面，试件硬化后表面无起鼓现象即为安定性合格。

六、粉料的亲水系数测定法，应符合下列规定：

应用 1%天平称取经烘干至恒重并冷却至室温的粉料 5g 各两份，分别置于两个瓷皿内。在一个瓷皿内加入蒸馏水 15～30mL，用橡皮杆仔细研磨 5min，然后将试样冲洗到 100mL 的量筒内（量筒刻度为 0.5mL，该刻度应用滴管加以校正），使量筒的水面读数为 50mL。在另一个瓷皿内，以脱水煤油代替蒸馏水，按上述同样方法进行处理。

当两个量筒内的沉积粉料膨胀停止后，读其体积数。

$$亲水系数 = \frac{V_1}{V_2} \quad (附 3\text{-}4)$$

式中 V_1——水中沉积物的体积（cm^3）；

V_2——煤油中沉积物的体积（cm^3）。

取两次试验的平均值作为试验结果。两次试验的差值，在用同样液体时的读数不超过±0.2cm^3，而亲水系数不得超过±3%。

七、粗骨料的浸酸安定性测定法，应符合下列规定：

碎石应取实际选用的最大粒径，数量不少于 20 颗，在 20±5℃时放入盛有 95%～98%的化学纯硫酸的带盖容器中，酸液应高出试样表面。浸泡 5 昼夜后，取出试样，检查外观和酸液的变化。

试样无裂纹、剥落和破碎等现象，试样表面和浸泡的酸液亦无显著变色，则为合格。

选用卵石时，需测定不耐酸颗粒含量。不耐酸颗粒含量不超过试样总质量的 3%，方为合格。测定方法如下：

将不少于 25kg 的试样洗净、晾干、称量，然后仔细挑选其中不耐酸可疑颗粒，在 20±5℃时称量后放入盛有 95%～98%化学纯硫酸的带盖容器中。试样浸泡 1 个月后取出，仔细检查有无表面开裂、剥落、膨胀的颗粒。将上述不耐酸颗粒去掉，把剩余的试样洗净擦干并称量。

卵石不耐酸颗粒含量应按下式计算：

$$不耐酸颗粒含量(\%) = \frac{G_1 - G_2}{G} \times 100 \quad (附 3\text{-}5)$$

式中 G_1——不耐酸可疑颗粒的质量（kg）；

G_2——浸泡后，试样中耐酸颗粒的质量（kg）；

G——试样的质量（kg）。

八、粗、细骨料的颗粒级配、空隙率、含水率和含泥量的测定法，应按普通混凝土集料的试验方法进行测定。

九、填料混合物的空隙率测定法，应符合下列规定：

应将填料混合物充分拌合均匀后，装入金属量筒内，然后放置在振动台上，振动至体积不变为止。

填料混合物的空隙率，应按下式计算：

$$空隙率(\%) = \frac{\rho - \rho'}{\rho} \times 100 \quad (附 3\text{-}6)$$

$$\rho = \frac{\rho_1 n_1 + \rho_2 n_2 + \rho_3 n_3}{100}$$

式中 ρ——混合物的混合密度（kg/m^3）；

ρ'——混合物振实后的密度（kg/m^3）；

ρ_1、ρ_2、ρ_3——石、砂、粉的密度（kg/m^3）；

n_1、n_2、n_3——石、砂、粉分别占混合集料的百分数。

十、石油沥青的针入度、延度和软化点的测定法，应符合下列规定：

1. 针入度的测定，应按《石油沥青针入度测定法》(GB 4509—84)执行；

2. 延度的测定，应按《石油沥青延度测定法》(GB 4508—84)执行；

3. 软化点的测定，应按《石油沥青软化点测定法》(GB 4507—84)执行；

十一、再生胶油毡的抗拉强度、延伸率和吸水率的测定法，应符合下列规定：

1. 抗拉强度和延伸率的测定，应按《硫化橡胶拉伸性能的测定》(GB 528—82)执行；

2. 吸水率的测定，应按《沥青纸胎防水卷材检验方法》(GB 328—73)执行。

十二、水玻璃的模数测定法：对氧化钠含量的测定、二氧化硅含量的测定、模数的计算，均应按《硅酸钠》(GB 4209—84)执行。

十三、水玻璃的密度测定法，应符合下列规定：

应将试样置于 250mL 的量筒内，温度调节至 20℃。并应把四位读数的标准比重计轻轻浸入试液内，待其停止下沉。平视液面，应读出比重计数值，加上单位 g/cm^3 即为密度。

十四、氟硅酸钠的纯度、含水率和细度的测定法，应按《氟硅酸钠》(HG1—211—65)执行。

十五、耐酸水泥中氟硅酸钠含量的测定法，应符合下列规定：

应从混有氟硅酸钠的耐酸水泥中精确称取试样 1g，置于 300mL 烧杯中，加入 150mL 热蒸馏水，搅拌后煮沸 15min，然后趁热过滤，用热水洗净，洗净次数至少 10 次，保存滤液，滤液中加入 4～5 滴酚酞，用 0.1N 氢氧化钠标准液滴定至微红色。

氟硅酸钠的含量，应按下式计算：

$$氟硅酸钠(\%)=\frac{N\times V\times 0.04702}{G}\times 100 \quad (附 3\text{-}7)$$

式中 N——氢氧化钠的浓度(标准溶液)；

V——消耗氢氧化钠标准液的用量(mL)；

G——试样的质量(g)。

十六、硫磺含硫量的测定法，应按《工业硫磺中硫含量的测定方法》(GB 2451—81)执行。

十七、工业硫磺中水分的测定法，应按《工业硫磺中水分的测定方法》(GB 2452—81)执行。

十八、聚硫橡胶柔软度和水分及粘度的测定法，应符合下列规定：

1. 柔软度的测定：

试样的制备：试样模型应为铁制，中间有两个 20mm×20mm×20mm 的槽，将胶坚实地填满槽内并用刀片削平表面，将模打开取出试样。为使试样不粘模型，保持好试样形状，可在模型内涂一层凡士林油以便脱模。每批样品制备 9 块，将做好的试样于 20±1℃下放置 60min，或直接将试样置于恒温水浴中控制温度，以待测定。

测定的过程：将上述立方体取出 3 块迅速放在塑度计平板上成品字形，彼此间的距离不得小于 20mm，然后放下上部的活动平板并同时开动秒表，待试样被压缩到 10mm 时停止秒表，记下秒表时间，并应按此方法将其余 6 块试样分两次测定，取三次平均数值作为结果。

2. 水分的测定：

应用最小刻度为0.01mL的细长形量管作为接受量管的水分测定器和二级试剂的甲苯进行测定。测定的过程应为：称取均匀样品50g，精确到0.1g，放入干燥的圆底烧瓶中，加甲苯150mL，摇动使试样溶解，然后将整套仪器放入甘油油浴锅中，加热回流，并用调压器调节温度，使其回流速度为每秒2～3滴。回流40min后，应用少量甲苯冲洗冷凝器一次，然后再回流20min。将仪器从油浴锅中取出，冷却至室温，读出量筒中水的体积。同时做一空白试验。

聚硫橡胶的水分，应按下式计算：

$$X\% = \frac{(V_1 - V_2) \cdot dt}{G} \qquad (附 3\text{-}8)$$

式中 $X\%$——样品中水分的百分数；

G——样品的质量(g)；

V_1——样品中蒸出水的体积(mL)；

V_2——空白试验蒸出水的体积(mL)；

dt——室温t℃时水的密度(g/cm³)；

平行误差：水分小于0.1%时为0.04%。

3. 粘度的测定：

应采用NDJ-2型旋转粘度计测定液态聚硫橡胶的粘度，其测定方法.应按《橡胶浆粘度测定方法（旋转粘度计法）》(HG4—1470—82)执行。

十九、E型环氧树脂的环氧值和软化点测定法，应按《E型环氧树脂》(HG2—741—72)执行。

二十、酚醛树脂的游离酚含量、游离醛含量、含水率和粘度的测定法，应符合下列规定：

1. 游离酚含量的测定：

应用万分之一天平称取试样1g，置于1000mL的圆底烧瓶内，加入乙醇20mL使其溶解。加入蒸馏水50mL，然后用蒸汽馏出游离酚，馏出物收集在1000mL的容量瓶内，控制蒸馏速度为40～50min内蒸出蒸馏物约500mL。当以饱和溴水滴入蒸馏物内无白色沉淀时停止蒸馏。将馏分用水稀释至1000mL刻度，充分摇匀。

应用移液管吸取馏出物100mL，移入容积为500mL带塞的锥形瓶内。加入0.1N溴溶液25mL，再加入试剂级的盐酸5mL，在室温下放在暗处15min。加入10%碘化钾溶液20mL，在暗处再放10min。然后加入氯仿1mL。用0.01N硫代硫酸钠溶液滴定至碘色将近消失时再加入淀粉指示剂约1mL，继续滴定至蓝色恰好退尽为止。

同时进行空白试验。应把20mL乙醇用蒸馏水稀释至1000mL；然后取其100mL，并应按上述步骤进行试验。

游离酚的含量应按下式计算：

$$游离酚的含量(\%) = \frac{(V_1 - V_2) \times N \times 0.01568}{G} \times 100 \qquad (附 3\text{-}9)$$

式中 V_1——空白试验耗用硫代硫酸钠溶液的体积(mL)；

V_2——试样试验耗用硫代硫酸钠溶液的体积(mL)；

N——硫代硫酸钠溶液的当量数；

G——试样的质量(g)。

2. 游离醛含量的测定：

应用万分之一天平称取试样3g，置于300mL的烧瓶内。加入无水乙醇100mL，用玻璃棒搅拌均匀，制成试样溶液，盖好备用。

在烧杯内加入无水乙醇50mL，加入1%酚溴蓝指示剂3滴，再加入试样溶液10mL，然后用稀盐酸中和至黄色。加入

10%羟基胺盐酸 10mL，摇动 10～15min，用 0.1N 氢氧化钠溶液滴定至绿色。

不加入试样溶液应按上述同样方法作空白试验。

游离醛的含量应按下式计算：

$$游离醛的含量(\%)=\frac{(V_1-V_2)\times N\times 0.03}{G}\times 100 \quad (附 3-10)$$

式中 V_1——试样试验耗用氢氧化钠溶液的体积(mL)；

V_2——空白试验耗用氢氧化钠溶液的体积(mL)；

N——氢氧化钠溶液的当量数；

G——试样的质量(g)。

3. 含水率的测定：

应用万分之一天平称取试样 10g，置于 250mL 的圆底烧瓶内。并应加入三混甲酚 50mL，再加入水饱和苯 80mL。装上蒸馏接收器和回流冷凝器，应控制温度使溶剂回流速度每分钟 2～5 滴，回流 1h 以上，至无水分馏出为止。

含水率应按下式计算：

$$含水率(\%)=\frac{G_1}{G}\times 100 \quad (附 3-11)$$

式中 G_1——蒸馏水分的质量(g)；

G——试样的质量(g)。

4. 粘度的测定，应按《涂料粘度测定法》(GB 1723－79)执行。

二十一、呋喃树脂的固体含量、灰分、含水率和粘度测定法，应符合下列规定：

1. 固体含量的测定：

应先将表面皿在 105～110℃烘干至恒重。并应在干燥器内冷却至室温。应用万分之一天平在表面皿中称取试样 10g，在 170℃的温度下烘干至恒重。

固体的含量应按下式计算：

$$固体的含量(\%)=\frac{G_1}{G}\times 100 \quad (附 3-12)$$

式中 G_1——试样烘干后的质量(g)；

G——试样烘干前的质量(g)。

2. 灰分的测定：

先将瓷坩埚灼烧至恒重，并应冷却至室温。然后应用万分之一天平称取试样 1g，置于埚内，再灼烧至恒重。

灰分应按下式计算：

$$灰分(\%)=\frac{G_1}{G}\times 100 \quad (附 3-13)$$

式中 G_1——灼烧后试样的质量(g)；

G——灼烧前试样的质量(g)。

3. 含水率的测定：

应先取试样约 1g 置于比色管中，加入无水乙醇溶解，再加入 0.1g 无水硫酸铜，摇匀后观察无水硫酸铜是否呈蓝色，如呈蓝色则说明有水分存在。

然后应用万分之一天平称取试样 10g，置于容积为 250mL 的圆底烧瓶内，加入甲苯 100mL。接上蒸馏接收器和回流冷凝器，应回流 1h 以上，至无水分离出为止。

含水率应按下式计算：

$$含水率(\%)=\frac{G_1}{G}\times 100 \quad (附 3-14)$$

式中 G_1——蒸出水分的质量(g)；

G——试样的质量(g)。

4. 粘度的测定，应按《涂料粘度测定法》(GB 1723－79)

执行。

二十二、煤焦油的含水率测定法，应按《煤焦油》(YB 294—75)执行。

二十三、乙二胺的纯度测定法，应符合下列规定：

应预先将 30mL 乙醇放入 200mL 烧杯中，加 0.2～0.25g 试样，再加约 5mL 95%的水杨酸，摇匀使成结晶状。再加 40mL 蒸馏水，应在 10℃以下放置 1h。

用 3 号砂芯吸滤管，其一端与抽吸管连接，另一端插入溶液中进行抽气过滤，除去滤液。并应将沉淀物每次用 10mL 清水洗涤两次，仍用抽气管除去洗液。应将洗净之沉淀物用 30mL 左右 0.5N 盐酸溶液溶解，加甲基橙指示剂 1～2 滴，再以 0.5N 氢氧化钠溶液滴定过量之酸。

乙二胺的纯度应按下式计算：

$$纯度(\%)=\frac{(NV-N_1V_1)\times 0.03005}{G}\times 100 \tag{附 3-15}$$

式中 N——盐酸溶液的当量数；

V——耗用盐酸溶液的体积(mL)；

N_1——氢氧化钠溶液的当量数；

V_1——耗用氢氧化钠的体积(mL)；

G——试样的质量(g)。

二十四、苯磺酰氯的纯度测定法，应符合下列规定：

应用万分之一天平称取试样 1.5g，置于 300mL 锥形瓶内，用 100mL 移液管准确吸取 100mL 0.25N 氢氧化钠溶液加入锥形瓶内，装上冷凝器，回流 1h 后，冷却至室温。并应加酚酞指示剂 3 滴，以 0.5N 盐酸溶液滴定至红色消失为止。

苯磺酰氯的纯度应按下式计算：

$$纯度(\%)=\frac{(NV-N1_1V_1)\times 0.082}{G}\times 100 \tag{附 3-16}$$

式中 N——氢氧化钠溶液的当量数；

V——耗用氢氧化钠溶液的体积(mL)；

N_1——盐酸溶液的当量数；

V_1——耗用盐酸溶液的体积(mL)；

G——试样的质量(g)。

二十五、氯丁胶乳水泥砂浆中细骨料质量的测定法，应符合下列规定：

细骨料中的含泥量、云母含量、硫化物含量及有机物含量的测定方法，均应按《普通混凝土用砂的质量标准及检验方法》(JGJ 52—79)执行。

二十六、阳离子氯丁胶乳的质量测定法，应符合下列规定：

1. 总固物含量的测定，应按《合成胶乳总固物含量测定法》(GB 2958—82)执行；

2. 粘度的测定，应按《合成胶乳粘度测定法》(GB 2956—82)执行；

3. 表面张力的测定，应按《合成胶乳的表面张力测定法》(GB 2960—82)执行；

4. 密度的测定，应按《合成胶乳的密度测定法》(GB 2959—82)执行；

(三)制成品的试验方法

一、水泥砂浆或混凝土基层含水率的测定法，应符合下列规定：

1. 称重法：

应在基层表面 3～4 处用长钻钻取或凿取表层 20mm 的厚度层内的试样。用天平称量。然后将所取试样混合在一起磨碎，应在 100～105℃的温度下烘至恒重，称取烘干后的质量。

含水率应按下式计算：

$$含水率(\%) = \frac{G - G_1}{G} \times 100 \qquad (附 3\text{-}17)$$

式中 G——烘干前试样的质量(g)；

G_1——烘干后试样的质量(g)。

2. 塑料薄膜覆盖法：

应将尺寸为 45cm×45cm 的透明聚乙烯薄膜周边用胶带纸牢固地粘贴密封在基层表面上，避免阳光照射或损坏薄膜。并应在 16h 后观察塑料薄膜，无水珠或湿气存在即为合格。

每 $40m^2$ 宜做一试样。

二、沥青类制成品的性能测定法，应符合下列规定：

1. 沥青胶泥的耐热稳定性测定：

应根据烘箱尺寸，预制成 1：3 水泥砂浆底板，养护 7 昼夜，干燥至含水率不大于 6%，然后在底板上涂刷沥青冷底子油两遍，待干后用沥青胶泥铺贴 150mm×150mm×20mm 的耐酸板 3 块。耐酸板应相互分开铺贴，沥青胶泥的结合层厚度为 3mm，挤出的沥青胶泥应刮除干净。

耐酸板贴完后应在室温下放置 1 昼夜，然后连同底板垂直放入烘箱内。烘箱的起始温度应比估计的沥青胶泥的耐热稳定性低 10℃，以后每升温 10℃，应保持 5h，并观察耐酸板有无下滑。

耐酸板开始下滑的温度减去 10℃，即为该沥青胶泥的耐热稳定性。

2. 沥青胶泥的浸酸后质量变化率测定：

应将熬制好的沥青胶泥注入预先涂过黄油的 2cm×2cm×2cm 的试模内，每组 6 块，并高出 1～2mm。待冷却至室温后用热刮刀将高出试模的沥青胶泥切去、修平。并应在脱模后在常温下养护 2h，用纱布擦试干净，然后用 1%天平称重。

将试块浸入盛有 55%硫酸的带盖容器中，试块底面应架空，侧面应隔开，酸液应高出试块表面，浸泡 30 昼夜后，取出试块，用水冲洗，再用纱布擦试干净，然后在空气中干燥 10h。检查试块的表面，不得出现裂纹、掉角、起鼓和酥松等缺陷，试块的表面和浸泡的酸液应无显著变色。检查合格后，称量试块。

浸酸后质量变化率应按下式计算：

$$浸酸后质量变化率(\%) = \frac{G_1 - G}{G} \times 100 \qquad (附 3\text{-}18)$$

式中 G_1——浸酸后试块的质量(g)；

G——浸酸前试块的质量(g)。

3. 沥青砂浆和沥青混凝土抗压强度的测定：

沥青砂浆应用直径和高度均为 50.5mm 的圆柱形试模；沥青混凝土应用直径和高度均为 71.4mm 的圆柱形试模；试模并应擦净、烘热。

应将拌制好的沥青砂浆或沥青混凝土装满试模，每组 3 块，用热刮刀均匀插捣 10 次，然后加上成型压力恒压 3min。当施工采用平板振动器压实时，沥青砂浆的成型压力应为 0.25MPa，沥青混凝土的成型压力应为 5MPa。恒压后即可脱模。

试块应完整、平滑、无缺角，高差不大于 1mm，上下两面应平行。

试块在室温下养护1昼夜后，应放入规定温度的水中2h，测定20℃的抗压强度时，水的温度应为20℃；测定50℃的抗压强度时，水的温度应为50℃。取出试块后应用布擦干，并在试块的上下两面，各垫一张纸，然后进行试压。试压时，压力机活塞上升的速度应为每分钟3cm，极限荷载由测力计在指针不再转动时读出。

抗压强度应按下式计算：

$$R = \frac{P}{F} \quad \text{(附 3-19)}$$

式中 R——抗压强度(MPa)；

P——极限荷载(N)；

F——试块的受压面积(mm²)。

取3块试块的平均值应为最后结果。每块测定的偏差，当R_{20}时不得大于10%，当R_{50}时不得大于5%。

4. 沥青砂浆和沥青混凝土的饱和吸水率测定：

在制备抗压强度试块的同时，应制备供测定饱和吸水率用的试块，每组3块。试块脱模后，应在常温下养护1昼夜，并用纱布擦试干净。

试块在空气中称重后，再置于水中称重，精确至0.01g。称重后，把试块放入盛水的容器中，试块应全部被水淹没，水温为22±2℃，然后将容器连同试块放入真空干燥器或真空罩内，进行抽真空至剩余压力为10～15mm水银柱，保持1h以上。恢复正常气压后，试块仍在水中保持1h。然后取出试块，用纱布擦去表面的水分，在空气中称重精确至0.01g。

饱和吸水率应按下式计算：

$$\text{饱和吸水率}(\%) = \frac{G_3 - G_1}{G_1 - G_2} \times 100 \quad \text{(附 3-20)}$$

式中 G_1——抽真空前，试块在空气中的质量(g)；

G_2——抽真空前，试块在水中的质量(g)；

G_3——抽真空后，试块在空气中的质量(g)。

取3块试块平行试验的平均值为最后结果。平行试验的误差不应大于0.2%。

5. 沥青砂浆和沥青混凝土的浸酸安定性测定：

在制备抗压强度试块的同时，应制备浸酸用的试块，每组为6块。试块脱模后，应在常温下养护2h，并用纱布擦试干净。

将试块浸入盛有55%硫酸的带盖容器中，试块底面应架空，侧面应隔开，酸液应高出试块的表面。浸泡30昼夜后，应取出试块，用水冲洗，然后用纱布擦试干净，并应检查试块有无裂纹、掉角、起鼓和酥松等现象，若试块完整，试块表面和浸泡酸液亦无显著变色，则为合格。

三、水玻璃类制成品的性能测定法，应符合下列规定：

1. 水玻璃胶泥稠度的测定：

试验所用的锥形稠度仪，应符合《水泥物理检验仪器——净浆标准稠度与凝结时间测定仪》(GB 3350.6—82)的规定。

将粉料按配合比放入拌和器(机)内混合均匀，然后加入水玻璃，湿拌2min左右，同时记录时间，将拌和均匀的水玻璃胶泥一次装入圆锥模内，振动25次，亦可用人工捣实法，然后将多余胶泥刮去，整平表面。

将盛胶泥的圆锥模移至锥形稠度仪的下面，应放松制动螺丝。将锥尖降至胶泥的表面，刚接触时应拧紧制动螺丝，同时应调整标尺指针在0位，加入水玻璃湿拌10min时进行测定。突然放松制动螺丝，同时启动秒表，让试锥自由沉入胶泥中，等5s时应拧紧制动螺丝，此时标尺读数即为胶泥稠度。

测定时，圆锥模不应受任何震动，并应保持在温度为20～30℃，相对湿度小于80%的空气环境中。

取两次测定的平均值应为最后结果。

2. 水玻璃砂浆的稠度测定，应按《砖石工程施工及验收规范》(GBJ 204—83)中附录三执行。

测定用的锥形稠度仪，应符合《水泥物理检验仪器——净浆标准稠度与凝结时间测定仪》(GB 3350.6—82)的测定。

3. 水玻璃胶泥的凝结时间测定：

可将拌和均匀的水玻璃胶泥，一次装入圆锥模内，连同底板振动25次，亦可用人工捣实方法，然后用湿布擦过的抹刀将多余胶泥刮去，整平表面。

将盛胶泥的圆锥模，移至净浆标准稠度与凝结时间测定仪的试针下面，试针的直径为1.1±0.04mm，质量为300±2g。放松制动螺丝，将试针下端降至与胶泥的表面接触时，应拧紧制动螺丝，然后，突然放松制动螺丝，让试针自由沉入胶泥中。在刚开始测定期间，应轻轻扶住试针上端的活动杆，以防试针猛然冲击底板而弯曲，但初凝时间仍应以自由降落测定的结果为准。初凝前，应每5min测定一次；初凝后，应每15min测定一次。每次测定后，应将试针擦试干净。每次测定须将圆锥模连同底板稍稍移动，不使试针再针入原针孔内。

由加入水玻璃时起，至试针沉入胶泥深度为39.0～39.5mm而不再沉入时，所需的时间为初凝时间；由加入水玻璃时起，至试针沉入胶泥中不得超过1mm时，所需时间为终凝时间。

测定时，圆锥模不应受任何震动，并应保持在温度为20～25℃、相对湿度小于80%的空气环境中。

4. 水玻璃胶泥的抗拉强度和浸酸安定性测定：

可将拌和均匀的水玻璃胶泥装入12个“8”字型试模内，连同底板置于跳桌上，用手稍扶住，跳动25次，亦可用人工捣实方法，刮去多余胶泥并整平表面。应在温度为20～25℃、相对湿度小于80%的空气中养护2昼夜后脱模，并应继续在上述环境中养护14昼夜。取出6个试块，并应按《水泥胶砂强度检验方法》(GB 177—85)进行抗拉强度测定；另6块应置于浓度为40%的工业硫酸中煮沸1h，并应在该酸液中缓慢冷却至常温。取出试块后，应用水冲洗。并应用毛巾或滤纸擦干。1昼夜后，应检查试块有无裂纹、掉角、疏松和膨胀等现象。若试块完整，表面和酸液亦无显著变色，则为合格。

5. 水玻璃胶泥的煤油吸收率测定：

应将配制好的水玻璃胶泥装满预先涂过黄油的、衬有厚度不小于0.05mm聚乙烯薄膜的30mm×30mm×30mm的试模内，每组4块，连同底板振动25次，然后用湿布擦过的刮刀将多余的胶泥刮去，整平表面。

试块应在温度为20～25℃、相对湿度小于80%的空气中养护2昼夜后脱模，并应继续在上述环境中养护至10昼夜，然后在105～110℃烘干至恒重。应从4个试块中选取气孔及其它缺陷最少的2个试块，经称重后精确至0.01g，放在玻璃容器内，并在1h内分3次注入密度为0.81～0.84g/cm³的煤油，液面应高出试块1cm。浸泡7昼夜，应取出试块，用拧干的湿毛巾擦去试块表面多余的煤油，立即进行称重，精确至0.01g。

吸水率应按下式计算：

$$吸水率(\%)=\frac{G_1-G}{G\times\rho} \quad (附3\text{-}21)$$

式中 G_1——浸泡后试块的质量(g)；

G——浸泡前试块的质量(g)；

ρ——煤油的密度(g/cm³)。

6. 水玻璃砂浆和水玻璃混凝土的抗压强度测定:

水玻璃砂浆以 7.07cm×7.07cm×7.07cm 的试块为准,应用人工捣实成型。水玻璃混凝土以 15cm×15cm×15cm 的试块为准,若为 20cm×20cm×20cm 的试块时,其结果应乘以系数 1.05;若为 10cm×10cm×10cm 的试块时,其结果应乘以系数 0.95。

混凝土若用振动器捣实时,将混凝土装入试模内,并稍有余量,然后将试模放在振动台上,用手稍扶住,开动振动台,振至混凝土表面呈现浆状为止,不宜超过 1.5min。振动结束后,应用金属直尺沿试模边缘将多余的混凝土刮去,并随即用抹刀将表面抹平。若用人工捣实混凝土时,应将混凝土分两次装入试模内,每次装入的高度相等。每次捣固的次数:试模为 20cm×20cm×20cm 时,约 50 次;试模为 15cm×15cm×15cm 时,约 25 次;试模为 10cm×10cm×10cm 时,约 12 次,捣固应按螺旋方向从边缘向中心均匀进行。

捣实后,应在温度为 20~25℃、湿度小于 80%的空气中养护 2 昼夜后即可脱模。脱模后,应继续在上述环境中养护 14 昼夜,然后在压力机上进行试压。

每组试块为 3 块,试压结果取 3 块的平均值。当 3 个试块中的过大或过小的强度值与中间值相比超过 15%时,应以中间值代表该组的混凝土试块的强度。

7. 水玻璃砂浆和水玻璃混凝土的浸酸安定性测定:

试块应按水玻璃砂浆和水玻璃混凝土的抗压强度测定法成型和养护。然后把试块浸入盛有 40%工业硫酸的带盖容器中,试块底面应架空,侧面应隔开,酸液应高出试块的表面,并应保持浸泡温度为 20~25℃。浸泡 28 昼夜后,应取出试块,用水冲洗,阴干 24h,检查试块有无裂纹、起鼓、发酥和掉角等现象。若试块完整,试块表面和浸泡酸液亦无显著变色,则为合格。

8. 水玻璃耐酸胶泥与耐酸砖的粘结强度测定(又称十字交叉试验方法):

按配合比称量物料。先将粉料与氟硅酸钠放入搅拌锅内混匀后,加入水玻璃拌匀。砖板的粘结力试验均应采用 230mm×110mm×65mm 的标形耐酸砖,用水洗净烘干,冷却至室温备用。

将拌制好的胶泥,抹在两块砖粘结面的中部,应用挤浆法使两块砖十字交叉粘牢,胶泥层厚度为 3mm。挤出的多余胶泥用刮刀刮除,在温度 20~25℃、相对湿度小于 80%的空气环境中养护 14 昼夜后测定粘结强度。

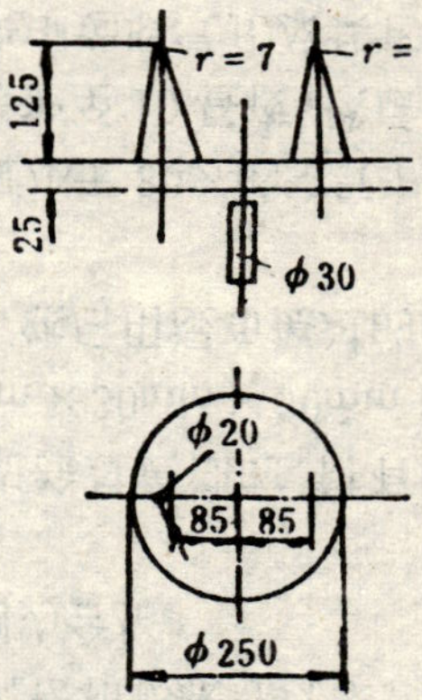

应将粘结力支座(附图 3.1)放在压力机上固定住,对正位置,调节好距离,将试块放好。开动压力机均匀加载,压力机运行速度为 6mm/min,加载至试件拉开。记录压力机表盘读数。

附图 3.1 粘结力支座

粘度强度应按下式计算:

$$R_{粘} = \frac{P}{A} \quad (附 3\text{-}22)$$

式中 $R_{粘}$——胶泥的粘结强度(MPa);

P——破坏荷载(N);

A——受拉面积(mm^2)。

粘结强度应取3个试件的平均值为最后结果。精确度为0.1MPa。若其中一件试验结果超出平均值15%时,应取其余两件的平均值作最后结果。

9. 水玻璃耐酸混凝土的抗渗性测定:

按配合比称量物料,先将粉料与氟硅酸钠混合均匀,再放至铁板上与砂石混合均匀,然后加入水玻璃或改性水玻璃搅拌均匀,宜翻拌3次。

应将拌好的混凝土装入涂有机油的抗渗试模中,并稍有余量,试模尺寸为底面直径185mm,顶面直径175mm,高150mm,然后将试模放在振动台上,振至表面泛浆为止,不宜超过1.5min,并用抹刀抹平表面,每组3块。混凝土试块在20～25℃温度下养护1昼夜后脱模,养护14昼夜后,方可进行抗渗性测定。

应在养护好的试件表面上涂刷一层熔化的黄蜡或石蜡,试件的顶面和底面不涂蜡,稍冷后将试件装入有一定热度的抗渗套模中。

应将上述试件连同套模装到混凝土渗透仪上,垫好橡胶垫圈,上紧螺丝。

如预计抗渗压力小于或等于0.8MPa时,开始试验时的水压应为0.1MPa,以后每隔8h增加水压0.1MPa。如预计抗渗压力大于0.8MPa时,开始试验时的水压应为0.2MPa,以后每隔8h增加水压0.2MPa,并且要随时注意试件端面情况。在试件端面呈现有渗水现象时,应记下当时的水压。

混凝土的抗渗性,应按6个试件中4个试件在未发现有渗水现象时的最大水压计算。

四、硫磺类制成品的性能测定法,应符合下列规定:

1. 硫磺胶泥和硫磺砂浆的抗拉强度测定:

取6个"8"字型的抗拉试模,在颈部压盖一金属片或玻璃片,试模可涂少量甘油作脱模剂。将硫磺胶泥或硫磺砂浆在140℃浇注成型,浇注后试块的收缩孔应立即进行补浇。试块冷固后拆模,在20±5℃空气中养护48h。抗拉强度的测定应按《水泥胶砂强度检验方法》(GB 177—85)执行。

2. 硫磺胶泥或砂浆与耐酸砖的粘结强度测定:

浇注硫磺胶结料用的模具,应由1mm厚钢板制作(附图3.2)

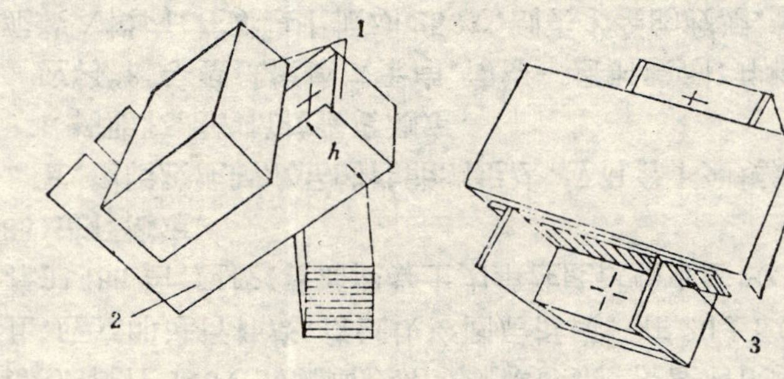

附图3.2 浇注硫磺胶泥或砂浆粘结缝的模具

1—耐酸砖;2—模具;3—插板;

h—耐酸砖的厚度加上粘结缝厚度

耐酸砖应预先标明粘结部位,并用"+"字标记标出加压部位。应将耐酸砖在105～110℃烘干24h,然后冷却至室温。浇注后待试块冷固后拆模,应在20±5℃空气中养护48h。十字交叉试件做成后的测试方法,应按本规范附录三中"水玻璃耐酸胶泥与耐酸砖的粘结强度测定"执行。

3. 硫磺胶泥的急冷急热残余抗拉强度测定:

将按硫磺胶泥抗拉强度测定方法规定成型并养护的"8"

字型试块6个，放入80～85℃水中浸放5min后，迅速移入10～15℃水中浸放5min，试块应悬挂在水中，勿使局部过热，放置间距不小于10mm；水面高出试块不小于20mm，然后将试块再放入上述条件的热水及冷水中，如此循环5次，应立即按《水泥胶砂强度检验方法》(GB 177—85)进行测定，其抗拉强度即为急冷急热残余抗拉强度。

4. 硫磺砂浆的分层度测定：

取高20cm，直径2.0～2.5cm的玻璃试管放在140±2℃的油浴中，应将熔融的硫磺砂浆在140±2℃注满试管。浇注30min后，应将试管从油浴中取出，放入15～20℃水中，待硫磺砂浆冷固后，打破试管，按上、中、下等分三段，取上部及下部的试样，分别敲碎，碎粒粒径不大于1mm。应用1‰天平称取试样各1g，在500℃灼烧后，称量残渣。

分层度应按下式计算：

$$分层度 = \frac{底部残渣值}{顶部残渣值} \quad (附3\text{-}23)$$

5. 硫磺胶泥和硫磺砂浆的浸酸后抗拉强度降低率和质量变化率测定：

按硫磺胶泥和硫磺砂浆抗拉强度测定法成型并养护“8”字型抗拉试块12个，将其中6个在空气中继续养护，另6个经称重后浸入盛有33%硫酸的带盖容器中，试块底面应架空，侧面应隔开，酸液应高出试块表面。浸泡45昼夜后取出试块，应用水冲洗。并应用湿布擦去表面水分后称重。应将浸泡后的试块与在空气中养护的同龄期试块进行抗拉强度测定。

浸酸后的抗拉强度降低率，应按下式计算：

$$浸酸后的抗拉强度降低率(\%) = \frac{R - R_1}{R} \times 100 \quad (附3\text{-}24)$$

式中 R——同龄期未浸酸试块的抗拉强度(MPa)；

R_1——浸酸后试块的抗拉强度(MPa)。

质量变化率应按下式计算：

$$质量变化率(\%) = \frac{G_1 - G}{G} \times 100 \quad (附3\text{-}25)$$

式中 G——浸酸前试块的质量(g)；

G_1——浸酸后试块的质量(g)。

6. 硫磺混凝土的抗压强度和抗折强度测定：

应取15cm×15cm×15cm抗压试模及10cm×10cm×60cm抗折试模各3个，内薄涂润滑油，装入施工时用的粗骨料，然后浇注140℃的硫磺胶泥或硫磺砂浆。浇注后试块的收缩孔，应立即进行补浇，待试块冷固后拆模。在20±5℃空气中养护48h后，应按《普通混凝土力学性能试验方法》(GBJ 81—85)进行测定。

五、树脂胶泥制成品的性能测定法，应符合下列规定：

1. 树脂胶泥的抗拉强度测定：

应将“8”字型试模擦试干净，薄涂一层脱膜剂，并将树脂胶泥装入模内，在跳桌上振动25次，刮去多余的胶泥，整平表面。在20～25℃养护14昼夜后，应测定抗拉强度。以3个试块为一组，抗拉强度的测定方法，应按《水泥胶砂强度检验方法》(GB 177—85)执行。

2. 树脂胶泥与耐酸砖的粘结强度测定：

(1)与小形砖的粘结强度测定。小形砖的尺寸为70mm×30mm×25mm～30mm，可用耐酸砖加工，洗净晾干，用树脂胶泥呈十字交叉粘结在一起，刮除多余胶泥。结合层的厚度应为2～3mm。在20～25℃养护14昼夜后，应进行粘结强度测定。将十字交叉的试件放在夹具(附图3.3)内，应开动拉力机均匀加载，至试件拉开，记录拉力机读数，粘结强度以 MPa 表示。

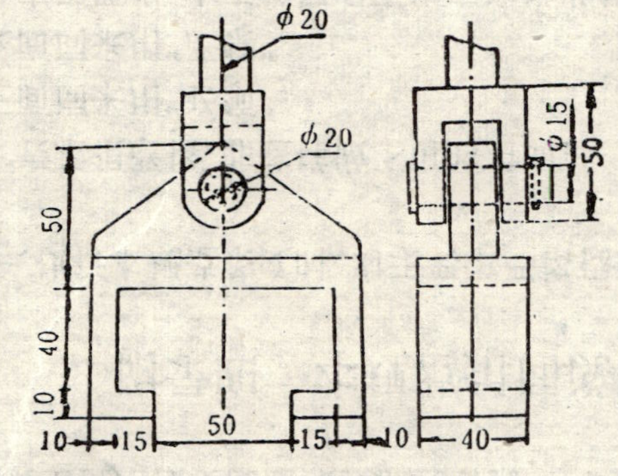

附图 3.3 粘结强度试验夹具

粘结强度应按下式计算：

$$R_{粘} = \frac{P}{F} \tag{附 3-26}$$

式中 $R_{粘}$——胶泥的粘结强度(MPa)；

P——破坏荷载(N)；

F——受力面积(mm^2)。

试验结果的取值，应按本规范附录三中"水玻璃砂浆和水玻璃混凝土的抗压强度测定"的规定执行。

(2)与标形砖的粘结强度测定。标形砖的尺寸为 230mm×110mm×65mm，应洗净晾干。用树脂胶泥呈十字交叉粘结在一起，应刮除多余胶泥。结合层的厚度，应为 2～3mm。在 20～25℃养护 14 昼夜后，应进行粘结强度测定。试验用的夹具和测定方法，应按本规范附录三"水玻璃胶泥粘结强度试验方法"执行，粘结强度以 MPa 表示，试验结果的取值，应按本规范附录三中"水玻璃砂浆和水玻璃混凝土的抗压强度测定"的规定执行。

六、玻璃钢的抗拉强度试验法，应按《玻璃纤维增强塑料拉伸性能试验方法》(GB 1447—83)执行。

七、涂料的漆膜颜色、外观、粘度、干燥时间和附着力测定法，应符合下列规定：

1. 漆膜颜色外观的测定，应按《漆膜颜色及外观测定法》(GB 1729—79)执行；

2. 粘度的测定，应按《涂料粘度测定法》(GB 1723—79)执行；

3. 干燥时间的测定，应按《漆膜、腻子膜干燥时间测定法》(GB 1728—79)执行；

4. 附着力的测定，应按《漆膜附着力测定法》(画圈法)(GB 1720—79)执行。

八、陶管性能的试验法，应符合下列规定：

1. 抗压强度的试验，应按《陶管抗外压强度试验方法》(GB 2832—81)执行；

2. 吸水率的试验，应按《陶管吸水率试验方法》(GB 2834—81)执行；

3. 耐酸性能的试验，应按《陶管耐酸性能试验方法》(GB 2835—81)执行；

4. 水压的试验，应按《陶管水压试验方法》(GB 2836—81)执行。

九、氯丁胶乳水泥砂浆的强度测定法，应按《水泥胶砂强度检验方法》(GB 177—85)执行。

十、氯丁胶乳水泥砂浆的粘结强度测定法，应符合下列规定：

1. 与水泥砂浆的粘结强度测定：

采用养护好的 40mm×40mm×80mm 的水泥砂浆试块 2 块，将拌和好的氯丁胶乳水泥砂浆放在试块的中部，两块试块呈十字交叉粘在一起，结合层厚度为 3mm，水泥终凝后铲去缝外的砂浆，干湿交替养护 28 昼夜后，应按本规范附录三中"水玻璃耐酸胶泥与耐酸砖的粘结强度测定"测定粘结强度。

2. 与钢铁的粘结强度测定：

将直径 35.7mm（端面的面积为 1000mm²）试棒端面用 0 号砂纸打磨，并用酒精洗净烘干，用拌和均匀的氯丁胶乳水泥砂浆粘结 2 块试棒，缝宽为 3mm，除去四周溢出的砂浆，养护 28 昼夜后，于拉力试验机上测定抗拉强度。

粘结强度应按下式计算：

$$R_{粘} = \frac{P}{1000} \qquad (附 3\text{-}27)$$

式中 $R_{粘}$——砂浆的粘结强度（MPa）；

P——破坏荷载（N）。

试验结果的取值，应按本规范附录三中"水玻璃砂浆和水玻璃混凝土抗压强度测定"的规定执行。

附录四 本规范用词说明

一、执行本规范条文时，对于要求严格程度的用词说明如下：

1. 表示很严格，非这样做不可的用词：

正面词采用"必须"；

反面词采用"严禁"。

2. 表示严格，在正常情况下均应这样做的用词：

正面词采用"应"；

反面词采用"不应"或"不得"。

3. 表示允许稍有选择，在条件许可时，首先应这样做的用词：

正面词采用"宜"或"可"。

反面词采用"不宜"；

二、条文中指明应按其它有关标准和规范执行的写法为"应按……执行"或"应符合……要求或规定"。

附加说明

本规范主编单位、参加单位和主要起草人名单

主编单位：中国化学工程总公司施工技术研究所

参加单位：中国化学工程总公司第二建设公司
冶金部建筑研究总院
兰州化学工业公司化工建设公司
航空航天部第四规划设计研究院
化工部大连制碱工业研究所

主要起草人：杨路钧 唐荣植 徐兰洲 霍永志 文浩 汪家塘 卢天 孔德英 李昌木

中华人民共和国国家标准

矿山井巷工程施工及验收规范

GBJ 213—90

主编部门：中华人民共和国原煤炭工业部
批准部门：中华人民共和国建设部
施行日期：1991年5月1日

关于发布国家标准《矿山井巷工程施工及验收规范》的通知

（90）建标字第305号

根据国家计委计综（1986）250号文的要求，由原煤炭工业部会同有关部门共同修订的《矿山井巷工程施工及验收规范》，已经有关部门会审。现批准《矿山井巷工程施工及验收规范》GBJ213—90为国家标准，自1991年5月1日起施行。原《矿山井巷工程施工及验收规范》GBJ213—79同时废止。

本标准由能源部管理，其具体解释等工作由中国统配煤矿总公司负责。出版发行由建设部标准定额研究所负责组织。

建设部

1990年6月26日

修订说明

本规范是根据国家计委计综（1986）250号文的要求，由原煤炭工业部负责主编，会同有关单位共同对原《矿山井巷工程施工及验收规范》（GBJ 213—79）修订而成。

在修订过程中，规范组进行了广泛的调查研究，认真总结了规范执行以来的经验，吸取了部分科研成果，并参考借鉴了国外有关标准和资料，广泛征求了全国有关单位的意见，最后由我部会同有关部门审查定稿。

本规范共分十章七个附录。这次修订的主要内容有：增加了施工准备、辅助工作、工业卫生三章，取消了井架和井塔施工一章，将井筒地质检验和支护材料选用、光面爆破和锚喷支护两章分别列入其它章内。增加了十年来经过实践证明有效的新技术、新装备、新工艺，删除了一些不适应施工发展的工艺和技术，对一些不完善的条款进行了修改和补充，严格了质量标准。

本规范执行过程中，如发现需要修改或补充之处，请将意见和有关资料寄送中国统配煤矿总公司基建局《矿山井巷工程施工及验收规范》国标管理组，以便今后修订时参考。

能源部

1990年3月

第一章 总 则

第 1.0.1 条 为了使矿山井巷工程的施工在确保安全和质量的前提下，不断提高劳动效率，加快施工速度，降低工程成本，缩短矿井建设周期，促进矿山建设的发展，特制定本规范。

第 1.0.2 条 本规范适用于煤炭、黑色金属、有色金属、稀有金属和非金属矿山井巷工程的施工及验收。

第 1.0.3 条 矿山井巷工程的施工必须严格遵守基本建设程序，按照设计文件和施工组织设计进行施工。

第 1.0.4 条 矿山井巷工程的施工应实行科学管理，不断提高管理水平，应积极推广、应用电子计算机技术进行管理和优化施工方案，推行项目管理、目标管理、网络技术和全面质量管理。

第 1.0.5 条 矿山井巷工程的施工应不断总结经验，推广应用经过实践检验后成熟的科研成果，积极采用行之有效的新工艺、新设备、新材料，提高施工机械化、自动化水平。新技术的推广应结合国家和地区的实际，充分考虑技术的先进性、施工的可靠性和经济的合理性。

第 1.0.6 条 安全技术、劳动保护和工业“三废”处理等，应符合国家现行的有关规定。

处理“三废”，必须考虑综合利用和有利于农业生产、防止污染环境。“三废”处理工程应与主体工程同时建成。

第 1.0.7 条 工程所用的材料、设备和构件，必须符合设计规定和产品标准，并具有出厂合格证。

第 1.0.8 条 工程施工中必须建立技术档案，做好各种测试记录、隐蔽工程记录、质量检查记录和工程图纸等文件资料。工程竣工时应按规定做好竣工验收资料和施工总结。

第 1.0.9 条 工程竣工后应按本规范的规定和国家及有关部门制定的管理办法，及时组织验收。工程质量认证合格后方可交付使用。

第 1.0.10 条 矿山井巷工程的施工及验收，除应执行本规范的规定外，尚应符合国家现行的标准、规范的有关规定。

第二章 施 工 准 备

第一节 一 般 规 定

第 2.1.1 条 井巷工程开工前的准备工作，应符合下列规定：

一、审查矿井地质资料，检查钻孔资料，并绘制井巷工程地质剖面预测图；

二、完成设计图纸会审，进行设计交底；

三、编制施工组织设计、施工设计或作业规程；

四、完成施工设施及设备的安装；

五、立井、斜井、平硐开工前，尚应完成下列工作：

1.场地的测量、基桩埋设、场地平整及障碍物拆迁；

2.施工期间的交通运输、给排水、输变电、通讯、防火、防洪、防涝工程和必要的生活辅助设施；

3.立井的锁口，斜井、平硐的明槽及井口掘砌。

第 2.1.2 条 井口场地平整，除应按国家现行标准《土方和爆破工程施工及验收规范》的有关规定执行外，并应符合下列要求：

一、有滑坡的山坡地区，应先进行滑坡处理，井口上侧的截水沟和排水沟，应在井筒开工前完成；

二、场地填方不得采用有自燃性或有害性的矿石；

三、填方高度超过 1 m时，应先做好建筑物的基础和管、网、沟的施工；

四、当地面爆破作业和井筒开凿同时施工时，应有保护设施，并应制定安全措施；

五、场地平整后，应检查测量基点有无移动。

第 2.1.3 条 施工用水量，应按工程用水、生活用水和消防用水量确定。当工程和生活用水量之和大于消防用水量时，施工用水量应按工程和生活用水量之和确定；当工程和生活用水量之和小于消防用水量时，应按消防用水量确定。

施工总用水量，应计入10%的备用量。

第 2.1.4 条 施工期间，应有可靠的施工电源。主变压器的容量，必须满足矿井施工供电总负荷。备用变压器的容量，应保证主变压器发生故障时，能继续供应70%的负荷用电。

第 2.1.5 条 施工期间的压风量，应根据井下工作面及地面设备需用风量之总和计算，并应计入10%的备用量。井下工作面的风压，不得低于0.5MPa。

第 2.1.6 条 采取特殊施工技术施工的井巷工程，开工前应根据施工的需要，完成必要的准备工作。其施工准备的具体要求，应在施工组织设计中明确规定。

第 2.1.7 条 在冬季、雨季施工的工程，应根据地区及工程的特点，制定专门的技术、安全措施。

第二节 井筒检查钻孔及巷道地质预测

第 2.2.1 条 井筒开工前，应完成检查钻孔，并具有完整的检查钻孔资料。当井筒不通过含水冲积层和无有害气体突出危险，且具备下列情况之一时，可不打检查钻孔。

一、已有勘探资料表明地质和水文地质条件简单；

二、距井筒中心25m范围内已有钻孔，并有符合检查钻孔要求的地质、水文地质资料；

三、井田内或相邻井田已有生产矿井，掌握了地质、水文地质、有害气体的情况及其变化规律；

四、根据地层露头和勘探资料，可提供符合斜井、平硐施工要求的地层预想剖面。

第 2.2.2 条 检查钻孔的布置，应符合下列规定：

一、立井井筒：

1.具备下列情况之一者，检查钻孔可布置在井筒范围内：

（1）地质构造、水文条件中等，且无有害气体突出危险；

（2）采取钻井法施工的井筒；

（3）专为探测溶洞或施工特殊需要的检查钻孔。

2.水文地质条件复杂，有煤层、岩层和有害气体突出的危险时，检查钻孔与井筒中心之间的距离不得超过25m；

3.井底离特大含水层较近，以及采用冻结法施工的井筒，检查钻孔不得布置在井筒范围内；

4.当地质构造复杂时，检查钻孔的数目和布置，应根据具体条件确定；

5.钻孔的终深应大于井筒设计深度。

二、斜井、平硐检查钻孔的数量、深度和布置方式，应根据具体条件确定。

注：水文地质条件分类，应符合本规范附录一的规定。

第 2.2.3 条 检查钻孔应全孔取芯，并采用物探测井法核定层位。其采取率在冲积层和基岩中，不宜小于75%；在矿层破碎带、软弱夹层中，不宜小于60%。

岩芯必须编号，装箱保存。

第 2.2.4 条 在检查钻孔穿过的岩层中，每层应采取一个样品，进行物理力学性能测定。当岩层成分变化大，层厚超过 5 m时，应适当增加取样数目。对于可采矿层，其顶板和底板应单独取样。

第 2.2.5 条 钻孔通过的各类岩层，应根据施工需要进行物理力学性能试验。其试验测定的项目，宜符合下列规定：

一、砂层：

1.颗粒成分；2.湿度；3.表观密度、密度；4.孔隙度；5.渗透系数；6.内摩擦角。

二、土层：

1.表观密度、密度；2.湿度；3.孔隙度；4.可塑性；5.内摩擦角；6.内聚力；7.抗压强度；8.膨胀性。

三、冻结状态下的厚粘土层：

1.温度在 -8～-15°C状态下的冻土三向受力；

2.温度在 -8～-10°C状态下的冻土蠕变；

3.温度在 -5～-15°C状态下的粘土层膨胀性以及冻胀量；

4.温度在 -5～-15°C状态下的冻土无侧限抗压强度；

5.冻土应力与应变关系曲线、弹性模量、泊松比；

6.比热容、导热系数。

四、接近细砂、粉砂层的亚粘土和轻亚粘土层的颗粒分析和不均匀系数；

五、其它岩层及可采矿层测定项目，可根据需要确定。

第 2.2.6 条 检查钻孔的倾角和方位角，每钻进20～30m，应测定一次。钻孔偏斜率，应等于或小于1.5%。

第 2.2.7 条 对检查钻孔中各主要含水层（组），应分层进行抽水试验。

抽水试验中，水位降低不宜少于 3 次，稳定时间不得少于8h，每次降距宜相等。当条件困难时，每次降距不应小于 1 m，每层抽水的最后一次水位降低时，应采取水质分析样，同时测定水温和气温。

第 2.2.8 条 检查钻孔钻进结束后，除施工过程中尚需利用的钻孔外，应采用水泥砂浆严密封堵，其抗压强度不应低于10MPa。封孔前应清除孔壁和孔底的岩粉，并根据钻孔内的水质和水温选择封孔材料。封孔后应设立永久性的标志。

第 2.2.9 条 检查钻孔的地质报告，应包括以下主要内容：

一、沿井筒中心线的预测地质剖面；

二、井筒的水文地质条件，包括含水层（组）数量、含水层（组）的埋藏条件、静水位与水头压力、涌水量、渗透系数、水质、水温、含水层间及与地表水的联系、地下水的流向及流速等；

三、井筒通过的岩（土）层的物理力学性质、埋藏条件和断层破碎带、老空、溶硐、裂隙的特征，以及第四纪典型土层状态下的力学性能试验资料；

四、井温曲线；

五、井筒穿过矿层的有害气体涌出资料；

六、检查钻孔测斜资料及测斜图；

七、检查钻孔实测图及封孔资料。

第 2.2.10 条 巷道工程施工前，应提供地质预测和综合分析资料，并应包括以下主要内容：

一、井巷工程的预测地质剖面，及其与勘探阶段地质资料的对比分析；

二、穿过不稳定岩层及地质构造有较大变化处的情况预分析；

三、可能出现突然涌水的地点，涌水量大小及对施工的影响程度；

四、煤（岩）与沼气或其它有害气体突出危险的预测；

五、对膨胀性粘土、流砂、基岩风化带、软岩情况的预测分析。

第三节　施工准备的技术原则

第 2.3.1 条　井巷工程施工组织设计或施工设计的编制，应符合下列要求：

一、矿井工程编制施工组织设计；

二、井筒、马头门、主要硐室，以及工程结构比较复杂，需采用特殊施工技术或新工艺施工的工程，编制施工设计；

三、一般井巷工程，编制施工技术措施或作业规程。

第 2.3.2 条　主要井巷工程的施工顺序，宜符合下列规定：

一、主井、副井井筒宜按先深井后浅井的顺序开工，2个井筒完工的时间，相差不应多于3个月；

二、主要贯通线上的风井、先期投产的采区风井，宜与主井或副井同时开工；

三、立井井筒应利用凿井设施一次施工完成，箕斗装载硐室宜与井筒同时施工；

四、主、副井筒到底后，必须先行贯通；

五、2个井筒永久设施的施工，应交替进行，宜先副井后主井，需要临时改装提升系统时，宜改装箕斗提升的主井；

六、井底车场及硐室的施工，应先安排通风、排水、供电、运输需要的巷道或硐室；

七、采区巷道施工宜根据开采时间确定。

第 2.3.3 条　井巷工程施工，宜利用下列永久建筑和设备：

一、永久公路、铁路、电源及输变电设施、通讯线路、水源及给水、排水设施；

二、生活福利、公用设施及附属车间；

三、不影响矿井投产后正常使用的永久设备；

四、当条件允许时，可利用永久井塔或井架凿井。

第 2.3.4 条　井巷工程施工期间，地面建筑、设施的布置，应符合下列规定：

一、施工工艺流程应合理，施工作业线应顺直、短捷，避免倒流，动力设施应靠近负荷中心，机修及材料、半成品、成品的加工设施，宜靠近物料场、仓库，有噪音、废水、废气等污染的设施，应避开生活区和办公地点；

二、场内窄轨铁路及道路的布置，应方便施工，避免交叉，场区宜有2个出入口；

三、临时建筑物不应布置在永久建筑的位置，其标高宜按工业广场永久标高施工；

四、排矸系统宜利用永久矸石场和设施，废弃矸石应充填低洼地段，临时储矿场的矿物应与矸石分开堆放；

五、临时炸药库、油脂库、加油站等建筑物的位置，应符合国家现行的有关安全和防火标准、规范的规定；

六、寒冷地区应设置供热、防冻设施。

第三章　立井井筒普通法施工

第一节　一　般　规　定

第 3.1.1 条　立井井筒施工，应根据井筒的直径、深度、地质、水文地质条件等因素，经技术经济方案比较，选择合理的作业方式和机械装备。

第 3.1.2 条　立井井筒施工，当通过涌水量大于$10m^3/h$的含水岩层时，应采取注浆堵水等治水措施。

第 3.1.3 条　立井井筒施工，应优先采用短段掘砌作业，亦可采用掘砌单行作业或掘砌平行作业。

第 3.1.4 条　立井井筒施工，应以中心线或边线确定炮孔位置和检查掘进及支护规格。

井筒掘进采用激光指向时，每隔40m～50m应用井筒中心线校核激光光点一次，其偏差不得超过15mm；井筒砌壁采用激光指向时，每隔20m～30m用井筒中心线校核激光光束及边线一次，其允许偏差应为±5mm。

第 3.1.5 条　立井井筒掘进至各设计水平，当所揭露的岩层松软、破碎，不利于马头门、车场开拓或发现层位有较大的变化而需要变更水平运输大巷标高时，施工单位应会同设计单位予以调整。

第 3.1.6 条　凡与井筒直接相连的各种水平或倾斜的巷道口，应在井筒施工的同时砌筑永久支护3m～5m。

第 3.1.7 条　井筒施工期间应填写施工日志、隐蔽工程验收记录，绘制井筒实测纵、横断面图以及井筒地质柱状图，并应定期测定井筒涌水量。

第二节　表　土　施　工

第 3.2.1 条　表土施工应设置临时锁口，其结构应符合封闭严密、作业安全的要求。

第 3.2.2 条　凿井井架的选择宜符合下列规定：

一、表土坚硬稳定，允许承载力大于2.5MPa，可直接安装凿井井架；

二、表土松软、不稳定，允许承载力小于2.5MPa，应先利用简易提升设备，完成井颈掘砌后，再安装凿井井架；

三、利用简易提升设备，井筒施工的深度不应超过15m。

第 3.2.3 条　表土施工初期，井内应设梯子。井筒施工的深度超过15m，应采用提升设施；井筒施工的深度超过40m，应设稳绳。

第 3.2.4 条　砌筑第一段井壁时，永久井颈应一次砌筑好，并应按设计图纸预留出管线口、地脚螺栓孔、梁窝和其它预留孔口。

当条件受限制时，永久井颈应采用砖、石或砌块临时封砌。

第 3.2.5 条　表土临时支护的选择，应根据土层的含水量大小及稳定程度确定。当土层干燥无水，且土质坚硬稳定时，宜采用网喷支护，其不支护段不得超过2m。

第 3.2.6 条　表土施工过程中应在锁口、井架基础和附近地面上设置永久水准观测点，观测地表沉陷和主要构筑物的变形情况。

第三节 基 岩 掘 进

第 3.3.1 条 基岩掘进宜选用伞形钻架或环形钻架，配备高效凿岩机。当井筒内径小于5m时，宜采用手持式凿岩机。

第 3.3.2 条 钻孔的施工，应符合下列规定：

一、钻孔前应清出实底；

二、采用专用量具确定炮孔圈径和孔距，孔底宜钻到同一水平面上；

三、不得沿炮孔的残孔或顺岩层裂隙钻孔。

第 3.3.3 条 井筒掘进应采用中深孔、深孔光面爆破技术，并应根据设备性能、岩石性质、爆破器件等因素编写爆破作业规程。

第 3.3.4 条 中深孔、深孔的爆破器材，应选用威力大、防水、防冻的乳胶炸药或水胶炸药。雷管脚线的长度，应与炮孔深度相适应。

第 3.3.5 条 爆破参数的选择，宜符合下列规定：

一、周边孔间距为400mm～600mm。

二、最小抵抗线，按下式计算：

$$W = \frac{E}{M} \qquad (3.3.5\text{-}1)$$

式中 E ——周边孔间距，m；

M ——周边孔密集系数，0.8～1.0。

三、周边孔单位长度装药量：

当采用硝酸铵炸药时，软岩R_b<30MPa，110～165g/m；中硬岩R_b＝30MPa～60MPa，165g/m～220g/m；硬岩R_b>60MPa，220g/m～330g/m。

注：R_b为岩石单轴饱和抗压强度，MPa。

当采用其它炸药时，装药量应乘以换算系数K。K可按下式计算：

$$K = \frac{1}{2}\left(\frac{M_a}{N_a} + \frac{M_b}{N_b}\right) \qquad (3.3.5\text{-}2)$$

式中 M_a——2[#]硝铵炸药猛度，mm；

M_b——2[#]硝铵炸药爆力，mL；

N_a——换算炸药猛度，mm；

N_b——换算炸药爆力，mL。

四、周边孔药卷直径为20～25mm。

第 3.3.6 条 井筒的光面爆破的质量，应符合下列要求：

一、井筒的掘进半径，不大于设计150mm，不小于设计50mm；

二、井帮岩面无明显的炮震裂缝。

第 3.3.7 条 井筒掘进时，应监测井筒内的杂散电流。当电流超过30mA时，应采取以下措施：

一、检查电气设备的接地质量；

二、爆破导线不得有破损、裸露接头；

三、采用高压电雷管——抗杂散电流电雷管。

第 3.3.8 条 抓岩机及其配套吊桶的选择，可按表3.3.8采用。

第 3.3.9 条 抓岩机的悬吊装置，应符合下列规定：

一、采用中心回转式或环形轨道式抓岩机，其吊盘的固定装置与井壁间应支撑牢固；

二、采用靠壁式抓岩机，其固定锚杆与井壁联接应牢固。钢丝绳悬吊点与井壁的间距不应大于400mm；

三、采用长绳悬吊抓岩机，每隔80～100m应设固定导向装置，绞车应设闭锁装置。

抓岩机选型与吊桶选择　　表 3.3.8

抓岩机型号	抓斗容积 (m^3)	适用井筒内径 (m)	适用吊桶容积 (m^3)
NZQ_2H_6	0.11	<5	1~1.5
长绳悬吊式H_6	0.4~0.6	5~7	2~3
靠壁式HK	0.4~0.6	4~5	2~4
中心回转式HZ	0.4~0.6	4~7	2~4
环形轨道式HH	0.6×2	6~8	2~4

第 3.3.10 条 井筒临时支护，可采用锚喷支护。当井帮有淋水时，应先采取堵、截、导、注等治水措施。

锚喷临时支护的段高、厚度及其结构，可按表3.3.10采用。临时支护的锚喷质量，应符合本规范第3.7.5条的规定。

锚喷临时支护的段高和喷射厚度　　表 3.3.10

岩石分类	段高 (m)	支护结构及厚度
Ⅰ	不限	不支护
Ⅱ	80~100	喷射砂浆或混凝土，厚20~50mm
Ⅲ	50~80	喷射混凝土，厚50~80mm
Ⅳ	30~50	锚杆加网，喷射混凝土，厚80~100mm
Ⅴ	<30	锚杆加网，喷射混凝土，厚80~150mm

注：围岩分类应按本规范附录二执行。

第 3.3.11 条 井筒掘进时，不支护段高的高度，应符合下列规定：

一、在Ⅰ类岩层中，由施工单位自定；

二、在Ⅱ、Ⅲ类岩层中，不得超过4m，当高度超过2m并有危岩时，应采取局部挂网或安设锚杆等防掉措施；

三、在Ⅳ、Ⅴ类岩层中，不得超过2m。

第四节　永 久 支 护

第 3.4.1 条 冶金、化工、核工业矿山，当井筒的永久支护采用锚喷支护时，应符合国家现行标准《锚杆喷射混凝土支护技术规范》的有关规定。

第 3.4.2 条 喷射混凝土前，应以井筒中心线检查掘进断面，并应埋设厚度标志。

第 3.4.3 条 当井筒的永久支护采用混凝土井壁时，浇筑混凝土井壁的模板应符合下列要求：

一、木模板：

1.高度不宜超过1.2m，每块木板厚度不应小于30mm，宽度不宜大于150mm；

2.模板靠混凝土的一面应刨光。

二、装配式钢模板：

1.高度不宜超过1.2m，钢板厚度不应小于3.5mm；

2.连接螺栓孔的位置，应保证任意两块模板上下、左右均可相互连接；

3.有足够的刚度。

三、整体活动式钢模板：

1.高度宜为2m~4m，钢板厚度不应小于3.5mm；

2.有足够的刚度；

3.当整体活动式钢模板悬吊在地面　车上或在吊盘下时，其悬吊点不得少于3个。

四、滑升模板：

1.高度宜为1.2m~1.4m，钢板厚度不应小于3.5mm；

2.锥度应为0.6%~1.0%。

第 3.4.4 条 模板的组装，应符合下列规定：

一、模板直径应比井筒内直径大10～20mm；

二、模板上下面保持水平，其允许误差，应为±10mm；

三、对重复使用的模板应进行检修与整形。

第 3.4.5 条 立井施工混凝土的输送，可采用混凝土输料管或底卸式吊桶。当采用混凝土输料管时，应符合下列规定：

一、合理选择混凝土配合比，配料时应严格计量，混凝土中宜加减水剂，石子粒径不得大于40mm；

二、混凝土的塌落度宜为100mm～150mm；

三、输料管应同心，管径宜为150mm，管壁厚度根据输送混凝土量选定，管路悬吊保持垂直，其末端应设置缓冲器；

四、输送混凝土前应输送少量砂浆，输送结束时应冲洗管路；

五、井上下通讯系统应畅通可靠，发现堵管应及时处理。

第 3.4.6 条 立井井筒支护用混凝土和钢筋混凝土的施工，除按国家现行标准《钢筋混凝土工程施工及验收规范》的规定执行外，并应符合下列规定：

一、混凝土的水灰比和塌落度应按施工设计严格控制。添加剂应符合施工设计规定；

二、钢筋混凝土井壁，钢筋宜在地面绑扎或焊接成片；井下竖向钢筋的绑扎，在每一段高的底部，其接头位置允许在同一平面上；

三、混凝土的浇筑，应分层对称进行，必须采用机械震捣。当采用滑升模板时，分层浇筑的厚度宜为0.3m～0.4m，滑升间隔时间，不得超过1h；

四、脱模时混凝土强度的要求：

1.采用滑升模板时，应为0.05MPa～0.25MPa；

2.采用短段掘砌时，应为0.7MPa～1.0MPa；

3.采用其它模板时，不得小于1.0MPa。

五、混凝土井壁的上下段连接，宜采用喷射混凝土施工。

第 3.4.7 条 采用混凝土、喷射混凝土作为井壁的支护材料时，必须进行混凝土、喷射混凝土的强度试验，其检验方法，按本规范附录四、五的规定执行。

当井壁的混凝土、喷射混凝土的试块资料不全或判定质量有异议时，应采用超声检测法复测，若强度低于规定时，应查明原因，并采取补强措施。

井壁混凝土强度超声检测方法，应按本规范附录三的规定执行。

第 3.4.8 条 基岩中砌壁应采用无壁座施工。当井壁结构为料石或砌块时，应在较稳定的岩层中，先浇筑整体混凝土壁圈，其厚度与井壁厚度相同，高度不应小于0.8m。

第 3.4.9 条 当壁后旷帮较大时，应用矸石充填。在含水裂隙部位，应分层灌注砂浆或混凝土，并应填写隐蔽工程记录。

第 3.4.10 条 砌块、混凝土井壁的质量，应符合本规范第3.7.3条、第3.7.4条的规定。

第五节 井筒注浆

Ⅰ 地面预注浆

第 3.5.1 条 距地表小于700m的含水岩层，其层数多、层间距又不大时，宜采用地面预注浆法施工。

第 3.5.2 条 浆液品种的选择，应适应受注岩层的渗透性，当含水岩层的裂隙大于0.15mm和水流速度小于200m/d时，应用水泥浆液；当含水岩层的水流速度大于200m/d或裂隙大于5mm和吸水量大于7L/min·m时，应用水泥-水玻璃浆液。

遇有溶洞、断层或破碎带，可先灌注岩粉、中砂、粗砂或砾石等惰性材料。

第 3.5.3 条 预注浆孔的数量宜为3～6个，可布置在井筒内或距井筒外径1.5m的圆周上。后钻的孔位、角度应根据已钻的钻孔进行调整，使各钻孔在相同的注浆深度内呈均匀分布。

第 3.5.4 条 注浆孔的深度，应超过所注含水层底板以下10m。当井筒底部位于含水层中，终孔的深度应超过井筒底部10m。

第 3.5.5 条 注浆钻孔每隔 20m～30m 应测斜一次，钻孔的偏斜率，应符合下列规定：

一、当钻孔深度小于200m时，偏斜率不得大于0.5%；

二、当钻孔深度200m～400m时，偏斜率不得大于0.8%；

三、当钻孔深度大于400m时，偏斜率不得大于1.0%。

第 3.5.6 条 注浆前的准备工作，应符合下列规定：

一、注浆孔钻成后，应用清水冲孔，直至返清水为止。当裂隙小，冲孔效果不好时，应采用抽水洗孔；

二、对钻孔进行压水试验，检查止浆垫的密封效果，确定浆液品种与浓度。压水延续时间，根据钻孔吸水能力确定，宜为10min～30min；

三、对整个注浆管路系统进行水压试验，压力宜为注浆终压的1.2～1.5倍，试压的持续时间不得少于15min。

第 3.5.7 条 采用止浆塞分段注浆时，宜用分段下行式注浆。每个注浆孔由上向下分段注浆后，应自下而上再复注一次。当岩层稳定且垂直节理不发育，并在含水岩层中间有隔水层时，宜将注浆孔一次钻至全深，并采用分段上行式注浆。注浆段高可按表3.5.7采用。

注浆段高　　表 3.5.7

岩层破裂程度	注浆段高（m）
强风化破碎带	5～10
裂隙等于或大于3～6mm	10～30
裂隙小于3mm	30～50
（重复注浆）	60～100

第 3.5.8 条 注浆应采用普通硅酸盐水泥，标号不得低于325号，水玻璃模数宜为2.4～2.8。

第 3.5.9 条 预注浆的参数，可按下列规定采用：

一、浆液的有效扩散半径为6m～8m；

二、注浆的终压应为静水压力值的2～4倍；

三、水泥浆液的浓度可按表3.5.9-1采用；

水泥浆液浓度　　表 3.5.9-1

钻孔最大吸水量(L/min)	浆液浓度（水:水泥）
60～80	2:1
80～150	1.5:1
150～200	1.25:1或1:1
>200	1:1

四、浆液注入量可按表3.5.9-2采用；

浆液注入量　　表 3.5.9-2

序　号	每米钻孔单位时间的吸水量（L/min）	浆液注入量（m^3/m）	浆液品种
1	2～4	1.0	单　液
2	4～7	1.5	单　液
3	7～10	2.0	双　液
4	10～13	3.0	双　液
5	13～16	4.0	双　液
6	>16	5.0	双　液

五、采用水泥-水玻璃浆液时，水泥浆的浓度宜为1:1～0.6:1，水玻璃浓度宜为35～42波美度。水泥浆与水玻璃的体积比宜为1:0.4～1:1；

六、水泥-水玻璃浆液的凝胶时间，可按表3.5.9-3采取，其配合比应经现场试验确定。

水泥-水玻璃浆液的凝胶时间　　表 3.5.9-3

地下水流速（m/d）	浆液混合方式	凝胶时间（min）
100	单管孔口	3～5
200	双管孔内	<3.0
>200	双管孔内	0.2～0.5

七、浆液注入量可按下式计算：

$$Q=\frac{A\pi R^2 HnB}{m} \qquad (3.5.9)$$

式中　A——浆液消耗系数，为1.2～1.5；

R——以井筒中心为基点的浆液有效扩散半径（m）；

H——注浆段高（m）；

n——岩层平均裂隙率，为0.01～0.05；

B——浆液充填系数，为0.9～0.95；

m——浆液结石率，为0.85。

第 3.5.10 条　注浆过程中，应符合下列要求：

一、当连续注浆0.5h不见升压或吸浆量不下降时应提高浆液浓度，当水灰比小于1.0时，每个浓度级可连续注入40～50min后再提高浆液浓度，当双液浆液持续注浆在20min不升压时应及时调整浆液浓度与凝胶时间；

二、当注浆中断时间超过浆液凝胶时间时，应在浆液凝胶前把浆液从管路系统中排出，并将全部管路系统用清水冲洗干净；

三、注浆过程中，发现压力骤然上升或浆液耗量突增，应停注，查明原因并处理后再恢复注浆。

Ⅱ　工作面注浆

第 3.5.11 条　井筒穿过的基岩含水层赋存较深，或含水层间距较大，中间有良好隔水层，宜采用工作面注浆法施工。

工作面注浆，分为工作面预注浆与工作面直接堵漏两种方法。

（Ⅱ—Ⅰ）　工作面预注浆

第 3.5.12 条　工作面预注浆的段高，宜为30～50m，可采用下行式注浆，或孔内下止浆垫，一次或多次注完全部含水层。工作面预注浆的钻孔数，宜为8～12个，钻孔应沿井筒周边布置，并应与岩层节理、裂隙相交。

第 3.5.13 条　工作面预注浆前，应对被注的含水层钻超前检查孔，核实含水层实际厚度与含水量。

第 3.5.14 条 工作面预注浆应在含水层上方预先浇筑混凝土止浆垫。含水层上方岩石致密，可预留岩帽做止浆垫。

混凝土止浆垫的施工，宜与井壁一同浇筑。孔口套管的位置、角度、数量，宜用后埋法布设，并采用早强水泥固牢。待套管固结后进行抗压试验，试验压力不得小于工作压力的1.2倍。

第 3.5.15 条 混凝土止浆垫的厚度，应根据注浆压力计算确定。在工作面有涌水的情况下浇筑止浆垫时，应铺设0.5m～1.0m厚的碎石滤水层，并安设集水盒、排水管与注浆管。当混凝土止浆垫达到强度后，应经注浆管注浆封闭涌水。

第 3.5.16 条 井筒遇到含水层、断层或工作面涌水量突增，采取强排水或直接堵漏法处理无效时，应待井筒涌水上升到静水位，再在水下灌筑止水垫。

水下灌筑混凝土止水垫应连续进行，止水垫的厚度应均匀。

工作面预注浆的参数，可按本规范第3.5.9条的参数采用。

（Ⅱ—Ⅱ） 工作面直接堵漏注浆

第 3.5.17 条 工作面直接堵漏注浆可采用手持式或架式凿岩机钻孔，钻孔的数量、角度及深度应根据含水层的裂隙状况确定。

第 3.5.18 条 井筒内应设置排水泵，钻注浆孔前应先钻超前探水孔，钻孔前，应安装具有防止突然涌水的孔口管。

第 3.5.19 条 注浆孔的深度应始终超前掘进循环进尺2m以上。凡遇有涌水的钻孔，应进行注浆堵水。

第 3.5.20 条 注浆压力与浆液浓度，应符合下列规定：

一、注浆终压宜大于或等于静水压力的2～4倍；

二、浆液浓度、材质、凝结时间、注入量等，应根据不同条件选择，水玻璃的模数宜为2.4～2.8，水泥浆与水玻璃的体积比，宜为1:0.3～1:0.6。

Ⅲ 壁 后 注 浆

第 3.5.21 第 建成后的井筒或正在施工的井壁段的漏水量超过$6m^3/h$，或井壁有集中漏水点，应进行壁后注浆处理。

第 3.5.22 条 壁后注浆的工艺和材料应根据井壁结构、质量、漏水特征与壁后地质、水文等因素，经技术经济分析确定。

第 3.5.23 条 壁后注浆的施工顺序应根据含水层的厚度分段进行。对漏水段较长的井筒，宜采取由上往下逐段进行注浆。每个分段内宜先由下往上注浆，再由上往下复注一次。

第 3.5.24 条 壁后注浆孔的布置，应符合下列规定：

一、注浆孔的数量，根据堵水需要选定，各孔注浆的有效扩散半径应相交，在含水层上下界面位置，或裂隙含水层中，注浆孔宜加密；

二、当注浆段壁后为含水砂层时，注浆孔的深度不宜超过井壁厚度。双层井壁，孔深宜进入外层井壁100mm；

三、当漏水的井筒段壁后为含水岩层时，注浆孔宜布置在含水层的裂隙处，注浆孔的深度应进入岩层0.5～1.0m；

四、在井壁漏水量较大的井筒段，应布设导水孔和泄水孔。

第 3.5.25 条 壁后注浆的压力宜比静水压力大0.5～1.5MPa；在岩石裂隙中的注浆压力可适当提高。

Ⅳ 注浆结束的标准

第 3.5.26 条 地面预注浆结束的标准，应符合下列规定：

一、采用水泥浆注浆，当注入量为50～60L/min及注浆压力达到终压时，应继续以同样压力注入较稀的浆液20～30min后方可停止该孔段的注浆工作；

二、采用水泥-水玻璃浆液注浆，当注入量达到100～120L/min及注浆压力达到终压时，经稳定10min，可结束该孔的注浆工作。

第 3.5.27 条 工作面预注浆结束的标准，应符合下列要求：

一、各注浆孔的注浆压力达到终压，注入量小于30～40L/min；

二、直接堵漏注浆，各钻注孔的涌水已封堵，无喷水，涌水量小于施工设计规定。

第六节 井筒穿过特殊地层

第 3.6.1 条 井筒穿过特殊地层，必须编制专门的施工安全技术措施。

Ⅰ 穿过断层破碎带

第 3.6.2 条 井筒的掘进工作面距断层破碎带垂距10m时，应加强对沼气、涌水量的探测，并应采取防治措施。

第 3.6.3 条 井筒穿过断层破碎带，应根据实际情况采用钢筋网喷射混凝土支护或短段掘砌、吊挂井壁等施工方法通过。

Ⅱ 穿过煤与沼气突出煤层

第 3.6.4 条 当井筒的掘进工作面距煤层10m时，应停止掘进，并应布置检测钻孔。

检测的数据可按照下列指标，综合确定该煤层具有突出危险性。

一、煤层结构的破坏程度：

裂隙密度$L>0.7mm/mm^2$；

煤的筛分指数$C>7$；

沼气放散系数$\Delta P\geqslant 10$；

弹性波通过煤层的速度$V<900m/s$。

二、煤的坚固系数$f\leqslant 0.5$；

三、软煤比$R>0.2$；

四、沼气压力$P\geqslant 0.6MPa$；

五、沼气涌出变化，放炮后15min所测沼气浓度为平时的2.5倍以上；

六、沼气含量大于$10m^3/t$煤；

七、煤层透气性系数$\lambda<10m^2/MPa^2\cdot d$。

八、每米钻孔的岩粉量增至正常量的2倍。

第 3.6.5 条 对有煤与沼气突出危险的煤层，必须卸压后才能进行掘进工作。可按照下列指标确定该煤层已消除突出危险性。

一、沼气压力降至1MPa以下；

二、煤层相对变形大于2‰；

三、煤层透气性明显增大。

四、沼气排放量超过卸压范围内沼气含量的30%。

五、综合指标$B<10$

$$B=\Delta P-\frac{152}{P^{1.5}}\cdot f^{3} \qquad (3.6.5\text{-}1)$$

式中 ΔP——沼气放散系数；

P——沼气压力（MPa）；

f——煤的坚固系数。

六、综合指标$K<1.3$

$$K=K_1\cdot K_2\cdot K_3\cdot K_4 \qquad (3.6.5\text{-}2)$$

式中 K_1——$\ln P+1.32$；

P——沼气压力（MPa）；

$\ln P$——P的对数；

K_2——煤层沼气含量系数（见表3.6.5-1）；

K_3——钻孔动力现象系数（见表3.6.5-2）；

K_4——煤层厚度变化影响系数（见表3.6.5-3）。

K_2 系 数 表 表 3.6.5-1

沼气含量（m^3/t煤）	5	10	15	20	25	30	35	40
K_2	0.3	0.7	1.0	1.3	1.7	2.0	2.3	2.7

K_3 系 数 表 表 3.6.5-2

钻孔穿煤层情况	正 常	堵水、顶钻、下钻	喷煤、喷沼气
K_3	1	2	3

K_4 系 数 表 表 3.6.5 3

井筒附近最大与最小煤层厚度之比	1～1.5	2	≥3
K_4	1	1.3	2

综合分析上述指标，该煤层消除突出危险后，可按无突出危险煤层对待，继续掘进。

第 3.6.6 条 井筒穿过有煤与沼气突出危险的煤层，施工前必须完成下列准备工作：

一、井口棚及井下各种机电设备必须防爆，并应安设漏电保护装置；

二、必须设置沼气监测系统；

三、井下应采用不延燃橡胶电缆和抗静电、阻燃风筒。

第 3.6.7 条 当井筒揭露有煤与沼气突出的煤层时，必须符合下列规定：

一、根据实际情况，可采用爆破、风镐或抓岩机直接抓岩的掘进方法；

二、当采用爆破作业时，必须采用安全炸药和瞬发雷管；当采用毫秒雷管时，其总延期的时间必须少于130ms；

三、爆破时，人员必须撤至井外安全地带。井口附近不得有明火及带电电源，其安全距离应根据具体情况确定。爆破后应检查井口附近沼气含量；

四、过煤层必须做好支护封闭工作，当穿过中厚以上煤层进入底板以后，应立即砌筑永久井壁，并根据需要注黄泥浆封闭。

第 3.6.8 条 井筒穿过煤层期间，工作面必须定时监测。当发现井壁压力增大等异常现象时，应撤出人员，并应采取治理措施。

第 3.6.9 条 井筒施工过程，扇风机必须连续运转。在无水的井筒中，掘进有煤尘爆炸危险的煤层时，必须采取喷雾洒水措施。在干燥的情况下，不得使用风镐掘进。

第 3.6.10 条 沼气监测，应将监测时间、地点、沼气含量、存在问题及所采取的治理措施等，填写监测记录。

第七节 工 程 验 收

第 3.7.1 条 井筒竣工后，应检查下列内容：

一、井筒中心坐标、井口标高、井筒的深度以及与井筒连接的各水平或倾斜的巷道口的标高和方位；

二、井壁的质量和井筒的总漏水量，一昼夜应测漏水量3次以上，取其平均值；

三、井筒的断面和井壁的垂直程度；

四、隐蔽工程记录、材料和试块的试验报告。

第 3.7.2 条 井筒竣工后验收时，应提供下列资料：

一、实测井筒的平面布置图，应标明井筒的中心坐标、井口标高、与十字线方位，与设计图有偏差时应注明造成的原因；

二、实测井筒的纵、横断面图（每隔5m～10m测一个横断面，全井筒沿十字线方向测两个纵断面）；

三、井筒的实际水文资料及地质柱状图；

四、测量记录；

五、设计变更文件、隐蔽工程验收记录、工程材料和试块试验报告等；

六、重大质量事故的处理记录。

第 3.7.3 条 建成的井筒规格，应符合下列规定：

一、井筒中心座标、井口标高，必须符合设计要求，允许偏差应符合国家现行有关测量规范、规程的规定；

二、与井筒相连的各运输水平巷道和主要硐室的标高，应符合设计规定，其允许偏差应为±100mm；

三、井筒的最终深度，应符合设计规定；

四、井筒内半径的允许偏差：

1.当采用混凝土或砌块支护时，有提升装备的应为+50mm，无提升装备的应为±50mm；

2.当采用锚喷支护时，有提升装备的应为+150mm，无提升装备的应为±150mm。

第 3.7.4 条 砌块、混凝土的井壁质量，应符合下列规定：

一、井壁厚度应符合设计规定，局部厚度的偏差不得小于设计厚度50mm，其周长不应超过井筒周长的1/10，纵向高度不应超过1.5m；

二、井壁的每平方米面积内表面不平整度，料石砌体不得大于25mm，混凝土砌块不得大于15mm，浇筑混凝土不得大于10mm，接茬部位不得大于30mm；

三、井壁表面不得有露筋、裂缝和蜂窝；

四、砌体的规格，应符合下列要求：

1.每层砌体的水平偏差，混凝土块不应大于20mm，料石不应大于50mm；

2.砌体竖向无重缝，压茬长度不应少于砌体长度的1/4；

3.灰缝应饱满、无重缝。灰缝厚度，混凝土块、细料石应等于或小于15mm；粗料石不应大于20mm。

第 3.7.5 条 锚喷支护的质量验收标准，除按本规范第3.4.7条有关规定执行外，尚应符合下列规定：

一、喷浆、喷射混凝土的强度、厚度、锚杆的锚固力应符合设计要求；

二、井筒的内半径应符合本规范第3.7.3条有关规定；

三、锚杆的间距、深度、数量及规格应符合设计要求；

四、锚喷支护的外观质量要求：无离层、无剥落、无裂缝、无露筋、锚杆尾端不外露。

第 3.7.6 条 井筒建成后的总漏水量，不得大于$6m^3/h$，井壁不得有$0.5m^3/h$以上的集中漏水孔。

第 3.7.7 条 施工期间，在井壁内埋设的卡子、梁、导水管、注浆管等设施的外露部分应切除；废弃的孔口、梁窝等，应以不低于永久井壁设计强度的材料封堵。

第 3.7.8 条 井筒施工中所开凿的各种临时硐室，需废弃的，应封堵。

第四章 立井井筒特殊法施工

第一节 一 般 规 定

第 4.1.1 条 立井井筒穿过流砂、淤泥、卵石、砂砾等含水的不稳定地层，应采取特殊法施工。

第 4.1.2 条 特殊施工方法的选择，应根据地质、水文地质、井筒特征、施工技术装备等因素综合分析，经技术经济比较确定。

第 4.1.3 条 采用特殊法施工的井筒段，除执行本规范第三章立井井筒的工程验收有关规定外，其漏水量应符合下列规定：

一、冻结法、钻井法施工的井筒段，漏水量不得大于$0.5m^3/h$；

二、帷幕法、沉井法施工的井筒段，漏水量不得大于$1.0m^3/h$；

三、不得有集中喷水和含砂的水孔。

第 4.1.4 条 特殊法施工的井筒，不得预留梁窝或后凿梁窝，井梁的安装应采用树脂或水泥锚杆固定。单层井壁的锚杆深度不应超过井壁厚度的3/5，双层井壁的锚杆深度，不应超过内层井壁厚度的4/5。

第二节 冻结法施工

第 4.2.1 条 冻结法适用于各种不稳定的冲积层、含水岩层和溶洞、断层等复杂地层。

第 4.2.2 条 井筒的冻结深度，必须深入不透水的稳定岩层10m以上。当基岩下部30m左右仍有含水岩层时，应延深冻结深度，并宜采用差异冻结法施工。

第 4.2.3 条 冻结壁的设计强度，应符合下列要求：

一、当井筒掘进按规定的段高施工时，井帮稳定，不底鼓；

二、在井筒掘砌过程中，冻结壁的强度能承受围岩和地下水所加予的最大压力，冻结壁的变形压力小，已砌的外壁不被压裂。

第 4.2.4 条 冻结孔的偏斜率：位于冲积层的钻孔不宜大于0.3%，但相邻两个钻孔终孔的间距不得大于3.0m；位于风化带及含水基岩的钻孔，不宜大于0.5%，但相邻两个钻孔终孔的间距不得大于5.0m。当相邻两个钻孔的偏斜值超过上述规定时，应补孔。

第 4.2.5 条 冻结孔、测温孔、水文观测孔的钻进，每隔20～30m应测斜一次，偏斜率超过规定应纠正。

冻结孔全部完工后，每隔50m应绘制钻孔偏斜平面图。

第 4.2.6 条 钻至马头门或巷道内的冻结孔，下冻结管前孔内宜注入水泥浆，该水泥浆应加缓凝剂。

第 4.2.7 条 冻结孔应按设计深度施工，钻孔到底后应用泥浆冲孔，再下冻结管。下管深度不得小于设计深度0.5m。

第 4.2.8 条 冻结管、供液管的管材与连接应符合下列规定：

一、冻结管必须采用无缝钢管。每批新钢管应抽样进行压力试验，其压力应为7MPa，无渗漏现象为合格；当复用旧钢管时，应逐根除锈，试验压力与新钢管同；

二、冻结管的壁厚和外径可按表4.2.8-1采用：

冻结管的壁厚、外径与冻结深度　　表 4.2.8-1

冻结井深度(m)	冻结管壁厚(mm)	冻结管外径(mm)
≤200	≥5	108～127
200～300	≥6	127～168
>300	≥7	159～168

三、冻结管的连接，可采用钢制管接头或加管箍焊接，当采用管接头连接时，应预先在地面预组装进行渗漏试验；当采用管箍焊接时，对焊缝应进行检测。所有管箍的材质应与管材材质相同；

四、供液管宜优先采用聚乙烯软管或焊接钢管，应连接牢固、严密。供液管的壁厚与内径，可按表4.2.8-2采用。

供液管的管径与壁厚　　表 4.2.8-2

供液管品种	外径(mm)	壁厚(mm)
焊接钢管	≥38	3
聚乙烯软管	≥50	5

第 4.2.9 条 冻结法施工的井筒，应检测各个冻结管的盐水流量、温度。深井的冻结宜采用单独回液的盐水循环方式。

第 4.2.10 条 冻结管下入钻孔后，必须进行试压。试验压力应为全冻结管内盐水柱与管外清水柱的压力差及盐水泵工作压力之和的2倍，经试压30min压力下降不超过0.05

MPa，再延续15min压力不变为合格。

第 4.2.11 条 水文观测孔的设置，应符合下列规定：

一、孔位不占主提升位置，孔深应进入冲积层中最下部的含水层，但不得进入基岩，亦不得偏入井壁内；

二、水文观测孔应设底锥，在各含水层中应设滤水装置，分层观测；管箍焊接应严密，孔口应高出地下水位并加盖；

三、井筒冻结前应测水文观测孔内的水位，冻结过程每日定时检测水位一次，检测工作应持续到水位越过地下水静水位并溢出孔口为止。发现异常现象，应进行处理。

第 4.2.12 条 测温孔应布置在偏值较大的冻结孔的界面上，每个井筒的孔数，不应少于3个，孔深应按设计规定施工。

第 4.2.13 条 环形冷冻沟槽的底板应高于地下水位，沟槽的净高宜为1.8m。当地下水位较高时，应设排水设施。沟槽的顶部应设置隔温、防水、抗压等保护设施。

第 4.2.14 条 盐水管路系统必须进行压力试验，试验压力不得小于盐水泵工作压力的1.5倍，并持续15min压力不下降为合格。

第 4.2.15 条 冷媒宜采用氯化钙溶液，其比重应根据设计盐水温度确定。

第 4.2.16 条 制冷剂采用液氨时，其纯度应大于99.8%。

第 4.2.17 条 冷冻的低温管路必须进行隔热和防潮处理，冷量的损失，不得超过冷冻站工作制冷能力的20%。

第 4.2.18 条 冷冻站不得占用工业广场永久建筑物位置，距被冻结的井筒不宜大于50m；当供2个井筒制冷时，宜等距布设；站房结构应通风良好，并应设置防火、防毒、避雷等安全设施。

当室外气温高于35°C时，高压贮液槽、冷凝器、氨瓶等应设遮阳凉棚。

第 4.2.19 条 冷冻站充氨前，各系统必须进行试漏检验，并应符合下列规定：

一、压气试漏：氨管路的压气试漏应符合表4.2.19的规定。

压气试漏的压力 **表 4.2.19**

系统	设备名称	试验表压力（MPa）
高压系统	自氨压缩机排出口，经油氨分离器、冷凝器、贮液桶、集油器至调节站	1.6～1.8
低压系统	自动调节站、氨液分离器、蒸发器、中间冷却器，浮球阀至氨压缩机吸入口	1.2

试验时间为24h，初始6h压降不应超过0.05MPa，再延续18h压力不下降为合格；

二、真空试漏：在压气试漏之后进行，系统内真空度应为0.097MPa～0.101MPa，24h后压力在0.090MPa～0.093MPa为合格。

第 4.2.20 条 冷却水的水量、水质，应符合设计规定。水源井应布置在冻结井筒的地下水流向的上方，与被冻结的井筒的距离，不宜小于抽水影响半径。凡影响井筒冻结速度的水源井，在冻结壁未形成前严禁使用。冷却水的温度，不宜超过下列规定：

一、单级压缩制冷22°C；

二、双级压缩制冷25°C；

三、用螺杆冷冻机组时，水温可提高3°C～5°C。

第 4.2.21 条 盐水降温的梯度：当盐水温度处于正温时，每天降温梯度不宜大于5°C；当盐水降至0°C或负温后，每天降温梯度不宜小于2°C。

第 4.2.22 条 井筒的开挖，应具备下列条件：

一、水文观测孔内的水位，应有规律上升并溢出孔口，当地下水位较浅和井筒工作面有积水时，井筒水位应有规律上升；

二、测温孔的温度已符合设计规定；

三、地面提升、搅拌系统、材料运输、供热等辅助设施已具备。

第 4.2.23 条 掘进段高，应根据井筒所处深度的岩层性质、冻结壁的强度以及掘进速度等因素综合确定，段高的选择应符合下列规定：

一、试挖阶段，不应超过1.5m；

二、冲积层中的段高：

1.砂层、卵石层，不宜超过10m；

2.砂质粘土层，不应超过5m；

3.粘土、钙质粘土、易膨胀性粘土等地层，不应超过2.5m。

三、基岩中的段高，应根据岩层性质、冻结强度及支护结构等因素综合确定。

掘砌过程中每班应检测冻结壁的结霜情况和变形量，发现退霜、井壁变形或有剥落、掉块等异常情况，必须查明原因，进行处理。

第 4.2.24 条 冻结的基岩段，可采用喷射混凝土、钢筋网喷射混凝土作临时支护，但喷射混凝土中应加防冻剂。

第 4.2.25 条 当风化带以下冻结的基岩段深度大于50m时，宜先衬套完风化带以上的内壁，再向下掘砌。

第 4.2.26 条 冻结法施工的井筒，冻结段的掘砌深度应比井筒的冻结深度浅5m～8m。

第 4.2.27 条 冻结法施工的井筒，可采用无壁座施工。

第 4.2.28 条 冻结地层采用钻爆法施工，应符合下列规定：

一、应采用硝铵炸药、防冻安全炸药；

二、炮孔距冻结管的距离不得小于1.2m，冲积层中的炮孔深度不宜大于1.6m，基岩层中的炮孔深度不宜大于1.8m；

三、全断面爆破时，应采用段发雷管，光面爆破。周边炮孔装药的药卷长度不应超过孔深的1/2；

四、应采取防尘和防冻措施。

第 4.2.29 条 钢筋混凝土井壁的施工，应按现行国家标准《钢筋混凝土工程施工及验收规范》有关规定执行，并应符合下列规定：

一、混凝土的入模温度宜为15°C～20°C；

二、输送混凝土应采用底卸式吊桶，不得采用管路输送；

三、当采用带有夹层的复合井壁时，其夹层间应在解冻后注入水泥浆；

四、在较厚、易膨胀的粘土层与外壁之间，宜根据冻胀量铺设厚为25mm～75mm的泡沫塑料板；

五、内层、外层井壁的厚度应符合设计规定。

第 4.2.30 条 冷冻站的供冷量，应根据不同施工阶段调整，并应符合下列规定：

一、冻结初期，应按施工设计规定降温期降至设计工作温度；

二、井筒掘砌阶段，盐水达到设计工作温度后，应保持稳定；

三、当冲积层冻结段的外壁掘砌施工结束并开始向上套壁时，应根据冻结情况和套壁速度，减少机组运转台数，或提前停止冻结。

第 4.2.31 条 冻结段的掘砌工程完工后，应定时监测井壁的变化及冻结壁的温度回升等情况。

第 4.2.32 条 冻结管路的拆除，应符合下列规定：

一、冻结管的回收时间，应在冻结段的井筒掘砌工程完工后，冻结壁未解冻前进行；

二、冻结管的回收，应编制施工设计，采用专用起拔机具。当利用井架作起重梁回收冻结管时，对井架的受力构件应进行验算；

三、回收后的冻结孔，必须充填水泥浆，水泥浆的水灰比不应大于0.8，充填的长度不得少于冻结孔全长的2/3；

四、不能回收冻结管时，应回收供液管，并应采用适量炸药置入冻结管的底锥或靠近底部的管壁上，经炸裂冻结管壁后，再充填水泥浆；

五、地沟槽内的盐水干管和配集液圈，应全部回收。

第三节 钻井法施工

第 4.3.1 条 钻井法适用于各种含水的冲积层及中等硬度以下的岩层。

第 4.3.2 条 采用钻井法施工的井筒宜钻全深。

第 4.3.3 条 钻井法施工的井筒，进入不透水的稳定基岩的深度不得少于10m。

第 4.3.4 条 钻井的偏斜率及测斜次数，应符合下列规定：

一、偏斜率：

1.钻进不得大于1‰；

2.成井不得大于0.8‰。

二、测斜次数：

1.超前钻孔钻至风化带时应测斜一次，钻完设计深度后再测斜一次；

2.各级扩孔测斜次数，应根据前一级钻孔的偏斜情况确定，不得少于一次；

3.遇倾角大于20°的岩层，宜每隔10m～20m测斜一次。

三、测井选点，应沿井筒的纵、横断面均匀布置，每个水平不得少于 4 个测点。当偏斜值大于规定时，应纠偏后，再继续钻进。

第 4.3.5 条 锁口的直径应比钻井的直径大200mm，锁口的底部应设在较稳定的土层中。

第 4.3.6 条 钻井机钻进时，应符合下列规定：

一、采用减压钻进，总钻压不得超过钻头在泥浆中重量的60%，在地层变层处不得大于40%；

二、除超前钻孔外，各级扩孔钻头的直径，宜按等面积破岩分级；

三、在砂层中钻进，钻头的旋转切线速度，应符合设计规定；

四、应安装钻进参数监控仪；

五、应定期起钻检查钻头、中心管、导向器、钻杆接头等磨损程度。

第 4.3.7 条 护壁泥浆，应符合下列规定：

一、泥浆参数应按不同使用条件设计，可选用下列参数：

1.密度1.08g/cm^3～1.20g/cm^3；

2.粘度18～26s；

3.失水量≤15mL/30min；

4.含砂量≤2%；

5.胶体率>98%；

6.pH≤8；

7.静切力：初切力0Pa～0.5Pa，终切力10Pa～15Pa；

8.泥皮厚度0.5mm～1.5mm。

二、泥浆池的布置，必须避开工业广场建筑基础的位置，并应利用永久排矸场地排放泥浆，或采取泥浆固化措施；

三、钻进时，井筒内的泥浆液面应高于当地静水位；

四、采用低失水量和稳定性能好的泥浆，泥浆管理应设专人负责。泥浆参数应定时检测调整；

五、当钻进通过漏失地层时，应监测井筒内的泥浆液面变化，并应预先储备一定数量的泥浆；

六、当停钻的时间较长，应定时循环泥浆。

第 4.3.8 条 井壁的预制，应符合下列规定：

一、钢筋混凝土工程的施工，应按国家现行标准《钢筋混凝土工程施工及验收规范》有关规定执行；

二、制作井壁的工作平台应坚固，台面的水平偏差不应超过5mm；

三、钢板圆筒机械加工的质量应满足下列要求：

1.形位偏差，直径不得大于0.5倍板厚，不平行度与不垂直度不得大于8mm，内外圆筒不同心度应小于6mm；

2.焊缝质量，焊缝的强度应大于母材强度，焊缝应饱满、无砂眼、无裂纹、不漏水。

四、钢板圆筒的组装，应在现场进行；

五、井壁的内径与厚度不得小于设计规定；

六、装设罐道梁的井隔，应在井壁的内侧按设计预留连接钢板，并应在井壁的外侧相应位置设置标志。

第 4.3.9 条 井壁的下沉，应符合下列规定：

一、根据终孔测量的数据，每5～10m一个水平，在同一圆心上绘制横断面图，其最小内切圆的直径应符合下式规定。

$$D \geqslant D_1 + 2d + 0.3 \qquad (4.3.9)$$

式中 D——同一圆心平面中的最小内切圆直径（m）；

D_1——预制井壁的最大外径（m）；

0.3——富裕系数；

d——充填管与导向卡的最大外径（m）。

二、井壁下沉前，应调整泥浆参数；

三、井壁下沉时，井筒内配重水的用量，应按泥浆对井壁的浮力确定，当井壁被卡不下沉时，应停止加水进行处理，严禁以排除泥浆、降低液面的方法强迫井壁下沉；

四、井壁连接的节间空隙，应用铁楔垫实，内、外侧上下法兰盘的间隙，应用钢筋或扁钢填堵焊严，并应注入水泥浆；

五、钢板复合井壁的内侧钢板，应进行防腐处理；

六、预埋井筒装备连接板的井壁，下沉时应按规定方位连接；

七、井壁下沉到预定的深度，应测量井筒偏斜，经检查符合规定后，并应采取定位与防浮措施，方可进行壁后充填。

第 4.3.10 条 壁后充填，应符合下列规定：

一、第一段高的壁后充填工作，应在全部井壁下沉后的7d内进行；

二、充填管应沿井壁均匀布置，其间距不应大于3m，充填管径不得小于60mm，应采用导向钢丝绳下放到规定的位置；

三、充填材料：

1.井壁锅底向上50m，基岩和冲积层交界面上下各15m处及井壁外侧为钢板结构等部位，必须用水泥浆充填；

2.井筒的其它部位可用片石、石渣、粗砂与水泥浆间隔充填；每个充填段高不宜大于100m；

3.接近地表、井颈部位的充填高度与充填材料应按设计规定施工；

4.充填水泥浆的水灰比不得大于0.75，不宜加速凝剂。

四、充填工作应采用一管一泵工艺，充填应连续进行，充填管下端埋入水泥浆的深度不应小于3m；

五、当第一段高充填时，井筒内所加的配重水量和井壁的总重量，必须大于泥浆和未凝固的水泥浆所产生的浮力；

六、上一段高的充填，应在下一段充填的水泥浆达到初凝后进行；

七、充填过程遇断管、堵管时，应及时处理，再继续充填。

第 4.3.11 条 壁后充填结束后，应进行质量检查，并符合下列要求，方可开凿马头门或破锅底掘进。

一、实际的充填量不应少于设计规定的85%；

二、自马头门或在锅底向上30m范围内，每隔5m，沿井筒圆周等距钻检查孔4个，上下层的孔位应错开45°，孔深应穿过壁后不少于100mm；

三、经检查孔检查，无喷浆、喷水现象，或检查孔有少量泥浆短暂外喷，单孔出浆量小于$0.1m^3$，或清水量小于$0.5m^3/h$，经24h水量不继续增加；

四、如检查孔的单孔出水量大于$0.5m^3/h$，或钻孔持续喷浆，应重新补注；

五、所有检查孔，均应封孔。

第 4.3.12 条 钻检查孔时，应采用具有防止壁后泥浆压力顶钻、喷浆的安全机具。

第 4.3.13 条 壁后充填结束，应测出井筒的偏斜值、方位，提出井筒中心坐标，绘制井筒纵、横断面图。

井筒排水时，应复测井筒的偏斜值及偏斜方位。

第 4.3.14 条 井筒改绞、开凿马头门、破锅底等工程，应编制施工设计或作业规程。

第 4.3.15 条 井筒管线、缆线的悬吊，宜直接靠挂在井壁法兰盘上或以锚杆固定在井壁上。

第 4.3.16 条 钻井与建井工程的接替，应符合下列规定：

一、钻井场地的机具、器材等拆迁，应与壁后充填工作同时进行；

二、井筒转入巷道或井筒延深所需的技术设计、器材供应等筹备工作应在钻井工程完工前准备就绪；

三、井筒到底转入巷道施工或井筒延深时所必须的安装连锁工程，应在充填工程完工后立即进行。

第四节 沉井法施工

第 4.4.1 条 沉井的施工方法有普通沉井、壁后压气淹水沉井、震动沉井和泥浆淹水沉井等，宜优先采用泥浆淹水沉井法。

第 4.4.2 条 沉井法适用于冲积层厚度小于200m的流砂、淤泥等含水的冲积层。凡粒径大于300mm的卵石层，或卵石层单层的厚度大于 8 m，或风化基岩以下无隔水层时，不宜采用。

第 4.4.3 条 沉井穿过冲积层并进入不透水岩层的深度，应符合下列规定：

一、沉井的深度小于100m，不得小于3m；

二、沉井的深度大于100m，不得小于5m；

三、当沉井进入不透水岩层的深度小于上述规定时，必须采取封底措施。

第 4.4.4 条 沉井下沉时，由沉井自重和壁后环形空间泥浆重量所组成的主动下沉力，应大于侧面阻力、正面阻力与水的浮力的总和。施工前应验算预期的下沉深度。

第 4.4.5 条 沉井的允许偏斜率，不得大于5‰。

第 4.4.6 条 沉井刃脚的制造与施工，应符合下列规定：

一、刃脚的锋角及台阶的高度、宽度与结构强度，应按设计施工；

二、刃脚的中心线，应与其刃尖平面垂直；底面应平整，其误差不得大于 5 mm；

三、刃脚钢靴的高度不应小于500mm，钢靴应设置加强部件并与刃脚上部钢筋联接焊牢；

四、钢靴加工允许偏差，应符合下列规定：

1.直径为±5‰，壁厚为±10mm；

2.斜度为±2‰，高度为±5mm；

3.外型凹凸度为±10mm。

上述规定也适用于井壁加工要求。

五、钢靴或刃脚在固定时，其中心线与沉井井筒设计的中心线偏差不得超过10mm；刃脚尖的平面应垂直于井筒设计中心线。

第 4.4.7 条 套井的施工，应符合下列规定：

一、套井与沉井的间隙不得小于500mm；

二、套井结构应满足纠偏操作和贮存泥浆的要求，其深度宜为8～15m；

三、套井内应设置纠偏工作台，其位置宜高于地下最高静水位1m～2m；

四、套井可用沉井法施工，下沉后其刃脚应座落在不透水的粘土层中，距下面的砂层不宜少于 3 m；

五、套井下沉后，应注浆固井，下部应回填砂土，上部应与锁口盘联成整体；

六、套井的厚度、强度，不得低于设计规定。

第 4.4.8 条 沉井的井壁应采用钢筋混凝土结构，其强度等级不得低于C20，施工时应沿井筒的中心垂线方向分段整体灌筑，外壁应平整光滑，每平方米不平整度不应超过10mm。内、外圆的半径不得大于设计规定30mm，也不得小于设计规定。

第 4.4.9 条 采用沉井时，壁后环形空间的泥浆面，应高于地下最高静水位1m～2m。

第 4.4.10 条 壁后泥浆的材料、配比及主要性能，可采用下列参数：

材料的配比：陶土18%，纯碱0.6%，甲基纤维素0.05%，水81.35%。

泥浆的参数：密度$1.1g/cm^3 \sim 1.2g/cm^3$，粘度18s～26s，失水量<20mL/30min，含砂量<3%，泥皮厚<2mm，静切力5Pa～20Pa，胶体率100%，pH＝8～9。

第 4.4.11 条 沉井的破土、提升，应符合下列规定：

一、水枪破土应靠近工作面对称、均匀地进行，用于水枪动力的高压泵，其扬程不得低于沉井深度的2倍；

二、空气吸泥器排碴的风压，应大于排泥管内的水、泥沙与空气混合体之总压力；

三、井筒内的水位应高于井外地下水位1m～2m；

四、刃脚前的超挖距离，不得大于2m；

五、严禁降低泥浆液面。

第 4.4.12 条 沉井的下沉应有偏必纠，并应符合下列规定：

一、沉井井壁内侧四周应设测点，及时监测沉井偏斜，当井壁内预埋有测压、测偏等元件时，应定期观测并记录；

二、沉井的周围应设永久水准点，距井口中心不得小于50m；

三、沉井下沉前，在套井内应安设导向装置和纠偏设施。

第 4.4.13 条 沉井的固井、壁后充填、封底与排水，应符合下列规定：

一、沉井下沉到设计深度后，应先封底、固井，通过试排水，确认井筒的内外水力联系已隔断，方可继续排水；

二、壁后的注浆应由上向下进行，再由下向上复注，水泥浆的水灰比不应大于0.8。

注浆结束后，应进行检查验收；

三、套井与沉井之间，应浇灌混凝土。

第 4.4.14 条 沉井破锅底前，应编制施工设计，并完成井筒破锅底或延深时的有关安装工程。

第五节 混凝土帷幕法施工

第 4.5.1 条 混凝土帷幕法施工，适用于冲积层中有流砂、淤泥、卵石、砂砾等含水的不稳定岩层，深度不宜超过60m。

第 4.5.2 条 混凝土帷幕圈的直径应根据设计井筒的内径、套壁厚度、允许的偏斜率及帷幕的壁厚等因素确定。帷幕的强度应能承受施工期间的最大地压，安全系数不应低于2。

混凝土帷幕的施工深度进入不透水的稳定岩层中不应少于3m，每个槽孔内的第一个主孔在进入不透水的稳定岩层时，应取岩芯，以修正帷幕深度。

第 4.5.3 条 井筒开挖前，应在井筒内布置一个水文观测孔，孔深应比帷幕深度浅3m～5m。经抽水、压水试验，确认井筒的内外无水力联系，方可开挖。

第 4.5.4 条 造孔应符合下列要求：

一、槽孔宜采用"先导后扩，两钻一劈"工艺；

二、护井的施工要求：

1.顶端的标高，应高于地下水位1.5m；

2.深度不应小于1.8m；

3.内外护井之间的宽度，应比钻头直径大200mm；

4.内护井的底部，宜铺一层厚200mm～250mm的混凝土；

5.护井的空间，应填黄土夯实，并浇灌200mm的混凝土。

三、造孔的钻场和环形轨道的基础应坚固平整，环形轨道半径的允许偏差应为±150mm；

四、帷幕的全部周长可分成若干段槽孔施工，槽内不得有残留小墙；

五、孔深不得小于设计规定100mm，偏斜率应控制在0.3%以内；

六、每段槽孔完工后，应绘出孔底交圈图，经检查合格，方可清孔换浆，孔底沉碴厚度不应超过100mm；

七、泥浆参数，可按表4.5.4采用。

泥浆参数 **表 4.5.4**

项目	造孔时参数		混凝土灌筑时
	旋转钻	冲击钻	
密度(g/cm^3)	1.15～1.20	1.06～1.10	1.06～1.20
粘度(s)	20～22	17～20	≤23
含砂率(%)	<3	<3	<4
泥皮厚(mm)	<2	<2	<2
胶体率(%)	100	98	>97
静切力(Pa)	0.5～1.5	0.1～1.0	0.5～1.0
pH值	7～8	7～8	<8
失水量(mL^3/30min)	<15	<15	<15

八、清孔换浆合格，应在6h内开始浇灌混凝土；

九、造孔时，护井内的泥浆液面应高于施工期间的最高地下水位。

第 4.5.5 条 泥浆中灌筑混凝土，应符合下列规定：

一、连续进行，间断时间不宜超过20min；

二、下料导管直径宜为200mm～300mm，间距宜为3m～4m，导管距离槽孔端面为1.5m；

三、下料导管的连接，应垂直、同心，接头应严密坚固，每次用完，应冲刷干净；

四、下料导管应根据槽孔实测深度预先组装，并分组进行水压试验，试验压力不应小于工作压力的1.2倍，采用的导管，应按节编号；

五、下料导管的下端距槽孔底部的高度宜为300mm～500mm；

六、导管内应设置隔水栓，其直径应小于管径15mm；

七、每根下料导管应配储料箱，容积大小应满足灌筑时封住导管底部。槽内混凝土的上升速度不得小于3m/h；

八、灌筑混凝土，应定时检测导管的埋深和混凝土的上升速度，并应绘制图表；

九、下料导管的埋深，宜为1.5m～2.5m，导管上口高出泥浆液面不得少于800mm；

十、混凝土应具有良好的和易性，塌落度应控制在160mm～200mm，使其在泥浆下能自动摊开上升。

第 4.5.6 条 接头孔的施工，应符合下列规定：

一、采用钻凿法施工的接头孔，应在槽孔内灌筑完混凝土4h～6h后开始钻凿。

二、采用接头孔管预留接头孔：

1.接头孔管要求结构简单，拆装方便，外径圆滑规整；

2.每节接头孔管的长度，宜为4m～6m；

3.开始提拔接头管的时间，应在混凝土初凝时进行；

4.接头管的直径宜趋近于主孔直径，并比钻头直径小

30mm～50mm。

第 4.5.7 条 井筒的开挖，应符合下列规定：

一、混凝土帷幕井壁的厚度，应符合设计规定：

二、掘进段高应根据帷幕井壁的质量确定，当帷幕井壁接茬不严、开裂漏水时，应先套内壁，再继续向下掘进；

三、套内壁前，应将帷幕井壁与接头部位的泥皮刷净。

第 4.5.8 条 套内壁后的井筒质量，应符合本规范第3.7.3条、第3.7.4条的规定。

第五章 立井井筒的延深和恢复

第一节 一般规定

第 5.1.1 条 井筒延深前，应取得下列资料：

一、井筒原有的纵、横断面图、井壁结构图、井筒装备图和井底车场平面、剖面及坡度图；

二、矿井的提升、排水、压风、通风等设备的能力及可供利用的原有设备；

三、井筒延深部分的地质、水文资料和有关设计图纸。

第 5.1.2 条 井筒延深应采用自上向下的施工方式，当延深水平有巷道可以利用，且岩层稳定时，宜采用自下向上的施工方式。

第 5.1.3 条 延深井筒宜利用生产矿原有设施，并应符合操作安全的要求。

第 5.1.4 条 延深井筒中心和十字中线的标定，应符合下列规定：

一、保护设施采用保护岩柱时，向延深井筒的岩柱下方转设井筒中心和十字中线。2次测量导线测得的井筒中心的互差不得超过20mm，标定值应取其平均值，2次标出的十字中线方位互差不得超过2′，与设计方位的允许偏差应为±1′；

二、保护设施采用人工保护盘时，在保护盘施工前应将井筒中心与十字中线向下移设到保护盘下方，井筒中心偏差不得超过10mm，十字中线方位偏差不得超过1′。

第 5.1.5 条 凡属与立井井筒普通法施工相同的工序及质量标准，应按本规范第三章有关规定执行。

第 5.1.6 条 延深工程完成后，需废弃的临时巷道、硐室，均应封砌或填堵。

第二节 保 护 设 施

第 5.2.1 条 井筒延深时必须设置与上部生产水平隔开的保护设施，保护设施采用人工保护盘，也可采用保护岩柱。

但在松软岩层或遇水膨胀的岩层中，不宜采用保护岩柱。

第 5.2.2 条 人工保护盘的设置，应符合下列规定：

一、保护盘的结构及其强度，应能承受坠落物的冲击力，并有严密的封水和导水设施；

二、钢梁插入井壁的深度不得小于250mm，并应用混凝土灌筑严实；

三、水平保护盘采用 2 层以上的钢梁时，各层间应交错布置，缓冲层厚度不宜小于 1 m；

四、楔形保护盘，其漏斗夹角宜为18°～25°，漏斗中应采用弹性物作缓冲层；

五、斜保护盘盘面的倾角不宜小于50°。

第 5.2.3 条 采用保护岩柱，应符合下列规定：

一、岩柱的厚度，应根据围岩性质确定，并不宜小于井筒外径；

二、岩柱的下方应设护顶盘，并应背严背牢。

第 5.2.4 条 保护设施，必须在封口盘以下的井筒装备和井底操车设备安装完毕后方可拆除。拆除时，上部生产水平的提升必须停止，并应在生产水平设置临时保护设施。

拆除人工保护盘，应自上向下进行。

拆除保护岩柱宜采用自下向上掘反井与井窝贯通，再自上向下刷大，矸石宜充填不用的临时巷道或硐室。

第三节 自上向下延深井筒

第 5.3.1 条 自上向下延深井筒，宜采用在原生产水平开凿延深辅助小井，利用辅助水平向下延深。当条件允许时，亦可利用原生产井筒内的延深间或可能腾出的空间进行延深。

第 5.3.2 条 当利用辅助水平延深时，辅助水平的标高和小井位置应符合下列规定：

一、从生产水平到辅助水平的高度h_0应按下式计算：

$$h_0 = h_1 + h_2 + h_3 + h_4 \quad (5.3.2)$$

式中 h_1——延深辅助水平到凿井提升天轮的中心高度（包括过卷与绳卡等高度）（m）；

h_2——天轮中心到保护盖底部的距离（m）；

h_3——保护盖的厚度（m）；

h_4——保护盖顶部到原生产水平的距离（m）。

二、当利用延深辅助小井并用矿车提升时，斜井方向不得正对延深井筒，其中心线与延深井筒中心的水平距离不应小于15m。

第 5.3.3 条 延深辅助巷道与硐室布置，宜符合下列要求：

一、井窝不深的井筒，延深绞车房宜布置在生产水平的巷道或硐室内；

二、井上、井下应综合布置，充分利用地面和井筒内的空间；

三、巷道的断面大小及弯道的曲率半径应符合井筒安装时罐道、罐梁或其它大型设备运输的要求。

第 5.3.4 条 当利用辅助水平延深时，提升间的施工，应符合下列规定：

一、宜采用反井与绳道贯通，反井的施工应按本规范第七章第二节的规定执行；

二、提升间的刷大与支护，应在保护设施完成后进行；

三、提升间内凿井设施的施工：

1.天轮梁的安装，宜与提升间的支护同时进行；

2.倒矸台的梁窝，宜在提升间支护时将各梁窝准确留出。

第 5.3.5 条 利用延深间或井筒内可能腾出的空间延深井筒时，应符合下列规定：

一、延深的提升及运输，宜为独立的系统；

二、延深间穿过保护设施段，应安设梯子。

第四节 自下向上延深井筒

第 5.4.1 条 自下向上延深井筒，应符合下列规定：

一、反井的断面应根据延深井筒的直径、测量精度、施工方法和地质条件等确定；

二、反井宜位于延深井筒中心，其偏斜率应小于1.0%；

三、反井的施工应按本规范第七章第二节的规定执行；

四、当井筒穿过松软不稳定的岩层时，不宜采用自下向上刷大，自上向下支护的施工法。

第 5.4.2 条 刷大支护施工方式的选择，宜符合下列规定：

一、永久支护为喷射混凝土井壁时，宜采用短段刷喷，其段高为2.5m；

二、永久支护为砌筑井壁时，宜采用分段刷砌，其段高为20m。

第 5.4.3 条 自上向下刷大支护，应符合下列规定：

一、刷大时的炮孔间距不宜过大，矸石最大块度不应超过300mm；

二、反井内的矸石应及时装出，当进行喷射混凝土或清洗输送混凝土管时，应连续出矸；

三、反井口应设置防止人员、物件坠入反井的安全设施。

第 5.4.4 条 自下向上刷大，自上向下支护，应符合下列规定：

一、登矸钻孔和支护：

1.爆破后，矸石的块度不应超过500mm；

2.钻孔时，工作面的高度不宜超过2.5m；

3.钻孔时严禁出矸；

4.根据支护的段高确定出矸量，支护作业时严禁出矸。

二、在工作盘或吊罐上钻孔和支护：

1.井筒穿过的岩层在中硬以上且稳定，掘进直径宜小于6m；

2.水平炮孔应根据各部位断面图标定的孔位和孔深钻孔；

3.支护前井筒的外形应根据中线或边线整修；

4.改装工作盘用于井筒支护作业时，其结构必须坚固。

第五节　井筒的恢复

第 5.5.1 条　井筒恢复前，应取得下列资料：

一、井筒停产、停工的原因；

二、井筒中心坐标、井口标高、井壁结构、井筒装备等有关图纸资料；

三、现有地面设施可供利用的情况；

四、井筒穿过的地质资料、积水和有害气体情况；

五、矿井开采情况和有关图纸资料。

第 5.5.2 条　井筒恢复时，积水和涌水处理方法宜符合下列规定：

一、当积水不多且无补给水源时，宜采用排水疏干法排除积水；

二、当涌水量较大时，宜先排水，然后用注浆或设防水闸门堵截水源；

三、当涌水量大，且有大量的补给水时，宜在地面打钻注浆切断水源，再排除积水；

第 5.5.3 条　井筒排水前，应安设扇风机通风，经测定井筒内的空气中有害气体含量符合国家现行安全规程的规定，方可下放水泵排水，排水过程中尚应经常测定，排出的水量应有测量记录。

当水位下降到接近井底车场的巷道顶板时，应进行空气取样测定，每班测定次数不得少于1次。

第 5.5.4 条　排水过程中，应对露出水面的井壁、巷道口、井筒装备等设施进行检查，并作记录，当发现事故隐患时，应先处理，再继续排水。对有用的巷道口，在距井壁2m～3m范围内，应清理积物，当支护损坏时，应先修理后清理。对废弃的巷道口，应进行封砌或填堵。对有煤与沼气突出危险的矿井，应严格按国家现行安全规程的有关规定执行。

第 5.5.5 条　修复变形、开裂、塌落的井壁，必须由上向下进行，每次修复高度不宜超过2m。修复部位应做隐蔽工程记录，并绘制实测图。

第六章 巷道施工

第一节 一般规定

第 6.1.1 条 巷道的施工，应一次成巷，并应符合下列规定：

一、凡需支护的巷道，掘进工作面与永久支护间的距离，应根据围岩情况和使用机械作业条件确定，但不应大于40m；

二、水沟应与永久支护同时完成；

三、平巷的永久轨道与掘进工作面的距离，不宜大于200m，但铺设道碴的时间可根据现场条件决定；

四、倾斜巷道永久轨道应在交付使用前，一次铺设。

注：地质、施工条件特别复杂的，或需要多次支护的巷道除外。

第 6.1.2 条 倾斜巷道的施工，应设置防止跑车、坠物的安全装置和人行台阶。倾角大于20°时，应增设扶手，除锚喷支护外，不宜采用掘进、支护平行作业。

倾角大于30°，长度大于30m的倾斜巷道，由下往上施工时应将排矸（煤、矿石）道与人行道隔开。

第 6.1.3 条 巷道的支护可采用锚喷支护、金属支架、砌碹、木支架，但宜优先采用锚喷支护。

第 6.1.4 条 通过松软破碎地层的大断面巷道，宜采用导硐法施工。

第 6.1.5 条 长距离巷道的施工，应符合下列规定：

一、当无永久工程可利用时，可在人行道一侧、围岩条件好的位置，设置施工用的临时硐室，硐室的间距宜大于100m；

二、单轨巷道无永久车场可利用时，宜每隔150m设一个调车场；

三、风筒宜选用长节风筒、其吊挂应平、直、牢固；

四、平巷中的风筒，宜设放水咀。

第 6.1.6 条 巷道临时停工时，临时支护应紧跟工作面，并详细检查巷道的所有支护，确保复工时不致冒落。

停工时间超过 3 个月，或虽不超过 3 个月，但水大或岩石易于风化时，应将全部已掘进巷道的永久支护做好。

第 6.1.7 条 沿矿层掘进主要运输巷道时，应利用钻孔见矿点、矿层等高线、超前副巷等资料作定向掘进依据。

第 6.1.8 条 巷道掘进穿过采空区、发火区、溶洞、断层或含水层等地区，应预先制定施工安全技术措施。

第 6.1.9 条 在有沼气或其它有害气体矿井中掘进巷道时，必须按国家现行的安全规程的有关规定执行。

第 6.1.10 条 设有架线、管路、电缆等的巷道，应符合下列规定：

一、拉线钩、挂钩、托梁等，应在支护施工的同时安设好或预留孔洞。预埋螺栓的外露螺纹，应采取保护措施，所有外露的金属构件应进行防腐处理。

二、管座必须按中线和腰线施工，倾角大于23°的倾斜巷道，管座底面应低于巷道实底以下150mm，必要时底部应增加锚杆。

第 6.1.11 条 井底车场巷道的测量放线，应对设计图纸进行方位和高程闭合计算，当设计的误差超过允许范围时，应会同设计单位核实并修改图纸后，方可施工。

施工中应及时绘制实测导线图和纵剖面图，当发现偏差时，应随时调整。

第 6.1.12 条 巷道的施工必须标设中线及腰线，并应符合下列规定：

一、用激光指向仪指示巷道掘进方向和标高时：

1.指向仪的设置位置和光束的方向，应根据经纬仪和水准仪标定的中线和腰线点确定，中线和腰线点每组不宜少于3个，组间的距离宜大于30m；

2.指向仪的设置应安全可靠，仪器与掘进工作面的距离不宜小于70m，每次使用前应以中线和腰线检查激光光束。

二、用经纬仪标设直线巷道方向时，宜每隔30m设中线一组，每组不应少于3条，其间距不宜小于2m；

三、用水准仪标设巷道坡度时，宜每隔20m设置3对腰线点，其间距不宜小于2m；

四、巷道沿倾斜矿层顶板或底板的施工，倾斜巷道可只挂中线，水平巷道可只设腰线；

五、巷道掘进每隔100m应对中线和腰线进行一次校核。

第二节 斜井和平硐的表土施工

第 6.2.1 条 斜井和平硐表土施工方法的选择，应根据表土性质确定，并应符合下列规定：

一、稳定表土层，应采用全断面掘进法或导硐法施工：

1.全断面掘进法，掘进工作面与永久支护间的距离不宜大于5m；

2.导硐法，导硐的长度不宜大于4m，导硐的断面不宜过大。

二、不稳定表土层，应采用降低水位法或超前支架法施工。当表土层含水较大时，宜采用沉井、冻结、帷幕等特殊方法施工。

第 6.2.2 条 斜井和平硐不宜在雨季破土开工。

第 6.2.3 条 斜井和平硐的井口部分，采用明槽开挖时，明槽的深度，应使巷道掘进断面顶部与耕作层或堆积层底的距离不小于2m。明槽的边坡允许值应按国家现行标准《土方和爆破工程施工及验收规范》的有关规定执行。

当土质坚硬或采用挖土、砌墙平行作业时，宜将直墙部分垂直下挖，但超过墙高部分应按上述边坡规定执行。

第 6.2.4 条 斜井或平硐从明槽部分进入硐身5m～10m后，应立即进行永久支护。

明槽部分应砌碹，碹的外部应设防水层或夯填三合土，回填土应分层夯实。

第 6.2.5 条 斜井和平硐通过含水层的地段，应采用混凝土砌碹、浇灌混凝土时应采取防水措施。

对有明显的淋水，或大于0.5m³/h的集中出水点，应进行注浆处理。

第三节 巷道掘进

第 6.3.1 条 巷道掘进的钻孔、装药、爆破等工作，应按国家现行安全规程的有关规定执行。

第 6.3.2 条 岩巷掘进必须采用光面爆破，并应按照作业规程施工。

第 6.3.3 条 光面爆破的爆破参数，宜符合下列规定：

一、炮孔的深度为1.8m～3.5m；

二、周边炮孔的间距为350mm～600mm；

三、周边炮孔的密集系数为0.5～1.0；

四、周边炮孔的药卷直径为20mm～25mm；

五、当采用2号岩石硝铵炸药时，周边炮孔单位长度的装药量：软岩为70g/m～120g/m，中硬岩为200g/m～300g/m，硬岩为300g/m～350g/m。

第 6.3.4 条 巷道掘进的机械化，宜采用下列机械设备：

一、断面等于或小于12m²的岩石巷道，采用多台凿岩机钻孔，耙斗或铲斗装岩机装岩，电机车调车；

二、断面大于12m²的岩石巷道，采用凿岩钻车钻孔，侧卸式铲斗、大型耙斗或带调车盘耙斗装岩机装岩，皮带转载机连续装车，电机车调车；

三、半煤岩或煤巷，采用悬臂式掘进机，机后配套设备采用胶带转载机和可伸缩胶带运输机；

四、倾斜巷道，采用多台凿岩机或电钻钻孔，耙斗装岩机装岩，箕斗装运。

第 6.3.5 条 巷道施工的机械化作业，应编制设备操作与维修规程。

第 6.3.6 条 倾斜巷道的施工，采用耙斗装岩机装载时，必须固定牢靠，当巷道倾角大于25°时，除卡轨器外，尚应增设防滑装置。

上山掘进时，耙斗装岩机除了采用下山的固定方法外，尚应在装岩机的后立柱上，增设2根斜撑。

当上山倾角大于20°时，提升导向轮应单独固定。

第 6.3.7 条 采用钻爆法开凿对穿、斜交、立交巷道时，必须有准确的实测图。当2个巷道接近时，应停止一头作业，其间距应按国家现行安全规程的规定执行。

第 6.3.8 条 严禁采用不符合产品标准的爆破器材。放炮前应检查爆破网的总电阻，不应大于或小于计算值的10%。

第四节 巷道支护

第 6.4.1 条 永久支护应按设计规定施工。临时支护的形式、不支护段距离，应在作业规程中明确规定。

第 6.4.2 条 喷射混凝土支护应符合下列规定：

一、喷射混凝土的原材料：

1.应选用普通硅酸盐水泥，其标号不得低于325号。受潮和过期结块的水泥严禁使用；

2.应采用坚硬干净的中砂或粗砂，细度模数宜大于2.5，含水率不宜大于7%；

3.应采用坚硬耐久的卵石或碎石，其粒径不宜大于15mm；

4.不得使用含有酸、碱或油的水。

二、混合料的配比应准确。称量的允许偏差：水泥和速凝剂应为±2%，砂、石应为±3%；

三、混合料应采用机械搅拌。强制式搅拌机的搅拌时间不宜少于1min，自落式搅拌机的搅拌时间不宜少于2min，人工搅拌必须搅拌均匀；

四、混合料应随拌随用，不掺速凝剂时存放时间不应超过2h，掺速凝剂时存放时间不应超过20min，在运输过程中应严防雨淋、滴水及大块石头等杂物混入，装入喷射机前应过筛；

五、喷射前应清洗岩面。喷射作业中应严格控制水灰比：喷砂浆应为0.45～0.55，喷混凝土应为0.4～0.45。混凝土的表面应平整、湿润光泽、无干斑或滑移流淌现象，发现混凝土的表面干燥松散、下坠、滑移或裂纹时，应及时清除补喷。终凝2h后应喷水养护；

六、速凝剂的掺量应通过试验确定。混凝土的初凝时间不应大于5min，终凝时间不应大于10min；

七、当混凝土采取分层喷射时，第一层喷射厚度：墙50mm～100mm，拱30mm～60mm；下一层的喷射应在前一层混凝土终凝后进行，当间隔时间超过2h，应先喷水湿润混凝土的表面；

八、喷射前应埋设控制喷厚的标志；

九、喷射作业区的环境温度、混合料及水的温度均不得低于5℃，喷后7d内不得受冻；

十、喷射混凝土的回弹率，边墙不应大于15%，拱部不应大于25%。

第 6.4.3 条 锚杆支护，应符合下列规定：

一、根据设计要求并结合现场情况，定出锚杆的孔位；

二、锚杆的孔深和孔径应与锚杆类型、长度、直径相匹配，在作业规程中明确规定；

三、孔内的积水及岩粉应吹洗干净；

四、锚杆的杆体使用前应平直、除锈、除油；

五、锚杆尾端的托板应紧贴壁面，未接触部位必须楔紧，锚杆体露出岩面的长度不应大于喷混凝土的厚度；

六、锚杆必须做抗拔力试验，其检验评定方法按附录五的有关规定执行。

第 6.4.4 条 钢筋网喷射混凝土支护，应符合下列规定：

一、钢筋使用前应清除污锈；

二、钢筋网与岩面的间隙不应小于30mm，钢筋保护层的厚度不应小于20mm；

三、钢筋网应与锚杆或其它锚定装置联结牢固；

四、当采用双层钢筋网时，第二层钢筋网应在第一层钢筋网被混凝土覆盖后铺设。

第 6.4.5 条 钢纤维喷射混凝土支护，应符合下列规定：

一、钢纤维的长度宜一致，并不得含有其它杂物；

二、钢纤维不得有明显的锈蚀和油渍；

三、混凝土粗骨料的粒径不宜大于10mm；

四、钢纤维掺量为混合料重量的3%～6%，应搅拌均匀，不得成团。

第 6.4.6 条 钢架喷射混凝土，应符合下列规定：

一、钢架立柱埋入底板的深度，应符合设计要求，不得置于浮碴上；

二、钢架与壁面之间必须楔紧，相邻钢架之间应联结牢靠；

三、应先喷钢架与壁面之间的混凝土，后喷钢架之间的混凝土；

四、刚性钢架应喷射混凝土覆盖，可缩性钢架应待受压稳定后，方可喷射混凝土。

第 6.4.7 条 架设永久支架时，应符合下列规定：

一、支架应按中线和腰线架设；

二、支架的顶部及两帮应背紧、背牢，不得使用风化、自燃的岩石或矿石作充填物；

三、平巷的支架应有上撑，倾斜巷道的支架应有上、下撑和拉杆，并应有3°～5°的迎山角；

四、金属支架应加设拉杆，支架立柱的底部要有坚硬垫板；

五、支架的立柱应立于巷道底板以下50mm～150mm的实底上，有水沟的巷道，水沟一侧的立柱底部应低于水沟底板50mm～150mm。

第 6.4.8 条 砌筑碹墙基础，应清理浮矸直至实底，基础槽内不得有流水或有危害砌筑质量的积水。

第 6.4.9 条 砌筑墙、拱，应符合下列规定：

一、支模前应对中、腰线进行检查，严格按中、腰线进行支模。当采用砌块砌墙时，应挂边线；两边线之间的距离不宜大于5m，并予固定；

二、墙模板应安设牢固，板面应平整；

三、碹胎的架设应与巷道中心线垂直；

四、碹胎两边拱的基点应在同一水平上。碹胎架设的坡度应与巷道坡度一致；

五、碹胎的间距，宜为1m～1.5m。拱模板的强度，应能满足荷载要求；

六、碹胎的架设，必须牢固，碹胎的下弦不得用作工作台；

七、碹胎、模板重复使用时，应进行检查和整修；

八、在倾斜巷道中架设碹胎，应有2°～3°的迎山角。碹胎之间应设支撑和拉条；

九、砌拱时，应同时由两侧起拱线向中心对砌。当采用砌块砌拱时，最后封顶的砌块应位于正中，砌块间应灰浆饱满。

第 6.4.10 条 砌体与岩帮之间的空间应充填严实。当拱部砌体与岩帮之间的空间不超过0.5m时，可采用矸石充填；等于或小于2.0m时，应砌0.5m厚的缓冲层；大于2m时，应砌0.8m厚的缓冲层。其余空间部分可用矸石、木垛或其它材料充填。

第 6.4.11 条 巷道模板和碹胎的拆模期，应根据混凝土、砂浆强度和围岩压力大小确定。浇灌混凝土的拆模期不宜少于5d，砌块的拆模期不宜少于2d。

第 6.4.12 条 位于软岩中的巷道和受动压影响的巷道，宜采用柔性或可缩性支护。

第 6.4.13 条 有底鼓的巷道，应采取砌筑底拱，底部打锚杆、喷射混凝土或设置底梁等措施，并应符合下列规定：

一、边墙或支架的立柱，必须座落在底拱或底梁上；

二、砌筑底拱或锚喷之前，应将浮矸清理干净，直至实底，坑内的积水应排除干净；

三、底鼓的地段宜先砌筑底拱，当施工条件不允许时，可先砌墙及拱，砌墙时，应在墙基部留出不小于100mm的倒台阶和接茬钢筋；

四、砌筑底拱或锚喷后，应经过适当的养护，方可铺轨。

第五节 探、放水

第 6.5.1 条 当掘进工作面遇有下列情况之一时，必须先探水后掘进：

一、接近溶洞、水量大的含水层；

二、接近可能与河流、湖泊、水库、蓄水池、含水层等相通的断层；

三、接近被淹井巷、老空或老窑；

四、接近水文地质复杂的地段；

五、接近隔离矿柱。

当掘进工作面发现有异状流水、异味气体、巷道壁渗水、发生雾气、水叫、顶板淋水加大、底板涌水增加时，应停止作业，找出原因，进行处理。

第 6.5.2 条 探放水钻孔的位置、方向、数目、每次钻进的深度、超前距离等，应根据水压大小、岩层或矿层硬度、厚度和节理发育程度，在探放水施工设计中具体规定，并应符合下列规定：

一、钻孔的数量，不得少于 4 个；

二、中心钻孔的方向，应与巷道中心线平行，其余钻孔应与巷道中心线成30°～40°夹角。钻孔的深度在坚硬岩层，不得小于10m；在松软岩层，不得小于20m。

第 6.5.3 条 探放水钻孔的钻进，应符合下列规定：

一、应测定钻孔的方向、倾角，并标注在巷道的平面图上；

二、钻进中应根据地质剖面图、钻孔位置、水质、气体化验结果进行综合分析，预计透水时间，并加强防护工作；

三、探放采空区的积水时，必须加强对有害和易燃气体的检查和防护，防止有害气体进入火区或其它作业地点。

第 6.5.4 条 预计水压较大的地区，在正式探水钻进前，必须先安装好孔口管、三通、阀门、水压表等。钻孔内的水压过大时，尚应采用反压和防喷装置钻进，并采取防止孔口管和岩壁、矿石壁突然鼓出的措施。

第 6.5.5 条 钻孔穿透积水区后，应根据情况增设放水孔，放水过程中应经常测定水压，对放水情况和放水量作出记录，并检查各孔口岩石的稳定状况。

第 6.5.6 条 在探放水钻孔施工前，必须考虑邻近施工巷道的作业安全，并应预先布置避灾路线。

第六节 工 程 验 收

第 6.6.1 条 巷道竣工后，应检查下列内容：

一、标高、坡度和方向、起点、终点和连接点的坐标位置；

二、中线和腰线及其偏差；

三、永久支护规格质量；

四、水沟的坡度、断面和水流畅通情况。

第 6.6.2 条 工程竣工验收时，应提供下列资料：

一、实测平面图，纵、横断面图，井上下对照图；

二、井下导线点、水准点图及有关测量记录成果表；

三、地质素描图、柱状图和矿层断面图；

四、主要岩石和矿石标本、水文记录和水样、气样、矿石化验记录；

五、隐蔽工程验收记录、材料和试块试验报告。

第 6.6.3 条 巷道起点的标高与设计规定相差不应超过100mm。

第 6.6.4 条 主要运输巷道轨道的敷设，必须符合下列要求：

一、铺轨：

1.轨距不得小于设计规定3mm，不得大于设计规定5mm；轨道中心线与设计的偏差不得超过50mm；双轨轨道的中心距离不得小于设计规定，不得大于设计规定20mm；

2.轨道的坡度应符合设计规定，其局部允许偏差应为±1‰；

3.轨道的接头应平整，其高低及内侧偏差均不应超过2mm，螺栓、夹板必须齐全。在直线上，两侧钢轨的接头应对齐；在弯道上，两侧钢轨的接头必须错开，其错开长度宜为钢轨长度的1/3～1/4；

4.钢轨接头的间隙，在直线部分不得超过5mm，曲线部分不得超过8mm。当采用焊接时，焊缝不得有裂纹；

5.直线段两轨轨面的水平偏差，不应大于5mm；

6.弯道曲轨应符合曲线弯度，外轨超高，内轨加宽，双轨中心距加宽，均应符合规定数值。其允许偏差：外轨超高应为+5mm，-2mm；内轨加宽应为+5mm，-2mm；双轨中心距加宽应为±20mm。两轨之间应设拉杆固定；

7.架线电机车的轨道回流线，应符合设计规定。

二、道岔：

1.铺设的道岔应符合设计要求，并与线路的轨型一致。道岔基本轨起点与设计位置的允许偏差应为±300mm；

2.岔尖必须紧贴每块滑板，岔尖趾部必须紧靠基本轨，其间隙不得超过2mm，岔尖不得高出基本轨，但也不得低于基本轨2mm；

3.护轨与主线或支线钢轨的高度应一致，位置应符合设计。转撤器应操作灵活。

三、道碴和轨枕：

1.轨枕间距的允许偏差，应为±100mm，轨道中心线与轨枕的中心线宜一致；

2.曲线轨道的轨枕应与曲线半径方向一致；

3.道碴应采用碎石或卵石，其粒径宜为20mm～60mm，不得混有软岩、煤块、矿石、木块等；

4.道床应平整，轨枕埋入道碴的深度，应为轨枕厚度的1/2～2/3，轨枕底面下的道碴厚度，不应小于100mm。

第 6.6.5 条 水沟深度和宽度的允许偏差应为±30mm，其上沿的高度允许偏差，应为±20mm。水沟的坡度应符合设计要求，其局部允许偏差，应为±1‰，并保证水流畅通。水沟盖板应齐全、平整稳固。

第 6.6.6 条 架线电机车的导线吊挂高度，不得低于设计规定，亦不得超过设计规定60mm，并应符合下列数值：导线距巷道顶或棚梁之间不得小于200mm，距金属管线之间不得小于300mm。

第 6.6.7 条 架线电机车的导线左右偏移：板式或环式集电弓，不应大于设计规定20mm；滑轮或滑块集电弓，不应大于设计规定10mm。

第 6.6.8 条 巷道底板应平整，局部凸凹深度不应超过设计规定100mm。巷道坡度必须符合设计规定，其局部允许偏差应为±1‰。

第 6.6.9 条 砌碹巷道的净宽：从中线至任何一帮的距离，主要运输巷道不得小于设计规定，其它巷道不得小于设计规定30mm，均不应大于设计规定50mm。巷道净高：腰线上下均不得小于设计规定30mm，也不应大于设计规定50mm。

拱、墙、基础的砌体厚度，局部不得小于设计规定30mm。

第 6.6.10 条 砌碹巷道的表面不平整度：每平方米面积内，料石砌体不应超过25mm；毛石砌体不应超过40mm；混凝土砌块不应超过15mm；浇灌混凝土不应超过10mm。

各种砌体的外观，不得出现曲折和倾斜现象。

各种砌体的灰缝，应灰浆饱满，无重缝。

第 6.6.11 条 支架巷道的规格质量，应符合下列要求：

一、巷道净宽、净高应符合本规范第6.6.9条的规定；

二、支架立柱斜度的允许偏差应为±2°；

三、支架梁应水平，两端高差不应超过40mm；

四、两支架的间距允许偏差，应为±100mm；

五、支架应垂直于底板，前倾后仰不应超过40mm，倾斜巷道支架迎山角允许偏差应为±1°；

六、支架梁应垂直于巷道中心线，梁端的扭距不应超过100mm，曲线巷道支架的方向应与曲线半径一致；

七、梁与立柱的结合面应严密；

八、背板的长度，宜大于支架间距300mm，背板应排列整齐，背板与岩帮间应充填严实；

九、倾斜巷道支架间的横撑和拉条应齐全、牢固。

第 6.6.12 条 裸体巷道和喷射混凝土巷道的规格质量，应符合下列要求：

一、巷道净宽：从中线至任何一帮最凸出处的距离，主要运输巷道不得小于设计规定，其它巷道不得小于设计规定50mm，均不应大于设计规定150mm。

巷道净高：腰线上下均不得小于设计规定30mm，也不应大于设计规定150mm。

二、喷射混凝土厚度应达到设计要求，局部的厚度不得小于设计规定的90%；

三、锚杆端部及钢筋网，不得露出喷层表面；

四、裸体巷道的壁面，应符合光爆质量要求：

1.巷道轮廓线，**应均匀留下60%以上的眼痕；**

2.岩面上不应有明显的炮震裂缝。

第 6.6.13 条 混凝土、喷射混凝土的强度和锚杆抗拔力的检查与验收，应按本规范附录四、五的规定执行。

第七章　天井、溜井和硐室的施工

第一节　一　般　规　定

第 7.1.1 条　硐室的掘进、支护、浇筑设备基础等，应连续施工，一次完成。

第 7.1.2 条　天井、溜井和硐室的施工，应采用光面爆破。

第 7.1.3 条　机电设备硐室和存放火工品硐室，必须无渗水，其它硐室应无滴水。

第 7.1.4 条　硐室应布置在水文地质和工程地质简单的地段，当掘进工作面接近水量大的含水层、含水断层或出现其它复杂的水文地质情况时，应按本规范第六章第五节规定执行。

第 7.1.5 条　天井、溜井应布置在坚硬、稳定的岩层中，避开破碎带、断层、褶皱、溶洞及节理裂隙发育地带。

第 7.1.6 条　装有固定设备的硐室施工，应符合下列规定：

一、管线的沟槽及地槽，不得渗水和漏水；

二、管线的套管、挂钩、梯子、扶手、预埋件及起重梁等，宜在支护时同时安装好或预留孔洞。预埋螺栓的外露螺纹，应采取保护措施，所有外露金属构件，应进行防腐处理；

三、混凝土基础上预留螺栓孔的位置应准确，模板盒不得残留在孔内。

第 7.1.7 条　在有沼气或其它有害气体矿井中掘进硐室或天井、溜井时，应按国家现行安全规程的规定执行。

第 7.1.8 条　凡属与立井、巷道施工相同的工序，及要求一致的质量标准，应按本规范第三章和第六章有关规定执行。

第二节　天井、溜井施工

第 7.2.1 条　天井、溜井，采用普通法施工，应符合下列规定：

一、采用木井框支护时，木井框与井帮之间，应用背板背严、背实；

二、天井、溜井的断面内应分成矸石、提升和人行间 3 个隔间，亦可分成矸石、提升人行 2 个隔间；

三、每掘进5m应校核一次中心线，对斜溜井尚应设腰线；

四、炮孔的深度不宜超过1.5m，宜采用半楔形掏槽，掏槽孔应对着矸石间；

五、当天井、溜井掘进的高度超过5m时，严禁用导火线直接点火起爆。

第 7.2.2 条　天井、溜井采用吊罐法施工，应符合下列规定：

一、绳孔的偏斜率：有提升装置的天井，不得大于0.5%；其余的天井、溜井不得大于1.5%。当天井、溜井的段高超过60m时，应增加1个辅助孔。绳孔直径比绳头连接器直径，应大30mm～40mm，辅助孔直径不宜小于100mm；

二、吊罐的升降，必须有可靠的通讯联系。绞车房和出矸水平之间，必须装设2套信号装置，其中1套必须放在吊罐内；

三、掏槽孔应平行于绳孔，可采用螺旋掏槽。严格控制炮孔的深度，全部炮孔底应在同一个水平面上；

四、当天井、溜井掘至距上水平7m时，每次放炮后必须准确测量剩余岩柱的厚度，贯通的厚度不应小于2m。当围岩条件较差时，贯通的厚度不应小于5m；

五、吊罐运行的速度，宜为6m/min～10m/min。

第 7.2.3 条 天井、溜井采用爬罐法施工，应符合下列规定：

一、在反井开凿前，应采用普通法将天井、溜井上掘3m～5m，并按设计要求安设导轨；

二、导轨宜采用800mm～1600mm长的涨圈式锚杆，将导轨固定牢靠；导轨顶端距工作面的距离，不得小于900mm；

三、掏槽孔应布置在导轨的对侧，靠近导轨的辅助孔应稍向背离导轨的方向倾斜；

四、拆除导轨前，应将天井、溜井上部的出口盖严。

第 7.2.4 条 用吊罐、爬罐法施工天井、溜井，宜采用火雷管电力一次点火起爆。当采用电雷管起爆，装药时必须切断吊罐、爬罐上的一切电源。联线后所有雷管脚线必须远离爬罐、吊罐和钢丝绳。

第 7.2.5 条 天井、溜井采用深孔分段爆破法施工，应符合下列规定：

一、井深不宜超过60m；

二、按设计规定孔径钻孔，钻孔的偏斜率不得大于0.5%，每钻进10m应测斜一次，超偏的钻孔应堵塞后再重新钻孔，每钻完1个孔应测斜和绘制实测图；

三、采用中心空孔掏槽，中心空孔的直径宜为90mm～200mm，分段爆破的高度宜为3m～4m，应采用双雷管起爆。当分段爆破的高度大于3m时，尚应沿药包全长敷设导爆索；

四、各炮孔的装药高度应保持在同一个水平，炮泥的间隔位置也应在同一水平，未装药段应用炮泥或砂子填堵。

第 7.2.6 条 采用钻井法施工的天井、溜井，宜采用下行钻孔上行扩孔法，并应符合下列规定：

一、钻机硐室的规格，应满足钻机操作的要求；

二、排碴道应畅通，并应注意排量及粒度，当发现排碴不畅时，应加大水量和降低钻速；

三、每钻进10m应加入1个稳定器；

四、扩孔中在刀刃接触岩面时，严禁使马达反转。发生卡钻时，应立即反向推进，使刀刃脱离岩面；

五、钻孔和扩孔，均应先开水，后开钻；先停钻，后停水；钻进时，必须连续供水，不得中断。

第三节 硐室施工

第 7.3.1 条 卸载硐室施工，应符合下列规定：

一、卸载硐室位于Ⅰ、Ⅱ类围岩中，宜采用全断面施工法；

二、卸载硐室位于Ⅲ、Ⅳ类围岩中，宜选用分层施工法：

1.根据硐室的高度及地槽的深度，宜将硐室及地槽分为3～4个分层，每个分层施工时，应采用锚喷作临时支护；

2.硐室及地槽的永久支护，宜从下向上连续施工。

三、卸载硐室位于Ⅴ类围岩中，应选用导硐施工法：

1.导硐断面，不宜大于$10m^2$；

2.导硐掘进和硐室刷大，宜采用锚喷或金属支架作临时支护；

3.宜先完成硐室的永久支护，再施工地槽，地槽宜分段施工。

第 7.3.2 条 矿仓施工，应符合下列规定：

一、倾斜矿仓：

1.矿仓位于Ⅰ、Ⅱ类围岩中，应选用全断面施工法。矿仓上、下口宜小断面掘进，后刷大；

2.矿仓位于Ⅲ类围岩中，宜选用上向导硐施工法。导硐与卸载硐室贯通后，应由上向下刷大，由下向上砌筑；

3.矿仓位于Ⅳ、Ⅴ类围岩中，宜选用下向导硐施工法，涌水量大时，应用钻孔泄水；

4.铺设钢轨、铸铁块或铸石块作仓底、侧壁耐磨层时，其接头位置应错开，固定牢靠，层面必须平整。

二、垂直矿仓：

1.反井法，反井施工应按照本章第二节规定执行。反井与卸载硐室贯通后，应先刷仓顶，完成仓顶永久支护后，由上往下一次刷大到底，再砌筑仓壁，或分段刷砌；

2.钻井法，应先施工仓顶部分，待仓顶永久支护完成后，在仓中心安设反井钻机，钻井直径不宜小于1000mm，再由上往下全段或分段刷砌，钻井施工应按照本章第7.2.6条规定执行；

3.刷大时所有炮孔的间距，不得超过500mm；

4.仓顶掘进及仓体刷大时，宜采用锚喷作临时支护；

5.仓底耐磨层，按倾斜矿仓的要求施工。

第 7.3.3 条 马头门和箕斗装载硐室施工，应符合下列规定：

一、马头门、箕斗装载硐室与井筒连接处，应砌筑成整体；

二、马头门、箕斗装载硐室位于Ⅰ、Ⅱ类围岩中，可采用与井筒同时掘砌的施工法，位于Ⅲ类围岩中宜采用分层的施工法，位于Ⅳ、Ⅴ类围岩中应采用分层导硐施工法；

三、当井壁有淋水时，应在马头门、装载硐室上部做截水槽或搭设防水棚。

第 7.3.4 条 提升机硐室、破碎机硐室及其它大型硐室的施工，应符合下列规定：

一、采用导硐法施工，宜先拱后墙，后清除岩柱，再掘砌设备基础；

二、岩石稳定时，宜采用锚杆基础，锚杆埋设后应进行拉拔试验，试验拉力不得小于设计规定的1.5倍；

三、起重梁或起重环应采用预埋法施工；

四、采用边墙或由墙上伸出牛腿做行车梁时，梁面必须平整，并预留固定行车道的螺栓孔。行车梁以上的巷道部分，其高和宽应大于设计30mm～50mm。

第 7.3.5 条 防水闸门、排泥仓密闭门硐室的施工，应符合下列规定：

一、硐室必须设置在节理、裂隙不发育的坚硬稳定的岩层中，当巷道掘至硐室位置时，应对围岩条件作出鉴定。该地段不具备设置防水闸门的岩层条件，应通知设计单位，共同另选适宜地点；

二、硐室周围基槽的施工，应采用浅炮孔少装药，每次宜起爆2～3个炮孔。当施工中基槽的岩石被破坏，应重新核算强度，当强度小于原基槽强度时，应另刷基槽或采用大直径锚杆补强，锚杆埋入孔内的深度不宜小于500mm，锚杆尾端露出孔外200mm～300mm；

三、硐室应全部掘完，方可浇筑混凝土，不得分段施工。浇筑混凝土应连续进行，并应与相连接的内、外巷道接合严密。门框应在浇筑混凝土前找平找正，固定牢靠；

四、待混凝土凝固后，按设计要求进行壁后注浆，其最终压力应大于设计水压的1.5倍；

五、防水闸门、排泥仓密闭门建成后，应按设计要求及以上规定进行试压。

第 7.3.6 条 交岔点施工，应符合下列规定：

一、交岔点位于Ⅰ、Ⅱ类围岩中应采用全断面施工法，位于Ⅲ、Ⅳ类围岩中宜采用分部施工法，位于Ⅴ类围岩中应采用导硐施工法；

二、采用分部或导硐施工法施工的平（斜）面交岔点，应先将变断面巷道支护至距牛鼻子2m左右停下，再将与交岔口相邻的主巷及分巷各支护2m～4m，最后刷大交岔口与前后巷道支护连成一体；

三、立面交岔点施工，当采用先墙后拱施工法时，应将下方巷道掘过牛鼻子4m～6m，并将此段巷道及牛鼻子进行支护；当采用先拱后墙施工法时，应将上方巷道掘过牛鼻子4m～6m，并将此段巷道拱部进行支护，边墙应随掘随支护；

四、立面交岔点在永久支护的同时，应将各梁窝准确留出；

五、平、斜面交岔点采用支架支护时，应先将主巷掘过分巷3m～5m，后在开口处架设好抬棚，再进行分巷掘进；

六、牛鼻子部位的炮孔布置，应采用密集炮孔，炮孔的间距不宜超过300mm，并应隔孔装药，小药量爆破。

第 7.3.7 条 中央水泵房、变电所和水仓的施工，应符合下列要求：

一、水泵房施工时，吸水小井与水泵房连接部分的支护应一次完成；

二、水仓增加临时斜巷施工时，斜巷的位置应避开水泵房和变电所，当水仓竣工后，应封闭；

三、内外水仓必须保持各自独立，当在其间增加临时通道时，水仓竣工前应封堵，不得漏水；

四、潜下式水泵房，应设置在稳定、无裂隙和不透水的岩层中，吸水口与水仓的连接处必须密封。

第 7.3.8 条 井筒转水站的施工，应符合下列要求：

一、应利用设计上已有的巷道；

二、转水站入口应靠近吊泵的悬吊位置，其标高应根据水泵的扬程和附近的围岩情况确定；

三、2个相邻施工井筒共同使用1个转水站时，其中1个井筒用钻孔与转水站相连通，钻孔向转水站方向的倾斜角度不得小于5°，其直径应大于该井筒排水管的直径；

四、转水站的水仓应隔成两部分，一部分使用，一部分清理；

五、转水站和变电硐室的规格，应满足设备运行的要求，当两者相连通时，其间应设置隔墙；

六、转水站入口处的高度不得小于1.8m，宽度不宜大于2.6m，自井壁向里支护的长度，不得小于3m。转水站入口处，应设置固定盘。

第四节 工程验收

第 7.4.1 条 硐室及天井、溜井竣工后，应提供下列资料：

一、实测平面位置图；

二、硐室实测平面图，主要部位剖面图；

三、主要天（溜）井实测井筒纵、横剖面图；

四、主要硐室、天（溜）井实测地质柱状图；

五、实测设备基础图；

六、隐蔽工程验收记录、材料和试块试验报告。

第 7.4.2 条 天井、溜井的规格，应符合下列要求：

一、无提升设备的天井及溜井：从井筒中心线至任何一帮的距离，不支护的天井、溜井，不得小于设计规定100mm，也不得大于设计规定200mm；

支护的天井、溜井，不得小于设计规定50mm，也不应大于设计规定100mm。

二、有提升设备的天井，应符合本规范第三章第七节的规定。

第 7.4.3 条 机电硐室的中心线偏差，不得超过设计规定20mm，底板标高的偏差，不得高于或低于设计规定50mm。

第 7.4.4 条 硐室净宽，从中心线至任何一帮的距离，机电硐室不得小于设计规定，其它硐室不得小于设计规定20mm。砌碹硐室不应大于设计规定50mm，锚喷硐室不得大于设计规定100mm。硐室净高，砌碹硐室不应大于设计规定50mm，锚喷硐室不应大于设计规定150mm，均不得小于设计规定30mm。

第 7.4.5 条 机电硐室中的设备基础，纵横轴线位置的偏差不得超过设计规定20mm，基础面标高不得高于设计规定。基础的埋入部分不得浅于设计规定。锚杆基础，找平层厚度不应小于100mm。

第 7.4.6 条 主硐室中安装联动设备的附属硐室位置应准确，实际中心线与设计中心线偏差不应超过20mm，底板标高与主硐室底板标高的偏差不得超过设计规定20mm，断面和体积不应小于设计规定。

第 7.4.7 条 硐室的起重梁或起重环的高度和位置偏差，不应超过设计规定50mm。

第 7.4.8 条 安装桥式起重机的硐室，其行车梁及立柱的允许偏差，应按表7.4.8规定执行。

行车梁及立柱允许偏差　　表 7.4.8

项目				允许偏差（mm）
柱	中心线对硐室中心线的位移			8
	截面尺寸			+8 −5
	垂直度	柱高	≤5m	8
			>5m	10
	上表面标高（包括牛腿）			±10
梁	中心线对硐室中心线的位移			8
	截面尺寸			+8 −5
	上表面标高（包括作行车梁用的墙）			±10

第 7.4.9 条 防水闸门、排泥仓密闭门硐室的抗压强度验收，应符合下列要求：

一、试验水压应逐渐升高，注意观察硐室、闸门及邻近巷道的漏水、渗水情况，并做出记录；

二、水压升至设计规定，保持24h，其漏水量不得大于$1m^3/h$。

第八章 立井井筒装备

第一节 一 般 规 定

第 8.1.1 条 主井、副井两个井筒到底贯通后，应有一个井筒形成临时罐笼提升系统，再安装另一个井筒的永久装备。有条件时，可在井筒掘、砌过程中同时进行井筒永久装备的安装。

第 8.1.2 条 井筒装备前，应按罐道梁和其它梁的位置逐层测绘井筒实际断面图，并绘制罐道梁和其它梁的加工图。

第 8.1.3 条 井筒装备用的钢梁、钢罐道的规格、质量，应符合下列要求：

一、表面有损伤者不得采用；

二、钢梁的弯曲及扭曲度不应超过梁长的1/2000；

三、钢轨罐道或组合罐道应平直，其弯曲及扭曲的偏差：每根钢轨罐道不应大于5mm，每根组合罐道不应大于7mm；

四、组合罐道截面每边尺寸的允许偏差应为±1mm；

五、钢轨罐道、组合罐道长度的允许偏差应为±2mm。

第 8.1.4 条 井筒装备用的所有钢材、管材、金属构件等，应按设计要求作防腐处理。

第 8.1.5 条 木罐道加工后的截面，每边尺寸的偏差不应超过设计规定+3mm、-2mm，平面上的扭曲每米长度内不应超过1mm，纵长方向的单向弯曲度不应超过全长的1/1000，长度的允许偏差应为±3mm。

木罐道安装前，应按设计要求作防腐处理。

第 8.1.6 条 井筒通过流沙、含水层的部位，井筒装备安装锚杆或梁窝的深度，严禁超过井壁的厚度。

第 8.1.7 条 井筒装备的安装，采取上下层或多层平行作业，工作时吊盘与井壁的间隙应盖严。

第 8.1.8 条 在井筒内进行电焊气焊时，应按国家现行有关安全规程的规定执行。

第二节 梁 的 安 装

第 8.2.1 条 罐道梁的安装，应以测量垂线为准，并应符合下列规定：

一、在井口和井底各设一道精确定位的基准梁；

二、当井筒较深，测量垂线可分段下移，或在垂线中部向下每隔50m增设一道卡线板，在设卡线板时，应严格防止产生累计偏差；

三、测量垂线用的重锤和钢丝，应符合国家现行有关测量规程的规定。

第 8.2.2 条 第一层罐道梁安装后，应进行验收，全部符合设计要求，方可进行其它罐道梁的安装。

第 8.2.3 条 采用树脂锚杆固定的梁，应符合下列规定：

一、树脂锚固剂，应进行锚固力试验，试验锚杆的数量不得少于3根，不符合设计规定者不得使用；

二、锚杆的材质、规格、结构、性能应符合设计要求，杆体表面应除锈、防腐；

三、钻锚杆孔应按测线定位，其直径、深度应符合设计规定；

四、锚杆安装：

1.锚固前，应清除孔内岩粉或积水，树脂锚固剂应放入孔底；

2.杆体锚固的深度应符合设计要求，当杆体安装中途被卡时，应拉出重新安装，不得用锤击方式打入孔内；

3.锚杆安装后，在规定固化时间内不得敲击或碰撞；

4.锚杆安装1h后，每层梁应选取 3 根锚杆进行锚固力试验。当有 1 根不符合设计规定时，则同层梁的锚杆均应进行试验，不合格者应重新安装。

五、托架：

1.托架的材质、规格、焊接质量，应符合设计要求；

2.托架应紧贴井壁，空隙处应按设计要求充填密实。

六、梁的操平及连接：

1.操平的垫板，其尺寸应等于或大于梁与托架接触面，不得用零碎垫块；

2.每组垫板的层数不得超过 3 层，垫好后用螺栓或焊接方法固定；

3.当梁与托架的连接采用螺栓固定或焊接时，应符合设计要求。

第 8.2.4 条 用梁窝固定安装的梁，应符合以下规定：

一、梁窝的位置和规格应逐个检查，残留在梁窝内的碎屑、木块等杂物应除净；

二、对有偏差的梁窝应进行修正。每一层罐道梁应在地面检查加工尺寸，划出中心线位置，并应逐件统一编号；

三、梁的操平找正及固定用的垫块，应采用不低于井壁支护强度的材料，不得使用木块。填堵前应将梁固定牢固；

四、梁上下垫块的两侧及侧面楔紧物的上下至梁窝壁及窝口的间隙，均不得小于50mm；

五、填堵梁窝的混凝土强度，不得低于井壁的设计强度，填堵时不得移动梁的位置；

六、当梁窝漏水时应预埋导水管，待梁固定后应注浆堵水，在有淋水的井筒内填堵梁窝时，在其上方应设截水环等设施。

第三节 罐道的安装

第 8.3.1 条 钢罐道的接头错位不应超过1mm，超过1mm时，必须修整。其过渡斜度不宜超过2%。

同一提升容器的 2 条罐道的接头位置，不得位于同层梁上。

第 8.3.2 条 罐道安装前，应在地面进行头部截面偏差的编号，其接头截面应一致。罐道接头应位于罐道梁中心线上。

第 8.3.3 条 重锤拉紧的钢丝绳罐道安装，应符合下列要求：

一、井架上钢丝绳固定装置的位置与设计位置的偏差，不应超过3mm；

二、井底定位梁上孔的位置与设计位置的偏差，不应超过3mm；

三、重锤悬挂应平整，在两根钢丝绳悬吊处的高低位置允许偏差，应为±400mm；

四、钢丝绳罐道的拉紧张力，应符合设计要求。

第 8.3.4 条 下端固定，上端用螺栓或液压调节张力的钢丝绳罐道，安装时，除应符合本规范第8.3.3条要求外，并应符合下列规定：

一、钢丝绳井底固定装置的位置与设计位置的偏差，不应超过3mm；

二、井底钢丝绳固定点位置的调整，应在井架上钢丝绳拉紧装置的位置固定后进行；

三、拉紧钢丝绳用的弹簧或液压装置，应在安装前进行检查试验，其强度、压缩量和性能，应符合设计要求。

第 8.3.5 条 安装断绳保险器的制动钢丝绳，应符合下列要求：

一、固定制动钢丝绳用的缓冲器在井架上的安装位置，应按设计标定，其水平方向的偏差不应超过1mm；

二、制动钢丝绳的下端，应设有固定梁，固定梁的位置，应按垂线校正，在水平方向与设计位置的偏差不应超过3mm；

三、制动钢丝绳应按设计位置固定于梁上，拉紧张力应符合设计要求；

四、缓冲钢丝绳固定后，末端应留有不少于10m的余绳；

五、制动钢丝绳及缓冲钢丝绳的连接器，应按设计规定的工艺要求与钢丝绳浇注成一体。

第四节 梯子间和管道的安装

第 8.4.1 条 梯子间平台、梯子和梁的连接应牢固，隔板间隙或网板的固定，应符合设计要求。

第 8.4.2 条 管及管件安装前，应逐节逐件检查，并应符合下列要求：

一、直管的弯曲度每米不超过1.5mm；

二、管材的规格质量及加工尺寸应符合设计要求；

三、根据井筒管梁的层间距和管的长度，进行管的排列编号，管接头的位置与管梁应相互错开。

第 8.4.3 条 采用法兰盘连接的钢管，安装前应在地面进行水压试验，试验压力为工作压力的1.5倍，保持5min，降低到工作压力，用手锤轻敲焊缝和接头处，压力表值不下降且无渗水现象为合格。

当排水管路采用焊接长管的工艺施工时，管路安装完工后应进行整体试压，其试验压力为工作压力的1.25倍，保持5min，压力表值不下降且无漏水现象为合格。

第 8.4.4 条 井筒中的防火、洒水管路的降压装置，应与管路安装同时进行，其进出管的位置，应符合设计要求。

第 8.4.5 条 电缆敷设，应按国家现行有关规程的规定执行。

第五节 工 程 验 收

第 8.5.1 条 立井井筒装备竣工后，应按设计检查罐道梁、罐道的位置、垂直度及管路系统等设施的质量，并绘制纵、横断面图。

第 8.5.2 条 工程验收时，应提供下列资料：

一、设计施工图和安装后的实测竣工图；

二、主要原材料出厂合格证或材料试验报告；

三、隐蔽工程验收记录：

1.梁埋入井壁的深度，梁窝内垫用的材料，填堵梁窝的混凝土强度等试验记录；

2.井壁上管卡子的埋深与填堵材料；

3.当采用树脂锚杆固定罐道梁及管梁时，应提供锚杆直径，埋入深度及锚固力的试验记录；

四、第一层罐道梁的验收记录。

第 8.5.3 条 井筒内梁的安装，应符合下列要求：

一、罐道梁纵向中心线和缺口板中心，对井筒平面十字中心线位置的允许偏差：

1.装设钢轨罐道、组合罐道的梁应为±1mm；

2.装设木罐道的梁应为±1.5mm；

3.其它钢梁应为±3mm。

二、同一提升容器两侧的罐道梁缺口板中心，在平面位置上的间距允许偏差：

1.装设钢轨罐道、组合罐道的梁，应为±2mm；

2.装设木罐道的梁，应为±3mm。

三、每根梁的上平面应保持水平，其允许偏差：

1.安装罐道的梁，不应超过梁长的1/1000；

2.不安装罐道的梁，不应超过梁长的3/1000。

四、罐道梁的层间距允许偏差：

1.装设钢轨罐道、组合罐道的梁，应为±10mm；

2.装设木罐道的梁，应为±12mm；

3.每节钢轨罐道、组合罐道长度内的累计允许偏差，应为±30mm；

4.每节木罐道长度内的累计允许偏差，应为±24mm。

五、梁埋入井壁内的深度不应小于设计值70mm。

第 8.5.4 条 当采用树脂锚杆固定托架时，应符合下列要求：

一、托架的水平度允许偏差：

1.托架的支撑面，不应超过3/1000；

2.同一根梁的两端托架的水平支撑面，应位于同一平面，其偏差不应大于5mm。

二、托架的层间距允许偏差：

1.装设钢罐道的托架，应为±7mm；

2.装设木罐道的托架，应为±12mm；

3.每节钢罐道长度内，托架的层间距累计允许偏差，应为±15mm；

4.每节木罐道长度内，托架的层间距累计允许偏差，应为±20mm。

三、直接固定罐道的托架立面，以及固定罐道的螺丝孔中心线与井筒十字中心线的允许偏差：

1.装设钢罐道的托架，应为±2mm；

2.装设木罐道的托架，应为±3mm。

四、直接固定罐道的托架立面应垂直，不垂直度不得大于2‰。

第 8.5.5 条 罐道的安装，应符合下列要求：

一、罐道应保持垂直，在沿井筒全深任一平面上的位置与设计的允许偏差：

1.钢罐道应为±5mm；

2.组合罐道应为±7mm；

3.木罐道应为±8mm。

二、同一提升容器两罐道在井筒全深任一处的间距允许偏差：

1.钢轨罐道应为±5mm；

2.组合罐道应为±7mm；

3.木罐道应为± 8 mm。

三、在井筒全深任一处同一提升容器的两罐道平面中心线，应在一直线上，其允许偏差：

1.钢轨罐道应为 4 mm；

2.组合罐道应为 6 mm；

3.木罐道应为 6 mm。

四、两节罐道接头处的间隙：

1.钢轨罐道 2 mm～4mm；

2.组合罐道 2 mm～4mm；

3.木罐道不应大于 5 mm。

五、两节钢罐道的接头应位于罐道梁中心线上，其偏差不应超过50mm；

六、罐道卡子与钢轨底板的斜面接触应严密，卡子前爪与钢轨腰板的间隙，和卡子内面与钢轨底板外侧的间隙，应为10mm～20mm。

第 8.5.6 条 井筒的管路安装后，其垂直度沿井筒全深任一平面上与设计位置的偏差，不应超过50mm，并应分别进行下列试验，无漏风、漏水为合格。

一、排水管路应进行排水试验；

二、洒水、消防管路应进行灌水试验；

三、充填、泥浆和水采井的高压管路，应按设计规定进行加压试验；

四、压风管路应按额定压力进行风压试验。

第九章　辅　助　工　作

第一节　凿井井架及悬吊设施

第 9.1.1 条 凿井井架的选择，应符合下列要求：

一、能安全地承受施工荷载；

二、角柱的跨度和天轮平台的尺寸，应满足提升及悬吊设施的天轮布置要求；

三、应满足矿井各施工阶段不同提升方式的要求；

四、井架四周围板及顶棚不得使用易燃性材料。

第 9.1.2 条 利用永久井架或井塔凿井时，应符合下列要求：

一、利用永久井架凿井：

1.应简化天轮平台的布置，可使用地轮；

2.凿井绞车、提升设备、天轮的布置，应适应永久井架结构及其受力特点；

3.对井架受力较大的杆件，应进行验算，当需要临时加固时，不宜破坏原结构；

4.安全间隙及过卷高度，应符合国家现行安全规程的规定。

二、利用永久井塔凿井：

1.凿井绞车及提升设备的布置，应适应井塔的特点；

2.天轮应分层布置；

3.受力较大的梁、柱，应进行验算，当需要临时加固时，不宜破坏原结构；

4.施工后，不用的门、窗、洞口，应按设计修补好。

第 9.1.3 条 采用翻转提升法竖立金属井架时，应符合下列规定。

一、钢丝绳：

1.绷绳、牵绳可采用6股19丝钢丝绳，其它应采用6股37丝及以上的钢丝绳；

2.安全系数：井架主体提升绳不得小于6，一般构件提升绳不得小于5，牵绳及绷绳不得小于3.5，绳扣不得小于8；

3.接头处的U型绳卡或套环绳卡，应符合表9.1.3的要求。

不同直径钢丝绳的绳卡数与间距　　表 9.1.3

钢丝绳直径（mm）	<15.5	<18.5	<20	<22	<25	<28	<34.5	34.5及以上
绳卡数（个）	3	3	4	4	5	6	7	8
绳卡间距（mm）	100	120	120	140	150	180	230	250

二、绞车：

1.绳速不得超过0.2m/s；

2.必须具有制动装置及逆止装置；

3.绞车距吊装的井架或抱杆的距离，不得小于井架或抱杆的高度，与导向轮的距离不得小于10m。

三、抱杆：

1.双抱杆应立在井架中心线两侧的对称位置，单抱杆应立在井架中心线位置，抱杆离井架的距离不应妨碍井架的起立；

2.抱杆底座下的土层应夯实，在其上垫3层方木，并用铁件固定，最上一层方木应顺抱杆起立方向排列；

3.滑轮、绳扣应在抱杆起立前固定；

4.抱杆相对的4个方向，应设有绷绳，绷绳仰角不应超过45°。

四、锚桩：

1.桩木和埋设坑的规格应符合施工设计要求，坑内的充填物应分层夯实；

2.桩木的中心线应与受力线垂直，其出绳角度必须与绷绳仰角一致；

3.多根桩木应用直径不小于4mm的铁丝或用扒钉连接成束，并应在缠绕钢丝绳处，包以2mm～3mm厚的钢板；

4.利用已有建筑物、结构物系结绷绳、锚绳时应进行验算。

五、在有雷雨、大雾或风力达到6级以上时，不得进行井架竖立工作。

第 9.1.4 条 井架安装的质量，应符合下列要求：

一、凿井井架：

1.井架中心线的实际位置与设计位置的偏差，不得超过5mm；

2.天轮平台的水平偏差，不得超过3mm；

3.井架上安设的避雷装置，必须符合国家现行安全规程的要求；

4.各部位螺栓必须紧固。

二、永久井架（用于凿井）：

1.井架躯体必须垂直竖于井口板梁上，不应有扭曲现象，板梁的标高允许偏差应为±5mm，板梁中心线与提升中心线的相对位置偏差，不应超过 1 mm；

2.天轮平台平面十字中心线与设计位置的偏差，不应超过井架高度的1/2000，最大偏差不应超过15mm，天轮平台各梁面的水平偏差，不应超过 3 mm；

3.斜撑架两底脚的中心连线，应与井架中心线垂直且二等分，其等分偏差不应超过30mm；

4.井架上安设的避雷装置，必须符合设计要求。

第 9.1.5 条 井筒内布置的悬吊设施，应符合下列要求：

一、悬吊设施的选择和布置，应满足各个不同施工阶段的要求；

二、井口及井筒内设置的固定梁以及各种悬吊设施的外缘离开井筒中心不宜小于100mm，并不得在承受荷载的梁上穿孔；

三、井筒内风筒及管路悬吊卡子的端部到提升容器边缘的距离，不得小于500mm，井筒深度超过500m时，宜采用井壁固定吊挂；

四、吊桶外缘与永久井壁间的距离，不得小于450mm；

五、各盘口、喇叭口及井盖门与滑架最突出部分的间隙，不得小于100mm；

六、吊泵通过的孔口，其周围间隙不得小于50mm；

七、风筒、管路及其卡子通过的孔口，其周围间隙不得小于100mm；

八、安全梯应靠近井壁悬吊，距井壁不应大于500mm，通过的孔口其周围间隙不得小于150mm；

九、吊盘的突出部分与模板之间的间隙，不应大于100mm，当井筒支护不使用模板时，吊盘的突出部分与永久井壁之间的间隙，也不应大于100mm；

十、照明、动力电缆与信号、通讯、放炮电缆的间距，不应小于300mm，信号和放炮电缆与压风管路的间距不应小于 1 m，放炮电缆应单独悬吊。

第 9.1.6 条 提升容器之间的距离，应符合下列规定：

一、吊桶提升：2 个或 2 个以上吊桶的导向装置，突出部位旋转圆周之间的间隙D，应按下式计算：

$$D \geqslant 0.2+\frac{H}{3000} \qquad (9.1.6)$$

式中 D——间隙（m）；

H——提升高度（m）。

井筒深度小于300m时，上述间隙不得小于300mm。

二、罐笼提升（用钢丝绳罐道）：

1.无防撞绳时，不得小于450mm；

2.设防撞绳时，不得小于200mm。

第 9.1.7 条 凿井绞车的设置，应符合下列要求：

一、凿井绞车的能力，应按悬吊设施及附属装置的最大静荷重计算；

二、滚筒上钢丝绳出绳的最大偏角不应大于2°；

三、悬吊安全梯用的凿井绞车，应有两回路供电线路，其中的一回路应直接由变电所或配电所馈出。

第 9.1.8 条 各种用途的钢丝绳应符合下列要求：

一、悬吊设施的钢丝绳：

1.悬吊设施宜采用 6 股19丝或每股19丝以上的钢丝绳，稳绳宜采用三角股钢丝绳或 6 股 7 丝圆形股钢丝绳；

2.双绳悬吊时，应采用编捻方向相反的钢丝绳；

3.悬吊设施的钢丝绳长度，应保证设施送达井底所需长度，并应在滚筒上留有5～10圈绳；

4.安全系数应按表9.1.8采用。

悬吊钢丝绳安全系数　　表 9.1.8

悬吊设施名称	安全系数
吊盘、吊泵、抓岩机、罐道绳、防撞绳	≥6
风筒、风管、注浆管、输料管、电缆	≥5
吊　　罐	≥13
安全梯	≥9

二、提升用的钢丝绳：

1.吊桶提升宜选用多层异形股或多层股不旋转钢丝绳，斜井提升宜选用三角股钢丝绳；

2.安全系数：专为升降物料的为6.5，专为升降人员的为9；升降人员和物料时，升降人员时为9，升降物料时为7.5。

三、使用中的钢丝绳，其试验、检查的内容和要求，应符合国家现行的安全规程的规定。

第 9.1.9 条　稳绳及罐道绳的张紧力，井深每100m不得小于1t。同一提升容器中的罐道绳下端张力的张力差，不得少于5%。吊盘绳满足稳绳要求时，可兼作稳绳。

第 9.1.10 条　钩头、安全梯、吊盘等设施与钢丝绳的连接，应采用桃形环及板形绳卡或用楔形绳环连接，采用桃形环时板形绳卡之间的距离宜为250mm，绳卡数目可按表9.1.10选用。

除上列绳卡的数目以外，在最上一副绳卡的上方，应设

不同绳径的最少绳卡数目　　表 9.1.10

钢丝绳直径(mm)	绳卡数目(个)	钢丝绳直径(mm)	绳卡数目(个)
15及以下	3	25.5～28	6
15.5～19.5	4	28.5～34.5	7
20～25	5	35及以上	8

一副辅助绳卡，在这两副绳卡之间，钢丝绳尽端应煨出一个弯。连接装置所使用的钩、环、螺栓等的安全系数，不得小于10。

第 9.1.11 条　吊盘的设置，应符合下列要求：

一、吊盘结构的强度应按全荷重计算，施工荷重不应大于设计规定；

二、吊桶通过的各层吊盘、孔口上下均应设置喇叭口；

三、吊盘的固定销，不应少于4个，并应均匀分布在吊盘的周边上，固定销的安全系数不得小于10；

四、双层或多层吊盘的上、下层间距，应与永久罐梁层间距相适应或为其整倍数。

第二节　立井的临时提升设备

第 9.2.1 条　临时提升设备应符合下列要求：

一、适应井筒开凿、巷道开拓、井筒安装等不同时期的提升方式及提升量。

二、吊桶沿稳绳升降，其最大加速度不应超过$0.5m/s^2$。其最大速度应按下列公式计算，但提人最大速度不得超过6 m/s，提物最大速度不得超过8m/s。

$$V_1 \leqslant 0.25\sqrt{H} \qquad (9.2.1\text{-}1)$$

$$V_2 \leqslant 0.4\sqrt{H} \qquad (9.2.1\text{-}2)$$

式中 V_1——提人最大速度，m/s；

V_2——提物最大速度，m/s；

H——提升高度，m。

三、无稳绳段，吊桶的最大升降速度和距离：

1.升降人员的速度不得大于1m/s，升降物料的速度不得大于2m/s；

2.升降的距离不得大于40m。

四、绞车滚筒上钢丝绳出绳最大偏角，单层缠绕时不应超过1°30′，多层缠绕时不应超过1°15′。

第 9.2.2 条 采用钩头吊挂不规则易碰挂的物料时，其升降速度，应符合下列规定：

一、有导向装置时，不应超过1m/s；

二、无导向装置时，不应超过0.3m/s。

第 9.2.3 条 吊桶提升，应符合下列规定：

一、吊桶提梁的安全系数不得小于8，钩头及缓转器的安全系数不得小于13；

二、每人所占吊桶底有效面积不宜小于0.12m²，吊桶的净高不得小于1.1m；

三、人员在井筒内检查设备时，吊桶的升降速度不得超过0.3m/s；

四、稳绳终端和钩头连接装上方，应设缓冲装置；

五、提升钩头必须设有防止吊桶提梁脱出的安全闭锁装置，缓器的下方应设悬挂保险带的吊环。

第 9.2.4 条 天轮的选择，应符合下列要求：

一、提升天轮：

1.天轮直径与钢丝绳直径的比值：当天轮的钢丝绳围抱角大于90°时，不应小于60倍，围抱角小于90°时，不应小于40倍；

2.天轮直径与钢丝绳中最粗钢丝直径的比值不应小于900倍；

3.天轮的安全荷重应大于其实际选用的最大钢丝绳的钢丝破断拉力的总和。

二、悬吊天轮：

1.天轮直径与钢丝绳直径的比值不应小于20倍，与钢丝绳中最粗钢丝直径的比值不应小于300倍；

2.天轮的安全荷重应大于实际选用的钢丝绳的最大静拉力。

第三节 水平及倾斜巷道的运输提升

第 9.3.1 条 在有煤与沼气突出或有煤尘爆炸危险的矿井，以及有腐蚀性物质的矿井采用机车运输，必须符合国家现行安全规程的规定。

第 9.3.2 条 倾斜巷道的临时提升，应符合下列规定：

一、倾斜巷道宜采用箕斗提升，大于30°的斜井不宜采用矿车提升；

二、矿车提升，应设保险绳或保险链；

三、连接装置和其它有关部分按极限强度计算的安全系数，必须符合下列要求：

1.专为升降人员或升降人员和物料的提升装置的连接装置和其它有关部分，以及运送人员车辆的每一个连接器、钩环和保险链的安全系数，均不得小于13；

2.专为升降物料的提升装置的连接装置和其它有关部分的安全系数，不得小于10；

3.矿车与矿车的连接钩环、插销的安全系数，均不得小于6。

四、在倾斜巷道的上端必须有可靠的过卷装置，过卷距离应根据巷道的倾角、设计载荷、最大提升速度或实际制动力计算确定，并应有1.5倍的备用系数。

第 9.3.3 条 斜井的提升设备，应符合下列要求：

一、适应井筒开凿和巷道开拓两个不同时期的提升方式及提升量；

二、提升加速度和减速度不得超过$0.5m/s^2$；

三、提升的最大速度应按表9.3.3规定执行。

斜井提升最大速度 **表 9.3.3**

提升类别	最大提升速度（m/s）	
	斜长≤300m	斜长＞300m
矿车提升	3.75	5
箕斗提升	5	7
人车	人车设计的最大允许速度	

第 9.3.4 条 斜井的提升布置，应符合下列要求。

一、天轮高度：

1.箕斗提升，应按矸石仓容积及运输方式等因素规定；

2.矿车或矿车组提升，应按下列公式计算：

采用甩车场时

$$H = L \times \sin\beta - R \qquad (9.3.4\text{-}1)$$

采用平车场时

$$H = (L' - L_0 - 1.5L_{车})\text{tg}\beta_1 - R' \qquad (9.3.4\text{-}2)$$

式中 H——天轮高度，m；

R——天轮半径，m；

L——井口至钢丝绳与天轮接触点之斜长，m；

L'——井口至井架中心的水平距离，m；

L_0——井口至道岔终点的长度，m；

$L_{车}$——矿车组的长度，m；

β——栈桥倾角，宜取8°～12°；

β_1——钢丝绳牵引角，宜小于或等于10°。

二、平车场的长度及坡度，在矿车摘钩后，矿车应能自溜至停车线，摘挂线的直线长度应不小于1.5倍车组长度；

三、绞车滚筒上钢丝绳出绳的最大偏角，应按本章第9.2.1条规定执行。

第 9.3.5 条 斜井的平车场及甩车场，宜设置自动摘挂钩装置。

第四节 通 风

第 9.4.1 条 掘进工作面需要风量的计算，应符合下列规定：

一、放炮后15min内能把工作面的炮烟排出；

二、按掘进工作面同时工作的最多人数计算，每人每分钟的新鲜空气量不应少于$4m^3$；

三、风速不得小于0.15m/s；

四、混合式通风系统的压入式扇风机，必须在炮烟全部排出工作面后方可停止运转。

第 9.4.2 条 地面临时扇风机房的设置，应符合下列要求：

一、应避开永久扇风机房及风道的位置；

二、扇风机房宜靠近井口，风道应弯道少，过渡段应圆滑，风道内最大风速不得超过15m/s；

三、扇风机和电动机周围的通道不应小于1.5m；

四、离心式扇风机应设起动闸门。

第 9.4.3 条 地面临时扇风机的出入口，应符合下列规定：

一、压入式通风的入风口应位于空气洁净处，离地面的高度不得低于1.5m；

二、抽出式通风的出风口，宜位于该地区主导风向的下方，离地面的高度不得低于0.5m；

三、沼气矿井抽出式扇风机的扩散器与入风井的距离，不应小于30m。

第 9.4.4 条 多台扇风机并联或串联运行，应采用同型号的扇风机。

第 9.4.5 条 井下工作面的通风，应符合下列规定：

一、采用混合式通风时，压入式扇风机的出风口距抽出式扇风机的入风口，不得小于15m；

二、采用风筒接力通风时，扇风机间的距离，应根据扇风机的特性曲线和风筒阻力确定；

接力通风的风筒直径不得小于400mm，每节风筒直径应一致，在扇风机吸入口一端应设置不短于10m的硬质风筒；

三、压入式扇风机和启动装置，必须安装在进风巷道中，距回风口不得小于10m；

四、扇风机与工作面的电气设备，应采用风、电闭锁装置。

第 9.4.6 条 凡有煤与沼气突出、煤尘爆炸危险或有其它有害气体矿井的通风工作，必须按国家现行安全规程的规定执行。

第五节 排　水

第 9.5.1 条 立井、斜井井筒掘进，应根据涌水量大小，合理选择排水方式。

第 9.5.2 条 深井井筒掘进采用分段排水时，宜采用中间转水站，转水站水仓或水箱容量不应小于0.5h的涌水量。

第 9.5.3 条 井下临时水泵房和水仓，宜利用永久硐室或巷道。临时水仓容量应能容纳4h的矿井正常涌水量，主要排水设备不宜少于2组。

第 9.5.4 条 临时的排水管路，应符合下列要求：

一、按井巷施工各阶段的最大涌水量确定管径和管路数量；

二、经常移动和拆卸的管路，选用轻便的管子和易于拆卸的连接方式；

三、水泵房干管，留出增设水泵的连接管头。

第六节 压　风

第 9.6.1 条 空气压缩机的选择，应符合下列要求：

一、建井期的总耗风量应按下式计算：

$$Q = \alpha \beta r \sum nkq \tag{9.6.1}$$

式中　Q——总耗风量，m^3/min；

α——管路漏风系数，按表9.6.1-1规定选用；

β——风动机械磨损使耗风量增加的系数，宜为1.10～1.15；

管路漏风系数 **表 9.6.1-1**

管路长度(m)	<1000	1000～2000	>2000
系　数	1.10	1.15	1.20

r ——高原修正系数，海拔每提高 100m，系数增加 1%；

k ——凿岩机、风镐同时使用系数，按表 9.6.1-2 规定选用；

n ——同型号风动机具使用数量，台；

q ——风动工具耗风量，m^3/min。

凿岩机、风镐同时使用系数 **表 9.6.1-2**

凿岩机、风镐(台)	≤10	11～30	31～60	>61以上
系　数	1～0.85	0.84～0.75	0.74～0.65	0.64

二、当各个施工阶段的风量供应变化较大时，备用风量应为设计风量的 20%～30%，备用空气压缩机不得少于 1 台；

三、宜选用同一型号的空气压缩机，当负荷有波动时可选用容量不同的空气压缩机。

四、水冷的空气压缩机站，备用冷却水泵不应少于 1 台，其能力应与最大一台冷却水泵相等。空气压缩机的进水温度一般不宜超过30℃，出水温度不宜超过40℃。

第 9.6.2 条 压风管路的选择和敷设，应符合下列要求：

一、压风管路宜采用钢管，管径应满足最远用风点处的总压力损失不超过0.1MPa；

二、井上或井下管路的最低点及主要管路，每隔 500～600m，均应设置油水分离器，在温差大的地区，当管路直线长度超过200m时，应设伸缩器；

三、管路的连接宜选用快速接头；

四、连接风动机具胶管的内径，应比机具接风口管的内径大一级。

第 9.6.3 条 空气压缩机站的设置，应符合下列要求：

一、地面临时空气压缩机站，应设在用风负荷中心；

二、站址应选择在空气清洁、通风良好的地方，距矸石山、出风井、烟筒等产生尘埃和废气的地点不宜小于 150m；

三、井下的临时空气压缩机站，应设在设备运输方便、空气流畅的进风巷道中；

四、各空气压缩机之间的通道宽度，不宜小于1.5m。

第 9.6.4 条 风包的设置，应符合下列规定：

一、地面应设在阴凉处，井下应设在空气流畅的地方；

二、应装设超温保护设施；

三、应装设动作可靠的安全阀和放水阀；

四、出口的管路上应设释压阀，释压阀的口径不得小于出风管的直径；

五、新安装或检修后的风包，应用 1.5 倍工作压力做水压试验。

第七节　信号与通讯

第 9.7.1 条 信号的设置，应符合下列规定：

一、每一台提升绞车，均应有独立的信号系统；

二、井口与绞车房之间，应采用数码显示的声光兼备的信号装置，并应设置直通电话；

三、除箕斗提升外，所有提升信号必须经过井口信号工转发，严禁井下与绞车房直接用信号联系；

四、信号电源应独立可靠，并有电源指示灯；

五、信号系统应简单、可靠，信号应清楚易辨，系统上应做到联锁严密。

第 9.7.2 条 立井、斜井的信号设置应符合下列规定：

一、立井：

1.井筒施工时，每个工作地点都应设置独立的信号装置，掘进和砌壁平行作业时，从吊盘和掘进工作面所发出的信号必须有明显的区别；

2.井筒施工期间，应设置井盖门安全信号，当吊桶上升距井盖门40～50m时，信号铃应自动发出有声信号；

3.罐笼提升，井口安全门与提升信号系统，必须设置闭锁装置。

二、斜井：

1.运送人员的斜井，必须装设可在运行途中向绞车司机发送紧急信号的装置；

2.多水平运输时，各水平所发出的信号必须有区别；

3.甩车场必须设置信号，甩车时必须发出警号。

三、井上和井下信号室，应装设直通电话。

第 9.7.3 条 井下调度室、主要机电设备硐室、保健室和各掘进工作面，均应安装电话。

第 9.7.4 条 架线电机车的调度电话，宜利用其馈电线作为载波电话线，采用载波机通讯。

第 9.7.5 条 在有沼气或煤尘爆炸危险的矿井，井口及井下信号装置和通讯设备，应采用防爆型或安全火花型；在井底车场总进风道或主要进风道，低沼气矿井可采用矿用一般型，高沼气矿井可采用矿用增安型。

第 9.7.6 条 信号系统的各种金属外壳，应可靠接地。

第八节 供 电

第 9.8.1 条 建井期的临时供电，应符合下列规定：

一、35kV及以上等级的电源，宜利用永久电网供电，在远离电力网的偏僻地区，永久电网供电困难时，可利用其它施工电源；

二、立井施工宜设置两回电源线路，总降压变电所设2台主变压器，当1条线路1台主变压器停电时，另1条线路1台主变压器应能保证Ⅰ级负荷的正常供电；

三、斜井或平硐施工可设置一回电源线路，总降压变电所设1台主变压器，当井下涌水量较大，或有煤与沼气突出、煤尘爆炸危险的矿井，应设置2回电源线路和2台主变压器，或选其它电源作为升降人员和主要通风、排水的备用电源。

临时变电所的结线，应简单可靠，操作安全。

第 9.8.2 条 井下各级配电电压和各种电气设备的额定电压等级，应符合下列要求：

一、高压不应超过7000V；

二、低压不应超过1200V，动力宜选用660V；

三、照明、手持式电气设备和信号装置的额定电压，不应超过127V；

四、远距离控制线路的额定电压，不宜超过36V。

第 9.8.3 条 地面中性点直接接地的变压器或发电机不得直接向井下供电，井下的配电变压器中性点不得直接接地，专供架线电机车变流设备用的专用变压器不受此限。

第 9.8.4 条 井下的临时供电，宜利用永久设施。当条件不允许时，应优先选用移动变电站。应设置临时变电所时，所需硐室或巷道，应符合下列要求：

一、硐室或巷道必须用不燃性材料支护；

二、通风良好，变电设备运行期间环境温度与邻近巷道的温差不应大于 5 ℃；

三、硐室的规格，应符合变配电设备的运输、安装及检修的要求。

第 9.8.5 条 电缆的选择和敷设，当符合下列规定：

一、电缆应根据环境特点和使用条件，按国家现行安全规定的规定选择；

二、临时供电电缆的敷设，应能随工作面向前推进逐步延长，并便于回收；

三、严格防止电缆的扭伤和弯曲，电缆允许的最小弯曲半径与电缆外径的倍数按表9.8.5的规定执行；

四、电缆的金属外皮和金属电缆接线盒及保护铁管等应可靠接地。

电缆允许的最小弯曲半径与电缆外径倍数　　表 9.8.5

电缆型号		倍数
油浸纸绝缘铅包电力电缆	对铝包外径＜40mm	25
	对铝包外径＞40mm	30
油浸纸绝缘铅包铠装电力电缆		15
油浸纸绝缘裸铅包、沥青纤维绕包电力电缆		20
油浸纸绝缘铅包或铅包单芯电力电缆		25
干绝缘油质铅包、多芯电缆		25
橡胶或塑料绝缘电力电缆（多芯或单芯）	有铠装	10
	无铠装塑料绝缘	8
	无铠装橡胶绝缘	6

第十章 工 业 卫 生

第一节 一 般 规 定

第 10.1.1 条 矿山井巷工程施工的工业卫生，除应符合本规范外，尚应符合国家现行有关标准、规范的规定。

第 10.1.2 条 施工组织设计中，应有矿井工业卫生的治理措施。

第 10.1.3 条 井巷工程的施工，应保持巷道整洁、水沟畅通。

第 10.1.4 条 井下废水的排放，宜利用永久净化设施处理，防止污染。

第 10.1.5 条 井巷工程施工时，工业卫生应定期监督与检测，检测的内容应符合下列规定：

一、每年的雨季和旱季、高温和严寒季节，应分别测定井巷中的气温与相对湿度，高温矿井应每班进行检测；

二、井下作业地点，粉尘浓度的测定每月不应少于2次；粉尘中游离二氧化硅含量的测定每年不应少于1次，当工作面或煤岩种类改变时，应及时进行测定，有条件时应进行粉尘分散度的测定；

三、噪声测定每年不应少于2次；

四、井下水质化验，每季不应少于1次；

五、放射线及其它危害人体、污染环境的尘、毒等因素的检测，应按国家现行有关规程的规定执行。

凡不符合规定的必须采取治理措施。

第 10.1.6 条 有氡气放射性危害的矿井，必须加强作业地点的安全防护措施，氡气中的氡、氡子体的浓度不得超过国家现行有关规定的标准。

第 10.1.7 条 井下接触粉尘、毒物及放射线的作业人员，每年应进行1次体格检查。

第二节 井下热害的防治

第 10.2.1 条 井巷工程施工时，工作面的相对湿度为90%时，空气的温度不得超过28°C，超过时应采取以下措施：

一、加强通风，提高风速，适当增大风量；

二、隔绝热源；

三、减湿降温或增湿降温；

四、人员集中处可采用压气引射器、水风扇，增加人体舒适感；

五、当上述措施不足以消除井下热害时，可采用人工制冷降温。

第 10.2.2 条 人工制冷可采用地面集中制冷、井下集中制冷、井下分散制冷3种方式。

制冷降温时，应适当控制工作面与巷道间的温差不得过大，一般温度降幅宜为5°C左右。

第 10.2.3 条 人工制冷降温时，应符合下列规定：

一、制冷机安设在井下，不得用氨作制冷剂；

二、制冷过程中，应严格控制制冷剂的漏失，工作地点空气中有害物质的浓度应符合表10.2.3的规定。

第 10.2.4 条 制冷降温用的冷却水与冷媒水的管道安装，其隔热层的包缠应严密。

第 10.2.5 条 在地温异常或有热水涌出的矿区施工

工作地点空气中有害物质的最高允许浓度

表 10.2.3

物质名称	最高允许浓度(mg/m^3)
氨	30
氟化物(换算成F)	1

时，应按国家现行《矿山安全条例》的规定编制专门施工措施，报请上级主管部门批准后方可施工。

第 10.2.6 条 冬季施工的矿井，应设空气加热设备和防寒设施，进风井内的空气温度应在 2 ℃以上。

第三节 井下粉尘的防治

第 10.3.1 条 井下作业地点空气中的粉尘浓度，应符合下列规定：

一、粉尘中游离二氧化硅含量大于10%，最高允许浓度为$2mg/m^3$；

二、粉尘中游离二氧化硅含量小于10%，最高允许浓度为$10mg/m^3$；

三、水泥粉尘中二氧化硅含量小于10%，最高允许浓度为$6mg/m^3$。

第 10.3.2 条 井巷工程的施工，必须采取湿式凿岩、水封爆破、放炮喷雾、洒水出矸、冲刷岩帮、加强通风等综合防尘措施，对主要进风大巷、掘进工作面及扇风机的入风口附近应设置水幕。

第 10.3.3 条 井巷工程的施工，应采用机械通风，风速、风量应符合国家现行有关安全规程的规定。

第 10.3.4 条 喷射混凝土的降尘措施，宜符合下列规定：

一、采用近距离喷射，喷射压力宜为0.1MPa～0.12MPa，喷头与受喷面应垂直，距离宜为0.6m～1.0m；

二、在距喷头3m～4m处，用双水环预加水；

三、在喷射机或混合料搅拌处，设置集尘器或除尘喷雾装置；

四、加强作业区的局部通风；

五、加强个体防护。

第四节 井下噪声的防治

第 10.4.1 条 井巷工程施工时，作业地点的噪声不得超过90dB（A），超过时应采取消声、吸声、隔声、减振等技术措施，达不到标准的必须使用个体防护用具。

第 10.4.2 条 井巷工程施工时，选用新的施工设备，应符合声级标准。

第五节 井下照明

第 10.5.1 条 井下的照明应有合理的照度，良好的显色性和稳定性。

第 10.5.2 条 井下的照明装置必须安全，控制方式应简单可靠。

第 10.5.3 条 井筒施工的照明，宜采用矿用防水型灯具，在有沼气的地点，应采用矿用防爆型灯具。

第 10.5.4 条 巷道施工的照明，应根据矿井沼气等级，分别采用防爆型或矿用安全型萤光灯和普通白炽灯。

第 10.5.5 条 矿灯应完好，破损、漏液或亮度不够的不得使用，矿灯每充电一次，使用时间不应少于11h。

第 10.5.6 条 天井、溜井等危险地带，应有明显的灯光显示。施工设备用的照明设施必须保持完好。

附录一 水文地质条件分类

一、水文地质符合下列条件之一时，宜划为简单类型。

1.矿层离含水层较近，含水层充水空间不发育，与地表水无水力联系，单位涌水量小于0.1L/s·m；

2.矿层离含水层较远，含水层充水空间发育，矿层与含水层之间岩层结构致密，具有良好的隔水层，且断层导水性微弱。

二、水文地质符合下列条件之一时，宜划为中等类型。

1.矿层顶板或底板接近含水层，含水层充水空间较发育，单位涌水量为0.1～1.0L/s·m；

2.矿层与含水层之间有隔水层，但不稳定，断层导水性弱，地表水与地下水无水力联系，或有水力联系，但对矿层开采无甚影响。

三、水文地质符合下列条件之一时，宜划为复杂类型。

1.矿层顶板或底板直接与含水层接触，含水层充水空间发育，单位涌水量大于1.0L/s·m；

2.矿层顶板或底板不与含水层直接接触，但含水层位于拟建巷道顶板裂隙范围内，或底板隔水层强度不足以抵抗含水层静水压力的破坏；

3.地质构造复杂，断层导水，地下水与地表水有水力联系。

附录二 围岩分类

分类 类别	分类 名称	岩层描述	岩种举例
Ⅰ	强稳定岩层	1.坚硬、完整、整体性强，不易风化，$R_b>60MPa$ 2.层状岩层，层间胶结好，无软弱夹层	玄武岩、石英岩、石英质砂岩、奥陶纪石灰岩、茅口石灰岩
Ⅱ	稳定岩层	1.比较坚硬，$R_b=40\sim60MPa$ 2.层状岩层，胶结较好 3.坚硬块状岩层，裂隙面闭合无泥质充填物，$R_b>60MPa$	砾岩、胶结好的砂岩、石灰岩
Ⅲ	中等稳定岩层	1.中硬岩层，$R_b=20\sim40MPa$ 2.层状岩层以坚硬为主，夹有少数软岩层 3.较坚硬的块状岩层，$R_b=40\sim60MPa$	砂岩、砂质泥岩、粉砂岩、石灰岩等
Ⅳ	弱稳定岩层	1.较软岩层，$R_b<20MPa$ 2.中硬层状岩层 3.中硬块状岩层，$R_b=20\sim40MPa$	泥岩、胶结不好的砂岩、煤等
Ⅴ	不稳定岩层	1.高风化，潮解的松软岩层 2.各类破碎岩层	泥岩、软质灰岩、破碎砂岩等

附录三　井壁混凝土强度超声检测法

一、声速V的测定，应在被检测的井壁上每隔20m划1个测区，每个测区设2～4个测点，每个测点取声值5个以上时，舍去最大值和最小值，取其平均值，求出该区混凝土的声速V。

二、测点的设置应采用并置法，测试时换能器与被测体的表面应有良好的声耦合，并应避开干扰，确保声波信息稳定。

三、应采用现场预留的混凝土试块或根据现场的混凝土材料品种和配合比制作的标准试块，建立适用于本工程的R-V相关曲线和R-V相关方程，将测出的声速值V代入该方程，求得被测混凝土的抗压强度值R。

四、建立相关方程的混凝土试件的数量不应少于30块，其规格应采用15×15×15cm立方体。同一组试件进行超声检测后，应在试验机上进行抗压强度试验。

五、当被测定的现场没有条件建立R-V相关方程时，可按附表3选用近似的R-V相关方程，求得混凝土抗压强度值。

当选用近似的相关方程时，现场应预留不少于9块混凝土试块，进行抗压强度和超声检测试验，得出修正系数K，并用下式求得被测混凝土的抗压强度值R。

$$R = KR_{V1}$$

式中　R——被测混凝土的抗压强度值；

附表3

部分混凝土R-V回归关系

混凝土强度等级	水灰比	水泥品种和标号	配合比(重量比)			回归方程类型	回归系数			方程误差(%)	使用范围
			水泥	砂子	石碴		A	B	C		
C8	0.85	火山灰水泥325	1	3.19	5.44	$R=AV^2+BV+C$	-20.03	279.35	-685.60	3.61	$3.0\leqslant V\leqslant5.0$
C8	0.85	矿渣水泥 325	1	3.19	5.44	$R=Ae^{BV}$	2.62	0.93		0.52	$3.0\leqslant V\leqslant5.0$
C13	0.67	火山灰水泥325	1	2.24	4.54	$R=Ae^{BV}$	0.719	1.23		3.49	$3.0\leqslant V\leqslant5.0$
C13	0.67	矿渣水泥 325	1	2.24	4.54	$R=AV^2+BV+C$	2.05	65.84	-183.98	1.97	$3.0\leqslant V\leqslant5.0$
C13	0.67	普通水泥 325	1	2.24	4.54	$R=AV^2+BV+C$	249.25	-1818.28	3361.80	8.24	$3.0\leqslant V\leqslant5.0$
C18	0.55	火山灰水泥325	1	1.68	3.74	$R=Ae^{BV}$	6.57×10^{-4}	8.43		0.18	$3.0\leqslant V\leqslant5.5$
C18	0.55	矿渣水泥 325	1	1.68	3.73	$R=Ae^{BV}$	5.10	1.30		3.95	$3.0\leqslant V\leqslant5.5$
C18	0.55	普通水泥 325	1	1.68	3.73	$R=Ae^{BV}$	4.75	1.34		4.79	$3.0\leqslant V\leqslant5.5$
C18	0.55	普通水泥 425	1	2.00	1.50	$R=AV^2+BV+C$	44.40	-125.80	75.60	0.05	$3.7\leqslant V\leqslant5.5$
C23	0.456	火山灰水泥325	1	1.333	3.176	$R=Ae^{BV}$	5.27×10^{-7}	13.00		8.23	$3.7\leqslant V\leqslant5.5$
C23	0.463	矿渣水泥 325	1	1.363	3.176	$R=AV^2+BV+C$	152.89	-1207.38	2542.14	7.13	$3.7\leqslant V\leqslant5.5$
C28	0.40	普通水泥 425	1	1.45	3.38	$R=AV^2+BV+C$	125.41	-893.51	1671.63	0.86	$3.7\leqslant V\leqslant5.5$
C28	0.44	普通水泥 425	1	1.28	3.12	$R=AV^2+BV+C$	1038.04	-9829.52	22332.39	0.08	$4.0\leqslant V\leqslant5.5$

注：①V——超声对穿速度km/s，R——混凝土抗压强度MPa。

②混凝土强度等级换算，应符合现行国家标准《混凝土设计规范》的有关规定。

R_{V1}——选用近似的R-V方程计算的强度值；

$$K=\frac{1}{n}\sum_{i=1}^{n}\frac{R_i}{R_{V1}}$$

n——试块数；

R_i——现场预留的混凝土试块强度值。

六、井壁的平均强度 $\bar{R}=\frac{1}{n}\sum_{i=1}^{n}R_i$，各测区的强度均不应低于$0.75\bar{R}$，低于$0.85\bar{R}$的测区数不超过总测数的20%，$\bar{R}$即代表井壁强度。

附录四　喷射混凝土试块的切割制作法

一、钻取法：用钻机在已喷好的经28d养护的实际结构物上直接钻取直径50mm，长度大于50mm的芯样，用切割机加工成两端面平行的圆柱体试块，进行试验。

二、喷大板切割法：将混凝土喷在35cm×45cm×12cm或20cm×45cm×12cm的模板内。喷射时与实际结构物部位相同，并在相同条件下养护28d，用切割机去掉围边，加工成10cm×10cm×10cm立方体试块，进行试验。

三、凿方切割法：在已喷好的经14d左右养护的实际结构物上用凿岩机打密排钻孔，取出长约35cm、宽约15cm的混凝土块，用切割机加工成10cm×10cm×10cm立方体试块，养护至28d进行试验。

附录五　混凝土、喷射混凝土强度和锚杆抗拔力的检查与验收

一、同批混凝土、喷射混凝土抗压强度，应以同批内标准试块或芯样的抗压强度代表值来评定。同批试块或芯样是指在相同设计要求下，原材料和配合比基本相同的试块或芯样。

二、施工中预留试块或施工后钻取芯样数量：立井及天井、溜井每20m～30m，巷道每30m～50m，不得少于1组；1000m³以上的硐室不得少于5组，500cm³～1000m³的硐室不得少于3组，500m³以下硐室不得少于2组；设备基础1～2组。材料或配合比变更时，应另作1组。试块每组3块，芯样每组5个。试块应在井、巷同样条件下养护。

三、每组试块或芯样的抗压强度代表值为3个试块或5个芯样试验结果的平均值（四舍五入取整数），3个试块或5个芯样中的过大或过小的强度值，与中间值相比超过15%时，可用中间值代表该组的强度。

四、混凝土强度的合格条件，按国家现行标准《混凝土强度检验评定标准》的规定执行。

五、用钻取法所钻取的混凝土芯样经加工成的试块验收时，应将其换算为标准试块的强度，换算系数或公式应通过相同情况下的对比试验求得。

六、锚杆的试验数量：巷道每30m～50m，锚杆在300根以下，抽样不少于1组；300根以上，每增加1～300根，相应多抽样1组。设计或材料变更，应另抽1组。每组锚杆不得少于3根。

七、锚杆质量的合格条件，按国家现行标准《锚杆喷射混凝土支护技术规范》的规定执行。

附录六　名词解释

名　称	曾用名	解　释
表　土		系指覆盖于基岩之上的冲积层和岩石风化带
旷　帮	空　帮	指井筒或巷道的实际掘进断面大于设计断面的部分
不支护段	空帮、空顶	指井筒或巷道工作面距支护端面之间没有支护的高度或长度
内　径	净　径	指井筒建成后的直径
外　径	荒　径	指井筒掘进时的直径
平行作业		立井井筒或巷道的施工，掘进与永久支护的两大工序在不同的空间内同时进行的作业方式
单行作业		立井井筒或巷道的施工，掘进与永久支护的两大工序分别顺序施工的作业方式
短段混合作业	短段掘砌	这种作业方式同单行作业方式相似，但掘进与永久支护的两大工序频繁交替，即短段掘进与支护，而不用临时支护的作业方式
煤与沼气突出	煤与瓦斯突出	在压力状态下，在很短的时间内，煤与沼气同时大量喷出
形位偏差		是表面形状偏差及表面位置偏差的简称，包括不垂直度、不平行度、不平度、同心度、扁圆度等偏差
细料石		形状规则的六面体，经细加工，表面凸凹深度不大于2mm，厚度和宽度均不小于200mm，长度不大于厚度的3倍

续表

名　称	曾用名	解　释
粗料石		除表面的凸凹深度不大于20mm外，其它规格与细料石同
锅　底	井壁底	钻井法施工的井筒，其井壁是在地面预制的，为悬浮下沉需要，第一节井壁底部是全封闭的，呈锅状，称为锅底
冻结壁的变形压力	冻结压力	在地压作用下冻结壁因变形而施加给外井壁的压力，即冻结壁的变形压力。冻结壁的平均温度越低，其强度越大，变形压力越小；反之，则相反
护　井	套　井	护井又称导向槽或导墙，是在要施工的帷幕的两侧修筑的钢筋混凝土环形短壁，内环短壁称内护井，外环短壁称外护井，内外壁构成环形沟槽，在造孔时起导向、贮存泥浆和维护孔口稳定的作用
槽　孔		把要施工的帷幕沿圆周共分为若干段，在段内又划分为主孔和副孔，主孔为圆孔，副孔就是两相邻主孔之间的鼓形土体，造孔时先钻主孔后打副孔，使主孔与主孔连续贯通起来，该段全部主孔贯通后所形成的深槽称为槽孔
造　孔		帷幕法施工，在井筒外围，需按设计规定施工帷幕槽孔，采用冲击钻机分段凿成槽孔的工艺称为造孔
残留小墙		在劈打副孔时，位置要找正，对两主孔之间的鼓形土墙要打准，如打偏，则留下近似三角形的小土墙，称为残留小墙
接头孔		两槽孔的连接孔称接头孔
天井、溜井	暗　井	凡自下一水平层至上一水平层用作提升、溜放矿石，通风、上下人员、运送材料或敷设管线的立井称天井，专为溜放矿石的立井或倾斜巷道称为溜井

续表

名称	曾用名	解释
基槽	截口	指在安装防水门部位的围岩中所开凿的一般为90°齿状壁槽，以增强硐室的承压能力
锚杆基础		锚杆基础一词出自“冶金矿山设计参考资料”一书，即用锚杆代替地脚螺栓将机械设备直接固定在硐室(巷道)底板岩石上，岩面凸凹不平，用混凝土找平
杂散电流		是指存在于预设的电源网路之外的电流，其主要来源一般为：1.电气牵引网路流经金属物(指铺轨以外的金属物)或大地返回直流变电所的电流；2.动力和照明交流电路的漏电；3.大地自然电流；4.雷电和电磁辐射的感应电流等
组合罐道		用型钢组合焊接而成的中空矩形钢罐道
楔形环		这是一种不用绳卡的绳环，它是利用楔形装置的作用，当钢丝绳拉紧时，绳楔压进绳套，将钢丝绳自由端压住，使绳头不能脱出
翻转提升		井架地面组装好，用抱杆扳起预先组装好的井架躯体，使之直接立于板梁上的设计位置，这种起立井架的方式叫做翻转提升
绷绳		绷绳又称把线，使抱杆保持稳定，并承受抱杆的荷载
牵绳		为井架起立时副绞车的牵引绳，井架起立过程中该绳不承受荷载，当井架竖立后，该绳立即绷紧，保持井架稳定
其它绳		指做绳套、绑滑轮等用的钢丝绳
井筒装备		井筒内安装的供提升、排水、通风、供电等的设施，统称为井筒装备，包括井上下套架、罐道、罐道梁、梯子间、各种管和缆线等

附录七　本规范用词说明

一、为便于在执行本规范条文时区别对待，对要求严格程度不同的用词说明如下。

1.表示很严格，非这样做不可的：

正面词采用“必须”，

反面词采用“严禁”。

2.表示严格，在正常情况下均应这样做的：

正面词采用“应”，

反面词采用“不应”或“不得”。

3.表示允许稍有选择，在条件许可时首先应这样做的：

正面词采用“宜”或“可”，

反面词采用“不宜”。

二、条文中指定应按其它有关标准、规范执行时，写法为“应符合……的规定”。

附加说明

本规范主编单位、参加单位和主要起草人名单

主编单位： 原煤炭工业部基建司

参加单位： 化学工业部矿山局

中国有色金属工业总公司矿业部

原核工业部矿业局

主要起草人： 崔增祁　陈明华　张文琰　张祖方

张达之　李玉池　李忠民　杨晓春

刁魁生　杨世凯

中华人民共和国行业标准

钢筋焊接及验收规程

Specification for Welding and Acceptance of Reinforcing Steel Bars

JGJ 18—96

主编单位：陕西省建筑科学研究设计院
批准部门：中华人民共和国建设部
施行日期：1997年6月1日

关于发布行业标准《钢筋焊接及验收规程》的通知

建标［1996］631号

各省、自治区、直辖市建委（建设厅），各计划单列市建委，国务院有关部门：

根据建设部建标［1991］413号文的要求，由陕西省建筑科学研究设计院主编修订的《钢筋焊接及验收规程》，业经审查，现批准为行业标准，编号JGJ18—96，自1997年6月1日起施行。原《钢筋焊接及验收规程》JGJ18—84同时废止。

本规程由建设部建筑工程标准技术归口单位中国建筑科学研究院归口管理，由陕西省建筑科学研究设计院负责具体解释等工作。

本规程由建设部标准定额研究所组织出版。

中华人民共和国建设部

1996年12月23日

1 总　　则

1.0.1 为了在钢筋焊接施工中采用合理的焊接工艺和统一质量验收标准，做到技术先进，确保质量，制订本规程。

1.0.2 本规程适用于工业与民用建筑物、构筑物的混凝土结构中的钢筋焊接施工及质量检查与验收。

1.0.3 从事钢筋焊接施工的焊工必须持有焊工考试合格证，才能上岗操作。

1.0.4 在进行钢筋焊接施工及质量检查与验收时，除按本规程规定执行外，尚应符合相关的国家现行标准的规定。

2 术　　语

2.0.1 钢筋电阻点焊 resistance spot welding of reinforcing steel bar

将两钢筋安放成交叉叠接形式，压紧于两电极之间，利用电阻热熔化母材金属，加压形成焊点的一种压焊方法。

2.0.2 钢筋闪光对焊 flash butt welding of reinforcing steel bar

将两钢筋安放成对接形式，利用电阻热使接触点金属熔化，产生强烈飞溅，形成闪光，迅速施加顶锻力完成的一种压焊方法。

2.0.3 钢筋电弧焊 arc welding of reinforcing steel bar

以焊条作为一极，钢筋为另一极，利用焊接电流通过产生的电弧热进行焊接的一种熔焊方法。

2.0.4 钢筋窄间隙电弧焊 narrow-gap arc welding of reinforcing steel bar

将两钢筋安放成水平对接形式，并置于铜模内，中间留有少量间隙，用焊条从接头根部引弧，连续向上焊接，完成的一种电弧焊方法。

2.0.5 钢筋电渣压力焊 electroslag pressure welding of reinforcing steel bar

将两钢筋安放成竖向对接形式，利用焊接电流通过两钢筋端面间隙，在焊剂层下形成电弧过程和电渣过程，产生电弧热和电阻热，熔化钢筋，加压完成的一种压焊方法。

2.0.6 钢筋气压焊 gas pressure welding of reinforcing steel bar

采用氧乙炔火焰或其它火焰对两钢筋对接处加热，使其达到塑性状态，或熔化状态后，加压完成的一种压焊方法。

2.0.7 预埋件钢筋埋弧压力焊 submerged-arc pressure welding of reinforcing steel bar at prefabricated components

将钢筋与钢板安放成T型接头形式，利用焊接电流通过，在焊剂层下产生电弧，形成熔池，加压完成的一种压焊方法。

2.0.8 压入深度 pressed depth

在焊接骨架或焊接网的电阻点焊中，两钢筋（丝）相互压入的深度 d_y（图 2.0.8）。

2.0.9 焊缝余高 reinforcement；excess weld metal

焊缝表面焊趾连线上的那部分金属的高度 h_y（图 2.0.9）。

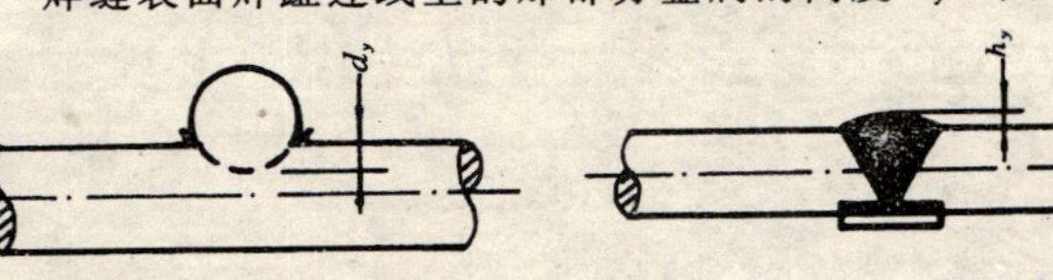

图 2.0.8 压入深度

图 2.0.9 焊缝余高

2.0.10 熔合区 bond

焊接接头中，焊缝与热影响区相互过渡的区域。

2.0.11 热影响区 heat-affected zone

焊接或切割过程中，钢筋母材因受热的影响（但未熔化），使金属组织和力学性能发生变化的区域。

2.0.12 延性断裂 ductile fracture

伴随明显塑性变形而形成延性断口（断裂面与拉应力垂直或倾斜，其上具有细小的凹凸，呈纤维状）的断裂。

2.0.13 脆性断裂 brittle fracture

几乎不伴随塑性变形而形成脆性断口（断裂面通常与拉应力垂直，宏观上由具有光泽的亮面组成）的断裂。

3 材　　料

3.0.1 适用于本规程的焊接钢筋，其性能应分别符合下列现行国家标准的规定：

《钢筋混凝土用热轧带肋钢筋》GB 1499；

《钢筋混凝土用热轧光圆钢筋》GB 13013；

《钢筋混凝土用余热处理钢筋》GB 13014；

《冷轧带肋钢筋》GB 13788；

《普通低碳钢热轧圆盘条》GB 701。

冷拔低碳钢丝的力学性能应符合现行国家标准《混凝土结构工程施工及验收规范》GB 50204 的规定。

3.0.2 预埋件接头、熔槽帮条焊接头和坡口焊接头中的钢板和型钢，宜采用低碳钢或低合金钢，其性能应符合现行国家标准《碳素结构钢》GB 700 或《低合金结构钢》GB 1591 的规定。

3.0.3 电弧焊所采用的焊条，其性能应符合现行国家标准《碳钢焊条》GB 5117 或《低合金钢焊条》GB 5118 的规定，其型号应根据设计确定；若设计无规定时，可按表 3.0.3 选用。

钢筋电弧焊焊条型号　　表3.0.3

钢筋级别	电弧焊接头型式			
	帮条焊 搭接焊	坡口焊 熔槽帮条焊 预埋件穿孔塞焊	窄间隙焊	钢筋与钢板搭接焊 预埋件T型角焊
Ⅰ	E4303	E4303	E4316 E4315	E4303
Ⅱ	E4303	E5003	E5016 E5015	E4303
Ⅲ	E5003	E5503	E6016 E6015	—

注：窄间隙焊不适用于余热处理Ⅲ级钢筋。

3.0.4 当采用低氢型碱性焊条时，应按使用说明书的要求烘焙，且宜放入保温筒内保温使用；酸性焊条若在运输或存放中受潮，使用前亦应烘焙后方能使用。

3.0.5 在电渣压力焊和埋弧压力焊中所用的焊剂，可采用HJ431焊剂。

3.0.6 焊剂应存放在干燥的库房内，当受潮时，在使用前应经250～300℃烘焙2h。

使用中回收的焊剂应清除熔渣和杂物，并应与新焊剂混合均匀后使用。

3.0.7 凡施焊的各种钢筋、钢板均应有材质证明书或试验报告单。焊条、焊剂应有合格证。各种焊接材料应分类存放和妥善管理，并应采取防止锈蚀、受潮变质的措施。

3.0.8 氧气的质量应符合现行国家标准《工业用气态氧》GB 3863的规定，其纯度应大于或等于99.5%；乙炔的质量应符合现行国家标准《溶解乙炔》GB 6819的规定，其纯度应大于或等于98.0%。

4 钢筋焊接

4.1 一般规定

4.1.1 钢筋焊接时，各种焊接方法的适用范围应符合表4.1.1的规定。

钢筋焊接方法的适用范围　　表4.1.1

焊接方法		接头型式	适用范围：钢筋级别	适用范围：钢筋直径(mm)
电阻点焊			 热轧Ⅰ、Ⅱ级 冷拔低碳钢丝甲、乙级 冷轧带肋钢筋	6～14 3～5 4～12
闪光对焊			 热轧Ⅰ～Ⅲ级 热轧Ⅳ级 余热处理Ⅲ级	10～40 10～25 10～25
电弧焊：帮条焊	双面焊		热轧Ⅰ～Ⅲ级 余热处理Ⅲ级	10～40 10～25
电弧焊：帮条焊	单面焊		热轧Ⅰ～Ⅲ级 余热处理Ⅲ级	10～40 10～25
电弧焊：搭接焊	双面焊		热轧Ⅰ～Ⅲ级 余热处理Ⅲ级	10～40 10～25
电弧焊：搭接焊	单面焊		热轧Ⅰ～Ⅲ级 余热处理Ⅲ级	10～40 10～25

续表

焊接方法		接头型式	适用范围	
			钢筋级别	钢筋直径 (mm)
电弧焊	熔槽帮条焊		热轧Ⅰ～Ⅲ级 余热处理Ⅲ级	20～40 25
电弧焊	坡口焊 平焊		热轧Ⅰ～Ⅲ级 余热处理Ⅲ级	18～40 18～25
电弧焊	坡口焊 立焊		热轧Ⅰ～Ⅲ级 余热处理Ⅲ级	18～40 18～25
电弧焊	钢筋与钢板搭接焊		热轧Ⅰ、Ⅱ级	8～40
电弧焊	窄间隙焊		热轧Ⅰ～Ⅲ级	16～40
电弧焊	预埋件电弧焊 角焊		热轧Ⅰ、Ⅱ级	6～25
电弧焊	预埋件电弧焊 穿孔塞焊		热轧Ⅰ、Ⅱ级	20～25
电渣压力焊			热轧Ⅰ、Ⅱ级	14～40

续表

焊接方法	接头型式	适用范围	
		钢筋级别	钢筋直径 (mm)
气压焊		热轧Ⅰ～Ⅲ级	14～40
预埋件埋弧压力焊		热轧Ⅰ、Ⅱ级	6～25

注：1. 电阻点焊时，适用范围的钢筋直径系指较小钢筋的直径；

2. 气压焊的适用范围系指热轧Ⅰ级钢筋、Ⅱ级钢筋和 20MnSiV、20MnTi Ⅲ级钢筋。

4.1.2 电渣压力焊应用于柱、墙、烟囱、水坝等现浇混凝土结构中竖向受力钢筋的连接；不得用于梁、板等构件中水平钢筋的连接。

4.1.3 含有焊接接头的钢筋在冷拉过程中，若在接头部位发生断裂时，可切除热影响区后再焊再拉；但不得多于两次。且其冷拉工艺与要求应符合现行国家标准《混凝土结构工程施工及验收规范》GB 50204 的规定。

4.1.4 在工程开工或每批钢筋正式焊接之前，应进行现场条件下的焊接性能试验。合格后，方可正式生产。试件数量与要求，应与质量检查与验收时相同。

4.1.5 钢筋焊接施工之前，应清除钢筋或钢板焊接部位和与电极接触的钢筋表面上的锈斑、油污、杂物等；钢筋端部当有弯折、扭曲时，应予以矫直或切除。

4.1.6 进行电阻点焊、闪光对焊、电渣压力焊，或埋弧压力焊时，应随时观察电源电压的波动情况。对于电阻点焊或闪光对焊，当电源电压下降大于5%、小于8%时，应采取提高焊接变压器级数的措施；当大于或等于8%时，不得进行焊接。对于电渣压力焊或埋弧压力焊，当电源电压下降大于5%时，不宜进行焊接。

4.1.7 焊机应经常维护保养和定期检修，确保正常使用。

4.1.8 对从事钢筋焊接施工的班组及有关人员应经常进行安全生产教育，执行现行国家标准《焊接与切割安全》GB 9448中有关规定，并应制定和实施安全技术措施，加强焊工的劳动保护，防止发生烧伤、触电、火灾、爆炸以及烧坏焊接设备等事故。

4.2 钢筋电阻点焊

4.2.1 混凝土结构中的钢筋焊接骨架和钢筋焊接网，宜采用电阻点焊制作。

4.2.2 在焊接骨架中，较小钢筋直径小于或等于10mm时，大、小钢筋直径之比不宜大于3；当较小钢筋直径为12mm或14mm时，大、小钢筋直径之比，不宜大于2。

注：较小钢筋系指焊接骨架、焊接网两根不同直径钢筋焊点中直径较小的钢筋。

4.2.3 钢筋焊接网可由热轧Ⅰ级钢筋、Ⅱ级钢筋、冷轧带肋钢筋或冷拔低碳钢丝制成。

焊接网的纵向钢筋可采用单根钢筋或双根钢筋；横向钢筋应采用单根钢筋（图4.2.3）。

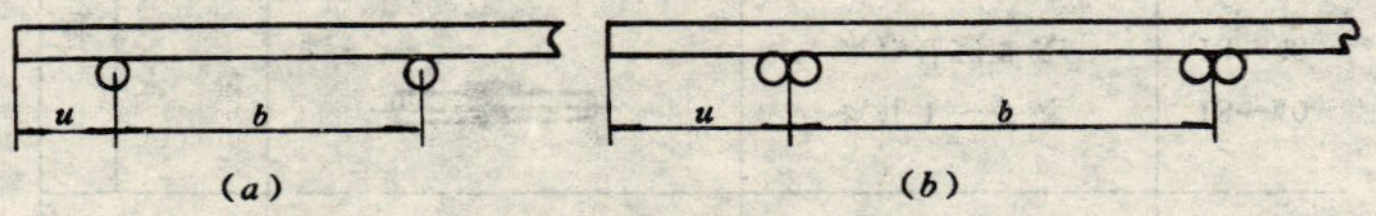

(a)　(b)

图4.2.3 焊接网纵向钢筋和横向钢筋
(a) 纵向单根钢筋；(b) 纵向双根钢筋
u—伸出长度；b—钢筋间距

4.2.4 焊接网的纵向、横向钢筋均为单根钢筋时，钢筋的直径应符合下式要求：

$$d_{min} \geqslant 0.6d_{max}$$

式中 d_{max}——较大钢筋的公称直径；

d_{min}——较小钢筋的公称直径。

4.2.5 当纵向钢筋采用双根钢筋时，钢筋的直径应符合下式要求：

$$0.7d_t \leqslant d_l \leqslant 1.25d_t$$

式中 d_l——横向钢筋的公称直径；

d_t——双根钢筋之一的公称直径。

4.2.6 电阻点焊的工艺过程应包括预压、通电、锻压三个阶段。

4.2.7 电阻点焊应根据钢筋级别、直径及焊机性能等具体情况，选择变压器级数、焊接通电时间和电极压力。

当采用DN3—75型点焊机焊接Ⅰ级钢筋和冷拔低碳钢丝时，焊接通电时间应符合表4.2.7-1的规定；电极压力应符合表4.2.7-2的规定。

焊接通电时间（s）　表4.2.7-1

变压器级数	较小钢筋直径（mm）							
	3	4	5	6	8	10	12	14
1	0.08	0.10	0.12	—	—	—	—	—
2	0.05	0.06	0.07	—	—	—	—	—
3	—	—	—	0.22	0.70	1.50	—	—
4	—	—	—	0.20	0.60	1.25	2.50	4.00
5	—	—	—	—	0.50	1.00	2.00	3.50
6	—	—	—	—	0.40	0.75	1.50	3.00
7	—	—	—	—	—	0.50	1.20	2.50

注：点焊Ⅰ级钢筋或冷轧带肋钢筋时，焊接通电时间可延长20%～25%。

电极压力 (N)　　表4.2.7-2

较小钢筋直径 (mm)	Ⅰ级钢筋 冷拔低碳钢丝	Ⅰ级钢筋 冷轧带肋钢筋
3	980～1470	—
4	980～1470	1470～1960
5	1470～1960	1960～2450
6	1960～2450	2450～2940
8	2450～2940	2940～3430
10	2940～3920	3430～3920
12	3430～4410	4410～4900
14	3920～4900	4900～5880

4.2.8 焊点的压入深度应符合下列要求：

a. 热轧钢筋点焊时，压入深度应为较小钢筋直径的25%～45%；

b. 冷拔低碳钢丝、冷轧带肋钢筋点焊时，压入深度应为较小钢筋（丝）直径的25%～40%。

4.2.9 钢筋多头点焊机宜用于冷拔低碳钢丝、冷轧带肋钢筋同规格焊接网的成批生产。当点焊生产时，除符合上述规定外，尚应准确调整好各个电极之间的距离，并应经常检查各个焊点的焊接电流和焊接通电时间。

4.2.10 钢筋点焊时，电极的直径应根据较小钢筋直径选用，并应符合表4.2.10的规定。

电极直径　　表4.2.10

较小钢筋直径 (mm)	电极直径 (mm)
3～10	30
12～14	40

在点焊生产中，应经常保持电极与钢筋之间接触表面的清洁平整；当电极使用变形时，应及时修整。

4.2.11 钢筋点焊生产过程中，应随时检查制品的外观质量，当发现焊接缺陷时，可按表4.2.11查找原因和采取措施，及时消除。

点焊制品焊接缺陷及消除措施　　表4.2.11

缺陷	产生原因	措施
焊点过烧	1. 变压器级数过高； 2. 通电时间太长； 3. 上下电极不对中心； 4. 继电器接触失灵	1. 降低变压器级数； 2. 缩短通电时间； 3. 切断电源，校正电极； 4. 清理触点，调节间隙
焊点脱落	1. 电流过小； 2. 压力不够； 3. 压入深度不足； 4. 通电时间太短	1. 提高变压器级数； 2. 加大弹簧压力或调大气压； 3. 调整两电极间距离符合压入深度要求； 4. 延长通电时间
钢筋表面烧伤	1. 钢筋和电极接触表面太脏； 2. 焊接时没有预压过程或预压力过小； 3. 电流过大； 4. 电极变形	1. 清刷电极与钢筋表面的铁锈和油污； 2. 保证预压过程和适当的预压力； 3. 降低变压器级数； 4. 修理或更换电极

4.3 钢筋闪光对焊

4.3.1 钢筋的对接连接应优先采用闪光对焊；其焊接工艺方法宜按下列规定选择：

a. 当钢筋直径较小，钢筋级别较低，在本规程表4.3.2的规定范围内，可采用“连续闪光焊”；

b. 当超过表中规定，且钢筋端面较平整，宜采用“预热闪光焊”；

c. 当钢筋端面不平整，应采用“闪光-预热闪光焊”。

4.3.2 连续闪光焊所能焊接的钢筋上限直径，应根据焊机容量、钢筋级别等具体情况而定，并应符合表4.3.2的规定。

连续闪光焊钢筋上限直径　　表 4.3.2

焊机容量 (kV·A)	钢筋级别	钢筋直径 (mm)
160	Ⅰ级	25
	Ⅱ级	22
	Ⅲ级	20
100	Ⅰ级	20
	Ⅱ级	18
	Ⅲ级	16
80	Ⅰ级	16
	Ⅱ级	14
	Ⅲ级	12

4.3.3 闪光对焊时，应选择调伸长度、烧化留量、顶锻留量以及变压器级数等焊接参数。连续闪光焊时的留量应包括烧化留量、有电顶锻留量和无电顶锻留量（图 4.3.3*a*）；闪光-预热闪光焊时的留量应包括：一次烧化留量、预热留量、二次烧化留量、有电顶锻留量和无电顶锻留量（图 4.3.3*b*）。

4.3.4 调伸长度的选择，应随着钢筋级别的提高和钢筋直径的加大而增长。当焊接Ⅲ、Ⅳ级钢筋时，调伸长度宜在 40～60mm 内选用。

4.3.5 烧化留量的选择，应根据焊接工艺方法确定。当连续闪光焊接时，烧化过程应较长。烧化留量应等于两根钢筋在断料时切断机刀口严重压伤部分（包括端面的不平整度），再加 8mm。

闪光-预热闪光焊时，应区分一次烧化留量和二次烧化留量。一次烧化留量等于两根钢筋在断料时切断机刀口严重压伤部分，二次烧化留量不应小于 10mm。预热闪光焊时的烧化留量不应小于 10mm。

4.3.6 需要预热时，宜采用电阻预热法。预热留量应为 1～2mm，预热次数应为 1～4 次；每次预热时间应为 1.5～2s，间歇时间应为 3～4s。

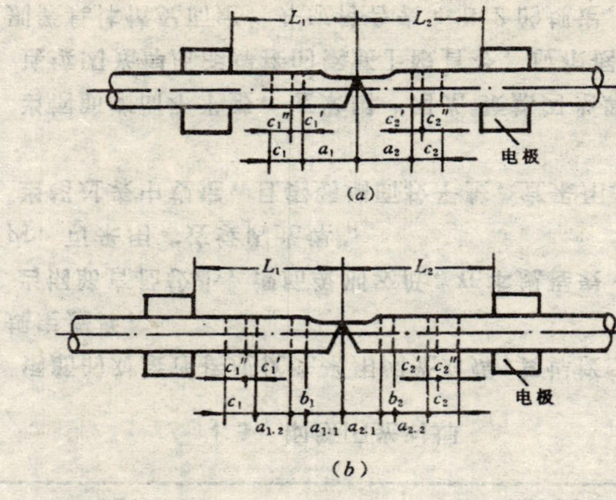

图 4.3.3　钢筋闪光对焊留量图解

(*a*) 连续闪光焊：L_1、L_2—调伸长度；a_1+a_2—烧化留量；c_1+c_2—顶锻留量；$c_1'+c_2'$—有电顶锻留量；$c_1''+c_2''$—无电顶锻留量

(*b*) 闪光-预热闪光焊：L_1、L_2—调伸长度；$a_{1.1}+a_{2.1}$—一次烧化留量；$a_{1.2}+a_{2.2}$—二次烧化留量；b_1+b_2—预热留量；$c_1'+c_2'$—有电顶锻留量；$c_1''+c_2''$—无电顶锻留量

4.3.7 顶锻留量应为 4～10mm，并应随钢筋直径的增大和钢筋级别的提高而增加（其中，有电顶锻留量约占 1/3）。

焊接Ⅳ级钢筋时，顶锻留量宜增大 30%。

4.3.8 变压器级数应根据钢筋级别、直径、焊机容量以及焊接工艺方法等具体情况选择。

4.3.9 余热处理Ⅲ级钢筋闪光对焊时，与热轧钢筋比较，应减小调伸长度，提高焊接变压器级数，缩短加热时间，快速顶锻，形成快热快冷条件，使热影响区长度控制在钢筋直径的 0.6 倍范围之内。

4.3.10 Ⅳ级钢筋焊接时，应采用预热闪光焊或闪光-预热闪光焊工艺。当接头拉伸试验结果发生脆性断裂，或弯曲试验不能达到规定要求时，尚应在焊机上进行焊后热处理，热处理工艺应符合下列要求：

a. 待接头冷却至常温，将电极钳口调至最大间距，重新夹紧；

b. 应采用最低的变压器级数，进行脉冲式通电加热；每次脉冲循环，应包括通电时间和间歇时间，并宜为 3s；

c. 焊后热处理温度应在 750～850℃选择，随后在环境温度下自然冷却。

4.3.11 当螺丝端杆与钢筋对焊时，宜事先对螺丝端杆进行预热，并减小调伸长度。钢筋一侧的电极应垫高，确保两者轴线一致。

4.3.12 采用 UN2-150 型对焊机（电动机凸轮传动）或 UN17-150-1 型对焊机（气-液压传动）进行大直径钢筋焊接时，宜首先采取锯割或气割方式对钢筋端面进行平整处理；然后，采取预热闪光焊工艺，并应符合下列要求：

a. 闪光过程应强烈、稳定；

b. 顶锻凸块应垫高；

c. 应准确调整并严格控制各过程的起点和止点。

4.3.13 在闪光对焊生产中，当出现异常现象或焊接缺陷时，宜按表 4.3.13 查找原因和采取措施，及时消除。

闪光对焊异常现象、焊接缺陷及消除措施　表 4.3.13

异常现象和焊接缺陷	措　施
烧化过分剧烈并产生强烈的爆炸声	1. 降低变压器级数； 2. 减慢烧化速度
闪光不稳定	1. 清除电极底部和表面的氧化物； 2. 提高变压器级数； 3. 加快烧化速度
接头中有氧化膜、未焊透或夹渣	1. 增加预热程度； 2. 加快临近顶锻时的烧化程度； 3. 确保带电顶锻过程； 4. 加快顶锻速度； 5. 增大顶锻压力
接头中有缩孔	1. 降低变压器级数； 2. 避免烧化过程过分强烈； 3. 适当增大顶锻留量及顶锻压力
焊缝金属过烧	1. 减小预热程度； 2. 加快烧化速度，缩短焊接时间； 3. 避免过多带电顶锻
接头区域裂纹	1. 检验钢筋的碳、硫、磷含量；若不符合规定时应更换钢筋； 2. 采取低频预热方法，增加预热程度
钢筋表面微熔及烧伤	1. 消除钢筋被夹紧部位的铁锈和油污； 2. 消除电极内表面的氧化物； 3. 改进电极槽口形状，增大接触面积； 4. 夹紧钢筋
接头弯折或轴线偏移	1. 正确调整电极位置； 2. 修整电极钳口或更换已变形的电极； 3. 切除或矫直钢筋的弯头

4.4 钢筋电弧焊

4.4.1 钢筋电弧焊包括帮条焊、搭接焊、坡口焊、窄间隙焊和熔槽帮条焊五种接头型式。焊接时应符合下列要求：

a. 应根据钢筋级别、直径、接头型式和焊接位置，选择焊条、焊接工艺和焊接参数；

b. 焊接时，引弧应在垫板、帮条或形成焊缝的部位进行，不得烧伤主筋；

c. 焊接地线与钢筋应接触紧密；

d. 焊接过程中应及时清渣，焊缝表面应光滑，焊缝余高

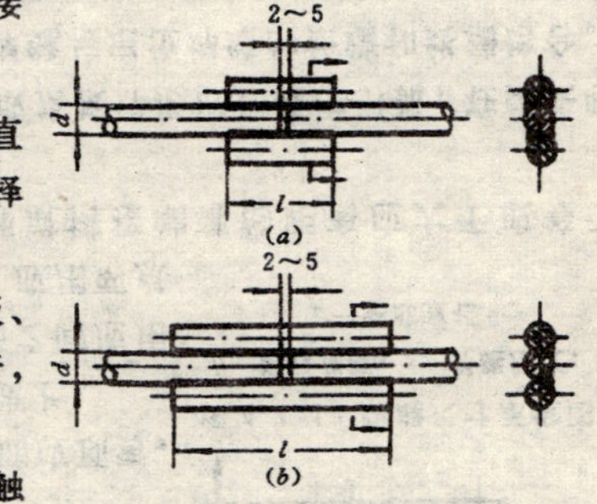

图 4.4.2　钢筋帮条焊接头

(a) 双面焊；(b) 单面焊

d—钢筋直径；l—帮条长度

应平缓过渡，弧坑应填满。

4.4.2 帮条焊时，宜采用双面焊（图 4.4.2*a*）。当不能进行双面焊时，可采用单面焊（图 4.4.2*b*）。

帮条长度 l 应符合表 4.4.2 的规定。当帮条级别与主筋相同时，帮条直径可与主筋相同或小一个规格；当帮条直径与主筋相同时，帮条级别可与主筋相同或低一个级别。

钢筋帮条长度　　表 4.4.2

钢筋级别	焊缝型式	帮条长度 l
Ⅰ级	单面焊	$\geqslant 8d$
	双面焊	$\geqslant 4d$
Ⅱ、Ⅲ级	单面焊	$\geqslant 10d$
	双面焊	$\geqslant 5d$

注：d 为主筋直径（mm）。

4.4.3 搭接焊可用于Ⅰ～Ⅲ级钢筋。焊接时宜采用双面焊（图 4.4.3*a*）。当不能进行双面焊时，可采用单面焊（图 4.4.3*b*）。搭接长度与帮条长度相同，并应符合本规程表 4.4.2 的规定。

4.4.4 帮条焊接头或搭接焊接头的焊缝厚度 s 不应小于主筋直径的 0.3 倍；焊缝宽度 b 不应小于主筋直径的 0.7 倍（图 4.4.4）。

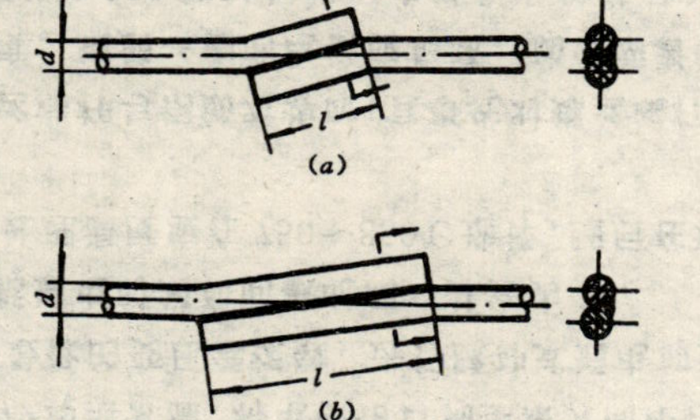

图 4.4.3　钢筋搭接焊接头

（*a*）双面焊；（*b*）单面焊

d—钢筋直径；l—搭接长度

4.4.5 帮条焊或搭接焊时，钢筋的装配和焊接应符合下列要求：

a. 帮条焊时，两主筋端面的间隙应为 2～5mm；

b. 搭接焊时，焊接端钢筋应预弯，并应使两钢筋的轴线在一直线上；

c. 帮条焊时，帮条与主筋之间应用四点定位焊固定；搭接焊时，应用两点固定；定位焊缝与帮条端部或搭接端部的距离应大于或等于 20mm；

d. 焊接时，应在帮条焊或搭接焊形成焊缝中引弧；在端头收弧前应填满弧坑，并应使主焊缝与定位焊缝的始端和终端熔合。

图 4.4.4　焊缝尺寸示意图

b—焊缝宽度；s—焊缝厚度；

d—钢筋直径

4.4.6 熔槽帮条焊宜用于直径 20mm 及以上钢筋的现场安装焊接。焊接时应加角钢作垫板模。接头形式（图 4.4.6）、角钢尺寸和焊接工艺应符合下列要求：

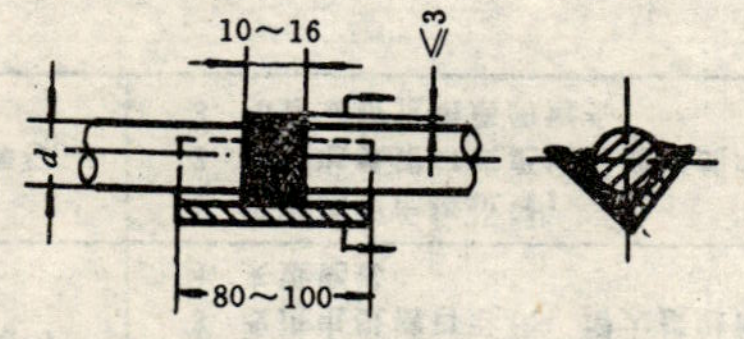

图 4.4.6　钢筋熔槽帮条焊接头

a. 角钢边长宜为 40～60mm，长度宜为 80～100mm；

b. 钢筋端头应加工平整；两钢筋端面的间隙应为 10～16mm；

c. 从接缝处垫板引弧后应连续施焊，并应使钢筋端部熔合，防止未焊透、气孔或夹渣；

d. 焊接过程中应停焊清渣 1 次。焊平后，再进行焊缝余高的焊接，其高度不得大于 3mm；

e. 钢筋与角钢垫板之间，应加焊侧面焊缝 1～3 层，焊缝应饱满，表面应平整。

4.4.7 窄间隙焊宜用于直径 16mm 及以上钢筋的现场水平连

接。焊接时，钢筋应置于铜模中，并应留出一定间隙，用焊条连续焊接，熔化钢筋端面和使熔敷金属填充间隙，形成接头（图 4.4.7）；其焊接工艺应符合下列要求：

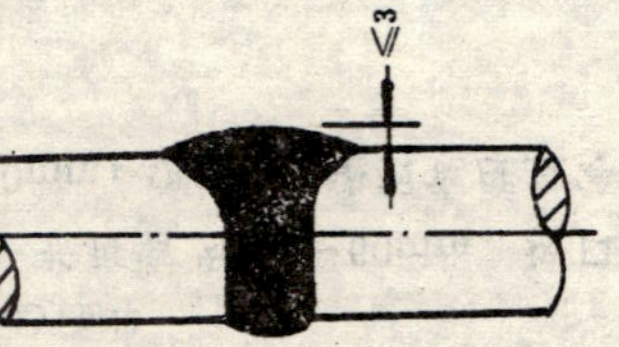

图 4.4.7 钢筋窄间隙焊接头

a. 钢筋端面应平整；

b. 应选用低氢型碱性焊条，其型号应符合本规程第 3.0.3 条的规定；

c. 端面间隙和焊接参数可按表 4.4.7 选用；

d. 从焊缝根部引弧后应连续进行焊接，左、右、来回运弧，在钢筋端面处电弧应少许停留，并使熔合；

e. 当焊至端面间隙的 4/5 高度后，焊缝应逐渐扩宽；当熔池过大时，应改连续焊为断续焊，避免过热；

f. 焊缝余高不得大于 3mm，且应平缓过渡至钢筋表面。

窄间隙焊端面间隙和焊接参数　　表 4.4.7

钢筋直径（mm）	端面间隙（mm）	焊条直径（mm）	焊接电流（A）
16	9～11	3.2	100～110
18	9～11	3.2	100～110
20	10～12	3.2	100～110
22	10～12	3.2	100～110
25	12～14	4.0	150～160
28	12～14	4.0	150～160
32	12～14	4.0	150～160
36	13～15	5.0	220～230
40	13～15	5.0	220～230

4.4.8 预埋件钢筋电弧焊 T 型接头可分为角焊和穿孔塞焊两种（图 4.4.8）。装配和焊接时，应符合下列要求：

a. 钢板厚度 δ 不宜小于钢筋直径的 0.6 倍，且不应小于 6mm；

b. 钢筋应采用 Ⅰ、Ⅱ 级；受力锚固钢筋的直径不宜小于 8mm；构造锚固钢筋的直径不宜小于 6mm；

c. 当采用 Ⅰ 级钢筋时，角焊缝焊脚 k 不得小于钢筋直径的 0.5 倍；采用 Ⅱ 级钢筋时，焊脚 k 不得小于钢筋直径的 0.6 倍；

d. 施焊中，不得使钢筋咬边和烧伤。

图 4.4.8 预埋件钢筋电弧焊 T 型接头

（a）角焊；（b）穿孔塞焊

k—焊脚

4.4.9 钢筋与钢板搭接焊时，焊接接头（图 4.4.9）应符合下列要求：

a. Ⅰ 级钢筋的搭接长度 l 不得小于 4 倍钢筋直径，Ⅱ 级钢筋搭接长度 l 不得小于 5 倍钢筋直径；

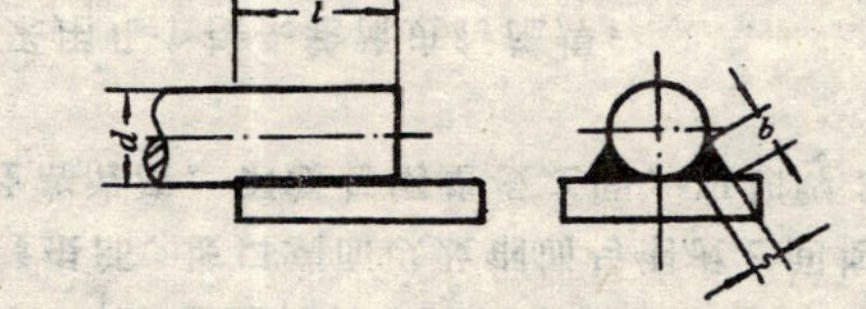

图 4.4.9 钢筋与钢板搭接焊接头

d—钢筋直径；l—搭接长度；b—焊缝宽度；s—焊缝厚度

b. 焊缝宽度不得小于钢筋直径的 0.5 倍，焊缝厚度不得小于钢筋直径的 0.35 倍。

4.4.10 在装配式框架结构的安装中，钢筋焊接应符合下列要求：

a. 柱间节点，采用坡口焊时，当主筋根数为 14 根及以下，钢筋从混凝土表面伸出长度不应小于 250mm；当主筋为 14 根以上时，钢筋的伸出长度不应小于 350mm。采用搭接焊时其伸出长度宜增加；

b. 两钢筋轴线偏移时，宜采用冷弯矫正，但不得用锤敲打。当冷弯矫正有困难时，可采用氧乙炔焰加热后矫正，钢筋加热部位的温度不应大于 850℃；

c. 焊接中应选择焊接顺序。对于柱间节点，可由两名焊工对称焊接。

4.4.11 坡口焊的准备工作应符合下列要求：

a. 坡口面应平顺，切口边缘不得有裂纹、钝边和缺棱；

b. 坡口平焊时，V 形坡口角度宜为 55°～65°（图 4.4.11*a*）。坡口立焊时，坡口角度宜为 40°～55°，其中，下钢筋宜为 0°～10°，上钢筋宜为 35°～45°（图 4.4.11*b*）；

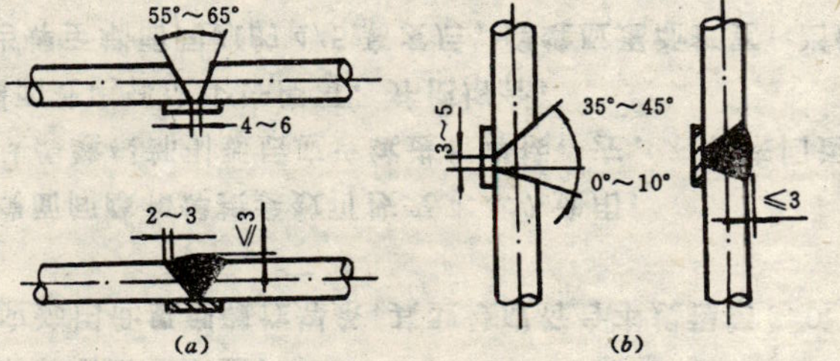

图 4.4.11 钢筋坡口焊接头

（*a*）平焊；（*b*）立焊

c. 钢垫板厚度宜为 4～6mm，长度宜为 40～60mm。坡口平焊时，垫板宽度应为钢筋直径加 10mm；立焊时，垫板宽度宜等于钢筋直径；

d. 钢筋根部间隙，坡口平焊时宜为 4～6mm；立焊时，宜为 3～5mm。其最大间隙均不宜超过 10mm。

4.4.12 坡口焊工艺应符合下列要求：

a. 焊缝根部、坡口端面以及钢筋与钢板之间均应熔合。焊接过程中应经常清渣。钢筋与钢垫板之间，应加焊 2～3 层侧面焊缝；

b. 宜采用几个接头轮流进行施焊；

c. 焊缝的宽度应大于 V 型坡口的边缘 2～3mm，焊缝余高不得大于 3mm，并宜平缓过渡至钢筋表面；

d. 当发现接头中有弧坑、气孔及咬边等缺陷时，应立即补焊。Ⅲ级钢筋接头冷却后补焊时，应采用氧乙炔焰预热。

4.5 钢筋电渣压力焊

4.5.1 现浇钢筋混凝土结构中竖向或斜向（倾斜度在 4∶1 范围内）钢筋的连接，宜采用电渣压力焊。

4.5.2 电渣压力焊可采用交流或直流焊接电源，焊机容量应根据所焊钢筋直径选定。

4.5.3 焊接夹具应具有刚度，在最大允许荷载下应移动灵活，操作便利。焊剂筒的直径应与所焊钢筋直径相适应。电压表、时间显示器应配备齐全。

4.5.4 电渣压力焊工艺过程应符合下列要求：

a. 焊接夹具的上下钳口应夹紧于上、下钢筋上；钢筋一经夹紧，不得晃动；

b. 引弧宜采用铁丝圈或焊条头引弧法，亦可采用直接引弧法；

c. 引燃电弧后，应先进行电弧过程，然后，加快上钢筋下送速度，使钢筋端面与液态渣池接触，转变为电渣过程，最后在断电的同时，迅速下压上钢筋，挤出熔化金属和熔渣；

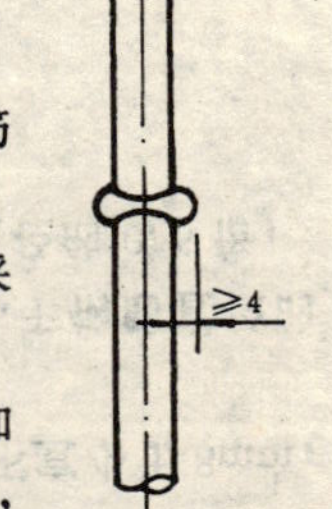

图 4.5.4 钢筋电渣压力焊接头

d. 接头焊毕，应停歇后，方可回收焊剂和卸下焊接夹具，并敲去渣壳；四周焊包应均匀，凸出钢筋表面的高度应大于或等于4mm（图4.5.4）。

4.5.5 电渣压力焊焊接参数应包括焊接电流、电压和通电时间，并应符合表4.5.5的规定。

不同直径钢筋焊接时，应按较小直径钢筋选择参数，焊接通电时间可延长。

电渣压力焊焊接参数　　表4.5.5

钢筋直径 (mm)	焊接电流 (A)	焊接电压（V）		焊接通电时间（s）	
		电弧过程 $u_{2.1}$	电渣过程 $u_{2.2}$	电弧过程 t_1	电渣过程 t_2
14	200～220	35～45	22～27	12	3
16	200～250			14	4
18	250～300			15	5
20	300～350			17	5
22	350～400			18	6
25	400～450			21	6
28	500～550			24	6
32	600～650			27	7
36	700～750			30	8
40	850～900			33	9

4.5.6 在焊接生产中焊工应进行自检，当发现偏心、弯折、烧伤等焊接缺陷时，宜按表4.5.6查找原因和采取措施，及时消除。

电渣压力焊接头焊接缺陷及消除措施　　表4.5.6

焊接缺陷	措施
轴线偏移	1. 矫直钢筋端部； 2. 正确安装夹具和钢筋； 3. 避免过大的顶压力； 4. 及时修理或更换夹具
弯折	1. 矫直钢筋端部； 2. 注意安装和扶持上钢筋； 3. 避免焊后过快卸夹具； 4. 修理或更换夹具
咬边	1. 减小焊接电流； 2. 缩短焊接时间； 3. 注意上钳口的起点和止点，确保上钢筋顶压到位
未焊合	1. 增大焊接电流； 2. 避免焊接时间过短； 3. 检修夹具，确保上钢筋下送自如
焊包不匀	1. 钢筋端面力求平整； 2. 填装焊剂尽量均匀； 3. 延长焊接时间，适当增加熔化量
气孔	1. 按规定要求烘焙焊剂； 2. 清除钢筋焊接部位的铁锈； 3. 确保接缝在焊剂中合适埋入深度
烧伤	1. 钢筋导电部位除净铁锈； 2. 尽量夹紧钢筋
焊包下淌	1. 彻底封堵焊剂筒的漏孔； 2. 避免焊后过快回收焊剂

4.6 钢筋气压焊

4.6.1 气压焊可用于钢筋在垂直位置、水平位置或倾斜位置的对接焊接。当两钢筋直径不同时，其两直径之差不得大于7mm。

4.6.2 气压焊设备应符合下列要求：

a. 供气装置应包括氧气瓶、溶解乙炔气瓶（或中压乙炔发生器）、干式回火防止器、减压器及胶管等。氧气瓶和溶解乙炔气瓶的使用应分别按劳动部颁发的《气瓶安全监察规程》（1989）和《溶解乙炔气瓶安全监察规程》（1993）中有关规定执行；溶解乙炔气瓶的供气能力应满足现场最大直径钢筋焊接时供气量的要求；当不敷使用时，可多瓶并联使用；

b. 多嘴环管加热器中氧乙炔混合室的供气量应满足加热圈气体消耗量的需要。多嘴环管加热器应配备多种规格的加热圈，多束火焰应燃烧均匀，调整火焰应方便；

c. 加压器应包括油泵、油管、油压表、顶压油缸等；加压能力应大于或等于现场最大直径钢筋焊接时所需要的轴向压力；顶压油缸的有效行程应大于或等于最大直径钢筋焊接时获得所需要的压缩长度；

d. 焊接夹具应能夹紧钢筋，当钢筋承受最大轴向压力时，钢筋与夹头之间不得产生相对滑移；应便于钢筋的安装定位，并在施焊过程中保持刚度；动夹头应与定夹头同心，并且当不同直径钢筋焊接时，亦应保持同心；动夹头的位移应大于或等于现场最大直径钢筋焊接时所需要的压缩长度。

4.6.3 气压焊施焊前，钢筋端面应切平，并宜与钢筋轴线相垂直；在钢筋端部两倍直径长度范围内若有水泥等附着物，应予以清除。其钢筋边角毛刺及端面上铁锈、油污和氧化膜应清除干净，并经打磨，使其露出金属光泽，不得有氧化现象。

4.6.4 安装焊接夹具和钢筋时，应将两根钢筋分别夹紧，并使两根钢筋的轴线在同一直线上。钢筋安装后应加压顶紧，两根钢筋之间的局部缝隙不得大于3mm。

4.6.5 气压焊时，应根据钢筋直径和焊接设备等具体条件选用等压法、二次加压法或三次加压法焊接工艺。在两根钢筋缝隙密合和镦粗过程中，对钢筋施加的轴向压力，按钢筋横截面面积计算，应为30～40MPa。

4.6.6 气压焊的开始阶段应采用碳化焰，对准两钢筋接缝处集中加热，并应使其内焰包住缝隙，防止钢筋端面产生氧化。

在确认两根钢筋缝隙完全密合后，应改用中性焰，以压焊面为中心，在两侧各一倍钢筋直径长度范围内往复宽幅加热。

钢筋端面的加热温度应为1150～1250℃；钢筋端部表面的加热温度应稍高于该温度，并应随钢筋直径大小而产生的温度梯差确定。

4.6.7 气压焊施焊中，通过最终的加热加压，应使接头的镦粗区形成规定的形状；然后，应停止加热，略为延时，卸除压力，拆下焊接夹具。

4.6.8 在加热过程中，当在钢筋端面缝隙完全密合之前发生灭火中断现象时，应将钢筋取下重新打磨、安装，然后点燃火焰进行焊接。当发生在钢筋端面缝隙完全密合之后，可继续加热加压。

4.6.9 在焊接生产中，焊工应自检，当发现焊接缺陷时，宜按表4.6.9查找原因和采取措施，及时消除。

气压焊接头焊接缺陷及消除措施　　表4.6.9

焊接缺陷	产生原因	措施
轴线偏移（偏心）	1. 焊接夹具变形，两夹头不同心，或夹具刚度不够； 2. 两钢筋安装不正； 3. 钢筋接合端面倾斜； 4. 钢筋未夹紧进行焊接	1. 检查夹具，及时修理或更换； 2. 重新安装夹紧； 3. 切平钢筋端面； 4. 夹紧钢筋再焊
弯　折	1. 焊接夹具变形，两夹头不同心； 2. 焊接夹具拆卸过早	1. 检查夹具，及时修理或更换； 2. 熄火后半分钟再拆夹具
镦粗直径不　够	1. 焊接夹具动夹头有效行程不够； 2. 顶压油缸有效行程不够； 3. 加热温度不够； 4. 压力不够	1. 检查夹具和顶压油缸，及时更换； 2. 采用适宜的加热温度及压力
镦粗长度不　够	1. 加热幅度不够宽； 2. 顶压力过大过急	1. 增大加热幅度； 2. 加压时应平稳

续表

焊接缺陷	产生原因	措施
压焊面偏移	1. 焊缝两侧加热温度不均； 2. 焊缝两侧加热长度不等	1. 同径钢筋焊接时两侧加热温度和加热长度基本一致； 2. 异径钢筋焊接时对较大直径钢筋加热时间稍长
钢筋表面严重烧伤	1. 火焰功率过大； 2. 加热时间过长； 3. 加热器摆动不匀	调整加热火焰，正确掌握操作方法
未焊合	1. 加热温度不够或热量分布不均； 2. 顶压力过小； 3. 接合端面不洁； 4. 端面氧化； 5. 中途灭火或火焰不当	合理选择焊接参数，正确掌握操作方法

4.7 预埋件钢筋埋弧压力焊

4.7.1 预埋件钢筋T型接头宜采用埋弧压力焊进行焊接。

4.7.2 埋弧压力焊设备应符合下列要求：

a. 可根据钢筋直径大小，选用500型或1000型弧焊变压器作为焊接电源；

b. 焊接机构应操作方便、灵活；宜装有高频引弧装置；焊接地线宜采取对称接地法，以减少电弧偏移；操作台面上应装有电压表和电流表；

c. 控制箱的控制系统应灵敏、准确；并应配备时间显示装置或时间继电器，以控制焊接通电时间。

4.7.3 埋弧压力焊工艺过程应符合下列要求：

a. 钢板应放平，并与铜板电极接触紧密；

b. 将锚固钢筋夹于夹钳内，应夹牢；并应放好挡圈，注满焊剂；

c. 接通高频引弧装置和焊接电源后，应立即将钢筋上提2.5～4.0mm，并引燃电弧。当钢筋直径较小时，宜继续延时，使电弧稳定燃烧；当钢筋直径较大时，宜继续缓慢提升3～4mm，再渐渐下送；

d. 应迅速顶压，但不得用力过猛；

e. 敲去渣壳，四周焊包应较均匀，凸出钢筋表面的高度应大于或等于4mm（图4.7.3）。

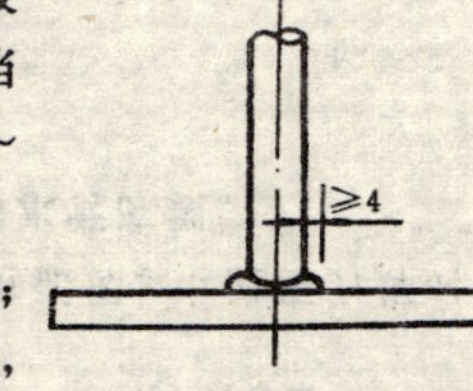

图4.7.3 预埋件钢筋埋弧压力焊接头

4.7.4 埋弧压力焊的焊接参数应包括引弧提升高度、电弧电压、焊接电流、焊接通电时间等，当采用500型焊接变压器时，焊接参数应符合表4.7.4的规定；当采用1000型焊接变压器时，亦可选用大电流、短时间的强参数焊接法。

4.7.5 在埋弧压力焊生产中，引弧、燃弧（钢筋维持原位或缓慢下送）和顶压等环节应密切配合；焊接地线应与铜板电极接触紧密；并应及时消除电极钳口的铁锈和污物，修理电极钳口的形状。

焊工应自检，当发现焊接缺陷时，宜按表4.7.5查找原因和采取措施，及时消除。

埋弧压力焊焊接参数　　表4.7.4

钢筋级别	钢筋直径(mm)	引弧提升高度(mm)	电弧电压(V)	焊接电流(A)	焊接通电时间(s)
Ⅰ级	6	2.5	30～35	400～450	2
	8	2.5	30～35	500～600	3
Ⅱ级	10	2.5	30～35	500～650	5
	12	3.0	30～35	500～650	8
	14	3.5	30～35	500～650	15
	16	3.5	30～40	500～650	22
	18	3.5	30～40	500～650	30
	20	3.5	30～40	500～650	33
	22	4.0	30～40	500～650	36
	25	4.0	30～40	500～650	40

预埋件钢筋埋弧压力焊接头焊接缺陷及消除措施　表 4.7.5

焊接缺陷	措施
钢筋咬边	1. 减小焊接电流或缩短焊接时间； 2. 增大压入量
气孔	1. 烘焙焊剂； 2. 清除钢板和钢筋上的铁锈、油污
夹渣	1. 清除焊剂中熔渣等杂物； 2. 避免过早切断焊接电流； 3. 加快顶压速度
未焊合	1. 增大焊接电流，增加焊接通电时间； 2. 适当加大顶压力
焊包不均匀	1. 保证焊接地线的接触良好； 2. 使焊接处对称导电
钢板焊穿	1. 减小焊接电流或减少焊接通电时间； 2. 避免钢板局部悬空
钢筋淬硬脆断	1. 减小焊接电流，延长焊接时间； 2. 检查钢筋化学成分
钢板凹陷	1. 减小焊接电流，延长焊接时间； 2. 减小顶压力，减小压入量

4.8 钢筋负温焊接

4.8.1 闪光对焊、电弧焊、电渣压力焊及气压焊均可在负温条件下进行；但当环境温度低于－20℃时，不宜进行施焊。

4.8.2 雨天、雪天不宜在现场进行施焊；必须施焊时，应采取有效遮蔽措施。焊后未冷却的接头不得碰到冰雪。

在现场进行闪光对焊或电弧焊时，当风速超过 7.9m/s 时，应采取挡风措施。

4.8.3 在现场进行气压焊时，当风速超过 5.4m/s，应采取挡风措施；在负温下施工时，对气源设备应采取保温防冻措施；当温度低于－15℃，应对接头采取预热和保温缓冷措施。

4.8.4 在环境温度低于－5℃的条件下进行闪光对焊时，宜采用预热闪光焊或闪光-预热闪光焊工艺，焊接参数的选择，与常温焊接相比，可采取下列措施，进行调整：

a. 增加调伸长度；

b. 采用较低焊接变压器级数；

c. 增加预热次数和间歇时间。

4.8.5 在环境温度低于－5℃的条件下进行电弧焊时，其焊接工艺应符合下列要求：

a. 帮条焊或搭接焊时，第一层焊缝应在中间引弧；平焊时，应从中间向两端施焊；立焊时，应先从中间向上端施焊，再从下端向中间施焊；以后各层焊缝，应采取控温施焊，层间温度宜控制在 150～350℃之间；

b. 坡口焊的焊缝余高应分两层控温施焊；

c. Ⅱ、Ⅲ级钢筋多层施焊时，焊后可采用回火焊道施焊，其回火焊道的长度宜比前一焊道在两端后缩 4～6mm（图 4.8.5）；

d. 与常温焊接相比，宜增大焊接电流、减低焊接速度。

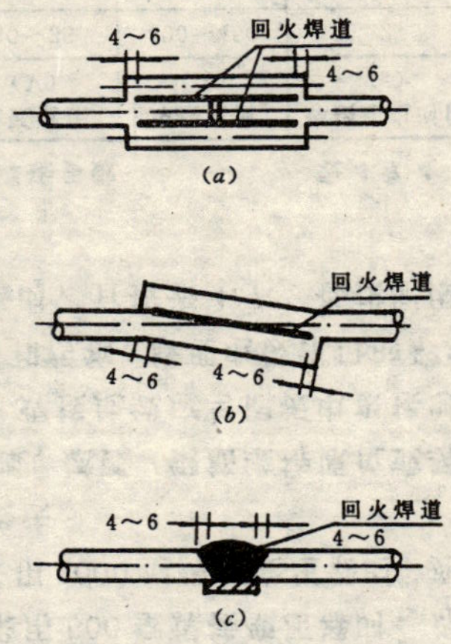

4～6　回火焊道　4～6

(a)

回火焊道　4～6　4～6

(b)

4～6　回火焊道　4～6

(c)

图 4.8.5　钢筋负温电弧焊回火焊道示意图

(a) 帮条焊；(b) 搭接焊；(c) 坡口焊

4.8.6 在负温条件下进行闪光对焊、电弧焊、电渣压力焊时，应对焊接设备采取防寒措施，并防止冷却水管冻裂。

5 质量检查与验收

5.1 一 般 规 定

5.1.1 钢筋焊接接头或焊接制品（焊接骨架、焊接网）应按本规程的规定进行质量检查与验收。

5.1.2 钢筋焊接接头或焊接制品应分批进行质量检查与验收。质量检查应包括外观检查和力学性能试验。

5.1.3 外观检查，首先应由焊工对所焊接头或制品进行自检，然后再由质检人员进行检验。

5.1.4 力学性能试验，应在外观检查合格后随机抽取试件进行试验。试验方法按现行行业标准《钢筋焊接接头试验方法》JGJ 27 有关规定执行。

5.1.5 钢筋焊接接头或焊接制品质量检查报告单中应包括下列内容：

a. 工程名称、取样部位；

b. 批号、批量；

c. 钢筋级别、规格；

d. 力学性能试验结果；

e. 施工单位。

5.2 钢筋焊接骨架

5.2.1 焊接骨架的质量检查应包括外观检查和力学性能试验。

5.2.2 焊接骨架应按下列规定抽取试件：

a. 凡钢筋级别、直径及尺寸相同的焊接骨架应视为同一类型制品，且每 200 件作为一批，一周内不足 200 件的亦应按一批计算；

b. 外观检查应按同一类型制品分批检查。每批抽查 10%，且不得少于 3 件；

c. 力学性能试验的试件，应从每批成品中切取。切取过试件的制品，应补焊同级别、同直径的钢筋，其每边的搭接长度不应小于 2 个孔格的长度；

当所切取试件的尺寸小于规定的试件尺寸时，或受力钢筋直径大于 8mm 时，可在生产过程中焊接试验用网片（图 5.2.2*a*），从中切取试件，抗剪试件纵筋长度应大于或等于 290mm，横筋长度应大于或等于 50mm（图 5.2.2*b*）；拉伸试件纵筋长度应大于或等于 300mm（图 5.2.2*c*）；

d. 由几种钢筋直径组合的焊接骨架，应对每种组合作力学性能试验；

e. 热轧钢筋的焊点应作抗剪试验，试件应为 3 件；冷拔低碳钢丝焊点除作抗剪试验外，尚应对较小钢丝作拉伸试验，试件应各为 3 件。

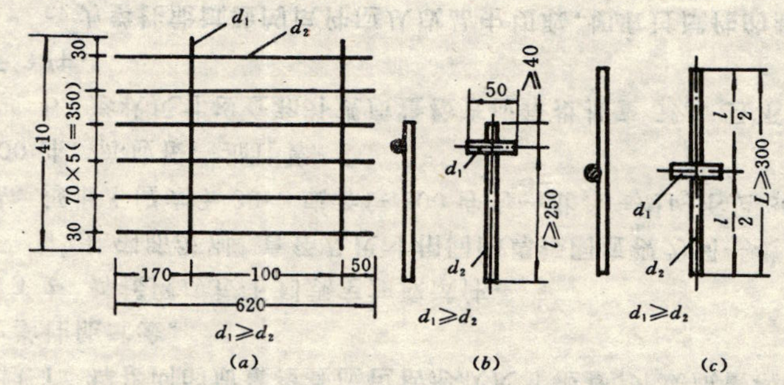

图 5.2.2 钢筋焊接试验网片与试件

（*a*）焊接试验网片简图；（*b*）钢筋焊点抗剪试件；（*c*）钢筋焊点拉伸试件

5.2.3 焊接骨架外观质量检查结果，应符合下列要求：

a. 焊点处熔化金属应均匀；

b. 压入深度应符合本规程第 4.2.8 条的规定；

c. 每件制品的焊点脱落、漏焊数量不得超过焊点总数的4%，且相邻两焊点不得有漏焊及脱落；

d. 焊点应无裂纹、多孔性缺陷及明显的烧伤现象；

e. 应量测焊接骨架的长度和宽度，并应抽查纵、横方向3～5个网格的尺寸，其允许偏差应符合表5.2.3的规定。

当外观检查结果不符合上述要求时，应逐件检查，并剔出不合格品。对不合格品经整修后，可提交二次验收。

焊接骨架的允许偏差　　表5.2.3

项	目	允许偏差（mm）
焊接骨架	长　度	±10
	宽　度	±5
	高　度	±5
骨架箍筋间距		±10
受力主筋	间　距	±15
	排　距	±5

5.2.4 焊点的抗剪试验结果，应符合表5.2.4的规定；拉伸试验结果，不得小于冷拔低碳钢丝乙级规定的抗拉强度。

焊接骨架焊点抗剪力指标（N）　　表5.2.4

钢筋级别	较小钢筋直径（mm）								
	3	4	5	6	6.5	8	10	12	14
Ⅰ　级	—	—	—	6640	7800	11810	18460	26580	36170
Ⅱ　级	—	—	—	—	—	16840	26310	37890	51560
冷拔低碳钢丝	2530	4490	7020	—	—	—	—	—	—

试验结果，当有1个试件达不到上述要求，应取6个抗剪试件或6个拉伸试件对该试验项目进行复验。复验结果仍有1个试件达不到上述要求，该批制品应确认为不合格品。对于不合格品，经采取补强处理后，可提交二次验收。

当模拟试件试验结果达不到规定要求，复验试件应从成品中切取；试件数量和要求应与初始试验时相同。

5.3　钢筋焊接网

5.3.1 焊接网的质量检查应包括形状尺寸检查、外观质量检查和力学性能试验。

5.3.2 焊接网应按下列规定抽取试件：

a. 凡钢筋级别、直径及尺寸相同的焊接网应视为同一类型制品，每批不应大于30t，或者每200件为一批，一周内不足30t或200件，亦应按一批计算；

b. 形状尺寸检查和外观质量检查应每批抽查5%，且不得少于3件；

c. 力学性能试验的试件应从成品中切取，切取过试件的制品，应补焊同级别、同直径钢筋，其每边搭接的长度不应小于2个孔格的长度；

d. 试件的交叉点不得开焊；

e. 冷轧带肋钢筋焊点试件可在100℃的温度下保温1h，然后在空气中冷却至室温，进行试验。

5.3.3 焊接网形状尺寸检查和外观质量检查结果，应符合下列要求：

a. 焊接网的长度、宽度及网格尺寸的允许偏差均为±10mm；网片两对角线之差不得大于10mm；

b. 焊接网交叉点开焊数量不得大于整个网片交叉点总数的1%，并且任1根钢筋上开焊点数不得大于该根钢筋交叉点总数的1/2；焊接网最外边钢筋上的交叉点不得开焊。

c. 焊接网组成的钢筋表面不得有裂纹、折叠、结疤、凹坑、油污及其它影响使用的缺陷；但焊点处可有不大的毛刺和表面浮锈。

5.3.4 焊接网的力学性能试验应包括拉伸试验、弯曲试验和抗剪试验。

5.3.5 拉伸试验应符合下列规定：

a. 冷轧带肋钢筋或冷拔低碳钢丝的焊点应作拉伸试验；拉伸试验时，两夹头之间的距离不应小于20倍试件受拉钢筋的直径，且不小于180mm；对于双根钢筋，非受拉钢筋应在离交叉焊点约20mm处切断；

b. 试件数量应为纵向钢筋1个，横向钢筋1个；

c. 拉伸试验结果，不得小于LL550级冷轧带肋钢筋规定的抗拉强度或冷拔低碳钢丝乙级规定的抗拉强度。

5.3.6 弯曲试验应符合下列规定：

a. 冷轧带肋钢筋焊点应作弯曲试验；弯曲试件，在单根钢筋焊接网中，应取钢筋直径较大的1根；在双根钢筋焊接网中，应取双根钢筋中的1根；试件长度应大于或等于200mm；弯曲试件的受弯曲部位与交叉点的距离应大于或等于25mm；

b. 试件数量应为纵向钢筋1个，横向钢筋1个；

c. 当弯曲至180°时，其外侧不得出现横向裂纹。

5.3.7 抗剪试验应符合下列规定：

a. 热轧钢筋、冷轧带肋钢筋或冷拔低碳钢丝的焊点应作抗剪试验；抗剪试件应沿同一横向钢筋随机切取，其受拉钢筋为纵向钢筋；对于双根钢筋，非受拉钢筋应在焊点外切断，且不应损伤受拉钢筋焊点；

b. 试件数量应为3个；

c. 抗剪试验时应采用能悬挂于试验机上专用的抗剪试验夹具（图5.3.7）；亦可采用行业标准《钢筋焊接接头试验方法》JGJ 27—86中第2.2.3条规定的夹具。

d. 抗剪试验结果，3个试件抗剪力的平均值应符合下式计算的抗剪力：

$$F \geqslant 0.3 \times A_0 \times \sigma_s$$

式中 F——抗剪力（N）；

A_0——较大钢筋的横截面面积（mm^2）；

σ_s——该级别钢筋（丝）规定的屈服强度（MPa）。

注：①冷拔低碳钢丝的屈服强度按0.65×550计算，取360MPa。

②冷轧带肋钢筋的屈服强度按LL550级钢筋的屈服强度500MPa计算。

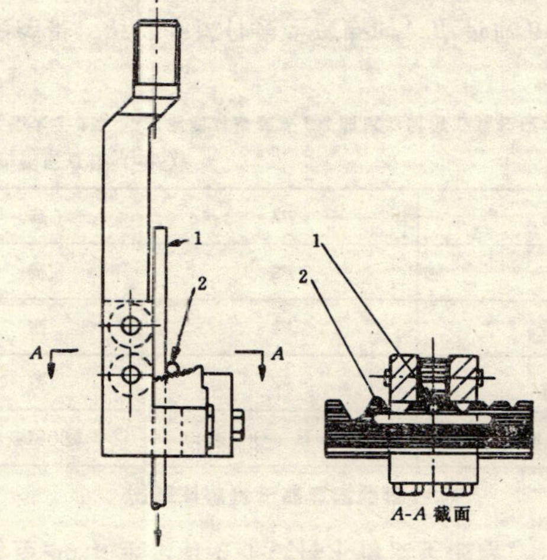

图5.3.7 焊点抗剪试验夹具

1—纵筋；2—横筋

5.3.8 当焊接网的拉伸试验、弯曲试验结果不合格时，应从该批焊接网中再切取双倍数量试件进行不合格项目的检验；复验结果合格时，应确认该批焊接网为合格品。

焊接网的抗剪试验结果，按平均值计算，当不合格时，应在取样的同1横向钢筋上所有交叉焊点取样检查；当全部试件平均值合格时，应确认该批焊接网为合格品。

5.4 钢筋闪光对焊接头

5.4.1 闪光对焊接头的质量检验，应分批进行外观检查和力学性能试验，并应按下列规定抽取试件：

a. 在同一台班内，由同一焊工完成的300个同级别、同直径钢筋焊接接头应作为一批。当同一台班内焊接的接头数量较少，可在一周之内累计计算；累计仍不足300个接头，应按一批计算；

b. 外观检查的接头数量，应从每批中抽查10%，且不得少于10个；

c. 力学性能试验时，应从每批接头中随机切取6个试件，其中3个做拉伸试验，3个做弯曲试验；

d. 焊接等长的预应力钢筋（包括螺丝端杆与钢筋）时，可按生产时同等条件制作模拟试件；

e. 螺丝端杆接头可只做拉伸试验。

5.4.2 闪光对焊接头外观检查结果，应符合下列要求：

a. 接头处不得有横向裂纹；

b. 与电极接触处的钢筋表面，Ⅰ～Ⅲ级钢筋焊接时不得有明显烧伤；Ⅳ级钢筋焊接时不得有烧伤；负温闪光对焊时，对于Ⅱ～Ⅳ级钢筋，均不得有烧伤；

c. 接头处的弯折角不得大于4°；

d. 接头处的轴线偏移，不得大于钢筋直径的0.1倍，且不得大于2mm。

外观检查结果，当有1个接头不符合要求时，应对全部接头进行检查，剔出不合格接头，切除热影响区后重新焊接。

5.4.3 闪光对焊接头拉伸试验结果应符合下列要求：

a. 3个热轧钢筋接头试件的抗拉强度均不得小于该级别钢筋规定的抗拉强度；余热处理Ⅲ级钢筋接头试件的抗拉强度均不得小于热轧Ⅲ级钢筋抗拉强度570MPa；

b. 应至少有2个试件断于焊缝之外，并呈延性断裂。

当试验结果有1个试件的抗拉强度小于上述规定值，或有2个试件在焊缝或热影响区发生脆性断裂时，应再取6个试件进行复验。复验结果，当仍有1个试件的抗拉强度小于规定值时，或有3个试件断于焊缝或热影响区，呈脆性断裂，应确认该批接头为不合格品。

5.4.4 预应力钢筋与螺丝端杆闪光对焊接头拉伸试验结果，3个试件应全部断于焊缝之外，呈延性断裂。

当试验结果，有1个试件在焊缝或热影响区发生脆性断裂时，应从成品中再切取3个试件进行复验。复验结果，当仍有1个试件在焊缝或热影响区发生脆性断裂时，应确认该批接头为不合格品。

5.4.5 模拟试件的试验结果不符合要求时，应从成品中再切取试件进行复验，其数量和要求应与初始试验时相同。

5.4.6 闪光对焊接头弯曲试验时，应将受压面的金属毛刺和镦粗变形部分消除，且与母材的外表齐平。

弯曲试验可在万能试验机、手动或电动液压弯曲试验器上进行，焊缝应处于弯曲中心点，弯心直径和弯曲角应符合表5.4.6的规定，当弯至90°，至少有2个试件不得发生破断。

闪光对焊接头弯曲试验指标　　表5.4.6

钢筋级别	弯心直径	弯曲角(°)
Ⅰ级	$2d$	90
Ⅱ级	$4d$	90
Ⅲ级	$5d$	90
Ⅳ级	$7d$	90

注：1. d 为钢筋直径（mm）；

2. 直径大于25mm的钢筋对焊接头，弯曲试验时弯心直径应增加1倍钢筋直径。

当试验结果，有2个试件发生破断时，应再取6个试件进行复验。复验结果，当仍有3个试件发生破断，应确认该批接头为不合格品。

5.5 钢筋电弧焊接头

5.5.1 电弧焊接头外观检查时，应在清渣后逐个进行目测或量测。当进行力学性能试验时，应按下列规定抽取试件：

a. 在一般构筑物中，应从成品中每批随机切取 3 个接头进行拉伸试验；

b. 在装配式结构中，可按生产条件制作模拟试件；

c. 在工厂焊接条件下，以 300 个同接头型式、同钢筋级别的接头作为一批；

d. 在现场安装条件下，每一至二楼层中以 300 个同接头型式、同钢筋级别的接头作为一批；不足 300 个时，仍作为一批。

5.5.2 钢筋电弧焊接头外观检查结果，应符合下列要求：

a. 焊缝表面应平整，不得有凹陷或焊瘤；

b. 焊接接头区域不得有裂纹；

c. 咬边深度、气孔、夹渣等缺陷允许值及接头尺寸的允许偏差，应符合表 5.5.2 的规定；

d. 坡口焊、熔槽帮条焊和窄间隙焊接头的焊缝余高不得大于 3mm。

外观检查不合格的接头，经修整或补强后可提交二次验收。

钢筋电弧焊接头尺寸偏差及缺陷允许值　表 5.5.2

名称		单位	接头型式		
			帮条焊	搭接焊	坡口焊 窄间隙焊 熔槽帮条焊
帮条沿接头中心线的纵向偏移		mm	0.5d	—	—
接头处弯折角		(°)	4	4	4
接头处钢筋轴线的偏移		mm	0.1d 3	0.1d 3	0.1d 3
焊缝厚度		mm	+0.05d 0	+0.05d 0	—
焊缝宽度		mm	+0.1d 0	+0.1d 0	—
焊缝长度		mm	−0.5d	−0.5d	—
横向咬边深度		mm	0.5	0.5	0.5
在长 2d 焊缝表面上的气孔及夹渣	数量	个	2	2	—
	面积	mm^2	6	6	—
在全部焊缝表面上的气孔及夹渣	数量	个	—	—	2
	面积	mm^2	—	—	6

注：1. d 为钢筋直径（mm）；

2. 负温电弧焊接头咬边深度不得大于 0.2mm。

5.5.3 钢筋电弧焊接头拉伸试验结果应符合下列要求：

a. 3 个热轧钢筋接头试件的抗拉强度均不得小于该级别钢筋规定的抗拉强度；余热处理Ⅲ级钢筋接头试件的抗拉强度均不得小于热轧Ⅲ级钢筋规定的抗拉强度 570MPa；

b. 3 个接头试件均应断于焊缝之外，并应至少有 2 个试件呈延性断裂；

当试验结果，有 1 个试件的抗拉强度小于规定值，或有 1 个试件断于焊缝，或有 2 个试件发生脆性断裂时，应再取 6 个试件进行复验。复验结果当有 1 个试件抗拉强度小于规定值，或有 1 个试件断于焊缝，或有 3 个试件呈脆性断裂时，应确认该批接头为不合格品。

5.5.4 模拟试件的数量和要求应与从成品中切取时相同。当模拟试件试验结果不符合要求时，复验应再从成品中切取，其数量和要求应与初始试验时相同。

5.6 钢筋电渣压力焊接头

5.6.1 电渣压力焊接头应逐个进行外观检查。当进行力学性能试验时，应从每批接头中随机切取 3 个试件做拉伸试验，且应按下列规定抽取试件：

a. 在一般构筑物中，应以 300 个同级别钢筋接头作为一批；

b. 在现浇钢筋混凝土多层结构中，应以每一楼层或施工区段中 300 个同级别钢筋接头作为一批，不足 300 个接头仍应作为一批。

5.6.2 电渣压力焊接头外观检查结果应符合下列要求：

a. 四周焊包凸出钢筋表面的高度应符合本规程第 4.5.4 条 d 款的规定；

b. 钢筋与电极接触处，应无烧伤缺陷；

c. 接头处的弯折角不得大于 4°；

d. 接头处的轴线偏移不得大于钢筋直径的 0.1 倍，且不得大于 2mm。

外观检查不合格的接头应切除重焊，或采取补强焊接措施。

5.6.3 电渣压力焊接头拉伸试验结果，3 个试件的抗拉强度均不得小于该级别钢筋规定的抗拉强度。

当试验结果有 1 个试件的抗拉强度低于规定值，应再取 6 个试件进行复验。复验结果，当仍有 1 个试件的抗拉强度小于规定值，应确认该批接头为不合格品。

5.7 钢筋气压焊接头

5.7.1 气压焊接头应逐个进行外观检查。当进行力学性能试验时，应从每批接头中随机切取 3 个接头做拉伸试验；在梁、板的水平钢筋连接中，应另切取 3 个接头做弯曲试验，且应按下列规定抽取试件：

a. 在一般构筑物中，以 300 个接头作为一批；

b. 在现浇钢筋混凝土房屋结构中，同一楼层中应以 300 个接头作为一批；不足 300 个接头仍应作为一批。

5.7.2 气压焊接头外观检查结果应符合下列要求：

a. 偏心量 e 不得大于钢筋直径的 0.15 倍，且不得大于 4mm（图 5.7.2a）。当不同直径钢筋焊接时，应按较小钢筋直径计算。当大于规定值时，应切除重焊；

b. 两钢筋轴线弯折角不得大于 4°，当大于规定值时，应重新加热矫正；

c. 镦粗直径 d_c 不得小于钢筋直径的 1.4 倍（图 5.7.2b）。当小于此规定值时，应重新加热镦粗；

d. 镦粗长度 L_c 不得小于钢筋直径的 1.2 倍，且凸起部分平缓圆滑（图 5.7.2c）。当小于此规定值时，应重新加热镦长；

c. 压焊面偏移 d_h 不得大于钢筋直径的 0.2 倍（图 5.6.2d）。

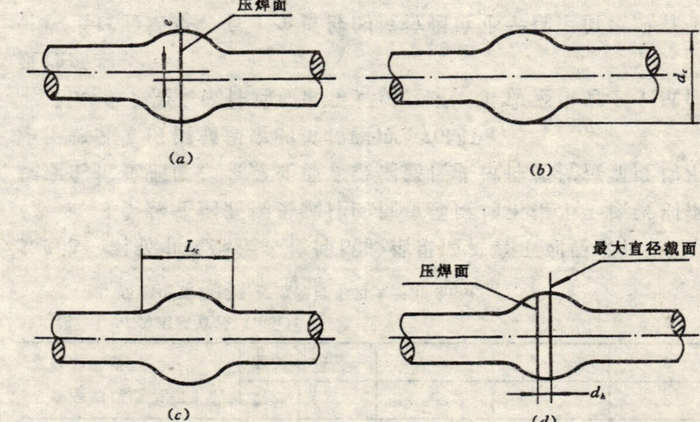

图 5.7.2 钢筋气压焊接头外观质量图解

(a) 偏心量；(b) 镦粗直径；(c) 镦粗长度；(d) 压焊面偏移

5.7.3 气压焊接头拉伸试验结果，3 个试件的抗拉强度均不得小于该级别钢筋规定的抗拉强度，并应断于压焊面之外，呈延性断裂。当有 1 个试件不符合要求时，应切取 6 个试件进行复验；复验结果，当仍有 1 个试件不符合要求，应确认该批接头为不合格品。

5.7.4 气压焊接头进行弯曲试验时，应将试件受压面的凸起部分消除，并应与钢筋外表面齐平。弯心直径应符合表 5.7.4 的规定。

气压焊接头弯曲试验弯心直径　　　表 5.7.4

钢筋等级	弯心直径	
	$d \leqslant 25$mm	$d > 25$mm
Ⅰ	2d	3d
Ⅱ	4d	5d
Ⅲ	5d	6d

注：d 为钢筋直径（mm）。

弯曲试验可在万能试验机、手动或电动液压弯曲试验器上进行；压焊面应处在弯曲中心点，弯至 90°，3 个试件均不得在压焊面发生破断。

当试验结果有 1 个试件不符合要求，应再切取 6 个试件进行复验。复验结果，当仍有 1 个试件不符合要求，应确认该批接头为不合格品。

5.8 预埋件钢筋 T 型接头

5.8.1 预埋件钢筋 T 型接头的外观检查，应从同一台班内完成的同一类型预埋件中抽查 10%，且不得少于 10 件。

5.8.2 当进行力学性能试验时，应以 300 件同类型预埋件作为一批。一周内连续焊接时，可累计计算。当不足 300 件时，亦应按一批计算。应从每批预埋件中随机切取 3 个试件进行拉伸试验；试件的钢筋长度应大于或等于 200mm，钢板的长度和宽度均应大于或等于 60mm（图 5.8.2）。

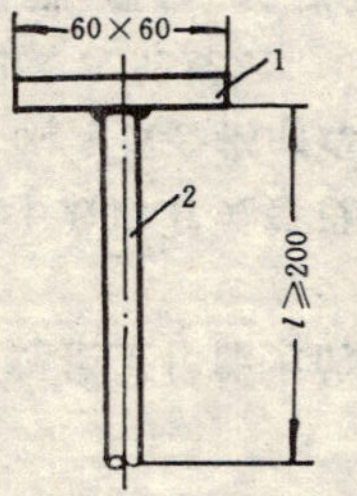

图 5.8.2 预埋件 T 型接头拉伸试件
1—钢板；2—钢筋

5.8.3 预埋件钢筋手工电弧焊接头外观检查结果应符合下列要求：

a. 角焊缝焊脚 k 应符合本规程第 4.4.8 条 c 款的规定；

b. 穿孔塞焊焊缝表面平顺，局部下凹不得大于 1mm；

c. 焊缝不得有裂纹；

d. 焊缝表面不得有 3 个直径大于 1.5mm 的气孔；

e. 钢筋咬边深度不得超过 0.5mm；

f. 钢筋相对钢板的直角偏差不得大于 4°；

g. 钢筋间距偏差不应大于 10mm。

5.8.4 预埋件钢筋埋弧压力焊接头外观检查结果应符合下列要求：

a. 四周焊包凸出钢筋表面的高度应符合本规程第 4.7.3 条 e 款的规定；

b. 钢筋咬边深度不得超过 0.5mm；

c. 与钳口接触处钢筋表面应无明显烧伤；

d. 钢板应无焊穿，根部应无凹陷现象；

e. 钢筋相对钢板的直角偏差不得大于 4°；

f. 钢筋间距偏差不应大于 10mm。

5.8.5 预埋件外观检查结果，当有 1 个接头不符合上述要求时，应逐个进行检查，并剔出不合格品。不合格接头经焊补后可提交二次验收。

5.8.6 预埋件钢筋 T 型接头 3 个试件拉伸试验结果，其抗拉强度应符合下列要求：

a. Ⅰ级钢筋接头均不得小于 350MPa；

b. Ⅱ级钢筋接头均不得小于 490MPa。

当试验结果有 1 个试件的抗拉强度小于规定值时，应再取 6 个试件进行复验。复验结果，当仍有 1 个试件的抗拉强度小于规定值时，应确认该批接头为不合格品。对于不合格品采取补强焊接后，可提交二次验收。

6 焊工操作技能考试

6.0.1 经专门培训结业的学员，或具有独立焊接工作能力的焊工，可参加钢筋焊工考试。

6.0.2 焊工操作技能考试应由经市或市级以上政府有关建设主管部门审查批准的单位负责进行。考试完毕，对考试合格的焊工应签发合格证。合格证的格式应符合本规程附录A的规定。

6.0.3 焊工操作技能考试用的钢筋、焊条、焊剂、氧气、乙炔等，应符合本规程有关规定，焊接设备可根据具体情况确定。

6.0.4 焊工操作技能考试评定标准应符合表6.0.4的规定；焊接方法、钢筋级别及直径、试件组合与组数、以及负温焊接的温度等，由考试单位根据实际情况确定。焊接参数由焊工自行选择。

焊工操作技能考试评定标准　　表6.0.4

焊接方法	钢筋级别及直径（mm）	每组试件数量			评定标准
		抗剪	拉伸	弯曲	
电阻点焊	$Φ^b4+Φ^b4$	3	3	—	从事焊接骨架生产的焊工，3个抗剪试件的抗剪力均不得小于本规程表5.2.4的规定值；从事焊接网生产的焊工，3个抗剪试件抗剪力的平均值不得小于本规程第5.3.7条d款的规定值；
电阻点焊	Φ 18+Φ 6	3	—	—	3个拉伸试件的抗拉强度均不得小于550MPa

续表

焊接方法	钢筋级别及直径（mm）	每组试件数量			评定标准
		抗剪	拉伸	弯曲	
闪光对焊（负温闪光对焊）	Φ、Φ 12～32	—	3	3	3个热轧钢筋接头拉伸试件的抗拉强度均不得小于该级别钢筋规定抗拉强度；余热处理Ⅲ级钢筋接头试件均不得小于570MPa；全部试件均应断于焊缝之外，呈延性断裂。3个弯曲试件弯至90°，均不得发生破断
闪光对焊（负温闪光对焊）	亚 12～25	—	3	3	
闪光对焊（负温闪光对焊）	M33×2+Φ 28	—	3	—	
电弧焊（负温电弧焊） 帮条平焊 帮条立焊	Φ、Φ 25～32	—	3	—	3个热轧钢筋接头拉伸试件的抗拉强度均不得小于该级别钢筋规定的抗拉强度；余热处理Ⅲ级钢筋试件的抗拉强度均不得小于570MPa；全部试件均应断于焊缝之外，呈延性断裂
搭接平焊 搭接立焊	Φ、Φ 25～32				
熔槽帮条焊	Φ、Φ 25～40				
坡口平焊 坡口立焊	Φ、Φ 18～32				
窄间隙焊	Φ、Φ 16～40	—	3	3	3个拉伸试件的抗拉强度均不得小于该级别钢筋规定的抗拉强度，并断于焊缝之外，呈延性断裂；3个弯曲试件弯至90°，至少有2个试件不得发生破断

续表

焊接方法	钢筋级别及直径 (mm)	每组试件数量			评定标准
		抗剪	拉伸	弯曲	
电渣压力焊	Φ、Φ 14~40	—	3	—	3个拉伸试件的抗拉强度均不得小于该级别钢筋规定的抗拉强度，并至少有2个试件断于焊缝之外，呈延性断裂
气压焊	Φ、Φ 25~40	—	5	5	试件受试段经车削成钢筋直径的0.8倍； 5个拉伸试件抗拉强度均不得小于该级别钢筋规定的抗拉强度，并呈延性断裂； 5个弯曲试件弯至90°均不得发生破断
预埋件电弧焊	Φ、Φ 10~25	—	3	—	3个试件的抗拉强度均不得小于该级别钢筋规定的抗拉强度
预埋件埋弧压力焊	Φ、Φ 10~25				

注：1. 表中$Φ^b$—冷拔低碳钢丝直径；Φ—Ⅰ级钢筋直径；Φ—Ⅱ级钢筋直径；Φ—Ⅲ级钢筋直径；Φ—Ⅳ级钢筋直径；M33×2—螺丝端杆公制螺纹外径及螺距；

2. 从事冷轧带肋钢筋焊接网生产的焊工，应做焊点的拉伸试验、弯曲试验和抗剪试验，其评定标准与本规程第5.3.5条、第5.3.6条和第5.3.7条规定相同。

6.0.5 当抗剪试验、拉伸试验或弯曲试验结果仅有1个试件未达到规定的要求时，允许补焊一组试件进行补试，但仅以一次为限。试验要求可与初始试验相同。

6.0.6 持有合格证的焊工当在焊接生产中三个月内出现二批不合格品时，应取消其合格资格。

6.0.7 持有合格证的焊工，每两年应复试一次；当脱离焊接生产岗位半年以上，在生产操作前应首先进行复试。

6.0.8 持有合格证的焊工一直从事焊接生产，并经常保持质量优良的可免予复试，但仅以一次为限，并应由考试单位签证后有效。

6.0.9 工程质量监督单位应对上岗操作的焊工抽查验证。

附录A 钢筋焊工考试合格证

塑料证套 封面

钢筋焊工考试

合

格

证

塑料证套 封4

硬纸 封2

钢筋 焊

焊工考试合格证

硬纸 封3

简要说明

1. 此证只限本人使用，不得涂改。
2. 允许的操作范围限于考试的焊接方法、钢筋的级别及直径范围之内。
3. 合格证的有效期为二年。

证芯 第1页

姓名		照 片
性别		
出生年月		
籍贯		
工作单位		

合格证编号：

发证单位：

（盖章）

年 月 日

证芯 第2页

操作技能考试：

试件编号	钢筋级别及直径（mm）	拉伸试验（MPa）	抗剪试验（N）	弯曲试验（90°）

考试委员会主任：

年 月 日

证芯 第3页

复试免试签证

日 期	内容说明	负责人签字

注：复试合格或免试签证的有效期为二年。

证芯 第4页

焊接质量事故记录

日 期	质量事故内容	检 验 员

备 注：

附录B 本规程用词说明

B.0.1 执行本规程条文时，对要求严格程度的用词说明如下，以便在执行中区别对待：

（1）表示很严格，非这样做不可的用词：

正面词采用“必须”；反面词采用“严禁”。

（2）表示严格，在正常情况下均应这样做的用词：

正面词采用“应”；反面词采用“不应”或“不得”。

（3）表示允许稍有选择，在条件许可时首先应这样做的用词：

正面词采用“宜”或“可”；反面词采用“不宜”。

B.0.2 条文中指明必须按其它有关标准执行的写法为，“应按……执行”或“应符合……的要求（或规定）”。

附加说明

本规程主编单位、参加单位和主要起草人名单

主编单位：陕西省建筑科学研究设计院

参加单位：四川省建筑科学研究院
上海市建筑构件研究所
铁道部大桥工程局
黑龙江省寒地建筑科学研究院

主要起草人：吴成材、陈金安、周百先、纪怀钦、周鼎能、李平壤

中华人民共和国行业标准

钢筋焊接及验收规程

JGJ 18—96

条 文 说 明

前 言

本规程是根据建设部建标（1991）413 号文件的要求，由陕西省建筑科学研究设计院会同四川省建筑科学研究院、上海市建筑构件研究所等单位对《钢筋焊接及验收规程》JGJ18—84 进行修订而成，经建设部 1996 年 12 月 23 日以建标（1996）631 号文批准发布，编号 JGJ18—96。

本次修订的主要内容有：根据国家法定计量单位和现行国家标准对原规程中计量单位和钢筋、冷拔低碳钢丝、焊条、焊剂的代号、型号、牌号以及焊接接头的强度指标、抗剪力指标进行修订；增加了常用术语解释；对钢筋焊接网的技术条件和质量检查与验收标准作了修订；增加了微合金化和余热处理Ⅲ级钢筋焊接的规定；增加了钢筋窄间隙电弧焊和钢筋气压焊的规定；完善和修订了某些焊接工艺和质量验收标准的规定；删去了原规程中一些不适用的规定和附录。

为便于广大设计、科研、施工、教学等有关单位和人员在使用本规程时能正确理解和执行条文的规定，编制组按《钢筋焊接及验收规程》章、节、条顺序，编制了条文说明，供国内使用者参考。在使用中如发现不妥之处，随时将发现的问题和意见寄交陕西省建筑科学研究设计院本规程管理组，以便今后修订时参考。

本条文说明由建设部标准定额研究所组织出版，仅供国内使用，不得外传和翻印。

1996 年 12 月

目 次

1 总 则

1.0.1 制订本规程的目的，是为了在钢筋焊接施工中采用合理的焊接工艺和统一的质量验收标准，做到技术先进、确保质量。与建设部部标准《钢筋焊接及验收规程》JGJ 18—84 相比较，本条文为新增加的条文，强调确保质量。

1.0.2 本规程适用范围与原规程相同，包括工业与民用房屋和与房屋有关的常用构筑物，如烟囱、水塔、筒仓等；但是，水坝等一些其他构筑物亦可参照选用。

此外，将原条文中钢筋混凝土和预应力混凝土结构统称为混凝土结构。

1.0.3 目前，我国钢筋焊接设备多数是手工操作，且青年工人较多，钢筋焊接质量的好坏在很大程度上取决于焊工的素质，包括基本知识、操作技能和熟练程度、以及认真负责的工作态度。某些工程质量事故是与钢筋焊接质量不好有关连的。规定本条文的目的，是强调对焊工进行培训和考试，以促进焊接技术水平的提高，保证焊接质量。因此规定凡从事钢筋焊接施工的焊工必须持有焊工考试合格证，对此应认真执行。

1.0.4 本规程系与现行国家标准《混凝土结构工程施工及验收规范》GB50204—92 和《混凝土结构设计规范》GBJ10—89 相配套的专业技术标准。因此，在钢筋焊接施工中，除执行本规程规定外，尚应符合现行国家标准中的有关规定。例如，在同一构件内钢筋焊接接头的设置，应符合《混凝土结构工程施工及验收规范》中第 3.4.7 条的规定。

又如，在现行国家标准《建筑工程质量检验评定标准》GBJ301—88 第 5.2.9 条中，分别规定了各种钢筋焊接接头评定合格的和优良的标准。建筑施工单位应精心施焊，努力达到优良标准；在现行国家标准《预制混凝土构件质量检验评定标准》GBJ321—90第7.0.1条中规定："对设计成熟、生产数量较少的大型构件（如桁架等），当采取加强材料和制作质量检验的措施时，可仅作挠度、抗裂或裂缝宽度检验。"这项措施有4条，其中第2条规定："受力主筋焊接接头的机械性能，应按有关的专门规定检验合格后，再抽取一组试件，并经检验合格"。在建筑施工中，若遇此条件时，应按该项规定执行。

2 术 语

本章术语均为新增条文，系根据本规程的特点和需要，参照现行国家标准《焊接术语》GB/T 3375—94和《金属力学性能试验术语》GB 10623—89中有关规定而制定。

2.0.1～2.0.7 为钢筋焊接方法术语。

2.0.8 压入深度 为电阻点焊的焊点外观检查术语。

2.0.9 焊缝余高 为电弧焊接头外观检查术语。

2.0.10 熔合区和2.0.11热影响区 焊接接头一般由焊缝、熔合区、热影响区、母材四部分组成。"焊缝"和"母材"易于理解，故只列入"熔合区"和"热影响区"二个术语。热影响区又可分为过热区、正火区（又称重结晶区）、不完全相变区（不完全重结晶区）和再结晶区四部分。再结晶区只有在冷处理钢筋焊接时才存在。

钢筋焊接接头热影响区宽度主要决定于焊接方法；其次，决定于线能量（或热输入）。当采用较大线能量（或热输入）时，对不同焊接接头进行测定，其热影响区宽度如下：

a. 钢筋电阻点焊焊点 0.5d；

b. 钢筋闪光对焊接头 0.7d；

c. 钢筋电弧焊接头 6～10mm；

d. 钢筋电渣压力焊接头 0.8d；

e. 钢筋气压焊接头 1.0d；

f. 预埋件钢筋埋弧压力焊接头 0.8d。

注：d为钢筋直径（mm）。

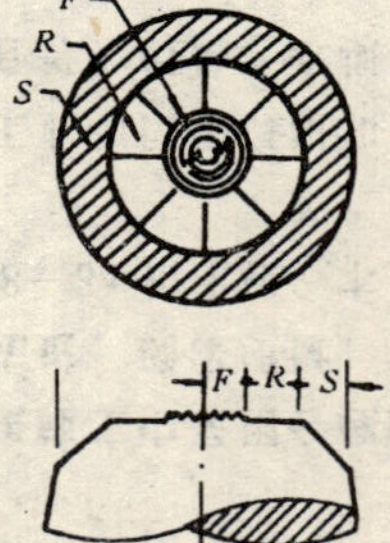

图1 延性断口
F—纤维区；R—放射区；S—剪切唇区

2.0.12 延性断裂和2.0.13脆性断裂

从结构安全度考虑，希望并要求在外力

作用下结构中的钢筋焊接接头发生延性断裂，而不脆性断裂。

当延性断裂时，断口有明显塑性变形，断口呈杯锥状，一侧呈杯形，一侧呈锥形。断口通常分为纤维区、放射区和剪切唇区，即所谓断口特征三要素，见图1。

3 材 料

3.0.1 目前我国由钢厂生产的钢筋品种比较多，其中，进行焊接的有4种：

a. 热轧带肋钢筋；b. 热轧光圆钢筋；c. 余热处理钢筋；d. 冷轧带肋钢筋。

此外，还有低碳钢热轧圆盘条，经调直后进行电阻点焊。这些钢筋和盘条的性能应分别符合现行国家标准。

在预制厂、建筑工地将低碳钢热轧圆盘条经冷拔后生产冷拔低碳钢丝，盘条的性能应符合现行国家标准《低碳钢热轧圆盘条》GB 701—91的规定；冷拔后，其力学性能应符合现行国家标准《混凝土结构工程施工及验收规范》GB 50204—92中有关规定。

3.0.2 在预埋件接头、熔槽帮条焊接头和坡口焊接头中的钢板和型钢，一般可采用低碳钢和低合金钢，其性能应符合现行国家标准《碳素结构钢》GB 700—88或《低合金结构钢》GB 1591—88中的规定。

3.0.3 本条文与原规程比较有如下修改：

a. 焊条国家标准于1995年修订。本规程按现行国家标准《碳钢焊条》GB/T 5117—1995和《低合金钢焊条》GB/T 5118—1995中有关焊条型号列出。

焊条型号的第一个字母E(Electrode)表示焊条，前两位数字表示熔敷金属的抗拉强度的最小值，第三位数字表示焊条的焊接位置，第三位和第四位数字组合时表示焊接电流种类及药皮类型。药皮类型有很多种。表3.0.3中，凡后两位数字为“03”的焊条，为钛钙型药皮焊条（酸性），交、直流两用，工艺性能良好，是最常用焊条之一。在实际生产中，根据具体情况，亦可选用相同熔敷金属抗拉强度的其它药皮类型焊条。

b. 新增窄间隙焊用焊条，当焊接Ⅰ级钢筋，可采用E4316、E4315焊条；焊接Ⅱ级钢筋，应采用E5016、E5015焊条；焊接Ⅲ级钢筋时，应采用E6016、E6015焊条。后两位数字为"16"焊条，其药皮类型为低氢钾型，交流或直流反接；后两位数字为"15"焊条，其药皮类型为低氢钠型，直流反接。该两种焊条均为碱性焊条，采用该两种焊条焊后熔敷金属中含氢量极低，延性和冲击韧度较高。

窄间隙焊的工艺特点是在铜模中连续施焊，对余热处理Ⅲ级钢筋来说，有一定的退火作用，将使原来强度有较大损失，故不推荐使用。

c. 在钢筋帮条焊和搭接焊中，当焊接Ⅱ级钢筋时，可采用E4303焊条，即在原规程中规定，采用结42×焊条。有单位提出，为什么可以采用不与母材等强的焊条；现说明如下：

在这些接头中，荷载施加于接头的力不是由与钢筋等截面的焊缝金属抗拉力所承受；而是由焊缝金属抗剪力承受。焊缝金属抗剪力等于焊缝抗剪面积乘以抗剪强度。所以，虽然采用该种型号焊条，其抗拉强度小于钢筋抗拉强度（约为0.8倍），焊缝金属的抗剪强度小于抗拉强度（约为0.7倍）；但焊缝金属抗剪面积大于钢筋横截面面积甚多（约为3.0倍），故允许采用E4303型焊条（熔敷金属抗拉强度为420MPa，即43kgf/mm²）进行Ⅱ级钢筋帮条焊和搭接焊。经计算、大量试验和多年来生产应用表明，是完全满足要求，是安全的。

当进行钢筋坡口焊时，本规程中规定，钢筋与钢垫板之间，应加焊二、三层侧面焊缝，这对接头起到一定加强作用。

3.0.4 焊条按药皮熔化后熔渣特性来分，有酸性焊条和碱性焊条两大类。本条文规定在使用前，碱性焊条必须按说明书中规定进行烘焙；酸性焊条若已受潮，也应烘焙。

3.0.5 在钢筋电渣压力焊和埋弧压力焊生产中，多年来一直沿用埋弧焊的常用焊剂。1985年之前，焊剂无国家标准，但有企业标准和焊接材料说明书，原规程第2.0.4条规定"进行钢筋电渣压力焊和埋弧压力焊所需的焊剂，可采用HJ431焊剂或其它性能相近的焊剂"。原焊剂企业标准中，焊剂牌号按其化学成分来划分。HJ431焊剂为一种高锰高硅低氟焊剂，是一种最常用焊剂；此外，HJ330焊剂是一种中锰高硅低氟焊剂，应用亦较多，这二种焊剂的化学成分见表1。

HJ330和HJ431焊剂化学成分（%） **表1**

焊剂牌号	SiO_2	CaF_2	CaO	MgO	Al_2O_3
HJ 330	44～48	3～6	≤3	16～20	≤4
HJ 431	40～44	3～6.5	≤5.5	5～7.5	≤4
焊剂牌号	**MnO**	**FeO**	**K_2O+NaO**	**S**	**P**
HJ 330	22～26	≤1.5	—	≤0.08	≤0.08
HJ 431	34～38	≤1.8	—	≤0.08	≤0.08

原焊剂企业标准，焊剂牌号的划分不涉及到填充焊丝，接近于钢筋埋弧压力焊和电渣压力焊实际情况。

在现行国家标准《低合金钢埋弧焊用焊剂》GB 12470—90中规定，焊剂型号由熔敷金属拉伸性能、试样状态、熔敷金属吸收功、焊剂渣系四个代号，另加焊丝牌号组成，其分类方法与原焊剂企业标准有很大差别。

按现行国家标准规定，焊接Ⅱ级钢筋时，所采用的焊剂，其型号为F6004，其含义如下：

F　表示焊剂（Flux）；

6　表示熔敷金属抗拉强度为550～690MPa，屈服强度大于460MPa，伸长率δ_5大于或等于20.0%；

0　表示焊态，即试样处于焊后状态，未加焊后热处理；

0　表示对熔敷金属冲击吸收功无要求；

4　焊剂渣系分氟碱型、高铝型、硅钙型、硅锰型、铝钛型、其它型，共6种。4表示硅锰型，$MnO+SiO_2>50\%$，HJ431属于硅锰渣系。

若有适用于钢筋电渣压力焊或埋弧压力焊的专用焊剂，经技术鉴定，符合国家有关标准的规定，亦可应用。

3.0.6 本条文规定，焊剂若受潮，必须提前进行烘焙，以防止产生气孔。

3.0.7 本条文强调各种钢筋和焊接材料必须质量合格，可靠。

3.0.8 对氧气和溶解乙炔的质量要求，为新增条文。在现行国家标准《工业用气态氧》GB3863—83 中规定，氧含量，按体积%计，Ⅰ类，应大于或等于 99.5%；Ⅱ类一级，应大于或等于 99.5%；Ⅱ类二级，应大于或等于 99.2%。本规程中规定：纯度应大于或等于 99.5%，指的是应使用符合Ⅰ类，或Ⅱ类一级的气态氧。

在现行国家标准《溶解乙炔》GB 6189—86 中规定，溶解乙炔的质量标准如下：乙炔纯度，以体积比，大于或等于 98%；磷化氢、硫化氢含量，应使硝酸银试纸不变色或呈淡黄色。

在钢筋气压焊施工中，应使用符合上述规定的氧气和溶解乙炔。

4 钢筋焊接

4.1 一般规定

4.1.1 各种焊接方法的适用范围，作了一些修改：

a. 在闪光对焊和电弧焊的适用范围中，原规程中规定热轧Ⅲ级钢筋指的是 25MnSi 钢筋；本规程中指的，除 25MnSi 钢筋外，还增加了微合金化 20MnSiV 钢筋和 20MnTi 钢筋；增加了余热处理Ⅲ级钢筋。以上均为国家科委六五攻关项目《42 公斤级可焊接钢筋》成果的一部分。现在，这 3 种钢筋已分别列入现行国家标准，故将这 3 种钢筋的焊接亦列入本规程；这 3 种钢筋与 25MnSi 钢筋相比较，降低了含碳量（碳当量），改善了焊接性能。

b. 在电弧焊中增加了窄间隙焊工艺，适用于热轧Ⅰ～Ⅲ级钢筋，Φ16～Φ40mm，该种工艺方法系在铜模熔池焊基础上进行了试验研究和改进，经生产应用，效果良好，故列入本规程。

c. 增大了预埋件电弧焊和埋弧压力焊钢筋直径范围，这是由于生产发展的需要，并通过试验研究和生产应用，表明是可行的。

d. 扩大钢筋气压焊的适用范围，除原规定的Ⅰ级、Ⅱ级钢筋外，还可适用于 20MnSiV、20MnTiⅢ级钢筋。

4.1.2 电渣压力焊从开始试验研究、生产应用到现在已有三十多年了，实践证明，是一项具有明显技术经济效益的焊接方法。但是由于其本身工艺特点，只适用于竖向钢筋的连接；有的施工单位将钢筋竖向焊接，然后放置于梁、板构件中作水平钢筋之用，显然是不合适的。因此，本规程明确规定，不得用于梁、板等构件中水平钢筋的连接。

4.1.3 对于冷拉预应力主筋，为了防止因焊接高温降低接头抗拉强度和便于考验接头的质量，规定对焊接头是先焊后拉。在钢筋冷拉时，当冷拉应力或冷拉率还未达到规定的指标，如果因焊接质量不好或者由于烧伤等原因而发生断裂时，在切除热影响区或烧伤处后，允许再焊再拉。

对于冷拉后，剩余的钢筋短料，经过焊接接长后在各项力学性能符合要求的情况下，允许作为热轧钢筋使用。

4.1.4 在工程开工或者每批钢筋正式焊接之前，无论采用何种焊接工艺，均须采用与生产相同的条件进行焊接试验，以便了解钢筋焊接性能，选择最佳的焊接参数，以及掌握担负生产的焊工的技术水平。

焊接试验的试件数量和各种试验（拉伸、弯曲、抗剪等）的考核指标与质量检查与验收时相同。

4.1.5 焊前准备工作的好坏直接影响焊接质量，为了防止焊接接头产生夹渣、气孔等缺陷，在焊接区域内，钢筋表面铁锈、油污、熔渣等必须清除；影响接头成形的钢筋端头弯折、劈裂等，应予矫正或切除。

4.1.6 实践证明，在进行电阻点焊、闪光对焊、电渣压力焊或埋弧压力焊时，电源电压的波动对焊接质量有较大影响。在现场施工时，由于用电设备多，往往造成电压降较大。为此要求焊接电源的开关箱内，装设电压表，焊工可随时观察电压波动情况，及时调整焊接参数，以保证焊接质量。

关于电源电压下降值的限制是总结生产实践而规定。

4.1.7 焊机应经常维护保养和定期检修，确保正常使用。在施工现场，经常发生因焊机故障影响施工。这里包含两个因素，一是焊机本身质量；二是使用。因此，既要选购优质焊机，又要合理使用。

4.1.8 本条文从原规程第一章第1.0.3条移入，并增加"执行现行国家标准《焊接与切割安全》GB 9448中有关规定"。在该标准中，详细规定了气焊与气割设备及操作安全、电焊设备的操作安全、焊接切割劳动保护、焊接切割中防火等。在钢筋焊接中应认真执行，防止各类安全事故的发生。

4.2 钢筋电阻点焊

4.2.1 采用电阻点焊焊接钢筋骨架或钢筋网，是一种生产率高、质量好的工艺方法，应积极推广采用。

4.2.2 本条文系根据试验和生产实践所作出的规定，若大小直径相差悬殊，不利于保证焊接质量。

4.2.3 近几年来，在国外，钢筋焊接网，包括焊接网片和焊接网卷的应用发展很快，它不仅用于混凝土房屋建筑的屋面板、楼板中，并广泛用于飞机场跑道、高速公路、护坡等土木工程中。这些焊接网采用钢筋多点焊机机械化、专业化大批量生产。焊接网可以是定型产品，也可根据用户需要定制；有的焊接网很宽，纵筋数量多达24根。这些焊接网作为商品在市场出售。

1992年，国际标准化组织发布国际标准《钢筋混凝土用钢第3部分　焊接网》ISO 6935—3：1992 (E)。

1995年，我国冶金工业部发布黑色冶金行业标准《钢筋混凝土用焊接钢筋网》YB/T076—1995。该标准中，很多条文与ISO 6935—3：1992 (E) 中规定一致，但在另些条文，参照英、美、日等国的有关标准，并结合冶金工业具体情况制订。

本规程根据参照采用国际标准，与相关标准协调一致的原则，结合我国建筑工程实际，制订本节中的第4.2.3条、第4.2.4条、第4.2.5条的规定，以及第5.3节钢筋焊接网质量检查与验收的各条规定。

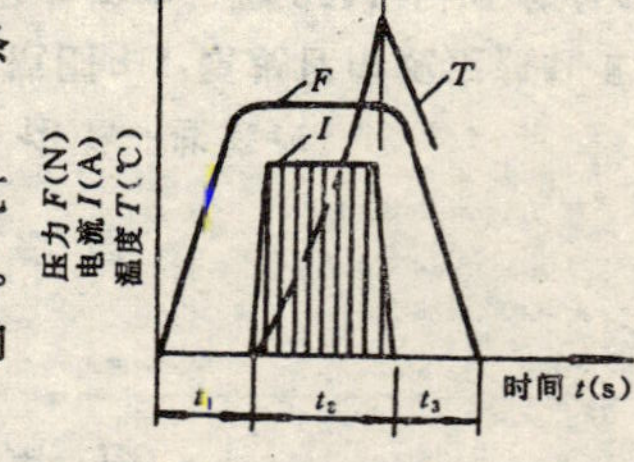

图2　点焊过程示意图

t_1—预压时间；t_2—通电时间；t_3—锻压时间

4.2.6 本条文强调电阻点焊工艺过程中，必须经过三个阶段，见图2。若缺少预压或锻压阶段，必将影响焊接质量。

4.2.7 本条文各项工艺参数系根据试验研究和生产应用提出；在表4.2.7-2中的电极压力的单位，原规程中为公斤，现改为N。

4.2.8 焊点压入深度作了修改。原规程中规定：

一、热轧钢筋点焊时，压入深度为较小钢筋直径的30%～45%；

二、冷拔低碳钢丝点焊时，压入深度为较小钢丝直径的30%～35%。

原规程实施以后，生产单位对此有些反映，认为，焊点质量应以焊点力学性能试验为主，压入深度是外观质量检查项目之一，应作为辅。按照原规程规定，往往发生焊点力学性能试验合格，但压入深度超出上述规定范围，建议对上述规定范围作适当放宽。

为此，在本规程修订中，专门作了上述两项指标对比试验，试验结果，作了一些修改。

4.2.9 在钢筋多头点焊机的焊接生产中，准确调整好各个电极之间的距离，经常检查各个焊点的焊接电流和焊接通电时间，十分重要；特别是某些多头点焊机配置多个焊接变压器时，更要认真调试，以确保各焊点质量。

4.2.10 本条文说明了点焊钢筋直径与电极直径的关系；此外，电极的质量与表面状态对点焊质量影响较大，因此提出了几点要求，以保证点焊质量和延长电极的使用寿命。

4.2.11 本条文系总结各地点焊生产的实践经验用表格方式列出，供参照使用。

4.3 钢筋闪光对焊

4.3.1 本条文系原规程保留条文，但作一些修改。例如，将原规程宜采用闪光对焊，改为优先采用闪光对焊。因为，在几种钢筋对焊方法比较中，闪光对焊具有工效高、材料省、费用低、质量好等特点，故增加"优先"两字。又如，将原规程中几种闪光对焊工艺过程图解移入本说明，见图3。

4.3.2 连续闪光焊工艺方法简单、生产效率高，是焊工常用的一种方法。但是，采用这一方法，主要与焊机的容量和钢筋的级别

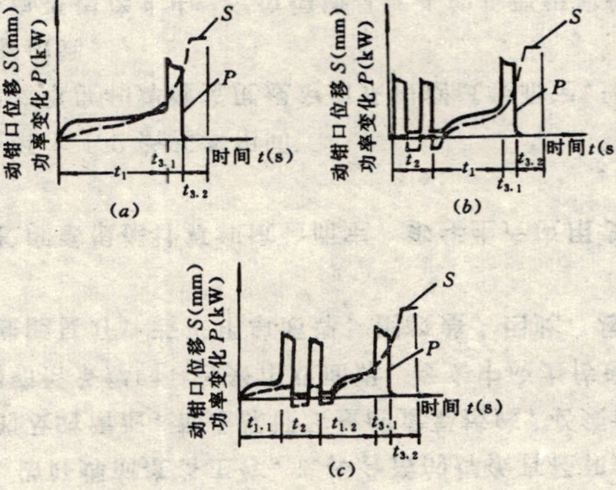

图3 钢筋闪光对焊工艺过程图解

(a) 连续闪光焊；(b) 预热闪光焊；(c) 闪光-预热闪光焊

t_1—烧化时间；$t_{1.1}$—一次烧化时间；$t_{1.2}$—二次烧化时间；

t_2—预热时间；$t_{3.1}$—有电顶锻时间；$t_{3.2}$—无电顶锻时间

和直径的大小有密切关系，一定容量的焊机只能焊接与之相适应规格的钢筋，因此，表4.3.2对连续闪光焊采用不同容量的焊机时，不同级别的钢筋所能焊接的上限直径加以规定，以保证焊接质量。

4.3.3 本条文首先强调在闪光对焊中应合理选择调伸长度、烧化留量、顶锻留量以及变压器级数的重要性；其次，对连续闪光焊和闪光-预热闪光焊时各项留量的具体部位作了图解，使用本规程者一目了然。

4.3.4 适当增长调伸长度的作用，主要是减缓接头的温度梯度，防止在热影响区产生淬硬组织。

4.3.5 本条文根据焊接工艺方法的不同，对烧化留量提出了相应的规定。当钢筋采用切断机下料时，端面很不平整，有时还有很深的压痕，如果在焊接过程中不能把压伤部分烧掉，很可能在焊接完成的接头边缘留有缺口，这将大大降低接头强度。因此本条文根据三种不同的工艺方法，提出了烧化留量的具体数值，强调

了一次烧化留量必须首先把两钢筋在断料时刀口严重压伤部分，包括端面不平整度烧掉。

其后，若为连续闪光焊，再增加烧化留量 8mm；若是闪光-预热闪光焊，其二次烧化留量不得小于 10mm；若预热闪光焊，其烧化留量亦不得小于 10mm。此均为试验研究和生产实践的总结。

4.3.6 本条文对预热的具体工艺作出规定，使用时，还要根据钢筋级别、直径进行选用。

4.3.7 顶锻留量是一重要的焊接参数。顶锻留量太大，会形成过大的镦粗头，容易产生应力集中；太小又可能使焊缝接合不良，降低了强度。经验证明，顶锻留量以 4～10mm 为宜。

顶锻留量应包括有电顶锻和无电顶锻两部分，其中，有电顶锻留量约占 1/3，无电顶锻留量约占 2/3，焊接时必须控制得当。

此外，焊接Ⅳ级钢筋时，宜适当增大顶锻留量，以确保焊接质量。

4.3.8 本条文强调要根据钢筋级别、直径、焊机容量以及不同的工艺方法选择合适变压器级数的重要性。若变压器级数太低、次级电压也低，焊接电流小，就会使闪光困难，加热不足，更不能利用闪光保护焊口免受氧化；相反，如果变压器级数太高，闪光过强，也会使大量热量被金属微粒带走，钢筋端部温度升不上去。

4.3.9 本条文系充分认识到余热处理Ⅲ级钢筋的特点——即水淬硬化，经过试验研究和生产应用后提出的工艺规定，是有效的，可行的。

4.3.10 Ⅳ级钢筋的焊接性比其它几个级别的钢筋都差，因此规定必须采用预热闪光焊，或者闪光-预热闪光焊工艺。合金元素成分如属中下限，强度比较偏低者，焊接接头的抗拉强度值及弯曲指标一般均能达到。但合金元素成分为上限，或强度偏高者，拉伸试验可能脆断，弯曲指标亦难达到。为了改善接头的性能，提高其塑性，必须采取通电热处理的措施。

本条文还对通电热处理方法作了具体规定。

4.3.11 螺丝端杆与预应力主筋焊接时，因两者钢号、强度及直径均差异较大，焊接比较困难。为了使两者均匀加热，使之接头两侧中心线一致，保证焊接质量，因此提出了这些技术要求。

4.3.12 一些大型预制构件厂，愈来愈多地采用 UN2—150 型半自动对焊机或 UN17—150—1 型自动对焊机，效率高，质量好，大大减轻了工人的体力劳动。

这些焊机可进行连续闪光焊或预热闪光焊。焊接粗直径钢筋时，为了提高质量，针对其端面不平的特点，在操作上首先对钢筋端面进行平整处理；之后，采用预热闪光焊工艺。本条文对其技术要求，作了规定。

4.3.13 本条文系根据各地生产实践的经验总结，供参照使用。

4.4 钢筋电弧焊

4.4.1 本条文与原规程相比，作了适当的修改和补充。本条文中提出的几点要求，对于各种接头型式的焊接均是适用的，尤其是焊接Ⅱ、Ⅲ级钢筋更是重要。例如：焊接地线随意乱搭，与钢筋接触不良时，很容易发生起弧现象，烧伤钢筋或局部产生淬硬组织，形成脆断的起源点。在钢筋焊接区域之外随意引燃电弧，同样也会产生上述缺陷。这些都是焊工容易忽视而又是十分重要的问题。

另外，做好焊前准备工作，选择合适的焊条直径和焊接电源，多层焊中的及时清渣，都是保证质量的重要措施，必须认真执行。

4.4.2 钢筋帮条焊时，若采用双面焊，接头中应力传递对称、平衡，受力性能良好；若采用单面焊，则较差。因此，尽可能采用双面焊。

帮条长度系根据计算和试验而定，多年生产应用表明，是可靠的。

4.4.3 与第 4.4.2 条基本相同。

4.4.4 焊缝厚度和焊缝宽度规定值系根据试验而定，只要认真施焊，就能够做到。

4.4.5 在电弧焊接头中，定位焊缝是接头的重要组成部分。为了保证质量，不能随便点焊，尤其不能在帮条或搭接端头的主筋上点焊。否则，对于Ⅱ、Ⅲ级钢筋，很容易因定位焊缝过小，冷却速度快而发生裂纹和产生淬硬组织，形成脆断的起源点。因此，本条文作了“定位焊缝应离帮条或搭接端部20mm以上”的规定。

在钢筋搭接焊时，焊接端钢筋应适当预弯，以保证两钢筋的轴线在一直线上，这样，接头受力性能良好。

4.4.6 根据水电部门的试验报告，从50年代开始一直采用以角钢作模垫的熔槽焊接头型式，专门焊接直径25mm及以上的粗直径钢筋。接头间隙10～16mm，其施焊工艺基本上是连续进行，中间敲渣一次。焊后进行加强焊及侧面焊缝的焊接，其接头质量符合原规程要求，效果较好。角钢长80～100mm，并与钢筋焊牢，具有帮条作用，结合其工艺特点，故定名为熔槽帮条焊。本次修订时，继续列入本规程。近年来，在一些电力厂房等大型建筑中，亦采用此种焊接接头，对施工带来方便，钢筋直径下延至20mm。

4.4.7 根据窄间隙焊的试验研究和生产应用总结，新增条文。焊接工艺过程见图4。从推广应用表明，可以取得良好技术经济效果。

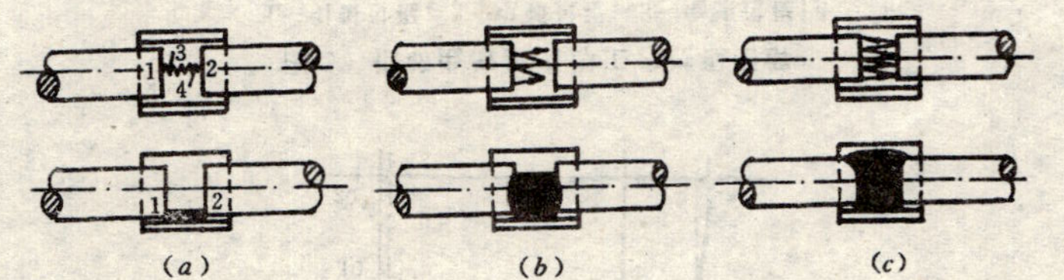

图4 窄间隙焊工艺过程示意图

(a) 焊接初期；(b) 焊接中期；(c) 焊接末期

4.4.8 预埋件是装配式混凝土结构中不可缺少的重要部件，目前广泛采用的是手工电弧焊，操作比较灵活，接头型式有二种，见本规程图4.4.8。施焊时，应防止烧伤主筋及咬边。

4.4.9 本条文提出的是钢筋与钢板搭接电弧焊，亦适用于钢筋与型钢搭接电弧焊。焊缝宽度及焊缝厚度均经实际试验而规定，是能够做到。

4.4.10 装配式框架结构曾经得到广泛的应用，本条文提出的钢筋焊接技术要求，均系生产实践的总结。

4.4.11～4.4.12 本条文中，对钢筋坡口焊提出一些要求。据调查，钢筋坡口立焊在一些火电厂主厂房建设中应用较多。这种结构一般钢筋较密，在焊接时坡口背面不易焊到。容易产生气孔、夹渣等缺陷，焊缝成形也比较困难。通过试验研究和生产实践表明，坡口平焊和坡口立焊时，加钢垫板的施工工艺，效果很好。不仅便于施焊，也容易保证焊接质量。这次修订中，明确规定，钢筋与钢垫板之间，应加焊二、三层侧面焊缝。其目的是，提高接头强度，保证质量。

注：原规程中关于Ⅱ、Ⅲ级钢筋帮条焊锚头的规定，在本规程中取消。这是考虑到当前预应力钢材品种增多，这种锚头已应用甚少，故未列。但是，如果在某些施工场合，需要时，仍可应用。

4.5 钢筋电渣压力焊

4.5.1 钢筋电渣压力焊为我国独创，只适用于竖向钢筋，或者倾斜度在4∶1范围内钢筋的焊接；若再增大倾斜度，会影响熔池的维持和焊缝成形。

4.5.2 本条文规定可采用交流或直流焊接电源，焊机容量应根据现场最大直径钢筋选用。

4.5.3 本条文对焊接夹具提出一些技术要求，使其可靠、耐用。

4.5.4 本条文对焊接工艺过程作出规定，增加四周焊包应均匀，凸出钢筋表面的高度至少4mm，目的是更好地确保焊接接头质量。

4.5.5 表中规定的焊接参数，供参照使用。与原规程比较，把焊接电压明确区分为电弧过程电压（即电弧电压）和电渣过程电压（即渣池电压），把焊接通电时间，明确区分为电弧过程时间和电渣过程时间，这样，便于操作者掌握使用。

焊接工艺过程，以Φ28mm钢筋为例，见图5，图中上钢筋位

移 S 指采用铁丝圈（焊条芯）引弧法。

图 5　钢筋电渣压力焊工艺过程图解

1—引弧过程；2—电弧过程；3—电渣过程；

4—顶压过程

4.5.6　本条文根据多年来生产实践总结提出，可参照使用。

4.6　钢筋气压焊

4.6.1～4.6.8　为新增条文，摘引自国家标准《钢筋气压焊》GB 12219—89。

常用的三次加压法工艺过程，以 ϕ25mm 钢筋为例，见图 6。

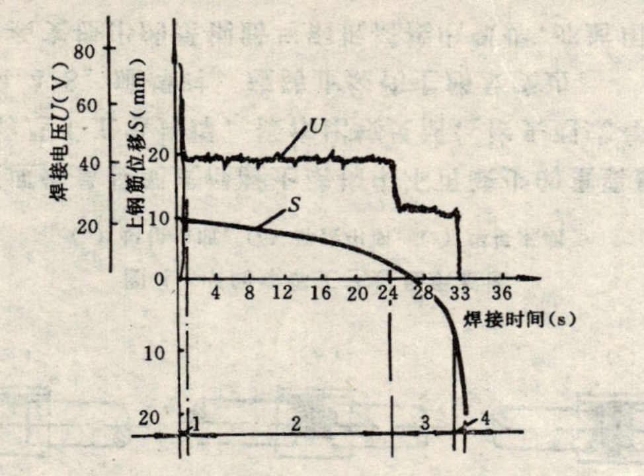

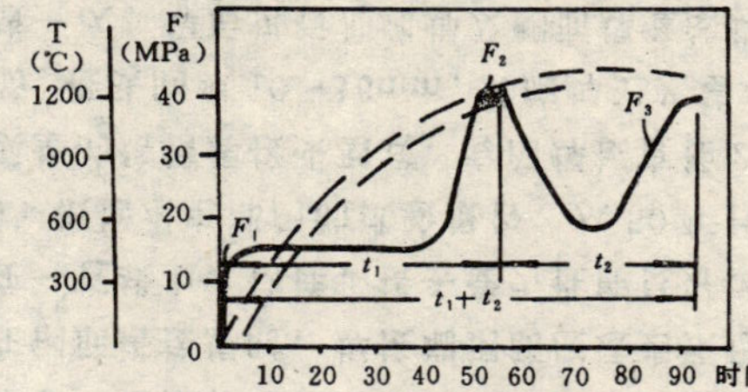

图 6　三次加压法焊接工艺过程图解

t_1—碳化焰对准钢筋接缝处集中加热；　F_1—一次加压，预压；

t_2—中性焰往复宽幅加热；　F_2—二次加压，接缝密合；

t_1+t_2—根据钢筋直径和火焰热功率而定；F_3—三次加压，镦粗成形

4.6.9　根据近几年来钢筋气压焊生产应用总结，提出焊接缺陷及消除措施，列于表 4.6.9，有利于气压焊施工。

4.7　预埋件钢筋埋弧压力焊

4.7.1　预埋件钢筋 T 型接头，除采用手工电弧焊外，亦可采用埋弧压力焊，特别是当钢筋直径较粗时，更宜于采用。

4.7.2　本条文对埋弧压力焊的设备提出一些技术规定，要求是可靠、耐用。

对称接地法见图 7。

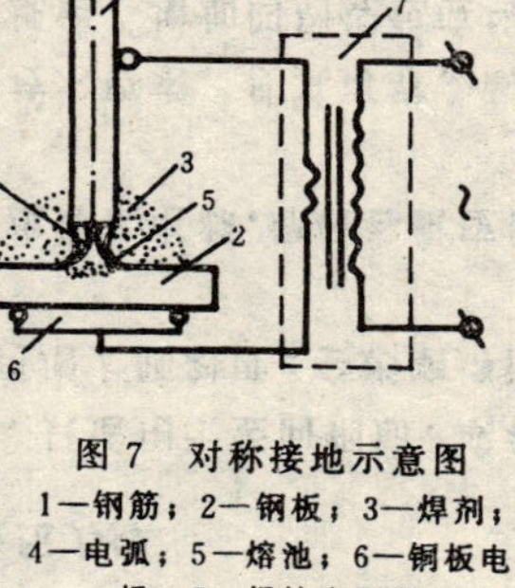

图 7　对称接地示意图

1—钢筋；2—钢板；3—焊剂；4—电弧；5—熔池；6—铜板电极；7—焊接变压器

4.7.3　埋弧压力焊工艺的技术关键，在于正确掌握焊接的各个过程，本条文对此作了比较具体的规定。上钢筋位移过程见图 8。

与原规程比较，增加"敲去渣壳，四周焊包应均匀，凸出钢筋表面的高度应大于或等于 4mm"的规定，更好保证焊接质量。

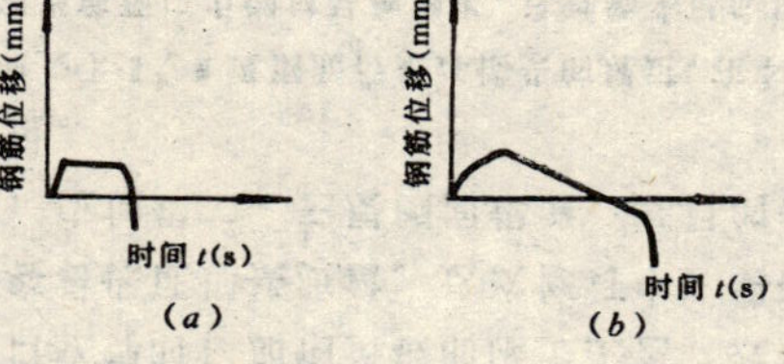

图 8　预埋件钢筋埋弧压力焊上钢筋位移图解

(a) 小直径钢筋；(b) 大直径钢筋

4.7.4　本条文规定了埋弧压力焊的焊接参数，与原规程比较，降低了焊接电流，增长了焊接通电时间，有以下优点：1. 可以使用 500 型弧焊变压器；2. 改善接头成形，使四周焊包更加均匀。但

是有的施工单位具有1000型焊接变压器，亦可采用大电流、短时间的强参数焊接法，以提高劳动生产率。例如，焊接Φ10mm钢筋时，采用焊接电流550～650A，焊接通电时间4s；焊接Φ16mm钢筋时，650～800A，11s；焊接Φ25mm钢筋时，650～800A，23s。

4.7.5 本条文为多年来生产实践的总结，供参照使用。

4.8 钢筋负温焊接

4.8.1 钢筋负温焊接是一个重要问题，在我国东北、西北、华北地区冬季建筑施工中，经常遇到。本条文规定，允许钢筋闪光对焊、电弧焊、电渣压力焊和气压焊进行负温焊接，其负温限值定为－20℃。

根据某单位试验资料表明，在实验室条件下对普通低合金钢钢筋23个钢种、2300个负温焊接接头的工艺性能、力学性能、金相、硬度以及冷却速度等作了系统的试验研究，认为闪光对焊在－28℃施焊，电弧焊在－50℃下进行焊接时，如焊接工艺和参数选择适当，其接头的综合性能良好。但是考虑到试点工程最低温度为－23℃，以及由于温度过低，工人操作不便，为确保工程质量，故将闪光对焊和电弧焊的施焊下限温度定为－20℃。美国钢筋焊接规范为－18℃。关于电渣压力焊和气压焊，其接头热容量较大，在负温下，加快一些冷却速度，不会对接头带来不利影响。在电渣压力焊时，还可适当延缓敲去渣壳的时间。

4.8.2 本条文规定，主要是防止焊接接头因碰到冰、雪而产生淬硬组织，甚至微裂。

4.8.3 本条文摘引自国家标准《钢筋气压焊》GB 12219—89。

4.8.4 根据在负温条件下进行钢筋闪光对焊的试验及工程实践认为：Ⅰ～Ⅳ级钢筋不论直径大小，皆应采用预热闪光焊或闪光-预热闪光焊，以增大热容量。

当钢筋端面比较平整，宜采用预热闪光焊；端面不够平整时，宜采用闪光-预热闪光焊。

从某单位试验资料表明，采用弱参数焊接了683根Ⅱ、Ⅲ级钢筋的试件，弯曲试验合格率为100%，Ⅳ级钢筋668根试件，弯曲试验合格率为97.6%；拉伸试验合格率为98.6%；接头热影响区的淬硬倾向不大；反之，采用强参数焊接，综合性能则较差。

负温焊接与常温焊接相比，主要是一个负温引起的冷却速度加快的问题。因此，其接头构造和焊接工艺必须遵守常温焊接的规定外，还需在焊接工艺参数上作一些必要的调整。其方法是采用弱参数焊接，使焊缝和热影响区缓慢冷却，避免产生淬硬组织。

4.8.5 根据负温电弧焊的试验结果认为，只要在焊接工艺上作一些调整，可以起到预热、缓冷、回火的作用。

a. 预热：在负温条件下进行帮条电弧焊或搭接电弧焊时，从中部起弧，对两端就起到了预热的作用。

b. 缓冷：采用多层施焊时，层间温度控制在150～350℃之间，使接头热影响区附近的冷却速度减慢1～2倍左右，从而减弱了淬硬倾向，改善了接头的综合性能。

c. 回火：如果采用上述两种工艺，还不能保证焊接质量时，则采用“回火焊道施焊法”。其作用是对原来的热影响区起到回火的效果。回火温度为500℃左右。如一旦产生淬硬组织，经回火后将产生回火马氏体、回火索氏体组织，从而改善接头的综合性能。

负温电弧焊除采用上述焊接工艺措施外，还必须采用下述焊接参数，即适当增加焊接电流，减慢焊接速度，以增大线能量。

线能量的计算公式如下：

$$q=\frac{I\cdot U}{v}$$

式中 I——焊接电流（A）；

U——电弧电压（V）；

v——焊接速度（mm/s）；

q——线能量（J/mm）。

从上述公式可见，线能量与焊接电流成正比，与焊接速度成反比。因此在负温条件下进行焊接时，适当增大焊接电流，减缓焊接速度，有利于改善接头的性能。

4.8.6 在负温条件下进行钢筋闪光对焊、电弧焊和电渣压力焊时，还应对焊接设备采取一些防寒措施，例如，搭设一些临时工棚，特别是对焊机，要预防冷却水管的冻裂。

5 质量检查与验收

5.1 一般规定

5.1.1 本条文明确规定钢筋焊接接头和焊接制品均应按本规程的有关规定进行质量检查与验收。

5.1.2 本条文强调焊接接头和焊接制品应分批、及时进行质量检查与验收；同时，规定质量检查的内容包括外观检查和力学性能试验两部分。

5.1.3 在钢筋焊接生产中，焊工对自己所焊接头的质量，心中是比较有数的，因此这里特别强调焊工的自检。焊工自检主要是在焊接过程中，通过眼睛观察和手的感觉来完成。允许焊工主动剔出不合格的接头，并割去重焊。质检人员的检验，是在焊工认为合格的产品中进行抽查或全部检验。这样有利于提高焊工的责任心和自觉性。

5.1.4 力学性能试验，应从外观检查合格的接头中分批随机抽取一定数量的试件进行检验。对于一些大的工程项目，如果有许多焊工同时工作，也可以从不同等级焊工完成的接头中，随机抽取试件进行检验。以便全面了解焊工队伍技术水平及其焊接质量。试验方法应根据行业标准《钢筋焊接接头试验方法》JGJ 27—86 中有关规定执行。

5.1.5 本条文规定在钢筋焊接接头或焊接制品质量检验证明书中应该写明的主要内容，各单位可视具体情况作必要的补充，以使证明书上的内容更加全面、准确，便于查对和归档。

5.2 钢筋焊接骨架

5.2.1 本条文规定了焊接骨架质量检查时的批量、每批抽取试件数、试验用网片、抗剪试件和拉伸试件的尺寸等，十分重要。与原规程比较，增加了“一周内不足200件的亦按一批计算”的规定。均应认真执行。

5.2.2 本条文规定了焊接骨架外观检查的质量要求，与原规程比较，增加了焊点脱落、漏焊限值的规定。

5.2.3 焊接骨架焊点抗剪力指标系按下列公式计算而得：

a. 热轧Ⅰ级、Ⅱ级钢筋

$$焊点抗剪力=1.0\sigma_s\times A_0\ (N)$$

式中 σ_s——Ⅰ级、Ⅱ级钢筋屈服点（MPa）；

A_0——较小钢筋公称横截面面积（mm^2）。

b. 冷拔低碳钢丝

$$焊点抗剪力=0.65\sigma_b\times A_0(N)$$

式中 σ_b——按550MPa计；

A_0——较小钢丝公称横截面面积（mm^2）。

尾数取整数。

5.3 钢筋焊接网

在本节第5.3.1条至第5.3.8条中，根据建筑工程实际条件，从原规程中保留一些条文，修改一些条文，其余为新增条文。

5.3.5 在焊点的拉伸试验中，原规程中规定，冷拔低碳钢丝焊点，应对较小钢丝作拉伸试验，试件为3根；在本规程中修改为，纵向钢筋1个，横向钢筋1个。

5.3.7 在焊点抗剪试验中，原规程中规定，抗剪试件是以较小钢筋为纵筋，即受拉钢筋，以较大钢筋为横筋。在本规程中，修改为，焊点抗剪试件以较大钢筋为纵筋，即受拉钢筋，较小钢筋为横筋。

原规程规定，焊点的抗剪力指标根据较小钢筋横截面面积乘以该级别钢筋屈服强度，再乘1.0系数；若冷拔低碳钢丝，以较小钢丝横截面面积乘以乙级钢丝抗拉强度，再乘0.65系数，尾数取整数。

本规程中修改为，3个试件的抗剪力平均值不得小于较大钢筋（丝）横截面面积乘以该级别钢筋（丝）屈服强度，再乘0.3系数。

以上两种指标的计算方法不同，指标值亦不相同。为了比较，作2个算例如下：

例1 设某钢筋焊接网，纵筋为Φ10mm Ⅰ级钢筋，横筋为Φ6mm Ⅰ级钢筋，按本规程规定，焊点抗剪力指标如下：

$$0.3\times78.54\times235=5523N$$

若按原规程表4.2.4中规定，Φ6mm Ⅰ级钢筋的抗剪力指标为680kgf，即6664N。

前者低于后者。

例2 设某钢丝焊接网，纵筋为Φ5mm冷拔低碳钢丝，横筋为Φ3mm冷拔低碳钢丝，按本规程规定，焊点抗剪力指标如下：

$$0.3\times19.64\times360=2121N$$

若按原规程表4.2.4中规定，Φ3mm冷拔低碳钢丝的抗剪力指标为250kgf，即2450N。

前者亦低于后者。

以上2个算例表明，按本规程规定的抗剪力指标低于原规程中规定，因此，在焊接网的制造中，应该达到新的修改后的规定指标。

5.4 钢筋闪光对焊接头

5.4.1 闪光对焊是一种高生产率的焊接方法，考虑到对全部接头进行外观检查难以办到，故规定为每批抽查10%，同时不得少于10个接头。

据调查，焊接直径较小的钢筋时，多数情况下，每个班每一焊工所焊接的接头数量都超过100个，甚至超过200个，故每批的接头数量由原规程200个扩大为300个。如果同一台班的焊接接头数量较少，而又连续生产时，可以累计计算。一周内不足300个，亦按一批计算；超过300个时，按两批计算。

考虑到生产中的一些特殊情况，例如焊接等长的预应力钢筋时，可按生产条件制作模拟试件进行质量检验。

螺丝端杆接头，由于两侧钢材的钢号、强度、直径差异较大，无法进行弯曲试验，故规定，可只做拉伸试验；但是提高了对试验结果的要求。

5.4.2 本条文规定了外观检查的内容与质量指标。关于钢筋表面烧伤问题，因钢筋有四个级别，它们对烧伤的敏感性很不一致，随着钢筋碳当量的提高，则对烧伤缺陷愈为敏感，故对Ⅰ～Ⅲ级和Ⅳ级钢筋作了区别对待，前者无明显烧伤，后者应没有烧伤。为此，就需要仔细清除钢筋表面上的铁锈、油污及电极上的污物，并在焊机上要夹紧钢筋。

由于负温焊接接头对烧伤的敏感性比常温大，故规定Ⅱ、Ⅲ级钢筋也不得有烧伤。

接头的弯折对接头性能带来不利影响。一个弯折的闪光对焊接头，在承受外力后，在焊缝区必然产生应力分布不均，在一侧，提前达到屈服，甚至产生裂纹，故对弯折角有所限制。

钢筋闪光对焊接头中，轴线偏移对两钢筋之间有效接合面的减少颇多，对接头强度有较大影响，因此作了严格的限制。焊工对此必须足够重视，精心操作，努力消除轴线偏移。

5.4.3 本条文规定了闪光对焊接头拉伸试验结果的质量要求。首先规定接头强度不得小于所焊钢筋的规定抗拉强度；其次规定了至少有2个试件断于焊缝之外，并呈延性断裂。

若拉伸试验结果，3根试件全部断于焊缝之外，当然是最好的；但是考虑施工现场可能出现的种种不利因素，例如，钢筋直径较粗，合金元素含量较高，强度高等等，故要求至少有2个试件断于焊缝之外，并呈延性断裂。

所谓断于焊缝之外，就是说允许在非焊缝区断裂。

从结构抗震性能来考虑，希望并要求，在外力作用下，构件中钢筋（包括焊接接头）呈延性断裂，而不脆性断裂，故本文作上述规定。

与原规程比较，本条文还增加了余热处理Ⅲ级钢筋焊接接头拉伸试验的质量要求。

热轧Ⅲ级钢筋抗拉强度指标为570MPa；余热处理Ⅲ级钢筋抗拉强度指标为600MPa。考虑到焊接对余热处理钢筋在热影响区有一定软化作用，故规定余热处理Ⅲ级钢筋焊接接头的抗拉强度指标与热轧Ⅲ级钢筋抗拉强度指标相等；这样，对结构是安全的。通过大量焊接试验表明，亦是能够做到。

5.4.4 考虑到螺丝端杆与预应力钢筋接头只作拉伸试验，不作弯曲试验，因此提高了对其拉伸试验结果的要求：3个试件全部断于焊缝之外，呈延性断裂。这样规定是合理的，应该做到。

5.4.5 模拟试件试验结果若不符合要求，复验必须从成品中切取，这是理所当然。

5.4.6 本条文规定了钢筋闪光对焊接头弯曲试验的技术要求。

生产实践证明，在作拉伸试验和弯曲试验时，往往是拉伸试验容易通过，而弯曲试验不易通过。这说明弯曲试验比拉伸试验对接头的考验更为严格。如前所述，在拉伸试验时，允许有1个接头在焊缝区发生脆断，那末这个会发生脆断的接头若作弯曲试验，也可能发生外侧横向裂纹以至脆断。为了使两种试验方法的要求相适应，因此弯曲试验时，在一次抽检的3个接头中若有2个接头达到弯曲试验指标，即为合格。

5.5 钢筋电弧焊接头

5.5.1 钢筋电弧焊接头外观缺陷比较明显，容易检查，而且如裂纹、咬边、焊瘤等缺陷对接头强度影响较大，因此要求逐个进行外观检查。外观检查时主要是目测，或借助5～10倍的低倍放大镜进行，焊缝尺寸的量测可采用米尺、卡尺等。

关于力学性能试验，原则上是切取试件进行拉伸试验，但对于不便切取试件的装配式结构，应模拟现场最不利的生产条件（如施焊位置、钢筋间距等）制作模拟试件。

每批的接头数量问题，考虑到在工厂条件下生产效率高，质量比较稳定，故限定300个同级别钢筋焊接接头为一批。在装配式框架结构的同一楼层或连续、交叉施焊的二个楼层中，接头数量较多，而且又是在比较短的时间内完成的。因此亦规定以300个接头为一批；超过300个时，为两批。

5.5.2 本条文规定了钢筋电弧焊接头外观检查的质量要求。裂纹是完全不允许的；咬边深度、气孔、夹渣列表表示，其中，焊缝厚度和焊缝宽度，原规程允许有负偏差，本规程修改为，只允许有正偏差，以确保接头强度。

焊缝余高规定为不得大于3mm，这就是，不允许有过大的焊缝余高。因为它会使接头熔合区产生应力集中。

5.5.3 本条文规定了钢筋电弧焊接头拉伸试验的质量要求，增加了余热处理Ⅲ级钢筋接头的强度，应大于或等于热轧Ⅲ级钢筋规定的抗拉强度。

原规程规定，拉伸试验结果，至少有两个试件呈塑性断裂；本规程修改为：3个接头试件均应断于焊缝之外，并至少有2个试件呈延性断裂。这里，前一句表明，若试件在焊缝内拉断和撕裂是不允许的，若在熔合区或热影响区断裂则不在此限。后一句表明，3个试件中至少有2个试件的断裂特征是延性断裂，若有2个试件发生脆性断裂，则必须复验。

5.5.4 本条文对钢筋电弧焊模拟试件的数量和要求作出规定。

5.6 钢筋电渣压力焊接头

5.6.1 钢筋电渣压力焊接头应仔细地、逐个进行外观检查。一般来说，从焊包外形上可以看出接头是否接合良好。外观检查不合格的接头，应当切去重新焊接。力学性能试验时，每批数量无论对水塔、烟囱等一般的构筑物或者现浇混凝土建筑结构，由于这种方法生产效率高、质量比较稳定，因此均以300个同级别钢筋焊接接头作为一批。不足300个时，仍作为一批。

5.6.2 本条文提出了钢筋电渣压力焊接头外观检查时的质量要求，应认真执行。

5.6.3 钢筋电渣压力焊接头拉伸试验结果，规定3个试件的抗拉强度均不得小于该级别钢筋规定的抗拉强度；但未规定断裂位置和断裂特征。这是根据该种焊接方法的工艺特点和接头性能而制定，特别是考虑到，当钢筋直径较粗，合金元素含量较高，强度较高时的实际情况。

但是，对建筑施工单位的要求来说，应该不断提高焊工操作技能，精心施焊，努力做到接头拉伸试验均断于母材。

5.7 钢筋气压焊接头

本节条文摘引自国家标准《钢筋气压焊》GB 12219—89，但作一些修改。

5.7.1 原国家标准规定，以200个接头作为一批。经十年来生产应用，施工单位积累一定经验，为与其它钢筋焊接接头批量一致，改为以300个接头作为一批。原国家标准规定，根据工程需要，也可另切取3个接头做弯曲试验。施工单位反映，不易理解。现明确为，在梁、板等构件的水平钢筋连接中，应另切取3个接头做弯曲试验。

5.7.2 焊接接头外观质量偏差符号作了修改。

5.8 预埋件钢筋T型接头

5.8.1 预埋件不仅起着预制构件之间的联系作用，还借助它传递应力。焊点是否牢固可靠，对于结构物的安全度将产生重大影响。有人认为无关紧要，这种看法是错误的。从调查的情况来看，许多单位不作检验，即使检验，质量也不很稳定。因此，对预埋件钢筋T型接头，提出质量检验要求，是十分必要的。本条文对抽查数量，拉伸试件尺寸等作了具体规定。

5.8.3～5.8.4 与原规程比较，将预埋件手工电弧焊接头外观检查要求与埋弧压力焊接头分列成两条。根据不同情况，提出不同要求，更为明确。

在第5.8.4条中，增加了四周焊包凸出钢筋表面的高度的规定。

5.8.5 考虑预埋件的实际情况，允许将外观不合格接头经焊补后，提交二次验收。

5.8.6 预埋件钢筋 T 型接头作拉伸试验时，可采用行业标准《钢筋焊接接头试验方法》JGJ 27—86 第 2.1.3 条规定的试验设备，但是，当钢筋直径较粗时，例如：Φ25mm Ⅱ级钢筋，有两点必须注意：

a. 吊架各部件，包括拉杆、传力板、传力杆、底板等均应适当加粗、加厚，并取消底板槽孔，以提高吊架整体强度；

b. 垫板中心孔的大小，应使钢筋恰好穿过，孔肩压住焊缝金属或焊包为宜；若中心孔太大，在拉伸试验时会产生附加力，将焊缝提前撕裂，影响所测得的接头强度。

6 焊工操作技能考试

6.0.1 钢筋焊接质量直接关系到整个工程的质量，而焊接质量在很大程度上又决定于焊工的操作技能。因此，培训和考核焊工是十分必要的，以便为正确指派工作提供依据。

焊工考试可以根据工程需要，在焊工进行培训的基础上来进行。

6.0.2 明确规定焊工考试应由经市或市级以上政府有关主管建设部门审查批准的单位负责进行；目的是提高培训质量，完善考试发证制度。

焊工考试应以操作技能考试为主；此外，还应进行基本知识考试。基本知识考试应包括下列内容：

a. 钢筋的级别、规格及性能；

b. 焊机的使用和维护；

c. 焊条、焊剂、氧气、乙炔的性能和选用；

d. 焊前准备、技术要求和焊接接头、焊接制品的质量检查与验收标准；

e. 焊接工艺方法及其特点，焊接参数的选择；

f. 焊接缺陷产生的原因及消除措施；

g. 电工知识；

h. 安全技术知识。

具体要求由各考试单位自行规定。

6.0.3 本条文强调焊工考试用的材料必须是符合国家标准的合格材料，否则考试就会失去意义。

考试用的设备，应根据各单位的具体情况确定。

6.0.4 在焊工操作技能考试中，表 6.0.4 所列各种焊接方法中规定的钢筋级别及其直径，仅提供了一个大概范围，各单位可视具体情况而定。一般来说，钢筋级别高、直径大的钢筋进行闪光对焊、电渣压力焊、气压焊考试合格者，焊接级别低、直径小的钢筋，就基本没有什么问题；但是，直径过小的，也不易焊。

焊工操作技能考试的评定标准与原规程比较修改如下：

a. 增加余热处理Ⅲ级钢筋闪光对焊和电弧焊考试评定标准；

b. 闪光对焊考试评定标准比原规程中规定有所提高。原规程规定，焊工考试评定标准与质量验收时相同；本规程中规定，焊工考试评定标准略高于质量验收标准。

原规程规定，3个拉伸试件的试验结果，至少有2个试件断于焊缝之外，并呈塑性断裂；本规程中修改为：全部试件均断于焊缝之外，呈延性断裂。

原规程规定，弯曲至90°时，接头外侧不得出现宽度大于0.15mm的横向裂纹。弯曲试验结果如有两个试件未达到上述要求，应取双倍数量的试件进行复验。

本规程中修改为：3个弯曲试件弯到90°，均不得发生破断。

c. 钢筋电弧焊考试评定标准比原规程中规定亦有提高，原规程规定，焊工考试评定标准与质量验收标准相同；本规程中规定，前者略高于后者。

原规程规定，三个试件拉伸试验结果，至少有两个试件呈塑性断裂。

本规程中修改为，全部试件均断于焊缝之外，呈延性断裂。

d. 在电弧焊考试评定标准中，增加窄间隙焊考试评定标准。

e. 新增气压焊考试评定标准。

以上比较说明，本规程中规定严于原规程，其目的是把好焊工考试关，提高焊工操作技能。

6.0.5 本条文规定的目的是，给临场失误的焊工多一次考试机会。

6.0.6 持有合格证的焊工若在焊接生产中三个月内出现二批不合格品时，表明该焊工操作技能有问题；为了确保工程质量，取消其合格资格，是必要的。

6.0.7 本条文规定需要进行复试的二种情况，其作用是，经常掌握焊工的操作技能。

6.0.8 持有合格证的焊工一直从事焊接生产，并经常保持质量优良的可免予复试，但仅以一次为限。这里需要指出的是，质量优良的，应有书面材料，例如质量验收时力学性能试验报告单，并注有焊工姓名。

6.0.9 本条文为新增条文，其目的是通过抽查验证，使焊工考试制度得到更好贯彻执行，克服有证无证一个样的弊端，在施工中提高焊接质量。

中华人民共和国行业标准

洁净室施工及验收规范

JGJ 71—90

主编单位：中国建筑科学研究院
批准部门：中华人民共和国建设部
施行日期：1991年7月1日

关于发布行业标准《洁净室施工及验收规范》的通知

（90）建标字第694号

根据原国家计委计标函（1987）第3号文的要求，由中国建筑科学研究院主编的《洁净室施工及验收规范》，业经审查，现批准为行业标准，编号JGJ71—90，自1991年7月1日起施行。

本标准由建设部建筑工程标准技术归口单位中国建筑科学研究院归口管理，其具体解释等工作由中国建筑科学研究院负责。

中华人民共和国建设部
1990年12月30日

第一章 总 则

第 1.0.1 条 为了在洁净室（含装配式洁净室，下同）施工中，贯彻国家有关的方针政策和统一施工验收要求，统一检测方法，做到保证工程质量、节约能源、保护环境和安全操作，特制定本规范。

第 1.0.2 条 本规范适用于新建和改建的工业洁净室和一般生物洁净室的施工及验收，不适用于有生物学安全要求的特殊生物洁净室的施工及验收。

第 1.0.3 条 洁净室必须按设计图纸施工，施工中需修改设计时应有设计单位的变更通知。没有图纸和技术要求的不能施工和验收。

第 1.0.4 条 洁净室施工前应制订详尽的施工方案和程序，施工中各工种之间应密切配合，按程序施工。先行施工的工种，不得妨碍后续的施工。

第 1.0.5 条 工程所用的主要材料、设备、成品、半成品均应符合设计规定，并有出厂合格证或质量鉴定证明文件。对质量有怀疑时，必须进行检验。过期材料不得使用。

第 1.0.6 条 洁净室施工过程中，应在每道工序施工完毕后进行中间检验验收，并记录备案。

第 1.0.7 条 洁净室的施工及验收除执行本规范外，还应符合国家现行的有关标准的规定。

第二章 建 筑 装 饰

第一节 一 般 规 定

第 2.1.1 条 洁净室建筑装饰施工应于屋面防水工程和外围护结构完成，外门、外窗安装完毕，主体结构验收后进行，其内容包括室内装饰工程，门窗安装，缝隙密封，以及各种管线、照明灯具、净化空调设备、工艺设备等与建筑的结合部位缝隙的密封作业。

第 2.1.2 条 洁净室建筑装饰施工进度安排应与其他专业工种制订明确的施工协作计划，按程序施工，互相配合。施工主要程序见附录二。

第 2.1.3 条 洁净室建筑装饰施工除应符合现行国家标准《建筑装饰工程施工及验收规范》JGJ73和《地面与楼面工程施工及验收规范》GBJ209的要求外，还应保证施工的气密性，减少施工作业的发尘量和保持施工现场的清洁。有防腐蚀要求时，还应符合现行国家标准《建筑防腐蚀工程施工及验收规范》GB50212的规定。

第 2.1.4 条 洁净室建筑装饰施工现场的环境温度应不低于10°C，但对特殊的装饰工程，应按装饰材料说明书要求的温度施工。

第二节 材 料 要 求

第 2.2.1 条 用于洁净室嵌缝的弹性密封材料及防尘

涂料必须有注明成分、品种、出厂日期、贮存有效期和施工方法的说明书以及产品合格证书。不得使用过期产品和未经鉴定的产品。

第 2.2.2 条 洁净室涂料地面水泥砂浆基底的水泥标号不得低于425号；水磨石地面应现浇，所用小石子直径为6mm～15mm，水磨石细磨后，宜用不挥发的护面材料打涂。

第 2.2.3 条 洁净室墙面和吊顶的抹灰，应为高级抹灰，养护时间应充分。不得采用受热、湿影响产生变形、霉变、粉化的材料。

第 2.2.4 条 洁净室使用的木材的含水率不应大于16%，并且不得外露使用；石膏板、胶合板和木龙骨应做防潮处理，或采用防水石膏板；生物洁净室不应使用木材和石膏板作表面装饰材料。

第三节 构造与装饰要求

第 2.3.1 条 预埋在钢筋混凝土构件和墙体上的铁件、木框等应牢固，木砖和木框应做防腐处理，预埋铁件外露部分和吊杆支架应做防锈或防腐处理。

第 2.3.2 条 不同材料相接处采用弹性材料密封时，应预留适当宽度和深度的槽口或缝隙，见图2.3.2。

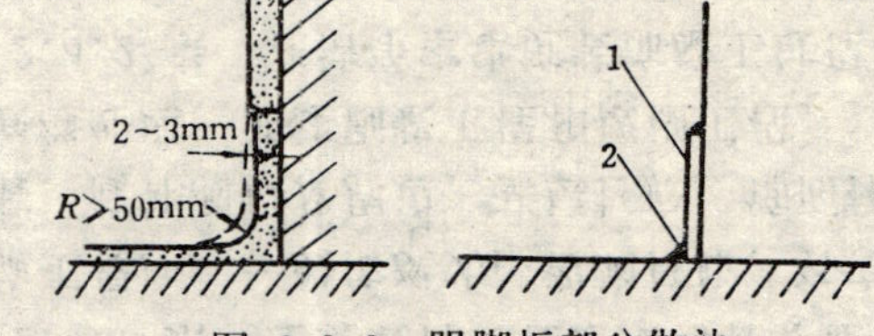

图 2.3.2 缝隙密封宽度

1—弹性密封材料；2—钢窗框；3—窗台板；4—设备外框；5—钢龙骨隔墙

第 2.3.3 条 所有建筑构配件、隔墙、吊顶的固定和吊挂件，应与主体结构相联，不应与设备支架（如传送带吊杆、风管吊杆以及有振动的设备）和管线支架相联接。

第 2.3.4 条 建筑装饰及门窗的缝隙应在正压面密封。

第 2.3.5 条 改建工程在隔墙拆移、打洞、管线穿墙和穿楼板等施工后，应修补牢固，表面进行相应装饰，防止积尘掉灰。

第 2.3.6 条 管线隐蔽工程应在管线施工完成并进行试压验收后进行。管线穿墙、穿吊顶处的洞口周围应修补平齐，严密，清洁，并用密封材料嵌缝。隐蔽工程的检修口周边应粘贴气密性密封垫。

第 2.3.7 条 洁净室地面垫层下应铺设0.4～0.6mm厚的防水薄膜作防潮层，接头处搭接50mm，用胶带粘牢；混凝土浇筑时分仓线不宜通过洁净室。施工卷材和涂料的基底含水率不应大于6～8%。

第 2.3.8 条 踢脚板部分施工时应与墙面平齐或略缩进2～3mm。当踢脚板与地面材料相同时可做成小圆角，其圆角半径R应大于等于50mm；当踢脚板与地面材料不同时，应用弹性材料嵌固。见图2.3.8。

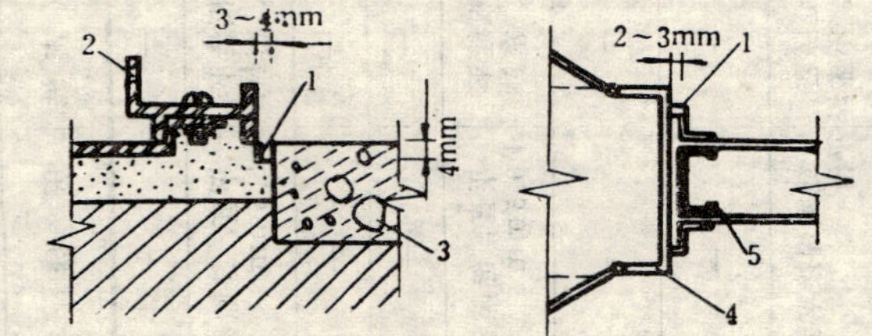

图 2.3.8 踢脚板部分做法

1—踢脚板；2—密封嵌固材料

第 2.3.9 条 洁净室的装饰表面质量应符合表2.3.9的规定。

表 2.3.9

洁净室装饰表面质量要求一览表

使用部位		要求项目						
		发尘性	耐磨性	耐水性	防静电	防霉性	气密性	压缝条
吊顶	涂料	不掉皮、粉化	—	可耐清洗	电阻为$10^5 \sim 10^8 \Omega$	耐潮湿、霉变	—	—
	板材	不产尘，无裂痕	—	可擦洗	—	—	板缝平齐、密封	平直，缝隙不大于0.5mm
	抹灰	按高级抹灰	—	耐潮湿	—	耐潮湿、霉变	—	—
隔墙	涂料	不掉皮、粉化	—	可耐清洗	电阻为$10^5 \sim 10^8 \Omega$	耐潮湿、霉变	—	—
	板材	不产尘，无裂痕	—	可耐清洗	—	耐潮湿、霉变	板缝平齐、密封	平直，缝隙不大于0.5mm
	抹灰	按高级抹灰	—	可耐清洗	—	耐潮湿、霉变	—	—
地面	涂料	不起壳、脱皮	耐磨	耐清洗	电阻为$10^5 \sim 10^8 \Omega$	—	—	—
	卷材	不虚铺，缝隙对齐，不积灰	耐磨	耐清洗	电阻为$10^5 \sim 10^8 \Omega$	—	缝隙密封，不虚焊	缝隙焊接牢固，平滑
	水磨石	不起砂，密实，光滑	耐磨	耐清洗	—	—	—	—

第四节 施 工 要 求

第 2.4.1 条 建筑装饰工程必须与各专业工种间制定严格的施工程序，一般依次为：留洞打底、各专业安装、内门窗安装、修补洞口及周边、基层打底、饰面抹灰和罩面板工程、嵌缝处理、油漆刷浆工程和裱糊工程。

第 2.4.2 条 在洁净室建筑装饰施工过程中，必须随时清扫灰尘，对隐蔽空间（如吊顶和夹墙内部等）还应做好清扫记录。

第 2.4.3 条 应保护已完成的装饰工程表面，不得因撞击、敲打、踩踏、多水作业等造成板材凹陷、暗裂和表面装饰的污染。

第 2.4.4 条 对已安装高效过滤器的房间，不得进行有粉尘的作业。

第 2.4.5 条 塑料板材或卷材面层铺贴前应预先按规格大小、厚薄分类，板材或卷材与地面之间应满涂粘接剂，表面赶平，不得漏涂或残存空气。

第 2.4.6 条 密封胶嵌固前，应将基槽内的杂质、油污剔除干净，并保持表面干燥。

第 2.4.7 条 洁净室临时设置的设备入口不用时应封闭，防止尘土杂物进入。

第 2.4.8 条 施工现场应保证良好的通风和照明。对于改建工程，应查明和切断原有电源及易燃、易爆和有毒气体管线后方可施工。对工艺生产过程中使用的腐蚀性液体应有安全防护措施。

第五节 装配式洁净室的安装

第 2.5.1 条 装配式洁净室的安装，应在装饰工程完成后的室内进行。室内空间必须清洁、无积尘，并在施工安装过程中对零部件和场地随时清扫、擦净。

第 2.5.2 条 施工安装时，应首先进行吊挂、锚固件等与主体结构和楼面、地面的联结件的固定。

第 2.5.3 条 地面面层必须平整，其不平整度不应大于0.1%。在做卷材面层或涂料面层时应考虑与垂直壁板交接处的密封。

第 2.5.4 条 壁板安装前必须严格放线，墙角应垂直交接，防止累积误差造成壁板倾斜扭曲，壁板的垂直度偏差不应大于0.2%。

第 2.5.5 条 吊顶应按房间宽度方向起拱，使吊顶在受荷载后的使用过程中保持平整。吊顶周边应与墙体交接严密。

第 2.5.6 条 安装过程中不得撕下壁板表面塑料保护膜，禁止撞击和踩踏板面。

第 2.5.7 条 各种构配件和材料应存放在有围护结构的清洁、干燥的环境中，平整地放置在防潮膜上。

第 2.5.8 条 构配件和材料的开箱启封应在清洁环境中进行，应严格检查其规格性能和完好程度，不合格或已损坏的构配件严禁安装。

第 2.5.9 条 需要粘贴面层的材料、嵌填密封胶的表面和沟槽必须严格清扫清洗，除去杂质和油污，确保粘贴密实，防止脱落和积灰。

第 2.5.10 条 装配式洁净室的安装缝隙，必须用密封胶密封。

第三章 净化空调系统

第一节 一 般 规 定

第 3.1.1 条 净化空调系统的一般要求和风管、部件的具体制作验评方法，应分别符合现行国家标准《通风与空调工程施工及验收规范》GBJ243和《通风与空调工程质量检验评定标准》GBJ304的有关规定。

第 3.1.2 条 净化空调系统的施工安装应根据“洁净室主要施工程序”（见附录二）制订协作进度计划，严格按计划进行。

第二节 风管及其部件的制作

第 3.2.1 条 风管和部件的板材应按设计要求选用，设计无要求时应采用冷轧钢板或优质镀锌钢板。

第 3.2.2 条 风管不得有横向拼接缝，尽量减少纵向拼接缝。矩形风管底边宽度等于或小于800mm时，其底边不得有纵向拼接缝。

第 3.2.3 条 风管板材的拼接采用单咬口；圆形风管的闭合缝采用单咬口，弯管的横向缝采用立咬口；矩形风管转角缝采用转角咬口、联合角咬口或按扣式咬口。上述咬口缝处都必须涂密封胶或贴密封胶带。

第 3.2.4 条 风管内表面必须平整光滑，不得在风管内设加固框及加固筋。

第 3.2.5 条 风管应按设计要求刷涂涂料。当设计无要求时，可按表3.2.5要求刷涂。刷涂前必须除去钢板表面油污和铁锈，干燥后再刷涂。涂层应无漏涂、起泡、露底现象。

风管刷涂涂料的要求　　表 3.2.5

风管材料	系统部位	涂料类别	刷涂遍数
冷轧钢板	全部	内表面：醇酸类底漆	2
		醇酸类磁漆	2
		外表面：有保温：铁红底漆	2
		无保温：铁红底漆	1
		磁漆或调和漆	2
镀锌钢板	回风管，高效过滤器前送风管	内表面：一般不刷涂 当镀锌钢板表面有明显氧化层，有针孔、麻点、起皮和镀层脱落等缺陷时，按下列要求刷涂：	
		磷化底漆	1
		锌黄醇酸类底漆	2
		面漆（磁漆或调和漆等）	2
		外表面：不刷涂	
	高效过滤器后送风管	内表面：磷化底漆	1
		锌黄醇酸类底漆	2
		面漆（磁漆或调和漆等）	2
		外表面：不刷涂	

第 3.2.6 条 加工镀锌钢板风管应避免损坏镀锌层，损坏处（如咬口、折边、铆接处等）应刷涂优质涂料两遍。

第 3.2.7 条 柔性短管应选用柔性好、表面光滑、不产尘、不透气和不产生静电的材料制做（如光面人造革、软橡胶板等），光面向里。接缝应严密不漏风，其长度一般取150mm～250mm。安装完毕后不得有开裂或扭曲现象。

第 3.2.8 条 金属风管与法兰连接时，风管翻边应平整并紧贴法兰，宽度不应小于 7 mm，翻边处裂缝和孔洞应涂密封胶。

第 3.2.9 条 法兰螺钉孔和铆钉孔间距不应大于100 mm。矩形法兰四角应设螺钉孔。螺钉、螺母、垫片和铆钉应镀锌。不得选用空心铆钉。

第 3.2.10 条 中效过滤器后的送风管法兰铆钉缝处应涂密封胶，或采取其他密封措施。涂密封胶前应清除表面尘土和油污。

第 3.2.11 条 风管、静压箱和部件必须保持清洁。制作完毕用无腐蚀性清洗液将内表面油膜和污物清洗干净，干燥后经检查达到要求即用塑料薄膜及胶带封口，清洗后立即安装的可不封口。

第 3.2.12 条 净化空调系统管径大于500mm的风管应设清扫孔及风量、风压测定孔，过滤器前后应设测尘、测压孔，孔口安装时应除去尘土和油污，安装后必须将孔口封闭。

第 3.2.13 条 风管及其部件不得在没有做好墙壁、地面、门窗的房间内制作和存放，制作场所应经常清扫并保持清洁。

第三节　系统安装

第 3.3.1 条 法兰密封垫应选用弹性好、不透气、不产尘的材料，严禁采用乳胶海绵、泡沫塑料、厚纸板、石棉绳、铅油、麻丝以及油毡纸等含开孔孔隙和易产尘的材料。密封垫厚度根据材料弹性大小决定，一般为4～6mm。一对法兰的密封垫规格、性能及厚度应相同。严禁在密封垫上刷涂涂料。

第 3.3.2 条 法兰密封垫应尽量减少接头。接头采用阶梯形或企口形，并涂密封胶，如图3.3.2所示。密封垫应擦拭干净后，涂胶粘牢在法兰上，不得有隆起或虚脱现象。法兰均匀压紧后，密封垫内侧应与风管内壁相平。

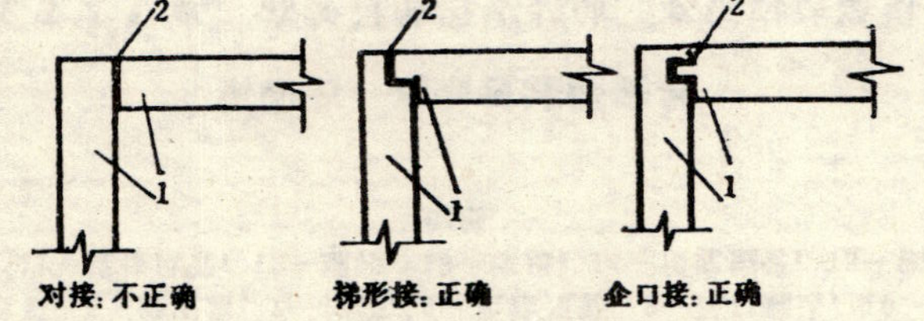

图 3.3.2 法兰密封垫接头

1—密封垫；2—密封胶

第 3.3.3 条 风管上成对法兰的拧紧力矩要大小一致，安装后不应有松紧不匀的现象。

第 3.3.4 条 经清洗干净包装密封的风管及其部件，安装前不得拆卸。安装时拆开端口封膜后，随即连接好接头；如安装中间停顿，应将端口重新封好。

第 3.3.5 条 风阀、消声器等部件安装时必须清除内表面的油污和尘土。

第 3.3.6 条 风阀的轴和阀体连接处缝隙应有密封措施，阀的各部分（包括外框、活动件、固定件及连接螺钉、螺帽、垫片等）表面应做镀铬、镀锌或喷塑处理，叶片及密封件表面应平整、光滑，叶片开启角度应有明显标志。

第 3.3.7 条 净化空调系统风管安装之后，在保温之前应进行漏风检查。当设计对漏风检查和评定标准有具体要求时，应按设计要求进行。无具体要求时，应根据洁净度级别的高低按表3.3.7的规定进行。具体检查试验方法见附录三。

漏风检查方法和评定标准　　表 3.3.7

洁净度	风管部位	检查方法	漏风指标
任意级别	送、回风支管	漏光法	无漏光
低于1000级	送、回风管	漏光法	无漏光
1000级到低于100级	送、回风总管和支干管	漏风法	≤2%
等于或高于100级	送、回风总管和支干管	漏风法	≤1%

第 3.3.8 条 擦拭净化空调系统内表面应采用不易掉纤维的材料。

第 3.3.9 条 保温层外表面应平整、密封、无胀裂和松弛现象。洁净室内的风管有保温要求时，保温层外应做金属保护壳。保护壳的外表面应光滑不积尘，便于擦拭，接缝必须密封。

保温施工时不得在风管壁上开孔和上螺钉，不得破坏系统的密闭性。

风阀和清扫孔的保温措施不应妨碍阀和门的开启。

第 3.3.10 条 高效过滤器送风口尺寸必须符合设计要求。安装前应清洗干净。需在洁净室内安装和更换高效过滤器的送风口，风口翻边和吊顶板之间的接缝应加密封垫。在技术夹层内安装和更换高效过滤器的风口，安装前应配合土建施工预埋短管，短管和吊顶板之间如有裂缝必须封堵好。

详见图3.3.10。风口表面涂层破损的不得安装。风口安装完毕应随即和风管连接好，开口端用塑料薄膜和胶带密封。

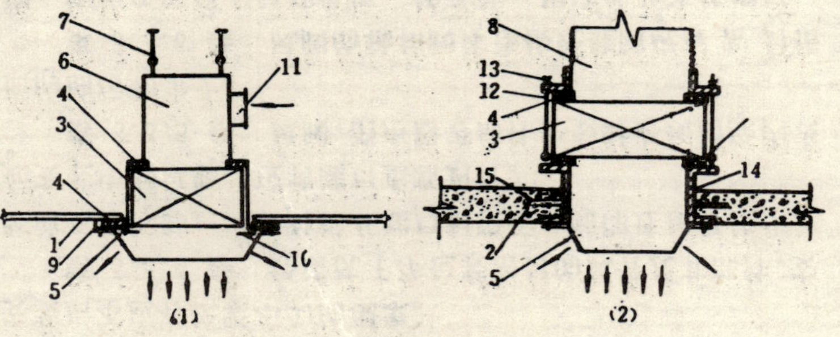

图 3.3.10 高效过滤器送风口安装示意图

（1）在洁净室内安装和更换过滤器的送风口

（2）在吊顶内安装和更换过滤器的送风口

1—轻质吊顶；2—钢筋混凝土顶板；3—高效过滤器；4—密封垫；5—扩散板；6—静压箱；7—拉杆；8—柔性短管；9—风口翻边；10—压块；11—连接风管；12—螺杆；13—螺母；14—预埋短管；15—锚固钢筋

第四节 高效过滤器安装

第 3.4.1 条 高效过滤器安装前，必须对洁净室进行全面清扫、擦净，净化空调系统内部如有积尘，应再次清扫、擦净，达到清洁要求。如在技术夹层或吊顶内安装高效过滤器，则技术夹层或吊顶内也应进行全面清扫、擦净。

第 3.4.2 条 洁净室及净化空调系统达到清洁要求后，净化空调系统必须试运转。连续运转12h以上，再次清扫、擦净洁净室后立即安装高效过滤器。

第 3.4.3 条 高效过滤器的运输和存放应按照生产厂标志的方向搁置。运输过程中应轻拿轻放，防止剧烈振动和碰撞。

第 3.4.4 条 高效过滤器安装前，必须在安装现场拆开包装进行外观检查，内容包括滤纸、密封胶和框架有无损坏；边长、对角线和厚度尺寸是否符合要求；框架有无毛刺和锈斑（金属框）；有无产品合格证，技术性能是否符合设计要求。然后进行检漏。（见附录六、一）经检查和检漏合格的应立即安装。安装时应根据各台过滤器的阻力大小进行合理调配，对于单向流，同一风口或送风面上的各过滤器之间，每台额定阻力和各台平均阻力相差应小于5％。

洁净度级别等于和高于100级洁净室的高效过滤器，安装前应按附录六、一规定的方法检漏，并符合第5.4.1条规定的要求。

第 3.4.5 条 安装高效过滤器的框架应平整。每个高效过滤器的安装框架平整度允许偏差不大于1mm。

第 3.4.6 条 高效过滤器和框架之间的密封采用密封垫、不干胶、负压密封、液槽密封和双环密封等方法时，都必须把填料表面、过滤器边框表面和框架表面及液槽擦拭干净。

第 3.4.7 条 采用密封垫时，垫的厚度不宜超过8mm，压缩率为25％～30％。其接头形式和材质应符合第3.3.1条和第3.3.2条的规定。采用液槽密封时，液槽内的液面高度要符合设计要求，框架各接缝处不得有渗液现象。采用双环密封条时，粘贴密封条时不要把环腔上的孔眼堵住；双环密封和负压密封都必须保持负压管道畅通。

第 3.4.8 条 安装高效过滤器时，外框上箭头应和气流方向一致。当其垂直安装时，滤纸折痕缝应垂直于地面。

第五节 空调器安装

第 3.5.1 条 安装空调器时应对设备内部进行清洗、擦拭，除去尘土、杂物和油污。

第 3.5.2 条 设备检查门的门框应该平整，密封垫应符合本规范第3.3.1条和第3.3.2条对法兰密封垫的要求。

第 3.5.3 条 净化空调系统的空调器接缝应做密封处理，安装后应进行密封检查，其方法按附录四“空调器漏风率检测法”进行检漏、堵漏，测量其漏风率。测量漏风率时，空调器内静压保持1000Pa。洁净度等于或高于1000级的系统，空调器漏风率不应大于１％；洁净度低于1000级的系统，空调器漏风率不应大于２％。

第 3.5.4 条 过滤器前后必须装压差计，压差测定管应畅通、严密、无变形和裂缝。

第 3.5.5 条 表冷器冷凝水排出管上应设水封装置和阀门，在无冷凝水排出季节应关闭阀门，保证空调器密闭不漏风。

第六节 空气净化设备和装置的安装

第 3.6.1 条 本节适用于空气吹淋室、气闸室、传递窗、余压阀、层流罩、洁净工作台、洁净烘箱、空气自净器、新风净化机组、净化空调器、生物安全柜等设备。

本节未包括的或有特殊要求的设备，其安装施工及验收的技术要求，应按设备的技术文件（如说明书、装配图、技术要求等）的规定执行。

第 3.6.2 条 集中式真空吸尘器及其系统的安装施工及验收应符合现行国家标准《通风与空调工程施工及验收规范》GBJ 243的有关规定。

第 3.6.3 条 设备应按出厂时外包装标志的方向装车、放置，运输过程防止剧烈振动和碰撞。对于风机底座与箱体软连接的设备，搬运时应将底座架起固定，就位后放下。

第 3.6.4 条 设备运到现场开箱之前，应在较清洁的房间内存放，并应注意防潮。当现场一时不具备室内存放条件时，允许短时间在室外存放，但应有防雨、防潮措施。

第 3.6.5 条 设备应有合格证，开箱应在较干净的环境下进行，开箱后应擦去设备内外表面的尘土和油垢，设备开箱检查合格后应立即进行安装。

第 3.6.6 条 设备应按装箱单进行检查，并应符合下列要求：

一、设备无缺件，表面无损坏和锈蚀等情况；

二、内部各部分连接牢固。

第 3.6.7 条 设备安装一般情况下应在建筑内部装饰和净化空调系统施工安装完成，并进行全面清扫、擦拭干净之后进行。但与洁净室围护结构相连的设备（如新风净化机组、余压阀、传递窗、空气吹淋室、气闸室等）或其排风、排水（如排风洁净工作台、生物安全柜、洁净工作台和净化空调器的地漏等）管道在必须与围护结构同时施工安装时，与围护结构连接的接缝应采取密封措施，做到严密而清洁；设备或其管道的送、回、排风（水）口应暂时封闭，每台设备安装完毕后，洁净室投入运行前，均应将设备的送、回、排风口封闭。

第 3.6.8 条 安装设备的地面应水平、平整，设备在安装就位后应保持其纵轴垂直、横轴水平。

第 3.6.9 条 带风机的气闸室或空气吹淋室与地面之

间应垫隔振层。

第 3.6.10 条 凡有机械联锁或电气联锁的设备（如传递窗、空气吹淋室、气闸室、排风洁净工作台、生物安全柜等），安装调试后应保证联锁处于正常状态。

第 3.6.11 条 凡有风机的设备，安装完毕后风机应进行试运转，试运转时叶轮旋转方向必须正确；试运转时间按设备的技术文件要求确定；当无规定时，则不应少于2h。

第 3.6.12 条 设备的验收标准应符合该设备的技术文件要求。

第 3.6.13 条 安装生物安全柜时应符合下列规定：

一、生物安全柜在安装搬运过程中，严禁将其横倒放置和拆卸，宜在搬入安装现场后拆开包装；

二、生物安全柜安装位置在设计未指明时应避开人流频繁处，并应避免房间气流对操作口空气幕的干扰；

三、安装的生物安全柜的背面、侧面离墙壁距离应保持在80～300mm之间。对于底面和底边紧贴地面的安全柜，所有沿地边缝应加以密封。

四、生物安全柜的排风管道的连接方式，必须以更换排风过滤器方便确定。

第 3.6.14 条 生物安全柜在每次安装、移动之后，必须进行现场试验，并符合设计要求；当设计无规定时，Ⅱ级生物安全柜的试验应符合下列规定：

一、压力渗漏试验，应确认所有接缝的气密性及整个设备没有漏气；

二、高效空气过滤器的渗漏试验，应确认高效空气过滤器本身及其安装接缝处没有渗漏；

三、操作区气流速度试验，应确认整个操作区的气流速度均满足规定的要求；

四、操作口气流速度试验，应确认整个操作口的气流速度均满足规定的要求；

五、操作口负压试验，应确认通过整个操作口的气流流向均指向柜内；

六、洗涤盆漏水程度试验，应确认盛满水的洗涤盆经过1h后无漏水现象；

七、接地装置的接地线路电阻试验，应确认接地的分支线路在接线及插座处的电阻不超过规定值。

第四章 水、气、电系统

第一节 一 般 规 定

第 4.1.1 条 洁净室内的给水排水、消防设施、气体动力、电气照明等施工，除应符合本规范外，尚应符合现行国家标准《采暖与卫生工程施工及验收规范》GBJ 242、《工业管道工程施工及验收规范》GBJ 235、《现场设备、工业管道焊接工程施工及验收规范》GBJ 236、《电气装置安装工程施工及验收规范》GBJ 232和《工业自动化仪表工程施工及验收规范》GBJ 93的有关规定。

第 4.1.2 条 给水排水管道和气体动力管道穿过洁净室的墙壁和楼板应设套管，套管内的管段不得有接头，管子与套管之间必须用不燃和不产尘的密封材料封闭。

第 4.1.3 条 明装或暗装的电气线管，其管材应采用不燃材料，洁净室内线管的管口应用不产尘的密封材料封闭。

第 4.1.4 条 洁净室内的管道外表面的保温层，应采用不产尘的不燃或难燃的保温材料，保护层应采用金属保护壳。对于生物洁净室，管道保护壳缝隙应作防水密封处理，保护壳材质应能抗消毒剂的浸蚀。

第 4.1.5 条 给水排水管道和气体动力管道的强度试验、气密性试验、真空度试验和泄漏量试验，当设计无要求时，应按有关规范执行。

第 4.1.6 条 水、气、电系统安装应与其他工程密切配合，严格按程序施工，并符合附录二的要求。

第二节 给 水 排 水

第 4.2.1 条 洁净室内的给水管道的材质必须符合设计要求。设计无要求时，各类给水管道的材质宜符合下列规定：

一、给水管道、工艺设备的冷却循环水管道宜为镀锌钢管；

二、纯水、高纯水管道为不锈钢（SUS）管、硬聚氯乙烯（PVC）管、聚丙烯（PP）管和工程塑料（ABS）管等；

三、管道的配件应采用与管道相应的材质。

第 4.2.2 条 纯水和高纯水采用不锈钢（SUS）管、硬聚氯乙烯（PVC）管、聚丙烯（PP）管和工程塑料（ABS）管，其化学成分及物理性能应符合设计要求。

第 4.2.3 条 纯水和高纯水管道、管件、阀门安装前必须清除油污和进行脱脂处理。

第 4.2.4 条 纯水、高纯水采用硬聚氯乙烯（PVC）管、聚丙烯（PP）管和工程塑料（ABS）管时，其管道安装应符合下列要求：

一、管道安装必须在环境清洁，室温在5°C以上，相对湿度在85%以下的条件下进行；

二、管道的连接宜采用粘接、焊接、平焊法兰连接及活接头连接；

三、管道或管件的承口不得歪斜和厚度不匀。管端不得有裂缝。管道的承插间隙不得大于0.15～0.3mm；

四、管道在粘接前，应对表面进行砂磨处理和清洁处理，不得沾污，粘接时必须保证插入承口的深度；

五、法兰面应平整光滑，密封面应与管道中心线垂直；

六、活接头的接管与管道应采用粘接、焊接或螺纹连接；

七、埋地敷设时，必须对垫层进行处理或设简易管沟；安装在地面上时，应设防护罩；

八、管道采用焊接或平焊法兰连接时，管道或法兰应根据不同厚度加工坡口，焊缝及坡口形式应符合表4.2.4的规定，焊缝应填满，不得有焦黄、断裂、虚焊等现象，焊缝强度不得低于母材的60%，焊条材质应与管材相同。

焊接和坡口形式　　表 4.2.4

焊缝形式	焊缝名称	图形	板材厚度 δ (mm)	焊接张角 α (°)	应用说明
对接焊缝	单面焊、V形	α; 1~1.5; 0.5~1; δ	<5 >5	60~70 70~90	用于管道对接焊
管板焊缝	双面焊、T形	45°; 1; δ; δ<6; δ>7	≤6 ≥7	如左图所示	用于管道与法兰焊接

第 4.2.5 条　纯水、高纯水管道采用不锈钢（SUS）管时，其管道安装应符合下列要求：

一、管道连接宜采用焊接、焊环活套法兰和凹凸法兰等连接方式；

二、焊接应采用钨极氩弧焊打底，手工电弧焊盖面工艺；

三、采用分段组装工艺的翻边管、三通、弯头等部件焊接时，管内应充氩气保护，使焊缝表面光滑无氧化现象；

四、管道部件的点固焊应与焊接相同，必须采取措施，防止焊缝氧化；

五、管道部件焊接后应将管内焊缝氧化物清刷冲洗掉，再用四氯化碳脱脂，然后封闭管口；

六、设计无要求时，法兰垫片宜采用聚四氟乙烯或软质聚氯乙烯板。

第 4.2.6 条　纯水、高纯水管道系统强度试验合格后，在系统运转前必须进行清洗，清洗后的水质应符合设计要求。

第 4.2.7 条　洁净室内的地漏或排水漏斗安装后必须封闭。

第 4.2.8 条　与设备连接的排水管，当采用螺纹连接时，不得使用铅油麻丝。

第三节　消防设施

第 4.3.1 条　暗装消火栓的立管，安装位置必须与土建施工密切配合，不得外露。

第 4.3.2 条　安装在洁净室内的消火栓，其水龙带和消火栓箱内外必须擦洗干净。

第 4.3.3 条　明装的消火栓箱的箱背应紧贴墙面，并将缝隙用密封胶密封。

第 4.3.4 条 自动灭火系统的喷头短管穿过吊顶处，必须封闭严密。

第 4.3.5 条 火灾探测器应安装在靠近回风口处，距墙壁或梁的距离应大于0.5m，距送风口的距离应大于1.5m，距全孔板送风口的距离应大于0.5m。

第 4.3.6 条 在卤代烷灭火系统的灭火瓶站的集流管上应连接通至室外的泄压管，并在泄压管上安装截止阀。

第四节 气体管道

第 4.4.1 条 本节适用于洁净室内压力小于等于0.8MPa的氢气、氧气、氮气、压缩空气、煤气等一般气体和高纯气体管道及真空管道的安装。

第 4.4.2 条 气体管道管材的型号、规格、化学成份及物理性能应符合设计要求。管道的表面无裂纹、缩孔、夹渣、起瘤、折迭、重皮、锈斑和麻点等缺陷。

第 4.4.3 条 气体管道的附件应符合下列要求：

一、阀门与氧气接触部分不得用可燃材料，其密封圈应采用有色金属、不锈钢及聚四氟乙烯等材质。填料用经脱脂处理的聚四氟乙烯；

二、气体管道的法兰垫片应符合设计要求，材质柔软、无老化变质和分层现象，表面不应有折损和皱纹等缺陷；

三、氢、氧管道的附件、仪表及过滤器等，其材质、型号和规格应符合设计要求，并有符合该介质条件的出厂合格证书。

第 4.4.4 条 气体管道安装应符合下列要求：

一、管道敷设应符合设计要求，设计无要求时，输送干燥气体的管道宜水平安装；输送潮湿气体的管道应安装成有不小于0.003的坡度，坡度应坡向冷凝水收集器；

二、管道的连接采用焊接，并采用钨极氩弧焊打底，手工电弧焊盖面工艺。不锈钢管焊接或点固焊均应采取管内充氩保护措施；

三、气体管道与设备、阀门及其他附件应采用法兰或螺纹连接。螺纹接头的填料必须采用聚四氟乙烯薄膜；

四、通过洁净室的气体管道，其法兰垫片或螺纹填料的外露部分，必须清理干净；

五、气体管道采用喷砂除锈或酸洗钝化的无缝钢管时必须采用集中安装方式，并在48h内分段组合安装，充入压力不小于0.2MPa的氮气保护；

六、有接地要求的气体管道，法兰间必须焊有导电跨线，其导线截面及焊接搭接长度应符合设计要求，焊点必须牢固、可靠。

第 4.4.5 条 高纯气体管道的安装，除应符合第4.4.4条有关要求外，还应符合下列要求：

一、经脱脂或抛光处理的不锈钢管，安装前必须采取保护措施，严防二次污染；

二、管口切割后，应进行清洗，再进行分段组装焊接；

三、管道预制、分段组装作业，必须在环境清洁的条件下进行，严禁在室外露天作业；

四、分段预制或组装的管段两端应用塑料布或盲板封闭，不得污染。

第 4.4.6 条 无缝钢管的处理应符合下列要求：

一、无缝钢管安装前应清除管内外表面的铁锈、污物。管道内壁除锈应根据设计要求进行，当设计无要求时，可按其管内锈蚀情况采用一般除锈、喷砂除锈和酸洗、钝化处理；

二、氢、氧管道安装前，必须对油渍、铁锈进行除锈或酸洗后再进行脱脂处理；

三、钢管酸洗、钝化或脱脂后，应清除管内残留的溶液，并将处理合格的管道及时封闭管口；

四、脱脂后的管道、管件和垫片，安装前必须严格检查，用清洁、干燥的白色滤纸擦拭，不出现油迹为合格。

第 4.4.7 条 气体管道各项试验合格后，必须用经过滤器去除尘埃后的无油压缩空气或高纯氮气吹扫，流速大于20m/s，并以木槌在管道各处轻轻敲击，直至末端无水迹、脏物为合格。高纯气体管道系统，末端测定的尘埃数，达到设计要求为合格。

过滤器的过滤效率应满足气体管道系统工艺对尘埃的要求。

第 4.4.8 条 气体管道吹扫合格后，应再以实际输送的气体和压力，对管道系统进行吹扫，在运行条件下无异常声音和振动为合格。气体管道输送可燃性气体之前，应用惰性气体置换。

第五节 电 气 装 置

第 4.5.1 条 洁净室内的配电盘、柜，内部不得有灰尘，盘、柜门应能关闭严密。

第 4.5.2 条 暗装插座、暗装插座箱和开关的接线盒内必须清扫干净，紧贴墙面，安装端正。

第 4.5.3 条 灯具安装前必须擦拭干净。嵌入吊顶内的暗装灯具，其灯罩的框架与吊顶接缝必须进行密封处理。明装的吸顶日光灯具，其灯架应紧贴吊顶。

第 4.5.4 条 洁净室内的接线盒或拉线盒，其盒内不得有灰尘，盒盖必须连接严密。

第 4.5.5 条 电线管进入接线盒或配电盘、柜，穿线后必须密封严实。

第 4.5.6 条 洁净室内安装的火灾探测器，空调温、湿度敏感元件及其他电气装置，在净化空调系统试运转前，必须清扫至无灰尘。对于生物洁净室，还应采取防水防腐蚀措施。

第五章 工 程 验 收

第一节 一 般 规 定

第 5.1.1 条 洁净室的工程验收宜分为两个阶段进行，即先进行竣工验收，再进行综合性能全面评定。

第 5.1.2 条 竣工验收和综合性能全面评定必须对洁净室进行性能检测。

第 5.1.3 条 竣工验收的检测和调整应在空态或静态下进行。综合性能全面评定的检测状态，由建设、设计和施工单位三方协商确定。任何一种检测得出的洁净度级别，必须注明检测状态。

第 5.1.4 条 在空态及静态条件下检测时，室内检测人员不应多于2人，均必须穿洁净工作服，尽量少走动。

第 5.1.5 条 竣工验收和综合性能全面评定由建设单位负责，设计、施工单位配合。

第二节 竣 工 验 收

第 5.2.1 条 竣工验收应在对各分部工程做外观检查、单机试运转、系统联合试运转，空态或静态条件下的洁净室性能检测和调整以及对有关的施工检查记录审查合格后进行。

第 5.2.2 条 洁净室各分部工程的外观检查应符合下列要求：

一、各种管道、自动灭火装置及净化空调设备（空调器、风机、净化空调机组、高效空气过滤器和空气吹淋室等）的安装应正确、牢固、严密、其偏差应符合有关规定；

二、高、中效空气过滤器与风管连接及风管与设备的连接处应有可靠密封；

三、各类调节装置应严密、调节灵活、操作方便；

四、净化空调器、静压箱、风管系统及送、回风口无灰尘；

五、洁净室的内墙面、吊顶表面和地面，应光滑、平整、色泽均匀，不起灰尘；地板无静电现象；

六、送、回风口及各类末端装置、各类管道、照明及动力线配管以及工艺设备等穿越洁净室时，穿越处的密封处理应可靠严密；

七、洁净室内各类配电盘、柜和进入洁净室的电气管线管口应可靠密封；

八、各种刷涂保温工程应符合有关规定。

第 5.2.3 条 净化空调器或空调器，排风系统，局部净化设备（各类洁净工作台、静电自净器、洁净干燥箱等），空气吹淋室，余压阀，真空吸尘清扫设备，烟感、温感火灾自动报警装置，自动灭火装置，净化空调自动调节装置和其他有试运转要求的设备的单机试运转应符合设备技术文件的有关规定，属于机械设备的共性要求，还应符合现行国家标准《建筑安装工程质量检验评定标准》TJ305（通用机械设备安装工程）的规定和机械设备施工安装方面有关行业标准的规定。

第 5.2.4 条 单机试运转合格后，必须进行带冷（热）源的系统正常联合试运转，并不少于8h。系统中各项设备部件联动运转必须协调，动作正确，无异常现象。

第 5.2.5 条 竣工验收的检测结果应全部符合设计要求，其检测项目应符合下列规定：

一、通风机的风量及转数的检测；

二、风量的测定和平衡；

三、室内静压的检测调整；

四、自动调节系统联动运转；

五、高效过滤器的检漏；

六、室内洁净度级别。

第 5.2.6 条 洁净室竣工验收时，施工（安装）单位应提出下列文件：

一、设计文件或设计变更的证明文件及有关协议和竣工图；

二、主要材料、设备和调节仪表的出厂合格证书或检验文件；

三、单位工程、分部分项工程质量自检检验评定表；

四、开工、竣工报告，土建隐蔽工程系统和管线隐蔽工程系统封闭记录，设备开箱检查记录，管道压力试验记录，管道系统吹洗（脱脂）记录，风管漏风检查记录，中间验收单和竣工验收单；

五、各单机试运转、系统联合试运转和第5.2.5条所列项目的调整检测记录。

第 5.2.7 条 竣工验收终了应作结论。

第三节 综合性能全面评定

第 5.3.1 条 综合性能全面评定的性能检测应由有检测经验的单位承担，必须用符合要求的、经过计量检定合格并在有效期内的仪表，按本规范的方法检测，最后提交的检测报告应符合本规范的有关规定。

第 5.3.2 条 综合性能全面评定检测项目应按表5.3.2

综合性能全面评定检测项目和顺序 表 5.3.2

<table>
<tr><th rowspan="2">序号</th><th rowspan="2">项目</th><th colspan="2">单向流（层流）洁净室</th><th>乱流洁净室</th></tr>
<tr><th>洁净度高于100级</th><th>100级</th><th>洁净度1000级及低于1000级</th></tr>
<tr><td>1</td><td>室内送风量，系统总新风量（必要时系统总送风量），有排风时的室内排风量</td><td colspan="3">检测</td></tr>
<tr><td>2</td><td>静压差</td><td colspan="3">检测</td></tr>
<tr><td>3</td><td>截面平均风速</td><td colspan="2">检测</td><td>不测</td></tr>
<tr><td>4</td><td>截面风速不均匀度</td><td>检测</td><td>必要时测</td><td>不测</td></tr>
<tr><td>5</td><td>洁净度级别</td><td colspan="3">检测</td></tr>
<tr><td>6</td><td>浮游菌和沉降菌</td><td colspan="3">必要时测</td></tr>
<tr><td>7</td><td>室内温度和相对湿度</td><td colspan="3">检测</td></tr>
<tr><td>8</td><td>室温（或相对湿度）波动范围和区域温差</td><td colspan="3">必要时测</td></tr>
<tr><td>9</td><td>室内噪声级</td><td colspan="3">检测</td></tr>
<tr><td>10</td><td>室内倍频程声压级</td><td colspan="3">必要时测</td></tr>
<tr><td>11</td><td>室内照度和照度均匀度</td><td colspan="3">检测</td></tr>
<tr><td>12</td><td>室内微振</td><td colspan="3">必要时测</td></tr>
<tr><td>13</td><td>表面导静电性能</td><td colspan="3">必要时测</td></tr>
<tr><td>14</td><td>室内气流流型</td><td colspan="2">不测</td><td>必要时测</td></tr>
<tr><td>15</td><td>流线平行性</td><td>检测</td><td>必要时测</td><td>不测</td></tr>
<tr><td>16</td><td>自净时间</td><td>不测</td><td>必要时测</td><td>必要时测</td></tr>
</table>

注：1～3项必须按表中顺序，其它各项顺序可以稍作变动，14～16项宜放在最后。

中排定的内容顺序确定，检测工作在系统调整好至少运行24 h之后再进行。

第 5.3.3 条 综合性能全面评定检测进行之前，必须对洁净室和净化空调系统再次全面彻底清扫，但严禁使用一般吸尘机吸尘。清扫后由身着洁净工作服的人员擦拭表面，清洗剂可根据场合选用纯水、有机溶剂、中性洗涤剂和自来水，有防静电要求的，最后宜用沾有防静电液的抹布擦一遍。

第 5.3.4 条 综合性能检测时，建设、设计、施工单位均须在场配合、协调。

第四节 评 定 标 准

第 5.4.1 条 检漏按附录六、一的方法步骤进行，由受检过滤器下风侧测到的漏泄浓度换算成的透过率，对于高效过滤器，应不大于过滤器出厂合格透过率的2倍，对于超高效过滤器，应不大于出厂合格透过率的3倍。

第 5.4.2 条 风量和风速的检测应符合下列规定：

一、乱流洁净室按附录六、二检测，结果应符合以下规定：

1.系统的实测风量应大于各自的设计风量，但不应超过20%；

2.总实测新风量和设计新风量之差，不应超过设计新风量的±10%；

3.室内各风口的风量与各自设计风量之差均不应超过设计风量的±15%。

二、单向流（层流）洁净室按附录六、二检测，结果应符合以下规定：

1.实测室内平均风速应大于设计风速，但不应超过20%；

2.总实测新风量和设计新风量之差，不应超过设计新风量的±10%。

第 5.4.3 条 风速不均匀度按附录六、四检测，并按下式计算，结果应不大于0.25。

$$\beta_v = \frac{\sqrt{\dfrac{\Sigma(v_i - \bar{v})^2}{n-1}}}{\bar{v}} \qquad (5.4.3)$$

式中 β_v——风速不均匀度；

v_i——任一点实测风速；

$\bar{v}$——平均风速；

n——测点数。

第 5.4.4 条 静压差按附录六、三检测，其结果应符合下列规定：

一、相邻不同级别洁净室之间和洁净室与非洁净室之间的静压差应大于5Pa；

二、洁净室与室外静压差应大于10Pa；

三、洁净度高于100级的单向流（层流）洁净室在开门状态下，在出入口的室内侧0.6m处不应测出超过室内级别上限的浓度。

第 5.4.5 条 室内洁净度按附录六、五检测，然后按下列公式计算室平均含尘浓度$\overline{N}$和各测点平均含尘浓度的标准误差$\sigma_{\overline{N}}$：

$$\overline{N} = \frac{\overline{C}_1 + \overline{C}_2 + \cdots \overline{C}_i}{n} \qquad (5.4.5\text{-}1)$$

$$\sigma_{\overline{N}}=\sqrt{\frac{\sum_{i=1}^{n}(\overline{C}_i-\overline{N})^2}{n(n-1)}} \quad (5.4.5\text{-}2)$$

$$\left.\begin{array}{r}\overline{C}_i \leqq \text{级别上限}\\ \overline{N}+t\sigma_{\overline{N}} \leqq \text{级别上限}\end{array}\right\} \quad (5.4.5\text{-}3)$$

式中 n ——测点数；

$\overline{C}_i$ ——每个采样点上的平均含尘浓度；

t ——置信度上限为95%时，单侧t分布的系数，其值见表5.4.5。

系数 t　　表 5.4.5

点数	2	3	4	5～6	7～9	10～16	17～29	>29
t	6.3	2.9	2.4	2.1	1.9	1.8	1.7	1.65

第 5.4.6 条　室内浮游菌和沉降菌按附录六、六检测，应符合设计要求。

第 5.4.7 条　室内空气温度、相对温度按附录六、七检测，应符合下列规定：

一、无恒温要求的场所，温度和相对湿度符合设计要求；

二、有恒温恒湿要求的场所：室温波动范围按各测点的各次温度中偏离控制点温度的最大值，占测点总数的百分比整理成累积统计曲线，90%以上测点达到的偏差值为室温波动范围，应符合设计要求。区域温差以各测点中最低的一次温度为基准，各测点平均温度与其偏差值的点数，占测点总数的百分比整理成累积统计曲线，90%以上测点所达到的偏差值为区域温差，应符合设计要求。

相对湿度波动范围可按室温波动范围的原则确定。

第 5.4.8 条　室内噪声级按附录六、八检测，应符合现行国家标准《洁净厂房设计规范》GBJ 73的规定。

第 5.4.9 条　室内照度和照度均匀度按附录六、九检测，照度值和照度均匀度（即工作面上最低照度值与平均照度值之比）应符合现行国家标准《洁净厂房设计规范》GBJ 73的规定。

第 5.4.10 条　室内微振按附录六、十检测，三个方向的振幅均应符合设计要求。

第 5.4.11 条　表面导静电性能按附录六、十一检测，当工艺无要求时，表面电阻值应为1.0×10^7～$1.0\times10^{10}\Omega$，泄漏电阻应为1.0×10^5～$1.0\times10^8\Omega$。

第 5.4.12 条　室内气流流型按附录六、十二检测，应绘出流型图和给出分析意见。

第 5.4.13 条　流线平行性按附录六、十三检测，在工作区内气流流向偏离规定方向的角度不大于15°。

第 5.4.14 条　自净时间按附录六、十四检测，实测自净时间不应大于由附图6-3查出的计算自净时间的1.2倍。

附录一 名 词 解 释

序号	名词	解释
1	单向流	沿着平行流线，以一定流速向单一方向流动的气流，习惯称层流
2	洁净度1级	对≧0.5μm微粒的计数浓度是现行100级的1/100的一个洁净度级别
3	洁净度10级	对≧0.5μm微粒的计数浓度是现行100级的1/10的一个洁净度级别
4	高效过滤器	按现行国家标准《高效空气过滤器性能试验方法》GB 6165的方法测定，效率不低于99.9%即透过率不高于0.1%的空气过滤器
5	超高效过滤器	对0.1μm微粒的计数效率不低于99.999%即透过率不高于0.001%的空气过滤器

附录二 洁净室主要施工程序

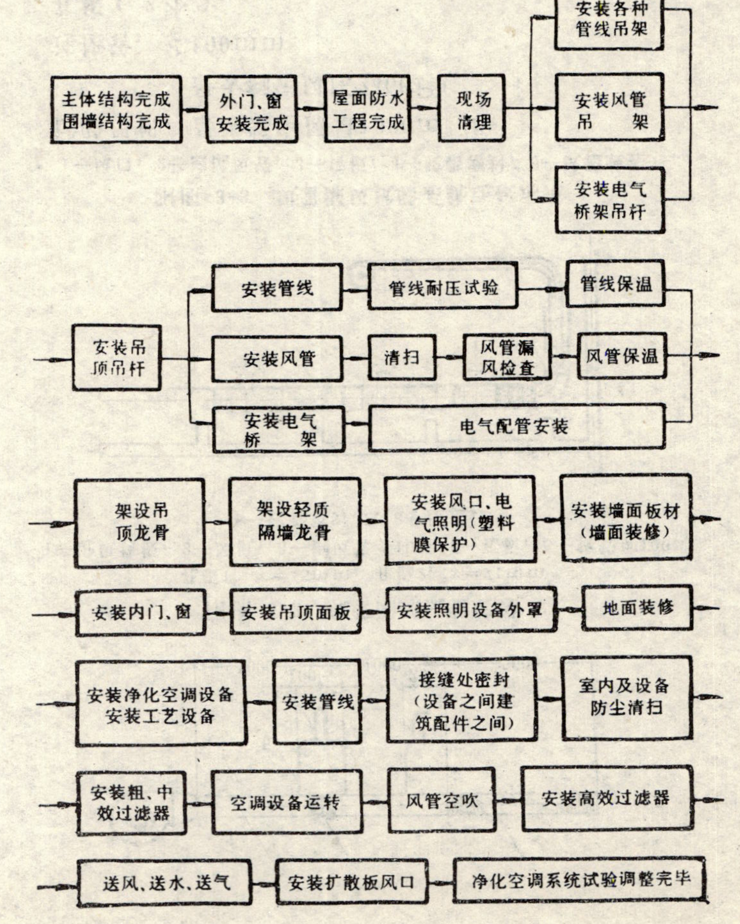

附录三　风管漏风检查法

一、漏光试验法

对一定长度的风管，在漆黑的周围环境下，用一个电压不高于36V，功率100W以上带保护罩的灯泡，在风管内从风管的一端缓缓移向另一端（见附图3-1），若在风管外能观察到光线射出，说明有较严重的漏风。应对风管进行修补后再查。

附图 3-1　漏光试验法检查系统

1—保护罩；2—灯泡；3—电线

二、漏风试验法

1.试验前准备工作

将连接风口的支管取下，并将开口处密封。

2.试验方法

利用试验风机向风管内鼓风，使风管内静压上升到700Pa并保持，此时该进风量即等于漏风量。该进风量用在风机与风管之间设置的孔板和压差计来测量。风管内的静压则由另一台压差计测量（见附图3-2和图3-3）。

3.试验装置：见附图3-2（亦可采用附录四的装置）

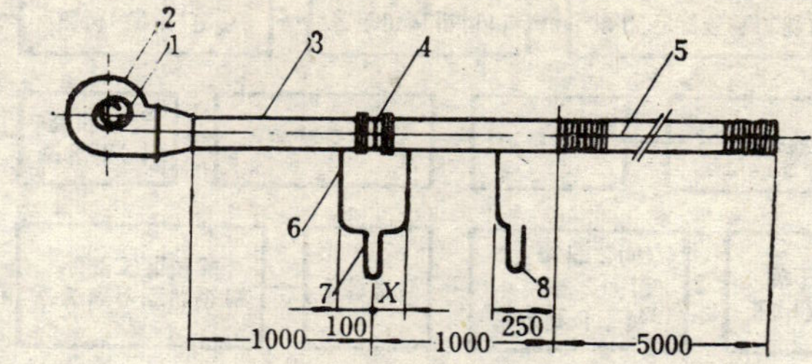

附图 3-2　风管漏风试验装置

孔板1：$x=45$mm，孔板2：$x=71$mm

1—进风挡板；2—风机；3—钢风管ϕ100；4—孔板；5—软管ϕ100；6—软管ϕ8；7、8—压差计

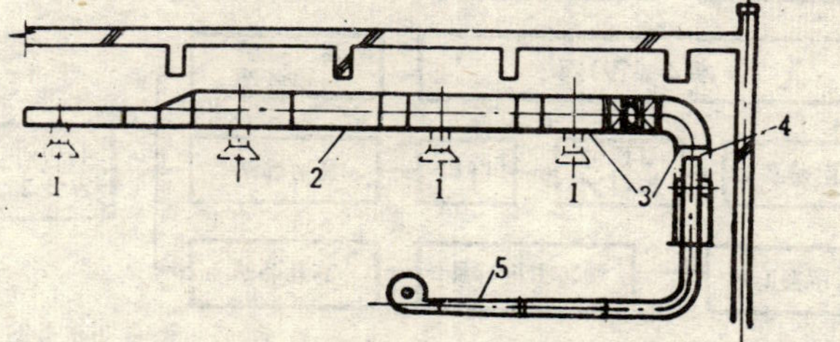

附图 3-3　风管漏风试验系统连接示范

1—风口；2—被试风管；3—盲板；4—胶带密封；5—试验装置

试验风机：最大额定风量1600m³/h；

最大额定风压2400Pa。

连接管：ϕ100mm

孔板（2个）：

当漏风量$Q \geqslant 130\text{m}^3/\text{h}$时，直径0.0707m，孔板常数$C$为0.697；

当漏风量$Q < 130\text{m}^3/\text{h}$时，直径0.0316m，孔板常数$C$为0.603；

压差计：测孔板压差　0～2000Pa；

测风管静压　0～2000Pa。

4.试验步骤

本试验主要针对金属风管进行。整个试验过程应作详细记录，包括漏风部位、漏风量、漏风的原因及其他情况等。

（1）漏风声音试验

本试验在漏风量测量之前进行。将支管取下，用盲板和胶带密封开口处，将试验装置的软管连接到被试风管上。关闭进风挡板，启动风机。逐步打开进风挡板，直到风管内静压值上升并保持在700Pa为止。注意听风管所有接缝和孔洞处的漏风声音，将每个漏风点作出记号并进行修补。

（2）漏风量测量试验

本试验在有漏风声音点密封之后进行。启动风机，逐步打开进风挡板，直到风管内静压值上升并保持在700Pa时，读取孔板两侧的压差，按公式（附3-1～附3-3）计算漏风量和漏风率。

5.漏风量计算

漏风量，即通过孔板的风量按下式进行计算：

$$Q = 3600Av \quad \text{（附3-1）}$$

$$= 3600Ac\sqrt{\frac{2}{\rho}\Delta P}$$

$$= 5091Ac\sqrt{\frac{1}{\rho}\Delta P} \quad \text{（附3-2）}$$

式中　v——通过孔板风速，m/s；

Q——漏风量，m^3/h；

ρ——空气密度，kg/m^3；

A——孔板内孔面积，m^2；

c——孔板常数；

ΔP——空气通过孔板的压差，Pa。

6.漏风率计算

$$\varepsilon = \frac{Q}{Q_{额}} \times 100\% \quad \text{（附3-3）}$$

式中　ε——漏风率，%；

$Q_{额}$——被测风管系统（或管段）设计风量，m^3/h。

附录四　空调器漏风率检测法

一、检测装置

见附图4-1。

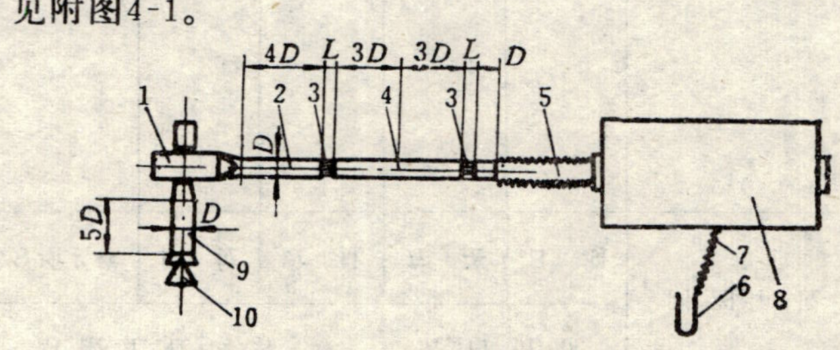

附图 4-1　空调器漏风率检测装置

1—试验风机；2—出气风管；3—多孔整流栅；4—测量孔；5—连接软管；6—压差计；7—连接胶管；8—空调器；9—进气风管；10—节流器

1.试验风机：额定风量：$700m^3/h$～$2000m^3/h$；

额定风压：2400Pa～1400Pa。

2.进气风管：根据风管内风速为5m/s～15m/s选定管径；

出气风管：根据风管内风速为5m/s～15m/s选定管径；

风管闭合缝及连接缝必须密封不漏气。

3.仪器：

热球风速仪；

毕托管及倾斜式微压计；

U形压差计；

干、湿球温度计。

4.节流器、多孔整流栅：应符合现行国家标准《通风机空气动力性能试验方法》GB 1236中的有关规定。

5.连接软管：管径同出气风管。

二、检测方法

用盲板封堵空调器的各开口，关闭检查门。将检测装置的出气风管和空调设备连接，利用试验风机向该空调器内鼓风，调节节流器使内部静压上升并保持在1000Pa。测量出气风管断面风速，计算出进风量。进风量即等于该空调器的漏风量。设备内的静压用U形压差计测量。

三、漏风量计算

$$Q = 3600Fv \ \ m^3/h \qquad (附4\text{-}1)$$

式中 v——出气风管内的风速，m/s；

F——出气风管的断面积，m^2；

Q——空调器的漏风量，m^3/h。

四、漏风率计算

$$e = \frac{Q}{Q_{额}} \times 100\% \qquad (附4\text{-}2)$$

式中 e——漏风率，%；

$Q_{额}$——被测空调器的额定风量，m^3/h。

附录五 施工检查记录表

土建隐蔽工程记录 附表 5-1

工程名称及编号：

分部分项工程名称及编号：

隐蔽工程内容			清扫情况		附图和说明
分部分项名称	单位	数量	方法	日期	
检查意见					
工长或技术负责人：			施工员：		
建设单位： （公章） 年 月 日 代表(签章)：			施工单位： （公章） 年 月 日 代表(签章)：		

管线隐蔽工程系统封闭记录

附表 5-2

工程名称及编号：

分部分项工程名称及编号：　　　　年　月　日

<table>
<tr><td colspan="2">管线号______管径______材质______工作介质______</td></tr>
<tr><td colspan="2">隐蔽封闭前的检查______</td></tr>
<tr><td colspan="2">隐蔽封闭方法______</td></tr>
<tr><td colspan="2">简图或说明：</td></tr>
<tr><td>检查意见</td><td></td></tr>
<tr><td>工长或技术负责人：</td><td>施工员：</td></tr>
<tr><td>建设单位：　（公章）
年　月　日
代表(签章)</td><td>施工单位：　（公章）
年　月　日
代表(签章)</td></tr>
</table>

设备开箱检查记录

附表 5-3

工程名称及编号：

分部分项工程名称及编号：　　　　年　月　日

<table>
<tr><td>工程编号</td><td></td><td>设备名称</td><td></td></tr>
<tr><td>工程名称</td><td></td><td>施工图号</td><td></td></tr>
<tr><td colspan="4">规格型号______
制　造　厂______
包装情况______
______
设备外观情况______
______
电气部分的绝缘情况______
______
设备附件名称(按装箱单)______
______
备　　注______
______</td></tr>
<tr><td colspan="2">工长或技术负责人：</td><td colspan="2">施工员：</td></tr>
<tr><td colspan="2">建设单位：　（公章）
年　月　日
代表(签章)：</td><td colspan="2">施工单位：　（公章）
年　月　日
代表(签章)：</td></tr>
</table>

管道压力试验记录　　附表 5-4

工程名称及编号：

分部工程名称及编号：　　　　年　月　日

分部工程名称	规格	单位	数量	试验压力(Pa)	试验方法	持续时间(min)	压降(Pa)	结论

附注	

工长或技术负责人：　　　　施工员：

建设单位：　　（公章） 年　月　日 代表(签章)：	施工单位：　　（公章） 年　月　日 代表(签章)：

管道系统吹洗(脱脂)记录　　附表 5-5

工程名称及编号：

分部分项工程名称及编号：　　　　年　月　日

管线号	材质	工作介质	吹洗					脱脂	
			介质	压力	流速	吹洗次数	鉴定	介质	鉴定

检查意见	

工长或技术负责人：　　　　施工员：

建设单位：　　（公章） 年　月　日 代表(签章)：	施工单位：　　（公章） 年　月　日 代表(签章)：

风管漏风检查记录

附表 5-6

工程名称及编号： 分部分项工程名称及编号：

系统名称： 风管名称：

检查方法： 年 月 日

洁净度级别	风管部位	风管断面长×宽(mm)	漏风点编号	漏风管位置	附图和说明

检查意见	
工长或技术负责人：	施工员：
建设单位： （公章） 年 月 日 代表(签章)：	施工单位： （公章） 年 月 日 代表(签章)：

注：风管名称指送风管或回风管；风管部位指干管、支干管或支管。

设备单机试运转记录

附表 5-7

工程名称及编号：

分部分项工程名称及编号：

设备名称及编号：

试运转日期： 年 月 日

试运转内容	
试运转结果	
评定意见	
建设单位： （公章） 年 月 日 代表(签章)：	施工单位： （公章） 年 月 日 代表(签章)：

系统联合试运转记录

附表 5-8

工程名称及编号：

分部分项工程名称及编号：

系统名称及编号：

试运转日期：　　　　年　　月　　日

<table>
<tr><td>试运转内容</td><td colspan="2"></td></tr>
<tr><td>试运转结果</td><td colspan="2"></td></tr>
<tr><td>评定意见</td><td colspan="2"></td></tr>
<tr><td colspan="2">建设单位：　　　　（公章）

年　月　日

代表(签章)：</td><td>施工单位：　　　　（公章）

年　月　日

代表(签章)：</td></tr>
</table>

竣工验收检测调整记录

附表 5-9

工程名称及编号：

分部分项工程名称及编号：

系统名称及编号：

房(车)间名称：

<table>
<tr><td>日期</td><td>检测调整项目名称</td><td>设计要求</td><td>检测调整具体位置及编号</td><td>检测仪表情况</td><td>调整前测定结果</td><td>调整后测定结果</td><td>调整措施</td></tr>
<tr><td></td><td></td><td></td><td></td><td></td><td></td><td></td><td></td></tr>
<tr><td colspan="4">工长或技术负责人：</td><td colspan="4">检测调整：</td></tr>
<tr><td colspan="4">建设单位：　　　　（公章）

年　月　日

代表(签章)：</td><td colspan="4">施工单位：　　　　（公章）

年　月　日

代表(签章)：</td></tr>
</table>

中间验收单

附表 5-10

工程名称及编号：

分部分项工程名称及编号：

中间验收日期：　　　　年　　月　　日

工程内容	
中间验收结果	
遗留问题	
评定意见	
附件	

工长或技术负责人：　　　　　　施工员：

建设单位：　　（公章） 年　月　日 代表(签章)：	施工单位：　　（公章） 年　月　日 代表(签章)：

竣工验收单

附表 5-11

工程名称及编号			
工程地点		开工日期	
竣工日期		验收日期	
工程内容			
验收结果			
评定意见			
附件			

建设单位：　　（公章） 年　月　日 代表(签章)：	施工单位：　　（公章） 年　月　日 代表(签章)：

附录六　洁净室综合性能检测方法

一、过滤器检漏

1.对于安装于送、排风末端的高效过滤器，应用扫描法进行过滤器安装边框和全断面检漏。扫描法有检漏仪法（光度计法）和采样量最小为1L/min的粒子计数器法两种。对于超高效过滤器，扫描法有凝结核计数器法和激光粒子计数器法两种。

2.检漏仪法检漏

（1）被检漏过滤器必须已测过风量，在设计风速的80%～120%之间运行。

（2）在同一送风面上安有多台过滤器时，在结构上允许的情况下，宜用每次只暴露1台过滤器的方法进行测定。

（3）当几台或全部过滤器必须同时暴露在气溶胶中时，为了对所有过滤器造成均匀混合，宜在风机吸入端或这些过滤器前方支干管中引入检漏用气溶胶，立即在受检过滤器的正前方测定上风侧浓度。

（4）对于高效过滤器，当检漏仪表为对数刻度时，上风侧气溶胶浓度应超过仪表最小刻度的10^4倍；当检漏仪表为线性刻度时，上风侧气溶胶浓度需达到80μg/L～100μg/L。检漏仪表应具有0.001μg/L～100μg/L的测量范围。

3.粒子计数器法检漏

（1）被检过滤器必须已测过风量，在设计风速的80%～120%之间运行。

（2）在被检高效过滤器上风侧测定大气尘的微粒数，以大于或等于0.5μm微粒为准，其浓度必须大于或等于3.5×10^4粒/L；若检测超高效过滤器，则以大于或等于0.1μm微粒为准，其浓度必须大于或等于3.5×10^6粒/L～3.5×10^7粒/L。

（3）若上风侧浓度不符合上项规定，则应引入不经过滤的空气，如果还达不到规定，则不宜用粒子计数器法和凝结核计数器法检漏。

4.检漏时将采样口放在距离被检过滤器表面2～3cm处，以5～20mm/s的速度移动，对被检过滤器整个断面、封头胶和安装框架处进行扫描。

二、风量和风速的检测

1.风量风速检测必须首先进行，净化空调各项效果必须是在设计的风量风速条件下获得。

2.风量检测前必须检查风机运行是否正常，系统中各部件安装是否正确，有无障碍（如过滤器有无被堵、挡），所有阀门应固定在一定的开启位置上，并且必须实际测量被测风口、风管尺寸。

3.对于单向流（层流）洁净室，采用室截面平均风速和截面积乘积的方法确定送风量，其中垂直单向流（层流）洁净室的测定截面取距地面0.8m的水平截面；水平单向流(层流)洁净室取距送风面0.5m的垂直截面。截面上测点间距不应大于2m，测点数应不少于10个，均匀布置。仪器用热球风速仪。

4.对于乱流洁净室，采用风口法或风管法确定送风量，做法分别见第6项、第7项和第8项。

5.对于不安装过滤器的风口，可按现行国家标准《通风与空调工程施工及验收规范》GBJ243附录一的方法执行。

6.对于安有过滤器的风口，根据风口形式可选用辅助风管，即用硬质板材做成与风口内截面相同、长度等于2倍风口边长的直管段，连接于过滤器风口外部，在辅助风管出口平面上，按最少测点数不少于6点均匀布置测点，用热球风速仪测定各点风速。以风口截面平均风速乘以风口净截面积确定风量。

7.对于安有同类扩散板的风口，可以根据扩散板的风量阻力曲线（出厂风量阻力曲线或现场实测风量阻力曲线）和实测扩散板阻力（孔板内静压与室内压力之差），查出风量。测定时用微压计和细毕托管，或用细橡胶管代替毕托管，但都必须使测孔平面与气流方向平行。

此外，也可以采用经专业检测部门认可的其他方法。

8.对于风口上风侧有较长的支管段且已经或可以打孔时，可以用风管法确定风量。测定断面距局部阻力部件距离，在局部阻力部件前者不少于3倍管径或3倍大边长度，在局部阻力部件后者不少于5倍管径或5倍大边长度。

9.对于矩形风管，将测定截面分成若干个相等的小截面，每个小截面尽可能接近正方形，边长最好不大于200mm，测点设于小截面中心，但整个截面上的测点数不宜少于3个。

对于圆形风管，应按等面积圆环法划分测定截面和确定测点数。

在风管外壁上开孔，以便插入热球风速仪测杆或毕托管。用毕托管时先测定动压，然后由下式确定风量：

$$Q = 1.29\sqrt{\overline{P}_a} \times F \qquad (附6.1)$$

$$\overline{P}_a = \left(\frac{\sqrt{P_{d1}} + \sqrt{P_{d2}} + \cdots \sqrt{P_{dn}}}{n}\right)^2$$

式中 Q——风量，m^3/s；

F——管道截面积，m^2；

$P_{d1} \cdots P_{dn}$——各点动压，Pa。

三、静压差的检测

1.静压差的测定应在所有的门关闭时进行，并应从平面上最里面的房间依次向外测定。

2.对于洁净度高于100级的单向流（层流）洁净室，还应测定在门开启状态下，离门口0.6m处的室内侧工作面高度的粒子数。

四、单向流（层流）洁净室截面平均风速、速度不均匀度的检测

1.测定截面、测点数和测定仪器应符合本附录二、3项

最低限度采样点数 附表 6.1

面积（m²）	洁净度			
	100级及高于100级	1000级	10000级	100000级
<10	2～3	2	2	2
10	4	3	2	2
20	8	6	2	2
40	16	13	4	2
100	40	32	10	3
200	80	63	20	6
400	160	126	40	13
1000	400	316	100	32
2000	800	633	200	63

注：表中面积的含义是：对于单向流(层流)洁净室，是指送风面面积，对于乱流洁净室，是指房间面积。

的规定。

2.测定风速宜用测定架固定风速仪以避免人体干扰，不得不手持风速仪测定时，手臂应伸直至最长位置，使人体远离测头。

五、室内洁净度的检测

1.测定洁净度的最低限度采样点数按附表6.1的规定确定。每点采样次数不少于3次，各点采样次数可以不同。

2.测定洁净度的最小采样量按附表6.2的规定确定。

每次采样的最小采样量(L) 附表 6.2

级别	粒径(μm)				
	0.1	0.2	0.3	0.5	5
1	17	85	198	566	
10	2.83	8.5	19.8	56.6	
100		2.83	2.83	5.66	
1000				2.83	85
10000				2.83	8.5
10000				2.83	8.5

3.对于单向流洁净室，采样口应对着气流方向，对于乱流洁净室，采样口宜向上。采样速度均应尽可能接近室内气流速度。

4.洁净度测点布置原则是：

（1）多于5点时可分层布置，但每层不少于5点；

（2）5点或5点以下时可布置在离地0.8m高平面的对角线上（附图6-1），或该平面上的两个过滤器之间的地点，也可以在认为需要布点的其他地方。

注：室内洁净度的检测也可根据建设单位或设计的要求，按现行国家标准《洁净厂房设计规范》GBJ 73附录二的规定执行。

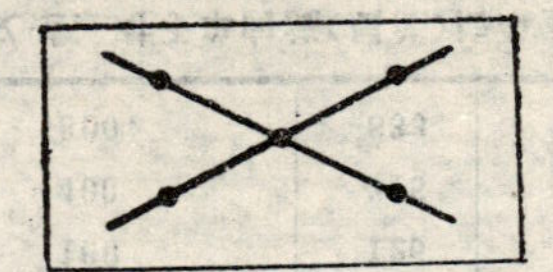

附图 6-1 5点布置

●——测点

六、室内浮游菌和沉降菌的检测

1.室内浮游菌测点和洁净度测点可相同；采样必须按所用仪器说明书说明的步骤进行，特别要注意检测之前对仪器消毒灭菌。

2.沉降菌测定时，培养皿应布置在有代表性的地点和气流扰动极小的地点，培养皿数可与按附表6.1确定的采样点数相同，但培养皿最少数量应满足附表6.3的规定。

最少培养皿数 附表 6.3

洁净度级别	所需φ90培养皿数（以沉降0.5h计）
高于 100级	44
100级	14
1000级	5
10000级	2
100000级	2

七、室内空气温度和相对湿度的检测

1.室内空气温度和相对湿度测定之前，净化空调系统应已连续运行至少24h。对有恒温要求的场所，根据对温度和相对湿度波动范围的要求，测定宜连续进行8～48h，每次测定间隔不大于30min。

2.根据温度和相对湿度波动范围，应选择相应的具有足够精度的仪表进行测定。

3.室内测点一般布置在以下各处：

（1）送、回风口处；

（2）恒温工作区内具有代表性的地点（如沿着工艺设备周围布置或等距离布置）；

（3）室中心（没有恒温要求的系统，温、湿度只测此一点）；

（4）敏感元件处。

所有测点宜在同一高度，离地面0.8m。也可以根据恒温区的大小，分别布置在离地不同高度的几个平面上。测点距外墙表面应大于0.5m。

4.测点数按附表6.4确定。

温、湿度测点数　　附表 6.4

波动范围	室面积≤50m²	每增加20～50m²
±0.5～±2℃ ±5～±10%RH	5	增加 3～5
≤|0.5|℃ ≤|5|%RH	点间距不应大于2m，点数不应少于5个	

八、室内噪声的检测

1.测噪声仪器为带倍频程分析仪的声级计。一般只测 A 声级的数值，必要时测倍频程声压级。

2.测点位置：宜按附图6-1的5点设置，面积在15m²以下者，可用室中心1点；测点高度距地面1.1m。

九、照度的检测

1.室内照度可用便携式照度计测定。

2.室内照度必须在室温已趋稳定、光源光输出趋于稳定（新安的日光灯必须已有100h、白炽灯已有10h的使用期；旧日光灯必须已点燃15min，旧白炽灯已点燃5min）后进行。

3.洁净室照度只测定除特殊局部照明之外的一般照明。

4.测点平面离地面0.8m，按1～2m间距布置，测点距离墙面1m（小面积房间为0.5m）。

十、室内微振的检测

1.用能满足检测精度要求的振动分析计测定。

2.测点选在室中心地面和认为有必要测定振动的位置的地面上，以及各壁板（装配式洁净室则为每一独立壁板）表面的中心处。

3.应分别测出室内全部净化空调设备正常运转和停止运转两种情况下X、Y、Z即长轴、横轴和垂直轴三个方向的振幅值，特别注意测定同转动设备的转速相对应的频率下的振幅。

十一、表面导静电性能的检测

1.地面、墙面和工作台面等表面导静电性能应用符合精度要求的高阻计检测。

2.在表面上选定的代表区域的两点间检测，可选用附图6-2的测试装置。

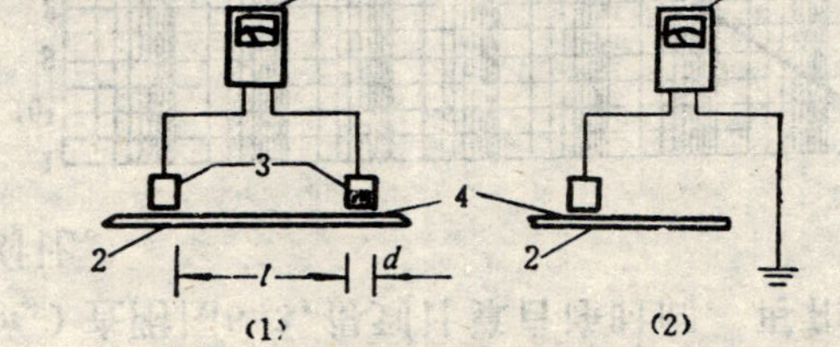

附图 6-2　表面导静电性能测试装置

（1）表面电阻；（2）泄漏电阻

1—高阻计；2—试件；3—铜圆柱形电极，m；4—湿渍纸

$l=900$mm；$d=60$mm；$m=2$kg

十二、室内气流流型的检测

1.测点布置：

垂直单向流（层流）洁净室选择纵、横剖面各一个，以及距地面高度0.8m、1.5m的水平面各一个；水平单向流（层流）洁净室选择纵剖面和工作区高度水平面各一个，以及距送、回风墙面0.5m和房间中心处等3个横剖面，所有面上的测点间距均为0.2～1m。

乱流洁净室选择通过代表性送风口中心的纵、横剖面和工作区高度的水平面各1个，剖面上测点间距为0.2m～0.5m，水平面上测点间距为0.5～1m。两个风口之间的中线上应有测点。

2.测定方法：用发烟器或悬挂单丝线的方法逐点观察和记录气流流向，并在有测点布置的剖面图上标出流向。

十三、流线平行性的检测

1.用单丝线观察送风平面的气流流向，一般每台过滤器对应一个观察点。

2.用量角器测定气流流向偏离规定方向的角度，注意避免人的干扰。

十四、自净时间的检测

1.本项测定必须在洁净室停止运行相当时间，室内含尘浓度已接近大气尘浓度时进行。如果要求很快测定，则可当时发烟。

2.如果以大气尘浓度为基准，则先测出洁净室内浓度，立即开机运行，定时读数直到浓度达到最低限度为止，这一段时间即为自净时间。如果以人工（如发巴兰香烟）为基准，则将发烟器放在离地面1.8m以上的室中心点发烟1～2min即停止，待1min后，在工作区平面的中心点测定含尘浓度，然后开机，方法同上。

3.由测得的开机前原始浓度或发烟停止后1min的污染浓度（N_0），室内达到稳定时的浓度（N），和实际换气次数（n）查附图6-3，得到计算自净时间，再和实测自净时间进行对比。

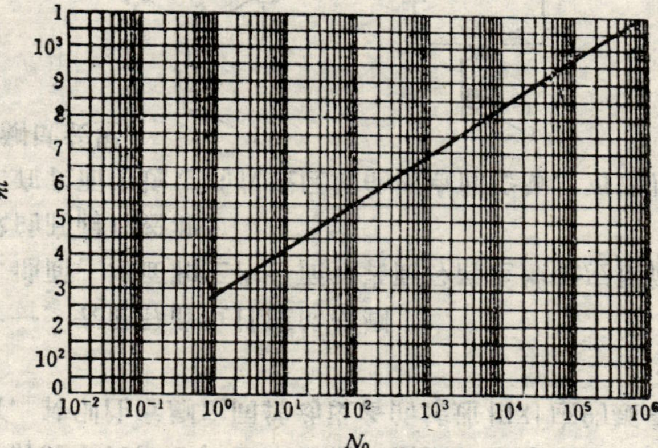

附图 6-3　乱流洁净室自净时间算图

N_0——污染浓度，粒/L；N——稳定时的浓度，粒/L；n——实际换气次数，次/h；t——自净时间，min

附录七　本规范用词说明

一、为便于在执行本标准条文时区别对待，对于要求严格程度不同的用词说明如下：

1.表示很严格，非这样作不可的：

正面词采用“必须”；

反面词采用“严禁”。

2.表示严格，在正常情况下均应这样作的：

正面词采用“应”；

反面词采用“不应”或“不得”。

3.对表示允许稍有选择，在条件许可时，首先应这样作的：

正面词采用“宜”或“可”；

反面词采用“不宜”；

二、条文中指明必须按其他有关标准执行的写法为，“应按……的执行”或“应符合……的要求（或规定）”。非必须按所指定的标准执行的写法为，“可参照……的要求（或规定）”。

附加说明

本规范主编单位、参加单位和主要起草人名单

主编单位：中国建筑科学研究院

参加单位：机械电子工业部第十设计研究院

陕西省设备安装工程公司

主要起草人：许钟麟　陈长镛

黄星元　徐广禄

张学助

中华人民共和国行业标准

建筑装饰工程施工及验收规范

JGJ 73—91

主编单位：中国建筑科学研究院

批准部门：中华人民共和国建设部

施行日期：1991年12月1日

关于发布行业标准《建筑装饰工程施工及验收规范》的通知

建标[1991]366 号

各省、自治区、直辖市建委（建设厅），计划单列市建委，国务院有关部、委：

根据国家计委计标函（1987）78号文和城乡建设环境保护部（88）城标字第141号文的要求，由中国建筑科学研究院主编的《建筑装饰工程施工及验收规范》，业经审查，现批准为行业标准，编号为JGJ 73—91，自一九九一年十二月一日起施行。《装饰工程施工及验收规范》（GBJ 210—83）同时废止。

本标准由建筑工程标准技术归口单位中国建筑科学研究院归口管理并负责具体解释。

本标准由建设部标准定额研究所组织出版。

第一章 总 则

第 1.0.1 条 本规范适用于工业与民用建筑装饰工程的施工及验收。

注：有防放射性、防腐蚀、防火等要求的装饰工程，应按设计要求或有关规定执行。

第 1.0.2 条 装饰工程所用的材料，应按设计要求选用，并应符合现行材料标准的规定。

对材料质量发生怀疑时，应抽样检查，合格后方可使用。

第 1.0.3 条 装饰工程所用的砂浆，石灰膏，玻璃，涂料等，宜集中加工和配制。

第 1.0.4 条 装饰材料和饰件以及有饰面的构件，在运输，保管和施工过程中，必须采取措施防止损坏和变质。

第 1.0.5 条 抹灰，涂料和刷浆工程的等级及适用范围，应符合设计要求。

第 1.0.6 条 装饰工程应在基体或基层的质量检验合格后，方可施工。

第 1.0.7 条 高级装饰工程施工前，应预先做样板（样品或标准间），并经有关单位认可后，方可进行。其他等级的装饰工程是否需做样板，应由设计确定。

第 1.0.8 条 室外抹灰和饰面工程的施工，一般应自上而下进行。高层建筑采取措施后，可分段进行。

第 1.0.9 条 室内装饰工程的施工，应待屋面防水工程完工后，并在不致被后继工程所损坏和玷污的条件下进行。

室内抹灰在屋面防水工程完工前施工时，必须采取防护措施。

第 1.0.10 条 室内吊顶，隔断的罩面板和花饰等工程，应待室内地（楼）面湿作业完工后施工。

第 1.0.11 条 室内装饰工程的施工顺序，应符合下列规定：

一、抹灰、饰面、吊顶和隔断工程，应待隔墙、钢木门窗框、暗装的管道、电线管和电器预埋件、预制钢筋混凝土楼板灌缝等完工后进行；

二、钢木门窗及其玻璃工程，根据地区气候条件和抹灰工程的要求，可在湿作业前进行；

铝合金、塑料、涂色镀锌钢板门窗及其玻璃工程，宜在湿作业完工后进行，如需在湿作业前进行，必须加强保护；

三、有抹灰基层的饰面板工程、吊顶及轻型花饰安装工程，应待抹灰工程完工后进行；

四、涂料、刷浆工程，以及吊顶、隔断罩面板的安装，应在塑料地板、地毯、硬质纤维板等地（楼）面的面层和明装电线施工前，以及管道设备试压后进行。木地（楼）板面层的最后一遍涂料，应待裱糊工程完工后进行；

五、裱糊工程，应待顶棚、墙面、门窗及建筑设备的涂料和刷浆工程完工后进行。

第 1.0.12 条 室内外装饰工程施工的环境温度，应符合下列规定：

一、刷浆、饰面和花饰工程以及高级的抹灰，溶剂型混色涂料工程不应低于5℃；

二、中级和普通的抹灰，溶剂型混色涂料工程，以及玻璃工程应在0℃以上；

三、裱糊工程不应低于10℃；

四、使用胶粘剂时，应按胶粘剂产品说明要求的温度施工；

五、涂刷清漆不应低于8℃，乳胶涂料应按产品说明要求的温度施工；

六、室外涂刷石灰浆不应低于3℃。

注：①环境温度是指施工现场最低温度。

②室内温度应在靠近外墙离地面高500mm处测量。

第 1.0.13 条 装饰工程必须作好成品保护，施工用水和管道设备试压的水，不得污损装饰工程。

第 1.0.14 条 装饰工程施工安全技术、劳动保护、防火、防毒等的要求，应按国家现行的有关规定执行。其材料堆放应注意安全防火。

第二章 抹灰工程

第一节 一般规定

第 2.1.1 条 本章适用于一般抹灰和装饰抹灰工程的施工及验收。

第 2.1.2 条 抹灰工程采用的砂浆品种，应按设计要求选用，如设计无要求，应符合下列规定：

一、外墙门窗洞口的外侧壁、屋檐、勒脚、压檐墙等的抹灰——水泥砂浆或水泥混合砂浆；

二、湿度较大的房间和车间的抹灰——水泥砂浆或水泥混合砂浆；

三、混凝土板和墙的底层抹灰——水泥混合砂浆、水泥砂浆或聚合物水泥砂浆；

四、硅酸盐砌块、加气混凝土块和板的底层抹灰——水泥混合砂浆或聚合物水泥砂浆；

五、板条、金属网顶棚和墙的底层和中层抹灰——麻刀石灰砂浆或纸筋石灰砂浆。

第 2.1.3 条 抹灰砂浆的配合比和稠度等应经检查合格后，方可使用。

水泥砂浆及掺有水泥或石膏拌制的砂浆，应控制在初凝前用完。

第 2.1.4 条 砂浆中掺用外加剂时，其掺入量应由试验确定。

第 2.1.5 条 木结构与砖石结构、混凝土结构等相接处基体表面的抹灰，应先铺钉金属网，并绷紧牢固。金属网与各基体的搭接宽度不应小于100mm。

第 2.1.6 条 抹灰前，砖石、混凝土等基体表面的灰尘、污垢和油渍等，应清除干净，并洒水润湿。

第 2.1.7 条 平整光滑的混凝土表面，如设计无要求时，可不抹灰，用刮腻子处理。

第 2.1.8 条 抹灰前，应先检查基体表面的平整度，并用与抹灰层相同砂浆设置标志或标筋。

第 2.1.9 条 抹灰前，应检查钢、木门窗框位置是否正确，与墙连接是否牢固。连接处的缝隙应用水泥砂浆或水泥混合砂浆（加少量麻刀）分层嵌塞密实。

第 2.1.10 条 室内墙面、柱面和门洞口的阳角，宜用1:2水泥砂浆做护角，其高度不应低于2m，每侧宽度不应小于50mm。

第 2.1.11 条 室内抹灰工程，应待上下水、煤气等管道安装后进行。抹灰前必须将管道穿越的墙洞和楼板洞填嵌密实。散热器和密集管道等背后的墙面抹灰，宜在散热器和管道安装前进行，抹灰面接槎应顺平。

第 2.1.12 条 外墙抹灰工程施工前，应安装好钢木门窗框、阳台栏杆和预埋铁件等，并将墙上的施工孔洞堵塞密实。

第 2.1.13 条 外墙窗台、窗楣、雨篷、阳台、压顶和突出腰线等，上面应做流水坡度，下面应做滴水线或滴水槽（见图2.1.13），滴水槽的深度和宽度均不应小于10mm，并整齐一致。

第 2.1.14 条 各种砂浆的抹灰层，在凝结前，应防止快干、水冲、撞击和振动；凝结后，应采取措施防止玷污和损坏。

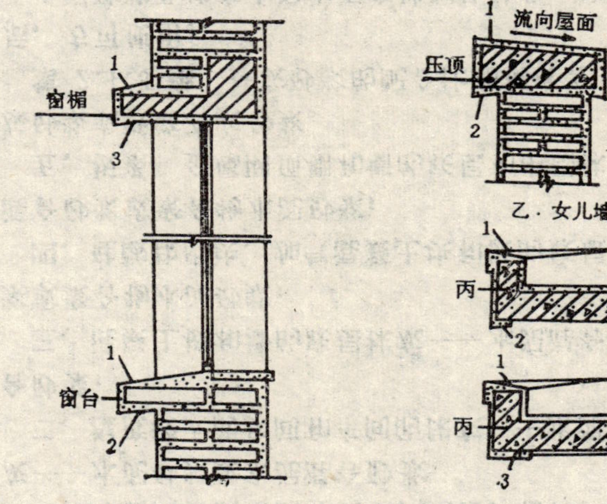

图 2.1.13 流水坡度、滴水线（槽）示意图
1—流水坡度；2—滴水线；3—滴水槽

第 2.1.15 条 水泥砂浆的抹灰层，应在湿润的条件下养护。

第 2.1.16 条 冬期施工，抹灰砂浆应采取保温措施。涂抹时，砂浆的温度不宜低于5℃。

第 2.1.17 条 砂浆抹灰层硬化初期不得受冻。

气温低于5℃时，室外抹灰所用的砂浆可掺入混凝土防冻剂，其掺量应由试验确定。做涂料墙面的抹灰砂浆中，不得掺入含氯盐的防冻剂。

第 2.1.18 条 冬期施工，抹灰层可采取加温措施加速干燥，如采用热空气时，应设通风设备排除湿气。

第二节 材料质量要求

第 2.2.1 条 石灰膏应用块状生石灰淋制，淋制时必须用孔径不大于3mm×3mm的筛过滤，并贮存在沉淀池中。

熟化时间，常温下一般不少于15d；用于罩面时，不应少于30d。使用时，石灰膏内不得含有未熟化的颗粒和其它杂质。

第 2.2.2 条 在沉淀池中的石灰膏应加以保护，防止其干燥、冻结和污染。

第 2.2.3 条 抹灰用的石灰膏可用磨细生石灰粉代替，其细度应通过4900孔/cm^2筛。

用于罩面时，熟化时间不应小于 3 d。

第 2.2.4 条 抹灰用的砂子应过筛，不得含有杂物。

装饰抹灰用的骨料（石粒、砾石等），应耐光、坚硬，使用前必须冲洗干净。干粘石用的石粒应干燥。

第 2.2.5 条 抹灰用的膨胀珍珠岩，宜采用中级粗细粒径混合级配，堆集密度宜为80～150kg/m^3。

第 2.2.6 条 抹灰用的粘土、炉渣应洁净，不得含有杂质。

粘土应选用亚粘土，并加水浸透；炉渣应过筛，粒径不应大于 3 mm，并加水焖透。

第 2.2.7 条 抹灰用的纸筋应浸透、捣烂、洁净；罩面纸筋宜机碾磨细。稻草、麦秸、麻刀应坚韧、干燥，不含杂质，其长度不得大于30mm。

稻草、麦秸应经石灰浆浸泡处理。

第 2.2.8 条 掺入装饰砂浆的颜料，应用耐碱、耐光的颜料。

第三节 一 般 抹 灰

第 2.3.1 条 本节适用于石灰砂浆、水泥混合砂浆、水泥砂浆、聚合物水泥砂浆、膨胀珍珠岩水泥砂浆和麻刀石灰、纸筋石灰、石膏灰等抹灰工程的施工。

第 2.3.2 条 一般抹灰按质量要求分为普通、中级和高级三级，主要工序如下：

普通抹灰——分层赶平、修整，表面压光；

中级抹灰——阳角找方，设置标筋，分层赶平、修整，表面压光；

高级抹灰——阴阳角找方，设置标筋，分层赶平、修整，表面压光。

第 2.3.3 条 抹灰层的平均总厚度，不得大于下列规定：

一、顶棚：板条、空心砖、现浇混凝土——15mm，预制混凝土——18mm，金属网——20mm；

二、内墙：普通抹灰——18mm，中级抹灰——20mm，高级抹灰——25mm；

三、外墙——20mm；勒脚及突出墙面部分——25mm；

四、石墙——35mm。

第 2.3.4 条 涂抹水泥砂浆每遍厚度宜为 5～7mm。涂抹石灰砂浆和水泥混合砂浆每遍厚度宜为7～9mm。

第 2.3.5 条 面层抹灰经赶平压实后的厚度，麻刀石灰不得大于 3 mm；纸筋石灰、石膏灰不得大于 2 mm。

第 2.3.6 条 水泥砂浆和水泥混合砂浆的抹灰层，应待前一层抹灰层凝结后，方可涂抹后一层；石灰砂浆的抹灰层，应待前一层7～8成干后，方可涂抹后一层。

第 2.3.7 条 混凝土大板和大模板建筑的内墙面和楼板底面，宜用腻子分遍刮平，各遍应粘结牢固，总厚度为2～3mm。

如用聚合物水泥砂浆、水泥混合砂浆喷毛打底，纸筋石灰罩面，以及用膨胀珍珠岩水泥砂浆抹面，总厚度为3～5mm。

第 2.3.8 条 加气混凝土表面抹灰前，应清扫干净，并应作基层表面处理，随即分层抹灰，防止表面空鼓开裂。

第 2.3.9 条 板条、金属网顶棚和墙的抹灰，尚应符合下列规定：

一、板条、金属网装钉完成，必须经检查合格后，方可抹灰；

二、底层和中层宜用麻刀石灰砂浆或纸筋石灰砂浆，各层应分遍成活，每遍厚度为3～6mm；

三、底层砂浆应压入板条缝或网眼内，形成转脚以使结合牢固；

四、顶棚的高级抹灰，应加钉长350～450mm的麻束，间距为400mm，并交错布置，分遍按放射状梳理抹进中层砂浆内；

五、金属网抹灰砂浆中掺用水泥时，其掺量应由试验确定。

第 2.3.10 条 灰线抹灰尚应符合下列规定：

一、抹灰线用的抹子，其线型、棱角等应符合设计要求，并按墙面、柱面找平后的水平线确定灰线位置；

二、简单的灰线抹灰，应待墙面、柱面、顶棚的中层砂浆抹完后进行。多线条的灰线抹灰，应在墙面、柱面的中层砂浆抹完后，顶棚抹灰前进行；

三、灰线抹灰应分遍成活，底层、中层砂浆中宜掺入少量麻刀。罩面灰应分遍连续涂抹，表面应赶平、修整、压光。

第 2.3.11 条 罩面石膏灰应掺入缓凝剂，其掺量应由试验确定，宜控制在15～20min内凝结。涂抹应分两遍连续进行，第一遍应涂抹在干燥的中层上。

注：罩面石膏灰不得涂抹在水泥砂浆层上。

第 2.3.12 条 水泥砂浆不得涂抹在石灰砂浆层上。

第 2.3.13 条 抹灰的面层应在踢脚板、门窗贴脸板和挂镜线等安装前涂抹。安装后与抹灰面相接处如有缝隙，应用砂浆或腻子填补。

第 2.3.14 条 采用机械喷涂抹灰，尚应符合下列规定：

一、喷涂石灰砂浆前，宜先做水泥砂浆护角、踢脚板、墙裙、窗台板的抹灰，以及混凝土过梁等底层的抹灰；

二、喷涂时，应防止玷污门窗、管道和设备，被玷污的部位应及时清理干净；

三、砂浆稠度：用于混凝土面为90～100mm，用于砖墙面为100～120mm。

第 2.3.15 条 混凝土表面的抹灰，宜使用机械喷涂，用手工涂抹时，宜先凿毛刮水泥浆（水灰比为0.37～0.40），洒水泥砂浆或用界面处理剂处理。

第四节 装 饰 抹 灰

第 2.4.1 条 本节适用于面层为水刷石、水磨石、斩假石、干粘石、假面砖、拉条灰、拉毛灰、洒毛灰、喷砂、喷涂、滚涂、弹涂、仿石和彩色抹灰等的施工。

第 2.4.2 条 装饰抹灰面层的厚度、颜色、图案应符合设计要求。

第 2.4.3 条 装饰抹灰面层应做在已硬化、粗糙而平整的中层砂浆面上，涂抹前应洒水润湿。

第 2.4.4 条 装饰抹灰面层有分格要求时，分格条应宽窄厚薄一致，粘贴在中层砂浆面上应横平竖直，交接严密，完工后应适时全部取出。

第 2.4.5 条 装饰抹灰面层的施工缝，应留在分格缝、墙面阴角、水落管背后或独立装饰组成部分的边缘处。

第 2.4.6 条 装配式混凝土外墙板，其外墙面和接缝不平处以及缺棱掉角处，用水泥砂浆或聚合物水泥砂浆修补后，可直接进行喷涂、滚涂、弹涂。

第 2.4.7 条 水刷石、水磨石、斩假石和干粘石所用的彩色石粒应洁净，统一配料，干拌均匀。

第 2.4.8 条 水刷石、水磨石、斩假石面层涂抹前，应在已浇水润湿的中层砂浆面上刮水泥浆（水灰比为0.37～0.40）一遍，以使面层与中层结合牢固。

第 2.4.9 条 水刷石面层必须分遍拍平压实，石子应分布均匀、紧密。凝结前应用清水自上而下洗刷，并采取措施防止玷污墙面。

第 2.4.10 条 水磨石面层的施工，尚应符合下列规定：

一、水磨石分格嵌条应在基层上镶嵌牢固，横平竖直，圆弧均匀，角度准确；

二、白色和浅色的美术水磨石面层，应采用白水泥；

三、面层宜分遍磨光，开磨前应经试磨，以石子不松动为准；

四、表面应用草酸清洗干净，晾干后方可打蜡。

第 2.4.11 条 斩假石面层的施工，尚应符合下列规定：

一、斩假石面层应赶平压实，斩剁前应经试剁，以石子不脱落为准；

二、在墙角、柱子等边棱处，宜横剁出边条或留出窄小边条不剁。

第 2.4.12 条 干粘石面层的施工，尚应符合下列规定：

一、中层砂浆表面应先用水润湿，并刷水泥浆（水灰比为0.40～0.50）一遍，随即涂抹水泥砂浆或聚合物水泥砂浆粘结层；

二、石粒粒径为4～6mm；

三、水泥砂浆或聚合物水泥砂浆粘结层的厚度一般为4～6mm，砂浆稠度不应大于80mm，将石粒粘在粘结层上，随即用辊子或抹子压平压实。石粒嵌入砂浆的深度不得小于粒径的1/2；

四、水泥砂浆或聚合物水泥砂浆粘结层在硬化期间，应保持湿润；

五、房屋底层不宜采用干粘石。

第 2.4.13 条 假面砖、喷涂、滚涂、弹涂和彩色抹灰所用的彩色砂浆，应先统一配料，干拌均匀过筛后，方可加水搅拌。

第 2.4.14 条 外墙假面砖的面层砂浆涂抹后，先按面砖尺寸分格划线，再划沟、划纹。沟纹间距、深浅应一致，接缝平直。

第 2.4.15 条 室内拉条灰面层的施工，尚应符合下列规定：

一、按墙面尺寸确定拉模宽度，弹线划分竖格，粘贴拉模导轨应垂直平行，轨面平整；

二、拉条灰面层，应用水泥混合砂浆（掺细纸筋）涂抹，表面用细纸筋石灰揉光；

三、拉条灰面层应按竖格连续作业，一次抹完。上下端灰口应齐平。

第 2.4.16 条 涂抹拉毛灰和洒毛灰面层，宜自上而下进行。涂抹的波纹应大小均匀，颜色一致，接槎平整。

第 2.4.17 条 喷砂抹灰的面层，应用聚合物水泥砂浆涂抹，其配合比应由试验确定。

第 2.4.18 条 外墙面喷涂、滚涂、弹涂面层的施工，尚应符合下列规定：

一、中层砂浆表面的裂缝和麻坑，应处理并清扫干净；

二、门墙和不做喷涂、弹涂的部位，应采取措施，防止玷污；

三、喷涂、弹涂应分遍成活，每遍不宜太厚，不得流坠。面层厚度：喷涂为3～4mm，弹涂为2～3mm，滚涂厚度按花纹大小确定，并一次成活；

四、每个间隔分块必须连续作业，不显接槎；

五、外墙面喷涂、弹涂所用砂浆的配合比见附录一。

第 2.4.19 条 仿石和彩色抹灰的面层，接槎应平整，仿石表面涂饰的纹理应均匀。

第五节 工 程 验 收

第 2.5.1 条 检查数量 室外，以4m左右高为一检查层，每20m长，抽查1处（每处3延长米），但不少于3处；室内，按有代表性的自然间抽查10%，过道按10延长米，礼堂、厂房等大间可按两轴线为1间，但不少于3间。

第 2.5.2 条 检查所用材料的品种、面层的颜色及花纹等是否符合设计要求。

第 2.5.3 条 抹灰工程的面层，不得有爆灰和裂缝。各抹灰层之间及抹灰层与基体之间应粘结牢固，不得有脱层、空鼓等缺陷。

第 2.5.4 条 抹灰分格缝的宽度和深度应均匀一致，表面光滑、无砂眼，不得有错缝，缺棱掉角。

第 2.5.5 条 一般抹灰面层的外观质量，应符合下列规定：

一、普通抹灰：表面光滑、洁净，接槎平整；

二、中级抹灰：表面光滑、洁净，接槎平整，灰线清晰顺直；

三、高级抹灰：表面光滑，洁净，颜色均匀、无抹纹，灰线平直方正、清晰美观。

第 2.5.6 条 装饰抹灰面层的外观质量，应符合下列规定：

一、水刷石——石粒清晰，分布均匀，紧密平整，色泽一致，不得有掉粒和接槎痕迹；

二、水磨石——表面应平整、光滑，石子显露均匀，不得有砂眼、磨纹和漏磨处。分格条应位置准确，全部露出；

三、斩假石——剁纹均匀顺直，深浅一致，不得有漏剁处。阳角处横剁和留出不剁的边条，应宽窄一致，棱角不得有损坏；

四、干粘石——石粒粘结牢固，分布均匀，颜色一致，不露浆，不漏粘，阳角处不得有明显黑边；

五、假面砖——表面应平整，沟纹清晰，留缝整齐，色泽均匀，不得有掉角、脱皮、起砂等缺陷；

六、拉条灰——拉条清晰顺直，深浅一致，表面光滑洁净，上下端头齐平；

一般抹灰质量的允许偏差 表 2.5.7

项次	项目	允许偏差(mm)			检验方法
		普通抹灰	中级抹灰	高级抹灰	
1	表面平整	5	4	2	用2m直尺和楔形塞尺检查
2	阴、阳角垂直	—	4	2	用2m托线板和尺检查
3	立面垂直	—	.5	3	
4	阴、阳角方正	—	4	2	用200mm方尺检查
5	分格条(缝)平直	—	3	—	拉5m线和尺检查

注：①外墙一般抹灰，立面总高度的垂直偏差应符合现行《砖石工程施工及验收规范》、《混凝土结构工程施工及验收规范》和《装配式大板居住建筑结构设计和施工规程》的有关规定。

②中级抹灰，本表第4项阴角方正可不检查。

③顶棚抹灰，本表第1项表面平整可不检查，但应顺平。

装饰抹灰质量的允许偏差 表 2.5.8

项次	项目	允许偏差(mm)													检查方法
		水刷石	水磨石	斩假石	干粘石	假面砖	拉条灰	拉毛灰	洒毛灰	喷砂	喷涂	滚涂	弹涂	仿石彩色抹灰	
1	表面平整	3	2	3	5	4	4	4	4	5	4	4	4	3	用2m直尺和楔形塞尺检查
2	阴、阳角垂直	4	2	3	4	—	4	4	4	4	4	4	4	3	用2m托线板和尺检查
3	立面垂直	5	3	4	5	5	5	5	5	5	5	5	5	4	
4	阴、阳角方正	3	2	3	4	4	4	4	4	3	4	4	4	3	用200mm方尺检查
5	墙裙上口平直	3	3	3	—	—	—	—	—	—	—	—	—	3	拉5m线检查，不足5m拉通线检查
6	分格条(缝)平直	3	2	3	3	3	—	—	—	3	3	3	3	3	

注：①外墙面装饰抹灰，立面总高度的垂直偏差见表2.5.7注①。

②水刷石、斩假石、干粘石、假面砖、拉毛灰、洒毛灰等装饰抹灰，表中第4项阴角方正可不检查。

七、拉毛灰、洒毛灰——花纹、斑点分布均布，不显接槎；

八、喷砂——表面应平整，砂粒粘结牢固、均匀、密实；

九、喷涂、滚涂、弹涂——颜色一致，花纹大小均匀，不显接槎；

十、仿石、彩色抹灰——表面应密实，线条清晰，仿石的纹理应顺直，彩色抹灰的颜色应一致；

十一、干粘石、拉毛灰、洒毛灰、喷砂、滚涂和弹涂等，在涂抹面层前，应检查其中层砂浆表面的平整度。

第 2.5.7 条 一般抹灰工程质量的允许偏差，应符合表2.5.7的规定。

第 2.5.8 条 装饰抹灰工程质量的允许偏差，应符合表2.5.8的规定。

第三章 门 窗 工 程

第一节 一 般 规 定

第 3.1.1 条 本章适用于工业与民用建筑铝合金门窗、涂色镀锌钢板门窗、钢门窗、塑料门窗的安装及验收。

第 3.1.2 条 门窗安装前应按下列要求进行检查：

一、根据门窗图纸，检查门窗的品种、规格、开启方向及组合杆、附件，并对其外形及平整度检查校正，合格后方可安装；

二、按设计要求检查洞口尺寸，如与设计不符合应予以纠正。

第 3.1.3 条 门窗的存放、运输应符合下列规定：

一、门窗应在室内竖直排放，并用枕木垫平。严禁与酸碱等物一起存放，室内应清洁、干燥、通风；

二、塑料门窗应存放在设有靠架的室内并与热源隔开，以免受热变形；

三、门窗露天存放时，应采取措施避免日晒雨淋；

四、铝合金、涂色镀锌钢板和塑料门窗运输时，应竖立排放并固定牢靠。樘与樘间应用非金属软质材料隔开，防止相互磨损及压坏玻璃和五金件。

第 3.1.4 条 门窗框扇安装过程中，应符合下列规定：

一、不得在门窗框扇上安放脚手架、悬挂重物或在框扇内穿物起吊，以防门窗变形和损坏；

二、吊运时，表面应用非金属软质材料衬垫，选择牢靠平稳的着力点，以免门窗表面擦伤。

第 3.1.5 条 安装门窗必须采用预留洞口的方法，严禁采用边安装边砌口或先安装后砌口。

门窗固定可采用焊接、膨胀螺栓或射钉等方式，但砖墙严禁用射钉固定。

第 3.1.6 条 安装过程中应及时清理门窗表面的水泥砂浆、密封膏等，以保护表面质量。

第二节 门窗质量要求

第 3.2.1 条 门窗及零附件质量均应符合现行国家标准、行业标准的规定，按设计要求选用。不得使用不合格产品。

第 3.2.2 条 铝合金门窗选用的零附件及固定件，除不锈钢外，均应经防腐蚀处理。

第 3.2.3 条 塑料门窗不得有开焊、断裂等损坏现象，如有损坏，应予以修复或更换。

第三节 铝合金门窗安装

第 3.3.1 条 铝合金门窗装入洞口应横平竖直，外框与洞口应弹性连接牢固，不得将门窗外框直接埋入墙体。门窗安装节点见图3.3.1。

第 3.3.2 条 横向及竖向组合时，应采取套插，搭接形成曲面组合，搭接长度宜为10mm，并用密封膏密封。组合方法见图3.3.2。

第 3.3.3 条 安装密封条时应留有伸缩余量，一般比门窗的装配边长20～30mm，在转角处应斜面断开，并用胶粘剂粘贴牢固，以免产生收缩缝。

第 3.3.4 条 若门窗为明螺丝连接时，应用与门窗颜色相同的密封材料将其掩埋密封。

第 3.3.5 条 安装后的门窗必须有可靠的刚性，必要时可增设加固件，并应作防腐处理。

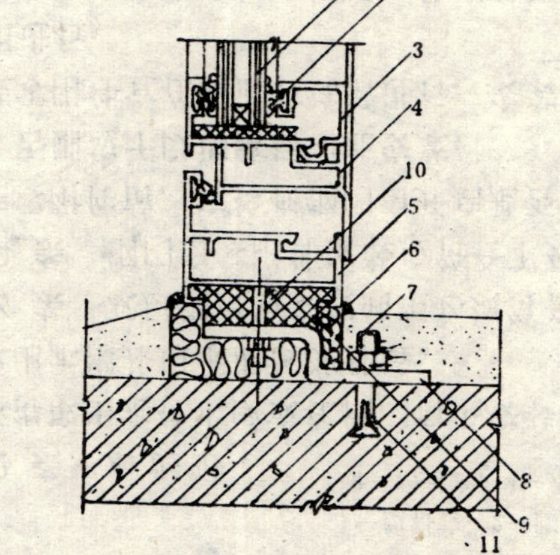

图 3.3.1 铝合金门窗安装节点及缝隙处理示意图

1—玻璃；2—橡胶条；3—压条；4—内扇；5—外框；6—密封膏；7—砂浆；8—地脚；9—软填料；10—塑料垫；11—膨胀螺栓

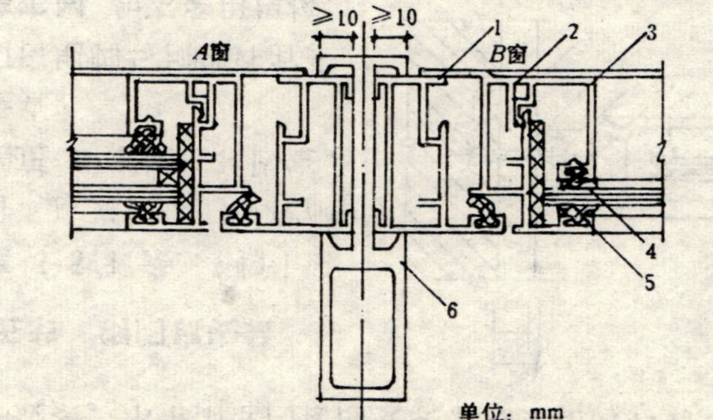

图 3.3.2 铝合金门窗组合方法示意图

1—外框；2—内扇；3—压条；4—橡胶条；5—玻璃；6—组合杆件

第 3.3.6 条 门窗外框与墙体的缝隙填塞，应按设计要求处理。若设计无要求时，应采用矿棉条或玻璃棉毡条分层填塞，缝隙外表留5～8mm深的槽口，填嵌密封材料。

第四节 涂色镀锌钢板门窗安装

第 3.4.1 条 安装带副框的门窗时，应用自攻螺钉将连接件固定在副框上，然后将副框装入洞口并用木楔临时固定，调整至横平竖直。连接件与预埋件应焊接牢固。

第 3.4.2 条 副框的顶面及两侧应贴密封条。用螺钉将门窗与副框紧固，盖好螺钉盖。安装推拉窗时还应调整好滑块。

第 3.4.3 条 洞口与副框、副框与门窗 框拼 接处的缝隙，应用密封膏封严，安装完毕后剥去保护胶条。带副框的门窗安装节点见图3.4.3。

第 3.4.4 条 安装不带副框的门窗时，门窗与洞口宜用

1—预埋铁板；
2—预埋件φ10圆铁；
3—连接件；
4—水泥砂浆；
5—密封膏；
6—垫片；
7—自攻螺钉；
8—副框；
9—自攻螺钉

单位：mm

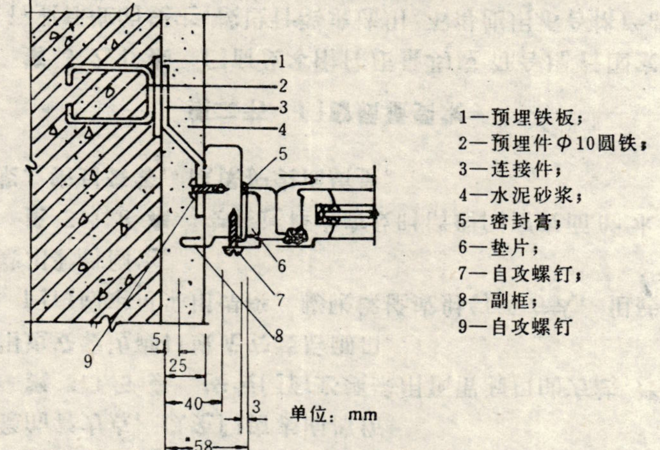

图 3.4.3 带副框涂色镀锌钢板门窗安装节点示意图

膨胀螺栓连接，用密封膏密封门窗与洞口间的缝隙，最后剥去保护胶条。不带副框门窗的安装节点见图3.4.4。

第五节 钢门窗安装

第 3.5.1 条 钢门窗安装时，应先把钢门窗在洞口内摆正，用木楔临时固定，横平竖直。

门窗地脚与预埋件宜采用焊接牢固，如不采用焊接，应在安装完地脚后，用水泥砂浆或豆石混凝土将洞口缝隙填实。

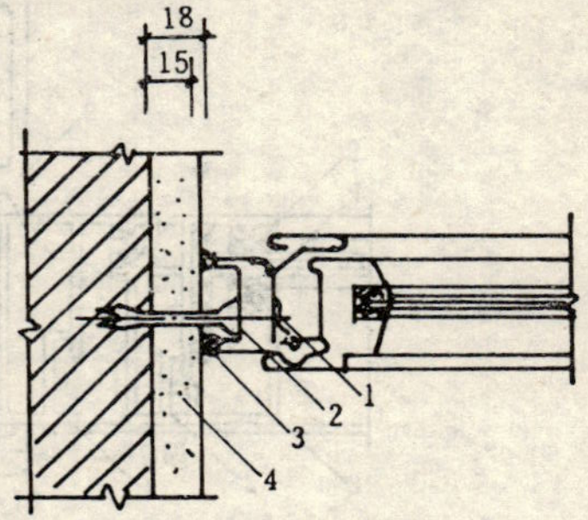

单位：mm

图 3.4.4 不带副框涂色镀锌钢板门窗安装节点示意图

1—塑料盖；2—膨胀螺钉；3—密封膏；4—水泥砂浆

第 3.5.2 条 水泥砂浆凝固前，不得取出定位木楔或在钢门窗上安装五金零件，应待凝固后取出木楔并用水泥砂浆抹缝。

第 3.5.3 条 双层钢窗的安装间距必须符合设计要求。

第 3.5.4 条 钢门窗零附件安装应符合下列规定：

一、安装零附件前，应检查钢门窗开启是否灵活，关闭后是否严密，否则应予以调整后才能安装；

二、安装零附件宜在墙面装饰后进行，安装时，应按生产厂方的说明进行；

三、密封条应在门窗涂料干燥后，按型号进行安装和压实。

第六节 塑料门窗安装

第 3.6.1 条 在塑料门窗上安装五金零件时，必须先钻

孔后，用自攻螺钉拧入，严禁直接锤击钉入，以防损坏门窗。

第 3.6.2 条 与墙体连接的固定件应用自攻螺钉等紧固于门窗框上，将门窗框装入洞口并用木楔临时固定，调整至横平竖直。固定件与墙体宜用尼龙胀管螺栓连接牢固。塑料门窗安装节点见图 3.6.2。

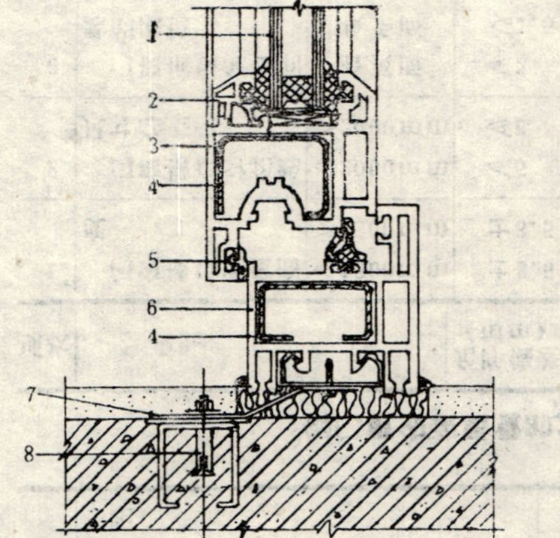

图 3.6.2 塑料门窗安装节点示意图
1—玻璃；2—玻璃压条；3—内扇；4—内钢衬；5—密封条；6—外框；7—地脚；8—膨胀螺栓

第 3.6.3 条 门窗框与洞口的间隙应用泡沫塑料条或油毡卷条填塞，填塞不宜过紧，以免框架变形。门窗框四周的内外接缝应用密封膏嵌缝严密。

第七节 工 程 验 收

第 3.7.1 条 检查数量 按不同门窗品种、类型的樘数各抽查5%，但均不少于 3 樘。

第 3.7.2 条 所用门窗的品种、规格、开启方向及安装位置应符合设计要求。

第 3.7.3 条 门窗安装必须牢固，横平竖直，高低一致。框与墙体缝隙应填嵌饱满密实，表面平整光滑，无裂缝，填塞材料与方法等应符合设计要求。

第 3.7.4 条 预埋件的数量、位置、埋设连接方法必须符合设计要求。

第 3.7.5 条 门窗扇应开启灵活，无倒翘、阻滞及反弹现象。五金配件应齐全，位置正确。关闭后密封条应处于压缩状态。

第 3.7.6 条 门窗安装后外观质量应表面洁净。大面无划痕、碰伤、锈蚀；涂膜大面平整光滑、厚度均匀、无气孔。

第 3.7.7 条 门窗工程质量允许偏差应符合表 3.7.7-1、2、3、4的规定。

铝合金门窗安装质量的允许偏差　　表 3.7.7-1

项次	项	目	允许偏差（mm）	检 验 方 法
1	门窗槽口宽度高度	≤2000mm	±1.5	用 3 m钢卷尺检查
		>2000mm	±2	
2	门窗槽口对边尺寸之差	≤2000mm	≤2	用 3 m钢卷尺检查
		>2000mm	≤2.5	
3	门窗槽口对角线尺寸之差	≤2000mm	≤2	用 3 m钢卷尺检查
		>2000mm	≤3	
4	门窗框（含拼樘料）的垂直度	≤2000mm	≤2	用线坠、水平靠尺检查
		>2000mm	≤2.5	
5	门窗框（含拼樘料）的水平度	≤2000mm	≤1.5	用水平靠尺检查
		>2000mm	≤2	
6	门窗框扇搭接宽度差	≤2m²	±1	用深度尺或钢板尺检查
		>2m²	±1.5	
7	门窗开启力		≤60N	用100N弹簧秤检查
8	门窗横框标高		≤5	用钢板尺检查
9	门窗竖向偏离中心		≤5	用线坠、钢板尺检查
10	双层门窗内外框、框（含拼樘料）中心距		≤4	用钢板尺检查

涂色镀锌钢板门窗安装质量的允许偏差

表 3.7.7-2

项次	项目		允许偏差(mm)	检验方法
1	门窗槽口宽度高度	≤1500mm	±2	用3m钢卷尺检查
		>1500mm	±3	
2	门窗槽口对角线尺寸之差	≤2000mm	≤4	用3m钢卷尺检查
		>2000mm	≤5	
3	门窗框(含拼樘料)的垂直度	≤2000mm	≤2	用线坠、水平靠尺检查
		>2000mm	≤3	
4	门窗框(含拼樘料)的水平度	≤2000mm	≤2	用水平靠尺检查
		>2000mm	≤3	
5	门窗横框标高		≤5	用钢板尺检查
6	门窗竖向偏离中心		≤5	用线坠、钢板尺检查
7	双层门窗内外框、框(含拼樘料)中心距		≤4	用钢板尺检查

钢门窗安装质量的允许偏差

表 3.7.7-3

项次	项目		允许偏差(mm)	检验方法
1	门窗槽口宽度高度	≤1500mm	±2.5	用3m钢卷尺检查
		>1500mm	±3.5	
2	门窗槽口对角线尺寸之差	≤2000mm	≤5	用3m钢卷尺检查
		>2000mm	≤6	
3	门窗框扇配合间隙的限值	合页面	≤2	用2×50塞片检查，量合页面
		执手面	≤1.5	用2×50塞片检查，量框大面
4	门窗框扇搭接量的限值	实腹门窗	≥2	用钢针划线和深度尺检查
		空腹门窗	≥4	

续表

项次	项目	允许偏差(mm)	检验方法
5	门窗框(含拼樘料)的垂直度	≤3	用1m托线板检查
6	门窗框(含拼樘料)的水平度	≤3	用1m水平尺和楔形塞尺检查
7	门无下门槛时内门扇与地面间隙留缝限值	4~8	用楔形塞尺检查
8	双层门窗内外框梃(含拼樘料)的中心距	≤5	用钢板尺检查
9	门窗横框标高	≤5	用钢板尺检查
10	门窗竖向偏离中心	≤4	用线坠、钢板尺检查

塑料门窗安装质量的允许偏差

表 3.7.7-4

项次	项目		允许偏差(mm)	检验方法
1	门窗槽口对角线尺寸之差	≤2000mm	≤3	用3m钢卷尺检查
		>2000mm	≤5	
2	门窗框(含拼樘料)的垂直度	≤2000mm	≤2	用线坠、水平靠尺检查
		>2000mm	≤3	
3	门窗框(含拼樘料)的水平度	≤2000mm	≤2	用水平靠尺检查
		>2000mm	≤3	
4	门窗横框标高		≤5	用钢板尺检查
5	门窗竖向偏离中心		≤5	用线坠、钢板尺检查
6	双层门窗内外框、框(含拼樘料)中心距		≤4	用钢板尺检查

第四章 玻 璃 工 程

第一节 一 般 规 定

第 4.1.1 条 本章适用于平板、吸热、热反射、中空、夹层、夹丝、磨砂、钢化、压花、彩色玻璃和玻璃砖等的安装及验收。

第 4.1.2 条 采光天棚玻璃，如设计无要求时，宜采用夹层玻璃、钢化玻璃、夹丝玻璃，以及由其组合而成的中空玻璃。

第 4.1.3 条 玻璃工程应在框、扇校正和五金件安装完毕后，以及框、扇最后一遍涂料前进行。

第 4.1.4 条 冬期施工，从寒冷处运到暖和处的玻璃和镶嵌用的合成橡胶等型材应待其缓暖后方可进行裁割和安装。

预装门窗玻璃，宜在采暖房间内进行。

外墙铝合金、塑料框、扇玻璃不宜在冬期安装。

第 4.1.5 条 玻璃的运输和存放应符合下列规定：

一、玻璃的运输和存放应符合现行《普通平板玻璃》（GB4871）的有关规定；

二、玻璃不应搁置和倚靠在可能损伤玻璃边缘和玻璃面的物体上；

三、应防止玻璃被风吹倒。

第 4.1.6 条 当用人力搬运玻璃时应符合下列规定：

一、应避免玻璃在搬运过程中破损；

二、搬运大面积玻璃时应注意风向，以确保安全。

第 4.1.7 条 玻璃宜集中裁割，边缘不得有缺口和斜曲。

钢木框、扇玻璃按设计尺寸或实测尺寸，长宽各应缩小一个裁口宽度的1/4裁割。

铝合金及塑料框、扇玻璃的裁割尺寸应符合现行国家标准对玻璃与玻璃槽之间配合尺寸的规定，并满足设计和安装的要求。

第 4.1.8 条 玻璃安装时的朝向应符合设计要求。

第 4.1.9 条 当焊接、切割、喷砂等作业可能损伤玻璃时，应采取措施予以保护。

严禁焊接等火花溅到玻璃上。

第 4.1.10 条 玻璃安装后，应对玻璃与框、扇同时进行清洁工作。

严禁用酸性洗涤剂或含研磨粉的去污粉清洗热反射玻璃的镀膜面层。

第二节 材料质量要求

第 4.2.1 条 玻璃和玻璃砖的品种、规格和颜色应符合设计要求；质量应符合有关产品标准。

第 4.2.2 条 油灰应用熟桐油等天然干性油拌制，用其它油料拌制的油灰，必须经试验合格后，方可使用。

第 4.2.3 条 油灰应具有塑性，嵌抹时不断裂、不出麻面，在常温下，应在20昼夜内硬化。

用于钢门窗玻璃的油灰，应具有防锈性。

现场拌制油灰的配合比见附录二。

第 4.2.4 条 夹丝玻璃的裁割边缘上宜刷涂防锈涂料。

第 4.2.5 条 镶嵌条、定位垫块和隔片、填充材料、密封膏等的品种、规格、断面尺寸、颜色、物理及化学性质应符合设计要求。

上述材料配套使用时，其相互间的材料性质必须相容。

当安装中空玻璃或夹层玻璃时，上述材料和中空玻璃的密封膏或玻璃的夹层材料，在材料性质方面必须相容。

安装中空玻璃使用的橡胶定位垫块的硬度宜为邵氏硬度80度以上。

第三节 钢木框、扇玻璃及玻璃砖安装

第 4.3.1 条 安装玻璃前，应将裁口内的污垢清除干净，并沿裁口的全长均匀涂抹1～3mm厚的底油灰。

第 4.3.2 条 安装长边大于1.5m或短边大于1m的玻璃，应用橡胶垫并用压条和螺钉镶嵌固定。

第 4.3.3 条 安装木框、扇玻璃，应用钉子固定，钉距不得大于300mm，且每边不少于两个，并用油灰填实抹光；用木压条固定时，应先涂干性油，并不应将玻璃压得过紧。

第 4.3.4 条 安装钢框、扇玻璃，应用钢丝卡固定，间距不得大于300mm，且每边不少于两个，并用油灰填实抹光；采用橡胶垫时，应先将橡胶垫嵌入裁口内，并用压条和螺钉固定。

第 4.3.5 条 工业厂房斜天窗玻璃，如设计无要求时，应采用夹丝玻璃。

如采用平板玻璃，应在玻璃下面加设一层保护网。

斜天窗玻璃应顺流水方向盖叠安装，其盖叠长度：斜天窗坡度为1/4或大于1/4，不小于30mm；坡度小于1/4，不小于50mm。盖叠处应用钢丝卡固定，并在盖叠缝隙中用密封膏嵌塞密实。

第 4.3.6 条 拼装彩色玻璃、压花玻璃应按设计图案裁割，拼缝应吻合，不得错位、斜曲和松动。

第 4.3.7 条 安装玻璃砖应符合下列规定：

一、墙、隔断和顶棚镶嵌玻璃砖的骨架，应与结构连接牢固；

二、玻璃砖应排列均匀整齐，表面平整，嵌缝的油灰或密封膏应饱满密实。

第 4.3.8 条 楼梯间和阳台等的围护结构安装钢化玻璃时，应用卡紧螺丝或压条镶嵌固定。玻璃与围护结构的金属框格相接处，应衬橡胶垫或塑料垫。

第 4.3.9 条 安装磨砂玻璃和压花玻璃时，磨砂玻璃的磨砂面应向室内，压花玻璃的花纹宜向室外。

第 4.3.10 条 安装玻璃隔断时，隔断上框的顶面应留有适量缝隙，以防止结构变形，损坏玻璃。

第四节 铝合金、塑料框、扇玻璃安装

第 4.4.1 条 安装玻璃前，应清除槽口内的灰浆、杂物等，畅通排水孔。

第 4.4.2 条 使用密封膏前，接缝处的玻璃、金属和塑料的表面必须清洁、干燥。

第 4.4.3 条 安装中空玻璃及面积大于$0.65m^2$的玻璃时，应符合下列规定：

一、安装于竖框中的玻璃，应搁置在两块相同的定位垫块上，搁置点离玻璃垂直边缘的距离宜为玻璃宽度的1/4，且不宜小于150mm；

二、安装于扇中的玻璃，应按开启方向确定其定位垫块的位置。定位垫块的宽度应大于所支撑的玻璃件的厚度，长度不宜小于25mm，并应符合设计要求。

第 4.4.4 条 玻璃安装就位后，其边缘不得和框、扇及其连接件相接触，所留间隙应符合国家有关标准的规定。

第 4.4.5 条 玻璃安装时所使用的各种材料均不得影响泄水系统的通畅。

第 4.4.6 条 迎风面的玻璃镶入框内后，应立即用通长镶嵌条或垫片固定。

第 4.4.7 条 玻璃镶入框、扇内，填塞填充材料、镶嵌条时，应使玻璃周边受力均匀。

镶嵌条应和玻璃、玻璃槽口紧贴，

第 4.4.8 条 密封膏封贴缝口时，封贴的宽度和深度应符合设计要求，充填必须密实，外表应平整光洁。

第五节 工程验收

第 4.5.1 条 检查数量 按有代表性的自然间抽查10%，过道按10延长米，礼堂厂房等大间按两轴线为1间，但不少于3间。

第 4.5.2 条 验收时应检查玻璃品种、规格、色彩、朝向及安装质量等是否符合设计和本规范规定的要求。

第 4.5.3 条 玻璃工程质量应符合下列规定：

一、安装好的玻璃应平整、牢固，不得有松动现象；

二、油灰与玻璃及裁口应粘贴牢固，四角成八字形，表面不得有裂缝、麻面和皱皮；

三、油灰与玻璃及裁口接触的边缘应齐平，钉子、钢丝卡不得露出油灰表面；

四、木压条接触玻璃处，应与裁口边缘齐平。木压条应互相紧密连接，并与裁口紧贴；

五、密封条与玻璃、玻璃槽口的接触应紧密、平整，并不得露在玻璃槽口外面，用橡胶垫镶嵌玻璃，橡胶垫应与裁口、玻璃及压条紧贴，并不得露在压条外面；密封膏与玻璃、玻璃槽口的边缘应粘结牢固，接缝齐平；

六、墙、隔断及顶棚安装的玻璃砖，不得移位、翘曲和松动，其接缝应均匀、平直、密实；

七、拼接彩色玻璃、压花玻璃的接缝应吻合，颜色、图案应符合设计要求。

第 4.5.4 条 竣工后的玻璃工程，表面应洁净，不得留有油灰、浆水、密封膏、涂料等斑污。

第五章 吊顶工程

第一节 一般规定

第 5.1.1 条 本章适用于以轻钢龙骨、铝合金龙骨、木龙骨为骨架，以各类石膏板、矿棉装饰吸声板、胶合板、纤维板、钙塑装饰板、塑料板、纤维水泥加压板、金属装饰板等为罩面板的吊顶工程的安装及验收。

第 5.1.2 条 吊顶工程所用材料的品种、规格、颜色以及基层构造、固定方法应符合设计要求。

第 5.1.3 条 吊顶龙骨在运输安装时，不得扔摔、碰撞，龙骨应平放，防止变形；

罩面板在运输和安装时，应轻拿轻放，不得损坏板材的表面和边角。运输时应采取相应措施，防止受潮变形。

第 5.1.4 条 吊顶龙骨宜存放在地面平整的室内，并应采取措施，防止龙骨变形、生锈；

罩面板应按品种、规格分类存放于地面平整、干燥、通风处，并根据不同罩面板的性质，分别采取措施，防止受潮变形。

第 5.1.5 条 罩面板安装前的准备工作应符合下列规定：

一、在现浇板或预制板缝中，按设计要求设置预埋件或吊杆；

二、吊顶内的通风、水电管道及上人吊顶内的人行或安装通道，应安装完毕。消防管道安装并试压完毕；

三、吊顶内的灯槽、斜撑、剪刀撑等，应根据工程情况适当布置。轻型灯具应吊在主龙骨或附加龙骨上，重型灯具或电扇不得与吊顶龙骨联结，应另设吊钩；

四、罩面板应按规格、颜色等进行分类选配。

第 5.1.6 条 罩面板安装前，应根据构造需要分块弹线。带装饰图案罩面板的布置应符合设计要求。若设计无要求，宜由顶棚中间向两边对称排列安装。墙面与顶棚的接缝应交圈一致。

第 5.1.7 条 罩面板与墙面、窗帘盒、灯具等交接处应严密，不得有漏缝现象。

第 5.1.8 条 搁置式的轻质罩面板，应按设计要求设置压卡装置。

第 5.1.9 条 罩面板不得有悬臂现象，应增设附加龙骨固定。

第 5.1.10 条 施工用的临时马道应架设或吊挂在结构受力构件上，严禁以吊顶龙骨作为支撑点。

第 5.1.11 条 吊顶施工过程中，土建与电气设备等安装作业应密切配合，特别是预留孔洞、吊灯等处的补强应符合设计要求，以保证安全。

第 5.1.12 条 罩面板安装后 应采取保护措施，防止损坏。

第二节 材料质量要求

第 5.2.1 条 各类罩面板不应有气泡、起皮、裂纹、缺角、污垢和图案不完整等缺陷，表面应平整，边缘应整齐，色泽应一致。穿孔板的孔距应排列整齐；暗装的吸声材料应有防散落措施。胶合板、木质纤维板不应脱胶、变色和腐朽；

各类罩面板的质量均应符合现行国家标准、行业标准的规定。

第 5.2.2 条 吊顶工程所用的木龙骨、轻钢龙骨、铝合金龙骨及其配件应符合有关现行国家标准。

第 5.2.3 条 安装罩面板的紧固件，宜采用镀锌制品，预埋的木砖应作防腐处理。

第 5.2.4 条 胶粘剂的类型应按所用罩面板的品种配套选用，现场配制的胶粘剂，其配合比应由试验确定。

第三节 龙 骨 安 装

第 5.3.1 条 安装吊顶龙骨的基体质量，应符合有关现行国家标准的规定。

第 5.3.2 条 根据吊顶的设计标高在四周墙上弹线。弹线应清楚，位置准确，其水平允许偏差±5mm。

第 5.3.3 条 主龙骨吊点间距，应按设计推荐系列选择，中间部分应起拱，金属龙骨起拱高度应不小于房间短向跨度的1/200，主龙骨安装后应及时校正其位置和标高。

第 5.3.4 条 吊杆距主龙骨端部距离不得超过300mm，否则应增设吊杆，以免主龙骨下坠。

当吊杆与设备相遇时，应调整吊点构造或增设吊杆，以保证吊顶质量。

第 5.3.5 条 吊杆应通直并有足够的承载能力。当预埋的吊杆需接长时，必须搭接焊牢，焊缝均匀饱满。

第 5.3.6 条 次龙骨（中或小龙骨，下同）应紧贴主龙骨安装。当用自攻螺钉安装板材时，板材的接缝处，必须安装在宽度不小于40mm的次龙骨上。

第 5.3.7 条 根据板材布置的需要，应事先准备尺寸合格的横撑龙骨，用连接件将其两端连接在通长次龙骨上。明龙骨系列的横撑龙骨与通长次龙骨的间隙不得大于1mm。

第 5.3.8 条 边龙骨应按设计要求弹线，固定在四周墙上。

第 5.3.9 条 全面校正主、次龙骨的位置及水平度。连接件应错位安装。明龙骨应目测无明显弯曲。通长次龙骨连接处的对接错位偏差不得超过2mm。

校正后应将龙骨的所有吊挂件、连接件拧夹紧。

第 5.3.10 条 检查安装好吊顶骨架，应牢固可靠。

第 5.3.11 条 吊顶木龙骨的安装 应按现行《木结构工程施工及验收规范》的有关规定执行。

注：按国家标准GB 11981—89《建筑用轻钢龙骨》规定，主龙骨称为承载龙骨，次龙骨称为覆面龙骨。

第四节 石膏板安装

第 5.4.1 条 石膏板的安装（包括各种石膏平板、穿孔石膏板以及半穿孔吸声石膏板等），应符合下列规定：

一、钉固法安装，螺钉与板边距离应不小于15mm，螺钉间距以150～170mm为宜，均匀布置，并与板面垂直。钉头嵌入石膏板深度以0.5～1mm为宜，钉帽应涂刷防锈涂料，并用石膏腻子抹平；

二、粘结法安装，胶粘剂应涂抹均匀，不得漏涂，粘实粘牢。

第 5.4.2 条 深浮雕嵌装式装饰石膏板的安装，应符合下列规定：

一、板材与龙骨应系列配套；

二、板材安装应确保企口的相互咬接及图案花纹的吻合；

三、板与龙骨嵌装时，应防止相互挤压过紧或脱挂。

第 5.4.3 条 纸面石膏板的安装，应符合下列规定：

一、板材应在自由状态下进行固定，防止出现弯棱、凸鼓现象；

二、纸面石膏板的长边（即包封边）应沿纵向次龙骨铺设；

三、自攻螺钉与纸面石膏板边距离：面纸包封的板边以10～15mm为宜，切割的板边以15～20mm为宜；

四、固定石膏板的次龙骨间距一般不应大于600mm，在南方潮湿地区，间距应适当减小，以300mm为宜；

五、钉距以150～170mm为宜，螺钉应与板面垂直。弯曲、变形的螺钉应剔除，并在相隔50mm的部位另安螺钉；

六、安装双层石膏板时，面层板与基层板的接缝应错开，不得在同一根龙骨上接缝；

七、石膏板的接缝，应按设计要求进行板缝处理；

八、纸面石膏板与龙骨固定，应从一块板的中间向板的四边固定，不得多点同时作业；

九、螺钉头宜略埋入板面，并不使纸面破损。钉眼应作除锈处理并用石膏腻子抹平；

十、拌制石膏腻子，必须用清洁水和清洁容器。

第五节 其它罩面板安装

第 5.5.1 条 矿棉装饰吸声板安装，应符合下列规定：

一、房间内湿度大时不宜安装；

二、安装时，吸声板上不得放置其它材料，防止板材受压变形；

三、安装时，应使吸声板背面的箭头方向和白线方向一致，以保证花样、图案的整体性；

四、采用复合粘贴法安装，胶粘剂未完全固化前，板材不得有强裂震动，并应保持房间内的通风；

五、采用搁置法安装，应留有板材安装缝，每边缝隙不宜大于1mm。

第 5.5.2 条 胶合板、纤维板安装，应符合下列规定：

一、胶合板可用钉子固定，钉距为80～150mm，钉长为25～35mm，钉帽应打扁，并进入板面0.5～1.0mm，钉眼用油性腻子抹平；

二、纤维板可用钉子固定，钉距为80～120mm，钉长为20～30mm，钉帽进入板面0.5mm，钉眼用油性腻子抹平。

硬质纤维板应用水浸透，自然阴干后安装；

三、胶合板、纤维板用木条固定时，钉距不应大于200mm，钉帽应打扁，并进入木压条0.5～1.0mm，钉眼用油性腻子抹平；

四、胶合板面如涂刷清漆时，相邻板面的木纹和颜色应近似；

五、带纸面的穿孔装饰板用螺钉固定时，钉距不宜大于120mm，钉帽应与板面齐平，排列整齐，并用与板面相同颜色的涂料涂饰。

第 5.5.3 条 钙塑装饰板的安装，应符合下列规定：

一、钙塑装饰板用胶粘剂粘贴时，涂胶应均匀；粘贴后，应采取临时固定措施，并及时擦去挤出的胶液；

用钉固定时，钉距不宜大于150mm，钉帽应与板面齐平，排列整齐，并用与板面颜色相同的涂料涂饰；

二、钙塑装饰板的交角处，用塑料装饰小花固定时，应使用木螺钉，并在小花之间沿板边按等距离加钉固定；

用压条固定时，压条应平直，接口严密，不得翘曲。

第 5.5.4 条 塑料板安装，应符合下列规定：

一、粘贴板材的水泥砂浆基层，必须坚硬平整、洁净，含水率不得大于8%。基层表面如有麻面，宜采用乳胶腻子修平整，再用乳胶水溶液涂刷一遍，以增加粘结力；

二、塑料板粘贴前，基层表面应按分块尺寸弹线预排。粘贴时，每次涂刷胶粘剂的面积不宜过大，厚度应均匀，粘贴后，应采取临时固定措施，并及时擦去挤出的胶液；

三、安装塑料贴面复合板时，应先钻孔，后用木螺钉和垫圈或金属压条固定；

用木螺钉时，钉距一般为400～500mm，钉帽应排列整齐；

用金属压条时，先用钉将塑料贴面复合板临时固定，然后加盖金属压条，压条应平直、接口严密。

第 5.5.5 条 纤维水泥加压板安装，应符合下列规定：

一、龙骨间距、螺钉与板边距离及螺钉间距等应满足设计要求和有关产品的要求；

二、纤维水泥加压板与龙骨固定时，所用手电钻钻头直径应比选用螺钉直径小0.5～1.0mm，固定后，钉帽作防锈处理，并用油性腻子嵌平；

三、用密封膏、石膏腻子或掺聚乙烯醇缩甲醛（107）胶的水泥砂浆嵌涂板缝并刮平，硬化后用砂纸磨光，板缝宽度应小于5mm；

四、板材的开孔和切割，应按产品的有关要求进行。

第 5.5.6 条 金属装饰板的安装（包括各种金属条板、金属方板和金属格栅）应符合下列规定：

一、条板式吊顶龙骨一般可直接吊挂，也可增加主龙骨，主龙骨间距不大于1.2m，条板式吊顶龙骨形式应与条板配套；

方板吊顶次龙骨分明装T型和暗装卡口两种，根据金属方板式样选定次龙骨，次龙骨与主龙骨间用固定件连接；

金属格栅的龙骨可明装也可暗装，龙骨间距由格栅做法确定；

二、金属板吊顶与四周墙面所留空隙，用露明的金属压缝条或补边吊顶找齐，金属压缝条材质应与金属面板相同。

第六节 工 程 验 收

第 5.6.1 条 检查数量 按有代表性的自然间抽查10%，过道按10延长米，礼堂、厂房等大间按两轴线为1间，但不少于3间。

第 5.6.2 条 检查吊顶工程所用材料的品种、规格、颜色以及基层构造、固定方法等是否符合设计要求。

第 5.6.3 条 罩面板与龙骨应连接紧密，表面应平整，不得有污染、折裂、缺棱掉角、锤伤等缺陷，接缝应均匀一致，粘贴的罩面板不得有脱层，胶合板不得有刨透之处。

第 5.6.4 条 搁置的罩面板不得有漏、透、翘角现象。

第 5.6.5 条 吊顶罩面板工程质量的允许偏差，应符合表5.6.5的规定。

表 5.6.5 吊顶罩面板工程质量允许偏差

项次	项目	石膏板：石膏装饰板	石膏板：深浮雕嵌式装饰石膏板	石膏板：纸面石膏板	无机纤维板：矿棉装饰吸声板	无机纤维板：超细玻璃棉板	木质板：胶合板	木质板：纤维板	塑料板：钙塑装饰板	塑料板：聚氯乙烯塑料板	纤维水泥加压板	金属装饰板	检验方法
		允许偏差(mm)											
1	表面平整		3		2		2	3	3	2		2	用 2 m 靠尺和楔形塞尺检查观感平整
2	接缝平直	3	3		3		3		4	3		<1.5	拉 5 m 线检查，不足 5 m 拉通线检查
3	压条平直		3		3		3		3		3	3	
4	接缝高低		1		1.		0.5		1		1	1	用直尺和楔形塞尺检查
5	压条间距		2		2		2		2		2	2	用尺检查

第六章 隔 断 工 程

第一节 一 般 规 定

第 6.1.1 条 本章适用于以木龙骨、轻钢龙骨为骨架，以纸面石膏板（以下简称石膏板）、胶合板、纤维板等为罩面板的隔断及石膏增强空心条板（以下简称石膏条板）隔断工程的施工及验收。

第 6.1.2 条 隔断工程所用材料的品种、规格、颜色以及隔断的构造、固定方法，应符合设计要求。

第 6.1.3 条 隔断龙骨在运输和安装时，不得扔摔、碰撞。龙骨应平放，防止变形；

罩面板及石膏条板在运输和安装时，应轻拿轻放，不得损坏板材的表面和边角，运输时应采取措施，防止受潮变形。

第 6.1.4 条 隔断龙骨宜存放在地面平整的室内，并应采取措施，防止龙骨变形、生锈；

石膏板应按品种、规格分类存放于地面平整、干燥、通风处，并根据不同罩面板的性质分别采取措施，防止受潮变形；

石膏条板堆放场地应平整、清洁、干燥，并应采取措施，防止石膏条板浸水损坏，受潮变形。

第 6.1.5 条 民用电器等的底座，应装嵌牢固，其表面应与罩面的底面齐平。

第 6.1.6 条 门窗框或筒子板与隔断相接处应符合设计要求。

第 6.1.7 条 隔断的下端如用木踢脚板覆盖，罩面板应离地面20～30mm；用大理石、水磨石踢脚板时，罩面板下端应与踢脚板上口齐平，接缝严密。

第 6.1.8 条 罩面板安装前，应按其品种、规格、颜色等进行分类选配；安装后，应采取保护措施，防止损坏。

第二节 材料质量要求

第 6.2.1 条 罩面板应表面平整、边缘整齐，不应有污垢、裂纹、缺角、翘曲、起皮、色差和图案不完整等缺陷。胶合板、木质纤维板不应脱胶、变色和腐朽。

各类罩面板的质量均应符合现行国家标准、行业标准的规定。

第 6.2.2 条 隔断工程所用木龙骨、轻钢龙骨及其配件应符合有关的现行国家和行业标准。

第 6.2.3 条 石膏条板的质量应符合设计要求及产品质量的有关规定。

第 6.2.4 条 安装罩面板宜使用镀锌的螺钉、钉子。接触砖石、混凝土的木龙骨和预埋的木砖应作防腐处理。

第 6.2.5 条 胶粘剂应按罩面板的品种选用，现场配制胶粘剂，其配合比应由试验确定。

第三节 龙骨安装

第 6.3.1 条 安装隔断龙骨的基体质量，应符合现行国家标准的规定。

第 6.3.2 条 在隔断与上、下及两边基体的相接处，应按龙骨的宽度弹线。弹线清楚，位置准确。

第 6.3.3 条 沿弹线位置固定沿顶、沿地龙骨，各自交接后的龙骨，应保持平直。

第 6.3.4 条 沿弹线位置固定边框龙骨，龙骨的边线应与弹线重合。龙骨的端部应固定，固定点间距应不大于1m，固定应牢固。

边框龙骨与基体之间，应按设计要求安装密封条。

第 6.3.5 条 选用支撑卡系列龙骨时，应先将支撑卡安装在竖向龙骨的开口上，卡距为400～600mm，距龙骨两端的距离为20～25mm。

第 6.3.6 条 安装竖向龙骨应垂直，龙骨间距应按设计要求布置。

第 6.3.7 条 选用通贯系列龙骨时，低于3m的隔断安装一道；3～5m隔断安装两道；5m以上安装三道。

第 6.3.8 条 罩面板横向接缝处，如不在沿顶沿地龙骨上，应加横撑龙骨固定板缝。

第 6.3.9 条 门窗或特殊节点处，使用附加龙骨，安装应符合设计要求。

第 6.3.10 条 对于特殊结构的隔断龙骨安装（如曲面、斜面隔断等）应符合设计要求。

第 6.3.11 条 安装罩面板前，应检查隔断骨架的牢固程度，如有不牢固处应进行加固。

骨架的允许偏差，应符合表6.3.11的规定。

第 6.3.12 条 隔断木龙骨的安装，应按现行《木结构工程施工及验收规范》的有关规定执行。

隔断骨架允许偏差　　表 6.3.11

项次	项目	允许偏差 (mm)	检验方法
1	立面垂直	3	用 2 m托线板检查
2	表面平整	2	用 2 m直尺和楔形塞尺检查

第四节　罩面板安装

第 6.4.1 条　石膏板安装应符合下列规定：

一、安装石膏板前，应对预埋隔断中的管道和有关附墙设备采取局部加强措施；

二、石膏板宜竖向铺设，长边（即包封边）接缝宜落在竖龙骨上。但隔断为防火墙时，石膏板应竖向铺设；

曲面墙所用石膏板宜横向铺设；

三、龙骨两侧的石膏板及龙骨一侧的内外两层石膏板应错缝排列，接缝不得落在同一根龙骨上；

四、石膏板用自攻螺钉固定。沿石膏板周边螺钉间距不应大于200mm，中间部分螺钉间距不应大于300mm，螺钉与板边缘的距离应为10～16mm；

五、安装石膏板时，应从板的中部向板的四边固定。钉头略埋入板内，但不得损坏纸面。钉眼应用石膏腻子抹平；

六、石膏板宜使用整板。如需对接时，应靠紧，但不得强压就位；

七、石膏板的接缝，应按设计要求进行板缝处理；

八、隔断端部的石膏板与周围的墙或柱应留有 3 mm的槽口。施工时，先在槽口处加注嵌缝膏，然后铺板，挤压嵌缝膏使其和邻近表层紧紧接触；

九、石膏板隔断以丁字或十字形相接时，阴角处应用腻子嵌满，贴上接缝带；阳角处应做护角；

十、安装防火墙石膏板时，石膏板不得固定在沿顶、沿地龙骨上，应另设横撑龙骨加以固定。

第 6.4.2 条　胶合板和纤维板安装，应符合下列规定：

一、安装胶合板的基体表面，用油毡、油纸防潮时，应铺设平整，搭接严密，不得有皱折、裂缝和透孔等；

二、胶合板如用钉子固定，钉距为80～150mm，钉帽打扁并进入板面0.5～1mm，钉眼用油性腻子抹平；

三、胶合板面如涂刷清漆时，相邻板面的木纹和颜色应近似；

四、纤维板如用钉子固定，钉距为80～120mm，钉长为20～30mm，钉帽宜进入板面0.5mm，钉眼用油性腻子抹平。硬质纤维板应用水浸透，自然阴干后安装；

五、墙面用胶合板、纤维板装饰，在阳角处宜做护角；

六、胶合板、纤维板用木压条固定时，钉距不应大于200mm，钉帽应打扁，并进入木压条0.5～1mm，钉眼用油性腻子抹平。

第五节　石膏条板安装

第 6.5.1 条　石膏条板安装前，应进行合理选配，将厚度误差大或因受潮变形的石膏条板挑出，以保证隔断（墙）的质量。

第 6.5.2 条　墙位放线应弹线清楚、位置准确。隔墙下端光滑的楼（地）面表面应先凿毛，在填细石混凝土前应把杂物清扫干净。

第 6.5.3 条 安装石膏条板时，宜使用简易支架。

第 6.5.4 条 使用下楔法立板时，应使板垂直向上挤压严实。

第六节 工 程 验 收

第 6.6.1 条 检查数量 按有代表性的自然间抽查10%，过道按10延长米，礼堂、厂房等大间按两轴线为一间，但不少于3间。

第 6.6.2 条 检查隔断工程所用材料的品种、规格、式样以及隔断的构造、固定方法等是否符合设计要求。

第 6.6.3 条 隔断工程的质量，应符合下列规定：

一、隔断骨架与基体结构的连接应牢固，无松动现象；

二、粘贴和用钉子或螺钉固定罩面板，表面应平整，粘贴的罩面板不得脱层；

三、石膏板、胶合板、纤维板表面不得有污染、折裂、缺棱、掉角、锤伤等缺陷；

四、石膏板铺设方向应正确，安装牢固，接缝密实、光滑，表面平整；

五、胶合板不得有刨透处；

六、石膏条板板与板之间及板与主体结构之间应粘结密实、牢固，接缝平整；

七、粘贴的踢脚板不得有大面积空鼓。

第 6.6.4 条 隔断罩面板工程质量的允许偏差，应符合表6.6.4的规定。

隔断罩面板工程质量允许偏差　　表 6.6.4

项次	项目	允许偏差（mm）				检验方法
		石膏板	胶合板	纤维板	石膏条板	
1	表面平整	3	2	3	4	用2m直尺和楔形塞尺检查
2	立面垂直	3	3	4	5	用2m托线板检查
3	接缝平直		3	3		拉5m线检查，不足5m
4	压条平直		3	3		拉通线检查
5	接缝高低	0.5	0.5	1		用直尺和楔形塞尺检查
6	压条间距		2	2		用尺检查

第七章 饰面板（砖）工程

第一节 一 般 规 定

第 7.1.1 条 本章适用于天然石饰面板、人造石饰面板和饰面砖镶贴的室内外饰面工程以及装饰混凝土板、金属饰面板饰面工程的施工及验收。

第 7.1.2 条 饰面工程的材料品种、规格、图案、固定方法和砂浆种类，应符合设计要求。

第 7.1.3 条 镶贴、安装饰面的基体，应具有足够的强度、稳定性和刚度，其表面质量应符合现行《砖石工程施工及验收规范》、《混凝土结构工程施工及验收规范》、《木结构工程施工及验收规范》以及本规范的有关规定。

第 7.1.4 条 饰面板应镶贴在粗糙的基体或基层上，用胶粘剂粘贴的饰面薄板基层应平整；饰面砖应镶贴在平整粗糙的基层上。光滑的基体或基层表面，镶贴前应处理。残留的砂浆、尘土和油渍等应清除干净。

第 7.1.5 条 饰面板、饰面砖应镶贴平整，接缝宽度应符合设计要求，并填嵌密实，以防渗水。

第 7.1.6 条 金属饰面板应安装牢固，且板的压茬尺寸及方向应符合设计要求。

第 7.1.7 条 镶贴室外突出的檐口、腰线、窗口、雨篷等饰面，必须有流水坡度和滴水线（槽）。

第 7.1.8 条 装配式墙板上镶贴饰面砖，宜在预制阶段完成。在运输、堆放、安装时应注意保护，防止损坏面层。现场用水泥砂浆镶贴面砖时，应做到面层与基层粘结牢固无空鼓。

第 7.1.9 条 装配式挑檐、托座等的下部与墙或柱相接处，镶贴饰面板、饰面砖应留有适量的缝隙。

镶贴变形缝处的饰面板、饰面砖的留缝宽度，应符合设计要求。

第 7.1.10 条 夏期镶贴室外饰面板、饰面砖应防止暴晒。

第 7.1.11 条 冬期施工，砂浆的使用温度不得低于5℃。砂浆硬化前，应采取防冻措施。

第 7.1.12 条 饰面工程镶贴后，应采取保护措施。

第二节 材 料 质 量 要 求

第 7.2.1 条 饰面板、饰面砖应表面平整、边缘整齐；棱角不得损坏，并应具有产品合格证。

第 7.2.2 条 安装饰面板用的铁制锚固件、连接件，应镀锌或经防锈处理。镜面和光面的大理石、花岗石饰面板，应用铜或不锈钢制的连接件。

第 7.2.3 条 天然大理石、花岗石饰面板，表面不得有隐伤、风化等缺陷。不宜采用易褪色的材料包装。

注：天然大理石、光面花岗石饰面板镶贴后，如有轻微损坏处，经有关单位同意，可用胶粘剂或腻子修补。胶粘剂和腻子配合比见附录三。

第 7.2.4 条 预制人造石饰面板，应表面平整，几何尺寸准确，面层石粒均匀、洁净、颜色一致。

第 7.2.5 条 外墙釉面砖、无釉面砖，表面应光洁，质地坚固，尺寸、色泽一致，不得有暗痕和裂纹，其性能指标均应符合现行国家标准的规定，吸水率不得大于10%。

第 7.2.6 条 金属装饰板表面应平整、光滑，无裂缝和皱折，颜色一致，边角整齐，涂膜厚度均匀。龙骨的规格、尺寸以及保温材料的品种、堆集密度、导热性，均应符合设计要求。

第 7.2.7 条 陶瓷锦砖及玻璃锦砖应质地坚硬，边棱整齐，尺寸正确。锦砖脱纸时间不得大于40min。

第 7.2.8 条 施工时所用胶结材料的品种、掺合比例应符合设计要求并具有产品合格证。

第 7.2.9 条 拌制砂浆应用不含有害物质的洁净水，

第三节 饰面板安装

第 7.3.1 条 墙面和柱面安装饰面板，应先找平，分块弹线，并按弹线尺寸及花纹图案预拼和编号。

第 7.3.2 条 系固饰面板用的钢筋网，应与锚固件连接牢固。锚固件宜在结构施工时埋设。

固定饰面板的连接件，其直径或厚度大于饰面板的接缝宽度时，应凿槽埋置。预留孔洞，不得大于设计孔径2mm。

第 7.3.3 条 饰面板安装前，应按厂牌、品种、规格、和颜色进行分类选配，并将其侧面和背面清扫干净，修边打眼，每块板的上、下边打眼数量均不得少于两个。并用防锈金属丝穿入孔内，以作系固之用。

第 7.3.4 条 饰面板的接缝宽度如设计无要求时，应符合表7.3.4的规定。

第 7.3.5 条 饰面板安装，应找正吊直后采取临时固定措施，以防灌注砂浆时板位移动。

第 7.3.6 条 饰面板安装，接缝宽度可垫木楔调整。并应确保外表面的平整、垂直及板的上沿平顺。灌注砂浆时，应先在竖缝内填塞15～20mm深的麻丝或泡沫塑料条以防漏浆，待砂浆硬化后，将填缝材料清除。

注：光面、镜面和水磨石饰面板的竖缝，可用石膏灰临时封闭，并在缝内填塞泡沫塑料条，待灌注砂浆硬化后去掉石膏灰和泡沫塑料条，清洗板面。

饰面板的接缝宽度 **表 7.3.4**

项次	名称		接缝宽度（mm）
1	天然石	光面、镜面	1
2		粗磨面、麻面、条纹面	5
3		天然面	10
4	人造石	水磨石	2
5		水刷石	10
6		大理石、花岗石	1

第 7.3.7 条 灌注砂浆前，应浇水将饰面板背面和基体表面润湿，再分层灌注1:2.5水泥砂浆，每层灌注高度为150～200mm，且不得大于板高的1/3，插捣密实，待其初凝后，应检查板面位置，如移动错位应拆除重新安装；若无移动，方可灌注上层砂浆，施工缝应留在饰面板水平接缝以下50～100mm处。

第 7.3.8 条 突出墙面勒脚的饰面板安装，应待上层的饰面工程完工后进行。

第 7.3.9 条 楼梯栏杆、栏板及墙裙的饰面板安装，应在楼梯踏步地（楼）面层完工后进行。

第 7.3.10 条 天然石饰面板的接缝，应符合下列规定：

一、室内安装光面和镜面的饰面板，接缝应干接，接缝处宜用与饰面板相同颜色的水泥浆填抹；

二、室外安装光面和镜面的饰面板，接缝可干接或在水平缝中垫硬塑料板条，垫塑料板条时，应将压出部分保留，待砂浆硬化后，将塑料板条剔出，用水泥细砂浆勾缝。干接缝应用与饰面板相同颜色水泥浆填平。

三、粗磨面、麻面、条纹面、天然面饰面板的接缝和勾缝应用水泥砂浆。勾缝深度应符合设计要求。

第 7.3.11 条 人造石饰面板的接缝宽度、深度应符合设计要求，接缝宜用与饰面板相同颜色的水泥浆或水泥砂浆抹勾严实。

第 7.3.12 条 碎拼大理石饰面施工前，应进行试拼，宜先拼图案，后拼其它部位。拼缝应协调，不得有通缝，缝宽为 5 ～20mm。

第 7.3.13 条 花岗石薄板或厚度为10～12mm的镜面大理石，宜采用挂钩或胶粘法施工。

第 7.3.14 条 饰面板完工后，表面应清洗干净。光面和镜面的饰面板经清洗晾干后，方可打蜡擦亮。

第 7.3.15 条 冬期饰面工程宜采用暖棚法施工。无条件搭设暖棚时，亦可采用冷作法施工。但应根据室外气温、在灌注砂浆或豆石混凝土内掺入无氯盐抗冻剂，其掺量应根据试验确定，严禁砂浆及混凝土在硬化前受冻。

第 7.3.16 条 冬期施工，在采取措施的情况下，每块板的灌浆次数可改为二次，缩短灌注时间，及时裹挂保温层，保温养护7～9d。

第四节 饰面砖镶贴

第 7.4.1 条 饰面砖应镶贴在湿润、干净的基层上，并应根据不同的基体，进行如下处理：

一、纸面石膏板基体：将板缝用嵌缝腻子，嵌填密实，并在其上粘贴玻璃丝网格布（或穿孔纸带）使之形成整体；

二、砖墙基体：将基体用水湿透后，用1:3水泥砂浆打底，木抹子搓平，隔天浇水养护；

三、混凝土基体(可酌情选用下述三种方法中的一种)：

1.将混凝土表面凿毛后用水湿润，刷一道聚合物水泥浆，抹1:3水泥砂浆打底，木抹子搓平，隔天浇水养护；

2.将1:1水泥细砂浆（内掺20％107胶）喷或甩到混凝土基体上，作“毛化处理”，待其凝固后，用1:3水泥砂浆打底，木抹子搓平，隔天浇水养护；

3.用界面处理剂处理基体表面，待表干后，用1:3 水泥砂浆打底，木抹子搓平，隔天浇水养护；

四、加气混凝土基体（可酌情选用下述两种方法中的一种）：

1.用水湿润加气混凝土表面，修补缺棱掉角处。修补前，先刷一道聚合物水泥浆，然后用 1:3:9 混合砂浆分层补平，隔天刷聚合物水泥浆并抹1:1:6混合砂浆打底，木抹子搓平，隔天浇水养护；

2.用水湿润加气混凝土表面，在缺棱掉角处刷聚合物水泥浆一道，用1:3:9混合砂浆分层补平，待干燥后，钉金属网一层并绷紧。在金属网上分层抹1:1:6混合砂浆打底，砂浆与金属网应结合牢固，最后用木抹子轻轻搓平，隔天浇水养护。

第 7.4.2 条 饰面砖镶贴前应先选砖预排，以使拼缝均匀。在同一墙面上的横竖排列，不宜有一行以上的非整砖。非整砖行应排在次要部位或阴角处。

第 7.4.3 条 饰面砖的镶贴形式和接缝宽度应符合设计要求。如设计无要求时可做样板，以决定镶贴形式和接缝宽度。

第 7.4.4 条 釉面砖和外墙面砖，镶贴前应将砖的背面清理干净，并浸水两小时以上，待表面晾干后方可使用。冬期施工宜在掺入 2 %盐的温水中浸泡两小时，晾干后方可使用。

第 7.4.5 条 釉面砖和外墙面砖宜采用1:2水泥砂浆镶贴，砂浆厚度为 6 ～10mm。

镶贴用的水泥砂浆，可掺入不大于水泥重量15%的石灰膏以改善砂浆的和易性。

第 7.4.6 条 釉面砖和外墙面砖也可采用胶粘剂或聚合物水泥浆镶贴；采用聚合物水泥浆时，其配合比由试验确定。

第 7.4.7 条 镶贴饰面砖基层表面，如遇有突出的管线、灯具、卫生设备的支承等，应用整砖套割吻合，不得用非整砖拼凑镶贴。

第 7.4.8 条 镶贴饰面砖前必须找准标高，垫好底尺，确定水平位置及垂直竖向标志，挂线镶贴，做到表面平整，不显接茬，接缝平直，宽度符合设计要求。

第 7.4.9 条 镶贴釉面砖和外墙面砖墙裙、浴盆、水池等上口和阴阳角处应使用配件砖。

第 7.4.10 条 釉面砖和外墙面砖的接缝，应符合下列规定：

一、室外接缝应用水泥浆或水泥砂浆勾缝；

二、室内接缝宜用与釉面砖相同颜色的石膏灰或水泥浆嵌缝。

注：潮湿的房间不得用石膏灰嵌缝。

第 7.4.11 条 镶贴陶瓷、玻璃锦砖尚应符合下列规定：

一、宜用水泥浆或聚合物水泥浆镶贴；

二、镶贴应自上而下进行，每段施工时应自下而上进行，整间或独立部位宜一次完成。一次不能完成者，可将茬口留在施工缝或阴角处；

三、镶贴时应位置准确，仔细拍实，使其表面平整，待稳固后，将纸面湿润、揭净；

四、接缝宽度的调整应在水泥浆初凝前进行，干后用与面层同颜色的水泥浆将缝嵌平。

第 7.4.12 条 嵌缝后，应及时将面层残存的水泥浆清洗干净，并做好成品保护。

第五节 装饰混凝土板

第 7.5.1 条 装饰混凝土板制做和安装的质量，除应符合现行《混凝土结构工程施工及验收规范》和《装配式大板居住建筑结构设计和施工规程》外，尚应符合下列规定：

一、正打印花、压花外墙板、阳台栏板面层涂抹必须平整，边棱整齐，表面不显接茬；

二、反打外墙板、阳台栏板的花纹、线条应与墙板、阳台栏板一同浇筑成型，其质感应清晰，表面不得有酥皮、麻面和缺棱掉角等；

三、外墙板外立面突出的檐口、窗套和腰线，应留有流水坡度的滴水槽，槽的深浅、宽窄应一致。

第 7.5.2 条 正贴、反打带饰面砖的外墙板，饰面砖与墙体必须粘结牢固，不得有空鼓，饰面砖不得有开裂及缺棱掉角现象，板面平整垂直，接缝尺寸符合设计要求，接缝横平竖直，板面洁净。

第 7.5.3 条 正贴、反打锦砖外墙板，饰面层与墙体必须结合牢固，不得有脱层皱折现象，缝格平直，不显接茬，表面应清洗干净，不得有胶痕、污物，颜色均匀一致。

第六节 金属饰面板安装

第 7.6.1 条 金属饰面板的品种、质量、颜色、花型、线条应符合设计要求，并应有产品合格证。

第 7.6.2 条 墙体骨架如采用钢龙骨时，其规格、形状应符合设计要求，并应进行除锈、防锈处理。

第 7.6.3 条 墙体材料为纸面石膏板时，应按设计要求进行防水处理，安装时纵、横碰头缝应拉开5～8mm。

第 7.6.4 条 金属饰面板安装，当设计无要求时，宜采用抽芯铝铆钉，中间必须垫橡胶垫圈。抽芯铝铆钉间距以控制在100～150mm为宜。

第 7.6.5 条 安装突出墙面的窗台、窗套凸线等部位的金属饰面时，裁板尺寸应准确，边角整齐光滑，搭接尺寸及方向应正确。

第 7.6.6 条 板材安装时严禁采用对接。搭接长度应符合设计要求，不得有透缝现象。

第 7.6.7 条 外饰面板安装时应挂线施工，做到表面平整、垂直，线条通顺清晰。

第 7.6.8 条 阴阳角宜采用预制角装饰板安装，角板与大面搭接方向应与主导风向一致，严禁逆向安装。

第 7.6.9 条 当外墙内侧骨架安装完后，应及时浇注混凝土导墙，其高度、厚度及混凝土强度等级应符合设计要求。若设计无要求时，可按踢脚作法处理。

第 7.6.10 条 保温材料的品种、堆集密度应符合设计要求，并应填塞饱满，不留空隙。

第七节 工 程 验 收

第 7.7.1 条 检查数量 室外，以4m左右高为一检查层，每20m长抽查1处（每处3延长米），但不少于3处；室内，按有代表性的自然间抽查10%，过道按10延长米，礼堂、厂房等大间按两轴线为1间，但不少于3间。

第 7.7.2 条 饰面板（砖）的品种、规格、颜色和图案必须符合设计要求。

第 7.7.3 条 饰面板（砖）安装（镶贴）必须牢固，无歪斜、缺棱掉角和裂缝等缺陷。

第 7.7.4 条 饰面板（砖）表面应平整、洁净，色泽协调，无变色、泛碱、污痕和显著的光泽受损处。

第 7.7.5 条 饰面板（砖）接缝应填嵌密实、平直、宽窄均匀、颜色一致。阴阳角处的板（砖）搭接方向正确，非整砖使用部位适宜。

第 7.7.6 条 突出物周围的板（砖）用整砖套割吻合、边缘整齐；墙裙、贴脸等突出墙面的厚度一致。

第 7.7.7 条 流水坡向正确，滴水线（槽）顺直。

第 7.7.8 条 饰面工程质量允许偏差应符合表7.7.8的规定。

饰面工程质量允许偏差　　表 7.7.8

项次	项目		允许偏差（mm） 天然石 光面镜面	天然石 粗磨面麻面条纹面	天然石 天然石	人造石 大理石	人造石 水磨石	人造石 水刷石	饰面砖 外墙面砖	饰面砖 面砖	饰面砖 陶瓷锦砖	金属饰面板 铝合金板	金属饰面板 压型钢板	检查方法
1	立面垂直	室内	2	3	—	2	2	4	2	2	2.	2	2	用2m托线板检查
		室外	3	6	—	3	3	4	3	3	3	3	3	
2	表面平整		1	3	—	1	2	4	2	2	2	3	3	用2m靠尺和楔形塞尺检查
3	阳角方正		2	4	—	2	2	—	2	2	2	3	3	用200mm方尺检查
4	接缝平直		2	4	5	2	3	4	3	2	2	0.5	1	拉5m线检查，不足5m，拉通线检查
5	墙裙上口平直		2	3	3	2	2	3	2	2	2	2	3	
6	接缝高低	室内	0.3	3	—	0.5	0.5	3	0.5	0.5	0.5	1	1	用直尺和楔形塞尺检查
		室外							1	1	1			
7	接缝宽度		0.5	1	2	0.5	0.5	2	+0.5	+0.5	+0.5	—	—	用尺检查

第八章　涂　料　工　程

第一节　一　般　规　定

第 8.1.1 条　本章适用于室内外各种水性涂料、乳液型涂料、溶剂型涂料（包括油性涂料）、清漆以及美术涂饰等涂料工程的施工及验收。

注：刷涂大漆和硝基喷漆等，应按有关规定执行。

第 8.1.2 条　涂料工程的等级和产品的品种应符合设计要求和现行有关产品国家标准的规定。

第 8.1.3 条　涂料工程基体或基层的含水率：混凝土和抹灰表面施涂溶剂型涂料时，含水率不得大于8％，施涂水性和乳液涂料时，含水率不得大于10％；木料制品含水率不得大于12％。

第 8.1.4 条　涂料干燥前，应防止雨淋、尘土玷污和热空气的侵袭。

第 8.1.5 条　涂料工程使用的腻子，应坚实牢固，不得粉化、起皮和裂纹。腻子干燥后，应打磨平整光滑，并清理干净。

外墙、厨房、浴室及厕所等需要使用涂料的部位和木地（楼）板表面需使用涂料时，应使用具有耐水性能的腻子。

第 8.1.6 条　涂料的工作粘度或稠度，必须加以控制，使其在涂料施涂时不流坠、不显刷纹。施涂过程中不得任意稀释。

第 8.1.7 条 双组份或多组份涂料在施涂前，应按产品说明规定的配合比，根据使用情况分批混合，并在规定的时间内用完。所有涂料在施涂前和施涂过程中，均应充分搅拌。

第 8.1.8 条 施涂溶剂型涂料时，后一遍涂料必须在前一遍涂料干燥后进行；施涂水性和乳液涂料时，后一遍涂料必须在前一遍涂料表干后进行。每一遍涂料应施涂均匀，各层必须结合牢固。

第 8.1.9 条 水性和乳液涂料施涂时的环境温度，应按产品说明书的温度控制。冬期室内施涂涂料时，应在采暖条件下进行，室温应保持均衡，不得突然变化。

第 8.1.10 条 建筑物中的细木制品、金属构件和制品。如为工厂制作组装，其涂料宜在生产制作阶段施涂，最后一遍涂料宜在安装后施涂；如为现场制作组装，组装前应先施涂一遍底子油（干性油、防锈涂料），安装后再施涂涂料。

第 8.1.11 条 采用机械喷涂涂料时，应将不喷涂的部位遮盖，以防玷污。

第 8.1.12 条 施涂工具使用完毕后，应及时清洗或浸泡在相应的溶剂中。

第二节 材料质量要求

第 8.2.1 条 涂料工程所用的涂料和半成品（包括施涂现场配制的），均应有品名、种类、颜色、制作时间、贮存有效期、使用说明和产品合格证。

第 8.2.2 条 外墙涂料应使用具有耐碱和耐光性能的颜料。

第 8.2.3 条 涂料工程所用腻子的塑性和易涂性应满足施工要求，干燥后应坚固，并按基层、底涂料和面涂料的性能配套使用。腻子的配合比见附录四。

第三节 混凝土表面和抹灰表面施涂

第 8.3.1 条 本节适用于混凝土表面和抹灰表面施涂薄涂料、厚涂料和复层建筑涂料等涂料工程。

注：①薄涂料有水性薄涂料、合成树脂乳液薄涂料、溶剂型（包括油性）薄涂料、无机薄涂料等；
②厚涂料有合成树脂乳液厚涂料、合成树脂乳液砂壁状涂料、合成树脂乳液轻质厚涂料和无机厚涂料等；
③复层建筑涂料有水泥系复层涂料、合成树脂乳液系复层涂料、硅溶胶系复层涂料和反应固化型合成树脂乳液系复层涂料。

第 8.3.2 条 施涂前应将基体或基层的缺棱掉角处，用1:3的水泥砂浆（或聚合物水泥砂浆）修补；表面麻面及缝隙应用腻子填补齐平。

基层表面上的灰尘、污垢、溅沫和砂浆流痕应清除干净。

第 8.3.3 条 外墙涂料工程分段进行时，应以分格缝、墙的阴角处或水落管等为分界线。

第 8.3.4 条 外墙涂料工程，同一墙面应用同一批号的涂料；每遍涂料不宜施涂过厚，涂层应均匀，颜色一致。

第 8.3.5 条 混凝土及抹灰内墙、顶棚表面薄涂料工程按质量要求分为普通、中级和高级三级，主要工序见表8.3.5。

第 8.3.6 条 混凝土及抹灰外墙表面薄涂料工程的主要工序见表8.3.6。

第 8.3.7 条 混凝土及抹灰室内顶棚表面轻质厚涂料工程按质量要求分为普通、中级和高级三级，主要工序见表8.3.7。

混凝土及抹灰内墙、顶棚表面薄涂料工程的主要工序　　表 8.3.5

项次	工序名称	水性薄涂料		乳液薄涂料			溶剂型薄涂料			无机薄涂料	
		普通	中级	普通	中级	高级	普通	中级	高级	普通	中级
1	清扫	+	+	+	+	+	+	+	+	+	+
2	填补缝隙、局部刮腻子	+	+	+	+	+	+	+	+	+	+
3	磨平	+	+	+	+	+	+	+	+	+	+
4	第一遍满刮腻子	+	+	+	+	+	+	+	+	+	+
5	磨平	+	+	+	+	+	+	+	+	+	+
6	第二遍满刮腻子		+		+	+		+	+		+
7	磨平		+		+	+		+	+		+
8	干性油打底						+	+	+		
9	第一遍涂料	+	+	+	+	+	+	+	+	+	+
10	复补腻子		+		+	+			+		+
11	磨平(光)		+		+	+		+	+		+
12	第二遍涂料	+	+	+	+	+	+	+	+	+	+
13	磨平(光)					+		+	+		
14	第三遍涂料					+		+	+		
15	磨平(光)								+		
16	第四遍涂料								+		

注：①表中“+”号表示应进行的工序。
②机械喷涂可不受表中施涂遍数的限制，以达到质量要求为准。
③高级内墙、顶棚薄涂料工程，必要时可增加刮腻子的遍数及1～2遍涂料。
④石膏板内墙、顶棚表面薄涂料工程的主要工序除板缝处理外，其它工序同表8.3.5。
⑤湿度较高或局部遇明水的房间，应用耐水性的腻子和涂料。

第 8.3.8 条　混凝土及抹灰外墙表面厚涂料工程的主要工序见表8.3.8。

第 8.3.9 条　混凝土及抹灰内墙、顶棚表面复层建筑涂料工程的主要工序见表8.3.9。

混凝土及抹灰外墙表面薄涂料工程的主要工序　表 8.3.6

项次	工序名称	乳液薄涂料	溶剂型薄涂料	无机薄涂料
1	修补	+	+	+
2	清扫	+	+	+
3	填补缝隙、局部刮腻子	+	+	+
4	磨平	+	+	+
5	第一遍涂料	+	+	+
6	第二遍涂料	+	+	+

注：①表中“+”号表示应进行的工序。
②机械喷涂可不受表中涂料遍数的限制，以达到质量要求为准。
③如施涂二遍涂料后，装饰效果不理想时，可增加1～2遍涂料。

混凝土及抹灰室内顶棚表面轻质厚涂料工程的主要工序　表 8.3.7

项次	工程名称	珍珠岩粉厚涂料		聚苯乙烯泡沫塑料粒子厚涂料		蛭石厚涂料	
		普通	中级	中级	高级	中级	高级
1	清扫	+	+	+	+	+	+
2	填补缝隙、局部刮腻子	+	+	+	+	+	+
3	磨平	+	+	+	+	+	+
4	第一遍满刮腻子	+	+	+	+	+	+
5	磨平	+	+	+	+	+	+
6	第二遍满刮腻子		+	+	+	+	+
7	磨平		+	+	+	+	+
8	第一遍喷涂厚涂料	+	+	+	+	+	+
9	第二遍喷涂厚涂料				+		+
10	局部喷涂厚涂料		+	+	+	+	+

注：①表中“+”号表示应进行的工序。
②高级顶棚轻质厚涂料装饰，必要时增加一遍满喷厚涂料后，再进行局部喷涂厚涂料。
③合成树脂乳液轻质厚涂料有珍珠岩粉厚涂料、聚苯乙烯泡沫塑料粒子厚涂料和蛭石厚涂料等。
④石膏板室内顶棚表面轻质厚涂料工程的主要工序，除板缝处理外，其它工序同上表。

混凝土及抹灰外墙表面厚涂料工程的主要工序　　表 8.3.8

项　次	工序名称	合成树脂乳液厚涂料 合成树脂乳液砂壁状涂料	无机厚涂料
1	修　补	+	+
2	清　扫	+	+
3	填补缝隙、局部刮腻子	+	+
4	磨　平	+	+
5	第一遍厚涂料	+	+
6	第二遍厚涂料	+	+

注：①表中"+"号表示应进行的工序。
②机械喷涂可不受表中涂料遍数的限制，以达到质量要求为准。
③合成树脂乳液和无机厚涂料有云母状、砂粒状。
④砂壁状建筑涂料必须采用机械喷涂方法施涂，否则将影响装饰效果。砂粒状厚涂料宜采用喷涂方法施涂。

混凝土及抹灰内墙、顶棚表面复层涂料工程的主要工序　　表 8.3.9

项次	工序名称	合成树脂乳液复层涂料	硅溶胶类复层涂料	水泥系复层涂料	反应固化型复层涂料
1	清　扫	+	+	+	+
2	填补缝隙、局部刮腻子	+	+	+	+
3	磨　平	+	+	+	+
4	第一遍满刮腻子	+	+	+	+
5	磨　平	+	+	+	+
6	第二遍满刮腻子	+	+	+	+
7	磨　平	+	+	+	+
8	施涂封底涂料	+	+	+	+
9	施涂主层涂料	+	+	+	+
10	滚　压	+	+	+	+
11	第一遍罩面涂料	+	+	+	+
12	第二遍罩面涂料	+	+	+	+

注：①表中"+"号表示应进行的工序。
②如需要半球面点状造型时，可不进行滚压工序。
③石膏板的室内内墙、顶棚表面复层涂料工程的主要工序，除板缝处理外，其它工序同上表。

第 8.3.10 条　混凝土及抹灰外墙表面复层建筑涂料工程的主要工序见表8.9.10。

混凝土及抹灰外墙表面复层涂料工程的主要工序　　表 8.3.10

项次	工序名称	合成树脂乳液复层涂料	硅溶胶类复层涂料	水泥系复层涂料	反应固化型复层涂料
1	修　补	+	+	+	+
2	清　扫	+	+	+	+
3	填补缝隙、局部刮腻子	+	+	+	+
4	磨　平	+	+	+	+
5	施涂封底涂料	+	+	+	+
6	施涂主层涂料	+	+	+	+
7	滚　压	+	+	+	+
8	第一遍罩面涂料	+	+	+	+
9	第二遍罩面涂料	+	+	+	+

注：①、②见表8.3.9注①、②。

第 8.3.11 条　施涂复层涂料尚应符合下列规定：

一、复层涂料一般是以封底涂料、主层涂料和罩面涂料组成。施涂时应先喷涂或刷涂封底涂料，待其干燥后再喷涂主层涂料，干燥后再施涂两遍罩面涂料；

二、喷涂主层涂料时，其点状大小和疏密程度应均匀一致，不得连成片状；

三、水泥系主层涂料喷涂后，应先干燥12h，然后洒水养护24h，再干燥12h后，才能施涂罩面涂料；

四、施涂罩面涂料时，不得有漏涂和流坠现象，待第一遍罩面涂料干燥后，才能施涂第二遍罩面涂料。

第四节　木料表面施涂

第 8.4.1 条　木料表面施涂溶剂型混色涂料，按质量要求分为普通、中级和高级三级，主要工序见表8.4.1。

木料表面施涂溶剂型混色涂料的主要工序　表 8.4.1

项　次	工　序　名　称	普通级涂料	中级涂料	高级涂料
1	清扫、起钉子、除油污等	+	+	+
2	铲去脂囊、修补平整	+	+	+
3	磨 砂 纸	+	+	+
4	节疤处点漆片	+	+	+
5	干性油或带色干性油打底	+	+	+
6	局部刮腻子、磨光	+	+	+
7	腻子处涂干性油	+		
8	第一遍满刮腻子		+	+
9	磨　　光		+	+
10	第二遍满刮腻子			+
11	磨　　光			+
12	刷涂底涂料		+	+
13	第一遍涂料	+	+	+
14	复补腻子	+	+	+
15	磨　　光	+	+	+
16	湿布擦净		+	+
17	第二遍涂料	+	+	+
18	磨光（高级涂料用水砂纸）		+	+
19	湿布擦净		+	+
20	第三遍涂料		+	+

注：①表中“+”号表示应进行的工序。②高级涂料做磨退时，宜用醇酸树脂涂料刷涂，并根据涂膜厚度增加1～2遍涂料和磨退、打砂蜡、打油蜡、擦亮的工序。③木料及胶合板内墙、顶棚表面施涂溶剂型混色涂料的主要工序同上表。

第 8.4.2 条　木料表面施涂清漆，按质量要求分为中级和高级两级，主要工序见表8.4.2。

木料表面施涂清漆的主要工序　表 8.4.2

项　次	工　序　名　称	中级清漆	高级清漆
1	清扫、起钉子、除去油污等	+	+
2	磨 砂 纸	+	+
3	润　粉	+	+
4	磨 砂 纸	+	+
5	第一遍满刮腻子	+	+
6	磨　光	+	+
7	第二遍满刮腻子		+
8	磨　光		+
9	刷 油 色	+	+
10	第一遍清漆	+	+
11	拼　色	+	+
12	复补腻子	+	+
13	磨　光	+	+
14	第二遍清漆	+	+
15	磨　光	+	+
16	第三遍清漆	+	+
17	磨水砂纸		+
18	第四遍清漆		+
19	磨　光		+
20	第五遍清漆		+
21	磨　退		+
22	打 砂 蜡		+
23	打 油 蜡		+
24	擦　亮		+

注：表中“+”号表示应进行的工序。

第 8.4.3 条 施涂涂料前，应将木料表面上的灰尘、污垢等清除干净。

木料表面的缝隙、毛刺、掀岔和脂囊修整后，应用腻子填补，并用砂纸磨光。较大的脂囊应用木纹相同的材料用胶镶嵌。节疤处应点漆片2～3遍。

第 8.4.4 条 门窗扇施涂涂料时，上冒头顶面和下冒头底面不得漏施涂料。

第 8.4.5 条 木地（楼）板施涂涂料不得少于三遍。

硬木地（楼）板应施涂清漆或烫硬蜡。烫硬蜡时，地板蜡应洒布均匀，不宜过厚，并防止烫坏地（楼）板。

第五节 金属表面施涂

第 8.5.1 条 金属表面施涂涂料，按质量要求分为普通、中级和高级三级，主要工序见表8.5.1。

金属表面施涂涂料的主要工序 **表 8.5.1**

项次	工序名称	普通级涂料	中级涂料	高级涂料
1	除锈、清扫、磨砂纸	+	+	+
2	刷涂防锈涂料	+	+	+
3	局部刮腻子	+	+	+
4	磨光	+	+	+
5	第一遍满刮腻子		+	+
6	磨光		+	+
7	第二遍满刮腻子			+
8	磨光			+
9	第一遍涂料	+	+	+
10	复补腻子		+	+
11	磨光		+	+
12	第二遍涂料	+	+	+
13	磨光		+	+
14	湿布擦净		+	+
15	第三遍涂料		+	+
16	磨光(用水砂纸)			+
17	湿布擦净			+
18	第四遍涂料			+

注：①表中“+”号表示应进行的工序。
②薄钢板屋面、檐沟、水落管、泛水等施涂涂料，可不刮腻子。施涂防锈涂料不得少于两遍。
③高级涂料做磨退时，应用醇酸树脂涂料施涂，并根据涂膜厚度增加1～3遍涂料和磨退、打砂蜡、打油蜡、擦亮的工序。
④金属构件和半成品安装前，应检查防锈涂料有无损坏，损坏处应补刷。
⑤钢结构施涂涂料，应符合现行《钢结构工程施工及验收规范》有关规定。

第 8.5.2 条 施涂涂料前，应将金属表面的灰尘、油渍、鳞皮、锈斑、焊渣、毛刺等清除干净。潮湿的表面不得施涂涂料。

第 8.5.3 条 防锈涂料和第一遍银粉涂料，应在设备、管道安装就位前施涂。最后一遍银粉涂料，应在刷浆工程完工后施涂。

第 8.5.4 条 薄钢板制作的屋脊、檐沟和天沟等咬口处，应用防锈油腻子填补密实。

第六节 美术涂饰

第 8.6.1 条 美术涂饰按质量要求分为中级和高级两

级。施涂前应先完成相应等级或工序的涂料作业（或刷浆作业），待其干燥后，方可进行美术涂饰。

第 8.6.2 条 美术涂饰，应符合下列规定：

一、套色花饰、仿壁纸的图案：宜用喷印方法进行，并按分色顺序喷印。前套漏板喷印完，等涂料（或浆料）稍干后，方可进行下套漏板的喷印；

二、滚花涂饰：应先在已完成的涂料（或刷浆）表面弹出垂直粉线，然后沿粉线自上而下进行，滚筒的轴必须垂直于粉线，不得歪斜。滚花完成后，周边应画色线或做边花、方格线；

三、仿木纹、仿石纹涂饰：应在第一遍涂料表面上进行，待摹仿纹理或油色拍丝等完成后，表面应涂施一遍罩面清漆；

四、涂饰鸡皮皱面层：在涂料中需掺入20%～30%的大白粉(重量比)，并用松节油进行稀释。刷涂厚度宜为2mm，表面拍打起粒应均匀、大小一致；

五、涂饰拉毛面层：在涂料中需掺入石膏粉或滑石粉，其掺量和刷涂厚度，应根据波纹大小，由试验确定。面层干燥后，宜用砂纸磨去毛尖；

六、甩水色点：宜先甩深色点，后甩浅色点，不同颜色的大小色点，应分布均匀；

七、划分色线和方格线：必须待图案完成后进行，并应横平竖直，接口吻合。

第七节 工 程 验 收

第 8.7.1 条 涂料工程应待涂层完全干燥后，方可进行验收。

检查数量 室外，按施涂面积抽查10%；室内，按有代表性的自然间（过道按10延长米，礼堂、厂房等大间可按两轴线为1间）抽查10%，但不得少于3间。

第 8.7.2 条 验收时，应检查所用的材料品种、颜色应符合设计和选定的样品要求。

第 8.7.3 条 施涂薄涂料表面的质量，应符合表8.7.3的规定。

薄涂料表面的质量要求 **表 8.7.3**

项次	项目	普通级薄涂料	中级薄涂料	高级薄涂料
1	掉粉、起皮	不允许	不允许	不允许
2	漏刷、透底	不允许	不允许	不允许
3	反碱、咬色	允许少量	允许轻微少量	不允许
4	流坠、疙瘩	允许少量	允许轻微少量	不允许
5	颜色、刷纹	颜色一致	颜色一致，允许有轻微少量砂眼，刷纹通顺	颜色一致，无砂眼，无刷纹
6	装饰线、分色线平直（拉5m线检查，不足5m拉通线检查）	偏差不大于3mm	偏差不大于2mm	偏差不大于1mm
7	门窗、灯具等	洁净	洁净	洁净

第 8.7.4 条 施涂厚涂料表面的质量，应符合表8.7.4的规定。

第 8.7.5 条 施涂复层涂料表面的质量，应符合表8.7.5的规定。

厚涂料表面质量要求 **表 8.7.4**

项次	项目	普通级厚涂料	中级厚涂料	高级厚涂料
1	漏涂、透底起皮	不允许	不允许	不允许
2	反碱、咬色	允许少量	允许轻微少量	不允许
3	颜色、点状分布	颜色一致	颜色一致，疏密均匀	颜色一致，疏密均匀
4	门窗、灯具等	洁净	洁净	洁净

复层涂料表面质量要求 **表 8.7.5**

项次	项目	水泥系复层涂料	合成树脂乳液复层涂料	硅溶胶类复层涂料	反应固化型复层涂料
1	漏涂、透底	不允许	不允许		
2	掉粉、起皮	不允许	不允许		
3	反碱、咬色	允许轻微	不允许		
4	喷点疏密程度	疏密均匀	疏密均匀，不允许有连片现象		
5	颜色	颜色一致	颜色一致		
6	门窗、玻璃、灯具等	洁净	洁净		

第 8.7.6 条 施涂溶剂型混色涂料表面的质量，应符合表8.7.6的规定。

第 8.7.7 条 施涂清漆表面的质量，应符合表8.7.7的规定。

第 8.7.8 条 美术涂饰表面质量尚应符合下列规定：

一、滚花的图案，颜色应鲜明，轮廓清晰，不得有漏涂、斑污和流坠等；

溶剂型混色涂料表面质量要求 **表 8.7.6**

项次	项目	普通级涂料	中级涂料	高级涂料
1	脱皮、漏刷、反锈	不允许	不允许	不允许
2	透底、流坠、皱皮	大面不允许	大面和小面明显处不允许	不允许
3	光亮和光滑	光亮均匀一致	光亮光滑均匀一致	光亮足，光滑无挡手感
4	分色裹棱	大面不允许，小面允许偏差3mm	大面不允许，小面允许偏差2mm	不允许
5	装饰线，分色线平直(拉5m线检查，不足5m拉通线检查)	偏差不大于3mm	偏差不大于2mm	偏差不大于1mm
6	颜色、刷纹	颜色一致	颜色一致刷纹通顺	颜色一致，无刷纹
7	五金、玻璃等	洁净	洁净	洁净

注：①大面是门窗关闭后的里、外面。

②小面明显处是指门窗开启后，除大面外，视线能见到的部位。

③设备、管道喷、刷涂银粉涂料，涂膜应均匀一致，光亮足。

④施涂无光乳胶涂料，无光混色涂料，不检查光亮。

二、不同颜色的线条，应横平竖直，均匀一致，全长不得大于2mm，搭接错位不得大于0.5mm；

三、仿木纹、仿石纹的表面，应具有被摹仿材料的纹理；

四、鸡皮皱的起粒和拉毛表面的大小花纹，应分布均匀，不显接茬，不得有起皮和裂纹；

五、套色漏花的图案不得位移，纹理和轮廓应清晰。

第 8.7.9 条 打蜡的地（楼）板应无棕眼和缝隙，表面色泽一致，光滑明亮。

清漆表面质量要求 **表 8.7.7**

项次	项目	中级涂料(清漆)	高级涂料(清漆)
1	漏刷、脱皮、斑迹	不允许	不允许
2	木纹	棕眼刮平、木纹清楚	棕眼刮平、木纹清楚
3	光亮和光滑	光亮足、光滑	光亮柔和，光滑无挡手感
4	裹棱、流坠、皱皮	大面不允许，小面明显处不允许	不允许
5	颜色、刷纹	颜色基本一致，无刷纹	颜色一致，无刷纹
6	五金、玻璃等	洁净	洁净

注："大面"、"小面明显处"分别见表8.7.6注①、②。

第九章 裱糊工程

第一节 一般规定

第 9.1.1 条 本章适用于聚氯乙烯（以下简称PVC）塑料壁纸、复合壁纸、墙布等的室内裱糊工程的施工及验收。

第 9.1.2 条 裱糊工程基体或基层表面的质量应符合现行《装配式大板居住建筑结构设计和施工规程》、《大模板多层住宅结构设计与施工规程》、《木结构工程施工及验收规范》和本规范抹灰工程、隔断工程及吊顶工程的有关规定。

裱糊的基层表面，颜色宜一致，对于遮盖力低的壁纸、墙布、基层表面颜色应一致。

第 9.1.3 条 裱糊工程基体或基层的含水率：混凝土和抹灰不得大于8%；木材制品不得大于12%。

第 9.1.4 条 湿度较大的房间和经常潮湿的墙体表面，如需做裱糊时，应采用有防水性能的壁纸和胶粘剂等材料。

第 9.1.5 条 裱糊前，应将突出基层表面的设备或附件卸下，钉帽应进入基层表面，并涂防锈涂料，钉眼用油性腻子填平。

第 9.1.6 条 裱糊工程基层涂抹的腻子，应坚实牢固，不得粉化、起皮和裂缝。

第 9.1.7 条 裱糊过程中和干燥前，应防止穿堂风劲吹和温度的突然变化。

第 9.1.8 条 冬期施工应在采暖条件下进行。

第二节 材料质量要求

第 9.2.1 条 壁纸、墙布应整洁，图案清晰。PVC壁纸的质量应符合现行《聚氯乙烯壁纸》（GB8945）的规定。

第 9.2.2 条 壁纸、墙布的图案、品种、色彩等应符合设计要求，并应附有产品合格证。

第 9.2.3 条 胶粘剂应按壁纸和墙布的品种选配，并应具有防霉、耐久等性能，如有防火要求则胶粘剂应具有耐高温不起层性能。

第 9.2.4 条 运输和贮存时，所有壁纸、墙布均不得日晒雨淋；压延壁纸和墙布应平放；发泡壁纸和复合壁纸则应竖放。

第三节 壁纸、墙布裱糊

第 9.3.1 条 裱糊前，应将基体或基层表面的污垢、尘土清除干净，泛碱部位，宜使用9%的稀醋酸中和、清洗。不得有飞刺、麻点、砂粒和裂缝。阴阳角应顺直。

第 9.3.2 条 附着牢固、表面平整的旧溶剂型涂料墙面，裱糊前应打毛处理。

第 9.3.3 条 裱糊前，应以1:1的107胶水溶液等作底胶涂刷基层。

第 9.3.4 条 裱糊前，应按壁纸、墙布的品种、图案、颜色、规格进行选配分类，拼花裁切，编号后平放待用。裱糊时按编号顺序粘贴。

第 9.3.5 条 裱糊的主要工序见表9.3.5。

裱糊的主要工序 表 9.3.5

项次	工序名称	抹灰面混凝土				石膏板面				木料面			
		复合壁纸	PVC壁纸	墙布	带背胶壁纸	复合壁纸	PVC壁纸	墙布	带背胶壁纸	复合壁纸	PVC壁纸	墙布	带背胶壁纸
1	清扫基层、填补缝隙磨砂纸	+	+	+	+	+	+	+	+	+	+	+	+
2	接缝处糊条					+	+	+	+	+	+	+	+
3	找补腻子、磨砂纸					+	+	+	+	+	+	+	+
4	满刮腻子、磨平	+	+	+	+								
5	涂刷涂料一遍									+	+	+	+
6	涂刷底胶一遍	+	+	+	+	+	+	+	+				
7	墙面划准线	+	+	+	+	+	+	+	+	+	+	+	+
8	壁纸浸水润湿		+		+		+		+		+		+
9	壁纸涂刷胶粘剂	+				+				+			
10	基层涂刷胶粘剂	+	+	+		+	+	+		+	+	+	
11	纸上墙、裱糊	+	+	+	+	+	+	+	+	+	+	+	+
12	拼缝、搭接、对花	+	+	+	+	+	+	+	+	+	+	+	+
13	赶压胶粘剂、气泡	+	+	+	+	+	+	+	+	+	+	+	+
14	裁边		+				+				+		
15	擦净挤出的胶液	+	+	+	+	+	+	+	+	+	+	+	+
16	清理修整	+	+	+	+	+	+	+	+	+	+	+	+

注：①表中“+”号表示应进行的工序。②不同材料的基层相接处应糊条。

③混凝土表面和抹灰表面必要时可增加满刮腻子遍数。

④“裁边”工序，在使用宽为920mm，1000mm，1100mm等需重叠对花的PVC压延壁纸时进行。

第 9.3.6 条 在纸面石膏板上做裱糊，板面应先用油性石膏腻子局部找平，在无纸面石膏板上做裱糊，板面应先满刮一遍石膏腻子。

第 9.3.7 条 墙面应采用整幅裱糊，并统一预排对花拼缝。不足一幅的应裱糊在较暗或不明显的部位，阴角处接缝应搭接，阳角处不得有接缝，应包角压实。

第 9.3.8 条 对木料面的基层，裱糊壁纸前应先涂刷一层涂料，使其颜色与周围墙面颜色一致。

第 9.3.9 条 裱糊第一幅壁纸或墙布前，应弹垂直线，作为裱糊时的准线。裱糊顶棚时，也应在裱糊第一幅前先弹一条能起准线作用的直线。

第 9.3.10 条 在顶棚上裱糊壁纸，宜沿房间的长边方向裱糊。

第 9.3.11 条 裱糊PVC壁纸，应先将壁纸用水润湿数分钟。裱糊时，应在基层表面涂刷胶粘剂。

裱糊顶棚时，基层和壁纸背面均应涂刷胶粘剂。

第 9.3.12 条 裱糊复合壁纸严禁浸水，应先将壁纸背面涂刷胶粘剂，放置数分钟，裱糊时，基层表面也应涂刷胶粘剂。

第 9.3.13 条 裱糊墙布，应先将墙布背面清理干净。裱糊时，应在基层表面涂刷胶粘剂。

第 9.3.14 条 带背胶的壁纸，应在水中浸泡数分钟后裱糊。

裱糊顶棚时，带背胶的壁纸应涂刷一层稀释的胶粘剂。

第 9.3.15 条 对于需重叠对花的各类壁纸，应先裱糊对花，然后再用钢尺对齐裁下余边。裁切时，应一次切掉，不得重割。对于可直接对花的壁纸则不应剪裁。

第 9.3.16 条 除标明必须“正倒”交替粘贴的壁纸外，壁纸的粘贴均应按同一方向进行。

第 9.3.17 条 赶压气泡时，对于压延壁纸可用钢板刮刀刮平；对于发泡及复合壁纸则严禁使用钢板刮刀，只可用毛巾、海绵或毛刷赶平。

第 9.3.18 条 裱糊好的壁纸、墙布，压实后，应将挤出的胶粘剂及时擦净，表面不得有气泡、斑污等。

第四节 工 程 验 收

第 9.4.1 条 裱糊工程完工并干燥后，方可验收。

检查数量 按有代表性的自然间（过道按10延长米，礼堂、厂房等大间可按两轴线为1间）抽查10%，但不得少于3间。

第 9.4.2 条 验收时，应检查材料品种、颜色、图案是否符合设计要求。

第 9.4.3 条 裱糊工程的质量应符合下列规定：

一、壁纸、墙布必须粘贴牢固，表面色泽一致，不得有气泡、空鼓、裂缝、翘边、皱折和斑污，斜视时无胶痕；

二、表面平整，无波纹起伏。壁纸、墙布与挂镜线、贴脸板和踢脚板紧接，不得有缝隙；

三、各幅拼接横平竖直，拼接处花纹、图案吻合，不离缝，不搭接，距墙面1.5m处正视，不显拼缝；

四、阴阳转角垂直，棱角分明，阴角处搭接顺光，阳角处无接缝；

五、壁纸、墙布边缘平直整齐，不得有纸毛、飞刺；

六、不得有漏贴、补贴和脱层等缺陷。

第十章 刷浆工程

第一节 一般规定

第 10.1.1 条 本章适用于室内外刷浆工程的施工及验收。

第 10.1.2 条 刷浆工程等级的选用和浆料的品种，应符合设计要求。

第 10.1.3 条 刷浆工程的基体或基层应干燥。

注：刷石灰浆、聚合物水泥浆的基体或基层，干燥程度可适当放宽（八成干）。

第 10.1.4 条 刷浆工程涂抹的腻子，应坚实牢固，不得有起皮、裂缝等缺陷。

第 10.1.5 条 浆膜干燥前，应防止尘土玷污和热空气的侵袭。

第 10.1.6 条 冬期施工，室内刷浆工程应在采暖条件下进行，室温保持均衡，防止浆膜受冻。

第二节 材料质量要求

第 10.2.1 条 刷浆工程所用的材料和半成品，均应有成分、颜色、品种、制造时间和使用说明。

第 10.2.2 条 刷浆工程采用的腻子品种和配合比见附录五。

第 10.2.3 条 刷浆浆料的工作稠度，必须加以控制，使其在涂刷时不流坠、不显刷纹。

第 10.2.4 条 室外涂刷带颜色的浆料，应采用耐碱和耐光的颜料。

第 10.2.5 条 石灰浆应用块状生石灰或生石灰粉调制。

第三节 刷浆

第 10.3.1 条 本节适用于石灰浆、大白浆、可赛银浆、聚合物水泥浆等刷浆工程。

第 10.3.2 条 刷浆前应将基层表面上的灰尘、污垢、溅沫和砂浆流痕清除干净。表面的缝隙应用腻子填补齐平。

第 10.3.3 条 现场配制的刷浆浆料，必须掺用胶粘剂；用于室外的石灰浆，必须掺用干性油和食盐或明矾等，其品种和掺量应由试验确定，以浆膜不脱落、不掉粉为准。

注：室外刷带黄色的石灰浆，宜掺用黑矾。

第 10.3.4 条 室内刷浆按质量要求分为普通、中级和高级三级；主要工序见表10.3.4。

第 10.3.5 条 室外刷浆的主要工序见表10.3.5。

第 10.3.6 条 室外刷浆如分段进行时，应以分格缝、墙的阴角处或水落管等为分界线。

第 10.3.7 条 室外刷浆，同一墙面应用相同的材料和配合比，浆料必须搅拌均匀。使用带色浆料时，应经常搅拌；每遍涂层不应过厚，要涂刷均匀、颜色一致。

第 10.3.8 条 采用机械喷浆时，所有门窗、玻璃等不刷浆的部位应遮盖，以防玷污。

室内刷浆的主要工序　　表 10.3.4

项次	工序名称	石灰浆		聚合物水泥浆		大白浆			可赛银浆	
		普通	中级	普通	中级	普通	中级	高级	中级	高级
1	清扫	+	+	+	+	+	+	+	+	+
2	用乳胶水溶液或聚乙烯醇缩甲醛胶水溶液湿润			+	+					
3	填补缝隙、局部刮腻子	+	+	+	+	+	+	+	+	+
4	磨平	+	+	+	+	+	+	+	+	+
5	第一遍满刮腻子						+	+	+	+
6	磨平						+	+	+	+
7	第二遍满刮腻子							+		+
8	磨平							+		+
9	第一遍刷浆	+	+	+	+	+	+	+	+	+
10	复补腻子		+		+		+	+	+	+
11	磨平		+		+		+	+	+	+
12	第二遍刷浆	+	+	+	+	+	+	+	+	+
13	磨浮粉							+		+
14	第三遍刷浆		+				+	+		+

注：①表中“+”号表示应进行的工序。

②高级刷浆工程，必要时可增刷一遍浆。

③机械喷浆可不受表中遍数的限制，以达到质量要求为准。

④湿度较大的房间刷浆，应用具有防潮性能的腻子和浆料。

室外刷浆的主要工序　　表 10.3.5

项次	工序名称	石灰浆	聚合物水泥浆
1	清扫	+	+
2	填补缝隙、局部刮腻子	+	+
3	磨平	+	+
4	用乳胶水溶液或聚乙烯醇缩甲醛胶水溶液湿润		+
5	第一遍刷浆	+	+
6	第二遍刷浆	+	+

注：①表中“+”号表示应进行的工序。

②机械喷浆可不受表中遍数的限制，以达到质量要求为准。

第四节　工程验收

第 10.4.1 条　检查数量　室外，以4m左右高为一检查层，每20m长抽查1处（每次3延长米），但不少于3处；室内，按有代表性的自然间，抽查10%，过道按10延长米，厂房、礼堂等大间按两轴线为1间，但不少于3间。

第 10.4.2 条　刷浆工程应待表面干燥后，方可验收。

第 10.4.3 条　刷浆工程验收时，应检查所用的材料品种、颜色是否符合设计要求。

第 10.4.4 条　刷浆工程质量应符合表 10.4.4 条的规定。

刷浆工程质量要求　　表 10.4.4

项次	项目	普通刷浆	中级刷浆	高级刷浆
1	掉粉、起皮	不允许	不允许	不允许
2	漏刷、透底	不允许	不允许	不允许

续表

项次	项目	普通刷浆	中级刷浆	高级刷浆
3	反碱、咬色	允许有少量	允许有轻微少量	不允许
4	喷点、刷纹	2m正视喷点均匀、刷纹通顺	1.5m正视喷点均匀、刷纹通顺	1m正视喷点均匀、刷纹通顺
5	流坠、疙瘩、溅沫	允许有少量	允许有轻微少量	不允许
6	颜色、砂眼		颜色一致，允许有轻微少量砂眼	颜色一致，无砂眼
7	装饰线、分色线平直(拉5m线检查，不足5m拉通线检查)		偏差不大于3mm	偏差不大于2mm
8	门窗、灯具等	洁净	洁净	洁净

第十一章 花饰工程

第一节 一般规定

第 11.1.1 条 本章适用于花饰安装工程的施工及验收。

第 11.1.2 条 花饰的品种、规格、式样以及基层构造、固定方法，应符合设计要求。

第 11.1.3 条 湿度较大的房间，不得使用未经防水处理的石膏花饰、纸质花饰等。

第 11.1.4 条 花饰安装完毕后，应采取保护措施，防止损坏。

第二节 材料质量要求

第 11.2.1 条 固定花饰用的木砖若与砖石、混凝土接触时，应经防腐处理。

第 11.2.2 条 粘贴花饰用的胶粘剂应按花饰的品种选用，现场配制胶粘剂，其配合比应由试验确定。

第三节 花饰安装

第 11.3.1 条 花饰的安装，应与预埋在结构中的锚固件连接牢固。薄浮雕和高凸浮雕安装宜与镶贴饰面板、饰面砖同时进行。

第 11.3.2 条 混凝土墙板上安装花饰用的锚固件，应在墙板浇筑时埋设。

第 11.3.3 条 花饰安装前，应检查预埋件位置是否正确、牢固。基体或基层表面应清扫干净，并弹出花饰位置的中心线。

第 11.3.4 条 在抹灰面上安装花饰，应待抹灰层硬化后进行。安装时应防止灰浆流坠污染墙面。

第 11.3.5 条 复杂分块花饰的安装，必须预选试拼，分块编号。安装时，花饰图案应精确吻合。

第 11.3.6 条 粘贴小块轻型花饰，尚应符合下列规定：

一、粘贴水泥砂浆花饰和水刷石花饰，应使用水泥砂浆或聚合物水泥砂浆，并用木螺钉固定；

二、石膏花饰宜用石膏灰或水泥浆粘贴；

三、塑料花饰和纸质花饰可用胶粘剂粘贴。

第 11.3.7 条 轻型花饰粘贴后，应用木螺钉固定。固定石膏花饰的木螺钉，不宜拧得过紧，以防石膏花饰损坏。

第 11.3.8 条 安装重型花饰，应用螺栓固定，花饰与基层之间的缝隙，应用与花饰同颜色的水泥浆或水泥砂浆填嵌密实。

注：金属花饰可用焊接固定。

第 11.3.9 条 固定水泥花饰的钉孔，应用与花饰同颜色的水泥浆或水泥砂浆填嵌密实。

石膏花饰的钉孔应用石膏灰填饰。

第 11.3.10 条 预制混凝土花格饰件，应用1:2水泥砂浆砌筑，相互之间用钢筋销子系固。拼砌的花格饰件四周，应用锚固件与墙、柱或梁连接牢固。

第四节 工 程 验 收

第 11.4.1 条 检查数量 室外全数检查；室内，按有代表性的自然间抽查10%，过道按10延长米，礼堂、厂房等大间按两轴线为1间，但不少于3间。

第 11.4.2 条 验收花饰工程，应检查花饰的品种、规格、图案是否符合设计要求。

第 11.4.3 条 花饰安装应牢固，其质量要求及允许偏差，应符合下列规定：

一、条形花饰的水平和垂直允许偏差，每米不得大于1mm，全长不得大于8mm；

二、单独花饰位置的允许偏差，不得大于10mm；

三、花饰表面应光洁，图案清晰，接缝严密，不得有裂缝、翘曲、缺棱掉角等缺陷；

四、浮雕花饰的拼缝应严密吻合。

附录一 聚合物水泥砂浆喷涂、弹涂常用配合比（重量比）

喷涂砂浆配合比　　附表 1.1

饰面做法	水　泥	颜　料	细骨料	木质素磺酸钙	聚乙烯醇缩甲醛胶	石灰膏	砂浆稠度（cm）
波　面	100	适　量	200	0.3	10～15	—	13～14
波　面	100	适　量	400	0.3	20	100	13～14
粒　状	100	适　量	200	0.3	10	—	10～11
粒　状	100	适　量	400	0.3	20	100	10～11

弹涂砂浆配合比　　附表 1.2

项　目	水　泥	颜料	水	聚乙烯醇缩甲醛胶
刷底色浆	普通硅酸盐水泥100	适量	90	20
刷底色浆	白 水 泥100	适量	80	13
弹 花 点	普通硅酸盐水泥100	适量	55	14
弹 花 点	白 水 泥100	适量	45	10

注：①根据气温情况，加水量可适当调整。
②普通硅酸盐水泥的标号应不低于325号。
③聚乙烯醇缩甲醛胶的含固量为10～12%，密度为1.05，pH值为6～7，粘度为3.5～4.0Pa·s，应能与水泥浆均匀混合。聚乙烯醇缩甲醛胶宜用塑料、陶瓷容器贮运。

附录二 玻璃工程常用油灰配合比（重量比）

碳酸钙　100
混合油　13～14
其中混合油配合比：
三线脱蜡油　63
熟桐油　30
硬脂油　2.1
松　香　4.9

附录三 修补饰面板的胶粘剂及腻子配合比（重量比）

1. 环氧树脂胶粘剂
6101环氧树脂　100
乙二胺　6～8
邻苯二甲酸二丁酯　20
颜料（与大理石或花岗石颜色相同）　适量

2. 环氧树脂腻子
6101环氧树脂　100
乙二胺　10
邻苯二甲酸二丁酯　10
水　泥　100～200
颜料（与大理石或花岗石颜色相同）　适量

附录四　涂料工程常用腻子及润粉配合比（重量比）

1. 混凝土表面、抹灰表面用腻子：

A.适用于室内的腻子：

聚醋酸乙烯乳液（即白乳胶）	1
滑石粉或大白粉	5
2%羧甲基纤维素溶液	3.5

注：表面刷涂清油后使用的腻子，同本附录第2项木料表面石膏腻子的配合比。

B.适用于外墙、厨房、厕所、浴室的腻子：

聚醋酸乙烯乳液	1
水　泥	5
水	1

2. 木料表面的石膏腻子：

石膏粉	20
熟桐油	7
水	50

3. 木料表面清漆的润水粉：

大白粉	14
骨　胶	1
土黄或其他颜料	1
水	18

4. 木料表面清漆的润油粉：

大白粉	24
松香水	16
熟桐油	2

5. 金属表面的腻子：

石膏粉	20
熟桐油	5
油性腻子或醇酸腻子	10
底　漆	7
水	45

附录五　刷浆工程常用腻子配合比（重量比）

1.室外刷浆工程的乳胶腻子：

白乳胶	1
水　泥	5
水	1

2.室内刷浆工程的腻子，同附录四第1项*A*混凝土表面、抹灰表面的乳胶腻子的配合比。

附录六　本规范用词说明

一、为便于在执行本标准条文时区别对待，对于要求严格程度不同的用词说明如下：

1.表示很严格，非这样作不可的：

正面词采用“必须”，

反面词采用“严禁”。

2.表示严格，在正常情况均应这样作的：

正面词采用“应”，

反面词采用“不应”或“不得”。

3.表示允许稍有选择，在条件许可时首先应这样作的：

正面词采用“宜”或“可”，

反面词采用“不宜”。

二、条文中指明必须按其它有关标准、规范执行的，写法为“应符合……的要求(或规定)”或“应按……执行”。非必须按所指定的标准执行的，写法为“可参照……的要求（或规定）”。

附加说明

本规范主编单位、参加单位和主要起草人名单

主编单位：中国建筑科学研究院

参加单位：西安冶金建筑学院
中国新型建材工业杭州设计研究院
中建北京中空玻璃工程公司
北京市第三建筑工程公司
北京新型材料建筑设计研究院
深圳光华中空玻璃工程公司
北京建筑轻钢结构厂
潍坊市长城门窗工业公司

主要起草人：陈嘉桢
侯茂盛　王福川　陈建东
陈　莲　钱家琦　章剑刚
耿　直　龚万森　顾爱平
马美贞　何　平

中华人民共和国行业标准

建筑装饰工程施工及验收规范

JGJ 73—91

条文说明

中国建筑科学研究院主编

目　录

第一章 总 则

第 1.0.7 条 高级装饰工程施工前，应预先做出样板。原规定“一个样品或标准间”，现修订成“样品或标准间”。做几个不作规定，根据需要，由有关各方商定。

第 1.0.10 条 原条文中“室内罩面板和花饰等工程”修订成“室内吊顶、隔断的罩面板和花饰等工程”，以便与第五章“吊顶工程”和第六章“隔断工程”相呼应。

另外，由于地（楼）面湿作业在施工和养护过程中用水量大，室内湿度较大，容易使已完成的饰面材料产生脱胶、变形等，因此强调室内吊顶、隔断的罩面板和花饰等工程，应待室内地（楼）面湿作业完工后施工。

第 1.0.11 条

1.第四款中增加了吊顶、隔断罩面板的安装，并应符合本款的规定；

2.将原规范二、三、四款程序修订为三、四、五款；

3.由于在本规范中增加了第三章“门窗工程”，故制订了相应条款，列入本条二款中，此款规定了钢木门窗及其玻璃工程，可在湿作业前进行，这已是传统的做法；铝合金、涂色镀锌钢板、塑料门窗及其玻璃工程，宜在湿作业完工后进行，如需在湿作业前进行，必须加强保护。铝合金与涂色镀锌钢板门窗都属高档装饰产品，除作为门窗功能外，还起到装饰作用，表面镀有一层保护氧化膜和PVC塑料容易被损伤，塑料门窗的表面不能有划伤、碰伤、污染等缺陷，一旦出现会造成永久性的痕迹，因此要求在湿作业完工后安装施工。但考虑到当前有些施工单位的实际情况，所以没有作“必须”的规定，仅规定了如需在湿作业前进行，必须加强保护。

第 1.0.12 条

1.三款中对裱糊工程原规范规定不应低于15℃修订成不应低于10℃。根据工地施工实际反映，在10℃情况下裱糊完全可以，不影响裱糊工程质量；

2.将四款原文中“用胶粘剂粘贴的罩面板工程，不应低于10℃”修订成“使用胶粘剂时，应按胶粘剂产品说明要求的温度施工”。因为目前使用的胶粘剂品种很多，施工要求的温度也不完全一样，因此不作具体规定。

第二章 抹 灰 工 程

第一节 一 般 规 定

第 2.1.17 条 根据混凝土外加剂应用技术规范，将能降低冻结温度的外加剂”修订成“混凝土防冻剂”。将“不得掺入食盐和氯化钙”修订成“不得掺入含氯盐的防冻剂”。实践证明，在掺有含氯盐的防冻剂的砂浆抹灰面上做涂料时，均能引起涂层表面反碱、咬色。

第 2.1.18 条 冬期施工，抹灰层可采取加温加速干燥，加温方法以抹灰层不泛黄变色为准。

第二节 材料质量要求

第 2.2.3 条 将块状生石灰磨细成生石灰粉代替石灰膏用于抹灰，近几年来在不少地区已部分推广应用，取得了较好的社会经济效益。实践证明，用磨细生石灰粉代替石灰膏，除可节约石灰外，同时可省去化灰池和淋灰作业，加快石灰的“熟化”时间。为保证抹灰质量，除生石灰应符合现行有关材料的国家和行业标准外，对生石灰粉的细度应有明确的规定，同时对其筛余量也应有所要求，一般要求为4900孔/cm^2筛不大于25%，900孔/cm^2筛不大于3%。但对于用作面层抹灰的生石灰粉仍需进行一定时间的熟化，以保证抹灰层不出现干裂和爆灰等质量问题，一般加水充分搅拌后熟化3d即可。

第 2.2.8 条 将原条文中“矿物颜料”的“矿物”两字取消。因耐碱、耐光的不仅是矿物颜料，某些有机颜色如酞菁蓝、酞菁绿也能满足使用要求。

第三节 一 般 抹 灰

第 2.3.8 条 将原条文中“加气混凝土表面抹灰前，应清扫干净，并刷一遍聚乙烯醇缩甲醛胶水溶液”修订成“加气混凝土表面抹灰前，应清扫干净，并应作基层表面处理”；将“随即抹灰”改为“随即分层抹灰，防止表面空鼓、开裂”。以上修改均根据华北地区建筑设计标准化办公室编制的《建筑构造通用图集》(88J2(二)墙身——加气混凝土)中的墙体饰面做法说明。

第 2.3.15 条 条文中增加了用界面剂处理的内容。常用界面处理剂有YJ—302型混凝土界面处理剂等。

第四节 装 饰 抹 灰

第 2.4.12 条 基本保留原条文内容。原条文一款作了如下修改：将“随即涂抹水泥砂浆（可掺入外加剂及少量石灰膏或少量纸筋石灰膏）粘结层”修订成“随即涂抹水泥砂浆或聚合物水泥砂浆”。为了增加水泥砂浆的粘结强度，一般均掺加高分子聚合物粘结剂，称为聚合物水泥砂浆，现工程上已广泛使用。至于水泥砂浆中掺入外加剂等其它材料，可根据实际需要加入，以不作规定为宜。原条文三、四款中也都增加“聚合物水泥砂浆”的规定。

第 2.4.18 条 原条文五款规定“面层砂浆中宜掺入甲基硅醇钠，以提高面层的防水、防污染性能”。因实际效果不显著，已不采用，故此款取消。

第五节 工 程 验 收

第 2.5.1 条 本条规定了抹灰工程的检查数量。根据《建筑工程质量检验评定标准》（GBJ301—88）第11.1.1条及第11.2.1条有关规定制定。

第 2.5.7 条 根据《建筑工程质量检验评定标准》（GBJ 301—88）第11.1.8条中表11.1.8规定，在表2.5.7中增加分格条（缝）平直允许偏差和检验方法的内容。

第 2.5.8 条 将表2.5.8中干粘石的“阴、阳角方正”的允许偏差由原规范的3mm修订成4mm。这是根据多数地区工程实践可能达到的水平修改。

第三章 门窗工程

第一节 一 般 规 定

第 3.1.1 条 门窗工程是这次规范修订时新增加的一章。近几年来，随着我国建筑业的发展，门窗行业发展迅速，全国已有数千家金属、塑料等门窗生产厂家。特别是铝合金门窗的发展，提高了建筑物使用门窗的档次。为了适应门窗工业的发展，保证门窗安装质量，以适应建筑装饰业发展的需要，增加了门窗工程，并根据施工顺序编写为第三章。本章适用于工业与民用建筑铝合金门窗、涂色镀锌钢板门窗、钢门窗、塑料门窗的安装及验收，木门窗的安装见现行《木结构工程施工及验收规范》的有关规定。

第 3.1.2 条 门窗安装前，应根据设计和厂方提供的门窗节点图和结构图进行检查。核对品种、规格与开启形式是否符合设计要求，零部件、组合杆件是否齐全，是否有出厂合格证等，如有不符合要求时应进行修理，只有这样才能保证门窗安装的顺利进行和安装质量。

设计规定门窗洞口尺寸的依据是国家标准，当没有国标时可参照地方或企业的暂行标准。规定门窗洞口尺寸的国家标准有《平开铝合金门》（GB8478—87）、《平开铝合金窗》（GB8479—87）、《推拉铝合金门》（GB8480—87）、《推拉铝合金窗》（GB8481—87）、《铝合金地弹簧门》（GB8482—87）、《建筑门窗洞口尺寸条例》（GB5824—86）、

《实腹钢窗检验规则》（GB5827.1—86）、《空腹钢窗检验规则》（GB5827.2—86）等。

第 3.1.3 条 门窗在运输和存放时，底部均需垫200mm×200mm的枕木，其间距为500mm，同时枕木应保持水平，表面光滑，并应有可靠刚性的支架支撑，以保证门窗在运输和存放过程中不受损伤和变形。金属门窗的存放处不得有酸碱等杂物，因为酸碱易腐蚀金属，特别是易挥发性酸如盐酸、硝酸等，即使加盖与金属物件存放在一起，也会因空气中有少量的酸蒸汽而使金属加快腐蚀，因此，为了防止门窗受酸碱的侵蚀，严禁门窗与酸碱一起存放；并要求有良好的通风条件，以利于门窗的存放。

塑料门窗是由聚氯乙烯塑料型材组装而成的，属于有机高分子热塑性材料，塑料材质较脆。一方面型材是中空多腔的，虽然在组装成门窗时插装轻钢骨架，但这些骨架未经铆焊接，其整体刚性较差，经不起外力的强烈碰撞和挤压。另一方面塑料在受热时会变软。因此，塑料门窗在运输和存放时，不能平堆码放，应竖直排放，樘与樘之间用非金属软质材料（如玻璃丝毡片、粗麻编织物、泡沫塑料等）隔开，并固定牢靠；存放处应与热源隔开(一般应距热源 2 m以上)。

门窗露天存放时，要求地面平整，底部垫200mm×200mm的方枕（木材或混凝土构件均可），同时用苫布遮盖，防止门窗日晒雨淋。

第 3.1.4 条 无论是金属门窗还是塑料门窗，在安装施工过程中，都不得作为受力构件使用，不得在门窗框、扇上安放脚手架或悬挂重物。这是由于门窗设计和生产时未考虑作为受力构件使用，仅考虑了门窗本身和使用过程中的承载能力，如果在门窗框、扇上安放脚手架或悬挂重物，轻则易引起门窗变形，重则可能引起门窗损坏，发生人员伤亡事故。因此，从施工安全角度考虑，也不能在门窗框、扇上安放脚手架和悬挂重物。

由于铝合金表面的氧化膜、涂色镀锌钢板的镀膜，都有保护金属不受腐蚀的作用，如一旦薄膜被破坏就失去了保护作用，使金属锈蚀影响门窗的装饰效果和使用寿命；塑料门窗表面平整光滑，具有较好装饰效果，如果因搬、吊、运磨损和擦伤表面，亦将影响装饰效果。因此，门窗在搬、吊、运时应用非金属软质材料衬垫，用非金属绳索捆扎，以免磨损和擦伤门窗表面。

第 3.1.5 条 金属和塑料门窗与木门窗不一样，除实腹钢门窗外都是空腹的，门窗壁较薄，锤击和挤压易引起局部弯曲和损坏；另一方面，金属门窗表面都有一层保护装饰膜或防锈涂层，如保护装饰膜被磨损后，是无法修复的，防锈涂层磨损后不及时修补，也会失去防锈作用。因此，为了保证安装质量和使用效果，金属门窗和塑料门窗的安装必须采用预留洞口后安装的方法，严禁采用边安装边砌口或先安装后砌口的做法。

门窗固定可采用焊接、膨胀螺栓或射钉等方式，但砖墙不能用射钉，因砖受力冲击后易碎，门窗固定不牢，容易受外力的影响从洞口掉下来。经调研，在门窗的固定中，普遍对地脚的固定重视不够，将门窗直接卡在洞口内，用砂浆挤严便认为固定了，这种方法十分不安全，是个很大的隐患。

门窗安装固定十分重要，是关系到安全的大问题，必须有安装隐蔽工程记录，并要进行手扳检查，保证安装质量。

第 3.1.6 条 门窗在安装施工过程中，难免有少量的水泥砂浆或密封膏液沾在门窗表面，若不在其凝固干燥前擦试干净，凝固干燥后将牢固粘附在门窗表面，影响表面的平整美观，干燥后清理也较困难，须采用铲除或用溶剂擦除，这样易损伤门窗表面的保护膜。因此，应及时用擦布或棉丝清理沾在门窗表面的砂浆和密封膏液。

第二节 门窗质量要求

第 3.2.1 条 门窗质量必须符合现行国家标准或行业标准规定的品种、规格和技术要求，才能保证门窗的安装质量，因此，在安装前应根据设计要求和国家标准对门窗进行检验，若发现不合格的产品，应进行调整、修复或更换后才能安装。目前已有五项钢门窗和五项铝合金门窗国家标准，即GB5827.1—86、GB5827.2—86、GB 9155—88、GB 9156—88、GB9157—38、GB8478—87、GB8479—87、GB8480—87、GB8481—87、GB8482—87。塑料门窗国家标准正在制订中。涂色镀锌钢板门窗尚无国家标准，有关工厂也未制定企业标准，有些地区目前暂参照意大利门窗协会UNI7979和法国的NFP20—302标准来控制生产质量。

第 3.2.2 条 铝合金门窗选用的零附件除不锈钢或其它轻金属外，均须选用经防腐处理的零附件，如镀锌、镀铬、镀镍的零附件，若直接采用未经防腐处理的钢制零附件，就会与铝合金发生电化学反应，使铝合金锈蚀影响门窗的使用寿命。

第 3.2.3 条 塑料门窗在运输和存放过程中，由于各种因素的影响，如搬运不当、碰撞、受力不均等，造成塑料门窗产生开焊、断裂等损坏现象，因此，在安装前必须检查，发现开焊时应予修复，损坏就应更换。

第三节 铝合金门窗安装

第 3.3.1 条 铝合金门窗装入洞口内应横平竖直，这不仅要求单樘门窗调整至横平竖直，以保证其安装质量和门窗启闭的灵活性。同时安装窗时还应考虑与临近窗的横平竖直，做到纵向同行窗垂直，横向同层窗水平（在允许误差范围内）。

铝合金门窗外框与洞口墙体的连接应为弹性连接，这一方面是保证建筑物在一般振动、沉降和热胀冷缩等因素引起的互相撞击、挤压时，不致使门窗损坏；另一方面这种连接使门窗外框不直接与混凝土、水泥砂浆接触，可避免碱对门窗的腐蚀，对延长门窗使用寿命有利。

第 3.3.2 条 铝合金门窗的设计不仅单体窗的尺寸越来越大，而且又在使用大量的带型窗，用来增加室内采光面积和通风量。带型门窗的组合质量就显得尤为重要，因为它是保证建筑物围护结构的刚度、气密性、水密性、隔声的关键部位，而当前却没有引起足够的重视。很多单位用方管组合大型的带型门窗，比钢门窗的组合杆件方法还简单粗劣，失去了铝合金门窗作为高档产品的实用意义，造成了目前铝合金门窗行业加工、安装质量比较混乱的局面。应当阻止平面同平面组合的做法，因为它不能保证门窗的安装质量。应采用套插、搭接形成曲面组合以保证门窗的安装质量。

第 3.3.3 条 密封条在门窗中是十分重要的组成部分，它是保证门窗气密、水密、隔声等方面的有力措施，同时又是玻璃在门窗中受外力后安全存在的可靠保证。因密封条受气候、阳光的影响和照射，会产生收缩、老化、变形，因此，密封条不允许在拉伸状态下工作，应保持自由状态。为了紧紧地将玻璃卡住，在安装过程中很容易将密封条拉得过紧，保持不了自由状态，使之处于拉伸变形状态。目前，在不少工程中，由于密封条安装不当，已出现密封条脱落、拉断，产生收缩缝等现象。因此，在安装时，要求密封条比门窗的装配边长20～30mm，在转角处斜面断开，用胶粘剂粘贴牢固，留有足够的伸缩余量。

第 3.3.4 条 铝合金门窗表面应尽量减少明螺丝连接，加强整体性。若非用明螺丝时，则用与门窗相同颜色的密封材料，将明螺丝掩埋，以防止空气和水分的渗透，达到保护铝合金门窗的目的。

第 3.3.5 条 铝合金门窗安装后，要有充分的安全感和可靠的刚性，如发现摇动或挠度大于$L/200$，经设计和使用单位认可后，可做装饰性的加固处理，并要有可靠的防电化腐蚀措施。

此条主要是针对带型门窗的安装完工后发现刚度不够的问题所作的规定。在日本JIS4706标准中已有规定允许加固，我国铝合金门窗国标中也作了允许设置加固件的规定。加固的方法、材料、形状、位置等，应由设计部门与使用部门商讨决定，并保证设计的整体性。

第 3.3.6 条 铝合金门窗外框四周的缝隙，按设计要求处理，一般采用软质保温材料填塞，如泡沫塑料条、泡沫聚氨酯条、矿棉毡条和玻璃丝毡条，分层填实后，用密封膏密封。这种做法主要是为了防止门窗框四周形成冷热交换区产生结露，影响门窗防寒、防风的正常功能和墙体的寿命，也涉及建筑物的隔音、保温等功能。同时也为了保护门窗框不直接与混凝土、水泥砂浆接触，避免碱对门窗的腐蚀。

第四节 涂色镀锌钢板门窗安装

第 3.4.1 条 涂色镀锌钢板门窗目前有两种类型，即带副框和不带副框的门窗，其安装方法也有所不同。带副框门窗在安装时，先用自攻螺丝将连接件固定在副框上，然后将副框放入洞口内，用木楔将四角塞牢，将副框调整至横平竖直，每隔500mm有一个木楔支撑副框，以防止固定连接件时副框变形，最后应将副框连接件与洞口内的预埋件焊接牢固。

第 3.4.2 条 为了使门窗框与副框接触严密又不擦伤涂色镀锌膜，因此，在安装门窗前，先将副框顶面及两侧面贴上密封条，要求粘贴平整无折皱，再将门窗放入副框内，用螺丝将副框与门窗框连接牢固，盖好螺丝盖。推拉门窗框放入副框内后，用螺丝将副框与门窗框连接牢固，装上推拉扇，调整好滑块，使门窗推拉灵活。

第 3.4.3 条 用建筑密封膏密封洞口与副框、副框与门窗框拼接处之间的缝隙后，方可剥去保护胶条，并及时擦掉残余痕迹，以保护表面。

第 3.4.4 条 不带副框的门窗安装应在湿作业完成后进行。洞口的偏差范围应装修到同副框相同的范围内方可将门窗外框放入洞口内，用膨胀螺栓将门窗外框固定在洞口内，用建筑密封膏密封防水。

第五节 钢门窗安装

第 3.5.1 条 钢门窗包括实腹钢门窗和空腹钢门窗，在安装前均应检查，如发现有翘曲、启闭不灵活现象，将其调整至符合要求后，把门窗放入墙体洞口内，要求做到横平竖直，用木楔临时固定。

我国目前的住宅建筑虽然安装钢门窗的较多，但由于没有系统的安装要求，安装质量普遍存在问题。尤其是平开门窗，安装不正会造成五金配件失灵，门窗扇关不严，缝隙过大进风、渗水等问题，失去了门窗应有的功能。因此一定要保证门窗的横平竖直，方可保证门窗的质量。

第 3.5.2 条 为了使门窗与洞口墙体结合牢固，特别未焊接地脚的门窗与洞口墙体结合牢固，除应将地脚插入墙体预留孔中，用钢筋棍将豆石混凝土或水泥砂浆插捣密实外，豆石混凝土或砂浆未完全凝固前，不能撤除木楔，亦不能进行零件的安装等，否则就难以保证门窗的安装质量和使用的安全性。待豆石混凝土或砂浆完全凝固后，取出定位木楔并安装零附件，用水泥砂浆填补孔洞和缝隙。

第 3.5.3 条 双层窗使用在寒冷地区或对隔声要求较严格的建筑物上，需要考虑开启、关闭、擦洗玻璃更换零件、维护修理等，因此要求两窗之间的距离为100～150mm，实际的间距必须根据设计要求决定。

第 3.5.4 条 钢门窗零附件的安装，要求在室内外墙面装饰完工后进行。先检查门窗安装是否牢固，启闭是否灵活和严密，然后按生产厂家提供的零附件安装示意图，试装无误后，方可进行正式安装。零附件位置应安装正确，螺丝拧紧，密封条必须压实粘牢，四个角是关键部位，应将密封条裁切成斜坡拼严压实粘牢。密封条长度要比实测裁口尺寸长10～20mm，防止因收缩引起密封不严的问题。其次，密封条应在门窗最后一遍涂料干燥后，再进行安装，这是由于密封条和粘结剂绝大部分是有机高分子材料制成的，这些有机高分子材料在有机溶剂中，或多或少都有些溶胀甚至溶解现象，因此，如果先安装密封条后施涂门窗涂料，涂料中的溶剂会引起密封条和粘结剂的溶胀及溶解，使密封条粘结不牢甚至损坏，所以，密封条必须在最后一遍门窗涂料干燥后再进行安装。

第六节 塑料门窗安装

第 3.6.1 条 塑料门窗在安装前，先装五金配件及固定件，由于塑料型材是中空多腔的，材质较脆，因此，不能用螺丝直接锤击拧入，应先用手电钻钻孔，后用自攻螺丝拧入，钻头直径应比所选用自攻螺丝直径小0.5～1.0mm，这样可以防止塑料门窗出现局部凹陷、断裂和螺丝松动等质量问题，保证零附件及固定件的安装质量。

第 3.6.2 条 将五金配件及固定件安装完工并检验合格的塑料门窗框，放入洞口内，调整至横平竖直用木楔将塑料框四角塞牢临时固定，但不宜塞得过紧以免外框变形。然后用尼龙胀管螺栓将固定件与墙体连接牢固。

第 3.6.3 条 将塑料门窗框与洞口墙体间的缝隙，用软质保温材料填充饱满，如泡沫塑料条、泡沫聚氨酯条、油毡卷条等，但不得填塞过紧，因过紧会使框架受压发生变形，但另一方面也不能填塞过松，这样会使缝隙密封不严，在门窗周围形成冷热交换区发生结露现象，影响门窗防寒、防风的正常功能和墙体的寿命。最后用密封膏将门窗框周围的内外缝隙密封。

第七节 工程验收

第 3.7.1 条 本条文是根据《建筑工程质量检验评定标准》（GBJ301—88）第十章门窗工程中有关检查数量的

条文制定的。

国内目前建筑工程上使用的门窗品种较多，每个品种中又有不同类型、不同规格的门窗，因此，如只笼统规定门窗抽验数量，条文是不严密、不完善的。因为在一个建筑中以某品种门窗为主的同时，还可能存在少数其它品种的门窗；同时在一个建筑中以同品种某一类型门窗为主，还可能存在少数同品种其它不同类型的门窗，所以，本条文规定抽验数量“按不同门窗品种、类型的樘数，各抽查5％，但均不少于3樘”，若一个建筑中某类型的门窗不足3樘时，按实有数量检查，不能误解为不足3樘可不检查。

条文中的类型系指单开门、双开门、弹簧门、推拉门和平开窗、翻转窗、推拉窗、百页窗及其它类型等而言。这些类型的门窗又有不同的规格。因此，具体抽验数量，是依据品种相同、规格相同且类型相同的门或窗的总量为基数，以此基数按本规范规定的百分比例确定。

第 3.7.2 条 国内生产金属门窗和塑料门窗的厂家很多，其质量差异很大。采用不合格的产品，会给用户造成困难和影响建筑工程质量。

根据对门窗安装工程的调查了解和门窗生产厂家的反应，门窗的位置和开启方向装错者，并不少见。如窗倒装，平面位置偏离太多，门的开向装错，甚至出现双层门窗的内外层变位。这些质量问题的出现，会影响门窗的正常使用，且又难于更正，为此规定了门窗的开启方向和安装位置应符合设计要求。

第 3.7.3 条 安装牢固与否是门窗安装质量的关键，避免在使用过程中出现人身伤亡事故。故规定门窗安装必须牢固。

门窗安装除应将单樘门窗调整成横平竖直外，还应考虑同邻近门窗高低一致，安装窗时应照顾与临近窗的横平竖直，以确保安装质量和使用要求。

在填塞门窗缝隙时，按设计选用的填塞材料和方法，分层填塞密实，避免出现缝隙内腔不饱满的现象。在缝隙外侧留出一定深度的槽填嵌设计选用密封材料。对于气密性、水密性、隔声性要求较高的铝合金、涂色镀锌钢板和塑料门窗的缝隙，密封材料填嵌后表面要平整、光滑，不出现裂纹，否则将影响门窗的气密、水密和隔声性能。

第 3.7.4 条 为了确保安装牢固，进一步规定了预埋件的数量、位置、埋设连接方法必须符合设计要求。工程竣工后难以检查门窗框与墙体联结是否牢固，是否符合设计要求，因此，要求在安装过程中严格按照设计要求施工，经常进行自检并作好隐蔽记录，待验收时交检查组检查。

第 3.7.5 条 此条主要是从使用要求出发提出的。关闭后密封条应处于压缩状态，即指门窗扇关闭后应严密。条文中“倒翘、阻滞及回弹”等术语的解释，请见国家标准GB 5827.1—88中附录A钢窗术语解释A.1、A.2、A.3。

门窗附件包括铰链、执手、支撑、门锁、地弹簧、闭门器、密封条等等。附件是门窗各种配件的总称，它是门窗的组成部分，由施工单位负责安装。调研中发现门窗附件安装达不到要求较为普遍。如有缺某种件或螺丝的；附件安装的位置（或相邻两个对称件）不规正、不对称的；密封条局部不在位或过长过短、交角不齐整的。附件安装后出现松动现象较普遍。还有的配件，安装虽牢固，但由于安装时未考虑两个相互作用件的配合；或某种件安装缺少某个垫圈，出现卡阻、不适用的情况。因此，增加此规定。

第 3.7.6 条 本条是对门窗安装后的外观质量要求出发提出的。特别是铝合金门窗和涂色镀锌钢板门窗属于中高档门窗产品，建筑使用上具有较高的装饰要求，因此规定了本条。

门窗出厂后，从运输、现场码放和安装以及安装后的其它工序操作，都要精心进行保护，竣工后应满足本条规定的要求。

第 3.7.7 条 此条规定了铝合金门窗、涂色镀锌钢板门窗、钢门窗、塑料门窗安装工程质量允许偏差，参考GB8478—87平开铝合金门、GB8479—87平开铝合金窗、GB8480—87推拉铝合金门、GB8481—87推拉铝合金窗、GB8482—87铝合金地弹簧门、GB5827—1—86实腹钢窗检验规则、GB5827—2—86空腹钢窗检验规则、GB9155—88空腹钢门、GB9156—88实腹钢门、GB9157—88实腹钢纱门窗等国家标准；GBJ301—88建筑工程质量检验评定标准第10.2.8条木门窗安装允许偏差、第10.3.8条钢门窗安装的允许偏差、第10.4.9条铝合金门窗安装的允许偏差等，以及根据门窗工程实践情况归纳总结制定而成。

第四章 玻 璃 工 程

第一节 一 般 规 定

第 4.1.1 条 原条文所规定的玻璃品种已不适应当前装饰工程发展的需要，为此补充了“吸热、热反射、中空、夹层玻璃”等。

第 4.1.2 条 本条文对用于天棚的玻璃品种作了规定，以免玻璃破碎后伤害人体。说明如下：

1.夹层玻璃的抗冲击性、强度要比普通平板玻璃高出几倍。当夹层玻璃被击碎后，因为有塑料或树脂夹层的粘合作用，所以只产生辐射状裂缝，而不落碎片；

2.钢化玻璃具有较好的抗冲击、抗弯以及耐急冷急热的性能。当玻璃破碎时，碎片小且无锐角；

3.夹丝玻璃遭受冲击或受温度剧变破裂时，破而不缺，裂而不散，避免了碎片下落伤人。但在使用时应注意以下事项：

（1）由于铁丝网与玻璃的热学性能差别较大，因此应避免夹丝玻璃使用于两面温差较大、局部受热和冷热交替等部位；

（2）当采用木框、扇时，应防止其日久变形，使玻璃受挤压。当采用钢框、扇时，应防止框、扇温度变化急剧时迅速传给玻璃；

（3）夹丝玻璃在切割时，应防止两块玻璃互相在边缘处挤压，造成微小缺口，引起使用时破损；

（4）夹丝玻璃宜安装于垂直平面，若安装于水平平面时，应根据夹丝玻璃的热学性能和力学性能采取措施，防止和减少其破损的可能性。

4.用于采光天棚的中空玻璃，其室外一侧推荐采用钢化玻璃，其室内一侧推荐采用夹层玻璃。

第 4.1.3 条 本条文以框、扇的提法，替代了原条文中门窗的提法，因为框、扇所包含的范围比门窗为广。

第 4.1.4 条 保留原条文内容，增加了对镶嵌用合成橡胶等型材的要求。因为合成橡胶的弹性模量会随着温度上升而减少。

在冬期将面积较大的玻璃安装到外墙的框和扇中是不容易保证安全的，当在外脚手架上操作时就更不安全了。此外框和扇表面的冰、霜层会影响密封胶的粘结作用。所以本条中规定外墙铝合金、塑料框、扇玻璃不宜在冬期安装。

第 4.1.5 条

1.国家标准《普通平板玻璃》（GB487—85）第7条规定的玻璃运输和存放要求如下：

“7.贮存和运输

7.1 玻璃必须在有顶盖的干燥房间内保管，在运输途中和装卸时需有防雨设施。

7.2 玻璃在贮存、运输、装卸时，箱盖向上，箱子不得平放或斜放。

7.3 玻璃在运输时，箭头朝向运输的运动方向，并采取措施防止倾倒、滑动”。

2.玻璃搁置时，应采取措施防止玻璃面和边缘受到损伤，一般情况下玻璃应搁置在垫木上。

3.经调研，当搁置的玻璃受到迎面的风压或风吹时，有可能倒塌。特别是搁置的玻璃片数较少时，更易出现上述现象。应按实际情况，采取措施，防止玻璃被风吹倒。

第 4.1.6 条

1.玻璃搬运时，其原有伤痕可能进一步发展，导致玻璃破损，危及人身安全，为此这种情况必须避免。

2.玻璃搬运时，迎风的玻璃受到风力的作用，当玻璃面积较大或风荷载较大时，搬运者可能因承担不了上述荷载而跌倒或坠落。

第 4.1.7 条 为适应建筑门窗的发展，增加了对铝合金及塑料框、扇玻璃裁割尺寸的规定。铝合金、塑料框、扇玻璃的裁割尺寸应符合现行国家标准对玻璃与玻璃槽之间配合尺寸的规定，并满足设计和安装的要求。即铝合金、塑料框、扇玻璃的裁割尺寸，不仅应考虑玻璃的裁割误差、玻璃与玻璃槽的配合尺寸，同时应考虑设计要求和安装方法等因素，以免玻璃在安装和使用中受损。

第 4.1.8 条 热反射、中空玻璃等新型玻璃产品的正反两面，对控制光线、调节热量、节约能源、外观效果等的作用通常是不同的，为此安装时玻璃的朝向必须符合设计要求。

第 4.1.9 条 焊接、切割及喷砂等作业所产生的火花、飞溅的颗粒物质等会损伤玻璃。

当焊接火花飞溅到钢化玻璃上时，钢化玻璃表面会产生细微的伤痕。当其受到风压力或振动力等作用时，伤痕就逐渐扩大，一旦进入了玻璃厚度中心部分的拉应力层后，会引起玻璃突然全面破碎，这种情况是应当避免的。

第 4.1.10 条 本条规定了玻璃安装后，要对其进行清洁工作，以做到文明施工，保持玻璃明净、透光、美观。

同时应避免清洗墙面时的强酸性洗涤剂溅到玻璃上，溅上时要立即用清水冲洗。

对于热反射玻璃的反射膜面，若溅上了碱性灰浆，应立导用水冲洗干净，否则反射膜会变质。

第二节 材料质量要求

第 4.2.4 条 在夹丝玻璃的裁割边缘上，其金属丝是外露的，水气对金属的锈蚀作用将沿外露部分的金属丝向玻璃内部延伸。为此，本条要求对夹丝玻璃的裁割边缘宜做防锈处理。

第 4.2.5 条 本条对镶嵌用的材料品种、规格、断面尺寸、颜色、物理性能、化学性能之间的相容性提出了要求，以保证镶嵌材料和玻璃槽口、玻璃之间结合严密、工作可靠。

相容性是指两种或两种以上材料相互接触或紧靠在一起能保持各自的正常性能的性质。这是一个不容忽视的重要特性。

无相容性时会造成材料之间的污染、不正常粘接及一种或多种化合物完全破坏。本条对有关材料的相容性提出了要求。

合成橡胶定位垫块、隔片的硬度应符合设计要求；安装中空玻璃时，合成橡胶定位垫片的硬度系参考美国PPG工业集团等国外有关资料及我国玻璃安装的实践规定。

第三节 钢木框、扇玻璃及玻璃砖安装

第 4.3.5 条 将原条文中的："斜天窗玻璃"修订为"工业厂房斜天窗玻璃"，以和第4.1.2条中的"采光天棚"相区别。

将原条文"如采用平板玻璃，宜在玻璃下面加设一层镀锌铁丝网"中的"镀锌铁丝网"修订成"保护网"，保护网范围广不限于镀锌铁丝网；"宜"字改成"应"字，以避免玻璃破碎后伤人。

将原条文"并在盖叠缝隙中垫油绳，用防锈油灰嵌塞密实"修订成"并在盖叠缝隙中，用密封膏嵌塞密实"。因原条文修改时国内还没有生产与使用密封膏，现已大量使用。

第四节 铝合金、塑料框、扇玻璃安装

第 4.4.1 条 安装玻璃时，残留在玻璃槽口内的灰浆渣、异物等可能造成玻璃的破裂，影响镶嵌条和填充材料的设置，堵塞泄水通道，所以在玻璃安装前应该去除这些杂物。

第 4.4.2 条 附着在玻璃、金属、塑料表面的尘土、油污等污染物及水膜都会影响密封膏的粘结作用，或造成粘结失效。清洁和干燥的表面是保证粘结可靠的必要条件。

第 4.4.3 条 本条参照了美国铝合金建筑制品协会编辑出版的"铝幕墙丛书"等国外有关资料，并结合目前国内玻璃工程的施工情况，对定位垫块及隔片的设置作出了规定，以保证玻璃在框、扇中的位置准确，使玻璃和框、扇在自重荷载作用下受力合理。

定位垫块置于玻璃的上下端，隔片置于玻璃的侧端。

第 4.4.4 条 安装时，应通过各种镶嵌材料将玻璃弹性固定在框和扇中，并与框、扇材料保持设计所要求的间隙，以保证在使用过程中玻璃不致受到框、扇材料的挤压而

破损。

第 4.4.5 条 经调研，施工中常因垫块、镶嵌条等材料的尺寸或设置位置不合适而出现泄水通道受阻、泄水孔堵塞的现象。

第 4.4.6 条 经调研，玻璃安放到铝框中后，若仅填塞了一侧的镶嵌材料而未及时在另一侧填塞镶嵌材料，则当遇到较大的阵风时，玻璃很容易破损。

第 4.4.7 条 当框、扇的变形或安装不准确造成玻璃和框、扇材料之间的间隙不均匀时，若强行填入镶嵌材料，则不仅会使玻璃承受较大的安装应力，而且会造成玻璃的严重翘曲。反射玻璃的严重翘曲还会产生过于明显的形象畸变。

经调研，镶嵌条常因温度引起伸缩而从玻璃槽中掉出，为此规定镶嵌条的转角处应和玻璃、框、扇粘结相连。

第 4.4.8 条 密封膏封缝时，为保证玻璃与框或扇之间粘结、密封可靠，封缝的宽度和深度应符合设计要求，并且密封膏必须充填密实。

第五节 工 程 验 收

第 4.5.1 条 玻璃工程检查数量根据《建筑工程质量检验评定标准》（GBJ301—88）第11.6.1条制定。

第 4.5.2 条 原条文中规定“验收玻璃工程，应检查玻璃的品种、规格及安装方法”。本条在应检查玻璃的内容中增加了色彩、朝向及安装质量三项。

因为吸热玻璃是有颜色的，热反射、中空、夹层玻璃不仅会有色彩，而且可以是非对称性玻璃，为此应对其色彩、朝向提出要求。

第 4.5.3 条 本条仅对原条文第五款作了修改。因近年来铝合金门窗、塑料门窗已大面积推广使用，密封材料有橡胶垫、密封膏等，故用镶嵌条名称代替原来橡皮垫较确切。

镶嵌条是玻璃和框、扇之间的弹性缓冲材料，应使其与玻璃、玻璃槽口的接触紧密和平整。

应用合适的密封膏，正确的施工方法，保证密封膏与玻璃、玻璃槽口的边缘粘结牢固。

密封膏充填时要有一定的压力条件，应避免密封膏材料凸出接缝，导致粘结不充分。

第 4.5.4 条 保留原条文内容，并增加了不得留有密封膏等斑污的规定，以避免或清除密封膏对玻璃的污染。

第五章 吊 顶 工 程

第一节 一 般 规 定

第 5.1.1 条 吊顶工程是在原规范第八章罩面板和花饰工程中有关吊顶工程基础上，结合近年来吊顶发展的情况而编写的。除了原有胶合板、纤维板、钙塑装饰板、塑料板外，新增加了各类石膏板包括石膏平板、石膏吸声板、纸面石膏板、深浮雕嵌装式装饰石膏板等，矿棉装饰吸声板、纤维水泥加压板、金属装饰板等。特别是石膏板和矿棉装饰吸声板已成为近年来吊顶工程罩面板主要品种，使用广泛。吊顶龙骨除木龙骨外，新增加了各种系列轻钢龙骨、铝合金龙骨等，并已在吊顶工程中广泛使用。

本条规定了吊顶工程的适用范围。

第 5.1.5 条 经调研，目前使用新材料作吊顶工程尚存在如下问题需引起注意：

1.龙骨吊件歪斜，布置较乱，存在管道吊杆互争空间的状况。造成使用过程中吊顶不平整，影响装饰效果；

2.罩面板材料的本身性能和吊顶装饰要求，决定罩面板安装前，必须对其工序作必要的规定，以保证罩面板的最终质量；

3.罩面板仅起吊顶的装饰作用，承载力较小，不作为灯具承载支点；

轻钢龙骨设计，未考虑支承重物，如重型灯具、电扇不得直接吊挂于龙骨架上；

4.由于罩面板选配不当，致使吊顶不整齐，颜色不匀称。为此，本条对罩面板安装前的准备工作，规定了四款。

第 5.1.7 条 对于装饰工程均要求线条顺直，接头处严密等，否则会严重影响装饰质量。因此本条规定了罩面板与墙面、窗帘盒、灯具等交接处的安装要求。

第 5.1.8 条 经调研，搁置式的轻质罩面板，特别是矿棉装饰吸声板等产品，如果没有压卡装置，遇到吊顶上下气流变化时，会造成罩面板浮动移位，特别遇到刮大风，影响更为严重，因此本条规定轻质罩面板应设置压卡装置。

第 5.1.9 条 罩面板强度不高，易于变形，因此不允许悬臂安装。

第 5.1.10 条 吊顶骨架设计的前提没有考虑施工荷载，因此不能作为施工用临时马道的支撑点。1987年杭州某厂发生“吊顶整体塌落”事故，应引以为戒。

第 5.1.11 条 实践证明，做好有关工种的配合工作是保证吊顶工作顺利进行和安装质量的前提。本条规定了土建与电气设备的安装配合及预留孔洞、吊灯等处的补强以保证安全。

第 5.1.12 条 本条规定了罩面板安装后，应采取保护措施，防止损坏。这是保证吊顶质量的最后一个环节。

第二节 材料质量要求

第 5.2.1 条 保留原规范第8.2.1条对胶合板、纤维板不得有脱胶、变色和腐朽的规定，参照《嵌装式装饰石膏板》和《吸声用穿孔石膏板》的现行国标，提出对各类罩面板不应有气泡、起皮、裂纹、缺角、污垢和图案不完整等缺陷，表面应平整，边缘应整齐，色泽应一致。穿孔板的孔距应排列整齐；暗装的吸声材料应有防散落措施等规定。

第 5.2.2 条 吊顶工程用龙骨，原规范第8.1.2条对木龙骨有了规定，本条增加了轻钢龙骨、铝合金龙骨及其配件的要求。安装罩面板的木龙骨应符合现行《木结构工程施工及验收规范》，铝合金龙骨应符合《工业用铝及铝合金挤压型材》（GB6892），建筑用轻钢龙骨应符合《建筑用轻钢龙骨》等现行国家标准的规定。

第三节 龙 骨 安 装

第 5.3.1 条 吊顶龙骨安装前，必须根据吊顶的设计标高在四周墙上弹线。根据北京、江苏等地的施工经验，吊顶龙骨的安装质量与弹线位置的准确性关系很大，因此作了此规定。

第 5.3.2 条 本条文参考机械电子工业部十院编制《U型轻钢龙骨吊顶》（DJ504）和中国新型建筑材料公司编制《石膏板隔断及吊顶龙骨构造图》，以及北京、上海、江苏等地生产厂家的产品说明，对各系列龙骨的吊点间距均有明确规定，故本条提出“应按设计推荐系列选择”。

起拱高度的规定是参照现行《木结构工程施工及验收规范》中有关木龙骨吊顶起拱高度，根据北京、上海等地的施工经验、结合钢、铝龙骨的特点，考虑到钢、铝吊顶龙骨不像木吊顶龙骨下沉那样厉害，因此起拱高度不需木龙骨吊顶那么大，一般不超过房间短向跨度的1/200。木龙骨吊顶的起拱高度，已在《木结构工程施工及验收规范》中有规定，这里不再重复。

第 5.3.4 条 主龙骨要承受本身、次龙骨、罩面板等的荷载，悬臂过长将增大挠度，使整个吊顶的平整度达不到国家标准要求。因此本条规定了吊杆距主龙骨端部距离不得超过300mm。同时规定了当吊顶与设备相遇时的处理方法，以保证吊顶的平整。

第 5.3.5 条 所有吊顶的荷载最终由吊杆承担，为了确保吊顶使用安全，必须保证吊杆有足够的承载能力，即使在接长的条件下也安全可靠。

第 5.3.6 条 本条规定主要是为了保证吊顶骨架安装后的整体性，以及罩面板与龙骨牢固连接。

第 5.3.7 条 横撑龙骨的尺寸及布置是否合适，直接关系到罩面板能否妥贴地安装在龙骨上。对于明龙骨而言，横撑龙骨与通长次龙骨之间的缝隙大小将直接影响装饰效果，因此规定了间隙不得大于1mm。

第 5.3.8 条 不同的吊顶对边龙骨的安装要求不一，所以本条要求按设计要求安装。

第 5.3.9 条 根据调研，对明龙骨吊顶，通长次龙骨的直线度对装饰效果影响很大，所以对接错位作了较为严格的规定，规定通长次龙骨连接处的对接错位偏差不得超过2mm。

连接件的错位安装可以保证吊顶骨架的整体强度。

第 5.3.10 条 吊顶骨架的牢固程度直接影响到使用的安全和罩面板安装的可靠，所以必须检查。

第四节 石 膏 板 安 装

第 5.4.1 条 本条参照德国《纸面石膏板》一书中“板材固定时的要求”和中国新型建筑材料公司编写的《新型建筑材料手册》第十一篇第二章第五节石膏装饰板等内容

以及北京、上海、江苏、浙江等地的施工经验编写的。

第 5.4.2 条 本条参照德国《纸面石膏板》一书中“顶棚与吊顶复面的固定顺序”、《新型建筑材料》杂志1986年第五期“嵌装式装饰石膏板吊顶的施工”以及《新型建筑材料手册》第二章第五节“暗式系列企口咬接安装法”等编写。

第 5.4.3 条 本条参照德国《纸面石膏板》一书中指出的“纸面石膏板必须处于无应力状态下进行固定”，否则安装后，在压力下板会“凸出鼓起”或在接缝处会形成一“弯棱”等内容和同一书中提到“板材固定时的要求”、“螺钉钻孔处理”、“顶棚与吊顶复面的固定顺序”等有关内容，以及美国ASTMC810—84，我国有关吊顶工程的施工经验编写。其中纸面石膏板接缝处理，因有无缝、压缝和明缝三种构造处理，无缝处理采用石膏腻子和接缝带抹平，这种方法较普通；压缝处理是用木压条、金属压条或塑料压条压在缝隙处；明缝处理是在接缝处压进金属压条或塑料压条。因此，在条款中规定石膏板的接缝，应按设计要求进行板缝处理。

第五节 其它罩面板安装

第 5.5.1 条 本条规定了矿棉吸声板的安装要求。根据引进的矿棉装饰吸声板厂家的施工经验和日本提供的安装资料编写，其中对施工现场室内相对湿度要求是不超过70％。因考虑到我国各地区气候差异较大，故室内相对湿度未作具体规定，只规定“房间内湿度大时不宜安装”。

第 5.5.5 条 本条规定了纤维水泥加压板安装的要求。条文根据纤维增强水泥加压板产品使用说明编写。

第 5.5.6 条 本条规定了金属装饰板安装的要求。条文参考了华北地区建筑设计标准化办公室编制《建筑构造通用图集》“88J1工程做法”图集内顶棚做法中有关铝合金吊顶施工做法，以及中国建筑工业出版社出版“建筑饰面施工技术”一书第五章第三节中铝合金装饰板安装有关内容编写而成。

第六节 工 程 验 收

第 5.6.1 条 本条规定了检查数量。根据《建筑工程质量检验评定标准》（GBJ 301—88）第11.4.1条规定制定。

第 5.6.3 条 由于吊顶工程中除原有胶合板、纤维板、钙塑装饰板、塑料板外，新增加了各类石膏板、矿棉装饰吸声板、纤维水泥加压板、金属装饰板等，因而在原条文对罩面板工程质量要求基础上，作了修改、归纳和补充。

第 5.6.4 条 本条主要是对搁置的罩面板要求不得有漏、透、翘角现象。经调研，这类情况在吊顶工程上出现过，直接影响了吊顶工程的质量，有必要作此规定。

第 5.6.5 条 对原条文的罩面板工程质量的允许偏差仍保留不变，补充了新增加吊顶工程罩面板质量的允许偏差。确定的偏差数值是综合了设计院的标准图集、优选集、施工经验以及产品质量标准而编写的。

第六章 隔断工程

第一节 一般规定

第 6.1.1 条 本章是在原规范第八章“罩面板和花饰工程”中有关隔断工程条文的基础上，增加了纸面石膏板轻钢龙骨隔断和石膏增强空心条板（以下简称石膏条板）隔断（墙）工程，并参考国外有关资料结合我国的实际情况，经调研修改编写而成的。

目前隔断的种类很多，仅新型板材的隔断就有纸面石膏板、石膏空心条板、纸面石膏板复合板、蒸气加压加气混凝土条板、TK板、泰柏板隔断（墙）等。而普遍使用的有纸面石膏板轻钢龙骨隔断。纸面石膏板和轻钢龙骨自从 70 年代后期先后在我国研制、引进、生产以来，由于二者用于隔断工程具有质轻、防火、抗震等性能，在建筑上得到广泛应用，其产品质量、技术性能也不断得到完善和改进。1988 年、1989年纸面石膏板和轻钢龙骨产品国家标准先后通过审定。目前，将纸面石膏板轻钢龙骨隔断（墙）列入建筑装饰工程施工及验收规范中时机已成熟。此外，石膏增强空心条板应用时间较长，有比较成熟施工经验，应予列入。因此，本章只将纸面石膏板（含耐火纸面石膏板和耐水纸面石膏板）轻钢龙骨和石膏空心条板隔断列入，其它隔断待以后条件成熟时列入。

第二节 材料质量要求（无说明）

第三节 龙骨安装

第 6.3.2 条 根据北京、江苏等地的施工经验，隔断龙骨安装后，质量的好坏，与弹线的准确关系较大，因此本条对弹线的质量作了规定。

第 6.3.3 条 根据北京、江苏等地的施工经验，隔断的平整，要求沿顶沿地龙骨安装平直，其关键在于沿顶沿地龙骨安装交接处应平直，为此，作了此规定。

第 6.3.4 条 根据北京、江苏等地的施工经验，边框龙骨的安装质量，直接影响整个龙骨隔断墙的质量。为了保证隔断墙的垂直和平整，就必须使边框龙骨安装和其相应弹线重合较好。同时隔断墙骨架与基体的连接是否可靠，取决于边框龙骨与基体连接的牢固。所以本条对边框龙骨的安装做了这两项规定。同时规定可根据隔断墙的隔音设计要求在边框龙骨与基体之间安装橡胶条，起到密封隔音效果。

第 6.3.5 条 目前我国有两大系列的隔断龙骨，一种是仿日本系列，一种是仿欧美系列。仿日本系列龙骨隔断，要求在竖向龙骨竖向开口处安装支撑卡，以增加竖向龙骨的刚度；而仿欧美系列则没有这项要求。因此本条对选择安装支撑卡系列隔断，规定了支撑卡安装要求。

第 6.3.6 条 根据机械电子工业部十院《C型轻钢龙骨隔墙》（DJ137）、中国新型建材公司《石膏板隔墙及吊顶构造图》的有关规定及北京、上海、江苏等地生产厂家的资料，都对竖向龙骨的安装间隔有明确要求，因此本条在编写时，要求按设计要求布置。

第 6.3.7 条 仿日本系列的隔断墙，要求安装通贯龙骨，以增加隔断的整体性和强度。参照机械电子工业部十院《C型轻钢龙骨隔墙》（DJ137）有关规定和北京等地的施工经验，本条规定了通贯龙骨的安装要求。

第 6.3.8 条 如果罩面层的横向接缝处，不在沿顶沿地龙骨上，也不安装横撑龙骨，则影响了整个墙体强度、平整及美观。机械电子工业部十院《C型轻钢龙骨隔墙》（DJ137）和北京、江苏等地的生产厂家的资料都明确要求，在上述条件下须安装横撑龙骨。所以本条也强调了这点。

第 6.3.9 条 根据北京等地的施工经验，机械电子工业部十院《C型轻钢龙骨隔墙》（DJ137）的有关规定，要求门窗处须安装加强龙骨，增加墙体门窗处的强度，有利于门窗开启时隔断墙的稳定。

第 6.3.10 条 在实际施工中，有许多特殊情况，须安装特殊结构的隔断龙骨。在这种情况下，为了保证这一类隔断的质量，本条规定安装这类隔断应符合设计要求。

第 6.3.11 条 根据北京市建筑轻钢结构厂《C型轻钢龙骨隔墙施工质量验收标准》和现行《木结构工程施工及验收规范》的有关规定和北京等地的施工经验及龙骨隔断墙的强度、美观等各方面的要求，本条明确规定了隔断骨架验收允许偏差。

第四节 罩面板安装

第 6.4.1 条 本条内容是根据国内有关纸面石膏板安装图集、手册，并参照德国、日本、澳大利亚和美国等国资料结合我国实际施工经验编写的。

1.为了保证隔断中预埋管道、安装附墙设备后，不影响隔断的强度、隔声、耐火和保温等性能；

2.是对纸面石膏板铺设方向所作的要求。纸面石膏板可以横向铺设，也可以纵向铺设。但纵向铺设的防火性能要比横向铺设好，并能节省龙骨。曲面墙横向铺设石膏板有利于安装；

3.为了防止接缝过于集中影响隔断（墙）的强度、整体性及隔声性能所作的规定；

4.是对钉距和钉位提出的要求。隔断一般用12mm厚纸面石膏板，使用螺钉长度，对单层板不小于25mm；对双层板不小于35mm；

5.为了保证纸面石膏板铺设平整，避免板内产生安装应力；

6.一是为了尽量使用整板，即按层高下料以减少接缝；二是为了安装时不至于损坏板边，防止板内产生安装应力；

7.对板缝处理，可参阅5.4.3条条文中说明的有关内容；

8.本条八、九款根据《纸面石膏板》（干作业安装改进工程）等资料及施工经验编写，是对隔断端缝及阴阳角的要求；

9.条文中第十款要求是属于防火隔断的要求。

第五节 石膏条板安装

第 6.5.1 条 石膏条板隔断（墙）国内各地应用较多，时间也较长，有比较成熟的施工经验。根据各地的施工经验，并参考有关资料，石膏条板安装前，为保证隔断（墙）厚薄一致，应根据条板厚度进行合理的选配，将厚度相同的条板安装在同一隔断上，并将缺棱掉角或因受潮变形的条板挑出，这些条板可作为门口上方和窗口下方的短板使用，这样不仅合理使用了条板，而且节约了原材料。

第 6.5.2 条 为使石膏条板安装牢固，隔断（墙）下端与楼（地）面接触处表面平整光滑时，应进行凿毛处理，以增强新老混凝土的粘结强度，同时应将处理面上的尘土清除干净，才能填塞豆石混凝土。隔断（墙）安装是否垂直和准确，与弹线位置是否准确和清楚有关，因此，要求弹线位置准确，线形清楚。

第 6.5.3 条 安装石膏条板有两种方法，即简易支架法和下楔法，一般宜采用简易支架法临时固定，这不仅安装方便，且对保证安装质量有利。如无简易支架，当采用下楔法安装时，必须使条板垂直向上挤压严实，下端应用楔塞牢，细石混凝土硬化前防止碰撞，以免隔断（墙）发生位移和倾斜。

第 6.5.4 条 隔断（墙）下端缝隙用细石混凝土填塞时，应用钢筋棍插捣密实，两倒面用铁抹子抹平压实，这样才能保证隔断（墙）安装牢固可靠。

第六节 工程验收

第 6.6.1 条 本条规定了检查数量。根据《建筑工程质量检验评定标准》（GBJ301—88）第11.4.1条规定制定。

第 6.6.2 条 本条保留了原规范第8.7.2条中胶合板及纤维板的表面允许偏差要求，增加了纸面石膏板、石膏条板的允许偏差要求。纸面石膏板的允许偏差根据《新型建筑材料实用手册》及实际施工情况编写；石膏条板的允许偏差根据《建筑工程质量通病防治手册》并参照抹灰工程质量允许偏差编写。

第七章 饰面板（砖）工程

第一节 一般规定

第 7.1.1 条 原条文内容基本适用。近年来由于建筑装饰水平的提高，外饰面材料已不仅限于天然石饰面板、人造石饰面板和饰面砖的镶贴以及装饰外墙板的施工，且利用金属饰面板作为外装饰板的建筑工程也较多，为使规范起到指导施工的作用，故补充规定了金属饰面板的安装工程。

第 7.1.4 条 增加“用胶粘剂粘贴的饰面薄板基层应平整”内容。用粘贴法施工，将薄板直接用胶粘剂粘贴在基层上，为了使粘贴饰面薄板上下左右平整，接缝整齐，减少胶粘剂用量，要求基层必须平整，不能是粗糙面。

第 7.1.5 条 根据调研情况，近年来外装饰采用饰面板和饰面砖镶贴的工程较多，对表面平整及接缝填嵌密实，以防渗水的要求给予保留外，尚发现根据建筑外立面处理要求不同，接缝大小可按设计要求而定，不一定强求接缝宽度一致。故将原规范“接缝宽度一致”改成“接缝宽度应符合设计要求”。

第 7.1.6 条 为保证金属饰面板的安装质量，防止因施工不当，产生影响使用的弊病，故规定金属饰面板安装时的压茬尺寸及方向应符合设计要求，以防渗水。

第 7.1.8 条 （原规范第7.1.7条）

原规范规定装配式墙板上镶贴饰面砖宜在预制阶段完

成。经调研，就其施工方法来说，可在预制阶段完成，也可在现场安装后打底、粘贴，两种施工方法并存，各有利弊。作为带饰面砖的外墙板，如在预制阶段完成，对保证粘结牢固，防止面层的空鼓有利。但在墙板的运输、安装时对墙板的保护、防止污染损坏，有一定困难。如采用现场粘贴饰面砖，则基层清理较困难，如基层清理不干净，粘贴后的饰面砖易发生较大量的空鼓，影响施工质量。故在修改条文中，重点指出带饰面砖的外墙板应注意在运输、堆放、安装时的成品保护，防止损坏面层。对现场粘贴时注意面层与基层的粘结牢固无空鼓。这也是对饰面砖安装工程验收的保证项目要求。

第二节 材料质量要求

第 7.2.1 条 原条文中增加“并应具有产品合格证”内容。

由于生产厂家的生产规模、技术素质、产品质量水平，各不相同，为进一步控制产品质量，除应按原规范对饰面板、饰面砖的外观检查外，并应认真查对产品的出厂合格证，要求厂方所出售的产品必须是合格的，以保证建筑外饰面的质量。

将原条文“施工前，应按厂牌、品种、型号、规格和颜色进行选配分类”内容删除。

第 7.2.4 条 经调研，原条文内容仍然适用，应予保留。但对背面的要求有二种情况：对有些背面没有抹灰要求的板，应有平整光滑的背面；有些背面则又有平整粗糙面的要求。故修订时，将背面质量要求取消。背面究竟是粗糙还是应光滑，应根据设计要求在加工订货时注明背面的处理。

第 7.2.5 条 经调研，除适用原条文内容保留外，将原条文对釉面砖质量要求扩大到无釉面砖，同时增加质地坚固，尺寸一致的要求。将原规范“釉面砖的吸水率不得大于18%”修订成“其性能指标均应符合现行国家标准的规定。吸水率不得大于10%”。

吸水率控制在18%以下的釉面砖，用于寒冷地区，易造成冻裂脱落。根据国家建材局制定的有关釉面砖国家标准的规定，将吸水率改为不得大于10%。

第 7.2.6 条 近几年金属装饰板做为外立面装饰，是一种新的施工方法，在这一条中规定了金属装饰板的外观质量，龙骨的规格、形状、尺寸，及保温材料的品种、堆集密度、导热性等均应符合设计要求。

第 7.2.7 条 经调研，外装饰面材近几年在陶瓷饰面砖及玻璃饰面砖应用量有较大的增加，新增条文补充说明了对陶瓷饰面砖及玻璃饰面砖的质量要求。

第 7.2.8 条 为保证各种饰面板块材与基层粘结牢固、无空鼓，除采用一般砂浆外，也采用了一定数量的胶粘剂。胶粘剂的使用对面层粘结强度有很大影响。为控制胶粘剂的质量，本条增加了这方面的要求。

第三节 饰面板安装

第 7.3.1 条 将原条文中“并按弹线尺寸进行预拼和编号”修订成“并按弹线尺寸及花纹图案预拼和编号”。饰面板花纹图案，包括纹理的预拼和编号十分重要，只有这样，才能使饰面板安装后能上下左右颜色花纹一致、纹理通顺、接缝严密吻合。

第 7.3.2 条 经调研，原条文内容仍适用，仅将原条文中“锚固件应在结构施工时埋设”中的“应”修订成“宜”。因一般要求在施工时埋设，如基体未预埋钢筋，可使用电钻钻孔，孔径为25mm，孔深90mm，用M16胀杆螺栓固定预埋铁件。

第 7.3.3 条 增加两处内容：

1.将原条文7.2.1条中“应按厂牌、型号、规格和颜色进行选配分类”内容并入此条；

2.增加“用防锈金属丝穿入孔内，以备系固之用”的内容。

第 7.3.6 条 将原条文内容，按施工要求，进一步明确了施工方法及程序，便于施工需要。

第 7.3.7 条 增加了“且不得大于板高1/3”及初凝后应检查板面位置错位等内容。灌注砂浆的质量，将直接影响面层板的外表平整、垂直，实践证明，灌浆高度除须控制150～200mm外，尚应控制每次灌浆高度不应超过板高三分之一的要求。同时在灌浆过程中加强质量检查，发现板有位移时，及时拆除重装，以确保安装质量。

第 7.3.8 条 根据施工顺序的安排将原规范第7.3.4条，修订为第7.3.8条，条文内容仍适用，故予以保留，仅作文字修改。

第 7.3.10 条 根据目前材质使用情况对该条做部分修改。将二款中水平缝应垫铅条，修订为硬塑料板条，待砂浆硬化后，将硬塑料板条剔出并用水泥细砂浆勾缝。干接缝应用与饰面相同颜色水泥浆填抹，原规范要求用干性油腻子抹缝的做法，现今很少见了。第三款中增加了勾缝深度应符合设计要求的内容。

第 7.3.11 条 原规范规定磨石饰面板接缝应干接、水刷石饰面板应拉开缝安装。根据近几年的施工情况，已不再是如此做法，故此条做了修改，提出接缝的宽度、深度应符合设计要求。

第 7.3.13 条 近年来外饰面天然石安装无论是品种、规格、数量等方面，还是在施工方法上都有变化且各有不同，此条规定了大理石薄板宜采用挂钩及胶粘法施工，就是其中之一。

第 7.3.15 条 本条是为冬期施工制度，进行冬期施工的环境要求，强调了采用冷作法进行外饰面工程施工时所用抗冻剂及掺入量应根据试验确定，在灌注砂浆及混凝土未凝固前严禁受冻的要求，以确保冬施质量。

第 7.3.16 条 本条文也是为冬期施工而制定，为了防止浇注砂浆及混凝土受冻，一是在施工时减少灌浆次数，二是裹挂保温层养护，此两条是保证冬施外饰面镶贴质量的关键，将上述内容补充列入规范。

第四节 饰面砖镶贴

第 7.4.1 条 近年来，饰面砖的镶贴在建筑工程中应用较普遍，而且可以镶贴在各种基层之上。本条在原条文的基础上对混凝土、砖墙、石膏板、加气混凝土等基体，规定了在镶贴面砖前，对不同基层进行表面处理的具体要求。这些做法参考了华北地区建筑设计标准化办公室编制《建筑构造通用图集》（88J1工程做法）、（88J2《二》墙身一加气混凝土）有关内容及总结了现今工程实践经验。因对基层表面处理不好，将直接影响面层的施工质量，所以对基层的处理作了规定，单列一条。

第 7.4.3 条 原规范规定，室内饰面砖镶贴，接缝宽度如设计无要求时可按1～1.5mm留设。通过调研认为，接缝宽度的大小将直接影响饰面的美观。这次修订为，接缝宽度和镶贴形式在设计无要求时，可由施工单位先做样板，经过设计、甲方、施工单位共同协商决定，再行施工。这样可以达到三方满意，比生硬规定缝宽为1～1.5mm为好。

第 7.4.4 条 釉面砖及外墙面砖，粘贴前应进行清理及用水浸泡，但冬期施工的处理方法与常温施工不同，浸涂时应在水中掺盐，防止冻结。原条文在这方面未作具体规定，故在修订条文中加以补充。

第 7.4.6 条 原条文是镶贴釉面砖采用聚合物水泥浆，经调研不限于釉面砖，也有外墙面砖，不仅可采用聚合物水泥浆，也可采用胶粘剂。故修订成"釉面砖和外墙面砖也可采用胶粘剂或聚合物水泥浆镶贴"。

第 7.4.8 条 对原条文规定镶贴饰面砖必须按弹线和标志进行作了补充规定。

经调研，要达到规范规定的面砖表面平整，不显接槎、接缝平直、宽度一致，必须在施工过程中严格控制和严格把关，注意水平和垂直规矩控制。为此，在条文中规定了明确的要求。

第 7.4.11 条

1.近年来玻璃锦砖已大量使用，其镶贴方法与陶瓷锦砖相同。故将原条文修订成"镶贴陶瓷、玻璃锦砖应符合下列规定"；

2.二款中将原条文"镶贴应自下而上进行"修订成"镶贴应自上而下进行，每段施工时应自下而上进行"。原条文对室内一片、一整间镶贴是正确，但室外镶贴时，总体上应自上而下进行，局部一片施工应自下而上。故改动后对室内、外镶贴均能适宜。同时增加了"一次不能完成者，可将茬口留在施工缝或阴角处"。这是施工中常遇到，实际也是这样做的；

3.三款中将原条文"镶贴时应仔细拍实"修订成"镶贴时应位置准确、仔细拍实"，强调了位置准确；

4.四款中将原条文"并用水泥浆将缝嵌平"修订成"干后用与面层同颜色的水泥浆将缝嵌平"。

第五节 装饰混凝土板

第 7.5.1 条 将"外墙板"修订成"混凝土板"，这样不仅包括外墙板，也扩大到阳台栏板等。本条一、二款均增加阳台栏板。

第 7.5.2 条 近年来外饰面采用正贴、反打带饰面砖的外墙板也较多。本条文增加正贴、反打带饰面砖的混凝土外墙板的板面上的质量要求。

第 7.5.3 条 近年来外饰面采用各种饰面砖做为外墙板的装饰面层也较多，新增加此条文，提出了对正贴及反打锦砖外墙板的质量要求。

第六节 金属饰面板安装

第 7.6.1 条 近年来由于建材工业的发展，金属饰面板作为外饰面板材已较为普遍。为保证外饰面的美观及延长使用寿命，材料的质量最为重要，所以将材料的质量放在第一位。这一条提出，并强调了材质应符合设计要求，并应有出厂合格证。

第 7.6.2 条 本条文规定了采用轻钢龙骨作为墙体骨架时，应进行防锈处理，其规格、形状应符合设计要求。

根据华北地区建筑设计标准化办公室编制《建筑构件通用图集》（88J3外装修）规定，如采用镀锌冷弯钢龙骨尚应刷防锈涂料一道，如使用普通钢龙骨时更应做好除锈及防锈处理。

第 7.6.3 条 本条规定了纸面石膏板作为墙体材料时的处理要求。经调研，安装纸面石膏板时碰头缝如采用硬拼缝，那么不论是刷涂料，或贴壁纸等，都会在拼缝处发生鼓涨、开裂。为保证面层的平整，要求在纸面石膏板安装时，将碰头缝处拉开5～8mm，然后用嵌缝腻子嵌平，上面粘贴玻璃丝网格布，可使之成为一个整体。

第 7.6.4 条 本条规定了安装金属饰面板时宜采用抽芯铝铆钉，并应控制铆钉间距，以使饰面板安装牢固。

第 7.6.5 条 本条明确地指出了在金属饰面板安装中易发生质量问题的几个薄弱环节，如窗台、窗套凸线等施工时应注意裁板尺寸及搭接方向，必须要严格按图施工，否则，会产生渗漏。

第 7.6.6 条 本条严格控制金属饰面板的对接安装及安装后露缝现象，以免影响使用。

第 7.6.7 条 本条规定了安装金属外饰面板时应挂线施工的要求。

在施工中挂线，以利于找平、找直，才能做到表面平整、垂直、线条通顺清楚。任何施工项目，应注意讲求规矩，只有按规矩施工，才能有好的产品。

第 7.6.8 条 本条规定了金属饰面板阴阳角宜采用预制角装饰板安装，并应严格地掌握好搭接方向，以利使用。

第 7.6.9 条 本条规定了墙体与地面接触即踢脚部位的施工，应按图要求施工。如设计无要求，可根据踢脚作法，或在现场与设计单位、甲方洽商决定。

第 7.6.10 条 墙体保温、隔热性能的好坏，决定于墙体内的保温隔热材料的品种、堆集密度及施工时的填塞质量。

第七节 工 程 验 收

第 7.7.1 条～第 7.7.8 条 按《建筑工程质量检验评定标准》（GBJ301—88）第十一章第八节有关规定修改与制订。

第八章 涂料工程

第一节 一般规定

第 8.1.1 条 本章是在原规范第三章油漆工程和第四章刷浆工程中有关涂料工程的基础上，结合我国建筑涂料应用和发展的实际情况，经调研修订编写成的。

近几年来建筑涂料作为一种新型的建筑装饰材料，在建筑上得到了广泛的应用和发展。因此，在装饰工程施工及验收规范中，对建筑涂料的施工和验收作相应的规定，以利于保证装饰工程的质量。

在这次修订过程中，经修订组的认真调查和研究，将原规范中第三章油漆工程改为涂料工程，并按装饰施工顺序编写为第八章。除保留原"油漆工程"的内容外，增加了建筑涂料的施工及验收的有关内容。其具体增加内容是"薄涂料"、"厚涂料"和"复层建筑涂料"等涂料的施工和验收。目前这三种涂料在国内大多数省市较为普遍使用于建筑装饰工程中，故应列于规范。这样如果还沿引过去的习惯名称"油漆工程"，显然是不合适的；另一方面，过去大多数涂料是以油料为原料制备的，因此，称为油漆，而现在以有机合成树脂和合成树脂乳液为原料的涂料，比以油料为原料的涂料，无论品种和产量都多得多；其次，以无机硅酸盐和硅溶胶为主要原料的无机建筑涂料也占有一定比例；因此，再以"油漆"这个有限的概念来概括所有的涂料，显然是不合适的，而用"涂料"概念是合理的。何况化工部门已将"油漆"统称为"涂料"。基于上述理由，将"油漆工程"改为"涂料工程"是建筑涂料的需要，也使规范更合理。

涂料的施涂方法较多，但归纳起来，常用有三种方法，即刷涂、滚涂和喷涂，近年来又出现抹涂法施工涂料，但这种方法仅适用于"薄抹灰"涂料；刷涂、滚涂和喷涂适用范围较广，大部分建筑涂料都可用这三种方法施工，只有砂壁状建筑涂料以喷涂法施涂为最理想。

涂料工程中的刷涂大漆（天然漆、生漆）、涂料彩画、静电喷涂、硝基喷漆等均未列入本规范，应按有关规定执行。

第 8.1.2 条 经调研，原条文内容仍适用，故予以保留，并作文字上的修改。同时，为了利于施工和保证涂料工程的质量，设计单位对涂料工程所使用的产品品种、颜色等应在施工图中注明，并应符合国家有关现行产品标准的技术指标。目前有关建筑涂料产品标准有：《合成树脂乳液砂壁状建筑涂料》（GB9153—88）、《合成树脂乳液外墙涂料》（GB9755—88）、《合成树脂乳液内墙涂料》（GB9756—88）、《复层建筑涂料》（GB9779—88）、《外墙无机建筑涂料》（GB10222—88）、《溶剂型建筑外墙涂料》（GB9757—88）。

第 8.1.3 条 根据调研情况以及涂料品种的增加，作适当修改：

1.原条文规定混凝土和抹灰基体或基层的含水率不得超过8%，当时仅考虑在混凝土和抹灰基层上施涂溶剂型涂料（包括油性涂料），而未考虑施涂水性和乳液涂料，因此，规定基层含水率不得超过8%是合适的。而近些年来，水性和乳液涂料作为内外墙装饰材料，已较广泛使用，经调研和观察，凡是控制基层含水率在10%以下已完工的涂料工程，装饰质量均较好（如北京市中关村住宅小区绝大部分是以乳液厚涂料作外墙装饰的）。另一方面，从国内外建筑涂料产品标准对基层含水率的要求均在10%左右。基于上述理由，故本条作了明确的规定，混凝土和抹灰表面施涂溶剂型涂料时，基体或基层的含水率不得大于8%；施涂水性和乳液涂料时，基体或基层含水率不得大于10%。

2.木料制品基体或基层的含水率根据现行《木结构工程施工及验收规范》的有关条文的规定，即木料制品含水率不得大于12%。

3.含水率的测定和计算公式可参照下列方法进行。

（1）基体或基层中水分的质量（以水分的重量表示）对材料烘干衡量时的质量（以重量表示）之比叫做含水率，以百分率（%）表示。计算公式为：

$$含水率(W)=\frac{湿材质量(G_{湿})-全干材质量(G_{干})}{全干材质量(G_{干})}\times 100\%$$

（2）测算全干材料的质量的方法是：

施工前在砖和混凝土等基体或基层选择有代表性的部位，裁切面积为150mm×150mm或100mm×100mm（深度均为100mm）的松散块，并立即称出松散块的质量（即重量）和作好记录，然后将松散块放入温度为105±5℃的烘箱内烘干至衡重的质量，就是基体或基层材料的全干质量。

（3）用称重法测定含水率，其优点是数据比较可靠；但其不足之处是测定时间较长。

第 8.1.5 条 原条文规定厨房、厕所、浴室、木地（楼）板应用具有防潮性能的腻子。经调研，在湿度较大，特别是遇明水部位的房间内，仅使用具有防潮性能的腻子，还是没有解决涂层起鼓、开裂、脱落等质量问题。经分析，其主要原因是使用的腻子耐水性能较差。为确保涂层质量，在厨房、厕所、浴室等房间内，除应使用耐洗刷性较好的涂料外，同时应使用具有耐水性能的腻子（如聚醋酸乙烯乳液水泥腻子、聚醋酸乙烯乳液、硅溶胶石膏腻子等）。

原条文只规定室内湿度较大的房间使用具有防潮性能的腻子。现增加外墙等，并将防潮性能的腻子“改为”耐水性能的腻子”，使其更加完善和适用。

第 8.1.7 条 经调查，目前我国使用双组份或多组份涂料作内外装饰材料较多，如双组份硅酸钾、硅酸钠、硅酸钾、钠等无机涂料，双组份丙烯酸聚氨酯涂料、双组份环氧树脂涂料、多组份聚氨酯环氧树脂涂料等。但因现场混合时配合比掌握不严或搅拌不均匀，造成质量问题也有所发生；另一方面，由于涂料中使用某些原材料比重较大，因此，易发生沉淀现象，在施涂前和施涂过程中若搅拌不均匀，会产生流挂、裂纹、颜色不一致等质量问题，为保证装饰工程质量和涂层颜色均匀一致，特增加此规定。

第 8.1.8 条 原条文内容基本适用，故予以保留，并根据溶剂型和水乳型涂料的差别，分别作了规定。施涂溶剂型涂料时，后一遍涂料必须在前一遍涂料干燥后进行，否则易发生皱皮、开裂等质量问题。施涂水乳型涂料时，后一遍涂料必须在前一遍涂料表干后进行。每一遍涂料要施涂均匀，各层结合牢固。

第 8.1.9 条 经调研增加了水性乳液涂料施涂时的环境温度的规定。为确保室外冬期涂料工程的施涂质量，对环境作出规定是必要的，但又不能统一规定施涂的环境温度，这是由于涂料品种不同，其成膜温度也不同，各涂料厂家所使用成膜助剂也不同，因此，很难统一规定施涂环境温度，只规定按产品要求的温度施涂。冬期室内施涂涂料时，要在采暖条件下进行，室温保持均衡，不得忽高忽低。

第二节 材料质量要求

第 8.2.2 条 为了确保外墙涂料工程的质量，外墙涂料所使用的颜料，应具有耐碱和耐光的性能。这是由于外墙涂料绝大多数是直接施涂于混凝土和抹灰基体上，而这些基体均有一定的碱性，若颜料不具有耐碱性能，则施涂外墙面后易被碱破坏，造成涂层颜色发花等质量问题。外墙涂料涂层直接暴露于自然界中，因此，涂层须经得起长期日晒雨淋的侵蚀作用，所以颜料必须有耐碱、耐光的性能。

第三节 混凝土表面和抹灰表面施涂

第 8.3.1 条 为了保证内外墙涂料工程的质量，经调研，对原规范第三章第五节混凝土表面和抹灰表面油漆作了较大的修改，除保留原内容外，根据我国目前建筑涂料的品种，并参考国外的经验，采用按建筑涂料的装饰质感分类是较合理和简化，也有利于标准化和系列化。此次修订就是按此原则，将建筑涂料分为薄涂料、厚涂料和复层建筑涂料。

薄涂料有水性薄涂料，如聚乙烯醇水玻璃类内墙涂料，聚乙烯醇缩甲醛胶类内墙涂料，合成树脂乳液类内、外墙涂料，溶剂型内、外墙涂料（即习惯称为油漆），无机（如硅酸盐和硅溶胶）内、外墙涂料。

厚涂料有合成树脂乳液厚涂料、合成树脂乳液砂壁状涂料（包括彩砂、砂粒涂料）、合成树脂乳液轻质涂料（包括加入膨胀珍珠岩粉、蛭石、泡沫塑料粒子等厚涂料）、无机（包括硅酸盐和硅溶胶厚涂料）和彩色砂粒薄抹灰涂料等。

复层建筑涂料有水泥系复层涂料、合成树脂乳液系复层涂料、硅溶胶系复层涂料、反应固化型合成树脂乳液系复层涂料和弹性复层涂料等。

第 8.3.2 条 经调研，作了补充。无论是混凝土或抹灰基体或基层，在装饰前都有一些缺棱掉角等缺陷，因此，应在施涂前用1:3的水泥砂浆或聚合物水泥砂浆，将缺陷填补齐平，并养护干燥一段时间，使该处的含水率和碱性与基体基本保持一致，若现补现施涂涂料，易发生涂层成膜不好、泛碱、起鼓、破裂脱皮和颜色不均等质量问题。因此，为保证涂料装饰质量，在涂料施涂前半个月左右即应进行墙面的修补工作。

第 8.3.5 条 经调研，除保留原条文有关施涂溶剂型混色涂料的内容外，同时增加了在混凝土表面和抹灰表面施涂水性、合成树脂乳液和无机等涂料内容，并作如下修改：

1.原条文未对室内外混凝土表面和抹灰表面的涂料作业分别作出相应的规定，此次修订时将内墙和外墙涂料作业分别作了规定。因为内外墙涂料的施工要求和工序是不完全相同的，同时对涂料性能要求也不相同。因此，为了有利于保证内外墙涂料工程的质量，对内外墙涂料工程分别作出相应的规定是完全必要的。

2.原条文重点是针对溶剂型混色涂料（即油漆），而对其它类型涂料只在备注中或刷浆中加以叙述。此次修订时将水性涂料、合成树脂乳液涂料、无机涂料和溶剂型混色涂料的施工和验收分别作了规定。这是因为前三种涂料目前在混凝土和抹灰表面的使用数量远比溶剂型混色涂料多，而且，还在不断发展和提高。

3.石膏板（包括纸面石膏板）内墙、顶棚表面的薄涂料工程的主要工序除板缝处理（先用腻子将板缝填满，粘贴接缝带刮平并用腻子覆盖接缝带，干燥后用砂纸磨平）外，其它工序与混凝土和抹灰表面施涂薄涂料相同。

第 8.3.6 条 外墙混凝土和抹灰表面施涂涂料的要求和工序与内墙是不完全相同的，为适应施工的需要，特增设此条。同时内外墙涂料的性能也有很大的差别，外墙涂料涂层除应具有良好的耐水性、耐碱性外，还应具有良好耐洗刷性、耐冻融循环性、耐久性和耐玷污性。目前国内有些地方对涂料性能不够重视，将内墙涂料用于外墙上，结果造成不同程度的质量问题，影响了涂料的装饰效果和信誉。

第 8.3.7 条 根据调研，各地都有采用轻质厚涂料作为室内顶棚的装饰材料，取得较好的装饰效果。为了保证装饰质量，故增加此条规定，以利于施工。

轻质厚涂料有膨胀珍珠岩粉厚涂料、蛭石厚涂料和泡沫塑料粒子(包括预发泡沫粒子和不规则泡沫粒子)。膨胀珍珠岩粉厚涂料施工时应注意既要将涂料充分搅拌均匀，又不能剧烈长期地搅拌，造成膨胀珍珠岩粉粉碎使涂料变稀，影响涂料施工质量和装饰效果。

第 8.3.8 条 据调研，各地采用厚涂料作为外墙装饰材料越来越普遍，特别是随着国内合成树脂乳液的品种和产量的增加，生产和使用厚涂料是必然的发展趋势。这是因为厚涂料施工方便、装饰效果好，又能遮盖基层的某些缺陷，如小麻面和局部不平整的地方。为了保证装饰质量，故增加此条规定，以使施工有所依据。

第 8.3.9 条 根据调研，复层建筑涂料近几年来，随着我国建筑事业的发展而迅速得到推广和应用，取得较好的装饰效果和社会经济效益。复层建筑涂料又称复层凹凸花纹涂料或浮雕涂料，它是由封底涂料、主层涂料和罩面涂料组成。各层分别起着不同的作用，如封底涂料的作用是降低基层的吸水性，使基层的吸收均匀，以及增加基层与主层涂料的粘结力；主层涂料的作用是产生立体花纹质感和图案；罩面涂料的作用是赋予装饰面以色彩、光泽，保护主层涂料以及提高饰面层的耐久性和耐污染性能。

封底涂料目前国内主要采用合成树脂乳液及其与无机高分子材料的混合物，其次采用溶剂型合成树脂。主层涂料主要采用以合成树脂乳液、无机硅溶胶、环氧树脂等为基料的厚质涂料以及普通硅酸盐水泥等。罩面涂料主要采用丙烯酸系乳液涂料，其次采用溶剂型丙烯酸树脂和丙烯酸——聚氨酯的清漆和磁漆。

内墙及顶棚施涂复层建筑涂料其工序与外墙是有所不同的，为保证其装饰质量，应满刮1～2遍腻子后再施涂复层建筑涂料，同时其点状应控制在5～15mm，不宜过大而影响装饰效果。

石膏板（包括纸面石膏板）、木质胶合板、纤维板的内墙和顶棚表面施涂复层建筑涂料时，除板缝处理外，其它工序同混凝土及抹灰表面施涂复层建筑涂料。

第 8.3.10 条 复层建筑涂料的主要特点是外观美观豪华，耐久性和耐污染性较好，且由于其涂层较厚（一般约2～4mm），对墙体的保护功能也较好，深得设计、用户和施工等单位的欢迎。但由于涂料质量和施工掌握不严，常产生涂层发花、不完全盖底、褪色等质量问题。因此，增加此项规定，使施工有所依据。

第 8.3.11 条 经调研，根据各地的施工经验，并参考国外（如日本）的有关资料，增加此项规定，具体说明如下：

1.喷涂主层涂料时，点状的大小应加以控制，内墙一般控制在5～15mm，外墙一般控制在5～25mm，同时点状的疏密程度应均匀一致，不能一块密一块稀的成片出现，这样会严重影响复层建筑涂料的装饰效果。因此，在施涂时除应控制点状大小均匀外，同时还应控制点状分布的均匀性。

2.根据调研以及国外（如日本）经验，规定了水泥系主层涂料喷涂后，应先干燥12h，然后洒水养护24h，再干燥12h后，才能施涂罩面涂料。这主要是由于水泥为水硬性胶凝材料，如不洒水养护一段时间，水泥达不到应有的强度，主涂层易发生疏松现象，待施涂罩面涂料时，易将水泥点状刷掉，影响装饰效果；另一方面，由于主涂层较疏松，影响罩面涂料与基层的粘结强度，使面层易发生空鼓、开裂、剥落等质量事故。

3.施涂罩面涂料时，一定要待主层涂料干燥后才进行，否则易发生涂层成膜不好、发花等质量问题。罩面涂料一般应施涂二遍，如只施涂一遍，易造成涂层不匀、遮盖不完全、颜色不一致等缺陷，因此，必须施涂二遍才能克服上述不足，同时有光涂料才能达到表面光滑、光亮等要求。

第四节 木料表面施涂（无说明）

第五节 金属表面施涂（无说明）

第六节 美术涂饰（包括美术刷浆）

第 8.6.1 条 根据各地意见，将美术施涂和美术刷浆合并，这是因为两种作法，除材料有所差别外，做法是基本相同的，因此，将两者合并为好。

第七节 工 程 验 收

第 8.7.1 条 根据各地装饰工程检验评定的实际情况同时按《建筑工程质量检验评定标准》（GBJ301—88）有关装饰工程抽查数量，增加了抽验数量的规定，这样可使条文更完善，有利于验收工作的顺利进行。

第 8.7.3 条 本条参考刷浆工程质量要求和北京市建工局《建筑安装分项工程工艺标准》的无机建筑涂料饰面的质量标准，并结合我国装饰施工实际情况，规定“薄涂料工程质量检查标准”，以使施工有所依据。

第 8.7.4 条 本条参考北京市建工局《建筑安装分项工程工艺标准》的外饰涂料——乙丙乳液厚涂料部分内容，并结合我国装饰施工实际情况，规定“厚涂料工程质量检查标准”，以使施工有所依据。

第 8.7.5 条 根据各地的施工经验，并参考有关复层建筑涂料产品标准，规定“复层涂料工程质量检查标准”，使施工有所依据。在今后执行过程中积累资料和经验，待下次修订时，作进一步的修改，使其更加完善。

第九章 裱 糊 工 程

第一节 一 般 规 定

第 9.1.1 条 近年来相继出现了复合壁纸、墙布等新品种，而原有的普通壁纸、玻璃纤维墙布等已逐渐被淘汰。所以，为了适应目前装饰工程的需要，本条删掉了普通壁纸、玻璃纤维墙布，新增了复合壁纸、墙布等内容。

第 9.1.2 条 原规范要求：易透底的壁纸、玻璃纤维墙布的基层表面，颜色宜一致。修改原因：除遮盖率极好的壁纸、墙布外，一般壁纸均会因基层颜色不一致或多或少地影响装饰效果，而对遮盖力低的壁纸、墙布更是如此，故将要求提高。

第 9.1.3 条 原规范对基层含水率的规定，木材制品应符合现行《木结构工程施工及验收规范》的规定，现修订为木材制品不得大于12%。此数据即来源于木结构施工验收规范。

第二节 材料质量要求

第 9.2.1 条 为保证裱糊质量，壁纸、墙布的质量应符合相应的国家标准，故增加此条。

第 9.2.2 条 原规范对产品无合格证的要求。增加此项规定可保证产品质量，并可避免由于产品质量不合格而引起的各种纠纷。

第 9.2.3 条 原规范对胶粘剂无耐高温要求。因现代施工对建筑物的防火要求而增加此项规定，这样可避免在高温下因胶粘剂失去粘结力、壁纸脱落而引起火灾。

第 9.2.4 条 PVC壁纸为有机材料，日晒雨淋将直接损害其装饰效果和性能。

对于未经裁边的大卷PVC壁纸及墙布，平放可避免下端变形及碰损边缘。而对发泡及复合壁纸，如长时间平放贮存，发泡及压花部位易受压变形，故应竖放。

第三节 壁纸、墙布裱糊

第 9.3.1 条 增加“阴阳角应顺直”规定。如阴阳角不顺直，壁纸就不能完全与墙体粘合，墙角处易起鼓、脱落，且影响装饰效果。此条是根据《现代建筑装饰材料及其施工》中有关内容修订的。另外，碱类还可使某些胶粘剂失效，使其失去粘结力。此条是根据《涂饰与裱糊大全》中的有关内容增订的。

第 9.3.2 条 溶剂型涂料表面比较平滑，且不吸水，如不打毛处理，将会影响粘结强度。目前旧房翻新时已遇到这种墙面，故增加此条规定。

第 9.3.3 条 底胶能对封闭墙面的碱类物质起一定作用，使壁纸易于揭除，为粘贴壁纸提供一个粗糙面，还可使壁纸在对花、校正位置时易于移动。

第 9.3.4 条 增加“需对花的应预先考虑完工后的花纹、图案、光泽和色差效果，裁好的纸幅应编号”的规定。如剪裁时不考虑对花，只按墙面高度，则裱糊时会造成对花不一致，影响工程的整体装饰效果。又考虑到对花时需要剪裁，如不编号、按顺序粘贴，也会给裱糊、对花造成困难，同时造成不应有的浪费。另外考虑到原条文中纸边不得有纸毛、飞刺等，放到验收一节更为合适，故将其从此条文中删去。

第 9.3.5 条 因本章适用的壁纸品种与前不同，所以相应的工序也随之有所改动。

第 9.3.6 条 保留原条文第6.3.5条。

为了使纸面石膏板不因受潮表面变形，裱糊前应用油性腻子找补刮平。在无纸面石膏板上做裱糊时，可用乳胶石膏腻子处理基层表面，以使石膏板墙增加与壁纸的粘结强度。

第 9.3.8 条 如果木料面基层与墙面颜色深浅不一致，将会导致裱糊表面的颜色也深浅不一，特别是对遮盖力差的壁纸，这种现象更为严重。

第 9.3.9 条 在原条文的基础上增加了顶棚裱糊时画准线的要求。

第 9.3.10 条 根据施工经验，壁纸与主窗平行粘贴由于光线的折射，可使接缝不易显出。但如长度过短，与窗成直角粘贴接缝可少些。故此法也可考虑。

第 9.3.11 条 原规范要求："基层表面和壁纸背面均应涂刷胶粘剂"。根据各厂家及施工队的施工经验，只在基层表面涂刷胶粘剂即可。这样既可节省一道工序，又可满足粘结要求。而裱糊顶棚时，因壁纸有一向下的重力，故需在壁纸背面涂刷胶粘剂以增加粘结强度。

第 9.3.12 条 因复合壁纸是新的壁纸品种，故增加有关条文规定。复合壁纸上下两层均是纸质的，浸湿刷水，壁纸会因吸水而使压出的花型变形，给对花造成困难，且立体感也会损失。在壁纸背部涂胶，放置数分钟也可使壁纸湿润，起到类似于PVC壁纸闷水的效果。基层也涂刷胶粘剂，主要是为了使壁纸在裱糊时可有轻微滑移，有利于对花。

第 9.3.14 条 带背胶的塑料壁纸浸水后，胶层即发挥作用，且对壁纸起到湿润的作用。裱糊顶棚时，为了增加粘结力，带背胶的壁纸也应涂刷一层稀释的胶粘剂，以增加施胶量的方法来提高粘结强度。此条是参考《现代建筑装修材料及其施工》（王福川编著，中国建筑工业出版社，1986年）中的有关内容增订的。

第 9.3.15 条 先对花、后裁边可避免因裁切不齐造成的搭缝、离缝现象。裁边时禁止重割，可避免因重割不准造成的误差或离缝现象。

第 9.3.16 条 对某些可折光的壁纸，虽不需对花，但如粘贴方向不一致，产生的视觉效果便会不同，特别是侧视时此差异更为明显，为了保证装饰效果特增加此条。

第 9.3.17 条 由于钢板刮刀硬且锋利，如用它刮平发泡及复合壁纸，会对发泡层及压花部位有所损害。特别是对复合壁纸，因粘贴后纸层潮湿，用力刮抹会使压出的花型变平，失去了原有的装饰效果。

第四节 工程验收

第 9.4.1 条 抽验数量的规定是根据《建筑工程质量检验评定标准》（GBJ301—88）中第十一章"装饰工程"第七节的有关规定制订的。

第 9.4.3 条 根据调研，保留了原条文部分内容，并修订下列各项：

1.根据《现代建筑装修材料及其施工》的有关内容，增加了各幅拼接不得有偏差、不离缝、不搭缝，及阴阳转角应垂直，棱角分明，阴角处搭接顺光，阳角无接缝等规定，以保证验收后的工程质量。

2.考虑到原规范第6.3.12条及第6.3.3条部分内容,作为验收条款更为合适。故分别移至本条作为第二款和第五款的内容。

第十章 刷浆工程

第一节 一般规定

第 10.1.1 条 由于美术刷浆合并入涂料工程第六节美术装饰中，故取消条文中“美术刷浆”的内容。

第 10.1.2 条 将原条文中“涂料”修订成“浆料”。

原刷浆工程条款内容包括水溶性涂料、无机涂料,由于水性及无机涂料与刷浆所用原材料，以及名称含义上有实质区别,故将水性及无机涂料条款内容全部编入第八章涂料工程。

第 10.1.3 条 根据本章内容变动情况，仅将原条文注的内容中“水溶性涂料和无机涂料”一段取消。

第二节 材料质量要求(无说明)

第三节 刷浆

第 10.3.1 条 将原条文中“水溶性涂料、无机涂料”一段内容取消。

第 10.3.4 条～第 10.3.5 条 仅在各自表中去除水溶性涂料一类。

第四节 工程验收

第 10.4.1 条 本条规定了刷浆工程的检查数量。根据《建筑工程质量检验评定标准》(GBJ391—88)第 11.5.1 条有关规定制定。

第十一章 花 饰 工 程

第一节 一 般 规 定

第 11.1.1 条 此条规定了本章的适用范围。

第 11.1.2 条～第 11.1.4 条 原条文内容是对罩面板和花饰工程作出规定，故在文字上凡涉及罩面板均予以取消，仅保留花饰工程的内容。

第二节 材料质量要求（无说明）

第三节 花饰安装（无说明）

第四节 工 程 验 收

第 11.4.1 条 本条规定了花饰工程的检查数量。根据《建筑工程质量检验评定标准》（GBJ301—88）第11.11.1条有关规定制定。

中华人民共和国行业标准

建筑钢结构焊接规程

JGJ 81—91

主编单位：湖北省建筑工程总公司

批准部门：中华人民共和国建设部

施行日期：1992 年 9 月 1 日

关于发布行业标准《建筑钢结构焊接规程》的通知

建标[1992]78 号

根据原国家建工总局（82）建工科字第 14 号文的要求，由湖北省建筑工程总公司主编的《建筑钢结构焊接规程》，业经审查，现批准为行业标准，编号 JGJ 81—91，自一九九二年九月一日起施行。

本标准由建设部建筑工程标准技术归口单位中国建筑科学研究院归口管理，由湖北省建筑工程总公司负责解释，由建设部标准定额研究所组织出版。

中华人民共和国建设部

一九九二年二月二十日

第一章 总　则

第 1.0.1 条 为在建筑钢结构焊接中贯彻执行国家的技术经济政策，做到技术先进、经济合理、安全适用、确保质量，制定本规程。

第 1.0.2 条 本规程适用于工业与民用建筑钢结构中普通碳素结构钢和低合金结构钢的焊接。

第 1.0.3 条 钢结构的焊接可采用下列焊接方法：

一、手工电弧焊；

二、自动和半自动埋弧焊；

三、气体保护焊；

四、电渣焊。

第 1.0.4 条 钢结构焊接，必须按施工图的要求进行，并应遵守现行《钢结构工程施工及验收规范》(GBJ205) 的规定。

第 1.0.5 条 钢结构的焊接工作，必须遵守国家现行的安全技术和劳动保护等有关规定。

第 1.0.6 条 钢结构的焊接，除应执行本规程外，尚应符合国家现行的有关标准。

第二章 钢材及焊接材料

第 2.0.1 条 钢材及焊接材料，应按施工图的要求选用，其性能和质量必须符合国家标准和行业标准的规定，并应具有质量证明书或检验报告。如采用其它钢材和焊接材料代换时，必须经设计单位同意，同时应有可靠的试验资料以及相应的工艺文件方可施焊。

第 2.0.2 条 常用钢材焊接所需的焊条、焊丝、焊剂的选配及强度等级宜按表 2.0.2-1 和表 2.0.2-2 的规定选用。

常用钢材焊接焊条选配　　表 2.0.2-1

钢材技术条件			焊条金属要求				备注
钢号	抗拉强度 f_t(MPa)	屈服强度 f_t(MPa)	焊条型号	抗拉强度 f (MPa)	屈服强度 f (MPa)	延伸率 δ_5(%)	
				不小于			
A_3　F	370～460	≥235	E4301 E4303 E4311 E4312	420	330	18	
A_3 12Mn 16NbB	370～460 410 410	≥235 ≥295 ≥295	E4301 E4303 E4311 E4312	420	330	18	
			E4315 E4316	420	330	22	重要结构用
16Mn 16MnCu 14MnNb	470～510 470 470～490	≥345 ≥345 ≥345	E5010 E5011 E5003	490	390	22	
			E5015 E5016	490	390	22	重要结构用
15MnV 15MnTi	530 530	≥300 ≥300	E5503 E5510 E5513 E5515 E5516	540	440	16	

注：钢材抗拉、屈服强度，由 kgf/mm² 换算成 MPa 的关系为 1kgf/mm² = 9.8MPa。

焊丝、焊剂选用 表 2.0.2-2

钢号	埋弧焊用焊剂、焊丝	CO_2 气体保护焊用焊丝	备注
A3	HJ401—H08 HJ401—H08A	H08Mn2Si	
16Mn 16MnCu 14MnNb	HJ402—H08A HJ402—H08MnA HJ402—H10Mn2	H08Mn2Si H10Mn2 H10MnSiMo	H08A 仅用于构造焊缝或满足受力要求时
15MnV 15MnTi	HJ402—H08MnA HJ402—H10Mn2 HJ402—H08MnMoA	H08Mn2Si H10Mn2 H10MnSiMo	

第 2.0.3 条 碳当量 C_{egu} 小于或等于 0.45%的其它钢号，可按本规程各项规定施焊。碳当量 C_{egu} 按公式（2.0.3）计算。

$$C_{egu}=C+\frac{Mn}{6}+\frac{1}{5}(Cr+Mn+V)+\frac{1}{15}(Ni+Cu) \quad (2.0.3)$$

式中 C——碳的含量（%）；

Mn——锰的含量（%）；

Ni——镍的含量（%）；

Mo——钼的含量（%）；

Cu——铜的含量（%）；

Cr——铬的含量（%）。

第三章 焊接构造和接头设计

第 3.0.1 条 钢结构焊接构造设计，应符合下列要求：

一、减少零部件加工的工作量；

二、便于焊接操作，宜选用平焊或横焊的焊接位置；

三、焊缝的布置应对称于构件截面中和轴，薄壁结构中采用接触点焊，侧焊缝间增加槽焊或塞焊，以减少焊接变形；

四、采用刚性较小的接头形式，避免焊缝密集和三向焊缝相交，以减少焊接应力和应力集中；

五、对较厚的板件（大于 25mm），在 T 型接头、角接接头和十字形接头中应采取防止层状撕裂的措施；

六、尽量减少焊缝的数量和尺寸，焊缝长度和焊脚尺寸应由计算确定，不得随意增大。

第 3.0.2 条 焊接接头宜采用下列型式：

一、对接接头；

二、搭接接头；

三、T 型接头；

四、角接接头；

五、槽焊和塞焊接头；

六、接触点焊。

第 3.0.3 条 手工焊接接头的基本型式与尺寸宜按附录一选用。埋弧焊接接头的基本型式与尺寸宜按附录二选用。

第 3.0.4 条 不同厚度的钢板对接，其允许厚度差值（t_1-t_2）见表 3.0.4，当超过表 3.0.4 规定时应将较厚板的一面或两面加工成斜坡，其坡度应小于或等于 1∶4，见图 3.0.4。

不同厚度钢材对接的允许厚度差　　　　表 3.0.4

较薄钢板厚度　t_2(mm)	≥5～9	10～12	>12
允许厚度差　(t_1-t_2)(mm)	2	3	4

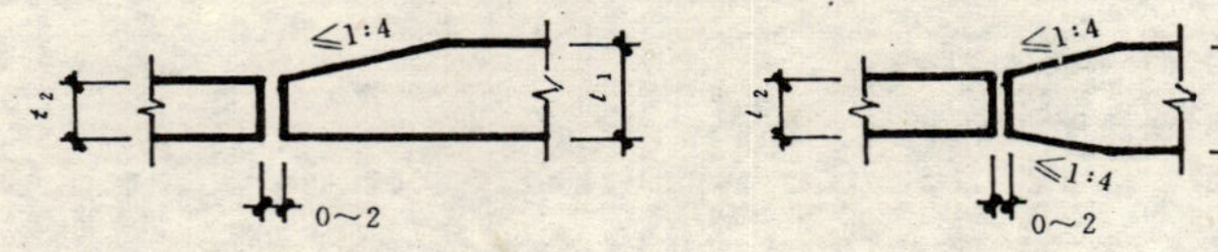

图 3.0.4　不同厚度钢板对接构造示意

第 3.0.5 条　对接焊缝。

一、要求全熔透的对接焊缝，应做背面清根焊接，或加垫板单面焊接。

二、不焊透的对接焊缝（图 3.0.5a、d），应按角焊缝计算强度，其有效厚度 h_e 为：

V 型坡口（图 3.0.5a、b、c）：

$\alpha \geqslant 60°$ 时，$h_e = s$；

$\alpha < 60°$ 时，$h_e = 0.75s$

U 型坡口（图 3.0.5d、e）：

$$h_e = s$$

式中　s——坡口根部至焊缝表面（不计余高）的最短距离；

α——V 型坡口角度。

三、焊缝余高 c，一般为 0～3mm 范围内，承受动荷载的焊缝，其余高应趋于零。

第 3.0.6 条　焊缝有效厚度的确定：

一、全熔透的对接焊缝，要求与母材等强时，$h_e = s$，不计算余高；不焊透的对接焊缝，其有效厚度按 3.0.5 条的规定取用。

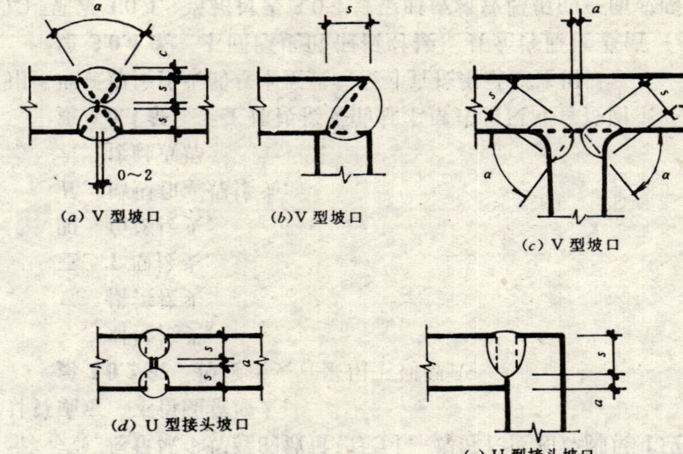

图 3.0.5　不焊透的焊缝截面示意

二、斜角角焊缝（图 3.0.6）。

当 $\alpha > 90°$ 时（图 3.0.6a）：

$$h_e = h_f \cdot \cos\frac{\alpha}{2}$$

当 $\alpha \leqslant 90°$ 时（图 3.0.6b）：

$$h_e = 0.7h_f$$

式中　α——两焊脚边的夹角；

h_f——焊脚尺寸。

第 3.0.7 条　圆钢与平板，圆钢与圆钢之间的焊缝，其焊缝的有效厚度（h_e），应按下式计算：

圆钢与平板连接（图 3.0.7a）：

$$h_e = 0.7h_f$$

圆钢与圆钢连接（图 3.0.7b）：

$$h_e = 0.1(d_1+2d_2)-a$$

式中 d_1——大圆钢直径（mm）；

d_2——小圆钢直径（mm）；

a——焊缝表面至两个圆钢公切线的距离。

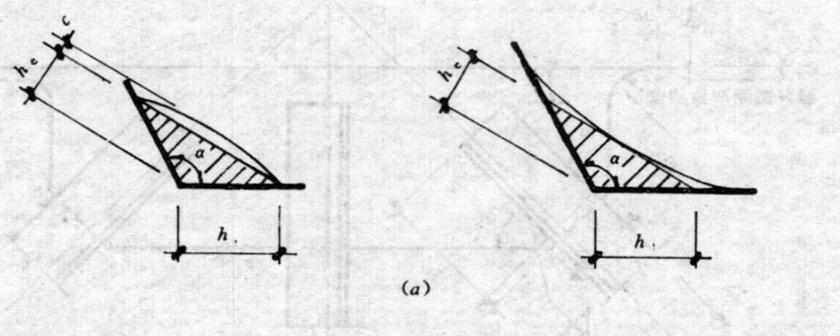

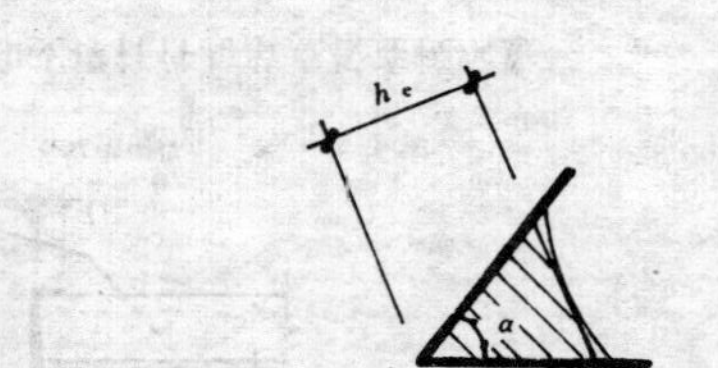

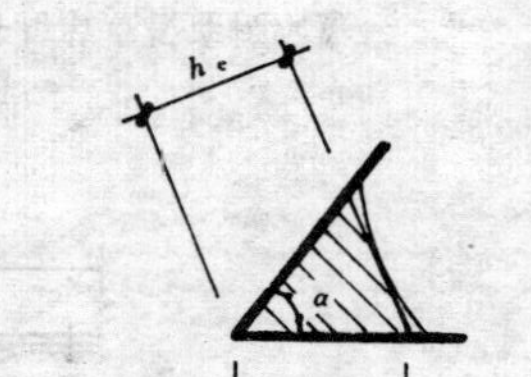

图 3.0.6　角焊缝截面示意

第 3.0.8 条　承受动荷载和要求焊缝与母材等强的对接接头，其纵横两方向的对接焊缝，可采用十字形交叉或 T 形交叉。当为 T 形交叉时交叉点的距离不得小于 200mm，且拼接料的长度和宽度均不得小于 300mm（图 3.0.8）。如有特殊要求，应注明接头焊缝的位置。

第 3.0.9 条　桁架和支撑的杆件与节点板的连接构造宜采用图 3.0.9 的型式。

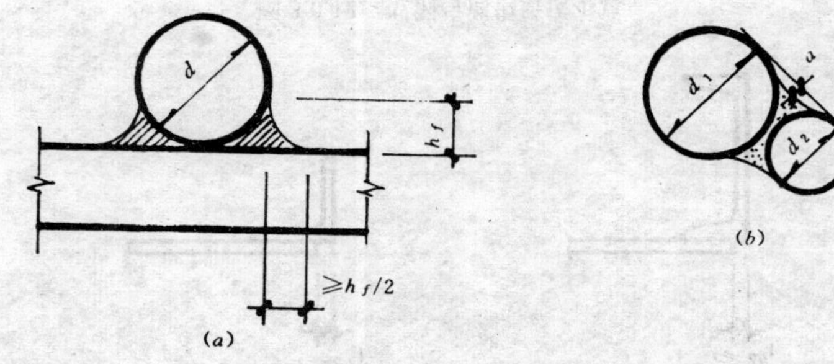

图 3.0.7　圆钢与平板、圆钢与圆钢间焊缝截面示意

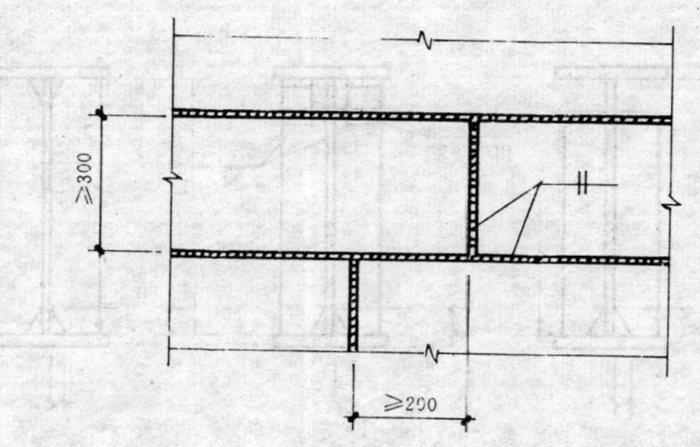

图 3.0.8　钢板拼接接头焊缝示意

第 3.0.10 条　受动荷载的桁架弦杆和腹杆与节点板的连接构造宜采用图 3.0.10 的型式。

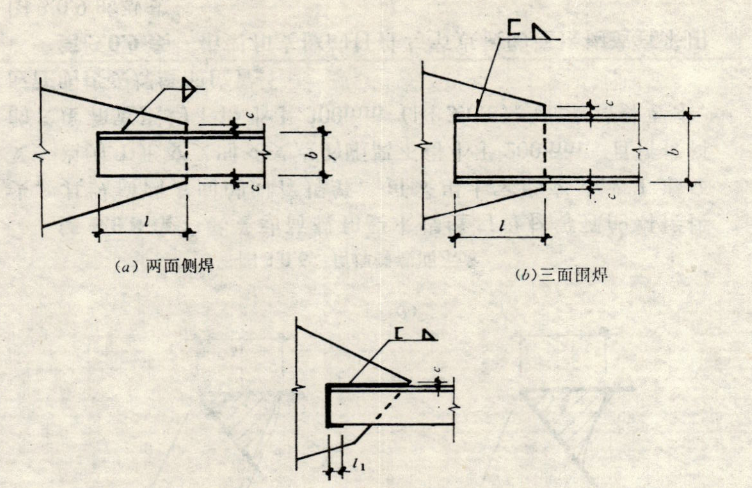

图 3.0.9 桁架和支撑杆件与节点板连接示意

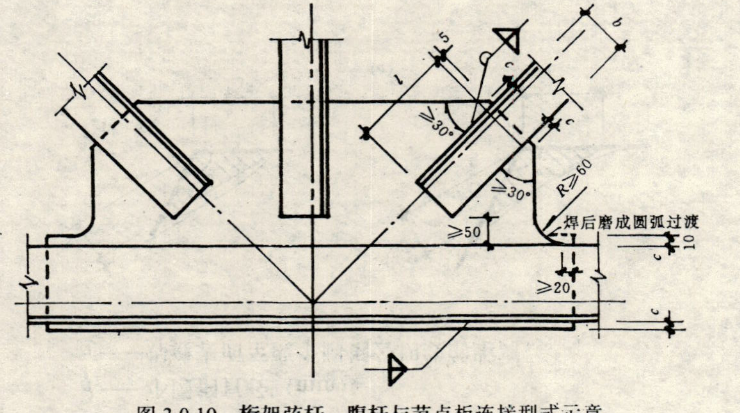

图 3.0.10 桁架弦杆、腹杆与节点板连接型式示意

$l \leqslant 8h_f + 10$ 且 $l > b$；$c \geqslant 2h_f$

第 3.0.11 条 实腹吊车梁横向加劲肋的构造宜采用图 3.0.11。

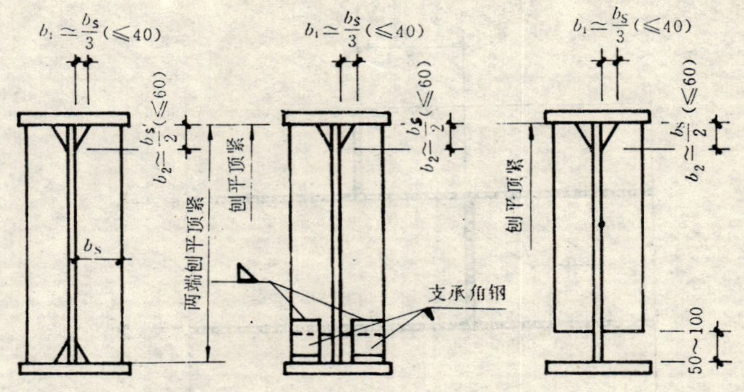

图 3.0.11 实腹吊车梁横向加劲肋板连接构造示意

第 3.0.12 条 型钢与钢板搭接，其搭接位置应符合图 3.0.12 的要求。

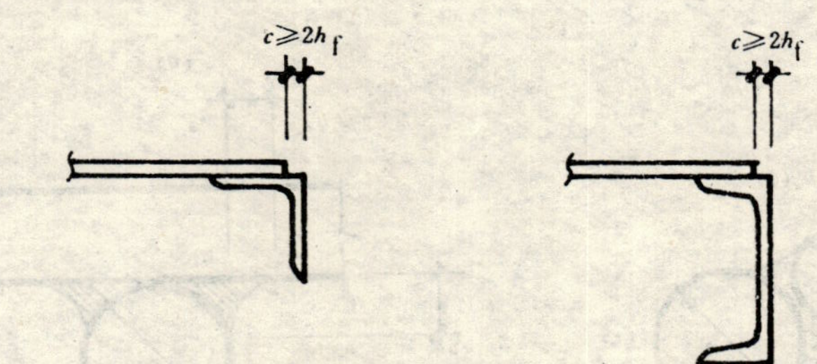

图 3.0.12 型钢与钢板搭接示意

h_f——焊脚尺寸

第 3.0.13 条 框架柱的安装接头构造宜采用图 3.0.13 的型式。

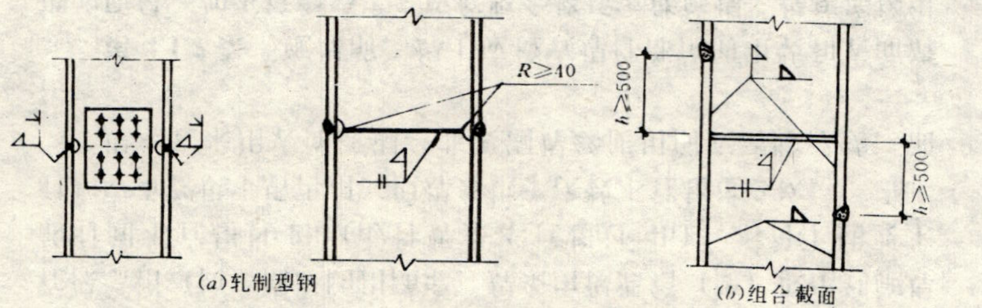

图 3.0.13　框架柱安装接头构造示意

第 3.0.14 条　框架中柱与横梁刚性连接接头宜采用图 3.0.14 的型式。

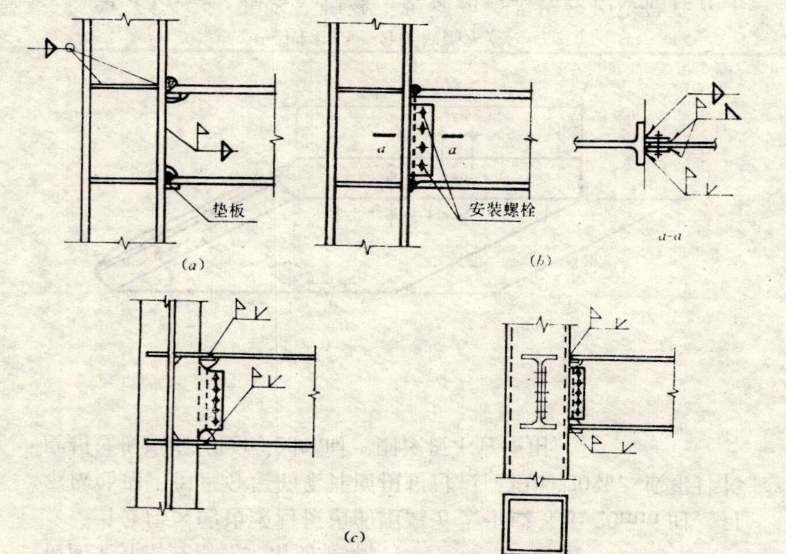

图 3.0.14　框架柱与横梁安装接头型式示意

第四章　焊接工艺

第一节　一般要求

第 4.1.1 条　本规程规定的焊接工艺系为工业与民用建筑钢结构工程的通用工艺，施工单位尚应根据各自的具体情况编制详细的工艺措施，使其质量达到《钢结构工程施工及验收规范》(GBJ205) 和本规程的各项指标要求。

第 4.1.2 条　钢结构制作和安装的切割、焊接设备，其使用性能应满足选定工艺的要求。

第 4.1.3 条　火焰切割前应将钢材表面距切割边缘 50mm 范围内的锈斑、油污等清除干净。切割宜采用精密切割，氧气纯度应达到 99.5%～99.8%，丙烷达到国家标准纯度。氧、乙炔、丙烷切割工艺参数见附录三、四。

第 4.1.4 条　焊接坡口可用火焰切割或机械加工，但加工后的坡口型式与尺寸，应符合本规程第三章的要求。

火焰切割时，切口上不得产生裂纹，并不宜有大于 1.0mm 的缺棱，切割后应清除边缘上的氧化物、熔瘤和飞溅物等。

机械加工时，加工表面不应出现台阶。

第 4.1.5 条　切口或坡口边缘上的缺棱，当其为 1～3mm 时，可用机械加工或修磨平整，坡口不超过 1／10；当缺棱或沟槽超过 3.0mm 时则应用 ϕ3.2 以下的低氢型焊条补焊，并修磨平整。

切口或坡口边缘上若出现分层性质的裂纹（图 4.1.5)，需用 10 倍以上的放大镜或超声波探测其长度和深度。当长度 a 和深度 d 均在 50mm 内时，在裂纹的两端各延长 15mm，连同裂纹一起用铲削、电弧气刨、砂轮打磨等方法加工成坡口，再用

3.2 的低氢型焊条补焊，并修磨平整；当其深度 d 大于 50mm 或累计长度超过板宽的 20%时，除按上述方法处理外，还应在板面上开槽或钻孔，增加塞焊。

当分层区的边缘与板边的距离 b 大于或等于 20mm 时，可不做处理，但当分层的累计面积超过板面积的 20%，或累计长度超过板边缘长度的 20%时，则该板不宜使用。

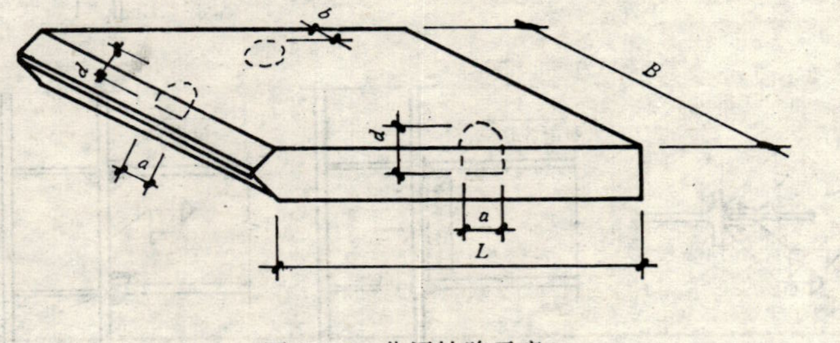

图 4.1.5　分层缺陷示意

第 4.1.6 条　焊条、焊丝、焊剂和粉芯焊丝均应储存在干燥、通风良好的地方，并设专人保管。

焊条、焊剂和粉芯焊丝在使用前，必须按产品说明书及有关工艺文件规定的技术要求进行烘干。低氢型焊条烘干后必须存放在保温箱（筒）内，随用随取。焊条由保温箱（筒）取出到施焊的时间不宜超过 2h（酸性焊条不宜超过 4h）。不符上述要求时，应重新烘干后再用，但焊条烘干次数不宜超过 2 次。

焊丝宜采用表面镀铜，非镀铜焊丝使用前应清除浮锈、油污。

第 4.1.7 条　施焊前，焊工应检查焊件部位的组装和表面清理的质量，如不符合要求，应修整合格后方能施焊。焊接连接组装允许偏差值见表 4.1.7 的规定。

焊接连接组装允许偏差值　　　　表 4.1.7

项目		允许偏差 (mm)	连接示意图
对接间隙 a		±1.0	
边缘高差 s (mm)	$4<t\leq 8$	1.0	
	$8<t\leq 20$	2.0	
	$20<t\leq 40$	$t/10$ 但不大于 3.0	
	$t>40$	$t/10$ 但不大于 4.0	
坡口	坡口角度 α	±5°	
	钝边 p	±1.0	
搭接	长度 L	±5.0	
	间隙 a	1.0	
顶接间隙 a		1.0	

第 4.1.8 条　雨雪天气时，禁止露天焊接。构件焊区表面潮湿或有冰雪时，必须清除干净方可施焊。在四级以上风力焊接时，应采取防风措施。

第 4.1.9 条　常用普通低合金结构钢施焊最低温度，可按表 4.1.9 选用。

常用普通低合金钢最低施焊温度　　表 4.1.9

钢　号	使用对象	接头种类	焊接方法	金属厚度 t (mm)	最低的施焊温度 (℃)
12Mn	一、二级重要结构	对接	自动焊	$t \leq 25$	−10
				$t > 25$	−5
18Nb		对接	手工焊 (碱性焊条)	$t \leq 14$	−10
				$14 < t \leq 22$	−5
16Mn		T 型接		$22 < t \leq 30$	0
				$t > 30$	+5
16MnCu		T 型接	气体保护焊	$t \leq 16$	−10
				$16 < t \leq 20$	−5
14MnNb			手工焊	$t > 20$	0
				$t \leq 12$	−10
15MnV		(包括搭接)	(碱性焊条)	$12 \leq t \leq 20$	−5
				$t < 20$	0
15MnTi		十字接	手工焊 (碱性焊条)	$t \leq 8$	−10
				$8 < t \leq 16$	−5
				$t > 16$	0

注：如采用酸性焊条焊接时，对接头仍按此表；T型和十字接头的焊接温度不低于 0℃。

第 4.1.10 条　不应在焊缝以外的母材上打火引弧。

第 4.1.11 条　定位点焊，必须由持焊工合格证的工人施焊。点焊用的焊接材料，应与正式施焊用的材料相同。点焊高度不宜超过设计焊缝厚度的 2／3，点焊长度宜大于 40mm，间距宜为 500～600mm，并应填满弧坑。点焊温度宜高于表 4.1.9 的规定。如发现点焊上有气孔或裂纹，必须清除干净后重焊。

第 4.1.12 条　T 型接头角焊缝和对接接头的平焊缝，其两端必须配置引弧板和引出板，其材质和坡口型式应与被焊工件相同。手工焊引弧板和引出板长度，应大于或等于 60mm，宽度应大于或等于 50mm；焊缝引出长度应大于或等于 25mm。自动焊引弧板和引出板长度，应大于或等于 150mm，宽度应大于或等于 80mm；焊缝引出长度应大于或等于 80mm。

焊接完毕后，必须用火焰切除被焊工件上的引弧、引出板和其它卡具，并沿受力方向修磨平整，严禁用锤击落。

第 4.1.13 条　对非密闭的隐蔽部位，应按施工图的要求进行涂层处理后，方可进行组装；对刨平顶紧的部位，必须经质量部门检查合格后才能施焊。

第 4.1.14 条　在组装好的构件上施焊，应严格按焊接工艺规定的参数以及焊接顺序进行，以控制焊后构件变形。

控制焊接变形，可采用反变形措施，其反变形参考值见附录五。

焊接收缩量参见附录六。

在约束焊道上施焊，应连续进行；如因故中断，再焊时应对已焊的焊缝局部做预热处理。

采用多层焊时，应将前一道焊缝表面清理干净后再继续施焊。

第 4.1.15 条　因焊接而变形的构件，可用机械（冷矫）或在严格控制温度的条件下加热（热矫）的方法进行矫正。普通低合金结构钢冷矫时，工作地点温度不得低于−16℃；加热矫正时，其温度值应控制在 750～900℃之间。普通碳素结构钢冷矫时，工作地点温度不得低于−20℃；加热矫正时，温度不得超过 900℃。同一部位加热矫正不得超过 2 次，并应缓慢冷却，不得用水骤冷。

第 4.1.16 条　碳弧气刨工必须经过培训，合格后方可操作。刨削时，应根据钢材的性能和厚度，选择适当的电源极性、碳棒直径和电流。

碳弧气刨应采用直流电流，并要求反接电极（即工件接电源负极）。

为避免产生“夹碳”或“贴渣”等缺陷，除采用合适的刨削速度外，并应使碳棒与工件间具有合适的倾斜角度（见表 4.1.16−1）。操作时，应先打开气阀，使喷口对准刨槽，然后再引弧起刨。

碳弧气刨碳棒与工件适宜倾角　　表 4.1.16-1

刨槽深度(mm)	2.5	3	4	5	6	7~8
碳棒倾角	25°	30°	35°	40°	45°	50°

如发现“夹碳”，应在夹碳边缘 5~10mm 处重新起刨，深度要比夹碳处深 2~3mm；“贴渣”可用砂轮打磨。

露天操作时，应沿顺风方向操作；在封闭环境下操作时，要有通风措施。碳弧气刨常用工艺参数见表 4.1.16-2。

碳弧气刨常用工艺参数　　表 4.1.16-2

碳棒直径 (mm)	电弧长度 (mm)	空气压力 (MPa)	极性	电流 (A)	气刨速度 (m/min)
5	1~2	0.39~0.59	直流反接	250	0.5~1.0
6	1~2	0.39~0.59	直流反接	280~300	0.5~1.0
7	1~2	0.39~0.59	直流反接	300~350	1.0~1.2
8	1~2	0.39~0.59	直流反接	350~400	1.0~1.2
10	1~2	0.39~0.59	直流反接	450~500	1.0~1.2

第二节　手工电弧焊

第 4.2.1 条　手工电弧焊焊接电流应按焊条产品说明书的规定，并参照表 4.2.1 选用。

焊条与电流匹配参数　　表 4.2.1

焊条直径 (mm)	1.6	2.0	2.5	3.2	4.0	5.0	5.8
电流(A)	25~40	40~60	50~80	100~130	160~210	200~270	260~300

注：立、仰、横焊电流应比平焊小 10%左右。

第 4.2.2 条　坡口底层焊道宜采用不大于 ϕ3.2mm 的焊条，底层根部焊道的最小尺寸应适宜，以防产生裂纹。

第 4.2.3 条　要求焊透的对接双面焊缝和 T 型接头角焊缝的背面，可用清除焊根的方法施焊。

第三节　埋弧焊

第 4.3.1 条　用于埋弧焊的焊剂应按照工艺确定的型号和牌号相匹配。焊剂必须干燥，不得含灰尘、铁屑和其它杂物。

第 4.3.2 条　对接接头埋弧自动焊宜按表 4.3.2 选定焊接参数。

对接接头埋弧自动焊参数　　表 4.3.2

板厚 (mm)	焊丝直径 (mm)	接头型式	焊接顺序	焊接参数 焊接电流 (A)	电弧电压 (V)	焊接速度 (m/min)
8	4	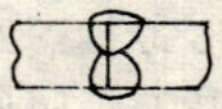	正	440~480	30	0.50
			反	480~530	31	
10	4		正	530~570	31	0.63
			反	590~640	33	
12	4		正	620~660	35	0.42
			反	680~720		0.41
14	5		正	830~850	36~38	0.42
			反	600~620	35~38	0.75
16	4	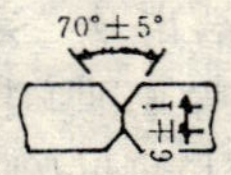	正	600~650	36~38	0.42
			反	650~680	38~40	
	5		正	830~850		0.33
			反	600~620	36~38	0.75

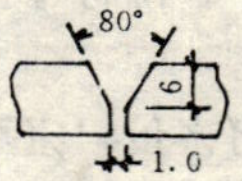

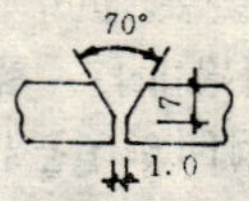

续表 4.3.2

板厚 (mm)	焊丝直径 (mm)	接头型式	焊接顺序	焊接参数 焊接电流 (A)	电弧电压 (V)	焊接速度 (m / min)
18	5	70°; 10; 1.0	正 反	850 800	36～38	0.42 0.50
20	4 5	70°±5°; 6±1	正 反 正 反	780～820 700～750	29～32 36～38	0.33 0.46
20	6	70°; 10; 1.0	正 反	925 850	36 38	0.45
22	6	55°; 12; 1.0	正 反	1000 900～950	38～40 37～39	0.40 0.62
24	4	70°±5°; 16	正 反	700～720 700～750	36～38	0.33
	5	80°; 18	正 反	800 900	34 38	0.3 0.27
28	4	70°; 16	正 反	820	30～32	0.27

续表 4.3.2

板厚 (mm)	焊丝直径 (mm)	接头型式	焊接顺序	焊接参数 焊接电流 (A)	电弧电压 (V)	焊接速度 (m / min)
30	4	70°±5°; 16	正 反	750～800 800～850	36～38	0.30
	6	70°; 10	正 反	800 850～900	36	0.25

第 4.3.3 条 对厚壁焊件及线能量敏感的钢材宜采用多层埋弧焊，其典型坡口见图 4.3.3。

多层埋弧焊焊接时，首先用埋弧自动焊或手工电弧焊焊满背面的 V 型坡口，如用自动埋弧焊时，钝边 a 取 7.0mm；用手工电弧焊时，其钝边 a 取 2.0mm。V 型坡口焊完后，再进行正面焊缝的多层埋弧焊，其工艺参数可按表 4.3.3 选用。当焊件很厚时，可采用双 U 型坡口，进行双面多层焊，其工艺参数也可按表 4.3.3。

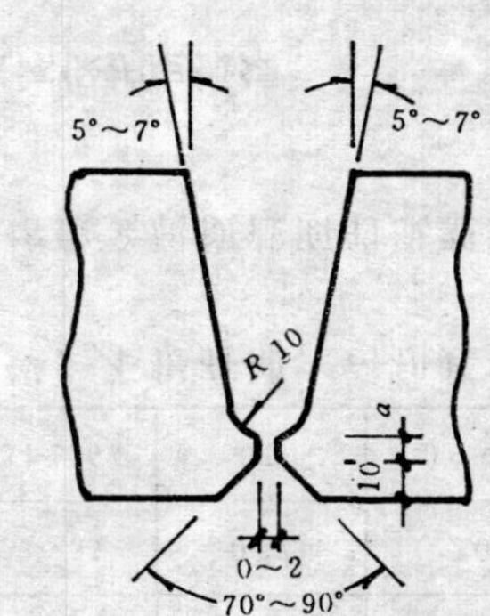

图 4.3.3 厚壁焊件典型坡口示意

厚壁多层埋弧焊工艺参数 表 4.3.3

焊丝直径 (mm)	焊接电流 (A)	电弧电压(V) 交流	直流	焊接速度 (m / min)
4	600～700	36～38	34～36	0.4～0.5
5	700～800	38～42	36～40	0.45～0.55

第 4.3.4 条 搭接接头的自动焊宜按表 4.3.4 选定焊接参数。

搭接接头自动焊焊接工艺参数　　表 4.3.4

板厚 (mm)	焊脚 (mm)	焊丝直径 (mm)	焊接电流 (A)	电弧电压 (V)	焊接速度 (m／min)	a (mm)	α (°)	简图
6		4	530	32～34	0.75	0	55～60	
8	7	4	650	32～34	0.75	1.5～2.0	55～60	
10	7	4	600	32～34	0.75	1.5～2.0	55～60	
12	6	5	780	32～35	1	1.5～2.0	55～60	

第 4.3.5 条 T 型接头的单道自动焊焊接参数宜按表 4.3.5 选用。

T 型接头单道自动焊焊接参数　　表 4.3.5

焊脚 (mm)	焊丝直径 (mm)	焊接电流 (A)	电弧电压 (V)	焊接速度 (m／min)	送丝速度 (m／min)	a (mm)	b (mm)	α (°)	简图
6	4～5	600～650	30～32	0.7	0.67～0.77	2～2.5	≤1.0	60	
8	4～5	650～770	30～32	0.42	0.67～0.83	2.0～3.0	1.5～2.0	60	

第 4.3.6 条 船形位置 T 型接头单道自动焊焊接参数宜按表 4.3.6 选用。

第 4.3.7 条 除按以上各条确定焊接参数外，焊接前尚应按工艺文件的要求调整焊接电流、电压、焊接速度、送丝速度等参数后方可正式施焊。

船形位置 T 型接头的单道自动焊焊接参数　　表 4.3.6

焊脚 (mm)	焊丝直径 (mm)	焊接电流 (A)	电弧电压 (V)	焊接速度 (m／min)	送丝速度 (m／min)
6	5	600～700	34～36		0.77～0.83
8	4	675～700	34～36	0.33	1.83
	5	700～750	34～36	0.42	0.83～0.92
10	4	725～750	33～35	0.27	2.0
	5	750～800	34～36	0.3	0.9～1

第 4.3.8 条 焊接区应保持干燥，不得有油、锈和其它污物。

第 4.3.9 条 埋弧焊每道焊缝熔敷金属横截面的成型系数(宽度与深度之比) 应大于 1。

第四节　二氧化碳气体保护电弧焊

第 4.4.1 条 二氧化碳气体保护焊所用的气瓶上必须装有预热器和流量计，气体纯度不得低于 99.5%。使用前应做放水处理。当气瓶内的压力低于 1.0MPa 时，应停止使用。对细焊丝(直径小于等于 2.0mm) 的气体流量宜控制在 10～25 l／min；焊丝直径大于 2.0mm 的气体流量为 30～50 l／min。

第 4.4.2 条 水平对接二氧化碳气体保护焊焊接参数可按表 4.4.2 选用。

第 4.4.3 条 角焊缝二氧化碳气体保护焊焊接参数可按表 4.4.3 选用。

第 4.4.4 条 二氧化碳气体保护焊的焊接电源，必须采用直流反接。

水平对接二氧化碳气体保护焊焊接参数 **表 4.4.2**

板厚(mm)	焊丝直径(mm)	接头型式	装配间隙(mm)	层数	焊接参数					备注
					焊接电流(A)	电弧电压(V)	焊接速度(m/min)	焊丝外伸长(mm)	气体流量(l/min)	
6	1.2	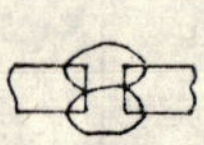	1.0~1.5	1	270	27	0.55	12~14	10~15	
	1.6	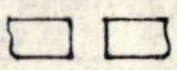	1	1	400~430	36~38	0.80~0.83	16~22	15~20	d 为焊丝直径
	1.2	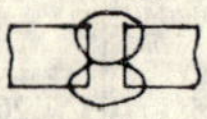	0~1	2	190 210	19 30	0.25	15	15	
	2.0	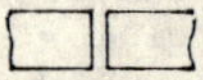	1.6~2.2	1~2	280~300	28~30	0.30~0.37	10d 但不大于 40	16~18	

续表 4.4.2

板厚(mm)	焊丝直径(mm)	接头型式	装配间隙(mm)	层数	焊接参数					备注
					焊接电流(A)	电弧电压(V)	焊接速度(m/min)	焊丝外伸长(mm)	气体流量(l/min)	
8	1.2	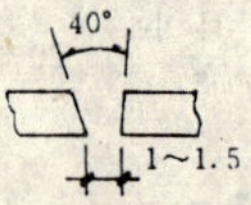 40° 1~1.5	1~1.5	2	120~130 130~140	26~27 28~30	0.30~0.50 0.40~0.50	12~40	20	
	1.6	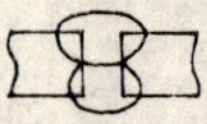	1	2	350~380 400~430	35~37 36~38	0.70	16~22	20~25	
	1.6	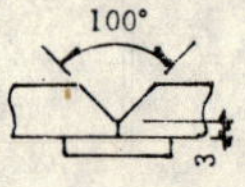 100° 3	1.9~2.2		450	41	0.48	10d 且不大于 40	16~18	铜垫板，单面焊双面成型
	2.0	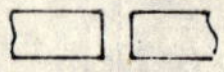	1.9~2.2	2	350~360	34~36	0.40	10d 且不大于 40	16	采用陡降外特性电源
	2.0	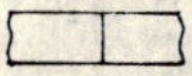	1.9~2.2	2	400~420	34~36	0.45~0.5	10d 且不大于 40	16~18	采用陡降外特性电源

续表 4.4.2

板厚 (mm)	焊丝直径 (mm)	接头型式	装配间隙 (mm)	层数	焊接参数：焊接电流 (A)	焊接参数：电弧电压 (V)	焊接参数：焊接速度 (m/min)	焊接参数：焊丝外伸长 (mm)	焊接参数：气体流量 (l/min)	备注
8	2.0	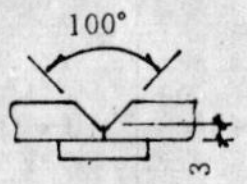	1.9～2.2	1	450～460	35～36	0.40～0.47	10d 且不大于 40	16～18	用铜垫板，单面焊双面成型
	2.5	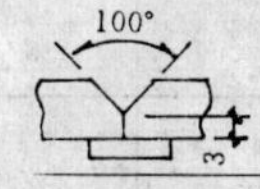	1.9～2.2	1	600～650	41～43	0.40	10d 且不大于 40	20	用铜垫板，单面焊双面成型
9	1.6	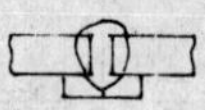	1.0	1	420 340	38 33.5	0.50	16～22	20	
	1.6		0～1.5	2	360	34	0.45	15	20	
10	1.2	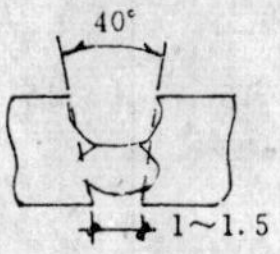	1～1.5	2	130～140 280～300 300～320	20～30 30～33 37～39	0.30～0.50 0.25～0.30 0.70～0.82	15	20	V 型坡口
	1.2	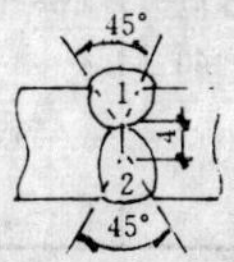		2	300～320	37～39	0.70～0.82	15	20	X 型坡口

续表 4.4.2

板厚 (mm)	焊丝直径 (mm)	接头型式	装配间隙 (mm)	层数	焊接参数：焊接电流 (A)	焊接参数：电弧电压 (V)	焊接参数：焊接速度 (m/min)	焊接参数：焊丝外伸长 (mm)	焊接参数：气体流量 (l/min)	备注
10	2.0	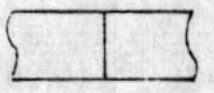			600～650	37～38	0.60	10d 且小于 40	20	采用陡降外特性电源
12	1.2	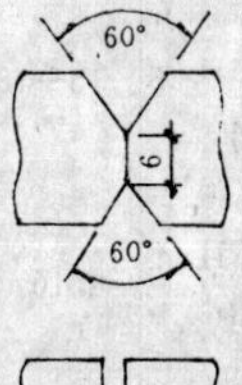		2	310 330	32 33	0.50	15	20	
	1.6	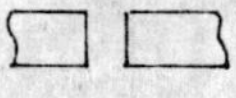	0～1.5	2	400～430	36～38	0.70	16～22	20～26.7	自动焊或半自动焊均可
	2.0		1.8～2.2	2	280～300	20～30	0.27～0.33	10d 且小于 40	18～20	

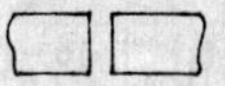

续表 4.4.2

板厚 (mm)	焊丝直径 (mm)	接头型式	装配间隙 (mm)	层数	焊接参数					备注
					焊接电流 (A)	电弧电压 (V)	焊接速度 (m/min)	焊丝外伸长 (mm)	气体流量 (l/min)	
16	1.2	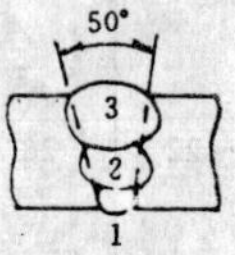 50°; 1, 2, 3		3	120～140 300～340 300～340	25～27 33～35 35～37	0.40～0.50 0.30～0.40 0.20～0.30	15	20	V 型坡口
	1.6	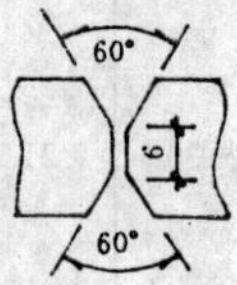 60°; 6; 60°		2	410 430	34.5 36	0.27 0.45	20	20	X 型坡口
16	1.2	 40°; 1, 2, 3, 4; 40°		4	140～160 260～280 270～290 270～290	24～26 31～33 34～36 34～36	0.20～0.30 0.33～0.40 0.50～0.60 0.40～0.50	15	20	无钝边

续表 4.4.2

板厚 (mm)	焊丝直径 (mm)	接头型式	装配间隙 (mm)	层数	焊接参数					备注
					焊接电流 (A)	电弧电压 (V)	焊接速度 (m/min)	焊丝外伸长 (mm)	气体流量 (l/min)	
16	1.6	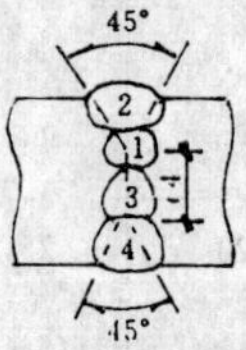 45°; 1, 2, 3, 4; 4; 45°		4	400～430 400～430	36～38 36～38	0.50～0.60 0.50～0.60	16～22	25	
20	1.2	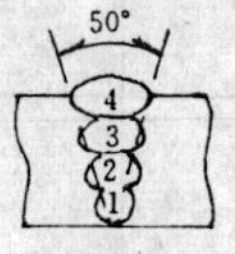 50°; 1, 2, 3, 4		4	120～140 300～340 300～340 300～340	25～27 33～35 33～35 33～37	0.40～0.50 0.30～0.40 0.30～0.40 0.12～0.15	15	25	
		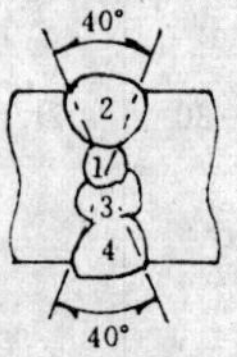 40°; 1, 2, 3, 4; 40°		4	140～160 260～280 300～320 300～320	24～26 31～33 35～37 35～37	0.25～0.30 0.45 0.40～0.50 0.40	15	20	

续表 4.4.2

板厚(mm)	焊丝直径(mm)	接头型式	装配间隙(mm)	层数	焊接参数					备注
					焊接电流(A)	电弧电压(V)	焊接速度(m / min)	焊丝外伸长(mm)	气体流量(l / min)	
20	1.6	45° 2 1 3 4 4 45°	0~2.1	4	400~430	36~38	0.35~0.45	16~22	26.7	
	2.0 2.5	60° 6 60°		2	440~460	30~32	0.27~0.35	20~30	21.7	
22	2.0	70°~80° 4 70°~80°			360~400	38~40	0.40	10d 且小于 40	16~18	双面面层堆焊

续表 4.4.2

板厚(mm)	焊丝直径(mm)	接头型式	装配间隙(mm)	层数	焊接参数					备注
					焊接电流(A)	电弧电压(V)	焊接速度(m / min)	焊丝外伸长(mm)	气体流量(l / min)	
25	1.6	60° 6 60°		2	480 500	38 39	0.30	20	25	
25	2.0 2.5	60° 6 60°	0~2.0	4	420~440	30~32	0.27~0.35	20~30	21.7	

续表 4.4.2

板厚 (mm)	焊丝直径 (mm)	接头型式	装配间隙 (mm)	层数	焊接参数 焊接电流 (A)	电弧电压 (V)	焊接速度 (m/min)	焊丝外伸长 (mm)	气体流量 (l/min)	备注
32	2.5	70°~80° 4 70°~80°			600~650	41~43	0.40	10d 且不大于40	20	双面面层堆焊，材质16Mn
40以上	2.0 2.5	16° 6	0~2.0	10层以上	440~500	30~32	0.27~0.35	20~30	21.7	U型坡口
	2.0 2.5	16° 4	0~2.0	12层以上	440~500	30~32	0.27~0.35	20~30	21.7	

角焊缝二氧化碳气体保护焊焊接参数　　表 4.4.3

接头型式	板厚 (mm)	焊丝直径 (mm)	焊接电流 (A)	电弧电压 (V)	焊接速度 (m/min)	气体流量 (l/min)	焊脚尺寸 (mm)	焊丝对中位置	备注
40°~50° 水平角焊	1.6	0.8~1.0	90	19	0.50	10~15	3.0		
	2.3	1.0~1.2	120	20	0.50	10~15	3.0		
	3.2	1.0~1.2	140	20.5	0.50	10~15	3.5		
	4.5	1.0~1.2	160	21	0.45	10~15	4.0		
	≥5	1.6	260~280	27~29	0.33~0.43	16~18	5~6		焊1层
	≥5	2.0	280~300	28~30	0.43~0.47	16~18	5~6		焊1层
	6	1.2	230	23	0.55	10~15	6.0		
	6	1.6	300~320	37.5		20	5.0		
	6	1.6	340	34		20	5.0		
	6	1.6	360	39~40	0.58	20	5.0		
	6	2.0	340~350	35		20	5.0		
	8	1.6	390~400	41		20~25	6.0		
	12.0	1.2	290	28	0.50	10~15	7.0		
	12.0	1.6	360	36	0.45	20	8.0		
1 2 搭接角焊	1.2	0.8~1.2	90	19	0.5	10~15		1	
	1.6	1.0~1.2	120	19	0.5	10~15		1	
	2.3	1.0~1.2	130	20	0.5	10~15		1	
	3.2	1.0~1.2	160	21	0.5	10~15		2	
1 2 搭接角焊	4.5	1.2	210	22	0.5	10~15		2	
	6.0	1.2	270	26	0.5	10~15		2	
	8.0	1.2	320	32	0.5	10~1.5		2	

第五节　药芯焊丝焊接

第 4.5.1 条　气体保护焊药芯焊丝型号、规格及焊接参数见表 4.5.1。

气体保护焊药芯焊丝型号及焊接参数　　表 4.5.1

型号	焊丝直径 (mm)	电源极性	焊接电流 (A)	焊接电压 (V)	焊丝外伸长度(mm)
YQ-501	1.6	交流	150～350	22～32	15～25
	2.4		200～300	26～32	20～30
	3.2	直流	400～650	30～35	20～30
YS-501	2.0	交流	200～300	25～30	20～26
	2.4		250～350	26～30	20～25
	2.8	直流	300～500	28～32	20～25
	3.2		400～650	30～35	20～30
YQ-506	1.6	交流	150～350	22～32	15～25
	2.0	直流	200～400	25～30	20～30
	3.2		400～650	30～35	20～30
YS-503	1.2	交流	130～240	18～28	12.5～25
	1.6		150～350	22～32	15～25
	2.0	直流	200～400	23～32	20～30
	2.4		240～470	25～32	20～30
型号	**抗拉强度 (MPa)**	**延伸率 (%)**	**冲击值 J(kg·m/cm)**	**冷弯角度 $d=2a$**	**焊接位置**
YQ-501	≥490	≥18	≥12	≥120	平焊角焊
YS-501	≥490	≥18	≥8	≥120	平焊角焊
YQ-506	≥490	≥18	≥12	≥120	平焊角焊 横焊立焊
YS-503	≥490	≥18	≥8	≥120	

第 4.5.2 条　气体保护药芯焊丝焊接时用的二氧化碳流量宜为 10～25 l/min。

第 4.5.3 条　自动保护焊药芯焊丝型号、规格及焊接参数见附录七。

第六节　管状焊条丝极电渣立焊

第 4.6.1 条　中厚钢板的对接接头和角接接头的立焊缝，可采用管状焊条丝极电渣立焊。其焊接方法如图 4.6.1 所示。

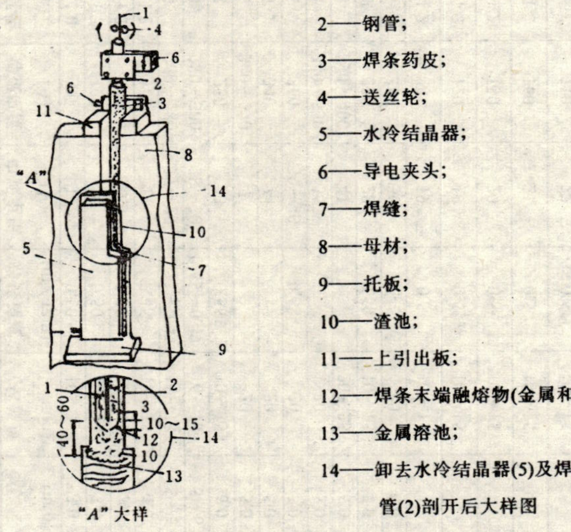

1——焊丝；
2——钢管；
3——焊条药皮；
4——送丝轮；
5——水冷结晶器；
6——导电夹头；
7——焊缝；
8——母材；
9——托板；
10——渣池；
11——上引出板；
12——焊条末端融熔物(金属和熔渣)；
13——金属溶池；
14——卸去水冷结晶器(5)及焊条钢管(2)剖开后大样图

图 4.6.1　管状焊条丝极电渣焊焊接工艺示意

第 4.6.2 条　焊接钢板厚度为 20～60mm 范围时，可用 1 根管状焊条和 1 根填充焊丝；板厚为 60～100mm 范围时，则用 2 根管状焊条和 2 根填充焊丝；板厚大于 100mm 以上可用 3 根管状焊条和 3 根填充焊丝焊接。

第 4.6.3 条　管状焊条丝极电渣焊的材料应满足以下要求：

一、管状焊条的管材宜用15号或20号冷拔无缝钢管，管径和长度应根据工艺要求选定。

二、管状焊条的涂层应均匀，其厚度一般为1.5～3.0mm。

三、填充焊丝应采用H08A，H08MnA等，直径为3.2mm。

四、管状焊条的焊剂，应采用与焊条药皮相同的药粉或采用431焊剂。

第 4.6.4 条 管状焊条丝极电渣焊所采用的结晶器如图4.6.4a、b所示，可做成100、400、500mm等不同长度，以适应各种长度的焊缝。结晶器冷却水的温度宜控制在50～60℃。

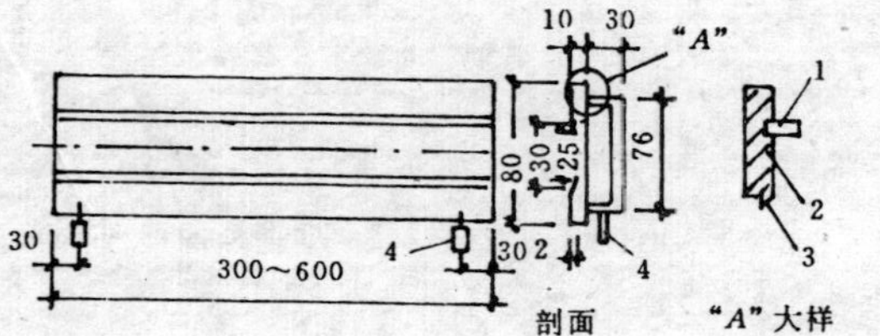

(a) 对接焊缝结晶器

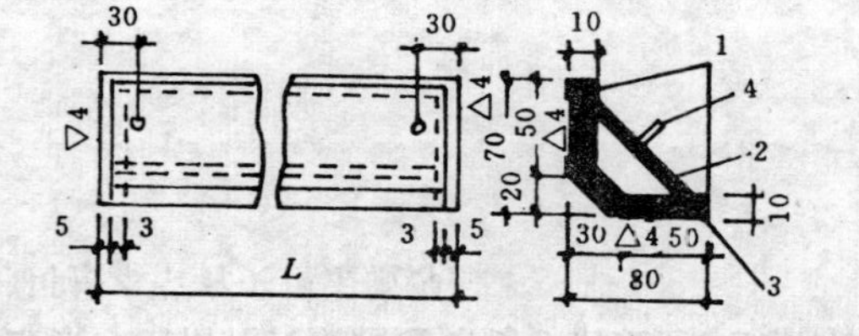

(b) T型接头角焊缝结晶器

图 4.6.4 管状焊条丝极电渣焊结晶器示意

1——黄铜钎焊；2——钢板；3——紫铜板；4——水管($\phi10\times1$)

第 4.6.5 条 管状焊条丝极电渣焊的焊接工艺参数可按表4.6.5选用。焊接电流按公式（4.6.5）计算。

$$I = RS \tag{4.6.5}$$

式中 I——焊接电流（A）；

s——管状焊条截面积(mm^2)；

R——常数取5～6。

管状焊条丝极电渣焊焊接工艺参数 表 4.6.5

板厚 (mm)	间隙 (mm)	钢管外径×壁厚 (mm)	焊丝直径 (mm)	电流 (A)	电压 (V)	引弧药粉量 (g)
50	22～24	12×4	3.2	550～600	40～46	≥250
40	24～26	12×4	3.2	500～600	40～46	≥250
30	24～26	12×4	3.2	500～550	40～46	≥150
24	26～28	12×4	3.2	500～550	40～44	≥120
20	28～30	12×4	3.2	500～550	40～42	≥100

第 4.6.6 条 管状焊条丝极电渣焊施焊时，工件装配错口偏差不得大于2mm；焊口要装引入、引出板，板厚与工件相同；焊接过程中应防止熔渣流失；结晶器与工件表面如有间隙，可用耐火水泥堵塞；渣池深度应控制在30～60mm。

第 4.6.7 条 管状电渣焊焊缝成型应光滑、美观，不得有未熔合、裂纹等缺陷。当板厚小于30mm时，压痕、咬边不得大于0.5mm；板厚大于或等于30mm时，压痕、咬边不得大于1.0mm。

第七节 塞焊和槽焊

第 4.7.1 条 塞焊和槽焊可采用手工电弧焊、气体保护电弧焊及药芯焊丝电弧焊等焊接工艺。

第 4.7.2 条 平焊时，应先沿接头根部四周环绕施焊，焊至孔洞中心，使接头根部及底部先熔敷一层；然后将电弧引向四周，重复上述过程分层熔敷焊满全孔，达到规定厚度。熔敷金属表面的熔渣应在结束焊接前保持熔液状态。如电弧熄灭，或熔渣冷却，在重新焊接前必须彻底清除熔渣。

第 4.7.3 条 立焊时，先在接头根部引弧，从孔的下侧向上焊，使内板表面熔化，然后焊向孔边，在孔顶处停焊，清除熔渣。在孔的相对一侧重复此过程，清除熔渣后，以相同方法堆焊其它各层，焊满全孔，达到规定厚度为止。

第 4.7.4 条 仰焊时，焊接方法与平焊工艺相同，但在每道堆焊后，熔渣应冷却并彻底清除。

第 4.7.5 条 当槽孔长度超过宽度 3 倍以上，或槽伸展到构件边缘时，可按本节有关规定施焊。

第五章 焊接工艺试验

第 5.0.1 条 焊接工艺试验是制定工艺技术文件的依据，凡以下情况应进行工艺试验：

一、结构钢材系首次应用。

二、焊条、焊丝、焊剂的型号改变。

三、焊接方法改变，或由于焊接设备的改变而引起焊接参数改变。

四、焊接工艺需改变：

1. 双面对接焊改为单面焊；

2. 单面对接电弧焊增加或去掉垫板，埋弧焊的单面焊反面成型；

3. 坡口型式改变，变更钢板厚度，要求焊透的 T 型接头。

五、需要预热、后热或焊后要做热处理。

第 5.0.2 条 工艺试验的钢材和焊接材料，应与工程上所用材料相同。

第 5.0.3 条 工艺试验一般以对接接头为主。试验前应根据钢材的可焊性和设计要求，拟定试件的焊接工艺、焊后处理、检验程序和质量要求。

要求焊透的 T 型接头，宜用与实际构件刚度相当的试件进行试验。

第 5.0.4 条 工艺试验应包括现场作业中所遇到的各种焊接位置，当现场有妨碍焊接操作的障碍时，还应做模拟障碍的焊接试验。

第 5.0.5 条 工艺试验的焊接，应由持合格证的焊工操作。

第 5.0.6 条 试验焊件焊缝的外观及内部质量无损检测，应按本规程第六章的规定进行检查及评定。

第 5.0.7 条 焊接接头的力学性能试验以拉伸和冷弯（面弯、背弯）为主，冲击试验按设计要求确定。有特殊要求时应做侧弯试验。每个焊接位置的试件数量应为:

拉伸、面弯、背弯及侧弯各 2 件;

冲击试验 9 件（焊缝、熔合线、热影响区各 3 件）。

试件的截取、加工及试验方法均按国家标准《焊缝金属及焊接接头力学性能试验》(GB2649～2656) 的规定进行。

第 5.0.8 条 焊接接头力学性能试验的合格标准。

一、拉伸试验：接头焊缝的强度不低于母材强度的最低保证值。

二、冷弯试验：应符合表 5.0.8 的要求。

冷弯试验弯曲合格角度 **表 5.0.8**

焊接方法	钢材种类	弯心直径	支座间距	弯曲角度
电弧焊	A_3 类(屈服强度 235MPa 级) 低碳钢	2t	4.2t	150°
	16 锰类(屈服强度 343MPa 级) 低合金钢	3t	5.2t	100°
	15 锰钒类(屈服强度 411MPa 级) 低合金钢	3t	5.2t	100°
电渣焊	A_3 类(屈服强度 235MPa 级) 低碳钢	2t	4.2t	150°
	16 锰类(屈服强度 343MPa 级) 低合金钢	3t	5.2t	100°
	15 锰钒类(屈服强度 411MPa 级) 低合金钢	3t	5.2t	
	其它强度更高的低合金钢	3t	5.2t	

注：表中 t 为试样厚度。

冷弯试验达到合格角度时，焊缝受拉面上裂纹或缺陷长度不得大于 3.0mm，如超过 3.0mm，应补做一件，重新评定。

三、冲击试验，应符合设计要求。

第 5.0.9 条 T 型接头，应做磨片检查熔合情况。埋弧焊缝的试件须测定成型系数，其值应大于 1.1。

第六章 焊 接 检 查

第一节 一般规定

第 6.1.1 条 建筑钢结构焊接质量检查应由专业技术人员担任，并须经岗位培训取得质量检查员岗位合格证书。

第 6.1.2 条 质量检查人员应在主管质量的工程师指导下，按本规程及施工图纸和技术文件要求，对焊接质量进行监督和检查，并对检查项目负责。

第 6.1.3 条 质量检查人员的主要职责为：

一、对所用钢材及焊接材料的规格、型号、材质以及外观检查，均应符合设计图纸和规程的要求；

二、监督检查焊工严格按焊接工艺及技术操作规程施焊，发现有违反者，检查员有权制止其工作；

三、监督检查焊工合格证及施焊资格，禁止无证焊工上岗。

第二节 外观检查

第 6.2.1 条 普通碳素结构钢应在焊接冷却到工作环境温度、低合金结构钢应在焊接 24h 后方可进行外观检查。

第 6.2.2 条 焊接工件外观检查，一般用肉眼或量具检查焊缝和母材的裂纹及缺陷，也可用放大镜检查，必要时进行磁粉或渗透探伤。

焊缝的焊波应均匀，不得有裂纹、未熔合、夹渣、焊瘤、咬边、烧穿、弧坑和针状气孔等缺陷，焊接区无飞溅残留物。

焊缝外观检验质量标准见表 6.2.2 的规定。

第 6.2.3 条 焊缝的位置、外形尺寸必须符合施工图和《钢结构工程施工及验收规范》（GBJ205—83）的要求。常用接头焊缝外形尺寸允许偏差见表 6.2.3–1、表 6.2.3–2、表 6.2.3–3 的规定。

焊缝外观检验质量标准　　表 6.2.2

项次	项目		焊缝质量标准		
			一级	二级	三级
1	气孔		不允许	不允许	直径小于或等于 1.0mm 的气孔在 100mm 长度范围内不得超过 5 个
2	咬边	不要求修磨的焊缝	不允许	深度不超过 0.5mm，累计总长度不得超过焊缝长度的 10%	深度不超过 0.5mm，累计总长度不超过焊缝长度的 20%
		要求修磨的焊缝	不允许	不允许	

对接焊缝外形尺寸允许偏差　　表 6.2.3–1

项次	项目	示意图		允许偏差 (mm)		
				一级	二级	三级
1	焊缝余高 C		$b<20$	$1.5^{+0.5}_{-1.0}$	1.5 ± 1.0	2.0 ± 1.5
			$b\geq20$	$2.0^{+1.0}_{-1.5}$	2.0 ± 1.5	$2.0^{+1.5}_{-2.0}$
2	焊缝错边		d	$d<0.1t$ 且不大于 2.0	$d<0.1t$ 且不大于 2.0	$d<0.15t$ 且不大于 3.0

贴角焊缝外形尺寸允许偏差　　　　表 6.2.3-2

项次	项目	示意图		允许偏差(mm)	
				$h_f \leq 6$	$h_f > 6$
1	焊脚尺寸		h_f	+1.5 0	+3.0 0
2	焊缝余高		c	+1.5 0	+3.0 0

注：h_f 为设计焊脚尺寸，$h_f > 8.0$mm 贴角焊缝的局部焊脚尺寸，允许低于设计值 1.0mm，但范围不得超过焊缝长度的 10%。焊接梁中腹板与翼缘板间焊缝的两端，在其两倍翼缘板宽度范围内，焊缝的实际焊脚尺寸不允许低于设计值。

T 型接头焊透的角焊缝外形尺寸允许偏差　　　　表 6.2.3-3

示意图		允许偏差(mm)
50°～60°　50°～60°　b　b　t	b	+1.5 0

第三节　无损检验

第 6.3.1 条　建筑钢结构焊缝的无损检验应根据施工图要求及有关标准和本规程的规定进行。无损检验不合格的焊缝，应按本规程规定的方法进行返修，返修后必须再进行无损检验。

第 6.3.2 条　无损检验人员必须经无损检测专业培训，考试合格取得无损检测资格证书者担任。

第 6.3.3 条　无损探伤报告和底片（包括返修后重拍片）、记录纸等应全部交有关部门存档备查。

Ⅰ　射线探伤

第 6.3.4 条　对接焊缝的射线探伤按《钢熔化焊对接接头射线照相和质量分级》(GB3323) 的有关规定进行。

第 6.3.5 条　每个焊缝射线检验点都应作出明显的识别标记，并在焊缝边缘母材上打检测编号钢印。

第 6.3.6 条　建筑钢结构焊缝射线探伤的质量标准分两级：一级相当于 GB3323 标准中的二级；二级相当于 GB3323 标准中的三级。

第 6.3.7 条　射线探伤不合格的焊缝，要在其附近再选 2 个检验点进行探伤。如这 2 个检验点中又发现 1 处不合格，则该焊缝必须全部进行射线探伤。

Ⅱ　超声波探伤

第 6.3.8 条　建筑钢结构对接焊缝的超声波探伤，应按《钢制压力容器对接焊缝超声波探伤》(JB1152) 的有关规定进行。角焊缝及 T 型接头焊缝的探伤方法和灵敏度可按 JB1152 标准采用，其推荐操作方法见附录八。

第 6.3.9 条　每个焊缝超声波检验点都应有明显的识别标记，并在焊缝边缘母材上打检测编号钢印。

第 6.3.10 条　建筑钢结构焊缝（包括角焊缝和 T 型接头焊缝）超声波探伤的质量标准分两级：一级相当于 JB1152 标准中的一级；二级相当于 JB1152 标准中的二级。对于要求焊透的吊车梁上翼缘与腹板的 T 型接头焊缝，可允许单个条性缺陷长度小于 50mm，但在 1000mm 焊缝长度内条性缺陷的总和应小于 100mm。

第 6.3.11 条　超声波探伤的每个探测区焊缝长度应不小于 300mm。对超声波探伤不合格的检验区，要在其附近再选 2 个检验区进行探伤；如这 2 个检验区中又发现 1 处不合格，则该焊缝必须全部进行超声波探伤。

Ⅲ 磁粉探伤

第 6.3.12 条 磁粉探伤可参照附录九的要求进行。

Ⅳ 渗透探伤

第 6.3.13 条 渗透探伤试验方法可参照附录十的要求进行。

第七章 钢结构的焊接补强或加固

第 7.0.1 条 本章适用于以焊接方法对建筑钢结构进行补强或加固，其方案应由设计、施工和生产厂家共同研究确定。

第 7.0.2 条 补强或加固必须具备以下原始技术资料：

一、原结构的设计计算书和竣工图，当缺少竣工图时，应测绘结构的现状图；

二、原结构的施工技术档案资料，包括钢材的力学性能、化学成分和有关的焊接性能试验资料，必要时应在原结构构件上截取试件进行试验；

三、原有结构的损坏变形和锈蚀检查记录及其原因分析。

第 7.0.3 条 钢结构的补强或加固，应考虑时效对钢材塑性的不利影响，而不考虑时效后钢材屈服点的提高值。在确认原结构钢材具有良好可焊性后，方可采用焊接方法。补强加固应尽量不影响生产，并应满足施工方便和安全可靠的要求。

第 7.0.4 条 钢结构的补强或加固，可采用卸荷补强加固和负荷下补强加固两种方法。

一、卸荷补强加固是在原位置使构件完全卸荷，或将构件拆下进行补强或加固。

二、负荷状态下进行补强加固，应卸除结构上的活荷载，减轻恒载，在考虑必要的施工荷载的情况下，对构件及其连接进行承载能力的验算，其各应力值应不大于设计强度的 80%。在受拉构件中，加固焊缝的方向应与构件中拉应力方向基本一致。

第 7.0.5 条 轻钢结构不宜在负荷状态下进行焊接补强和加固。轻钢结构中的受拉构件严禁在负荷状态下用焊接进行补强和加固。

第 7.0.6 条 钢结构补强或加固的计算：

一、完全卸荷时，构件承载能力按补强或加固后的截面进行计算，其计算方法与新结构相同。

二、在负荷状态下的补强或加固应按两种情况进行计算：

1. 施工阶段，验算原结构杆件和连接的强度和稳定性，并应满足第 7.0.4 条第二款的要求；

2. 补强加固后的承载力计算，对承受静荷载且整体和局部稳定有可靠保证的构件，可按原有构件和加固零件之间塑性内力重分布的原则进行计算。其表达式为：

$$\frac{s}{a} \leqslant 0.8\varphi f \tag{7.0.6-1}$$

式中 s——考虑荷载系数后的荷载效应；

a——加固后构件的截面几何特性；

0.8——加固折减系数；

φ——广义构件稳定系数，当强度计算时 $\varphi=1$；

f——设计强度。

承受动荷载，或不符合上述条件的构件，应按弹性阶段进行计算，其表达式为：

$$\frac{s_1}{a_1} + \frac{\Delta s}{a} \leqslant \varphi f \tag{7.0.6-2}$$

式中 s_1——加固前，卸除一部分荷载后，并考虑了荷载系数的荷载效应；

a_1——加固前，原有构件的截面几何特性；

Δs——加固后增加的荷载效应，该荷载效应须考虑荷载系数；

a——加固后构件整个截面的几何特性；

φ——广义构件稳定系数，当强度计算时 $\varphi=1$。

第 7.0.7 条 角焊缝补强宜采用增加焊缝长度（包括增加端焊缝）的方法。

当采用加大焊缝厚度的方法补强时，应使原有焊缝在补强时的应力不大于焊缝设计强度的 80%。

第 7.0.8 条 补强或加固后的焊缝，其长度与厚度均应符合《钢结构设计规范》（GBJ17-88）的规定。

第 7.0.9 条 补强或加固的零件及焊缝宜对称布置。

第 7.0.10 条 用焊接方法补强铆钉或普通螺栓连接，补强后连接的全部荷载应由焊缝承受。

第 7.0.11 条 高强度螺栓连接的构件用焊接方法加固时，摩擦型高强度螺栓的抗滑力可与焊缝共同工作。

第 7.0.12 条 补强施焊前应清除待施焊的区间两侧各 50mm 范围内的灰尘、铁锈、油漆和其它杂物。

第 7.0.13 条 负荷状态下焊接补强或加固施工应按以下要求执行。

一、制订合理的施工工艺。

1. 对结构最薄弱的部位或构件应先进行补强或加固；

2. 对能立即起到补强或加固作用，且对原结构影响较小的部位或杆件先施焊；

3. 加大焊缝厚度时，必须从原焊缝受力较小的部位开始施焊；

4. 根据结构材料，选择相应的低氢型焊条，焊条直径不宜大于 4.0mm；

5. 焊接电流不宜大于 200A；

6. 当加大焊缝厚度时，每次敷焊上的焊缝厚度不宜大于 2mm；当需要多道施焊时，层间温度应低于 100℃。

二、施工单位应对施工荷载进行核算，严格控制施工荷载，不应超过加固设计计算时所取的施工荷载值。

三、焊接补强或加固的施工温度不宜低于 10℃。

四、补强或加固施焊焊工应取得相应位置施焊的焊接合格证。

五、应采取有效控制焊接变形的措施。

第八章 焊工考试

第一节 焊工考试的一般规定

第 8.1.1 条 从事建筑钢结构制作、安装的焊工，均应按本章的规定进行焊工技术考试。

第 8.1.2 条 本规定适用于手工电弧焊、明弧半自动焊、埋弧自动焊和半自动焊的技术考核。对于电渣焊等焊接方法，企业可根据设计和工作条件，在工艺试验的基础上制定相应的焊工考试标准。从事定位焊的其它工种，应按本章定位点焊的标准考试。

第 8.1.3 条 焊工考试委员会，宜由下列人员组成：

一、企业的总工程师；

二、焊接技术负责人；

三、技术质量检验部门的代表；

四、焊接工程师或有经验的焊接技术人员；

五、企业劳资、教育部门的代表；

六、焊接技师或有经验的焊工。

第 8.1.4 条 考试委员会应报省、自治区、直辖市或有关主管建设部门批准。凡不具备成立考试委员会条件的企业，可委托其它单位的焊工考试委员会负责监督考试。

第 8.1.5 条 考试委员会的任务是：编制考试计划；审查焊工资格；确定考试内容；组织考试工作，评定考试成绩；颁发焊工合格证书及发放焊工代号（钢印）；审定和办理具有合格证书的焊工免试签证。

第 8.1.6 条 对焊接质量一贯低劣或因操作不当发生重大质量事故的焊工，由企业技术、质量部门提出意见，考试委员会有权作出以下处理：

一、降低焊接工作级别；

二、停止焊接资格，责成培训并重新考试；

三、吊销合格证书。

第 8.1.7 条 焊工合格证书有效期为 3 年。在有效期内，焊工焊接质量一贯优良，并有质量检查记录，经质量部门建议，考试委员会审定后，可免试延长合格证的有效期 3 年，并报主管部门备案。

第 8.1.8 条 焊工在有效期内，连续中断焊接工作达 6 个月以上时，合格证书即失效；如再参加焊接工作，应重新考试，合格后方可继续从事焊接工作。

第 8.1.9 条 考试应在考试委员会监督之下进行，监督人员应认真做好监督工作，填写考试记录，并有权停止违犯考试规则的焊工进行考试。

第 8.1.10 条 焊工考试包括基础知识和操作技能两个部分，基础知识考试合格后方可进行操作技能考试。

第 8.1.11 条 焊工的基础知识考试应包括以下范围：

一、结构钢材的有关知识；

二、焊接材料（焊条、焊丝、焊剂、保护气体等）的牌号、性能及选用；

三、焊接工艺：焊接方法、焊接参数、热输入量、预热、层间温度、后热、焊后热处理以及焊接程序等；

四、焊接质量标准：焊接缺陷产生的原因和危害、预防焊接缺陷的措施及缺陷处理的方法；

五、焊接接头的力学性能及其影响因素；

六、焊接应力与变形及其影响的因素，减少焊接应力与变形的措施；

七、焊接设备和检测仪表的种类及其使用和维护；

八、常用的焊接型式、焊缝代号及图纸识别；

九、焊缝常用的检验方法；

十、焊接安全技术。

第 8.1.12 条 操作技能考试使用的钢材及焊接材料应符合表 8.1.12 的规定。

操作技能考试使用的钢材及焊接材料　　表 8.1.12

钢材类别			不同焊接方法相应的焊接材料		
			手工电弧焊	埋弧自动焊	CO_2 气体保护半自动焊
板材	普通碳素结构钢	A_3F A_3 A_3R A_3g 20g	E422	焊丝 H08A +焊剂 431 或 焊剂 430	焊丝 H08Mn2Si， CO_2 气体纯度： 含水量小于 0.05%
板材	低合金结构钢	16Mn 16Mng 16MnR 16Mn	E506 或 E507	焊丝 H08MnA 或焊丝 H0MnAf 焊剂 431 或焊 剂 430	焊丝 H08Mn2Si， CO_2 气体纯度： 含水量小于 0.05%
管材	普通碳素结构钢	20 20g	E426 或 E427		

第 8.1.13 条 操作技能考试焊件分类和质量检验项目见表 8.1.13。

第 8.1.14 条 考试的焊件焊完后，由监考人会同焊工在试件上打上焊工编号、焊接方法和焊接位置代号的钢印。若焊件中一件焊缝外观质量达不到要求时，允许补焊一件。

第 8.1.15 条 对同样焊接方法、接头型式、焊接位置的焊接普通低合金结构钢的考试合格者，可免去普通碳素结构钢的考试；使用低氢型焊条考试合格者，可免去酸性焊条的考试。申请从事其它焊接方法考试者，必须具有手工平焊合格证的资格。

操作技能考试焊件分类和质量检验项目　　表 8.1.13

焊件类型	板厚或管径 (mm)	焊接方法	接头型式	焊接位置	检验项目				
					外观	无损探伤	断口	冷弯	
								面弯	背弯
板材	12~16	手工电弧焊，CO_2 气体保护半自动焊	⊥型	水平贴角焊	✓		✓		
板材	12~16	手工电弧焊，CO_2 气体保护半自动焊	对接	平焊	✓	✓		✓	✓
板材	12~16	手工电弧焊，CO_2 气体保护半自动焊	对接	立焊	✓	✓		✓	✓
板材	12~16	手工电弧焊，CO_2 气体保护半自动焊	对接	横焊	✓	✓		✓	✓
板材	12~16	手工电弧焊，CO_2 气体保护半自动焊	对接	仰焊	✓	✓		✓	✓
板材	16~25	埋弧自动焊	对接	平焊	✓	✓		✓	✓
管材	32~60	手工电弧焊	对接	水平	✓		✓	✓	✓
管材	32~60	手工电弧焊	对接	垂直	✓		✓	✓	✓
管材	133~273	手工电弧焊	对接	水平	✓			✓	✓
管材	133~273	手工电弧焊	对接	垂直	✓			✓	✓

第二节　焊工操作技能考试的内容和方法

第 8.2.1 条 操作技能考试焊件型式及焊接位置见图 8.2.1 所示。焊件的尺寸和数量应符合表 8.2.1 的规定。对接焊件可采用双面焊，背面允许清理焊根，但清根深度不得大于 2mm。

焊工考试焊件尺寸和数量　　表 8.2.1

焊接方法	焊件型式	焊件尺寸(mm)				焊件数量
		长(l)	宽(B)	板厚或壁厚(t)	管径(D)	
手工电弧焊或 CO_2 气体保护半自动焊	钢板对接	300	≥250	12~16		1
手工电弧焊	钢管对接	≥200		3~6	32~60	2
手工电弧焊	钢管对接	≥200		3~32	133~273	1
埋弧自动焊	钢板对接	≥500	≥250	16~25		1
手工电弧焊	钢板角焊(定位点焊)	≥120	≥120	12~16		1

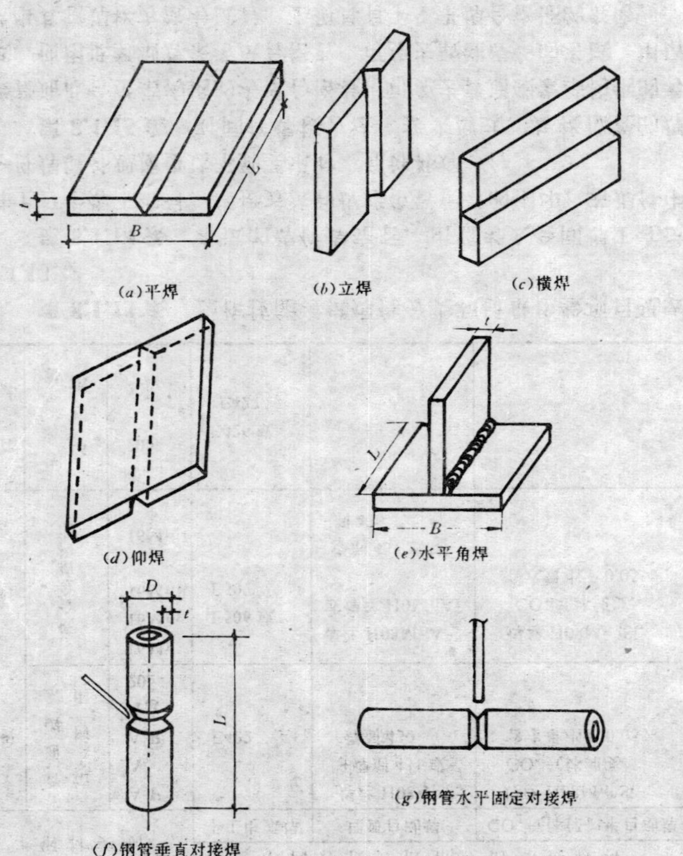

图 8.2.1　焊件型式及焊接位置示意

第 8.2.2 条　考试的各项质量检查试验应按下述方法进行：

一、断口检查：钢管试件需在焊缝上用机械方法加工出一个沟槽，沟槽断面的形状和尺寸见图 8.2.2−1*a*，试件用轴向拉伸方法拉断，检查断口缺陷，试件数量为 2 件；角焊缝试件按图 8.2.2−1*b* 所示位置，用冲击式加压撕裂断口，检查缺陷，试件数量 2 件。

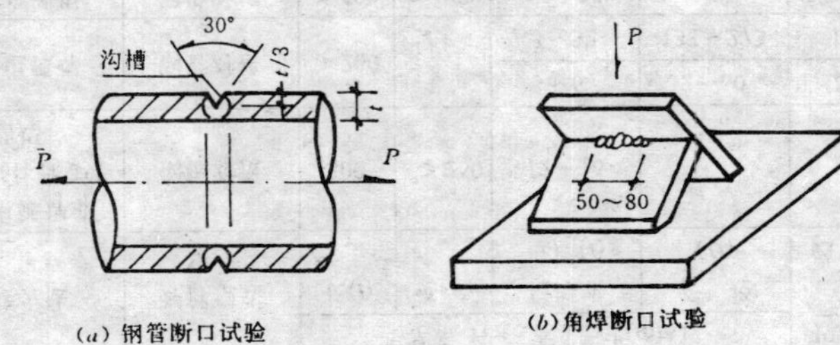

图 8.2.2−1　断口试验示意

二、冷弯试验：钢板焊接应保留试件原始表面，试件的截取位置见图 8.2.2−2；钢管水平固定焊接截取做弯曲试验的试件，其截取位置见图 8.2.2−3。垂直固定焊接的钢管，截取做弯曲试验的试件，其截取位置不作规定。弯曲试件的型式和尺寸见图 8.2.2−4*a*、*b*。试件上凸出母材表面的焊缝，应用机械方法除去，但受拉面应平齐。钢板试件的厚度小于或等于 20mm 时，可用原钢板的厚度；如试件的厚度大于 20mm 时，允许加工受压面。

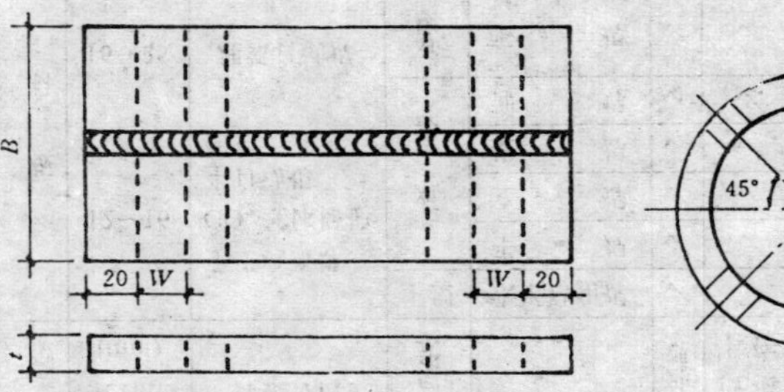

图 8.2.2−2

钢板弯曲试件截取示意

图 8.2.2−3

钢管弯曲试件截取示意

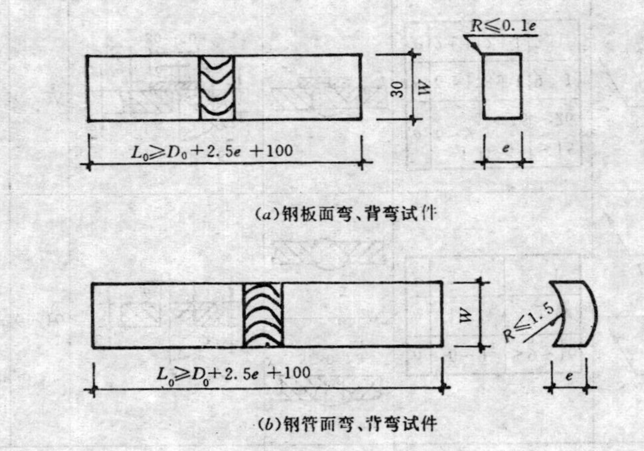

图 8.2.2-4　弯曲试件的型式及尺寸示意

$t>20$mm 时，$e=20$mm；　t——试件原钢板厚；e——试件加工厚度；

$t\leq 20$mm 时，$e=t$。　W——试件宽度；L_0——试件长度；

D_0——弯心直径；D——管子外径；　R——试件表面曲率半径

三、弯曲试验按《金属冷热弯曲试验法》(GB232) 规定的方法进行。

第三节　试件焊缝的评定标准

第 8.3.1 条　焊缝的外观检查，应按《钢结构工程施工及验收规范》(GBJ205) 的规定进行，X 射线检查按《钢熔化焊对接接头射线照相和质量分级》(GB3323) 的规定评片，二级为合格。

第 8.3.2 条　断口在焊缝金属内，其断面上不得有裂纹和未熔合等缺陷；未焊透深度不大于 20%，总长度不超过周长的 15%，背面凹坑深度不大于 25%，且不大于 1mm；单个气孔或夹渣的最大长度不应超过 2.4mm；在 150mm 长的试件上，气孔夹渣的总长度不得超过 9.0mm，沿厚度方向同一直线上各种缺陷总和应小于 0.3 板厚，且不大于 2.0mm。

第 8.3.3 条　焊接接头冷弯试件应按表 8.3.3 的规定试验，当试件弯曲到表中规定的角度后，其拉伸面上不得有长度超过 3.0mm 的裂纹。

冷弯试件弯曲合格角度　　**表 8.3.3**

焊接方法	钢材种类	弯心直径	支座间距	弯曲角度
手工电弧焊或 CO_2 气体保护半自动焊	A_3 类(屈服强度 235MPa 级)低碳钢	2t	4.2t	120°
	16锰类(屈服强度343MPa级)低合金钢	3t	5.2t	100°
埋弧自动焊	A_3类(屈服强度235MPa级)低碳钢	2t	4.2t	180°
	16锰类(屈服强度343MPa级)低合金钢	3t	5.2t	100°

第四节　考试成绩记录

第 8.4.1 条　焊工考试应填写焊工考试登记表及焊工考试记录表，其格式见附录十一、十二。

第 8.4.2 条　焊工经焊工考试委员会评审合格后，发给焊工合格证，合格证的格式和内容见附录十三。

第 8.4.3 条　允许按第 8.1.7 条规定延长焊工合格证书的有效期者，焊工考试委员会应填发免试证明，延长其有效期。

附录一　手工电弧焊焊接接头基本型式与尺寸

手工电弧焊焊接接头基本型式与尺寸(mm)　　附表 1.1

序号	适用厚度	基本型式	焊缝型式	基本尺寸	标注方法
1	≤6			δ: ≤6 b: $\frac{1}{2}\delta \pm 1$	
2	≤6			δ: ≤6 b: =δ	
3	6～16		$S \geq 0.7\delta$	δ: 6～9 | >9～16 b: 1±1 | 2±1 P: 2±1 | 2±1	
4	6～16			(同上)	
5	6～26			δ: 6～9 | >9～15 | >15～26 b: 6±1 | 8±1 | 9±1 P: 2±1 | 2±1 | 2±1	

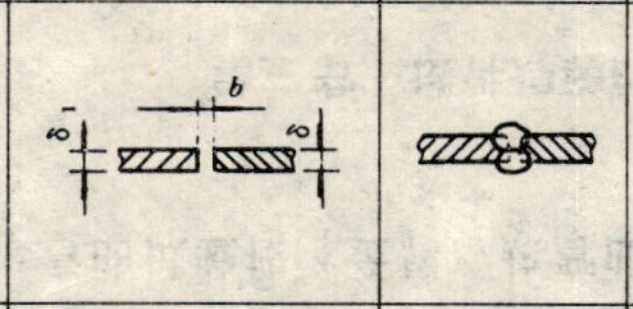

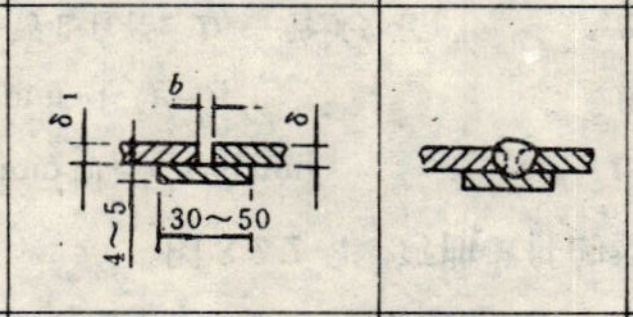

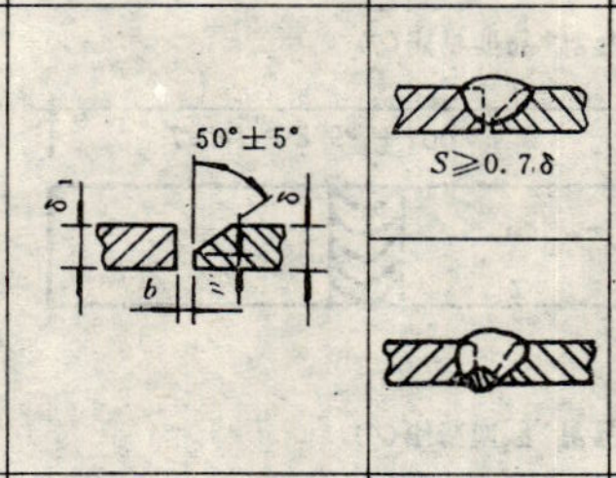

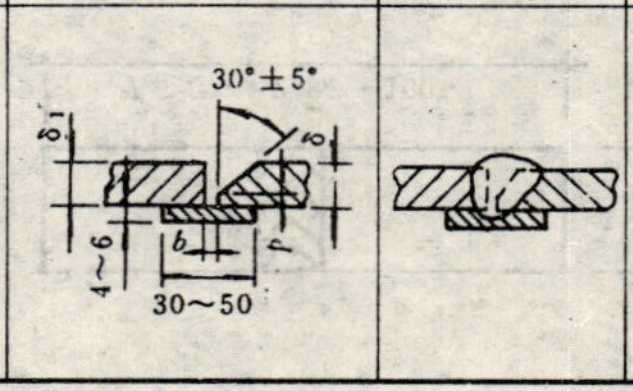

续附表 1.1

序号	适用厚度	基本型式	焊缝型式	基本尺寸	标注方法
6	6～16		$S \geq 0.7\delta$	δ: 6～9 | >9～16 α: 55°±5° | 55°±5° b: 1±1 | 2±1 P: 1^{+1}_{-0} | 2±1	
7	6～16			(同上)	
8	6～26			δ: 6～12 | >12～26 b: 6±1 | 9±1 P: 2±1 | 2±1 d: 45°±5° | 35°±5°	
9	≥12			δ: ≥12 β: 60°±5° b: 2^{+1}_{-2} P: 2±1 H: 10±2	
10	≥12			(同上)	
11	≥10			δ: ≥10 b: 2±1 P: 2±1 R: 5～6	
12	≥10			(同上)	

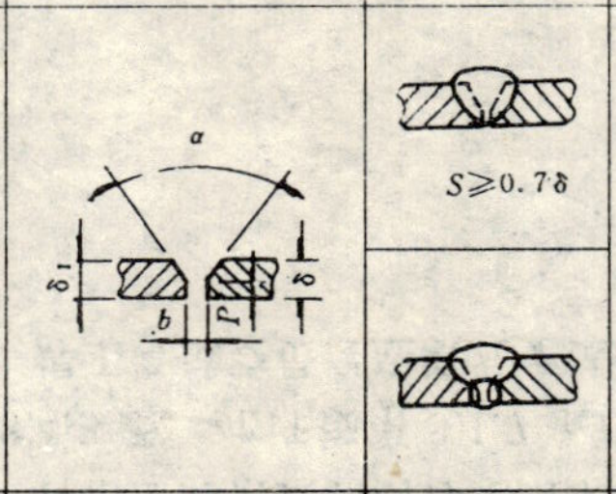

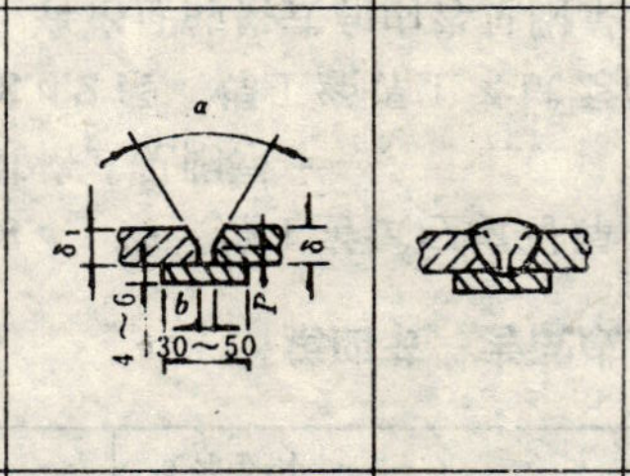

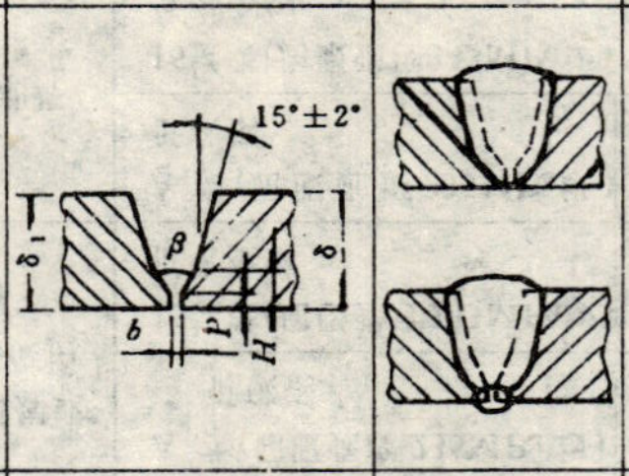

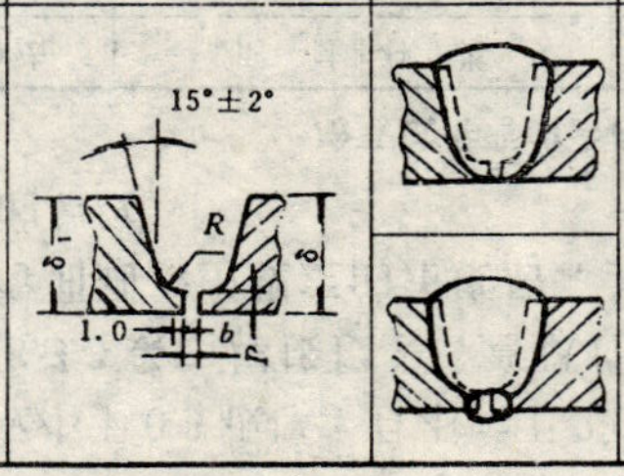

续附表 1.1

序号	适用厚度	基本型式	焊缝型式	基本尺寸	标注方法
13	16~60	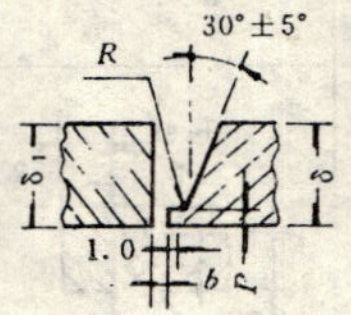 30°±5°, R, 1.0, b, P, δ, $δ_1$		δ 16~60 b 2±1 P 2±1 R 8~10	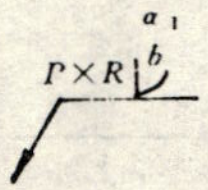 P×R, $α_1$, b
14					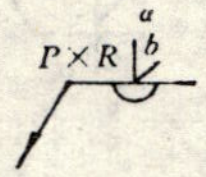 P×R, α, b
15	12~30	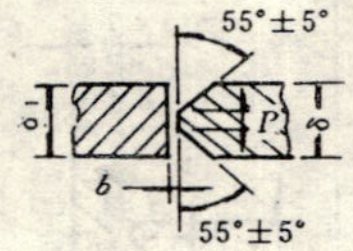 55°±5°, 55°±5°, P, b, δ, $δ_1$		δ 12~30 b 2±1 P 2±1	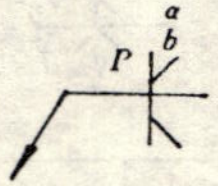 P, α, b
16	16~60	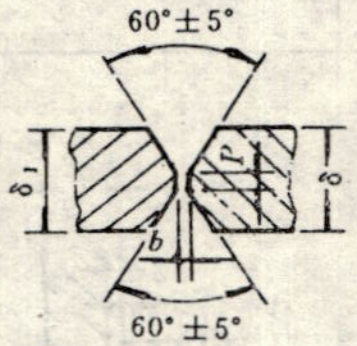 60°±5°, 60°±5°, P, b, δ, $δ_1$		δ 16~60 b 2±1 P 2±1	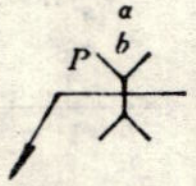 P, α, b
17					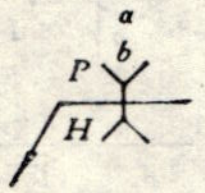 P, α, b, H
18	30~60	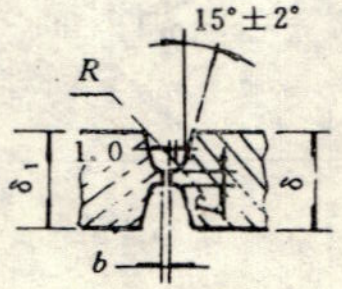 15°±2°, R, 1.0, b, δ, $δ_1$	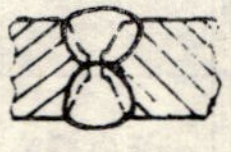	δ 30~60 b 2±1 P 2±1 R 6~8	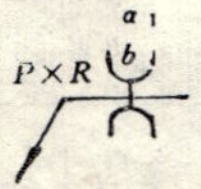 P×R, $α_1$, b

续附表 1.1

序号	适用厚度	基本型式	焊缝型式	基本尺寸	标注方法
19	≤6	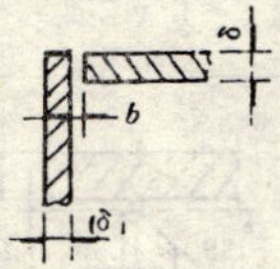 δ, b, $δ_1$	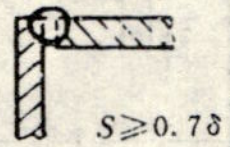 S≥0.7δ	δ ≤6 b 0^{+2} K_{min} 3	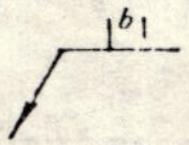 b_1
20			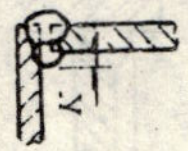 K		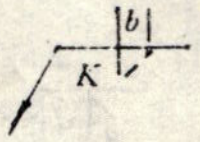 b, K
21	6~30	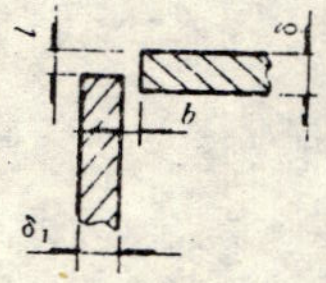 l, δ, b, $δ_1$	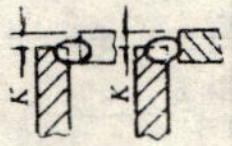 K, K	δ 6~30 b 0^{+2} K >0.5δ K_{min} 4 l 由设计确定	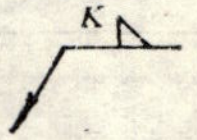 K
22			 K, K_1		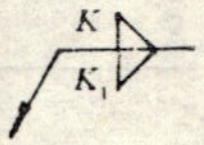 K, K_1
23	6~20	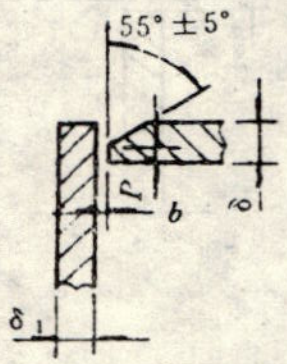 55°±5°, P, b, δ, $δ_1$	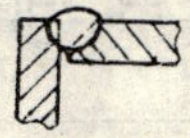 S≥0.7δ	δ 6~10, >10~20 b 1±1, 2±1 P 1±1, 2±1 K_{min} 4, 5	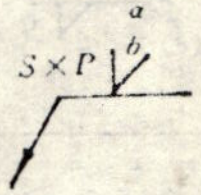 S×P, α, b
24			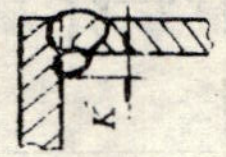 K		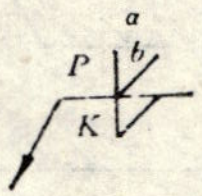 P, α, b, K
25	≥12	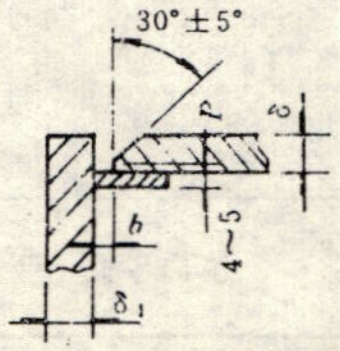 30°±5°, P, b, 4~5, δ, $δ_1$	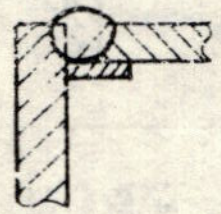	δ ≥12 b 6~9 P 2±1	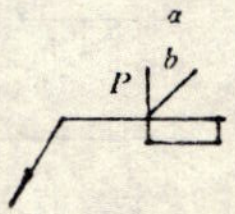 P, α, b

续附表 1.1

序号	适用厚度	基本型式	焊缝型式	基本尺寸	标注方法
26	16～60	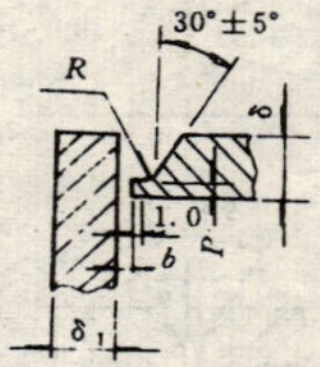	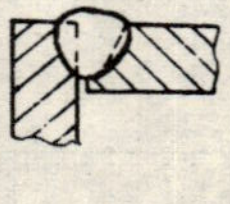	δ: 16～60 b: 2±1 P: 2±1 R: 8～10	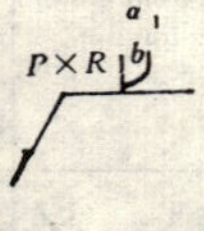
27			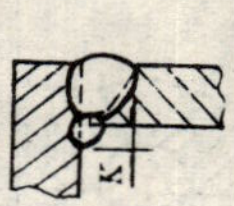		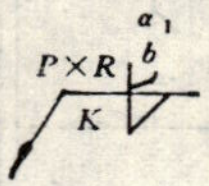
28	12～30	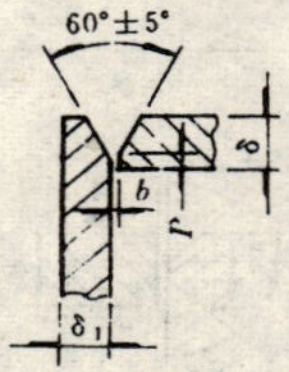	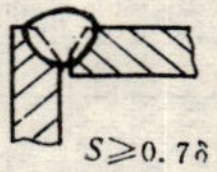 $S \geqslant 0.7\delta$	δ: 12～17, ≥17～30 b: 0^{+3} P: 2±1 K_{min}: 4, 6	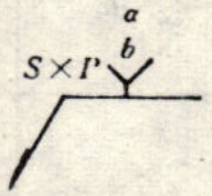
29			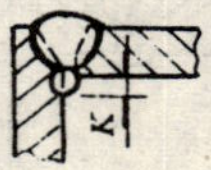		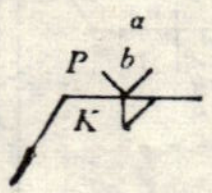
30	20～40	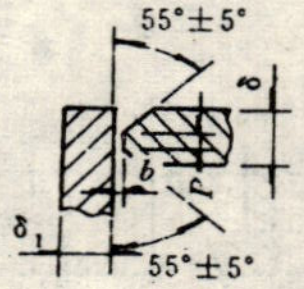		δ: 20～40 b: 2±1 P: 2±1	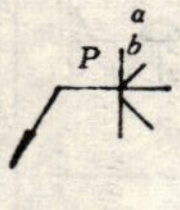
31	1～2	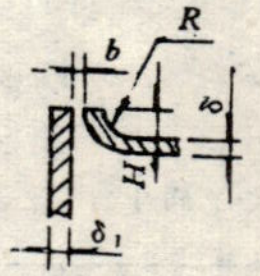		δ: 1～2 b: 0^{+1} R: 1～2 H: 3	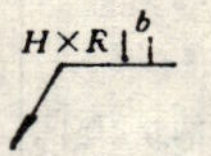

续附表 1.1

序号	适用厚度	基本型式	焊缝型式	基本尺寸	标注方法
32	2～60	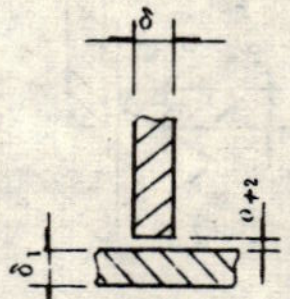	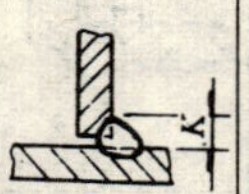	δ: 2～3, >3～6, >6～9, >9～12, >12～16, >16～23, >23～30, >30～60 K_{min}: 2, 3, 4, 5, 6, 8, 10, 12 K、l、e 由设计确定	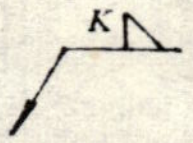
33			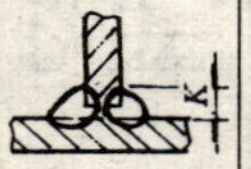		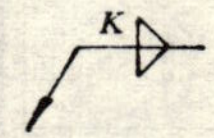
34			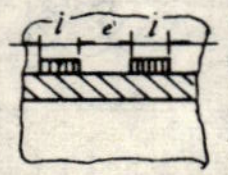		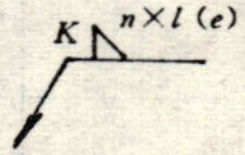
35			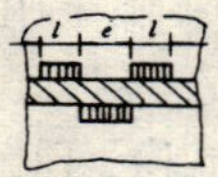		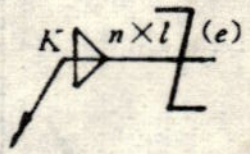
36	6～30	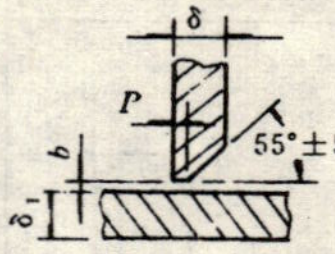	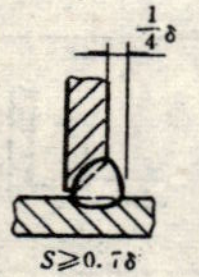 $S \geqslant 0.7\delta$	δ: 6～10, >10～17, >17～30 b: 1±1, 2±1, 3±1 P: 1±1, 2±1, 2±1	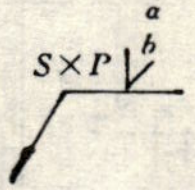
37	12～40	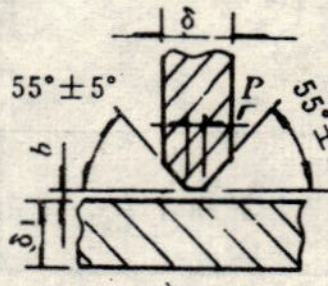	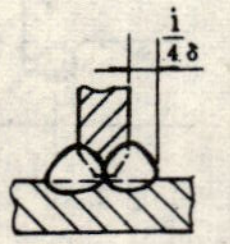	δ: ≥12～40 b: 2±1 P: 2±1	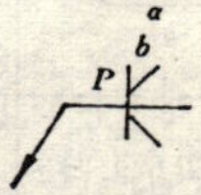

续附表 1.1

序号	适用厚度	基本型式	焊缝型式	基本尺寸	标注方法
38	30～60	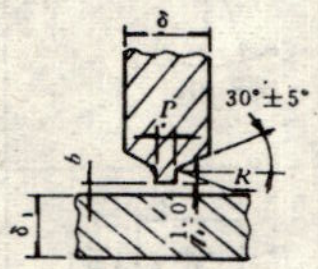	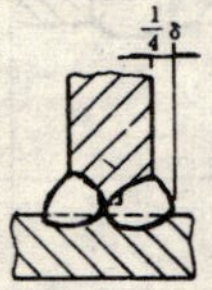	δ: ≥30～60 b: 2±1 P: 2±1 R: 8～10	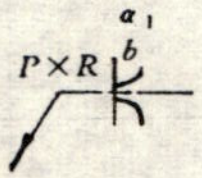 P×R
39	20～60	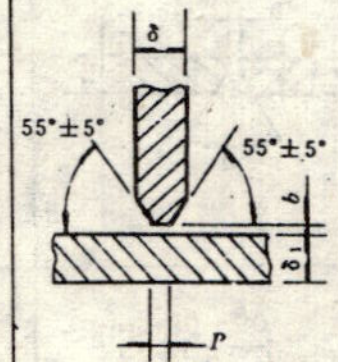	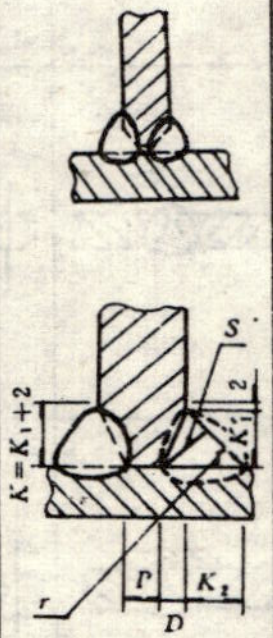	δ: 20～25, 26～32, 33～36, 37～40, 41～50, 50～60 b: 0^{+1}, 0^{+1}, 0^{+1}, 0^{+1}, 0^{+1}, 0^{+1} r: $45^{\circ}{}^{+10}_{-5}$ p: 6, 8, 10, 12, 15, 18	局部熔透焊缝 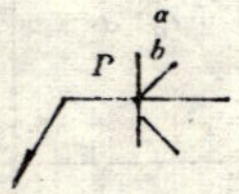
40	2～30	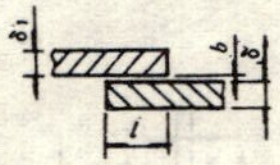	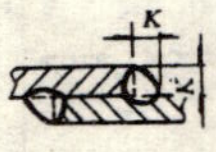	δ: ≥2～5, >5～30 b: 0^{+1}, 0^{+1} l: ≥2(δ_1+δ)或≥5δ K_{min}: δ+b	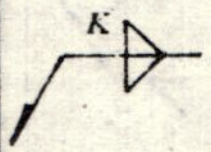 K
41	≥2	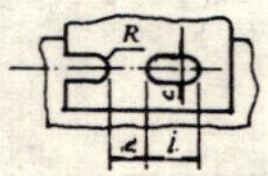		δ=2 2δ≤c≤40 R=0.5c l≥2R 焊点间距 e 和边距由设计确定	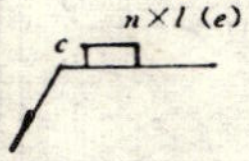 c n×l (e)

注：①板厚 $\delta \geq \delta_1$。

②Yβ 表示双 V 型坡口型式，β 表示其角度。

附录二　埋弧焊焊接接头基本型式与尺寸

埋弧焊焊接接头基本型式与尺寸(mm)　　附表 2.1

序号	适用厚度	基本型式	焊缝型式	基本尺寸	标注方法
1	≤12		 S≥0.7δ	δ: ≤12 b: 0^{+1}	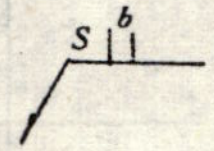 S b
2	≤12	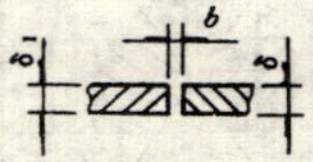		δ: ≤12 b: 0^{+1}	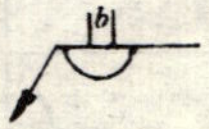 b
3	≤12			δ: ≤12 b: 0^{+1}	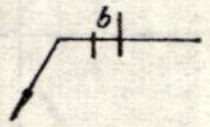 b
4	≤12	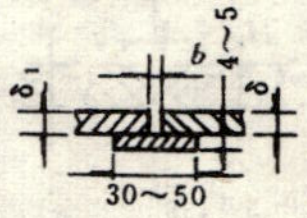 30～50		δ: ≥3～5, >5～9, >9～12 b: 3±1, 4±1, 6±1	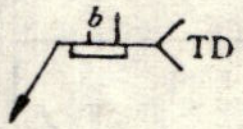 b TD
5	≤2	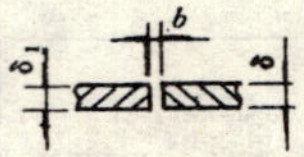		δ: ≥3～5, >5～9, >9～12 b: 2±1, 3±1, 4±1	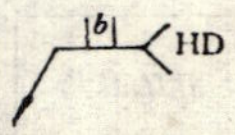 b HD

续附表 2.1

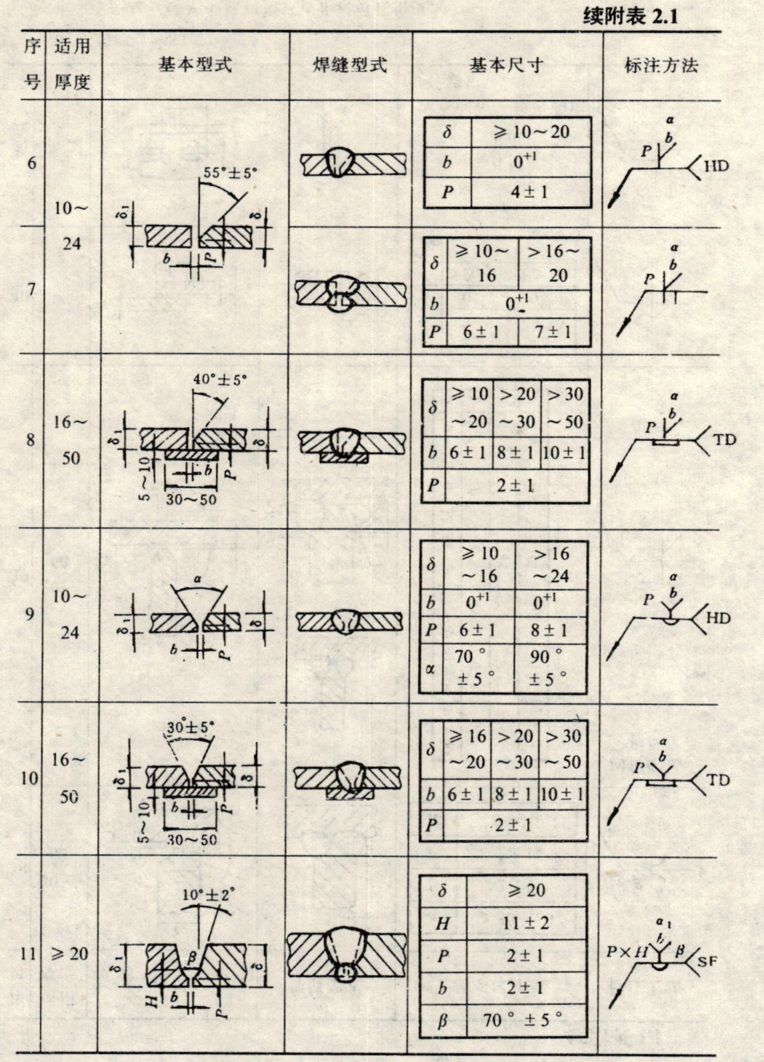

序号	适用厚度	基本型式	焊缝型式	基本尺寸	标注方法
6	10～24	55°±5°		δ: ≥10～20 b: 0^{+1} P: 4±1	HD
7	10～24			δ: ≥10～16 / >16～20 b: 0^{+1}_{-} P: 6±1 / 7±1	
8	16～50	40°±5°; 5～10; 30～50		δ: ≥10～20 / >20～30 / >30～50 b: 6±1 / 8±1 / 10±1 P: 2±1	TD
9	10～24	α		δ: ≥10～16 / >16～24 b: 0^{+1} / 0^{+1} P: 6±1 / 8±1 α: 70°±5° / 90°±5°	HD
10	16～50	30°±5°; 5～10; 30～50		δ: ≥16～20 / >20～30 / >30～50 b: 6±1 / 8±1 / 10±1 P: 2±1	TD
11	≥20	10°±2°		δ: ≥20 H: 11±2 P: 2±1 b: 2±1 β: 70°±5°	P×H; SF

续附表 2.1

序号	适用厚度	基本型式	焊缝型式	基本尺寸	标注方法
12	20～30	55°±5°; 55°±5°		δ: ≥20～30 b: 0^{+1} P: 8±1	
13	20～30				H
14	20～40	80°±5°; 80°±5°		δ: 20～40 b: 0^{+1} P: 6±1	
15	20～40				H
16	40～160	R; α_1		δ: ≥40～100 / >100～160 α: 10°±2° / 6°±2° b: 0^{+1} P: 8±1 R: 6±1	P×R
17	40～130	R; α_1; 60°±5°		δ: ≥40～60 / >60～90 / >90～130 α_1: 10°±2° / 8°±2° / 4°±2° b: 0^{+2} H: 12±1 P: 2±1 R: 10±1	P×R; H; SF

续附表 2.1

序号	适用厚度	基本型式	焊缝型式	基本尺寸	标注方法
18	6～10	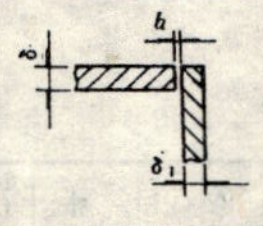	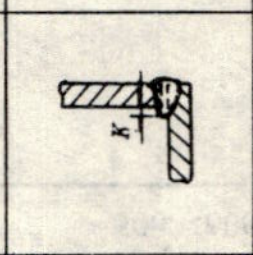	δ: 6～8, 9～14 b: 0^{+1} K_{min}: 4, 5	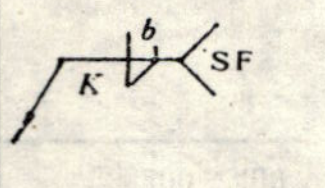
19	10～20	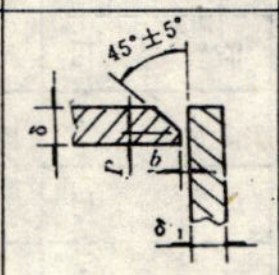	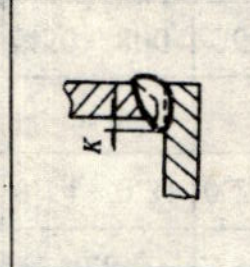	δ: 10～15, >15～20 b: 0^{-1} P: 5±1 K_{min}: 4, 6	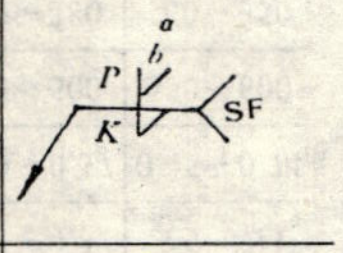
20	20～50	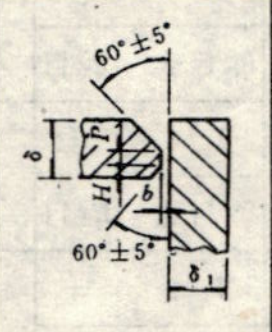	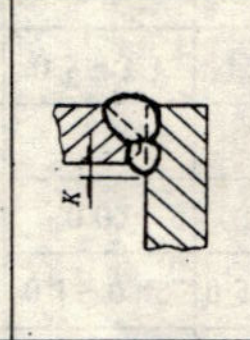	δ: 20～50 b: 0^{-1} P: 5±1 H: 8±1 K_{min}: 6	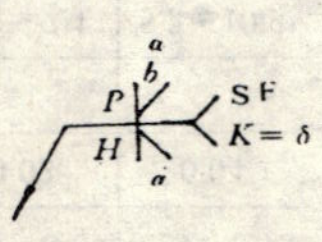
21	2～20	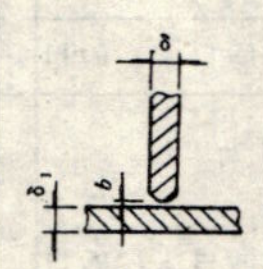	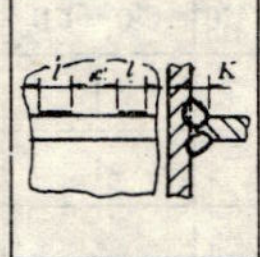	δ: 2～6, >6～10, >10～14, >14～20 b: 0^{+1}, 0^{+1}, 0^{+1}, 0^{+1} K_{min}: 3, 4, 5, 6 K、l、e 由设计确定	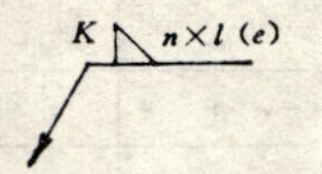
22	2～20		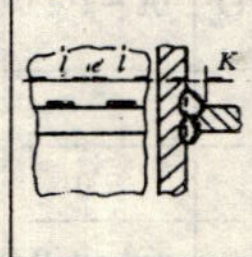		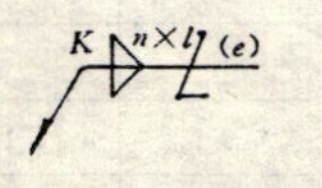
23	2～60	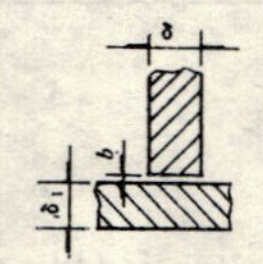	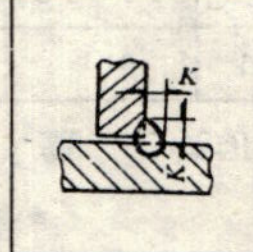	δ: >2～5, >5～12, >12～18, >18～25, >25～40, >40～60 b: 0^{+1}（>2～5、>5～12）, 0^{+2}（>12～60） K_{min}: 3, 4, 6, 8, 10, 12	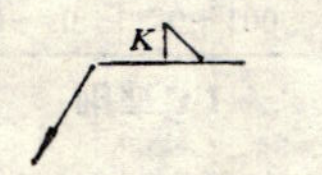
24	2～60		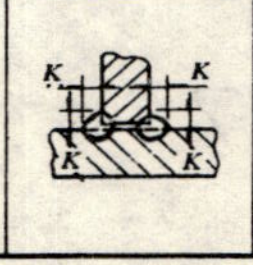		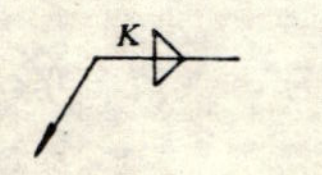

续附表 2.1

序号	适用厚度	基本型式	焊缝型式	基本尺寸	标注方法
25	10～24	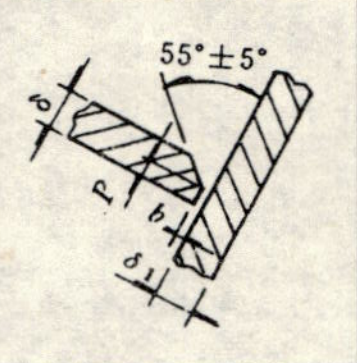	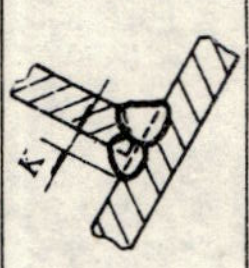	δ: 10～15, >15～20, >20～24 b: 0^{+1} P: 4±1 K_{min}: 6, 8, 10	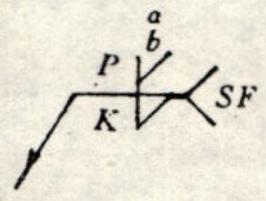
26	16～40	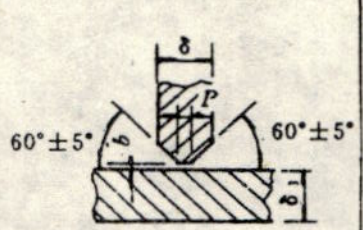		δ: 16～40 b: 0^{+1} P: 4±1	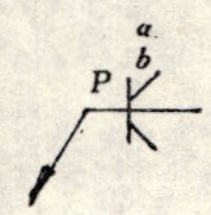
27	30～60	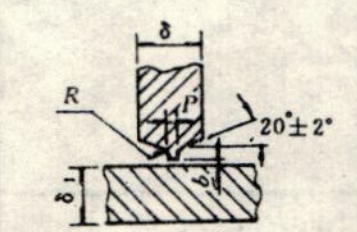		δ: 30～60 b: 0^{+1} P: 6±1 R: 10±1	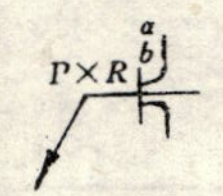
28	2～10	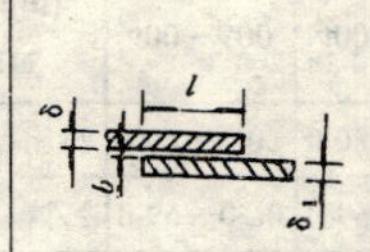	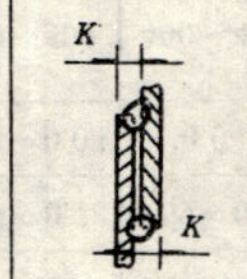	δ: 2～10 b: 0^{+1} l: ≥2(δ+$δ_1$)或 5δ K: ≥0.8δ	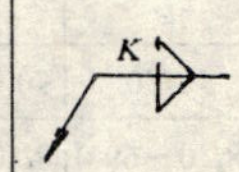

注：①HD 表示采用焊剂垫；TD 表示采用钢垫板。

②SF 表示手工封底。

③Yβ 表示双 V 型坡口型式，β 表示角度。

附录三　氧、乙炔切割工艺参数

氧、乙炔切割工艺参数　　**附表 3.1**

切割板厚度 (mm)			<10	10～20	20～30	30～50	50～100
切割氧孔直径(mm)		自动、半自动	0.5～1.5	0.8～1.5	1.2～1.5	1.7～2.1	2.1～2.2
		手工	0.6	0.8	1.0	1.3	1.6
割嘴型号		自动、半自动					
		手工	Gol～30	Gol～30	Gol～30 Gol～100	Gol～100	Gol～100
割嘴号码		自动、半自动	1	1	2	2、3	3
		手工	1	2	3、1、2	2	3
气体压力(MPa)	氧气	自动、半自动	0.1～0.3	0.15～0.34	0.19～0.37	0.16～0.41	0.16～0.41
		手工	0.1～0.49	0.39～0.59	0.59～0.69	0.59～0.69	0.59～0.78
	乙炔	自动、半自动	0.02	0.02	0.02	0.02	0.04
		手工	0.001～0.12				
气体流量	氧气 (m^3/h)	自动、半自动	0.5～3.3	1.8～4.5	3.7～4.9	5.2～7.4	5.2～10.9
		手工	0.8	1.4	2.2	3.5～4.3	5.5～7.3
	乙炔 (l/h)	自动	0.14～0.31	0.23～0.43	0.39～0.45	0.39～0.57	0.45～0.74
		手工	210	240	310	460～500	550～600
气割速度(mm/min)		自动	450～800	360～600	350～480	250～380	160～350
		半自动	500～600		400～500		200～400

附录四　氧、丙烷切割工艺参数

氧、丙烷切割工艺参数　　**附表 4.1**

切割板厚度(mm)		<10	10～20	20～30	30～40	40～50	50～60
气体压力(MPa)	氧气	0.69～0.78	0.69～0.78	0.69～0.78	0.69～0.78	0.69～0.78	0.69～0.78
	丙烷	0.02～0.03	0.03～0.04	0.04	0.04～0.05	0.04～0.05	0.05
切割速度(mm/min)		400～500	400～500	400～420	350～400	350～400	200～350
割嘴与钢板距离		预热焰的3/4	预热焰的3/4	预热焰的3/4	预热焰的3/4	预热焰的3/4	预热焰的3/4

附录五　焊接反变形参考数值

焊接反变形参考数值　　**附表 5.1**

板厚 t (mm)	$\frac{\alpha+2}{2}$ 反变形角度(平均值) ＼ f (mm) ＼ B (mm)	150	200	250	300	350	400	450	500	550	600	650	700
12	1°30′40″	2	2.5	3	4	4.5	5						
14	1°22′40″	2	2.5	3	3.5	4	5	5.5					
16	1°4′	1.5	2	2.5	3	3.5	4	4	4.5	5	5		
20	1°	1	2	2	2.5	3	3.5	4	4.5	4.5	5	5	
25	55′	1	1.5	2	2.5	3	3	3.5	4	4	4.5	5	5
28	34′20″	1	1	1	1.5	2	2	2	2.5	2.5	3	3.5	3.5
30	27′20″	0.5	1	1	1	1.5	1.5	2	2	2	2.5	2.5	3
36	17′20″	0.5	0.5	0.5	1	1	1	1	1.5	1.5	1.5	1.5	2
40	11′20″	0.5	0.5	0.5	0.5	0.5	0.5	1	1	1	1	1	1

附录六　焊接收缩余量

焊接收缩余量　　**附表 6.1**

结构类型	焊件特征和板厚	焊缝收缩量 (mm)
钢板对接	各种板厚	长度方向每米焊缝 0.7， 宽度方向每个接口 1.0
实腹结构及焊接 H 型钢	断面高小于等于 1000mm 且板厚小于等于 25mm	四条纵焊缝每米共缩 0.6，焊透梁高收缩 1.0，每对加劲焊缝，梁的长度收缩 0.3
	断面高小于等于 1000mm 且板厚大于 25mm	四条纵焊缝每米共缩 1.4，焊透梁高收缩 1.0，每对加劲焊缝，梁的长度收缩 0.7
	断面高大于 1000mm 的各种板厚	四条纵焊缝每米共缩 0.2，焊透梁高收缩 1.0，每对加劲焊缝，梁的长度收缩 0.5
格构式结构	屋架、托架、支架等轻型桁架	接头焊缝每个接口为 1.0， 搭接贴角焊缝每米 0.5
	实腹柱及重型桁架	搭接贴角焊缝每米 0.25
圆筒型结构	板厚小于等于 16mm	直焊缝每个接口周长收缩 1.0， 环焊缝每个接口周长收缩 1.0
	板厚大于 16mm	直焊缝每个接口周长收缩 2.0， 环焊缝每个接口周长收缩 2.0

附录七　自动保护药芯焊丝型号、规格及焊接参数

附表 7.1

自动保护药芯焊丝型号、规格及焊接参数

型号	焊丝直径 (mm)	电源极性	焊接电流 (A)	焊接电压 (V)	焊丝外伸长度 (mm)	抗拉强度 (MPa)	延伸率 (%)	冲击值J (kg·m/cm)	冷弯角度	焊接位置
YZ—50	2.4 3.2	交流 直流	150～400 300～350	22～34 24～34	～40	539	＞18	＞8	＞120°	平角 横
YS—504	2.0 2.4 2.8 3.2	直流	150～350 200～400 250～450 300～450	21～27 22～28 23～29 24～30	～30 ～30 ～30 ～30	490	＞18	＞8	＞120°	平角 横
YZ—53	2.0 2.4	交流 直流	150～350 150～400	21～23 22～34	～40	539	＞18	＞6	＞120°	平角 横立
YZ—55	2.0 2.4 2.8 3.2	直流	150～350 150～400 200～450 300～500	21～27 22～28 23～29 24～30	30～50 30～50 30～50 30～50	539	＞18	＞6	＞120°	平角 横立

注：冷弯弯心直径取试样厚度的 2 倍。

附录八　超声波探测角焊缝和T型焊缝操作方法

超声波探测角焊缝和 T 型焊缝的操作方法见附图 8.1～8.4 所示。

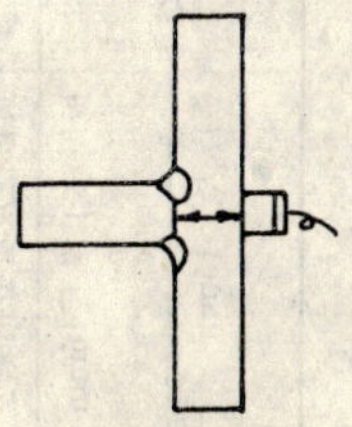

附图 8.1　单晶片纵波直探头或聚焦直探头

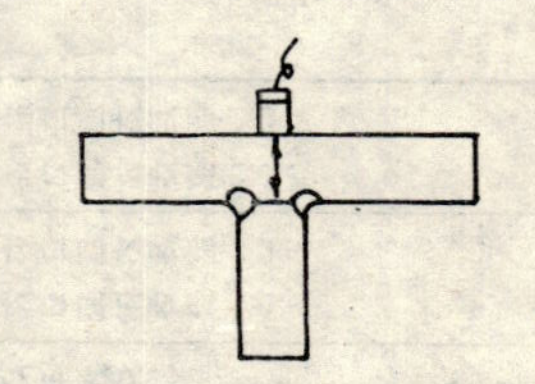

附图 8.2　双晶片纵波直探头

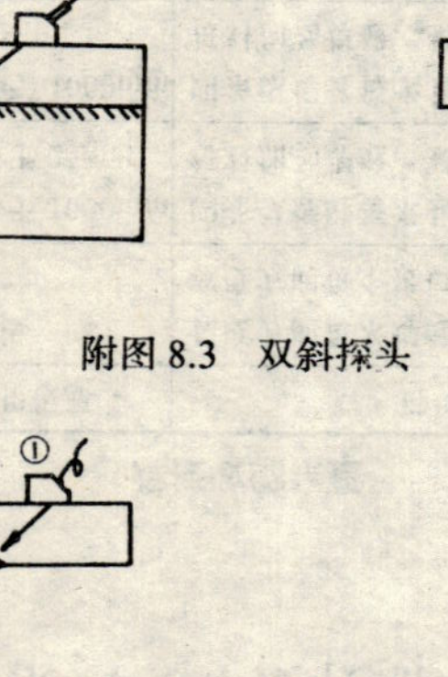

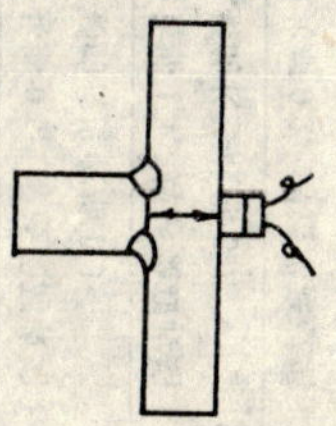

附图 8.3　双斜探头

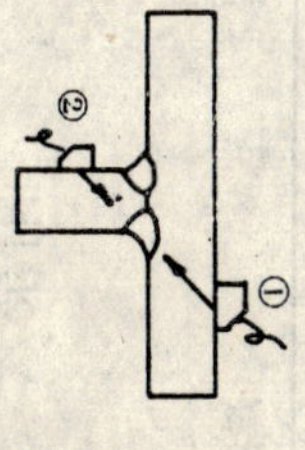

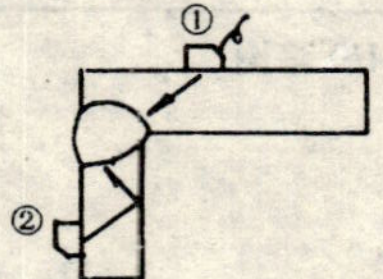

附图 8.4　单斜探头

附录九　磁粉探伤技术

本技术只适用于检验Q235和16Mn等钢结构焊缝及其母材的表层裂纹等缺陷的探伤。

一、磁化方法

磁化方法应优先选用交叉磁轮式旋转磁化法，也可以使用磁轮法（即电磁铁）或触头法（即局部通电法）。

（一）交叉磁轮旋转磁化法

1. 磁化程度。当交叉磁轮的4个磁极紧贴在构件上时，在4个磁极对称中心点处的任意方向的磁场强度应不小于15 Oe (1200A／m)。

2. 磁极与构件的间隙。磁极端面与构件之间保持一定间隙是为了连续行走探伤时不产生摩擦，此间隙应尽量小，一般应不大于1mm。

3. 磁轮行走方向及跨越宽度。行走方向应在交叉磁轮旋转磁场的长轴方向上，跨越宽度应不小于被探工件厚度的2倍。

4. 激磁电流。应使用两相或三相正弦交变电流激磁。

5. 磁轮。

(1) 永久磁轮和直流电磁轮的提升力应不小于20kg，磁极间距应不大于150mm。永久磁轮和直流电磁轮只适用于厚度小于6mm的构件，或因无法作用其它磁化方法的情况下。

(2) 交流电磁轮。交流电磁轮的磁极间距一般应不大于200mm，提升力应不小于5kg。

（二）触头法（局部通电法）

此方法是通过2个触头（电极）将电流直接通入被探工件，从而产生磁场进行磁粉探伤的。由于激磁电流通过触头直接通入工件，因此有产生电弧烧伤工件表面的危险，操作时应格外注意。

1. 触头间距。探伤时触头间距应调整到不大于20mm。为避免烧伤工件，可在工件与触头之间垫以铜网，在通风良好的情况下也可以使用铅衬垫。

2. 磁化电流应根据触头间距确定磁化电流，一般应为4～5A／mm。

二、磁粉与磁悬液

（一）磁粉

磁粉可分为荧光磁粉和非荧光磁粉。在条件允许的情况下，为提高反差、便于观察可用荧光磁粉。

磁粉粒度选用：用湿法探伤时，磁粉粒度应不小于200目；用干法探伤时，应为80～120目。

（二）磁悬液

磁悬液是由磁粉和载液配成的悬浮液体，一般用煤油或水作载液。

1. 当用煤油作载液时，其磁粉浓度可按下列比例配制：

非荧光磁粉　　1～20g／L（煤油）；

荧光磁粉　　1～3g／L（煤油）。

2. 当用水作载液时，应另加活性剂和防锈剂，其配方见附表9.1。

活性剂和防锈剂配方　　附表9.1

配方Ⅰ		配方Ⅱ	
成分	比例	成分	比例
水	1000CC	水	1000CC
乳化钠	10g	表面活性剂—on—10或on—20	0.5%(容积比)
二乙醇胺	5g		5g
亚硝酸剂	5g		0.5～2g
荧光磁粉	1～2g		1g
消泡剂	1g		

三、试片

试片是用来检查探伤装置、磁粉和悬液的性能以及试件表面有效磁场强度、方向、有效探伤范围和探伤操作正确程度的元件。

(一) 圆形刻槽试片

形状与尺寸如附图 9.1，规格、型号及材质见附表 9.2。

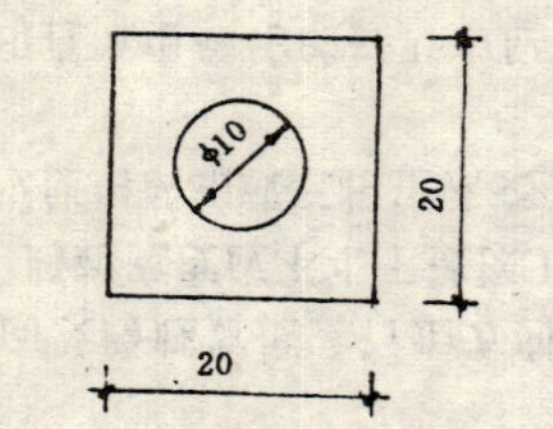

附图 9.1 圆形刻槽试片(mm)

试片规格型号 **附表 9.2**

规格、型号			材　　质
7／50	15／50	30／50	用经过退火后的工业纯铁薄片制成
／15／100	30／100、	60／100	用未经退火的工业纯铁薄片制成(冷轧状态)

注：试片型号中分数的分子为人工缺陷(圆形刻槽)的深度，分母为试片厚度，单位为 μm。

(二) 直线刻槽试片

直线刻槽试片是用 50μm 厚的工业纯铁薄片制成，其形状及尺寸见附图 9.2，在试片中间沿纵向刻有 8μm 深的直线刻槽作为人工缺陷，探伤时可沿分割线切成 5mm×10mm 的小片使用。

(三) 试片作用方法

圆形刻槽试片和直线刻槽试片在使用时，将有刻槽的一面朝向被探工件，用透明胶带紧贴在工件表面上，并且要注意不得使胶带覆盖住试片上的刻槽部位。

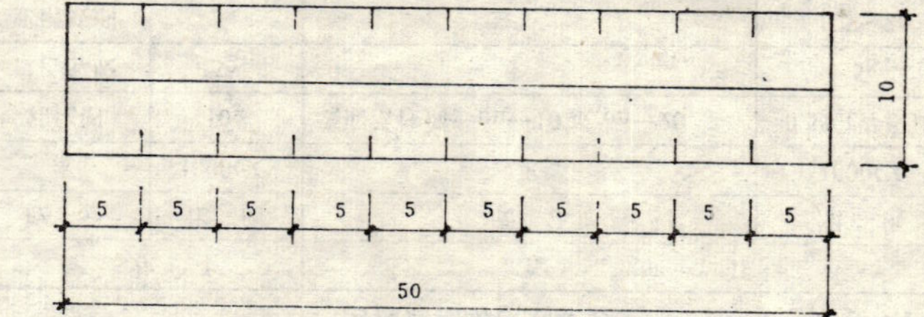

附图 9.2 直线刻槽试片(mm)

(四) 试片的灵敏度

试件型号分数值小的（如 15／100）比分数值大的（如 30／100）需要更高的有效磁场强度才能显示刻槽的磁痕。未经退火（冷轧）的试片比退火试片需要更高的有效磁场强度才能显示刻槽的磁痕。

四、紫外线灯

当使用荧光磁粉探伤时，必须采用紫外线灯作光源来观察磁痕，紫外线灯应发出波长为（32～40）$\times 10^{-5}$mm 的紫外线，其强度应足以识别荧光磁痕，通常可选用 100W 以上的携带式紫外线灯。探伤时应注意避免用眼睛直视紫外线光源。

五、探伤操作

(一) 探伤前的准备工作

1. 探伤前应对待探部位进行打磨或喷砂处理，清除影响判伤的飞溅、锈斑和松动的氧化皮等物，打磨用的砂轮粒度应不低于 46#。

2. 探伤灵敏度的检验。探伤前需将试片贴在被探工件表面上，用以检验探伤装置，磁粉、磁悬液的性能灵敏度和探伤操作正确性。

(二) 旋转磁化法探伤

使用交叉磁轮探伤时，一边连续行走旋转磁化，一边喷洒磁悬液，探伤过后应立即观察磁痕，进行判伤。行走速度对探伤灵敏度有直接影响，行走速度不宜过快，一般应不超过3m／min。

（三）磁轮法探伤

磁化与喷洒磁粉、磁悬液应协调进行，在磁化的同时施加磁粉或磁悬液，探伤结束时应先停止施加磁粉或磁悬液后再停止磁化。为避免漏检，同一检验部位至少应进行两次（互相垂直）磁化探伤。

（四）磁痕的观察

应在探伤后尽快地进行，以免缺陷磁痕被破坏。

六、探伤记录

1. 探伤工件名称、材质、探伤部位、表面状态。

2. 探伤技术条件:

(1) 探伤装置的名称、型号及制造厂家。

(2) 磁粉的类型、粒度及颜色。

(3) 磁悬液、载液的种类及浓度。

(4) 磁极（或电极）的布置和探伤行走速度。

(5) 探伤灵敏度（试片型号）。

3. 探伤结果。记录缺陷磁痕、所在位置及形状尺寸等。

4. 探伤人员签名及探伤日期。

附录十　渗透探伤试验方法

一、工件技术要求

1. 工件受检表面光洁度是影响显示灵敏度的重要因素，当受检表面光洁度对显示灵敏度有影响时，需加工或抛光处理，使光洁度不低于∇_3。

2. 工件受检表面及其周围 20mm 范围内不应有氧化皮、焊渣、飞溅、油脂、布屑、污垢等异物。

二、渗透剂、清洗剂、显示剂的要求

1. 渗透剂与清洗剂的色别必须具有明显的对比度。

2. 渗透剂、清洗剂、显示剂应具有适当的挥发性，宜保存在密封容器中，最好使用前配制或购买商用 GE 国际型或 HD 标准型渗透清洗显示剂。

3. 显示剂在检查完毕后要便于清洗。

4. 选用任何配方时均须用灵敏度试块进行校验。

三、操作步骤

1. 工件表面干燥后方可施加渗透剂，采用浸沾、刷涂、喷射等方法施加渗透剂，渗透时间不小于 10min。

2. 除去多余的渗透剂，可用擦抹等方法，施涂清洗剂，禁止在工件表面倾倒大量清洗剂，以防将渗入缺陷中的渗透剂清除掉。

3. 施加显示剂可用喷射法或刷涂法，受检表面形成的显示剂薄膜必须薄而均匀。

4. 观察缺陷。显示剂施加完毕，一般停留 10～30min，再用 4～10 倍放大镜对缺陷进行观察。观察应在光线充足的条件下进行，当发现不允许存在的缺陷，当即作出标记。

5. 缺陷观察完毕后，清除显示剂。操作应在温度 15～50℃条件下进行，否则应对渗透剂进行灵敏度校验。如在房间操作时，须采取安全防护措施，防止操作人员中毒。

四、探伤报告的内容：

1. 工程名称及构件编号；
2. 检验部位，探伤灵敏度（用灵敏度试块表示）；
3. 使用配方或标准商用着色渗透剂型号；
4. 探伤结果、缺陷大小、位置、形状；
5. 检验日期及检验人员签名。

附录十一　焊工考试登记表

焊工考试登记表　　　　**附表 11.1**

<table>
<tr><td>姓　名</td><td></td><td>性　别</td><td></td><td rowspan="5">照
片</td></tr>
<tr><td>出生年月</td><td></td><td>工　种</td><td></td></tr>
<tr><td>现有文化程度</td><td></td><td>从事焊接工龄</td><td></td></tr>
<tr><td>技术等级</td><td></td><td>焊工代号</td><td></td></tr>
<tr><td>工作单位</td><td colspan="3"></td></tr>
<tr><td>从事焊接工作简历</td><td colspan="4"></td></tr>
<tr><td colspan="5">现有考试合格认可项目</td></tr>
<tr><td colspan="5">申请考试项目</td></tr>
<tr><td>考试委员会审查意见</td><td colspan="4"></td></tr>
</table>

附录十二　焊工考试记录表

焊　工　考　试　记　录　　　　附表 12.1

考试类别	焊接方法				
	焊件型式				
	焊接位置				
	钢材类别				
考试用材料	钢板或钢管牌号				
	板厚或壁厚(mm)				
	母材抗拉强度(MPa)				
	焊条牌号及直径(mm)				
	焊丝牌号及直径(mm)				
	焊剂或气体牌号				
外观检查	焊缝外观尺寸	正　面			
		反　面			
	焊缝正反面的表面缺陷				
	焊件变形角度和错边量(mm)				
无损探伤检查结果					
断口探伤检查结果					
冷弯试验	面弯				
	背弯				
考试结果评定	操作技能		考试日期		
	基本知识	(分数)	主考人(签字)		
同意签发证		有效期自　　年　　月至　　年　　月			
考试委员会评定签章		主任委员(签字)　　(考试委员会公章)　　年　　月　　日			

附录十三　焊 工 合 格 证

建　筑　钢　结　构
焊工合格证

姓　　名________ 性　　别________ 焊工代号________ 编号	照片 企业单位钢印或公章(压照片左侧) 焊工考试委员会签章 年　　月　　日

焊接质量事故记录表

年月日	质量事故内容	检验员

注　意　事　项

1、此证应妥善保存，只限本人使用
2、此证记载各项，不得私自涂改，有效工作范围，应与考试合格时内容基本一致
3、合格证的有效期为三年

焊接方法		考试种类	
钢材种类		板厚或管径	
焊丝/焊条 牌号		直　径	
焊剂牌号	(CO$_2$气体纯度)		
外观检查		无损探伤	
冷弯试验			
其它检查			
理论考试		总评	
技能考试			
负责人签字		填发日期	

免　试　证　明

该焊工在　　　年　　　月至　　　年　　　月期间从事焊接工作，质量

共　　项的有效期延长至　　　年　　月　　日

焊工考试委员会主任委员

年　　月　　日

注：焊工合格证为塑料封面。

附录十四 名词对照

名 词 对 照　　附表 14.1

项次	本规程的名词	曾用名词	说明
1	设计图	设计施工图，KM 设计图	
2	施工图	施工详图，KMД 加工图	
3	设计文件	图纸说明，设计变更通知单，技术联系单	
4	涂层	刷面层、涂底层	
5	顶紧	磨光顶紧，刨光顶紧，顶紧	
6	母材		被焊接的材料统称
7	力学性能	机械性能、力学性能	
8	划痕	划痕，擦伤，刮伤，划道	
9	分层	分层，起层，夹层	
10	定位焊缝		焊前为装配和固定焊接接头的位置而施焊的短焊缝
11	非承载焊缝	构造焊缝	焊件上不直接承受荷载只起连接作用的焊缝
12	焊缝凹度		凹形角焊缝横截面中，焊趾连线与焊缝表面之间的最大距离
13	余高	加强度	超出焊趾连线部分的焊缝高度
14	焊缝长度		焊缝沿轴线方向的长度
15	焊缝金属		构成焊缝的金属，一般是熔化的母材和填充金属凝固形成的那部分金属
16	层间温度		多层焊时，在停焊后继续焊之前，其相邻焊道应保持的最低温度
17	船形焊		T 型、十字型和角接接头处于平焊位置进行的焊接

续附表 14.1

项次	本规程的名词	曾用名词	说明
18	焊道		每一次熔敷所形成的一条单道焊缝
19	角焊缝		沿两直交或近似直交焊件的交线上的焊缝
20	T 型接头		一焊件之端面与另一焊件表面构成直角或近似直角的接头
21	零件		经加工未组装的型钢和钢板件
22	部件		部分组装待加工件
23	构件		全部组装完成的构件，如屋、架、梁、柱、支撑等

附录十五 有关的标准目录

有关的标准目录 附表 15.1

项次	标准代号	标准名称
1	GB700	碳素结构钢技术条件
2	GB1591	低合金结构钢技术条件
3	GB714	桥梁建筑用热轧碳素钢技术条件
4	YB168	桥梁用碳素钢及普通低合金钢钢板技术条件
5	GB222	钢的化学分析用试样、取样及成品化学成分允许偏差
6	GB2975	钢的力学及工艺性能试验取样规定
7	GB980	焊条分类及型号编制方法
8	GB5117	碳钢焊条
	GB5118	低合金钢焊条
9	GB985	气焊、手工电弧焊及气体保护焊焊缝坡口的基本型式与尺寸
10	GB986	埋弧焊焊缝坡口的基本型式与尺寸
11	GB324	焊缝符号表示法
12	GB2649	焊接接头机械性能试验取样法
13	GB2650	焊接接头冲击试验法
14	GB2651	焊接接头拉伸试验法
15	GB2652	焊缝（及堆焊）金属拉伸试验法
16	GB2653	焊接头弯曲及压扁试验法
17	GB3323	钢熔化焊对接接头射线照相和质量分级
18	JB1152	钢制压力容器对接焊缝超声波探伤
19	GB1300	焊接用钢丝

附录十六 非法定计量单位与法定计量单位的换算关系

非法定计量单位与法定计量单位的换算 附表 16.1

量的名称	非法定计量单位		法定计量单位		换算关系
	名称	符号	名称	符号	
力、重力	千克力	kgf	牛顿	N	1kgf＝9.80665N
	吨力	tf	千牛顿	kN	1tf＝9.80665kN
力矩、弯矩	千克力米	kgf·m	牛顿米	N·m	1kgf·m＝9.80665N·m
	吨力米	tf·m	千牛顿米	kN·m	1tf·m＝9.80665kN·m
应力、材料强度	千克力每平方毫米	kgf/mm^2	兆帕斯卡（牛顿每平方毫米）	MPa (N/mm^2)	$1kgf/mm^2$＝9.80665MPa (N/mm^2)
	千克力每平方厘米	kgf/cm^2	兆帕斯卡（牛顿每平方毫米）	MPa (N/mm^2)	$1kgf/cm^2$＝0.0980665MPa (N/mm^2)
弹性模量、剪变模量	千克力每平方厘米	kgf/cm^2	兆帕斯卡（牛顿每平方毫米）	MPa (N/mm^2)	$1kgf/cm^2$＝0.0980665MPa (N/mm^2)

附录十七　本规程用词说明

一、为便于在执行本规程条文时区别对待，对要求严格程度不同的用词说明如下：

1. 表示很严格，非这样做不可的：

正面词采用“必须”；

反面词采用“严禁”。

2. 表示严格，在正常情况下均应这样做的：

正面词采用“应”；

反面词采用“不应”或“不得”。

3. 表示允许稍有选择，在条件许可时首先应这样做的：

正面词采用“宜”或“可”；

反面词采用“不宜”。

二、条文中指明必须按其它有关标准、规范执行时的写法为“应按……执行”或“应符合……的要求（或规定）”；非必须按照所指定的标准、规范的写法为“可参照……的要求（或规定）”。

附加说明

本规程主编单位、参加单位和主要起草人名单

主编单位： 湖北省建筑工程总公司

参加单位： 北京钢铁设计研究总院

冶金部建筑研究总院

宝山钢铁总厂工程指挥部

重庆钢铁设计研究总院

武汉钢铁公司金属结构厂

武汉冶金设备制造公司

主要起草人： 肖建华　赵熙元　何奋韬　温宏达　李国兴

姚莺放　舒新阁　李　云　倪福生　罗经亩

中华人民共和国行业标准

塑料门窗安装及验收规程

Specification for Installation and
Acceptance of UPVC Doors and Windows

JGJ 103—96

主编单位：中国建筑科学研究院
批准部门：中华人民共和国建设部
施行日期：1997年4月1日

关于发布行业标准《塑料门窗安装及验收规程》的通知

建标［1996］587号

各省、自治区、直辖市建委（建设厅），各计划单列市建委，国务院有关部门：

根据建设部建标［1994］第314号文的要求，由中国建筑科学研究院负责主编的《塑料门窗安装及验收规程》，业经审查，现批准为行业标准，编号JGJ103—96，自1997年4月1日起施行。

本标准由建设部建筑工程标准技术归口单位中国建筑科学研究院归口管理并负责解释等工作。

本规程由建设部标准定额研究所组织出版。

中华人民共和国建设部
1996年11月14日

1 总　　则

1.0.1 为保证塑料门窗安装施工的质量，做到技术先进，经济合理，安全可靠，制定本规程。

1.0.2 本规程适用于（UPVC）塑料门窗的安装与验收。

1.0.3 建筑塑料门窗的安装及验收，除应按照本规程的规定执行外，尚应符合国家现行的有关标准、规范的规定。

2 门窗质量要求

2.1 材料质量要求

2.1.1 门窗采用的异型材、密封条等原材料应符合现行的国家标准《门窗框用硬聚氯乙烯型材》（GB8814）和《塑料门窗用密封条》（GB12002）的有关规定。

2.1.2 门窗采用的紧固件、五金件、增强型钢及金属衬板等，应符合下列要求：

2.1.2.1 紧固件、五金件、增强型钢及金属衬板等，应进行表面防腐处理；

2.1.2.2 紧固件的镀层金属及其厚度宜符合现行国家标准《螺纹紧固件电镀层》（GB5269）表2及表3的有关规定，紧固件的尺寸、螺纹、公差、十字槽及机械性能等技术条件应符合现行国家标准《十字槽盘头自攻螺钉》（GB845）、《十字槽沉头自攻螺钉》（GB846）的有关规定；

2.1.2.3 五金件型号、规格和性能均应符合国家现行标准的有关规定；滑撑铰链不得使用铝合金材料。

2.1.3 全防腐型门窗应采用相应的防腐型五金件及紧固件。

2.1.4 固定片厚度应大于或等于1.5mm，最小宽度应大于或等于15mm，其材质应采用Q235-A冷轧钢板，其表面应进行镀锌处理。

2.1.5 组合窗及连窗门的拼樘料应采用与其内腔紧密吻合的增强型钢作为内衬，型钢两端应比拼樘料长出10～15mm。外窗的拼樘料截面尺寸及型钢形状、壁厚，应能使组合窗承受该地区的瞬时风压值。

2.1.6 玻璃及玻璃垫块的质量应符合下列要求：

2.1.6.1 玻璃的品种、规格及质量应符合国家现行产品标准的规定，并应有产品出厂合格证，中空玻璃应有检测报告；

2.1.6.2 玻璃的安装尺寸应比相应的框、扇（梃）内口尺寸小4～6mm（如图2.1.6）；

2.1.6.3 玻璃垫块应选用邵氏硬度为70～90（A）的硬橡胶或塑料，不得使用硫化再生橡胶、木片或其他吸水性材料。其长度宜为80～150mm，厚度应按框、扇（梃）与玻璃的间隙确定，并宜为2～6mm。

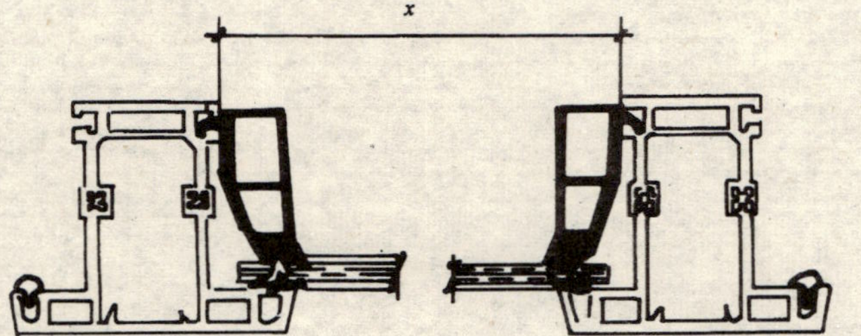

图2.1.6 玻璃安装尺寸示意图

x—框扇梃内口尺寸

2.1.7 门窗与洞口密封用嵌缝膏应具有弹性和粘接性。

2.1.8 与聚氯乙烯型材直接接触的五金件、紧固件、密封条、玻璃垫块、嵌缝膏等材料，其性能应与PVC塑料具有相容性。

2.2 门窗质量要求

2.2.1 门窗的外观、外形尺寸、装配质量、力学性能应符合国家现行标准的有关规定；门窗中竖框、中横框或拼樘料等主要受力杆件中的增强型钢，应在产品说明中注明规格、尺寸。门窗的抗风压、空气渗透、雨水渗漏三项基本物理性能应符合《PVC塑料门》（JG/T3017）、《PVC塑料窗》（JG/T3018）中对这三项性能分级的规定及设计要求，并附有该等级的质量检测报告。如果设计对保温、隔声性能提出要求，其性能也应符合《PVC塑料门》（JG/T3017）、《PVC塑料窗》（JG/T3018）的规定及设计要求。门窗产品应有出厂合格证。

2.2.2 窗的构造尺寸应包括预留洞口与待安装窗框的间隙及墙体饰面材料的厚度。其间隙应符合表2.2.2的规定。

洞口与窗框间隙 表2.2.2

墙体饰面层材料	洞口与窗框间隙（mm）
清水墙	10
墙体外饰面抹水泥砂浆或贴马赛克	15～20
墙体外饰面贴釉面瓷砖	20～25
墙体外饰面贴大理石或花岗岩板	40～50

注：窗下框与洞口的间隙可根据设计要求选定。

2.2.3 门的构造尺寸应符合下列要求：

2.2.3.1 门边框与洞口间隙应符合本规程表2.2.2的规定；

2.2.3.2 无下框平开门门框的高度应比洞口高度大10～15mm；带下框平开门或推拉门门框高度应比洞口高度小5～10mm。

2.2.4 门窗不得有焊角开焊、型材断裂等损坏现象，框和扇的平整度、直角度和翘曲度以及装配间隙应符合国家现行标准《PVC塑料门》（JG/T3017）、《PVC塑料窗》（JG/T3018）的有关规定，并不得有下垂和翘曲变形，以免妨碍开关功能。

2.2.5 当安装五金配件时，宜在其相应位置的型材内增设3mm厚的金属衬板；并不宜使用工艺木衬。五金配件的安装位置及数量应符合国家现行标准《PVC塑料门》（JG/T3017）及《PVC塑料窗》（JG/T3018）的规定。

2.2.6 门窗表面不应有影响外观质量的缺陷。

2.2.7 密封条装配后应均匀、牢固；接口应粘接严密、无脱槽现象。

2.2.8 门窗成品包装应符合国家现行标准《PVC 塑料门》(JG/T3017)及《PVC 塑料窗》(JG/T3018)的规定。

3 施工前准备

3.1 墙体、洞口质量要求

3.1.1 门窗应采用预留洞口法安装，不得采用边安装边砌口或先安装后砌口的施工方法。门窗洞口尺寸应符合现行国家标准《建筑门窗洞口尺寸系列》(GB5824)的规定。

对于加气混凝土墙洞口，应预埋胶粘圆木。

3.1.2 门窗及玻璃的安装应在墙体湿作业完工且硬化后进行，当需要在湿作业前进行时，应采取保护措施。

3.1.3 当门窗采用预埋木砖法与墙体连接时，其木砖应进行防腐处理。

3.1.4 对于同一类型的门窗及其相邻的上、下、左、右洞口应保持通线，洞口应横平竖直；对于高级装饰工程及放置过梁的洞口，应做洞口样板。洞口宽度与高度尺寸的允许偏差应符合表 3.1.4 的规定。

洞口宽度或高度尺寸的允许偏差（mm） **表 3.1.4**

墙体表面 \ 洞口宽度或高度	<2400	2400～4800	>4800
未粉刷墙面	±10	±15	±20
已粉刷墙面	±5	±10	±15

3.1.5 当安装门窗时，其环境温度不宜低于 5℃。

3.1.6 组合窗的洞口，应在拼樘料的对应位置设预埋件或预留洞。

3.1.7 门窗安装应在洞口尺寸按本规程第 3.1.4 条的规定检验且合格，并办好工种间交接手续后，方可进行。

3.2 施工前准备

3.2.1 安装工程中所使用的塑料门窗部件、配件、材料等在运输、保管和施工过程中，应采取防止其损坏或变形的措施。

3.2.2 门窗应放置在清洁、平整的地方，且应避免日晒雨淋，并不得与腐蚀物质接触。门窗不应直接接触地面，下部应放置垫木，且均应立放，立放角度不应小于70°，并应采取防倾倒措施。

3.2.3 贮存门窗的环境温度应小于50℃；与热源的距离不应小于1m。门窗在安装现场放置的时间不应超过两个月。当在环境温度为0℃的环境中存放门窗时，安装前应在室温下放置24h。

3.2.4 装运门窗的运输工具应设有防雨措施，并保持清洁。运输门窗，应竖立排放并固定牢靠，防止颠震损坏。樘与樘之间应用非金属软质材料隔开；五金配件也应相互错开，以免相互磨损及压坏五金件。

3.2.5 装卸门窗，应轻拿、轻放；不得撬、甩、摔。吊运门窗，其表面应采用非金属软质材料衬垫，并在门窗外缘选择牢靠平稳的着力点；不得在框扇内插入抬杠起吊。

3.2.6 安装用的主要机具和工具应完备；材料应齐全；量具应定期检验，当达不到要求时，应及时更换。

3.2.7 当洞口需要设置预埋件时，应检查预埋件的数量、规格及位置；预埋件的数量应和固定片的数量一致，其标高和坐标位置应准确。

3.2.8 门窗安装前，应按设计图纸的要求检查门窗的数量、品种、规格、开启方向、外形等；门窗五金件、密封条、紧固件等应齐全，不合格者应予以更换。

4 门窗安装

4.1 门窗安装工序

4.1.1 门窗安装的工序宜符合表4.1.1的规定。

门窗安装的工序　　表4.1.1

序号	工序名称 \ 门窗类型	平开窗	推拉窗	组合窗	平开门	推拉门	连窗门
1	补贴保护膜	+	+	+	+	+	+
2	框上找中线	+	+	+	+	+	+
3	装固定片	+	+	+	+	+	+
4	洞口找中线	+	+	+	+	+	+
5	卸玻璃（或门、窗扇）	+	+	+	+	+	+
6	框进洞口	+	+	+	+	+	+
7	调整定位	+	+	+	+	+	+
8	与墙体固定	+	+	+	+	+	+
9	装拼樘料			+			+
10	装窗台板	+	+	+			+
11	填充弹性材料	+	+	+	+	+	+
12	洞口抹灰	+	+	+	+	+	+
13	清理砂浆	+	+	+	+	+	+
14	嵌缝	+	+	+	+	+	+
15	装玻璃（或门、窗扇）	+	+	+	+	+	+
16	装纱窗（门）	+	+	+	+		+
17	安装五金件				+	+	+
18	表面清理	+	+	+	+	+	+
19	撕下保护膜	+	+	+	+	+	+

注：表中“+”号表示应进行的工序。

4.2 窗的安装

4.2.1 应将不同规格的塑料窗搬到相应的洞口旁竖放，当发现保护膜脱落时，应补贴保护膜，并应在窗框的上下边划中线。

4.2.2 如果玻璃已装在窗上，应卸下玻璃，并做标记。

4.2.3 固定片的安装应符合下列要求：

4.2.3.1 应在检查窗框上下边的位置及其内外朝向，并确认无误后，再安固定片。安装时应先采用直径为Φ3.2 的钻头钻孔，然后应将十字槽盘头自攻螺钉 M4×20 拧入，并不得直接锤击钉入；

4.2.3.2 固定片的位置应距窗角、中竖框、中横框 150～200mm，固定片之间的间距应小于或等于 600mm（见图 4.2.3）。不得将固定片直接装在中横框、中竖框的挡头上。

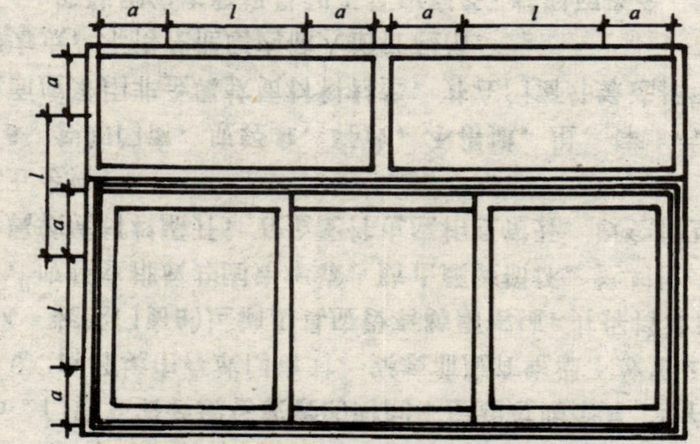

图 4.2.3 固定片安装位置

a—端头（或中框）距固定片的距离；

l—固定片之间的间距

4.2.4 应测出各窗口中线，并应逐一作出标记。多层建筑，可从高层一次垂吊。

4.2.5 当窗框装入洞口时，其上下框中线应与洞口中线对齐；窗的上下框四角及中横框的对称位置应用木楔或垫块塞紧作临时固定；当下框长度大于 0.9m 时，其中央也应用木楔或垫块塞紧，临时固定；然后应按设计图纸确定窗框在洞口墙体厚度方向的安装位置，并调整窗框的垂直度、水平度及直角度，其允许偏差应符合表 4.2.5 的规定。

门窗安装的允许偏差　　表 4.2.5

项目			允许偏差(mm)	检验方法
门窗框两对角线长度差	≤2000mm		±3.0	用 3m 钢卷尺检查，量内角
	>2000mm		±5.0	
门窗框（含拼樘料）正、侧面的垂直度	≤2000mm		±2.0	用线坠、水平靠尺检查
	>2000mm		±3.0	
门窗框（含拼樘料）的水平度	≤2000mm		±2.0	用水平靠尺检查
	>2000mm	平开门（窗）及推拉窗	±3.0	
		推拉门	±2.5	
门窗下横框的标高			±5.0	用钢板尺检查，与基准线比较
双层门窗内外框、框（含拼樘料）中心距			±4.0	用钢板尺检查
门窗竖向偏离中心			±5.0	用线坠、钢板尺检查
平开门窗	门扇与框搭接宽度		±2.5	用深度尺或钢板尺检查
	同樘门窗相邻扇的横角高度差		±2.0	用拉线或钢板尺检查
	门窗框铰链部位的配合间隔 c		+2.0 −1.0	用楔形塞尺检查
推拉门窗	门扇与框搭接宽度		+1.5 −3.5	用深度尺或钢板尺检查
	门窗扇与框或相邻扇立边平行度		±2.0	用 1m 钢板尺检查

4.2.6 当窗与墙体固定时，应先固定上框，而后固定边框，固定方法应符合下列要求：

4.2.6.1 混凝土墙洞口应采用射钉或塑料膨胀螺钉固定；

4.2.6.2 砖墙洞口应采用塑料膨胀螺钉或水泥钉固定，并不得固定在砖缝处；

4.2.6.3 加气混凝土洞口，应采用木螺钉将固定片固定在胶粘圆木上；

4.2.6.4 设有预埋铁件的洞口应采用焊接的方法固定，也可先在预埋件上按紧固件规格打基孔，然后用紧固件固定；

4.2.6.5 下框与墙体的固定可按照图 4.2.6 进行。

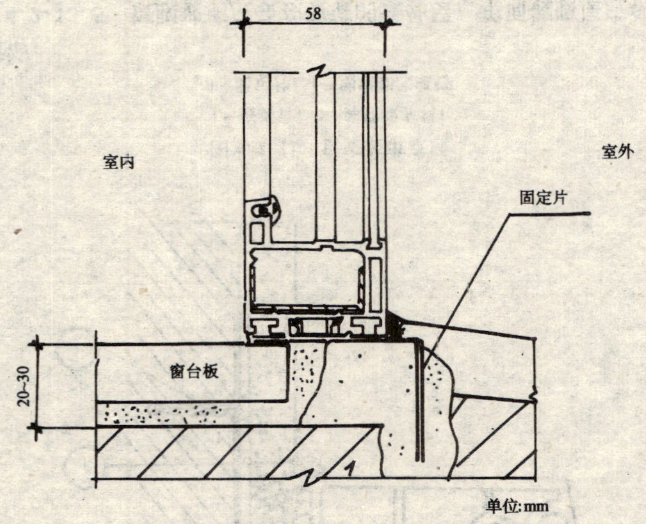

图 4.2.6 窗下框与墙体的固定

4.2.7 当需要装窗台板时，应按设计要求将其插入窗下框（图 4.2.6），并应使窗台板与下边框结合紧密，其安装的水平精度应与窗框一致。

4.2.8 安装组合窗时，拼樘料与洞口的连接应符合下列要求：

4.2.8.1 拼樘料与混凝土过梁或柱子的连接应符合本规程第 4.2.6.4 款的规定；

4.2.8.2 拼樘料与砖墙连接时，应先将拼樘料两端插入预留洞中，然后应用强度等级为 C20 的细石混凝土浇灌固定。

4.2.9 应将两窗框与拼樘料卡接，卡接后应用紧固件双向拧紧，其间距应小于或等于 600mm；紧固件端头及拼樘料与窗框间的缝隙应采用嵌缝膏进行密封处理。

4.2.10 窗框与洞口之间的伸缩缝内腔应采用闭孔泡沫塑料、发泡聚苯乙烯等弹性材料分层填塞，填塞不宜过紧。对于保温、隔声等级要求较高的工程，应采用相应的隔热、隔声材料填塞。填塞后，撤掉临时固定用木楔或垫块，其空隙也应采用闭孔弹性材料填塞。

4.2.11 门窗洞口内外侧与窗框之间缝隙的处理应符合下列要求：

4.2.11.1 普通单玻窗：其洞口内外侧与窗框之间应采用水泥砂浆或麻刀白灰浆填实抹平；靠近铰链一侧，灰浆压住窗框的厚度宜以不影响扇的开启为限，待水泥砂浆硬化后，其外侧应采用嵌缝膏进行密封处理；

4.2.11.2 保温、隔声窗：其洞口内侧与窗框之间应采用水泥砂浆填实抹平；当外侧抹灰时，应采用片材将抹灰层与窗框临时隔开，其厚度宜为 5mm，抹灰面应超出窗框，其厚度以不影响扇的开启为限（图 4.2.11）。待外抹灰层硬化后，应撤去片材，并将嵌缝膏挤入抹灰层与窗框缝隙内。保温、隔声等级要求较高的工程，洞口内侧与窗框之间也应采用嵌缝膏密封。

4.2.12 窗（框）扇上若粘有水泥砂浆，应在其硬化前，用湿布擦拭干净，不得使用硬质材料铲刮窗（框）扇表面。

4.2.13 玻璃的安装应符合下列规定：

4.2.13.1 玻璃不得与玻璃槽直接接触，并应在玻璃四边垫上不同厚度的玻璃垫块，其垫块位置宜按图 4.2.13 放置；

4.2.13.2 边框上的垫块，应采用聚氯乙烯胶加以固定；

4.2.13.3 应将玻璃装入框扇内，然后应用玻璃压条将其固定；

4.2.13.4 安装双层玻璃时，玻璃夹层四周应嵌入中隔条，中隔条应保证密封、不变形、不脱落；玻璃槽及玻璃内表面应干燥、

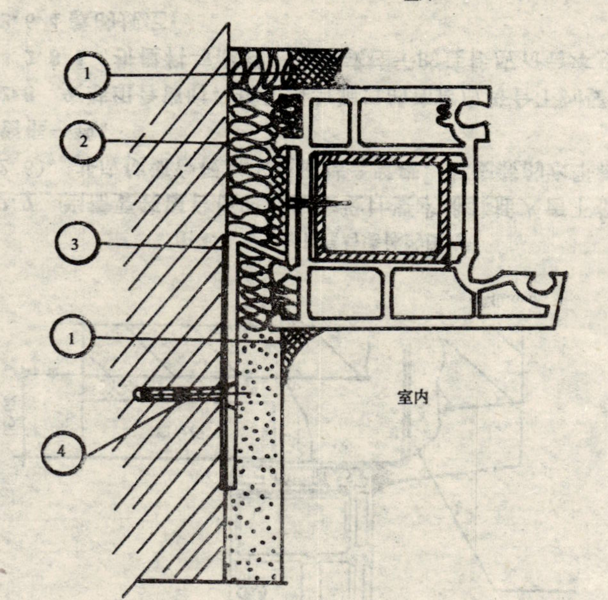

图 4.2.11 窗安装节点图

1—嵌缝膏；2—弹性填充料；3—固定片；4—塑料膨胀螺钉

清洁；

4.2.13.5 镀膜玻璃应装在玻璃的最外层；单面镀膜层应朝向室内；

4.2.13.6 当保温要求三级及三级以上（保温性能等级的划分应符合《PVC 塑料门》（JG/T3017）、《PVC 塑料窗》（JG/T3018）的有关规定）时，应采用中空玻璃，中空玻璃的安装方法与单层玻璃相同。

4.2.14 安装五金件、纱窗铰链及锁扣后，应整理纱网和压实压条。

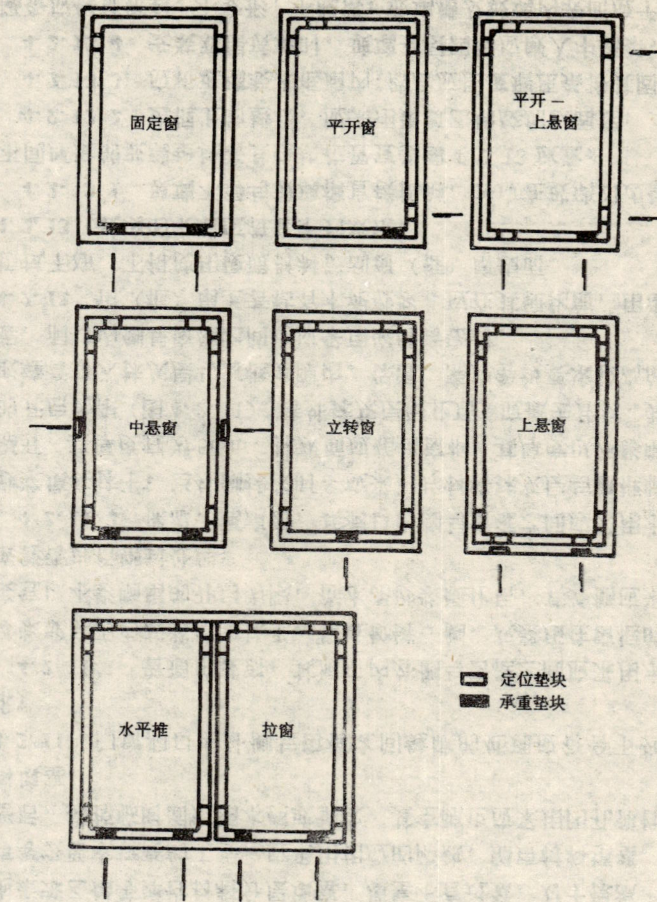

图 4.2.13 承重垫块和定位垫块的布置

4.3 门的安装

4.3.1 门的安装应在地面工程施工前进行。

4.3.2 应将门搬运到相应的洞口旁竖放；在门框及洞口上应画出垂直中线。

4.3.3 在门的上框及边框上应安装固定片，其安装方法应符合本规程第4.2.3条的规定。固定片之间的间距应小于或等于600mm。

4.3.4 应根据设计图纸及门扇的开启方向，确定门框的安装位置，并把门装入洞口，安装时应采取防止门框变形的措施，无下框平开门应使两边框的下脚低于地面标高线，其高度差宜为30mm，带下框平开门或推拉门应使下框低于地面标高线，其高度差宜为10mm。然后，将上框的一个固定片固定在墙体上，并应调整门框的水平度、垂直度和直角度，并用木楔临时定位。其允许偏差应符合表4.2.5的规定。

4.3.5 将其余固定片固定在墙体上，其固定方法应按本规程第4.2.6条窗的固定方法执行。

4.3.6 当安装连窗门时，门与窗应采用拼樘料拼接，拼樘料下端应固定在窗台上，其安装方法应符合本规程第4.2.8条及4.2.9条的规定。

4.3.7 门框与洞口缝隙的处理，应按本规程第4.2.10条和第4.2.11条进行。

4.3.8 门表面及框槽内粘有水泥砂浆时，应在其未硬化前清除。

4.3.9 门扇应待水泥砂浆硬化后安装；铰链部位配合间隙的允许偏差及门框、扇的搭接量应符合国家现行标准《PVC塑料门》(JG/T3017)的规定。

4.3.10 门锁与执手等五金配件应安装牢固，位置正确，开关灵活。

5 施工安全与安装后的门窗保护

5.1 施工安全

5.1.1 施工现场成品及辅助材料应堆放整齐、平稳，并应采取防火等安全措施。

5.1.2 安装门窗、玻璃或擦拭玻璃时，严禁用手攀窗框、窗扇和窗撑；操作时，应系好安全带，严禁把安全带挂在窗撑上。

5.1.3 应经常检查电动工具有无漏电现象，当使用射钉枪时应采取安全保护措施。

5.1.4 劳动保护，防火防毒等的施工安全技术，应按国家现行标准《建筑施工高处作业安全技术规范》(JGJ80)执行。

5.2 安装后的门窗保护

5.2.1 塑料门窗在安装过程中及工程验收前，应采取防护措施，不得污损。

5.2.2 已装门窗框、扇的洞口，不得再作运料通道。

5.2.3 严禁在门窗框、扇上安装脚手架、悬挂重物；外脚手架不得顶压在门窗框、扇或窗撑上，并严禁蹬踩窗框、窗扇或窗撑。

5.2.4 应防止利器划伤门窗表面，并应防止电、汽焊火花烧伤或烫伤面层。

5.2.5 立体交叉作业时，门窗严禁碰撞。

6 工程验收

6.0.1 在安装过程中，施工单位应按工序进行自检，在自检合格的基础上，应由验收部门进行抽检，检查数量按不同门窗品种、类型的樘数，各抽查5%，并均不应少于3樘。

6.0.2 安装工程所用门窗质量应符合国家现行标准《PVC 塑料门》(JG/T3017)、《PVC 塑料窗》(JG/T3018) 的有关规定，生产厂家应具有产品合格证及检测单位的测试报告。

6.0.3 安装工程中所用门窗的品种、规格、开启方向及安装位置应符合设计要求。门窗及密封条的物理性能应与建筑设计的要求相适应。

6.0.4 塑料门窗安装的质量要求及其检验方法应符合表6.0.4的规定。

6.0.5 塑料门窗安装的允许偏差应符合本规程表4.2.5的规定。

塑料门窗安装质量要求和检验方法 **表 6.0.4**

项目		质量要求	检验方法
门窗表面		洁净、平整、光滑、大面无划痕、碰伤，型材无开焊断裂	观察
五金件		齐全、位置正确、安装牢固、使用灵活、达到各自的使用功能	观察、量尺
玻璃密封条		密封条与玻璃及玻璃槽口的接触应平整，不得卷边、脱槽	观察
密封质量		门窗关闭时，扇与框间无明显缝隙，密封面上的密封条应处于压缩状态	观察
玻璃	单玻	安装好的玻璃不得直接接触型材，玻璃应平整、安装牢固、不应有松动现象，表面应洁净，单面镀膜玻璃的镀膜层应朝向室内	观察
	双玻	安装好的玻璃应平整、安装牢固、不得有松动现象，内外表面均应洁净，玻璃夹层内不得有灰尘和水气，双玻隔条不得翘起，单面镀膜玻璃应在最外层，镀膜层应朝向室内	观察

续表

项目		质量要求	检验方法
压条		带密封条的压条必须与玻璃全部贴紧，压条与型材的接缝处应无明显缝隙，接头缝隙应≤1mm	观察
拼樘料		应与窗框连接紧密，不得松动，螺钉间距应≤600mm，内衬增强型钢两端均应与洞口固定牢靠，拼樘料与窗框间应用嵌缝膏密封	观察
开关部件	平开门窗扇	关闭严密、搭接量均匀，开关灵活、密封条不得脱槽。开关力：平铰链应≤80N，30N≤滑撑铰链应≤80N	观察，弹簧称
	推拉门窗扇	关闭严密，扇与框搭接量符合设计要求，开关力应≤100N	观察，深度尺，弹簧称
	旋转窗	关闭严密，间隙基本均匀，开关灵活。	观察
框与墙体连接		门窗框应横平竖直、高低一致，固定片安装位置应正确，间距应≤600mm。框与墙体应连接牢固，缝隙内应用弹性材料填嵌饱满，表面用嵌缝膏密封，无裂缝。填塞材料与方法等应符合本规程4.2.10和4.2.11的要求	观察
排水孔		畅通，位置正确	观察

附录　本规程用词说明

一、为便于在执行本规程条文时区别对待，对要求严格程度不同的用词说明如下：

1. 表示很严格，非这样做不可的：
正面词采用“必须”，反面词采用“严禁”。

2. 表示严格，在正常情况下均应这样做的：
正面词采用“应”，反面词采用“不应”或“不得”。

3. 对表示允许稍有选择，在条件许可时首先应这样做的：
正面词采用“宜”或“可”，反面词采用“不宜”。

二、条文中指定应按其他有关标准、规范执行时，写法为“应按……执行”或“应符合……的要求或规定”，非必须按所指定的标准、规范或其他规定执行时，写法为“可参照……执行”。

附加说明

本规程主编单位、参加单位和主要起草人名单

主编单位：中国建筑科学研究院
参加单位：东航建筑塑料制品开发公司
主要起草人：王毅、沈亦丁、龚万森、胡复兴

中华人民共和国行业标准

塑料门窗安装及验收规程

JGJ 103—96

条 文 说 明

前 言

根据建设部建标［1994］第314号文的要求，由中国建筑科学研究院主编，东航建筑塑料制品开发公司参加共同编制的《塑料门窗安装及验收规程》(JGJ103—96)，经建设部96年11月14日以建标［1996］587号文批准，业已发布。

为了便于广大规划、设计、施工、科研、学校等有关单位人员在使用本标准时能正确理解和执行条文规定，《塑料门窗安装及验收规程》编制组按章、节、条顺序编制了本标准条文说明，供国内使用者参考。在使用中如发现条文说明有欠妥之处，请将意见函寄给中国建筑科学研究院建筑装修研究部。(邮编100013，北京北三环东路30号)。

本条文说明由建设部标准定额研究所组织出版。

目　次

1　总　则

1.0.1　随着我国建筑业的发展，塑料门窗的生产规模不断扩大，使用塑料门窗的地域越来越广泛。为了保证塑料门窗的安装质量，制定本规程。

1.0.3　本规程所引用的有关现行标准主要有：

《建筑门窗术语》	GB5823
《建筑门窗洞口尺寸系列》	GB5824
《门窗、框用硬聚氯乙烯型材》	GB8814
《塑料门窗用密封条》	GB12002
《十字槽盘头自攻螺钉》	GB845
《十字槽沉头自攻螺钉》	GB846
《螺纹紧固件电镀层》	GB5267
《建筑装饰工程施工及验收规范》	JGJ73
《PVC 塑料窗》	JG/T3018
《PVC 塑料门》	JG/T3017

2 门窗质量要求

2.1 材料质量要求

2.1.1 异型材、密封条等原材料的质量，直接影响到门窗制品的力学及物理性能，故规定此条。

2.1.2 紧固件、五金件及增强型钢的锈蚀直接影响到门窗的美观及使用寿命，紧固件尺寸及有关技术条件则关系到门窗的装配质量及安装强度。

滑撑铰链若使用铝合金材料，因其材质脆软，易断裂、变形，使塑窗不易开关，不能安全使用。

2.1.3 塑窗按使用性能分为“一般型”和“全防腐型”。“一般型”塑料门窗主要使用金属五金件及紧固件，适用于一般工业和民用建筑；“全防腐型”塑料门窗适用于有氯、氯化氢、氮的氧化物、硫化氢、二氧化硫等腐蚀性气体作用下的恶劣环境，此时金属制品易被腐蚀、损坏，故应选用特制的非金属材料的五金件及紧固件。

2.1.4 为了保证安装强度，防止固定片锈蚀、损坏，规定此条。

2.1.5 拼樘料中内衬的增强型钢是组合窗及连窗门在该地区承受瞬时风压的主要构件，其截面尺寸及壁厚直接影响到门窗抗风压性能；型钢两端略长于拼樘料是为了使型钢与洞口固定牢靠。

2.1.6 为了避免塑料窗底边因承受玻璃重量而变形，并使玻璃不在框扇中发生移位且具有防震功能，应塞入硬度适中的塑料或橡胶垫块加以支撑；若采用木块，会因受潮发胀引起的应力变化将玻璃挤碎；若垫块过硬，则起不到防震作用；若垫块过软或过窄，则达不到支撑的目的；当垫块过厚时，玻璃易从镶嵌槽内挤出。

考虑到因玻璃四周需设置防震定位垫块，故玻璃的尺寸与框扇内尺寸之差，应小于2个垫块厚度，因此，参照《中国建筑工程材料指南》第十七章第四节的有关内容编制此条。

2.1.8 与PVC异型材紧密直接接触的各种材料若不与PVC相容，将会引起PVC的降解、变色、变脆、变软或破裂等现象，影响门窗的外观及使用寿命。

2.2 门窗质量要求

2.2.1 门窗的外观、外形尺寸、装配质量、力学性能和物理性能是门窗制品质量的关键；产品的物理性能等级、质检报告及出厂合格证，是该等级产品合格的主要标志，故规定此条。

2.2.2 清水墙、混水墙窗框和洞口之间的间隙在欧洲一般为10mm，在我国一般为15～20mm，但随着建筑墙体饰面层材料品种的不断变化和增加，还有贴马赛克、釉面砖、大理石或花岗岩，若仍留15～20mm间隙，必然给安装造成困难。因此，当饰面材料厚度大于5mm时，窗框和洞口间每边的间隙也应随之增加。

2.2.3 门的构造尺寸应考虑门洞口构造尺寸及安装缝隙。根据施工经验，无下框平开门侧框应埋入地面标高线约30mm，门上框应与洞口留有15～20mm间隙，故无下框平开门门框高度应为洞口高度加5～10mm，而对于带下框平开门及推拉门，其下框应埋入地面标高线约10mm，门上框亦应与洞口留有15～20mm间隙，故带下框平开门及推拉门门框高度应为洞口高度减5～10mm。

2.2.4 所述内容直接影响到门窗的安装质量和使用性能，故依据门窗制品国内行业标准及英国标准BS7412—91，作此规定。

2.2.5 为了保证五金配件具有足够的安装强度，内设金属衬板的厚度至少应大于紧固件螺纹间距的两倍，另外，木材极易吸水膨胀，若使用工艺木衬，易使型材局部变形，影响整窗美观，故不提倡使用木衬。

3 施工前准备

3.1 墙体洞口质量要求

3.1.3 木砖极易腐烂变质，影响到门窗与墙体的可靠连接，故预埋木砖必须进行防腐处理。

3.1.4 若预留洞口尺寸或放置过梁的位置不够准确，或洞口平直度不合要求，势必给安装造成困难，影响正常施工；若相邻洞口不在同一水平线或垂直线上，则会影响建筑的整体美观性。

3.1.5 操作环境温度低于 5℃时，型材易冷脆、损坏或破裂。

3.1.6 拼樘料是组合窗承受风载的主要构件，为确保组合门窗使用安全，拼樘料必须与洞口连成一体。

3.1.7 为了保证门窗的安装精度及安装进度，门窗的洞口质量必须经验收合格后，方可进行交接。

3.2 施工前准备

3.2.3 塑料门窗属热塑性材料，低温下材质较脆，若低温存放后直接安装极易造成损坏，所以，在 0℃以下环境存放的门窗，使用前应在室温下放置 24h。但当贮存温度高于 50℃时，门窗易受热变形，影响门窗的美观及使用性能。受施工现场环境及温度的影响，门窗在施工现场不宜久放，以免沾污、变形、损坏、根据施工经验，门窗在现场存放时间以不超过两个月为宜。

3.2.5 吊运门窗的着力点应在门窗竖梃的下部，以防门窗受力变形，同时，为了保证门窗在装卸时不被损坏，故特参照《建筑工程材料指南》作出规定。

3.2.6 安装用主要机具有冲击钻、射钉枪等；工具有螺丝刀、橡皮锤等。材料有玻璃、玻璃垫块、固定片、自攻螺钉、膨胀螺栓、木楔块、拼樘料、弹性填充料、嵌缝膏等；量具有水平尺、卷尺、吊线垂、定位器等。

3.2.7 当预埋件数量少于固定片数量或预埋件位置不够准确时，势必造成部分固定片不能固定在预埋件上，影响连接强度，达不到设计预期的目的。

3.2.8 若门窗的品种规格不符合设计要求，则不能与预留洞口相匹配，无法正常安装；若开启方向不合要求，则直接影响用户使用及工程验收；若门窗外形及平整度不合要求，五金件，紧固件及密封条安装不牢固，将造成门窗开关不灵活及密封性差的严重后果。以上情况均不符合安装要求，应予以更换，故作此规定。

4 门窗安装

4.2 窗的安装

4.2.1 为了保证窗在整体建筑中的美观整齐及安装时定位准确，作此规定。

4.2.2 为了安装方便，并避免施工时损坏玻璃，规定此条。

4.2.3.1 为了达到正常排水，排水孔应设在窗框下方，另外窗台板与窗框底边之间，固定片的连接方式与其他三边不同，所以安装固定片前，应先确认窗的上、下边位置正确；

由于塑料型材是中空多腔的，材质较脆，所以不能用螺钉直接锤击拧入，应预先钻孔。根据施工经验，孔径应比所选用自攻螺钉直径小0.5～1mm，这样可防止塑窗出现局部凹陷、断裂和螺丝松动等质量问题。

4.2.3.2 固定片的安装位置应与铰链位置一致，以便将窗扇通过铰链传至窗框的力直接传递给墙体，但决不可将固定片安装在中竖框和中横框的档头上，并且还要与其保持至少150mm的距离，以避免与紧固螺钉呈垂直方向的中框或部分外框的膨胀受到阻碍，使塑料窗安装后不能自由胀缩。

根据意大利塑料研究所《硬质聚氯乙烯门窗安装标准修正草案》中提出的窗框型材所承受抗风压值的推算公式，可计算出，固定片与墙体连接时，其间距不宜超过600mm。

4.2.4 为了使安装位置准确，符合设计要求，规定此条。

4.2.5 为了使窗开关灵活、美观、耐用，须保证窗的安装具有一定的精度。

4.2.6 根据施工经验，在窗与墙体连接时，为了便于定位，应先固定上边框，后固定两侧边框；不同材质的墙体，其固定方法亦不相同。如：对于砖墙，若用射钉，易把砖体击碎，起不到固定作用。故参考JGJ73—91、92SJ704（一），特规定此条。

4.2.7 安装窗台板若达不到要求的水平精度，会影响到窗框受力，使其下垂、变形。同时影响到整窗的密封性能和美观。

4.2.9 与洞口连接牢固的拼樘料将组合窗洞口分割成若干个单樘窗的独立窗口，故拼樘料可视为洞口的一个边。若其与窗框间连接不牢，将影响其增强效果及拼接质量，故应用自攻螺钉双向拧紧，螺钉间距应与固定片间距一致，另外，为了保证窗的密封性能，拼樘料与窗框间应用嵌缝膏嵌缝。

4.2.10 塑料异型材具有热胀冷缩的特性，根据西德DIN7706标准，窗框用PVC型材的线膨胀系数K＝70～80×10^{-6}m/m·℃。在我国温差变化范围一般为40～50℃之间，但塑料门窗在温度变化下的胀缩值大小，除取决于塑料门窗型材自身的线膨胀系数，气温变化情况外，还与塑料门窗的色彩和尺寸大小有关，由此可以计算出塑料门窗的胀缩值最大可达10mm以上，所以为了保证塑料门窗安装后可自由胀缩，窗与墙体缝隙的内腔应填充弹性材料。

4.2.11 塑料门窗与墙体界面间的密封是运动状态的密封，选择密封材料必须满足塑料门窗在温度变化条件下与墙体产生相对运动的要求，若单用水泥砂浆密封，则不能满足这一要求，又因砂浆导热系数高，寒冷季节易形成“冷桥”，且日久会收缩干裂，更影响窗的气密、水密和隔声性。而配合使用嵌缝膏嵌缝处理后，便可较好地解决上述问题。但考虑到嵌缝膏的造价较高，故应根据设计要求，在窗框的内外侧，采用不同方式合理使用嵌缝膏。

4.2.12 水泥砂浆硬化后，不易清除，若用硬质材料铲刮，易将窗框表面损坏，所以应在其硬化前，清除干净。

4.2.13 根据施工经验，安装玻璃压条应先短后长。

中隔密封条可使双层玻璃以一定间距固定在框、扇上，并可防止灰尘、水气进入夹层内，又因玻璃夹层内壁不易清洗，所以安装双层玻璃时，其夹层内侧应干燥、洁净。

安装镀膜玻璃，为了达到最佳反射及装饰效果，镀膜玻璃应装在最外层，若为单面镀膜玻璃，镀膜层应朝向室内，以免镀膜锈蚀，缩短使用寿命。

用两层或两层以上平板玻璃原片构成，中间充入干燥惰性气体，四周密封的中空玻璃，其保温性和隔声性均明显优于普通双层玻璃。故当普通双玻不能满足较高等级的保温隔声要求时，应选用中空玻璃。

4.2.14 为保证纱窗的安装质量，规定此条。

4.3 门的安装

4.3.1 因门框的下脚（或下框）须固定在地面标高线以下，故地面施工应在门的安装之后进行。

4.3.2 为了便于安装，并保证定位正确，做此规定。

4.3.4 为了防止安装过程中，门框中部鼓起，可在塞缝前用若干个标准木撑临时撑住门框，也可在门框中央用螺钉直接固定。另外，根据施工经验，无下框平开门侧框下脚应低于地面标高线25～30mm，带下框平开门及推拉门下框应低于地面标高线10～15mm，在地面施工时，将门下框与地面固定成一体，以保证门框的安装牢度。同时，为使门开关灵活、美观、耐用，安装过程中，须保证具有一定的精度。

5 施工安全与安装后的门窗保护

5.1 施工安全

5.1.2 当人体重量整个施于窗扇、窗框或窗撑上时，极易破坏扇撑，造成人身坠落。故规定此条。

5.1.3 若锤把有松动现象，施工中易将锤头甩出，砸伤施工人员；若手电钻等电器工具，漏电作业，易使操作人员触电，造成伤亡事故，当使用射钉枪时，若不采取防护措施，射钉时打出的火花及碎屑易烫伤或溅伤脸部。

5.2 安装后的门窗保护

5.2.3 若在已装门窗上安放脚手架，悬挂重物及在框扇内穿物起吊，或将外脚手顶压在门窗框扇及门撑上，均易造成门窗变形、损坏。故参照现行的《建筑装饰工程施工及验收规范》（JGJ73—91）规定此条。

6 工 程 验 收

6.0.1 为了保证工程质量，工程验收需经过自检、抽检等多次检查，抽检数目是参照 JGJ73—91 第三章第 3.7.1 条规定的。

6.0.2 产品质量是保证门窗安装质量的关键，而厂家的生产许可证，产品的出厂合格证及检测单位的测试报告又是产品质量的可靠保证。故规定此条。

6.0.3 安装工程在保证安装质量的前提下，首先应符合设计图纸的要求。安装地区及建筑设计要求不同，对门窗及密封条的物理性能等级也要求不同，若等级不符，将直接影响门窗的密封性及使用寿命。故规定此条。

中华人民共和国行业标准

玻璃幕墙工程技术规范

Technical Code for Glass Curtain Wall Engineering

JGJ 102—96

主编单位：中国建筑科学研究院
批准部门：中华人民共和国建设部
施行日期：1996年12月30日

关于发布行业标准《玻璃幕墙工程技术规范》的通知

建标［1996］447号

各省、自治区、直辖市建委（建设厅），计划单列市建委，国务院有关部门：

根据建设部建标［1991］第413号文的要求，由中国建筑科学研究院主编的《玻璃幕墙工程技术规范》，业经审查，现批准为强制性行业标准，编号JGJ102—96，自1996年12月30日起施行。

本规范由建设部建筑工程标准技术归口单位中国建筑科学研究院归口管理并负责具体解释。

本规范由建设部标准定额研究所组织出版。

中华人民共和国建设部
1996年7月30日

1 总　　则

1.0.1 为了使玻璃幕墙工程做到安全可靠、实用美观和经济合理，制订本规范。

1.0.2 本规范适用于非抗震设计或6～8度抗震设计的建筑高度不大于150m的民用建筑玻璃幕墙工程的设计、制作和安装施工及验收。

1.0.3 玻璃幕墙的设计、制作和安装施工应进行全过程的质量控制；隐框玻璃幕墙制作厂家应制订内部质量控制标准。

1.0.4 玻璃幕墙的材料、设计、制作和安装施工及验收，除应符合本规范的规定外，尚应符合国家现行有关标准、规范的规定。

2 术语、符号

2.1 术　　语

2.1.1 玻璃幕墙 Glass Curtain Wall

由金属构件与玻璃板组成的建筑外围护结构。

2.1.2 明框玻璃幕墙 Exposed Framing Glass Curtain Wall

金属框架构件显露在外表面的玻璃幕墙。

2.1.3 半隐框玻璃幕墙 Semi-exposed Framing Glass Gurtain Wall

金属框架竖向或横向构件显露在外表面的玻璃幕墙。

2.1.4 隐框玻璃幕墙 Hidden Framing Glass Curtain Wall

金属框架构件全部不显露在外表面的玻璃幕墙。

2.1.5 全玻幕墙 Full Glass Curtain Wall

由玻璃板和玻璃肋制作的玻璃幕墙。

2.1.6 斜玻璃幕墙 Inclined Glass Curtain Wall

与水平面成大于75度、小于90度角的玻璃幕墙。

2.1.7 结构胶 Structural Glazing Sealant

半隐框和隐框玻璃幕墙中玻璃板与铝合金构件、玻璃板与玻璃板之间结构受力粘结用的高模数中性硅酮密封材料。

2.1.8 耐候胶 Weather Proofing Sealant

半隐框和隐框玻璃幕墙嵌缝用的低模数中性硅酮密封材料。

2.1.9 双面胶带 Double-faced Adhesion Band

控制结构胶的设计位置和厚度用的二面涂胶的聚胺基甲酸乙酯和聚乙烯低发泡材料。

2.1.10 接触腐蚀 Contact Corrosion

两种不同的金属接触时发生的腐蚀。

2.1.11 相容性 Compatibility

结构胶与接触材料（包括铝合金、玻璃、双面胶带及耐候胶等）接触时，不发生影响粘结性的化学变化的性能。

2.2 符　号

2.2.1 σ ——截面最大应力设计值。

2.2.2 f ——材料强度设计值。

2.2.3 w ——风荷载设计值。

2.2.4 w_k ——风荷载标准值。

2.2.5 w_0 ——基本风压。

2.2.6 β_z ——阵风系数。

2.2.7 μ_z ——风压高度变化系数。

2.2.8 μ_s ——风荷载体型系数。

2.2.9 ΔT ——年温度变化值。

2.2.10 f_g ——玻璃强度设计值。

2.2.11 f_a ——铝合金属强度设计值。

2.2.12 f_y ——钢材强度设计值。

2.2.13 α ——材料线膨胀系数。

2.2.14 E ——材料弹性模量。

2.2.15 a ——玻璃短边边长。

2.2.16 b ——玻璃长边边长。

2.2.17 t ——玻璃的厚度。

2.2.18 φ ——弯曲系数。

2.2.19 σ_{t1} ——由年温度变化产生的玻璃挤压应力。

2.2.20 σ_{t2} ——玻璃边缘最大温度差应力。

2.2.21 c ——玻璃边缘至边框之间的距离。

2.2.22 μ_1 ——阴影系数。

2.2.23 μ_2 ——窗帘系数。

2.2.24 μ_3 ——玻璃面积系数。

2.2.25 μ_4 ——嵌缝材料系数。

2.2.26 T_c ——玻璃中央部分的温度。

2.2.27 T_s ——玻璃边缘部分的温度。

2.2.28 C_s ——结构硅酮密封胶粘结宽度。

2.2.29 t_s ——结构硅酮密封胶粘结厚度。

2.2.30 q_{Gk} ——玻璃单位重量标准值。

2.2.31 M ——立柱弯矩设计值；预埋件弯矩设计值。

2.2.32 M_x ——绕 x 轴的弯矩设计值。

2.2.33 M_y ——绕 y 轴的弯矩设计值。

2.2.34 W_x ——对 x 轴的净截面弹性抵抗矩。

2.2.35 W_y ——对 y 轴的净截面弹性抵抗矩。

2.2.36 γ ——截面塑性发展系数。

2.2.37 N ——立柱轴力设计值；预埋件轴力设计值。

2.2.38 A_0 ——立柱净截面面积。

2.2.39 f_c ——混凝土轴心受压强度设计值。

2.2.40 V ——预埋件剪力设计值。

2.2.41 W ——净截面弹性抵抗矩。

2.2.42 l ——跨度。

3 玻璃幕墙材料

3.1 一般规定

3.1.1 玻璃幕墙材料应符合国家现行产品标准的规定，并应有出厂合格证。

3.1.2 玻璃幕墙材料应选用耐气候性的材料。金属材料和零附件除不锈钢外，钢材应进行表面热浸镀锌处理，铝合金应进行表面阳极氧化处理。

3.1.3 玻璃幕墙材料应采用不燃烧性材料或难燃烧性材料。

3.1.4 结构硅酮密封胶应有与接触材料相容性试验报告，并应有保险年限的质量证书。

3.2 铝合金材料及钢材

3.2.1 玻璃幕墙采用铝合金型材应符合现行国家标准《铝合金建筑型材》GB/T5237 中规定的高精级和《铝及铝合金阳极氧化　阳极氧化膜的总规范》GB8013 的规定。

3.2.2 玻璃幕墙采用铝合金的阳极氧化膜厚度不应低于现行国家标准《铝及铝合金阳极氧化　阳极氧化膜的总规范》GB8013 中规定的 AA15 级。

3.2.3 与玻璃幕墙配套用铝合金门窗应符合下列现行国家标准的规定：

标准名称	编号
《平开铝合金门》	GB8478
《平开铝合金窗》	GB8479
《推拉铝合金门》	GB8480
《推拉铝合金窗》	GB8481
《铝合金地弹簧门》	GB8482

3.2.4 玻璃幕墙采用的标准五金件应符合下列现行国家标准的规定：

标准名称	编号
《地弹簧》	GB9296
《平开铝合金窗执手》	GB9298
《铝合金窗不锈钢滑撑》	GB9300
《铝合金门插销》	GB9297
《铝合金窗撑挡》	GB9299
《铝合金门窗拉手》	GB9301
《铝合金窗锁》	GB9302
《铝合金门锁》	GB9303
《闭门器》	GB9305
《推拉铝合金门窗用滑轮》	GB9304

3.2.5 玻璃幕墙采用非标准五金件应符合设计要求，并应有出厂合格证。

3.2.6 玻璃幕墙采用的钢材应符合下列现行国家标准的规定：

标准名称	编号
《碳素结构钢》	GB700
《优质碳素结构钢技术条件》	GB699
《合金结构钢技术条件》	GB3077
《低合金高强度结构钢》	GB1597
《碳素结构钢和低合金结构钢热轧薄钢板及钢带》	GB912
《碳素结构钢和低合金结构钢热轧厚钢板及钢带》	GB3274

3.2.7 玻璃幕墙采用的不锈钢材应符合下列现行国家标准的规定：

标准名称	编号
《不锈钢棒》	GB1220
《不锈钢冷加工钢棒》	GB4226
《不锈钢冷轧钢板》	GB3280
《不锈钢热轧钢板》	GB4237
《冷顶锻不锈钢丝》	GB4232

3.3 玻　璃

3.3.1 玻璃幕墙采用玻璃的外观质量和性能应符合下列国家现行标准的规定：

《钢化玻璃》	GB9963
《夹层玻璃》	GB9962
《中空玻璃》	GB11944
《浮法玻璃》	GB11614
《吸热玻璃》	JC/T536
《夹丝玻璃》	JC433

3.3.2 当玻璃幕墙采用热反射镀膜玻璃时，应采用真空磁控阴极溅射镀膜玻璃或在线热喷涂镀膜玻璃。用于热反射镀膜玻璃的浮法玻璃的外观质量和技术指标，应符合现行国家标准《浮法玻璃》GB11614 中的优等品或一等品规定。

3.3.3 热反射镀膜玻璃的外观质量应符合下列要求：

3.3.3.1 热反射镀膜玻璃尺寸的允许偏差应符合表 3.3.3-1 的规定。

热反射镀膜玻璃尺寸的允许偏差（mm）　　**表 3.3.3-1**

玻璃厚度	玻璃尺寸及允许偏差	
	≤2000×2000	≥2440×3300
4、5、6	±3	±4
8、10、12	±4	±5

3.3.3.2 热反射镀膜玻璃的光学性能应符合设计要求。

3.3.3.3 热反射镀膜玻璃的外观质量应符合表 3.3.3-2 的规定。

热反射镀膜玻璃外观质量　　**表 3.3.3-2**

项目	外观质量	等级划分：优等品	一等品	合格品
针眼	直径≤1.2mm	不允许集中	集中的每平方米允许 2 处	
针眼	1.2mm＜直径≤1.6mm 每平方米允许处数	中部不允许 75mm 边部 3 处	不允许集中	
针眼	1.6mm＜直径≤2.5mm 每平方米允许处数	不允许	75mm 边部 4 处 中部 2 处	75mm 边部 8 处 中部 3 处
针眼	直径＞2.5mm	不允许	不允许	
斑纹		不允许	不允许	
斑点	1.6mm＜直径≤5.0mm 每平方米允许处数	不允许	4	8
划伤	0.1mm≤宽度≤0.3mm 每平方米允许处数	长度≤50mm 4	长度≤100mm 4	不限
划伤	宽度＞0.3mm 每平方米允许处数	不允许	宽度＜0.4mm 长度≤100mm 1	宽度＜0.8mm 长度＜100mm 2

注：表中针眼（孔洞）是指直径在 100mm 面积内超过 20 个针眼为集中。

3.3.4 玻璃幕墙采用中空玻璃时，除应符合现行国家标准《中空玻璃》GB11944 的有关规定外，尚应符合下列要求：

3.3.4.1 玻璃幕墙的中空玻璃应采用双道密封。明框幕墙的中空玻璃的密封胶应采用聚硫密封胶和丁基密封腻子；半隐框和隐框幕墙的中空玻璃的密封胶应采用结构硅酮密封胶和丁基密封腻子。

3.3.4.2 玻璃幕墙中空玻璃的干燥剂宜采用专用设备装填。

3.3.5 玻璃幕墙采用夹层玻璃时，应采用聚乙烯醇缩丁醛(PVB) 胶片干法加工合成的夹层玻璃。

3.3.6 玻璃幕墙采用夹丝玻璃时，裁割后玻璃的边缘应及时进行修理和防腐处理。当加工成中空玻璃时，夹丝玻璃应朝室内一侧。

3.3.7 所有幕墙玻璃应进行边缘处理。

3.4 建筑密封材料

3.4.1 玻璃幕墙采用的橡胶制品宜采用三元乙丙橡胶、氯丁橡胶；密封胶条应挤出成形，橡胶块宜压模成形。

3.4.2 密封胶条应符合下列国家现行标准的规定：

《建筑橡胶密封垫预成型实芯硫化的结构密封垫用材料》GB10711

《硫化橡胶密度的测定方法》GB533

《橡胶邵尔 A 型硬度试验方法》GB531

《合成橡胶的命名和牌号》GB5577

《硫化橡胶撕裂强度试验方法》GB529～GB530

《中空玻璃用弹性密封剂》JC486

《建筑窗用弹性密封剂》JC485

《工业用橡胶板》GB5574

3.4.3 玻璃幕墙采用的聚硫密封胶应具有耐水、耐溶剂和耐大气老化性，并应有低温弹性、低透气率等特点。其性能应符合现行行业标准《中空玻璃用弹性密封剂》JC486 规定。

3.4.4 玻璃幕墙采用的氯丁密封胶性能应符合表 3.4.4 的规定。

氯丁密封胶的性能　　表 3.4.4

项　目	指　标
稠度	不流淌，不塌陷
含固量	≥75%
表干时间	≤15min
固化时间	≤12h
耐寒性（−40℃）	不龟裂
耐热性（90℃）	不龟裂
低温柔性（−40℃，棒 φ10mm）	无裂纹
剪切强度	0.1N/mm²
施工温度	−5～50℃
施工性	采用手工注胶机不流淌
有效期	12 月

3.4.5 耐候硅酮密封胶应采用中性胶，其性能应符合表 3.4.5 的规定，并不得使用过期的耐候硅酮密封胶。

耐候硅酮密封胶的性能　　表 3.4.5

项　目	技 术 指 标
表干时间	1～1.5h
流淌性	无流淌
初步固化时间（25℃）	3d
完全固化时间	7～14d
邵氏硬度	20～30 度
极限拉伸强度	0.11～0.14N/mm²
撕裂强度	3.8N/mm
固化后的变位承受能力	25%≤δ≤50%
有效期	9～12 月
施工温度	5～48℃

3.5 结构硅酮密封胶

3.5.1 结构硅酮密封胶应采用高模数中性胶；结构硅酮密封胶分单组份和双组份，其性能应符合表 3.5.1 的规定。

结构硅酮密封胶的性能　　表 3.5.1

项　目	技 术 指 标	
	中性双组份	中性单组份
有效期	9 月	9～12 月
施工温度	10～30℃	5～48℃
使用温度	−48～88℃	
操作时间	≤30min	
表干时间	≤3h	
初步固化时间（25℃）	7d	
完全固化时间	14～21d	
邵氏硬度	35～45 度	
粘结拉伸强度（H 型试件）	≥0.7N/mm²	
延伸率（哑铃型）	≥100%	
粘结破坏（H 型试件）	不允许	
内聚力（母材）破坏率	100%	
剥离强度（与玻璃、铝）	5.6～8.7N/mm（单组份）	
撕裂强度（B 模）	4.7N/mm	

续表

项　目	技术指标	
	中性双组份	中性单组份
抗臭氧及紫外线拉伸强度	不变	
污染和变色	无污染、无变色	
耐热性	150℃	
热失重	≤10%	
流淌性	≤2.5mm	
冷变形（蠕变）	不明显	
外观	无龟裂、无变色	
完全固化后的变位承受能力	12.5%≤δ≤50%	

3.5.2 结构硅酮密封胶应在有效期内使用，过期的结构硅酮密封胶不得使用。

3.6 低发泡间隔双面胶带

3.6.1 根据玻璃幕墙的风荷载、高度和玻璃的大小，可选用低发泡间隔双面胶带。

3.6.2 当玻璃幕墙风荷载大于 1.8kN/m² 时，宜选用中等硬度的聚胺基甲酸乙酯低发泡间隔双面胶带，其性能应符合表 3.6.2 的规定。

聚胺基甲酸乙酯低发泡间隔双面胶带的性能　　表 3.6.2

项　目	技术指标
密度	0.35g/cm³
邵氏硬度	30～35 度
拉伸强度	0.91N/mm²
延伸率	105～125%
承受压应力（压缩率 10%）	0.11N/mm²
动态拉伸粘结性（停留 15min）	0.39N/mm²
静态拉伸粘结性（2000h）	0.007N/mm²
动态剪切强度（停留 15min）	0.28N/mm²
隔热值	0.55W/（m²·K）
抗紫外线（300W，250～300mm，3000h）	颜色不变
烤漆耐污染性（70℃，200h）	无

3.6.3 当玻璃幕墙风荷载小于或等于 1.8kN/m² 时，宜选用聚乙烯低发泡间隔双面胶带，其性能应符合表 3.6.3 的规定。

聚乙烯低发泡间隔双面胶带的性能　　表 3.6.3

项　目	技术指标
密度	0.21g/cm³
邵氏硬度	40 度
拉伸强度	0.87N/mm²
延伸率	125%
承受压应力（压缩率 10%）	0.18N/mm²
剥离强度	27.6N/mm
剪切强度（停留 24h）	40N/mm²
隔热值	0.41W/（m²·K）
使用温度	−44～75℃
施工温度	15～52℃

3.7 其他材料

3.7.1 玻璃幕墙可采用聚乙烯发泡材料作填充材料，其密度不应大于 0.037g/cm³。

3.7.2 聚乙烯发泡填充材料的性能应符合表 3.7.2 的规定。

聚乙烯发泡填充材料的性能　　表 3.7.2

项　目	直径		
	10mm	30mm	50mm
拉伸强度 N/mm²	0.35	0.43	0.52
延伸率 %	46.5	52.3	64.3
压缩后变形率（纵向）%	4.0	4.1	2.5
压缩后恢复率（纵向）%	3.2	3.6	3.5
永久压缩变形率 %	3.0	3.4	3.4
25%压缩时，纵向变形率 %	0.75	0.77	1.12
50%压缩时，纵向变形率 %	1.35	1.44	1.65
75%压缩时，纵向变形率 %	3.21	3.44	3.70

3.7.3 玻璃幕墙宜采用岩棉、矿棉、玻璃棉、防火板等不燃烧性或难燃烧性材料作隔热保温材料，同时应采用铝箔或塑料薄膜包装的复合材料，作为防水和防潮材料。

3.7.4 在主体结构与玻璃幕墙构件之间，应加设耐热的硬质有机材料垫片。

3.7.5 玻璃幕墙立柱与横梁之间的连接处，宜加设橡胶片，并应安装严密。

4 玻璃幕墙建筑设计

4.1 一般规定

4.1.1 玻璃幕墙的建筑设计应根据建筑物的使用功能、美观要求，经综合技术经济比较选择玻璃幕墙的立面型式、结构形式和材料。

4.1.2 玻璃幕墙立面的线条、构图、色调和虚实组成应与建筑整体及环境相协调。

4.1.3 玻璃幕墙立面分格尺寸应与玻璃板的成品尺寸相匹配。立面分格的横梁标高宜与附近楼面标高一致，其立柱位置宜与房间划分相协调。

4.1.4 玻璃幕墙的开启部分面积不宜大于幕墙墙面面积的15%；开启部分宜采用上悬式结构。

4.1.5 玻璃幕墙的设计应能满足维护和清洗的要求。玻璃幕墙高度超过40m时，应设置清洗机，并应便于操作。

4.2 玻璃幕墙的性能要求

4.2.1 玻璃幕墙的性能一般包括下列项目：

4.2.1.1 风压变形性能；

4.2.1.2 雨水渗漏性能；

4.2.1.3 空气渗透性能；

4.2.1.4 平面内变形性能；

4.2.1.5 保温性能；

4.2.1.6 隔声性能；

4.2.1.7 耐撞击性能。

4.2.2 玻璃幕墙的性能，应根据建筑物所在地的地理、气候、建筑物的高度、体型及环境条件进行设计。

4.2.3 玻璃幕墙的风压变形、雨水渗漏、空气渗透、平面内变形、保温、隔声及耐撞击等性能分级应符合国家现行产品标准的规定。

4.2.4 玻璃幕墙在风荷载标准值作用下，其立柱和横梁的相对挠度不应大于 $l/180$（l 为立柱和横梁两支点间的跨度），绝对挠度不应大于 20mm。

4.2.5 玻璃幕墙在风荷载标准值除以 2.25 的风荷载作用下不应发生雨水渗漏。在任何情况下，玻璃幕墙开启部分的雨水渗漏压力应大于 250Pa。

4.2.6 有空调和采暖要求时，玻璃幕墙的空气渗透性能应在 10Pa 的内外压力差下，其固定部分的空气渗透量不应大于 $0.10m^3/m \cdot h$，开启部分的空气渗透量不应大于 $2.5m^3/m \cdot h$。

4.2.7 有保温性能要求的玻璃幕墙宜采用中空玻璃。

4.2.8 玻璃幕墙的平面内变形性能应符合下列要求：

4.2.8.1 平面内变形性能以建筑物的层间相对位移值表示。在设计允许的相对位移范围内，玻璃幕墙不应损坏；

4.2.8.2 平面内变形性能应按不同结构类型弹性计算的位移控制值的 3 倍进行设计。

4.3 玻璃幕墙的建筑构造要求

4.3.1 玻璃幕墙的防雨水渗漏性能设计可采取下列措施：

4.3.1.1 玻璃幕墙的立柱与横梁的截面形式宜按等压原理设计；

4.3.1.2 在易发生渗漏的部位应设置流向室外的泄水孔；

4.3.1.3 玻璃幕墙应采用耐候硅酮密封胶进行嵌缝；

4.3.1.4 开启部分的密封材料宜采用氯丁橡胶或硅橡胶制品。

4.3.2 玻璃幕墙在易产生冷凝水的部位，应设置冷凝水排出管道。

4.3.3 玻璃幕墙不同金属材料接触处，应设置绝缘垫片或采取其它防腐蚀措施。

4.3.4 玻璃幕墙的立柱与横梁接触处，应设置柔性垫片。

4.3.5 玻璃幕墙的保温隔热材料，应采用隔气层等措施与室内空间隔开。

4.3.6 隐框玻璃幕墙的玻璃拼缝宽度不宜小于 15mm；作为清洗机轨道的玻璃竖缝宽度不宜小于 40mm。

4.3.7 明框玻璃幕墙边缘至边框槽底的间隙应满足下式要求：

$$2c_1\left(1+\frac{h}{b}\frac{c_2}{c_1}\right) \geqslant [\Delta u] \tag{4.3.7}$$

式中 $[\Delta u]$ ——由层间变位引起的分格框的变形值（mm）；

b ——分格框宽度（mm）；

h ——分格框高度（mm）；

c_1 ——玻璃与边框的左、右平均间隙（mm）；

c_2 ——玻璃与边框的上、下平均间隙（mm）。

注：$[\Delta u]$ 应根据主体结构按弹性方法计算的位移值的 3 倍确定。并应附加 3mm 的施工误差。

4.4 玻璃幕墙设计的安全要求

4.4.1 明框玻璃幕墙、半隐框玻璃幕墙和隐框玻璃幕墙，宜采用半钢化玻璃、钢化玻璃或夹层玻璃。

4.4.2 玻璃幕墙下部宜设置绿化带，入口处宜设置遮阳棚或雨罩。

4.4.3 当楼面外缘无实体窗下墙时，应设置防撞栏杆。

4.4.4 玻璃幕墙的防火设计应符合现行国家标准《建筑设计防火规范》GBJ16 的规定；高层建筑玻璃幕墙的防火设计尚应符合现行国家标准《高层民用建筑设计防火规范》GB50045 的有关规定。

4.4.5 玻璃幕墙的窗间墙及窗槛墙的填充材料，应采用不燃烧材料；当外墙面采用耐火极限不低于 1 小时的不燃烧体时，其墙内填充材料可采用难燃烧材料。

4.4.6 玻璃幕墙与每层楼板、隔墙处的缝隙应采用不燃烧材料填充。

4.4.7 玻璃幕墙的防雷设计应符合现行国家标准《建筑物防雷设计

规范》GB50057 的有关规定。玻璃幕墙应形成自身的防雷体系，并应与主体结构的防雷体系可靠地连接。

5 玻璃幕墙结构设计

5.1 一般规定

5.1.1 玻璃幕墙应按围护结构设计。玻璃幕墙主要构件应悬挂在主体结构上；斜玻璃幕墙可悬挂或支承在主体结构上。

5.1.2 玻璃幕墙及其连接件应具有承载能力、刚度和相对于主体结构的位移能力，并应采用弹性活动连接。

5.1.3 非抗震设计的玻璃幕墙，在风力作用下玻璃不得破损；抗震设计的玻璃幕墙，在设防烈度地震作用下经修理后幕墙仍可使用；在罕遇地震作用下幕墙骨架不得脱落。

5.1.4 玻璃幕墙构件设计时，在重力荷载、风荷载、地震作用、温度作用和主体结构位移影响下，应具有安全性。

5.1.5 玻璃幕墙构件内力应采用弹性方法计算，其截面最大应力设计值不应超过材料强度的设计值：

$$\sigma \leqslant f \tag{5.1.5}$$

式中 σ——荷载和作用产生的截面最大应力设计值；

f——材料强度设计值。

5.1.6 荷载和作用效应组合的分项系数，应按下列规定采用：

5.1.6.1 进行幕墙构件、连接件和预埋件承载力计算时：

重力荷载 γ_G：1.2；

风荷载 γ_W：1.4；

地震作用 γ_E：1.3；

温度作用 γ_T：1.2。

5.1.6.2 进行位移和挠度计算时：

重力荷载 γ_G：1.0；

风荷载 γ_W：1.0；

地震作用 γ_E：1.0；

温度作用 γ_T：1.0。

5.1.7 当两个及以上的可变荷载或作用（风荷载、地震作用和温度作用）效应参加组合时，第一个可变荷载或作用效应的组合系数可按1.0采用；第二个可变荷载或作用效应的组合系数可按0.6采用；第三个可变荷载或作用效应的组合系数可按0.2采用。

5.1.8 荷载和作用效应可按下式进行组合：

$$S=\gamma_G S_G+\psi_W\gamma_W S_W+\psi_E\gamma_E S_E+\psi_T\gamma_T S_T \quad (5.1.8)$$

式中 S ——荷载和作用效应组合后的设计值；

S_G ——重力荷载作为永久荷载产生的效应；

S_W、S_E、S_T ——分别为风荷载、地震作用和温度作用作为可变荷载和作用产生的效应。按不同的组合情况，三者可分别作为第一个、第二个和第三个可变荷载和作用产生的效应；

γ_G、γ_W、γ_E、γ_T——各效应的分项系数，可按本规范5.1.6条规定采用；

ψ_W、ψ_E、ψ_T ——分别为风荷载、地震作用和温度作用效应的组合系数。取决于各效应分别作为第一个、第二个和第三个可变荷载和作用的效应，可按本规范5.1.7条规定取值。

5.1.9 玻璃幕墙应按各效应组合中的最不利组合进行设计。

5.2 荷载和作用

5.2.1 玻璃幕墙结构材料的重力体积密度可按下列数值采用：

普通玻璃、夹层玻璃、半钢化玻璃、钢化玻璃	25.6kN/m³
夹丝玻璃	26.5kN/m³
玻璃棉	0.5～1.0kN/m³
铝合金	27.0kN/m³
钢材	78.5kN/m³

5.2.2 作用在玻璃幕墙上的风荷载标准值可按下式计算，并且不应小于1.0kN/m²：

$$w_k=\beta_Z\mu_Z\mu_S w_0 \quad (5.2.2)$$

式中 w_k——作用在幕墙上的风荷载标准值（kN/m²）；

β_Z——瞬时风压的阵风系数，可取为2.25；

μ_S——风荷载体型系数，竖直幕墙外表面可按±1.5取用，斜玻璃幕墙的风荷载体型系数可根据实际情况，按现行国家标准《建筑结构荷载规范》GBJ9采用。当建筑物进行了风洞试验时，玻璃幕墙的风荷载体型系数可根据风洞试验结果确定；

μ_Z——风压高度变化系数，应按现行国家标准《建筑结构荷载规范》GBJ9采用；

w_0——基本风压（kN/m²），应根据现行国家标准《建筑结构荷载规范》GBJ9附图中的数值采用。

5.2.3 玻璃幕墙温度应力计算时，所采用的幕墙年温度变化 ΔT 可取80℃。

5.2.4 垂直于玻璃幕墙平面的分布水平地震作用可按下式计算：

$$q_E=\frac{\beta_E\alpha_{max}G}{A} \quad (5.2.4)$$

式中 q_E ——垂直于玻璃幕墙平面的分布水平地震作用（kN/m²）；

G ——玻璃幕墙构件（包括玻璃和铝框）的重量（kN）；

A ——玻璃幕墙构件的面积（m²）；

α_{max} ——水平地震影响系数最大值，6度抗震设计时取0.04；7度抗震设计时取0.08，8度抗震设计时取0.16；

β_E ——动力放大系数，可取3.0。

5.2.5 平行于玻璃幕墙平面的集中水平地震作用可按下式计算：

$$P_E=\beta_E\alpha_{max}G \quad (5.2.5)$$

式中 P_E ——平行于玻璃幕墙平面的集中地震作用（kN）；

G ——玻璃幕墙构件的重量（kN）；

α_{max} ——地震影响系数，可按本规范 5.2.4 条规定取用；

β_E ——动力放大系数，可取为 3.0。

5.2.6 玻璃幕墙的主要受力构件（横梁和立柱）及连接件、锚固件所承受的地震作用，应包括由玻璃幕墙构件传来的地震作用和由于横梁、立柱自重产生的地震作用。

计算横梁和立柱自重所产生的地震作用时，地震影响系数最大值 α_{max} 可按本规范 5.2.4 条规定采用。

5.3 玻璃幕墙材料的力学性能

5.3.1 玻璃的强度设计值可按表 5.3.1 采用。

玻璃的强度设计值 f_g（N/mm²） **表 5.3.1**

类　型	厚度（mm）	强度设计值 f_g	
		大面上的强度	边缘强度
普通玻璃	5	28.0	19.5
浮法玻璃	5～12	28.0	19.5
	15～19	20.0	14.0
钢化玻璃	5～12	84.0	58.8
	15～19	59.0	41.3
夹丝玻璃	6～10	21.0	14.7

注：1. 夹层玻璃和中空玻璃的强度可按所采用的玻璃类型取用其强度。
2. 表中钢化玻璃强度设计值取为浮法玻璃强度设计值的 3 倍。当钢化玻璃强度不到浮法玻璃强度 3 倍时，应根据实测结果予以调整。

5.3.2 铝合金型材的强度设计值可按表 5.3.2 采用。

铝合金型材的强度设计值 f_a（N/mm²） **表 5.3.2**

铝合金牌号	状　态	强度设计值 f_a	
		受拉、受压	受　剪
LD30	CZ	84.2	48.9
	CS	191.1	110.8
LD31	RCS	84.2	48.9
	CS	138.3	80.2

5.3.3 钢连接件的强度设计值可按现行国家标准《钢结构设计规范》GBJ17 的有关规定采用。

5.3.4 玻璃幕墙材料的弹性模量可按表 5.3.4 采用。

材料的弹性模量 E（N/mm²） **表 5.3.4**

材　料	E
玻　璃	0.72×10^5
铝合金	0.70×10^5
钢，不锈钢	2.1×10^5

5.3.5 玻璃幕墙材料的线膨胀系数 α 可按表 5.3.5 采用。

材料的线膨胀系数 α **表 5.3.5**

材　料	α
混凝土	1.0×10^{-5}
钢　材	1.2×10^{-5}
铝合金	2.35×10^{-5}
玻　璃	1.0×10^{-5}
砖　混	0.5×10^{-5}

5.4 玻璃幕墙玻璃设计

5.4.1 玻璃幕墙的玻璃在垂直于玻璃平面的风荷载作用下，其最大应力 σ_w 可按下式计算：

$$\sigma_w=\frac{6\varphi wa^2}{t^2} \tag{5.4.1}$$

式中 σ_w ——风荷载作用下玻璃最大应力（N/mm²）；

w ——风荷载设计值（N/mm²）；

a ——玻璃短边边长（mm）；

t ——玻璃的厚度 mm；中空玻璃的厚度取单片外侧玻璃厚度的 1.2 倍；夹层玻璃的厚度取单片玻璃厚度的 1.25 倍；

φ ——弯曲系数，可按边边比 a/b 由表 5.4.1 查出（b 为长边边长）。

φ值 **表 5.4.1**

a/b	0.00	0.25	0.33	0.40	0.50	0.55	0.60	0.65
φ	0.125	0.1230	0.1180	0.1115	0.1000	0.0934	0.0868	0.0804

a/b	0.70	0.75	0.80	0.85	0.90	0.95	1.00
φ	0.0742	0.0683	0.0628	0.0576	0.0528	0.0483	0.0442

5.4.2 斜玻璃幕墙计算承载力时，应计入恒荷载、雪荷载、雨水荷载等重力荷载及施工荷载在垂直于玻璃平面方向作用所产生的弯曲应力。

施工荷载应根据施工情况决定，但不应小于 2.0kN 的集中荷载，施工荷载作用点按最不利位置考虑。

5.4.3 在年温度变化影响下，玻璃边缘与边框之间发生挤压时在玻璃中产生的挤压温度应力 σ_{t1} 可按下式计算：

$$\sigma_{t1}=E\left(\alpha\Delta T-\frac{2c-d_c}{b}\right) \quad (5.4.3)$$

式中 σ_{t1}——由于温度变化在玻璃中产生的挤压应力 (N/mm^2)，当计算值为负时，挤压应力取为零；

c——玻璃边缘与边框间的空隙 (mm)；

d_c——施工误差，可取为 3mm；

b——玻璃的长边尺寸 (mm)；

ΔT——玻璃幕墙年温度变化 (℃)，可按 80℃取用；

α——玻璃的线膨胀系数，可按本规范 5.3.5 条规定采用；

E——玻璃的弹性模量 (N/mm^2)，可按本规范 5.3.4 条采用。

5.4.4 玻璃中央与边缘温度差产生的温差应力 σ_{t2} 可按下式计算：

$$\sigma_{t2}=0.74E\alpha\mu_1\mu_2\mu_3\mu_4\ (T_c-T_s) \quad (5.4.4)$$

式中 σ_{t2}——温差应力 (N/mm^2)；

E——玻璃的弹性模量 (N/mm^2)，可按本规范 5.3.4 条规定采用；

α——玻璃的线膨胀系数，可按本规范 5.3.5 条规定采用；

μ_1——阴影系数，可按表 5.4.4-1 采用，无阴影时取 $\mu_1=1.0$；

μ_2——窗帘系数，可按表 5.4.4-2 采用；

μ_3——玻璃面积系数，可按表 5.4.4-3 采用；

μ_4——嵌缝材料系数，可按表 5.4.4-4 采用；

T_c、T_s——玻璃中央和边缘的温度 (℃)。

阴影系数 μ_1 **表 5.4.4-1**

	单侧	邻边	对边
阴影形状			
阴影系数 μ_1	1.3	1.6	1.7

窗帘系数 μ_2 **表 5.4.4-2**

种类窗帘种类	薄窗帘		百页窗	
窗帘与玻璃间距	≤100mm	>100mm	≤100mm	>100mm
窗帘系数 μ_2	1.3	1.1	1.5	1.3

面积系数 μ_3 **表 5.4.4-3**

面积 (m^2)	0.5	1.0	1.5	2.0	2.5	3.0	4.0	5.0	6.0
面积系数 μ_3	0.95	1.00	1.04	1.07	1.09	1.10	1.12	1.14	1.15

嵌缝材料系数 μ_4 **表 5.4.4-4**

镶嵌玻璃的边缘材料		嵌缝材料系数 μ_4	
		玻璃幕墙	金属幕墙
弹性镶嵌缝材料	非泡沫嵌缝条	0.55	0.65
	泡沫嵌缝条	0.40	0.50
气密性嵌缝条		0.38	0.48

注：嵌缝条如果采用深色材料，考虑吸热，可按上述数值乘以 0.9 采用。

5.5 横梁和立柱的设计原则

5.5.1 玻璃幕墙构件的荷载应按实际支承条件传递到铝合金立柱上，并应计入横梁和立柱的自重。

5.5.2 玻璃幕墙的横梁截面承载力应符合下式要求：

$$\frac{M_x}{\gamma W_x}+\frac{M_y}{\gamma W_y}\leqslant f_a \tag{5.5.2}$$

式中 M_x——横梁绕 x 轴（幕墙平面内方向）的弯矩设计值（N·mm）；

M_y——横梁绕 y 轴（垂直于幕墙平面方向）的弯矩设计值（N·mm）；

W_x——横梁截面绕 x 轴（幕墙平面内方向）的截面抵抗矩（mm^3）；

W_y——横梁截面绕 y 轴（垂直于幕墙平面方向）的截面抵抗矩（mm^3）；

γ——塑性发展系数，可取为 1.05；

f_a——铝型材受拉强度设计值（N/mm^2），可按本规范 5.3.2 条规定采用。

5.5.3 偏心受拉的玻璃幕墙立柱截面承载力应符合下式要求：

$$\frac{N}{A_0}+\frac{M}{\gamma W}\leqslant f_a \tag{5.5.3}$$

式中 N——立柱拉力设计值（N）；

M——立柱弯矩设计值（N·mm）；

A_0——立柱的净截面面积（mm^2）；

W——在弯矩作用方向的净截面抵抗矩（mm^3）；

γ——塑性发展系数，可取为 1.05；

f_a——铝型材的强度设计值（N/mm^2），可按本规范 5.3.2 条规定采用。

5.5.4 偏心受压的玻璃幕墙立柱截面承载力应符合下式要求：

$$\frac{N}{\varphi_1 A_0}+\frac{M}{\gamma W}\leqslant f_a \tag{5.5.4}$$

式中 φ_1——轴心受压构件的稳定系数，铝合金立柱的 φ_1 值可通过试验确定。

5.5.5 横梁和立柱的挠度应根据其玻璃幕墙平面外的支承条件，按简支梁或连续梁计算。

横梁和立柱的最大挠度应符合下式要求，并且不应大于 20mm：

$$u=l/180 \tag{5.5.5}$$

式中 u——横梁和立柱的最大挠度（mm）；

l——跨度（mm）。

5.5.6 斜玻璃幕墙应按荷载的实际作用方向计算其截面内力。

5.5.7 横梁和立柱等主要受力构件，其截面受力部分的壁厚不应小于 3mm。

5.5.8 全玻幕墙玻璃肋的截面高度 l_b 可按下列公式计算（图 5.5.8），并不得小于 100mm：

$$l_b=\sqrt{\frac{3wbh^2}{8000f_g t}} \quad（双肋） \tag{5.5.8-1}$$

$$l_b=\sqrt{\frac{3wbh^2}{4000f_g t}} \quad（单肋） \tag{5.5.8-2}$$

式中 l_b——玻璃肋截面高度（mm）；

w——风荷载设计值（kN/m^2）；

b——两肋之间的距离（mm）；

f_g——玻璃强度设计值（N/mm^2）；

t——玻璃肋截面厚度（mm），取值不应小于 12mm；

h——玻璃肋上、下支点的距离（mm）。

初估玻璃肋截面高度时，也可按附录 A 进行。

5.5.9 立柱应带有活动接头，接头应通过芯管连接上下柱。上下柱之间应留有空隙，立柱与芯管应为可动配合。上下柱的空隙宽度应考虑温度变化、永久荷载和准永久荷载产生的主体结构轴向变形和加工误差的影响。空隙宽度不宜小于 10mm。

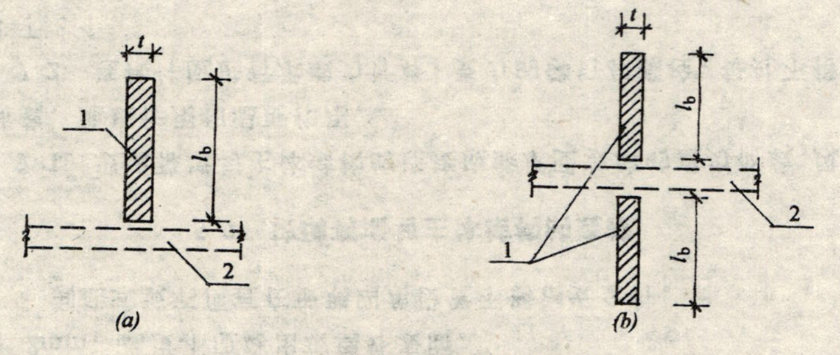

图 5.5.8 全玻幕墙玻璃肋截面尺寸

(a) 单肋； (b) 双肋

1—玻璃肋； 2—幕墙玻璃

5.6 结构硅酮密封胶的强度验算

5.6.1 玻璃幕墙构件的下列部位应采用与接触材料相容的结构硅酮密封胶密封粘结，其粘结宽度c_s及厚度t_s应满足强度要求：

（1）半隐框、隐框幕墙使用的中空玻璃的两层玻璃周边；

（2）半隐框、隐框幕墙构件的玻璃与铝合金框之间的部位。

5.6.2 结构硅酮密封胶的粘结宽度应由计算确定，但不得小于7mm。

5.6.3 结构硅酮密封胶中的应力可由所承受的短期或长期荷载和作用计算，并应分别符合下式条件：

$$\sigma_{k1}或\tau_{k1}\leq f_1 \qquad (5.6.3)$$
$$\sigma_{k2}或\tau_{k2}\leq f_2$$

式中 σ_{k1}——短期荷载或作用在结构硅酮密封胶中产生的拉应力标准值（N/mm²）；

τ_{k1}——短期荷载或作用在结构硅酮密封胶中产生的剪应力标准值（N/mm²）；

σ_{k2}——长期荷载在结构硅酮密封胶中产生的拉应力标准值（N/mm²）；

τ_{k2}——长期荷载在结构硅酮密封胶中产生的剪应力标准值（N/mm²）；

f_1——结构硅酮密封胶短期强度允许值，可按0.14N/mm²采用；

f_2——结构硅酮密封胶长期强度允许值，可按0.007N/mm²采用。

5.6.4 半隐框、隐框竖直玻璃幕墙构件中玻璃与铝合金框之间结构硅酮密封胶的粘结宽度c_s可分别按下列两种情况计算，并取其较大值：

5.6.4.1 在风荷载作用下，结构硅酮密封胶的粘结宽度c_s应按下式计算：

$$c_s=\frac{w_k a}{2000\ f_1} \qquad (5.6.4\text{-}1)$$

式中 c_s——结构硅酮密封胶粘结宽度（mm）；

w_k——风荷载标准值（kN/m²）；

a——玻璃的短边长度（mm）；

f_1——胶的短期强度允许值，可按5.6.3条规定采用。

5.6.4.2 在玻璃自重作用下，结构硅酮密封胶的粘结宽度c_s应按下式计算：

$$c_s=\frac{q_{Gk}ab}{2000\ (a+b)\ f_2} \qquad (5.6.4\text{-}2)$$

式中 c_s——结构硅酮密封胶的粘结宽度（mm）；

q_{Gk}——玻璃单位面积重量（kN/m²）；

a、b——玻璃的短边和长边长度（mm）；

f_2——胶的长期强度允许值，可按5.6.3条规定采用。

5.6.5 倒挂式玻璃顶结构硅酮密封胶应按下式计算其粘结宽度c_s：

$$c_s=\frac{w_k\ a}{2000 f_1}+\frac{q_{Gk}ab}{2000\ (a+b)\ f_2} \qquad (5.6.5)$$

式中符号同5.6.3和5.6.4条。

5.6.6 结构硅酮密封胶的粘结厚度 t_s 应符合以下要求：

5.6.6.1 粘结厚度应按下式计算：

$$t_s > \frac{u_s}{\sqrt{\delta\ (2+\delta)}} \quad (5.6.6\text{-}1)$$

式中 t_s——结构硅酮密封胶的粘结厚度（mm）；

δ——结构硅酮密封胶的变位承受能力（%）；

u_s——幕墙玻璃的相对位移量（mm）。

5.6.6.2 玻璃与金属框之间的粘结厚度 t_s 不应小于 6mm，且不应大于 12mm（图 5.6.6）。

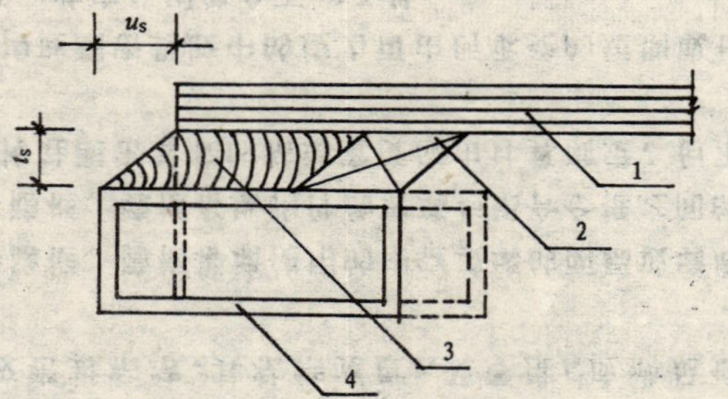

图 5.6.6 结构硅酮密封胶粘结厚度

1—玻璃；2—垫条；3—结构硅酮密封胶；4—铝合金框

5.6.7 隐框或横向半隐框玻璃幕墙，每个分格块的玻璃下端应设两个铝合金或不锈钢托条，其长度不应小于 100mm，厚度不应小于 2mm，高度不应露出玻璃外表面。

倒挂式玻璃顶宜在玻璃四角设置不锈钢安全件。

5.7 玻璃幕墙与主体结构的连接

5.7.1 玻璃幕墙与主体结构的连接应能承受玻璃的重力荷载、风荷载、地震作用和温度作用。

5.7.2 连接件应进行承载力计算。受力的铆钉和螺栓，每处不得少于 2 个。

5.7.3 连接件与主体结构的锚固强度应大于连接件本身承载力设计值。

5.7.4 与连接件直接相连的主体结构构件，其承载力应大于连接件承载力；与幕墙立柱相连的主体混凝土构件的混凝土强度不宜低于 C30。

5.7.5 连接件的焊缝、螺栓和局部挤压，应符合现行国家标准《钢结构设计规范》GBJ17 有关规定。

5.7.6 竖直玻璃幕墙的立柱应悬挂在主体结构上，并使立柱处于受拉工作。

5.7.7 玻璃幕墙的立柱宜直接连接在主体结构上。当立柱与主体结构间留有较大间距时，可在幕墙与主体结构之间设置过渡钢桁架，钢桁架与主体结构应可靠连接，幕墙与钢桁架也应可靠连接。

铝合金立柱与钢桁架连接，应计入温度变化时两者变形差异产生的影响。

5.7.8 玻璃幕墙构件与钢结构的连接，应按现行国家标准《钢结构设计规范》GBJ17 的规定进行设计。

5.7.9 玻璃幕墙立柱与混凝土结构宜通过预埋件连接，预埋件应在主体结构混凝土施工时埋入。

当没有条件采用预埋件连接时，应采用其他可靠的连接措施，并应通过试验决定其承载力。

5.7.10 由锚板和对称配置的直锚筋所组成的受力预埋件，其锚筋的总截面面积 A_s 应按下列公式计算（图 5.7.10）：

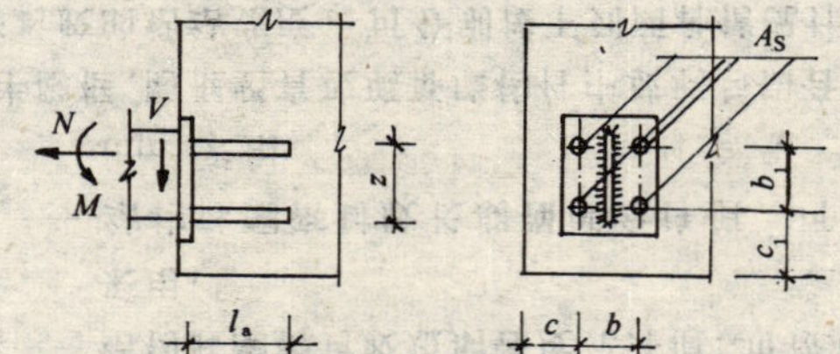

图 5.7.10 由锚板和直锚筋组成的预埋件

5.7.10.1 当有剪力、法向拉力和弯矩共同作用时，应按下列公式计算，并取其中的较大值：

$$A_s \geqslant \frac{V}{\alpha_r \alpha_v f_y} + \frac{N}{0.8\alpha_b f_y} + \frac{M}{1.3\alpha_r \alpha_b f_y z} \quad (5.7.10\text{-}1)$$

$$A_s \geqslant \frac{N}{0.8\alpha_b f_y} + \frac{M}{0.4\alpha_r \alpha_b f_y z} \quad (5.7.10\text{-}2)$$

5.7.10.2 当有剪力、法向压力和弯矩共同作用时，应按下列两个公式计算，并取其中的较大值：

$$A_s \geqslant \frac{V-0.3N}{\alpha_r \alpha_v f_y} + \frac{M-0.4Nz}{1.3\alpha_r \alpha_b f_y z} \quad (5.7.10\text{-}3)$$

$$A_s \geqslant \frac{M-0.4Nz}{0.4\alpha_r \alpha_b f_y z} \quad (5.7.10\text{-}4)$$

当 $M<0.4Nz$ 时，取 $M-0.4Nz=0$。

5.7.10.3 上述公式中的系数，应按下列公式计算：

$$\alpha_v = (4.0-0.08d)\sqrt{\frac{f_c}{f_y}} \quad (5.7.10\text{-}5)$$

当 α_v 大于 0.7 时，取 $\alpha_v=0.7$。

$$\alpha_b = 0.6+0.25\frac{t}{d} \quad (5.7.10\text{-}6)$$

当采取措施防止锚板弯曲变形时，可取 $\alpha_b=1.0$。

上述各式中 V ——剪力设计值（N）；

N ——法向拉力或法向压力设计值（N）；法向压力设计值不应大于 $0.5f_cA$，此处 A 为锚板的面积（mm²）；

M ——弯矩设计值（N·mm）；

α_r ——钢筋层数影响系数，当等间距配置时，二层取 1.0，三层取 0.9；

α_v ——锚筋受剪承载力系数；

d ——锚筋直径（mm）；

t ——锚板厚度（mm）；

α_b ——锚板弯曲变形折减系数；

z ——外层锚筋中心线之间的距离（mm）；

f_c ——混凝土轴心受压强度设计值（N/mm²），可按现行国家标准《混凝土结构设计规范》GBJ10 采用。

5.7.11 受力预埋件的锚板宜采用 3 号钢。锚筋应采用 Ⅰ 级或 Ⅱ 级钢筋，并不得采用冷加工钢筋。

5.7.12 预埋件受力直锚筋不宜少于 4 根，直径不宜小于 8mm。受剪预埋件的直锚筋可用 2 根。

预埋件的锚筋应放在外排主筋的内侧。

5.7.13 直锚筋与锚板应采用 T 形焊，锚筋直径不大于 20mm 时宜采用压力埋弧焊。手工焊缝高度不宜小于 6mm 及 $0.5d$（Ⅰ 级钢筋）或 $0.6d$（Ⅱ 级钢筋）。

5.7.14 充分利用锚筋的受拉强度时，锚固长度应符合表 5.7.14 的要求；锚筋最小锚固长度在任何情况下不应小于 250mm。锚筋按构造配置、未充分利用其受拉强度时，锚固长度可适当减少，但不应小于 180mm。光圆钢筋端部应作弯钩。

锚固钢筋的锚固长度 l_a（mm） **表 5.7.14**

钢筋类型	混凝土强度等级	
	C25	≥C30
Ⅰ 级钢	$30d$	$25d$
Ⅱ 级钢	$40d$	$35d$

注：1. 当螺纹钢筋 $d \leqslant 25$mm 时，l_a 可以减少 $5d$。

2. 锚固长度不应小于 250mm。

5.7.15 锚板的厚度应大于锚筋直径的 0.6 倍。受拉和受弯预埋件的锚板的厚度尚应大于 $b/8$（b 为锚筋的间距，图 5.7.10）。锚筋中心至锚板边缘的距离 c 不应小于 $2d$ 及 20mm。

对于受拉和受弯预埋件，其钢筋间距 b、b_1 和锚筋至构件边缘的距离 c、c_1 均不应小于 $3d$ 及 45mm。

对受剪预埋件，其锚筋的间距 b 及 b_1 不应大于 300mm，其中 b_1 不应小于 $6d$ 及 70mm，锚筋至构件边缘的距离 c_1 不应小于 $6d$ 及 70mm，b、c 不应小于 $3d$ 及 45mm。

6 玻璃幕墙构件制作技术要求

6.1 一般规定

6.1.1 玻璃幕墙在制作前应对建筑设计施工图进行核对，并应对已建建筑物进行复测，按实测结果调整幕墙并经设计单位同意后，方可加工组装。

6.1.2 玻璃幕墙所采用的材料、零附件应符合本规范第3章的规定，并应有出厂合格证。

6.1.3 加工幕墙构件所采用的设备、机具应能达到幕墙构件加工精度的要求，其量具应定期进行计量检定。

6.1.4 隐框玻璃幕墙的结构装配组合件应在生产车间制作，不得在现场进行。结构硅酮密封胶应打注饱满。

6.1.5 不得使用过期的结构硅酮密封胶和耐候硅酮密封胶。

6.2 玻璃幕墙构件加工精度

6.2.1 玻璃幕墙的金属构件的加工精度应符合下列要求：

6.2.1.1 玻璃幕墙结构杆件截料之前应进行校直调整；

6.2.1.2 玻璃幕墙横梁的允许偏差为±0.5mm，立柱的允许偏差为±1.0mm，端头斜度的允许偏差为−15′(图 6.2.1-1，6.2.1-2)；

6.2.1.3 截料端头不应有加工变形，毛刺不应大于 0.2mm；

6.2.1.4 孔位的允许偏差为±0.5mm，孔距的允许偏差为±0.5mm，累计偏差不应大于±1.0mm；

6.2.1.5 铆钉的通孔尺寸偏差应符合现行国家标准《铆钉用通孔》GB152·1 的规定；

6.2.1.6 沉头螺钉的沉孔尺寸偏差应符合现行国家标准《沉头

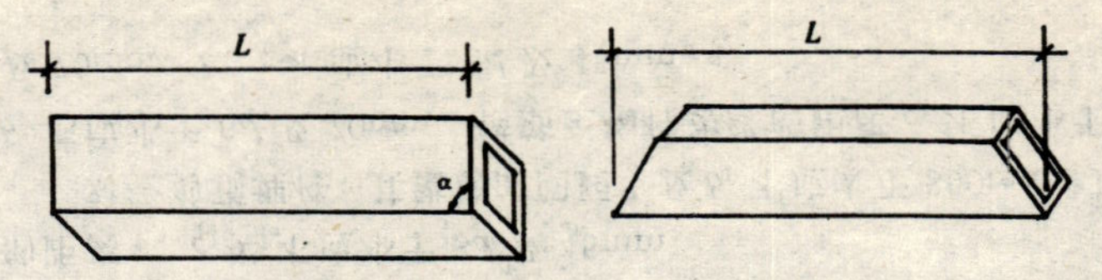

图 6.2.1-1 直角截料　　图 6.2.1-2 斜角截料

螺钉用沉孔》GB152·2 的规定；

6.2.1.7 圆柱头、螺栓的沉孔尺寸应符合现行国家标准《圆柱头、螺栓用沉孔》GB152·3 的规定；

6.2.1.8 螺丝孔的加工应符合设计要求。

6.2.2 玻璃幕墙构件中槽、豁、榫的加工应符合下列要求：

6.2.2.1 构件铣槽尺寸允许偏差应符合表 6.2.2-1 的要求（图 6.2.2-1）；

铣槽尺寸允许偏差（mm）　　表 6.2.2-1

项目	a	b	c
偏差	+0.5 0.0	+0.5 0.0	±0.5

图 6.2.2-1 铣槽位置

6.2.2.2 构件铣豁尺寸允许偏差应符合表 6.2.2-2 的要求（图 6.2.6-2）；

铣豁尺寸允许偏差（mm）　　表 6.2.2-2

项目	a	b	c
偏差	+0.5 0.0	+0.5 0.0	±0.5

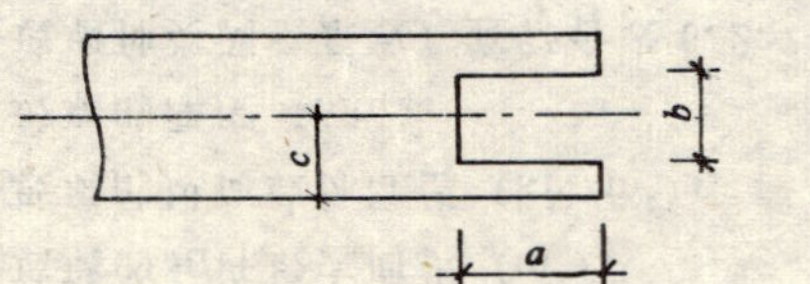

图 6.2.2-2　铣豁位置

6.2.2.3　构件铣榫尺寸允许偏差应符合表 6.2.2-3 的要求（图 6.2.2-3）。

铣榫尺寸允许偏差（mm）　　表 6.2.2-3

项　目	a	b	c
偏　差	0.0 −0.5	0.0 −0.5	±0.5

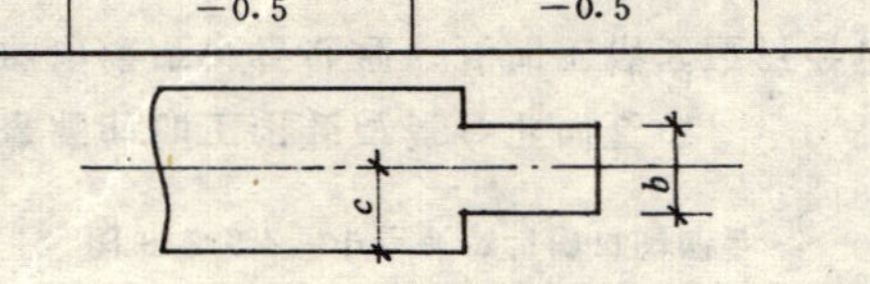

图 6.2.2-3　铣榫位置

6.2.3　玻璃幕墙构件装配尺寸允许偏差应符合下列要求：

6.2.3.1　构件装配尺寸允许偏差应符合表 6.2.3-1 的要求；

构件装配尺寸允许偏差（mm）　　表 6.2.3-1

项　目	构件长度	允许偏差
槽口尺寸	≤2000	±2.0
	>2000	±2.5
构件对边尺寸差	≤2000	≤2.0
	>2000	≤3.0
构件对角线尺寸差	≤2000	≤3.0
	>2000	≤3.5

6.2.3.2　各相邻构件装配间隙及同一平面度的允许偏差应符合表 6.2.3-2 的要求。

相邻构件装配间隙及同一平面度的允许偏差（mm）　表 6.2.3-2

项　目	允许偏差
装配间隙	≤0.5
同一平面度差	≤0.5

6.2.4　构件的连接应牢固，各构件连接处的缝隙应进行密封处理。

6.2.5　玻璃槽口与玻璃或保温板的配合尺寸应符合下列要求：

6.2.5.1　单层玻璃与槽口的配合尺寸应符合表 6.2.5-1 的要求（图 6.2.5-1）；

单层玻璃与槽口的配合尺寸（mm）　　表 6.2.5-1

玻璃厚度	a	b	c
5～6	≥3.5	≥15	≥5
8～10	≥4.5	≥16	≥5
12 以上	≥5.5	≥18	≥5

6.2.5.2　中空玻璃与槽口的配合尺寸应符合表 6.2.5-2 的要求（图 6.2.5-2）。

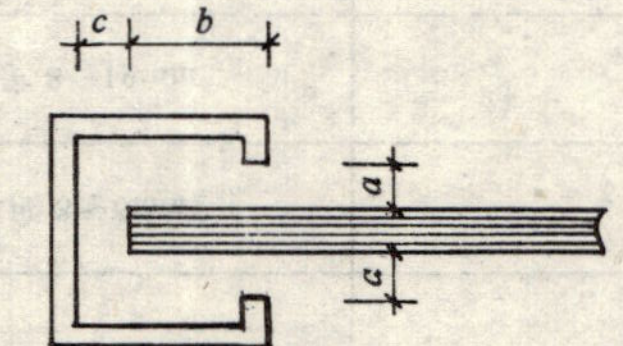

图 6.2.5-1　玻璃与槽口的配合

中空玻璃与槽口的配合尺寸（mm）　　表 6.2.5-2

中空玻璃	a	b	c		
			下边	上边	侧边
$4+d_a+4$	≥5	≥16	≥7	≥5	≥5
$5+d_a+5$	≥5	≥16	≥7	≥5	≥5
$6+d_a+6$	≥5	≥17	≥7	≥5	≥5
$8+d_a+8$ 以上	≥6	≥18	≥7	≥5	≥5

注：d_a 为空气层厚度，可取 12mm。

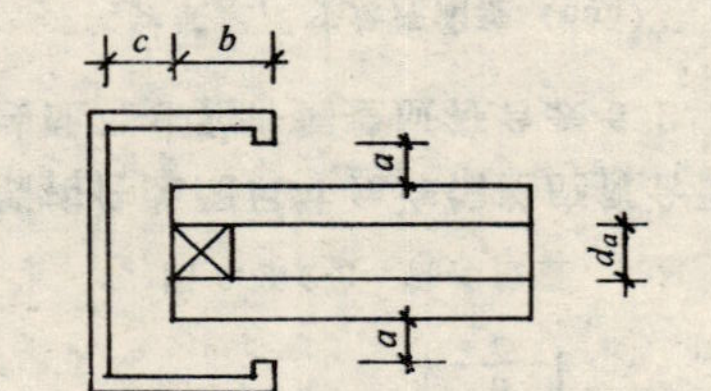

图 6.2.5-2　中空玻璃与槽口的配合

6.2.6　全玻幕墙的加工组装应符合下列要求：

6.2.6.1　玻璃边缘应进行处理，其加工精度应符合设计的要求；

6.2.6.2　高度超过 4m 的玻璃应悬挂在主体结构上；

6.2.6.3　玻璃与玻璃、玻璃与玻璃肋之间的缝隙，应采用结构硅酮密封胶嵌填严密。

6.2.7　玻璃幕墙加工制作时，玻璃的最大面积可按下列公式计算。

6.2.7.1　单片玻璃：

$$A = \frac{0.3\alpha_1}{w_k}\left(t+\frac{t^2}{4}\right) \qquad (6.2.7\text{-}1)$$

式中　A ——玻璃的允许最大面积（m^2）；

w_k——玻璃的风荷载标准值（kN/m^2）；

t ——玻璃的厚度（mm）；

α_1 ——玻璃种类调整系数，宜符合表 6.2.7-1。

玻璃种类调整系数 α_1　　表 6.2.7-1

品　种	系数 α_1
浮法玻璃厚度 3～6mm	1.0
浮法玻璃厚度 8～19mm	0.8
钢化玻璃	3.0
夹丝玻璃	0.7
夹丝压花玻璃	0.5
夹层玻璃	1.6

注：钢化玻璃强度设计值不到浮法玻璃强度设计值 3 倍时，α_1 应按实测结果调整。

6.2.7.2　中空玻璃：

$$A = \left[\frac{\alpha_2}{w_k}\left(t_2+\frac{t_2^2}{4}\right)\right]\left[1+\left(\frac{t_1}{t_2}\right)^3\right] \qquad (6.2.7\text{-}2)$$

式中　A ——玻璃允许最大面积（m^2）；

w_k——玻璃允许的最大风荷载标准值（kN/m^2）；

t_1 ——中空玻璃中较薄玻璃的厚度（mm）；

t_2 ——中空玻璃中较厚玻璃的厚度（mm）；

α_2 ——玻璃种类调整系数，用夹层玻璃制作的中空玻璃为 0.24，用普通玻璃制作的中空玻璃为 0.22，用钢化玻璃制作的中空玻璃为 0.66。

注：钢化玻璃强度设计值不到浮法玻璃强度设计值 3 倍时，α_2 应按实测结果调整。

6.2.8　玻璃幕墙与建筑主体结构连接的固定支座材料宜选用铝合金、不锈钢或表面热镀锌处理的碳素结构钢，并应具备调整范围，其调整尺寸 a_x、a_y、a_z 不应小于 40mm（图 6.2.8）。

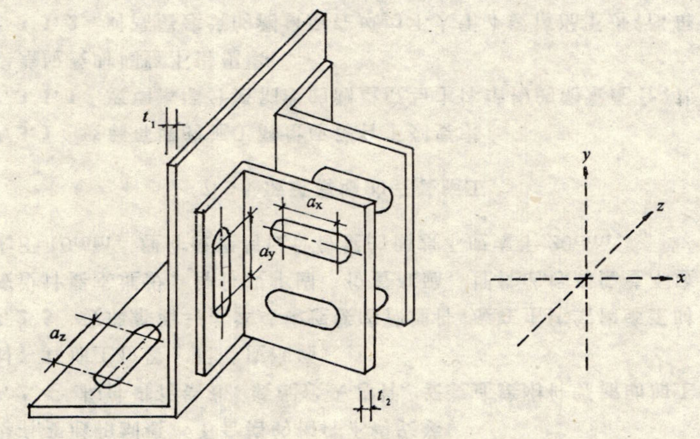

图 6.2.8 固定支座的调整

6.3 非金属材料的加工组装

6.3.1 明框、半隐框、隐框幕墙所用的垫块、垫条的材质应符合《建筑橡胶密封垫预成型实心硫化的结构密封垫用材料》的规定。

6.3.2 半隐框、隐框幕墙中对玻璃及支撑物的清洁工作应按下列步骤进行：

6.3.2.1 把溶剂倒在一块干净布上，用该布将被粘结物表面的尘埃、油渍、霜和其他脏物清除，然后，用第二块干净布将表面擦干；

6.3.2.2 对玻璃槽口可用干净布包裹油灰刀进行清洗；

6.3.2.3 清洗后的构件，应在一小时内进行密封；当再污染时，应重新清洗；

6.3.2.4 清洗一个构件或一块玻璃，应更换清洁的干布。

6.3.3 清洁中使用溶剂时应符合下列要求：

6.3.3.1 不应将擦布放在溶剂里，应将溶剂倾倒在擦布上；

6.3.3.2 使用和贮存溶剂，应用干净的容器；

6.3.3.3 使用溶剂的场所严禁烟火；

6.3.3.4 应遵守所用溶剂标签上的注意事项。

6.4 玻璃幕墙构件检验

6.4.1 玻璃幕墙构件应按构件的5%进行抽样检查，且每种构件不得少于5件。当有一个构件不符合本规范要求时，应加倍抽查，复验合格后方可出厂。

6.4.2 产品出厂时，应附有检验质量证书、安装图及其说明。

7 玻璃幕墙的安装施工

7.1 一般规定

7.1.1 安装玻璃幕墙的钢结构、钢筋混凝土结构及砖混结构的主体工程，应符合有关结构施工及验收规范的要求。

7.1.2 安装玻璃幕墙的构件及零附件的材料品种、规格、色泽和性能，应符合设计要求。

7.1.3 玻璃幕墙的安装施工应单独编制施工组织设计方案。

7.2 安装施工准备

7.2.1 构件搬运、吊装时不得碰撞和损坏。

7.2.2 构件应按品种和规格堆放在特种架子或垫木上。在室外堆放时，应采取保护措施。

7.2.3 构件安装前均应进行检验与校正。构件应平直、规方，不得有变形和刮痕。不合格的构件不得安装。

7.2.4 构件进行钻孔、装配接头芯管、安装连接附件等辅助加工时，其加工位置、尺寸应准确。

7.2.5 玻璃幕墙与主体结构连接的预埋件，应在主体结构施工时按设计要求埋设。埋件应牢固、位置准确，埋件的标高偏差不应大于 10mm，埋件位置与设计位置的偏差不应大于 20mm。

7.3 玻璃幕墙的安装施工

7.3.1 玻璃幕墙的施工测量应符合下列要求：

7.3.1.1 玻璃幕墙分格轴线的测量应与主体结构的测量配合，其误差应及时调整不得积累。

7.3.1.2 对高层建筑的测量应在风力不大于 4 级情况下进行，每天应定时对玻璃幕墙的垂直及立柱位置进行校核。

7.3.2 玻璃幕墙立柱的安装应符合下列要求：

7.3.2.1 应将立柱先与连接件连接，然后连接件再与主体预埋件连接，并应进行调整和固定。立柱安装标高偏差不应大于 3mm，轴线前后偏差不应大于 2mm，左右偏差不应大于 3mm。

7.3.2.2 相邻两根立柱安装标高偏差不应大于 3mm，同层立柱的最大标高偏差不应大于 5mm；相邻两根立柱的距离偏差不应大于 2mm。

7.3.3 玻璃幕墙横梁安装应符合下列要求：

7.3.3.1 应将横梁两端的连接件及弹性橡胶垫安装在立柱的预定位置，并应安装牢固，其接缝应严密。

7.3.3.2 相邻两根横梁的水平标高偏差不应大于 1mm。同层标高偏差：当一幅幕墙宽度小于或等于 35m 时，不应大于 5mm；当一幅幕墙宽度大于 35m 时，不应大于 7mm。

7.3.3.3 同一层的横梁安装应由下向上进行。当安装完一层高度时，应进行检查、调整、校正、固定，使其符合质量要求。

7.3.4 玻璃幕墙其他主要附件安装应符合下列要求：

7.3.4.1 有热工要求的幕墙，保温部分宜从内向外安装。当采用内衬板时，四周应套装弹性橡胶密封条，内衬板与构件接缝应严密；内衬板就位后，应进行密封处理。

7.3.4.2 固定防火保温材料应锚钉牢固，防火保温层应平整，拼接处不应留缝隙。

7.3.4.3 冷凝水排出管及附件应与水平构件预留孔连接严密，与内衬板出水孔连接处应设橡胶密封条。

7.3.4.4 其他通气留槽孔及雨水排出口等应按设计施工，不得遗漏。

7.3.4.5 玻璃幕墙立柱安装就位、调整后应及时紧固。玻璃幕墙安装的临时螺栓等在构件安装、就位、调整、紧固后应及时拆除。

7.3.4.6 现场焊接或高强螺栓紧固的构件固定后，应及时进行防锈处理。玻璃幕墙中与铝合金接触的螺栓及金属配件应采用不锈钢或轻金属制品。

7.3.4.7 不同金属的接触面应采用垫片作隔离处理。

7.3.5 玻璃幕墙玻璃安装应按下列要求进行：

7.3.5.1 玻璃安装前应将表面尘土和污物擦拭干净。热反射玻璃安装应将镀膜面朝向室内，非镀膜面朝向室外。

7.3.5.2 玻璃与构件不得直接接触。玻璃四周与构件凹槽底应保持一定空隙，每块玻璃下部应设不少于二块弹性定位垫块；垫块的宽度与槽口宽度应相同，长度不应小于100mm；玻璃两边嵌入量及空隙应符合设计要求。

7.3.5.3 玻璃四周橡胶条应按规定型号选用，镶嵌应平整，橡胶条长度宜比边框内槽口长1.5%～2%，其断口应留在四角；斜面断开后应拼成预定的设计角度，并应用粘结剂粘结牢固后嵌入槽内。

7.3.6 玻璃幕墙四周与主体结构之间的缝隙，应采用防火的保温材料填塞；内外表面应采用密封胶连续封闭，接缝应严密不漏水。

7.3.7 铝合金装饰压板应符合设计要求，表面应平整，色彩应一致，不得有肉眼可见的变形、波纹和凸凹不平，接缝应均匀严密。

7.3.8 玻璃幕墙施工过程中应分层进行抗雨水渗漏性能检查。

7.3.9 耐候硅酮密封胶的施工应符合下列要求：

7.3.9.1 耐候硅酮密封胶的施工厚度应大于3.5mm，施工宽度不应小于施工厚度的2倍；较深的密封槽口底部应采用聚乙烯发泡材料填塞。

7.3.9.2 耐候硅酮密封胶在接缝内应形成相对两面粘结，并不得三面粘结。

7.3.10 玻璃幕墙安装施工应对下列项目进行隐蔽验收：

7.3.10.1 构件与主体结构的连接节点的安装；

7.3.10.2 幕墙四周、幕墙内表面与主体结构之间间隙节点的安装；

7.3.10.3 幕墙伸缩缝、沉降缝、防震缝及墙面转角节点的安装；

7.3.10.4 幕墙防雷接地节点的安装。

7.4 玻璃幕墙的保护和清洗

7.4.1 玻璃幕墙的构件、玻璃和密封等应制定保护措施。不得使其发生碰撞变形、变色、污染和排水管堵塞等现象。

7.4.2 施工中玻璃幕墙及其构件表面的粘附物应及时清除。

7.4.3 玻璃幕墙工程安装完成后，应制定清扫方案。

7.4.4 清洗玻璃和铝合金件的中性清洁剂，应进行腐蚀性检验。中性清洁剂清洗后应及时用清水冲洗干净。

7.5 玻璃幕墙安装施工的安全措施

7.5.1 安装玻璃幕墙用的施工机具在使用前，应进行严格检验。手电钻、电动改锥、焊钉枪等电动工具应作绝缘电压试验；手持玻璃吸盘和玻璃吸盘安装机，应进行吸附重量和吸附持续时间试验。

7.5.2 施工人员应配备安全帽、安全带、工具袋等。

7.5.3 在高层玻璃幕墙安装与上部结构施工交叉作业时，结构施工层下方应架设防护网；在离地面3m高处，应搭设挑出6m的水平安全网。

7.5.4 现场焊接时，在焊件下方应设接火斗。

8 玻璃幕墙工程验收及维修

8.1 玻璃幕墙工程验收

8.1.1 玻璃幕墙工程验收前应将其表面擦洗干净。

8.1.2 玻璃幕墙验收时应提交下列资料：

(1) 设计图纸、文件、设计修改和材料代用文件；

(2) 材料出厂质量证书，结构硅酮密封胶相容性试验报告及幕墙物理性能检验报告；

(3) 预制构件出厂质量证书；

(4) 隐蔽工程验收文件；

(5) 施工安装自检记录。

8.1.3 玻璃幕墙工程验收时，应按本规范第 7.3.10 条的要求进行隐蔽验收。

8.1.4 玻璃幕墙工程质量检验应进行观感检验和抽样检验。并应以一幅玻璃幕墙为检验单元，每幅玻璃幕墙均应检验。

8.1.5 玻璃幕墙观感检验应符合下列要求：

8.1.5.1 明框幕墙框料应竖直横平；单元式幕墙的单元拼缝或隐框幕墙分格玻璃拼缝应竖直横平，缝宽应均匀，并符合设计要求；

8.1.5.2 玻璃的品种、规格与色彩应与设计相符，整幅幕墙玻璃的色泽应均匀；不应有析碱、发霉和镀膜脱落等现象；

8.1.5.3 玻璃的安装方向应正确；

8.1.5.4 幕墙材料的色彩应与设计相符，并应均匀，铝合金料不应有脱膜现象；

8.1.5.5 装饰压板表面应平整，不应有肉眼可察觉的变形、波纹或局部压砸等缺陷；

8.1.5.6 幕墙的上下边及侧边封口、沉降缝、伸缩缝、防震缝的处理及防雷体系应符合设计要求；

8.1.5.7 幕墙隐蔽节点的遮封装修应整齐美观；

8.1.5.8 幕墙不得渗漏；

8.1.6 玻璃幕墙工程抽样检验应符合下列要求：

8.1.6.1 铝合金料及玻璃表面不应有铝屑、毛刺、油斑和其他污垢；

8.1.6.2 玻璃应安装或粘结牢固，橡胶条和密封胶应镶嵌密实、填充平整；

8.1.6.3 钢化玻璃表面不得有伤痕；

8.1.6.4 每平方米玻璃的表面质量符合表 8.1.6-1 的规定；

每平方米玻璃表面质量 表 8.1.6-1

项　目	质　量
0.1～0.3mm 宽划伤痕	长度小于 100mm 允许 8 条
擦伤	不大于 500mm^2

8.1.6.5 一个分格铝合金料表面质量应符合表 8.1.6-2 的规定；

一个分格铝合金料表面质量 表 8.1.6-2

项　目	质　量
擦伤，划伤深度	不大于氧化膜的 2 倍
擦伤总面积（mm^2）	不大于 500
划伤总长度（mm）	不大于 150
擦伤和划伤处数	不大于 4

注：一个分格铝合金料指该分格的四周框架构件。

8.1.6.6 铝合金框架构件安装质量应符合表 8.1.6-3 的规定；

铝合金构件安装质量　　表 8.1.6-3

项目		允许偏差	检查方法
幕墙垂直度	幕墙高度不大于 30m	10mm	激光仪或经纬仪
	幕墙高度大于 30m，不大于 60m	15mm	
	幕墙高度大于 60m，不大于 90m	20mm	
	幕墙高度大于 90m	25mm	
竖向构件直线度		3mm	3m 靠尺，塞尺
横向构件水平度	不大于 2000mm	2mm	水平仪
	大于 2000mm	3mm	
同高度相邻两根横向构件高度差		1mm	钢板尺、塞尺
幕墙横向构件水平度	幅宽不大于 35m	5mm	水平仪
	幅宽大于 35m	7mm	
分格框对角线差	对角线长不大于 2000mm	3mm	3m 钢卷尺
	对角线长大于 2000mm	3.5mm	

注：1. 1～5 项按抽样根数检查，6 项按抽样分格数检查；
2. 垂直于地面的幕墙，竖向构件垂直度包括幕墙平面内及平面外的检查；
3. 竖向直线度包括幕墙平面内及平面外的检查；
4. 在风力小于 4 级时测量检查。

8.1.6.7 隐框玻璃幕墙的安装质量应符合表 8.1.6-4 的规定。

隐框玻璃幕墙安装质量　　表 8.1.6-4

项目		允许偏差	检查方法
竖缝及墙面垂直度	幕墙高度不大于 30m	10mm	激光仪或经纬仪
	幕墙高度大于 30m，不大于 60m	15mm	
	幕墙高度大于 60m，不大于 90m	20mm	
	幕墙高度大于 90m	25mm	
幕墙平面度		3mm	3m 靠尺、钢板尺
竖缝直线度		3mm	3m 靠尺、钢板尺
横缝直线度		3mm	3m 靠尺、钢板尺
拼缝宽度（与设计值比）		2mm	卡尺

8.1.7 玻璃幕墙工程抽样检验数量，每幅幕墙的竖向构件或竖向拼缝和横向构件或横向拼缝应各抽查 5%，并均不得少于 3 根；每幅幕墙分格应各抽查 5%，并不得少于 10 个，所抽检质量均应符合本规范 8.1.6 的规定。

注：1. 抽样的样品，1 根竖向构件或竖向拼缝指该幅幕墙全高的 1 根构件或拼缝；1 根横向构件或横向拼缝指该幅幕墙全宽的 1 根构件或拼缝。
2. 凡幕墙上的开启部分，其抽样检验的工程验收按现行行业标准《建筑装饰工程施工及验收规范》(JGJ73) 的规定执行。

8.2 玻璃幕墙的保养与维修

8.2.1 玻璃幕墙工程验收交工后，使用单位应及时制订幕墙的保养、维修计划与制度。

8.2.2 玻璃幕墙的保养应按下列要求进行：

8.2.2.1 应根据幕墙面积灰污染程度，确定清洗幕墙的次数与周期，每年应至少清洗 1 次；

8.2.2.2 清洗幕墙外墙面的机械设备（如清洗机或吊篮等）应操作灵活方便，以免擦伤幕墙面；

8.2.3 玻璃幕墙的检查与维修应按下列要求进行：

8.2.3.1 当发现螺栓松动应拧紧或焊牢，当发现连接件锈蚀应除锈补漆；

8.2.3.2 当发现玻璃松动、破损应及时修复或更换；

8.2.3.3 当发现密封胶和密封条脱落或损坏，应及时修补与更换；

8.2.3.4 当发现幕墙构件及连接件损坏，或连接件与主体结构的锚固松动或脱落，应及时更换或采取措施加固修复；

8.2.3.5 定期检查幕墙排水系统，当发现堵塞，应及时疏通；

8.2.3.6 当五金件有脱落、损坏或功能障碍时，应进行更换和修复；

8.2.3.7 当遇台风、地震、火灾等自然灾害时，灾后应对玻璃幕墙进行全面检查，并视损坏程度进行维修加固。

8.2.4 玻璃幕墙在正常使用时，每隔5年应进行一次全面检查，对玻璃、密封条、密封胶、结构硅酮密封胶等应在不利的位置进行检查。

8.2.5 在对玻璃幕墙进行保养与维修中应符合下列安全规定：

8.2.5.1 不得在4级以上风力及大雨天进行幕墙外侧检查、保养与维修工作；

8.2.5.2 玻璃幕墙进行检查、清洗、保养维修时所采用的机具设备（清洗机、吊篮）必须牢固、操作方便、安全可靠；

8.2.5.3 在玻璃幕墙的保养与维修工作中，凡属高处作业者，必须遵守国家现行标准《建筑施工高处作业安全技术规范》（JGJ80）的有关规定。

附录A 浮法玻璃全玻幕墙玻璃肋的截面高度

玻璃肋截面高度的选用（mm）

玻璃板宽度	玻璃板高度	2m		2.5m		3m		4m			5m		6m		7m		8m	
	风荷载标准值（kN/m²）	1.0		1.0		1.0		1.0			1.1		1.2		1.3		1.4	
1m	玻璃板厚度	8		8		8		8			10		12		15		15	
	肋截面厚度	12	15	12	15	12	15	12	15	19	15	19	15	19	15	19	15	19
	双肋截面高度	100	90	125	115	150	135	200	180	160	240	210	300	265	360	320	430	380
	单肋截面高度	145	130	180	160	215	180	285	255	225	335	300	425	375	510	455	605	540
2m	玻璃板厚度	8		8		8		10			12		15		19		19	
	肋截面厚度	12	15	12	15	12	15	12	15	19	15	19	15	19	15	19	15	19
	双肋截面高度	120	105	145	130	175	155	235	210	185	275	245	345	310	420	370	495	440
	单肋截面高度	165	150	205	180	245	220	360	295	260	390	345	490	345	590	525	700	600

续表

玻璃板高度	风荷载标准值（kN/m²）	玻璃板宽度 2.5m：玻璃板厚度	2.5m：肋截面厚度	2.5m：双肋截面高度	2.5m：单肋截面高度	玻璃板宽度 3m：玻璃板厚度	3m：肋截面厚度	3m：双肋截面高度	3m：单肋截面高度
2m	1.0	8	12	130	185	8	12	145	200
			15	120	165		15	130	180
2.5m	1.0	10	12	165	230	10	12	180	260
			15	145	205		15	160	225
3m	1.0	10	12	195	275	12	12	215	300
			15	175	245		15	190	270
			19	155	220		19	170	240
4m	1.0	12	12	260	370	12	12	285	400
			15	235	330		15	255	360
			19	210	295		19	225	320
5m	1.1	15	15	305	435	15	15	335	475
			19	275	385		19	300	420
6m	1.2	19	15	385	545	19	15	425	595
7m	1.3		19	345	485		19	370	530
8m	1.4	19	15	465	660				
			19	415	585				

附录B　本规范用词说明

B.0.1　为便于在执行本规范条文时区别对待，对要求严格程度不同的用词说明如下：

1. 表示很严格，非这样做不可的：

   正面词采用“必须”；

   反面词采用“严禁”。

2. 表示严格，在正常情况下均应这样做的：

   正面词采用“应”；

   反面词采用“不应”或“不得”。

3. 表示允许稍有选择，在条件许可时首先应这样做的：

   正面词采用“宜”或“可”；

   反面词采用“不宜”。

B.0.2　条文中指定应按其他有关标准、规范的规定执行时，写法为“应符合……的规定”或“应按……执行”。

附加说明

本规范主编单位，参加单位和主要起草人名单

主 编 单 位：中国建筑科学研究院

参 加 单 位：中建北京中空玻璃工程公司
中建一局四公司
中国雄狮集团（原山东省滕州钢窗厂）
四川省建筑科学研究院
中国建材研究院玻璃研究所

主要起草人：侯茂盛、赵西安、陈建东、谈恒玉、项家贵、王永胜、蔡体发、高锡九、杨建军

中华人民共和国行业标准

玻璃幕墙工程技术规范

JGJ 102－96

条 文 说 明

前　言

根据建设部建标［1991］第 413 号文的要求，由中国建筑科学研究院会同有关单位共同编制的《玻璃幕墙工程技术规范》(JGJ102—96) 经建设部 1996 年 7 月 30 日以建标［1996］447 号文批准，业已发布。

为便于广大设计、施工、科研、学校等有关人员在使用本标准时能正确理解和执行条文规定，《玻璃幕墙工程技术规范》编制组按章、节、条顺序编制了本标准的条文说明，供国内使用者参考。如发现欠妥之处，请将意见函寄中国建筑科学研究院。

目　次

1 总 则

1.0.1 凡由金属构件与玻璃板组成建筑物外围护结构，称为玻璃幕墙。幕墙早在100多年前已在建筑上开始应用，但由于种种原因，主要是幕墙材料和幕墙加工工艺的因素，但也有思想意识和传统观念束缚的因素，使幕墙在本世纪中期以前，发展十分缓慢。随着科学技术和工业生产的发展，许多有利于幕墙发展的新原理、新技术、新材料和新工艺被开发出来，如雨屏或压力平衡原理的发现，并成功应用到幕墙设计和制造上，解决了长期妨碍幕墙发展的雨水渗漏难题，又如铝及铝合金型材、各种玻璃的研制和生产，特别是各种高质量密封材料的研制和生产，尤其是结构硅酮密封胶和耐候硅酮密封胶的研制和生产，以及各种防火、隔热保温和隔声材料的研制和生产，使幕墙所要求的各项性能，如抗风压变形性、抗雨水渗漏性、抗空气渗透性、隔热保温性和隔声性等，都有了可靠的解决办法和材料；从而使幕墙在近30～40年来，获得飞速的发展，在建筑上得到了广泛的应用。

应用大面积的玻璃装饰于建筑物的外立面，通过建筑师的建筑构思和造型，并利用玻璃本身的某些特性，使建筑物显得别具一格，光亮、明快和挺拔，较之其他装饰材料，无论在色彩还是在光泽方面，都给人一种全新的概念。特别是应用热反射镀膜玻璃，将建筑物周围的街景、蓝天、白云等自然景观，都映到建筑物的外表面，并且随着季节、时间和光线强弱的不同而变化，从而使建筑物的外表情景交融、层层交错，近看景物丰富，远看又有熠熠生辉、光彩照人的效果。

玻璃幕墙在国外已获得广泛的应用与发展，我国自80年代以来，在一些大中和沿海开放城市，如北京、上海、广州、天津、南京、深圳、福州、厦门、大连、中山和珠海等，开始使用玻璃幕墙作为公用建筑物，如商场、宾馆、写字楼和体育场馆等的外装饰，取得了较好的社会经济效益，为美化城市作出了贡献。但在玻璃幕墙的设计、制作和安装施工中，由于缺乏统一的技术规范，也曾发生过一些质量问题。

为了使玻璃幕墙工程的设计、材料选用、性能要求、加工制作、安装施工和工程验收等有章可循，使玻璃幕墙工程做到安全可靠、实用美观和经济合理，玻璃幕墙工程技术规范的制订，具有极其重要的和现实的意义。

本规范是依照国家和行业标准、规范的有关规定，并对我国十多年来使用玻璃幕墙进行调研总结的基础上，结合玻璃幕墙的特点和要求，同时参考了一些先进国家有关玻璃幕墙的标准和规范而编制的。

1.0.2 本条规定了本规范的适用范围。本规范适用于非抗震设计或6～8度抗震设计的建筑高度不大于150m的民用建筑的明框、半隐框和隐框玻璃幕墙（包括斜幕墙）以及全玻幕墙的设计、制作和安装施工及验收，类似于民用建筑的工业厂房的玻璃幕墙的设计、制作和安装施工及验收，金属板幕墙的设计、制作和安装施工及验收可参照使用。

规定适用于建筑高度不大于150m的民用建筑物的玻璃幕墙工程，这一方面是为了与《高层建筑钢结构设计规程》和《钢筋混凝土高层建筑结构设计与施工规程》相协调，另一方面是由于超过150m高层建筑物的玻璃幕墙，无论从设计、制作还是从安装施工还缺乏经验，因此，对于超150m高层建筑物的玻璃幕墙工程，要从严掌握，采取慎重的态度，只有经过充分的可行性技术论证后，参照使用本规范。

对于设防烈度为9度的建筑物，一般不提倡使用玻璃幕墙作外围护结构，如因特殊需要应从严控制，本规范不适用设防烈度为9度地区的建筑物的玻璃幕墙工程使用，请参考有关规范的规定。

1.0.3 玻璃幕墙从其在建筑物的作用来说，它可算是属于建筑装饰的范围，可是，由于它是建筑物的外围护结构，处于建筑物的外表面，它就不仅仅是装饰。虽然它不承受主体建筑物的荷载，但它要承受风荷载、地震作用和温度变化作用，所以，玻璃幕墙在满足装饰的同时，必须满足风压、地震力和温度变化对它的影响，这样才能使玻璃幕墙具有足够的安全性。另一方面，幕墙是跨行业的综合性技术，特别是隐框幕墙不仅是综合性的技术，从设计、材料选用、加工制作和安装施工都应从严掌握，精心操作，否则有可能出现质量隐患，因此，要进行全过程的质量控制，生产企业应制订企业标准，严格生产过程的质量管理，只有这样才能有效保证玻璃幕墙的工程质量和安全。

1.0.4 构成幕墙的主要材料有：钢、不锈钢、铝合金、玻璃和粘结密封等四大类材料，大多数材料均有国家和行业标准，在选择材料时一定要选用符合国家和行业标准的，对某些暂时还没有标准的材料，如结构硅酮密封胶和耐候硅酮密封胶等，在本规范中参考国外产品标准的规定作了相应规定。

另外，在幕墙的设计、制作和施工中，密切相关的规范还有下列国家和行业现行标准、规范：《钢结构设计规范》、《高层建筑钢结构设计规程》、《钢筋混凝土高层建筑结构设计与施工规程》、《高层民用建筑设计防火规范》、《建筑设计防火规范》和《建筑物防雷设计规范》等。

2 术语、符号

在规范中涉及玻璃幕墙工程方面的主要术语有二种情况：

1. 在现行国家标准、行业标准中无规定，是本规范首次提出并给予定义的，如明框玻璃幕墙、半隐框玻璃幕墙、隐框玻璃幕墙、斜玻璃幕墙、全玻幕墙、结构胶、耐候胶等。

2. 虽在国家标准、行业标准中出现过这类术语，但未给出确切的定义。本规范尽量与其协调，并给予定义的，如接触腐蚀、相容性等。

对以上二种类型的术语共11条，在本章中一一列入，并给予定义。在本规范中使用的主要符号共42个，也在本章中一一列入。

3 玻璃幕墙材料

3.1 一般规定

3.1.1 材料是保证幕墙质量和安全的物质基础。幕墙所使用的材料，概括起来，基本上可有四大类型材料。即：骨架材料、板材、密封填缝材料、结构粘结材料。这些材料绝大部分国内都能生产，而且，大部分都有国家标准或行业标准，但由于生产技术和管理水平的差别，市上同种类材料质量，由于生产厂家不同，质量差别还是较大。作为外围护结构的幕墙，虽然不承受主体结构的荷载，但它处于建筑物的外表面，除承受本身的自重外，还要承受风荷载、地震作用和温度变化作用的影响。因此，要求幕墙必须安全可靠，所以，要求幕墙使用的材料都应该符合国家或行业标准规定的质量指标，少量暂时还没有国家或行业标准的材料，可按国外先进国家同类产品标准要求，生产企业制订企业标准作为产品质量控制依据。总之，不合格的材料严禁使用，出厂时，并有出厂合格证。

3.1.2 幕墙处于建筑物的外表面，经常受自然环境不利因素的影响，如日晒、雨淋、风砂等不利因素的侵蚀，因此，要求幕墙材料要有足够的耐候性和耐久性。具备防风雨、防日晒、防盗、防撞击、保温隔热等功能。因此，所用金属材料除不锈钢和轻金属材料外，都应进行热镀锌防腐蚀处理，以保证幕墙的耐久性。

3.1.3 幕墙无论是在加工制作、安装施工中，还是交付使用后的防火都十分重要的，因此，应尽量采用不燃材料和难燃材料，但目前国内外都有少量材料还是不防火的，如双面胶带、填充棒等是易燃材料，因此，在安装施工中应倍加注意，并要有防火措施。

3.1.4 隐框和半隐框幕墙使用的结构硅酮密封胶，必须有性能和与接触材料相容性试验合格报告，接触材料包括铝合金型材、玻璃、双面胶带和耐候硅酮密封胶。所谓相容性是指结构硅酮密封胶与这些材料接触时，只起粘结作用，不发生影响粘结性的任何化学变化。目前因国内生产结构硅酮密封胶质量还不稳定，数量也有限，这方面的试验工作也尚未开展起来。结构硅酮密封胶几乎全是进口的，相容性试验合格报告也是由国外公司提供的。这种状况对我国幕墙行业的发展是不利的。有关部门应尽快指定具备结构硅酮密封胶检测能力的科研单位，对进口的结构硅酮密封胶进行监督性检测，以确保进口结构硅酮密封胶的质量。

关于结构硅酮密封胶与接触材料的相容性问题，是至关重要的问题，关系隐框、半隐框幕墙的使用安全。要求结构硅酮密封胶供应商，在提供产品的同时必须出具产品质量保险年限的质量证书，安装施工单位在竣工时提交质量保证书，一方面可加强结构硅酮密封胶的生产者和隐框幕墙制作者、安装施工者的质量意识，保证产品和安装施工的质量，如在保险期间内出了质量问题，经鉴定是谁的责任是要赔偿的。另一方面，半隐框和隐框幕墙在竣工后的前几年，应经常检查，以便及时发现问题，防患于未然。

3.2 铝合金材料及钢材

3.2.1 铝合金型材有普通级、高精级和超高精级之分，幕墙用的铝合金型材应采用高精级，同时其化学成分应符合现行国家标准 GB/T3190《铝及铝合金加工产品的化学成分》的规定。

3.2.2 这主要考虑铝合金阳极氧化膜不仅起装饰作用，而且更重要是防止自然界有害因素对铝合金的腐蚀作用，因此，氧化膜厚度不宜太薄，但也不能太厚，一方面增加铝合金阳极氧化成本，另一方面氧化膜太厚有可能发生氧化膜与铝合金粘结力降低，使氧化膜层发生空鼓，开裂甚至脱落等现象。

3.2.3 幕墙配套用铝合金门窗、钢材、不锈钢等均应符合现行标准的规定。

3.2.4 目前，国内幕墙用五金件配件很不齐全，质量差异也较大，标准也不齐全，为保证幕墙用五金件的质量，必须经设计和监理人员认可的材质优良、功能可靠的五金件。并有出厂合格证，而且标准五金件应符合现行标准规定。

3.3 玻 璃

3.3.2 生产热反射镀膜玻璃有多种方法，如真空磁控阴极溅射镀膜法、在线热喷涂法、电浮化法、化学凝胶镀膜法等，其质量是有差异的，根据国内外幕墙使用热反射镀膜玻璃的情况表明，只有采用真空磁控阴极溅射镀膜玻璃和在线热喷涂镀膜玻璃，才能满足幕墙加工和使用的要求。

3.3.5 目前国内外有两种加工夹层玻璃的方法，即干法和湿法，其中间都是使用 PVB 胶片，干法生产的夹层玻璃质量稳定可靠，而湿法生产的夹层玻璃质量也较好，但比较起来不如干法生产的夹层玻璃质量稳定可靠，如作为外围护结构幕墙玻璃，特别是作为隐框幕墙的安全玻璃还有不成熟之处，因此，本条特别指明采用 PVB 胶片干法加工合成的夹层玻璃作为幕墙玻璃。

3.3.6 因为夹丝玻璃属于安全玻璃的范围，有些建筑物为了某种安全要求采用夹丝玻璃，玻璃中夹的金属网大部分是低碳钢丝，切割后经丝和纬丝均露在外面，如不及时进行防腐处理，会出现锈蚀，不仅影响美观，而且，更重要还影响玻璃与金属丝之间的粘结强度，由于锈蚀金属丝的体积膨胀，使玻璃内部产生局部应力，严重者会引起玻璃破坏，所以，夹丝玻璃裁割后的边缘应及时进行修理和防腐蚀处理。

3.3.7 玻璃在裁割时玻璃的刀刃部位产生很多大小不等的锯齿边缘，引起边缘应力分布不均，玻璃在运输、安装过程中以及安装完成后，由于受各种力的影响，容易产生应力集中，导致玻璃破碎，另一方面半隐框幕墙的两个玻璃边缘和隐框幕墙的四个玻璃边缘都是显露在外表面，如不进行倒棱、倒角处理，还会影响幕墙的美观整齐。因此，玻璃裁割后必须倒棱、倒角。钢化和半钢化玻璃应在钢化和半钢化处理前进行倒棱、倒角处理。

3.4 建筑密封材料

3.4.1 当前国内明框幕墙玻璃的密封，主要采用橡胶密封条，依靠胶条自身的弹性在槽内起密封作用，要求胶条具有耐紫外线、耐老化、永久变形小、耐污染等特性。国内几个大型工程采用胶条密封，至今没有出现问题，如北京长城饭店外墙单元式明框幕墙接口处，深圳国贸大厦隐框幕墙接缝均为胶条密封。但如果在材质方面控制不严，有的橡胶接口在一、二年内就会出现质量问题，如发生老化开裂甚至脱落，使幕墙产生漏水、透气等严重质量问题，玻璃也有脱落的危险，给幕墙带来不安全的隐患，因此，不合格密封胶条绝对不允许在幕墙使用。国外目前正向以耐候硅酮密封胶代替橡胶密封胶条方面发展，但因耐候硅酮密封胶价格较贵，对施工条件要求高，施工工艺复杂，国内除半隐框和隐框幕墙使用外，明框幕墙还很少使用。

3.4.5 目前国内使用的耐候硅酮密封胶全部是从美国进口的。供应我国使用的耐候硅酮密封胶几家生产厂商，其产品的技术参数差别不大，我们综合了几家有代表性的供应商的技术参数，并参考国外有关标准，在本规范中对耐候硅酮密封胶的性能作了规定，作为进口和使用的依据。另外，耐候硅酮密封胶必须是中性胶，酸碱性胶不能用，否则将给铝合金和结构硅酮密封胶带来不良影响。该胶可与空气中水蒸气发生反应，逐步变硬，因此，在贮存过程中应避免与水接触，以免变质，但该胶固化后对阳光、雨水、冰雪、臭氧及高低温都能适应。

3.5 结构硅酮密封胶

3.5.1 目前国内还不具备大批量生产结构硅酮密封胶的条件，有些厂家正在进行试制，并进行小批量的试生产，做了一些试验，但其质量稳定性还有待进一步改进，因此，目前国内的幕墙特别隐框幕墙还很少采用国内生产的结构硅酮密封胶，主要从美国进口结构硅酮密封胶，几年来的实践证明，只要进货前认真进行结构硅酮密封胶与接触材料的相容性试验和性能检测合格，在使用有效期内，严格按施工操作施工，其质量是有保证的。我们根据几家生产供应厂商提供的有关结构硅酮密封胶技术参数，结合国外有关标准，对结构硅酮密封胶的性能，在本规范中作了相应的规定。结构硅酮密封胶有单组份和双组份，其性能除个别项目有差别外，主要性能都差不多，但不管是单组份还是双组份都必须呈中性，使用可根据功能要求、使用场所和价格进行选择。

关于粘结拉伸强度，过去供应商在提供这方面的技术资料很不统一，有时提供的拉伸强度注明是哑铃型的，有时注明是H型的。经与外商座谈了解后，这两种拉伸强度有本质的区别。哑铃型拉伸强度只反映结构硅酮密封胶本身的拉伸强度和断裂伸长率，这是对一般密封材料的性能要求，但对结构密封胶来说就远远不够了，其本质问题没有反映出来。作为结构硅酮密封胶，除具有优良的密封性能外，更重要的是应与被粘结材料有极优良粘结拉伸性能，由此可见，哑铃型拉伸强度不能反映这两方面的性能，只有H型粘结拉伸强度才能同时说明这两方面的性能，才满足结构硅酮密封胶的实际需要，因此，本规范采用了这种粘结拉伸强度，作为结构硅酮密封胶重要的技术指标之一。在作这项试验时还须注意以下事项：

1. 在送结构硅酮密封胶样品时，同时还应送与结构硅酮密封胶相容性试验合格的被粘结材料（如铝合金型材和玻璃等）；

2. 粘结拉伸试验的破坏，不允许发生在被粘结与粘结材料的交界表面上，一组试验应该100%符合要求，如一组试件中有一个试件的破坏发生在交界面上，该试验应重新制备试件，重新进行粘结拉伸试验，如仍然粘结拉伸破坏发生交界上，经认真分析排除试验操作不慎造成失败的因素后，该胶不能用作结构密封胶。

3.6 低发泡间隔双面胶带

3.6.1 目前国内使用的双面胶带有两种材料制成，这两种双面胶带，为聚胺基甲酸乙酯（又称聚氨酯）和聚乙烯树脂低发泡双面胶带，要根据幕墙承受的风荷载、高度和玻璃块的大小，同时要结合玻璃、铝合金型材的重量以及注胶厚度来选用双面胶带。在注胶过程中双面胶带承受的压应力可通过简单计算得到，例如：

1. 设注胶厚度为7mm；

2. 玻璃块为1.5m×2.0m ＝ 3.0m²，玻璃厚度为5mm，玻璃重量为0.125kN/m²，铝合金型材重量为0.03kN。总静荷重为：0.03＋0.125×3＝0.405kN；

3. 双面胶带在受压应力后只允许压缩10％，因注胶厚度为7mm，所以应选用8mm厚度的双面胶带，这样压缩10％后胶带厚度为7.2mm，即：

$$8-8\times10\%=7.2\text{mm}$$

4. 选用在压缩10％情况下，保证能承受0.112N/mm²压应力的8mm厚度的双面胶带，其承载力与根据玻璃周长和总静荷重计算所施加给双面胶带单位面积上的压应力相比，安全系数远大于5。这样既能保证结构硅酮密封胶的注胶厚度，又能保证结构硅酮密封胶的固化过程为自由状态，不受任何压力，从而充分保证了注胶的质量。

3.6.2，3.6.3 目前国内尚未制订双面胶带的质量标准和检测方法。有关检测方法都是按美国有关标准检测方法进行的。

3.7 其他材料

3.7.4 幕墙受多种因素的影响发生层间位移，发生摩擦噪音。幕墙的噪音使人们对幕墙产生一种不安全的感觉，干扰人们的正常工作和生活，同时也是影响幕墙质量降低的大问题，这是因为摩擦会引起幕墙构件之间松动甚至使螺丝脱落，还会引起整个幕墙结构运动不协调，从而引发质量事故。因此，在幕墙安装施工过程中，对于连接点除焊接外，凡是用螺丝连接的，都应加设耐热的硬质有机材料垫片，以消除摩擦噪音。垫片的材质要求较严格，既要有一定柔性，又要有一定硬度，还应具备耐热性、耐久性和防腐、绝缘性能。

4 玻璃幕墙建筑设计

4.1 一般规定

4.1.1 玻璃幕墙的选型是建筑设计的内容，建筑师不仅要考虑立面的新颖、美观，而且要根据建筑的功能、造价及所具备的施工技术条件进行造型。当前用得比较普遍的是框架式幕墙，其中明框幕墙结构最为简单，施工质量便于检查，而隐框幕墙技术要求高、施工难度极大，选用时要从严掌握，要充分考虑条件是否具备。

4.1.2 玻璃幕墙的分格是幕墙立面设计的重要内容，设计者除了考虑美观的立面效果外，必须综合考虑性能、结构、施工、玻璃尺度、室内空间划分等多方面的要求。尤其是玻璃分块如不适当会造成浪费。

4.1.3 玻璃幕墙作为建筑外围护构件，要求密封性。如果开启面积过大，既增加采暖空调能耗，又影响立面效果，条文中提到设置少量开启部分，面积不宜超过墙面面积的15％，属经验数据。

4.1.4 高度超过40m的大型幕墙，其擦窗和维护工作，已经难以借助消防升降梯和其他设施进行，因此必须设置清洗机。

4.2 玻璃幕墙的性能要求

4.2.1 有关幕墙的性能是根据现行国家标准《建筑幕墙物理性能分级》GB/T15225的内容编写的。并参考日本幕墙制造商协会所编制的JC—MA规范"幕墙的性能标准"。GB/T15225中对我国常用幕墙的物理性能（风压变形性、空气渗透性、雨水渗漏性、保温性和隔声性）指标作了具体规定。本标准参考JCMA规范，增加了平面内变形和耐撞击两项性能。

4.2.2 对玻璃幕墙性能的要求和建筑物所在地的地理、气候条件有关。假如在沿海台风地区，幕墙的风压变形性能和雨水渗漏性能必须达到较高的等级。如果在寒冷地区，保温性能必须良好。同时，性能等级要求的高低还和建筑物本身的特点如：建筑物高度、建筑物造价、功能要求等都有关系。

4.2.3 玻璃幕墙的风压变形、雨水渗漏、空气渗透、保温和隔声性能按GB/T15225分级。平面内变形和耐撞击性能按《建筑幕墙》JG3035分级。

4.2.4 玻璃幕墙的风压变形性能根据现行国家标准《建筑幕墙风压变形检测方法》GB/T15227所规定的试验方法确定。幕墙的风压变形性能系指建筑幕墙在与其垂直的风压作用下，保持正常使用功能、不发生任何损坏的能力。幕墙的分级值是对应主要受力杆件的相对挠度值为$l/180$时（l为主要受力杆件的长度）的瞬时风压作用。此风压作用时间为3秒，以正负风压中绝对值较小的为定级值。如果某幕墙的风压变形检测结果达到Ⅱ级，那该幕墙可以用于承受风压小于5kPa的建筑。该风压指的是瞬时风压的最大值。并不是十分钟平均风压的最大值。因此，该风压值对应于风荷载标准值w_k。玻璃幕墙的风压变形性、雨水渗漏性、空气渗透性、保温性和隔声性的检测装置见图4-1～图4-3。

4.2.5 玻璃幕墙的雨水渗漏性能关系到幕墙的使用功能和寿命，十分重要，该性能是根据现行国家标准《建筑幕墙雨水渗漏性能检测方法》GB/T15228所规定的检测方法确定的，先测出幕墙出现严重渗漏时的压力差值，以其保持不渗漏的压力差（即严重渗漏前一级压力差）作为分级标准。检测淋水量为每分钟4立升。幕墙的雨水渗漏性能要求和建筑物所在地的气候条件、建筑物的重要性和功能要求均有关系，其固定部分一般应以十分钟平均风压所计算的风荷载作为定级依据，因此不用考虑阵风系数2.25。其开启部分分级同一般门窗，但因幕墙一般采用铝合金窗，根据铝合金窗的产品标准，Ⅲ级为合格。因此取值时不应低于Ⅲ级。

4.2.6 玻璃幕墙的空气渗透性能根据现行国家标准《建筑幕墙空气渗透性能检测方法》GB/T15226加以确定。幕墙的空气渗透性能系指幕墙在风压作用下，其开启部分为关闭状态时，幕墙透过空气的能力。检测时分别测出透过幕墙开启部分和固定部分的空气透过量值。在有空调和采暖要求时，由玻璃幕墙空气渗透所形成的能耗不容忽视。应做到尽可能气密，标准中规定的限值是下限。不是推荐值。

4.2.7 玻璃幕墙空气渗透性和保温性能关系到建筑的热工设计和节能效果，在选择幕墙的性能等级时，须参照现行建筑设计相关标准如：《民用建筑热工设计规范》（GB50176）和《民用建筑节能设计标准》（采暖居住部分）JGJ26进行。

4.2.8 玻璃幕墙平面内变形是由于建筑物受地震力引起的建筑物各层间发生相对位移时，幕墙便产生平面内变形。要求幕墙的平面内变形能力按弹性计算的位移控制三倍考虑。平面内变形是由于主体结构有一定塑性变形影响。平面内变形控制值见第五章。

4.3 玻璃幕墙的建筑构造要求

4.3.1 本条文对玻璃幕墙防止雨水渗漏提出构造要求，其中“等压原理”是指当幕墙接缝内的空气压力相等于室外空气压力时，雨水就失去了进入幕墙接缝内的主要动力。

4.3.2 由于不同金属相接触会产生电化腐性，所以要求在其接触部位设置绝缘垫片或采取其他防腐措施。

4.3.3 幕墙因热胀冷缩和风力等原因，在金属构件之间会产生摩擦噪音。减少摩擦噪音的方法，一般是在金属连接处加设衬垫。

4.3.4 由于建筑室内相对湿度一般比较高，如果不隔断湿气，会导致保温材料受潮失效，在幕墙内产生冷凝水。

4.3.5 本条内容是根据幕墙的变形、施工和维护等要求而提出的。

4.3.6 本条文引自日本建筑协会制定的“建筑工程标准规范及说明”（JASS14）幕墙工程。

利用公式（4.3.7）验算玻璃与左、右框边的平均间隙 c_1 和玻璃与上、下框边的平均间隙 c_2 是否满足幕墙层间变化的要求。

利用公式（4.3.7）进行验算举例：

明框幕墙层高为 3000mm，每块玻璃高 1000mm，宽 1200mm。玻璃和框的配合间隙 c_1 和 c_2 均为 5mm，考虑到施工误差，验算时取 c_1 和 c_2 为 3.5mm。

$$2c_1\left(1+\frac{h}{b}\cdot\frac{c_2}{c_1}\right)=2\times3.5\left(1+\frac{1000}{1200}\times\frac{3.5}{3.5}\right)$$

$$=12.6\text{mm}$$

如果该幕墙安装在钢结构上，层间位移为

3000mm×1/70＝42.9mm

玻璃框间位移为　42.9mm÷3＝14.3mm（即［Δu］）

12.6mm＜14.3mm 玻璃会挤坏，应加大 c_1。

如果该幕墙安装在钢筋混凝土框架结构上（砌体填充墙）层间位移为：

3000mm×1/150＝20mm，玻璃框间位移为 20÷3＝6.7mm

12.6mm＞6.7mm 玻璃不会挤坏，c_1、c_2 为 5mm 合适。

4.4 玻璃幕墙设计的安全要求

4.4.1，4.4.2 条文内容旨在防止幕墙玻璃破碎后伤害行人。半钢化玻璃破碎后，块大而锐，本不属于安全玻璃。但其表面比钢化玻璃平整、美观，应用广泛，因此本条文仍允许其使用。

4.4.5，4.4.6 条文内容为参照《高层民用建筑设计防火规范》（GB50045）中有关幕墙的规定。由于《建筑设计防火规范》GBJ16 中未对幕墙作专门的规定，而非高层建筑的幕墙亦应有防火措施，故在此列出。

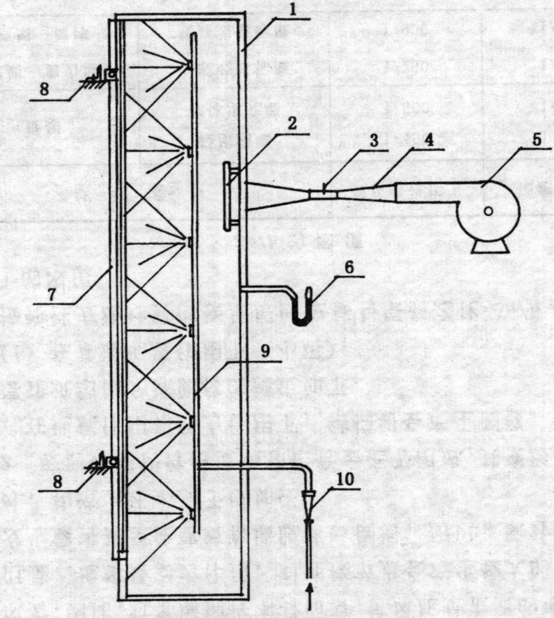

图 4-1　风压变形、雨水渗漏、空气渗透性能检测装置纵剖面

1—静压箱；2—进气口挡板；3—风速仪；4—集流管；5—供压系统；6—压力计；7—试件；8—试件的支点；9—淋水装置；10—水流量计

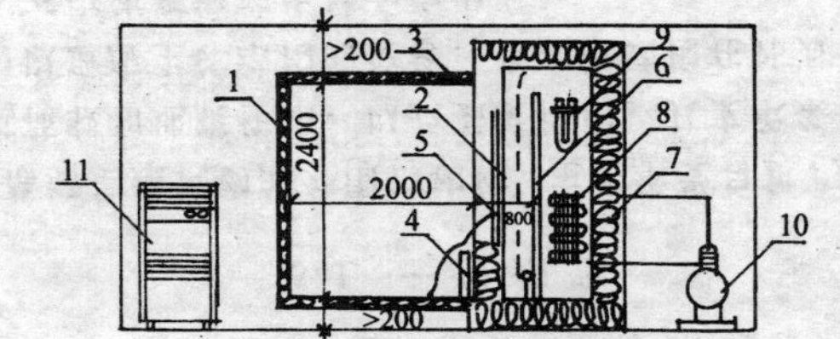

图 4-2　保温性能检测装置示意图

1—热室；2—冷室；3—试件框；4—电暖气；5—试件；6—隔风板；7—轴流风机；8—蒸发器；9—冷室电加热器；10—压缩冷凝机组；11—空调器

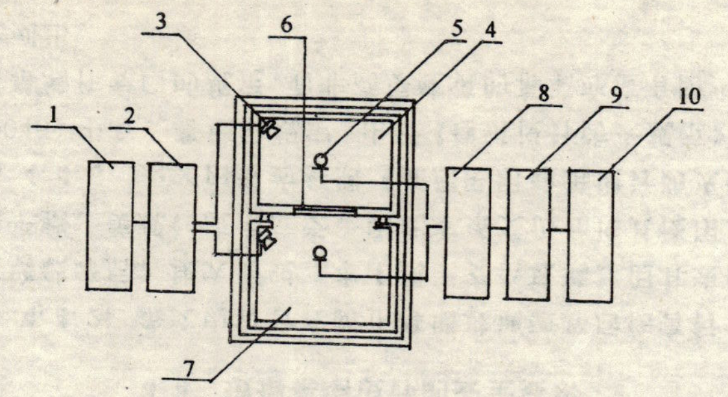

图 4-3　隔声性能检测装置示意图

1—1/3 倍频程滤波器白噪声发生器；2—功率放大器；3—扬声器；4—混响室Ⅰ（发声）；5—传声器；6—试件孔；7—混响室Ⅱ（接收）；8—放大器；9—1/3 倍频程滤波器；10—表头或记录仪器

5　玻璃幕墙结构设计

5.1　一 般 规 定

5.1.1　幕墙是建筑物的外围护构件，主要承受自重、直接作用于其上的风荷载和地震作用，以及温度作用。其支承条件须有一定变形能力以适应主体结构的位移；当主体结构在外力作用下产生位移时，不应使幕墙产生过大内力。

对于竖直的建筑幕墙，风荷载是主要的作用，其数值可达 2.0～5.0kN/m²，使玻璃产生很大的弯曲力。而建筑幕墙自重较轻，即使按最大地震作用系数考虑，也不过是 0.1～0.3kN/m²，远小于风力，因此，对幕墙构件本身而言，抗风压是主要的考虑因素。

但是，地震是动力作用，对连接节点会产生较大的影响，使连接发生震害甚至使建筑幕墙脱落、倒坍，所以，除计算地震作用力外，构造上还必须予以加强。

5.1.2　玻璃幕墙构件由玻璃和铝合金框等组成，其变形能力是很小的。在地震作用和风力作用下，结构将会产生侧移。钢筋混凝土高层建筑结构允许侧移的规定如下：

（1）在常遇地震作用下（小震）：

按弹性方法计算的楼层层间位移与层高之比 $\Delta u/h$ 不宜超过表 5-1 的限值。

$\Delta u/h$ 的 限 值　　　　表 5-1

结构类型		风荷载作用下	地震作用下
框架	轻质隔墙	1/450	1/400
	砌体填充墙	1/500	1/450
框架—剪力墙	一般装修标准	1/750	1/650
框架—筒体	较高装修标准	1/900	1/800

续表

结构类型		风荷载作用下	地震作用下
筒中筒	一般装修标准	1/800	1/700
	较高装修标准	1/950	1/850
剪力墙	一般装修标准	1/900	1/800
	较高装修标准	1/1100	1/1000

按弹性方法计算的结构顶点位移与总高度之比 u/H 不宜超过表 5-2 的限值。

(2) 在罕遇地震作用下（大震），框架结构的层间弹塑性位移应满足以下条件：

$$\Delta u/h \leqslant 1/50$$

式中 Δu ——层间位移；

h ——层高。

当柱轴压比小于 0.4，且全高加密箍筋时，还可以放松 20%，因此，钢筋混凝土框架结构在大震时，其最大层间位移可达到层高的 1/40。

其他形式的结构，位移小于上述数值。

u/H 的限值 表 5-2

结构类型		风荷载作用下	地震作用下
框架	轻质隔墙	1/550	1/500
	砌体填充墙	1/650	1/550
框架—剪力墙 框架—筒体	一般装修标准	1/800	1/700
	较高装修标准	1/950	1/850
筒中筒	一般装修标准	1/900	1/800
	较高装修标准	1/1050	1/950
剪力墙	一般装修标准	1/1000	1/900
	较高装修标准	1/1200	1/1100

钢结构在风力和小震作用下，其层间位移限值为层高的 1/200，在大震作用下，其弹塑性层间位移限值为层高的 1/70。

由于玻璃幕墙构件不能承受过大的位移，只能通过活动连接件来避免主体结构过大侧移的影响。例如当层高为 3.5m，$\Delta u/h$ 为 1/70 时，层间最大位移可达 50mm。显然，如果幕墙构件承受这样的大的剪切变形，幕墙构件必定会破坏。所以，幕墙与主体结构之间，必须采用弹性活动连接。

5.1.3 非抗震设计的玻璃幕墙，风荷载起控制作用。幕墙玻璃本身必须具有足够的承载力，避免在风压下破碎。我国沿海地区城市经常受到台风的袭击，玻璃破碎常常发生。1993 年台风在广东汕头登陆时，就曾使许多建筑的幕墙玻璃产生严重的损害。

在风力作用下，幕墙与主体结构之间的连接件发生拔出、拉断等严重破坏比较少见，主要问题是保证其足够的活动余地，使幕墙构件避免受主体结构过大位移的影响。

在地震作用下，幕墙构件和连接件会受到猛烈的动力作用，其破坏很容易发生。防止震害的主要途径是加强构造措施。

在常遇地震作用下（比设防烈度低 1.5 度，大约 50 年一遇），幕墙不能破坏，应保持完好。在中震作用下（相当于设防烈度，大约 200 年的一遇），幕墙不应有严重破损，一般只允许部分玻璃破碎，经修理后仍然可以使用。在罕遇地震作用下（相当于比设防烈度高 1.5 度，大约 1500～2000 年一遇），必然会严重破坏，玻璃破碎，但骨架不应脱落、倒塌。幕墙的抗震构造措施，应保证上述设计目标能实现。

幕墙构件及横梁、立柱之间的支承条件，视具体的连接构造决定。

幕墙玻璃在铝合金框上的支承条件，在平面外可分别按四边简支或对边简支考虑。

幕墙构件（玻璃连同铝框）与横梁、立柱之间的支承条件，可按图 5-1 考虑。由不同支承的组合，可得到幕墙构件的不同连接方式（表5-3）。

横梁和立柱，可根据其实际连接情况，按简支或连续支承条件考虑。

构件的实际尺寸与设计尺寸相比，会有一定的偏差，对截面承载力计算会有一定的影响。但是材料出厂的尺寸公差都在一定的允许范围内；施工安装的偏差也要满足规范的要求，所以这种影响是不大的。另一方面，在设计时也无法预计可能产生的偏差。因此，可以采用设计尺寸进行设计。

幕墙构件连接方式一览表　　表 5-3

序号	构成	名称	变位随动性	固定度	连接方法
1	板式	滑动式（与楼板连接）	水平移动	上部长圆孔 下部铰接	螺栓连接
2	板式	滑动式（与梁底连接）	水平移动	上部长圆孔 下部铰接	螺栓连接
3	板式	悬挂式	水平移动	上部铰接 下部长圆孔	螺栓连接
4	板式	销钉式（插入销）	旋　转	上部铰接 下部暗销	螺栓连接暗销
5	板式	转动式	旋　转	上部长圆孔 下部长圆孔	螺栓连接暗销
6	板式	弹簧式	旋　转	上下两端均弹簧固定 下部中央铰接	螺栓连接
7	板式	并用（滑动＋弹簧）	主要为水平移动	上部滑动＋弹簧 下部铰接	弹簧，螺栓连接
8	板式	柱贯通式	柱式旋转 梁式固定	柱式长圆孔 梁式铰接	螺栓连接
9	板式	梁贯通式	柱式旋转 梁式固定	柱式上部铰接下部弹簧 梁式上端铰接下端辊轴	螺栓连接，弹簧，螺栓连接

5.1.5 目前，结构设计的标准是小震下保持弹性，不产生损害。在这种情况下，幕墙也应处于弹性状态。因此，本规范中有关的内力计算均采用弹性计算方法进行。

由于幕墙承受各种荷载、地震作用和温度作用，会产生多种内力，情况相当复杂，因此不便于采用承载力表达式。

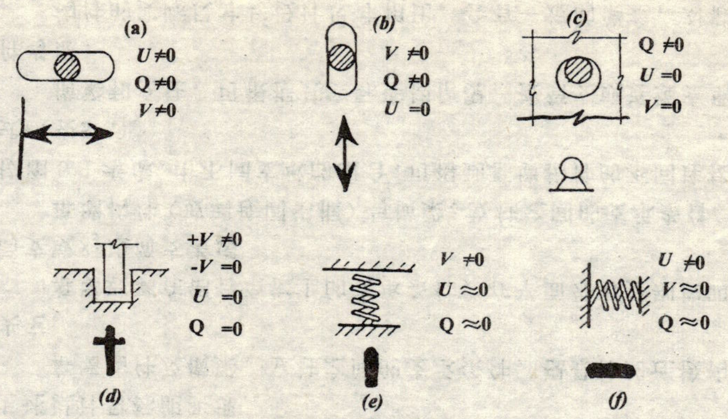

图 5-1　幕墙与主体结构的连接方式

(a) 水平滑动支座；(b) 竖向滑动支座；(c) 铰支座；(d) 插销支座；(e) 竖向弹簧支座；(f) 水平弹簧支座

承载力表达式为：

$$S \leqslant R \quad (1)$$

式中　S——外荷载和效应产生的内力设计值；

R——构件截面承载力设计值。

由于外荷载、温度作用或地震作用产生的内力各不相同，有轴向力、弯矩等，采用承载力表达式不很方便。为便于设计人员应用，用应力表达式较为合适：

$$\sigma \leqslant f \quad (2)$$

式中　σ——各种荷载及作用产生应力的设计值；

f——材料强度的设计值。

我国《钢结构设计规范》也采用应力表达式进行承载力计算。承载力计算中，结构的安全系数可以有两种方式来表达：

一种采用允许应力方法，即要求：

$$\sigma_k \leqslant [f] = \frac{f_k}{K}$$

式中 σ_k 为外荷载产生的应力标准值（未附加任何安全系数）；$[f]$ 为允许应力值（强度的允许值），为材料标准强度 f_k（由试验得到）除以安全系数 K，这样，结构的安全系数为 K。本章的第六节中，结构胶的计算便采用这种方法，结构胶短期强度允许值为 0.14N/mm²，为实验值的 1/5，即安全系数为 5。

另一种方法是我国结构设计规范中采用的多系数方法，其基本表达式为：

$$(\sigma=K_1\sigma_k)\leqslant\left(\frac{f_k}{K_2}=f\right)$$

即本规范中式 5.1.5。 其中，σ 为应力设计值，为标准值乘以大于 1 的系数 K_1，通过效应组合计算得到。f 为强度设计值，由强度标准值 f_k 除以大于 1 的系数 K_2 得到，这样，结构安全度为 $K=K_2K_1$，在本规范中，玻璃的安全度 K 为 2.5；铝合金型材的安全度为 1.8。

所以，在进行结构设计时，必须注意公式中的数值（σ，f 等）是标准值还是设计值，不能混淆。

在进行变形、挠度、位移验算时，均采用 1.0 的分项系数，即 $K_1=1.0$，所以可以说采用标准值。

幕墙结构的安全度 K 取决于荷载的取值和材料强度的比值，即：

$$K\sim\frac{P}{f}$$

因此，采用某一规范进行设计时，必须按该规范的规定计算荷载 P，同时采用该规范的计算方法和强度 f。不允许荷载按某一规范计算，强度计算又采用另一规范的方法，这样会产生设计安全度过低的情况。

因此，在比较安全度时，不能将本国规范与外国规范在“相同的风荷载”下进行比较，而应按各自风荷载的计算方法计算。例如在我国沿海地区，如深圳，基本风压为 0.7kN/m²，按本规范计算瞬时风压标准值（100m 高）。

$$w_k=2.25\times1.5\times1.79\times0.7=4.22\text{kN/m}^2$$

而按日本建设省 109 号通令，风荷载值为：

$$P=1.5\times1.20\sqrt[4]{H}$$

式中，H 为建筑物高度（m），按 $H=100$m 计算，

$$P=5.69\text{kN/m}^2$$

因此，采用日本公式，应取风载为 5.69kN/m²，采用本规范公式，应取风荷载为 4.22kN/m²。不能用“同一风荷载”来比较两国的计算方法。

在比较安全度时，还要分别采用各自的材料强度值，例如我国采用铝型材 LD31-RCS 的强度设计值为 $f_a=84.2$N/mm²，日本 A6063-T5 与之相应，$[\sigma]=69$N/mm²，我国采用的数值比日本高。所以在上述情况下，两种计算方法得到的安全度比例为：

按日本规范：

$$K\sim\frac{5.69}{69}=0.08$$

按本规范：

$$K\sim\frac{4.22\times1.4}{84.2}=0.07$$

所以，两本规范，两种方法，最后的安全度是接近的。式中 1.4 为风荷载分项系数。

5.1.7 作用在幕墙的风力、地震作用和温度变化都是可变的，同时达到最大值的可能性很小。例如最大风力按 30 年一遇最大峰值考虑；地震按 500 年一遇的设防烈度考虑。因此，在进行效应组合时，第一个可变荷载或作用的效应组合值系数 ψ 按 1.0 考虑，其余则分别按 0.6、0.2 考虑。

在现行国家标准《建筑抗震设计规范》GBJ11 中规定，当地震作用与风同时考虑时，风的组合值系数取为 0.2。

由于幕墙暴露在室外，受大风、温度变化的影响较为显著，所以第二、第三个可变效应的组合值系数分别取为 0.6、0.2，较《建筑抗震设计规范》的取值高。

5.1.8 在荷载及地震作用和温度作用下产生的应力应进行组合，求得应力的设计值。荷载、地震作用产生的应力组合时分项系数按现行国家标准《建筑结构荷载规范》GBJ9 采用。

在《荷载规范》中，没有列出温度应力的分项系数，在幕墙设计时，暂按 1.2 采用。

5.1.9 荷载和作用产生的效应（应力、内力、位移和挠度等）应按结构的设计条件和要求进行组合，以最不利的组合作为设计的依据。

结构的自重是重力荷载，是经常作用的不变荷载，因此必须考虑。所有的组合工况中都必须包括这一项。

幕墙考虑的可变荷载作用有三项，即风荷载、地震作用和温度作用。一般情况下风荷载产生的效应最大，起控制作用。三项可变值是否同时考虑，由设计人员根据幕墙的设计条件和要求决定（例如非抗震设计的幕墙可不考虑地震作用产生的效应等）。我国是多地震国家，6 度以上地区占中国国土面积 70%以上，绝大多数的大、中城市都考虑抗震设防。对于有抗震要求的幕墙，三种可变值都应考虑。

由于三种可变效应都达到最大值的概率是很小的，所以当可变效应顺序不同时，应按顺序分别采用不同的组合值系数。设计中，风、地震、温度分别为第一顺序的情况都应考虑。即是说，可考虑以下的典型组合：

1. $1.2G+1.0\times1.4W+0.6\times1.3E+0.2\times1.2T$
2. $1.2G+1.0\times1.4W+0.6\times1.2T+0.2\times1.3E$
3. $1.2G+1.0\times1.3E+0.6\times1.4W+0.2\times1.2T$
4. $1.2G+1.0\times1.3E+0.6\times1.2T+0.2\times1.4W$
5. $1.2G+1.0\times1.2T+0.6\times1.4W+0.2\times1.3E$
6. $1.2G+1.0\times1.2T+0.6\times1.3E+0.2\times1.4W$

式中，G、W、E、T 分别代表重力荷载、风荷载、地震作用和温度作用产生的应力或内力。

当然，在有经验的情况下，能判断出起控制作用的组合时，可以不计算不起控制作用的组合；或者在组合中略去不起控制作用的因素，如只考虑风力或温度作用等。

5.2 荷载和作用

5.2.2 现行国家标准《建筑结构荷载规范》GBJ9 适用于主体结构设计，其附图《全国基本风压分布图》中的基本风压值的是 30 年一遇、10 分钟平均风压值。进行幕墙设计时，应采用阵风最大风压。由气象部门统计，并根据国际上 ISO 的建议，10 分钟平均风速转换为 3 秒的阵风风速，可采用变换系数 1.5。风压与风速平方成正比，因此，本规范的阵风系数 β_z 值，取为 $1.5^2=2.25$。

幕墙设计时采用的风荷载体型系数 u_s，应考虑风力在建筑物表面分布的不均匀性。由风洞试验表明：建筑物表面的最大风压和风吸系数可达±1.5。挑檐向上的风吸系数可达－2.0。

风力是随时间变动的荷载，对于这种脉动性变化的外力，可以通过两种方式之一来考虑：

1. 通过风振系数 β_z 考虑，多用于周期较长、振动效应较大的主体结构设计；

2. 通过最大瞬时风压考虑，对于刚度大、周期极短、变形很小的幕墙构件，采用这种方式较为合适。

不论采用何种方式，都是一个考虑多种因素影响的综合性调整系数，用来考虑变动风力对结构的不利影响。表达形式虽然不同，其目的是大体相同的。

在施工过程中，由于楼层尚未封闭，在幕墙的室内表面会产生风压力或风吸力；此外，在建成的建筑物中，也会由于窗户开启或玻璃破碎使室内压力变化，从而在幕墙室内侧产生附加风力。这风力的大小与开启面积大小有关，国外各规范的取值相差较大。

美国规范：

幕墙的开启率超过其墙面的 10%以上，但不超过 20%，室内内压系数为＋0.75，－0.25；其他情况为＋0.25，－0.25。

英国规范：

根据墙面开启情况，内压系数由＋0.6至 －0.9，一般情况可取＋0.2，－0.3。

日本规范：

内压系数原则上按＋0.2，－0.2采用。

加拿大规范：

按开启情况内压系数为－0.3～－0.5，＋0.7。

所以设计者应根据实际开启情况，酌情考虑室内表面的风力作用。

对于高层建筑，风荷载是主要的外力作用，在建筑物的生存期内，幕墙不应由于风荷载而损坏。因此，可采用50年一遇的最大风力。由于《荷载规范》中的风压值是30年一遇最大风力，转换为50年一遇的最大风力应乘以放大系数1.1。上述增大，由设计人员自行决定。为保证幕墙的抗风安全性，风荷载标准值至少取为1.0kN/m²。

近年来，由于城市景观和建筑艺术的要求，建筑的平面形状和竖向体型日趋复杂，墙面线条、凹凸、开洞也采用较多，风力在这种复杂多变的墙面上的分布，往往与一般墙面有较大差别。这种墙面的风荷载体型系数难以统一给定。当主体结构通过风洞试验决定体型系数时，幕墙亦采用该体型系数。

5.2.3 计算幕墙玻璃的温度应力时，要考虑幕墙的最大温度变化 ΔT。决定 ΔT 有两个因素。

1. 当地每年的最大温差，夏天的最高温度与冬天最低温度之差。这由当地气象条件决定。一般在长江以南可取为40℃；长江以北可取为60℃。

2. 幕墙的反射和吸热性质。这与幕墙本身材料性能有关。通常具有较强反射能力的浅色幕墙夏天表面温度低，相应冬季温度也低；反之，深色幕墙夏天表面温度高，但冬季表面温度也较高。浅色和深色幕墙温差差别不是很大。

我国部分城市的年极端温差见表5-4。

我国部分城市年极端温差 ΔT（℃） **表5-4**

城市	ΔT	城市	ΔT	城市	ΔT
漠河	89	北京	68	福州	41
哈尔滨	75	济南	62	广州	39
长春	74	兰州	61	香港	34
沈阳	70	上海	49	南宁	42
大连	56	武汉	58	昆明	43
乌鲁木齐	82	成都	43	拉萨	46
喀什	64	西安	62		

考虑到南方地区夏天幕墙表面温升较高（例如广州可以达到70℃以上），所以，在本条中规定，一般情况下幕墙年温差可按80℃考虑。

某些气温变化较特殊的地区，可以根据实际情况对温度差适当调整。

5.2.4 按我国现行国家标准《建筑抗震设计规范》GBJ11，在建筑物使用期间（大约50年一遇）的常遇地震，其地震影响系数分别为：

6度	7度	8度
0.04	0.08	0.16

由于玻璃是不容易发展塑性变形的脆性材料，为使设防烈度下不产生破损伤人，考虑了动力放大系数 β_E，取为3.0。这与目前习惯取值相近。经放大后的地震力，大体相当于在设防地震下的地震力。日本规范中（大体上相当于8度设防），地震影响系数为0.5，与本规范接近。

5.3 玻璃幕墙材料的力学性能

5.3.1 目前国内进行玻璃强度试验的工作不多，强度取值的方法也不统一。

玻璃是最有代表性的脆性破坏材料，其破坏特征在于：几乎所有的玻璃都是由于拉应力产生表面裂缝而破碎。

一直到破坏为止，玻璃的应力应变都几乎是呈线性关系，其弹性模量约为 7.2×10^4N/mm^2。但是，其破坏强度有非常大的离

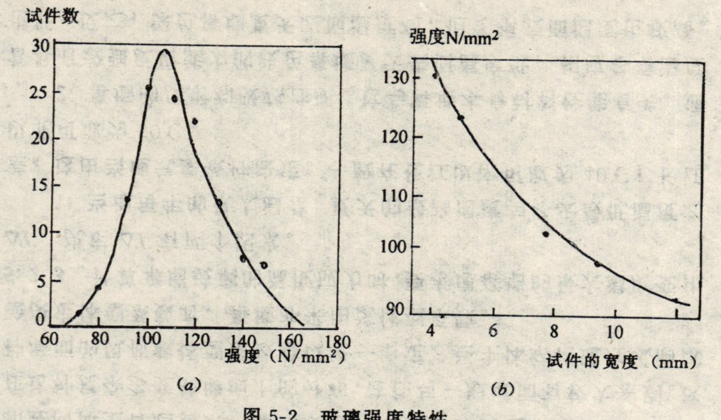

图 5-2 玻璃强度特性

(a) 强度分布；(b) 强度与尺寸关系

散性。如图 5-2 所示，同一批、同尺寸玻璃受弯试件测得的弯曲抗拉强度，其范围为 70～160N/mm^2，十分分散。而且，强度值与尺寸、试验方法、玻璃的热处理和化学处理方式、测试条件（加载速度、持荷时间、周围环境等）都有关系，而且变动很大。图 5-2 (b) 为尺寸变化时强度的变化值。

因此，玻璃的实际允许荷载值应由生产厂家根据试验资料提供给设计人员，以作为窗玻璃和幕墙玻璃的设计依据。

目前见到的是日本建筑学会提供的实用设计方法中，给出了玻璃的强度值表 5-5。日本是按允许应力方法设计的，荷载、强度均用标准值，设计安全系数 $K=2.5\sim3.9$。

在国内缺乏足够试验数据的情况下，目前只能参考日本的玻璃强度取值为基本数据，再根据国内的安全度要求和多系数表达方法予以调整。

在日本的玻璃承载力设计方法中，总安全系数 $K=K_1K_2$，其中，K_1 为荷载分项安全系数，可取为 1.2～1.3；K 为玻璃安全系数，可按表 5-6 取用。

玻璃的强度 f_g（N/mm^2） 表 5-5

玻璃类型	厚度（mm）	f_g
普通玻璃	2～6	50.0
浮法玻璃	3～8	50.0
	10	45.0
	12～19	35.0
磨砂玻璃	15	35.0
夹网玻璃	7～10	37.0
夹网吸热磨砂玻璃	7	30.0

玻璃安全系数 K 表 5-6

破坏概率	0.01	0.001	0.0001
K	2.0	2.5	3.0

由此可见，其传统安全系数 K 在 2.4～3.9 之间。结合我国国情，由于起主要控制作用的风荷载分项安全系数为 1.4，故按传统安全系数 K 为 2.5 进行校准，可得出玻璃分项安全系数 K_2。$K_1=1.4$，$K=2.5$ 代入得 $K_2=1.785$。

所以，在本规范中，玻璃的强度设计值 f_a 取为标准值 f_{gk} 除以 K_2（1.785），这就是玻璃大面上的强度设计值。

玻璃的边缘经过切割、打磨打工，产生应力集中，强度有所降低。所以边缘强度按大面强度的 70% 取用。这个强度对玻璃受弯不起控制作用，因为边缘受弯应力很小。但在验算局部强度、连接强度时可采用。在验算玻璃的温差应力 σ_{t2} 时，也采用这一强度。

玻璃大部分是平面外受弯控制其承载力，其他受力状态起控制作用的机会较少，因此目前没有再区分受拉、受压、受剪强度。

5.3.2 铝合金型材的强度设计值取决于其总安全系数 $K=1.8$。其中 $K_1=1.4$，$K_2=1.286$，所以，相应的设计强度为：

$$f_a = \frac{f_{ak}}{K_2} = \frac{f_{ak}}{1.286}$$

铝型材的 f_{ak}，即强度标准值取为 $\sigma_{p0.2}$、$\sigma_{p0.2}$ 指铝材有 0.2% 残余变形时所对应的应力，即铝型材的条件屈服强度。$\sigma_{p0.2}$按国家标准 GB/T5237－93 规定取用。

各国铝合金结构设计的安全系数有所不同，一般为 1.6～1.8。

按意大利 F. M. Mazzolani《铝合金结构》一书所载：

英国 BSCP118 规范，许可应力为：

$[\sigma] = 0.44\sigma_{p0.2} + 0.09\sigma_{\mu}$（轴向荷载）

$[\sigma] = 0.44\sigma_{p0.2} + 0.14\sigma_{\mu}$（弯曲荷载）

若极限强度 $\sigma_{\mu} = 1.3\sigma_{p0.2}$，则安全度 K 相当于 1.6（受弯）～1.77（轴向力）。

德国规范 DIN4113，对于主要荷载，安全系数为 1.70～1.80。

美国铝业协会规为建筑物的安全系数为 1.65，对于桥梁为 1.85。

鉴于幕墙构件以风荷载为主，变动较大，铝型材强度离散性也较大，所以取为 1.8 是合适的。

5.3.3 幕墙中钢材主要用在连接件（如钢板、螺栓等），可按现行《钢结构设计规范》GBJ17 的强度设计值采用。

5.4 玻璃幕墙玻璃设计

5.4.1 幕墙玻璃在风荷载作用下，如同四边支承板受力。可按四边支承板计算其跨中最大弯矩 M_{max}，然后计算其最大应力。此应力 σ_w 与其他应力进行组合后（考虑分项系数）不应大于玻璃强度设计值 f_g。

作为规范，宜采用正规的结构力学计算公式较为妥当。本条采用了弹性小挠度公式，应力与挠度计算值比按大挠度分析方法的计算结果偏于安全。

5.4.2 斜玻璃幕墙还受到重力荷载的作用（自重、雪荷载、雨水荷载，此外还要考虑检修荷载），这些荷载也在玻璃上产生弯曲应力（斜墙是重力荷载在玻璃面外垂直分布产生弯曲应力）。这些荷载通常作为均布荷载作用在玻璃上，按板计算其跨中最大应力 σ_G。

σ_G 与风应力 σ_W 进行组合后，其设计值 σ 不应大于玻璃强度的设计值 f_g。

5.4.3 玻璃与铝合金框之间，留有一定的空隙 c（图 5-3），当温度升高时，玻璃膨胀尺寸增大，与铝合金框间隙减小。当膨胀尺寸大于 $2c$ 时，玻璃受到挤压，产生温度应力 σ_t。σ_t 与其他应力组合产生的应力设计值 σ_1 不应大于玻璃强度设计值 f_g。

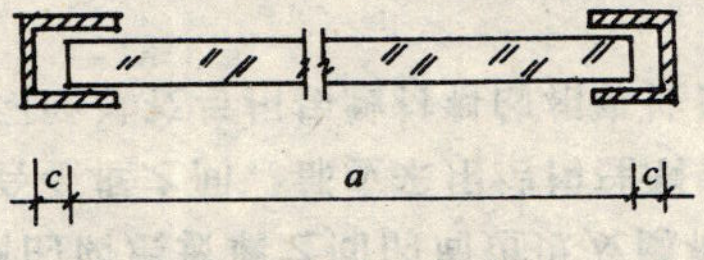

图 5-3 玻璃的间隙

由于施工有误差，总间隙 $2c$ 可能有 3mm 的出入，所以 $2c$ 值计算时扣除 3mm。

5.4.4 大面积玻璃在温度变化时，中央部分与边缘部分存在温度差，从而使玻璃产生温度应力，这是幕墙玻璃碎裂的原因之一。

本条的计算方法参考日本建筑学会《建筑工程标准·幕墙工程（JASS－14）》的规定编制的。

5.5 横梁和立柱的设计原则

5.5.1 幕墙的横梁和立柱一般为铝合金型材，风荷载、地震作用和幕墙构件自重，通过幕墙构件传递到横梁和立柱上。

在幕墙玻璃上的风荷载作用一般是均布荷载，但由玻璃传递到框上时，则可能是均布荷载、三角形荷载或集中荷载，视支承条件决定。

5.5.2 横梁作为梁，按梁计算公式采用。计算中考虑竖向和水平向双向弯矩的共同作用。

由于横梁跨度小，刚度较大，稳定计算不必进行。

5.5.3 立柱按偏心受拉柱进行截面设计，采用现行国家标准《钢结构设计规范》GBJ17 中相应的计算公式。因此在连接设计时，应使柱的上端挂在主体结构上，一般情况下，不宜设计成偏心受压的立柱。

5.5.4 考虑到在某些情况下可能有偏心受压立柱，因此本条给出偏心受压柱的承载力验算公式。本公式来自现行《钢结构设计规范》GBJ17 第 5.2.3 条：

$$\frac{N}{\varphi_{x}A}+\frac{\beta_{mx}M_{X}}{W_{1x}\left(1-0.8\dfrac{N}{N_{EX}}\right)}\leqslant f \qquad (5.5.4)$$

其中，β_{mx}为等效弯矩系数，$\beta_{mx}\leqslant 1.0$，最不利情况为 1.0，为简化计算，本条公式 5.5.4 取为 1.0，N_{EX}为欧拉临界荷载，由于立柱支承点间距较小，轴力 N 仅由幕墙自重产生，N 远小于 N_{EX}，所以本条公式 5.5.4 予以简化。需准确计算时，可参照现行《钢结构设计规范》GBJ17 第 5.2.3 条进行。

轴心受压构件稳定系数 φ，可通过试验加以确定，或参考有关的资料。

5.5.5 在风力和地震作用下，幕墙的立柱和横梁必须有足够的刚度，以免变形过大而使幕墙在正常使用时产生空气和雨水渗漏，影响幕墙的正常功能。

试验表明，在荷载标准值作用下立柱和横梁的挠度不大于 $l/180$，可以满足使用要求。

5.5.6 斜墙和屋顶处于斜向和水平方向，重力荷载和风荷载作用与墙平面斜交或成 90°交角，受力情况与一般竖向幕墙不同，要根据具体工程情况决定横梁和立柱承载的大小和方向，计算梁、柱的内力。在斜交的情况下，要计算墙平面内和垂直于墙平面两个方向的内力；对于屋顶，主要考虑平面外的弯曲内力。

5.5.7 一般情况下，幕墙立柱和横梁的内力较小，截面尺寸和壁厚也较小。为避免截面壁厚不至于过小，选择型材的受力部分的壁厚不应小于 3mm。

5.5.8 全玻幕墙的墙面如同竖直放置的楼盖，玻璃板如同楼板，玻璃肋如同楼面梁。玻璃板将风荷载和地震荷载传递到玻璃肋上。所以玻璃肋如同简支在上、下支承点之间的梁。玻璃肋由玻璃板裁出，厚度 t 已知，只要求决定肋的截面高度（肋的宽度）l_b。公式 5.5.8-1、5.5.8-2是由简支梁均布荷载下受弯公式演化而来的。

玻璃板与肋通过结构胶粘结，所以设计时还应参照 5.6 节验算结构胶的强度。在许多情况下（如风力作用），全玻幕墙的结构胶处于受剪状态，计算时可取其短期荷载下受剪允许强度 f_1（$0.14N/mm^2$）。

5.5.9 为适应幕墙温度变形的需要、调整施工偏差以及考虑主体结构压缩变形对立柱的影响，立柱应带有活动接头，立柱上、下段通过芯管套装，留有一定空隙，可以上下相对滑动。空隙的宽度按经验，不宜小于 10mm。

5.6 结构硅酮密封胶的强度验算

5.6.1 中空玻璃的两层玻璃之间的周边以及隐框和半隐框幕墙的构件玻璃与铝合金框之间，都应采用结构硅酮密封胶粘结。结构胶使用之前必须经过胶与相接触材料的相容性试验，确认其粘结可靠才能使用。

5.6.2 结构硅酮密封胶承受荷载和作用产生的应力，它关系到幕墙构件的安全，对结构胶必须进行强度验算，而且保证最小的粘结宽度。

5.6.3 结构硅酮密封胶通常进行受拉和受剪应力验算。生产厂家已提供结构硅酮密封胶的强度值：短期荷载极限强度为 $0.7N/mm^2$；长期荷载极限强度为 $0.035N/mm^2$。考虑安全度 $K=5$，所以相应的强度允许值为上述数值的 1/5。

由于采用允许应力设计方法，所以相应地采用应力的标准值 σ_k 和 τ_k 即由荷载或作用的标准值（不考虑分项系数 υ）计算得到的应力值。

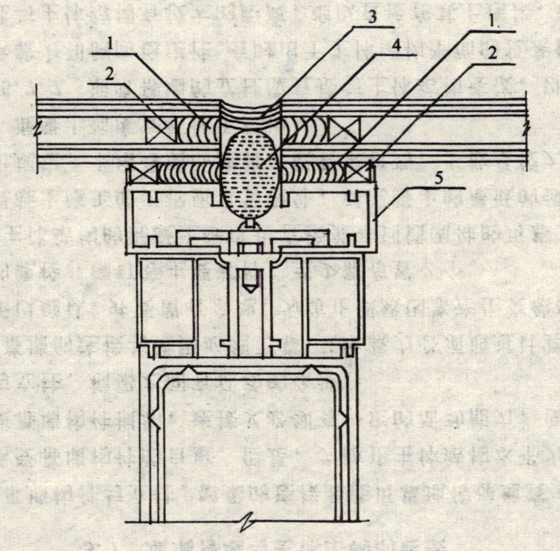

图 5-4　结构硅酮密封胶的使用

1—结构硅酮密封胶；2，3，4，5—相接触材料；2—垫条；3—耐候胶；4—泡沫棒；5—铝合金框

5.6.4　竖向幕墙构件在风力作用下相当于承受均布风力的双向板（图 5-5），在支承边缘的单位长度最大拉力为 $aw_k/2$，由结构胶的粘结力支承，所以：

$$f_1c_s=\frac{aw_k}{2} \tag{5.6.4-1}$$

$$c_s=\frac{aw_k}{2f_1}$$

式中　f_1——结构硅酮密封胶的短期荷载受拉强度允许值（N/mm²）；

w_k——风荷载标准值（N/mm²）。当采用 kN/m² 为单位时，须除以 1000 予以换算。

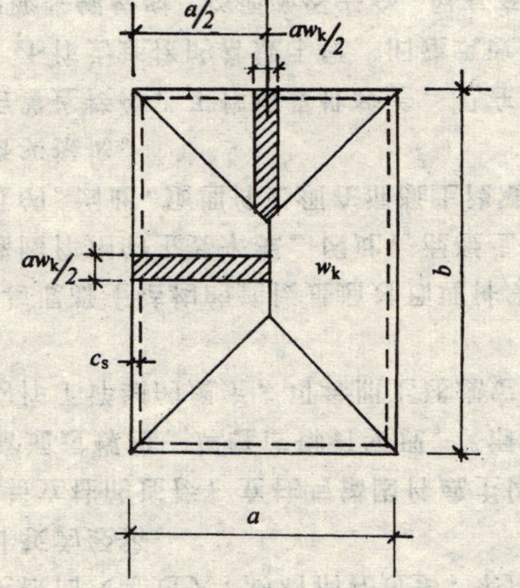

图 5-5　玻璃上的荷载传递

在自重作用下，竖向玻璃幕墙的结构硅酮胶缝承受长期剪应力，平均剪应力 τ_{k2} 为：

$$\tau_{k2}=\frac{q_{Gk}\,ab}{2\ (a+b)\ \cdot c_s} \tag{5.6.4-2}$$

τ_{k2} 应不超过胶的长期荷载受剪强度允许值 f_2。

5.6.5　倒挂玻璃的风吸力和自重均使胶缝处于受拉工作状态，但是风荷载标准值 w_k 为短期荷载，自重标准值 q_{Gk} 为长期荷载，应分别采用 f_1、f_2 计算后叠加。

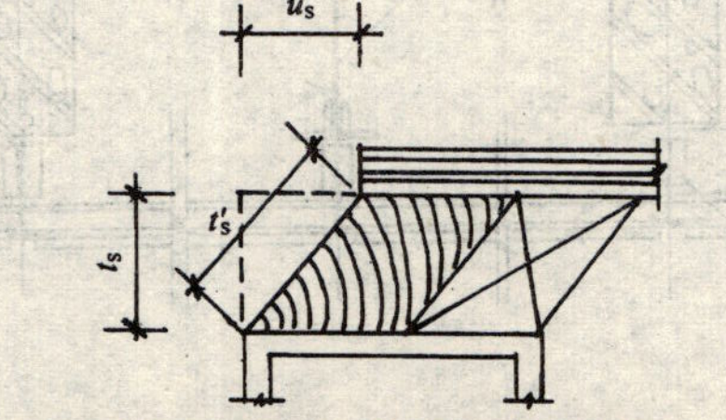

图 5-6　结构硅酮密封胶和双面胶带的拉伸变形

5.6.6 结构胶的粘结厚度 t_s 由承受的相对位移 u_s 决定。在发生相对位移时，结构胶和双面胶带的尺寸 t_s 变为 t'_s，伸长了 t'_s-t_s。这一长度应在结构硅酮密封胶和双面胶带延伸率允许范围之内。变位承受能力 $\delta=(t'_s-t_s)/t_s$ 不同牌号的胶不同，可分别选用。

由直角三角形关系，$t_s^2+u_s^2=t'^2_s$，$t'^2_s=(1+\delta)^2t_s^2$，$(\delta^2+2\delta)t_s^2=u_s^2$，所以要求胶厚度 t_s 满足以下要求：$t_s>\dfrac{u_s}{\sqrt{\delta(2+\delta)}}$，例如，变位承受能力为 12.5%时，如果 u_s 为 3mm，则：$t_s=\dfrac{3}{\sqrt{0.125(2+0.125)}}=5.8\text{mm}$ 可取为 6mm。

5.6.7 结构硅酮胶长期荷载承载力很低，不仅允许应力 f_2 仅为 0.007N/mm^2，而且有明显的变形，所以，长期受力部位应设金属件支承，竖向幕墙应在玻璃底端设支托；倒挂玻璃顶应设金属安全件。

5.7 玻璃幕墙与主体结构的连接

5.7.1 幕墙构件与立柱、横梁的连接要能可靠地传递地震力、风力，能承受幕墙构件的自重。但是，为防止主体结构水平力产生的位移使幕墙构件损坏，连接又必须有一定的活动能力，使得幕墙构件与立柱、横梁之间有活动的余地。

5.7.2 幕墙的连接与锚固必须可靠，其承载力必须通过计算或实物试验予以确认，并要留有余地。为防止偶然因素产生突然破坏，连接用的螺栓、铆钉等主要部件，至少需布置 2 个。

5.7.4 主体结构的混凝土强度也直接关系到锚固件的可靠工作，除加强混凝土施工的工程质量管理外，对混凝土的最低的强度也相应作出规定。采用幕墙的建筑一般要求较高，多数是较大规模的建筑，混凝土强度宜不低于 C30。

5.7.6，5.7.7 通常幕墙的立柱应直接与主体结构连接，以保持幕墙的承载力和侧向稳定性。有时由于主体结构平面的复杂性，使某些立柱与主体结构有较大的距离，难以直接在其上连接，这时，要在幕墙立柱和主体结构之间设置连接桁架（图 5-7）。

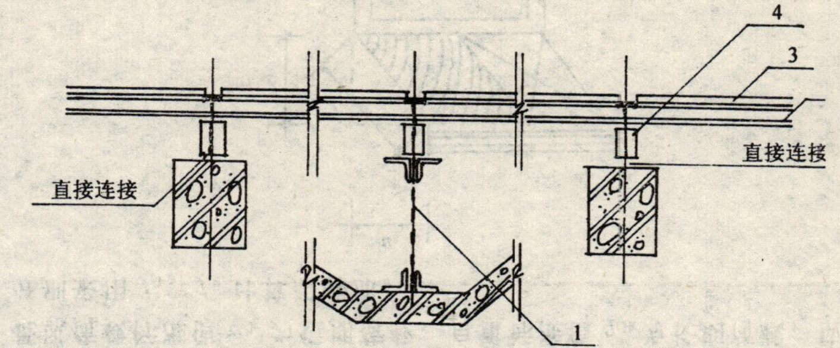

图 5-7 立柱与主体结构连接方式

1—连接钢桁架；2—横梁；3—玻璃；4—立柱

当幕墙的立柱是铝合金时，铝合金与钢材的热胀系数不同，温度变形有差异。铝合金立柱与钢桁架连接后会产生温度应力。设计中应考虑温度应力的影响，或者使连接有相对位移能力，减少温度应力。

幕墙立柱是竖向杆件，在重力荷载作用下如果处于受压状态，由稳定的要求必定截面尺寸过大，材料消耗过多，采用悬挂方式，使立柱受拉，设计较为经济。

5.7.8 幕墙横梁与立柱的连接，立柱与锚固件或主体结构钢梁、钢材的连接，通常通过螺栓、焊缝或铆钉实现。《钢结构设计规范》对上述连接均作了详细的规定，可参照上述规定进行连接设计。

5.7.9 幕墙构件与混凝土结构的连接是通过预埋件实现的，预埋件的锚固钢筋是锚固作用的主要来源。因此，混凝土对锚固钢筋的粘结力是决定性的。因此，预埋件必须在混凝土浇灌前埋入，施工时混凝土必须密实振捣。

膨胀螺栓是后置连接件，工作可靠性较差，只在不得已时的辅助、补救措施，不作为连接的常规手段。旧建筑改造后加玻璃幕墙，不得已采用膨胀螺栓时，必须确保安全，留有充分余地。有些旧建筑改建，按计算只需一个膨胀螺栓已够，实际上设置 2～4 个螺栓。

5.7.10 对于预埋件的要求，主要是根据有关研究成果和冶金部《预埋件设计规程》YS11－79。

1. 承受剪力的预埋件，其受剪承载力与混凝土强度等级、锚筋面积、直径等有关。在保证锚固长度和锚筋到构件边缘距离的前提下，根据试验提出了半理论、半经验的公式，并考虑锚筋排数、锚筋直径对受剪承载力的影响。

2. 承受法向拉力的预埋件，钢板弯曲变形时，锚筋不仅单独承受拉力，还承受钢板弯曲变形引起的内剪力，使锚筋处于复合应力，参考冶规 YS11－79 的规定，在计算公式中引入锚板弯曲变形的折减系数。

3. 承受弯矩的预埋件，试验表明其受压区合力点往往超过受压区边排锚筋以外，为方便和安全考虑，受弯力臂取以外排锚筋中心线之间的距离为基础，在计算公式中引入锚筋排数对力臂的折减系数。

4. 承受拉力和剪力或拉力和弯矩的预埋件，根据试验结果，其承载力均取线性相关关系。

5. 承受剪力和弯矩的预埋件，根据试验结果，当 $V/V_{u0}>0.7$ 时，取剪弯承载力线性相关，当 $V/V_{u0}\leqslant 0.7$ 时，取受剪承载力与受弯承载力不相关。

6. 承受剪力、压力和弯矩的预埋件，其承载力公式是参考冶规（YS11－79）和苏联 84 年规范的方法以及国内的试验结果提出的，设计取值偏于安全。当 $N<0.5f_cA$ 时，可近似取 $M-0.4NZ=0$ 作为受压剪承载力与受压弯剪承载力计算的界限条件。本规范公式（5.6.10-3）中系数 0.3 是与压力有关的系数，与试验结果比较，其取值是偏于安全的。当 $M<0.4NZ$ 时，公式（5.7.10-3）即为冶规公式。当 $N=0$ 时，公式（5.7.10-1）与公式（5.7.10-3）相衔接。

在承受法向拉力和弯矩的公式中均乘 0.8，这是考虑到预埋件的重要性、受力复杂性而采取提高其安全储备的系数。

5.7.11 直锚筋和弯折锚筋同时作用时，取总剪力中扣除直锚筋所能承担的剪力，即为弯折锚筋承拉剪力的面积：

$$A_{sb}\geqslant (1.1V-\alpha_v f_y A_s)/0.8f_y$$

根据国外有关规范和国内对钢与混凝土组合结构中弯折锚筋的试验表明：弯折锚筋的角度对受剪承载力影响不大。同时，考虑构造等原因，在条注中控制弯折角度在 15°至 45°之间，此时锚筋强度可不折减。上述公式中的 1.1 是考虑两种形式的钢筋同时受力时的不均匀系数 0.9 的倒数。当不设置直锚筋或直锚筋仅按构造设置时，在计算中应不予考虑，取 $A_s=0$。

5.7.12，5.7.14 这里预埋件基本构造要求，满足常遇的预埋件作为目标，计算公式是根据这些基本构造要求建立的。

5.7.15 规定了预埋件锚筋的锚固长度。承受法向拉力、剪力和弯矩等共同作用的预埋件，当其锚固长度按本规范表 5.7.14 的规定设置确有困难时，允许采用有效的其他锚固措施。参考冶金部《预埋件规程》的规定，可将公式（5.7.10-1）、（5.7.10-2）不等式右边的 N、M 项分母中 f_y 改用 $\alpha_a f_y$ 代替，α_a 小于 0.5，且其锚固长度不得小于受剪和受压的锚固长度；此方法不宜用于直接承受动力或地震作用的预埋件。

6 玻璃幕墙构件制作技术要求

6.1 一般规定

6.1.2 幕墙使用的所有材料和附件，都必须有产品合格证和说明书以及执行标准的编号，特别是主要部件，同安全有关的材料和附件，严格检查其质量，检查出厂时间、存放有效期，严禁使用不合格和过期材料及附件。

6.1.3 加工幕墙构件的设备和量具，都应符合要求，要定期进行检查和计量认证，如设备的加工精度、光洁度、角度、胶体混合比、色调和均匀度等应及时进行检查维护，对量具应按计量管理部门的规定，定期进行计量认证，以保证加工产品的质量和精确度。

6.1.4 幕墙构件加工车间要求清洁、干燥、通风良好，温度也应满足加工的需要，如北方冬季应有暖气，南方夏季应有降温措施、对于结构硅酮密封胶的施工车间要求较严格，除要求清洁无尘土外，室内温度不宜高于 27℃，相对湿度不宜低于 50%。

6.2 玻璃幕墙构件的加工精度

6.2.7 幕墙玻璃加工制作时，玻璃的最大面积可按 6.2.7-1 和 6.2.7-2 式进行计算。

上述两式引自日本建设省 109 号告示。

6.3 非金属材料的加工组装

6.3.3 半隐框、隐框幕墙制作中，对玻璃和支撑物的清洁工作，是关系到半隐框和隐框幕墙构件加工成败的关键步骤之一。一定要十分重视和认真按本规范规定步骤进行此项工作，如因清洗不干净，将对构件的质量与安全留下隐患。一定要坚持二块布清洗的方法，一块布只用一次，不准重复使用。用过的布待洗净晾干再准使用，同时，要坚持把用于清洗的溶剂倒人干净布上，决不允许将布浸入溶剂中。清洗工作最好二人一组进行，一人用溶剂清洗玻璃和支撑物，另一人用干净布在溶剂未干燥前，将表面的溶剂、松散物、尘埃、油渍和其他脏物清除干净。

7 玻璃幕墙的安装施工

7.1 一般规定

7.1.1 这主要是为了保证玻璃幕墙安装施工的质量，要求主体结构工程应满足幕墙安装的基本条件，特别是主体结构的垂直度和外表面平整度及结构的尺寸偏差，必须达到有关钢结构、钢筋混凝土结构和砖混结构施工及验收规范的要求。否则，应采用适当的措施后才能进行幕墙的安装施工。

7.1.2 玻璃幕墙安装时应对进场构件、附件、玻璃、密封材料和胶垫等，按质量要求进行检查和验收，不合格和过期的材料不能使用。对幕墙施工环境和分项工程施工顺序要认真研究，对幕墙安装会造成严重污染的分项工程应安排在幕墙安装前施工，否则应采取可靠的保护措施，才能进行幕墙安装施工。

7.1.3 玻璃幕墙的安装施工质量，直接影响玻璃幕墙安装后能否满足玻璃幕墙的建筑物理及其他性能要求的关键之一，同时玻璃幕墙安装施工又是多工种的联合施工，和其他分项工程施工难免有所交叉和衔接的工序，因此，为了保证玻璃幕墙安装施工质量，要求安装施工承包单位单独编制玻璃幕墙施工组织设计方案。

7.2 安装施工准备

7.2.3 不合格的构件应予更换：幕墙构件在运输、堆放、吊装过程中有可能变形、损坏等，所以，幕墙安装施工承包商，应根据具体情况，对易损坏和丢失的构件、配件、玻璃、密封材料、胶垫等，应有一定的更换贮备数量，一般构配件等在1%～5%，玻璃在安装过程中的自爆损坏率约为总块数的3%～5%，而竣工后在保险年限内，一般玻璃自爆损坏率约为1%～3%（仅作参考）。

7.2.5 为了保证幕墙与主体结构连接牢固可靠性，幕墙与主体结构连接的预埋件应在主体结构施工时，按设计要求的数量、位置和方法进行埋设。若幕墙承包商对幕墙的固定和连接件，有特殊要求时或与本规定的偏差要求不同时，承包商应提出书面要求或提供埋件图、样品等；反馈给建筑师，在主体结构施工图中注明要求。

7.3 玻璃幕墙的安装施工

7.3.1 应与主体工程施工测量轴线配合，如主体结构轴线误差大于规定的允许偏差时，包括垂直偏差值，应经得监理、设计人员的同意后，适当调整幕墙的轴线，使其符合幕墙的构造需要。

对于高层建筑物，特别是刚度较小的建筑物，由于建筑水平位移的关系，竖向轴线测设不易掌握，风力和风向均有较大的影响，从已施工的经验来看，风力在4级以下，宜于每日定时测量有较好效果，同时，也要与主体轴线相互校核，并对误差进行控制、分配、消化，不使其积累，以保证幕墙的垂直及立柱位置的正确。

7.3.2 立柱一般为竖向构件，立柱安装的准确和质量，影响整个幕墙的安装质量，是幕墙安装施工的关键之一。通过连接件幕墙的平面轴线与建筑物的外平面轴线距离的允许偏差应控制在2mm以内，特别是建筑平面呈弧形、圆形和四周封闭的幕墙，其内外轴线距离影响到幕墙的周长，应认真对待。

立柱一般根据施工及运输条件，可以是一层楼高为一整根，长度可达7.5m，接头应有一定空隙，采用套筒连接法，这样可适应和消除建筑挠度变形及温度变形的影响。连接件与预埋件的连接，若为二层楼高一整根，可采用间隔的铰接和刚接构造，铰接仅抗水平力，而刚接除抗水平力外，还应承担垂直力并传给主体结构。

7.3.3 横梁一般为水平构件，是分段在立柱中嵌入连接，横梁两端与立柱连接处应用弹性橡胶垫，橡胶垫应有20%～35%的压缩性，以适应和消除横向温度变形的要求。

7.3.4 有热工要求的幕墙，非采光部分为单层玻璃，其作法之一是内表面加衬镀锌钢板或其他板材为衬板，保温层钉在衬板上，保温层与玻璃之间要有一定距离，便于气体流动。

幕墙一般应考虑采光部分的室内冷凝水处理办法，较高级的幕墙应在窗台上有排水口，管道从内部至窗台下出口与采暖设备的排水设备连接。

7.3.5 幕墙玻璃安装用机械或人工，均采用吸盘附着原理，故玻璃要求擦拭干净，以避免发生漏气现象，保证施工安全。热反射玻璃已发现安反现象，这不仅影响装饰效果，而且，影响热反射玻璃耐久性和物理耐用年限。因此，热反射玻璃的镀膜应朝室内一侧，中空玻璃镀膜应在第二面上。

玻璃安装的下构件框槽中应设不少于二块定位橡胶块，玻璃四周的嵌入量及空隙应符合设计要求，左右空隙宜一致，能使玻璃在建筑变形及温度变形时，在胶垫的夹持下竖向和水平向滑动，消除变形对玻璃的影响。

7.3.6 幕墙与上部女儿墙、下部窗台、左右与主体结构等处的连接处理，要保证连接牢固、密封、防水等要求，一般应有设计图和大样图，以便加工特殊的铝合金构件等，缝隙采用防火保温材料填塞，面缝采用密封胶连续密封。

幕墙与主体结构连接处、幕墙与楼板的缝隙等，均应有设计要求和大样图，应按设计要求进行施工安装。

7.3.8 在施工到一定高度，应分层进行抗雨水渗漏性检查，以便修补，中间控制幕墙质量。

7.3.9 耐候硅酮密封胶的施工厚度要控制在 3.5mm 以上 4.5mm以下，太薄对保证密封质量和防止雨水渗漏不利，同时对铝合金因热胀冷缩产生的拉应力也不利，但是也不能太厚了，当胶受拉应力时，太厚胶也容易被拉断破坏，使密封和防渗漏失效。耐候硅酮密封胶的施工宽度不小于厚度的二倍或根据实际接缝宽度决定。

较深的密封槽口底部可用聚乙烯发泡垫杆填塞，以保证耐候硅酮密封胶的设计施工位置。

耐候硅酮密封胶在接缝内要形成两面粘结，不要三面粘结（图 7-1），否则，胶在受拉时，容易被撕裂，将失去密封和防渗漏作用。为防止形成三面粘结，在耐候硅酮密封胶施工前，用无粘结胶带施于缝隙的底部，将缝底与胶分开（图 7-2）。

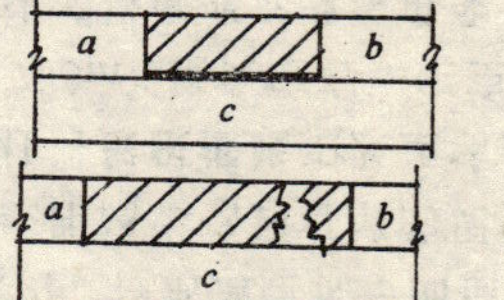

图 7-1　不正确的耐候硅酮密封胶施工方法

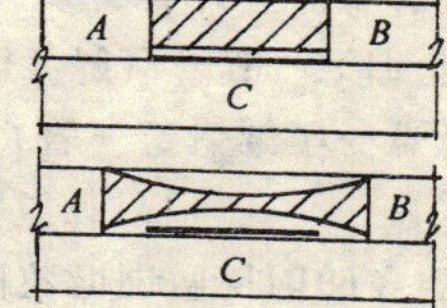

图 7-2　正确的耐候硅酮密封胶施工方法

a、b、c 三面都被耐候硅酮密封胶粘结，当胶受拉时，容易被撕裂。

a、b 两面用耐候硅酮密封胶粘结，c 用无粘结胶带分开。

7.4 玻璃幕墙的保护和清洗

幕墙的保护是幕墙安装施工过程十分值得注意而易被忽视的问题，应采取必要的保护措施，使其不发生碰撞变形、变色、污染和排水管堵塞等现象。施工中给幕墙及构件表面造成影响的粘附物，应及时清理干净，以免凝固后再清理时划伤表面的装饰层。

幕墙交工前应从上到下清洗，清洁剂有玻璃清洗剂和铝合金清洗剂，互有影响，不能错用，清洗时应隔离。须先作检查，证明对铝合金和玻璃无腐蚀作用后方能使用。清洗后要用清水冲洗干净。

7.5 玻璃幕墙安装施工安全措施

玻璃幕墙安装施工应根据国家有关劳动安全、卫生法规和现行行业标准《建筑施工高处作业安全技术规范》(JGJ80)，结合工程实际情况，制定详细的安全操作规程，并获有关部门批准后方可施工。

8 玻璃幕墙工程验收及维修

8.1 玻璃幕墙工程验收

8.1.2 在进行玻璃幕墙工程验收时，检查应包括软件和硬件两部分。本条为对软件检查的要求，作为幕墙工程验收的依据及验收的一个重要组成部分。

8.1.3 幕墙施工完毕时，不少节点与部位已被装饰材料遮封隐蔽，在工程验收时无法观察和检测，但这些节点和部位的施工质量至关重要，故本条强调应对8.1.2中隐蔽工程验收文件进行认真的审核与验收。

8.1.4 由于幕墙为建筑物全部或部分外围护结构，凡设计幕墙的建筑一般对外观质量要求较高，个别的抽样检验并不能代表幕墙整体的外侧观感质量。因此对幕墙的硬件验收检验应进行观感检验和抽样检验两部分检验。

当一栋建筑或一个大工程有一幅以上幕墙时，考虑到幕墙质量的重要性，要求以一幅幕墙作为独立检查单元，对每幅幕墙均要求进行检验验收。

8.1.5 本条为对幕墙外观观感检查的质量要求。重点是幕墙整体外观的美观，防渗漏功能和变形性能。

8.1.6 本条为对幕墙抽样检验的质量要求。

（一）对抽检样品表面清洁的要求。

（二）对抽检分格玻璃安装及密封胶条施工的要求。玻璃必须安装牢固。橡胶条应镶嵌正确密实，密封胶应嵌填密实、表面平整。

（三）关于玻璃表面质量。各种玻璃国家现行标准中大体规定了三类表面缺陷：划伤或擦伤；划道或波筋；雾斑、斑点纹和针眼等。其中除第一类缺陷各种玻璃均有外，其他两类缺陷不是每种玻璃都有。在施工中对玻璃有可能产生表面缺陷仅第一类缺陷，考虑到工程中玻璃采用合格品以上的产品，后两类缺陷应在标准允许范围之内，施工中不会再增加这一类缺陷，因此本规范仅将划伤擦伤作为玻璃表面质量的检验项目。浮法玻璃国标规定合格品允许每$1m^2$有3条宽为0.1～1.0mm、长≥100mm的划伤，钢化玻璃国标规定合格品允许每$1m^2$允许有0.1～0.5mm宽划伤4条，热反射镀膜玻璃（深圳市标准）规定合格品允许每m^2有2条0.3～0.8mm宽，长≤100mm划伤，夹层玻璃国标对优等品及合格品的磨伤规定的“不影响使用，由供需双方商定”。本规范只能综合各种玻璃的规定，基本上以合格品的要求制订了一个统一的规定。

（四）关于铝合金型材表面质量，铝合金窗国标以一樘门或窗作为检查单元，本规范是以一个分格框架构件作为检查单元。门窗有大有小，幕墙的分格也有大有小，故本规范考虑一个分格构件与一樘门窗的料大体相等，以一樘门窗铝合金型材合格品的表面质量要求作为对一个分格幕墙构件的表面质量要求。铝合金门窗国标的质量要求是指产品出厂时的要求，而本规范对铝合金框料的表面质量要求是指工程验收时的质量要求，其中包括运输、安装过程中，以及工程其他施工对其的损伤。因此采用铝合金门窗出厂时的表面质量要求属稍严，但考虑到幕墙为高级装修，铝合金型材要求采用高精级料，从严要求。

（五）关于幕墙框料安装位置的质量要求。本规范参照下列规范确定各项项目的允许偏差。

1. 竖向构件垂直度

《钢筋混凝土高层建筑结构设计与施工规程》（JGJ3—91）第7.2.3条对测量放线规定“建筑全高垂直度测量偏差不应超过$3H/10000$（H为建筑总高度），且应不大于

$30m<H\leqslant60m$，10mm；

$60m<H\leqslant90m$，15mm；

90m<H时，20mm。

以及第7.3.10条对现浇框架结构和现浇框架剪力墙结构垂直度施工允许偏差为H/1000，30mm（H为建筑总高度）。

从这两项规定看出，施工的垂直度允许偏差较测量的宽，且测量的垂直度以每30m进级分档。考虑到幕墙属高级装修范畴，在安装中可能也有必要从严要求。本规范基本上采用该规程测量的垂直度允许偏差的分档。允许偏差确定原则，是可操作性、允许偏差用数值控制、较测量规定宽、比结构垂直度严。按四档分别为：10mm；15mm；20mm；25mm。

2. 竖向构件直线度

《铝合金建筑型材》国标对壁厚大于2.4mm高精级型材的弯曲度允许偏差规定为小于等于1.0×l。考虑到竖向构件没有自重产生的弯曲，但在运输、堆放、加工中会增加弯曲度，本规范仍以GB/T5237高精级型材弯曲度的规定作竖向构件平面内及平面外直线度的允许偏差。规定采用3m靠尺检查，故允许偏差为3mm。

3. 横向构件水平度及同高度相邻两根横向构件高度差

关于横向构件水平度尚无类似规范规定可供参考。中建一局四公司规定横向构件水平度小于等于0.1%。同一高度总偏差小于6mm。本规范基本上采用此规定。同一高度总偏差分为幕墙幅宽≤35m，允许偏差5mm，幅宽>35m，允许偏差7mm。横向构件单件长小于2000mm，允许偏差2mm，大于2000mm，允许偏差3mm。要求同一高度相邻两根横向构件安装在同一高度，其端部允许高差为1mm。

4. 分格框对角线差

由竖向构件的垂直度和直线度、横向构件水平度及其相邻两构件端部高度差等规定已基本上保证了分格框的方正。本规范将上述各允许偏差折算成分格框对角线允许偏差，并参照《建筑装饰工程施工及验收规范》对铝合金门窗安装质量的槽口对角线差的允许偏差作为本规范的规定。

关于明框幕墙的平面度。由于其玻璃嵌在槽口内。与框架料不是一个平面，因此不设此项要求。

（六）对于隐框幕墙安装位置的质量要求，基本上与明框幕墙的相同。仅区别在隐框幕墙框架不外露，因此以缝代替料。由于隐框幕墙外表面为玻璃，因此在检查墙面垂直度时测量距抽样检查缝宽20mm的玻璃表面。除下列两项与表8.1.6-3有区别外，其他各项的允许偏差值及其依据基本上与表8.1.6-3的相同。

1. 由于隐框幕墙玻璃外露，可检查幕墙面平面度，为防止墙面各玻璃拼在一起时不在一个平面而使映在墙面上的景像畸变，因此要求检查时抽检竖缝相邻两侧玻璃表面的平面度，并从严要求，用3m靠尺检查，允许偏差3mm，相当于1/1500。

2. 隐框幕墙各玻璃拼缝整齐与否与幕墙的美观关系极大，除了第1、3和4项检查其垂直度、水平度和直线度之外，为防止各缝宽窄不一的疵病，增加第5项拼缝宽度与设计值比较的偏差检查。以保证整幅隐框幕墙各玻璃拼缝的整齐美观。

8.2 玻璃幕墙的保养与维修

8.2.1 为了使玻璃幕墙在使用过程达到和保持设计要求的功能，达到预期使用年限和确保不发生安全事故，本规范规定使用单位应及时制订幕墙的保养、维护计划与制度。

8.2.4 按照国际惯例，玻璃幕墙在正常使用时，除了正常的定期和不定期的检查和维修外，还应每隔5年进行一次全面检查，以确保幕墙的使用安全。对玻璃、密封条、密封胶、结构硅酮密封胶在不利的位置进行检查。

关于全面检查时间问题，国外一般为8～10年，对幕墙的使用情况进行一次全面检查，特别是半隐框、隐框幕墙、玻璃、耐候硅酮密封胶和结构硅酮密封胶，要在不利位置进行切片检查，观察玻璃、耐候胶和结构胶有无变化，若没有变化或是在正常变化范围内，则可继续使用。本规范规定为5年全面检查一次。主要考虑二个方面，一方面考虑10年时间太长，玻璃幕墙在正常使用情况下，质量问题不能及时发现和处理。另一方面，幕墙在竣工交付使用时，安装施工单位提出了10年保险年限质量证书，在此期限内可进行二次全面检查，对幕墙的使用安全更有说服力。

中华人民共和国行业标准

建筑工程冬期施工规程

Specification for Winter Construction of Building Engineering

JGJ 104—97

主编单位：黑龙江省寒地建筑科学研究院
批准部门：中华人民共和国建设部
施行日期：1998年6月1日

关于发布行业标准《建筑工程冬期施工规程》的通知

建标［1997］314号

各省、自治区、直辖市建委（建设厅），各计划单列市建委，国务院有关部门：

根据建设部（90）建标字407号文的要求，由黑龙江省寒地建筑科学研究院主编的《建筑工程冬期施工规程》，业经审查，现批准为行业标准，编号JGJ104—97，自1998年6月1日起施行。

本规程由建设部建筑工程标准技术归口单位中国建筑科学研究院归口管理，由黑龙江省寒地建筑科学研究院负责具体解释等工作。

本规程由建设部标准定额研究所组织出版。

中华人民共和国建设部

1997年11月19日

1 总　　则

1.0.1 为了在建筑工程冬期施工中认真贯彻执行国家的技术经济政策，做到技术先进、经济合理、安全适用、确保质量，制定本规程。

1.0.2 本规程适用于工业与民用房屋和一般构筑物的冬期施工。

1.0.3 本规程冬期施工期限划分原则是：根据当地多年气象资料统计，当室外日平均气温连续5d稳定低于5℃即进入冬期施工；当室外日平均气温连续5d高于5℃时解除冬期施工。

1.0.4 凡进行冬期施工的工程项目，应复核施工图纸；对有不能适应冬期施工要求的问题应及时与设计单位研究解决。

1.0.5 进行冬期施工的工程，除遵守本规程外，尚应遵守国家现行有关标准、规范的规定。

2 术　　语

2.0.1 浅埋基础 shallow foundation

在季节性冻土地区，当基础设计为设置在允许残留冻土层的基础时，在冻土层上施工的基础。

2.0.2 冻结法 frozen method

采用普通水泥砂浆，铺砌完毕后，允许砌体冻结的施工方法。

2.0.3 负温冷拉 cold tension at subzero temperature

钢筋冷拉在室外负温下进行，冷拉参数与常温不同。

2.0.4 负温焊接 welding at subzero temperature

钢筋的焊接连结，在室外或工棚内的负温下进行，焊接参数与常温不同。

2.0.5 受冻临界强度 critical strength in frost resistance

冬期浇筑的混凝土在受冻以前必须达到的最低强度。

2.0.6 蓄热法 thermos method

混凝土浇筑后，利用原材料加热及水泥水化热的热量，通过适当保温延缓混凝土冷却，使混凝土冷却到0℃以前达到预期要求强度的施工方法。

2.0.7 综合蓄热法 comprehensive thermos method

掺化学外加剂的混凝土浇筑后，利用原材料加热及水泥水化热的热量，通过适当保温，延缓混凝土冷却，使混凝土温度降到0℃或设计规定温度前达到预期要求强度的施工方法。

2.0.8 电加热法 electric heat method

冬期浇筑的混凝土利用电能加热养护，包括电极加热、电热毯、工频涡流、线圈感应和红外线加热法。

2.0.9 电极加热法 electrode heating method

用钢筋做电极，利用电流通过混凝土所产生的热量来加热养护混凝土。

2.0.10 电热毯法 electric heat blanket method

混凝土浇筑后，在混凝土表面或模板外面覆以柔性电热毯，通电加热养护混凝土。

2.0.11 工频涡流法 eddy current method

利用安装在钢模板外侧的钢管，内穿导线，通以交流电后产生涡流电，加热钢模板对混凝土进行加热养护。

2.0.12 线圈感应加热法 induction coil heating method

利用缠绕在构件钢模板外侧的绝缘导线线圈，通以交流电后在钢模板和混凝土内的钢筋中产生电磁感应发热，对混凝土进行加热养护。

2.0.13 暖棚法 tent heating method

将被养护的混凝土构件或结构置于搭设的棚中，内部设置散热器、排管、电热器或火炉等加热棚内空气，使混凝土处于正温环境下养护的方法。

2.0.14 负温养护法 curing method at subzero temperature

在混凝土中掺入防冻剂，浇筑后混凝土不加热也不做蓄热保温养护，使混凝土在负温条件下能不断硬化的施工方法。

2.0.15 硫铝酸盐水泥混凝土 sulphoaluminate cement concrete

用快硬硫铝酸盐水泥并掺入亚硝酸钠外加剂配制的混凝土，采取适当保温措施，具有负温早强和早期抗冻特点的混凝土。

2.0.16 热熔法 hot melt method

防水层施工时，采用火焰加热器加热熔化热熔型防水卷材底层的热熔胶进行粘贴的方法。

2.0.17 冷粘法 cold application method

采用胶粘剂使卷材与基层、卷材与卷材粘结，而不需加热的施工方法。

2.0.18 涂膜屋面防水 surface-coating method for waterproofing

以沥青基防水涂料、高聚物改性沥青防水涂料或合成高分子防水涂料等材料，均匀途刷一道或多道在基层表面上，经固化后形成整体防水涂膜层。

2.0.19 成熟度 maturity

混凝土在养护期间养护温度和养护时间的乘积。

2.0.20 等效龄期 equivalent age

混凝土在养护期间温度不断变化，在这一段时间内其养护的效果，与在标准条件养护达到效果相同所需的时间。

3 土方工程

3.1 一般规定

3.1.1 土方工程的冬期施工，施工前应做好准备工作，并应连续施工。

3.1.2 冬期施工时，运输道路和施工现场应采取防滑和防火措施。

3.2 土壤的防冻与保温

3.2.1 对于大面积的土方工程宜采用翻松耙平法施工。在拟施工的部位应将表层土翻松耙平，其厚度宜为25～30cm，其宽度宜为开挖时冻结深度的两倍加基槽（坑）底宽之和。翻松耙平后的冻结深度宜按本规程附录A估算。

3.2.2 在初冬降雪量较大的土方工程施工地区，宜采用雪覆盖法。开挖前，在即将开挖的场地宜设置篱笆或用其他材料堆积成墙，高度宜为50～100cm，间距宜为10～15m，并应与主导风向垂直。面积较小的基槽（坑）可在预定的位置上挖积雪沟（坑），深度宜为30～50cm，宽度为预计深度的两倍加基槽（坑）底宽之和。

3.2.3 对于开挖面积较小的槽（坑），宜采用保温材料覆盖法。保温材料可用炉渣、锯末、刨花、稻草、草帘、膨胀珍珠岩等，再加盖一层塑料布。保温材料的铺设宽度为待挖基槽（坑）宽度的两倍加基槽（坑）底宽之和。其厚度按本规程附录A计算确定。

3.2.4 挖好较小的基槽（坑）的保温与防冻可采用暖棚保温法。在已挖好的基槽（坑）上，宜搭好骨架铺上基层，覆盖保温材料。也可搭塑料大棚，在棚内采取供暖措施。

3.3 冻土的融化

3.3.1 冻土融化方法应视其工程量大小、冻结深度和现场施工条件等因素确定，可选择烟火烘烤、蒸汽融化、电热等方法，并应确定施工顺序。

3.3.2 工程量小的工程可采用烟火烘烤法，其燃料可选用刨花、锯末、谷壳、树枝皮及其他可燃废料。在拟开挖的冻土上应将铺好的燃料点燃，并用铁板覆盖，火焰不宜过高，并应采取可靠的防火措施。

3.3.3 当热源充足，工程量较小时，可采用蒸汽融化法。应把带有喷气孔的钢管插入预钻好的冻土孔中，通蒸汽融化。冻土孔径应大于喷汽管直径1cm，其间距不宜大于1m，深度应超过基底30cm。当喷汽管直径D为2.0～2.5cm时，应在钢管上钻成梅花状喷汽孔，下端应封死，融化后应及时挖掘并防止基底受冻。

3.3.4 在电源比较充足地区，工程量又不大，可用电热法融化冻土。电极宜采用$\phi16$～$\phi25$的下端带尖钢筋。电极打入冻土中的深度不宜小于冻结深度，并宜露出地面10～15cm。电极的间距宜按表3.3.4采用。电热时间应根据冻结深度、电压高低等条件确定。

当通电加热时可在地表铺锯末，其厚度宜为10～25cm，并宜采用1%～2%浓度的盐溶液浸湿。采用电热法融化冻土时，应采取安全防护措施。

电极的间距（cm） 表3.3.4

电压（V）	冻结深度（cm）			
	50	100	150	200
380	60	60	50	50
220	50	50	40	40

3.4 冻土的挖掘

3.4.1 冻土的挖掘根据冻土层厚度可采用人工、机械和爆破方法。

3.4.1.1 人工挖掘冻土可采用锤击铁楔子劈冻土的方法分层进行挖掘。楔子的长度视冻土层厚度确定，宜为 30～60cm。

3.4.1.2 机械挖掘冻土可根据冻土层厚度选用推土机松动、挖掘机开挖或重锤冲击破碎冻土等方法。其设备可按表 3.4.1 选用。

当采用重锤冲击破碎冻土时，重锤可由铸铁制成楔形或球形，重量宜为 2～3t。

起吊设备可采用吊车、简易的两步搭或三步搭支架配以卷扬机。

冻土挖掘设备选择表 **表 3.4.1**

冻土厚度（cm）	选 择 机 械
<50	铲运机、推土机、挖掘机
50～100	大马力推土机、松土机、挖掘机
100～150	重锤

3.4.1.3 对于冻土层较厚，开挖面积较大的土方工程，可使用爆破法。当冻土层厚度小于或等于 2m 时宜采用炮孔法。炮孔的直径宜为 50～70mm，深度宜为冻土层厚度的 0.6～0.85 倍，与地面呈 60°～90°夹角。炮孔的间距宜等于最小抵抗线长度的 1.2 倍，排距宜等于最小抵抗线长度的 1.5 倍。炮孔可用电钻、风钻或人工打钎成孔。

炸药可使用黑色炸药、硝铵炸药或 TNT 炸药。冬季严禁使用甘油类炸药。炸药装药量宜由计算确定或不超过孔深的 2/3，其余上面的 1/3 填装砂土。

雷管可使用电雷管或火雷管。

当采用冻土爆破法施工时，土方工地离建筑物的距离应大于 50m，距高压电线的距离应大于 200m。并应符合国家现行标准《土方与爆破工程施工及验收规范》（GBJ201）的有关规定。

3.4.2 冬期开挖冻土时，应采取防止引起相邻建筑物地基或其他设施受冻的保温防冻措施。

3.4.3 在挖方上边弃置冻土时，其弃土堆坡脚至挖方边缘的距离应为常温下规定的距离加上弃土堆的高度。

3.4.4 开挖完的基槽（坑）应采取防止基槽（坑）底部受冻的措施。当基槽（坑）挖完不能及时进行下道工序施工时，应在基槽（坑）底标高以上预留土层，并覆盖保温材料保温。

3.5 土 方 回 填

3.5.1 冬期土方回填时，每层铺土厚度应比常温施工时减少 20%～25%。预留沉陷量应比常温施工时增加。

对于大面积回填土和有路面的路基及其人行道范围内的平整场地填方，可采用含有冻土块的土回填，但冻土块的粒径不得大于 15cm，其含量（按体积计）不得超过 30%。铺填时冻土块应分散开，并应逐层夯实。

3.5.2 冬期填方施工应在填方前清除基底上的冰雪和保温材料；填方边坡的表层 100cm 以内，不得采用含有冻土块的土填筑；整个填方上层部位应用未冻的或透水性好的土回填，其厚度应符合设计要求。

冬期填方的高度不宜超过表 3.5.2 规定。

冬期填方的高度 **表 3.5.2**

室外平均气温（℃）	填 方 高 度 （m）
−5～−10	4.5
−11～−15	3.5
−16～−20	2.5

注：采用石块和不含冻块砂土（不包括粉砂）、碎石土类回填时，填方的高度可不受上表限制。

3.5.3 室外的基槽（坑）或管沟可采用含有冻土块的土回填。但冻土块粒径不得大于 15cm，含量不得超过 15%，且应均匀分布，但管沟底以上 50cm 范围内不得用含有冻土块的土回填。

室内的基槽（坑）或管沟不得采用含有冻土块的土回填。回填土施工应连续进行并应夯实。当采用人工夯实时，每层铺土厚度不得超过 20cm，夯实厚度宜为 10～15cm。

在冻结期间暂不使用的管道及其场地回填时，冻土块的含量和粒径不受限制，但融化后应作适当处理。

3.5.4 室内地面垫层下回填的土方，填料中不得含有冻土块，并应及时夯（压）实。填方完成后至地面施工前，应采取防冻措施。

3.5.5 永久性的挖、填方和排水沟的边坡加固修整，宜在解冻后进行。

4 地基与基础工程

4.1 一 般 规 定

4.1.1 冬期进行地基与基础施工的工程，除应有建筑场地的工程地质勘察资料外，根据需要尚应提出地基土的主要冻土性能指标。

4.1.2 建筑场地宜在冻结前清除地上和地下障碍物、地表积水，并应平整场地与道路。冬期及时清除积雪，春融期作好排水。

4.1.3 对建（构）筑物的施工控制坐标点、水准点及轴线定位点的埋设应采取防止土壤冻胀、融沉变位和施工振动影响的措施，并应定期复测校正。

4.1.4 在冻土上进行打桩和强夯等所产生的振动，对周围建筑物及各种设施有影响时，应采取隔震措施。

4.1.5 靠近建（构）筑物基础的地下基坑施工时，应采取防止相邻地基土遭冻的措施。

4.2 地 基 处 理

4.2.1 重锤夯实地基的施工，应在地基土不冻结的状态下进行。并可采取逐段开挖，逐段夯实方法施工。在开挖时宜预留土层厚度，待施夯前再挖除增留部分。对已冻结地基施夯前应采用解冻方法，待地基土解冻后方可施夯。在砂土地基上施夯需要向基槽内加水时，宜掺入氯盐防冻剂，其浓度应根据气温条件通过试验确定。

4.2.2 在整个冬期均可进行强夯法加固地基的施工，并应符合下列要求：

4.2.2.1 强夯施工时，施工技术参数应根据加固要求与地质条件在场地内经试夯确定，试夯应按国家现行标准《地基与基础工程施工及验收规范》（GBJ202—83）、《建筑地基处理技术规范》（JGJ79—91）的规定执行。

4.2.2.2 不应将冻结基土或回填的冻土块夯入基础的持力层。回填土的质量应符合本规程第 3.5 节的有关规定要求。

4.2.2.3 在粘性土或粉土的地基上进行强夯，宜在被夯土层表面铺设粗颗粒材料，并应及时清除粘结在锤底上的土料。

4.2.2.4 冬期施工应及时推填夯坑并平整场地，其推填料不得有冰雪及其他杂物。

4.2.2.5 强夯加固后的地基越冬维护，应按本规程第 12 章有关规定执行。

4.3 浅埋基础

4.3.1 浅埋基础施工时，同一建筑物的基础应座落在同一类冻胀性土层上，不得座落在一部分有冻土层另一部分无冻土层的情况。

4.3.2 同一建筑物各部位的基槽开挖应同时进行，并应在基槽的四角及中间部位挖坑检查记录残留冻土层厚度。残留冻土层厚度应符合设计要求。

4.3.3 各部位基础施工时应同时进行，不得在同一建筑中一部分基础进行施工，一部分未施工而使地基遭到晾晒。基础施工毕，应及时回填基侧土。

4.3.4 在基础施工中，不得被水或融化雪水浸泡基土。

4.4 桩基础

4.4.1 在已冻结的地基土上施工挤土桩时，当冻土层厚度超过 0.5m 时，冻土层宜采用钻孔引桩（沉管）工艺，钻孔直径应小于桩径 50mm。也可采用挖出冻土或局部融化冻土等措施进行桩基础施工。

4.4.2 混凝土预制桩冬期施工应符合下列要求：

4.4.2.1 桩的起吊、运输、堆放应符合本规程第 11 章的有关规定要求。

4.4.2.2 当桩采用焊接接桩时，其焊接和防腐要求，应遵照本规程第 10 章的有关规定执行。

4.4.3 混凝土灌注桩的冬期施工，其成孔应按下列要求进行：

4.4.3.1 长螺旋钻孔机的钻头宜选用锥形钻头并镶焊合金刀片。钻进冻土时应加大钻杆对土层的压力，并防止摆动和偏位。钻成的桩孔应及时覆盖保护。

4.4.3.2 泥浆护壁成孔灌注桩宜在初冬或春融期施工，泥浆温度不得低于 5℃，并不得掺氯盐防冻剂。

4.4.3.3 人工挖孔其孔口应保温，孔内应做好通风。

4.4.3.4 锤击（振动）套管成孔，应制定保证相邻桩身混凝土质量的施工顺序。提拔套管时应及时清除管壁上的泥土防止冻结在管壁上。当成孔施工有间歇时，宜将套管埋入桩孔中。

4.4.4 混凝土灌注桩的混凝土施工应符合下列要求：

4.4.4.1 混凝土材料的加热、搅拌、运输、浇筑应按本规程第 7 章的有关规定执行。混凝土填入土孔的温度不应低于 5℃。沉管灌注桩混凝土填入土孔的温度应根据热工计算确定。

4.4.4.2 在地基土最大冻深内和露出地面部分的桩身混凝土可按本规程第 7 章有关负温养护法规定执行。

4.4.4.3 初冬或深冬季节在冻胀和强冻胀土地基上施工的灌注桩，应采取防止或减小桩身与冻土之间产生切向冻胀力的防护措施。

4.4.5 地基土在冬期处于冻结状态下进行桩基静荷载试验时，应将试桩周围的冻土融化或挖除。在负温下试验时，试桩四周地表土和锚桩横梁支座均应做保温防冻处理。

5 砌筑工程

5.1 一般规定

5.1.1 冬期施工所用材料应符合下列规定：

5.1.1.1 普通砖、空心砖、灰砂砖、混凝土小型空心砌块、加气混凝土砌块和石材在砌筑前，应清除表面污物、冰雪等，不得使用遭水浸和受冻后的砖或砌块。

5.1.1.2 砂浆宜优先采用普通硅酸盐水泥拌制。冬期砌筑不得使用无水泥拌制的砂浆。

5.1.1.3 石灰膏、粘土膏或电石膏等宜保温防冻，当遭冻结时，应经融化后方可使用。

5.1.1.4 拌制砂浆所用的砂，不得含有直径大于1cm的冻结块或冰块。

5.1.1.5 拌合砂浆时，水的温度不得超过80℃，砂的温度不得超过40℃，砂浆稠度宜较常温适当增大。

5.1.2 冬期施工的砖砌体，应按"三一"砌砖法施工，灰缝不应大于1cm。

5.1.3 冬期施工中，每日砌筑后，应及时在砌筑表面进行保护性覆盖，砌筑表面不得留有砂浆。在继续砌筑前，应扫净砌筑表面。

5.1.4 砌筑工程的冬期施工应优先选用外加剂法。对绝缘、装饰等有特殊要求的工程，可采用其他方法。

5.1.5 混凝土小型空心砌块不得采用冻结法施工。加气混凝土砌块承重墙体及围护外墙不宜冬期施工。

5.1.6 冬期砌筑工程应进行质量控制，在施工日记中除应按常规要求外，尚应记录室外空气温度、暖棚温度、砌筑时砂浆温度、外加剂掺量以及其他有关资料。

5.1.7 砂浆试块的留置，除应按常温规定要求外，尚应增设不少于两组与砌体同条件养护的试块，分别用于检验各龄期强度和转入常温28d的砂浆强度。

5.2 外加剂法

5.2.1 冬期砌筑采用外加剂法时，可使用氯盐或亚硝酸钠等盐类外加剂拌制砂浆。氯盐应以氯化钠为主。当气温低于−15℃时，也可与氯化钙复合使用。氯盐掺量应按表5.2.1选用。

氯盐外加剂掺量（占用水重量%） **表5.2.1**

氯盐及砌体材料种类			日最低气温（℃）			
			≥−10	−11～−15	−16～−20	−21～−25
氯化钠（单盐）		砖、砌块	3	5	7	—
		砌　石	4	7	10	—
（复盐）	氯化钠	砖、砌块	—	—	5	7
	氯化钙		—	—	2	3

注：掺盐量以无水盐计。

5.2.2 砌筑时砂浆温度不应低于5℃。当设计无要求，且最低气温等于或低于−15℃时，砌筑承重砌体砂浆强度等级应按常温施工提高1级。

5.2.3 在氯盐砂浆中掺加微沫剂时，应先加氯盐溶液后加微沫剂溶液。

5.2.4 外加剂溶液应设专人配制，并应先配制成规定浓度溶液置于专用容器中，然后再按规定加入搅拌机中拌制成所需砂浆。

5.2.5 采用氯盐砂浆时，砌体中配置的钢筋及钢预埋件，应预先做好防腐处理。

5.2.6 氯盐砂浆砌体施工时，每日砌筑高度不宜超过1.2m，墙体留置的洞口，距交接墙处不应小于50cm。

5.2.7 掺用氯盐的砂浆砌体不得在下列情况下采用：

（1）对装饰工程有特殊要求的建筑物；

（2）使用湿度大于80%的建筑物；

（3）配筋、钢埋件无可靠的防腐处理措施的砌体；

（4）接近高压电线的建筑物（如变电所、发电站等）；

（5）经常处于地下水位变化范围内，以及在地下未设防水层的结构。

5.3 冻 结 法

5.3.1 采用冻结法施工的砌体，在解冻期内应制定观测加固措施，并应保证对强度、稳定和均匀沉降要求。在验算解冻期的砌体强度和稳定时，可按砂浆强度为零进行计算。

5.3.2 当设计无要求，且日最低气温高于−25℃时，砌筑承重砌体砂浆强度等级应较常温施工提高1级；当日最低气温等于或低于−25℃时，应提高2级。砂浆强度等级不得小于M2.5，重要结构其等级不得小于M5。

5.3.3 采用冻结法砌筑时，砂浆使用最低温度应符合表5.3.3规定。

冻结法砌筑时砂浆最低温度（℃） **表5.3.3**

室外空气温度	砂浆最低温度
0～−10	10
−11～−25	15
低于−25	20

5.3.4 采用冻结法施工，当设计无规定时，宜采取下列构造措施：

5.3.4.1 在楼板水平面位置墙的拐角、交接和交叉处应配置拉结筋，并按墙厚计算，每12cm配1ϕ6，其伸入相邻墙内的长度不得小于1m。在拉结筋末端应设置弯钩。

5.3.4.2 每一层楼的砌体砌筑完毕后，应及时吊装（或捣制）梁、板，并应采取适当的锚固措施。

5.3.4.3 采用冻结法砌筑的墙，与已经沉降的墙体交接处，应留沉降缝。

5.3.5 为保证砌体在解冻期间的稳定性和均匀沉降，施工操作时应遵守下列规定：

5.3.5.1 施工应按水平分段进行，工作段宜划在变形缝处。每日的砌筑高度及临时间断处的高度差，均不得大于1.2m。

5.3.5.2 对未安装楼板或屋面板的墙体，特别是山墙，应及时采取临时加固措施，以保证墙体稳定。

5.3.5.3 跨度大于0.7m的过梁，应采用预制构件。跨度较大的梁、悬挑结构，在砌体解冻前应在下面设临时支撑，当砌体强度达到设计值的80%时，方可拆除临时支撑。

5.3.5.4 在门窗框上部应留出缝隙，其宽度在砖砌体中不应小于5mm，在料石砌体中不应小于3mm。

5.3.5.5 留置在砌体中的洞口和沟槽等，宜在解冻前填砌完毕。

5.3.5.6 砌筑完的砌体在解冻前，应清除房屋中剩余的建筑材料等临时荷载。

5.3.6 下列砖石砌体，不得采用冻结法施工：

（1）空斗墙；

（2）毛石砌体；

（3）砖薄壳、双曲砖拱、筒式拱及承受侧压力的砌体；

（4）在解冻期间可能受到振动或其他动力荷载的砌体；

（5）在解冻时，砌体不允许产生沉降的结构。

5.4 暖 棚 法

5.4.1 暖棚法适用于地下工程、基础工程以及量小又急需砌筑使用的砌体结构。

5.4.2 采用暖棚法施工时，砖石和砂浆在砌筑时的温度不应低于5℃，而距离所砌的结构底面0.5m处的棚内温度也不应低于5℃。

5.4.3 砌体在暖棚内的养护时间，根据暖棚内的温度，应按表5.4.3确定。

暖棚法砌体的养护时间 **表 5.4.3**

暖棚内温度（℃）	5	10	15	20
养护时间（d）	≥6	≥5	≥4	≥3

6 钢筋工程

6.1 一般规定

6.1.1 在负温下承受静荷载作用的钢筋混凝土结构构件，其主要受力钢筋可选用Ⅰ、Ⅱ、Ⅲ、Ⅳ级热轧钢筋，余热处理Ⅲ级钢筋、热处理钢筋、高强度圆形钢丝、钢铰线及冷拔低碳钢丝。

6.1.2 在－20℃至－40℃条件下直接承受中、重级工作制吊车的构件，其主要受力钢筋不宜采用冷拔低碳钢丝，当采用Ⅳ级钢筋时除应有可靠的试验依据外，宜选用细直径且碳及合金元素含量为中、下限的钢筋。

6.1.3 对在寒冷地区缺乏使用经验的特殊结构构造，或易使预应力钢筋产生刻痕或咬伤的锚夹具，应进行构造、构件和锚夹具的负温性能试验。

6.1.4 在负温条件下使用的钢筋，施工时应加强检验。钢筋在运输和加工过程中应防止撞击和刻痕。

6.2 钢筋负温冷拉和冷弯

6.2.1 钢筋冷拉温度不宜低于－20℃。预应力钢筋张拉温度不宜低于－15℃。

6.2.2 钢筋负温冷拉方法可采用控制应力方法或控制冷拉率方法。用作预应力混凝土结构的预应力筋，宜采用控制应力的方法；不能分炉批的热轧钢筋冷拉，不宜采用控制冷拉率的方法。

6.2.3 在负温下采用控制应力方法冷拉钢筋时，其控制应力及最大冷拉率应符合表 6.2.3 的规定。

6.2.4 在负温下采用控制冷拉率方法冷拉钢筋时，其冷拉率的确定与常温相同。

冷拉控制应力及最大冷拉率 **表 6.2.3**

钢筋级别		冷拉控制应力（N/mm²）		最大冷拉率
		常温	−20℃	%
Ⅰ级 d≤12mm		280	310	10.0
Ⅱ级	d≤25mm	450	480	5.5
	d=28～40mm	430	460	
Ⅲ级		500	530	5.0
Ⅳ级		700	730	4.0

钢筋冷拉率在常温下由试验确定。测定同炉批钢筋冷拉率的冷拉应力应符合表 6.2.4 的规定。

测定冷拉率时钢筋的冷拉应力 **表 6.2.4**

项次	钢筋级别		冷拉应力（N/mm²）
1	Ⅰ级 d≤12mm		310
2	Ⅱ级	d≤25mm	480
		d=28～40mm	460
3	Ⅲ级		530
4	Ⅳ级		730

钢筋的试样不应少于 4 个，并取其试验结果的算术平均值作为该钢筋实际应用的冷拉率。

6.2.5 在负温下冷拉后的钢筋，应逐根进行外观质量检查，其表面不得有裂纹和局部颈缩。在常温下其力学性能试验结果应符合表 6.2.5 的规定。

冷拉钢筋的力学性能 **表 6.2.5**

项次	钢筋级别	直径（mm）	屈服点（N/mm²）	抗拉强度（N/mm²）	伸长率 δ_{10}（%）	冷弯	
			不小于			弯曲角度	弯曲直径
1	冷拉Ⅰ级	≤12	280	370	11	180°	3d

续表

项次	钢筋级别	直径（mm）	屈服点（N/mm²）	抗拉强度（N/mm²）	伸长率 δ_{10}（%）	冷弯	
			不小于			弯曲角度	弯曲直径
2	冷拉Ⅱ级	≤25	450	510	10	90°	3d
		28～40	430	490			4d
3	冷拉Ⅲ级	≤25	500	570	8	90°	5d
		28～40					6d
4	冷拉Ⅳ级	≤25	700	835	6	90°	5d
		28～40					6d

6.2.6 钢筋冷拉设备、仪表和液压工作系统油液应根据环境温度选用，并应在使用温度条件下进行配套校验。

6.2.7 当温度低于−20℃时，不得对低合金Ⅱ、Ⅲ级钢筋进行冷弯操作，以避免在钢筋弯点处发生强化，造成钢筋脆断。

6.3 钢筋负温焊接

6.3.1 钢筋负温焊接，可采用闪光对焊、电弧焊及气压焊等焊接方法。当环境温度低于−20℃时，不宜进行施焊。

6.3.2 雪天或施焊现场风速超过 5.4m/s（3 级风）焊接时，应采取遮蔽措施，焊接后冷却的接头应避免碰到冰雪。

6.3.3 余热处理Ⅲ级钢筋负温闪光对焊工艺及参数，可按常温焊接的有关规定执行。

6.3.4 热轧钢筋负温闪光对焊，宜采用预热闪光焊或闪光—预热—闪光焊工艺。钢筋端面比较平整时，宜采用预热闪光焊；端面不平整时，宜采用闪光—预热—闪光焊。

6.3.5 钢筋负温闪光对焊工艺应控制热影响区长度。热影响区长度随钢筋级别、直径的增加而适当增加。焊接参数应根据当地气温按常温参数调整。

采用较低变压器级数，宜增加调伸长度、预热留量、预热次数、预热间歇时间和预热接触压力；并宜减慢烧化过程的中期速度。

6.3.6 钢筋负温电弧焊，宜采取分层控温施焊。热轧钢筋焊接的层间温度宜控制在150～350℃之间，余热处理Ⅲ级钢筋焊接的层间温度应适当降低。

6.3.7 当钢筋负温电弧焊时，可根据钢筋级别、直径、接头型式和焊接位置，选择焊条和焊接电流。焊接时应采取防止产生过热、烧伤、咬肉和裂纹等措施。在构造上应防止在接头处产生偏心受力状态。

6.3.8 钢筋负温帮条焊或搭接焊的焊接工艺应符合下列要求：

6.3.8.1 帮条与主筋之间应用四点定位焊固定，搭接焊时应用两点固定。定位焊缝与帮条或搭接端部的距离应等于或大于20mm。

6.3.8.2 帮条焊的引弧应在帮条钢筋的一端开始，收弧应在帮条钢筋端头上，弧坑应填满。

6.3.8.3 焊接时，第一层焊缝应具有足够的熔深，主焊缝或定位焊缝应熔合良好。平焊时，第一层焊缝应先从中间引弧，再向两端运弧；立焊时，应先从中间向上方运弧，再从下端向中间运弧。在以后各层焊缝焊接时，应采用分层控温施焊。

6.3.8.4 帮条接头或搭接接头的焊缝厚度不应小于钢筋直径的0.3倍，焊缝宽度应不小于钢筋直径的0.7倍。

6.3.9 钢筋负温坡口焊的工艺应符合下列要求：

6.3.9.1 焊缝根部、坡口端面以及钢筋与钢垫板之间均应熔合，焊接过程中应经常除渣。

6.3.9.2 焊接时，宜采用几个接头轮流施焊。

6.3.9.3 加强焊缝的宽度应超过V型坡口边缘2～3mm，高度应超过V型坡口上下边缘2～3mm，并应平缓过渡至钢筋表面。

6.3.9.4 加强焊缝的焊接，应分两层控温施焊。

6.3.10 热轧Ⅱ级、热轧Ⅲ级钢筋多层施焊时，焊后可采用回火焊道施焊，其回火焊道的长度应比前一层焊道在两端各缩短4～6mm（图6.3.10）。

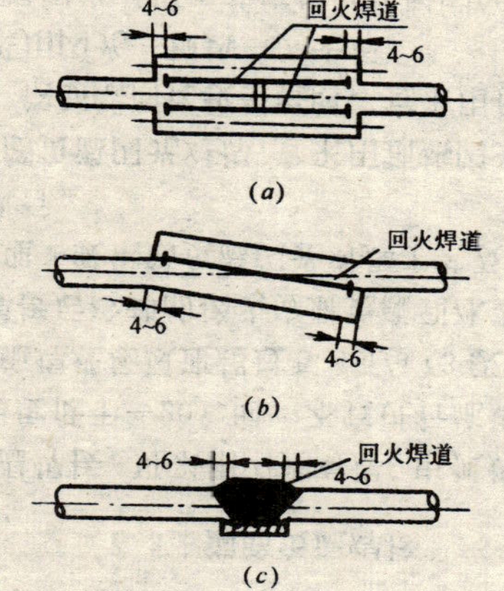

图6.3.10 钢筋负温电弧焊回火焊道
(a) 帮条焊 (b) 搭接焊 (c) 坡口焊

7 混凝土工程

7.1 一般规定

7.1.1 冬期浇筑的混凝土，其受冻临界强度应符合下列规定：

7.1.1.1 普通混凝土采用硅酸盐水泥或普通硅酸盐水泥配制时，应为设计的混凝土强度标准值的30%。采用矿渣硅酸盐水泥配制的混凝土，应为设计的混凝土强度标准值的40%，但混凝土强度等级为C10及以下时，不得小于5.0N/mm²。

注：当施工需要提高混凝土强度等级时，应按提高后的强度等级确定。

7.1.1.2 掺用防冻剂的混凝土，当室外最低气温不低于－15℃时不得小于4.0N/mm²，当室外最低气温不低于－30℃时不得小于5.0N/mm²。

7.1.2 混凝土冬期施工应按本规程附录B的要求，进行混凝土的热工计算。

7.1.3 混凝土冬期施工应优先选用硅酸盐水泥和普通硅酸盐水泥，水泥标号不应低于425号。最小水泥用量不应少于300kg/m³，水灰比不应大于0.6。

使用矿渣硅酸盐水泥时，宜优先采用蒸汽养护。

注：①大体积混凝土的最少水泥用量，应根据实际情况决定；

②强度等级不大于C10的混凝土，其最大水灰比和最少水泥用量可不受以上限制；

③本规程所称的水灰比，普通混凝土系指水与水泥（包括外掺混合材）重量之比；轻骨料混凝土系指水泥的净水灰比（水不包括轻骨料1h吸水量，水泥不包括掺加的混合材）。

7.1.4 拌制混凝土所采用的骨料应清洁，不得含有冰、雪、冻块及其他易冻裂物质。在掺用含有钾、钠离子的防冻剂混凝土中，不得采用活性骨料或在骨料中混有这类物质的材料。

7.1.5 采用非加热养护法施工所选用的外加剂，宜优先选用含引气成分的外加剂，含气量宜控制在2%～4%。

7.1.6 在钢筋混凝土中掺用氯盐类防冻剂时，氯盐掺量不得大于水泥重量的1%（按无水状态计算）。掺用氯盐的混凝土应振捣密实，且不宜采用蒸汽养护。

7.1.7 在下列情况下，不得在钢筋混凝土结构中掺用氯盐：

（1）排出大量蒸汽的车间、澡堂、洗衣房和经常处于空气相对湿度大于80%的房间以及有顶盖的钢筋混凝土蓄水池等的在高湿度空气环境中使用的结构；

（2）处于水位升降部位的结构；

（3）露天结构或经常受雨、水淋的结构；

（4）有镀锌钢材或铝铁相接触部位的结构，和有外露钢筋、预埋件而无防护措施的结构；

（5）与含有酸、碱或硫酸盐等侵蚀介质相接触的结构；

（6）使用过程中经常处于环境温度为60℃以上的结构；

（7）使用冷拉钢筋或冷拔低碳钢丝的结构；

（8）薄壁结构，中级和重级工作制吊车梁、屋架、落锤或锻锤基础结构；

（9）电解车间和直接靠近直流电源的结构；

（10）直接靠近高压电源（发电站、变电所）的结构；

（11）预应力混凝土结构。

7.1.8 模板外和混凝土表面覆盖的保温层，不应采用潮湿状态的材料，也不应将保温材料直接铺盖在潮湿的混凝土表面，新浇混凝土表面应铺一层塑料薄膜。

7.1.9 整体结构如为加热养护时，浇筑程序和施工缝位置的设置，应采取能防止发生较大温度应力的措施。当加热温度超过45℃时，应进行温度应力核算。

7.2 混凝土原材料加热、搅拌、运输和浇筑

7.2.1 混凝土原材料加热应优先采用加热水的方法，当加热水仍

不能满足要求时，再对骨料进行加热。水、骨料加热的最高温度应符合表7.2.1的规定。当水、骨料达到规定温度仍不能满足热工计算要求时，可提高水温到100℃，但水泥不得与80℃以上的水直接接触。

拌合水及骨料加热最高温度（℃） **表7.2.1**

水泥品种及标号	拌合水	骨料
标号低于525号的普通硅酸盐水泥、矿渣硅酸盐水泥	80	60
标号高于及等于525号的硅酸盐水泥、普通硅酸盐水泥	60	40

7.2.2 水加热宜采用蒸汽加热、电加热或汽水热交换罐等方法。加热水使用的水箱或水池应予保温，其容积应能使水达到规定的使用温度要求。

7.2.3 砂加热应在开盘前进行，并应掌握各处加热均匀。当采用保温加热料斗时，宜配备两个，交替加热使用。每个料斗容积可根据机械可装高度和侧壁斜度等要求进行设计，每一个斗的容量不宜小于3.5m^3。

7.2.4 拌制掺用防冻剂的混凝土，当防冻剂为粉剂时，可按要求掺量直接撒在水泥上面和水泥同时投入；当防冻剂为液体时，应先配制成规定浓度溶液，然后再根据使用要求，用规定浓度溶液再配制成施工溶液。各溶液应分别置于明显标志的容器内，不得混淆，每班使用的外加剂溶液应一次配成。

7.2.5 配制与加入防冻剂，应设专人负责并做好记录，应严格按剂量要求掺入。使用液体外加剂时应随时测定溶液温度，并根据温度变化用比重计测定溶液的浓度。当发现浓度有变化时，应加强搅拌直至浓度保持均匀为止。

7.2.6 水泥不得直接加热，使用前宜运入暖棚内存放。

7.2.7 搅拌混凝土时，骨料中不得带有冰、雪及冻团。拌制混凝土的最短时间应按表7.2.7采用。

7.2.8 混凝土在浇筑前，应清除模板和钢筋上的冰雪和污垢。运输和浇筑混凝土用的容器应有保温措施。

拌制混凝土的最短时间（s） **表7.2.7**

混凝土坍落度（cm）	搅拌机机型	搅拌机容积（L）		
		<250	250～650	>650
≤3	自落式	135	180	225
	强制式	90	135	180
>3	自落式	135	135	180
	强制式	90	90	135

注：表中搅拌机容积为出料容积。

7.2.9 混凝土在运输、浇筑过程中的温度和覆盖的保温材料，均应按本规程附录B进行热工计算。当不符合要求时，应采取措施进行调整。

7.2.10 冬期不得在强冻胀性地基土上浇筑混凝土。在弱冻胀性地基土上浇筑混凝土时，基土不得遭冻。如果在非冻胀性土地基上浇筑混凝土时，混凝土在受冻前的抗压强度应符合本规程第7.1.1条要求。

7.2.11 分层浇筑厚大的整体式结构混凝土时，已浇筑层的混凝土温度在未被上一层混凝土覆盖前不应低于2℃。采用加热养护时，养护前的温度也不得低于2℃。

7.3 混凝土蓄热法和综合蓄热法养护

7.3.1 当室外最低温度不低于－15℃时，地面以下的工程，或表面系数M不大于5m^{-1}的结构，应优先采用蓄热法养护。对结构易受冻的部位，应采取加强保温措施。

7.3.2 当采用蓄热法不能满足要求时，可选用综合蓄热法养护。当围护层的总传热系数与结构表面系数的乘积KM在50～200kJ/m^3·h·K的范围时，应符合下列公式要求：

$$T_{m,a} > \frac{1}{b}\ln\left(\frac{KM}{a}\right) \quad (7.3.1)$$

式中 $T_{m,a}$——冷却期间平均气温，且不应低于－12℃；

M——结构表面系数（m^{-1}），$5 \leqslant M \leqslant 15$；

K——围护层的总传热系数（kJ/m²·h·K）；

a、b——系数，宜按表 7.3.2 采用。

系数 a、b 值　　表 7.3.2

水泥用量 (kg/m³) \ 水泥品种 系数	硅酸盐水泥		普通硅酸盐水泥		矿渣硅酸盐水泥	
	a	b	a	b	a	b
250	213	0.131	164	0.110	104	0.116
300	251	0.136	178	0.112	125	0.118
350	289	0.141	193	0.115	148	0.120
400	327	0.146	208	0.118	171	0.123
450	366	0.151	224	0.122	194	0.126
500	405	0.157	240	0.126	216	0.130
550	443	0.162	256	0.130	236	0.135

7.3.3 综合蓄热法施工应选用早强剂或早强型复合防冻剂，并应具有减水、引气作用。

7.3.4 混凝土浇筑后应在裸露混凝土表面采用塑料布等防水材料覆盖并进行保温。对边、棱角部位的保温厚度应增大到面部位的 2～3 倍。混凝土在养护期间应防风防失水。

7.3.5 采用组合钢模板时，宜采用整装整拆方案。当混凝土强度达到 1N/mm² 后，可使侧模板轻轻脱离混凝土后，再合上继续养护到拆模。

7.4 混凝土蒸汽养护法

7.4.1 混凝土蒸汽养护法的适用范围应符合表 7.4.1 的规定。

7.4.2 蒸汽养护法应使用低压饱和蒸汽，当工地有高压蒸汽时，应通过减压阀或过水装置后方可使用。

7.4.3 蒸汽养护的混凝土，采用普通硅酸盐水泥时最高养护温度不超过 80℃，采用矿渣硅酸盐水泥时可提高到 85℃。但采用内部通汽法时，最高加热温度不应超过 60℃。

混凝土蒸汽养护法的适用范围　　表 7.4.1

方法	简述	特点	适用范围
棚罩法	用帆布或其他罩子扣罩，内部通蒸汽养护混凝土	设施灵活，施工简便，费用较小，但耗汽量大，温度不易均匀	预制梁、板、地下基础、沟道等
蒸汽套法	制作密封保温外套，分段送汽养护混凝土	温度能适当控制，加热效果取决于保温构造，设施复杂	现浇梁、板、框架结构，墙、柱等
热模法	模板外侧配置蒸汽管，加热模板养护	加热均匀、温度易控制，养护时间短，设备费用大	墙、柱及框架结构
内部通汽法	结构内部留孔道，通蒸汽加热养护	节省蒸汽，费用较低，入汽端易过热，需处理冷凝水	预制梁、柱、桁架，现浇梁、柱、框架单梁

7.4.4 整体浇筑的结构，采用蒸汽加热养护时，升温和降温速度不得超过表 7.4.4 规定。

蒸汽加热养护混凝土升温和降温速度　　表 7.4.4

结构表面系数（m⁻¹）	升温速度（℃/h）	降温速度（℃/h）
≥6	15	10
＜6	10	5

注：厚大体积的混凝土，应根据实际情况确定。

7.4.5 蒸汽养护应包括升温-恒温-降温三个阶段，各阶段加热延续时间可根据养护终了要求的强度确定。

7.4.6 整体结构采用蒸汽养护时，水泥用量不宜超过 350kg/m³，水灰比宜为 0.4～0.6，坍落度不宜大于 5cm。

7.4.7 采用蒸汽养护的混凝土，可掺入早强剂或无引气型减水剂，但不宜掺用引气剂或引气减水剂，亦不应使用矾土水泥。

7.4.8 蒸汽加热养护混凝土时，应排除冷凝水，并防止渗入地基土中。当有蒸汽喷出口时，喷嘴与混凝土外露面的距离不得小于 30cm。

7.5 电加热法养护混凝土

7.5.1 电加热法养护混凝土的温度，应符合表 7.5.1 的规定。

电加热法养护混凝土的温度（℃）　　表 7.5.1

水泥标号	结构表面系数（m^{-1}）		
	<10	10～15	>15
325	70	50	45
425	40	40	35

注：采用红外线辐射加热时，其辐射表面温度可采用 70～90℃。

7.5.2　混凝土电极加热法养护的适用范围宜符合表 7.5.2 的规定。

电极加热法养护混凝土的适用范围　　表 7.5.2

分类		常用电极规格	设置方法	适用范围
内部电极	棒形电极	ϕ6～ϕ12 的钢筋短棒	混凝土浇筑后，将电极穿过模板或在混凝土表面插入混凝土体内	梁、柱、厚度大于 15cm 的板、墙及设备基础
	弦形电极	ϕ6～ϕ16 的钢筋长 2～2.5m	在浇筑混凝土前，将电极装入其位置与结构纵向平行地方，电极两端弯成直角，由模板孔引出	含筋较少的墙、柱、梁，大型柱基础以及厚度大于 20cm 单侧配筋的板
表面电极		ϕ6 钢筋或厚 1～2mm、宽 30～60mm 的扁钢	电极固定在模板内侧，或装在混凝土的外表面	条形基础、墙及保护层大于 5cm 的大体积结构和地面等

7.5.3　混凝土采用电极加热法养护应符合下列要求：

7.5.3.1　电路接好应经检查合格后方可合闸送电。当结构工程量较大，需边浇筑边通电时，应将钢筋接地线。电热现场应设安全围栏。

7.5.3.2　棒形和弦形电极应固定牢固，并不得与钢筋直接接触。电极与钢筋之间的距离应符合表 7.5.3 的规定。

电极与钢筋之间的距离　　表 7.5.3

工作电压（V）	最小距离（cm）
65.0	5～7
87.0	8～10
106	12～15

当因钢筋密度大而不能保证钢筋与电极之间的上述距离时，应采取绝缘措施。

7.5.3.3　电极加热法应使用交流电，不得使用直流电。电极的形式、尺寸、数量及配置应能保证混凝土各部位加热均匀，且仅应加热到设计的混凝土强度标准值的 50%。在电极附近的辐射半径方向每隔 1cm 距离的温度差不得超过 1℃。

7.5.3.4　电极加热应在混凝土浇筑后立即送电，送电前混凝土表面应保温覆盖。混凝土在加热养护过程中，其表面不应出现干燥脱水，并应随时向混凝土上表面洒水或洒盐水，洒水应在断电后进行。

7.5.4　混凝土采用电热毯法养护应符合下列要求：

7.5.4.1　电热毯宜由四层玻璃纤维布中间夹以电阻丝制成。其几何尺寸应根据混凝土表面或模板外侧与龙骨组成的区格大小确定。电热毯的电压宜为 60～80V，功率宜为 75～100W/块。

7.5.4.2　当布置电热毯时，在模板周边的各区格应连续布毯，中间区格可间隔布毯，并应与对面模板错开。电热毯外侧应设置耐热保温材料（如岩棉板等）。

7.5.4.3　电热毯养护的通电持续时间应根据气温及养护温度确定，可采取分段、间断或连续通电养护工序。

7.5.5　混凝土采用工频涡流法养护应符合下列要求：

7.5.5.1　工频涡流法养护的涡流管应采用钢管，其直径宜为 12.5mm，壁厚 δ 宜为 3mm。钢管内穿铝芯绝缘导线，其截面宜为 25～35mm²，技术参数宜符合表 7.5.5 要求。

工频涡流管技术参数　　表 7.5.5

项目	取值
饱和电压降值（V/m）	1.05
饱和电流值（A）	200
钢管极限功率（W/m）	195
涡流管间距（mm）	150～250

7.5.5.2 各种构件涡流模板的配置应通过热工计算确定，也可按下列规则配置：

（1）柱：四面配置；

（2）梁：当高宽比大于2.5时，侧模宜采用涡流模板，底模宜采用普通模板；当高宽比小于等于2.5时，侧模和底模皆宜采用涡流模板。

（3）墙板：距墙板底部600mm范围内，应在两侧对称拼装涡流模板；600mm以上部位，应在两侧采用涡流和普通钢模交错拼装，并使涡流模板对应面为普通模板。

（4）梁、柱节点：可将涡流钢管插入节点内，钢管总长度应根据混凝土量按6.0kW/m³功率计算。节点外围应保温养护。

7.5.5.3 当采用工频涡流法养护时，各阶段送电功率应使预养与恒温阶段功率相同，升温阶段功率应大于预养阶段功率的2.2倍。预养、恒温阶段的变压器一次接线为Y形，升温阶段接线应为△形。

7.5.6 线圈感应加热法养护宜用于梁、柱结构，以及各种装配式钢筋混凝土结构的接头混凝土的加热养护，亦可用于密筋结构的钢筋和模板预热，及受冻钢筋混凝土结构构件的解冻。

7.5.7 混凝土采用线圈感应加热养护应符合下列要求：

7.5.7.1 变压器宜选择50kVA和100kVA低压加热变压器，电压宜在36～110V间调整。当混凝土量较少时，也可采用交流电焊机。变压器的容量宜比计算结果增加20%～50%。

7.5.7.2 感应线圈宜选用截面面积为35mm²铝质或铜质电缆，加热主电缆的截面面积可选用150mm²。电流不宜超过400A。

7.5.7.3 当缠绕感应线圈时，宜靠近钢模板。构件两端线圈导线的间距应比中间加密一倍，加密范围宜由端部开始向内至一个线圈直径的长度为止。端头应密缠五圈。

7.5.7.4 最高电压值宜为80V，新电缆电压值可采用100V，但应使接头绝缘。养护期间电流不得中断，并防止混凝土受冻。

7.5.7.5 通电后应采用钳形电流表和万能表随时检查测定电流，并应根据具体情况随时调整参数。

7.5.8 采用电热红外线加热器对混凝土进行辐射加热养护，宜用于薄壁钢筋混凝土结构和装配式钢筋混凝土结构接头处混凝土加热。加热温度应符合本规程第7.5.1条要求。

7.6 暖棚法施工

7.6.1 暖棚法施工适用于地下结构工程和混凝土量比较集中的结构工程。

7.6.2 暖棚法施工应符合下列要求：

7.6.2.1 当采用暖棚法施工时，棚内各测点温度不得低于5℃，并应设专人检测混凝土及棚内温度。暖棚内测温点应选择具有代表性位置进行布置，在离地面50cm高度处必须设点，每昼夜测温不应少于4次。

7.6.2.2 养护期间应测量棚内湿度，混凝土不得有失水现象。当有失水现象时，应及时采取增湿措施或在混凝土表面洒水养护。

7.6.2.3 暖棚的出入口应设专人管理，并应采取防止棚内温度下降或引起风口处混凝土受冻的措施。

7.6.2.4 在混凝土养护期间应将烟或燃烧气体排至棚外，并应采取防止烟气中毒和防火措施。

7.7 负温养护法

7.7.1 混凝土负温养护法适用于不易加热保温且对强度增长无特殊要求的结构工程。

7.7.2 采取负温养护法施工的混凝土，宜使用硅酸盐水泥或普通硅酸盐水泥，混凝土浇筑后的起始养护温度不应低于5℃，并应以浇筑后5d内的预计日最低气温来选用防冻剂。

7.7.3 混凝土浇筑后，裸露表面应采用塑料薄膜覆盖保护。

7.7.4 采用负温养护法应加强测温。当混凝土内部温度降到防冻外加剂规定温度之前，混凝土的抗压强度应符合本规程第7.1.1的规定。

负温养护法混凝土各龄期的强度可按本规程附录C使用。

7.8 硫铝酸盐水泥混凝土施工

7.8.1 硫铝酸盐水泥混凝土可在0～－25℃的环境下进行施工，适用于下列工程：

（1）工业与民用建筑工程的钢筋混凝土梁、柱、板、墙的现浇结构；

（2）多层装配式结构的接头以及小截面和薄壁结构混凝土工程。

7.8.2 下列情况不宜采用硫铝酸盐水泥混凝土施工：

（1）结构表面系数小于$6m^{-1}$的大体积混凝土结构工程；

（2）使用条件经常处于温度高于100℃的部位或有较高耐火要求的结构工程。

7.8.3 硫铝酸盐水泥应符合国家现行标准《快硬硫铝酸盐水泥》的要求，水泥标号不宜低于425号。

7.8.4 硫铝酸盐水泥混凝土冬期施工应选用$NaNO_2$作防冻剂，其掺量宜按表7.8.4选用。

$NaNO_2$掺量 **表7.8.4**

预计当天最低气温（℃）	≥－5	－5～－15	－15～－25
$NaNO_2$掺量（%）	0.5～1.0	1～3	3～4

注：掺量按水泥重量计。

7.8.5 用于拼装接头或小截面构件、薄壁结构的硫铝酸盐水泥混凝土施工时，要适当提高拌合物温度，并应保温。

7.8.6 硫铝酸盐水泥不得与硅酸盐类水泥或石灰等碱性材料混合使用。

7.8.7 硫铝酸盐水泥混凝土施工的拌合物，可采用热水拌合，水的温度不宜超过50℃，混凝土拌合物温度宜为5～15℃。水泥不得直接加热或直接与30℃以上的热水接触。拌合物坍落度应比普通混凝土坍落度增加1～2cm。

7.8.8 硫铝酸盐水泥混凝土采用机械搅拌时，混凝土出罐应注意将搅拌筒内混凝土排空，并根据气温与混凝土温度情况，每隔0.5～1h应刷罐一次。

7.8.9 拌制好的混凝土，应在30min内浇筑完毕。混凝土入模温度不得低于2℃。当混凝土因凝结或冻结而降低流动性后，不得二次加水拌合使用。

7.8.10 硫铝酸盐水泥混凝土浇筑后，应随即在混凝土表面覆盖一层塑料薄膜防止失水，并根据气温情况随时覆盖保温材料。

7.8.11 硫铝酸盐水泥混凝土施工时，不得采用电热法或蒸汽法养护，可采用暖棚法养护，但养护温度不得高于30℃。

7.8.12 当硫铝酸盐水泥混凝土在养护期间，混凝土升温较高时，应撤去保温层并确定拆模时间。模板和保温层的拆除应符合本规程第7.9.5条规定。

7.9 混凝土质量控制及检查

7.9.1 冬期施工混凝土质量检查除应符合国家现行标准《混凝土结构工程施工及验收规范》（GB50204）及其他国家有关标准规定外，尚应符合下列要求：

7.9.1.1 检查外加剂质量及掺量。商品外加剂进入施工现场后应进行抽样检验，合格后方准使用。

7.9.1.2 检查水、骨料、外加剂溶液和混凝土出罐及浇筑时温度。

7.9.1.3 检查混凝土从入模到拆除保温层或保温模板期间的温度。

7.9.2 冬期施工测温的项目与次数应符合表7.9.2规定。

混凝土冬期施工测温项目和次数 **表7.9.2**

测温项目	测温次数
室外气温及环境温度	每昼夜不少于4次，此外还需测最高、最低气温
搅拌机棚温度	每一工作班不少于4次
水、水泥、砂、石及外加剂溶液温度	每一工作班不少于4次

续表

测温项目	测温次数
混凝土出罐、浇筑、入模温度	每一工作班不少于4次

注：室外最高最低气温测量起、止日期为本地区冬期施工起始至终了时止。

7.9.3 混凝土养护期间温度测量应符合下列规定：

7.9.3.1 蓄热法或综合蓄热法养护从混凝土入模开始至混凝土达到受冻临界强度，或混凝土温度降到0℃或设计温度以前，应至少每隔6h测量一次。

7.9.3.2 掺防冻剂的混凝土在强度未达到本规程第7.1.1条规定之前应每隔2h测量一次，达到受冻临界强度以后每隔6h测量一次。

7.9.3.3 采用加热法养护混凝土时，升温和降温阶段应每隔1h测量一次，恒温阶段每隔2h测量一次。

7.9.3.4 全部测温孔均应编号，并绘制布置图。测温孔应设在有代表性的结构部位和温度变化大易冷却的部位，孔深宜为10～15cm，也可为板厚的1/2或墙厚的1/2。

测温时，测温仪表应采取与外界气温隔离措施，并留置在测温孔内不少于3min。

7.9.4 检查混凝土质量除应按国家现行标准《混凝土结构工程施工及验收规范》(GB50204—92)规定留置试块外，尚须做下列检查：

7.9.4.1 检查混凝土表面是否受冻、粘连、收缩裂缝，边角是否脱落，施工缝处有无受冻痕迹。

7.9.4.2 检查同条件养护试块的养护条件是否与施工现场结构养护条件相一致。

7.9.4.3 采用成熟度法检验混凝土强度时，应检查测温记录与计算公式要求是否相符，有无差错。

7.9.4.4 采用电加热养护时，应检查供电变压器二次电压和二次电流强度，每一工作班不应少于两次。

7.9.5 模板和保温层在混凝土达到要求强度并冷却到5℃后方可拆除。拆模时混凝土温度与环境温度差大于20℃时，拆模后的混凝土表面应及时覆盖，使其缓慢冷却。

8 屋面保温及防水工程

8.1 一般规定

8.1.1 冬期进行屋面防水工程施工应选择无风晴朗天气进行，并应依据使用的防水材料控制其施工气温界限，以及利用日照条件提高面层温度。在迎风面宜设置活动的挡风装置。

8.1.2 屋面找平层应符合下列要求：

8.1.2.1 找平层应牢固坚实、表面无凹凸、起砂、起鼓现象。如有积雪、残留冰霜、杂物等应清扫干净。

8.1.2.2 铺设屋面隔汽层和防水层前，找平层应干净、干燥。

注：干燥程度的简易检测方法：将1m²卷材平铺在找平层上，静置3～4h后掀开检查，找平层覆盖部位与卷材上未见水印即可铺设隔气层或防水层。

8.1.2.3 找平层与女儿墙、立墙、天窗壁、变形缝、烟囱等突出屋面结构的连接处，以及找平层的转角处（水落口、檐口、天沟、檐沟、屋脊等），均应做成圆弧。当采用沥青防水卷材时圆弧半径宜为100～150mm；采用高聚物改性沥青防水卷材时，圆弧半径宜为50mm；采用合成高分子防水卷材时，圆弧半径宜为20mm。

8.1.3 屋面防水施工时，应先做好层面排水比较集中的部位。凡节点部位均应加铺一层附加层。

8.1.4 在施工中有交叉作业时，应做到合理安排隔气层、保温层、找平层、防水层的各项工序，并宜做到连续操作。对已完成部位应及时覆盖，以免受潮、受冻。穿过屋面防水层的管道设备或预埋件，应在防水施工前安装完毕并做好防水处理。

屋面防水层完工后，不得在其上凿眼打洞、以及堆放施工机具或尖硬物等，并应按国家现行标准《屋面工程技术规范》

(GB50207）要求进行验收。

8.2 保温层施工

8.2.1 冬期施工采用的屋面保温材料应符合设计要求，并不得含有冰雪、冻块和杂质。

8.2.2 干铺的保温层可在负温度下施工，采用沥青胶结的整体保温层和板状保温层应在气温不低于－10℃时施工，采用水泥、石灰或乳化沥青胶结的整体保温层和板状保温层应在气温不低于5℃时施工。当气温低于上述要求时，应采取保温、防冻措施。

8.2.3 采用水泥砂浆粘贴板状保温材料以及处理板间缝隙，可采用掺有防冻剂的保温砂浆。防冻剂掺量应通过试验确定。

8.2.4 干铺的板状保温材料在负温施工时，板材应在基层表面铺平垫稳，分层铺设。板块上下层缝应相互错开，缝间隙应采用同类材料的碎屑填嵌密实。

8.2.5 雪天或五级风及以上的天气不得施工。

8.2.6 当采用倒置式屋面进行冬期施工时，应符合以下要求：

8.2.6.1 倒置式屋面冬期施工，应选用憎水性保温材料，施工之前应检查防水层平整度及有无结冰、霜冻或积水现象，合格后方可施工。

8.2.6.2 当采用聚苯乙烯泡沫塑料做倒置屋面的保温层，可用机械方法固定，板缝和固定处的缝隙应用同类材料碎屑和密封材料填实。表面应平整无疵病。

8.2.6.3 倒置屋面的保温层上宜采用红砖、走道板或砾石等块状材料做覆盖保护，铺设厚度按设计要求应均匀一致。

8.3 找平层施工

8.3.1 水泥砂浆找平层施工应符合下列规定：

8.3.1.1 制作水泥砂浆时应依据气温和养护温度要求掺入防冻剂，其掺量应由试验确定。

8.3.1.2 当采用氯化钠防冻剂时宜选用普通硅酸盐水泥或矿渣硅酸盐水泥，严禁使用高铝水泥，砂浆强度不应低于3.5N/mm²，施工温度不应低于－7℃。氯化钠掺量应按表8.3.1采用。

氯化钠掺量（占水重量%）　　表8.3.1

项目	施工时室外气温（℃）		
	0～－2	－3～－5	－6～－7
用于平面部位	2	4	6
用于檐口、天沟等部位	3	5	7

8.3.2 沥青砂浆找平层施工应符合下列规定：

8.3.2.1 采用沥青砂浆作找平层时，基层应干燥、平整，不得有冰层或积雪。基层应先满涂冷底子油1～2道，待冷底子油干燥后，方可作找平层。

8.3.2.2 沥青砂浆施工温度应符合表8.3.2规定。

沥青砂浆施工温度（℃）　　表8.3.2

施工时室外气温	搅拌温度	铺设温度	滚压完毕温度
5℃以上	140～170	90～120	60
5～－10℃	160～180	110～130	40

施工应采取分段流水作业和保温等措施。

8.3.2.3 铺设沥青砂浆时按所放的坡度线采取分段流水作业和保温措施，铺抹厚度不应小于15mm（天沟、屋面突出物的根部50mm范围内不小于25mm），虚铺砂浆的厚度应为实际厚度的1.3～1.4倍。

8.3.3 水泥砂浆预制板找平层施工时，预制板块几何尺寸可选用500mm×500mm×25mm，并在正温度下制作达到设计强度。表面干燥后需在暖棚内至少先涂上一道冷底子油。

铺设时，板下应采用厚度50mm干砂或炉渣找平并用沥青或沥青砂浆灌缝，施工温度不宜低于－10℃。

8.3.4 找平层宜留设分格缝，缝宽宜为20mm，并嵌填密封材料。

当分格缝兼作排汽屋面的排汽道时，可适当加宽，并应与保温层连通。

分格缝应留设在板端处，其纵横最大间距采用水泥砂浆时不应大于6m；采用沥青砂浆时，不应大于4m。

找平层表面宜平整，平整度不应超过5mm，也不得有酥松、起砂、起皮现象。

8.4 防水层、隔气层施工

8.4.1 冬季施工的屋面防水层采用卷材时，可采用热熔法和冷粘法施工。热熔法施工温度不应低于－10℃，冷粘法施工温度不宜低于－5℃。当采用涂料做屋面防水层时应使用溶剂型涂料，施工温度不应低于－5℃。

8.4.2 热熔法施工宜使用高聚物改性沥青防水卷材，卷材的物理性能应符合表8.4.2要求。

高聚物改性沥青防水卷材物理性能　　表8.4.2

项目		性能要求			
		Ⅰ类	Ⅱ类	Ⅲ类	Ⅳ类
拉伸性能	拉力不小于N	400	400	50	200
	延伸率不小于%	30	5	200	3
耐热度		80±2℃，2h不流淌，无集中性气泡			
低温柔性		－5～－25℃，绕规定直径圆棒，无龟裂			
不透水性	压力（MPa）	不小于0.2			
	保持时间（min）	不小于30			
紫外线老化		1000W，50±2℃，200h不龟裂			

注：Ⅰ～Ⅳ类：分别为聚脂毡胎、麻布胎、聚乙烯膜胎、玻纤毡胎胎体的卷材。

8.4.3 热熔法铺贴卷材应符合下列规定：

8.4.3.1 涂刷基层处理剂宜使用快挥发的溶剂配制，涂刷后应干燥10h及以上，干燥后应及时铺贴。

8.4.3.2 在水落口、管子根、烟囱等容易发生渗漏的薄弱部位，应在距中心200mm范围内涂刷一遍溶剂型涂料（聚氨脂涂料等），使干燥后形成一层无接缝弹性整体附加层。

8.4.3.3 热熔铺贴防水层应采用满粘法。当坡度小于3%时，卷材与屋脊应平行铺贴；坡度大于15%时卷材与屋脊应垂直铺贴；坡度为3%～15%时，可平行或垂直屋脊铺贴。铺贴时应采用喷灯（或热喷枪）均匀加热基层和卷材，喷灯（或热喷枪）距卷材的距离宜为0.5m，不得过分加热或烧穿，应待卷材表面熔化后，缓缓地滚铺铺贴。

8.4.3.4 卷材搭接应按设计规定，当设计无规定时横向搭接宽度宜为120mm，纵向搭接宽度宜为100mm。搭接时应采用喷灯（热喷枪）加热搭接部位，趁卷材熔化尚未冷却时，用铁抹子把接缝边抹好，再用喷灯（或热喷枪）均匀细致地密封。

平面与立面相连接的卷材，应由下向上压缝铺贴，并使卷材紧贴阴角，不得有空鼓现象。

8.4.3.5 卷材搭接缝的边缘以及末端收头部位应以密封材料嵌缝处理，必要时也可在经过密封处理的末端接头处再用掺防冻剂的水泥砂浆压缝处理。

8.4.4 施工安全应符合下列规定

8.4.4.1 易燃性材料及辅助材料库和现场严禁烟火并配备适当灭火器材。

8.4.4.2 溶剂型基层处理剂未充分挥发前不得使用喷灯（或热熔喷枪）操作；操作时必须保持火焰与卷材的喷距，严防火灾发生。

8.4.4.3 在大坡度屋面或挑檐等危险部位施工时，施工人员必须配带安全带，四周应设防护措施。

8.4.5 冷粘法施工宜使用合成高分子防水卷材。卷材及胶粘剂的物理性能应符合表8.4.5-1、表8.4.5-2的规定。胶粘剂应采用密封桶包装，贮存在有通风的室内，严禁接近火源和热源。

合成高分子防水卷材的物理性能　　表 8.4.5-1

项　　目		单　位	性能要求		
			Ⅰ类	Ⅱ类	Ⅲ类
拉伸强度不小于		N/mm²	7.0	2.0	9.0
断裂伸长率不小于		%	450	100	10
低温弯折不断裂		℃	−40	−20	
不透水性	压力不小于	MPa	0.3	0.2	
	保持时间不小于	min	30		
热老化保持率	拉伸强度不小于	%	80		
80±2℃　168h	断裂伸长率不小于	%	70		

注：表中Ⅰ、Ⅱ、Ⅲ类分别为弹性体、塑性体和加筋卷材。

胶粘剂的物理性能　　表 8.4.5-2

项　　目	单　位	性能要求
粘结剥离强度	N/10mm	15
浸水 168h 后粘结剥离强度保持率不低于	%	70

8.4.6　冷粘法施工应符合下列要求：

8.4.6.1　涂布基层处理时应将聚氨脂涂膜防水材料的甲料：乙料：二甲苯按 1∶1.5∶3 的比例配合搅拌均匀，然后均匀涂在基层表面上，干燥时间不应少于 10h。

8.4.6.2　采用聚氨脂涂料做附加层处理时，应将聚氨脂甲料和乙料按 1∶1.5 的比例配合搅拌均匀，再均匀涂刷在阴角、水落口和通气口根部的周围，涂刷边缘与中心的距离不应小于 200mm，厚度不应小于 1.5mm，并应在固化 36h 以后，方能进行下一工序施工。

采用常温自硫化丁基橡胶带处理时，应将胶带按图 8.4.6 的尺寸要求剪好粘在预定的基层上。

8.4.6.3　铺贴立面或大坡面合成高分子防水卷材宜用满粘法。胶粘剂应均匀涂刷在基层或卷材底面，并根据其性能，控制涂刷与卷材铺贴的间隔时间。

8.4.6.4　铺贴的卷材应平整顺直粘结牢固，不得有皱折。搭接

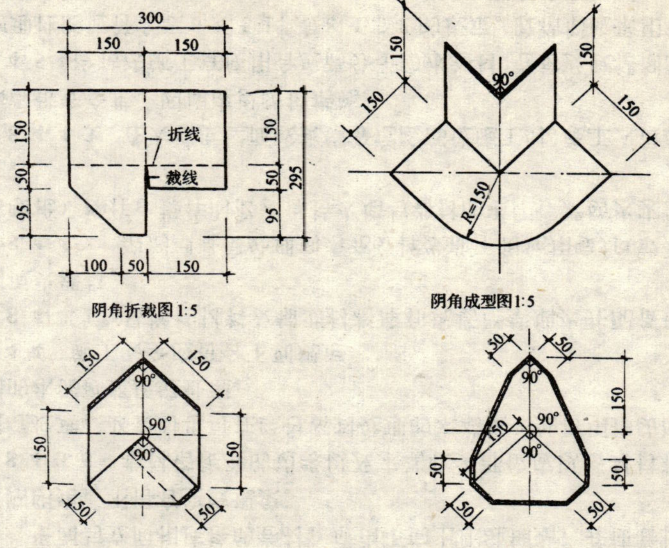

图　8.4.6

尺寸应准确，并应辊压排除卷材下面的空气。

8.4.6.5　卷材铺好压粘后，应及时处理搭接部位。并应采用与卷材配套的接缝专用胶粘剂，在搭接缝粘合面上涂刷均匀。根据专用胶粘剂的性能，应控制涂刷与粘合间隔时间，排除空气、辊压粘结牢固。

8.4.6.6　接缝口应采用密封材料封严，其宽度不应小于 10mm。

8.4.7　涂膜屋面防水施工应选用合成高分子防水涂料(溶剂型)，其涂料及胎体增强材料的物理性能应符合表 8.4.7-1 和表 8.4.7-2 要求。

涂料贮运环境温度不宜低于 0℃，并应避免碰撞。保管环境应干燥、通风并远离火源。

合成高分子防水涂料的物理性能　　表 8.4.7-1

项目	质量标准	
	Ⅰ	Ⅱ
固体含量（%）	≥94	≥65
拉伸强度（N/mm²）	1.65	0.5
断裂延伸率（%）	300	400
低温柔性	−30℃弯折无裂缝	−20℃弯折无裂缝
不透水性	动水压 0.3MPa 30min 不渗透	动水压 0.3MPa 30min 不渗透

注：Ⅰ类为反应固化型防水涂料；Ⅱ类为挥发固化型防水涂料。

胎体增强材料的物理性能　　表 8.4.7-2

项目		性能要求		
		Ⅰ	Ⅱ	Ⅲ
拉力（N/50mm）	纵向	150	45	90
	横向	100	35	50
延伸率不小于（%）	纵向	10	20	3
	横向	20	25	3
外观		均匀、无团状、平整无折皱		

注：Ⅰ类为聚脂无纺布，Ⅱ类为化纤无纺布，Ⅲ类为玻璃纤维布。

8.4.8 涂膜屋面防水施工应满足下列要求：

8.4.8.1 涂膜防水施工的环境气温不宜低于−5℃，在雨、雪天、五级风及以上时不得施工。

8.4.8.2 基层处理剂可选用有机溶剂稀释而成。使用时应充分搅拌，涂刷均匀，覆盖完全，干燥后方可进行涂膜施工。

8.4.8.3 涂膜防水应由二层以上涂层组成，总厚度应达到设计要求，其成膜厚度不应小于 2mm。

8.4.8.4 施工时可采用涂刮或喷涂。当采用涂刮施工时，每遍涂刮的推进方向宜与前一遍互相垂直，并在前一遍涂料干燥后，方可进行后一遍涂料的施工。

8.4.8.5 使用双组份涂料时应按配合比正确计量，搅拌均匀，已配成的涂料及时使用。配料时可加入适量的稀释剂，但不得混入固化涂料。

8.4.8.6 在涂层中夹铺胎体增强材料时，位于胎体下面的涂层厚度不应小于 1mm，最上层的涂料层不应少于二遍。胎体长边搭接宽度不得小于 50mm，短边搭接宽度不得小于 70mm。采用二层胎体增强材料时，上下层不得互相垂直铺设，搭接缝应错开，间距不应小于一个幅面宽度的 1/3。

8.4.8.7 天沟、檐沟、檐口、泛水等部位，均应加铺有胎体增强材料的附加层。水落口周围与屋面交接处，应作密封处理，并加铺两层有胎体增强材料的附加层，涂膜伸入水落口的深度不得小于 50mm，涂膜防水层的收头应用密封材料封严。

涂膜屋面防水工程在涂膜层固化后应做保护层。保护层可采用分格水泥砂浆、或细石混凝土或块材等。

8.4.9 隔气层施工

隔气层可采用气密性好的单层卷材或防水涂料。冬期施工采用卷材时，可采用花铺法施工，卷材搭接宽度不应小于 80mm；采用防水涂料时，宜选用溶剂型涂料。隔气层施工的温度不应低于−5℃。

9 装饰工程

9.1 一般规定

9.1.1 用冻结法砌筑的墙，室外抹灰应待其完全解冻后施工；室内抹灰应待抹灰的一面解冻深度不小于墙厚的一半时，方可施工。不得采用热水冲刷冻结的墙面或用热水消除墙面的冰霜。

9.1.2 安排室内抹灰以前，宜先做好屋面防水层及室内封闭保温。

9.1.3 冬期室内装饰施工可采用建筑物正式热源、临时性管道或火炉、电气取暖。若采用火炉取暖时，应采取预防煤气中毒的措施，防止烟气污染，并应在火炉上方吊挂铁板，使煤火热度分散。

9.1.4 室内抹灰的养护温度，不应低于5℃。水泥砂浆层应在潮湿的条件下养护，并应通风换气。

9.1.5 冬期抹灰所采用的砂浆应采取保温防冻措施。室外抹灰砂浆内应掺入能降低冰点的防冻剂，其掺量应由试验确定。

9.1.6 室外墙面抹灰后要进行涂料施工时，抹灰砂浆内所掺的防冻剂品种，应与所选用的涂料材质相匹配，其掺量和使用效果应通过试验确定。

9.1.7 冬期室外装饰工程施工前，宜随外架子搭设，在西、北面应加设挡风措施。

9.1.8 外墙面的饰面板、饰面砖以及马赛克施工，不宜在严寒季节施工，当需要安排施工时，宜采用暖棚法施工。

9.1.9 冬期室内贴壁纸，施工地点温度不应低于5℃。

9.2 抹灰工程

9.2.1 在进行室内抹灰前，应将门口和窗口封好，门口和窗口的边缘及外墙脚手眼或孔洞等亦应堵好，施工洞口、运料口及楼梯间等处应封闭保温；北面房间距地面以上50cm处最低温度不应低于5℃。

9.2.2 砂浆应在搅拌棚中集中搅拌，并应在运输中保温，要随用随拌，防止砂浆冻结。砂浆室内抹灰的环境温度不应低于5℃。

9.2.3 室内抹灰工程结束后，在7d以内，应保持室内温度不低于5℃。抹灰层可采取加温措施加速干燥。当采用热空气加温时，应注意通风，排除湿气。

9.2.4 室外抹灰采用冷作法施工时，使用水泥砂浆或水泥混合砂浆；砂浆内可掺入$CaCl_2$、NaCl、$NaNO_2$等防冻剂。

9.2.5 含氯盐的防冻剂不得用于高压电源部位和有油漆墙面的水泥砂浆基层内。

9.2.6 氯盐防冻剂可掺入硅酸盐水泥、普通硅酸盐水泥、矿渣硅酸盐水泥拌合的砂浆中，但不得掺入高铝水泥砂浆内。砂浆内氯化钠掺量应符合表9.2.6-1规定。

当采用亚硝酸钠外加剂时，砂浆内亚硝酸钠掺量应符合表9.2.6-2规定。

防冻剂应由专人配制和使用，配制时可先配制20%浓度的标准溶液，然后根据气温再配制成使用浓度溶液。

砂浆内氯化钠掺量（占用水重量的%） **表9.2.6-1**

项目	室外气温（℃）	
	0～−5	−5～−10
挑檐、阳台、雨罩、墙面等抹水泥砂浆	4	4～8
墙面为水刷石、干粘石水泥砂浆	5	5～10

砂浆内亚硝酸钠掺量（占水泥重量的%） **表9.2.6-2**

室外气温（℃）	0～−3	−4～−9	−10～−15	−16～−20
掺量	1	3	5	8

9.2.7 抹灰基层表面当有冰、霜、雪时，可采用与抹灰砂浆同浓度的防冻剂溶液冲刷，并应清除表面的尘土。

9.2.8 当施工要求分层抹灰时，底层灰不得受冻。抹灰砂浆在硬化初期应采取防止受冻的保温措施。

9.3 饰面工程

9.3.1 冬期室内饰面工程施工可采用热空气或带烟囱的火炉取暖，并应设有通风、排湿装置。室外饰面工程宜采用暖棚法施工，棚内温度不应低于5℃，并按常温施工方法操作。

9.3.2 饰面板就位固定后，用1∶2.5水泥砂浆灌浆，保温养护时间不少于7d。

9.3.3 冬期施工外墙饰面石材应根据当地气温条件及吸水率要求选材。安装前可根据块材大小，在结构施工时预埋设一定数量的锚固件。采用螺栓固定的干作业法施工，锚固螺栓应做防水、防锈处理。

9.3.4 釉面砖及外墙面砖在冬期施工时宜在2%盐水中浸泡2h，并在晾干后方可使用。

9.4 油漆、刷浆、裱糊、玻璃工程

9.4.1 油漆、刷浆、裱糊、玻璃工程应在采暖条件下进行施工。当需要在室外施工时，其最低环境温度不应低于5℃，遇有大风、雨、雪时应停止施工。

9.4.2 冬期刷调合漆时，应在其内加入调合漆重量2.5%的催干剂和5%的松香水，施工时应排除烟气和潮气，防止失光和发粘不干。

9.4.3 室外刷浆应保持施工均衡，粉浆类料浆宜采用热水配制，随用随配并做料浆保温，料浆使用温度宜保持15℃左右。

9.4.4 裱糊工程施工时，混凝土或抹灰基层含水率不应大于8%。施工中当室内温度高于20℃，且相对湿度大于80%时，应开窗换气，防止壁纸皱折起泡。

9.4.5 玻璃工程冬期施工时，应将玻璃、镶嵌用合成橡胶等材料运到有采暖设备的室内，操作地点环境温度不应低于5℃。

9.4.6 外墙铝合金、塑料框、大扇玻璃不宜在冬期安装。

10 钢结构工程

10.1 一般规定

10.1.1 在负温度下进行钢结构的制作和安装时，应按照负温度施工的要求，编制钢结构制作工艺规程和安装施工组织设计。

10.1.2 钢结构制作和安装采用的钢尺和量具，应和土建单位使用的钢尺和量具相同，并应采用同一精度级别进行鉴定。土建结构和钢结构应采取不同的温度膨胀系数差值调整措施。

10.1.3 钢构件在正温度下（夏季、工厂）制作，在负温度下（冬季、露天）安装时，施工中应采取有调整偏差的技术措施。

10.1.4 参加负温度钢结构施工的电焊工应经过负温度焊接工艺培训，考试合格，取得相应的合格证，方能参加钢结构的负温度焊接工作。定位点焊工作应由取得定位点焊合格证的电焊工来担任。

10.2 材料

10.2.1 在负温度下施工用的钢材，宜采用平炉或氧气转炉 Q235 钢、16Mn、15MnV、16Mnq、15MnVq 钢。其质量标准应分别符合国家现行标准的规定。

10.2.2 在负温度下施工用的钢材，应具有负温冲击韧性保证值，Q235 钢试验温度应为－20℃，16Mn 钢、16Mnq 钢、15MnV 钢和 15MnVq 钢试验温度应为－40℃。

10.2.3 在负温度下钢结构的焊接梁、柱接头板厚大于 40mm 时，且在板厚方向承受拉力作用时，还要求钢材有板厚方向伸长率的保证。

10.2.4 负温度下施工的钢铸件应按国家现行标准《一般工程用铸造碳钢》中规定的 ZG200—400、ZG230—450、ZG270—500、ZG310—570 号选用。

10.2.5 钢材及有关连接材料应附有质量证明书，性能应符合设计和产品标准的要求。根据负温度下结构的重要性、荷载特征和连接方法，应按国家标准的规定进行复验。

10.2.6 选用负温度下钢结构焊接用的焊条、焊丝，在满足设计强度要求的前提下，应选择屈服强度较低，冲击韧性较好的低氢型焊条。重要结构可采用高韧性超低氢型焊条。

10.2.7 碱性焊条在使用前应按照产品出厂证明书的规定进行烘焙，烘焙合格后，存放在 80～100℃烘箱内，使用时应取出放在保温筒内，随用随取。当负温度下使用的焊条外露超过 2h 时，应重新烘焙。焊条的烘焙次数不宜超过 3 次。

10.2.8 焊剂在使用前应按照质量证明书的规定进行烘焙，其含水量不得大于 0.1%。在负温度下露天进行焊接工作时，焊剂重复使用的时间间隔不得超过 2h，当超过时应重新进行烘焙。

10.2.9 气体保护焊采用的二氧化碳，气体纯度不宜低于 99.5%（体积比），含水量不得超过 0.005%（重量比）。

使用瓶装气体时，瓶内气体压力低于 $1N/mm^2$ 时应停止使用。在负温度下使用时，要检查瓶嘴有无冰冻堵塞现象。

10.2.10 在负温度下钢结构使用的高强螺栓、普通螺栓应有产品合格证，高强螺栓应在负温下进行扭矩系数、轴力的复验工作，符合要求后方能使用。

10.2.11 钢结构使用的涂料应符合负温度下涂刷的性能要求，不得使用水基涂料。

10.3 钢结构制作

10.3.1 钢结构在负温度下放样时，切割、铣刨的尺寸，应计入在负温度下钢材收缩的影响。

10.3.2 端头为焊接接头的构件下料时，应根据工艺要求预留焊缝收缩量，多层框架和高层钢结构的多节柱应预留荷载使柱子产生的压缩变形量。焊接收缩量和压缩变形量应与钢材在负温度下产生的收缩变形量相协调。

10.3.3 形状复杂和要求在负温度下弯曲加工的构件，应按制作工艺规定的方向取料。弯曲构件的外侧不应有大于1mm的缺口和伤痕。

10.3.4 普通碳素结构钢工作地点温度低于－20℃、低合金钢工作地点温度低于－15℃时不得剪切、冲孔，普通碳素结构钢工作地点温度低于－16℃、低合金结构钢工作地点温度低于－12℃时不得进行冷矫正和冷弯曲。

10.3.5 负温度下需要对边缘加工的零件应采用精密切割机加工，焊缝坡口宜采用自动切割。采用坡口机、刨条机进行坡口加工时，不得出现鳞状表面。

重要结构的焊缝坡口，应采用机械加工或自动切割加工，不宜采用手工气焊切割加工。

10.3.6 构件的组装必须按工艺规定的顺序进行，应由里往外扩展组拼。焊接结构当在负温度下组拼时，预留焊缝收缩值宜由试验确定，点焊缝的数量和长度应由计算确定。

10.3.7 零件组装应把接缝两侧各50mm内铁锈、毛刺、泥土、油污、冰雪等清理干净，并应保持接缝干燥，没有残留水分。

10.3.8 负温度下焊接中厚钢板、厚钢板、厚钢管的预热温度可由试验确定，当无试验资料时可按表10.3.8取用。

负温度下焊接钢板、钢管预热温度　　表10.3.8

	钢材厚度（mm）	工作地点温度（℃）	预热温度（℃）
低碳钢构件	<30	－30以下	36
	30～50	－30～－10	36
	50～70	－10～0	36
	>70	任何温度	100

续表

	钢材厚度（mm）	工作地点温度（℃）	预热温度（℃）
低碳钢管构件	<16	－30以下	36
	16～30	－30～－20	36
	30～40	－20～－10	36
	40～50	－10～0	36
	>50	任何温度	100
16Mn 16Mnq 15MnV 15MnVq	<10	－26以下	36
	10～16	－26～－10	36
	16～24	－10～－5	36
	24～40	－5～0	36
	>40	任何温度	100～150

10.3.9 在负温度下构件组装定型后进行焊接应符合焊接工艺规定。

单条焊缝的两端应设置引弧板和熄弧板，引弧板和熄弧板的材料应和母材相一致。

严禁在焊接的母材上引弧。

10.3.10 负温度下厚度大于9mm的钢板应分多层焊接，焊缝应由下往上逐层堆焊。每一条焊缝应一次焊完，不得中断。当发生焊接中断，在再次施焊时，应先清除焊接缺陷，合格后方可按焊接工艺规定再继续施焊。

10.3.11 在负温度下露天焊接钢结构时，宜搭设临时防护棚。雨水、雪花不得飘落在炽热的焊缝上。

10.3.12 在负温度下厚钢板焊接完成后，在焊缝两侧板厚的2～3倍范围内，立即进行焊后热处理，加热温度宜为150～300℃，并宜保持1～2h。焊缝焊完或焊后热处理完后，应采取保温措施，并使焊缝缓慢冷却，冷却速度不应大于10℃/min。

10.3.13 当构件在负温度下进行热矫正时，钢材加热矫正温度应控制在750～900℃（暗樱红色）之间，加热矫正后应保温覆盖使其缓慢冷却。

10.3.14 在负温度下制作的钢构件在进行外形尺寸检查验收时，应考虑检查当时的温度影响。

焊缝外观检查必须全部合格，等强接头和要求焊透的焊缝必须100%超声波检查，其余焊缝可按30%～50%超声波抽样检查。如设计有要求时，应按设计要求的数量进行检查。

负温度下超声波探伤仪用的探头与钢材接触面间应使用不冻结的油基耦合剂。

10.3.15 不合格的焊缝应铲除重焊，并仍应按在负温度下钢结构焊接工艺的规定进行施焊，焊后应采用同样的检验标准检验合格。

10.3.16 在温度低于0℃的钢构件上涂刷防腐涂层前，应进行涂刷工艺试验。涂刷时必须将构件表面的铁锈、油污、边沿孔洞的飞边毛刺等清除干净，并保持构件表面干燥。可用热风或红外线照射干燥，干燥温度和时间应由试验确定。

雨雪天气或构件上有薄冰时不得进行涂刷工作。

10.4 钢结构安装

10.4.1 冬期运输、堆存钢结构时，应采取防滑措施。构件堆放场地应平整坚实并无水坑，地面无结冰。同一型号构件叠放时，构件应保持水平，垫块应在同一垂直线上，并应防止构件溜滑。

10.4.2 钢结构安装前除按常温规定要求内容进行检查外，尚应根据负温度下条件的要求对构件质量进行详细复验。凡是在制作中漏检和运输、堆放中造成的构件变形等，偏差大于规定影响安装质量时，应在地面进行修理、矫正，符合设计和规范要求后方能起吊安装。

10.4.3 在负温度下绑扎、起吊钢构件用的钢索与构件直接接触时，应加防滑隔垫。凡是与构件同时起吊的节点板、安装人员用的挂梯、校正用的卡具，应用绳索绑扎牢固。直接使用吊环、吊耳起吊构件时要检查吊环、吊耳连接焊缝有无损伤。

10.4.4 在负温度下安装构件时，应根据气温条件编制钢构件安装顺序图表，施工中严格按照规定的顺序进行安装。平面上应从建筑物的中心逐步向四周扩展安装，立面上宜从下部逐件往上安装。

10.4.5 钢结构安装的焊接工作应编制焊接工艺。在各节柱的一层构件安装、校正、栓接并预留焊缝收缩量后，平面上应从结构中心开始向四周对称扩展焊接，不得从结构外圈向中心焊接，一个构件的两端不得同时进行焊接。

10.4.6 构件上有积雪、结冰、结露时，安装前应清除干净，但不得损伤涂层。

10.4.7 在负温度下安装钢结构用的专用机具应按负温度要求进行检验。

10.4.8 在负温度下安装柱子、主梁、支撑等大构件时应立即进行校正，位置校正正确后应立即进行永久固定。当天安装的构件，应形成空间稳定体系。

10.4.9 高强螺栓接头安装时，构件的摩擦面应干净，不得有积雪、结冰，并不得雨淋、接触泥土、油污等脏物。

10.4.10 多层钢结构安装时，应限制楼面上堆放的荷载。施工活荷载、积雪、结冰的重量不得超过钢梁和楼板（压型钢板）的承载能力。

10.4.11 栓钉焊接前，应根据负温度值的大小，对焊接电流、焊接时间等参数进行测定。

10.4.12 在负温度下钢结构安装的质量，除应遵守国家现行标准《钢结构工程施工及验收规范》(GB50205)要求外，尚应按设计的要求进行检查验收。

11 混凝土构件安装工程

11.1 构件的堆放及运输

11.1.1 混凝土构件的运输及堆放前应将运输车辆、构件、垫木及堆放场地的积雪、结冰清除干净，堆放场地应平整、坚实。

11.1.2 混凝土构件在冻胀性土壤的自然地面上或冻结前回填土地面上堆放时，应符合下列要求：

11.1.2.1 每个构件在满足刚度、承载力条件下，尽量减少支承点数量。

11.1.2.2 对于大型板、槽板及空心板等板类构件，两端的支点应选用长度大于板宽的垫木垫起。

11.1.2.3 构件堆放时，如支点为二个及以上时。应考虑土壤的冻胀和融化下沉影响，采取可靠措施后方准予堆放。

11.1.2.4 构件用垫木垫起时，地面与构件之间的间隙应大于150mm。

11.1.3 在回填冻土并经一般压实的场地上堆放构件时，当构件重叠堆放时间长，应根据构件重量，尽量减少重叠层数，底层构件支垫与地面接触面积应适当的加大。在冻土融化之前应采取防止冻土融化下沉使构件产生变形和破坏的措施。

11.1.4 构件运输时其混凝土强度，当设计无具体规定时，不应小于混凝土设计强度标准值的75%。在运输车上的支点设置应按设计要求确定。对于重叠运输的构件，应与运输车固定并防止滑移。

11.2 构件的吊装

11.2.1 吊车行走或桅杆移动的场地应平整，并应采取防滑措施。起吊的支撑点地基必须坚实。

11.2.2 地锚应具有稳定性，回填冻土的重量应符合设计要求，活动地锚应设防滑措施。

11.2.3 构件在正式起吊前，应先松动、后起吊。

11.2.4 凡使用滑行法起吊的构件，应采取控制定向滑行的措施，并防止偏离滑行方向。

11.2.5 多层框架结构的吊装，接头混凝土强度未达到设计要求前，应加设缆风绳，防止整体倾斜。

11.3 构件的连接与校正

11.3.1 装配整浇式构件接头的冬期施工应根据混凝土体积小，表面系数大，配筋密等特点，应采取相应的保证质量措施。

11.3.2 构件接头采用湿法连接时应符合下列规定：

11.3.2.1 接头部位的积雪、冰霜等应清除干净。

11.3.2.2 承受内力接头的混凝土，在受冻前当设计无要求时，其强度不应低于设计强度标准值的70%。

11.3.2.3 接头处混凝土的养护应遵照本规程第7章有关条文的规定执行。

11.3.2.4 接头处钢筋的焊接，应符合本规程第6章有关条文的规定。

11.3.3 混凝土构件预埋连结板的焊接，除应符合本规程第10章规定外，并应分段连接，防止累积变形过大影响安装质量。

11.3.4 混凝土柱、屋架及框架冬期安装，在阳光照射下校正时，应计入温差的影响。各固定支撑校正后，应立即固定。

12 越冬工程维护

12.1 一 般 规 定

12.1.1 对于有采暖要求而不能保证正常采暖的新建工程、跨年施工的在建工程以及停建缓建工程等，在入冬前均应编制越冬维护措施。

12.1.2 越冬工程保温维护，应就地取材。保温层的厚度应由热工计算确定。

12.1.3 在制定越冬维护措施之前应认真检查核对有关工程地质、水文资料、当地气温资料以及地基土的冻胀特征和最大冻结深度。

12.1.4 施工场地和建筑物周围应做好排水，不得使地基和基础被水浸泡。

12.1.5 在山区坡地建造的工程，入冬前应根据地表水流动的方向设置截水沟、泄水沟，但不得在建筑物底部设暗沟和盲沟疏水。

12.1.6 凡按采暖要求设计的房屋竣工后，应及时采暖，并应使屋内最低温度保持在5℃以上。当不能满足上述要求时，应采取防护措施。

12.2 在 建 工 程

12.2.1 在冻胀土地区建造房屋基础时，应按设计要求做防冻害处理。当设计无要求时，应采取如下措施：

12.2.1.1 当采用独立式基础或桩基时，基础梁下部应进行掏空处理。强冻胀性土可预留200mm，弱冻胀性土预留100～150mm，空隙两侧应用立砖挡土回填。

12.2.1.2 当采用毛石砌筑基础或短桩基础时，应考虑冻胀影响，可在基础侧壁回填厚度为150～200mm的混砂、炉渣或贴一层油纸，其深度宜为800～1200mm。

12.2.1.3 浅埋基础越冬时，应覆盖保温材料保护。

12.2.2 设备基础、构架基础、支墩、地下沟道以及地墙等越冬工程，均不得在已冻结的土层上施工。上述工程越冬时有可能遭冻，应进行维护。

12.2.3 支撑在基土上的雨篷、阳台等悬臂构件的临时支柱，入冬后当不能拆除时，其支点应采取保温防冻胀措施。

12.2.4 水塔、烟囱、烟道等构筑物基础在入冬前应回填至设计标高。

12.2.5 室外地沟、阀门井、检查井等除回填至设计标高外，尚应覆盖盖板进行越冬维护。

12.2.6 供水、供热系统试水、试压后，如不能立即投入使用，在入冬前应将系统内的存积水排净。

12.2.7 地下室、地下水池在入冬前应按设计要求进行越冬维护。当设计无要求时，应采取下列措施：

12.2.7.1 基础及外壁侧面回填土应填至设计标高，当不具备回填条件时，应填松土或炉渣进行保温。

12.2.7.2 内部的存积水应排净；底板应采用保温材料覆盖，覆盖厚度应由热工计算确定。

12.3 停、缓建工程

12.3.1 冬期停、缓建工程应停在下列位置：

12.3.1.1 混合结构可停在基础上部地梁位置，楼层间的圈梁或楼板上皮标高位置。

12.3.1.2 现浇混凝土框架应停留在施工缝位置。

12.3.1.3 烟囱、冷却塔或筒仓宜停留在基础上皮标高或筒身任何水平位置。

12.3.1.4 混凝土水池底部，应按施工缝要求确定，并应设有止水设施。

12.3.2 已开挖的基坑（槽）不宜挖至设计标高，应预留 200～300mm；越冬时应对基底保温维护，待复工后挖至设计标高。

12.3.3 混凝土结构工程停、缓建时，入冬前混凝土的强度应符合下列要求：

12.3.3.1 越冬期间不承受外力的结构构件，在入冬前混凝土强度除按设计要求外，尚应符合本规程第 7.1.1 条要求。

12.3.3.2 装配式结构构件的整浇接头，混凝土强度不得低于设计强度标准值的 70%。

12.3.3.3 预应力混凝土结构强度不应低于混凝土设计强度标准值的 75%；后张法预应力混凝土孔道灌浆应在正温下进行，灌注的水泥浆或砂浆强度不应低于 $20N/mm^2$。

12.3.3.4 升板结构应将柱帽浇筑完，使混凝土达到设计要求的强度等级。

12.3.4 对于各类停、缓建的基础工程，顶面均应弹出轴线，标注标高后，用炉渣或松土回填保护。

12.3.5 装配式厂房柱子吊装就位后，应按设计要求嵌固好；已安装就位的屋架或屋面梁，应安装上支撑系统，并按设计要求固定。

12.3.6 不能起吊的预制构件，除应满足本规程第 11.1.2 条规定外，尚应弹上轴线，作记录。外露铁件应涂刷防锈油漆，螺栓应涂刷防腐油进行保护。

12.3.7 对于有沉降要求的建（构）筑物，应会同有关部门作沉降观测记录。

12.3.8 现浇混凝土框架越冬时，当裸露时间较长，除按设计要求留设伸缩缝外，尚应根据建筑物长度和温差留设后浇缝。后浇缝的位置，应与设计单位研究确定。后浇缝伸出的钢筋应进行保护，待复工后经检查合格方准浇筑混凝土。

12.3.9 屋面工程越冬可采取下列简易维护措施：

12.3.9.1 在已完成的基层上，做一层卷材防水，待气温转暖复工时，经检查认定该层卷材没有起泡、破裂、折皱等质量缺陷时，方可在其上继续铺贴上层卷材。

12.3.9.2 在已完成的基层上，当基层为水泥砂浆无法做卷材防水时，可在其上刷一层冷底子油，涂一层热沥青玛琋脂做临时防水，但雪后应及时清除积雪。当气温转暖后经检查认定该层玛琋脂没有起层、空鼓、龟裂等质量缺陷时，可在其上涂刷热沥青玛琋脂铺贴卷材防水层。

12.3.10 所有停、缓建工程均应由施工单位、建设单位和工程监理部门，对已完工程在入冬前进行检查和评定，并作记录，存入工程档案。

12.3.11 停、缓建工程复工时，应先按图纸对标高、轴线进行复测，并与原始记录对应检查，当偏差超出允许限值时，应分析原因提出处理方案，经与设计、建设、监理单位等各方商定后，方可复工。

附录A　土壤保温防冻计算

A.0.1　土壤翻松耙平深度为25～30cm，土壤冻结深度H可按下式估算：

$$H=\alpha(4P-P^2) \qquad (A.0.1)$$

式中　H——翻松耙平或松土覆盖后土壤冻结深度（cm）；

P——冻结指数，$P=\frac{\Sigma tT}{1000}$；

α——土的防冻计算系数，按附表A.0.1取用；

t——土壤冻结时间（d）；

T——土壤冻结期间的室外平均气温（℃）。

A.0.2　用保温材料覆盖土壤保温防冻时，所需的保温层厚度，可按下式估算：

$$h=\frac{H}{\beta} \qquad (A.0.2)$$

式中　h——土壤的保温防冻所需的保温层厚度（cm）；

H——不保温时的土壤冻结深度（cm）；

β——各种材料对土壤冻结影响系数，可按表A.0.2取用。

土的防冻计算系数α　　**表A.0.1**

土壤保温方法	P											
	0.1	0.2	0.3	0.4	0.5	0.6	0.7	0.8	0.9	1.0	1.5	2.0
翻松耙平25～30cm	15	16	17	18	20	22	24	26	28	30	30	30

各种材料对土壤冻结影响系数β　　**表A.0.2**

土壤种类＼保温材料	树叶	刨花	锯末	干炉渣	茅草	膨胀珍珠岩	炉渣	芦苇	草帘	泥碳土	松散土	密实土
砂　土	3.3	3.2	2.8	2.0	2.5	3.8	1.6	2.1	2.5	2.8	1.4	1.12

续表

土壤种类＼保温材料	树叶	刨花	锯末	干炉渣	茅草	膨胀珍珠岩	炉渣	芦苇	草帘	泥碳土	松散土	密实土
粉　土	3.1	3.1	2.7	1.9	2.4	3.6	1.6	2.04	2.4	2.9	1.3	1.08
粉质粘土	2.7	2.6	2.3	1.6	2.0	3.5	1.3	1.7	2.0	2.31	1.2	1.06
粘　土	2.1	2.1	1.9	1.3	1.6	3.5	1.1	1.4	1.6	1.9	1.2	1.00

注：①表中数值适用于地下水位低于1m以下；

②当地下水位较高的饱和土时，其值可取1。

附录B 混凝土的热工计算

B.1 混凝土搅拌、运输、浇筑温度计算

B.1.1 混凝土拌合温度宜按下列公式计算：

$$T_0=[0.92(m_{ce}T_{ce}+m_{sa}T_{sa}+m_gT_g)+4.2T_w(m_w-w_{sa}m_{sa}-w_gm_g)+c_1(w_{sa}m_{sa}T_{sa}+w_gm_gT_g)-c_2(w_{sa}m_{sa}+w_gm_g)]\div[4.2m_w+0.9(m_{ce}+m_{sa}+m_g)] \tag{B.1.1}$$

式中 T_0——混凝土拌合物温度（℃）；

m_w——水用量（kg）；

m_{ce}——水泥用量（kg）；

m_{sa}——砂子用量（kg）；

m_g——石子用量（kg）；

T_w——水的温度（℃）；

T_{ce}——水泥的温度（℃）；

T_{sa}——砂子的温度（℃）；

T_g——石子的温度（℃）；

w_{sa}——砂子的含水率（%）；

w_g——石子的含水率（%）；

c_1——水的比热容（kJ/kg·K）；

c_2——冰的溶解热（kJ/kg）。

当骨料温度大于0℃时，$c_1=4.2$，$c_2=0$；

当骨料温度小于或等于0℃时，$c_1=2.1$，$c_2=335$。

B.1.2 混凝土拌合物出机温度宜按下列公式计算：

$$T_1=T_0-0.16(T_0-T_i) \tag{B.1.2}$$

式中 T_1——混凝土拌合物出机温度（℃）；

T_i——搅拌机棚内温度（℃）。

B.1.3 混凝土拌合物经运输到浇筑时温度宜按下列公式计算：

$$T_2=T_1-(\alpha t_1+0.032n)(T_1-T_a) \tag{B.1.3}$$

式中 T_2——混凝土拌合物运输到浇筑时温度（℃）；

t_1——混凝土拌合物自运输到浇筑时的时间（h）；

n——混凝土拌合物运转次数；

T_a——混凝土拌合物运输时环境温度（℃）；

α——温度损失系数（h^{-1}）：

当用混凝土搅拌车输送时，$\alpha=0.25$；

当用开敞式大型自卸汽车时，$\alpha=0.20$；

当用开敞式小型自卸汽车时，$\alpha=0.30$；

当用封闭式自卸汽车时，$\alpha=0.1$；

当用手推车时，$\alpha=0.50$。

B.1.4 考虑模板和钢筋的吸热影响，混凝土浇筑成型完成时的温度宜按下式计算：

$$T_3=\frac{C_cm_cT_2+C_fm_fT_f+C_sm_sT_s}{C_cm_c+C_fm_f+C_sm_s} \tag{B.1.4}$$

式中 T_3——考虑模板和钢筋吸热影响，混凝土成型完成时的温度（℃）；

C_c——混凝土的比热容（kJ/kg·K）；

C_f——模板的比热容（kJ/kg·K）；

C_s——钢筋的比热容（kJ/kg·K）；

m_c——每m^3混凝土的重量（kg）；

m_f——每m^3混凝土相接触的模板重量（kg）；

m_s——每m^3混凝土相接触的钢筋重量（kg）；

T_f——模板的温度，未预热时可采用当时的环境温度（℃）；

T_s——钢筋的温度，未预热时可采用当时的环境温度（℃）。

B.2 混凝土蓄热养护过程中的温度计算

B.2.1 混凝土蓄热养护开始到任一时刻 t 的温度：

$$T = \eta e^{-\theta \cdot V_{ce} \cdot t} - \varphi e^{-V_{ce} \cdot t} + T_{m,a} \quad (B.2.1)$$

B.2.2 混凝土蓄热养护开始到任一时刻 t 的平均温度：

$$T_m = \frac{1}{V_{ce} t}\left(\varphi e^{-V_{ce} \cdot t} - \frac{\eta}{\theta} e^{-\theta \cdot V_{ce} \cdot t} + \frac{\eta}{\theta} - \varphi\right) + T_{m,a} \quad (B.2.2)$$

其中 θ、φ、η 为综合参数，按下式计算：

$$\theta = \frac{\omega \cdot K \cdot M}{V_{ce} \cdot C_c \cdot \rho_c}$$

$$\varphi = \frac{V_{ce} \cdot Q_{ce} \cdot m_{ce}}{V_{ce} \cdot C_c \cdot \rho_c - \omega \cdot K \cdot M}$$

$$\eta = T_3 - T_{m,a} + \varphi$$

式中 T——混凝土蓄热养护开始到任一时刻 t 的温度（℃）；

T_m——混凝土蓄热养护开始到任一时刻 t 的平均温度（℃）；

t——混凝土蓄热养护开始到任一时刻的时间（h）；

$T_{m,a}$——混凝土蓄热养护开始到任一时刻 t 的平均气温（℃）；

ρ_c——混凝土的质量密度（kg/m^3）；

m_{ce}——每立方米混凝土水泥用量（kg/m^3）；

C_c——混凝土的比热容（kJ/kg·K）；

Q_{ce}——水泥水化累积最终放热量（kJ/kg）；

V_{ce}——水泥水化速度系数（h^{-1}）；

ω——透风系数；

M——结构表面系数（m^{-1}）；

K——结构围护层的总传热系数（$kJ/m^2 \cdot h \cdot K$）；

e——自然对数底，可取 $e=2.72$。

注：①结构表面系数 M 值按下式计算：

$$M = \frac{A(\text{混凝土结构表面积})}{V(\text{混凝土结构的体积})}$$

②结构围护层总传热系数按下式计算：

$$K = \frac{3.6}{0.04 + \sum_{i=1}^{n} \frac{d_i}{K_i}}$$

式中 d_i——第 i 层围护层厚度（m）；

K_i——第 i 层围护层的导热系数 [W/（m·K）]。

③平均气温 $T_{m,a}$ 取法，可采用蓄热养护开始至 t 时气象预报的平均气温，亦可按每时或每日平均气温计算。

B.2.3 水泥水化累积最终放热量 Q_{ce}，水泥水化速度系数 V_{ce} 及透风系数 ω 取值按表 B.2.3-1，B.2.3-2 取用。

水泥水化累积最终放热量 Q_{ce} 和水泥水化速度系数 V_{ce}

表 B.2.3-1

水泥品种及标号	Q_{ce}（kJ/kg）	V_{ce}（h^{-1}）
525 号硅酸盐水泥	400	0.013
525 号普通硅酸盐水泥	360	
425 号普通硅酸盐水泥	330	
425 号矿渣、火山灰、粉煤灰硅酸盐水泥	240	

透 风 系 数 **表 B.2.3-2**

围护层种类	透风系数 ω		
	小风	中风	大风
围护层由易透风材料组成	2.0	2.5	3.0
易透风保温材料外包不易透风材料	1.5	1.8	2.0
围护层由不易透风材料组成	1.3	1.45	1.6

注：小风风速 $V_w < 3m/s$

中风风速 $3 \leqslant V_w \leqslant 5m/s$

大风风速 $V_w > 5m/s$

B.2.4 当需要计算混凝土蓄热养护冷却至 0℃ 的时间时，可根据本规程公式 B.2.1 采用逐次逼近的方法进行计算。当蓄热养护条件满足 $\frac{\varphi}{T_{ma}} \geqslant 1.5$，且 $KM \geqslant 50$ 时，也可按下式直接计算：

$$t_0 = \frac{1}{V_{ce}} \ln \frac{\varphi}{T_{m,a}} \quad (B.2.4)$$

式中 t_0——混凝土蓄热养护冷却至 0℃ 的时间（h）。

（混凝土冷却至 0℃ 的时间内，其平均温度可根据本规程公式 B.2.2 取 $t=t_0$ 进行计算。）

附录C 掺防冻剂混凝土在负温度下各龄期混凝土强度增长规律

掺防冻剂混凝土在负温度下各龄期混凝土强度增长规律　表C

防冻剂及组成	混凝土硬化平均温度（℃）	各龄期混凝土强度（$f_{cu,k}$%）			
		7d	14d	28d	90d
$NaNO_2$（100%）	−5	30	50	70	90
	−10	20	35	55	70
	−15	10	25	35	50
NaCl（100%）$NaCl+CaCl_2$ $\left(\frac{70\%+30\%}{40\%+60\%}\right)$	−5	35	65	80	100
	−10	25	35	45	70
	−15	15	25	35	50
$NaNO_2+CaCl_2$（50%+50%）	−5	40	60	80	100
	−10	25	40	50	80
	−15	20	35	45	70
	−20	15	30	40	60
K_2CO_3（100%）	−5	50	65	75	100
	−10	30	50	70	90
	−15	25	40	65	80
	−20	25	40	55	70
	−25	20	30	50	60

附录D 用成熟度法计算混凝土早期强度

D.0.1 成熟度法的适用范围及条件应符合下列规定：

（1）本法适用于不掺外加剂在50℃以下正温养护和掺外加剂在30℃以下养护的混凝土，亦可用于掺防冻剂负温养护法施工的混凝土。

（2）本法适用于预估混凝土强度标准值60%以内的强度值。

（3）使用本法预估混凝土强度，需用实际工程使用的混凝土原材料和配合比，制做不少于5组混凝土立方体标准试件在标准条件下养护，得出1d、2d、3d、7d、28d的强度值。

（4）使用本法需取得现场养护混凝土的温度实测资料（温度、时间）。

D.0.2 用计算法估算混凝土强度宜按下列步骤进行：

（1）用标准养护试件的各龄期强度数据，经回归分析拟合成下列形式曲线方程：

$$f = ae^{-\frac{b}{D}} \tag{D.0.2-1}$$

式中 f——混凝土立方体抗压强度（N/mm^2）；

D——混凝土养护龄期（d）；

a、b——参数。

（2）根据现场的实测混凝土养护温度资料，用公式（D.0.2-2）计算混凝土已达到的等效龄期（相当于20℃标准养护的时间）。

$$t = \sum(\alpha_T \cdot t_T) \tag{D.0.2-2}$$

式中 t——等效龄期（h）；

α_T——温度为T℃的等效系数，按表D.0.2采用；

t_T——温度为T℃的持续时间（h）。

（3）以等效龄期t作为D代入公式（D.0.2-1）可算出强度。

D.0.3 用图解法估算混凝土强度宜按下列步骤进行：

（1）根据标准养护试件各龄期强度数据，在坐标纸上画出龄期-强度曲线；

（2）根据现场实测的混凝土养护温度资料，计算混凝土达到的等效龄期；

(3)根据等效龄期数值，在龄期-强度曲线上查出相应强度值，即为所求值。

温度 T 与等效系数 α_T 表　　表 D.0.2

温度 T(℃)	等效系数(α_T)	温度 T(℃)	等效系数(α_T)	温度 T(℃)	等效系数(α_T)
50	3.16	28	1.45	6	0.43
49	3.07	27	1.39	5	0.40
48	2.97	26	1.33	4	0.37
47	2.88	25	1.27	3	0.35
46	2.80	24	1.22	2	0.32
45	2.71	23	1.16	1	0.30
44	2.62	22	1.11	0	0.27
43	2.54	21	1.05	−1	0.25
42	2.46	20	1.00	−2	0.23
41	2.38	19	0.95	−3	0.21
40	2.30	18	0.91	−4	0.20
39	2.22	17	0.86	−5	0.18
38	2.14	16	0.81	−6	0.16
37	2.07	15	0.77	−7	0.15
36	1.99	14	0.73	−8	0.14
35	1.92	13	0.68	−9	0.13
34	1.85	12	0.64	−10	0.12
33	1.78	11	0.61	−11	0.11
32	1.71	10	0.57	−12	0.11
31	1.65	9	0.53	−13	0.10
30	1.58	8	0.50	−14	0.10
29	1.52	7	0.46	−15	0.09

算例 1：

某混凝土经试验，测得 20℃标准养护条件下各龄期强度如例表 1-1。混凝土浇筑后，初期养护阶段测温记录如例表 1-2。求混凝土浇筑后 38h 的强度。

混凝土标准养护强度　　例表 1-1

龄期（d）	1	2	3	7
强度（N/mm²）	4.0	11.0	15.4	21.8

混凝土浇筑后测温记录及计算　　例表 1-2

1	2	3	4	5	6
从浇筑起算的时间（h）	温　度（℃）	间隔的时间 t_T（h）	平均温度 T（℃）	α_T	$\alpha_T \cdot t_T$
0	14				
2	20	2	17	0.86	1.72
4	26	2	23	1.16	2.32
6	30	2	28	1.45	2.90
8	32	2	31	1.65	3.30
10	36	2	34	1.85	3.70
12	40	2	38	2.14	4.28
38	40	26	40	2.30	59.80
$t=\Sigma\alpha_T \cdot t_T$ (h)					78.2

解：

（1）计算法：

①根据例表 1-1 数据进行回归分析求得曲线方程式：

$$f = 29.459e^{-\frac{1.989}{D}} \quad \text{（例 1-1）}$$

②根据测温记录，经计算求得等效龄期 t=78.2h（3.26d），见例表 1-2。

③取 t 作为龄期 D 代入公式（例 1-1）求得混凝土强度值：

$$f = 29.459e^{-\frac{1.989}{3.26}} = 16.0(\text{N/mm}^2)$$

（2）图解法：

①根据例表 1-1 画出龄期-强度曲线（例图-1）；

②根据例表 1-2 计算等效龄期 t；

③以等效龄期 t 作为龄期，在龄期-强度曲线上，查得相应强度值为 16N/mm²，即为所求值。

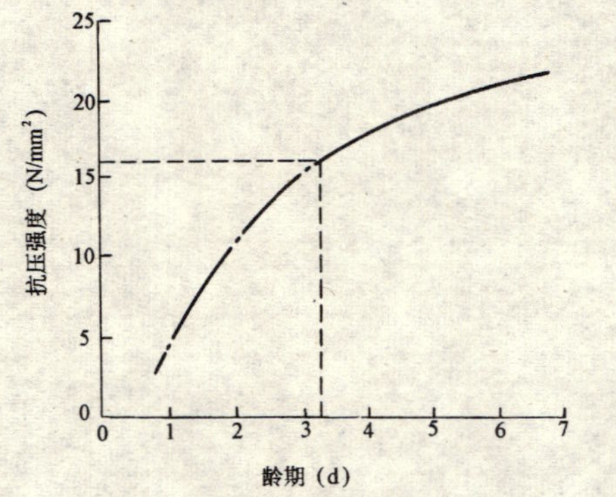

例图-1　混凝土强度-龄期曲线

D.0.4　当采用蓄热法或综合蓄热法养护时，亦可按如下步骤求算混凝土强度：

D.0.4.1　用标准养护试件各龄期强度数据，经回归分析拟合成成熟度-强度曲线方程：

$$f = a \cdot e^{-\frac{b}{M}} \qquad \text{(D.0.4-1)}$$

式中　f——混凝土抗压强度（N/mm²）；

a、b——参数；

M——混凝土养护的成熟度（℃·h），按下式计算：

$$M = \Sigma(T + 15)t \qquad \text{(D.0.4-2)}$$

式中　T——在时间段 t 内混凝土平均温度（℃）；

t——温度为 T 的持续时间（h）。

D.0.4.2　取成熟度 M 代入公式（D.0.4-1）可算出强度 f。

D.0.4.3　取强度 f 乘以综合蓄热法调整系数 0.8。

算例 2：

某混凝土采用综合蓄热法养护，浇筑后混凝土测温记录如例表 2-1。用该混凝土成型的试件，在标准条件下养护各龄期强度见例表 2-2。求混凝土养护到 80h 时的强度。

解：

（1）根据标准养护试件的龄期和强度资料算出成熟度，见例表 2-2。

（2）用例表 2-2 的成熟度-强度数据，经回归分析拟合成如下曲线方程：

$$f = 20.627e^{-\frac{2310.668}{M}}$$

（3）根据养护测温资料，按公式（D.0.4-2）计算成熟度，见例表 2-1。

（4）取成熟度 M 值代入上式即求出 f 值

$$f = 20.627e^{-\frac{2310.668}{1370}} = 3.8\text{N/mm}^2$$

（5）将所得的 f 值乘以系数 0.8：

3.8×0.8＝3.04　N/mm²，即为经 80h 养护后混凝土达到的强度。

混凝土浇筑后测温记录及计算　　**例表 2-1**

1	2	3	4	5
从浇筑起算养护时间（h）	实测养护温度（℃）	间隔的时间 t（h）	平均温度 T（℃）	$(T+15)t$
0	15			
4	12	4	13.5	114
8	10	4	11.0	104
12	9	4	9.5	98
16	8	4	8.5	94
20	6	4	7.0	88
24	4	4	5.0	80
32	2	8	3.0	144
40	0	8	1.0	128
60	−2	20	−1.0	280
80	−4	20	−3.0	240
$\Sigma(T+15)t$				1370

标准养护各龄期混凝土强度　　例表 2-2

龄　期（d）	1	2	3	7
强度（N/mm²）	1.3	5.4	8.2	13.7
成熟度（℃·h）	840	1680	2520	5880

附录 E　本规程用词说明

E.0.1　执行本规程有关条文时，对于要求严格程度用词说明如下：

（1）表示很严格，非这样做不可的用词：

正面词采用“必须”；

反面词采用“严禁”。

（2）表示严格，在正常情况下均应这样做的用词：

正面词采用“应”；

反面词采用“不应”或“不得”。

（3）表示允许稍有选择，在条件许可时，首先应这样做的用词：

正面词可采用“宜”或“可”；

反面词采用“不宜”。

E.0.2　条文中指明应按其他有关标准、规范执行的写法为：“应按……执行”或“应符合……要求或规定”。

附加说明

本规程主编单位、参加单位和主要起草人名单

主 编 单 位：黑龙江省寒地建筑科学研究院

参 加 单 位：北京市建工集团总公司
中国建筑科学研究院
冶金部冶金建筑研究总院
铁道部科学研究院
新疆建筑科学研究院
中国建筑一局科学研究所
辽宁省建设科学研究院
哈尔滨市建筑工程研究设计院
黑龙江省建设委员会
哈尔滨市建筑工程管理局
黑龙江省机械化施工公司
大庆市第一建筑工程公司

主要起草人：项玉璞 李承孝 赵柏台
韩华光 袁景玉 董天淳
李平壤 孙无二 项蓁行
李启隶 邵德生 颉朝华
钱家琦 王康强 张丽华
张连升 周有遗 陈嫣兮
顾德珍 苏 晶

中华人民共和国行业标准

建筑工程冬期施工规程

JGJ 104—97

条 文 说 明

前　言

根据建设部（90）建标字 407 号文的要求，由黑龙江省寒地建筑科学研究院会同有关单位共同编制的《建筑工程冬期施工规程》(JGJ104—97)，经建设部 1997 年 11 月 19 日以建标（1997）314 号文批准发布。

为便于广大设计、施工、科研、院校等有关单位人员在使用本规程时能正确理解和执行条文规定，《建筑工程冬期施工规程》编制组根据建设部编制标准、规范条文说明的统一要求，按本规程的章、节、条的顺序，编制了本条文说明，供国内各有关单位参考。在使用中如发现本条文说明有欠妥之处，请将意见函寄黑龙江省寒地建筑科学研究院《建筑工程冬期施工规程》编制组（黑龙江省哈尔滨市南岗区清滨路 60 号，邮编：150080）。

目　次

1 总 则

1.0.1 随着我国建设事业的发展，内地建设也日益增多。特别是我国三北（东北、西北、华北）地区，随着资源的开发，在工业及民用建筑工程建设项目中，要求加快建设速度，使工程早日投产，充分发挥其经济效益和社会效益的项目不断增多。从而在北方广大地区，冬期施工任务也愈来愈多。

我国北方地区，冬期施工期一般3～6个月，工程所占比重最高者可达30%。由于冬期施工有其特殊性及复杂性，加之我国建筑施工队伍技术水平高低不一，据多年经验，在这个季节进行施工，也是工程质量问题出现的多发季节。所以，选好施工方法，制订出较佳的质量保证措施，是确保工程质量，加快工程进度，并减少能耗及材料消耗的关键。

为保证冬期施工的顺利进行，在总结我国以往经验的基础上，在国家有关技术、经济政策的指导下，制定出相应的规定以利指导施工，是非常必要的。

1.0.2 本规程属于专业性施工规程，其适用范围仅限于一般工业及民用建筑的冬期施工。对于一些有特殊要求的结构，如高抗冻耐久性、耐酸、碱腐蚀、防放射性、耐高温等特殊要求的工程，由于我国没有这方面的冬期施工实践，也没有进行这方面的研究工作，所以本规程不包括这方面的内容。

1.0.3 在建筑工程冬期施工中冬期的界定是一个重要问题，各国规范都规定有界定原则。我国建筑工程施工规范中亦有相应规定，但尚不统一。如地基基础规范规定为0℃，砖石工程施工规范规定连续10天内的平均气温低于5℃或当日最低气温为−3℃，混凝土及钢筋混凝土施工验收规范规定，室外日平均气温连续5天稳定低于5℃。由于规定不一致，执行起来很不方便。

冬期施工是一个大系统工程，它包含着许多工程门类和专业，科学的、统一的规定一个合理的界定原则是很重要的。为便于应用，本规程分析了我国气候特点，及各专业施工的特殊性和共性，统一规定了一个界定原则，并和新修订的混凝土结构工程施工及验收规范相一致。

1. 在自然条件下，水在0℃结冰，使土建施工遇到许多困难，甚至无法作业。试验表明，在新拌的混凝土和砂浆中，水结冰温度在0～−2℃，当水结冰后，可能对硬化中的混凝土和砂浆产生冻害，损害其一系列物理力学性能。另外，试验也表明，当混凝土、砂浆浇砌后，如果气温很低，强度增长也变缓慢。例如，当混凝土在5℃条件下养护28d，其强度仅达标养28d强度的60%左右，所以，欲使混凝土强度有较快的增长，必须采取特殊措施方能满足施工进度的要求。所以冬期施工的界定的第一个原则是：当气温降低到0℃时要采取特殊措施进行施工。

2. 我国的气候属于大陆性季风型气候。其特点是，在秋冬和冬春交替季节，时常有西伯利亚寒流袭击，短时间内可能降温到0℃，但寒流过后气温可能又恢复一段正温时间，因而冬期施工界定还不能只考虑气温出现0℃。

3. 确定冬期施工起迄日期，一般都要用当地的历史气象资料。自然气温确有一定的多变性，但也有一定的规律，在二十年内变化是不太大的。一本规范使用不到10年即要修订，所以利用10年、20年短期历史统计资料做为界定冬期施工的依据是可行的。在修订钢筋混凝土施工及验收规范（GBJ204—83）时，我们曾对我国三北地区23个大中城市的气温资料进行了统计分析见表1-1。经统计发现，日平均气温为5℃时，其最低气温在0℃～−2℃者居多，这一温度亦即混凝土遭冻温度。

4. 我国气象部门可以提供出日平均气温连续5天稳定低于5℃起迄日期。“连续五天稳定低于5℃”是依气象部门述语引进的。按气象部门对我国气象研究认为，在气温逐渐降低的季节里，当气温连续5天稳定低于5℃即为真正进入了冬期，而且气象部门可以提供这方面资料，使用起来亦很方便。

5. 本规程在界定冬期施工起始期的原则时，和国外的一些规范做了比较，见表1-2。从表1-2看出，我们这种界定的原则，和其他国家基本一致，并且体现了我国的气候特点。

我国北方地区大中城市气温统计资料 **表 1-1**

序号	城市名称	日平均最高最低温差（℃）	平均气温为5℃时最低气温（℃）
1	海拉尔	14	−2
2	哈尔滨	12	−1
3	牡丹江	14	−2
4	长春	12	−1
5	沈阳	12	−1
6	大连	10	0
7	丹东	12	−1
8	锡林浩特	16	−3
9	北京	12	−1
10	天津	12	−1
11	济南	12	−1
12	青岛	10	0
13	太原	14	−2
14	郑州	14	−2
15	呼和浩特	14	−2
16	西安	10	0
17	银川	12	−1
18	兰州	10	0
19	酒泉	14	−3
20	格尔木	18	−4
21	乌鲁木齐	10	0
22	伊宁	10	0
23	拉萨	16	−3

各国规范进入冬期施工的温度规定 **表 1-2**

国别	规范名称及代号	冬期施工规定温度（℃）
美国	混凝土学会（ACI306—78）	4.5
加拿大	国家科学研究委员会“冬期施工指南”1980年	5
日本	建筑学会（JASS5）1978	3.2
德国	联帮政府（DIN1045—74）	5
原苏联	国家建委（СНиП3.03.01—87）（СНиП Ⅲ—15—76）	5和最低气温0℃
RILEM	国际混凝土冬期施工建议1963	5
RILEM	国际混凝土冬期施工建议（39—BH）1980年	5
中国	国家建委（GBJ—10—65 修订本）	5和−3
中国	城乡建设部（GBJ204—83）	5

1.0.4 本规程属于行业标准而且又是一本专业性标准。它和国家现行的有关国家标准规范又有一定的联系和交叉。因现行国家规范限于篇幅，有关冬期施工内容不能写得太多、过细，本规程补充了国家规范的不足。但有关常温规定的一些要求，以及有关质量标准、验收规则仍应遵守国家现行标准、规范的规定。因此，本条规定了，除遵守本规程外，尚应遵守国家现行有关施工及验收规范及规程规定。

1.0.5 目前我国各地的施工队伍，国营、集体、大、中、小企业不一，队伍的技术素质参差不齐，施工经验，特别是冬期施工的经验也不一样。有的企业无冬施经验。为使各单位顺利进行冬期施工，所以本条规定了安排冬期施工工作时要考虑的原则，便于有所遵循。冬期施工准备工作是冬期施工能否顺利进行的关键，所以本条特点是强调其准备工作。根据我国各地经验，一般冬期施工的准备工作要提前一个季度落实，并着手做技术、物质准备工作，如考虑施工方案、准备材料、能源、暂设工程规划搭设、临时设施落实、安装等，这些都是必不可少的项目。

3 土方工程

3.1 一般规定

3.1.1 冬期土冻结后比较坚硬，挖掘困难，施工费用、消耗保温材料与能源都要比常温多。因此，在制定施工方法时，应进行全面的技术经济比较，选定经济合理的方法。并应保持连续施工防止间断。如有间断，会使土重新遭冻，而且要增加保温材料的用量。

3.1.2 在土方工程冬期施工安全问题中提到防火，主要指采用明火融化冻土。由于它简易可行，工地使用较多，特别是在刮风天更应注意防火灾。

3.2 土壤的防冻与保温

3.2.1 地基土壤防冻是在冬季来临之前或土壤未冻结前，采取一定措施使土壤免遭冻结或减少冻结的一种施工方法。

土壤的防冻应当以利用自然条件，就地取材为原则，其方法较多。目前常用方法为翻松耙平法、雪覆盖法、隔热材料保温法以及暖棚法四种。这四种方法，简易可行，经济效益较佳且符合我国国情。其他如冰层覆盖法等，已多年不用，故本规程未列入。

翻松耙平法是在入冬之前进行。在预先确定冬期要挖土的地面上，用机械或人工方法将表土翻松并耙平，翻松厚度根据当地土质及气温条件而定，一般不少于30cm，即人工挖土的一锹深。经翻松的土壤中，有许多充满空气的空隙，降低土的导热性能，可起到保温作用。覆盖宽度数据是根据我国东北地区50～60年代开始使用且经多年各地使用证明确实可行的经验确定的。

3.2.2 雪覆盖适用于初冬降雪量较大地区，使用效果很好。如地面较大可在地面上设篱笆或雪堤，以防止雪被风吹走造成薄厚差异较大，保温效果不均；如面积较小时可挖积雪沟，深30～50cm，宽度为预挖挖深2倍与基槽底宽之和，并随即用雪填满，其效果颇佳。这是总结我国50～60年代北方地区施工经验而提出来的。

3.2.3 保温材料覆盖法仍为至今常用方法。现在常用袋装珍珠岩保温，效果既佳又经济可行，大、小面积皆适用。

3.2.4 暖棚法主要用于基础或地下工程，可搭塑料大棚，效果很好。

3.3 冻土的融化

3.3.2 用火烘烤法适用于已遭冻的挖土面积不大的小型设备基础、电柱、条型基础或零散加热地块，可露天作业，方便灵活。

3.3.4 电加热法虽耗能较多，但对于紧急工程，在电源允许条件下，因效率高还常用。如冬季钻孔，钻孔位置局部化冻，条形基础，小型设备基础等。

3.4 冻土的挖掘

3.4.1.2 挖掘冻土用机械的选型和冻土厚度有关。由于目前大马力土方设备的出现，对于1m厚的冻土，用推土机、挖掘机，及松土机进行开挖，根据黑龙江经验，在经济上是比较可行的。此表取自黑龙江机械化施工公司的经验。

3.4.1.3 取自黑龙江省《工业与民用建筑冬期施工技术规定》(DBJ07—205—87)。冻土爆破法对于冻深较大，开挖面积较大的土方工程还是很经济适用的一种方法。但是冬季严禁使用甘油类炸药，主要原因在于普通硝化甘油炸药在－8～－10℃会冻结，冻结后受轻微震动及冲击容易引起爆炸，耐冻硝化甘油炸药在－15℃时也同样危险，因此，冬期施工时严禁使用。

3.5 土方回填

3.5.1～3.5.5 这几条主要是依据黑龙江省《工业与民用建筑冬期施工技术规定》(DBJ07—205—87) 有关内容编写的，数据亦取自该规定。

4 地基与基础工程

4.1 一般规定

4.1.1 目前尚未有冻土地基的勘察规范，按现行有关规范一般勘察资料中未给出标准冻深和定性的划分地基土的冻胀类别。本条要求根据工程需要，经勘察提出地基土的主要冻土指标如：冻土层实际厚度与分布，各层冻土的含水量、冻胀或融沉系数等。

4.1.3 这条包括施工前的准备与水准点和坐标点的设置与保护，与国家现行标准《地基与基础工程施工及验收规范》(GBJ202—83) 的有关内容一致。

4.1.4 经大量工程实践和典型测试，在冻土地基上打桩、强夯所产生的振动，远大于相同条件下常温暖土地基的振动影响范围和振动力，但影响因素众多，很难对其危害范围给以定量规定。本条强调执行《地基与基础工程施工及验收规范》(GBJ202—83) 的规定，并结合冻土地基的特点，因地制宜的制订相应防震措施。

4.1.5 本条取于黑龙江省《工业与民用建筑冬期施工技术规定》(DBJ07—205—87) 中的要求。

4.2 地基处理

4.2.1 重锤夯实地基施工与国家现行标准《地基与基础工程施工及验收规范》(GBJ202—83) 的规定一致。

4.2.2 强夯法加固地基施工

强夯法冬期施工其特征就是在冻土地基（或回填土中含有冻土）上施工，这一条来源于原黑龙江省低温建筑科学研究所的研究成果。1983 年～1986 年该所在完成建设部下达的“季节冻土地区强夯法的应用研究”课题中，开展了在冻土地基上的强夯施工试验研究，并进行了几十项工程实践，提出了初冬、深冬、春融期强夯施工与强夯法消除和减小地基土冻胀性的专题报告和施工要点。1986 年通过部级鉴定，1988 年编入了黑龙江省《工业与民用建筑冬期施工技术规定》(DBJ07—205—87)，本款基本上与上述规定内容一致。

本款规定强夯施工参数在场地内通过试夯确定，这符合《地基与基础工程施工及验收规范》(GBJ202—83) 规定，但与常温下暖土地基施夯相比，地基冻结施夯，由于冻土强度高，施工中有相当部分夯击能用于破碎冻土。因此，试夯确定夯击能等参数时，应考虑这一因素。

《地基与基础工程施工及验收规范》(GBJ202—83)中规定，冬期施工，首先应将冻土击碎，然后按各点规定的夯击数施工。但没有明确规定冻结土能否夯入地基中，本款根据原黑龙江省低温建筑科研所提出的施工要点和黑龙江省《工业与民用建筑冬期施工技术规定》(DBJ07—205—87) 中的有关内容，经修改后提出本款规定——即不允许将冻结的基土或回填的冻结土料夯入持力层。其原因之一是，冻结土块，尤其温度越低的冻土，可夯实性很差，夯击后可能呈多孔堆积状态；其二，冻胀性土料进入持力层待融化后造成融沉变形，对加固地基不利。在上述要点中，曾规定非冻胀或弱冻胀的高温冻土可夯入持力层，但施工中很难作到将冻胀与非冻胀的土料分开使用。因此，本款规定一般不允许将冻土夯入持力层。

本条各款项内容是采用了上述要点中规定的施工要求。

4.3 浅埋基础

4.3.1 本节内容来源于黑龙江省《春融期在季节冻土地基上砌筑基础的设计技术规定》。在《建筑地基基础设计规范》中规定季节冻土地区允许残留冻土层，它指的是建筑物使用中在基础下持力层内冬季冻结期出现部分冻土。本节规定的内容是指施工过程中，在已冻结的地基上设计允许残留冻土如何施工基础。早在 70 年代末期，大庆油田设计研究院在大庆油田的工业与民用建筑的设计施工中进行了长期试验研究，有近 100 万 m^2 的工程实践，提出了春融期在季节冻土地基上设计施工基础的技术规定，即《春融期在季节冻土地基上砌筑基础的设计施工技术规定》，后通过省级鉴定，列入了黑龙江省的技术规程。这一规定对低洼地带填方工程，在春季已达最大冻深，若将冻土全部挖掉，基础埋深大大超过正常埋深要求。由于工期要求又不能等待冻土全部融化，故此产生了施工过程中残留冻土的设计施工技术，现已比较成熟，故列入本节。

4.3.2～4.3.4 这三条是在冻土上施工基础的几项技术规定，与《春融期在季节冻土地基上砌筑基础的设计施工技术规定》中内容一致，主要是要求施工按设计要求的残留冻土厚度预留，施工中保持冻土均一融化沉降。

4.4 桩基础

4.4.1 本条内容与《地基与基础工程施工及验收规范》(GBJ202—83) 的规定内容基本一致，但补充了当冻土厚度较大时，采用钻孔方法引孔。

4.4.2 混凝土预制桩的打桩施工部分执行《地基与基础工程施工及验收规范》(GBJ202—83) 的规定。根据冬期特点，补充了桩的制作、起吊、运输、堆放、接桩等施工执行本规程第 6、9、10 等章的有关规定。

4.4.3 混凝土灌注桩施工

4.4.3.1～4.4.3.4 混凝土灌注桩的成孔施工按成孔方法分了四项，均采用黑龙江省《工业与民用建筑冬期施工技术规定》(DBJ07—205—87) 中的有关内容。

4.4.4 混凝土灌注桩的混凝土施工

1. 混凝土材料加热、搅拌、运输、浇注按本规程第 7 章有关规定执行。要求混凝土进入土孔温度不低于 5℃，与《地基与基础工程施工及验收规范》(GBJ202—83) 规定一致。

2.《地基与基础工程施工及验收规范》(GBJ202—83)中规定，当气温低于0℃以下浇注混凝土时应采用保温措施，桩顶混凝土未达到设计强度50%以前不得受冻。补充修改按黑龙江《工业与民用建筑冬期施工技术规程》(DBJ07—205—87)中的有关规定，对露出地面的和在地基最大冻深内的桩身混凝土按本规程第7章负温养护法施工。

3. 冻土地基若属冻胀和强冻胀类土，在冻结过程中由于冻胀作用对埋置冻土中的结构产生冻拔力，本项规定冬季在这类地基上施工灌注桩后，混凝土强度低，应及时采取防护措施，防止冻切力把桩身拔断。

4.4.5 在地基处于冻结状态下进行桩基静载荷试验，采用了黑龙江省《工业与民用建筑冬期施工技术规定》(DBJ07—205—87)中的有关规定。

5 砌筑工程

5.1 一般规定

5.1.1 我国各地在冬期砌筑工程中使用混凝土小型空心砌块和加气混凝土砌块方面已积累了不少工程实践经验，并取得了较好的技术经济效果。但所有材料遭水浸后冻结不能使用，因降低了和砂浆的粘结强度。

在砌砖工程施工中，为了保证砖和砂浆的粘结强度，通常规定对砖必须浇水湿润。但在冬季砌砖时，不宜对砖浇水，否则水在材料表面有可能立即结成冰薄膜，反而会降低和砂浆的粘结力。所以本规程提出增大砂浆稠度的办法来解决粘接强度问题，数值多少，因各地情况不一，不作统一规定。但为了保证砂浆能在负温度下硬化，增长强度，规定不得使用无水泥的砂浆。如果砂子里含有大于1cm冻块时，说明砂子还处于0℃以下温度，则用80℃的水拌合砂浆，如拌制时间少，冻团不易融化开，影响砂浆质量。

5.1.2 本条文也通过施工方法的限制来提高砌体的施工质量，以保证砌体的最终强度。根据各地的多年经验，"三一"砌砖法和一顺一丁排砖法对提高砌体的质量有好处。

5.1.4 外加剂法简便易行，而且氯盐砂浆的价格便宜，防冻效果好，除配筋砌体和有特殊要求的砌体外均应优先选用氯盐砂浆法，这种方法在东北地区已推广使用几十年。

5.1.5 采用冻结法施工，一般砂浆强度都要降低，即有强度损失。考虑到混凝土小型空心砌块粘灰面较小，加之冬期操作较常温困难，为保证砌筑质量，规定不得用冻结法砌筑小型空心砌块。内蒙古勘察设计院的研究认为，加气混凝土砌块在负温下虽可采取适当措施进行砌筑，但和常温施工相比较，影响砌体强度，特别是砌体水平抗剪强度。加之加气混凝土易吸收水份产生冻害，所以本条建议加气混凝土砌块承重墙不宜采用冻结法施工。

5.1.7 本条规定砂浆试块增设不少于两组，主要为施工单位控制冬季砌筑的砌体质量，检查强度增长情况，做为内控的一种手段，不做为验评条件。

5.2 外加剂法

5.2.1 原规范《砖石工程施工及验收规范》(GBJ203—83）中称为“掺盐砂浆法”，但实际工程中使用的有各种外加剂，当然，氯盐是首先推荐使用的，且有成熟经验，表中给出推荐掺量。

5.2.2 取自原规范第6.2.2条规定。

5.2.3 主要考虑在拌制砂浆时先加微沫剂后加盐溶液时，盐对微沫剂有消泡作用，降低微沫剂的效能。

5.2.4 砂浆中氯盐掺量应严格按设计要求控制，按要求做。砂浆中氯盐掺量过少防冻效果不佳，多余的水份会结冻，达不到氯盐砂浆法的预期效果；掺量太多，砂浆后期强度会显著下降，析盐现象严重，降低砌体的保温性能。本条为保证掺盐量准确的控制措施。

5.2.5 水泥砂浆在硬化过程中，由于水化反应的不断进行，生成 $Ca(OH)_2$ 而呈碱性，pH=12.5～14。埋在呈高碱性的砂浆中钢筋表面能形成薄而稳定的钝化膜 Fe_2O_3，从而防止腐蚀。采用氯盐砂浆后，氯离子将破坏钢筋表面钝化膜，形成不均匀的表面和介质环境，因此不同区域就有不同的电位，从而易产生电化学锈蚀过程。为了阻止砌体中的钢筋和铁件的锈蚀，提出了应采用防腐剂措施处理。

5.2.7 采用原规范《砖石工程施工及验收规范》(GBJ203—83)及《冬期施工手册》规定。

掺盐砂浆施工的砌体一般都有析盐现象的发生，影响装饰工程质量和效果。此外由于砂浆中掺了盐，增加了吸湿性和导电性，因此本条提出了使用氯盐砂浆的有关限制。

5.3 冻结法

5.3.1 本条增加了在解冻期间对砌体强度、稳定的验算要求。因为冻结法施工的砌体在解冻过程中有一个砂浆强度为零的阶段，在此阶段如不考虑砌体的强度和稳定问题，有可能出现倒塌事故；另外，增加此条也就间接的限制了冬期施工采用冻结法施工墙体总高度。因此规定了对砌体强度和稳定性在解冻阶段要进行验算，防止事故发生。

5.3.2 采用《砖石工程施工及验收规范》(GBJ203—83)规定，增加了砂浆最低强度等级要求的限制，主要是考虑冻结法砌筑的砂浆一般都有强度损失，当气温低于－20℃时，可能降低1个强度等级，而且砂浆强度等级不能过低。

5.3.3 本条对冻结法砌筑时砂浆最低温度做了规定，主要是考虑在砌筑过程中砂浆能保持良好的流动性，从而可保证较好的砂浆饱满度和粘结强度，并可在砌体中砂浆冻结之前能有一定的早期强度。

表中的数值是参照《烟囱工程施工及验收规范》(GBJ78—85）中表7.3.7所列数据和黑龙江省《工业与民用建筑冬期施工技术规定》(DBJ07—205—87）表4.3.2中数据经商定修改的。

5.3.4～5.3.5 主要参照黑龙江省《工业与民用建筑冬期施工技术规定》(DBJ07—205—87)，以及各地冬期施工经验制定的。

5.4 暖棚法

5.4.1 在冬期砌筑施工中，氯盐砂浆法和冻结法在我国使用较多，也积累了丰富经验。但这两种方法也有缺点，如析盐、砌体强度增长慢、对钢筋及预埋铁件有锈蚀作用等，所以对装饰工程要求较高，要求砌体强度有较快的增长以及有抢工期要求等工程还不宜使用。因此本规程推荐了可选暖棚法，并给出了适用范围。至于电热法，由于目前我国电能比较紧张，加之这种方法耗电能多，且效果不十分理想，近些年来，在我国很少采用或基本不用了，所以本规程取消了电热法内容。

5.4.3 砌体的暖棚法施工，相当于常温下施工与养护。表中给出的最少养护期是根据砂浆强度等级和养护温度与强度增长之间的关系确定的，根据砂浆强度增长皆可达到设计强度等级的 30%，这时亦即达到了砂浆的允许受冻临界强度值，再拆除暖棚时，遇到负温度亦不会引起强度损失。当然表中的数据是最少养护期限，并限于未掺盐的空白砂浆。如果施工要求强度有较快增长，可以延长养护时间，或提高棚内养护温度以满足施工进度的需要。

6 钢筋工程

6.1 一般规定

6.1.2 经试验研究及实践应用表明，冷拔低碳钢丝材质不匀、延性较差，Ⅳ级钢筋含碳量较高，当为上限时，钢筋可焊性、延性和塑性都较差，粗直径钢筋其性能又较细直径差，因而对直接承受中、重级工作制吊车的构件，规定不宜采用冷拔低碳钢丝和Ⅳ级粗直径钢筋以及Ⅳ级含碳量为上限的细直径钢筋。

6.1.3～6.1.4 试验研究表明，钢筋在低温条件下对缺陷敏感，易发生脆断。

6.2 钢筋负温冷拉和冷弯

6.2.1 考虑到工人操作条件和安全储备，将冷拉温度确定为－20℃较为适宜。

6.2.3 试验表明，负温冷拉采用控制应力方法冷拉钢筋时，将冷拉应力提高 $30N/mm^2$，方能获得与常温冷拉后相同的力学性能。冷拉参数是根据黑龙江省寒地建筑科学研究院的研究成果给出的。

6.3 钢筋负温焊接

6.3.1 根据我国近十几年来对钢筋负温焊接的研究成果和工程实践经验，只要选择合理的焊接方法和工艺参数，钢筋在一定负温条件下也是可焊的。闪光对焊在－30℃、电弧焊在－40℃进行焊接也能获得满意的效果，但考虑到温度太低焊工操作不便，易影响质量，为确保钢筋负温焊接质量，因而将焊接温度限定在－20℃。

6.3.5 闪光对焊焊接参数热影响区长度可反映冷却速度。热影响区长度越长，冷却速度越慢。实测结果表明，热影响区长度与钢筋直径、化学成份及焊接工艺参数有关。负温焊接要通过对焊接工艺参数调整来控制热影响区长度，适当降低冷却速度，防止热影响区产生淬硬组织和接头产生冷裂纹。

6.3.6 负温电弧焊采取分层控温施焊，目的在于降低冷却速度，层间温度过低或过高都影响接头的性能，经试验研究确定采用150～350℃较为适宜。

6.3.8 负温帮条焊与搭接焊，在平焊或立焊时，规定从中间向端部运弧，主要是为了使接头端部的钢筋达到一定的预热效果。

6.3.10 为了消除或减少前层焊道及邻近区域的淬硬组织，改善接头性能，所以规定Ⅱ、Ⅲ级钢筋电弧焊接头进行多层施焊时采用“回火焊道施焊法”。

7 混凝土工程

7.1 一 般 规 定

7.1.1 混凝土早期允许受冻的临界强度是混凝土冬期施工的重要问题。本条对掺与未掺外加剂混凝土分别做了规定。

1. 对于采用蓄热法施工或未掺外加剂的混凝土，冬期施工方法与《混凝土结构工程施工及验收规范》(GB50204—92)第7.1.2条中所指的条件相当，故其受冻临界强度采用该规范规定值。

2. 对于采用综合蓄热法或掺入与综合蓄热法类似复合外加剂的其他混凝土冬期施工方法，其抗冻临界强度采用4MPa。

混凝土受冻临界强度值与水泥品种、水灰比以及坍落度等有一定关系，《钢筋混凝土工程施工及验收规范》(GBJ204—83)编制组曾做了大量工作，提供了普通混凝土受冻临界强度值。但当混凝土中掺入一定防冻性能的复合外加剂后，其临界强度是多少，规范没规定。我们注意到国内外提出和应用的各方面的数据，如在国内，对掺外加剂混凝土兰州地区提出2.5MPa；鞍山地区和外加剂应用技术规范提出3.5MPa；天津DW外加剂提出3.5MPa；黑龙江提出4MPa；山东对NC外加剂提出甚至无需考虑临界强度。在国外，对普通混凝土早在1974年西德就提出过5MPa的规定，随后美国在1978年提出混凝土临界强度为3.5MPa，三年后1981年日本也分别在规范中规定了3.5MPa与5MPa两个值。在国外对于掺外加剂混凝土到目前只有前苏联和RILEM39—BH委员会的有关规范有明确规定。苏联СНиП3.03.01—87规定为设计强度等级(R_{28})的20%，RILEM1981年混凝土冬期施工国际建议规定掺$NaNO_2$混凝土为R_{28}的20%，掺K_2CO_3混凝土为R_{28}的10%，掺氯盐为R_{28}的5%。由之可见，各国规定尚不一致。我国目前在冬期施工中使用的外加剂,大多数为 $NaNO_2$ 和 Na_2SO_4 类盐,碳酸盐昂贵很少采用,氯盐亦很少采用。所以以国内的试验大多以上述两种盐为主,其数据和国外已有的规定相参考,与取 R_{28} 的 20%基本接近。例如国内的现浇混凝土结构混凝土强度等级大多数为 C15～C30,取 C20 计算考虑,其临界强度值为 4MPa。

北京建工总局在 1979 年 7 月颁发并经 1980 年全国大模工程成套技术鉴定会鉴定的“大模建筑结构施工暂行规定”(以下简称大模规程）中第 80 条规定“冬季条件下浇筑的混凝土，拆模时强度不应低于 $50kg/cm^2$，如有可靠措施保证混凝土在其强度达到 $50kg/cm^2$ 前不受冻时，可提前在 $40kg/cm^2$ 时拆模”。制定该规定时，当时是按只采用单一的氯盐早强剂等试验为依据的。此外，我们还对掺外加剂混凝土受冻临界强度值做了一定的试验，也进行了大量的工程实践和试点，在研究、生产和使用具有一定防冻性能的早强复合外加剂，为确定掺外加剂混凝土的受冻临界强度值提供了更有利的条件。当时，在制定“大模规程”第 80 条数值时，是基于大量同条件试块，并从以下两点给予保证：(1) 混凝土在达到拆模强度后拆模，在负温下强度仍继续增长，并且其强度的增长速度大大高于建筑物施工高度的增长，对已完结构施加荷载的增长速度，即混凝土强度增长速度大于荷载增长速度；(2) 冬期施工的混凝土负温转常温 28 天，其实际强度（同条件试块或回弹强度）能满足设计标号的要求。大量的工程实践和试验以及计算分析表明，我们对综合蓄热法采用 4MPa 的受冻临界强度值认为是合适的（详见本章第 7.3 节适用条件)。另外根据黑龙江的试验资料认为，当最低温度低于－15℃时，由于温度过低、混凝土强度增长缓慢，加之遇负温骤降时，温度梯度大，宜不少于 5MPa，因此规程给出了两个档次指标。当温度低于－30℃时，施工难度太大，不建议施工。

对于强度增长速度和荷载增长速度的问题，分析如下：

(1) 大模工程：以层高 2.9m 为例，每增加 1 层，对于开洞横墙增加荷载约 0.5MPa，每层施工期最快为 4 天，每月增加荷载为（7 层）共 7×0.5＝3.5MPa，试验数据给出的同条件试块，强度 $R_{同}$＝（0.7～0.9）$R_{标}$，现场试块为 $R_{同}$＝（0.6～1.0）$R_{标}$，高层大模混凝土标号最低 25MPa，0.6×25＝15MPa＞3.5MPa。

(2) 框架结构：每层对柱增加荷载约 2.16MPa，每月最多三层，3×2.16＝6.48MPa＜3.5MPa×2。

7.1.3 同《混凝土结构工程施工及验收规范》(GB50204—92) 第 7.3.1 条（以下简称规范）。

7.1.4 混凝土的碱骨料反应问题，近些年已引起国内外的极大关注。我国目前生产的水泥碱含量较高，加之冬季施工防冻剂中都是高掺盐量，因而更易发生碱骨料反应。为保证建筑物的耐久性，而增加对碱骨料的限制。

7.1.5 移植规范第 7.3.2 条，根据国内外试验资料，提出了掺量建议值。

7.1.6～7.1.7 移植规范第 7.3.3 条。

7.1.8 好的保温材料其导热系数小，但保温材料受潮后，其导热系数显著增大。其原因是由于孔隙中有了水份后，附加了水蒸汽的扩散热量和毛细孔中液态水所传导的热量。在一般情况下，水的导热系数是 0.58W/（m·K），冰的导热系数为 2.33W/（m·K），都远大于空气的导热系数 0.29W/（m·K）。因此，水或冰取代孔隙中空气所引起导热系数的增加，在冬施保温计算和应用中必须充分考虑，因此制定本条。

7.1.9 引用规范第 7.4.4 条。

7.2 混凝土原材料加热、搅拌、运输和浇筑

7.2.1 基本上将规范第 7.3.5 条移植于本条。

7.2.2 通过调查锅炉的实际效率由于各种原因只能达到 50～60%（新型锅炉试验为 74%左右），按能力半天能加热 5t 水，但实际只能加热 2t 水（由 10℃提到 70℃）。因此要适当加大箱池容积，将部分水预热出来，这样才能保持不断消耗的水及温度。

对于量较大且需连续浇筑的混凝土分部工程，若蒸汽加热水

与使用热水同步进行时，锅炉蒸发量必须与使用速度相匹配，但这样锅炉型号就要增大，会带来费用和耗煤量的增加，但对不是经常需大量连续浇筑的某些分部工程，采取适当增大箱池容量和提前加热的方法比较经济可行。

若条件允许亦可采用效率高的汽水热交换罐，采用合适规格的热交换罐可以大大减小水箱容积，且可以使用同步加热，具有方便、机动性强的特点。

7.2.3 骨料加热以加热砂比较方便。为使搅拌用砂子温度均匀，要求砂子在开盘搅拌前预先加热，供温度传导扩散均匀。若采用手动花管加热时，务必注意勤移动，使各处均匀加热，这样不仅温度均匀，且含水率也比较均匀。采用保温加热料斗时，为提供一定的加热时间，配备两个料斗交替使用是必要的。

7.2.4 引用规范第7.3.7条并和《混凝土外加剂应用技术规范》(GBJ119—88) 相协调。

7.2.5～7.2.7 引用规范第7.3.7条，并直接将最短搅拌时间算出列于表中。

7.2.8 基本引用规范第7.4.10条。

7.2.9 移植规范第7.4.2条。

7.2.10 移植规范第7.4.3条。

7.2.11 移植规范第7.4.5条。

7.3 混凝土蓄热法和综合蓄热法养护

7.3.1 部分引用规范第7.5.1条，以表明采用蓄热法的条件和注意事项。

7.3.2 **本条为混凝土综合蓄热法的定义，概括了综合蓄热法的概念。混凝土在达到临界强度前，是利用原材料预热、水泥水化热以及保温措施，使新浇混凝土在一定时间内保持正温，同时利用复合外加剂的早强组份的作用，来加快混凝土的硬化速度，从而使混凝土尽快达到其临界强度，简化了施工且扩大了应用范围。在混凝土的强度达到受冻临界强度后，主要是靠减水剂、引气剂，必要时加入一定量的防冻剂（视地区或气温条件定）的作用，使混凝土的硬化速度满足施工需要。**

从定义中可以看出来采用综合蓄热法必须处理好以下几项关键技术：

1. 保温技术；
2. 外加剂技术；
3. 合理科学确定的临界强度；
4. 精确简便的热工计算方法；
5. 混凝土早期强度的推测和预控方法。

然后在施工过程中有效地进行控制。综合蓄热法不仅简便易行，而且是节能和可靠的混凝土冬施方法。

综合蓄热法的适用条件

1. 气温条件。$t_a > -12$℃，t_a 为平均气温，主要指混凝土从入模（$t=t_0$）开始至 $t=0$℃或冰点这一阶段的平均气温，一般可用3昼夜预报或预计的平均温度。

2. 结构体型条件。以结构表面系数 M 进行控制。当 $M<5$ 时，属较厚大结构，采用蓄热法较为经济。当 $M>15$ 时，属细薄结构，蓄热时间较短，一般不易满足混凝土温度降至0℃或冰点时达到临界强度的要求，故宜采用负温混凝土法。例如厚度小于13cm的楼板、圈梁、结构柱等。

3. 将保温情况引入适用条件，并以 $M \cdot K$ 的乘积进行控制，有利于进一步判断方案的适用性。

本规程表7.3.2中系数 a、b 系通过6类系数，26个变量进行计算，计算出6400个数据，再经过整理和回归分析得出，见表7.3.2-1。

表7.3.2-1

参数名称	变量个数	参数名称	变量个数
Q	5	M	3
C	5	t_a	6
t_0	3	K	4

式 7.3.2 可根据水泥品种、用量、保温情况以及结构体型等因素快速判断其可行性，从而调整相应的措施或采取其他的冬施方法。

7.3.3 本条对综合蓄热法使用的复合外加剂的基本组成和性能作了规定，在轻寒地区（天津、北京、兰州、石家庄、太原）可以用早强型的复合外加剂为主，这已经通过大量工程实践证实。有些单位在深冬时，对于强度增长速度要求高的承重结构，另增少量的防冻剂，以减少混凝土中的含冰率（此时含冰率的多少对混凝土已无破坏作用）。相对增加了混凝土的液相量，从而对混凝土的水化和强度增长有好处。

加入少量的防冻剂对降低冰点的作用见表 7.3.3-1。

表 7.3.3-1

W	CE	W/CE	N_z	m	M_z	Δ_t（℃）
785	309	0.6	6.18	0.467	69	1.45
185	370	0.5	7.4	0.557	69	1.73
185	463	0.4	9.26	0.691	69	2.15

表中：

W——水单方用量（kg/m³）；

CE——水泥单方用量（kg/m³）；

W/CE——水灰比；

N_z——亚硝酸钠单方用量（kg/m³）；

m——亚硝酸钠摩尔浓度；

M_z——亚硝酸钠分子量；

Δ_t——亚硝酸钠降低的冰点值。

由表 7.3.3-1 可知，通过加少量防冻剂（水泥重 2%）其冰点降低的幅度是有限的。

复合外加剂的基本组成中除防冻组份外，其他组份作用如下：

将混凝土的强度发展分为两个阶段，以临界强度 4MPa 为界，混凝土入模后至达到临界强度为第一阶段，混凝土达到临界强度后至达到设计强度等级为第二阶段，见表 7.3.3-2。

表 7.3.3-2

序号	阶段	外加剂	作　　用
1	第一阶段	早强剂	促使通过有限的正温养护时间达到临界强度
2		减水剂	降低水灰比提高早期和后期强度，减小可冻水量
3		引气剂	改善孔隙结构，缓冲冰晶冰胀压力
4	第二阶段	引气剂	同 3，提高抗冻性能，对后期强度略有降低
5		减水剂	提高混凝土后期强度和抗冻性，补偿由于引气剂对降低强度的影响

7.3.4 对混凝土成型后裸露部位要保温。除此之外，强调了要用塑料布覆盖，防止失水。大量工程实践表明，北方冬季气候干燥，冬天极易失水，影响混凝土养护。

7.3.5 组合钢模目前多用于框架结构的柱、梁和楼板以及剪力墙的施工。模板的施工工艺目前有三种：

1. 散装散拆
2. 整装散拆
3. 整装整拆

前两种施工方案在施工时大都采用价格较贵的岩棉被等柔软性保温材料在模板外包裹的方案，由于模板结构纵横肋和斜向交叉肋，保温层多半包不严，严重影响保温效果。若在模板工艺上采取整装整拆方案，则模板上可较好的固定保温层，保温材料亦可使用价格比较便易的非柔性材料，此外在模板周转过程中，保温材料基本上不损耗。因此冬期施工用组合模板宜采用整装整拆方案。该方案既能保证保温质量，又能实现省工省料，因此本规程专列一条，以强调整装整拆措施的重要意义。

实践证明，大片的整拆模板在混凝土的强度达到 4MPa 后拆除相当困难。计算表明，混凝土抗压强度达到 4MPa，抗拉强度达到 0.34MPa，可以认为抗拉强度与粘结力成正比，还与模板的光滑程度和刷油情况有关。根据现场拆模用力情况反算粘结强度约为1/30～1/50的抗拉强度，以其平均值1/40计算，则粘结强度为0.34/40＝0.0085MPa＝8.5kN/m^2。如以模板净尺寸4.8m×2.5m计，则一块大模如此拆下来，要克服粘结力达10t，显然很困难，因此在推行4MPa临界强度的初期拆模经常采用楔子，有时将模板砸变形。本条就是为了解决这一矛盾而规定的。

7.4 混凝土蒸汽养护法

7.4.1 本条说明选用蒸汽养护法的条件，由于蒸汽养护法设备复杂笨重，排除冷凝水困难又费工，技术控制也较费事，对混凝土的某些性能又可能带来不利影响，因此推荐了几种简单易行方法。

7.4.2 引用规范第7.5.5条。

7.4.3 引用规范第7.5.4条。

7.4.4 引用规范第7.5.3条。

7.4.5 为了保证采用蒸汽加热法的混凝土质量，根据本规程第7.4.2条至第7.4.3条规定要求，对三个阶段的加热时间，应通过热工计算确定。

7.4.6 由试验数据可知，水泥净浆的热膨胀系数比骨料的热膨胀系数大，因此水泥用量多的混凝土热膨胀值一般较大，反之骨料用量多的混凝土热膨胀值一般较小。为了减少混凝土在蒸养过程中的体积变化，水泥用量应尽量少。有实验数据表明，新成型的混凝土在热介质（蒸汽）的作用下，将发生一系列物理变化，首先各组分受热膨胀，在20～80℃之间，其体积膨胀系数（1/℃）湿空气为（3700～9000）×10^{-6}；水为（255～744）×10^{-6}；水泥石为（40～60）×10^{-6}；集料为（30～40）×10^{-6}。可见，水在升温期中的膨胀作用超过固体物料10倍；气相的膨胀作用则大于固体物料100倍。一般普通混凝土在养护开始时，约含有170～200L/m^{3}的水和30～40L/m^{3}的气相。由此可见，采用蒸汽养护时，应尽量减少用水量，即宜采用小坍落度。

提高混凝土的密实性是获得抗冻、不透水、高早强性混凝土的必要条件。控制和降低水灰比是提高混凝土密实性的主要条件之一，所以尽量减少混凝土中的游离水量，从而减少毛细孔隙率。

7.4.7 使用不同品种水泥配制的混凝土，经过蒸养后其最终强度与标准养护条件下的强度比较见表7.4.7。

表7.4.7

水泥品种	强度比值（%）
普通水泥	85
火山灰水泥	100～110
矿渣水泥	115

强度比值为经蒸养后最终强度/标养强度×100%。

由上表可见采用矿渣水泥或火山灰水泥比采用普通水泥具有较好的蒸养适应性。但对矾土水泥经蒸养后，强度损失太大，不建议采用。在蒸汽养护中，由于混凝土中气、液、固相膨胀系数差异较大，引气剂易引起强度损失，不建议采用。

7.5 电加热法养护混凝土

7.5.1 引用规范第7.5.4条规定，其中表7.5.1下注解系根据规范第7.5.8条规定加入。

7.5.2 说明电极加热特点、分类和适用范围。表7.5.2是根据《冬期施工手册》表6-46和《混凝土施工手册》表13-1经整理后给出的，因过去电热的电极法分类较混乱，这次制定规程经整理后表达较简练、明确。

7.5.3 说明由电极法施工的主要措施，表7.5.3引自《冬期施工手册》。

电极法不允许使用直流电，因直流电会引起电解、锈蚀及电极表面放出气体而造成屏蔽。加热养护中为防止表面脱水引自规范第7.5.6条部分内容。

7.5.4 电热毯养护工艺是将民用电热毯原理移植于混凝土冬期施工的一种加热养护工艺。在北京等地已应用多年，对于表面系数较大，气温较低，工艺周期要求较短的工程，具有实用价值。采用电热毯养护工艺，由于电热毯功率低，温度分布均匀，故其养护温度（指混凝土温度）接近于常温，因此与高温电热法相比，具有控制技术简单、安全和耗能低的特点。

本条强调了两点：1. 要按构件尺寸做好保温以便提高保温效果和节能，遇停电时可利用蓄热过程以免混凝土冻坏；2. 保温材料要具备耐热性，由于有时电热毯接线可能出现短路，局部过热，用易燃材料将会引起火灾。

由于模板边部（即上下左右）被吸收的热量散热较多，因此在北京、天津、太原、兰州、石家庄等轻寒地区可按本条布毯原则进行，即边部连续布毯，板中部位跳仓布毯。若在沈阳、西宁、银川等小寒地区采用电热毯施工墙板，亦可按上述原则布毯，只是对通电和间断时间稍作调整即可，对大寒和严寒地区应提高布毯密度或通过试验增加电热毯功率解决。

电热毯养护的主要施工工序以及通电制度是北京六建公司研究实践的总结。因此主要适用于轻寒地区，对于较寒冷地区，可在本条规定的基础上通过热工计算和试验加以调整应用。

7.5.5 所谓工频涡流电指 50Hz 交流电作用下产生的涡电流。

根据电磁感应原理，交变电流在单根导体中流动时，以导线为圆心产生交变磁场的圆柱体，若此导线外面套有铁管，则交变磁场将大部分集中在铁管壁内，由于铁管有一定厚度，就产生感应电动势和电流。这种在管壁中无规则流动的电流通称为涡电流。又由于铁管存在电阻，涡电流则在管壁内产生热量，这就实现了电能向热能的转换，可用这种热量来加热混凝土。

新疆建研所和新疆一建公司对工频涡流法进行了多年研究和工程实践，取得不少经验。本条主要内容和参数取自新疆自治区提出的《工频涡流养护混凝土施工操作规程》（送审稿）。

7.5.6～7.5.7 线圈感应加热法或者简称感应加热，用于混凝土冬期施工，在前苏联 60～70 年代开始应用，由于我国电力供应比较紧张，只是在近几年才在冶金系统的建筑部门开始研究应用，取得了明显的技术经济效果。

众所周知，线圈内通入交变电流，则线圈周围会产生交变磁场，如果线圈内放入铁芯，铁芯内的磁感应强度就会比原线圈的磁感应强度大十几倍乃至几百倍。如此强的交变电磁场，会在铁芯中产生电流，涡电流的能量会变为热量。运用这个原理，可以用来加热内有钢筋，外有钢模板的混凝土结构。如果在柱、梁的模板外表面绕上感应线圈，线圈内通入交流电则在钢模板和钢筋内就会产生交变磁场，产生涡电流，因而产生热量，这些热量传给混凝土，就可使混凝土得到加热。

混凝土感应加热的主要优点是：

1. 由于与加热构件不直接接触，操作安全；
2. 加热条件与混凝土的电物理性能及其在加热期间的变化无关；
3. 操作和维护简单；
4. 能够预热钢筋、金属模板和被浇筑空间；
5. 使用一般金属模板，不需改装；
6. 不需金属的附加消耗，感应器电线可重复使用。

由于其特点，感应加热可应用于条形结构和在横截面和长度方向上配筋均匀的混凝土构件的施工，如柱、梁、檐条、接点、框架结构的构件、管及类似构件等，还可应用于预制构件接头浇筑。

感应加热也可以用于非金属模板的构件施工，只是升温速度要更严格地控制，见表 7.5.7。

感应加热混凝土的最大容许升温速度 **表 7.5.7**

配筋类型	加热速度（℃/h）当构件表面系数为		
	5～6	7～9	10～11
钢筋	3/5	5/8	8/10
劲性框架	5/8	8/10	10/15
钢筋与劲性框架复合	8/8	10/10	15/15

注：分子的值用于非金属模板施工。

本条的一些技术参数、技术规定是根据辽宁省建委组织鉴定通过的鞍山第三冶建公司的研究试验结果及工程实践经验总结和工艺规程等资料整理编制的。

7.5.8 红外线也是一种电磁波，具有辐射、定向、穿透、吸收和反射等基本功能。其波长范围为0.72～1000μm，一般将0.75～4μm波长称作近红外线，4μm以上的波长较长部称为远红外线。红外线射到物体表面时，一部分在物体表面被反射，其余部分射入物体内部，后者中又有一部分透过物体，另一部分被物体吸收并转变成热能。混凝土红外线加热就是利用新拌混凝土有较好的吸收红外线能力，使混凝土不断获得热量。

7.6 暖棚法施工

7.6.1 指混凝土在暖棚内施工和养护。可以是小而可移动的，在同一时间只加热几个构件；也可以很大，足以覆盖整个工程或者大部分。暖棚由于造价高，消耗材料多，因此应尽量利用在施结构。采取塑料薄膜搭暖棚，材料和用工均较低，且有利于工作场所的日采光和利用太阳能取暖。

7.6.2 当采用燃料加热器（油、煤等炉子）且置于暖棚内时，将产生较多的CO_2，新浇的混凝土吸收CO_2后极易与水泥中的$Ca(OH)_2$反应，在混凝土表面形成碳化表面，不管如何刷洗无法清除，只有用砂轮才能彻底清除这一层。因此暖棚内应采取防止碳化的措施，如炉子的烟气应排至棚外，适当排气以控制含量；向棚内补充新鲜空气以供炉子助燃，特别是在养护的头24h内应尽可能地降低CO_2浓度。

7.7 负温养护法

7.7.1 当气温较低，且结构表面系数较大，在冬施中结构不易保温蓄热。如果结构对强度增长无特殊要求时，可以采用负温混凝土法施工。负温混凝土法特点是，对砂、石、水加热仍按常规，但混凝土浇筑后可不进行保温蓄热，只进行简单维护即可。其主要作用是，由于混凝土中掺入了一定量的防冻剂，可以使混凝土中一直保持有液相存在，水泥在负温下能不断进行水化反应增长强度。我国不少科研部门的试验表明，按设计要求掺入一定量的防冻剂，在规定温度下养护，其28d强度可增长到设计强度的40%～60%。可以满足一般施工要求。

7.7.2 负温混凝土法施工早期强度很重要，由于硅酸盐和普通硅酸盐水泥早期强度来得快，对后期强度增长有好处，所以推荐优先使用硅酸盐或普通硅酸盐水泥。

7.7.3 负温混凝土施工，同样要注意冬期混凝土养护失水问题，否则易引起强度损失。

7.7.4 确定负温混凝土临界强度时，其临界温度以防冻剂的规定温度为准。例如，如果某防冻剂按－10℃设计掺入的，则混凝土浇注完毕在负温下养护，当混凝土内部温度降低到低于－10℃以前，混凝土的强度必须达到允许受冻临界强度值。否则应采取措施，以免引起强度损失。

7.8 硫铝酸盐水泥混凝土施工

7.8.1 采用快硬硫铝酸盐水泥进行混凝土冬期施工是一种简单而可行的方法，在国内外都已有成功的应用经验。快硬硫铝酸盐水泥具有快硬早强的特点，掺加适量$NaNO_2$做为防冻早强剂，可进一步改善早期抗冻性能，提高负温强度增长率，特别适用于混凝土的负温快速施工。自1976年以来，铁道部科学研究院、北京市建筑工程研究所、新疆建筑科学研究所等单位分别对硫铝酸盐水泥混凝土在冬施中的应用进行了研究，并在不少工程中实际应用，取得了良好效果，已分别通过了技术鉴定。该项新技术已在铁道部、北京、河北、新疆、辽宁、黑龙江等地得到推广应用。

掺有防冻早强剂的硫铝酸盐水泥混凝土，在负温下强度仍能较快增长，但随温度下降，强度增长速度也减慢。根据铁道部科学研究院的试验资料和实际工程应用结果，可以在最低气温为－25℃的负温环境下施工。但是，硫铝酸盐水泥混凝土有一定的使用范围，不然，不但达不到目的，还可能造成工程质量事故。由于该水泥早期水化热集中，混凝土升温较快，为避免产生温差裂缝，对于结构表面系数小于 6 的结构物或大体积混凝土工程，不宜采用硫铝酸盐水泥混凝土。

硫铝酸盐水泥混凝土在 150℃以上，由于水化产物钙矾石脱水，对强度产生不利影响，所以，如冶金厂房等高温作业的建筑物或对耐火要求高的结构，不能采用硫铝酸盐水泥混凝土。

7.8.2 硫铝酸盐水泥混凝土的强度发展与许多因素有关，其中主要有：防冻早强剂掺量、水泥用量、环境气温、混凝土入模温度、结构表面系数和保温效果。在通常情况下，由于水泥水化热的作用，混凝土的温度比环境温度约高 10～29℃，当混凝土的体积稍大、入模温度较高或保温效果较好时，两者对于强度的发展很有利。铁道科学研究院的试验资料说明，掺 $NaNO_2$4%的硫铝酸盐水泥混凝土，在－16℃的负温下，水灰比为 0.35～0.55，7d 抗压强度达到 20MPa 以上，均超过标养强度的 50%。此外，掺防冻早强剂的硫铝酸盐水泥混凝土还具有一个重要特点，即混凝土受冻可以不受临界强度值限制，当混凝土成型后立即受冻，对后期强度没有不利影响。

7.8.3 《快硬硫铝酸盐水泥》标准（ZBQ11005—87）已正式发布实施，该水泥已有多家工厂大批量生产。

7.8.4 在冬期施工时，$NaNO_2$ 对于硫铝酸盐水泥混凝土除了有防冻作用外，还有一定的早强作用。而且随着掺量增加，早强作用越加显著。但是，掺量超过 4%以后，对混凝土的后期强度产生不利影响。

硫铝酸盐水泥混凝土虽然液相碱度偏低，但长期试验研究证明，它对于防止钢筋锈蚀是安全的，没有必要专门掺加阻锈剂。但是，$NaNO_2$ 确实又是有效的钢筋阻锈剂、混凝土中掺加 0.5%以上 $NaNO_2$ 可以进一步加强阻锈效果。

拼装接头或细薄结构混凝土，由于散热快，温降大，直接影响强度发展。所以，必须采取一些措施，如水和砂加热，加强保温，而 $NaNO_2$ 掺量宜按表 7.8.4 上限掺加。

7.8.5 硫铝酸钠盐水泥混凝土凝结较快，坍落度损失较大。根据经验，在配合比设计时要适当增加坍落度值。

用热水拌合时，可先将热水与砂石混合搅拌，然后投入水泥。

7.8.8 硫铝酸盐水泥的细度较高、粘性好，机械搅拌时极易粘罐，且不易倒尽，所以，搅拌时司机要经常刷罐铲除粘结料，否则，这些粘结料迅速硬结后清理极困难。

7.8.9 二次加水后使用，混凝土强度损失很大。

7.8.10 外露面如不认真处理，极易造成失水粉化起砂或出现细裂缝等毛病。

7.8.11 硫铝酸盐水泥混凝土不适宜高温养护，因易产生强度损失。

7.8.12 拆模前务必注意混凝土的温度，避免拆模时间不当而产生温度裂缝。

7.9 混凝土质量控制及检查

7.9.1 规定了混凝土冬期施工质量控制的关键项目。除了国家有关标准规定的常规项目外，强调了外加剂的质量及掺量、温度。这两项内容是冬施的成败关键，所以本条把检查项目内容提了出来。

条文中特别提出了对商品外加剂的要求。因为目前我国外加剂的生产和销售已进入了商品化阶段，但目前我国外加剂市场很乱，有关行政管理部门还未真正抓、管起来。特别是防冻剂，由于生产工艺简单，各地都能配制甚至个体户都可生产，既无检验控制，又无严格生产管理，造成市场产品混乱，说明书不全，产品质量不佳，而且冒牌产品、伪劣产品大量充入市场，加之我国目前有的施工企业技术素质不高，外加剂技术普及工作远远跟不上发展需要，所以有的企业买了伪、劣产品，造成质量事故的为数不少。因此强调了商品外加剂应具备省市级以上的鉴定证书及产品许可证或产品质量合格证，用规范手段来保证工程质量。

7.9.4 混凝土质量检验规定了除按国家现行标准《混凝土结构工程施工及验收规范》（GB50204—92）或《混凝土强度检验评定标准》（GB5107—87）规定留置试块外，尚须做相应的检查，如外观、测温记录，以及各种施工工艺参数等。这些规定都是为保证工程质量所必须的。

7.9.5 规定了拆模要求。本条采用了双控措施，一为混凝土温度降低到5℃以后，另一控制措施是控制混凝土温度与外界温度差不能大于20℃。否则要采取措施，防止由于温差过大产生温度收缩裂纹。

8 屋面保温及防水工程

8.1 一般规定

8.1.1 屋面防水工程一般安排在常温期间完成施工。为了适应我国寒冷地区屋面防水工程建设的特殊需要，使新建、改建的屋面防水工程能尽快正常使用，必要时可以进行冬期施工，但需具备以下条件：

1. 建筑物屋面防水施工时的环境温度（既施工气温）至少能保证使用材料的可操作性。对选用不同防水材料应分别控制不同施工气温来安排施工。

2. 在屋面上施工，应具备操作人员能适应的环境温度。

要利用日照充分、无风、并设置挡风围护等条件以保证人员发挥良好的操作技能和完好的工程质量。因此，作出相应规定极为必要。

8.1.2 找平层的质量直接影响防水层的铺设和防水效果。

1. 对找平层规定了应压实平整的质量要求。过去由于一些施工单位不重视找平层施工，造成表面凹凸不平、起鼓、松动、坡度不准、积水严重等现象，导致防水层产生渗漏。为此，在冬期施工的找平层必须保证压实平整。此外，更不允许有积雪、冰霜、冰块存在，表面有灰砂、杂物应该清理干净之后再铺设防水层，奠定牢靠的基层。在使用水泥砂浆找平层时可采取收水后二次压光，水泥凝固后及时喷涂养护剂覆盖养护，防止起砂、酥松现象发生。

2. 基层必须干净、干燥。这条规定与国家现行标准《屋面工程技术规范》（GB50207—94）总要求是一致的。由于我国地域广阔，气候差异大，对基层含水率不可能规定统一的数据。但从冬期施工质量角度出发，其基层含水率应取较低值，以达到干燥为宜。这是积许多地区多年施工与应用新型防水材料经验的总结。如使用合成高分子防水卷材在过于潮湿基层上粘贴，往往发生起鼓，粘贴不牢等现象。

由于国内目前无标准仪器测定基层含水率，参考了日本规范规定及国内单位常用方法，提出了8.1.2.2条（注）中所述的简易检测方法。

3. 冬期施工选用高聚合物改性沥青防水卷材或合成高分子防水卷材做防水层施工较为方便。用上述材料铺贴时，遇到突出屋面结构的连接处和基层转角处均应抹成光滑的圆弧形，圆弧半径应不小于20mm，亦可根据材料柔性和厚度适当调正。

8.1.3 水落口、檐沟、天沟等部位是排出屋面雨水必经之路，方向变化，流水集中，易于积水。为此，施工必须谨慎。这些部位增铺附加层可以提高防水抗渗功能，从操作工序上的合理性以及创造精心施工先决条件考虑，必须先将水落口、檐沟、天沟等部位的附加层卷材铺贴完毕，然后再铺贴整体防水层。

8.1.4 一般屋面渗漏的部位多数在屋面穿孔管道周围、设备或预埋件连接处、屋面突出部位等各个节点。杜绝以上部位的渗漏所采取的积极措施是合理安排施工工序，包括穿孔、凿眼、底座连接等应予提前施工，并合理安排做好隔气层、保温层、找平层，然后再进行防水层施工。一旦完成防水作业经验收后必须加强成品保护，不允许在防水层上打眼、凿洞等破坏防水层的逆作业发生。

8.2 保 温 层 施 工

8.2.1 为防止冬期施工的保温材料免遭受潮受冻，施工前可将材料提前入场或组织库存、覆盖等保管措施，不允许保温材料混入杂质、冰雪、冰块等，以确保材料质量和保温效果。

8.2.2 根据国标《屋面工程技术规范》（GB50207—94）第8.5.4条规定，一般不应超出气温界线施工，否则难以保证质量。

8.2.3 砂浆中掺入防冻剂在于提高抗冻效果，适应冬期施工。目前建筑市场上防冻剂品种较多，为防止假冒伪劣品，冬期施工防水工程使用的防冻剂进入现场必须复测，由试验室提出合格验证并试配确定掺量。

8.2.4 干铺板状保温材料的施工要求与国家现行标准《屋面工程技术规范》（GB50207—94）规定相同。

8.2.5 雪天或五级以上大风天不准施工的限制是从保障施工人员操作安全和确保工程质量出发而规定的。

8.2.6 倒置屋面工程施工是保温层在上，防水层在下的屋面保温防水做法，近几年在寒冷地区逐渐开始推广。倒置屋面工程对提高建筑物顶层室内温度有益，施工方法简便，易于检查渗漏状况和有利翻修等，都是可取之处。

1. 选用聚苯乙烯泡沫塑料做保温层，材质轻，憎水性强，可提高防水、保温功能、而且减轻屋面荷重。铺设块状拼缝保温板为防止刮风掀起，可以采取两种稳定措施。一种是机械固定保温板，另一种是覆盖一定重量的砖或均匀撒布砾石压重。

2. 冬期施工防水层完毕后要及时验收，在无冰霜、积雪、杂物等条件下，清扫干净，保持防水层干燥，然后铺设保温层，确保质量。

8.3 找 平 层 施 工

8.3.1 冬期施工找平层采用现浇水泥砂浆，沥青砂浆以及砂浆预制板三种，与常温屋面防水基层做法一致。

由于冬期施工气温的变化，使用水泥砂浆做找平层时必须掺用防冻剂防止受冻，保证砂浆正常现场操作。

鉴于各地区气温不同，防冻剂不同，乃至在水泥砂浆中的掺量不尽一致，应以当地情况和具体条件进行试验试配确定，不作统一规定。

水泥砂浆中掺用NaCl主要在于掺量的控制，掺量过多产生析盐现象而且影响强度，掺量过少达不到抗冻效果。为此，参照《建筑施工手册》冬期抹灰施工冷作水泥砂浆掺入氯化钠的数据，列于表8.3.1。

8.3.2 沥青砂浆找平层施工一般不宜在气温0℃以下施工，如必须施工时依据施工经验，沥青砂浆拌制、铺设、滚压时的温度如表8.3.2所示。施工时宜采取分段流水作业及保温措施。沿用常规做法沥青砂浆虚铺应为实厚的1.3～1.4倍。

8.3.3 水泥砂浆预制板做找平层可以省工、节约工时提高效率。为了增强板块与防水层的粘贴强度，在室内事先涂刷好冷底子油以减少露天作业。为了保证施工可操作性条件，灌缝前沥青砂浆的施工温度不宜低于－10℃。

8.3.4 水泥砂浆找平层设置分格缝以减少砂浆找平层的裂缝，避免拉裂防水层。除遵循常规做法外，在分格缝上增设了一道覆盖卷材条，目的是加强防水效果。

8.4 防水层、隔气层施工

8.4.1 冬期屋面防水层施工温度的界定主要取决于使用的防水材料在低温或负温度下的可操作性以及施工人员操作可行。目前国内新型防水材料品种很多，从80年代以来应用情况表明，合成高分子防水卷材以冷粘法施工，不宜低于－5℃；高聚物改性沥青防水卷材以热熔施工更为简便，施工温度可在－10℃以内。为此，冬期施工屋面防水层做法按新材料、新工艺的要求可以采用热熔法和冷粘法两种施工方法。

冬期屋面防水施工一般不宜用涂料做防水层。涂料在5～0℃时涂刷已有一定难度，特别是水乳型涂料在低负温容易受冻，无法保证质量。如有特殊情况必须施工时，应选用溶剂型聚氨酯涂料，但不宜低于－5℃条件下施工。

8.4.2 热熔法施工

在国外如德、法等先进国家已普及使用热熔法卷材施工。我国北方近十几年已有不少地区采用热熔法卷材施工并取得成熟经验。冬期屋面防水层可选用高聚物改性沥青防水卷材做热熔法施工，这种卷材有较好的延伸性和耐低温性。参照国家现行标准《屋面工程技术规范》(GB50207—94)中的卷材物理性能指标，规定了高聚物改性沥青防水卷材的要求，列表于8.4.2。

8.4.3 热熔法防水卷材冬期施工与常温施工不同之处，强调以下几点：

1. 基层处理剂要挥发完全、充分。冬期施工常采用溶剂型处理剂，一是免遭受冻，二是易于操作。冬季气温低，溶剂挥发缓慢，因此应严格控制溶剂干燥时间，冬期在10h以上基本挥发充分、完毕，然后安排热熔卷材工序，以防止火灾。

2. 掌握住热熔铺贴要点。热熔卷材施工时要求加热宽度应均匀一致，加热喷嘴距卷材面要适当，0.5m左右。冬期施工气温低，热熔时间比常温要多一些，热熔至卷材表面有光亮时为宜，否则熔化不够。如超出光亮程度过热熔化时，高聚物改性沥青易老化变焦，不利粘结，更不能熔透烧穿，把握住热熔火候才能粘结牢固。铺贴卷材辊压时缝边必须溢出胶粘剂以验证粘贴是否严密，溢出的胶粘剂随之刮封接口，也是加强接缝牢固的必要措施。卷材大面热熔铺贴同样要注意将卷材内的空气排出。

3. 做好接缝口及末端收头处理。为提高冬期施工的可靠性，防止防水层热熔铺贴后有缝口翘边开缝的可能，要求接缝口及收头末端都用密封材料封口，提高防水抗渗能力。

8.4.5 冷粘法施工

冷粘贴施工法在我国已逐渐推广使用，材料多数使用合成高分子防水卷材。这种卷材国内现已具备一定规模的生产能力，其技术性能在拉伸强度、伸长率、低温柔性以及不透水性、热老化性能等均较为优异。本规程对合成高分子防水卷材的材料要求符合国家现行标准《屋面工程技术规范》(GB50207—94)中的规定，列于表8.4.5-1及表8.4.5-2。

8.4.6 冷粘法施工着重掌握以下要点：

1. 涂布基层处理剂。可使用稀释的聚氨酯涂料进行涂刷。由于冬期施工气温较低，涂料中的溶剂挥发过慢，因此需要间隔一定的时间，至少在10h以上，使基层处理剂挥发充分，待完全干燥之后进行卷材铺贴。

2. 复杂部位要做防水增强处理。处理方法有两种：一种是采用合成高分子涂料（聚氨酯涂料）均布涂刷，但必须控制厚度在1.5mm以上，而且待涂料达到固化程度即延迟到36h以上才可进行下一工序施工，以便保证防水工程质量。另一种是采用自硫化丁基橡胶胶粘带在复杂部位粘贴。按照水落口、阴阳角、管根部位等各异型尺寸裁剪自粘粘贴，操作简便，适应性强、防水增强效果好。

3. 涂刷胶粘剂和铺贴卷材。当冷粘法施工使用合成高分子防水卷材（三元乙丙橡胶卷材、橡塑共混卷材等）时，需要在基层上和卷材底面同时涂刷胶粘剂，并且凉干20min以上才能粘贴牢固。要求一定的间隔时间是为了保证粘结力和获得粘结的可靠性。冷粘贴合成高分子防水卷材时要展平并与基层粘贴，不可用力拉伸来展平卷材，避免卷材承受较大的拉应力。边铺贴卷材边排除卷材下面的空气，辊压粘贴牢固。

4. 接缝口及卷材末端收头处理。高分子防水卷材铺贴后，由于施工因素，胶粘剂材料质量等原因，缝口、末端卷材有翘边的可能，所以接缝口和卷材末端都必须用宽10mm的密封材料封口，以提高整体防水效果。

8.4.7 涂膜防水施工

冬期施工采用质量较好且稳定的合成高分子防水涂料为宜，如溶剂型聚氨酯防水涂料等。材料的各项性能指标参照了国家现行标准《屋面工程技术规范》(GB50207—94)中的有关规定，其数值为最低标准，应予保证，列于表8.4.7-1和表8.4.7-2。涂料的冬期贮存应在室内0℃以上，但一定远离火源，避免溶剂着火而发生火灾事故。

8.4.8 涂膜防水施工要求，强调如下各项：

1. 严格控制涂料的涂刷厚度。涂膜防水屋面是靠涂刷后的防水涂料形成一定厚度的涂膜来起到防水作用，厚度不够将直接影响耐用年限和防水功能，为此，对涂料厚度规定了最小成膜厚度不低于2mm。厚质的防水涂料不得一次涂成，因一次涂膜太厚，易于开裂，而且难以一次就达到均匀厚度。规程规定分三次涂刷，每遍涂刷的推进方向与前一遍互相垂直，以保证涂刷均匀达到规定厚度。在分遍涂刷时待先涂的涂层干燥成膜后方可涂后一遍涂料，使其易达到所要求的涂膜厚度。

2. 对铺胎体的要求。做涂膜防水需铺胎体材料时，一般是与屋脊平行铺设，铺贴时必须由最低标高处向上操作，使胎体材料的搭接顺着流水方向，避免呛水。为了保证有足够防水功能，规定了胎体下面的涂层厚度不得少于1mm，最上层的涂层不得少于二遍。

3. 成品保护及施工安全要求与本规程第8.4.4相同。

8.4.9 隔气层施工

隔气层的设置和施工宜选用与屋面防水层同类材料，便于统一掌握施工。冬期施工的隔气层使用卷材宜做花铺施工，以适应基层变形不致拉裂防水层，但搭接必须粘牢，不能开裂，宽度可在80mm以上。

9 装饰工程

9.1 一般规定

9.1.1 抹灰前对墙体的基本要求。特别是冬期施工利用冻结法砌筑墙面的基本的要求。本条文与《装饰工程施工及验收规范》(GBJ210—83) 精神是一致的。

9.1.2 安排室内抹灰工程应遵循的原则。本条文参照《装饰工程施工及验收规范》(GBJ210—83)、《建筑装饰工程施工及验收规范》(JGJ73—91) 及施工经验制定的。

9.1.3 冬期期间室内抹灰工程为保证环境温度给出了具体作法及要求。参考《装饰工程施工及验收规范》(GBJ210—83) 及施工经验而编写。

9.1.4 本条文强调冬期抹灰后对灰层的养护温度要求并着重指出室内抹灰后的通风换气，以保证灰层的干燥。

本条文参照《装饰工程施工及验收规范》(GBJ210—83) 及《建筑施工手册》编写。

9.1.5 采用冷作法进行抹灰时对砂浆的要求除了保温防冻外，在砂浆中掺入防冻剂，各地都有不少成熟经验，但由于各地气温不同，使用品种也不一样，所以不作统一规定。而由各地试验室经试验确定即可。

9.1.6 多年的实践经验表明，冬期施工外墙面采用冷作法进行抹灰并采用涂料做为饰面层涂刷时，应注意抹灰所使用的抗冻外加剂的材质与涂料的材质相匹配，否则会发生反碱、起皮、变色等质量通病。抗冻外加剂的掺量应由试验决定。

9.1.7 合理地安排和组织施工为施工创造好的施工条件是加快施工进度和保证质量的关键。本条文根据多年的冬期施工经验，提出随外架子的升降在西北面设置风档御寒，对施工操作和保证施工质量很有利。

9.1.8 为了保证饰面层施工的质量，饰面板、饰面砖及外墙马赛克的施工不建议采用冷作法。以往施工经验表明，冷作法施工面砖转暖后易脱落，如必须在冬期施工时宜用暖棚法。

9.1.9 冬期壁纸施工温度必须在+5℃以上，以保证粘结剂的固化及粘结质量。低于这个温度，常用粘结剂很难保证粘结质量，如采用特殊粘结剂，应根据所选择粘粘剂的性能及固化温度要求，确定施工环境温度。

9.2 抹灰工程

9.2.1 冬期室内抹灰前必须先行搞好门窗阳台、楼梯口、进料口等处的封闭保温，以控制室内温度达+5℃以上，保证适当的硬化速度和工期要求。

9.2.2 为合理地利用热源，节省煤炭的消耗，砂浆应采取集中搅拌的办法并注意运输时的保温，保证上墙温度。

9.2.3 本条强调抹灰后应在正温下对灰层进行养护应不少于7d，主要考虑在这7d内砂浆强度已有一定的增长，不致于灰层受冻影响粘结质量及灰层强度。

9.2.4 进行冷作法外墙抹灰时，为保证砂浆的和易性可选用同体积粉煤灰代替白灰膏使用。同时应根据施工条件不同合理地选择防冻外加剂，本条文参考黑龙江省《工业及民用建筑冬期施工技术规定》(DBJ07—205—87) 有关条文编写。

9.2.5 含氯盐防冻剂配制的砂浆不可用于高压电源部位及油漆墙面的抹灰层以防止氯离子导电而导致安全事故和保证油漆墙面涂刷的质量，因油漆如刷在掺氯盐的墙面上要变色，发生质量事故。

9.2.6 氯盐防冻剂的使用限制和混凝土的规定一样。表9.2.6-1、表9.2.6-2是参照《建筑施工手册》31-6-3而编写的。

9.2.7 冬期抹灰前应对基层表面的尘土进行清扫并可用与抹灰

砂浆使用的相同浓度的防冻剂溶液刷洗表面的冰霜，然后再施抹，只有这样才能保证抹灰与基层的粘结质量。

9.3 饰面工程

9.3.1 规定了冬期施工饰面工程的施工方法。不管是内饰面的镶贴，还是外饰面的镶贴，为保证施工质量均应采用热作法施工，使操作环境温度在正温，按常温的操作工艺操作，一方面操作环境较好，另外易于保证质量。

9.3.2 饰面板的安装方法采用灌浆法施工时，冬期应特别注意养护问题。本条强调除按国家现行标准《建筑装饰工程施工及验收规范》（JGJ73—91）的有关规定操作外，保温养护至少不应少于7d，以保证其粘结强度。

9.4 油漆、刷浆、裱糊、玻璃工程

9.4.1 本条强调了这些工程必须在正温条件下施工。在负温下施工时均保证不了工程质量。

9.4.2 冬期由于气温低，刷调合漆不易干燥。本条提供方法根据多处工程使用，效果颇佳。而且在《建筑技术》、《建筑工人》杂志，以及《建筑施工手册》都有了推荐内容。

9.4.3 根据各地施工经验编制的。

9.4.4 同8.4.3条。

9.4.5 本条文参照黑龙江省《建筑工程冬期施工技术规定》有关内容编写的。

10 钢结构工程

10.1 一般规定

10.1.1 编制钢结构冬期施工制作工艺和安装施工组织设计，是组织钢结构施工的重要工作，可根据工程规模、工程量大小、技术复杂程度、现场施工条件等具体情况进行编制，施工中应认真贯彻执行。

10.1.2 钢结构工程和土建工程的质量标准是不同的，因此，钢结构制作、安装用的钢尺、量具，应和土建单位使用的钢尺、量具，用同一标准进行鉴定。并注意钢结构和土建结构不同的温度膨胀系数，对二种不同膨胀系数形成的差值应有调正措施，才能保证钢结构的安装质量。一般应由土建的总包单位提供同一标准的钢尺。

10.1.3 钢结构制造时的温度和钢结构安装时的温度不同时，如钢构件在夏季、工厂内制作，在冬季、露天安装时，钢构件的尺寸会有较大的变化，施工中应制订调整这种变化的措施。

10.1.4 参加负温度下钢结构焊接工作的电焊工，必须先取得常温焊接资格，再参加负温度焊接工艺的培训。平、立、横、仰焊各项，应逐项培训合格后，方能参加相应项目的焊接工作。

钢结构拼装时的定位点焊工作，往往得不到重视，拼装工用普通焊条任意点焊，造成焊缝质量的隐患，在一般钢结构工程中也是不允许的，重要钢结构工程更不允许。因此，定位点焊的焊工也要经培训合格。

钢结构的冬期施工是一项专业性很强，技术要求很高的工作，组织指挥施工的技术负责人，必须具有钢结构施工方面，如材料、制作、拼装、焊接、栓接、安装等方面专业知识渊博和施工经验

丰富的工程师来担任。如本单位没有这方面的工程技术人员，可在工程开工前进行培训，或聘请外单位专家。

一般简单钢结构工程，在质量检验部门的同意下，可以不作这方面的要求，但也应由具有钢结构施工知识和经验的工程技术人员来负责。

10.2 材 料

10.2.1 在负温度下施工用的钢件，仍按照《钢结构设计规范》(GBJ17—88)规定使用的钢种。即Q235、16Mn、15MnV、16Mnq、15MnVq钢。采用其他钢种和钢号时，要有可靠的试验数据。

10.2.2 在负温度下施工时，钢材的各项性能指标以及化学元素碳、磷、硫的含量均应符合规范规定的标准。除应有常温冲击韧性合格的保证外，Q235钢还应具有−20℃冲击韧性的保证。16Mn、16Mnq、15MnV、15MnVq钢应具有−40℃冲击韧性合格的保证。达不到标准时不得使用。

10.2.3 负温度下焊接的钢板厚度超过40mm且在板厚方向承受拉力作用时，钢材的含磷、硫量应严格控制，不得超过0.04%。并增加板厚方向伸长率的保证，使不出现层状撕裂，这一点在高层建筑钢结构中，尤其应该重视。但一般不提Z向钢，Z向钢价格昂贵，建筑工程中不宜采用。

10.2.4 钢结构采用的铸钢件，按《钢结构设计规范》(GBJ17—88）规定的4种钢号选用，4种钢号外的钢号，尽可能不用，如要采用要有试验依据。

10.2.5 负温度下采用的钢材要有钢厂提供的材质证明书。重要结构的钢材除有材质证明书外还必须按照国家技术标准规定的方法进行抽验，抽验的数量按设计要求或与质量检验部门协议商定。

10.2.6 负温度下钢结构安装用的焊接材料应有产品出厂证明书，在重要结构如大荷载、动荷载结构上使用时应进行抽验，合格后方能使用。

负温度下焊接用的焊条，首先应满足设计强度的要求，尽可能选用屈服强度较低、冲击韧性好的低氢型焊条，重要结构采用超低氢型焊条。这样可以保证焊缝不产生冷脆。

10.2.7 碱性焊条的焊药极易吸潮，所以，在使用前必须按照质量证明书的规定进行烘焙，烘焙合格后，并以80～100℃存放在烘箱内，使用时取出放在保温筒内，随用随取。在负温下潮湿的环境中焊条的焊药更易吸潮，因此，外露2小时后要重新烘焙。焊条烘焙数超过三次后焊药变质，因此必须加以限制。

10.2.8 焊剂在使用前也要按照质量证明书的规定进行烘焙，如果焊剂湿度过大会影响焊缝质量，负温度地区空气中的水气很易被焊剂吸收，因此，外露时间不宜过久，时间间隔超过2小时，必须重新进行烘焙。

10.2.9 气体保护焊用的CO_2纯度必须保证。如气体纯度达不到99.5%，含水量又大于0.005%以上，就不能保证焊缝质量。使用瓶装气体时，由于负温度下瓶嘴在水气作用下容易冻结堵塞，工作中要及时进行检查。瓶装气体压力低于$1N/mm^2$，保护作用降低，应停止使用。

钢结构使用的焊条、焊丝、焊剂、涂料在贮存时要集中放在专用仓库内，库内一定要通风、干燥。有条件时，焊条要保存在5℃以上的仓库内，在负温度下施工，焊条要限制领用数量，用多少领多少，保证焊条的良好性能。

10.2.10 高强螺栓在负温度下使用时，其扭矩系数会产生变化，因此，在使用前要进行负温度下使用的性能试验，根据试验结果，制定施工工艺。

10.2.11 市场供应的涂料，一般要求在正温度下使用。在温度低于0℃时，涂料的附着力、干燥时间、涂层强度、冲击强度都会受到影响，因此，涂刷前要进行工艺试验，各项指标符合正温度下施工的质量标准才能进行施工。

负温度下，水基涂料易冻结，禁止使用。

10.3 钢结构制作

10.3.1 钢材在负温下，其长度尺寸比常温时有较大的收缩，可用计算也可用试验的方法求得尺寸的变化，放样时要考虑这种收缩对结构尺寸的影响。

10.3.2 构件端头用焊接连接时，焊接过程中要产生收缩变形，钢板越厚，收缩变形越大。多层框架和高层钢结构的多节柱还会产生压缩变形，这两个变形量严重影响钢结构的外形尺寸及安装质量。因此，在构件制作长度尺寸中要增加这个数值，当环境在负温度时，要使构件的制作长度和收缩变形量相协调。

10.3.3 形状复杂的或在负温度下弯曲加工的构件，制作工艺中要规定取料方向，也就是钢材轧制的长度方向和宽度方向，能使弯曲加工时取得较好的质量效果。规定弯曲加工构件的外侧不应有大于1mm的缺口和伤痕，以防止产生集中应力。

10.3.4 普通碳素结构钢工作地点温度低于－20℃，低合金钢工作地点温度低于－15℃时脆性加大，剪切、冲孔、冷矫正和冷弯曲加工时会损伤母材，应该禁止。

10.3.5 负温度下要求用精密切割代替机加工，并尽可能用自动切割，是为了防止在刨削加工时产生细小裂纹。在加工焊缝坡口时，进刀量不宜过大，否则表面出现的鱼鳞状裂纹，会严重影响焊接质量。

重要结构焊缝坡口加工时，不宜用手工切割，是为了保证焊缝坡口加工面的质量。

10.3.6 构件由零件组拼成整体时，必须编制组拼工艺，焊接接头的构件组拼时，要按负温度的要求预留焊缝收缩值。点焊缝的数量和长度必须根据板材厚度及焊接应力等因素进行计算，做到点焊不影响正式焊缝质量。

10.3.7 构件组装前，必须先把接缝两侧清理干净，在负温度下要注意冰雪、水汽，要用烤枪或红外线干燥处理。

10.3.8 负温度下中厚钢板和厚钢板的焊接工作开始前，应根据钢板厚度、坡口形式、环境的负温度值进行预热温度试验，编制相应技术措施。也可参照表10.3.8的数值进行预热工作。

10.3.9 负温度下构件组装后进行正式焊接工作时，应从构件中心开始向四周扩展焊接。要先焊收缩量大的焊缝，再焊收缩量小的焊缝，并对称施焊，这样可大大减少焊接应力，使产生的焊接变形最小，达到优良的焊接质量和优良的构件外形尺寸。焊缝两端敞开的起始点和收尾点易产生未焊透和积累各种缺陷，因此，要在焊缝的两端设置引弧板和熄弧板，引弧板和熄弧板的材料和尺寸，应和母材相匹配。禁止直接在母材上打火引弧，以免损伤母材。

10.3.10 负温度下厚钢板多层焊接应按焊接工艺规定施焊。保持在预热温度以上连续施焊，不得任意中断。如属人为原因吃饭、喝水、解手、抽烟等，要有人接替。如遇停电、下雨等人力不可抗拒的中断，停焊后再次焊接前，要详细进行检查，无裂纹等缺陷，并按规定的预热温度进行预热后，方能继续施焊。

10.3.11 露天焊接钢结构的大型接头时，短时间内完成不了一个接头，应当搭设临时防护棚，使雨水、雪花不能直接飘落在炽热的焊缝上，保证焊缝焊接过程中的质量。

10.3.12 厚钢板焊接完后立即进行焊后热处理是一项很重要的工作，焊后热处理可逸出焊缝组织中的氢，细化晶粒，消除焊接应力。一般在板厚的2～3倍范围内，使温度保持在150～300℃持续1～2h。在现场负温度下要做到这点是很困难的。因此，焊接前要进行工艺试验，采取的措施要切实有效，一般一个烤枪一个喷嘴是不够的，要使用大号、多个喷嘴。焊后热处理完后，要根据环境温度、现场条件进行试验，使采取的保温措施，降温速度不大于10℃/min。

10.3.13 钢构件可以在负温度下采用热矫正，但加热的温度必须控制，不得超过900℃。一般在750～900℃时加热矫正效果最佳，加热矫正后，为防止降温过快，应采取保温措施使其缓慢冷却。

10.3.14 负温度下检查钢构件的外形尺寸时，应根据检查当时的环境温度对构件的影响，特别是钢结构和钢筋混凝土基础及其他非钢结构建筑连接尺寸的关系，如发现不一致时要采取调整措施。

构件的焊缝外观必须合格，在等强接头和要求焊透的焊缝必须100%超声波检查。承受疲劳荷载的构件，焊缝不得出现有影响疲劳应力的缺陷。

负温度下超声波探头如用水基偶合剂，容易冻结，所以，要用不冻结的油基偶合剂。

10.3.15 在处理不合格的焊缝时，要按负温度下钢结构的焊接工艺认真对待。特别是厚钢板接头，要注意母材的预热温度、焊接时的层间温度、焊后的后热、保温，焊缝质量检验都要严格要求，保证重新焊接的质量。

10.3.16 一般情况下，温度低于5℃以下时，不能用普通涂料直接在钢结构上涂刷，要选用负温度下使用的涂料，并先进行涂刷工艺试验，编好涂刷工艺。涂刷前构件表面要干净、干燥。

由于负温度下涂料干燥、固结较慢，要防止与脏物接触。如果加快干燥速度，允许用热风、红外线加热，但要注意加热时间、加热温度，不致损伤涂层。

构件涂刷工作完成后，要在构件三个不同面的醒目部位使用与涂层不同颜色的油漆写上构件编号。如只涂一面，在构件运输、装卸过程中，编号正好朝下，就找不到构件的编号了。形状复杂的构件，还应标出构件的质量和重心位置，为选择运输、安全设备、设置吊点提供方便条件。

10.4 钢结构安装

10.4.1 负温度下地面冻结时，垫构件的垫块要防滑。构件堆放场地必须平正结实，无水坑、地面无结冰，如果构件堆放在冰冻的软土上或冰层上，解冻时构件的垫块下沉，会使构件变形损坏。

多层叠放堆存构件时，如各层构件的垫块不在同一垂直线上时，易压坏下层构件。构件之间的垫块也要用防溜滑的材料。

10.4.2 钢构件在安装前的质量检查非常重要，但往往被忽视，经常发生把构件吊到高空安装位置发现问题，再吊到地面进行修理。所以，安装前的构件质量检查一定要非常重视。凡是制作、运输、装卸、堆放过程中产生构件缺陷、变形、损伤，要在地面进行修理、矫正，符合设计和规范规定后方能起吊安装。

10.4.3 在负温度下用捆绑法起吊钢构件时，要用防滑隔垫，防止吊索打滑。和构件连在一起起吊的附件，如节点板、安装人员用挂梯、校正用的卡具、绳索必须绑扎牢固，防止碰动掉落发生事故。负温度下安装用的吊环必须用韧性好的钢材制作，防止低温脆断。

10.4.4 钢结构的安装顺序往往不被安装单位所重视，任意乱装，既影响安装速度，又不能保证安装质量。因此，钢结构安装施工组织设计、安装工艺要对安装顺序作出明确规定，编出构件安装顺序图表，施工中严格执行。平面上应从建筑物的中心逐步向四周扩展安装，立面上宜从下部逐件往上安装，切忌乱装。

10.4.5 钢结构的焊接顺序特别是高层钢结构，平面上要从建筑物中心各构件的焊缝往四周扩展焊接，并注意一根梁两端焊缝，要先焊完一端，等焊缝冷却到环境温度后，再焊另一端。这样可使整个建筑物的外形尺寸得到良好的控制。如果不按合理的焊接顺序进行焊接就会使结构产生过大的变形，产生巨大的焊接应力，严重的会把焊缝或构件拉裂，造成重大的质量事故。

10.4.6 负温度下构件上有积雪、冰层、结露时，无法进行安装工作，如要进行安装，必须进行清理。可以用扫除、抹拭，也可以用火焰、热风清除积雪冰层。但不得损伤涂层。

10.4.7 负温度下安装钢结构用的机具，应在使用前进行调试，使之在负温度下能正常工作。如特殊要求的高强螺栓搬子、超声波探伤仪、测温计等要定期进行检验、标定。

钢结构安装必须按结构的特点，使用机械、现场条件划分安装单元，如工业厂房以一个节间，高层钢结构按一个柱段进行配套安装，按照规定的顺序逐件安装、校正、栓接、焊接、质量检验，特别是各层的楼梯、压型钢板，一定要同步安装，这样，可加快施工速度，有利于施工安全。

10.4.8 在负温度下安装钢结构的主要构件时，如柱子、主梁、支撑等主要构件应立即进行校正，位置校正正确后应立即进行永久固定。如果在安装钢结构时不同步校正，临时固定后继续安装，安装一大片后，再组织校正单个构件，由于构件都连在一起，校正单个构件就很困难，达不到高精度，也不能当天形成稳定的空间体系，不能保证钢结构的安装质量和施工安全。

10.4.9 高强螺栓接头安装前，应注意构件的摩擦面上要干净、干燥，不接触泥土，不得有积雪、结冰，不得雨淋，没有油污等脏物，以保证设计要求的抗滑移系数。

10.4.10 钢结构对温度特别敏感，一年的四季，一天的早中晚，焊接产生的温度等，对钢结构安装的外形尺寸影响很大，构件产生的伸长、缩短、弯曲等引起偏差，施工中应有调整偏差的措施。

多层钢结构安装时，楼面上如只有压型钢板，其承载能力较低，荷载必须限制。施工用的设备、材料、小型机具等的重量不得超过允许限度，并注意积雪、结冰的重量不得超载。

10.4.11 栓钉焊的焊接电流、焊接时间等参数，常温和负温度是不同的。因此，在焊接工作开始前，要进行焊接参数的试验工作，测出相应的各项参数，编制负温度下栓钉焊工艺，再进行施工。

10.4.12 负温度下钢结构的现场涂层工作，要对钢结构的安装先验收合格，再按10.3.16条的规定执行。

涂层的外观、厚度、附着力、冲击强度必须检验合格。凡检查不合格的涂层应铲除重新涂刷。涂层干燥、固化后，方能进行下一道工序。

11 混凝土构件安装工程

11.1 构件的堆放及运输

11.1.2 在构件满足刚度、强度条件下，要尽量减少支点。这是由于支点多，产生冻胀及融化下沉的机会多。所以要尽量减少支点。

对于大型板、槽形板类构件两端要求用通长的垫木，主要也是考虑防止支点多，产生不均匀冻胀和融化下沉后，使板产生扭曲变形。

冬期堆放构件要求距地面间隙不少于15cm，主要是考虑地面冻胀对构件产生影响。

11.1.4 本条与国家现行标准《混凝土结构工程施工及验收规范》(GB50204—92) 第5.2.1条要求相同，增加冬季运输防滑措施要求。

11.2 构件的吊装

11.2.1 冬期吊装工程要求场地必须平整，因为土壤冻结后坚硬不易清理，当凸凹不平时极易打滑出事故。

11.2.2 亦要求注意冬期防止打滑。

11.2.5 多层框架的吊装通常分段分层进行，每一层吊装完后必须浇筑接头混凝土并应达到强度要求后方可吊上一段，否则必须加设缆风绳，这是由于冬期混凝土强度增长较慢，容易出现质量事故。

11.3 构件的联结与校正

11.3.2 湿法联结接头混凝土的施工及强度要求皆应满足本规程

第7章有关的规定。

11.3.4 冬期安装混凝土预制构件时，阳面和阴面温差影响较大，所以在施工措施中要考虑阳光照射后温差影响，以及白天和夜间温差影响，这要根据冬期气温变化情况，注意及时调整。

12 越冬工程维护

在北方地区工程建设中，经常遇到跨年施工的在建工程，以及停、缓建工程要越冬。有的可能因资金问题，亦有的可能由于工序安排问题，也有不少因冬施费用增加或施工单位无施工经验，怕保证不了工程质量而冬季停工。对这些工程过去往往未认真考虑建筑物的越冬维护，由于“温差”作用，以及地基土的“冻胀与融沉”使建筑物在越冬期间遭到破坏。待复工后不得不采取加固措施或返工重建，不仅造成很大的经济损失，而且也影响建筑物的使用功能和寿命。为减少和避免这类损失和浪费，而制定本章。

由于过去一段时间对这类问题往往被人们忽视，所以在以往的规范或文献中很少提及，更没有单独设置这方面的内容，这次编写本章主要是通过调研，以及现行规范和历届冬期施工会议交流的资料，对各类典型事故进行分析而编写的。

12.1 一般规定

12.1.1 主要规定越冬维护的对象。其中新建工程指土建虽已竣工，但没有采暖，工程尚未达到验收条件；在建工程是指工程规模较大，如高层或大型工业与民用建筑，当年不能竣工需跨年度施工的工程；停、缓建未完工程是指由于某种原因（如资金、材料、技术等）满足不了连续施工的要求而中途停工，或由于一些特殊原因使“工程下马”而形成的半截子工程。这些工程在入冬前应采取维护措施。

12.1.2 通常保温维护以就地取材为主，如炉渣、稻草、锯末屑、草袋、膨胀珍珠岩等，而以膨胀珍珠岩最好，质地轻，保温效果好，且防火。

12.1.3 了解这些资料，重点是当地最低负温度和负温延续时间，以及土的冻胀类别，以便合理的判定越冬防护措施。

12.1.5～12.1.6 主要防止地基土冻胀。土的冻胀性和含水率有关，含水率越大，冻害越严重，所以切断水源、泄水、排水十分重要。

12.2 在建工程

12.2.1 基础越冬的防冻害十分重要，过去常常认为不重要而被忽视，因此经常碰到需处理的质量事故。本条给出了各种类型基础，为防止或减少法向、切向冻胀力影响而采用的具体技术措施。这些措施皆已经多年使用，简单且行之有效。对于浅埋基础，由于基础通常埋置在冰冻线以上，所以既要防法向冻胀又要防切向冻胀，处理这类问题，只有采用保温覆盖效果最好。

12.2.2 本条规定的几种结构如果在冻土上施工，当地基土融化时要产生融沉，外观上看不出明显破坏特征但已出现变形或变位，影响工程质量。

12.2.3 这类悬挑结构构件施工时常设有临时支柱，在入冬时不及时拆除，当地基土冻胀时，将立柱托起，随之将构件顶坏。

12.2.4～12.2.5 防止地基土受冻而使结构产生破坏。

12.2.6 防止冬季如不取暖，系统内存水受冻后而将系统冻坏。

12.2.7 说明同12.2.4～12.2.6。

12.3 停、缓建工程

12.3.1 为了减少停、缓建可能给工程带来危害，消除隐患，增强建筑物的整体性，并给后续施工创造条件，为此，要求不论什么原因造成的工程停工，均应停在指定位置处。本条选择的这些部位主要考虑施工处理方便，受剪力相对较小。

12.3.2 在基础施工时基槽挖开后，如果当年不能连续施工需越冬时，为防止基底持力层受冻而破坏原状土，因此要求留置一定覆土保护层，并予以保温。

12.3.3 本条规定了停、缓建工程的混凝土强度要求。一般说来，对越冬工程的混凝土在进入冬期前都应满足本规程第7章规定的混凝土受冻前临界强度要求。如果在越冬期间有的结构构件要求受力、工作，尚应按设计要求达到所需的强度等级要求。对装配式构件的整浇接头，和预应力混凝土结构，在越冬期间可能受力、工作，所以取现行规范规定的要求。

12.3.4 防止温差过大，混凝土表面产生裂纹。

12.3.5～12.3.9 本条主要考虑工程复工时，复查、核对建筑物的尺寸、位置等。确认无误后，方可允许复工施工。

12.3.11 在北方一些住宅建筑或其他公共建筑，在入冬前主体工程皆已完成，但冬期防水不做，或转入室内施工，或冬期停工明年转暖后再行复工，这类工程的屋面工程需进行越冬维护。本条给出了简易维护方法及复工时检查的技术要求。

附录A　土壤保温防冻计算

目前尚无理论公式可查。因施工条件多变，气温和地温变化及各地差异较大，目前仍还以经验公式为主，因此规程提出的计算结果是估算值。附录给出的公式是在东北地区50～60年代开始使用的公式，经施工部门多年应用反映，公式计算结果还可以满足施工要求。计算和实测结果相比较，误差较小。因在寒冷地区土方施工中，还经常需要对土壤保温防冻，以减少冻结深度，加快施工进度和减少劳动强度。故推荐附录A公式做为工程施工时估算之用。

附录B　混凝土的热工计算

混凝土的热工计算公式基本上分两部分：一为拌合物温度计算，一直计算到浇注完毕养护之前；另一部份为混凝土养护期间的温度计算公式。前者适用于各种混凝土施工方法，后者用于蓄热法和综合蓄热法养护工艺。各公式和《混凝土结构工程施工及验收规范》（GB50204—92）相同，只是结构表面系数符号取 M，而未取 Φ，水泥累积最终放热量符号取 Q_{ce} 而未取 C_{ce}，因 M 和 Q_{ce} 为国内工程界在冬期施工中早已使用多年且比较熟悉，所以未予改动。详细说明见《混凝土结构工程施工及验收规范》(GB50204—92）的说明。

附录C 掺防冻剂混凝土在负温度下各龄期混凝土强度增长规律

取自RILEM《国际混凝土冬期施工建议》(1981年伦敦会议公布稿)。表中数据经与我国各科研单位发表的研究报告中数据对照，基本相符。

该表为原苏联国家建委钢筋混凝土研究所(НИИЖБ)和交通部科研所等单位经多年系统试验研究共同编制的，并也已纳入了原苏联的国家规范，经推荐给RILEM后，已为RILEM所接受。鉴于目前我国试验数据零散尚提不出较这一表更详细的资料数据，而这些数据属实际施工所需要，因此推荐此表做为施工控制参考。

附录D 用成熟度法计算混凝土早期强度

混凝土浇注成型后，在充分保温养护条件下，能不断硬化增长强度。当某一混凝土的组成成份已知时，其强度增长由养护温度和时间决定。早在1951年英国Saul即提出了成熟度概念，即温度和时间的乘积，他认为不管温度和时间如何组合，只要成熟度相等，其强度大致相同。这一概念后来为各国学者所接受，并由不少国家纳入标准规范里，作为预测混凝土强度方法之一。

混凝土成熟度规则在工程实践中有重要意义。因为混凝土工程在施工时其后续工序的安排，往往取决于混凝土强度的增长情况，当然通过试压大量的试块可以解决，但工作量太大，一般施工现场都难以承受，因而寻求简便易行的方法来确定混凝土强度增长情况是生产部门急待渴求的。特别是冬期施工时，为了防止混凝土早期受冻，需要及时了解混凝土强度增长情况，看看是否达到抗冻临界强度值。所以用数学计算方法来估算混凝土早期强度，将会给施工人员带来极大便利。

成熟度概念提出，至今已有40年历史，这期间各国学者进行了大量研究，并提出不少计算公式，其比较有代表性表达成熟度如1953年瑞典S·G·Bergstrom根据Saul等人成熟度概念，依一系列试验结果提出公式：

$$M = \Sigma(t + 10)a_t$$

其中 M——成熟度（℃d）；

t——混凝土养护温度（℃）；

a_t——温度为t时持续的时间（d）。

这个公式后来被广泛引用，如美国混凝土学会ACI—306委员会的混凝土冬季施工规范、RILEM的1963年混凝土冬期施工国际建议等都采用了这一公式。但是当混凝土温度降低到0℃时，混凝土内部水份结冰，停止了水化反应，公式不适用，计算结果和实际出人较大。

后来，Nukanen 对该式做了修正，认为当混凝土在负温下硬化时可取

$$M = \Sigma K(t+15)a_t$$

式中 K 为系数，其值随水泥品种不同而定。

1960 年，L. E. Copelad 等人认为根据水泥水化程度来表达成熟度更合适，并认为水泥的水化反应也是一种化学反应过程，也应当服从 Arrhenius 公式规律，因而提出了：

$$M = \Sigma \exp\left[\frac{E}{R}\left(\frac{1}{293} - \frac{1}{273+t}\right)\right] \cdot a_\tau$$

式中 R——气体常数，8.314×10^{-8}kJ/mol·K；

E——水泥激活能，对普通波特兰水泥：

当$t\geqslant 20$℃时 $E=33.5$kJ/mol，

$t<20$℃时 $E=33.5+1.47(20-t)$ kJ/mol；

a_τ——温度为 τ 时持续的时间（d）。

这一公式为 RILEM 所接受，并纳入 1981 年的《国际混凝土冬期施工建议》（RILEM39—BH）。

这些公式虽有一定的适应性，繁简不一，但都有一定的局限性。由于各国原材料都不一样，拿来使用，计算结果和实测结果比较误差较大。加之这些公式都是在普通空白混凝土的基础上建立的，皆未考虑外加剂的作用，所以结合我国国情尚不能采用。

本规程推荐的两种方法，皆为我国自己的研究成果，对掺有外加剂的混凝土，用国产材料进行大量的科学试验，经综合分析后提出来的。一为新疆建研所等单位提出的等效龄期法，于 1991 年通过了建设部科技发展司和施工管理司组织的鉴定，另一成熟度法为北京市建筑总公司组织北京市建筑科研所、北京各建筑公司等单位联合开展研究提出的，于 1989 年通过了北京建筑总公司组织的鉴定。两方法不仅使用简便，经多次工程使用验证表明误差较小。当然各地在使用时也可以不断积累自己的数据，修正提出更适合本地区的有关参数。使这种方法在我国不断发展完善。

中华人民共和国行业标准

机械喷涂抹灰施工规程

The Rule for Mechanized Morter Spray and Plane Construction

JGJ/T 105—96

主编单位：中国建筑科学研究院建筑机械化所
批准单位：中华人民共和国建设部
施行日期：1997年2月1日

关于发布行业标准《机械喷涂抹灰施工规程》的通知

建标［1996］408号

各省、自治区、直辖市建委（建设厅）、各计划单列市建委：

根据建设部建标［1993］285号文的要求，由中国建筑科学研究院负责主编的《机械喷涂抹灰施工规程》业经审查，现批准为行业标准，编号JGJ/T105—96，自1997年2月1日起施行。

本规程由建设部建筑工程标准技术归口单位中国建筑科学研究院负责归口管理和具体解释等工作。

本规程由建设部标准定额研究所组织出版。

中华人民共和国建设部

1996年7月12日

1 总 则

1.0.1 为使机械喷涂抹灰施工做到技术先进，经济合理，安全适用，确保质量，制定本规程。

1.0.2 本规程适用于工业与民用房屋及一般构筑物的墙面、顶棚、屋面和楼地面等的机械喷涂抹灰施工。

1.0.3 机械喷涂抹灰施工，除符合本规程外，尚应符合国家现行标准、规范、规程的有关规定。

2 机械设备

2.1 设备选择与配置

2.1.1 喷涂设备及其配套设备的选择应根据施工组织设计的要求和本规程的规定确定。

2.1.2 喷涂设备应由砂浆搅拌机、振动筛、灰浆泵、空气压缩机或灰浆联合机，与输送管道总成和喷枪等组成。

2.1.3 砂浆搅拌机宜选择强制式砂浆搅拌机，其容量不宜小于0.3m^3

2.1.4 振动筛宜选择平板振动筛或偏心杆式振动筛，两者亦可并列使用，其筛网孔径宜取10～12.5mm。

2.1.5 喷涂设备的选择应根据泵送高度和输送量确定，宜选择双缸活塞式灰浆联合机。其主要技术性能可按附录A选用。

2.1.6 空气压缩机的容量宜为300L/min，其工作压力宜选用0.5MPa。

2.1.7 输送管道总成应由输浆管、输气管和自锁快速接头等组成，输浆管的管径应取50mm，其工作压力应取4～6MPa；输气管的管径应取13mm。

2.1.8 喷枪应根据工程的部位、材料和装饰要求选择喷枪型式及相匹配的喷嘴类型与口径。对内外墙、顶棚表面、砂浆垫层、地面层喷涂应选择口径18与20mm的标准与角度喷枪；对装饰性喷涂，则应选择口径10、12与14mm的装饰喷枪。

2.1.9 当远距离输送砂浆或高处喷涂作业时，应备有无线对讲机等通讯联络设备。

2.2 设备安装与使用

2.2.1 设备的布置应根据施工总平面图合理确定，应缩短原材料和砂浆的输送半径，减少设备的移动次数。

2.2.2 砂浆搅拌机与平板振动筛的安装应牢固，操作应方便，上料与出料应通畅。

2.2.3 安装灰浆联合机的场地应坚实平整，并宜置于水泥地面上。车轮应楔牢，安放应平稳。

2.2.4 灰浆联合机应安装在砂浆搅拌机和振动筛的下部，其进料口应置于砂浆搅拌机卸料口下方，互相衔接。卸料高度宜为350～400mm。

2.2.5 喷涂应采用双气阀控制开关，其安装后应进行调试，启闭应方便，遥控性能应可靠。

2.2.6 喷涂设备应设有专人操作和管理，明确职责，应与喷涂作业人员密切配合，满足施工的要求。

2.2.7 喷涂设备正式工作前应进行空负荷试运转，其连续空运转时间应为5min，并应检查电机旋转方向，各工作系统与安全装置，其运转应正常可靠。

2.2.8 当喷涂设备工作时应经常观察输浆泵的压力变化，当表压力超过最大压力值时，应立即打开回流卸载阀卸压，并停机检查。灰浆联合机的常见故障与排除方法见附录B。

2.2.9 根据抹灰工程量和作业高度，可变换泵送速度，选择合适的砂浆输送量。当砂浆输送量大时，可选用高速档；对于泵送压力高或难以输送的砂浆时，可选用低速档；一般情况下，选用中速档。

2.2.10 当喷涂不同材料或不同稠度的砂浆时，应调节喷气嘴位置、双气阀开启量和输气流量，以使砂浆喷速均匀，与基层粘结牢固和减少反弹落地灰。

2.3 设备维修与保养

2.3.1 喷涂设备工作结束后，应及时清洗，并做好维护、保养和修理工作，使设备保持良好状态。

2.3.2 设备的日保养应按其使用要求添加润滑油，保持活塞泵油管畅通，检查超载安全阀和拆装处的密封性。

2.3.3 作业一周或50h后，应检查灰浆联合机泵体、缸筒、皮碗密封完好，传动处皮带的松紧程度，管接头牢固程度、密封性，清洗泵机外表，刷涂稀机油，防止脏物粘结。

2.3.4 离合器、回流卸载阀、减速器、空气压缩机等主要部件，应按其使用要求进行定期检查。如有磨损、损坏，应及时调整更换。

2.3.5 砂浆搅拌机和灰浆联合机加油前应擦净注油油嘴与油孔的脏物。

2.4 管　道

2.4.1 输浆管应坚固耐磨，安全可靠，压力输送过程中不应发生破损断裂。水平输浆管道宜选用耐压耐磨橡胶管；垂直输浆管可选用耐压耐磨橡胶管或钢管。

2.4.2 输浆管的布置与安装应平顺理直，不得有折弯、盘绕和受压。输浆管的连接应采用自锁快速接头锁紧扣牢，锁紧杆用铁丝绑紧。管的连接处应密封，不得漏浆滴水。输浆管道布管时，应有利于平行交叉流水作业，减少施工过程中管的拆卸次数。

2.4.3 水平输浆管距离过长时，管道铺设宜有一定的上仰坡度。垂直输浆管必须牢固地固定在墙面或脚手架上。水平输浆管和垂直输浆管之间的连接应不小于90°，弯管半径不得小于1.2m。

2.4.4 输送管采用钢管时，其内壁要保持清洁无粘结物。钢管两端与橡胶管应连接牢固，密封可靠，无漏浆现象。

2.4.5 喷涂时，拖动管道的弯曲半径不得小于1.2m。输浆管出口不得插入砂浆内。

2.4.6 输气管应选择软橡胶气管，输气管与喷枪的连接位置应正确、密封、不漏气。

2.4.7 输气管路应畅通，气管上的双气阀密封性应良好，无漏气现象。

3 已完工程与设施的防护

3.1 喷涂前的防护措施

3.1.1 为防止喷涂抹灰过程中污染和损坏已完的工程，应采用材料遮挡、包裹。所用工具设备等不应碰撞保护设施。

3.1.2 钢木门窗框应采取遮挡，防止喷粘砂浆。

3.1.3 铝合金、塑料、彩色镀锌钢板的门窗应粘贴塑料胶纸防护。

3.1.4 对给排水、采暖、煤气等各种管道，应采用塑料布等材料包裹防护；密集的管道宜在喷涂抹灰后安装。

3.1.5 暗装的防火箱、电气开关箱和线盒，就位的设备等应采取遮盖防护，防止粘污砂浆。

3.1.6 各种管道、线管应保持通畅，敞口处应临时封闭、防止进入砂浆。

3.1.7 已安装的不锈钢、铜质扶手栏杆，塑料扶手拦板，高级木扶手等，应采用塑料胶纸或塑料布包裹保护，防止粘污。

3.1.8 在已做好的楼地面、屋面防水层上铺设输浆管时，为防止接头铁件损坏楼、地面面层和防水层，应在接头铁件下铺垫木板或厚橡胶垫。在顶棚、墙面喷涂前，先做好的楼地面应用塑料布等材料遮盖。水泥砂浆楼地面强度不高时，不应用砂子遮盖。清除落地灰时，应防止损坏楼地面面层。不得使用铁器工具冲撞楼地面。

3.1.9 喷涂找平层砂浆时，雨水口处应先做好防护，避免砂浆堵塞雨水管道。

3.1.10 地漏及预留孔处应预先封闭，防止进入砂浆，并做出标志。

3.1.11 楼地面、墙面、顶棚设有的变形缝，喷涂前应用木板等材料做好变形缝的挡护，防止砂浆喷入缝内。

3.2 喷涂中的保护

3.2.1 输浆管布设和移动时，应对墙面、柱面和门窗口等阳角处抹灰加以保护，防止损坏。

3.2.2 采暖、热水管和其他管道的穿墙和楼板的套管位置，应符合设计要求，并防止砂浆堵管。

3.2.3 已安装的非金属管道、承插管道、悬吊式管道和楼地面铺设的暗线管道，不得碰撞、撬位和损坏。

3.2.4 明装设备的预埋件位置，喷灰时应留有明显标志，以利后道工序施工。

3.2.5 地面喷灰时，对已做好的水泥踢脚板和墙裙应采用遮挡等防护措施。

3.2.6 在松散保温层上喷灰时，为保证保温层厚度均匀一致，输浆管下应垫木垫板，避免输浆管道直接在保温层上拉动。

3.2.7 防水层上做抹灰保护层时，应防止输浆管接头铁件划破防水层；排汽管上的出口处应临时封闭，避免砂浆堵塞，排汽管不得碰撞、损坏。

4 砂浆制备

4.1 材料要求

4.1.1 材料品种、规格的选用应符合设计要求和现行材料标准。

4.1.2 水泥宜采用硅酸盐水泥、普通硅酸盐水泥和矿渣硅酸盐水泥，其标号应不低于325号。过期或受潮水泥不得使用。

4.1.3 砂子应清洁无杂质，含泥量应小于3%，宜采用中砂，使用前必须过筛。砂子最大粒径：当用于底层灰时应不大于2.5mm；用于面层时应不大于1.2mm，不得使用特细砂。

4.1.4 石灰膏应细腻洁白，不得含未熟化颗粒及杂质，不得使用干燥、风化、冻结的石灰膏。石灰膏使用块状生石灰淋制时，应用孔径不大于3mm×3mm筛过滤，石灰熟化时间在常温下不应少于15d，用于面层抹灰，熟化期不应少于30d。

用磨细石灰粉代替石灰膏时，应使用装修石灰粉，其细度应通过4900孔/cm²筛子；熟化时间不应少于3d。

4.1.5 掺加粉煤灰时，其技术指标应符合国家现行标准《粉煤灰在混凝土与砂浆中应用技术规程》JGJ28—86中Ⅲ级灰的要求。

4.1.6 砂浆中掺用的外加剂，应具有产品合格证，并应符合有关现行外加剂标准的规定。

4.1.7 砂浆搅拌用水宜采用饮用水。当采用其他水源时，水质应符合国家现行标准《混凝土拌合用水标准》JGJ63—89的规定。

4.1.8 喷涂白灰浆时，掺用的麻刀应坚韧、干燥、不含杂质。使用前应均匀弹松，其纤维长度不得大于30mm。当使用纸筋灰时，纸筋应浸透、捣烂、洁净、无腐料；罩面纸筋宜机碾磨细。

4.2 配合比要求

4.2.1 喷涂抹灰砂浆的配合比应符合设计要求。当设计无要求时，可按附录C机械喷涂抹灰砂浆配合比选用，其用量偏差不得超过5%。

4.2.2 砂浆的稠度，应满足可泵性和抹灰操作的要求宜取8～12cm；当用于混凝土和混凝土砌块基层时，砂浆的稠度宜取9～10cm；用于粘土砖墙面时，砂浆的稠度宜取10～11cm；用于粉煤灰砖墙时，砂浆的稠度宜取11～12cm。

4.2.3 为提高砂浆的和易性和可泵性，满足稠度要求，喷涂抹灰砂浆宜掺加外加剂，其品种与掺入量应由试验确定。

4.2.4 当砂浆的材料和配合比有变化时应重新测定其稠度。

4.3 砂浆搅拌

4.3.1 砂浆搅拌应按照配合比和稠度要求，严格计量，宜一次投料。在搅拌过程中不得再随意增加投料。当进行白灰砂浆搅拌或砂浆中掺外加剂时，宜先搅拌白灰或外加剂，而后再加足其他材料搅拌。

4.3.2 砂浆搅拌应选用强制式搅拌机，搅拌时间不应小于2min。

4.3.3 搅拌好的砂浆应进行过筛，并立即转入输送料斗内进行泵送。

5 喷涂工艺

5.1 施工准备

5.1.1 施工前，应根据施工现场情况和进度要求，确定施工程序，可按附录D机械喷涂抹灰施工工艺流程编制作业计划。

5.1.2 墙体所有预埋件、门窗及各种管道安装应准确无误，楼板、墙面上孔洞应堵塞密实，凸凹部分应剔补平整。

5.1.3 基层处理应按机械喷涂抹灰工艺要求符合下列规定：

1）基层表面灰尘、污垢、油渍等应清除干净；

2）宜先做好踢脚板、墙裙、窗台板、柱子和门窗口的水泥砂浆护角线，混凝土过梁的基层抹灰；

3）有分格缝时，应先装好分格条；

4）根据实际情况提前适量浇水湿润。

5.1.4 根据墙面基体平整度，装饰要求，找出规矩，设置标志、标筋；层高3m以下时，横标筋宜设二道，筋距2m左右；层高3m及其以上时，再增加一道横筋。设竖标筋时，标筋距离宜为1.2～1.5m，标筋宽度3～5cm。

5.1.5 不同材料的结构相接处，基体表面的抹灰应做好铺钉金属网，并绷紧牢固。金属网与各基体的搭接宽度不应小于100mm。

5.1.6 不同类型的门窗框与墙边缝隙应按规定材料分批嵌塞密实。

5.2 泵 送

5.2.1 泵送前应按本规程第2.2.7条要求做好检查，正常后才能进行泵送作业。

5.2.2 泵送时，应先压入清水湿润，再压入适宜稠度的纯净石灰膏或水泥浆进行润滑管道，压至工作面后，即可输送砂浆。

石灰膏应注意回收利用，避免喷溅地面、墙面，污染现场。

5.2.3 泵送结束，应及时清洗灰浆联合机、输浆管道和喷枪。输浆管道可采用压入清水—海绵球—清水—海绵球的顺序清洗；也可压入少量石灰膏，塞入海绵球，再压入清水冲洗管路；喷枪清洗用压缩空气吹洗喷头内的残余砂浆。

5.2.4 泵送砂浆应连续进行，避免中间停歇。当需停歇时，每次间歇时间：石灰砂浆不宜超过30min；混合砂浆不应超过20min；水泥砂浆不应超过10min。若间歇时间超过上述规定时，应每隔4～5min开动一次灰浆联合机搅拌器，使砂浆处于正常调合状态，防止沉淀堵管。如停歇时间过长，应按本规程第5.2.3条清洗管道。

因停电、机械故障等原因，机械不能按上述停歇时间内启动时，应及时用人工将管道和泵体内的砂浆清理干净。

5.2.5 泵送砂浆时，料斗内的砂浆量应不低于料斗深度的1/3，否则，应停止泵送，以防止空气进入泵送系统内造成气阻。

5.2.6 当向高层建筑泵送砂浆，设备不能满足建筑总高度要求时，应配备接力泵进行泵送。

5.3 喷 涂

5.3.1 根据所喷涂部位、材料确定喷涂顺序和路线，一般可按先顶棚后墙面，先室内后过道、楼梯间进行喷涂。

5.3.2 喷涂厚度一次不宜超过8mm。当超过时应分遍进行，一般底灰喷涂两遍：第一遍根据抹灰厚度将基体平整或喷拉毛灰；第二遍待头遍灰凝结后再喷，并应略高于标筋。

5.3.3 顶棚喷涂宜先在周边喷涂出一个边框，再按“S”形路线由内向外巡回喷涂，最后从门口退出。当顶棚宽度过大时，应分段进行，每段喷涂宽度不宜大于2.5m。

5.3.4 室内墙喷涂宜从门口一侧开始，另一侧退出。同一房间喷涂，当墙体材料不同时，应先喷涂吸水性小的墙面，后喷涂吸水性大的墙面。

5.3.5 室外墙面的喷涂，应由上向下按“S”形路线巡回喷涂。底层灰应分段进行，每段宽度为1.5～2.0m，高度为1.2～1.8m。面层灰应按分格条进行分块，每块内的喷涂应一次完成。

5.3.6 喷射的压力应适当，喷嘴的正常工作压力宜控制在1.5～2.0MPa之间。

5.3.7 持喷枪姿势应当正确。喷嘴与基层的距离、角度和气量，应视墙体基层材料性能和喷涂部位按附录E喷涂距离、角度与气量表选用。

5.3.8 喷涂从一个房间向另一房间转移时，应关闭气管。

5.3.9 面层灰喷涂前20～40min应将头遍底层灰湿水，待表面晾干至无明水时再喷涂。

5.3.10 屋面地面松散填充料上喷涂找平层时，应连续喷涂多遍，喷灰量宜少，以保证填充层厚度均匀一致。

5.3.11 喷涂砂浆时，对已保护的成品应注意勿污染，对喷溅粘附的砂浆应及时清除干净。

5.4 抹平压光

5.4.1 喷涂后应及时清理标筋，用大板沿标筋从下向上反复去高补低。喷灰量不足时，应及时补平。

当后做护角线、踢脚板及地面时，喷涂后应及时清理，留出护角线、踢脚板位置。

5.4.2 喷涂后，应适时用刮杠紧贴标筋上下左右刮平，把多余砂浆刮掉，并搓揉压实，保证墙面的平整。

5.4.3 最后用木抹子将墙面搓平与修补。当需要压光时，面层灰刮平后，应及时压实压光。

5.4.4 喷涂过程中的落地灰应及时清理回收。

5.4.5 面层灰应随喷随刮随压，各工序应密切配合。

6 质量检查与验收

6.1 质量要求

6.1.1 喷涂抹灰工程的质量等级应符合国家现行《建筑装饰工程施工及验收规范》JGJ73—91和设计的有关要求。

6.1.2 喷涂抹灰工程的面层不得有爆灰和裂缝；各抹灰层之间及抹灰层与基体之间应粘结牢固，不得有脱层、空鼓等缺陷。

6.1.3 喷涂抹灰分格条（缝）的宽度和深度应均匀一致，楞角整齐平直；孔洞、槽、盒的位置尺寸应正确、抹灰面边缘整齐；阴阳角方正光滑平顺；门窗框与墙体间缝隙应填塞密实，表面平整。

6.1.4 喷涂抹灰面层应表面光滑、洁净，接槎平整，线角顺直清晰，毛面纹路均匀一致。灰层的平均总厚度，应符合国家现行《建筑装饰工程施工及验收规范》JGJ73—91的有关规定。

6.2 检查验收

6.2.1 喷涂抹灰质量的检查方法，应符合国家现行标准《建筑工程质量检验评定标准》GBJ301—88的有关规定。

6.2.2 喷涂抹灰工程应按国家现行《建筑安装工程质量检验评定标准》的规定进行验收。

6.2.3 喷涂抹灰基层质量的允许偏差，应符合表6.2.3的规定。

喷涂抹灰基层质量的允许偏差　　表6.2.3

项　目	允许偏差（mm）			检 验 方 法
	墙、顶面	楼地面	屋面	
表面平整	4	4	5	用2m直尺和楔形塞尺检查

续表

项目	允许偏差（mm）			检验方法
	墙、顶面	楼地面	屋面	
阴阳角垂直	4	—	—	用 2m 托线板和尺检查
立面垂直	5	—	—	用 2m 托线板和尺检查
阴阳角方正	4	—	—	用 200mm 方尺检查
分格条（缝）平直	3	3		拉 5m 线和尺检查

注：喷涂抹灰基层质量是指初装饰质量，即压实搓平不抹光，另贴面层；压实压光不喷涂料。

6.2.4 机械喷涂一般抹灰质量的允许偏差，应符合《建筑装饰工程施工及验收规范》JGJ73—91 中表 2.5.7 的规定。

7 冬期抹灰施工

7.1 一般规定

7.1.1 根据当地昼夜室外平均气温低于 5℃，在最低气温低于 0℃的环境中进行施工时，应按冬期施工考虑。

7.1.2 冬期施工时，应对原材料、机械设备和喷涂作业，采取保温防冻措施。

7.1.3 室外喷涂抹灰，不宜在冬期施工。如必须安排施工时，宜采用暖棚法施工。

7.2 材料

7.2.1 配制砂浆应优先选用硅酸盐、普通硅酸盐水泥和磨细石灰粉。

7.2.2 不得使用受冻的石灰膏。

7.2.3 砂子应提前预热或放至正温环境下备用。不得使用含冰、雪的砂子。

7.2.4 冬期喷涂抹灰用砂浆应采取防冻措施。砂浆内需加入砂浆防冻外加剂时，其掺入量应由试验确定。

7.3 机械设备

7.3.1 砂浆搅拌机和灰浆联合机，应设置在暖棚内，输浆管道应采取保温措施。

7.3.2 砂浆搅拌温度不应低于 23℃，砂浆搅拌时间应比平时延长 1min 以上。砂浆应随拌随泵，不得积存砂浆，防止砂浆冻结。

7.3.3 工作结束后，料斗、输浆管道和泵体内部的存水应清除干净，防止冻结。

7.4 施 工

7.4.1 喷涂前，墙面必须清理干净，不得积存冰、霜、雪。不得用热水冲刷冻结的墙面或用热水消除墙面的冰霜。

7.4.2 室内喷涂前，宜先做好门窗口等的封闭保温围护，必要时可采取供热措施。

7.4.3 室内喷涂砂浆上墙与养护温度不应低于5℃。水泥砂浆层应在湿润条件下养护。

7.4.4 在施工过程中，每天应按时对大气、原材料、出机砂浆、砂浆上墙温度和室温进行测试，并作好记录。

7.4.5 喷涂抹灰结束后，7d以内的室内温度不应低于5℃。

8 安全施工

8.1 一般规定

8.1.1 高处抹灰时，脚手架、吊篮、工作台应稳定可靠，有护栏设备，应符合国家现行行业标准《建筑施工高处作业安全技术规范》JGJ80—91的有关规定。施工前应进行安全检查，合格后方可施工。

8.1.2 垂直输送管道使用前应检查是否固定牢固，防止管道滑脱伤人。

8.1.3 从事高处机械喷涂抹灰作业的施工人员，必须经过体格检查，符合高处安全作业的要求。

8.1.4 从事机械喷涂抹灰作业的施工人员，应进行安全培训，合格后方可上岗操作。

8.1.5 遇雷电暴雨和六级以上大风，影响施工安全时，应立即停止室外高处作业。

8.1.6 高处作业使用的工具，必须有防止坠落伤人的安全措施。

8.2 喷涂作业

8.2.1 喷涂前喷枪手必须穿好工作服、胶皮鞋，戴好安全帽、手套和安全防护眼镜等进行人身保护。

8.2.2 供料与喷涂人员之间的联络信号，应清晰易辨，准确无误。

8.2.3 喷涂作业时，严禁将喷枪口对人。当喷枪管道堵塞时，应先停机释放压力，避开人群进行拆卸排除，未卸压前严禁敲打晃动管道。

8.2.4 喷涂作业前，试喷与检查喷嘴是否堵塞，应避免喷枪口突发喷射伤人。在喷涂过程中，应有专人配合，协助喷枪手拖管，以防移管时失控伤人。

8.2.5 清洗输浆管时，应先卸压，后进行清洗。

8.2.6 输浆过程中，应随时检查输浆管道连接处是否松动，以免管子接头脱落，喷浆伤人。

8.3 机械操作

8.3.1 灰浆联合机和喷枪必须由专人操作、管理与保养。工作前，应作好安全检查。

8.3.2 设备运转时，不得检修。

8.3.3 喷涂前应检查超载安全装置，喷涂时应随时观察压力表升降变化，以防超载危及安全。

8.3.4 电动机、电气控制箱及电气装置，应遵守现行《施工现场临时用电安全技术规范》JGJ46—88的有关规定。

8.3.5 设备检修清理时，应拉闸断电，并挂牌示意或设专人看护。

8.3.6 非检修人员，不得拆卸安全装置。

附录A 灰浆联合机及灰浆泵的主要技术性能

附录A01 灰浆联合机主要技术性能

名称	单位	基本参数				
灰浆输送量	m^3/h	2.0	3.0	4.5	6.0	9.0
泵送高度	m	50	60	70	80	90
工作压力	MPa	<4		4~6		>6
搅拌公称容量	L	120	130	150	200	250
出料斗容量	L	160	170	200	250	300
电动机功率	kW	≤7.5	≤11.0		≤22.0	
整机质量	kg	≤1000	≤1100	≤1200	≤1400	≤1600

附录A02　灰浆泵的主要技术性能

型式	型号	用途	灰浆输送量 (m³/h)	最大垂直输送距离 (m)	工作压力 (MPa)	供气压力 (MPa)	耗气量 (m³/h)	螺杆泵 (h)	挤压软管寿命 (h)	电动机功率 (kW)	整机质量 (kg)	备注
柱塞式	UBM	输送用	2.0							≤2.2	≤200	
			3.0							≤3.0	≤250	
			4.5	40	≥1.5					≤4.0	≤300	
			6.0							≤5.5	≤350	
			9.0							≤7.5	≤400	
		抹灰用	2.0	40	≥1.5					≤3.0	≤350	
			3.0	55						≤4.0	≤400	
			4.5	70	≥2.5					≤5.5	≤550	
			6.0	75						≤7.5	≤700	
			9.0	90	≥4.0					≤11.0	≤900	
螺杆式	UBL		1	40	≥1.5			500		≤1.5	≤250	
			2	40				500		≤2.2	≤300	
			3	40	≥2.0			400		≤3.0	≤350	
			4	40				400		≤4.0	≤400	

续表

型式	型号	灰浆输送量 (m³/h)	最大垂直输送距离 (m)	工作压力 (MPa)	供气压力 (MPa)	耗气量 (m³/h)	螺杆泵 (h)	挤压软管寿命 (h)	电动机功率 (kW)	整机质量 (kg)	备注
挤压式	UBJ	0.8	20	≥1.0					≤1.5	≤175	
		1.2	25							≤185	
		1.8	30	≥1.5				100	≤2.2	≤300	
		2.0	35							≤320	
		3.0	40	≥2.0					≤4.0	≤380	
气动式	UBQ	0.8	15	≥0.45	≤0.6	≤18				≤13	
		1.5				≤24				≤18	
		2.4	18	≥0.55	≤0.7	≤36				≤34	
		4.0				≤40				≤38	
		6.0		≥0.60	≤0.8	≤48				≤46	

附录B　灰浆联合机的常见故障及排除方法

常见故障	发生原因	排除方法
泵吸不上砂浆或出浆不足	1）吸浆管道密封失效 2）阀球变形、撕裂及严重磨损 3）阀室内有砂浆凝块阀座与阀球密封不良 4）离合器打滑 5）料斗料用完	拆检吸浆管，更换密封件。 打开回流卸载阀，卸下泵头，更换阀球。 拆下泵头，清洗阀室，调整阀座与阀球间的密封。 调整离合器磨擦片的间隙，磨擦片过度磨损咬伤，及时更换。 打开回流卸载阀，加满料后，关闭回流卸载阀，泵送
泵体有异常撞击声	弹簧断裂或活塞脱落	打开回流卸载阀，卸压后，拆下泵头，检查弹簧和活塞，损坏更换
活塞漏浆	缸筒或密封皮碗损坏	打开回流卸载阀卸压，拆下泵头，检查缸筒和密封皮碗，损坏更换
搅拌轴转速下降或停止转动	1）搅拌叶片，被异物卡住，砂浆过稠，量过多。 2）传动皮带打滑、松弛	砂浆应作过筛处理。砂浆稠度适当，加入料量不超载。 调节收紧皮带，不松弛
振动筛不振	振动杆头与筛侧壁振动手柄位置不适当	调整振动手柄位置
灰浆输浆管堵塞	1）砂浆稠度不合适或砂浆搅拌不匀 2）泵机停歇时间长 3）输浆管内有残留砂浆凝结物块 4）没有用白灰膏润滑管道	砂浆按级配比要求。稠度合适，搅拌均匀。必要时可加入适量的添加剂。 泵机停歇时间应符合本规程5.2.4规定。 打开回流卸载阀，吸回管内砂浆，清洗管道。 泵浆前，必须先加入白灰膏浆润滑管道

续表

常见故障	发生原因	排除方法
压力表突然上升或下降	1）表压上升，输浆管道堵塞 2）表压下降 i）离合器打滑 ii）输浆管连接松脱，密封失效，泄漏严重或胶管损坏	停机，打开回流卸载阀，按输浆管堵塞的排除方法处理。 检查磨擦片磨损情况 检查输浆管道密封圈，拧紧松脱管接，损坏更换
喷枪无气	1）气管、气嘴管堵塞 2）泵送超载安全阀打开	清理疏通 气管距离超过40m长，双气阀压力提高0.03～0.05MPa 超载安全阀打开，按输浆管堵塞排除方法处理
气嘴喷气，喷枪突然停止喷浆	料斗料用完	按泵吸不上砂浆或出浆不足中第5）点方法处理
喷枪喷浆断断续续不平稳	泵体阀门球或阀座磨损	拆下泵头，检查阀座和阀门球磨损情况，损坏更换

附录C　机械喷涂抹灰砂浆配合比

结构部位 ＼ 材料名称		水泥	石灰膏	砂子	粉煤灰	稠度（cm）
顶棚		1.0	1.0	6.0		8～10
		1.0	1.0	6.0	0.5	
		1.0	1.0	4.0	2.0	
		1.0	1.0	7.0	1.0	
地面		1.0		3.0		8～9
		1.0		2.5		
墙面	外墙	1.0	0.1	3.0	0.2	9～10
		1.0		3.0		
		1.0	0.25	3.0		
	内墙	1.0	1.0	4.0		10～12
		1.0	0.25	2.5		
			1.0	3.0	0.5	
			1.0	3.0	1.0	

注：1. 由于地区温度、湿度不同，用水量有较大差别，故省略未列。

2. 采用其他砂浆添加剂应根据地区条件、作业对象，经试验确定。

附录D　机械喷涂抹灰施工工艺流程

施工准备 → 材料准备、机械准备、基层处理

材料准备 → 水泥、砂、石灰膏、其他材料、水 → 砂浆搅拌

机械准备 → 砂浆搅拌机、振动筛、灰浆联合机、管道总成、脚手架

基层处理 → 嵌门窗缝做护角 → 做标志　标筋 → 浇水湿润

砂浆搅拌 → 过筛 → 泵送 → 喷涂 → 托大板 → 刮杠 →搓平压光 → 清理落地灰回收 → 砂浆搅拌

附录E　喷涂距离、角度与气量

工程部位	距离(cm)	角度	气量
对吸水性强的干燥墙面	10～35	90°	气量应调小些
对吸水性弱的潮湿墙面	15～45	65°	气量应调小些
顶棚喷灰	15～30	60°～70°	气量应调小些
踢脚板以上部位喷灰	10～30	喷嘴向上仰30°左右	气量应调小些
门窗口相接墙面喷灰	10～30	喷嘴偏向墙面30°～40°	气量应调小些
地面喷灰	30	90°	气量应调小些

注：由于喷涂机械不同，其性能差异较大，因此喷涂距离取值面较宽，应视具体机械选择其中合适距离：一般机械的压力大，则距墙面距离亦应增大。

附录F　本规程用词说明

一、为便于在执行本规定条文时区别对待，对于要求严格程度不同的用词说明如下：

1. 表示很严格，非这样不可的：

正面词采用“必须”，反面词采用“严禁”。

2. 表示严格，在正常情况一般应这样作的：

正面词采用“应”，反面词采用“不应”或“不得”。

3. 表示允许稍有选择，在条件许可时，首先应这样作的：

正面词采用“宜”或“可”，反面词采用“不宜”。

二、条文中指明必须按其他有关标准执行的写法为，“应按……执行”或“应符合……的要求（或规定）”。非必须按所指定的标准执行的写法为，“可参照……的要求（或规定）”。

附加说明

本规程主编单位、参加单位和主要起草人名单

主编单位：中国建筑科学研究院建筑机械化研究所

参加单位：上海市第八建筑工程公司
唐山建设集团公司
天津市第三建筑工程公司
山东省工程建设监理公司
上海采矿机械厂
济南第四建筑工程公司

主要起草人：陈传仁　何其富　刘志贵　李文强　王延泉
唐国梁　何同文

中华人民共和国行业标准

机械喷涂抹灰施工规程

JGJ/T 105—96

条 文 说 明

前　言

根据建设部建标［93］285号文的要求，由中国建筑科学研究院建筑机械化研究所负责主编，并会同上海市第八建筑工程公司，唐山建设集团公司、天津市第三建筑工程公司、山东省工程建设监理公司、上海采矿机械厂、济南第四建筑工程公司等六个单位共同编制的行业标准《机械喷涂抹灰施工规程》(JGJ/T105—96)，经建设部1996年7月12日以建标［1996］408号文批准发布。

为便于广大设计、科研、施工、教学等有关单位人员在使用本规程时能正确理解和执行条文规定，编制组按《机械喷涂抹灰施工规程》章、节、条的顺序、编制了条文说明，供国内使用者参考。在使用中如发现本条文说明有欠妥之处，请将意见函寄河北廊坊市金光道61号中国建筑科学研究院建筑机械化研究所(邮编102849)。

本条文说明由建设部标准定额研究所组织出版，仅供国内使用，不得翻印。

1996年7月

目　次

1 总 则

1.0.1 机械喷涂抹灰在我国的应用已有30多年的历史，用机械喷涂代替手工抹灰，在试用初期就已显示出工效高、速度快等突出特点，所以在抹灰力量薄弱时，常用机械喷涂抹灰突击抢工期。国家也于60、70年代多次号召推广机械喷涂抹灰技术。但当时由于施工工艺尚在摸索，机械设备技术性能与质量也较差，使用中常发生故障，且寿命也短，虽抢了工期，工人体力劳动并未减轻，从经济上也没有获得更多的效益。进入80年代以来，随着国家科学技术和工业水平的发展，又引进国外新技术，抹灰机械有了很大改进，不仅轻型化，质量有了很大提高，各种灰浆泵已在中高层建筑中广泛用于输送砂浆，一些省市又在工业与民用建筑中重新使用机械喷涂抹灰技术。根据近几年各地使用的经验，机械喷涂抹灰与手工比较，主要有以下优点：

一、工程质量好。喷涂的压力一般在0.5MPa以上，压力大，附着力强，粘结牢固，没有空鼓、裂缝与脱皮现象。经质检部门实际抽样检查，合格率基本为100%，优良率为40%～90%。

二、速度快，工效高。一个由23～25人组成的机械喷涂抹灰队（班组），日完成底子灰一般为500～800m²，最高可达1000m²。人均日完成实物量30～40m²，比手工可提高2～5倍。

三、减少用工，降低成本。采用机械喷涂抹灰比手工减少用工约1/2，节约人工费也约为1/2；由于缩短工期，机械使用费少35%～50%；综合分析施工成本约可降低30%左右。

四、节约材料和设备。机械喷涂顶棚灰时，可省去一层素水泥浆，一般宿舍楼每平方米约需3kg水泥，一幢9000m²的住宅楼，约可省用27吨水泥。对加气混凝土墙可直接喷灰，省去以往采用的外挂铅丝网或一道DG胶。据统计，一般4000m²左右的宿舍楼，使用机械喷涂抹灰，约可节省一台井字架和卷扬机，由于机械占用时间短，周转快，能节约上万元机械费用。

同时，采用机械喷涂抹灰减轻了工人的劳动强度，改善了劳动条件，增强了企业的技术含量，提高了施工机械化水平，促进了施工企业的科技进步。为了保证工程质量，提高工效，减轻劳动，降低成本，促进机械喷涂抹灰技术的推广和发展，特制定本规程。

1.0.2 本规程所述的是主要适用范围。对水利、冶金、隧道、桥梁等喷涂抹灰工程，也可参照使用。

本规程所指砂浆，是包括石灰砂浆、水泥砂浆和混合砂浆。

1.0.3 本规程是根据国内各地机械喷涂抹灰的实践经验研究制定。因此对机械喷涂抹灰工程的施工，凡本规程有具体规定的，施工中应按本规程执行；本规程未作规定的，在施工中尚应遵守所列及其他国家现行规范标准的有关规定。

2 机械设备

2.1 设备选择与配置

2.1.1 我国地域分布范围广，各项工程的抹灰工作量大小不一，施工进度、工期和设计要求不同，在选择设备型号与容量时，要充分考虑设备投资费用，进行经济核算，合理地选定设备和配套数量。

2.1.2 本条规定了机械喷涂抹灰工艺流程过程中应采用成套性设备，同时也允许某些抹灰项目简化设备，局部组合。目前，为数不少的施工现场所使用的机械抹灰设备匹配不当，尤其对高层建筑抹灰缺乏可靠的泵送喷涂设备。根据许多施工单位的应用实践和积累的经验，对喷涂工艺流程要求的设备成套性作了规定。

2.1.5 双缸活塞式灰浆联合机是采用补偿凸轮双活塞式泵，集合搅拌、泵送、空气压缩系统、输送管道总成、喷涂于一体，产品结构紧凑，灰浆输送量大，工作压力较高，输送距离远，喷涂抹灰性能良好，具有高效、省力、经济的特点。目前国内生产的有UH型灰浆联合机。

为了便于选择，附录A列举了各种抹灰机械的主要技术参数。

2.1.6 采用灰浆联合机，机上一般都配有小型立式自润滑式空压机，体积小，性能优越。空气压缩系统有空气压缩机和输气胶管等组成。用于高处作业或远距离施工场地时，可采用气控遥控操作，安全可靠。如采用其他设备，应按本条要求选配空气压缩机。

2.1.8 抹灰施工主要分为内外墙面、顶棚、地面和建筑物装饰喷涂。由于喷涂空间、工作环境、抹灰材料和装饰工艺要求不同，因此抹灰作业时要选择合适的喷枪和喷嘴。喷枪有长、短、角度等多种型式。

喷枪使用时，喷气管到喷嘴的距离一般大于或等于喷嘴通径，其距离可根据现场工作情况进行调节。

2.1.9 本条规定灰浆联合机运行过程中，泵机操作处和高处作业面或远距离输送处之间应设有工作状态联络信号，包括泵机开动，砂浆输送，喷涂作业，停泵或中途停顿等相互之间的联络和安全运行，应采用无线对讲机。

2.2 设备安装与使用

2.2.3 砂浆搅拌机和灰浆联合机安装在坚实平整地面，特别是水泥地面上，撒地的砂石与灰浆便于清理再利用。

2.2.4 砂浆搅拌机拌制的物料经振动筛卸入灰浆联合机料斗，卸料位置要对齐，卸料高度宜为350～400mm，因为，卸料间距过小，物料易堵，不便清理。

2.2.5 灰浆联合机的喷涂有手动和气控两种操纵方式，气控装置是由喷枪上的双气阀经过输气胶管、安全阀的顺序控制离合器的合断，以操纵泵机的启动和停止泵送工作。双气阀的启闭、气量调节方便，安全可靠。

2.2.7 灰浆联合机双活塞泵往复运动运行轨迹是限定的，电动机旋转方向是不可逆转的，因此，泵机正式工作前，必须检查电动机旋转方向与标志的箭头方向应相符。泵机空运转时，各处压力表要显示清晰，压力变动正常。

2.2.8 灰浆联合机在出厂前已对泵机最大允许工作压力调定好，不必再进行调整。但是，泵机工作过程中由于泵送砂浆材质、输送距离和高度不同，泵机工作压力亦随其波动。操作人员应随时观察压力表表压变动情况，如果表压骤然升高，超过最大工作压力，超载安全装置又未打开，此时应立即打开回流卸载阀卸压，停机检查。排除故障后，再关闭回流卸载阀，重新恢复工作。

为方便使用，本规程附录B列出了灰浆联合机的常见故障与排除方法。

2.2.9 灰浆联合机有高中低三档泵送速度，用塔形皮带轮进行调节，以适应各种作业情况变化的需要。高速档，输送砂浆量大；对于泵送压力高或难以压送的砂浆可选用低速档；一般情况下，为减少主要零件的磨损，延长机器的使用寿命，可以选用中速档。

2.3 设备维修与保养

2.3.2 灰浆联合机日常保养要求双活塞泵油管畅通，两个针阀式油杯注满20号机械油。搅拌装置、料斗两端轴端上的油嘴及回流卸载阀上油嘴均注入锂基润滑脂。检查空压机油池液面高度，油位下降时要加满，夏季加HQ—10号油，冬季加HQ—6号油。每日泵送结束，打开超载安全装置清洗干净。清理搅拌器、料斗、振动筛网上污垢干结料，用压缩空气吹净喷气嘴和双气阀上残留灰浆，并滴入1～2滴润滑油。

2.3.4 根据实践经验，目前常用的灰浆联合机，一般每工作100h，应拆洗回流卸载阀，以保证转阀的自由回转无卡阻现象；检查空压机呼吸器出口处密封性，拧紧连接螺栓。每工作500h检查离合器摩擦片的磨损情况，及时更换损坏件，保证离合器正常啮合，清洗各传动部位处的轴承。

2.4 管　　道

2.4.1 灰浆联合机砂浆输送和喷涂作业是通过输送管道来完成。输送管道承受的工作压力高，输送介质腐蚀性强，管道磨损大，因此选择砂浆输送管应要求坚固、耐压、耐磨、耐腐蚀，在压力输送过程中不发生破裂，安全可靠。由于施工时作业范围变化大，供应范围大，输送管的连接要快速，拆卸方便。

一般工况下输送用的水平输送管和垂直输送管均采用耐压耐磨橡胶管。这种管布管灵活，移动方便，但是在垂直输送时橡胶管易晃动，阻力大。目前，一些施工单位也有采用钢管作垂直输送砂浆用，这种管稳定性较好，阻力损耗小。

2.4.2 输浆管道铺设有水平管和垂直管。管线长，垂直高度大，安装时应固定牢靠；管道安装不许有短线折弯、盘绕，切忌在输浆胶管上压放物料，防止增加输浆管道阻力，引起密封失效，漏水漏浆，造成输浆管堵塞、不能泵送，甚至加剧胶管磨损，导致胶管破裂。

2.4.3 水平输浆距离过长时，由于浆管自重，导致管道下垂，增加物料流动阻力，从而降低喷头处的压力，发生流淌，影响喷涂粘结力。根据使用单位的经验，如果在长距离的水平输浆管道铺设时，管道上仰一定的角度，其角度不大于12°，就会弥补上述不足，保持出浆均匀。

3 已完工程与设施的防护

3.1 喷涂前的防护措施

3.1.1 喷涂抹灰过程中，由于机械喷涂压力大，速度快，一些成品很容易粘污砂浆。一旦粘污，不仅清理费工，对有些产品还影响表面平整，油漆美观和铝合金等制品的平滑光洁度质量。所以本条规定喷涂抹灰时，对已完成品应采取保护措施。

3.1.2 钢木门窗框除遮挡外，门窗口四周墙面喷涂抹灰时，应分块喷涂，不应往返跨越门窗。当一块墙面喷完后，继喷相邻墙面时，喷枪应绕过门窗口，避免对门窗及护角的污染。

喷涂施工过程中，钢木门窗框如粘污砂浆，若不及时清理，擦拭干净，砂浆硬化后，不仅难于清理，也影响表面平整美观，损伤钢、木门框表面，影响门窗油漆涂层外观质量，故本条规定应对钢木门窗框加以防护。

3.1.3 铝合金、塑料、彩色镀锌钢板门窗表面平滑光洁，安装后不再涂刷其他涂层，应充分利用出厂时原有塑料胶纸保护面膜;没有保护包装时，应粘贴塑料胶纸。若安装时无塑料胶纸防护，一旦喷涂时受砂浆污染，既是及时擦掉，表面仍留残余痕迹，影响表面光洁质量。故本条规定，安装时应粘贴塑料胶纸保护，待喷涂抹灰和装饰工程完工后再撕去，并用无腐蚀性溶剂醋酸乙酯等擦洗干净。

3.1.4 安装的给排水、采暖、煤气等管道，要求刷银粉漆防腐，表面应平滑。施工中如粘污砂浆，需及时清理干净，将要增加清理用工。否则，难保管道油漆外观质量。因此喷涂前应用塑料布等材料包裹防护，避免粘污砂浆。如密集管道若是先安装后喷涂，不仅抹灰不易操作，抹灰质量难于保证，而且管道也容易玷污。故本条规定，密集管道宜在抹灰后安装，以保证抹灰质量和避免管道玷污。

3.1.5 暗装的防火箱、电气开关箱和线盒、就位的设备等，要求洁净无污物。喷涂前应用塑料布等遮盖严密，防止粘污砂浆，影响观感。

3.1.6 管道、线管敞口处是指风道、烟道、垃圾道和电线管等的敞口部位。这些部位在喷涂过程中，如不采取临时封闭，一旦砂心进入，很容易堵塞管道，还需凿掏修理。故规定在喷涂前做好临时封闭。

3.1.7 据调查，有的施工单位在喷涂前先安装不锈钢、铜质扶手栏杆，塑料扶手栏板、高级木扶手等制品。为保证工程质量，本条规定对上述高级装饰材料应采用有效的保护措施，防止玷污，因粘污的砂浆容易使其表面腐蚀，造成不能清除的污痕或破坏表面光洁。

3.1.8 先做楼地面，后进行顶棚、墙面喷涂抹灰和在屋面防水层上做喷涂保护层时，铺设的输浆管道接头铁件移动会划破损坏面层，造成质量问题。故本条规定，在铁件下面应采取防护措施。在墙面等喷涂时，应做好楼地面的防护措施；当楼地面抹灰强度不高时，不应使用砂子遮盖，因在施工时砂子颗粒磨擦面层，会造成起砂、麻面等质量问题；宜在楼地面上用塑料布等材料遮盖，便于落地灰的清理；在清除落地灰时，不得使用铁器工具冲撞地面，以防损坏地面。

3.1.9 吸取以往屋面喷涂时，未对落水口采取防护，造成落水管堵塞的教训。本条规定，屋面找平层喷涂前，应对雨水口处采取隔离防护措施，避免砂浆堵塞落水管，影响雨水排泄功能，造成屋面积水渗漏现象。

3.1.10 地漏不封闭好，喷涂中砂浆进入地漏内，会造成排水不畅，严重的堵塞管道，影响使用。本条规定，地漏处应预先封严。对预留孔处也应临时封严，做出标志，以利后道工序施工。

3.1.11 当地面设有变形缝时，因缝内要加放镀锌挡板、填塞沥青麻丝或其他填充材料，为减少清理工作，应做好变形缝的挡护，防止砂浆进入缝内。

3.2 喷涂中的保护

3.2.1 输浆管在布设和喷涂移动时，墙面、柱面和门窗口的阳角处，最容易碰撞损坏。为确保阳角抹灰质量，应做好这些部位的保护，防止损伤。

3.2.2 采暖热水管道的穿墙和楼板的套管位置，若不符规范规定要求，在使用中抹灰面会沿管道周围发生开裂、鼓胀，影响外观质量。套管出地面高度不够，地面有水时，会沿套管处下渗。因此在喷涂抹灰时，套管位置应符合设计要求。

3.2.3 室内雨水管和下水管，多采用塑料管、铸铁管、陶土管等承插管道。这些管道强度低、接口多，不论垂直安装或水平悬吊安装，在施工中都不得用托板、刮杠和其他工具撞击，以免产生移位、损坏、破坏接口的严密性，影响使用。

楼、地面铺设的暗埋管线，在喷涂施工时应进行保护，防止已铺设好的暗埋管线位置和标高移位，并防止管线脱节、损坏，造成楼地面竣工后不能使用的隐患。

3.2.4 设备安装预留的埋件，在喷涂抹灰施工时，应将预埋件位置留出，并做出明显标志，避免到处找凿。

3.2.5 据调查，各地施工时有的先做地面，也有的后做地面。当后做地面喷涂时，对已做好的水泥踢脚板和墙裙成品应加以保护，可采用遮挡或调整喷枪口与地面喷灰角度、距离等措施，减少其砂浆粘污。对喷粘的砂浆要及时擦洗干净，以防影响踢脚板和墙裙外观质量。

3.2.6 屋面松散保温材料常使用的有蛭石、膨胀珍珠岩、粉煤灰、岩棉等。施工时常使松散颗粒之间稍加粘结，强度仍然很低，在松散保温材料上喷涂找平层时，直接在保温层上布设输浆管，拖动管道会拉动保温材料，造成保温材料厚薄不均。采取在输浆管下加垫木板，以保证保温层厚度均匀一致。

3.2.7 为确保屋面防水层质量，在喷涂保护层时，应对已铺贴好的防水层采取保护措施，防止输浆管接头铁件划破防水层，留下屋面渗漏隐患。

在防水层上做排气管，喷涂时应将排气管出口临时封闭好，防止进入砂浆，堵塞排气通道。排气管与防水层之间已做好防水处理的，施工中不得碰撞、损坏，影响防水功能。

4 砂浆制备

4.1 材料要求

4.1.1 喷涂所选用的材料，基本上与手工抹灰相同，可根据工程的不同部位要求，选择材料的性能，满足泵送要求是一项最基本原则。

4.1.2 本条特别提出应采用早期强度较高的硅酸盐类水泥，并要求标号不低于325号，是为了满足机械喷涂工艺和工程质量的要求。

4.1.3 本条提出对砂子的基本要求，并根据喷涂部位的不同，对砂子粒径作了具体规定，为确保泵送顺利，无堵管现象，特强调砂子使用前必须过筛。为保证面层的工程质量，对面层用砂的粒径，一定要严格控制。

4.1.4 本条对砂浆所使用的石灰膏与生石灰粉规定了具体要求，为了防止产生抹灰墙面的“爆灰”现象，对石灰膏与生石灰粉的熟化期作了具体规定。

4.1.5 经多年的应用实践证明，在建筑工程抹灰施工中掺用粉煤灰，主要是增加砂浆的和易性、可泵性，提高抹灰操作性能。

4.2 配合比要求

4.2.1 原手工抹灰用砂浆与附录上所列砂浆的各种配合比，均系体积比。

4.2.2 砂浆稠度是保证机械喷涂质量的重要因素，喷涂砂浆稠度比手工抹灰砂浆稠度要有所增加，面层砂浆稠度要比底层砂浆稠度有所增加，一般在8～12cm；吸水率较低的基层采取稠度较小值。

4.2.3 根据各地工程实践，在喷涂中都掺有不同比例的材料与外加剂，用以提高砂浆的和易性和可泵性。因此，各地喷涂时可因地制宜的选择使用石灰膏、粉煤灰、强力粉与微沫剂等。

4.2.4 本条规定的材料变化是指同一种材料的不同批次。改换了不同的材料或砂浆配合比有差异，都应测定其稠度。

4.3 砂浆搅拌

4.3.2 本条强调在砂浆搅拌时，使用强制式搅拌机。主要目的是为满足机械喷涂工艺对砂浆和易性、可泵性的要求。搅拌时间不少于 2min 和搅拌要均匀一致，也是为了同一目的。

4.3.3 喷涂过程中，管道和喷嘴堵塞是影响机械效率的主要原因。究其故障原因大多是超径的石子或杂物混入砂浆中，严重者甚至会损坏喷涂设备。因而本条强调既使搅拌好的砂浆也一定要过筛。

本条要求立即转入料斗进行泵送，其原因是为了防止砂浆停放时间过长，而产生离析和不均匀现象，影响工艺所要求的稠度及可泵性。

5 喷涂工艺

5.1 施工准备

5.1.3 当前喷涂抹灰施工中，有先抹水泥砂浆后喷涂抹灰和先喷涂抹灰后抹水泥砂浆，两种作法各有利弊，至今还均有采用。但决定喷涂抹灰质量的重要因素是基层的处理。为了搞好基层处理，本条提出了应保证做到的五条规定。

在混凝土基底上抹灰时，手工抹灰一般应对基底进行凿毛或喷毛处理后，再进行抹灰施工；采用机械喷涂，由于其砂浆对混凝土基底有较大的压力（1.5～2MPa），因此可直接在混凝土基底上进行喷涂，而不需对基底处理，亦能保证抹灰质量。

5.1.4 根据各地施工情况，本条规定了横筋和竖筋两种标筋方法。标横筋时，下道筋应设在踢脚板上口；标竖筋时，两端标筋设在阴角。

5.1.6 在喷涂抹灰前，对安装的门窗框及预埋件，应检查位置是否正确，对门窗框与墙边缝隙应填实。当门窗框为铝合金时，应用泡沫塑料条、泡沫聚氨酯条、矿棉玻璃条或玻璃丝毡条进行处理；当门窗框为彩色镀锌钢板时，应用建筑密封膏密封；当门窗为钢木时，应用水泥砂浆填补；当门窗框为塑料时，应用泡沫塑料条、泡沫聚氨酯条、油毡卷条处理，但不能填塞过紧。

5.2 泵送

5.2.2 本条具体规定了泵送开始的程序，这是施工单位多年推行泵送砂浆的实践经验，是减少堵塞，顺利泵送的保证。

5.2.4 本条规定了泵送一旦需要停歇时，应采取的具体办法与措施。从泵送要求，应连续作业，尽量避免中间停歇，因中间停歇时，砂浆容易堵管，若对泵体与管道清理不仅增加许多繁重劳动，并且还影响劳动效率。

5.2.6 当建筑物高度超过60m，泵送压力达不到要求时，应再设置接力泵，进行接力泵送。既使泵送额定压力能达到要求，则高压满负荷工作，灰浆泵也比正常工况情况下磨损较严重。

5.3 喷　　涂

5.3.1 喷涂顺序和路线的确定影响着整个喷涂过程。选择合理，不仅操作顺手，而且减少迂回和因输浆管道的拖动而产生的不良后果。从总布局说，应遵守“先远后近，先上后下，先里后外”的原则。

5.3.2 抹灰层的粘结牢固是抹灰质量的主要保证。由于基层平整程度不同，为防止喷涂底层厚度一遍到位，本条规定喷涂应分遍进行，并规定了每遍的控制厚度，一般底灰喷涂两遍；当喷涂厚度超过8mm时，第二遍需等头遍砂浆凝结后再喷。

5.3.3 本条规定了顶棚的喷涂方法，先后程序和行走路线，以免喷涂时反复移动、拖管，影响喷涂质量和效率。

5.3.4 本条规定了室内墙面的喷涂方法。就一个房间而言，由于基层有混凝土、砌块、空心砖及实心砖等，吸水性能差别很大，为了能达到干湿程度相接近，作到同时交活，应先喷涂吸水性能较小的部位，然后再喷涂吸水性能大的部位。

5.3.5 本条规定了室外墙面的喷涂方法。室外喷涂分底层和面层两部分。当室外有镶贴面层时，只喷涂底层。本条规定了每次喷涂宽度为1.5～2.0m，高度按室外脚手高度取一步架即可。如面层要求抹灰压光时，亦可喷涂面层灰。两层灰要分两次进行喷涂。

5.3.6 喷涂作业时，应使喷嘴压力表上的压力值控制在1.5～2.0MPa之间。如压力不足时，应调整空压机的压力。

5.3.7 持喷枪姿势应当正确。根据各地实践，喷枪手持枪姿势以侧身为宜，右手握枪在前，左手握管在后，两腿叉开，以便于左右往复喷浆。

5.3.8 喷涂工作在转移房间时，若继续开着气管，砂浆也会继续喷涂，在拖动过程中不仅容易弄脏墙地面，也容易伤人。因此，本条规定在喷涂转移房间时，应关闭气管。

5.4 抹 平 压 光

5.4.1 清理标筋，是指在喷涂时，喷溅在横、竖标筋上的砂浆应及时清理干净，这样标筋才能作为刮平标准。当采用先喷涂后抹护角线时，喷涂后应及时清理护角线、踢脚板位置上的砂浆，以便做下道工序。

5.4.4 喷涂过程中的落地灰是指喷涂、刮杠刮平与搓揉时喷、刮、搓下的砂浆。砂浆清理回收后，以便再利用。

6 质量检查与验收

6.1 质 量 要 求

6.1.1 这里指的喷灰工程是一般为墙面、顶棚喷灰，其质量等级应符合国家现行标准《建筑装饰工程施工及验收规范》JGJ73—91规定的等级，并符合设计有关要求。

6.1.4 喷涂抹灰层的平均总厚度，是指分遍分层的总厚度。一般每遍厚度不得超过8mm，更不得一次喷涂到总厚度。

6.2 检 查 验 收

6.2.1 本条喷涂抹灰质量的检查方法，是根据国家现行标准《建筑工程质量检验评定标准》GBJ301—88第十一章第一节一般抹灰工程的保证项目、检验项目和实测项目所规定的检查方法

6.2.2 本条规定喷涂抹灰工程应按国家现行标准《建筑工程质量检验评定标准》的第11.1.2条、第11.1.3条、第11.1.8条有关规定项目进行验收。

6.2.3 本条表6.2.3的喷涂抹灰基层质量的允许偏差是根据《建筑工程质量检验评定标准》的第9.3.8条、第11.1.8条和第12.1.7条所规定的允许偏差和检验方法。

6.2.4 本条规定机械喷涂抹灰质量的允许偏差应符合国家现行规范《建筑装饰工程施工及验收规范》JGJ73—91表2.5.7的规定。

7 冬期抹灰施工

7.1 一 般 规 定

7.1.3 室外喷涂不易保温，特别冬期施工增加费用开支，劳动效率低，且工程质量不易保证，因此本条规定，室外喷涂抹灰，不宜在冬期施工。

7.2 材　　料

7.2.4 掺加砂浆防冻剂时，应选择不起泡类型，以免影响抹灰工程质量。

7.3 设　　备

7.3.2 冬期施工用砂浆是指水泥砂浆，本条规定其温度应不低于23℃，当采用加砂浆防冻剂后，其限定温度值可以经试验确定。

拌好的砂浆延迟使用或过多积存，砂浆温度将随气温而降低。砂浆温度得不到保证，势必影响抹灰工程质量。

7.4 施　　工

7.4.3 本条强调冬期喷涂砂浆上墙与养护期的温度要求，并指出室内抹灰的养护条件，以保证灰层的硬化。

7.4.4 在施工过程中，为保证抹灰工程质量，应掌握好几个关键过程的温度，因此本条规定，应首先作好所要求的几个温度的测试。

8 安全施工

8.1 一般规定

8.1.1 本条按国家现行行业标准《建筑施工高处作业安全技术规范》JBJ80—91有关条文执行。

8.1.2 经调研，喷涂施工过程中曾多次发生垂直输送管道由于未牢固地固定在墙面或脚手架上，管夹松动，垂直输送管晃动，致使输送管滑脱，造成人身事故，故本条规定使用前应检查垂直输送管道是否固定牢固，如发现问题，应立即采取措施。

8.2 喷涂作业

8.2.1 本条是根据行业标准《建筑施工高处作业安全技术规范》第2.0.6条和国务院发布的《建筑安装工程安全技术规程［(56)国议周字第40号］第八章第102条有关规定编制的。

8.2.3～8.2.4 经调研，全国各地喷涂作业中都发生过喷枪口对人、排除枪嘴及管道堵塞等伤人事故。为了防止类似事故发生，故本条对喷涂作业前和作业时作了明确规定。

8.2.5 本条是根据全国各地喷涂作业清洗输浆管时，曾发生过未先卸压而导致伤人事故的教训，为避免清洗输浆管过程中不再发生类似事故，特作本条规定。

8.3 机械操作

8.3.1 经调研，各地喷涂施工实践表明：凡是安全生产、设备状态完好，都是由专人操作、管理与保养灰浆联合机和喷枪。故本条作了这一明确的规定。

8.3.5 据调查，由于工地多处用电，虽拉闸但无人看管，导致在检修的人员发生事故。故本条规定在检修清理时，应拉闸断电，还应挂牌示意或设专人看护，以防事故发生。

8.3.6 为了确保安全使用机械设备，本条规定非检修人员不得拆卸安全装置。

中华人民共和国行业标准

钢筋机械连接通用技术规程

General Technical Specification for Mechanical Splicing of Bars

JGJ 107—96

主编单位：中国建筑科学研究院
批准部门：中华人民共和国建设部
施行日期：1997年4月1日

关于发布行业标准《钢筋机械连接通用技术规程》的通知

建标［1996］615号

根据建设部（1993）建标字第699号文的要求，由中国建筑科学研究院主编的《钢筋机械连接通用技术规程》业经审查，现批准为行业标准，编号JGJ 107—96，自1997年4月1日起施行。

本标准由建设部建筑工程标准技术归口单位中国建筑科学研究院归口管理并负责解释，由建设部标准定额研究所组织出版。

中华人民共和国建设部
1996年12月2日

1 总 则

1.0.1 为在混凝土结构中使用钢筋机械连接，做到技术先进、安全适用、经济合理，确保质量，制定本规程。

1.0.2 本规程适用于工业与民用建筑的混凝土结构中受力钢筋机械连接接头（简称接头）的设计、应用与验收。各类机械连接接头均应遵守本规程的规定。

1.0.3 用于机械连接的钢筋应符合现行国家标准《钢筋混凝土用热轧带肋钢筋》(GB 1499)及《钢筋混凝土用余热处理钢筋》(GB 13014)的要求。执行本规程时，尚应符合国家现行标准的有关规定。

2 术语和符号

2.1 术 语

2.1.1 钢筋机械连接（Rebar Mechanical Splicing）

通过连接件的机械咬合作用或钢筋端面的承压作用，将一根钢筋中的力传递至另一根钢筋的连接方法。

2.1.2 接头抗拉强度（Tensile Strength of Splicing）

接头试件在拉伸试验过程中所达到的最大拉应力值。

2.1.3 接头残余变形（Residual Deformation of Splicing）

接头试件按附录A加载制度加载后，在规定标距内所测得的变形。

2.1.4 接头极限应变 （Ultimate Strain of Splicing）

接头试件在规定标距内测得的最大拉应力下的应变值。

2.2 主要符号

主 要 符 号 表 2.2

编号	符 号	单位	含 义
1	E_s^o	N/mm²	钢筋弹性模量实测值
2	$E_{0.7}$，$E_{0.9}$	N/mm²	接头在0.7、0.9倍钢筋屈服强度标准值下的割线模量
3	E_1，E_{20}	N/mm²	接头在第1、20次加载至0.9倍钢筋屈服强度标准值时的割线模量
4	ε_u		受拉接头试件极限应变
5	ε_{yk}		钢筋在屈服强度标准值下的应变
6	u	mm	接头单向拉伸的残余变形
7	u_4，u_8，u_{20}	mm	接头反复拉压4、8、20次后的残余变形
8	f_{mst}^o，$f_{mst}^{o'}$	N/mm²	机械连接接头的抗拉、抗压强度实测值
9	f_{st}^o	N/mm²	钢筋抗拉强度实测值
10	f_{tk}，f_{tk}	N/mm²	钢筋抗拉、抗压强度标准值

3 接头的设计原则与性能等级

3.0.1 钢筋机械连接接头的设计应满足接头强度（屈服强度及抗拉强度）及变形性能的要求。

3.0.2 钢筋机械连接件的屈服承载力和抗拉承载力的标准值不应小于被连接钢筋的屈服承载力和抗拉承载力标准值的1.10倍。

3.0.3 钢筋接头应根据接头的性能等级和应用场合，对静力单向拉伸性能、高应力反复拉压、大变形反复拉压、抗疲劳、耐低温等各项性能确定相应的检验项目。

3.0.4 接头应根据静力单向拉伸性能以及高应力和大变形条件下反复拉、压性能的差异，分下列三个性能等级。

A级：接头抗拉强度达到或超过母材抗拉强度标准值，并具有高延性及反复拉压性能。

B级：接头抗拉强度达到或超过母材屈服强度标准值的1.35倍，具有一定的延性及反复拉压性能。

C级：接头仅能承受压力。

3.0.5 A级、B级、C级的接头性能应符合表3.0.5的规定。

接头性能检验指标 表3.0.5

等级		A级	B级	C级
单向拉伸	强度	$f^{0}_{mst}\geq f_{tk}$	$f^{0}_{mst}\geq 1.35f_{yk}$	单向受压 $f'^{0}_{mst}\geq f'_{yk}$
	割线模量	$E_{0.7}\geq E^{0}_{s}$ 且 $E_{0.9}\geq 0.9E^{0}_{s}$	$E_{0.7}\geq 0.9E^{0}_{s}$ 且 $E_{0.9}\geq 0.7E^{0}_{s}$	—
	极限应变	$\varepsilon_{u}\geq 0.04$	$\varepsilon_{u}\geq 0.02$	—
	残余变形	$u\leq 0.3mm$	$u\leq 0.3mm$	—

续表

等级		A级	B级	C级
高应力反复拉压	强度	$f^{0}_{mst}\geq f_{tk}$	$f^{0}_{mst}\geq 1.35f_{yk}$	—
	割线模量	$E_{20}\geq 0.85E_{1}$	$E_{20}\geq 0.5E_{1}$	—
	残余变形	$u_{20}\leq 0.3mm$	$u_{20}\leq 0.3mm$	—
大变形反复拉压	强度	$f^{0}_{mst}\geq f_{tk}$	$f^{0}_{mst}\geq 1.35f_{yk}$	—
	残余变形	$u_{4}\leq 0.3mm$ 且 $u_{8}\leq 0.6mm$	$u_{4}\leq 0.6mm$	—

3.0.6 对直接承受动力荷载的结构，其接头应满足设计要求的抗疲劳性能。

当无专门要求时，对连接Ⅱ级钢筋的接头，其疲劳性能应能经受应力幅为$100N/mm^2$，上限应力为$180N/mm^2$的200万次循环加载。对连接Ⅲ级钢筋的接头，其疲劳性能应能经受应力幅为$100N/mm^2$，上限应力为$190N/mm^2$的200万次循环加载。

3.0.7 当混凝土结构中钢筋接头部位的温度低于−10℃时，应进行专门的试验。

4　接头的应用

4.0.1　接头性能等级的选定应符合下列规定：

（1）混凝土结构中要求充分发挥钢筋强度或对接头延性要求较高的部位，应采用 A 级接头；

（2）混凝土结构中钢筋受力小或对接头延性要求不高的部位，可采用 B 级接头；

（3）非抗震设防和不承受动力荷载的混凝土结构中钢筋只承受压力的部位，可采用 C 级接头。

4.0.2　钢筋连接件的混凝土保护层厚度宜满足国家现行标准《混凝土结构设计规范》中受力钢筋混凝土保护层最小厚度的要求，且不得小于 15mm。连接件之间的横向净距不宜小于 25mm。

4.0.3　受力钢筋机械连接接头的位置应相互错开。在任一接头中心至长度为钢筋直径 35 倍的区段范围内，有接头的受力钢筋截面面积占受力钢筋总截面面积的百分率，应符合下列规定：

4.0.3.1　受拉区的受力钢筋接头百分率不宜超过 50%；

4.0.3.2　在受拉区的钢筋受力小的部位，A 级接头百分率可不受限制；

4.0.3.3　接头宜避开有抗震设防要求的框架的梁端和柱端的箍筋加密区；当无法避开时，接头应采用 A 级，且接头百分率不应超过 50%；

4.0.3.4　受压区和装配式构件中钢筋受力较小部位，A 级和 B 级接头百分率可不受限制。

4.0.4　当对具有钢筋接头的构件进行试验并取得可靠数据时，接头的应用范围可根据工程实际情况进行适当调整。

5　接头的型式检验

5.0.1　在下列情况时应进行型式检验：

（1）确定接头性能等级时；

（2）材料、工艺、规格进行改动时；

（3）质量监督部门提出专门要求时。

5.0.2　用于型式检验的钢筋母材的性能除应符合有关标准的规定外，其屈服强度及抗拉强度实测值不宜大于相应屈服强度和抗拉强度标准值的 1.10 倍。当大于 1.10 倍时，对 A 级接头，接头的单向拉伸强度实测值尚应大于等于 0.9 倍钢筋实际抗拉强度。

5.0.3　型式检验的接头试件尺寸（图 5.0.3）应符合表 5.0.3 的要求。

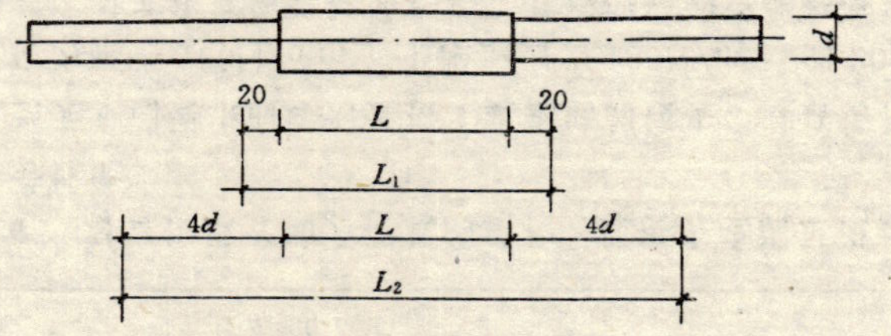

图 5.0.3　试件尺寸（mm）

型式检验接头试件尺寸　　表 5.0.3

编号	符号	含　义	尺寸（mm）
1	L	接头试件连接件长度	实测
2	L_1	接头试件割线模量及残余变形的量测标距	$L+40$
3	L_2	接头试件极限应变的量测标距	$L+8d$
4	d	钢筋直径	公称直径

5.0.4 对每种型式、级别、规格、材料、工艺的机械连接接头，型式检验试件不应少于 12 个：其中单向拉伸试件不应少于 6 个，高应力反复拉压试件不应少于 3 个，大变形反复拉压试件不应少于 3 个。同时，尚应取 3 根同批、同规格钢筋试件做力学性能试验。

5.0.5 型式检验的加载制度应按附录 A 的规定进行，其合格条件为：

(1) 强度检验：每个试件的实测值均应符合表 3.0.5 规定的相应性能等级的检验指标；

(2) 割线模量、极限应变、残余变形检验：每组试件的实测平均值均应符合表 3.0.5 规定的相应性能等级的检验指标。

5.0.6 型式检验应由国家、省部级主管部门认可的检测机构进行，并应按附录 B 的格式出具试验报告和评定结论。

6 接头的施工现场检验与验收

6.0.1 工程中应用钢筋机械连接时，应由该技术提供单位提交有效的型式检验报告。

6.0.2 钢筋连接工程开始前及施工过程中，应对每批进场钢筋进行接头工艺检验，工艺检验应符合下列要求：

6.0.2.1 每种规格钢筋的接头试件不应少于 3 根；

6.0.2.2 对接头试件的钢筋母材应进行抗拉强度试验；

6.0.2.3 3 根接头试件的抗拉强度均应满足本规程表 3.0.5 的强度要求；对于 A 级接头，试件抗拉强度尚应大于等于 0.9 倍钢筋母材的实际抗拉强度 f_{st}^{0}。计算实际抗拉强度时，应采用钢筋的实际横截面面积。

6.0.3 现场检验应进行外观质量检查和单向拉伸试验。对接头有特殊要求的结构，应在设计图纸中另行注明相应的检验项目。

6.0.4 接头的现场检验按验收批进行。同一施工条件下采用同一批材料的同等级、同型式、同规格接头，以 500 个为一个验收批进行检验与验收，不足 500 个也作为一个验收批。

6.0.5 对接头的每一验收批，必须在工程结构中随机截取 3 个试件作单向拉伸试验，按设计要求的接头性能等级进行检验与评定，并按附录 B 规定的格式记录。

当 3 个试件单向拉伸试验结果均符合表 3.0.5 的强度要求时，该验收批评为合格。

如有 1 个试件的强度不符合要求，应再取 6 个试件进行复检。复检中如仍有 1 个试件试验结果不符合要求，则该验收批评为不合格。

6.0.6 在现场连续检验 10 个验收批，其全部单向拉伸试件一次抽样均合格时，验收批接头数量可扩大一倍。

6.0.7 外观质量检验的质量要求、抽样数量、检验方法及合格标准由各类型接头的技术规程确定。

附录A 接头性能检验的加载制度

A.0.1 接头型式检验的试验方法应按表A.0.1及图A.0.1-1，A.0.1-2，A.0.1-3所示的加载制度进行。

接头型式检验的加载制度　　表A.0.1

试验项目		加载制度
单向拉伸试验		0→$0.9f_{yk}$→$0.02f_{yk}$→破坏
高应力反复拉压试验		0→（$0.9f_{yk}$→$-0.50f_{yk}$）→破坏 （反复20次）
大变形反复拉压试验	A级	0→（$2\varepsilon_{yk}$→$-0.50f_{yk}$）→（$5\varepsilon_{yk}$→$-0.50f_{yk}$）→破坏 （反复4次）　（反复4次）
	B级	0→（$2\varepsilon_{yk}$→$-0.50f_{yk}$）→破坏 （反复4次）

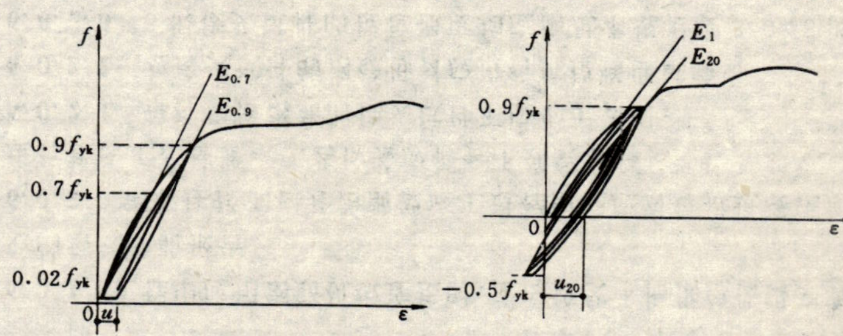

图A.0.1-1　单向拉伸试验　　图A.0.1-2　高应力反复拉压试验

A.0.2 接头现场单向拉伸试验可采用零到破坏的一次加载制度。

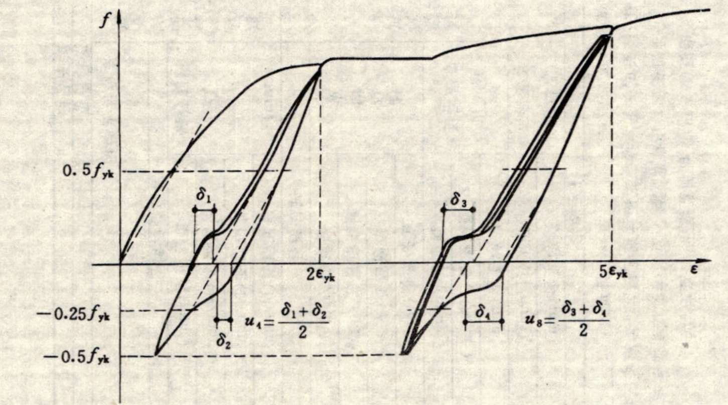

图 A.0.1-3 大变形反复拉压试验

注：1. δ_1 为 $2\varepsilon_{yk}$反复加载 4 次后，在加载应力水平为 0.5f_{yk}及反向卸载应力水平为 −0.25f_{yk}处作 $E_{0.7}$平行线与横坐标交点之间的距离所代表的应变值。

2. δ_2 为 $2\varepsilon_{yk}$反复加载 4 次后，在卸载应力水平为 0.5f_{yk}及反向加载应力水平为 −0.25f_{yk}处作 $E_{0.7}$平行线与横坐标交点之间的距离所代表的应变值。

3. δ_3、δ_4 为在 $5\varepsilon_{yk}$反复加载 4 次后，按与 δ_1、δ_2 相同方法所得的应变值。

附录 B　接头试件型式检验试验报告

B.0.1 接头试件型式检验试验报告应包括试件基本参数和试验结果二部分。宜按表 B.0.1 的格式汇总试验记录。

表 B.0.1 接头试件型式检验报告

接头名称			送检试件数量		送检日期	
送检单位					设计接头等级	A级 B级
连接件示意图					连接件各部位尺寸(mm) 连接件原材料 连接工艺参数	
接头试件基本参数	钢筋母材编号	1	2	3	4	5	6
钢筋公称直径( )(mm)	实际面积(mm^2)						
	屈服强度(N/mm^2)						
	抗拉强度(N/mm^2)						
	弹性模量(N/mm^2)						
试验结果	试件编号	No1	No2	No3	No4	No5	No6
单向拉伸	强度(N/mm^2)						
	割线模量(N/mm^2)						
	极限应变(%)						
	残余变形(mm)						
高应力反复拉压	强度(N/mm^2)						
	割线模量(N/mm^2)						
	残余变形(mm)						
大变形反复拉压	强度(N/mm^2)						
	残余变形(mm)						
评定结论							

试验单位：　　负责人：　　试验员：　　校核：

注：接头试件基本参数栏应详细记载。对套筒挤压接头，应包括套筒长度、外径、内径、挤压道次、挤压力(kN)、压痕处平均直径(或挤压后套筒长度)、压痕总宽度。对锥螺纹接头应包括连接套长度、外径、内径、锥度、牙形角平分线垂直于钢筋轴线(或垂直于锥面)、扭紧力矩值(N·m)。可加页描述，盖章有效。

附录C　本规程用词说明

C.0.1 为便于在执行本规程条文时区别对待，对要求严格程度不同的用词说明如下：

(1) 表示很严格，非这样作不可的：

正面词采用“必须”，反面词采用“严禁”。

(2) 表示严格，在正常情况下均应这样作的：

正面词采用“应”，反面词采用“不应”或“不得”。

(3) 对表示允许稍有选择，在条件许可时首先应这样作的：

正面词采用“宜”或“可”，反面词采用“不宜”。

C.0.2 条文中指定应按其他有关标准、规范执行时，写法为“应符合……的规定”。

附加说明

本标准主编单位、参加单位和主要起草人员名单

主 编 单 位：中国建筑科学研究院

参 加 单 位：冶金部建筑研究总院
上海钢铁工艺技术研究所
北京市建筑工程研究院
水电部第十二工程局施工科学研究所
北京市建筑设计研究院
北京铁路局勘测设计院

主要起草人员：刘永颐 徐有邻 郁竑
杨熊川 霍箭云 王金平
张承起 沙志国 李本端

中华人民共和国行业标准

钢筋机械连接通用技术规程

JGJ 107—96

条文说明

前　言

根据建标[1993]699号文的通知要求，由中国建筑科学研究院会同有关单位共同编制的行业标准《钢筋机械连接通用技术规程》JGJ 107—96，经建设部于1996年12月2日以建标615号文批准发布。

为便于广大设计、施工、科研、学校等有关单位人员在使用本规范时能正确理解和执行条文规定，《钢筋机械连接通用技术规程》编制组根据国家计委关于编制标准、规范条文说明的统一要求，按《钢筋机械连接通用技术规程》的章、节、条顺序，编制了《钢筋机械连接通用技术规程》条文说明，供国内各有关部门和单位参考。在使用中如发现本条文说明有欠妥之处，请将意见直接函寄给本规范管理单位中国建筑科学研究院。

目　次

1 总　　则

1.0.1，1.0.2 《混凝土结构设计规范》(GBJ 10—89)，1993年局部修订本第6.1.9条规定，"钢筋的接头宜优先采用焊接或机械连接的接头。……当采用机械连接的接头时，接头的质量、适用范围、构造要求等应符合专门的规定"。第8.1.4条亦有类似规定。

编制本规程的目的是要对工业与民用建筑混凝土结构用钢筋的各种机械连接接头的设计原则、性能等级、质量要求、应用范围以及检测评定方法作出统一规定，与《混凝土结构设计规范》配套应用，以确保各类机械连接接头的质量和合理应用。本规程所指的工业与民用建筑包括电视塔、烟囱等高耸结构及容器等一般构筑物。对于桥梁、大坝等其他工程结构，本规程可参考应用。

钢筋机械连接接头的型式很多，如挤压套筒接头、锥螺纹套筒接头、直螺纹套筒接头等。为对接头性能的基本要求、应用范围、检验验收方法等有关规定统一尺度，更好地促进钢筋机械连接技术的健康发展，特编制本通用规定。按照标准规范体系的统一部署，各种类型机械连接应在遵守本规程规定的前提下编制各自的专业规程。

1.0.3条 本条规定了接头适用的钢筋标准。除本条规定的钢筋外，不少进口钢筋因可焊性差，迫切要求应用机械连接接头。对这类进口钢筋，本规程可参考应用。

2 术语和符号

2.1 术　　语

2.1.1 本条给出了钢筋机械连接接头的定义。

常用的机械连接接头类型如下：

挤压套筒接头：通过挤压力使连接用钢套筒塑性变形与带肋钢筋紧密咬合形成的接头；

锥螺纹套筒接头：通过钢筋端头特制的锥形螺纹和锥螺纹套管咬合形成的接头；

直螺纹套筒接头：通过钢筋端头特制的直螺纹和直螺纹套管咬合形成的接头；

熔融金属充填套筒接头：由高热剂反应产生熔融金属充填在钢制套筒内形成的接头；

水泥灌浆充填套筒接头：用特制的水泥浆充填在特制的钢套筒内硬化后形成的接头；

受压钢筋端面平接头：被接钢筋端头按规定工艺平切后，端面直接接触传递压力的接头。

2.1.2～2.1.4 本条介绍了接头抗拉强度、残余变形、极限应变的定义。相应的试验及量测方法见本规程5.0.3条及附录A。

3 接头的设计原则与性能等级

3.0.1 钢筋机械连接应满足强度及变形性能方面的要求并以此划分性能等级。

3.0.2 设计钢筋接头的连接件（例如套筒）时，应留有余量，其屈服承载力标准值（套筒横截面积乘套筒材料的屈服强度标准值）及抗拉承载力标准值（套筒横截面积乘套筒材料的抗拉强度标准值）均应不小于被连接钢筋相应值的1.10倍，以确保接头的传力性能。

3.0.3 接头的静力单向拉伸性能（或单向受压性能）是接头承受静载时的基本性能。高应力反复拉压性能反映接头在风荷载及小地震情况下承受高应力反复拉压力的能力。大变形反复拉压性能则反映结构在强地震情况下钢筋进入塑性变形阶段接头的受力性能。

上述三项性能是进行接头型式检验时必须进行的检验项目。而抗疲劳和耐低温性能则是根据接头应用场合进行的选择性试验项目。

3.0.4 钢筋机械连接接头的型式较多，受力性能也有差异，根据接头的基本受力性能将其分级，有利于按结构的重要性、受力特点及接头在结构中所处位置等不同的应用场合合理选用接头类型。分级后也有利于降低套筒材料消耗和接头成本，取得更好的技术经济效益。本条中接头按检验指标的差异可分为A级——强度型，B级——屈服型，C级——受压型，具体检验指标见第3.0.5条。

3.0.5 本条规定了各级接头性能的检验指标。A、B级接头的单向拉伸性能包括强度、割线模量、极限应变及残余变形四项指标，此外还有高应力，大变形条件下反复拉压性能的要求，C级接头只要求抗压强度。

A级接头是机械式钢筋接头中最高质量等级的接头，接头应用范围比较广，因此强度和极限应变要求也比较高，本规程规定A级接头的抗拉强度应大于等于钢筋母材的抗拉强度标准值，且大于等于0.9倍钢筋母材抗拉强度实测值。这一要求保证了接头强度基本上能接近或达到钢筋母材强度，后一项要求也是为避免接头试件因钢筋母材超强或面积超公差而影响接头性能的正确评定而规定的。

本规程对A级接头的极限应变要求不小于4%，接头的极限应变是从结构的延性要求提出的。本规程取用4%作为接头区均匀极限应变的最低要求，基本上已能保证结构在静载下的延性破坏模式和抗震时的延性要求。这一指标也与日本建筑中心编制的《钢筋接头性能判定基准》（1982）中的要求相同。测定极限应变时，伸长值中应扣除钢筋与套筒之间的相对滑移。

割线模量是反映钢筋机械接头在弹性受力范围内的变形性能。在低应力阶段（$\sigma \leqslant 0.7f_y$）割线模量不低于母材弹性模量实测值，高应力阶段（$\sigma \leqslant 0.9f_y$）允许有所降低，但不超过10%。

机械接头的残余变形主要反映连接套筒与钢筋母材之间在高应力下的相对滑移。该值将会影响构件的受力裂缝宽度，故应给予限制。本规程定为各级接头残余变形不大于0.3mm，这相当于连接套筒二端的滑移量各为0.15mm左右。

高应力与大变形条件下的反复拉压试验是对应于风荷载、小地震和强地震时钢筋接头的受力情况提出的检验要求。在风载或小地震下，钢筋尚未屈服时，应能承受20次以上高应力反复拉压，并满足强度和变形要求。在接近或超过设防烈度时，钢筋通常都进入塑性阶段并产生较大塑性变形，从而能吸收和消耗地震能量。因此，要求钢筋接头在承受2倍和5倍于钢筋屈服应变的大变形情况下，经受4～8次反复拉压，满足强度和变形要求。这里所指的钢筋屈服应变是指与钢筋屈服强度标准值相对应的应变值，对国产Ⅱ级钢筋，可取$\varepsilon_y=0.00168$，对国产Ⅲ级钢筋，可取

$\varepsilon_y=0.00185$。

B级接头的检验项目与A级接头相同，指标则有所降低。这是因为B级接头的应用范围已受到一定限制，故检验指标可放宽。

C级接头是受压型接头，故要求保证钢筋端面的平整对接，其现场施工质量一般是通过工艺要求实现的。C级接头目前国内尚未开发，为使《钢筋机械连接通用技术规程》有较大的适用性和完整性，参照国外经验列入了C级接头，保留了今后发展这种接头，制定专业性规程的余地。

3.0.6 钢筋接头的疲劳性能是选择性试验项目，只有当接头用于承受动载结构（如铁路桥梁）中时，才需要检验其疲劳性能。接头抗疲劳的主要性能参数是应力幅 $\Delta\sigma$，上限应力 σ_{max} 和疲劳次数 N，N 值一般国内外均定为200万次。其中 $\Delta\sigma$ 和 σ_{max} 则取决于不同接头类型的材料及工艺参数由设计要求提出。

由于疲劳强度离散性较大，接头检验时应在设计计算值基础上通过增大 $\Delta\sigma$ 来考虑疲劳安全度，参照CEB模式规范的建议，疲劳安全度 $\gamma_{s.fat}$ 可取1.15。

3.0.7 本条是根据国内已完成的接头低温性能研究结果提出的。挤压套筒接头已完成－30℃低温性能试验，锥螺纹接头完成－10℃低温性能试验。试验时，测定的温度均为钢筋接头部位的温度。执行本条规定时，设计人员可根据结构的具体情况以及所处的环境温度，判定是否要求补充进行低温试验。

4 接头的应用

4.0.1 钢筋机械连接接头有多种性能等级，应根据其应用场合，如建筑物的重要性及抗震要求，接头所处位置（能否避开高应力区），不同类型接头造价及工程施工条件等进行合理的选择。

A级接头因具有与母材基本一致的力学性能，故其适用范围基本不受限制。尤其适用于承受动荷作用及各抗震等级的混凝土结构中的各个部位，例如高层建筑框架底层柱，剪力墙加强部位，大跨梁跨中及端部，屋架下弦及塑性铰区的受力主筋。当结构中的高应力区或地震时可能出现塑性铰，要求较高延性的部位必需设置接头时，应该选用A级接头。

B级接头性能比母材稍差，应在结构中钢筋受力较小或对延性要求不高的部位应用，而不得在高应力区和要求高延性的部位应用。

C级接头只能承受压力，故只能用于轴心受压或小偏心受压柱中不产生拉应力区域中钢筋的连接。

4.0.2 本条规定比《混凝土结构设计规范》(GBJ 10—89）中对受力钢筋保护层厚度要求有所放松，由“应”改为“宜”。这是因为机械连接中连接件的设计，其强度一般均比钢筋母材高出10%以上，局部锈蚀对连接件的影响不如对钢筋锈蚀敏感。此外，由于连接件保护层厚度是局部问题，要求过严会影响全部受力主筋的间距和保护层厚度，在经济上、实用上都会造成一定困难，故适当放宽。

4.0.3 本条给出机械连接接头纵向间距的要求和接头区域内带接头的受力钢筋截面积占受力钢筋总面积的百分率限制。这是提高接头区域强度保证率和避免裂缝过于集中的有效措施。

为计算接头面积百分率，本条明确了接头纵向区域的范围。在

一般情况下为 $35d$，在此区域内的接头视为同一截面，只有间距大于此值时才可算不同截面的接头。

一般受拉区接头面积百分率不宜超过 50%。但对以下情况不受限制：受压接头；A 级接头用于受力较小部位。受力较小部位是相对于最大受力部位而言的，应用时可参考国外规范的有关规定。新西兰规范 NSZ-3101(1982)规定，弯矩值为最大弯矩值 75%以下的区域为受力较小部位。美国 ACI318M-89 及 1992 年修订版规定高拉应力区和应力较小区的界限为实际配置的钢筋面积是计算所需钢筋面积的 2 倍以上时，为应力较小区。为了方便施工，不使受力较小区的范围限制过严，本规程建议，受力较小区为配筋余量（实配钢筋面积与计算所需钢筋面积的比例）不小于 1.5 的区域。

A 级接头用于受力较大部位时，如确有根据，经设计人员允许也可放宽百分率。在某些工程结构中，如装配式结构、新结构与原有结构物连接，分段浇注等场合常常需要在同一截面连接全部主筋，这就给设计人员按工程具体情况灵活选择的余地。

按抗震设防设计的框架结构宜采用 A 级接头，但宜避开梁端、柱端的箍筋加密区。由于设计或施工的需要，有时接头位置无法避开上述箍筋加密区（例如短柱全长均为钢箍加密区等），则可根据经验适当放宽，在该处设置接头。但应限制接头钢筋面积百分率不超过 50%。

4.0.4 本条规定了可以根据具有接头构件的试验结果调整钢筋机械连接接头的应用范围。试验和判断必须根据有关标准规范的规定进行。所有数据，包括试验量测数据，分析数据和评定结论的数据都必须可靠。在符合上述条件的情况下，设计者可以根据工程实际情况调整接头应用的范围。

5 接头的型式检验

5.0.1 本条指出了接头型式检验的应用场合。其主要作用是对各类接头按性能分等定级。经型式检验确定其性能等级后，工地现场只需进行现场检验。但当接头质量有严重问题，其原因不明，对定型检验结论有重大怀疑时，上级主管部门或质检部门可以提出重新进行型式检验要求。

5.0.2 用于接头型式检验的钢筋应取钢筋母材作材性试验，钢筋的实测屈服强度和抗拉强度应加以限制，避免因超强过多而影响对接头性能的检验与评定。根据我国钢筋的实际情况，规定试件钢筋的屈服强度和抗拉强度宜不大于相应标准值的 1.10 倍。当大于 1.10 倍时，对 A 级接头，接头试件抗拉强度尚应大于等于 0.9 倍钢筋实际抗拉强度 f_{st}^{0}。计算实际抗拉强度时，应用称重法按钢筋实际横截面面积计算。

5.0.3 条 根据我国已有的试验资料并参考国外有关规定，提出了对接头型式检验试件的尺寸要求。测量标距的规定是为了客观地比较接头的变形性能，同时适应我国多数试验机的净空尺寸。

5.0.4 本条规定了型式检验试件的数量和用途。这里型式是指接头的种类，规格是指同一型式下不同的钢筋直径。单向拉伸试件每组 6 件，反复拉压试件每组 3 件，共计 12 件。同时，尚应取 3 根同批、同规格钢筋试件作力学性能试验。

5.0.5 型式检验的合格条件是：强度、割线模量、极限应变和残余变形的检验结果均符合表 3.0.5 相应等级的要求。其中强度检验应每个试件都满足，而割线模量、极限应变和残余变形检验只要求每组的平均值满足。

5.0.6 型式检验比较复杂和重要，应由国家或省部级主管部门认可的专门检测机构进行，其检验结论才能得到认可。型式检验通常是产品定型后进行的系统性能试验，型式检验试验报告中必须记载送检试件的各项参数，且检验报告仅适用于符合这些基本参数的接头产品。故型式检验试验报告中必须详细记载接头试件各项基本参数，以便日后对照查证。

6 接头的施工现场检验与验收

6.0.1 本条是为了加强施工管理，减少施工单位采用假冒伪劣产品的一种防范措施。

6.0.2 钢筋连接工程开始前及施工过程中，应对每批钢筋进行接头工艺检验，目的是检验接头技术提供单位所确定的工艺参数是否与本工程中的进场钢筋相适应。为了防止某些单位选用面积超公差和超强度的钢筋制作接头试件，以满足表3.0.5的强度要求，造成接头试件的实测数据不能正确反映接头工艺的质量水准和接头对母材强度的削弱状况，故在本条中规定了：对A级接头，试件抗拉强度尚应满足大于等于0.9倍钢筋母材的实际抗拉强度f_{st}^{0}。附加这项要求后，除提高了工艺检验的可靠性，减少错判概率外，还可提高实际工程中抽样试件的合格率，减少工程应用后再发现问题造成经济损失。

6.0.3 现场检验也叫施工检验，是由检验部门在施工现场进行的抽样检验。一般只进行外观质量检验和单向拉伸试验。有特殊要求的接头，由设计图纸另行提出相应检验要求。

6.0.4 按验收批进行现场检验。同批条件为：材料、型式、等级、规格、施工条件相同。批的数量为500个接头，不足此数时也按一批考虑。

6.0.5 本条规定了单向拉伸试验的数量（每批在结构工程中随机抽取3件），检验要求（表3.0.5中强度指标）和合格条件。同时又规定了复式抽检时的检验规则。

钢筋机械接头的破坏形态有三种：钢筋母材拉断、连接件拉断、钢筋从连接件中滑脱。只要满足表3.0.5的要求，任何破坏形式均可判为合格。

本条强调要在结构工程中随机截取接头试件作为现场检验的

单向拉伸试件。这是为了充分保证试件的随机性和代表性。国内工程经验表明，送样或车间抽样和随机在工程中抽样二种方法的试验结果和合格百分率有不少差异，为了提高抽样的代表性，严把质量关，应坚持在工程中随机抽取。某些类型的机械接头，如锥螺纹接头，在现场结构中（尤其是在柱子中）割取后不能继续再使用锥螺纹接头时，应允许采用焊接或搭接等方法来局部替代被割去的接头。因为被替代的接头数在结构中所占比例通常都很小，它不会造成对结构强度的损害。

6.0.6 现场检验当连续10个验收批均一次抽样合格时，表明其施工质量优良且稳定。故检验批接头数量可扩大一倍，即按不大于1000个接头为一批，以减少检验工作量。

6.0.7 外观质量检验的具体要求由各类型接头规程确定。

附录A 接头性能检验的加载制度

表A.0.1规定了A级、B级接头在进行型式检验时的加载制度。图A.0.1-1、A.0.1-2、A.0.1-3进一步用应力-应变关系图例说明加载制度和表3.0.5中各物理量的含意。

中华人民共和国行业标准

带肋钢筋套筒挤压连接技术规程

Specification for Pressed Sleeve Splicing of Ribbed Steel Bars

JGJ 108－96

主编单位：中国建筑科学研究院
批准部门：中华人民共和国建设部
施行日期：1997年4月1日

关于发布行业标准《带肋钢筋套筒挤压连接技术规程》的通知

建标［1996］615号

根据建设部（89）建标字第8号文的要求，由中国建筑科学研究院主编的《带肋钢筋套筒挤压连接技术规程》业经审查，现批准为行业标准，编号JGJ108—96，自1997年4月1日起施行。

本标准由建设部建筑工程标准技术归口单位中国建筑科学研究院归口管理并负责解释，由建设部标准定额研究所组织出版。

中华人民共和国建设部
1996年12月2日

1 总　　则

1.0.1　为在混凝土结构中使用带肋钢筋套筒挤压接头（以下简称挤压接头），做到技术先进、安全适用、经济合理、确保质量，制定本规程。

1.0.2　本规程适用于工业及民用建筑的混凝土结构钢筋直径为16～40mm的Ⅱ、Ⅲ级带肋钢筋的径向挤压连接。

1.0.3　用于挤压连接的钢筋应符合现行国家标准《钢筋混凝土用热轧带肋钢筋》GB1499及《钢筋混凝土用余热处理钢筋》GB13014的要求。本规程应与现行行业标准《钢筋机械连接通用技术规程》JGJ107—96配套使用。并应符合国家现行标准的有关规定。

2 挤压接头的性能等级与应用

2.0.1　挤压接头应按静力单向拉伸性能以及高应力和大变形条件下反复拉压性能划分为A、B两个性能等级：

2.0.2　A级、B级挤压接头的性能应符合现行行业标准《钢筋机械连接技术规程—通用规定》JGJ107中表3.0.5的规定。

2.0.3　A级、B级挤压接头的应用范围应符合现行行业标准《钢筋机械连接通用技术规程》JGJ107中第4.0.1条的规定。

2.0.4　挤压接头的混凝土保护层厚度宜满足现行国家标准《混凝土结构设计规范》中受力钢筋保护层最小厚度的要求，且不得小于15mm。连接套筒之间的横向净距不宜小于25mm。

2.0.5　设置在同一结构构件内的挤压接头宜相互错开。在任一接头中心至长度为钢筋直径35倍的区段内，有接头的受力钢筋截面面积占受力钢筋总截面面积的百分率应符合现行行业标准《钢筋机械连接通用技术规程》JGJ107中第4.0.3.1至第4.0.3.4款的规定

2.0.6　不同直径的带肋钢筋可采用挤压接头连接。当套筒两端外径和壁厚相同时，被连接钢筋的直径相差不应大于5mm。

2.0.7　对直接承受动力荷载的结构，其接头应满足设计要求的抗疲劳性能。

当无专门要求时，其疲劳性能应符合现行行业标准《钢筋机械连接通用技术规程》JGJ107中第3.0.6条的规定。

2.0.8　当混凝土结构中挤压接头部位的温度低于−20℃时，宜进行专门的试验。

3 套　筒

3.0.1 对Ⅱ、Ⅲ级带肋钢筋挤压接头所用套筒材料应选用适于压延加工的钢材，其实测力学性能应符合表3.0.1的要求。

套筒材料的力学性能　　表3.0.1

项　目	力学性能指标
屈服强度（N/mm^2）	225～350
抗拉强度（N/mm^2）	375～500
延伸率δ_5（%）	≥20
硬　度（HRB）	60～80
或（HB）	102～133

3.0.2 设计连接套筒时，套筒的承载力应符合下列要求：

$$f_{slyk}A_{sl} \geqslant 1.10 f_{yk} A_s \quad (3.0.2\text{-}1)$$

$$f_{sltk}A_{sl} \geqslant 1.10 f_{tk} A_s \quad (3.0.2\text{-}2)$$

式中　f_{slyk}——套筒屈服强度标准值；

f_{sltk}——套筒抗拉强度标准值；

f_{yk}——钢筋屈服强度标准值；

f_{tk}——钢筋抗拉强度标准值；

A_{sl}——套筒的横截面面积；

A_s——钢筋的横截面面积。

3.0.3 套筒的尺寸偏差宜符合表3.0.3要求。

套筒尺寸的允许偏差（mm）　　表3.0.3

套筒外径D	外径允许偏差	壁厚（t）允许偏差	长度允许偏差
≤50	±0.5	$+0.12t$ $-0.10t$	±2
>50	$\pm 0.01D$	$+0.12t$ $-0.10t$	±2

3.0.4 套筒应有出厂合格证。套筒在运输和储存中，应按不同规格分别堆放整齐，不得露天堆放，防止锈蚀和沾污。

4 挤压接头的施工

4.1 挤 压 设 备

4.1.1 有下列情况之一时，应对挤压机的挤压力进行标定：

（1）新挤压设备使用前；

（2）旧挤压设备大修后；

（3）油压表受损或强烈振动后；

（4）套筒压痕异常且查不出其他原因时；

（5）挤压设备使用超过一年；

（6）挤压的接头数超过5000个。

4.1.2 压模、套筒与钢筋应相互配套使用，压模上应有相对应的连接钢筋规格标记。

4.1.3 高压泵应采用液压油。油液应过滤，保持清洁，油箱应密封，防止雨水灰尘混入油箱。

4.2 施 工 操 作

4.2.1 操作人员必须持证上岗。

4.2.2 挤压操作时采用的挤压力，压模宽度，压痕直径或挤压后套筒长度的波动范围以及挤压道数，均应符合经型式检验确定的技术参数要求。

4.2.3 挤压前应做下列准备工作

4.2.3.1 钢筋端头的锈皮、泥沙、油污等杂物应清理干净；

4.2.3.2 应对套筒作外观尺寸检查

4.2.3.3 应对钢筋与套筒进行试套，如钢筋有马蹄，弯折或纵肋尺寸过大者，应预先矫正或用砂轮打磨；对不同直径钢筋的套筒不得相互串用；

4.2.3.4 钢筋连接端应划出明显定位标记，确保在挤压时和挤压后可按定位标记检查钢筋伸入套筒内的长度；

4.2.3.5 检查挤压设备情况，并进行试压，符合要求后方可作业。

4.2.4 挤压操作应符合下列要求：

4.2.4.1 应按标记检查钢筋插入套筒内深度，钢筋端头离套筒长度中点不宜超过10mm；

4.2.4.2 挤压时挤压机与钢筋轴线应保持垂直；

4.2.4.3 挤压宜从套筒中央开始，并依次向两端挤压；

4.2.4.4 宜先挤压一端套筒，在施工作业区插入待接钢筋后再挤压另一端套筒。

4.3 安 全 措 施

4.3.1 在高空进行挤压操作，必须遵守国家现行标准《建筑施工高处作业安全技术规范》JGJ80的规定。

4.3.2 高压胶管应防止负重拖拉、弯折和尖利物体的刻划。

4.3.3 油泵与挤压机的应用应严格按操作规程进行。

4.3.4 施工现场用电必须符合国家现行标准《施工现场临时用电安全技术规范》JGJ46的规定。

5 挤压接头的型式检验

5.0.1 挤压接头的型式检验应符合现行行业标准《钢筋机械连接通用技术规程》中第5章中的各项规定。

6 挤压接头的施工现场检验与验收

6.0.1 工程中应用带肋钢筋套筒挤压接头时，应由该技术提供单位提交有效的型式检验报告。

6.0.2 钢筋连接工程开始前及施工过程中，应对每批进场钢筋进行挤压连接工艺检验，工艺检验应符合下列要求：

6.0.2.1 每种规格钢筋的接头试件不应少于三根；

6.0.2.2 接头试件的钢筋母材应进行抗拉强度试验；

6.0.2.3 三根接头试件的抗拉强度均应符合现行行业标准《钢筋机械连接通用技术规程》JGJ107 表 3.0.5 中的强度要求；对于A级接头，试件抗拉强度尚应大于等于0.9倍钢筋母材的实际抗拉强度 f_{st}^{0}。计算实际抗拉强度时，应采用钢筋的实际横截面面积。

6.0.3 现场检验应对挤压接头进行外观质量检查和单向拉伸试验。对挤压接头有特殊要求的结构，应在设计图纸中另行注明相应的检验项目。

6.0.4 挤压接头的现场检验按验收批进行。同一施工条件下采用同一批材料的同等级、同型式、同规格接头，以500个为一个验收批进行检验与验收，不足500个也作为一个验收批。

6.0.5 对每一验收批，均应按设计要求的接头性能等级，在工程中随机抽3个试件做单向拉伸试验。按附录A的格式记录，并作出评定。

当3个试件检验结果均符合现行行业标准《钢筋机械连接通用技术规程》JGJ107 表 3.0.5 中的强度要求时，该验收批为合格。

如有一个试件的抗拉强度不符合要求，应再取6个试件进行复检。复检中如仍有一个试件检验结果不符合要求，则该验收批单向拉伸检验为不合格。

6.0.6 挤压接头的外观质量检验应符合下列要求：

6.0.6.1 外形尺寸：挤压后套筒长度应为原套筒长度的1.10～1.15倍；或压痕处套筒的外径波动范围为原套筒外径的0.8～0.90倍；

6.0.6.2 挤压接头的压痕道数应符合型式检验确定的道数；

6.0.6.3 接头处弯折不得大于4度；

6.0.6.4 挤压后的套筒不得有肉眼可见裂缝。

6.0.7 每一验收批中应随机抽取10%的挤压接头作外观质量检验，如外观质量不合格数少于抽检数的10%，则该批挤压接头外观质量评为合格。当不合格数超过抽检数的10%时，应对该批挤压接头逐个进行复检，对外观不合格的挤压接头采取补救措施；不能补救的挤压接头应作标记，在外观不合格的接头中抽取六个试件作抗拉强度试验，若有一个试件的抗拉强度低于规定值，则该批外观不合格的挤压接头，应会同设计单位商定处理，并记录存档。

6.0.8 在现场连续检验十个验收批，全部单向拉伸试验一次抽样均合格时，验收批接头数量可扩大一倍。

附录A 施工现场的单向拉伸试验

施工现场的单向拉伸检验记录宜采用表A格式。

挤压接头单向拉伸性能试验报告 **表A**

工程名称					楼层号		构件类型		
设计要求接头性能等级		A级	B级		检验批接头数量				
试件编号	钢筋公称直径 D (mm)	实测钢筋横截面积 A_s^0 (mm²)	钢筋母材屈服强度标准值 f_{yk} (N/mm²)	钢筋母材抗拉强度标准值 f_{tk} (N/mm²)	钢筋母材抗拉强度实测值 f_{st}^0 (N/mm²)	接头试件极限拉力 P (kN)	接头试件抗拉强度实测值 $f_{mst}^0=P/A_s^0$ (N/mm²)	接头破坏形态	评定结果
评定结论									
备注	1. $f_{mst}^0\geqslant f_{tk}$为A级接头；$f_{mst}^0\geqslant1.35f_{yk}$为B级接头； 2. 实测钢筋横截面面积 A_s^0 用称重法确定。 3. 破坏形态仅作记录备查，不作为评定依据。								

试验单位＿＿＿＿＿＿（盖章）负责＿＿＿＿＿校核＿＿＿＿＿

日期＿＿＿＿＿＿＿＿＿＿抽样＿＿＿＿＿试验＿＿＿＿＿

附录B 施工现场挤压接头外观检查记录

施工现场挤压接头外观检查记录　　　　表 B

<table>
<tr><td colspan="2">工程名称</td><td colspan="2"></td><td colspan="2">楼层号</td><td colspan="2">构件类型</td><td colspan="2"></td></tr>
<tr><td colspan="2">验收批号</td><td colspan="2">验收批数量</td><td colspan="2"></td><td colspan="2">抽检数量</td><td colspan="2"></td></tr>
<tr><td colspan="2">连接钢筋直径（mm）</td><td colspan="2"></td><td colspan="4">套筒外径（或长度）(mm)</td><td colspan="2"></td></tr>
<tr><td colspan="2" rowspan="2">外观检查内容</td><td colspan="2">压痕处套筒外径
（或挤压后套筒长度）</td><td colspan="2">规定挤压道次</td><td colspan="2">接头弯折
≤4°</td><td colspan="2">套筒无肉眼
可见裂缝</td></tr>
<tr><td>合　格</td><td>不合格</td><td>合　格</td><td>不合格</td><td>合　格</td><td>不合格</td><td>合　格</td><td>不合格</td></tr>
<tr><td rowspan="10">外观检查不合格接头之编号</td><td>1</td><td></td><td></td><td></td><td></td><td></td><td></td><td></td><td></td></tr>
<tr><td>2</td><td></td><td></td><td></td><td></td><td></td><td></td><td></td><td></td></tr>
<tr><td>3</td><td></td><td></td><td></td><td></td><td></td><td></td><td></td><td></td></tr>
<tr><td>4</td><td></td><td></td><td></td><td></td><td></td><td></td><td></td><td></td></tr>
<tr><td>5</td><td></td><td></td><td></td><td></td><td></td><td></td><td></td><td></td></tr>
<tr><td>6</td><td></td><td></td><td></td><td></td><td></td><td></td><td></td><td></td></tr>
<tr><td>7</td><td></td><td></td><td></td><td></td><td></td><td></td><td></td><td></td></tr>
<tr><td>8</td><td></td><td></td><td></td><td></td><td></td><td></td><td></td><td></td></tr>
<tr><td>9</td><td></td><td></td><td></td><td></td><td></td><td></td><td></td><td></td></tr>
<tr><td>10</td><td></td><td></td><td></td><td></td><td></td><td></td><td></td><td></td></tr>
<tr><td colspan="2">评定结论</td><td colspan="8"></td></tr>
</table>

备注：1. 接头外观检查抽检数量应不少于验收批接头数量的10%。

2. 外观检查内容共四项，其中压痕处套筒外径（或挤压后套筒长度），挤压道次，二项的合格标准由产品供应单位根据型式检验结果提供。接头弯折≤4°为合格，套筒表面有无裂缝以无肉眼可见裂缝为合格。

3. 仅要求对外观检查不合格接头作记录，四项外观检查内容中，任一项不合格即为不合格，记录时可在合格与不合格栏中打√。

4. 外观检查不合格接头数超过抽检数的10%时，该验收批外观质量评为不合格。

检查人：＿＿＿＿＿＿负责人：＿＿＿＿＿＿日期：＿＿＿＿＿＿

附录C　本规程用词说明

C.0.1 为便于在执行本规程条文时区别对待，对要求严格程度不同的用词说明如下：

（1）表示很严格，非这样作不可的：

正面词采用“必须”，反面词采用“严禁”。

（2）表示严格，在正常情况下均应这样作的：

正面词采用“应”，反面词采用“不应”或“不得”。

（3）对表示允许稍有选择，在条件许可时首先应这样作的：

正面词采用“宜”或“可”，反面词采用“不宜”。

C.0.2 条文中指定应按其他有关标准、规范执行时，写法为“应符合……的规定”。

附加说明

本标准主编单位、参加单位和主要起草人员名单

主 编 单 位：中国建筑科学研究院

参 加 单 位：冶金工业部建筑研究总院
上海钢铁工艺技术研究所
北京市建筑工程研究院
北京市建筑设计研究院
北京市第六建筑工程公司

主要起草人：刘永颐　何成杰　郁　竑　王金平
张承起　梁锡斌　袁海军

中华人民共和国行业标准

带肋钢筋套筒挤压连接技术规程

Specification for Pressed Sleeve Splicing of Ribbed Steel Bars

JGJ 108 96

条 文 说 明

前　言

根据建标［1989］建标计字第8号文的通知要求，由中国建筑科学研究院会同有关单位编制的行业标准《带肋钢筋套筒挤压连接技术规程》JGJ108—96，经建设部于1996年12月2日以建标字615号文批准发布。

为便于广大设计、施工、科研、学校等有关单位人员在使用本规范时能正确理解和执行条文规定，《带肋钢筋套筒挤压连接技术规程》编制组根据国家计委关于编制标准、规范条文说明的统一要求，按《带肋钢筋套筒挤压连接技术规程》的章、节、条顺序，编制了《带肋钢筋套筒挤压连接技术规程》条文说明，供国内各有关部门和单位参考。在使用中如发现本条文说明有欠妥之处，请将意见直接函寄给本规范管理单位中国建筑科学研究院。

本《条文说明》仅供国内有关部门和单位执行本规范时使用，不得外传和翻印。

目　次

1 总 则

1.0.1 带肋钢筋套筒挤压连接技术与传统的搭接和焊接相比具有接头性能可靠、质量稳定，不受气候及焊工技术水平的影响，连接速度快，安全、无明火，不需大功率电源，可焊与不可焊钢筋均能可靠连接等优点。1987年以来在高层建筑，大跨桥梁、特种结构等数百项重大工程中应用，受到普遍好评，建设部国家科委已将该技术列为“八五”、“九五”期间新技术重点推广项目。为了正确、合理使用带肋钢筋套筒挤压连接技术，促进这一技术的健康发展，特制定本规程。

1.0.2 本条规定了规程的适用范围。本条指的工业与民用建筑包括电视塔、烟囱等高耸结构，压力容器等一般构筑物。对桥梁、水工结构等其他工程结构可参考应用。

带肋钢筋是个总称，具体指月牙形钢筋、螺纹钢筋、竹节钢筋等。原则上讲，挤压接头适用于各种规格和各种强度等级的带肋钢筋连接，但考虑到经济合理和我国的实际情况，挤压接头暂定为直径$d=16\sim40$mm的Ⅰ、Ⅱ级带肋钢筋和余热处理钢筋。对进口带肋钢筋可参考应用，但需进行补充试验，符合接头性能要求后方可采用。

挤压接头按其挤压方法不同可分为径向挤压和轴向挤压两种。本规程是针对径向挤压接头编制的，轴向挤压接头也可参照本规程的有关规定。

2 挤压接头的性能等级与应用

2.0.1 根据中华人民共和国行业标准《钢筋机械连接通用技术规程》JGJ107的要求，挤压接头应根据静力单向拉伸性能，高应力和大变形条件下反复拉压性能的差异进行分级。根据挤压接头的基本受力性能将其分为A、B二级。

2.0.2 见行业标准《钢筋机械连接通用技术规程》JGJ107第3.0.3，3.0.4，3.0.5条条文说明。

2.0.3 目前国内应用的套筒挤压接头均能达到A级接头标准。本标准中保留B级接头的分级标准是考虑到经济上的原因。对不需要A级接头性能的某些应用场合，可以通过减短套筒长度和挤压道次，取得直接经济效益。A级、B级接头的应用范围只给出了原则性要求。这是因为工程结构千差万别，规定过份具体有一定困难，其次是希望给设计人员针对设计对象的具体情况，在确保原则要求的前提下保留一定的判断和处理上的宽容度。

A级接头因具有与母材基本一致的力学性能，故其适用范围基本不受限制。尤其适用于承受动荷作用及各抗震等级的混凝土结构中的各个部位，例如高层建筑框架底层柱，剪力墙加强部位，大跨梁跨中及端部，屋架下弦及塑性铰区的受力主筋。当结构中的高应力区或地震时可能出现塑性铰，要求较高延性的部位必需设置接头时，应该选用A级接头。

B级接头性能比母材稍差，应在结构中钢筋受力较小或对延性要求不高的部位应用，而不得在高应力区和要求高延性的部位应用。

2.0.6 挤压连接接头可以连接不同直径的钢筋，但当采用的套筒两端直径和壁厚均相同时，连接钢筋的直径不宜相差过大，否则套筒过度变形后塑性严重降低，影响连接接头的性能和质量稳定性。

2.0.8 挤压接头所处部位的温度不宜低于－20C°，尽管某些单位已完成了－30C°的低温性能试验，由于数据代表面还不够广，为留有余地，暂定为－20C°。低于该温度时应补充进行低温试验。

3 套 筒

3.0.1 套筒原材料宜用强度适中、延性好的优质钢材，具体钢材品种应通过型式检验确定。

3.0.2 考虑到套筒的尺寸及强度偏差，套筒强度需有一定的安全度。

3.0.3 套筒的尺寸与挤压工艺有关，表3.0.1的尺寸允许偏差仅适用于径向挤压接头。

挤压接头所用套筒的几何尺寸及材料应与一定的挤压工艺相配套，必须经型式检验认定。施工单位采用经过型式检验认定的套筒及挤压工艺进行施工，工地现场只需进行套筒的外观和尺寸检查，不要求对套筒原材料进行力学性能检验。

3.0.4 各类规格的钢筋都要与相应规格的套筒相匹配，避免随意混用，避免露天堆放产生锈蚀和沾污泥砂杂物。

4 挤压接头的施工

4.1 挤压设备

4.1.1 本条给出宜对挤压机的挤压力进行校验的场合，挤压力是挤压接头操作中的技术参数之一，通常由产品提供单位提供，按本条列举的情况进行挤压力校验，有助于保持挤压设备的正常运转和提高挤压接头的合格百分率。

4.1.2 压模与套筒规格应相互配套，才能确保挤压接头质量，规定压模上刻有被连接钢筋规格标记有助于施工单位的质量管理。

4.1.3 采用清洁过滤的液压油是保证液压设备正常运转的重要一环。

4.2 施工操作

4.2.1 挤压操作应由经过培训的人员持证操作，不应经常更换操作人员。

4.2.2 本条规定挤压操作中所采用的技术参数，其中包括：挤压力、压模宽度、压痕直径波动范围以及挤压道次或套筒伸长率应符合产品供应单位通过型式检验确定的技术参数。由于现场钢筋尺寸及强度偏差较大，以及套筒尺寸及材质的波动，应容许产品提供单位根据具体情况作适当调节，但调节的幅度一般不宜超过10%。

4.2.3 为保证钢筋与套筒之间的良好咬合，钢筋端头杂物应清理干净，下料时应优先用砂轮锯，如用切筋机切割应及时更换刀片，使钢筋端头不产生弯曲或马蹄形，钢筋端头预先用油漆划出定位标记，以保证挤压操作完成后，质检人员能检查插入套筒内的钢筋长度。

4.2.4 挤压操作时规定钢筋端头离套筒中心线长度不超过10mm，一方面是保证钢筋插入深度的要求，另一方面是为了防止第一道压痕超越钢筋端部影响接头质量。挤压操作从套筒中央开始也有利于控制接头质量，在地面先压接一端，在施工作业区压接另一端是提高连接效率的需要。

4.3 安全措施

4.3.2 高压胶管是挤压设备中的易损部件，由于油压高，油管损坏还易引起喷油伤人，故应妥善使用。

5 挤压接头的型式检验

5.0.1 见行业标准《钢筋机械连接通用技术规程》JGJ107 条文说明第 5.0.1 条。套筒挤压接头的破坏形态有三种。钢筋母材拉断，套筒拉断，钢筋从套筒中滑出，只要试验结果满足行业标准《钢筋机械连接通用技术规程》JGJ107 中表 3.0.5 的要求，任何破坏形态均可判为合格。

6 挤压接头的施工现场检验与验收

6.0.1 本条是为了加强施工管理，减少施工单位采用假冒伪劣产品的一种防范措施。

6.0.2 钢筋连接工程开始前及施工过程中，应对每批钢筋进行接头工艺检验，目的是检验接头技术提供单位所确定的工艺参数，是否与本工程中的进场钢筋相适应。为了防止某些单位选用面积超公差和超强的钢筋制作接头试件，以便满足行业标准《钢筋机械连接通用技术规程》JGJ107 表 3.0.5 中的强度要求，造成接头试件的实测数据不能正确反映接头工艺的质量水准和接头对母材强度的削弱状况，故在本条中规定了：对 A 级接头，试件抗拉强度尚应满足大于等于 0.9 倍钢筋母材的实际抗拉强度 f^0_{st}。附加这项要求后，除提高了工艺检验的可靠性，减少错判概率外，还可提高实际工程中抽样试件的合格率，减少工程应用后再发现问题造成经济损失。

6.0.3 现场检验也叫施工检验，是由检验部门在施工现场进行的抽样检验。一般只进行外观质量检验和单向拉伸试验。有特殊要求的接头，由设计图纸另行提出相应检验要求。

6.0.4 按验收批进行现场检验。同批条件为：材料、等级，型式、规格、施工条件相同。批的数量为 500 个接头，不足此数时也按一批考虑。

6.0.5 本条规定现场检验时单向拉伸试件的抽检数量，并规定从工程中随机抽取。同时规定复式抽检的检验制度。

6.0.6 本条规定接头外观质量检验的内容和要求。对外形尺寸的检查，规程给出了二个指标，即挤压后的套筒长度和压痕处套筒外径。工地外观检验时任选其中一种方法即可。

6.0.7 本条规定外观检验的抽检数，并规定外观质量不合格时进行复检的制度。鉴于外观检查是接头质量（强度和变形性能）的一种附加的辅助性检验手段。因而不能把它作为直接判定接头性能合格与否的标准之一，而只能是影响抽检制度的一种指标，当外观检验合格时为正常抽检制度，外观不合格时，要在外观不合格的接头中补充抽检接头。这种方法较为经济合理，错判的概率比较小。

6.0.8 现场检验当连续十个验收批均一次抽样合格时，表明其施工质量优良且稳定。故检验批接头数量可扩大一倍，即按不大于1000个接头为一批，以减少检验工作量。

中华人民共和国行业标准

钢筋锥螺纹接头技术规程

Specification for Taper
Threaded Splicing of Rebars

JGJ 109—96

主编单位：北京市建筑工程研究院
批准部门：中华人民共和国建设部
施行日期：1997年4月1日

关于发布行业标准《钢筋锥螺纹接头技术规程》的通知

建标［1996］615号

根据建设部建标［1993］699号文的要求，由北京市建筑工程研究院负责主编的《钢筋锥螺纹接头技术规程》，业经审查，现批准为行业标准，编号JGJ109—96，自1997年4月1日起施行。

本标准由建设部建筑工程标准技术归口单位北京市建筑工程研究院负责解释，由建设部标准定额研究所组织出版。

中华人民共和国建设部
1996年12月2日

1 总　　则

1.0.1 为了在混凝土结构中采用钢筋锥螺纹接头（简称接头）做到经济合理，确保质量，制定本规程。

1.0.2 本规程适用于工业与民用建筑的混凝土结构中，钢筋直径为16～40mm的Ⅱ、Ⅲ级钢筋连接。

1.0.3 用钢筋锥螺纹接头连接的钢筋，应符合现行国家标准《钢筋混凝土用热轧带肋钢筋》GB1499及《钢筋混凝土用余热处理钢筋》GB13014的要求。执行本规程时，尚应符合国家现行标准的有关规定。

2 术　　语

2.0.1 钢筋锥螺纹接头（Taper threaded splices of rebar）：

把钢筋的连接端加工成锥形螺纹（简称丝头），通过锥螺纹连接套把两根带丝头的钢筋，按规定的力矩值连接成一体的钢筋接头。

2.0.2 力矩扳手（Forque wrench）：

连接和检查钢筋接头紧固程度的扭力扳手。

2.0.3 完整丝扣（One complete screwthread）：

连续一圈的标准牙形。

3 接头性能等级

3.0.1 锥螺纹连接套的材料宜用45号优质碳素结构钢或其他经试验确认符合要求的钢材。锥螺纹连接套的受拉承载力不应小于被连接钢筋的受拉承载力标准值的1.10倍。

3.0.2 接头应根据静力单向拉伸性能以及高应力和大变形条件下反复拉、压性能的差异划分为A、B两个性能等级。

3.0.3 A、B级接头的性能应符合现行行业标准《钢筋机械连接通用技术规程》JGJ107表3.0.5的规定。

3.0.4 对直接承受动力荷载的结构，其接头应满足设计要求的抗疲劳性能。当无专门要求时，其疲劳性能应符合现行行业标准《钢筋机械连接通用技术规程》JGJ107第3.0.6条的规定。

4 接头应用

4.0.1 钢筋锥螺纹接头性能等级的选用应符合下列规定：

4.0.1.1 混凝土结构中要求充分发挥钢筋强度或对接头延性要求较高的部位应采用A级接头。

4.0.1.2 混凝土结构中钢筋受力较小对接头延性要求不高的部位可采用B级接头。

4.0.2 设置在同一构件内同一截面受力钢筋的接头位置应相互错开。在任一接头中心至长度为钢筋直径的35倍的区段范围内，有接头的受力钢筋截面积占受力钢筋总截面面积的百分率应符合下列规定：

4.0.2.1 受拉区的受力钢筋接头百分率不宜超过50%。

4.0.2.2 在受拉区的钢筋受力小部位，A级接头百分率不受限制。

4.0.2.3 接头宜避开有抗震设防要求的框架梁端和柱端的箍筋加密区；当无法避开时，接头应采用A级接头，且接头百分率不应超过50%。

4.0.2.4 受压区和装配式构件中钢筋受力较小部位，A级和B级接头百分率可不受限制。

4.0.3 接头端头距钢筋弯曲点不得小于钢筋直径的10倍。

4.0.4 不同直径钢筋连接时，一次连接钢筋直径规格不宜超过二级。

4.0.5 钢筋连接套的混凝土保护层厚度宜满足现行国家标准《混凝土结构设计规范》中受力钢筋混凝土保护层最小厚度的要求，且不得小于15mm。连接套之间的横向净距不宜小于25mm。

5 施 工 规 定

5.1 施 工 准 备

5.1.1 凡参与接头施工的操作工人、技术管理和质量管理人员，均应参加技术规程培训；操作工人应经考核合格后持证上岗。

5.1.2 钢筋应先调直再下料。切口端面应与钢筋轴线垂直，不得有马蹄形或挠曲。不得用气割下料。

5.1.3 提供锥螺纹连接套应有产品合格证；两端锥孔应有密封盖；套筒表面应有规格标记。进场时，施工单位应进行复检。

5.2 钢筋锥螺纹加工

5.2.1 加工的钢筋锥螺纹丝头的锥度、牙形、螺距等必须与连接套的锥度、牙形、螺距一致，且经配套的量规检测合格。

5.2.2 加工钢筋锥螺纹时，应采用水溶性切削润滑液；当气温低于0℃时，应掺入15%～20%亚硝酸钠。不得用机油作润滑液或不加润滑液套丝。

5.2.3 操作工人应按附录A要求逐个检查钢筋丝头的外观质量。

5.2.4 经自检合格的钢筋丝头，应按附录A的要求对每种规格加工批量随机抽检10%，且不少于10个，并按附录C表C.0.2填写钢筋锥螺纹加工检验记录。如有一个丝头不合格，即应对该加工批全数检查，不合格丝头应重新加工经再次检验合格方可使用。

5.2.5 已检验合格的丝头应加以保护。钢筋一端丝头应戴上保护帽，另一端可按表5.3.5规定的力矩值拧紧连接套，并按规格分类堆放整齐待用。

5.3 钢 筋 连 接

5.3.1 连接钢筋时，钢筋规格和连接套的规格应一致，并确保钢筋和连接套的丝扣干净完好无损。

5.3.2 采用预埋接头时，连接套的位置、规格和数量应符合设计要求。带连接套的钢筋应固定牢，连接套的外露端应有密封盖。

5.3.3 必须用力矩扳手拧紧接头。

5.3.4 力矩扳手的精度为±5%，要求每半年用扭力仪检定一次。

5.3.5 连接钢筋时，应对正轴线将钢筋拧入连接套，然后用力矩扳手拧紧。接头拧紧值应满足表5.3.5规定的力矩值，不得超拧。拧紧后的接头应作上标记。

接头拧紧力矩值　　表5.3.5

钢筋直径（mm）	16	18	20	22	25～28	32	36～40
拧紧力矩（N·m）	118	145	177	216	275	314	343

5.3.6 质量检验与施工安装用的力矩扳手应分开使用，不得混用。

6 接头型式检验

6.0.1 钢筋锥螺纹接头的型式检验应符合现行行业标准《钢筋机械连接通用技术规程》JGJ107 中第 5 章的各项规定。

7 接头施工现场检验与验收

7.0.1 工程中应用钢筋锥螺纹接头时，该技术提供单位应提供有效的型式检验报告。

7.0.2 连接钢筋时，应检查连接套出厂合格证、钢筋锥螺纹加工检验记录。

7.0.3 钢筋连接工程开始前及施工过程中，应对每批进场钢筋和接头进行工艺检验：

1. 每种规格钢筋母材进行抗拉强度试验；
2. 每种规格钢筋接头的试件数量不应少于三根；
3. 接头试件应达到现行行业标准《钢筋机械连接通用技术规程》JGJ107 表 3.0.5 中相应等级的强度要求。计算钢筋实际抗拉强度时，应采用钢筋的实际横截面积计算。

7.0.4 随机抽取同规格接头数的 10%进行外观检查。应满足钢筋与连接套的规格一致，接头丝扣无完整丝扣外露。

7.0.5 用质检的力矩扳手，按表 5.3.5 规定的接头拧紧值抽检接头的连接质量。抽验数量：梁、柱构件按接头数的 15%，且每个构件的接头抽验数不得少于一个接头；基础、墙、板构件按各自接头数，每 100 个接头作为一个验收批，不足 100 个也作为一个验收批，每批抽检 3 个接头。抽检的接头应全部合格，如有一个接头不合格，则该验收批接头应逐个检查，对查出的不合格接头应进行补强，并按附录 C 表 C.0.3 填写接头质量检查记录。

7.0.6 接头的现场检验按验收批进行。同一施工条件下的同一批材料的同等级、同规格接头，以 500 个为一个验收批进行检验与验收，不足 500 个也作为一个验收批。

7.0.7 对接头的每一验收批，应在工程结构中随机截取 3 个试件作单向拉伸试验，按设计要求的接头性能等级进行检验与评定，并按附录C表C.0.1填写接头拉伸试验报告。

7.0.8 在现场连续检验10个验收批，全部单向拉伸试件一次抽样均合格时，验收批接头数量可扩大一倍。

附录A 加工质量检验方法

A.0.1 锥螺纹丝头牙形检验：牙形饱满，无断牙、秃牙缺陷，且与牙形规的牙形吻合，牙齿表面光洁的为合格品（见图A.0.1）。

A.0.2 锥螺纹丝头锥度与小端直径检验：丝头锥度与卡规或环规吻合，小端直径在卡规或环规的允许误差之内为合格（见图A.0.2，(*a*)、(*b*)）。

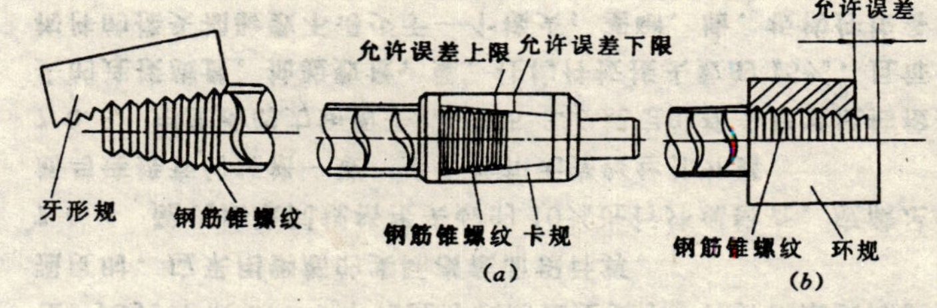

图A.0.1

图A.0.2

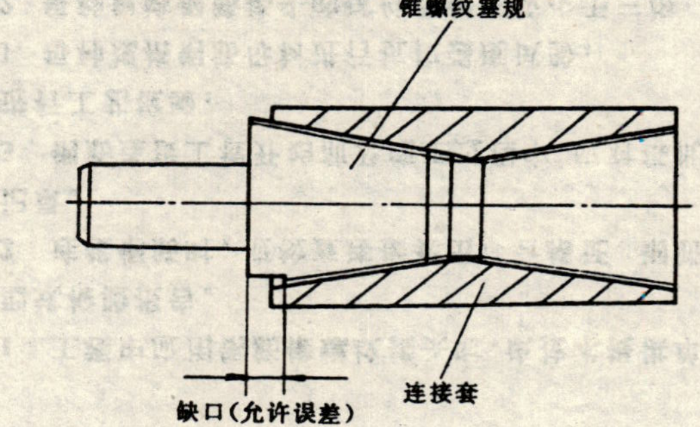

图A.0.3

注：牙形规、卡规或环规、塞规应由钢筋连接技术提供单位配套提供。

A.0.3 连接套质量检验：锥螺纹塞规拧入连接套后，连接套的大端边缘在锥螺纹塞规大端的缺口范围内为合格（见图A.0.3）。

附录B 常用接头连接方法

B.0.1 同径或异径普通接头：

分别用力矩扳手将①与②、②与③拧到规定的力矩值（见图B.0.1）。

B.0.2 单向可调接头：

分别用力矩扳手将①与②、③与④拧到规定的力矩值，再把⑤与②拧紧（见图B.0.2）。

B.0.3 双向可调接头：

分别用力矩扳手将①与②、③与④拧到规定的力矩值，且保持②、③的外露丝扣数相等，然后分别夹住②与③，把⑤拧紧（见图B.0.3）。

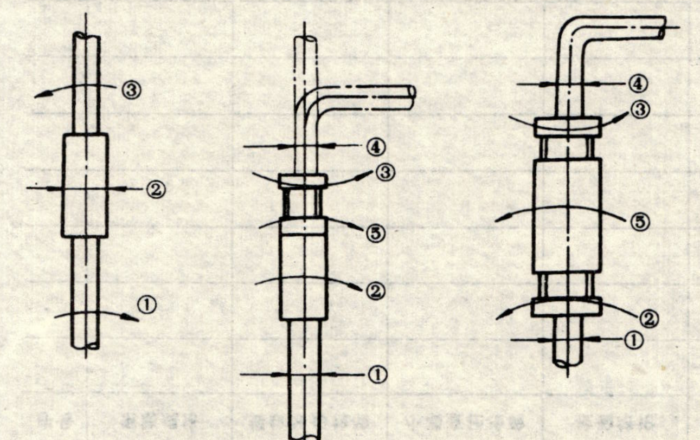

图B.0.1 ①、③钢筋；②连接套

图B.0.2 ①、④钢筋；③可调连接器；②连接套；⑤锁母

图B.0.3 ①、④钢筋；②、③可调连接器；⑤连接套

附录C 施工记录

C.0.1 钢筋锥螺纹接头拉伸试验

钢筋锥螺纹接头拉伸试验报告　　表 C.0.1

工程名称		结构层数		构件名称		接头等级	
试件 编号	钢筋 规格 d (mm)	横截 面积 A (mm^2)	屈服强度 标准值 f_{yk} (N/mm^2)	抗拉强度 标准值 f_{tk} (N/mm^2)	极限拉力 实测值 P (kN)	抗拉强度 实测值 $f^{o}_{mst}=P/A$ (N/mm^2)	评定结果
评定结论							
备　注	1. $f^{o}_{mst} \leq f_{tk}$ 且 $f^{o}_{mst} \geq 0.9 f^{o}_{st}$ 为 A 级接头； 2. $f^{o}_{mst} \geq 1.35 f_{yk}$ 为 B 级接头； 3. f^{o}_{st}—钢筋母材抗拉强度实测值。						

试验单位：　（盖章）　负责人：　试验员：　试验日期：

C.0.2 钢筋锥螺纹加工检验

钢筋锥螺纹加工检验记录　　表 C.0.2

工程名称				结构所在层数	
接头数量		抽检数量		构件种类	
序号	钢筋规格	螺纹牙形检验	小端直径检验	检验结论	

注：1. 按每批加工钢筋锥螺纹丝头数的10%检验；
2. 牙形合格、小端直径合格的打"√"；否则打"×"。

检查单位：　　检查人员：

日　期：　　负责人：

C.0.3 钢筋锥螺纹接头质量检查

钢筋锥螺纹接头质量检查记录　　　　表 C.0.3

工程名称					检验日期	
结构所在层数					构件种类	
钢筋规格	接头位置	无完整丝扣外露	规定力矩值 (N·m)	施工力矩值 (N·m)	检验力矩值 (N·m)	检验结论

注：1. 检验结论：合格“√”；不合格“×”。

检查单位：　　　　　　　检查人员：

检验日期：　　　　　　　负 责 人：

附录 D　本规程用词说明

D.0.1 执行本规程条文时，对于要求严格程度的用词说明如下，以便在执行中区别对待：

(1) 表示很严格，非这样作不可的：

正面词采用“必须”，反面词采用“严禁”。

(2) 表示严格，在正常情况下应这样作的：

正面词采用“应”，反面词采用“不应”或“不得”。

(3) 表示允许稍有选择，在条件许可时，首先应这样作的：

正面词采用“宜”或“可”，反面词采用“不宜”。

D.0.2 条文中指明应按其他有关标准、规范执行的写法为“应按……执行或应符合……要求（或规定）”。

附加说明

本标准主编单位、参加单位和主要起草人名单

主 编 单 位：北京市建筑工程研究院
参 加 单 位：北京市建筑设计研究院
上海市隧道工程设计院
深圳市建筑科学研究所
铁道部建筑科学研究院建筑研究所
北京市第五建筑工程公司
中国电子工程建设开发公司
中国建筑科学研究院

主要起草人：王金平 张承启 刘仁鹏
罗君东 庄军生 郑玉山
姜 昭 周炳章 郭晓民

中华人民共和国行业标准

钢筋锥螺纹接头技术规程

JGJ 109—96

条 文 说 明

前　言

根据中华人民共和国建设部建标［1993］699号文件的要求，由北京市建筑工程研究院负责主编，会同有关单位编制的行业标准《钢筋锥螺纹接头技术规程》JGJ109—96，经建设部1996年12月2日以建标（1996）615号文批准发布。

为了便于广大设计、施工、科研、学校等有关单位人员，在使用本规范时能正确理解和执行条文规定，《钢筋锥螺纹接头技术规程》编制组根据国家计委关于编制标准、规范条文说明的统一要求，按《钢筋锥螺纹接头技术规程》的章、节、条顺序，编写了《钢筋锥螺纹接头技术规程》条文说明，供国内各有关部门和单位参考。在使用中如发现本条文说明有欠妥之处，请将意见直接函寄给规范的管理单位：建设部建筑工程标准技术归口单位。

本条文说明仅供国内有关部门和单位执行本规范时使用，不得外传和翻印。

1996年12月

目　次

1 总　　则

1.0.1　钢筋锥螺纹接头是一种能承受拉、压两种作用力的机械接头。工艺简单、连接速度快、不受钢筋含碳量和有无花纹限制、不污染环境、无明火作业、接头质量稳定安全可靠，可节约大量的钢材和能源，是80年代初国外开发研究的新技术，已广泛地用于抗震、防爆要求很高的建筑物。国内虽然起步较晚，但发展迅速，并成功地应用于高层建筑、地铁车站、电站等建筑的基础、墙、梁、柱、板等构件，取得了明显的技术、经济和社会效益。

1.0.2　钢筋锥螺纹接头可以连接Ⅰ～Ⅲ级钢筋。不受钢筋肋形及含碳量限制。由于我国建筑结构多用Ⅱ、Ⅲ级钢筋，为此本规程只规定了连接Ⅱ、Ⅲ级钢筋的连接套材质；如果连接Ⅰ级钢筋，仍可用此连接套。

1.0.3　除本条规定的钢筋外，进口钢筋可参考应用。

3　接头性能等级

3.0.1　规定型式检验用的连接套材质是避免用了不合格的材料影响接头的连接强度。

3.0.2～3.0.4　根据钢筋锥螺纹接头的基本受力性能将其分为A、B两级。接头的静力拉伸性能是接头承受静载时的基本性能。A、B级接头的单向拉伸性能包括强度、割线模量、接头极限应变和残余变形四项指标。高应力反复拉压性能反映接头在风荷载及中、小地震作用下，承受高应力反复拉压的能力；大变形反复拉压性能则反映结构在强地震作用下，钢筋进入塑性变形阶段接头的受力性能。上述三项性能是接头型式试验的必检项目。而疲劳和高、低温性能是根据接头的应用场合进行选检项目。

割线模量是反映接头在弹性范围内受力的变形性能；残余变形是反映连接套与钢筋之间在高应力下的相对滑移值。该值的大小会影响构件的受力裂缝宽度；高应力与大变形条件下的反复拉压试验是对应于风荷载，中、小地震和强地震时接头的受力状态提出的要求。在常遇的远低于设防裂度的中、小地震下，钢筋仍处于弹性阶段时，应能承受20次以上高应力反复拉压，并满足强度和变形的要求；在接近或超过设防裂度时，钢筋通常进入塑性阶段，并产生较大塑性变形，从而吸收和消耗地震能量。因此，要求钢筋接头在承受2倍和5倍于钢筋流限应变的大变形情况下，经受4～8次反复拉压，并满足强度和变形要求。

A级接头与B级接头检验项目相同，只是B级接头比A级接头检验指标偏低，这是因为B级接头的使用部位比A级严，A级使用部位宽。

鉴于地震作用下，结构的延性是抗震的主要性能。结构在设防裂度下的抗震验算，根本上应该是弹塑性变形验算；地震作用下的弹塑性变形验算直接依赖于钢筋的实际屈服强度（承载力），规范的承载力是强度设计值。为保证接头有足够的强度，使构件达到屈服并避免脆性破坏，规定接头屈服强度实测值不小于钢筋的屈服强度标准值，同时接头抗拉强度实测值不应小于钢筋屈服强度标准值的 1.35 倍或不小于钢筋抗拉强度标准值。使接头既有足够的安全性，又有最大的经济性。

由于本接头为机械连接，所以不做接头的弯曲试验。

4 接头应用

4.0.1 在受拉区的钢筋受力较小部位 A 级、B 级接头均可以使用，受力钢筋接头百分率不宜超过 50%。但 A 级接头百分率可以放宽。

4.0.2 考虑到本接头的构造特点，严禁在接头处弯曲；如需要弯曲成型，必须在接头端头以外 $10d$ 处进行，避免破坏接头的连接强度。如施工需要弯曲钢筋，可以先弯钢筋再连接。接头可选用单向或双向可调接头。

4.0.4 本接头可连接异径钢筋，根据结构的受力要求，一次连接钢筋直径之差不宜超过二级。

5 施工规定

5.1.1 鉴于钢筋套丝、现场质量检验、钢筋连接方法、力矩扳手的正确使用、接头的质量要求与检验等均有专门技术要求，所以在工程施工中必须坚持技术培训和持上岗证作业制度。

5.1.2 为了保证套丝质量，减少套丝机和梳刀的损坏，钢筋下料时，应做到切口端面垂直钢筋轴线。钢筋平直，切口无马蹄形，且不挠曲。

5.2.1 鉴于国内现有的钢筋锥螺纹接头的技术参数不相同，其套丝机、螺纹锥度、牙形、螺距等也不一样，为此施工单位采用时要特别注意，对技术参数不一样的接头决不能混用，避免出现质量问题。检查加工质量用的牙形规、卡规或环形规、锥螺纹塞规均应由提供钢筋连接技术的单位配套提供。

5.2.4 钢筋锥螺纹丝头质量好坏直接影响接头的连接质量，为此要求在工人自检的基础上，按每种规格钢筋的加工批量10%抽验。决不允许使用牙形撕裂、掉牙、牙瘦、小端直径过小、钢筋纵肋上无齿形等不合格丝头连接钢筋。查出一个不合格丝头，则应重检该批丝头，对不合格丝头可切去一部分，再重新加工出合格丝头，并及时填写检验记录，不得追记。

5.2.5 为防止堆放、吊装搬运过程弄脏或碰坏钢筋丝头，要求检验合格的丝头必须一端戴上保护帽，另一端拧紧连接套。

5.3.1 接头的质量和锥螺纹的加工质量有关。如果弄脏或碰伤钢筋丝头会影响接头的连接质量。为此必须保持钢筋丝头及连接套螺纹的干净和完好无损。

5.3.2 上海、南京、北京地铁车站顶板、底板与连续墙的水平钢筋连接，曾发生过由于带连接套的钢筋固定不牢，在连续墙钢筋笼下沟槽时，将水平钢筋碰弯或将带连接套的钢筋碰掉，给连接钢筋带来很大困难。为此必须把带连接套的钢筋固定牢固。

为了防止水泥浆等杂物进入连接套而影响接头的连接质量，一定要坚持取下一个密封盖连接一根钢筋的施工顺序。

5.3.3 力矩扳手是连接钢筋和检验接头连接质量的定量工具，可确保钢筋连接质量。为保证产品质量，力矩扳手应由具有生产计量器具许可证的工厂加工制造。产品出厂时应有产品出厂合格证。

5.3.4 考虑到力矩扳手的使用次数不一样，可根据需要将使用频繁的力矩扳手提前检定。

不准用力矩扳手当锤子或撬棍使用，要轻拿轻放，不许坐、踏。不用时，将力矩扳手调到0刻度，以保持力矩扳手精度。

5.3.5 连接钢筋时，应先将钢筋对正轴线后拧入锥螺纹连接套筒，再用力矩扳手拧到规定的力矩值。决不应在钢筋锥螺纹没拧入锥螺纹连接套筒，就用力矩扳手连接钢筋，以免损坏接头丝扣，造成接头质量不合格。不许接头拧的过紧的目的是防止损坏接头丝扣。为了防止接头漏拧，每个接头拧到规定的力矩值之后，一定要在接头上做标记，以便检查。

5.3.6 力矩扳手使用一段时间后，精度有可能发生变化。为确保质检用的力矩扳手精度，规定质检用的力矩扳手与施工用的扳手应分开使用，不得混用。

6 接头型式检验

6.0.1 规定了接头在什么情况下应做型式检验。

6.0.2 限制钢筋试件实测强度值的目的是防止钢筋母材超强过多，而影响接头试件的检验与评定结果。

6.0.3～6.0.5 接头试件尺寸、数量、加载制度等均按《钢筋机械连接通用技术规程》JGJ107—96 执行。

6.0.6 接头试件只要达到 3.0.3 规定的接头性能等级检验指标，任何破坏形式均可判为合格。

7 接头施工现场检验与验收

7.0.5 如发现接头有完整丝扣外露，说明有丝扣损坏或有脏物进入接头丝扣或丝头小端直径超差或用了小规格的连接套；连接套和钢筋之间如有一圈明显的间隙，说明用了大规格连接套连接了细钢筋。出现以上情况应及时查明原因排除故障，重新连接钢筋。如接头已不能重新连接，可采用 E50XX 型焊条补强，将钢筋与连接套焊在一起，焊缝高度不小于 5mm。当连接Ⅱ级钢筋时，应先做可焊性能试验，经试验合格后，方可焊接。

中国工程建设标准化协会标准

建筑瓷板装饰工程技术规程

CECS 101：98

主 编 单 位：广东建标工程技术有限公司
批 准 单 位：中国工程建设标准化协会
批 准 日 期：1998 年 7 月 1 日

前 言

现批准《建筑瓷板装饰工程技术规程》，编号为 CECS 101：98，供各工程建设设计、施工单位使用。在使用过程中，请将意见和建议径寄广州市黄埔大道 311 号 501 室，广东建标工程技术有限公司（邮编：510630），以便修订时参考。

中国工程建设标准化协会
1998 年 7 月 1 日

本规程主编单位：广东建标工程技术有限公司
参 编 单 位：佛山石湾鹰牌陶瓷有限公司
广东省建筑设计研究院
华南理工大学建筑设计研究院
华南理工大学
高明市季华铝建有限公司
佛山石湾华鹏陶瓷厂
主 要 起 草 人：陈止戈 霍锐强 李少云 陈伟生
万全应 张正先 韩广建 黎海立

1 总 则

1.0.1 为使建筑瓷板装饰工程做到安全可靠、实用美观和经济合理，制订本规程。

1.0.2 本规程适用于工业与民用建筑的瓷板装饰工程设计、施工及验收。

当干挂瓷质饰面承载力采用本规程给出的方法确定时，所用的瓷板及施工工艺必须同时符合本规程有关规定。

1.0.3 瓷板装饰工程，除应符合本规程规定外，尚应符合国家现行有关标准的规定。

2 术语和符号

2.1 术 语

2.1.1 瓷板 porcelain plate

本规程所称的瓷板是指吸水率不大于0.5%的瓷质板，包括抛光板和磨边板两种，其面积不大于1.2m² 且不宜小于0.5m²。抛光板指作边缘处理且对板面进行抛光处理的瓷质板；磨边板指仅作边缘处理而未对板面进行抛光处理的瓷质板。

2.1.2 瓷板装饰工程 porcelain plate decorative engineering

本规程所称的瓷板装饰工程是指采用瓷板作装饰材料的建筑装饰工程，包括瓷质饰面工程和瓷质地面工程。

2.1.3 瓷质饰面 porcelain veneer of wall

将瓷板固定于建筑物墙面的装饰面。

2.1.4 瓷质地面 porcelain floor

采用瓷板作面层的建筑地(楼)面。

2.1.5 干挂法 dry-joint process

通过挂件将瓷板固定的施工方法，简称干挂，包括扣槽式干挂法和插销式干挂法两种。扣槽式干挂法指干挂施工时采用扣槽式挂件将瓷板固定，插销式干挂法指干挂施工时采用插销式挂件将瓷板固定。

2.1.6 挂贴法 tie-stick process

通过金属丝拉结瓷板并对板的背面灌浆填缝的施工方法，简称挂贴。

2.2 符 号

a——瓷板非支承边边长；

A——单块瓷板面积；
b——瓷板支承边边长；
n——插销个数；
R——单块瓷板的承载力设计值；
w——作用在瓷质饰面的风荷载设计值；
w_0——基本风压；
β_z——瞬时风压的阵风系数；
μ_s——风荷载体型系数；
μ_z——风压高度变化系数。

3 瓷板装饰工程材料

3.1 一般规定

3.1.1 瓷板装饰工程材料应符合现行国家标准的有关规定，并应有出厂合格证。

3.1.2 瓷板装饰工程材料应采用不燃烧性或难燃烧性，且具有耐气候性的材料。

3.2 瓷　板

3.2.1 瓷板常用规格可按表 3.2.1 采用。

表 3.2.1　瓷板常用规格(mm)

公称尺寸	规格尺寸		
	宽度	长度	厚度
650×900	644	894	13
800×800	794	794	13
1000×1000	994	994	13
800×1200	794	1194	13

3.2.2 瓷板相对于规格尺寸的允许偏差应符合表 3.2.2 的规定：

表 3.2.2 瓷板尺寸的允许偏差

项目	允许偏差值		检查方法
	瓷质饰面用瓷板	瓷质地面用瓷板	
长度、宽度	−1.5 mm	−1.5 mm	用钢尺
厚度	+1 mm −0.5 mm	+1 mm −3 mm	用最小读数为 0.02 mm 游标卡尺
边直度	±1 mm	±1 mm	按 GB 11948 检查
直角度	±0.2%	±0.2%	按 GB 11948 检查
中心弯曲度	±2 mm	±2 mm	按 GB 11948 检查
翘曲度	±2 mm	±2 mm	按 GB 11948 检查

注：1 瓷质饰面用瓷板考虑了允许偏差后的板厚不得小于 12.5 mm，多边形、弧形等异形瓷板考虑了允许偏差后的外形尺寸应符合设计要求；

2 挂贴瓷质饰面及瓷质地面用的瓷板，其凸背纹的高度和凹背纹深度尚不应小于 0.5 mm。

3.2.3 瓷板的表面质量应符合表 3.2.3 的规定：

表 3.2.3 瓷板的表面质量

缺陷名称		表面质量要求	
		瓷质饰面用瓷板	瓷质地面用瓷板
分层、开裂		不允许	不允许
裂纹		不允许	不超过对应边长的 6%
斑点、起泡、熔洞、落脏、磕碰、坯粉、麻面、疵火		距离板面 2m 处目测，缺陷不明显	距离板面 3m 处目测，缺陷不明显
色差		距离板面 3m 处目测，色差不明显	距离板面 3m 处目测，色差不明显
抛光板	漏磨	不允许	不明显
抛光板	漏抛	不允许	板边漏抛允许长度≯1/3 边长，宽限 3 mm
抛光板	磨痕、磨划	不明显	稍有

注：1 当色差作为装饰目的时，不属缺陷；

2 瓷板的背面和侧面，不允许有影响使用的附着物和缺陷。

3.2.4 瓷板理化性能应符合表 3.2.4 的规定：

表 3.2.4 瓷板的理化性能

项目		技术指标	检查方法
吸水率	平均值	≤0.5%	按 GB 2579 检查
吸水率	单个值	≤0.6%	按 GB 2579 检查
弯曲强度标准值		≥35 MPa	按 GB 8917 检查
表面莫氏硬度		≥6	按 JC/T 665 检查
急冷急热循环出现炸裂或裂纹		不允许	按 GB/T 2581 检查
冻融循环出现破坏或裂纹		不允许	按 GB 6955 检查
耐腐蚀性	耐酸性	A 级	按 JC/T 665 检查
耐腐蚀性	耐碱性	A 级	按 JC/T 665 检查
耐深度磨损体积		≤205 mm^3	按 GB/T 13479 检查
抛光板的光泽度		≥55	按 GB/T 13891 检查

注：1 挂贴瓷质饰面及瓷质地面用的瓷板，其弯曲强度可适当降低，但平均值不得小于 30MPa，且单个值不得小于 28MPa；

2 瓷质饰面用的瓷板，其耐深度磨损体积可不作要求；

3 严寒地区干挂瓷质饰面用的瓷板，按 GB6955 检测抗冻性能时，其工作温度宜适当降低。

3.3 其他材料

3.3.1 瓷质饰面使用的不锈钢挂件应采用经固溶处理的奥氏体型不锈钢制作，钢材质量应符合下列现行国家标准的规定：

《不锈钢棒》 GB1220

《不锈钢冷加工棒》 GB4226

《不锈钢冷轧钢板》 GB3280

《不锈钢热轧钢板》 GB4237

《冷顶锻不锈钢丝》 GB4332

常用的不锈钢挂件可按附录 A 采用。

3.3.2 瓷质饰面使用的铝合金挂件应采用 LD30 合金制造的淬火人工时效状态的型材制作，制作允许偏差应符合现行国家标准《铝合金建筑型材》GB/T5237 中高精级的规定；铝合金应进行表面阳极氧化处理，氧化膜厚度不得低于现行国家标准《铝及铝合金

阳极氧化　阳极氧化膜的总规范》GB8013 规定的 AA15 级。

常用的铝合金挂件可按附录 A 采用。

3.3.3 瓷质饰面使用的钢材应符合下列现行国家标准的规定：

《碳素结构钢》　GB700

《优质碳素结构钢技术条件》　GB699

《合金结构钢技术条件》　GB3077

《低合金高强度结构钢》　GB1597

《碳素结构钢和低合金结构钢热轧薄钢板及钢带》　GB912

《碳素结构钢和低合金结构钢热轧厚钢板及钢带》　GB3274

3.3.4 瓷质饰面使用的弹性胶条应采用三元乙丙橡胶等具有低温弹性的耐候、耐老化材料制作，并应挤出成形。

3.3.5 瓷质饰面使用的密封胶应采用耐候中性胶，其性能应符合表 3.3.5 的规定。

表 3.3.5　密封胶的性能

项　目	技 术 指 标
表干时间	1～1.5 h
初步固化时间(25℃)	3 d
完全固化时间	7～14 d
流淌性	无流淌
污染性	无污染
邵氏硬度	20～30 度
抗拉强度	0.11～0.14 MPa
撕裂强度	≥3.8 N/mm
固化后的变位承受能力	25%≤δ≤50%
施工温度	5～48 ℃

3.3.6 瓷质饰面使用的粘结胶应采用耐候中性胶，其性能应符合表 3.3.6 的规定。

表 3.3.6　粘结胶的性能

项　目	技 术 指 标
初步固化时间(25 ℃)	3～7 d
完全固化时间	14～21 d
流淌性	不明显
与瓷板粘结抗拉强度	≥3.0 MPa
固化后的变位承受能力	12.5%≤δ≤50%

3.3.7 瓷质饰面使用的环氧树脂浆液的配合比应经试配后确定，其性能应符合表 3.3.7 的规定。

表 3.3.7　环氧树脂的性能

项　目	技 术 指 标
分子量	350～400
环氧值	0.41～0.47 当量/100 g
软化点	12～20 ℃
初步固化时间	4～8 h
完全固化时间	3～7 d
流淌性	不明显
抗拉强度	3.0～4.0 MPa

3.3.8 瓷质饰面使用的填充材料可采用密度不大于 0.037g/cm³ 的聚乙烯发泡材料。

3.3.9 瓷质饰面和瓷质地面使用的水泥应采用硅酸盐水泥、普通硅酸盐水泥或矿渣硅酸盐水泥，其标号不宜低于 425 号；砂的质量应符合现行行业标准《普通混凝土用砂质量标准及检验方法》JGJ52 的有关规定。

4 瓷板装饰工程设计

4.1 一般规定

4.1.1 瓷板装饰的建筑设计应符合下列规定：

1 满足建筑物的使用功能和美观要求；

2 构图、色调和虚实组成应与建筑整体及环境协调；

3 分格尺寸应与瓷板规格尺寸相匹配。

4.1.2 干挂瓷质饰面高度不宜大于100m，挂贴瓷质饰面高度不宜大于5m。

4.2 干挂瓷质饰面设计

4.2.1 干挂瓷质饰面的结构设计应符合下列规定：

1 干挂瓷质饰面结构计算应满足建筑物围护结构设计要求；

2 在风荷载设计值作用下，干挂瓷质饰面不得破坏；

3 在设防烈度地震作用下，经修理后的干挂瓷质饰面仍可使用；在罕遇地震作用下，钢架不得脱落。

4.2.2 干挂瓷质饰面的瓷板拼缝最小宽度应符合表 4.2.2 规定。

表 4.2.2 干挂瓷质饰面的瓷板拼缝最小宽度(mm)

设防类别		拼缝的最小宽度
非抗震设防		4
抗震设防烈度	6度、7度	6
	8度	8

4.2.3 干挂瓷质饰面宜采用钢架作安装基面，钢架应符合本规程第 4.2.4 条规定。当选用不锈钢挂件时，也可采用符合下列规定之一的建筑物墙体作安装基面：

1 强度等级不低于 C20 的混凝土墙体，且混凝土灌注质量符合现行国家标准《混凝土结构施工及验收规范》GB50204 的有关规定；

2 按本规程第 4.2.5 条要求加设钢筋混凝土梁柱的砌体；

3 按本规程第 4.2.6 条要求进行加固的砌体。

4.2.4 用作安装基面的钢架应符合下列规定：

1 满足挂件连接要求；

2 钢架应作防锈镀膜处理，防锈镀膜处理应符合国家现行有关标准的规定；

3 钢架及钢架与建筑物主体结构连接的设计，应符合现行国家标准《钢结构设计规范》GBJ17 的有关规定。

4.2.5 当用作安装基面的砌体尚未施工时，可在瓷板挂件的锚固位置加设钢筋混凝土梁、柱。加设的钢筋混凝土梁、柱应符合下列规定：

1 梁(柱)截面尺寸、配筋及与主体结构的连接，应按支承瓷板传递的荷载计算确定；

2 梁(柱)截面尺寸沿墙面方向不宜小于 200 mm，沿墙厚方向不宜小于 140 mm；

3 混凝土强度等级不得低于 C20；

4 纵向钢筋不宜小于 4ϕ12，箍筋直径不得小于 6 mm、间距不得大于 200 mm。

4.2.6 当用作安装基面的砌体已施工且砌块强度等级不小于 MU7.5、砌块空心率不大于 15%、砂浆强度等级不小于 M5 时，可在砌体内外侧加设钢丝网水泥砂浆加强层。加设的加强层应符合下列规定：

1 钢丝网可采用规格为 ϕ1.5、孔目 15 mm×15 mm 的钢丝网；

2 钢丝网片搭接或搭入相邻墙体面不宜小于 200 mm，并作可靠连接；

3 水泥砂浆的强度等级不应低于 M7.5、厚度不应小于 25

mm；

4 当固定挂件的穿墙螺栓间距大于 600 mm 时，应加设螺栓连接墙体两侧的钢丝网。

4.2.7 不锈钢挂件与安装基面的连接应符合下列规定：

1 扣槽式的扣齿板与基面连接不得少于 2 个锚固点，且锚固点间距不得大于 700 mm，距相邻板角不宜大于 200 mm；当风荷载设计值大于 4 kN/m² 时，锚固点的间距不得大于 500 mm。插销式的瓷板连接点均应与基面连接；

2 当基面为钢架时，可采用 M8 不锈钢螺栓连接；

3 当基面为混凝土墙体或钢筋混凝土梁柱时，可采用 M8×100 不锈钢胀锚螺栓连接，胀锚螺栓锚入混凝土结构层深度不得小于 60 mm；

4 当基面为钢丝网水泥砂浆加固的砌体时，连接可采用 M8 不锈钢螺栓穿墙锚固，螺栓所用的垫圈改用垫板。

4.2.8 铝合金挂件与钢架基面连接应符合下列规定：

1 挂件的水平力作用方向宜通过或接近连接型材截面的形心；

2 当采用本规程附录 A 给出的铝合金挂件时，挂件应与连接的 L 型钢挂接并辅以 M4 不锈钢螺栓（或 M4 不锈钢抽芯铆钉）锚固。

4.2.9 挂件与瓷板连接的方式应符合下列规定：

1 当抗震设防烈度不超过 7 度时，可采用扣槽式或插销式干挂法；当抗震设防烈度为 8 度时，应采用扣槽式干挂法；

2 根据建筑物所在地的基本风压及瓷质饰面的高度选择连接方式，并应符合本规程第 4.2.11～4.2.13 条的规定。

4.2.10 挂件与瓷板的连接应符合下列规定：

1 当为不锈钢挂件时，瓷板与钢架面或墙面的间距可采用 30～70 mm；当为铝合金挂件时，瓷板与钢架面的间距应与挂件尺寸相适应；

2 采用扣槽式干挂法时，支承边应对称布置；不锈钢扣齿板宜取与瓷板支承边等长，铝合金扣齿板宜取比瓷板支承边短 20～50 mm；

3 采用插销式干挂法时，连接点数应为偶数且对称布置。当单块瓷板面积小于 1m² 时，每块板的连接点数不得少于 4 点；当单块瓷板面积不小于 1m² 时，每块板的连接点数不得少于 6 点；

4 扣槽式不锈钢扣齿插入瓷板的深度宜取 8 mm、铝合金扣齿插入瓷板的深度宜取 5 mm，插销式销钉插入瓷板的深度宜取 15 mm；

5 不锈钢挂件与瓷板接合部位均应填涂环氧树脂。

4.2.11 作用在干挂瓷质饰面的风荷载设计值可按下式计算：

$$w = 1.4\beta_z\mu_s\mu_z w_0 \tag{4.2.11}$$

式中 w——作用在瓷质饰面的风荷载设计值（kN/m²）；

β_z——瞬时风压的阵风系数，可取 2.25；

μ_s——风荷载体型系数，竖直饰面外表面可按±1.5 取用。当建筑物体型复杂或局部凹凸变化较大时，相应部分的风荷载体型系数宜根据风洞试验结果或设计经验调整；

μ_z——风压高度变化系数，按现行国家标准《建筑结构荷载规范》GBJ9 采用；

w_0——基本风压（kN/m²），按现行国家标准《建筑结构荷载规范》GBJ9 采用；对于高层建筑，w_0 宜乘以系数 1.1。

4.2.12 瓷板承载力应满足下式要求：

$$wA \leqslant R \tag{4.2.12}$$

式中 w——单块瓷板所在位置的风荷载设计值，按本规程第 4.2.11 条计算，当 $w<2.0$ kN/m² 时，取 $w=2.0$ kN/m²；

R——单块瓷板的承载力设计值（kN）；

A——单块瓷板面积(m^2)。

4.2.13 当挂件与瓷板连接符合本规程第4.2.10条规定时，单块瓷板承载力设计值可按下列公式计算：

1 扣槽式

$$R = 6.0\left(\frac{b}{a}\right) \quad (4.2.13-1)$$

当为铝合金挂件时，尚应满足下式

$$R = 3.0b \quad (4.2.13-2)$$

2 插销式

$$R = 0.45n \quad (4.2.13-3)$$

式中 R——单块瓷板的承载力设计值(kN)；

b——瓷板支承边边长(m)；当为不锈钢挂件且扣齿板短于瓷板支承边时，b取扣齿板长；当为铝合金挂件且扣齿板短于瓷板支承边的0.9倍时，b取扣齿板长；

a——瓷板非支承边边长(m)。当$a<1$m时，取$a=1$m计算；

n——插销个数。

4.2.14 离地面2 m高以下的干挂瓷质饰面，在每块瓷板的中部宜加设一加强点。加强点的连接件应与基面连接，连接件与瓷板接合部位的面积不宜小于20 cm^2，并应满涂粘结剂。

4.2.15 特殊规格或饰面边缘的瓷板，在保证可靠的连接承载力的条件下，可采用多种连接方式。

干挂瓷质饰面常见节点构造示意图见附录B。

4.3 挂贴瓷质饰面设计

4.3.1 挂贴瓷质饰面可直接采用建筑物墙体作挂贴基面，瓷板与墙面间距可采用30～50 mm。

4.3.2 瓷板拉结点应符合下列规定：

1 拉结点应为偶数且对称布置，间距不宜大于700 mm；

2 当单块瓷板面积小于1 m^2时，每块板的拉结点数不得少于4点；当单块瓷板面积不小于1 m^2时，每块板的拉结点数不得少于6点。

4.3.3 拉结钢筋网设置应符合下列规定：

1 钢筋直径不得小于6 mm；

2 钢筋间距应与瓷板拉结点相适应。

4.3.4 拉结钢筋网应焊接在建筑物墙面的锚固点上，锚固点设置应符合下列规定：

1 锚固点位置在瓷板拉结点附近，锚固点数不宜少于瓷板拉结点数；

2 墙体为混凝土墙体时，宜采用预埋铁件，也可采用M8×100胀锚螺栓；胀锚螺栓锚入混凝土结构层深度不得小于60 mm。墙体为砌体时，可采用M8穿墙螺栓锚固。

4.4 瓷质地面设计

4.4.1 瓷质地面应设置瓷质面层、结合层、找平层；并根据需要设置隔离层、填充层等构造层。

4.4.2 瓷质地面坡度应符合下列规定：

1 室内地面，当无排水要求时，可采用水平地面；当有排水要求时，地面坡度不宜小于0.5%；

2 室外地面坡度不宜小于1%。

5 瓷板装饰工程施工

5.1 一般规定

5.1.1 瓷板装饰工程施工准备包括下列工作：

1 会审图纸(含节点大样图)，并编制施工组织设计；

2 施工所用的动力、脚手架等临时设施应满足施工要求；

3 材料按工程进度进场，并按有关规定送检合格。

5.1.2 进施工现场的材料应符合设计要求，其产品质量应符合本规程第3章规定。

5.1.3 瓷板堆放、吊运应符合下列规定：

1 按板材的不同品种、规格分类堆放；

2 板材宜堆放在室内；当需要在室外堆放时，应采取有效措施防雨防潮；

3 当板材有减震外包装时，平放堆高不宜超过2 m，竖放堆高不宜超过2层，且倾斜角不宜超过15°；当板材无包装时，应将板的光泽面相向，平放堆高不宜超过10块，竖放宜单层堆放且倾斜角不宜超过15°；

4 吊运时宜采用专用运输架。

5.1.4 吊运及施工过程中，严禁随意碰撞板材，不得划花、污损板材光泽面。

5.1.5 密封胶等化工类产品应注意防火防潮，分类堆放在阴凉处。

5.1.6 安装瓷质饰面的建筑物墙体应符合下列规定：

1 主体结构施工质量应符合有关施工及验收规范的要求；

2 穿过墙体的所有管道、线路等施工已全部完成。

5.1.7 干挂瓷质饰面的钢架安装应符合下列规定：

1 钢架与主体结构连接的预埋件应牢固、位置准确，预埋件的标高偏差不得大于10 mm，预埋件位置与设计位置的偏差不得大于20 mm；

2 钢架与预埋件的连接及钢架防锈处理应符合设计要求；

3 钢架制作及焊接质量应符合现行国家标准《钢结构工程施工及验收规范》GBJ205 及现行行业标准《建筑钢结构焊接与验收规程》JGJ81 的有关规定；

4 钢架制作允许偏差应符合表5.1.7规定。

表5.1.7 钢架制作的允许偏差(mm)

项目		允许偏差值	检查方法
构件长度		±3	用钢尺检查
焊接H型钢截面高度	接合部位	±2	
	其他部位	±3	
焊接H型钢截面宽度		±3	
挂接铝合金挂件用的L型钢截面高度		±1	
构件两端最外侧安装孔距		±3	
构件两组安装孔距		±3	
同组螺栓	相邻两孔距	±1	
	任意两孔距	±1.5	
构件挠曲矢高		l/1000且不大于10	用拉线及钢尺

注：l为构件长度。

5.1.8 干挂瓷质饰面的墙体为混凝土结构时，应对墙体表面进行清理修补，使墙面平整坚实。对挂贴瓷质饰面的墙体，应将其表面的浮灰、油污等清除干净；对表面较光滑的墙体，应凿毛处理。

5.1.9 使用密封胶、粘结胶、环氧树脂浆液时，应在产品说明书规定的有效使用期内使用，并按要求的温度施工。

5.1.10 安装瓷质饰面使用的螺栓时，均应套装与螺栓相配的弹簧垫圈。

5.1.11 瓷质地面的基土、垫层、填充层、隔离层、找平层等构造层的施工应符合设计要求，并应符合现行国家标准《建筑地面工程施工及验收规范》GB50209 的有关规定。

5.1.12 冬期施工时，砂浆的使用温度不得低于5℃。砂浆硬化前，应采取防冻措施。

5.2 干挂瓷质饰面施工

5.2.1 瓷板的安装顺序宜由下往上进行，避免交叉作业。

5.2.2 瓷板编号、开槽或钻孔应符合下列规定：

1 板的编号应满足安装时流水作业的要求；

2 开槽或钻孔前应逐块检查瓷板厚度、裂缝等质量指标，不合格者不得使用；

3 开槽长度或钻孔数量应符合设计要求，开槽钻孔位置应在规格板厚中心线上；开槽、钻孔的尺寸要求及允许偏差应符合表5.2.2－1 和表5.2.2－2 规定；钻孔的边孔至板角的距离宜取0.15b～0.2b，其余孔应在两边孔范围内等分设置；

注：b 为瓷板支承边边长。

4 当开槽或钻孔造成瓷板开裂时，该块瓷板不得使用。

表 5.2.2－1 瓷板开槽钻孔的尺寸要求(mm)

项目		尺寸要求
开槽	宽度	2.5(2.0)
	深度	10(6)
钻孔	直径	3.2
	深度	20

注：括号内数值为铝合金扣齿板用。

表 5.2.2－2 瓷板开槽钻孔的允许偏差

项目		允许偏差值
开槽宽度		+0.5 mm 0 mm (±0.5 mm)
钻孔直径		+0.3 mm 0 mm
位置	开槽	±0.3 mm
	钻孔	±0.5 mm
深度	开槽	±1 mm
	钻孔	±2 mm
槽、孔垂直度		1°

注：括号内数值为铝合金扣齿板用。

5.2.3 胀锚螺栓、穿墙螺栓安装应符合下列规定：

1 在建筑物墙体钻螺栓安装孔的位置应满足瓷板安装时角码板调节要求；

2 钻孔用的钻头应与螺栓直径相匹配，钻孔应垂直，钻孔深度应能保证胀锚螺栓进入混凝土结构层不小于60 mm 或使穿墙螺栓穿过墙体；

3 钻孔内的灰粉应清理干净，方可塞进胀锚螺栓；

4 穿墙螺栓的垫板应保证与钢丝网可靠连接，钢丝网搭接应符合设计要求；

5 螺栓紧固力矩应取40～45 N·m，并应保证紧固可靠。

5.2.4 挂件安装应符合下列规定：

1 挂件连接应牢固可靠，不得松动；

2 挂件位置调节适当，并应能保证瓷板连接固定位置准确；

3 不锈钢挂件的螺栓紧固力矩应取40～45 N·m，并应保证紧固可靠；

4 铝合金挂件挂接钢架L型钢的深度不得小于3mm，M4螺栓(或M4抽芯铆钉)紧固可靠且间距不宜大于300 mm；

5 铝合金挂件与钢材接触面，宜加设橡胶或塑胶隔离层。

5.2.5 瓷板安装应符合下列规定：

1 当设计对建筑物外墙有防水要求时，安装前应修补施工过程中损坏的外墙防水层；

2 除设计特殊要求外，同幅墙的瓷板色彩应一致；

3 板的拼缝宽度应符合设计要求，安装质量应符合本规程表6.2.3规定；

4 瓷板的槽（孔）内及挂件表面的灰粉应清理干净；

5 扣齿板的长度应符合设计要求；当设计未作规定时，不锈钢扣齿板与瓷板支承边等长，铝合金扣齿板比瓷板支承边短20～50 mm；

6 扣齿或销钉插入瓷板深度应符合设计要求，扣齿插入深度允许偏差为±1 mm，销钉插入深度允许偏差为±2 mm；

7 当为不锈钢挂件时，应将环氧树脂浆液抹入槽（孔）内，满涂挂件与瓷板的接合部位，然后插入扣齿或销钉。

5.2.6 瓷板中部加强点的施工应符合下列规定：

1 连接件与基面连接应可靠；

2 连接件与瓷板接合位置及面积应符合设计要求。当设计未作规定时，应符合本规程第4.2.14条规定；

3 连接件与瓷板接合部位应预留0.5～1mm间隙，并应清除干净后满涂粘结剂；

4 粘结剂的质量应符合本规程第3.3.6条规定；当设计未作规定时，粘结剂可采用符合本规程第3.3.7条规定的环氧树脂浆液代替。

5.2.7 干挂瓷质饰面的密封胶施工前应完成下列准备工作：

1 检查复核瓷板安装质量；

2 清理拼缝；

3 当瓷板拼缝较宽时，可塞填充材料；填充材料质量应符合本规程第3.3.8条规定，并预留不小于6 mm的缝深作为密封胶的灌缝；

4 当为铝合金挂件时，应采用符合本规程第3.3.4条规定的弹性胶条将挂件上下扣齿间隙塞填压紧，塞填前的胶条宽度不宜小于上下扣齿间隙的1.2倍。

5.2.8 密封胶灌缝应符合下列规定：

1 密封胶颜色应符合设计规定；当设计未作规定时，密封胶颜色应与瓷板色彩相配；

2 灌缝高度应符合设计规定；当设计未作规定时，灌缝高度宜与瓷板的板面齐平；

3 灌缝应饱满平直，宽窄一致；

4 灌缝时不能污损瓷板面，一旦发生应及时清理；

5 当瓷板缝潮湿时，不得进行密封胶灌缝施工。

5.2.9 当底层板的拼缝有排水孔设置要求时，应保证排水通道顺畅。

5.2.10 瓷质饰面与门窗框接合处等的边缘处理应符合设计要求；当设计未作规定时，应用密封胶灌缝。

5.3 挂贴瓷质饰面施工

5.3.1 瓷板编号、钻孔应符合下列规定：

1 板的编号应满足挂贴的流水作业要求；

2 瓷板拉结点的竖孔应钻在板厚中心线上，孔径为3.2～3.5 mm，深度为20～30 mm；板背横孔应与竖孔连通；并用防锈金属丝穿入孔内固定，作拉结之用；

3 当拉结金属丝直径大于瓷板拼缝宽度时，应凿槽埋置。

5.3.2 挂贴瓷质饰面施工顺序应符合下列规定：

1 同幅墙的瓷板挂贴宜由下而上进行；

2 突出墙面勒脚的瓷板，应待上层的饰面工程完工后进行；

3 楼梯栏杆、栏板及墙裙的瓷板，应在楼梯踏步、地面面层完工后进行。

5.3.3 拉结钢筋网的安装应符合下列规定：

1 钢筋网应与锚固点焊接牢固；

2 锚固点为螺栓时，螺栓紧固力矩应取 40～45 N·m。

5.3.4 挂装瓷板应符合下列规定：

1 除设计特殊要求外，同幅墙的瓷板色彩应一致；

2 挂装瓷板时，应找正吊直后采取临时固定措施，并将瓷板拉结金属丝绑牢在拉结钢筋网上；

3 挂装时可垫木楔调整，瓷板的拼缝宽度应符合设计要求；当设计未作规定时，拼缝宽度不宜大于 1 mm。

5.3.5 灌注填缝砂浆前应完成下列准备工作：

1 检查复核瓷板挂装质量；

2 浇水将瓷板背面和墙体表面润湿；

3 用石膏灰临时封闭瓷板竖缝，以防漏浆。

5.3.6 灌注填缝砂浆应符合下列规定：

1 填缝砂浆使用的水泥和砂应符合本规程第 3.3.9 条规定，砂浆体积比（水泥：砂）宜取 1：2.5～1：3，稠度宜取 100～150 mm；

2 灌注砂浆应分层进行。每层灌注高度为 150～200 mm，插捣密实，待其初凝后，应检查板面位置，如移动错位应拆除重装；若无移动，方可灌注上层砂浆，施工缝应留在瓷板水平接缝以下 50～100 mm 处；

3 填缝砂浆初凝后，方可拆除石膏及临时固定物。

5.3.7 瓷板拼缝处理应符合设计要求；当设计未作规定时，宜用与瓷板颜色相配的水泥浆抹勾严密。

5.3.8 挂贴瓷质饰面的冬期施工宜采用暖棚法。无条件搭设暖棚时，可采用冷作法，但应根据室外气温，采取在填缝砂浆内掺入无氯盐抗冻剂、裹挂保温层等有效措施，严禁砂浆在硬化前受冻。

5.4 瓷质地面施工

5.4.1 铺设瓷板面层前应完成下列准备工作：

1 按设计要求，根据瓷板颜色、花纹等试拼编号；

2 剔除有裂缝、掉角、翘曲和表面有缺陷的瓷板；

3 用水浸湿瓷板，并擦干或晾干表面待铺。

5.4.2 结合层施工应符合下列规定：

1 采用水泥砂结合层时，水泥砂的体积比宜取 1：4～1：6，并应洒水干拌均匀，结合层厚度宜取 20～30 mm；

2 采用水泥砂浆结合层时，水泥砂浆的体积比宜取 1：2，强度等级不得低于 M15，稠度宜取 25～35 mm，结合层厚度宜取 10～15 mm。

5.4.3 结合层与瓷板应分段同时铺砌，铺砌时宜采用水泥浆或干铺水泥洒水作粘结。

5.4.4 铺砌的瓷板应平整，线路顺直，镶嵌正确；瓷板间、瓷板与结合层以及在墙角、镶边和靠墙处均应紧密砌合，不得有空隙。

5.4.5 瓷板面层的表面应洁净、平整、坚实；瓷板间拼缝宽度应符合设计要求，当设计未作规定时，拼缝宽度不宜大于 1 mm。

5.4.6 瓷板面层铺设后，其表面应加以保护，待结合层的水泥砂浆强度达到要求后，方可打蜡达到光滑洁亮。

5.5 安全措施

5.5.1 瓷板装饰工程施工应遵守现行行业标准《建筑机械使用安全技术规程》JGJ33 及《施工现场临时用电安全技术规范》JGJ46 等标准的有关规定。

5.5.2 瓷板开槽、钻孔、切割的操作人员应配带防护眼镜。

5.5.3 瓷质饰面施工用的脚手架搭设必须牢固，经验收后方可使用。脚手架上堆放材料不宜过多和过于集中，严禁超过脚手架的设计荷载，并应注意防止物品碰撞下跌。

5.5.4 使用挥发性材料时，应戴防毒口罩，操作人员连续操作不得超过 2 h。

5.5.5 遇 6 级以上风或雨天应停止一切高空作业。

6 瓷板装饰工程质量检查与验收

6.1 质量检查

6.1.1 瓷板装饰工程质量检查项目包括材料质量检查、表面质量检查，干挂瓷质饰面工程尚应包括连接质量检查。

6.1.2 瓷板装饰工程材料质量检查应符合下列规定：

1 瓷板装饰工程所用材料均应有出厂合格证；

2 瓷板规格、尺寸、理化性能指标、表面质量应符合设计要求，并应符合本规程第3.2.3～3.2.4条规定。尺寸偏差应符合本规程第3.2.2条规定；

3 挂件材质、尺寸应符合设计要求，并应符合本规程第3.3.1～3.3.2条规定；

4 密封材料及粘结材料等的品种、颜色应符合设计要求，质量应符合本规程第3.3.4～3.3.9条规定，不得使用过期产品；

5 干挂瓷质饰面用的瓷板的力学指标、挂件的化学成分及力学指标，应按同一品种规格产品的0.1%且不少于3件抽样送检。抽样试件的瓷板厚不得小于12.5 mm，弯曲强度不得小于35 MPa；挂件的化学成分和抗拉强度指标应符合本规程第3.3.1～3.3.2条规定。

当一个试件的一项指标不合格时，应加倍抽样；检验结果仍有一个试件的一项指标不合格时，该批材料不合格；

6 材料的其它质量指标，除本条第5款规定外，当对其质量有怀疑时，应抽样检查，合格后方可使用。

6.1.3 瓷质饰面的表面质量应符合下列规定：

1 瓷板品种、规格、色彩、图案，应符合设计要求；

2 瓷板安装必须牢固，无歪斜、缺棱掉角等缺陷，瓷板拼缝应竖直横平，缝宽均匀并应符合设计要求；

3 表面应平整、洁净，色泽协调，无变色、污痕，无显著划痕、光泽受损处；

4 墙面凹凸位置的瓷板，边缘整齐、厚度一致；

5 干挂瓷质饰面的密封胶和挂贴瓷质饰面的填缝应灌缝饱满、平直、宽窄均匀，颜色一致。

6.1.4 干挂瓷质饰面工程的连接质量检查应符合下列规定：

1 连接质量检查应进行钢架制作安装、挂件与基面连接、挂件与瓷板连接的检查，并应作隐蔽工程验收；

2 钢架制作、钢架与预埋件连接、防锈处理应符合设计要求，预埋件埋设、钢架制作允许偏差及焊接质量应符合本规程第5.1.7条规定；

3 胀锚螺栓、穿墙螺栓的安装质量应符合本规程第5.2.3条规定；

4 瓷板开槽或钻孔的尺寸要求及允许偏差应符合本规程第5.2.2条规定；

5 挂件连接应符合设计要求，并应符合本规程第5.2.4条规定；

6 扣齿或销钉插入瓷板深度应符合本规程第5.2.5条第6款规定，不锈钢挂件与瓷板接合部位的环氧树脂及粘结胶应填涂饱满；

7 对施工过程中造成外墙面防水层损坏的部位应作修复处理。

6.1.5 瓷质地面表面质量应符合下列规定：

1 瓷质品种、规格、色彩、图案，应符合设计要求；

2 表面应洁净、平整、坚实，相邻两块瓷板的高度差不得大于0.5 mm，用2 m直尺检查时其表面平整度的允许偏差为2 mm；

3 地面坡度应符合设计要求，允许偏差为房间相应尺寸的

0.2%但不得大于 30 mm。

有坡度的面层应作泼水检验，并以能排水为合格，不得有倒泛水和积水现象；

4 瓷板拼缝宽度应符合设计要求，缝宽均匀顺直。在 5 m 长度内，其接缝直线度的允许偏差为 2 mm。

6.1.6 瓷质地面工程的找平层、垫层等构造层的施工质量检查，应符合现行国家标准《建筑地面工程施工及验收规范》GB 50209 的有关规定。

6.2 工程验收

6.2.1 瓷板装饰工程验收前应将其表面擦洗干净。

6.2.2 瓷板装饰工程验收时应提交下列资料：

1 设计图纸、文件、设计修改通知；

2 材料出厂质量证书及送检试验报告；

3 隐蔽工程验收文件；

4 施工单位自检记录。

6.2.3 瓷质饰面工程验收应进行观感检验和抽样检验，并应符合下列规定：

1 瓷质饰面工程观感检验以每幅墙为检验单元，检验质量应符合本规程第 6.1.3 条规定；

2 瓷质饰面工程抽样检验质量应符合表 6.2.3 规定，抽样数量可按下列办法确定：

1） 室外，以 10 m 高左右为一检验层，每 30 m 长抽查一处，每处长、高方向各 3 块，且不少于 3 处；

2） 室内，各楼层随机抽查饰面面积的 10%。

表 6.2.3 瓷质饰面工程质量允许偏差(mm)

项目		允许偏差值	检查方法
立面垂直	室内	2	用 3 m 托线板检查
	室外	3	
表面平整		2	用 2 m 靠尺和楔形塞尺检查
阳角方正		2	用方尺检查
饰线平直		2	拉 5 m 线检查，不足 5 m 拉通线检查
接缝平直		2	
接缝高低	干挂法	1	用直尺和楔形塞尺检查
	挂贴法	0.3	
接缝宽度	干挂法	1	用直尺检查
	挂贴法	0.8	

6.2.4 瓷质地面工程验收应检查下列项目：

1 建筑地面各层的强度和密度以及上下层结合的牢固性；

2 建筑地面各层的坡度、厚度、标高、平整度；

3 变形缝的位置和宽度，板材间缝隙的大小，以及填缝的质量；

4 不同类型面层的连接，面层与墙和其它构筑物(地沟、管道等)的结合以及图案等；

5 面层按各楼层随机抽查地面面积的 10%，抽样检验质量应符合本规程第 6.1.5 条规定。

附录 A　瓷质饰面常用挂件

A.0.1　瓷质饰面使用的挂件，必须具有满足设计使用年限的耐气候性能，其承载能力和刚度应符合设计要求，其调节范围应满足施工要求。

A.0.2　本附录给出的挂件有不锈钢挂件和铝合金挂件两类。不锈钢挂件分扣槽式挂件和插销式挂件两种，适用于钢架、混凝土墙体、加固砌体的安装基面；铝合金挂件为扣槽式挂件，适用于钢架安装基面。

A.0.3　本附录给出不锈钢挂件适用于瓷板与钢架面或墙面距离为 30～70 mm，铝合金挂件适用于瓷板与钢架面距离为 8～10 mm。当瓷板与基面距离不符合上述要求时，挂件的规格及尺寸应另行设计。

A.0.4　不锈钢扣槽式挂件由角码板、扣齿板等构件组成，装配示意图见图 A.0.4－1；不锈钢插销式挂件由角码板、销板、销钉等构件组成，装配示意图见图 A.0.4－2；铝合金扣槽式挂件由上齿板、下齿条、弹性胶条等构件组成，装配示意图见图 A.0.4－3。

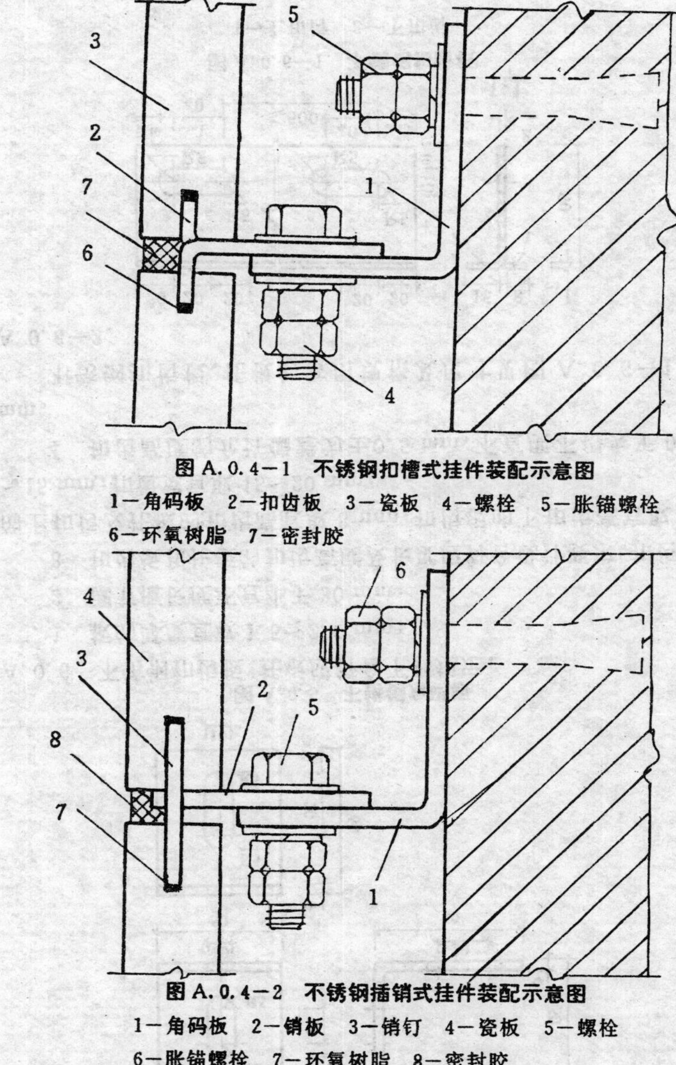

图 A.0.4－1　不锈钢扣槽式挂件装配示意图

1－角码板　2－扣齿板　3－瓷板　4－螺栓　5－胀锚螺栓
6－环氧树脂　7－密封胶

图 A.0.4－2　不锈钢插销式挂件装配示意图

1－角码板　2－销板　3－销钉　4－瓷板　5－螺栓
6－胀锚螺栓　7－环氧树脂　8－密封胶

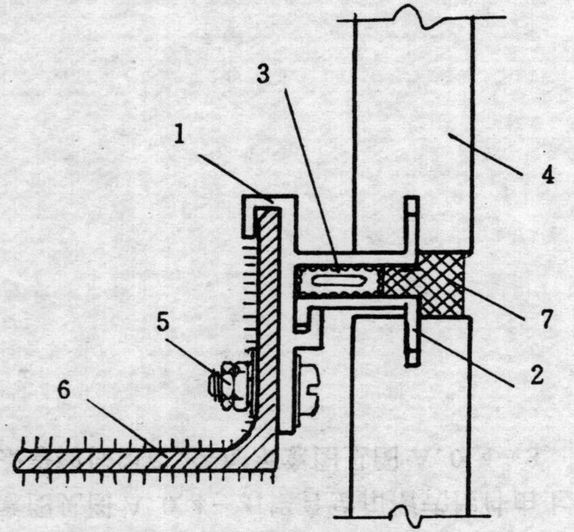

图 A.0.4—3　铝合金扣槽式挂件装配示意图

1—上齿板　2—下齿条　3—弹性胶条　4—瓷板　5—螺栓

6—钢架型材　7—密封胶

A.0.5　不锈钢角码板应符合下列规定：

1　板的厚度不得小于 4 mm；

2　调节槽长度不宜小于 20 mm；

3　调节槽边至板边的距离不得小于 10 mm。

不锈钢角码板的常用规格及尺寸见图 A.0.5。

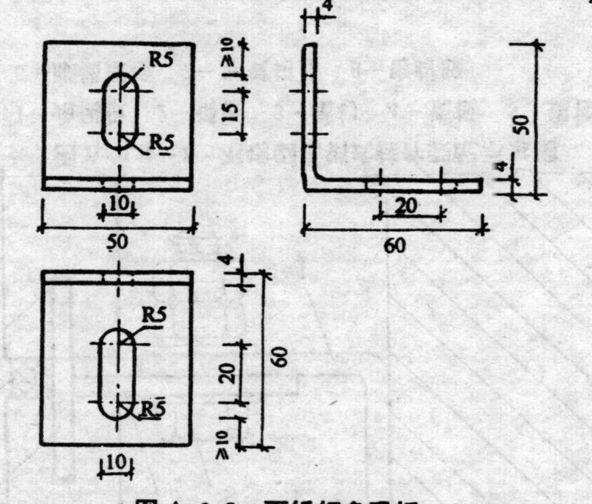

图 A.0.5　不锈钢角码板

A.0.6　不锈钢扣齿板、托板应符合下列规定：

1　板的厚度宜取 1.5～2.0 mm；

2　调节槽长度不宜小于 30 mm；

3　扣齿板和托板的扣齿高度及长度应符合设计要求。扣齿板的上扣齿及托板的扣齿高宜取 8 mm，扣齿板的下扣齿高宜取 13～15 mm；扣齿宽宜取 15～20 mm；

4　扣齿高度的允许偏差为±0.5 mm，不直度不得大于 0.5 mm。

不锈钢扣齿板、托板的常用规格及尺寸见图 A.0.6—1～A.0.6—2。

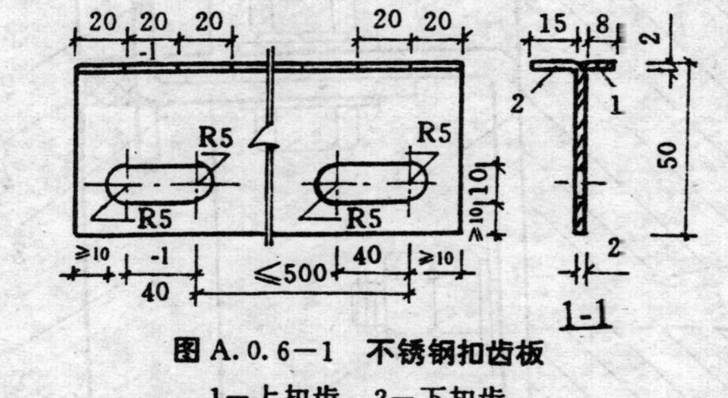

图 A.0.6—1　不锈钢扣齿板

1—上扣齿　2—下扣齿

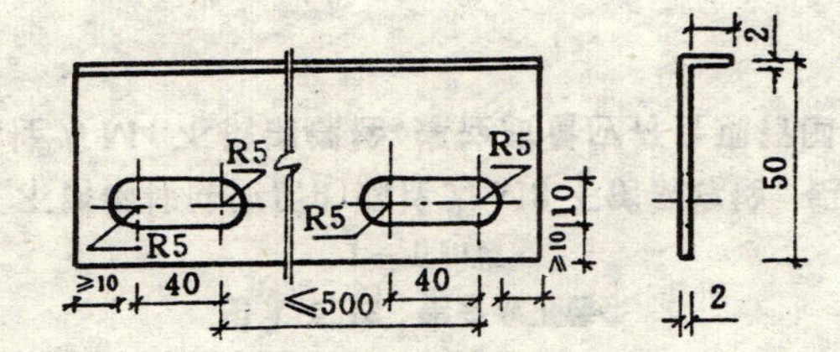

图 A.0.6－2　不锈钢托板

A.0.7　不锈钢销板、拉板应符合下列规定：

1　板的厚度不得小于 3 mm；

2　销板的销孔直径宜取 3.2～3.5 mm；

3　销板调节槽的长度不宜小于 20 mm，拉板调节槽长度宜取 40～100 mm；

4　销孔边至板边的距离宜取 3～4 mm，调节槽边至板边的距离不得小于 10 mm。

不锈钢销板、拉板的常用规格及尺寸见图 A.0.7。

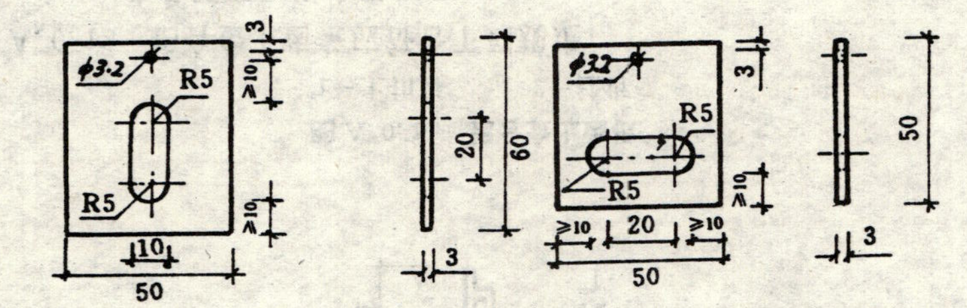

(a) 直调式不锈钢销板　　(b) 横调式不锈钢销板

图 A.0.7－1　不锈钢销板

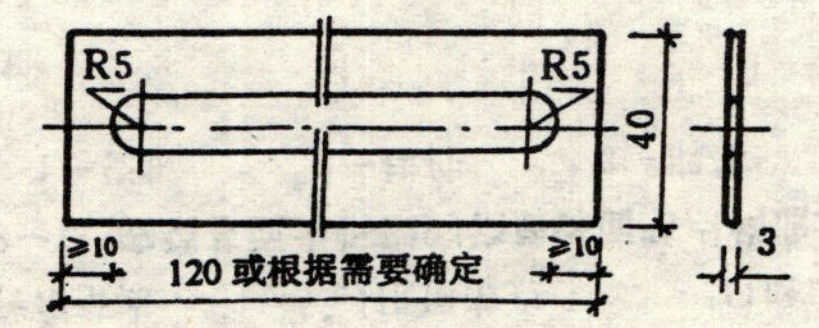

图 A.0.7－2　不锈钢拉板

A.0.8　不锈钢销钉应符合下列规定：

1　销钉直径宜取 2.8～3.0 mm，并应与销板的销孔相配；

2　销钉长度应符合设计要求，一般为 40 mm；

3　销钉长度允许偏差为±1 mm。

A.0.9　穿墙螺栓使用的不锈钢垫板应符合下列规定：

1　垫板厚度不得小于 3 mm；

2　垫板长度不宜小于钢丝网钢丝间距的 1.4 倍；

3　垫板宽度不宜小于 40 mm。

A.0.10　当有可靠条件保证垫板被抹灰完全覆盖时，垫板可改用碳素结构钢制造。

A.0.11　铝合金上齿板应符合下列规定：

1　齿板厚度不得小于 1.5 mm；

2　上扣齿高宜取 5 mm，齿厚不得小于 1.5 mm；

3　挂齿高不得小于 3.5 mm。

铝合金上齿板的常用规格及尺寸见图 A.0.11。

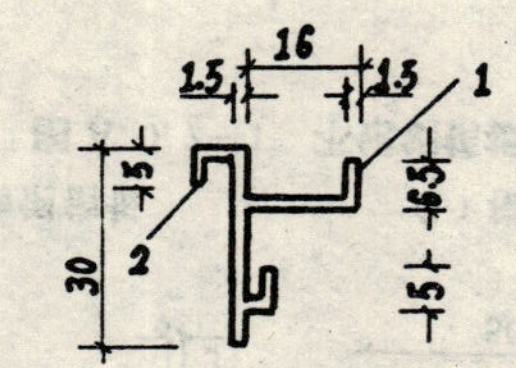

图 A.0.11 铝合金上齿板

1—上扣齿　　2—挂齿

A.0.12 铝合金下齿条应符合下列规定：

1 齿条厚度不得小于 1.5 mm；

2 下扣齿高宜取 6mm，齿厚不得小于 1.5 mm；

3 与上齿板连接方便可靠。

铝合金下齿条的常用规格及尺寸见图 A.0.12。

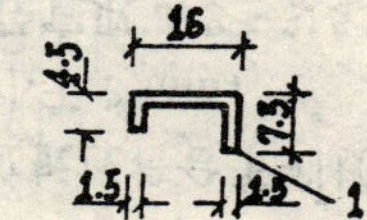

图 A.0.12 铝合金下齿条

1—下扣齿

A.0.13 不锈钢挂件使用的螺栓为 M8 不锈钢螺栓，铝合金挂件使用的螺栓为 M4 不锈钢螺栓，螺栓质量应符合现行国家标准的有关规定。

附录 B　瓷质饰面常见节点构造示意图

B.0.1 采用本附录给出的节点构造时，仍需验算瓷板承载力。

B.0.2 常见节点构造见图 B.0.2—1～图 B.0.2—2。

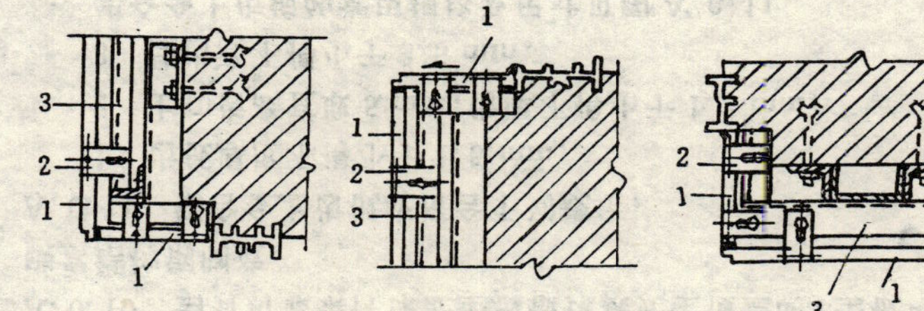

a)窗顶部节点　　b)窗台节点　　c)窗侧边缘节点

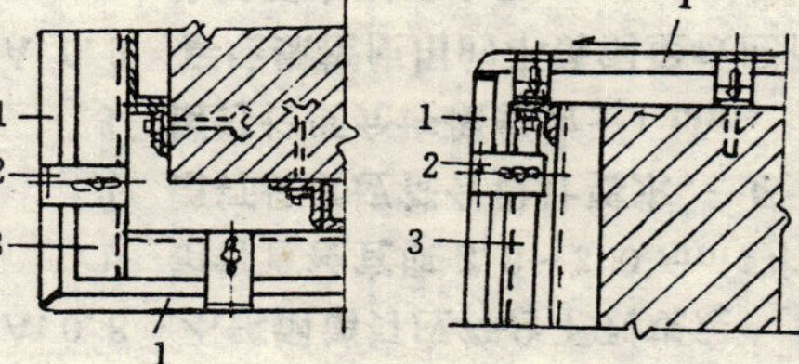

d)外墙转角节点　　e)压顶节点　　f)檐口节点

图 B.0.2—1 安装基面为钢架的瓷质饰面节点构造示意图

1—瓷板　　2—挂件　　3—钢架

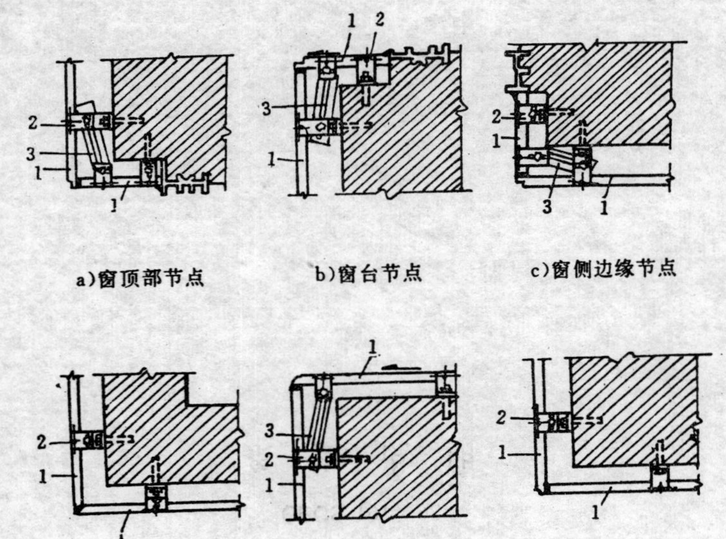

图 B.0.2—2 安装基面为墙体的瓷质饰面节点构造示意图

1—瓷板　　2—挂件　　3—拉板

附录 C　本规程用词说明

为便于在执行本规程条文时区别对待，对要求严格程度不同的用词说明如下：

一、表示很严格，非这样做不可的用词

正面词采用“必须”，反面词采用“严禁”；

二、表示严格，在正常情况均应这样做的用词

正面词采用“应”，反面词采用“不应”或“不得”；

三、表示允许稍有选择，在条件许可时首先应这样做的用词正面词采用“宜”，反面词采用“不宜”。

表示有选择，在一定条件下可以这样做的，采用“可”。

中国工程建设标准化协会标准

建筑瓷板装饰工程技术规程

CECS 101：98

条　文　说　明

目　次

1 总 则

1.0.1 花岗石、大理石板材用于建筑装饰，为建筑增色不少。随着陶瓷技术的日益发展，以及建筑师对建筑设计的色彩要求，一种在光泽、色彩可与花岗石、大理石相媲美，而某些力学指标、色差、图案变化又优于花岗石、大理石的材料——瓷板应运而生。

瓷板是多晶材料。主要由无数微米级的石英晶粒和莫来石晶粒构成网架结构，这些微小晶粒与陶瓷玻璃体结合为致密的整体，晶体和玻璃体都具有很高的强度和硬度，晶粒和玻璃体之间又具有相当高的结合强度。这些微观结构使得瓷板具有吸水率低、抗弯强度高、密度大、硬度高、耐腐蚀性强、急热急冷性能好、抗冻性能好等特点，从而使瓷板的价格性能比在建筑装饰板材中显得较低，易于被人接受。另外，由于采用现代工艺制作，色彩、图案、光泽等可以人为控制，从而可以准确表达建筑师的创作意念，为进一步提高建筑装饰水平提供了条件。

距今一千年的宋代瓷器的制作和烧成温度与近代已比较接近，无论是置于露天数百年的宋代瓷器碎片，还是来自墓穴的出土文物，测试表明其理化性能与近代产品十分接近，这点已为考古界和学术界所公认。显然瓷板用作建筑材料，其耐候性和耐久性都不会成为问题。

正由于瓷板的上述优点，使得瓷板在建筑装饰工程中应用越来越广泛。

目前，国内主要瓷板生产厂家有：广东佛山石湾鹰牌陶瓷有限公司、广东佛山石湾华鹏陶瓷厂等。

1.0.2～1.0.3 挂贴瓷质饰面及瓷质地面在建筑装饰工程中应用已相当普遍，干挂瓷质饰面也在逐步得到应用，迄今已施工部分干挂瓷质饰面工程见下表：

干挂瓷质饰面实例

施工时间	工 程 名 称	干挂方式(mm)		高度及面积
1997.6	广东佛山某国土大厦	650×900	插销式	17层，7800m²
1997.1	广东佛山某公司办公楼	1000×1000	插销式	6层，2200m²
1997.5	河南焦作某饭店	1000×1000	扣槽式	1400m²
1997.6	广东龙川某国土大厦	650×900	插销式	2000m²
1997.6	广东佛山某购物中心	650×900	插销式	3层，3000m²
1997.7	河北秦皇岛某局办公楼	650×900	插销式	10m高，1400m²
1997.7	山东淄博某集团办公楼	650×900	扣槽式	20m高，1000m²
1997.5	广东深圳蛇口某局办公楼	650×900	插销式	10m高，800m²
1997.7	湖北鄂州市某购物商城	650×900	插销式	38m高，2300m²

本规程关于干挂瓷质饰面承载力计算，是在构件试验及工程经验的基础上给出的。构件试验表明，瓷板承载力与瓷板及挂件的力学指标、挂件和瓷板的连接方式等有密切关系。当这些因素发生改变时，均不适用本规程给出的干挂瓷质饰面承载力计算方法。

制订本规程时，依据和参考的现行标准主要有：《建筑结构荷载规范》GBJ9、《建筑抗震设计规范》GBJ11、《建筑地面工程施工及验收规范》GB50209、《玻璃幕墙工程技术规范》JGJ102、《钢筋混凝土高层建筑结构设计与施工规程》JGJ3、《建筑装饰工程施工及验收规范》JGJ73、《瓷质幕墙工程技术规程》DBJ/T15－21等。

2 术语和符号

2.1 术　　语

2.1.1 本规程定义的瓷板，参考了现行行业标准《瓷质砖》JC/T665中的常见非模数化规格瓷质砖的定义，并考虑了瓷板装饰工程使用要求以及迄今已施工的瓷板装饰工程的设计、施工经验。

3 瓷板装饰工程材料

3.1 一般规定

3.1.2 防火工作十分重要，应尽量采用不燃材料和难燃材料，以满足现行国家标准《建筑防火设计规范》GBJ16的要求。同样，考虑到瓷板装饰面经常受自然环境不利因素的影响，如日晒、雨淋、风砂等侵蚀，需要材料具有足够的耐候性和耐久性。

3.2 瓷　　板

3.2.1 本规程的规格尺寸相当于现行行业标准《瓷质砖》JC/T665中的工作尺寸。按照陶瓷产品规格的标注习惯，板面的公称尺寸与规格尺寸有一个差值。表3.2.1中板面的公称尺寸与规格尺寸之差值，以板的拼缝宽为4～6 mm考虑。当需要特殊缝宽的瓷板时，可在向厂家订货时提出。

本条规定的规格板厚为13 mm，是基于二方面的考虑：一是本规程的构件力学试验的瓷板厚均为13 mm左右，即本规程提出的设计要求，是基于板厚为13 mm考虑的；二是生产能力。根据多家大规格瓷板生产厂家的设备能力，可以满足板厚为13 mm的要求。

本条列出常用的瓷板规格，供选用瓷板时参考。

3.2.2 本规程给出的瓷板允许偏差值，参考了现行行业标准《天然大理石建筑板材》JC79、《天然花岗石建筑板材》JC205、《瓷质砖》JC/T665等有关规定。

边直度指瓷板棱边的中心部位偏离规定直线（距棱边两端适当距离的两点连线）的距离。

直角度指瓷板角与标准直角相比的变形程度，用%表示。

中心弯曲度指当瓷板四个角中的三个角在一个平面上时，其中心点偏离此平面的距离。

翘曲度指当瓷板的三个角在一个平面上时，其第四角偏离此平面的距离。

中心弯曲度、翘曲度合称为平整度。

3.2.3 本规程给出的瓷板表面质量要求，参考了现行行业标准《瓷质砖》JC/T665 的有关规定。

裂纹指不贯通坯体的小缝隙。

开裂指贯通坯体的裂缝。

磕碰指因冲击而造成的残缺。

色差指单件瓷板与同批瓷板之间表面色调不一致。

斑点指瓷板表面的异色污点。

熔洞指因易熔融使瓷板表面产生的凹坑。

3.2.4 对于干挂瓷质饰面来说，瓷板的弯曲强度是一个重要力学指标。编制本规程时，按照现行国家标准《陶瓷砖弯曲强度试验方法》GB8917 的要求，采集了一批试样。试验结果如下：平均值 $\mu=45.15$ MPa，标准差 $s=5.59$，$\mu-1.645s=36.0$ MPa。另外，对弯曲强度标准值取值时，尚参考了部分生产厂的质检报告，综合考虑后给出。挂贴瓷质饰面及瓷质地面用的瓷板弯曲强度，参考现行行业标准《瓷质砖》JC/T665 的有关规定给出。

吸水率指瓷板试样开口气孔所吸附的水的质量与干燥试样质量之比称为该试样的吸水率，以百分数表示。

莫氏硬度是指按照莫氏划痕的测定方法，用于在瓷板表面以规定硬度的某些矿物刻划，刻划后矿物边缘或板表面均无损伤。莫氏硬度 6 度的试验用矿物为长石。

耐急冷急热性是指急冷急热循环 10 次不出现炸裂或裂纹，按现行国家标准《陶瓷砖耐急冷急热性试验方法》GB/T2581 测定。其方法是根据瓷板的吸水率不同，用浸入法和非浸入法检验瓷板的耐急冷急热性。

抗冻性是指冻融循环 20 次不出现破坏或裂纹，按现行国家标准《陶瓷墙地砖抗冻性能试验方法》GB6955 测定。

瓷板的耐化学腐蚀性主要以耐酸、耐碱性能表示。其方法是将试件直接受试验溶液的作用，经一定时间后观察其受害情形。A 级，即 UHA 级，表示试样无可见变化。

光泽度，即镜向光泽度，表示试样在镜面方向的相对反射率 ×100。按现行国家标准《建筑饰面材料镜向光泽度测定方法》GB/T13891测定。

3.3 其他材料

3.3.1～3.3.2 根据本规程第 3.1.2 条对材料的耐候性和耐久性要求，并考虑挂件在瓷质饰面中的重要作用，本规程对挂件材料提出较高要求，主要是考虑到确保挂件在建筑物设计使用年限内不因锈蚀而影响其承载力和刚度。随着技术进步，只要符合本规程第 3.1.2 条规定，也可采用其他材料制造。

附录 A 给出的常用挂件的尺寸为目前工程常用作法，并通过构件试验验证，其力学性能可满足使用要求。当瓷板与基面的距离不满足要求时，附录 A 给出的尺寸不能满足使用要求，须另行设计。

3.3.5 瓷板安装固定之后，瓷板缝须用密封胶灌缝，以保证瓷质饰面美观要求，提高瓷板的保温、隔热与隔声性能，同时减少外界不利因素对挂件的侵蚀，所以密封胶应有良好的耐候性。使用中性胶是为了避免给瓷板和挂件带来不良影响。

3.3.6 瓷质饰面使用的粘结胶，是本规程第 4.2.14 条规定需要采取加强措施时用于瓷板背面与加强点的连接件之间的粘结。

3.3.7 实验表明，环氧树脂用于填涂不锈钢挂件与瓷板的接合部位会直接影响其连接承载力及抗震性能；同时，还直接影响瓷板安装质量。因而瓷质饰面采用环氧树脂中性能较好的牌号 E—44，其浆液的性能要求要有较好的弹性，适当的固化时间。

4 瓷板装饰工程设计

4.1 一般规定

4.1.1 一般情况下，瓷板分格尺寸＝瓷板规格尺寸＋拼缝宽度。

4.1.2 干挂瓷质饰面高度规定不大于 100 m，一方面是为了与现行行业标准《钢筋混凝土高层建筑结构设计与施工规程》JGJ3 相协调；另一方面是由于超过 100m 高的干挂瓷质饰面，有必要经过充分的可行性技术论证后，参照使用本规程，采用更严格的技术措施。

挂贴瓷质饰面未考虑抗震设计，所以饰面高度不宜过大。

4.2 干挂瓷质饰面设计

4.2.1 干挂瓷质饰面的结构设计原则主要对安全性提出了要求：

在风荷载设计值作用下，干挂瓷质饰面应保持完好，不允许出现破坏现象。

在设防烈度地震作用下，一般只允许有部分瓷板破裂，经修理或更换后仍然可以使用。在罕遇地震作用下，允许部分瓷板破坏或脱落，但钢架不应脱落、倒塌。

本规程通过构件试验及必要分析，提出了干挂瓷板承载力计算和构造措施。

4.2.2 瓷板拼缝最小宽度是根据构件试验结果取定，并考虑了下列因素：

水平缝宽＝挂件厚度＋预留温度变形宽度＋挂件下垂变形

侧缝宽度＝预留层间变形影响的宽度

对于铝合金挂件，瓷板拼缝宽度尚应考虑铝合金上齿板与下齿条连接要求的间隙。

4.2.3 安装基面是确保瓷质饰面可靠连接的重要构件，本规程优先推荐使用钢架，同时允许采用非钢架的做法。其中，混凝土墙体，仅提出墙体要求；砌体则要求在符合某些条件下进行加固处理。

4.2.4 钢架与挂件的连接要求，与挂件型式有关。一般情况下，对于不锈钢挂件，预留连接螺栓孔；对于铝合金挂件，连接边型材为 L 型钢且型钢壁厚能满足挂件挂接的要求。

4.2.5 砌体尚未施工时，采用加设钢筋混凝土梁柱，可为挂件锚固提供一个类似于钢筋混凝土墙体的安装基面。梁、柱截面的最小尺寸，是为保证胀锚螺栓承载力及构造需要而提出。

4.2.6 本条拟对砌体加固提出有利于抗震的措施，即对墙体作双面的钢丝网水泥砂浆加固。加固后类似于两层薄层钢筋混凝土结构内夹实心砌体墙。

4.2.7 不锈钢挂件与基面的连接，同时给出了三种基面的连接方式。其中，M8 螺栓与本规程第 5.2.3～5.2.4 条的 40～45 N·m 紧固力矩是相互配合使用的，为保证挂件的力的可靠传递而提出，并参考了实验数据及施工经验。

4.2.9 根据干挂花岗石板抗震试验结果，插销式干挂花岗石板在相当于 7 度地震作用的振动下，销钉未受破坏，花岗石板局部出现裂缝，而且裂缝主要由于花岗石材质离散所引起。本规程考虑到瓷板的材性较花岗石好，而允许在设防烈度不超过 7 度的地区使用。

由于欠缺构件试验及工程经验，故本规程不适用于设防烈度为 9 度地区的干挂瓷质饰面工程。

4.2.10 挂件与瓷板连接有三点说明：

一、满足本规程第 4.2.1 条要求，按围护结构考虑，使瓷板传力方式简单，有一定变形能力。

二、扣齿或销钉插入瓷板过深过浅均使瓷板在震动条件下容易产生局部破坏或脱落，降低连接承载力。本条给出的扣齿或销钉插入瓷板深度，根据构件试验给出。

三、不锈钢挂件与瓷板接合部位填涂环氧树脂，有利于提高瓷质饰面的抗震性能；同时，也是提高瓷板承载力的有效措施，不涂环氧树脂，不能使用式(4.2.13)计算不锈钢挂件下的瓷板承载力。

4.2.11 干挂瓷质饰面采用瞬时风压(3 秒时段风压平均值)校核其安全性能。瞬时风压是通过阵风系数将基本风压(30 年一遇 10 min的平均风压)换算而得。

近几年来，由于城市景观和建筑艺术的要求，建筑的平面形状和竖向体型日趋复杂，墙面线条、凹凸、开洞也采用较多，风力在这种复杂多变墙面上的分布，往往与一般墙面有较大差别。在风荷载取值时具体用体型系数反映。何种体型或局部变化的体型系数大于 1.5 而酌情需要提高的，各地积累了一定经验。必要时，可通过风洞试验确定。

4.2.12 干挂瓷质饰面承载力验算，须进行瓷板、瓷板与挂件连接、挂件与基面连接的承载力验算；对瓷板、挂件进行变形验算。

根据现行国家标准《建筑结构设计统一标准》GBJ68 规定，验算承载力时需要考虑自重、风荷载、地震作用的最不利组合。

瓷板自重约为 0.31 kN/m^2。

参照现行行业标准《玻璃幕墙工程技术规范》JGJ102，地震作用可按下列公式计算：

垂直于饰面平面地震作用

$$q_E = \frac{\beta_E \alpha_{max} G}{A} = 3.0 \times 0.16 \times 0.31 = 0.14 \ kN/m^2$$

平行于饰面平面地震作用

$$P_E = \beta_E \alpha_{max} G$$

$$= 3.0 \times 0.16 \times 0.31A = 0.14A \ (kN)$$

式中 q_E——垂直于干挂瓷质饰面的水平分布地震作用(kN/m^2)；

P_E——平行于干挂瓷质饰面的集中地震作用(kN)；

G——瓷板自重(kN)；

A——瓷板面积(m^2)；

α_{max}——地震影响系数，8 度抗震设防时取 0.16；

β_E——动力放大系数，可取 3.0。

考虑到风荷载设计值取 $w \geqslant 2.0 \ kN/m^2$，在组合计算中，风荷载与其他荷载相比，相差了一个数量级，即以风荷载为主要荷载。因此，在本规程的干挂瓷质饰面承载力计算中，只验算风荷载作用下的干挂瓷质饰面承载力。另外，考虑罕遇地震，将上述 q_E、P_E 计算值扩大 5～6 倍，干挂瓷质饰面的荷载仍以风荷载为主，所以，只需验算风荷载作用下的干挂瓷质饰面承载力即可。

挂件与基面的连接承载力由构造措施来保证，不作验算。瓷板的挠度，根据实验结果，其挠度十分小，且考虑到瓷板为装饰性围护结构，对挠度变形要求不高，故略去不计；挂件的变形仅考虑下垂变形，并由构件试验给出。

4.2.13 单块瓷板承载力设计值按下式取定：

$$R = R_k / \gamma_R$$

式中 R——单块瓷板承载力设计值；

R_k——单块瓷板承载力标准值；

γ_R——抗力分项系数。

瓷板承载力标准值，通过构件试验，按 95%保证率取定，即 $\mu - 1.645 s$。

参照有关文献资料，瓷板抗力分项系数取抗冲切分项系数为 1.35，抗弯分项系数为 1.20。

本条给出瓷板承载力计算公式是建立在构件试验基础上，构件的板厚以 13 mm 为统计参数。当瓷板厚超过 13 mm 时，承载力可根据设计经验酌情提高。

4.2.14 采取加强方式，主要考虑这些部位需考虑耐冲击强度。

4.2.15 给出若干非规格瓷板在特殊部位作法，方便设计直接采用。由于建筑设计多样化，难以将所有作法一一列出。

4.3 挂贴瓷质饰面设计

4.3.1～4.3.4 挂贴瓷质饰面设计，参考了挂贴大理石饰面和花岗石饰面的现行作法。

5 瓷板装饰工程施工

5.1 一般规定

5.1.1 本条列出了施工准备应完成的主要工作。这些工作，考虑了瓷板装饰工程施工的特殊性。

5.1.6 主体结构质量直接影响瓷质饰面的施工质量。因此，将主体结构质量应达到有关施工及验收规范的要求作为瓷质饰面安装的基本条件，否则应采取适当措施后才进行瓷质饰面施工。

5.2 干挂瓷质饰面施工

5.2.2 瓷板开槽钻孔质量，直接影响瓷板的受力性能，是一个十分关键的工序，应予以高度重视。开槽钻孔定位、垂直度、槽宽（孔径）的允许偏差既考虑了设计对施工质量的要求，又考虑了实际操作的可行性。必要时，可通过模具定位，以提高加工精度。开槽钻孔的位置要求在规格尺寸的板厚中心线上，以便于安装时达到板面平整度的要求。

瓷板不允许有裂缝、板厚不足等质量问题，是考虑到干挂瓷质饰面抗风抗震的安全而要确保瓷板的质量。

5.2.3 胀锚螺栓用于钢筋混凝土基面，穿墙螺栓用于砌体基面。

它们的作用是使挂件与基面连接牢固可靠，同时又能满足调节要求，使瓷板定位准确。胀锚螺栓的锚固深度、紧固力矩是根据实验结果及工程经验提出，符合本条规定时，胀锚螺栓即可满足抗拔力要求。

保证螺母紧固可靠的通常作法有，采用双螺母紧固、螺母紧固后点焊固定等。

5.2.6 加强点的作用在于提高瓷板的耐撞击性能。预留 0.5～1 mm 空隙并填满具有弹性的粘结剂，有利于达到加强点的目的。

5.2.8 瓷板拼缝潮湿时会影响密封胶的施工质量。

5.3 挂贴瓷质饰面施工

5.3.1～5.3.8 本规程给出的挂贴瓷质饰面施工工艺要求，参考了现行行业标准《建筑装饰工程施工及验收规范》JGJ73 有关大理石饰面和花岗石饰面施工的规定。

5.4 瓷质地面施工

5.4.1～5.4.6 本规程给出的瓷质地面施工工艺要求，参考了现行国家标准《建筑地面工程施工及验收规范》GB50209 有关大理石地面和花岗石地面施工的规定。

5.5 安全措施

5.5.1～5.5.5 根据现场施工经验总结。

6 瓷板装饰工程质量检查与验收

6.1 质量检查

6.1.2 材料质量检查分二类：一类按常见装饰材料进行检查，即按照现行行业标准《建筑装饰工程施工及验收规范》JGJ73 的要求，对材料质量发生怀疑时，作抽样检查；另一类按工程材料进行检查，即每项工程均抽样检查，以提高工程材料的质量保证率。

6.1.3 本条参考了现行行业标准《建筑装饰工程施工及验收规范》JGJ73 关于大理石饰面和花岗石饰面的外观质量要求，对瓷质饰面表面质量提出了要求。

6.1.5 本条参考了现行国家标准《建筑地面工程施工及验收规范》GB50209 关于大理石地面和花岗石地面的外观质量要求，对瓷质地面表面质量提出了要求。

6.2 工程验收

6.2.3 本条参考了现行行业标准《建筑装饰工程施工及验收规范》JGJ73 关于装饰工程及大理石饰面和花岗石饰面工程验收的要求，对瓷质饰面工程验收提出了要求。

6.2.4 本条参考了现行国家标准《建筑地面工程施工及验收规范》GB50209 关于地面工程及大理石地面和花岗石地面工程验收的要求，对瓷质地面工程验收提出了要求。